鉱床地質学
―金属資源の地球科学―

鞠子 正著

古今書院

はじめに

　有用な鉱物が地殻の一部に濃集し，経済的に採掘できるときにこれを鉱床といい，鉱床を対象とした科学を「鉱床学」あるいは「鉱床地質学」という．本書はこの分野の科学が地質学の一部門であることを示すために「鉱床地質学」を書名とした．また鉱床は一般に金属鉱床と非金属鉱床に分類されるが本書は金属鉱床のみを扱う．鉱床地質学は典型的な総合科学である．鉱床の多くは地質時代の産物であり，火成活動，堆積作用，変成作用あるいはこれらの組み合わせに伴って生成されたものである．したがって，地質学の他の分野－火成岩，堆積岩，変成岩の岩石学，火山学，層位学，構造地質学，鉱物学など－の基礎知識が必要である．鉱床の生成は固体地球あるいは水圏中に分散して存在する元素の移動・濃集によって行われる．元素の移動・濃集は流体を媒体として行われるので，その機構を解明するためには多成分系溶融体および多成分系水溶液の実験化学・理論化学の助けが必要である．鉱床生成過程の結果である鉱床構成鉱物から生成時の物理化学的条件を知るためには，その生成反応に関する知識が必要になる．また鉱床の生成年代，元素の起原を知るために同位元素化学が応用される．

　本書は基本的には，地質学あるいは地球科学専攻の学部卒業生，大学院生，資源探査技術者を対象として書かれており，第 I 章から第 VII 章までの基礎編と第 VIII 章から第 X 章までの各論から構成される．第 I 章は鉱床の定義，分類，研究法，第 II 章は元素の移動・濃集の媒体となる鉱化流体，即ちマグマとマグマ性流体および熱水流体の基礎的物理・化学的性質と鉱床生成機構との関係，熱水流体を構成する水の起原，現在活動している熱水流体系，地質時代の熱水流体－流体包有物－について述べる．第 III 章は鉱床を構成する主要な金属酸化物および硫化物鉱物の相平衡化学，第 IV 章は同位体化学の応用，第 V 章は母岩の変質の化学，第 VI 章は鉱石組織とその形成機構について述べ，第 VII 章は始めに熱水鉱床形成が地質構造に支配されるモデルとして流体貯留槽－透水性流路－鉱床生成場からなるシステムについて変形作用，流体圧，流体の流れの関係を解析し，造山型金鉱床および斑岩銅鉱床を例として鉱床の地質構造支配を説明する．各論となる第 VIII 章から第 X 章では，第 I 章で行った鉱床の分類に従い，鉱床をマグマから直接晶出・濃集するマグマ鉱床，熱水循環システムによって生成される熱水鉱床，堆積作用によって生成される堆積鉱床に大きく分けた上で，それぞれを鉱石元素，形態，生成機構などに基づいて区分した幾つかの鉱床型（モデル）について，具体例を挙げながらその地質環境，テクトニックス，生成年代，形態，鉱物組成，母岩の変質などを述べ，流体包有物，化学分析，同位体分析などのデータ基づいた成因論を詳述している．これらの各鉱床型は，完全に独立したものではなく，互いに成因的に関係する場合，中間型が存在する場合，1 カ所に複数の型が存在する場合，複数の型が重複する場合などがある．具体例を精読して頂ければ理解されよう．本文では一部の他，鉱石鉱物の化学組成を記載しなかったので便

宜のため付録として鉱石鉱物表を掲載し，また一般的な資源利用の立場から必要と考え鉱種別鉱床分布図，各種金属の国別生産量・埋蔵量表を示した．

　第二次世界大戦後，日本の鉱業は敗戦によって破壊された日本の産業復興の第一線に立って見事にその役割を果たした．現在世界第 1 級の鉄鋼業，自動車産業，電機産業，その他の機械工業，化学工業も，当時の九州，北海道，常磐の炭坑から産出する石炭，別子，日立，足尾，尾去沢鉱山などからの銅鉱，神岡，細倉鉱山などからの鉛・亜鉛鉱，佐渡，串木野，鴻之舞鉱山などからの金鉱が無かったならば今の隆盛を見ることができなかったと言っても過言ではない．これらの資源は工業にエネルギーと原材料を供給すると同時に貴重な外貨の流出を防ぎ，利益が工業の復興に投入されたからである．しかしながら，産業の復興が進み日本経済が力を付けるにしたがい，経済自由化の波は日本の鉱業に絶大な影響を及ぼし，国内の鉱山は次第に閉山のやむなきに至った．かつて国内の鉱山を経営していた企業は，現在国外から鉱石を輸入して精錬所を操業し，金属材料を生産しているのが現状である．

　筆者は，1953 年（昭和 28 年）に大学を卒業すると同時に鉱床学の研究に身を投じ，現在に至っているが，学問の性質上国内外を問わず現場の鉱山で鉱床の観察や試料採取を行う機会が多く，戦後の金属資源産業の変遷を体感してきた．資源開発を担う鉱床の探査技術者についてみると，戦後の日本鉱業全盛時に国内の鉱山開発に従事した多くの優秀な技術者は，現在殆ど引退し，当時に比べれば遙かに少数の技術者が，主として海外の資源調査に従事している．大学においても，資源地質関係の講座は縮小を余儀なくされ，研究も悪条件を克服しつつレベルを維持しているという状況である．この様な状態が続いていて果たして良いのであろうか，日本の産業全体の発展において，金属資源確保の問題が過小評価されているのではないかということが，約 4 年前から本書を書きつつ筆者の念頭から去らなかったのである．果たして中国・インドなどの急速な工業拡大に伴ってエネルギー資源ばかりでなく，金属資源の不足が現実化し価格の高騰が続いている．鉄鋼業は主原料の鉄鉱石が確保できてもクロム，ニッケル，コバルト，タングステンなどレアメタルがなければ成立しないし，白金が確保できなければ自動車の生産は止まってしまう．遅まきながら資源外交という書き出しが新聞紙面を賑わしているが，問題を解決するには，多数の優秀な技術者・研究者の養成と金属資源に関する正しい知識の普及が基本的な条件となることは言うまでもない．本書は鉱床地質学の専門家ばかりでなく，読み方によって金属資源に関心のある一般の方々にも役立つよう考慮して書かれている．本書が問題解決の一助となれば幸いである．鉱床地質学は他の科学分野と同様に急速に進歩しつつある．できる限りその成果を取り入れたつもりであるが不十分の恐れ無しとしない．諸賢のご批判をお願い申し上げる．

　2008 年 1 月吉日

鞠子　正

目 次

はじめに i
 単位記号表 viii
 図版のリスト ix

I 序論 1

I-1 鉱床 1
I-2 鉱床の分類 2
 (1) 成因的分類 2
 (2) 形態的分類 3
 (3) 鉱床の総合的分類 4
I-3 鉱床の研究 5

II 鉱化流体 7

II-1 マグマとマグマ性流体 7
 (1) 苦鉄質マグマの冷却 7
 (2) 珪長質〜中間質マグマの冷却 8
II-2 マグマ水 11
II-3 その他の起源の水 12
 (1) 天水（地下水） 12
 (2) 海水 12
 (3) 遺留水 13
 (4) 変成水 13
II-4 水の起源と安定同位体組成 13
II-5 熱水流体 15
 (1) 水の物理化学的性質 15
 (2) 熱水流体中の硫黄 17
 (3) 重金属の溶解と沈殿 18
 (4) 熱水流体における強酸の会合 26
 (5) 脈石鉱物の溶解と沈殿 26
 (6) 現世の熱水流体システム 30
 (7) 地質時代の熱水流体（流体包有物） 37

III 金属鉱物の化学　40

(1) Fe-S-O 系　40
(2) Cu-Fe-S 系　42
(3) Zn-Fe-S 系　43
(4) Fe-As-S 系　43
(5) Au-Ag-S 系　43
(6) その他の系　45

IV 同位体化学の応用　46

(1) 硫黄の起源　46
(2) 酸素および硫黄同位体地質温度計　50

V 母岩の変質　52

V-1 母岩と熱水流体間の化学反応　52
(1) 加水分解，水和反応，脱水反応　52
(2) アルカリおよびアルカリ土類交代反応　53
(3) 脱炭酸反応　54

V-2 変質作用の型　54
(1) カリウム変質作用　55
(2) 絹雲母変質作用　55
(3) プロピライト変質作用　55
(4) カオリン－パイロフィライト変質作用　55
(5) カオリン－モンモリロナイト変質作用　55
(6) スカルン変質作用　55

V-3 珪長質〜中間質貫入岩からの熱水流体による母岩の変質　56

VI 鉱石組織　58

VI-1 マグマ過程によって形成された鉱石組織　58
(1) 結晶分化過程によって形成された鉱石組織　58
(2) 液相不混和過程によって形成された鉱石組織　59

VI-2 熱水流体によって形成された鉱石組織 　　　　　　　　　　　　　　　　　59
　(1) 結晶成長組織 　　　　　　　　　　　　　　　　　　　　　　　　　　　　59
　(2) コロフォーム組織 　　　　　　　　　　　　　　　　　　　　　　　　　　60
VI-3 二次的鉱石組織 　　　　　　　　　　　　　　　　　　　　　　　　　　61
　(1) 交代組織 　　　　　　　　　　　　　　　　　　　　　　　　　　　　　　61
　(2) 離溶組織 　　　　　　　　　　　　　　　　　　　　　　　　　　　　　　63
　(3) 変成組織 　　　　　　　　　　　　　　　　　　　　　　　　　　　　　　66

VII　鉱床の地質構造支配 　　　　　　　　　　　　　　　　　　　　　　　　67

VII-1 鉱化熱水流体系における変形作用，流体圧，流体の流れ 　　　　　　　　67
　(1) 鉱化熱水流体系 　　　　　　　　　　　　　　　　　　　　　　　　　　　67
　(2) 累進的変形作用と流体流路の進化 　　　　　　　　　　　　　　　　　　　77
　(3) 地殻の非震性帯と震性帯における流体の流れ 　　　　　　　　　　　　　　79
VII-2 鉱床の地質構造支配の例 　　　　　　　　　　　　　　　　　　　　　　90
　(1) グリーンストン帯中の造山型金鉱床 　　　　　　　　　　　　　　　　　　90
　(2) 斑岩銅鉱床 　　　　　　　　　　　　　　　　　　　　　　　　　　　　 102

VIII　マグマ鉱床 　　　　　　　　　　　　　　　　　　　　　　　　　　　 111

VIII-1 結晶分化鉱床 　　　　　　　　　　　　　　　　　　　　　　　　　　111
　(1) 苦鉄質～超苦鉄質層状貫入岩体中のクロム－白金族鉱床 　　　　　　　　　111
　(2) オフィオライト超苦鉄質岩中のクロム鉱床 　　　　　　　　　　　　　　 123
VIII-2 液相分離鉱床 　　　　　　　　　　　　　　　　　　　　　　　　　　126
　(1) 苦鉄質～超苦鉄質貫入岩体中のニッケル－銅鉱床 　　　　　　　　　　　 126
　(2) グリーンストン帯苦鉄質～超苦鉄質火山活動に伴うニッケル鉱床 　　　　 138
　(3) 斜長岩複合岩体に伴うニッケル－銅－コバルト鉱床 　　　　　　　　　　 145
VIII-3 その他のマグマ鉱床 　　　　　　　　　　　　　　　　　　　　　　　150

IX　熱水鉱床 　　　　　　　　　　　　　　　　　　　　　　　　　　　　　 151

IX-1 斑岩型鉱床 　　　　　　　　　　　　　　　　　　　　　　　　　　　　151
　(1) 斑岩銅鉱床の生成過程 　　　　　　　　　　　　　　　　　　　　　　　 151
　(2) 斑岩銅鉱床の型と例 　　　　　　　　　　　　　　　　　　　　　　　　 152
　(3) 斑岩銅鉱床の物理・化学的生成条件 　　　　　　　　　　　　　　　　　 171

- (4) 斑岩モリブデン鉱床　　175
- (5) その他の斑岩型鉱床　　179

IX-2 スカルン鉱床　　187
- (1) スカルン鉱床の生成過程　　187
- (2) スカルン鉱床の型と例　　188

IX-3 貫入岩に伴うその他の熱水鉱床　　206
- (1) 錫の鉱脈，グライゼン鉱床，交代鉱床　　206
- (2) タングステン鉱脈および網状鉱床　　207
- (3) 金の網状脈，鉱染鉱床，交代鉱床，角礫岩パイプ鉱床，鉱脈　　212
- (4) 亜鉛－鉛－銀鉱脈および交代鉱床　　220
- (5) 錫－多金属鉱脈鉱床　　226
- (6) 鉄酸化物（－銅－ウラン－金－希土類元素）鉱床　　231
  （オリンピック・ダム型～キルナ型鉱床）

IX-4 広域変成帯に伴う熱水鉱床　　244
- (1) 造山型金鉱床　　244
- (2) 造山型金鉱床鉱化流体の起原　　260

IX-5 陸上火山活動に伴う熱水鉱床　　263
- (1) 浅熱水金－銀（－銅）鉱床　　263
- (2) 浅熱水金－銀（－銅）鉱床の生成機構　　298

IX-6 海底熱水鉱床　　302
- (1) 火山成塊状銅－亜鉛－鉛鉱床　　302
- (2) 噴出堆積（SEDEX）亜鉛－鉛－銀鉱床　　363
- (3) 縞状鉄鉱層（BIF）中の鉄鉱床　　375
- (4) 縞状鉄鉱層に伴う層状マンガン鉱床　　394

IX-7 低温熱水鉱床　　402
- (1) 炭酸塩岩中の層準規制鉛－亜鉛鉱床（ミシシッピーヴァレー型鉱床）　　402
- (2) 炭酸塩岩中の金鉱染鉱床（カーリン型鉱床）　　422
- (3) 不整合型ウラン鉱床　　436
- (4) 堆積岩中の層状銅鉱床（カッパーベルト型；マンスフェルト型鉱床）　　441

X 堆積鉱床　　448

X-1 化学的堆積鉱床　　448
- (1) 砂岩型ウラン鉱床　　448
- (2) 堆積マンガン鉱床　　458

X-2 風化残留鉱床と浅成二次富化作用　　463
- (1) ボーキサイト鉱床　　463

(2) ニッケル・ラテライト鉱床	469
(3) その他の風化残留鉱床	481
(4) 硫化物鉱床の浅成二次富化作用	483

X-3 漂砂鉱床 490
(1) 漂砂鉱床の型と生成過程	491
(2) 河川漂砂鉱床	492
(3) 海浜漂砂鉱床	496
(4) 礫岩型金－ウラン鉱床（ウィットワーテルスランド型鉱床）	500

文献 513

付録 533

1　鉱石鉱物表	534
2　世界の鉱種別鉱床分布図	540
2-1　金－銀鉱床分布図と国別生産量・埋蔵量	540
2-2　銅鉱床分布図と国別生産量・埋蔵量	542
2-3　亜鉛－鉛鉱床分布図と国別生産量・埋蔵量	544
2-4　鉄鉱床分布図と国別生産量・埋蔵量	546
2-5　白金族・モリブデン・マンガン鉱床分布図と国別生産量・埋蔵量	548
2-6　クロム・ニッケル－コバルト・タングステン鉱床分布図と国別生産量・埋蔵量	550
2-7　その他の金属の国別生産量・埋蔵量	552

事項索引 556

鉱床名索引 573

単位記号表

	記号	単位	換算率
長さ	μm	マイクロメートル	$10^{-6}m$
	mm	ミリメートル	$10^{-3}m$
	cm	センチメートル	$10^{-2}m$
	m	メートル	
	km	キロメートル	$10^{3}m$
面積	mm^2	平方ミリメートル	$10^{-6}m^2$
	cm^2	平方センチメートル	$10^{-4}m^2$
	m^2	平方メートル	
	km^2	平方キロメートル	$10^{6}m^2$
体積	m^3	立方メートル	
重量	g	グラム	
	kg	キログラム	$10^{3}g$
	t	トン	$10^{3}kg$
	oz	オンス	0.028kg
	Moz	メガオンス	$10^{6}oz$
時間	yr	年	365day
	day	日	24hr
	hr	時間	60min
	min	分	60s
	sec	秒	
	Ma	100万年前	
	Ga	10億年前	
温度	℃	摂氏度	
圧力	bar	バール	$0.98067kg/cm^2$
	kbar	キロバール	$10^{3}bar$
	Pa	パスカル	$10^{-5}bar$
	hPa	ヘクトパスカル	100Pa
	kPa	キロパスカル	1000Pa
重力	W	ワット	1 ジュール /sec
	kW	キロワット	$10^{3}W$
割合*	%	パーセント	1/100
	‰	パーミル	1/1000
	ppm	パートパーミリオン	$1/10^6$
	ppb	パートパービリオン	$1/10^9$

*とくに断わらない限り重量割合

図版のリスト

図I-1　鉱床の姿勢，形，大きさの表現
図II-1　酸化物と硫化物を含む苦鉄質岩の相平衡概念図(1)
図II-2　酸化物と硫化物を含む苦鉄質岩の相平衡概念図(2)
図II-3　1,000℃における花崗閃緑岩質マグマへの水の溶解度曲線
図II-4　後退沸騰を起こし結晶化が完全に進んだ場合の圧力とマグマ膨張率の関係
図II-5　酸素フガシティー－温度曲線(圧力 約1kb) 平衡鉱物：(1) 磁鉄鉱－赤鉄鉱, (2) 鉄橄欖石－磁鉄鉱－石英, (3) 磁硫鉄鉱－磁鉄鉱－黄鉄鉱, (4) 黒雲母(38% アンナイト)－カリ長石－磁鉄鉱, (4′) 黒雲母(18% アンナイト)－カリ長石－磁鉄鉱, (5) 灰長石－カリ長石－黄鉄鉱－白雲母－石英－無水石膏
図II-6　北太平洋における深さと酸素濃度との関係
図II-7　各種起源の水の同位体組成
図II-8　流体の等温圧力－比容積曲線
図II-9　300℃における水溶液中の硫黄化学種の f_{O_2} － pH 平衡図
図II-10　(a) $FeCl^+$ および (b) $FeCl^0$ の安定定数－温度－圧力図
図II-11　$ZnCl^+$, $ZnCl_2^0$, $ZnCl_3^-$, $ZnCl_4^{-2}$ の安定定数－温度－圧力図
図II-12　$PbCl^+$, $PbCl_2^0$, $PbCl_3^-$, $PbCl_4^{-2}$ の安定定数－温度図
図II-13　$CuCl^0$, $CuCl_2^-$ の安定定数－温度図（飽和蒸気圧）
図II-14　$AgCl^0$ (β_1), $AgCl_2^-$ (β_2), $AgCl_3^{-2}$ (β_3), $AgCl_4^{-3}$ (β_4) の安定定数－温度図
図II-15　$AuHS^0$ および $Au(HS)_2^-$ の安定定数－温度－圧力図
図II-16　HCl^0 イオン対の解離定数の温度－圧力変化
図II-17　SiO_2 鉱物の温度－溶解度曲線
図II-18　石英の温度－圧力－溶解度曲面
図II-19　石英の温度－pH－溶解度曲面（石英－液相－気相共存）
図II-20　石英の温度－NaCl濃度－溶解度曲（1kb）
図II-21　主要炭酸塩鉱物の溶解度積－温度曲線
図II-22　方解石の温度－CO_2圧力－溶解度曲面
図II-23　方解石の温度－NaCl濃度－溶解度曲面
図II-24　世界の主要海底熱水流体システムの分布
図II-25　拡大海嶺における熱水流体循環
図II-26　a Saltonトラフの構造的位置図　　b Saltonトラフ地域地質概図
図II-27　Salton Sea および北部Saltonトラフにおける地表水と熱水流体の同位体組成
図II-28　a　流体包有物の型　　b　流体包有物の構造
図II-29　流体包有物の加熱
図II-30　NaCl水溶液の P-V-T 関係
図II-31　NaCl水溶液の氷点曲線
図III-1　Fe-S-O 系相概念図
図III-2　磁硫鉄鉱付近 Fe-S 系相図
図III-3　Fe-S-O 系 f_{O_2}-f_{S_2} 図
図III-4　Cu-Fe-S 系相概念図
図III-5　Cu-Fe-S 系相図（300℃）
図III-6　Cu-Fe-S 系鉱物組み合わせの温度－f_{S_2} 図
図III-7　閃亜鉛鉱 FeS モル％－温度－f_{S_2} 図
図III-8　閃亜鉛鉱 FeS モル％－温度－圧力図
図III-9　Fe-As-S 系相概念図

図 III-10 硫砒鉄鉱の安定領域と As 原子％
図 III-11 輝銀鉱と共生するエレクトラムの Ag 原子率および閃亜鉛鉱の FeS モル％の温度－f_{S_2} 図
図 III-12 数種の鉱物組み合わせの温度－f_{S_2} 図
図 IV-1   硫黄化合物分別係数の温度変化
図 IV-2   閉鎖系での硫酸バクテリア還元の際の硫黄同位体分別
図 IV-3   隕石および地球構成物のδ^{34}S 変動幅
図 IV-4   海洋硫酸のδ^{34} 時間曲線
図 V-1   変質鉱物組み合わせ
図 V-2   珪長質〜中間質貫入岩からの熱水流体による変質
図 VI-1   Bushveld クロム鉄鉱顕微鏡画像
図 VI-2   Sudbury Ni-Cu 硫化物鉱石顕微鏡画像
図 VI-3   結晶成長組織
図 VI-4   コロフォーム組織
図 VI-5   交代組織 (1)
図 VI-6   交代組織 (2) 上北鉱山産鉱石－二次富化帯－顕微鏡写真
図 VI-7   Cu-Fe-S-O-H 系の Eh-pH 図
図 VI-8   離溶組織 (1) a 秩父鉱山産鉱石顕微鏡写真 b 釜石鉱山産鉱石顕微鏡写真
図 VI-9   離溶組織 (2) a 釜石鉱山産鉱石顕微鏡写真 b 大峰鉱山産鉱石顕微鏡画像
図 VI-10 Cu-Fe-S 系中間固溶体組成範囲
図 VI-11 変成組織 千原鉱山鉱石顕微鏡画像
図 VII-1 流体貯留槽を含む割目によって支配された鉱化熱水流体系概念図
図 VII-2 熱水系の流体フラックス垂直成分を支配する垂直流体圧勾配と透水係数
図 VII-3 a 収斂海洋－大陸プレート境界の構造，b 流体起原と流路の分布
図 VII-4 高温における多結晶粒子集合体の空隙
図 VII-5 高温の均衡応力環境での粒子間隙空隙率と透水係数との関係
図 VII-6 塑性―脆性変形条件での岩石変形と微小割目密度，連結性，透水係数との関係
図 VII-7 変成岩の粒子規模微小割目と葉理面の発達に伴う透水係数の異方性
図 VII-8 応力場と a 拡張割目，b 剪断割目，c 斜交拡張割目の間の方位関係
図 VII-9 低透水係数岩中の高透水係数断層または剪断帯周辺の垂直断面における流体圧による安定な流れパターン
図 VII-10 断層網成長における連結性の累進的進化
図 VII-11 破断による透水係数増加に続く断層内流体速度の進化
図 VII-12 断層弁の挙動と深部過圧流体貯留層中に食い込む断層帯周辺の流体の流れ分布
図 VII-13 閉塞帯を破る断層破断に伴う流体圧の進化
図 VII-14 静水圧付近の条件における断続的活動断層内流体の吸引ポンプモデル
図 VII-15 静水圧付近の条件における活動的正断層周辺の破壊帯中流体の再配分に対する空隙弾性効果
図 VII-16 a 拡大折目と収縮折目，b 断層端周辺に発達する翼割目と収縮スプレー，c 断層のずれに対する拡大折目の方位，d 逆断層，正断層，走向移動断層における折目の方位
図 VII-17 a St. Ives 金鉱床田の断層および鉱床分布図，b St. Ives 金鉱床田の共地震クーロン応力変化 (ΔCFS) 分布図
図 VII-18 Leonard 鉱山の断層支配鉱化作用に伴う翼状割目と拡張脈
図 VII-19 a 褶曲ヒンジ帯において接線長手方向歪みに伴う割目分布，b 褶曲翼部の比較的インコンピテントな層内において形成されるフレクシュラルフローを伴う雁行割目配列
図 VII-20 a 多重層シーケンスにおいてフレキシュラルスリップが形成する地層境界面のずれとヒンジ拡張，b コンピテント層とインコンピテント層の互層のシェブロン褶曲に伴うヒンジ拡張帯の形成
図 VII-21 a Abitibi グリーンストン帯の主断層および造山型金鉱床の分布，b Val d'Or 地域の剪断帯および造山型金鉱床の分布
図 VII-23 Val d'Or 地域の主要葉理および褶曲の軌跡概念図
図 VII-24 Sigma-Lamaque 鉱床地質図
図 VII-25 Sigma-Lamaque 鉱床断面図

図版のリスト　　xi

図 VII-26　a　Rice Lake 地域 San Antonio 鉱床地質図，b　同 A-A' 断面図，c　同 7 坑準地質片面図
図 VII-27　a　Star Lake 地域地質図，b　同地域 21 Zone 鉱床地質図，c　同断面図
図 VII-28　グリーンストン帯中の石英鉱脈網の一般的形態と構造
図 VII-29　剪断帯における断層充填鉱脈と拡張脈，およびその短縮軸 dz，拡張軸 dx との関係
図 VII-30　剪断帯中の断層充填鉱脈
図 VII-31　Louvicourt Goldfield 鉱床の地質
図 VII-32　a　拡張鉱脈，斜交拡張鉱脈，断層充填鉱脈の拡大と岩石塊の全歪みとの関係，b　Sigma-Lamaque 鉱床の鉱脈網に基づく共役剪断帯，断層充填鉱脈，拡張鉱脈，全歪み軸の関係
図 VII-33　沈み込み帯と大陸マグマ弧を含む断面図
図 VII-34　斑岩銅鉱床生成火山―深成岩系模式断面図
図 VII-35　北チリ鉱床分布図
図 VII-36　深さ 1～3km における岩株キュポラに形成された斑岩銅鉱床中の流体循環
図 VII-37　上昇する浅所の岩株上の推定主応力軌跡分布図
図 VII-38　斑岩銅鉱床に発達する鉱化割目および鉱脈配列
図 VIII-1　Bushveld 複合岩体付近地質図
図 VIII-2　Critical zone 上部の火成岩サイクル
図 VIII-3　Merensky リーフ柱状図
図 VIII-4　甌穴を含む Merensky リーフ断面図
図 VIII-5　Great Dke 複合岩体付近地質図
図 VIII-6　Great Dyke Darwenale 部体超苦鉄質岩帯柱状図
図 VIII-7　Kemi 層状貫入岩体地質図および断面図
図 VIII-8　Stillwater 層状貫入岩体地質図
図 VIII-9　Stillwater 層状貫入岩体柱状図
図 VIII-10　マグマの乱流的注入
図 VIII-11　橄欖石―クロム鉄鉱―斜方輝石ジョイン陽イオンノルム投影図
図 VIII-12　Bushveld マグマ分化過程における硫化物溶解度曲線の概念図
図 VIII-13　a　マグマの対流と差別分化を示す Great Dyke 断面図，b　Great Dyke マグマ分化過程における硫化物溶解度曲線の概念図
図 VIII-14　ウラル造山帯南部構造図
図 VIII-15　Kempirsai 超苦鉄質地塊の地質とクロム鉱床分布
図 VIII-16　40 years of the Kozakh SSR 鉱床および Molodezhnoye 鉱床断面図
図 VIII-17　シベリア卓上地西北端部地質概図
図 VIII-18　Talnakh 鉱床断面図
図 VIII-19　Noril'sk － Talnakh 鉱床生成モデル図
図 VIII-20　Sudbury 地域地質図
図 VIII-21　Sudbury 北帯・南帯の主要地質単位
図 VIII-22　Murray 鉱床断面図
図 VIII-23　Strathcona 鉱床 2625ft 坑地質図
図 VIII-24　Frood 鉱床断面図
図 VIII-25　Sudbury 複合岩体と Ni-Cu 鉱床の生成モデル
図 VIII-26　Junchuan (金川) 鉱床付近地質図
図 VIII-27　Junchuan 鉱床断面図
図 VIII-28　Kambalda ドーム地域地質図（鉱床は投影図）
図 VIII-29　Kambalda ドーム断面図
図 VIII-30　Kambalda 地域の地史
図 VIII-31　Kambalda コマチアイト層 Siner Lake 部層における硫化物鉱体の位置，流路相と岩床状溶岩流相の関係
図 VIII-32　ニッケル硫化物鉱体柱状図
図 VIII-33　Long 鉱床 702 坑道地質図
図 VIII-34　Hunt 鉱床 E-W 断面図

図VIII-35　a　Hunt鉱床，b　Otter-Juan鉱床断面図
図VIII-36　北アメリカ原生代斜長岩分布図
図VIII-37　Voisey's Bay鉱床付近地質図
図VIII-38　Voisey's Bay鉱床に伴うトロクトライト－斑糲岩，硫化物帯，主要構造要素の地表投影図
図VIII-39　a　Eastern Deepsマグマ溜付近断面図　b　Western Deepsマグマ溜付近断面図
図IX-1　Oquirrh山地付近地質概図
図IX-2　Bingham火成岩類のIUGS分類図
図IX-3　Bingham Canyon鉱床地質図
図IX-4　Bingham Canyon鉱床断面図
図IX-5　Bingham Canyon鉱床の変質帯と金属分布図
図IX-6　Mankayan地域地質図および鉱床投影図
図IX-7　FSEおよびLepanto鉱床のNW-SE方向模式的地質断面図
図IX-8　FSEおよびLepanto鉱床のNW-SE方向模式的変質分帯図
図IX-9　計算によって得られた火成岩造岩鉱物・熱水鉱物と平衡な流体の$\delta^{18}O$-δD組成図
図IX-10　Chuquicamata地域地質図
図IX-11　1998年Chuquicamata露天採掘場における露出岩石と主要地質構造
図IX-12　a　変質帯を示す断面図，b　主要鉱石鉱物組み合わせを示す断面図
図IX-13　Cadia地域地質図
図IX-14　Ridgeway鉱床付近地質断面図
図IX-15　5,280m坑準の地質平面概図と鉱石品位分布図
図IX-16　変質分帯断面図
図IX-17　H_2O-NaCl系相図
図IX-18　地殻環境および斑岩銅鉱床中の水の酸素および水素同位体組成
図IX-19　溶融体中に溶解する残留水と分離した超臨界流体，相分離後の気相と液相の水素同位体組成進化
図IX-20　種々の固相（細線）および気相（破線と太線）の緩衝反応，種々のマグマ生成範囲，斑岩型鉱床の生成範囲を示す温度－f_{O_2}図
図IX-21　Climax鉱床地域地質断面図
図IX-22　Climax鉱床　a　地質断面図，b　平面図
図IX-23　Endako地域地質図
図IX-24　a　Endako-Denak鉱床地質図，b　同鉱床熱水変質帯分布図
図IX-25　Maricunga帯地質図
図IX-26　Refugio地域地質図
図IX-27　a　Verde鉱床の変質帯と脈型分布，b　Verde鉱床の金品位分布
図IX-28　a　Pancho鉱床の変質帯と脈型分布
図IX-28　b　Pancho鉱床の金品位分布
図IX-29　各型のスカルン鉱床に産する柘榴石と単斜輝石の化学組成範囲
図IX-30　Bingham鉱床地域北部地質図
図IX-31　Carr Fork鉱床地質図（Parnel石灰岩を交代するスカルン分布図）
図IX-32　Carr Fork鉱床のNW方向地質断面図
図IX-33　North Ore Shoot鉱床地質図
図IX-34　Shyzhuyuan（柿竹園）鉱山地域地質図
図IX-35　Shyzhuyuan鉱床地質断面図
図IX-36　単斜輝石・柘榴石の組成
図IX-37　B,C,D型鉱石中流体包有物の均質化温度－塩濃度図
図IX-38　B, C, D型鉱石中流体包有物の$\delta^{18}O$－δD図
図IX-39　神岡鉱床付近地質図
図IX-40　神岡鉱床地質図
図IX-41　神岡鉱山茂住鉱床の模式的地質断面図
図IX-42　杢地鉱・白地鉱の鉱物晶出順序
図IX-43　a　杢地鉱A-1期400℃ f_{CO_2}-X_{CO_2}相図，b　白地鉱B-2期320℃ f_{CO_2}-X_{CO_2}相図

図 IX-44　杢地鉱・白地鉱生成過程におけるf_{O_2}-X_{CO_2}変化図
図 IX-45　茂住鉱床生成モデル
図 IX-46　Xihushan(西華山)地域地質概図
図 IX-47　西華山花崗岩複合岩株地質図
図 IX-48　燕山期花崗岩類 ACF 図
図 IX-49　西華山鉱床地質図
図 IX-50　a　鉱石・母岩変質の累帯配列，b 62 号鉱脈の品位分布図
図 IX-51　パプアニューギニア付近プレートテクトニクス図
図 IX-52　Porgera 金鉱床付近地質図
図 IX-53　Porgera 鉱床断面図
図 IX-54　段階 2 石英中流体包有物のδ^{18}O-δD 組成図
図 IX-55　Kidston 角礫岩パイプ地質図
図 IX-56　後－角礫岩パイプ早期・後期鉱化作用および変質作用
図 IX-57　a　Leadville 地域地質図　b　Leadville 地域古生層柱状図
図 IX-58　Leadville 地域交代型鉱床地表投影図
図 IX-59　Black Cloud 鉱山 504S 鉱体東西断面図
図 IX-60　Potosi 地域地質図
図 IX-61　Cerro Rico de Potosi 鉱床地質断面図
図 IX-62　a　Cerro Rico de Potosi 鉱床地質平面図(0 坑準)，b　Cerro Rico de Potosi 鉱床地質平面図(-7 坑準)
図 IX-63　鉱物晶出順序
図 IX-64　Gowler クラトンおよび Stuart 陸棚の地質図
図 IX-65　Gowler クラトンおよび Stuart 陸棚の A-B 地質断面図
図 IX-66　Olympic Dam 角礫岩複合岩体地質平面図
図 IX-67　Olympic Dam 鉱床 -320m 坑準地質平面図
図 IX-68　Olympic Dam 鉱床地質断面図
図 IX-69　Kiruna 地域地質図
図 IX-70　Kiruna 地域鉱床・変質分帯図
図 IX-71　Bayan Obo 地域地質図
図 IX-72　主鉱体と東鉱体の鉱石分布図
図 IX-73　Yurgan 地塊地質概図
図 IX-74　Kalgoorlie グリーンストン帯地質図
図 IX-75　Golden Mile 地区地質図
図 IX-76　Golden Mile 鉱床断面図
図 IX-77　Golden Mile 地区 Lake View 鉱山 4 坑準 D 鉱脈（一部）地質平面図
図 IX-78　Oroya および Fimiston 型鉱床の硫黄同位体組成
図 IX-79　中央アジア Tien Shan 褶曲・衝上断層系
図 IX-80　ウズベキスタン西部地質概図
図 IX-81　Muruntau 地域地質概図
図 IX-82　Muruntau 鉱床付近地質図
図 IX-83　Muruntau 鉱床　a　地質平面図，b および c　断面図
図 IX-84　Muruntau 地域の Au および As 異常値分布図
図 IX-85　種々の型の金鉱床流体包有物 NaCl-H$_2$O-CO$_2$ モル分率図
図 IX-86　造山型金鉱床，斑岩型金鉱床，浅熱水金鉱床鉱化流体のδ^{18}O-δD 組成図
図 IX-87　Cajamarca 地方の地質概図
図 IX-88　Yanacocha 地域地質図
図 IX-89　Yanacocha 地域母岩の変質分帯図
図 IX-90　Lepanto 鉱床断面図
図 IX-91　a　FSE および Lepanto 鉱床の断面に流体包有物データを示す　b　FSE および Lepant 鉱床の流体包有物均質化温度－塩濃度図
図 IX-92　Comstock 地域地質図

図 IX-93　Comstock 鉱床地質断面図
図 IX-94　Comstock 地域変質帯分布図
図 IX-95　a　Comstock 断層帯西側断層 4 レベル平面図（鉱体位置を太線で示す），b　Comstock Lode 鉱化体における鉱体の長軸方向垂直投影図
図 IX-96　パプアニューギニア－ソロモン群島プレートテクトニクス図
図 IX-97　現在のパプアニューギニア北東部のプレートテクトニクス
図 IX-98　Lihir 島地質図
図 IX-99　a　-100m 坑準における Ladolam 鉱床地質平面図　b　Luise 火口内金鉱化作用の分布
図 IX-100　a　Ladolam 鉱床地質断面図(1)　b　同変質分帯断面図　c　同金品位分布断面図
図 IX-101　a　Ladolam 鉱床地質断面図(2)　b　同変質分帯断面図　c　同金品位分布断面図
図 IX-102　第 2・3 段階の均質化温度－ NaCl 相当塩濃度図
図 IX-103　Ladolam 鉱床産硫化鉱物・硫酸塩鉱物の $\delta^{34}S$
図 IX-104　現在の Ladolam 地域地熱水の同位体組成
図 IX-105　菱刈地域地質図
図 IX-106　菱刈鉱山付近地質図
図 IX-107　富鉱体と不整合面との関係
図 IX-108　菱刈鉱山付近 A-A' 地質断面図
図 IX-109　早期鉱脈と後期鉱脈の産状例
図 IX-110　菱刈鉱山付近変質分帯地表平面図
図 IX-111　菱刈鉱山付近 B-B'，C-C' 地質・変質分帯断面図
図 IX-112　a　芳泉 1 脈の盤際から脈中心までの鉱物の産状と $\delta^{18}O$ 値の変化　b　a 図の IV 期バンドの石英の産状と $\delta^{18}O$ 値の変化
図 IX-113　氷長石，石英と平衡な水，および粘土鉱物とそれに平衡な水の $\delta^{18}O$ 値および δD 値
図 IX-114　a　菱刈鉱床付近 $\delta^{18}O$ 等値線平面図，b　同断面図
図 IX-115　a　深成マグマ水からの塩酸－硫酸酸性溶液の生成，b　水蒸気加熱酸化による硫酸水の生成
図 IX-116　a　純水と CO_2 を含む水の沸騰点－深さ曲線と地熱井の温度－深さ曲線　b　地熱系中心部の変質鉱物の分布　c　地熱系周縁部の変質鉱物の分布
図 IX-117　火山性塊状硫化物鉱床の Cu-Pb-Zn 三成分図
図 IX-118　北部オマーン山地 Semail オフィオライト
図 IX-119　北部オマーン山地 Semail オフィオライト柱状図
図 IX-120　後期白亜紀 Semail ナップの進化
図 IX-121　a　Lasail 鉱床付近地質図，b　同断面図
図 IX-122　Windy Peak 地域地表地質図
図 IX-123　Windy Craggy 鉱床 1,400m 坑準地質図
図 IX-124　北・南硫化物鉱体断面図
図 IX-125　Windy Craggy 鉱床鉱条帯の石英・方解石中流体包有物の塩濃度と均質化温度
図 IX-126　海水および 10%NaCl 相当塩濃度流体の温度－圧力－組成図
図 IX-127　Kidd-Munro 集合帯の地質図
図 IX-128　Kidd Creek 鉱床地域地質図
図 IX-129　Kidd Creek 鉱床地域地質柱状図
図 IX-130　a　Kidd Creek 鉱床地表地質図
図 IX-130　b　Kidd Creek 鉱床断面図
図 IX-131　Kidd Creek 鉱床 2300 坑準地質図
図 IX-132　Kidd Creek 鉱床 2300 坑準における金属累帯分布
図 IX-133　Kidd Creek 南鉱体周辺の変質帯
図 IX-134　菱鉄鉱および石英の均質化温度と塩濃度
図 IX-135　130Ma から現在までの日本および日本海のプレートテクトニクス
図 IX-136　北鹿地域の地質図
図 IX-137　北鹿地域地質柱状図
図 IX-138　北鹿地域黒鉱鉱床断面図

図 IX-139　主要鉱石鉱物・脈石鉱物の晶出順序
図 IX-140　深沢鉱床周縁の母岩の変質分帯および $\delta^{18}O$ 値分布図
図 IX-141　小坂上向・内の岱鉱床珪鉱中石英流体包有物均質化温度
図 IX-142　a　北鹿地域黒鉱鉱床流体包有物均質化温度の時間変化
図 IX-143　$NaCl$-H_2O-CO_2 系温度－圧力図
図 IX-144　a　北鹿地域黒鉱鉱床の δD および $\delta^{18}O$ 値
図 IX-145　釈迦内鉱床第1鉱体における硫黄同位体組成変化
図 IX-146　黒鉱鉱床の硫黄の起原に関する硬石膏緩衝説
図 IX-147　a　黒鉱鉱化流体の ΣSO_4^2 および H_2S 濃度計算値と pH4.5 において硬石膏と平衡な ΣSO_4^2 濃度(Ca 0.05m/kgH_2O)　b　$\delta^{34}S = 5 \pm 3$ の H_2S を含む黒鉱鉱化流体の ΣS の $\delta^{34}S$ 範囲計算値.
図 IX-148　北鹿地域の硫化鉱物・全岩試料の硫黄同位体組成
図 IX-149　a　北鹿地域黒鉱鉱床産黒鉱および黄鉱の鉛同位体組成，b　小坂地域鉱石および岩石の鉛同位体組成
図 IX-150　黒鉱鉱床生成モデル
図 IX-151　a　後期カンブリア紀～中期オルドビス紀 Buthurst 地域の構造進化　b　Tetagouche-Ezploits 背弧海盆発展と閉鎖の概念的モデル
図 IX-152　Bathurst 地域地質図
図 IX-153　Bathurst 地域の構造塊，構造片，ナップ分布図
図 IX-154　Bathurst 地域の地質柱状図・鉱床層準図
図 IX-155　a　Brunswick No.12 鉱床 575m 坑準地質平面図　b　同地質断面図
図 IX156　Brunswick No.12 鉱床の模式的変質分帯図
図 IX-157　Bathurst 地域塊状硫化物鉱床の $\delta^{34}S$ 値ヒストグラム
図 IX-158　a　上部地殻，造山帯，マントルの $^{207}Pb/^{204}Pb - ^{206}Pb/^{204}Pb$ 成長曲線　b　Buthurst 地域塊状硫化物鉱床 $^{207}Pb/^{204}Pb - ^{206}Pb/^{204}Pb$ 図
図 IX-159　Bathurst 地域塊状硫化物鉱床の生成モデル
図 IX-160　Broken Hill 地塊・Redan 地塊の Willyama 累層群分布図
図 IX-161　Broken Hill 地塊 Willyama 層群の火山活動，堆積物，海底熱水鉱化作用
図 IX-162　Broken Hill 鉱床付近地質図
図 IX-163　Broken Hill 鉱床断面図
図 IX-164　Howards Pass 鉱床地域地質図
図 IX-165　Howards Pass 亜堆積盆鉱化部層柱状図
図 IX-166　Selwyn 堆積盆総合柱状図および黄鉄鉱・重晶石 $\delta^{34}S$ の時間変化
図 IX-167　a　Tom 鉱床流体包有物均質化温度
図 IX-168　Selwyn 堆積盆中噴出堆積硫化物鉱床の鉛同位体組成
図 IX-169　a　Silvermines 鉱床鉱化流体の $\delta^{18}O - \delta D$ 組成図
図 IX-170　噴気堆積硫化物鉱床熱水上昇メカニズム
図 IX-171　McArthur River 鉱床の硫化物沈殿モデル
図 IX-172　McArthur River 鉱床産閃亜鉛鉱の $\delta^{34}S$ ヒストグラム
図 IX-173　CarajasN4E 鉱床付近地質図
図 IX-174　CarajasN4E 鉱床地質断面図
図 IX-175　Carajas 地域未変質苦鉄質岩・近接変質苦鉄質岩・広域変質苦鉄質岩の化学組成
図 IX-176　赤鉄鉱－炭酸塩，磁鉄鉱－炭酸塩，磁鉄鉱－角閃石初生原鉱石の安定関係を示す T-f_{O_2} 図
図 IX-177　Hamersley 地域地質概図
図 IX-178　Hamersley 地域地質層序・構造柱状図
図 IX-179　Mount Tom Price 鉄鉱床付近地質図
図 IX-180　Hamersley 地域 Mount Tom Price 鉱床地質断面図
図 IX-181　Mount Tom Price 鉱床北部鉱体地質断面図
図 IX-182　新鮮・風化・変質粗粒玄武岩岩脈の Fe-MgO および Fe-SiO_2 図
図 IX-183　Mount Tom Price 鉱床付近炭酸塩鉱物の $\delta^{18}O - \delta^{13}C$ 図
図 IX-184　Mount Tom Price 鉱床産石英・炭酸塩鉱物中流体包有物の均質化温度－NaCl 相当濃度図

図 IX-185　縞状鉄鉱層から Mount Tom Price 高品位赤鉄鉱鉄鉱床への進化過程
図 IX-186　北 Cape 地域地質概図
図 IX-187　Kalahari 地域マンガン鉱床地表投影図
図 IX-188　Hotazel 層地質柱状図
図 IX-189　Mamatwan 鉱山マンガン鉱層の鉱物組成変化
図 IX-190　北部 Kalahari マンガン鉱床地質断面図
図 IX-191　Nchwanning 鉱山における鉱物組成と鉱石型，炭酸塩鉱物脈の分布と Mn, Fe, SiO_2 の変化との関係
図 IX-192　Ozark 地域地質概図
図 IX-193　a　南東 Missouri 地域鉱床分布図，b　同地質柱状図
図 IX-194　Viburunum Trend 鉱床鉱体分布図
図 IX-195　主要鉱物の産状と共生関係
図 IX-196　a　鉱石試料の鉛同位体組成図
図 IX-196　b　岩石中の微量の鉛を含む硫化鉄鉱物試料の鉛同位体組成図
図 IX-197　岩石溶出鉛同位体組成図
図 IX-198　a　Silesia-Cracow 亜鉛－鉛鉱床地域地質図，b　同 A-A' 地質断面図，c　同中生代以降地質柱状図
図 IX-199　Klucze 鉱床地質断面図
図 IX-200　主要鉱石鉱物・脈石鉱物の晶出順序
図 IX-201　a　晶出期の異なる閃亜鉛鉱の As, Tl 量変化，b　同流体包有物中のイオン比変化
図 IX-202　主要鉱物の硫黄同位体組成
図 IX-203　中期第三紀における Silesia-Cracow 地域の地域的水理系モデル
図 IX-204　北部 Carlin 帯地質概図
図 IX-205　Carlin 帯地質柱状図と金鉱化層準
図 IX-206　Carlin 金鉱床地質図
図 IX-207　Meikle 鉱床地質断面図
図 IX-208　カーリン型鉱床の流体包有物測定データ
図 IX-209　主鉱化段階・後期鉱化段階の最低生成温度および最低生成圧力
図 IX-210　カーリン型鉱床の $\delta D - \delta^{18}O$ 組成図
図 IX-211　カーリン型鉱床および関連岩石中鉱物の硫黄同位体組成
図 IX-212　Athabasca 堆積盆地質図
図 IX-213　McArthur River 鉱床地質断面概図
図 IX-214　主要鉱物晶出順序
図 IX-215　H_2O-NaCl-$CaCl_2$ 系相図と各型の流体包有物の組成
図 IX-216　均質化温度－Na/Ca 図
図 IX-217　ポーランド地質構造概図と Konrad-Lubin 地域銅鉱床の位置
図 IX-218　図 IX-217 の A-B 地質断面図
図 IX-219　a　Zechstein 層基底部層序と銅鉱床層準，b　図 IX-1 P点における鉱化帯柱状図，c　Lubin 地域の銅鉱化帯・金鉱化帯柱状図
図 IX-220　図 IX-1 における XY 間の還元帯・遷移帯・酸化帯の発達と硫化物鉱化作用
図 IX-221　ポーランド含銅頁岩鉱化帯の金属累帯配列
図 IX-222　Lubin 地域 Polkowice 鉱山金鉱床金属量変化図
図 X-1　Colorado 高原地域の主要ウラン鉱床の位置と主要地質構造
図 X-2　Henry 堆積盆の Morrison 層地質柱状図
図 X-3　a　Henry 堆積盆における Morrison 層の分布，b　U-V 鉱床分布図，c　U-V 鉱床断面図
図 X-4　Henry 堆積盆膠結ドロマイトの分布
図 X-5　Salt Wash 部層・Tidwell 部層全岩過剰 Mg/Al モル比
図 X-6　Henry 堆積盆有機炭素の分布
図 X-7　Henry 堆積盆 Th/U 重量比の変化
図 X-8　a　Tony M. 鉱体付近における黄鉄鉱の $\delta^{34}S$ 変化，b　Henry 堆積盆黄鉄鉱・硫酸塩鉱物の $\delta^{34}S$ ヒストグラム

図X-9　a　Tony M.鉱体付近における膠結ドロマイトのδ^{13}Cおよびδ^{18}O変化，Summerville層・Morrison層における方解石・ドロマイトの，b　δ^{13}Cヒストグラム，c　δ^{18}Oヒストグラム
図X-10　Morrison層膠結粘土鉱物のδD-δ^{18}O図
図X-11　Henry堆積盆U-V鉱化作用の形成モデル
図X-12　a　Groote Eylandt鉱床地質概図(鉱床は投影)，b　a図A-B地質断面図，c　Groote Eylandt地域およびMn鉱床地質柱状図
図X-13　マンガンおよび鉄化合物Eh-pH安定領域図
図X-14　黒海海水柱状図
図X-15　海水層構造をなす堆積盆の周縁に沿ったマンガン鉱床堆積モデル
図X-16　現在の黒海における含Mn堆積物の分布
図X-17　海洋無酸素事変期
図X-18　正ボーキサイト鉱床断面
図X-19　潜在ボーキサイト鉱床断面図
図X-20　a　Cape York半島地質図　b　A-B地質断面図
図X-21　a　Weipa鉱床地質断面図　b　同風化帯断面図
図X-22　ニューカレドニア島地質概図
図X-23　後期中生代から中期新生代のニューカレドニア・テクトニックスの進化
図X-24　鉱床位置図
図X-25　含水Mg珪酸塩型鉱床断面と化学組成
図X-26　酸化物型鉱床断面と化学組成
図X-27　超苦鉄質岩露出分布図
図X-28　Niラテライト鉱床主要生成期
図X-29　粘土珪酸塩型鉱床断面図と化学組成
図X-30　金ラテライト鉱床断面モデル
図X-31　浅成銅硫化物・酸化物鉱物の安定Eh-pH図
図X-32　黄鉄鉱と黄銅鉱の接触によるガルヴァーニ電池酸化作用
図X-33　北部チリにおいて漸新世〜中新世に発達した斑岩銅鉱床の風化断面
図X-34　Escondida斑岩銅鉱床断面図
図X-35　El Aabra斑岩銅鉱床の浅成風化断面図
図X-36　南北アメリカ西部の斑岩銅鉱床およびネバダ州金鉱床の一次鉱床生成期と二次浅成風化作用期
図X-37　海浜地形
図X-38　ラグ鉱床および集積漂砂鉱床形成の累進的段階
図X-39　累進的侵食・堆積相を示す河川系の長手方向および横断面図
図X-40　オーストラリア・ニューサウスウェールズ完新世Cudgen海浜漂砂鉱床の累進的段階形成モデル
図X-41　東オーストラリア・ミネラルサンド鉱床群
図X-42　北Stradbroke島地質図・断面図
図X-43　Kaapavaalクラトンの太古代層序単位
図X-44　Witwatersrand堆積盆地質概図および鉱床田位置
図X-45　Witwatersrand累層群柱状図と金鉱体の層準および金生産量比
図X-46　KaapvaalクラトンおよびWitwatersrand堆積盆の構造−熱進化と金鉱化作用・熱水変質・金の移動
図X-47　Vaal鉱体における鉱体層厚と金品位の関係
図X-48　礫岩中ジルコン原生成年代ヒストグラムおよびKaapvaalクラトン内起原岩石の生成年代範囲
図X-49　Witwatersrand金鉱床，他金鉱床，種々の岩石，隕石硫化物，マントル物質のRe-Os図
付録2-1　金−銀鉱床分布図
付録2-2　銅鉱床分布図
付録2-3　亜鉛−鉛鉱床分布図
付録2-4　鉄鉱床分布図
付録2-5　白金族・モリブデン・マンガン鉱床分布図
付録2-6　クロム・ニッケル−コバルト・タングステン鉱床分布図

I 序論

I-1 鉱床

　工業的に重要な金属 Al, Fe, Mg は地殻中に 2 ％以上含まれるが，他の大部分の金属は％以下である．例えば Cu は地殻の 0.0058 ％を占めるに過ぎない．これら金属を含む鉱物が地質過程によって地殻中の小さな空間に濃集して経済的にこれを採掘できることがある．このような鉱物の濃集部を鉱床といい，採掘の対象となる鉱物を鉱石鉱物という．主要な鉱石鉱物の化学式を表 I-1 に示す．採掘されても必要としないすべての鉱物を脈石鉱物という．一般に鉱床は均質ではなく鉱石

表 I-1　主要鉱石鉱物

対象元素	鉱物名	化学式	対象元素	鉱物名	化学式
Ag	自然銀	Ag	Hg	辰砂	HgS
	輝銀鉱	Ag_2S	Mn	軟マンガン鉱	MnO_2
Al	ベーマイト	AlO(OH)	Mo	輝水鉛鉱	MoS_2
	ギブサイト	$AlO(OH)_2$	Ni	ペントランド鉱	(Fe, Ni)S
	ダイアスポア	AlO(OH)	Pb	方鉛鉱	PbS
Au	自然金	Au	Sn	錫石	SnO_2
Cu	黄銅鉱	$CuFeS_2$	Ti	ルチル	TiO_2
	斑銅鉱	Cu_5FeS_4		イルメナイト	$FeTiO_3$
Co	輝コバルト鉱	CoAsS	U	閃ウラン鉱	UO_2
Cr	クロム鉄鉱	$FeCr_2O_4$	W	灰重石	$CaWO_4$
Fe	磁鉄鉱	Fe_3O_4		鉄マンガン重石	$(Fe, Mn)WO_4$
	赤鉄鉱	Fe_2O_3	Zn	閃亜鉛鉱	(Zn, Fe)S

鉱物が比較的多く濃集し，経済的に価値のある部分と，鉱石鉱物が少なく経済的価値がない部分があり，前者を鉱石，後者を脈石という．両者はしばしば混在する．

　有用元素の鉱床中の濃度を品位といい，これと地殻中の濃度との比をその元素の経済的濃集係数という（表 I-2）．例えば Fe は地殻中濃度が約 5.8% であるが，Fe 鉱石が経済的に回収することができるためには 50 ％の Fe を含んでいなければならない．いいかえると，Fe の経済的濃集係数は，およ

表 I-2　主要元素の経済的濃縮係数

元素	地殻中濃度	品位	経済的濃集係数
Ag	80ppb	100~420g/t	1,250~5,250
Al	84,100ppm	Al_2O_3 30%	1.9
Au	3.0ppb	6~8g/t	2,000~2,666
Cu	75ppm	1%	1,333
Co	29ppm	5%	1,724
Cr	185ppm	Cr_2O_3 32%	1,189
Fe	5.80%	50%	8.62
Mn	1,400ppm	55%	393
Ni	0.01%	1%	95
Pb	8,000ppb	5%	6,250
Sn	2,500ppb	1%	4,000
W	1,000ppb	WO_3 0.5%	4,000
Zn	80ppm	5%	625

そ 10 であるということができる．Cu が経済的に回収できるには約 1% の品位が必要である．世界の年間 Cu 生産量は約 1,500 万 t である．これはこの量の純粋な Cu を回収するために，約 100 倍の，すなわち約 15 億 t の脈石または脈石鉱物を採掘しなければならないことを意味する．

II-2　鉱床の分類

鉱床は，成因，形態，主要含有元素など様々な方法で分類される．ここでは，成因的分類および形態的分類について述べた後，含有元素を加味した鉱床の総合的分類を述べることにする．

(1) 成因的分類

鉱床は火成活動，堆積作用，変成作用あるいはこれらの組み合わせによって生成される．

マグマ鉱床　マグマから鉱石鉱物が直接晶出・濃集した鉱床をマグマ鉱床という．生成温度は 800 ℃以上で最も高温で生成される鉱床である．マグマから鉱石鉱物が分離・濃集する過程として結晶分化作用と液相不混和がある．結晶分化作用は火成岩での造岩鉱物の晶出過程と同様である．珪酸塩を主成分とするマグマ中に酸化物あるいは硫化物成分が一定以上含まれると均質に混じり合うことができず酸化物マグマあるいは硫化物マグマとして分離する．これを液相不混和という．分離したマグマは一般に珪酸塩マグマより重いのでマグマ溜りの底部に沈降し，これから鉱石鉱物が晶出して鉱床を生成する．

熱水鉱床　熱水循環システムが形成され，熱水によって溶解し運搬された物質が限られた場所に沈殿して濃集生成した鉱床を熱水鉱床という．その生成温度は 600 ℃から 100 ℃前後の広範囲にわたる．熱水を構成する水の起源としてマグマ水，天水，海水，遺留水，変成水が考えられ，二種類以上の水が混合していることが多い．熱水循環システムの原動力はマグマあるいは冷却過程にある火成岩の持つ熱エネルギーであることが多いが，マグマ活動と関係のない地球内部熱と考えられる場合もある．

堆積鉱床　堆積作用によって生成した鉱床を堆積鉱床という．堆積鉱床には堆積物が堆積の場で生成される原地性堆積鉱床と，堆積物が堆積の場の外から運ばれる異地性堆積鉱床に大別される．前者に属するものとして化学的堆積鉱床および風化残留鉱床があり，後者に属するものとして漂砂鉱床がある．海水，湖水，河川水，地下水中に溶解した物質が化学的作用により沈殿堆積した鉱床を化学的堆積鉱床，岩石，鉱床が風化作用により土壌を形成する過程で難溶性物質がほぼ原岩石または鉱床付近に濃集して生成された鉱床を風化残留鉱床という．また，風化浸食作用によって生成した砕屑物質のうち，化学的に安定で比重が高く経済的に価値がある鉱物が流体の淘汰作用により分別堆積した鉱床を漂砂鉱床という．いずれも地表またはその近くで生成され生成温度圧力が低い．

変成鉱床　変成作用によって特定の元素または鉱物が濃集して生成した鉱床と，既存の鉱床が変成作用を受けてその性質を変えた鉱床と定義されているが，後者の場合，通常変成作用を受ける前の原鉱床の性質によって分類される．

鉱床はこれを取り囲む岩石すなわち母岩との生成時期的な関係により，母岩と同時に生成した同成鉱床と，母岩より後期に生成した後成鉱床とに分けられる．

(2) 形態的分類

鉱床の形態は様々であり，その立体的な姿勢，形，大きさを定量的に完全に表現する共通的方法はない．例として図 I-1 について説明するが，個々の鉱床については，これに準じて表現し，不足する場合は適宜，付加的表示をすればよい．鉱床の水平断面において一つの方向に最も長いとき，その方向を走向（AB）という．また鉱体の最長方向を軸（CD）といい，水平面において走向と直角をなす方向（OE）と軸とのなす角（α）を傾斜という．軸を含む垂直面と水平面との交線（FO）と軸とのなす角（β）をプランジ，軸と走向とのなす角（γ）をピッチといい，水平面において，走向と直角をなす方向の鉱床の長さを幅（W），軸を含む垂直面において，軸と直角をなす方向の鉱床の長さを厚さという．

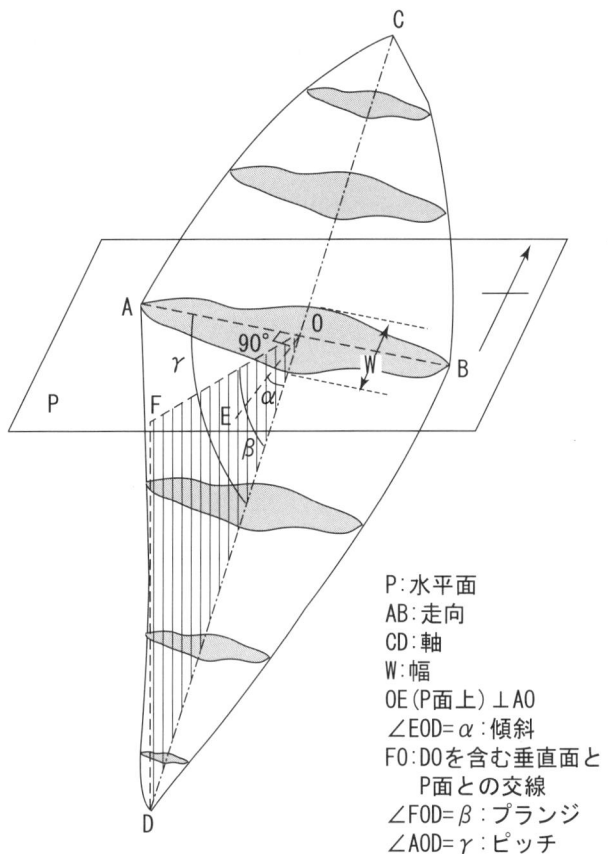

図 I-1 鉱床の姿勢，形，大きさの表現

鉱脈 走向および軸方向に良く発達し，厚さは比較的薄い板のような形をした鉱床を鉱脈という．鉱脈は母岩中に形成された割れ目や断層中に熱水が侵入し，そこで鉱物が沈殿して生成された熱水鉱床の一種であり，後成鉱床である．

角礫状鉱床 断層角礫あるいは種々の成因の角礫岩パイプ中に熱水が侵入し，主として空隙を充填するか，マトリックスを交代して生成された鉱床．

パイプ状鉱床 軸方向にのみ良く発達し，走向方向と厚さ方向の長さが短くほぼ等しい筒のような形をした鉱床をパイプ状鉱床といい，パイプ状鉱床のうち，水平または水平に近い鉱床をマント鉱床ということがある．パイプ状鉱床は，一般に断層，割れ目，岩脈，層理面，溶岩流など面構造の交差部に熱水が侵入し形成される．

塊状鉱床 板状（脈状），パイプ状などのように規則的な形を示さず，全体として不規則な形態をなし，鉱床の大部分が鉱石鉱物の緻密な集合体からなる塊状鉱石からなる鉱床をいう．塊状鉱床は熱水の交代作用によって形成された後成鉱床であることが多い．この場合，岩石の割れ目や断層，地層境界面，層理面に沿って鉱液が侵入し，周囲の岩石を交代して鉱床が生成され，その結果，全体として不規則な形態を示す．したがって断層や岩石の割れ目あるいは褶曲などの地質構造と鉱床の形態とは密接な関係がある．海底火山活動に伴う熱水の噴出によって生成された海底熱水鉱床では，硫化物からなる煙突状の物体が崩壊して，塊状の鉱床が形成される．マグマ鉱床には，始め層

状の形態をなして生成された後，造山運動による激しい変形作用の結果，不規則な形の塊状鉱床となったものがある．後二者の場合は同成鉱床といえる．

網状鉱床　全体として不規則な形態をなし，鉱床の大部分が，無数の小規模な割れ目に熱水流体が侵入して生成された網目状の鉱石からなる鉱床をいう．塊状鉱床の周縁部が網状鉱床に移化することがある．

鉱染鉱床　全体として不規則な形態をなし，鉱床の大部分が，鉱石鉱物の微細な集合体が散点する鉱染鉱石からなる鉱床を鉱染鉱床という．マグマ鉱床のうち鉱石鉱物の量が副成分鉱物程度のものがこれに相当する．熱水によって生成される鉱床では，鉱液が岩石中の小さな割れ目あるいは空隙に浸透し，鉱石鉱物が空隙中に沈殿するか，造岩鉱物の一部を交代して生成される．網状鉱床の周縁部が鉱染鉱床に移化することがある．

層状鉱床　堆積岩，火山岩類の層理面，層状貫入岩体の層状構造，広域変成岩の縞状構造などにほぼ平行に発達する地層状の鉱床をいう．通常，堆積鉱床，海底熱水鉱床，マグマ鉱床などのような同成鉱床の場合に用いられるが，後成鉱床にも用いられることがある．

レンズ状鉱床　母岩の層理面などにほぼ平行に発達するが，層状鉱床に比較して二次元方向の広がりと厚さの比が小さく，凸レンズ状の形態をなす鉱床をいう．

(3) 鉱床の総合的分類

本書では鉱床の成因，形態，鉱石元素などを総合して次のような分類を行い，これに沿って記載する．

a. マグマ鉱床
  a-1 結晶分化鉱床
    1) 苦鉄質～超苦鉄質層状貫入岩体中のクロム－白金族鉱床
    2) オフィオライト超苦鉄質岩中のクロム鉱床
  a-2 液相分離鉱床
    1) 苦鉄質～超苦鉄質貫入岩体中のニッケル－銅鉱床
    2) グリーンストン帯苦鉄質～超苦鉄質火山活動に伴うニッケル鉱床
    3) 斜長岩複合岩体に伴うニッケル－銅－コバルト鉱床
  a-3 その他のマグマ鉱床

b. 熱水鉱床
  b-1 斑岩型鉱床
    1) 斑岩銅鉱床
    2) 斑岩モリブデン鉱床
    3) その他の斑岩型鉱床
  b-2 スカルン鉱床（接触交代鉱床）
  b-3 貫入岩に伴うその他の熱水鉱床
    1) 錫の鉱脈，グライゼン鉱床，交代鉱床
    2) タングステン鉱脈および網状鉱床
    3) 金の網状脈，鉱染鉱床，交代鉱床，角礫パイプ状鉱床，鉱脈

4) 亜鉛－鉛－銀鉱脈および交代鉱床
   5) 錫－多金属鉱脈
   6) 鉄酸化物（－銅－ウラン－金－希土類元素）鉱床（オリンピック・ダム型～キルナ型鉱床）
  b-4 広域変成作用に伴う熱水鉱床
   1) 造山型金鉱床
  b-5 陸上火山活動に伴う熱水鉱床
   1) 浅熱水金－銀（－銅）鉱床
  b-6 海底熱水鉱床
   1) 火山成塊状銅－亜鉛－鉛硫化物鉱床
   2) 噴出堆積（SEDEX）亜鉛－鉛－銀鉱床
   3) 縞状鉄鉱層（BIF）中の鉄鉱床
   4) 縞状鉄鉱層に伴う層状マンガン鉱床
  b-7 低温熱水鉱床
   1) 炭酸塩岩中の層準規制鉛－亜鉛鉱床（ミシシッピーヴァレー型鉱床）
   2) 炭酸塩岩中の金鉱染鉱床（カーリン型鉱床）
   3) 不整合型ウラン鉱床
   4) 堆積岩中の層状銅鉱床（カッパーベルト型；マンスフェルト型鉱床）
c. 堆積鉱床
  c-1 化学的堆積鉱床
   1) 砂岩型ウラン鉱床
   2) 堆積マンガン鉱床
  c-2 風化残留鉱床
   1) ボーキサイト鉱床
   2) ニッケル・ラテライト鉱床
   3) その他の風化残留鉱床
  c-3 漂砂鉱床
   1) 河川漂砂鉱床
   2) 海浜漂砂鉱床
   3) 礫岩型金－ウラン鉱床（ウィットワーテルスランド型鉱床）

II-3　鉱床の研究

　鉱床の定義から，その研究には大きく二つの分野があることがわかる．すなわち理学的研究と工学的研究である．前者の中心をなすものは，その生成機構に関する研究であり，後者にはその探査，評価，形態，品位分布，鉱石組織などの研究が含まれる．

　鉱床生成機構の研究は，科学の広範な分野と関係する．鉱床の多くは，地質時代の産物であり，地質学のあらゆる分野との連携が必要となる．とくに鉱床生成年代の決定は鉱床生成機構の研究に

とって基本的なものであり，そのためには放射性年代決定法，古地磁気年代決定法あるいは化石による年代の決定が必須となる．鉱床の生成は火成活動，堆積作用，変成作用に伴って行われる．したがって火成岩，堆積岩，変成岩の岩石学，あるいは火山学，層位学の基礎的知識なくしては鉱床の生成機構の考察は勿論，鉱床の記載も不可能である．また，鉱床は鉱石鉱物および脈石鉱物からなっており，これら鉱物の同定には鉱物学の力を借りねばならない．多くの鉱床構成元素は水溶液などの流体によって運ばれる．地殻中を流体が流動する通路となるべき空隙の生成機構を知るには，構造地質学の知識と理論が必要である．

鉱床の生成機構の研究は，基本的には固体地球あるいは水圏中に分散して存在する元素の移動・濃集機構の研究にほかならない．鉱床構成元素の起源は必ずしも明らかにされていないが，これを明らかにするためには，同位体化学の進歩が待たれるところである．元素の移動は流体－多くの場合水－を媒体として行われる．多成分系溶融体および多成分系水溶液の高温から低温にわたる実験化学的，理論化学的研究が，元素の移動と定着・濃集機構の解明に必要であり，盛んに行われつつある．また，水が媒体となって生成される鉱床の場合は，水の起源を知ることが重要であり，この解明には水素・酸素の同位体化学が大きな役割を演じている．鉱床は通常，地質時代の産物であるから，われわれは鉱床生成過程の結果である鉱物組み合わせと各鉱物の化学組成しか知ることができない．これらの情報から鉱床の生成機構を推論するためには，鉱床構成鉱物の合成実験あるいはその生成反応の理論化学的解析が必要である．

鉱床の工学的研究の第一は探査である．鉱業は一次産業であって，その原料は自ら見出さねばならない．鉱業の原料である鉱床のあるべき位置を知るには，鉱床の生成機構に関する知識が必要である．目的とする鉱床の生成機構が明らかであれば，プレート・テクトニクス上の環境，鉱床を胚胎する岩石，あるいは付近にあるべき岩石の種類，地質年代，地質構造などの条件によってターゲットを絞ることができる．ある地域に探査のターゲットが絞り込まれれば，次の段階として地域の地質調査を行い，そのデータによって広域地質図を作成する．この地質図によってターゲットはさらに小区域に絞られるので，対象区域について化学探査，物理探査を行うとともにボーリングやトレンチを併用した精密地質調査を行い，母岩の変質などの間接的鉱徴，さらに鉱石鉱物の直接鉱徴を発見するに至るのである．このような作業において，目的とする鉱床が母岩と同時生成の同成鉱床であるか，母岩形成後生成の後成鉱床であるかによって，堆積層序を重点に探査するか，母岩形成後の火成活動や割れ目系の形成に重点を置くかの違いが生じてくる．発見された鉱物濃集帯は経済的に採掘可能であると評価されて，初めて鉱床ということができる．評価の要素としては，鉱床の形態・大きさ・品位，消費地からの距離と交通条件，労働条件，環境問題，対象とする金属あるいは非金属の市価などが考えられる．

発見された鉱床は合理的計画のもとに安全に採掘されなければならない．そのためには鉱床の形態・規模・品位分布の正確なデータが必要である．鉱床の性質に合致したボーリング・坑道掘削計画と試料採取法の研究が行われなければならない．採掘された鉱石は製錬の過程に入る前に通常選鉱処理される．合理的な選鉱処理をするには，鉱石鉱物および脈石鉱物の形態と粒度，すなわち鉱石組織の研究が必要であることはいうまでもない．同様に精錬技術の向上と環境問題処理のためには，鉱石の化学組成，とくに微量成分の研究が重要である．

II 鉱化流体

　鉱床は火成活動，堆積作用，変成作用に伴って生成され，いずれの場合も元素の移動は流体を媒体として行われる．鉱床を生成する元素の移動媒体となっている流体を鉱化流体という．鉱化流体としては，マグマ，マグマ性流体，マグマ水，天水（地下水），海水，遺留水，変成水などが考えられる．

II-1 マグマとマグマ性流体

　火成岩の起源物質であるマグマは，主として珪酸塩が溶融して生じた$(SiO_4)^{-4}$，K^+，Na^+，Ca^{+2}，Mg^{+2}，Fe^{+2}などのイオンとH_2O，CO_2，HCl，SO_2，O_2などのガス成分からなる．火成活動に伴う鉱床は，いずれもマグマの冷却過程の中で生成される．マグマの冷却過程はその化学組成によって大きく異なる．

(1) 苦鉄質マグマの冷却

　酸化物および硫化物を少量含む苦鉄質マグマ（図 II-1）が平衡を保ちながら冷却固結するとき，出発点のマグマの組成により，そのたどるマグマ過程（珪酸塩溶融体と結晶を含む過程）は三つに分かれる（図 II-2）．

　酸化物≒硫化物の場合　図 II-2 において点 A の組成はオルソ輝石と斜長石共融点組成とする．点 D の組成のマグマからオルソ輝石と斜長石が晶出したとすると，液（マグマ）の組成は矢印の方向（点 A と D を結んだ直線の延長方向）に変化し，点 E までオルソ輝石と斜長石の晶出を続ける．点 E から酸化物の晶出が加わり，液の組成は境界線に沿って点 F まで変化する．点 F でさらに硫化物の晶出が加わり，液がなくなるまで続く．

　酸化物＜硫化物の場合　点 P の組成のマグマからオルソ輝石と斜長石が晶出すると，液の組成は点 A と P を結んだ直線の延長方向に Q に向かって変化する．点 Q に達すると，液は珪酸塩に富む組成 Q と硫化物に富む組成 R の 2 相に分離する．このような現象を液相不混和という．温度が下がるにつれ 2 相の液組成は矢印の方向に Q から T，R から S へ変化するとともに，2 相の液を合わせた組成は直線 QS に沿って変化し，S 点で硫化物に富む液 1 相となる．その後液の組成はSU に沿って変化し，点 U から酸化物の晶出が加わる．それ以後は酸化物≒硫化物の場合と同様である．

　酸化物＞硫化物の場合　点 G の組成のマグマからオルソ輝石と斜長石が晶出すると，液の組成は点 A と G を結んだ直線の延長方向に H に向かって変化する．点 H に達すると，液は珪酸塩に富む組成 H と酸化物に富む組成 I の 2 相に分離する．温度が下がるにつれ 2 液相の組成は矢印の

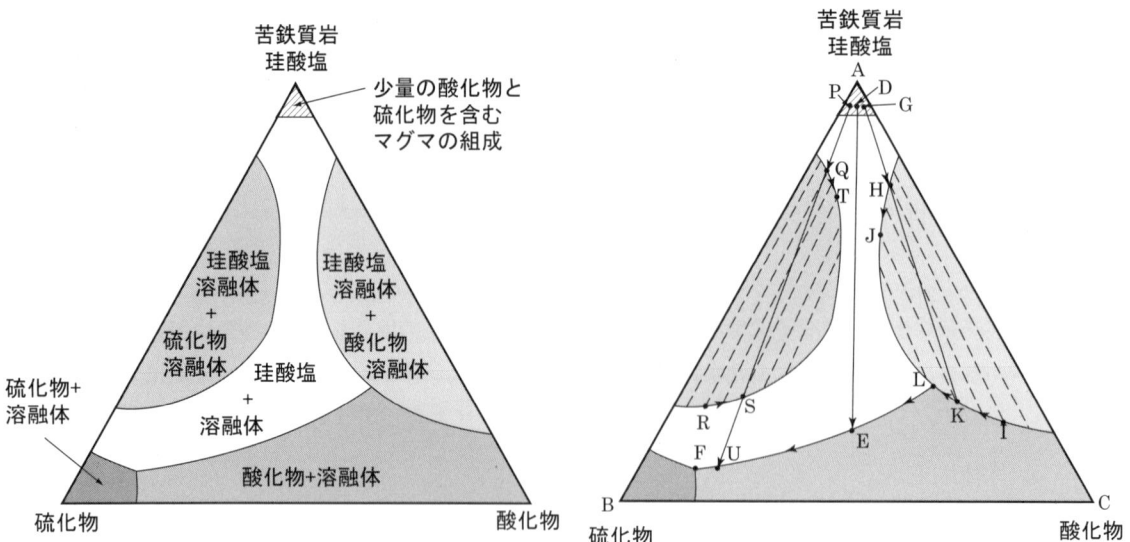

図II-1 酸化物と硫化物を含む苦鉄質岩の相平衡概念図(1)
− Guilbert and Park (1986) を改変 −

図II-2 酸化物と硫化物を含む苦鉄質岩の相平衡概念図(2)
− Guilbert and Park (1986) を改変 −

方向にHからJ, IからKへ変化するとともに, 2液相を合わせた組成は直線HKに沿って変化し, K点で酸化物に富む液1相となる. K点から酸化物の晶出と珪酸塩の溶解が始まり, 液の組成はLに向かって変化する. L点から再び珪酸塩の晶出が始まり, それ以後は酸化物≒硫化物の場合と同様である.

上述の3過程いずれの場合も, 酸化物あるいは硫化物の量が少なければ, これらの鉱物は岩石中に散在して晶出し, 鉱床を生成するに至らない. しかし, ある程度量が多ければ, 酸化物≒硫化物の場合は結晶分化の過程で, 酸化物＜硫化物, 酸化物＞硫化物の場合は液相不混和を起こす過程で, 酸化物, 硫化物が重力によって濃集し鉱床を生成する. 酸化物中に濃集する元素としてはCr, Fe, Ti, V, Pなどがあり, これらを親鉄元素という. また, 硫化物中に濃集する元素には, Fe, Ni, Co, Cu, Au, 白金族元素などがあり, これらを親銅元素という. Feは両者に属するが, 酸化物として晶出するか, 硫化物として晶出するか, またどのような鉱物として晶出するかは温度およびfo_2, fs_2の大きさによる (IIIおよびVIII参照).

(2) 珪長質〜中間質グマの冷却

マグマ過程 珪長質〜中間質マグマの冷却過程でも鉄酸化物の液相不混和を起こす場合があるが, 比較的稀である. 珪長質〜中間質マグマはかなり多量の水を含むことができ, このようなマグマは特徴的な冷却過程をとり鉱床生成との関係が深い. 溶融体中への水の溶解度は主として圧力によって決まり, 温度による変化は僅かである. 図II-3に示すように, 深さ2kmの岩石圧に相当する500barのもとでは, 花崗閃緑岩質マグマへのH_2Oの最大溶解度は2.7〜3.0％に過ぎないが, 深さ7kmに相当する2,000bar, 深さ16kmに相当する5,000barのもとでは, それぞれ6.1〜6.4％, 9〜10％に達する. したがって, 始め2.0％のH_2Oを含んでいたマグマは, 冷却による結晶分化により, 深さ2kmでは約33％の, 深さ7kmでは約73％の, 深さ16kmでは約83％の進行でH_2Oに関して飽和に達する. 飽和点よりさらに冷却結晶化が進むと, H_2Oは一般に二次また

は後退沸騰と呼ばれる過程によってマグマから分離する．マグマの冷却により，始め斜長石，ついで輝石，さらにアルカリ長石，石英が晶出する．これら鉱物の晶出にともない残留マグマ中には H_2O ばかりでなく，造岩鉱物中に分配されない LIL 元素（イオン半径の大きい親石元素－ Rb, Sr, Y, Zr, Cs, Ba, 希土類，Ra, Th, U など）も濃集してくる．この分別結晶化作用による富化過程は花崗岩質ペグマタイトマグマの生成にとって重要で，とくに深成マグマでは Li, Be の富化係数は 10 以上になる．また，浅所貫入の場合には分別結晶化作用により，含水率のより高い残留マグマ中に，重金属，硫黄，塩素の濃集が起こる．

遷移過程 珪酸塩溶融体，結晶，および後退沸騰によってマグマから分離した H_2O に富む高温の揮発性物質からなるシステムは，マグマ性流体と呼ばれる．溶融体と結晶からなるシステムの過程をマグマ過程というのに対して，マグマ性流体で起こる過程を遷移過程と称する．

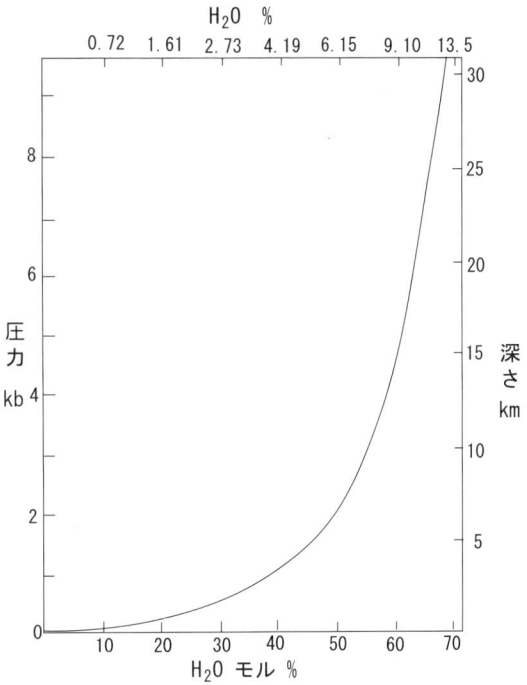

図 II-3　1,000℃における花崗閃緑岩質マグマへの水の溶解度曲線　－ Burnham (1979) による－

水に富んだマグマがこれより低温の母岩中に定置したとすると，浅所貫入の斑岩マグマ，あるいは深所貫入のペグマタイトマグマにかかわらず，その周縁から熱が失われる．したがって，結晶化はマグマ溜の周縁部から内部に向かって進むはずである．このことと，珪酸塩溶融体中に溶解している H_2O の非常に低い拡散速度のため，マグマ溜の周縁部で H_2O の飽和が始まる．この水に飽和した外皮あるいは甲羅の生成によって，マグマ溜の内部は物質的に閉鎖され，水素を除いて外方向へも内方向へも物質の移動がなくなる．

この水に飽和した甲羅の内側では後退沸騰反応（水に飽和した溶融体→結晶＋揮発性物質）が進行し，マグマは膨張するとともに内部圧を増加させ，結局その岩石圧のもとで体積が増加する．一次近似として，この体積増加は飽和含水量に比例し，圧力に反比例する．例えば，圧力 2,000bar のもとで水に飽和したペグマタイトマグマ（H_2O 6.4%）は完全な結晶化によって約 11% 体積増加するのに対して，5,000bar のもとで水に飽和したペグマタイトマグマ（H_2O 10%）は 5% 膨張するに過ぎない．深所で固結するペグマタイトマグマの体積膨張が比較的小さいのに対して，深さ 2km（圧力 550bar）で，2.7% の水を含む花崗閃緑岩質のマグマが完全に結晶化すると，図 II-4 に示すように約 50% 体積が増加する．また，深さ 4km で同質のマグマが水に飽和した状態で 37% 結晶化した場合でも 15% 以上の体積膨張を起こす．結晶化がさらに進行すれば，水に飽和した甲羅内の圧力は，理論的に数千 bar に達する．しかし，多くの母岩はその張力強度が数百 bar と考えられるので，脆性破壊を起こすことになる．また最小主要応力面は水平面に一致するので，膨張は主として水平方向に起こり，割目はほぼ垂直方向に生ずる．

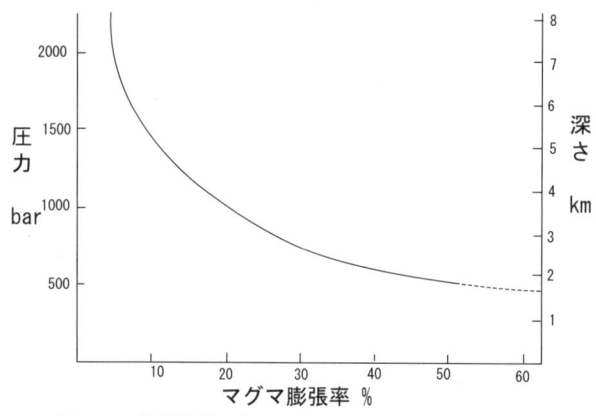

図 II-4　後退沸騰を起こし結晶化が完全に進んだ場合の圧力とマグマ膨張率の関係　－Burnham(1979)による－

後退沸騰によるマグマ性含水相の生成によって系のすべての元素は，化学平衡を保つようにすべての相へ再分配される．珪酸塩溶融体中に主として塩素イオン Cl^- として溶解していた揮発性元素－塩素－は，マグマ性含水相へ強く分配される．なぜなら，(1) 塩化鉱物は中間質ないし珪長質マグマ中で不安定であり，(2) マグマ形成温度および低～中圧のもとで，塩素はマグマ性含水相中で，水素，アルカリ，アルカリ土類，重金属とともに安定な中性クロロ錯体を作るからである．弗素も同様にマグマ性含水相中で，安定な中性クロロ錯体を作るが，同時に珪酸塩溶融体への高い溶解度を有し，蛍石，黄玉，雲母などの高温で安定な鉱物と結びつくことができるので，溶融体相と結晶相へ多く配分される．含水珪酸塩溶融体中では HS^- イオンとして溶解する硫黄は，磁硫鉄鉱が不安定であれば，H_2S，SO_2 としてマグマ性含水相中に強く分配される．二酸化炭素は珪長質珪酸塩溶融体中への溶解度はあまり高くなく，含水相へ強く分配される．しかし，遷移過程でのその化学的役割は小さいように思われる．

塩素，弗素，二酸化炭素のマグマ性含水相－珪酸塩溶融相間分配係数は，温度および圧力の変化によってあまり変化しない．しかし，硫黄の分配係数は，H_2O 分圧（普通全圧に等しい）と酸素フガシティー fO_2 の変化とともに大きく変化する．すなわち一定の fO_2 のもとでは圧力の増加とともに含水相中の H_2S/SO_2 比が増加し，硫黄のマグマ性含水相－珪酸塩溶融相間分配係数 $\Sigma S^v / \Sigma S^m$ は減少する．一方，一定圧力のもとでは fO_2 の増加とともに SO_2 の割合が増え，$\Sigma S^v / \Sigma S^m$ は増加する．

I 型マグマと S 型マグマ　後退沸騰以前のマグマの fO_2 は，ほぼマグマ中の Fe^{+2}/Fe^{+3} 比によって決定され，いいかえると，発生マグマの起源岩石の型に大部分依存している．図 II-5 に示すように変成した火成岩および火山岩の部分溶融によって生じた珪長質マグマ中の fO_2 は，一般に QFM（石英－鉄橄欖石－磁鉄鉱）緩衝曲線より高い．また，炭質物に富む変成堆積岩の部分溶融によって生じた珪長質マグマ中の fO_2 は，一般に QFM 緩衝曲線より低い．前者を I 型（火成岩型）マグマ，後者を S 型（堆積岩型）マグマという（Chappell and White, 1974）．I 型マグマが固結した花崗岩質岩は一般に磁鉄鉱を含み磁性が高いので磁鉄鉱型花崗岩類，S 型マグマが固結した岩石は磁鉄鉱を含まず，イルメナイトを伴う場合が多いのでイルメナイト型花崗岩類と呼ばれる(Ishihara, 1977)．

Sn は I 型マグマのようにマグマの fO_2 が高いと Sn^{+4} となり，早期晶出のくさび石，磁鉄鉱中に取り込まれるが，S 型マグマのように fO_2 が低いと Sn^{+2} イオンとして，含水相に分配される．これに対して硫化鉱物を作る多くの重金属は，fO_2 が高い I 型マグマで，塩素濃度と正の相関をなして含水相に分配され，クロロ錯体を形成する（II-4 参照）．

A 型花崗岩類と M 型花崗岩類　I 型花崗岩類と S 型花崗岩類がその起原物質に基づいて定義され

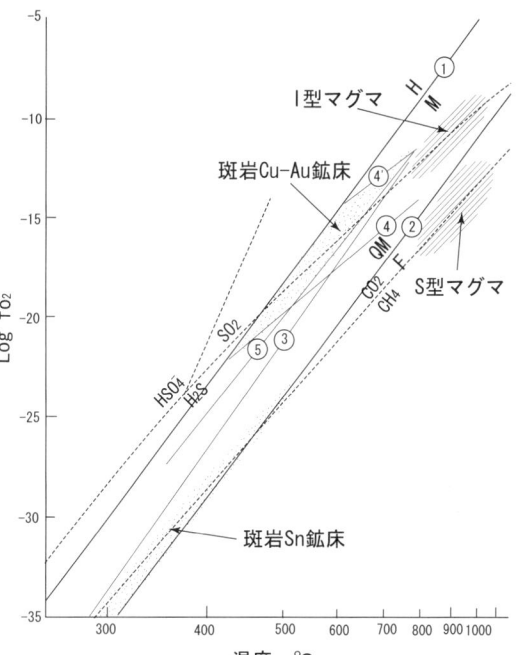

図II-5 酸素フガシティー－温度曲線
(圧力 約1kb) 平衡鉱物:
(1) 磁鉄鉱－赤鉄鉱
(2) 鉄橄欖石－磁鉄鉱－石英
(3) 磁硫鉄鉱－磁鉄鉱－黄鉄鉱
(4) 黒雲母(38%アンナイト)－カリ長石－磁鉄鉱
(4') 黒雲母(18%アンナイト)－カリ長石－磁鉄鉱
(5) 灰長石－カリ長石－黄鉄鉱－白雲母－石英－硬石膏
－ Burnham and Ohmoto (1980) による －

たのに対して，A型（非造山型）花崗岩類は生成したテクトニック環境と化学組成によって定義されている．すなわち，A型花崗岩類は，沈み込みに関係したマグマ作用が低下した段階において，大陸プレート内または縁辺部おいて生成され，石英閃長岩ないしパーアルカリ花崗岩類の組成を有する（Loiselle and Wones, 1979）．M型（マントル起原型）花崗岩類は，沈み込んだ海洋プレートの上を覆うマントルの部分溶融によって形成されたと考えられる．

II-2 マグマ水

マグマの冷却がさらに進むと，著しく圧力も低下して珪酸塩溶融体が消失し，結晶―含水相系からなる熱水過程に入る．遷移過程と熱水過程の境界は，マグマの水飽和時における固相線と定義できるが，比較的明瞭な場合と不明瞭な場合とがある．例えば，深所貫入のペグマタイトでは二つの過程間の移行はきわめて緩慢に行われるのに対して，浅所貫入のマグマでは比較的急速である．

遷移過程で強く含水相へ分配された塩素は種々のクロロ錯体を生成するが，熱水過程に入っても，その含水相，すなわちマグマ水中で主として KCl, NaCl, HCl, $CaCl_2$, $FeCl_2$, $FeCl_3$ などとして存在する．

また，I型マグマに由来するマグマ水は，前述のように H_2S と同様に SO_2 を多く含む（SO_2=0.1 モル～＞1モル，SO_2モル/H_2Sモル≒0.1～10）．このマグマ水は H_2, CO, CH_4 のような還元種を含まないので500℃～350℃の温度降下の間，母岩との大規模な反応を起こさなければ，fo_2 はほぼ SO_2モル/H_2Sモル=1の線に沿って変化する（図II-5）．このようにI型マグマに由来するマグマ水は，比較的多量の硫黄を含み，クロロ錯体（II-4参照）を形成している Ag, Cu, Pb, Zn, Fe などの重金属と反応して，硫化鉱物を生成する．一方，S型マグマに由来するマグマ水は，I型マ

グマに由来するマグマ水と同程度の H_2S を含むが，低 fO_2 のため SO_2 はきわめて少量で結果的に全硫黄量が少ない．したがって，S 型マグマに由来するマグマ水は一般に硫化物の沈殿量が少なく，酸化物を多く沈殿し，とくに豊富に存在する Sn^{+2} イオンから多量の錫石 SnO_2 を生ずることによって特徴づけられる．

II-3 その他の起源の水

(1) 天水（地下水）

大気と平衡を保っている水を天水という．天水は大気中の二酸化炭素と反応して炭酸を生じ，pH=5〜6 の弱酸性を示す．

$$H_2O + CO_2 = H^+ + HCO_3^- = H_2CO_3$$

また，大気中の酸素を溶解して Eh（酸化還元電位）＝＋0.4〜0.5 mV となり中程度の酸化力を有する．天水は地殻中に浸透して岩石あるいは鉱床と反応してこれを変化させる．これを風化作用あるいは浅成作用という（X-2 参照）．地表下に浸透した天水は土壌，堆積物，岩石中を浸透し地下水面に達し地下水となる．地表下に入った水は土壌あるいは岩石と反応して次第に中性ないしアルカリ性になるとともに，大気と遮断されているので有機物の分解によって溶存酸素が消費され還元状態になる．

(2) 海水

海水は，地球の水貯蔵量の約 97% を占め，また地球表面の 71% は海洋水によって占められている．海水はイオンあるいは分子として，多種の物質を溶解し（表 II-1），また懸濁粒子の分散媒体ともなっている．海水中に最も多量に含まれる元素は Cl および Na で，塩化ナトリウムは海洋で最も多い塩であり溶解塩類の大部分を占める．また，Zn, Cu, Mn, Ni, Co, Cr などの重金属もかなりの量含まれていることがわかる．海洋中の酸素濃度は生物と地球規模の海洋水循環の影響を受

表 II-1 海水の平均組成（ppm）− Krauskopf (1967) による −

元素	濃度	元素	濃度	元素	濃度
O	857,000	N	0.5	Co	0.0001
H	108,000	Li	0.17	Cr	0.00005
Cl	19,000	Rb	0.12	Th	0.00005
Na	10,500	P	0.07	Sc	0.00004
Mg	1,350	Ba	0.03	Ga	0.00003
S	885	Al	0.01	Pb	0.00003
Ca	400	Fe	0.01	Nd	0.0000092
K	380	Zn	0.01	Ce	0.0000052
C	28	Cu	0.003	Dy	0.0000029
Sr	8.0	Mn	0.002	Pr	0.0000026
B	4.6	V	0.002	Cd	0.0000024
Si	3.0	Ni	0.002	Sm	0.0000017
F	1.3	Y	0.0003	La	0.0000012

ける．海水表面近く（表面混合層 深さ0～約70m）の酸素濃度は大気と平衡な酸素溶解度に規制されるが，一般に生物の光合成によりこの値より上回る．しかし，境界層（深さ70m～1km）では上層から降り落ちる有機物の分解によって酸素が消費され著しく溶存酸素量が減少し，還元環境となる（図II-6）．現在，開放された海洋では酸素濃度が0となっている場所は見出されていないが，黒海のような内陸性海洋の境界層では無酸素状態となる傾向があり，新生代以前には，何回か，世界的に無酸素状態になったことが堆積物に記録されている．図II-6で，深海洋（1km以深）の酸素濃度が上昇しているのは地球規模の深海流によるものである．

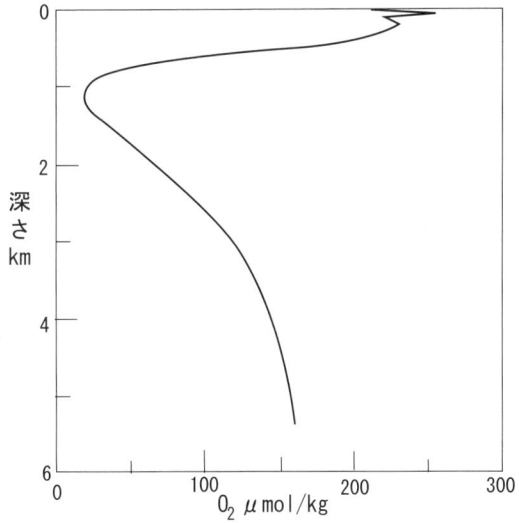

図II-6 北太平洋における深さと酸素濃度との関係
－Broecker and Peng (1982)による－

（3）遺留水

遺留水は堆積物が堆積したとき，そのなかに取り込まれた水で，地質的時間の間大気および水圏との接触が断たれたものである．一般にNaClに富み，その他Ca, Mg, CO_2, Sr, Ba, 窒素化合物，軽炭化水素などを含む．石油とともに産するものがよく知られている．

（4）変成水

変成岩は周囲の流体と平衡関係にある．この流体の主成分はH_2Oであり変成水と呼ばれる．変成水が石灰質岩，炭質物に富む泥岩などと共存するときは，CO_2も主成分として含む．変成水は，その他少量ないし微量のF, Cl, O_2, H_2, H_2S, 鉱物成分などを溶解していると考えられる．

II-4 水の起源と安定同位体組成

水の構成元素である水素にはH（1陽子）D（1陽子と1中性子，重水素）の二つの安定同位体があり，酸素には三つの安定同位体がある．すなわち^{16}O（8陽子と8中性子），^{17}O（8陽子と9中性子），^{18}O（8陽子と10中性子）である．これらのうち，最小質量の^{16}Oは最も量が多く全酸素の約96%を占める．最大質量の^{18}Oは2番目に多く約2%で，^{17}Oは極微量である．酸素同位体組成は次の式で定義される$\delta^{18}O$によって示される．

$$\delta^{18}O = \frac{{}^{18}O/{}^{16}O(試料) - {}^{18}O/{}^{16}O(標準)}{{}^{18}O/{}^{16}O(標準)} \times 1000 ‰$$

ここで標準の$^{18}O/^{16}O$は標準試料として用いられる標準平均海洋水（SMOW）の値である（Heefs, 1997）．同様に水素同位体組成についても次のδDによって示される．

$$\delta D = \frac{D/H(試料) - D/H(標準)}{D/H(標準)} \times 1000 ‰$$

海洋盆から水が蒸発するとき，蒸発する水分子は選択的に軽いHと^{16}Oを多く含む．なぜなら，低質量の分子ほど蒸発に要するエネルギーが少ないからである．したがって，大気中の水蒸気はそれを蒸発させた海洋水に比べてHと^{16}Oに富みDと^{18}Oに乏しい．大気中の水蒸気が凝縮して雨あるいは雪となると，降水に重い水分子が濃集し，残った水蒸気に軽い分子が濃集する．したがって，この気団が極方向に移動して行き温度が低下すると，これからの降水中の水分子は最初の雨よりも次第に軽くなる．この関係は海岸から高地に向かって移動する気団についても同様である．このように蒸発と凝縮によって天水中の水素と酸素の同位体は次式のように一定の関係を保ちながら組成を変化させ，ともに高緯度ほど軽く，同緯度であれば高地ほど軽くなる．

$$\delta D = 8\delta^{18}O + 10$$

このような規則性は海洋水を貯留槽として水圏と気圏の間で水の循環システムが形成されているからである．天水が地表水となると時間の経過とともに蒸発によってその区域により一定の蒸発線をたどって同位体組成は変化する（図II-27）．

現在の海洋水は同位体的にほぼ均質であり，δDは＋5から－7‰，$\delta^{18}O$は＋0.5から1.0‰の範囲でその平均値はいずれも0‰である．ただし紅海は蒸発量が際だって多いためδD＝＋11‰，$\delta^{18}O$＝＋2‰とやや重い値を示す．地質時代の海洋水は太古代以来次第に重くなる傾向を示し，25億年前の海洋水はδD＝＋0～－25‰，$\delta^{18}O$＝＋0～－3‰と推定されている．

マグマ水の同位体組成を直接測定することはできないが，造岩鉱物と水とを高温で処理して同位体交換反応（IV参照）を起こさせて得られた結果から，図II-7に示すような範囲が求められた．地熱エネルギー開発を目的とした地熱井から採取された地熱水の同位体組成データは，地熱水の起源がその地域の天水あるいは海水であり，地下深所で高温の珪酸塩鉱物と次式のような酸素同位体交換反応を行った結果，$\delta^{18}O$は1～15‰程度増加するがδDはほとんど変化しないことがわかっている（図II-27）．

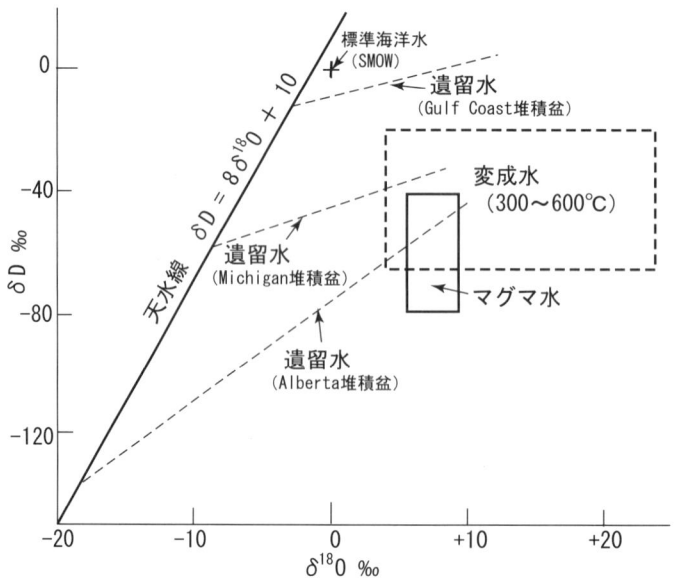

図II-7 各種起源の水の同位体組成 －Taylor（1997）による－

$$H_2^{18}O + 1/2Si^{16}O_2 = H_2^{16}O + 1/2Si^{18}O$$

遺留水の例として代表的な油田水の同位体組成を図 II-7 に示した．いずれも天水線から右上がりの直線である．油田水のδ^{18}O の増加に伴って塩濃度が増加する傾向が認められている．

変成水の同位体組成はマグマ水と同様に直接測定できないので，実験データから得た結果を図 II-7 に示した．変成水は，主として変成作用の間に脱水作用によって源岩の鉱物相から導かれた水からなる．したがって，その同位体組成は源岩の型と，その流体との反応経歴によって決まる．

II-5 熱水流体

マグマはその冷却過程においてマグマ水を生ずることがある．マグマ水は，単独あるいは，他起源の天水（地下水），海水，遺留水，変成水などと混合して熱水流体を形成する．また，マグマ水が直接関与せず，他起源の水が冷却過程にある火成岩の熱，マグマ活動に関係しない地球内部熱によって熱水流体を形成することがある．いずれの場合も鉱床生成の際，元素の移動媒体となり得る．熱水流体は高温高圧下で，しばしば液体または気体でなく，超臨界流体として存在する．また，水は物質を溶解する能力の高い特異な流体である．このことを理解するため始めに水の基礎的性質について述べる．

(1) 水の物理化学的性質

図 II-8 は純粋な流体物質を容器に封じ込め，一定温度で圧力を変化させたときの圧力−比容積曲線である．低温（温度 T-1）低圧の A 点では，この物質は完全な気体である．圧力を上げると，体積はボイルの法則にほぼ従い曲線 AB に沿って減少する．しかし，点 B に達すると液化が始まって比容積が急速に減少し，気体は密度の遙かに高い液体に転移する．C 点で物質は完全に液化し，さらに圧力を上げても容易に比容積は減少せず，曲線は CD に沿って急上昇する．曲線 AB 間では気体のみ，CD 間では液体のみ存在するが，BC 間では気体と液体が共存する．BC は比容積軸に平行なので気体と液体が共存する間は温度・圧力ともに一定である（不変点）．このときの圧力はこの物質のこの温度における蒸気圧に一致する．温度 T-2 の曲線は，T-1 の曲線と類似しているが液化の起こる直線部分の位置と長さが異なる．温度が上昇するに伴い，この直線の長さは次第に短くなり，図 II-7 に境界曲線（破線）で示すように，温

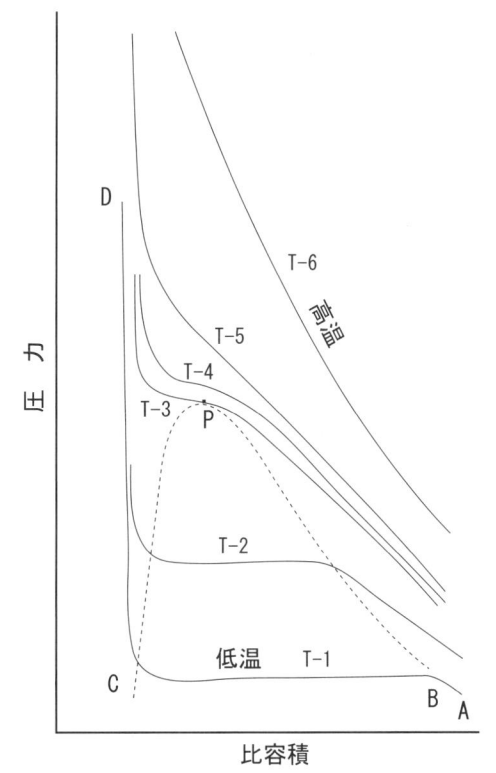

図 II-8 流体の等温圧力−比容積曲線

表 II-2　水の飽和蒸気圧

温度 ℃	0	20	100	200	300	360
飽和蒸気圧 atm	1.0603	0.2306	1.0000	15.35	84.8	184.2

表 II-3　水の臨界定数

臨界温度 Tc	374.1℃
臨界圧力 Pc	218.5 atm
臨界密度 ρc	0.324 g/cm^3

表 II-4　400℃における水の密度と圧力の関係

圧力 atm	100	200	500	1000	2000	5000
密度 g/cm^3	0.0379	0.1004	0.5774	0.6935	0.7937	0.939

度 T-3 では点となる．したがって，T-3 の温度以上では液化現象は認められない．すなわち，温度 T-3 以上では，その物質は液体として存在し得ない．T-3 をその物質の臨界温度といい，臨界温度において液化を起こす圧力を臨界圧力という．臨界温度，臨界圧力を示す点Pの比容積を臨界比容積という．また，臨界温度，臨界圧力，臨界比容積（または臨界密度）をあわせて臨界定数という．表 II-2 に純水の飽和蒸気圧，表 II-3 に純水の臨界定数を示す．臨界温度の直上（温度 T-4）では，圧力－比容積曲線は理想気体の曲線から著しくはずれた形をとるが，さらに温度が上昇すると（温度 T-5，T-6）理想気体の形に類似してくる．しかし圧力が高くなると密度が増加し，水の場合は密度が1に近くなり液体に近い性質を示すようになる（表 II-4）．

　水はきわめて強い双極子モーメントと水素結合を有する特異な流体である．水に対する溶解度は，溶質の水との結合力に依存するので，溶解度の変化の原因を理解するためには，水の構造的特性を知ることが重要となる．水の双極子モーメントにより，一つの水分子の水素と隣の水分子の酸素との間に不安定な結合力を生ずる．このような水素結合をした水分子は，四面体配位の隙間の多い集団を形成する．蒸気圧曲線に沿う温度・圧力の上昇とともに，液相の水は膨張するが，この集団は収縮するとともに歪みを生じ，その結果次第に結合力が弱くなる．約150℃以上の，飽和蒸気圧のもとで，水の四面体構造はほとんど消滅し，単分子的連続体になる．25℃では，圧力増加による液相の水の収縮効果は比較的小さいが，高温では良く圧縮される．例えば，360℃では，5kbar の圧力で密度が45%増加する．これは，温度変化に伴う水の構造的変化に起因する．

　同様に，温度変化に伴う水の構造的変化は，その誘電率に大きな影響を及ぼす．誘電率は双極子モーメントに比例し，低圧において最も顕著な変化を起こす．蒸気圧曲線に沿う20℃から370℃の変化に伴い，水の誘電率 ε は 80.27 から 8.70 に減少する．一定温度における圧力変化が誘電率に及ぼす効果は小さい．誘電率が高い場合は，水分子は溶質のイオンまたは双極子の廻りに，被覆を形成しやすい．しかし，高温となって誘電率が低下すると，水の被覆効果が減少し，溶質の陽イオンと陰イオンまたは双極子はイオン対を形成しやすくなる．このような水の基本的構造変化に呼応して熱水流体中の金属錯体の安定性，化学量論，配位性に変化が起こることになる．

　水の電解平衡は次の式で表される．

$$H_2O = H^+ + OH^-$$

表II-5 飽和蒸気圧における水の$-\log K_w$

温度 ℃	0	25	100	213	306
$-\log K_w$	14.950	13.998	12.27	11.19	11.46

表II-6 超臨界状態における水の$-\log K_w$

	0.5(kbar)	1	2	3	4	5
400(℃)	11.88	10.77	9.98	9.54	9.22	8.99
500	16.13	11.81	10.23	9.57	9.15	8.85
600	18.30	13.40	10.73	9.78	8.23	8.85
800	19.92	15.58	11.98	10.49	9.63	9.11
1000	20.80	16.72	12.97	11.24	10.13	9.42

表II-7 水の中性pHと温度・圧力との関係

温度 ℃	25	100	213	306	400	500	800	1000
圧力 atm	0.28	1	23.6	94.74	987	1974	3948	4935
中性 pH	7	6.14	5.6	5.7	5.4	5.1	4.8	4.7

平衡定数Kは

$$K = \frac{a_{H^+} \times a_{OH^-}}{a_{H_2O}} \qquad a \text{は活動度}$$

a_{H_2O}は一定．したがってKのかわりに水のイオン積$K_w = a_{H^+} \times a_{OH^-}$を用いても良い．25℃，1barにおける水のイオン積K_wは10^{-14}であるが飽和蒸気圧300℃における値は$10^{-11.4}$で（表II-5），結果として中性pHの位置は25℃における7から300℃の5.7に変化する（表II-7）．これは金属陽イオンの加水分解と水酸化物の生成が，高温では低pH側へ拡大することの重要な説明となる．圧力の増加に伴い，水のイオン化が著しく増加することは，水の電解平衡式における負のモル体積変化から推定することができる．すなわち，25℃でのモル体積変化が-23.00から300℃の$-166.1 \text{cm}^3/$モルへ変化する．超臨界状態のもとでは，圧力増加に伴う水のイオン積K_wの増加はより顕著になり（表II-6），数kbarの圧力下では，水はイオン化が著しい優れた溶媒になる．

(2) 熱水流体中の硫黄

熱水流体から生成される鉱石鉱物の多くは硫化物であるから，硫黄の化学は重要である．図II-9は300℃における水溶液中の硫黄化学種のf_{O_2}-pH平衡図で，次のように求められた．平衡定数はHelgeson(1969)によった．

$$H_2S^0(aq) \Leftrightarrow H^+ + HS^-$$

$$\log K = \log \frac{a_{HS^-} \times a_{H^+}}{a_{H_2S}} = -8.06$$

H_2S^0とHS^-の境界は$a_{H_2S} = a_{HS^-}$であるから，境界線の式は

$$\log \frac{1}{a_{H^+}} = pH = 8.06$$

$$HS^- + 2O_2(g) \Leftrightarrow SO_4^{-2} + H^+$$

$$\log K = \log \frac{a_{SO_4^{-2}} \times a_{H^+}}{a_{HS^-} \times (f_{O_2})^2} = 56.61$$

SO_4^{-2} と HS^- の境界は $a_{SO_4^{-2}} = a_{HS^-}$ であるから，境界線の式は

$$\log f_{O_2} = -28.31 - \frac{pH}{2}$$

$$H_2S^0(aq) + 2O_2(g) \Leftrightarrow SO_4^{-2} + 2H^+$$

$$\log K = \log \frac{a_{SO_4^{-2}} \times (a_{H^+})^2}{a_{H_2S} \times (f_{O_2})^2} = 48.55$$

SO_4^{-2} と H_2S^0 の境界は $a_{SO_4^{-2}} = a_{H_2S}$ であるから，境界線の式は

$$\log f_{O_2} = -24.28 - pH$$

$$H_2S^0(aq) + 2O_2(g) \Leftrightarrow HSO_4^- + H^+$$

$$\log K = \log \frac{a_{HSO_4^-} \times a_{H^+}}{a_{H_2S} \times (f_{O_2})^2} = 55.61$$

HSO_4^- と H_2S^0 の境界は $a_{HSO_4^-} = a_{H_2S}$ であるから，境界線の式は

$$\log f_{O_2} = -27.81 - \frac{pH}{2}$$

$$HSO_4^- \Leftrightarrow SO_4^{-2} + H^+$$

$$\log K = \log \frac{a_{SO_4^{-2}} \times a_{H^+}}{a_{HSO_4^-}} = -7.06$$

HSO_4^- と SO_4^{-2} の境界は $a_{HSO_4^-} = a_{SO_4^{-2}}$ であるから，境界線の式は

$$pH = 7.06$$

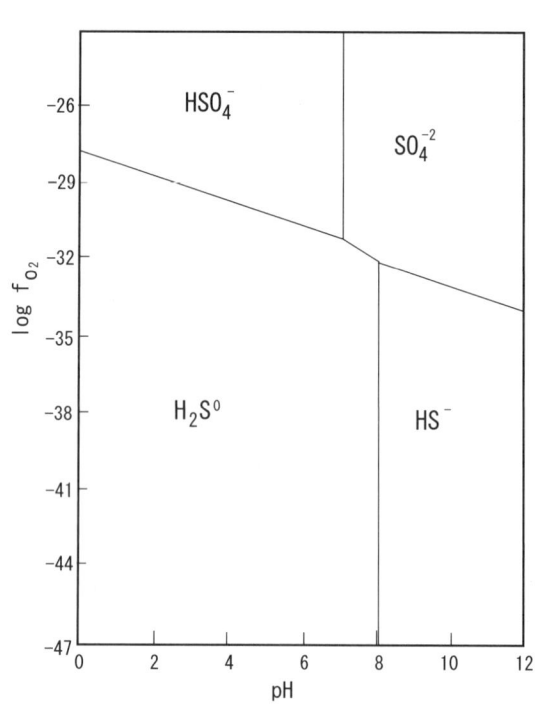

図II-9 300℃における水溶液中の硫黄化学種の f_{O_2} − pH 平衡図

図から熱水流体中では地表付近の酸化環境を除いて，H_2S^0 または HS^- が安定であることがわかる．

(3) 重金属の溶解と沈殿

硫化物−H_2O 系に H_2S や NaCl を加えると硫化物の溶解度は著しく上昇する．これは金属が色々な錯体を生成するためである．錯体は一つまたはそれ以上の金属イオン（プロトン H^+ を含む）と一つまたはそれ以上の陰イオンまたは中性分子が結合したものである．錯体中に存在する陰イオン

または中性分子は配位子と呼ばれる．錯体は配位錯体とイオン対の二つに分けて考えることができる．配位錯体は金属と配位子との高度の共有結合力によって形成されているもので，その結合は強い方向性を有し，分光法によって同定できる一定の構造を持っている．遷移金属イオンおよび As, Sb, Bi, Sn, Pb, Tl, Se, Ga, Al は配位錯体を形成する傾向がある．イオン対は一つの陽イオンと一つの陰イオンからなり，イオン結合によって形成されているので結合に方向性がない．配位子は直接金属と接することができ，その場合，両者は，接触イオン対または球内イオン対を形成するか，あるいは水分子によって分離され，その場合は溶媒分離イオン対または球外イオン対と呼ばれる．三重，四重あるいはそれ以上のイオン組み合わせを形成することが可能である．アルカリ，アルカリ土類，希土類，Sc, Y, アクチノイド（U, Th）は，陽イオンと陰イオンの間の比較的大きな電気陰性度の違いによってイオン結合をしようとし，配位錯体よりもイオン対を形成する傾向がある．しかし実際には，純粋なイオン結合と純粋な共有結合の間は漸移的に移り変わっている．

安定定数 金属 M と配位子 A が錯体を形成する傾向は次の反応式の平衡定数によって表される．

$$M^{+m}(aq) + nA^{-x}(aq) = MA_n^{m-nx} \tag{1a}$$

このような反応式の平衡定数は一般に，安定定数または錯体化定数と呼ばれる．安定定数の大きな値は，強い，または，より安定な錯体であることを意味する．安定定数には，いくつかの異なった術語がある．例えば，(1a) 式のような錯体化反応に対する安定定数は，累積安定定数または全体安定定数と呼ばれ，記号 β_n によって示す．また，次のような1段階錯体化反応の安定定数は

$$MA_{n-1}^{m-(n-1)x} + A^{-x} = MA_n^{m-nx} \tag{1b}$$

段階安定定数と呼ばれ，記号 K_n で示す．累積安定定数と段階安定定数には次式のような関係がある．

$$\beta_n = \prod_{i=1}^{n} K_i = K_1 K_2 K_3 \ldots K_n \tag{2}$$

与えられた溶液中の鉱物の溶解度を計算するには，対象とする鉱物の溶解度積，重要と考えられるすべての錯体の安定定数，種々の形の配位子（例えば HSO_4^-, SO_4^{-2}）間反応の平衡定数，対象とする温度・圧力下での溶液中のすべての関係する化学種の活動度係数のような熱力学的データが必要である．また，もし対象とする固体が固溶体あるいは非化学量論的相である場合は，同様に成分の活動度係数が必要である．

陽イオン加水分解 陽イオン加水分解とは次の型のような錯体形成反応をいう．

$$M^{+m} + nH_2O(l) = M(OH)_n^{m-n} + nH^+ \tag{3a}$$

ここで金属イオン水酸化物錯体は水の分解の結果形成されている．(3a) 式のような反応の平衡定数は加水分解定数と呼ばれ，記号 K_{hn} で表される．加水分解定数は次の式で示され，水酸化物錯体に対する累積安定係数に関係がある．

$$K_{hn} = \beta_n \times K_w^n \tag{3b}$$

ここで K_w は水の解離反応の平衡定数である．このように陽イオン加水分解と水酸化物錯体形成と

は同じ意味である．一般に陽イオンが小さければ小さいほど，またより高く荷電されていればいるほど加水分解の程度，すなわち $K_{h,n}$ が大きくなる．ただし，Au^+，Hg^{+2}，Pd^{+2} は例外で，これらは大きなイオン半径を有するにもかかわらず最も強く加水分解する陽イオンとして知られている．

錯体化が溶解度に与える効果 方鉛鉱を例に挙げて説明する．始めに，低 pH で，Pb^{+2}，H_2S^0 が重要な溶解鉛および硫黄の化学種であると仮定すると，

$$方鉛鉱の溶解度 = \Sigma\, Pb = [Pb^{+2}] \tag{4}$$

ここで〔〕は濃度を表す．$[Pb^{+2}]$ は次の反応の平衡定数から求められる．

$$PbS(s) + 2\,H^+ = Pb^{+2} + H_2S^0 \tag{5a}$$

$$K_{S_2} = \frac{a_{H_2S^0} \times a_{Pb^{+2}}}{(a_{H^+})^2} \tag{5b}$$

(5b) を書き換えると

$$\left[Pb^{+2}\right] = \frac{a_{Pb^{+2}}}{\gamma_{Pb^{+2}}} = \frac{K_{S_2}(a_{H^+})^2}{a_{H_2S^0}\,\gamma_{Pb^{+2}}} \tag{5c}$$

ここで γ は活動度係数を表す．

溶液に塩素イオンが加えられると，鉛クロロ錯体が次のように形成される．

$$Pb^{+2} + Cl^- = PbCl^+ \tag{6}$$

$$Pb^{+2} + 2Cl^- = PbCl_2^0 \tag{7}$$

$$Pb^{+2} + 3Cl^- = PbCl_3^- \tag{8}$$

$$Pb^{+2} + 4Cl^- = PbCl_4^{-2} \tag{9}$$

この場合溶解度は次のようになる

$$方鉛鉱の溶解度 = \Sigma\, Pb = [Pb^{+2}] + [PbCl^+] + [PbCl_2^0] + [PbCl_3^-] + [PbCl_4^{-2}] \tag{10}$$

もし pH と H_2S^0 の活動度が前の場合と同じであれば $a_{Pb^{+2}}$ は (5a) 式で規定され，塩素イオンがない場合と同じである．さらに $\gamma_{Pb^{+2}}$ が一定であれば，$[Pb^{+2}]$ も塩素イオンがない場合と同じである．Pb^{+2} は (6)～(9) の錯体化反応によって消費されるが，反応 (5) が右辺方向に移行して平衡し，Pb^{+2} は一定に保たれる．このように錯体化によって溶液中の Pb 全濃度は増加し，方鉛鉱の溶解度は増加することになる．

200℃，飽和蒸気圧，$[H_2S^0] = 10^{-3}$ モル/kg，pH = 3.0 で塩素イオンがない場合と 1 モル/kg の塩素イオンがある場合の方鉛鉱の溶解度を計算する．すべての活動度係数が 1 であると仮定すると (5b) 式から

$$[Pb^{+2}] = K_{S_2}[H^+]^2[H_2S^0]^{-1} \tag{11}$$

また，(10) 式から

$$\Sigma \text{Pb} = [\text{Pb}^{+2}] + \beta_1 [\text{Pb}^{+2}][\text{Cl}^-] + \beta_2 [\text{Pb}^{+2}][\text{Cl}^-]^2 \\ + \beta_3 [\text{Pb}^{+2}][\text{Cl}^-]^3 + \beta_4 [\text{Pb}^{+2}][\text{Cl}^-]^4 \tag{12}$$

(12)式に(11)式を代入すると

$$\Sigma \text{Pb} = K_{s2} [\text{H}^+]^2 [\text{H}_2\text{S}^0]^{-1} (1 + \beta_1 [\text{Cl}^-] + \beta_2 [\text{Cl}^-]^2 \\ + \beta_3 [\text{Cl}^-]^3 + \beta_4 [\text{Cl}^-]^4) \tag{13}$$

$K_{s2} = 10^{-3.64}$, $\beta_1 = 10^{2.64}$, $\beta_2 = 10^{3.97}$, $\beta_3 = 10^{3.94}$, $\beta_4 = 10^{3.52}$ (Johnson *et al.*, 1992) を(11)式に代入すると

$$[\text{Pb}^{+2}] = 10^{-6.64} \text{モル}/\text{kg} = 47.4\text{ppb}$$

また(12)式に代入すると

$$\Sigma \text{Pb} = 10^{-2.30} \text{モル}/\text{kg} = 1{,}038\text{ppm}$$

このように1モル/kgの塩素イオン（NaCl 約5.5％溶液に相当）を加え錯体化することにより方鉛鉱の溶解度は約4.5桁増加することがわかる．

錯体化が硫化物の沈殿機構に与える効果 方鉛鉱の沈殿について単純化した反応モデルを考える．

$$\text{PbCl}_4^{-2} + \text{H}_2\text{S}^0 = \text{PbS(s)} + 2\text{H}^+ + 4\text{Cl}^- \tag{14}$$

上の反応の平衡が右辺に移行すれば，明らかに方鉛鉱の沈殿が起こる．そのような移行は温度低下（鉱物が累進溶解度を有する場合），H_2S^0 活動度の増加，H^+ あるいは Cl^- の活動度の減少によってもたらされる．

鉛の優勢な化学種が水硫化錯体である場合は

$$\text{Pb(HS)}_3^- + \text{H}^+ = \text{PbS(s)} + 2\text{H}_2\text{S}^0 \tag{15}$$

この場合，方鉛鉱の沈殿は，pHあるいは H_2S^0 活動度の減少によって起こり，クロロ錯体の場合のちょうど反対である．また，鉛の優勢な化学種がクロロ錯体であっても(14)式と異なって PbCl^+ である場合は

$$\text{PbCl}^+ + \text{H}_2\text{S}^0 = \text{PbS(s)} + 2\text{H}^+ + \text{Cl}^- \tag{16}$$

となり，方鉛鉱の溶解度と H_2S^0 および pH との関係は(11)式の場合と同じであるが，Cl^- 活動度あるいは温度との関係は異なってくる．

鉱物の沈殿は熱水流体の母岩との相互作用，沸騰，希釈，他の流体との混合，熱伝導による冷却など種々の過程によって起こる．

配位子の自然界における相対的存在度 天然の熱水流体中に存在する重要な無機配位子には，F^-, Cl^-, Br^-, I^-, HS^-, S_nS^{-2}, $\text{S}_2\text{O}_3^{-2}$, SO_3^{-2}, HSO_4^-, SO_4^{-2}, HCO_3^-, CO_3^-, NH_3, OH^-, H_2PO_4^-, HPO_4^{-2}, PO_4^{-3}, $\text{As}_3\text{S}_6^{-3}$, $\text{Sb}_3\text{S}_6^{-3}$, HTe^-, Te^{-2}, Te_2^{-2}, CN^- などがあり，有機配位子には

表Ⅱ-8　HSAB理論による金属と配位子の分類－Wood and Samson（1998）による－

	硬	中間型	軟
酸	H^+ $Li^+>Na^+>K^+>Rb^+>Cs^+$ $Be^{+2}>Mg^{+2}>Ca^{+2}>Sr^{+2}>Ba^{+2}$ $Al^{+3}>Ga^{+3}$ $Sc^{+3}>Y^{+3}$; REE^{+3} ($Lu^{+3}>La^{+3}$); Ce^{+4}; Sn^{+4} $Ti^{+4}>Ti^{+3}$, $Zr^{+4}=Hf^{+4}$ $Cr^{+6}>Cr^{+3}$; $Mo^{+6}>Mo^{+5}>Mo^{+4}$; $W^{+6}>W^{+4}$, Nb^{+5}, $Ta^{+4}Re^{+7}$; $Re^{+6}>Re^{+4}$; $V^{+6}>V^{+5}>V^{+4}$; $Mn^{+4}>$; Fe^{+3}; Co^{+3}; $As^{+4}Sb^{+5}$; Th^{+4}; $U^{+5}>U^{+4}$ $PGE^{+6}>PGE^{+4}$; etc. (Ru, Ir, Os)	Fe^{+2}, Mn^{+2}, Co^{+2}, Ni^{+2}, Cu^{+2}, Zn^{+2}, Pb^{+2}, Sn^{+2}, As^{+3}, Sb^{+3}, Bi^{+3}	$Au^+>Ag^+>Cu^+$ $Hg^{+2}>Cd^{+2}$ $Pt^{+2}>Pd^{+2}$その他のPGE^{+2} $Ti^{+3}>Ti^+$
塩基	F^-; H_2O; OH^-, O^-; NO_3^-, $CO_3^{-2}>HCO_3^-$, $SO_4^{-2}>HSO_4^-$, $PO_4^{-3}>HPO_4^{-2}>HPO_4^-$, カルボキシレート(酢酸塩, 蓚酸塩など) MoO_4^{-2}, WO_4^{-2}	Cl^-	$I^->Br^-$; CN^-; CO; $S^{-2}>HS^-.H_2S$; 有機フォスフィン(R_3P); 有機チオル(RP); 多硫化物(S_nS^{-2}), チオ硫酸塩($S_2O_3^{-2}$), 亜硫酸塩(SO_3^{-2}); HS^{e-}, Se^{-2}, Te^-, Te^{-2}, AsS_2^-; SbS_2^-

硬い化学種の場合>はより硬いを示し，軟らかい化学種の場合>はより軟らかいを示す．
REE: 希土類元素, PGE: 白金属元素　; R:有機炭素鎖

CH_3COO^-，$CH_3CH_2COO^-$，$C_2O_4^{-2}$，などがある．

　Cl^-は熱水流体中の主要な配位子の中で最も多量に存在する．多くの金属はこの配位子と強い錯体を形成するので，クロロ錯体はしばしば鉱化流体中の鉱石金属運搬の最も優勢な担体となる．熱水流体において，一般に臭化錯体と沃化錯体の濃度はクロロ錯体の濃度より数桁低い．弗化錯体の濃度は,蛍石および黄玉の溶解度によってしばしば比較的低い値に抑えられるが，Be^{+2}のような"硬い"金属イオンの場合は弗化錯体が重要になる．

　熱水システムにおい水硫化錯体と硫酸錯体のどちらが優勢になるかは，主としてf_{O_2}の関数であり，酸化環境では硫酸錯体が還元環境では水硫化錯体が優勢となる．硫酸イオンは多くの鉱石金属と比較的弱い錯体を作るので，塩素イオンと競合することは稀である．一方，HS^-イオンはAu,Agのような"軟らかい"金属ときわめて強い錯体を形成するので，多くの熱水流体において水硫化錯体はクロロ錯体に次いで重要である．重炭酸錯体および炭酸錯体は限られた環境においてのみ重要である．水酸化イオンは水の解離（参照）によって常に存在するので高pHにおいて数種の金属の運搬にとって重要である．

　硬軟酸塩基（HSAB）理論　すべての金属イオンは電子を受け取るのでLevis酸と見なされ，すべての配位子は電子を提供するのでLevis塩基と見なされる．熱水流体中の金属錯体の重要性は電子の受容－提供に拘わる"硬"および"軟"Levis酸塩基理論によって評価される．硬酸は一般

に d^0 電子配置を有し，したがって，これら金属は電子雲が変形し難く，イオン結合あるいは静電気結合をする傾向が強い．

一方，軟酸は d^{10} 電子配置を有し，電子雲が変形しやすい．その結果，軟酸は共有結合をする傾向が顕著である．硬，軟両塩基も同様に定義できる．また，硬と軟の中間の性質を持つ金属イオンと配位子は中間型と呼ばれる．表 II-8 は金属と配位子を硬－軟特性に関して分類したものである．

HSAB 理論によると，競争状態においては，硬酸は硬塩基とともに錯体を作り，軟酸は軟塩基とともに錯体を作る傾向がある．前に述べた配位錯体とイオン対の区別を考え合わせると，イオン対は硬金属イオンと硬配位子の相互作用によって形成され，配位錯体は軟金属イオンと軟配位子の相互作用によって形成されることになる．"競争状態"という術語は HSAB 理論にとって重要である．例えば，軟らかい Au^+ イオンは硬い Cl^- イオンより軟らかい HS^- イオンと錯体を作る傾向が強い．しかし，HS^- イオン濃度がきわめて低く，Cl^- イオン濃度がきわめて高い場合は，Au^+ イオンは Cl^- イオンと錯体を形成せざるを得ない（より硬い配位子 H_2O より好ましい）．

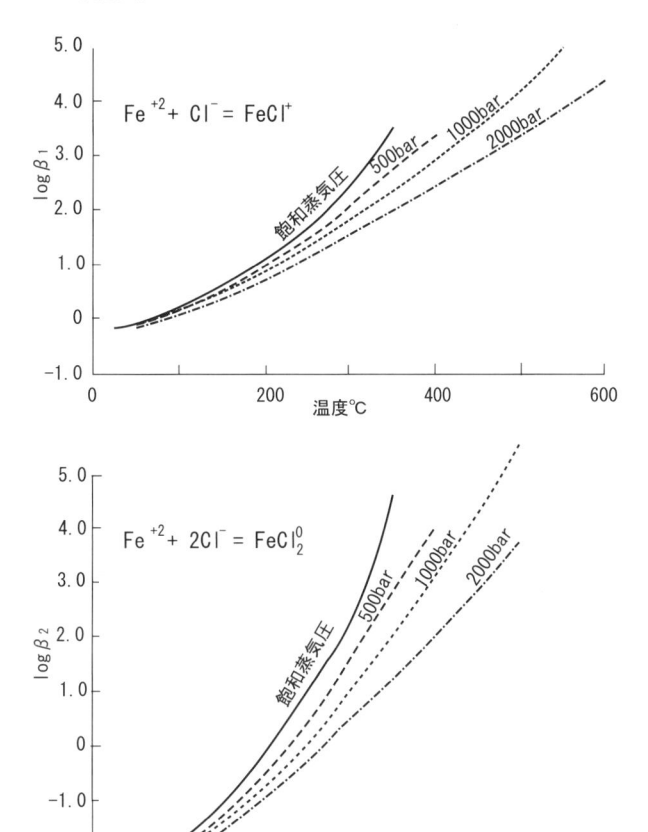

図 II-10　$FeCl^+$ および $FeCl^0$ の安定定数－温度－圧力図 － Wood and Samson (1998) による －

主要金属の錯体と，その安定度に及ぼす温度・圧力の影響　温度と圧力は金属の錯体化に対して反対方向の影響を及ぼす．温度の上昇は錯体形成を進め，圧力の増加は金属錯体を"自由"な加水イオンへ分解させる．これらの反対方向への効果は基本的にはイオン－溶媒相互作用の結果である．

溶解 Fe(III) が優勢な f_{O_2}－pH 条件では，含鉄鉱物の溶解度はきわめて低いので，熱水流体中で最も重要な鉄の酸化状態は Fe(II) である．物理化学的条件と地質的環境に応じて，熱水流体中の鉄の運搬担体としてクロロ錯体，水酸化錯体，重炭酸錯体などが重要となる．Fe(II) 水硫化錯体は熱水流体と続成過程における鉄硫化物の沈殿中間物として重要であるけれども，熱水流体中では鉄の運搬担体として重要ではない．塩化物熱水流体中で優勢な化学種は Fe^{+2}, $FeCl^+$, $FeCl_2^0$ であり，高温ほどまた低圧ほど，より高次のクロロ錯体が重要になる．また，高塩素濃度では，$FeCl_3^-$, $FeCl_4^{-2}$ が優勢になる場合がある．図 II-10 に $FeCl^+$ と $FeCl^0$ の安定定数－温度－圧力図を示す．

熱水流体中の亜鉛の運搬担体としてクロロ錯体，水硫化錯体，水酸化錯体，炭酸錯体，重炭酸

図II-11　$ZnCl^+$，$ZnCl_2^0$，$ZnCl_3^-$，$ZnCl_4^{-2}$の安定定数－温度－圧力図
－Wood and Samson（1998）による－

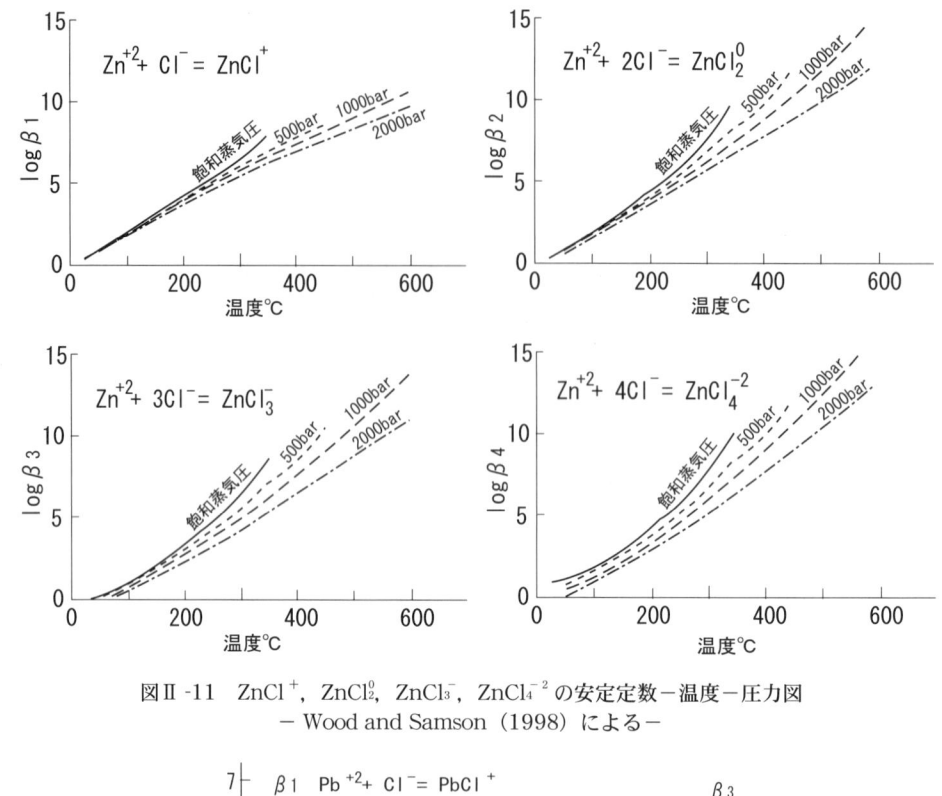

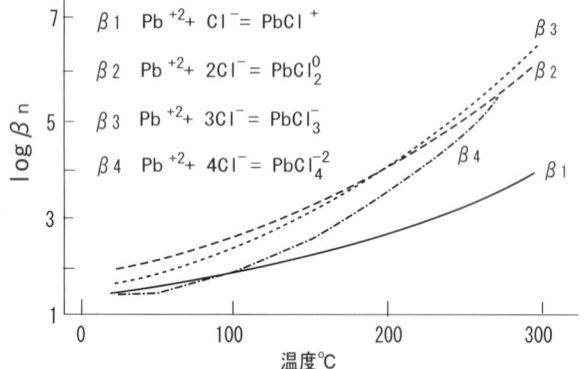

図II-12　$PbCl^+$，$PbCl_2^0$，$PbCl_3^-$，$PbCl_4^{-2}$の安定定数－温度図
－Wood and Samson（1998）による－

錯体などが環境によって重要となる．塩化物熱水流体中で優勢な化学種はZn^{+2}，$ZnCl^+$，$ZnCl_2^0$，$ZnCl_3^-$，$ZnCl_4^{-2}$である．図II-11に$ZnCl^+$，$ZnCl_2^0$，$ZnCl_3^-$，$ZnCl_4^{-2}$の安定定数－温度－圧力図を示す．Zn(II)水硫化錯体は比較的低い温度，比較的高いpH，高$(HS)^-$濃度，低Cl^-濃度で重要になる．その主要な化学種は，$Zn(HS)_2^0$，$Zn(HS)_3^-$，$Zn(HS)_4^{-2}$，$ZnS(HS)_2^{-2}$，などである．

鉛は中間型金属のなかで最も軟らかいLevis酸である．したがって，他の中間型金属に比較して，より強いクロロ錯体および水硫化錯体を作り，より弱い水酸化錯体，炭酸錯体，重炭酸錯体を作る．塩化物熱水流体中で優勢な化学種はPb^{+2}，$PbCl^+$，$PbCl_2^0$，$PbCl_3^-$，$PbCl_4^{-2}$である．図II-12に$PbCl^+$，$PbCl_2^0$，$PbCl_3^-$，$PbCl_4^{-2}$の安定定数－温度図を示す．圧力の変化によって安定定数は，ほとんど変化しない．主要なPb(II)水硫化錯体は$Pb(HS)_2^0$，$Pb(HS)_3^-$，$Pb(HS)_2(H_2S)^0$であるが，ア

ルカリ性できわめて HS⁻ に富む溶液中においてのみ安定であり，実際の熱水流体中では運搬担体として重要ではない．

銅は水溶液中で Cu(I) と Cu(II) の二つの酸化状態が存在しうるが，大部分の熱水流体中では Cu(I) が優勢である．Cu⁺ イオンは中程度に軟らかい陽イオンであって，Fe⁺²，Mn⁺²，Zn⁺² などの多くの遷移金属より軟らかいが，Ag⁺，Au⁺ より硬い．Cu⁺ イオンは比較的安定なクロロ錯体と水硫化錯体を生成し，アルカリ性溶液において他の配位子に乏しいときは，水酸化錯体を考えに入れる必要がある．塩化物熱水流体中で優勢な化学種は Cu⁺，CuCl⁰，CuCl₂⁻，CuCl₃⁻² であり，最も重要な錯体は CuCl₂⁻ である．図 II-13 に CuCl⁰，CuCl₂⁻ の飽和蒸

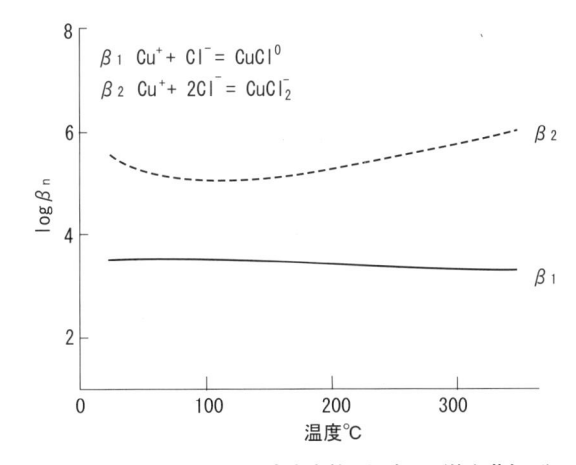

図 II-13 CuCl⁰, CuCl₂⁻ の安定定数−温度図（飽和蒸気圧）− Wood and Samson (1998) による−

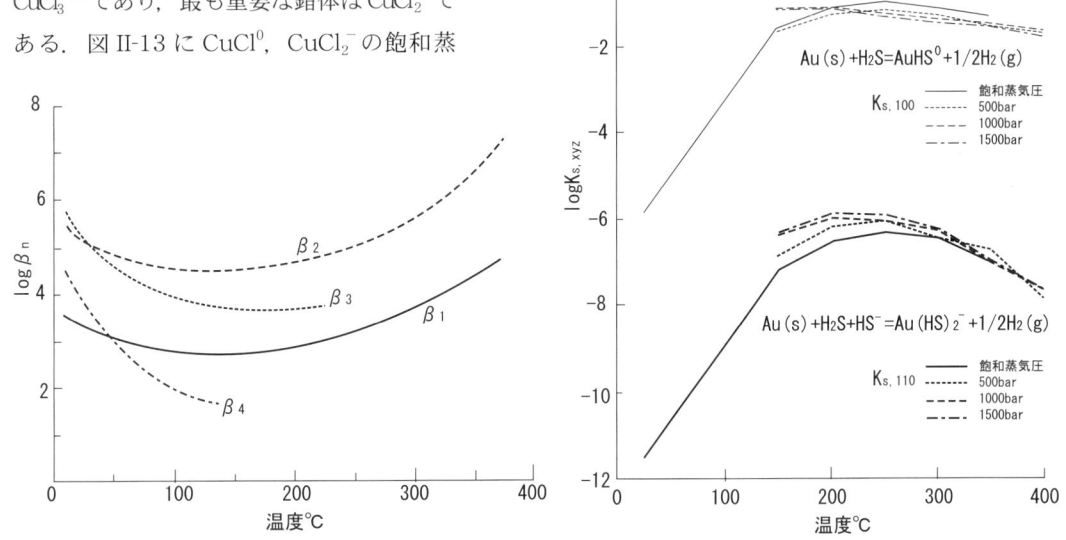

図 II-14 AgCl⁰ (β_1), AgCl₂⁻ (β_2), AgCl₃⁻² (β_3), AgCl₄⁻³ (β_4) の安定定数−温度図 − Seward (1976) による−

図 II-15 AuHS⁰ および Au(HS)₂⁻ の安定定数−温度−圧力図 − Seward (1976) による−

気圧下における安定定数−温度図を示す．主要な Cu(I) 水硫化錯体は Cu(HS)⁰，Cu(HS)₂⁻，Cu₂S(HS)₂⁻² であり，低温で塩素イオンに乏しく硫黄に富むときは，多硫化物錯体とともに熱水流体中の銅の運搬担体として重要である．

Ag⁺ は Au⁺ ほどではないが，軟らかいイオンである．したがって，Ag⁺ のクロロ錯体は水硫化錯体より重要であり，Ag⁺ の水硫化錯体は Au⁺ の水硫化錯体ほど重要ではないと推定できる．塩化物熱水流体中で優勢な化学種は Ag⁺，AgCl⁰，AgCl₂⁻，AgCl₃⁻²，AgCl₄⁻³ であり，銀のクロロ錯体は広範囲の熱水流体条件において銀の運搬担体として重要である．図 II-14 に AgCl⁰，AgCl₂⁻，AgCl₃⁻²，AgCl₄⁻³ の飽和蒸気圧下における安定定数−温度図を示す．主要な Ag(I) 水硫化錯体は

AgHS⁰ および Ag(HS)₂⁻ であるが，塩素イオン濃度が低くきわめて硫黄濃度の高いときにのみ前者は酸性，後者は中性から弱アルカリ性で優勢となる．

　Au⁺ イオンは，軟金属イオンの代表的例であり，水硫化イオンのような軟配位子と選択的に結合する．広い pH および温度範囲において中位の酸化的ないし還元的熱水流体中で，金は主として水硫化錯体として運搬されることが実験的に立証されている．優勢な Au(I) 水硫化錯体は，弱酸性においては AuHS⁰ で，弱アルカリ性においては Au(HS)₂⁻ である．図 II-15 に AuHS⁰ および Au(HS)₂⁻ の安定定数－温度－圧力図を示す．主要な Au(I) クロロ錯体は AuCl⁰，AuCl₂⁻ であるが，高塩素イオン濃度，高温，低 pH，かなり高い酸素フガシティーのときにのみ優勢となる．

(4) 熱水流体における強酸の会合

　前述のように，錯体にはプロトン H⁺ と配位子からなる種々の酸も含まれる．200～300℃以下の低温で水の誘電率が高い場合は，例えば，HCl は加水イオンの安定化によって強酸として挙動する．しかし，温度が上昇すると（ただし圧力は 1～2kbar），水の構造変化に伴いイオン対を形成するようになり，HCl は蒸気圧曲線に沿う高温高圧下では弱酸になる．図 II-16 は次のイオン対分解反応式の平衡定数 K_d の温度・圧力変化を示す．

$$HCl^0 \Leftrightarrow H^+ + Cl^-$$

図 II-16 から，25℃から 350℃の温度変化に対して K_d は 4 桁の変化を示し，350℃では，HCl 水溶液は弱酸となる．300℃では，1 モルの HCl 水溶液は約 50% イオン対に会合している．しかし，高温下でも圧力が上昇するとイオン対は解離し，強酸へ戻る方向へ変化する．

(5) 脈石鉱物の溶解と沈殿

　熱水流体中には重金属とともに脈石鉱物も溶解し，鉱石鉱物とともに沈殿し，鉱床を形成する．以下脈石鉱物として重要な SiO₂ 鉱物と炭酸塩鉱物について述べる．

図 II-16　HCl⁰ イオン対の解離定数の温度－圧力変化
－ Seaward and Barnes（1997）による－

SiO₂ 鉱物　SiO₂ は次式により水中に溶解する．

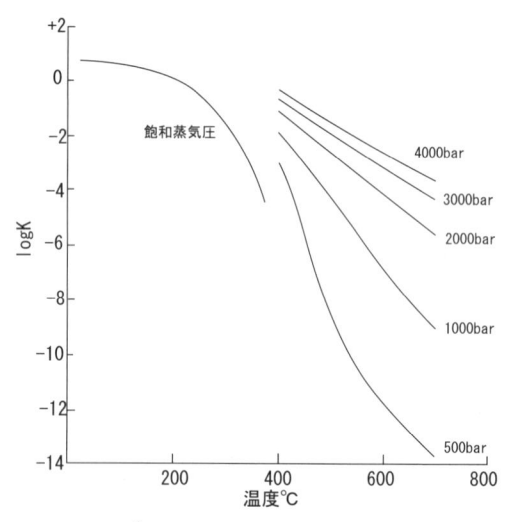

$$SiO_2 + 2H_2O \Leftrightarrow H_2SiO_4$$

図 II-17 に主要な多形の温度－溶解度曲線を示した．石英と比較して非晶質 SiO₂ の溶解度が高いのがわかる．

　純水に対する石英の溶解度は温度および圧力の増加とともに増加する（図 II-18）．ただし臨界点付近では，局部的に温度上昇とともに溶解度が低下する（図 II-17 には示されていない）．したがって，臨界点付近で石英は熱源に向かって沈殿が進むことになる．図から高温・高圧で温度低下による石

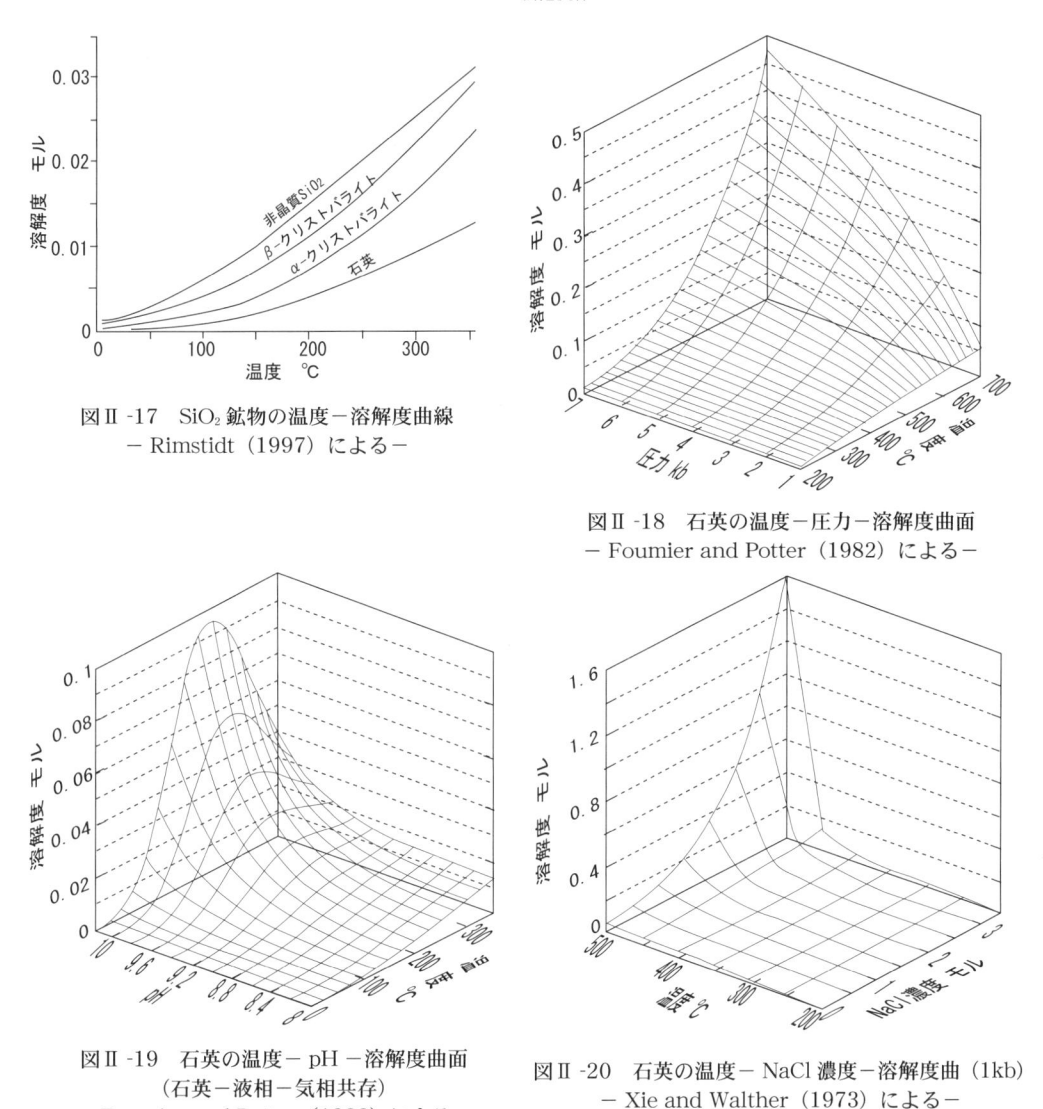

図Ⅱ-17 SiO₂鉱物の温度－溶解度曲線
－Rimstidt（1997）による－

図Ⅱ-18 石英の温度－圧力－溶解度曲面
－Foumier and Potter（1982）による－

図Ⅱ-19 石英の温度－pH－溶解度曲面
（石英－液相－気相共存）
－Foumier and Potter（1982）による－

図Ⅱ-20 石英の温度－NaCl濃度－溶解曲（1kb）
－Xie and Walther（1973）による－

英の沈殿量が大きいことがわかる．地殻の浅い部分では，温度および圧力勾配は，ほぼΔT=25℃/km，ΔP=0.3kb/kmであるから，熱水の上昇に伴う石英の沈殿は，圧力降下よりも温度降下の影響のほうが大きい．しかし，岩石圧から静水圧への転換点では急激な圧力低下が起こるので，例外となる．

溶解したH₂SiO₄は，高pHの下ではイオン化してH₃SiO₄⁻となるので，pH＝8以上では溶解度はpHの上昇とともに増加する（図Ⅱ-19）．しかし，そのような高pHは，天然の熱水流体システムでは一般的ではない．図Ⅱ-18において，100℃から臨界点の間でpHの低下は，石英の著しい沈殿を生ずるが，一方，一定pHの下では，温度低下は200℃以上で少量の溶解を，200℃以下で少量の沈殿を引き起こすことがわかる．pH＝8以下ではいかなる温度でもpHの変化は石英の溶解度に影響を及ぼさない．

臨界点以上の温度においては，塩濃度の増加は石英の溶解度に顕著な増加を引き起こす（図

II-20).したがって,そのような条件では低塩濃度熱水と高塩濃度の熱水の混合が起こると,大量の石英の沈殿を生ずる.

非晶質 SiO_2(蛋白石)は準安定相として熱水流体から沈殿することがある.非晶質 SiO_2 は石英より溶解度が高いが,その温度,圧力,pH,NaCl 濃度との関係は石英と類似している.非晶質 SiO_2 は,条件変化の速度が大きすぎて石英にとって過飽和の程度が過大であるような場合のみ沈殿する.石英の沈殿速度は温度の上昇とともに増加するので,石英にとっての過大な過飽和は,通常約 200℃ 以下で生ずる.非晶質 SiO_2 は時間とともに最初は α クリストバライトに,最終的には石英に転移する.

炭酸塩鉱物 炭酸塩鉱物の溶解度は熱水溶液中の炭酸塩を支配する一連の反応の相互作用によって決定される.その第一の反応は二酸化炭素の溶解による炭酸の生成反応である.

$$CO_2(g) + H_2O \Leftrightarrow H_2CO_3(aq)$$

CO_2 の溶解度は次式によって表される.

$$S_{CO_2} = \frac{a_{H_2CO_3}}{f_{CO_2}}$$

炭酸はさらに次式により電離する.

$$H_2CO_3 \Rightarrow HCO_3^- + H^+$$

炭酸の第一解離定数は

$$K_1 = \frac{a_{H^+} \times a_{HCO_3^-}}{a_{H_2CO_3}}$$

HCO_3^- はさらに次のように電離する.

$$HCO_3^- \Rightarrow CO_3^{-2} + H^+$$

炭酸の第二解離定数は

$$K_2 = \frac{a_{H^+} \times a_{CO_3^{-2}}}{a_{HCO_3^-}}$$

炭酸塩鉱物は次式によって溶解する.

$$MCO_3(s) = M^{+2} + CO_3^{-2}$$

この反応の平衡は次のイオン積(溶解度積)によって示される.

$$K_{sp} = a_{M^{+2}} \times a_{CO_3^{-2}}$$

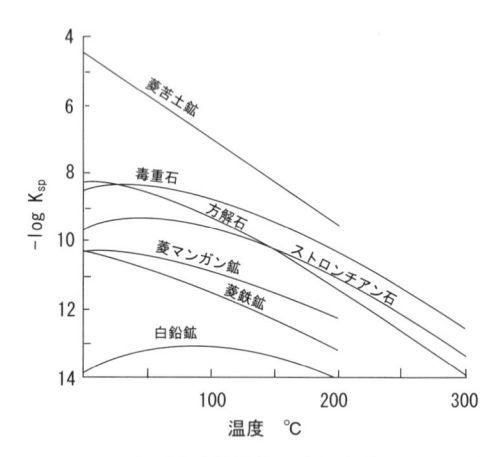

図 II-21 主要炭酸塩鉱物の溶解度積-温度曲線
— Naumov at al.(1974)による —

主要な炭酸塩鉱物の溶解度積-温度曲線を図 II-21 に示す.

二酸化炭素は熱水流体中で重要な成分であることが多く,おおくの炭酸塩鉱物の溶解度は次の反

応によって，これに支配される．

$$MCO_3(s) + CO_2(g) + H_2O(l) = M^{+2} + 2HCO_3^-$$

この反応の平衡定数 K は

$$K = \frac{a_{M^{+2}} \times a_{HCO_3}^2}{P_{CO_2}}$$

この関係から炭酸塩鉱物の溶解度は $P_{CO_2}^{1/3}$ に比例するということができる．したがって，炭酸塩鉱物の溶解度は温度の上昇とともに低下し，圧力の増加とともに上昇する（図II-22）．とくに低温では圧力の変化による効果が著しい．図II-21では方解石の例を示したが他の炭酸塩鉱物もこれに類似する．また低温では，塩濃度の増加とともに方解石の溶解度は低下するが，高温では塩濃度の増加とともに方解石の溶解度は上昇する（図II-23）．

これらの図から，熱水溶液から炭酸塩鉱物が沈殿するのは，次の四つの場合であることがわかる．(a) 低塩濃度，低温での溶液の加熱，(b) H_2CO_3 より HCO_3^- が優勢であるとき，CO_2 の脱ガス，(c) 塩濃度の減少，(d) pH の上昇．溶液の加熱は，低温の熱水が高温の熱水と混合するか，母岩からの熱の移動によって行われる．温度－溶解度曲線が下方に凸の形をしているので，同じ P_{CO_2} で温度の異なる飽和した熱水溶液が混合すれば，過飽和になる．P_{CO_2} の変化による沈殿は，沸騰により CO_2 が溶液外に脱出することによって達成される．水中に溶解した CO_2 は HCO_3^- と H^+ に解離するので，CO_2 の移動は pH の上昇をもたらすことに注意しなければならない．また，pH の上昇は HCO_3^- の H^+ と CO_3^{-2} との解離を引き起こし，CO_3^{-2} 活動度の増加は炭酸塩鉱物の沈殿を引き起こす．

次の三つの復炭酸塩鉱物の間には広範囲の固溶体が存在する．ドロマイト $CaMg(CO_3)_2$，アンケライト $CaFe(CO_3)_2$，クツナホライト $CaMn(CO_3)_2$．これらの復炭酸塩鉱物はいずれも Ca を含み，通常熱水溶液中の Ca 濃度は Mg，Fe，Mn 濃度より高いので，方解石と共生することが多い．方解石とこれら復炭酸塩鉱物の共生によって溶液中の Ca^{+2} と Mg^{+2}，Fe^{+2}，Mn^{+2} との活動度比は一定に保たれる．

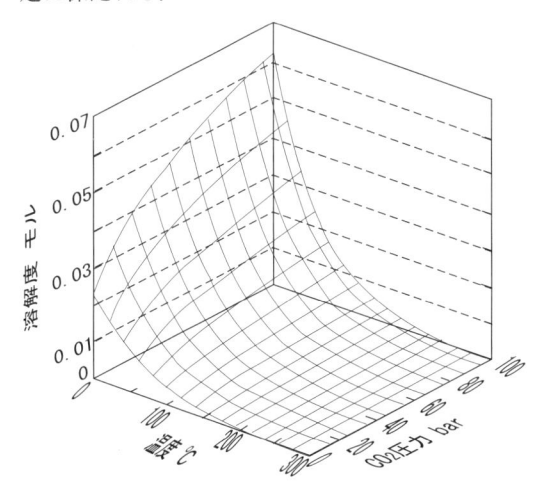

図II-22 方解石の温度－CO_2 圧力－溶解度曲面
－Rimstidt (1997) による－

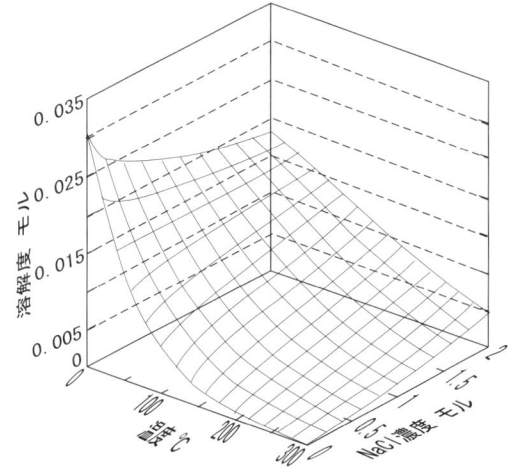

図II-23 方解石の温度－NaCl 濃度－溶解度曲面
－Ellis (1963) による－

（6）現世の熱水流体システム

　現在の陸上および海底には，活動している多数の熱水流体システムが存在し，その一部は金属の硫化物あるいは酸化物を大量に沈殿し鉱床を生成しつつある．これらは地質時代に熱水流体によって生成された鉱床の研究に対して多くの基礎データを与えており，一部では金属の回収に成功している．

　海底熱水流体システム　1969年代の中頃，紅海のAtlantis II deepにおいて世界で最初に海底熱水流体システムが発見された．それ以後，405℃に達する高温の噴出熱水だけでも，太平洋，大西洋，インド洋，地中海などの中央海嶺および背弧海盆中に100箇所以上見出されており，いずれも鉱物を沈殿しつつある．図II-24は世界の主要な海底熱水流体システムの分布を示したものである．

　循環熱水流体システムを形成するには，岩石中の海水循環を駆動するため海底下数km以内にあるマグマあるいは高温岩体などの熱源と，大量の岩石と化学反応を可能にするため流体が深部まで侵入できるのに十分な透水係数を必要とする．生成される鉱床が大型になるためには，厚い堆積物あるいは塊状溶岩のような帽岩が存在することが必要で，これによって熱を囲いかつ上昇流の拡散を防ぐ．同様に大量の熱水流体が集中して排出され，効率よく鉱物が沈殿するため，割目の濃集が

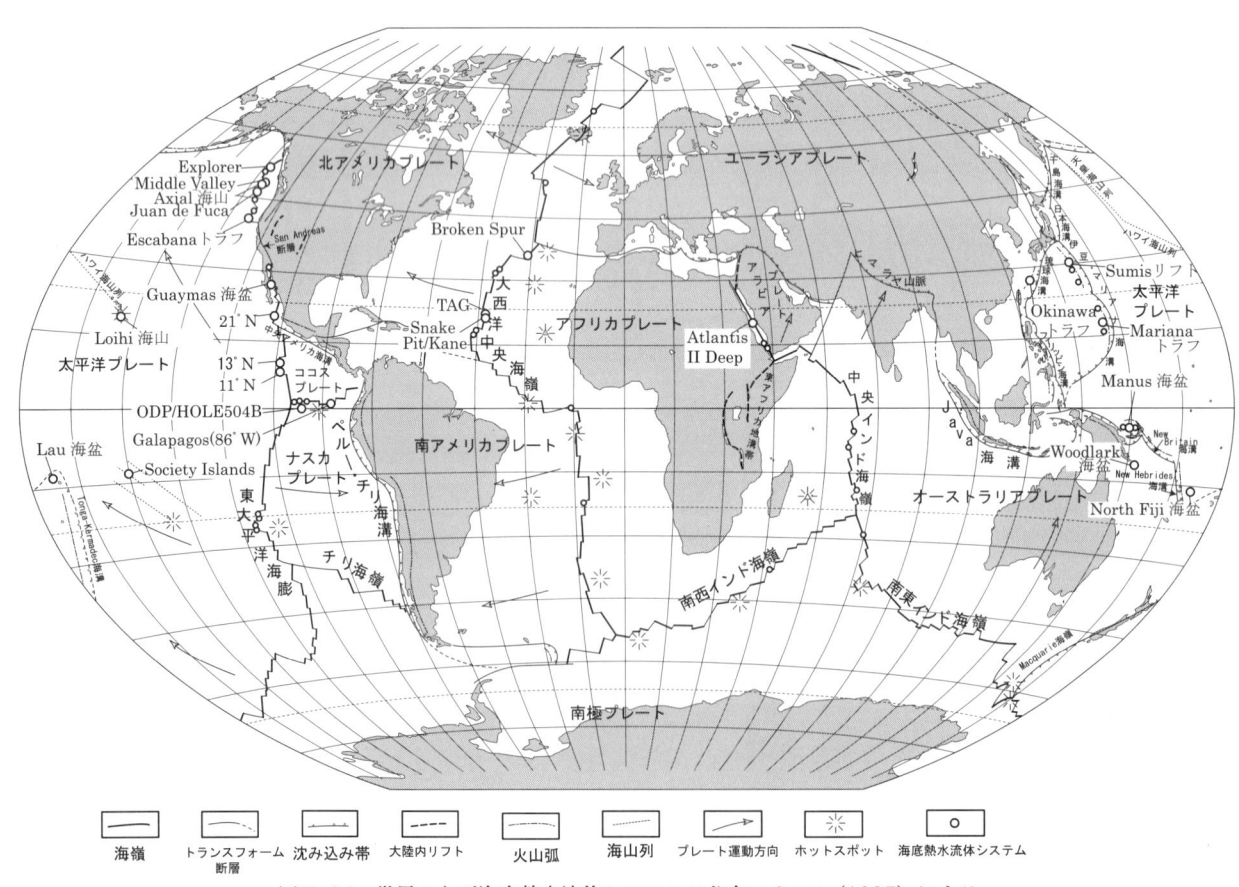

図II-24　世界の主要海底熱水流体システムの分布 − Scott (1997) による −

必要である（図II-25）．このような条件を満たし海底熱水鉱床を生成しつつある海底熱水流体システムの地質的環境は表II-9のように分類される．

噴出口における海底熱水流体の化学組成を各地質的環境ごとに集計したものを表II-10に示す．海底熱水流体と海水との最も顕著な相違点は，後者にかなりの量含まれているMgが前者にはまったく認められないことで，実験的にも確かめられている．また一般に，海底熱水流体は，多くの元素について海水の数倍以上の濃度を示している．ただし，Na, Cl, Sr, Brの濃

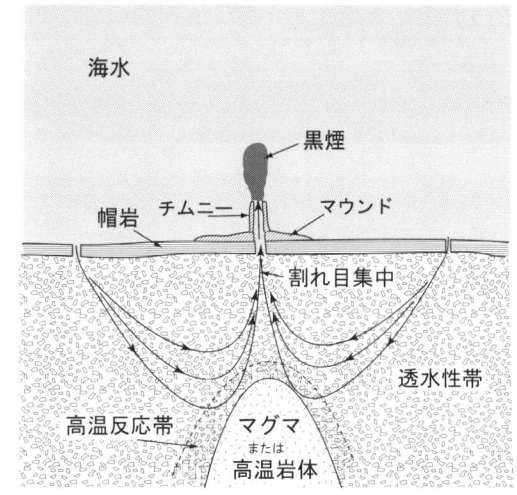

図II-25　拡大海嶺における熱水流体循環
－Scott（1997）による－

表II-9　海底熱水流体システムの地質環境　－Ishibashi and Urabe (1995)；Scott (1997)による－

地質的環境		例	
		硫化物鉱床	酸化物鉱床
中央海嶺	堆積物僅少	南部Explorer海嶺 Juan de Fuca海嶺Endeavour区 東太平洋海膨　11°N, 13°N, 21°N 南部Juan de Fuca海嶺 Galapagosリフト（86°W） Trans-Atlantic Geotravers(TAG) Snake Pit, Broken Spur/Kane	Galapagos海嶺軸外　Galapagosマウンド 東太平洋海膨　11°N-13°N
	堆積物有り	北部Juan de Fuca海嶺　Middle Valley 南部Gorda海嶺　Escanabaトラフ カリフォルニア湾　Guaymas海盆 紅海　Atlantis II Deep	
海山		中央Juan de Fuca海嶺　Axial海山 東太平洋海膨　13°N東方 東太平洋海膨　Green火山21°N西方	東太平洋海膨　21°N東方Red Volcano 東太平洋海膨軸外　11°30'N Society Islandsホットスポット ハワイ　Lohi海山
島弧－背弧システム	背弧拡大軸	Lau海盆 中央－東部Manus海盆 北Fiji海盆 中央Marianaトラフ	西部Woodlark海盆　Franklin海山
	背弧リフト	伊豆－小笠原島弧　スミスリフト 北部沖縄トラフ　南奄西海丘 中央沖縄トラフ　伊平屋凹地	
	火山前線	中央沖縄トラフ　伊是名Cauldron 伊豆－小笠原島弧　水曜海山 伊豆－小笠原島弧　北Baiyonnaiseカルデラ	北部Marianaトラフ　春日第二海山

表II-10 噴出口における海底熱水液体の化学組成 －Ishibasi and Urabe (1995); Scott (1997)による－

	硫化物鉱床						酸化物鉱床	海水
	中央海嶺		海山	島弧－背弧システム				
	堆積物僅少	堆積物有り	(拡大軸)	背弧拡大軸	背弧リフト	火山前線		
T°C	224－380	100－315	29－328	285－334	278	311－320	270－350	2
pH	3.2－5.0	5.4－5.9	3.5, 6.2	2.0－4.7	5	3.7－4.7	6.1, 6.7	7.8
Li(10^{-3}モル/kg)	0.6－1.5	0.4－1.3	0.6, 0.6	02.－5.8	1.86	0.6－0.891	0.7, 1.0	0.026
Be(10^{-9}モル/kg)	19－132	37	－	－	－	－	24	0
B(10^{-3}モル/kg)	0.36－0.524	1.60－2.16	0.59	0.47－0.83	4	1.43－3.41	－	0.416
Na(10^{-3}モル/kg)	419－747	315－560	438	210－590	430	432－446	378	464
Mg(10^{-3}モル/kg)	－	－	0	0	0	0	－	52.7
Al(10^{-6}モル/kg)	4.6－17.7	3.5	－	6	－	4.9－17.0	－	0.02
Si(10^{-3}モル/kg)	2.7－22.9	6.9－12.3	151, 18.6	14.0－14.5	10.8	12.5－13.2	13.5, 21.9	0.16
Cl(10^{-3}モル/kg)	32.6－978	41.2－668	407, 544	255－790	527	550－658	464, 690	541
K(10^{-3}モル/kg)	17.0－44.8	13.5－42.7	23.6	10.5－79.0	50.9	29.7－73.7	18.8	9.8
Ca(10^{-3}モル/kg)	10.2－86.1	40－81	28.4, 39.9	6.5－41.3	22.1	23.2－89.0	33.4, 48.5	10.2
Mn(10^{-6}モル/kg)	250－3559	15.5－160	543, 1064	12－7100	94	30－587	593, 630	<0.001
Fe(10^{-6}モル/kg)	32－15619	5－67	51, 964	13－2500	－	21－435	~600, 2400	<0.001
Co(10^{-9}モル/kg)	107－1371	<1, 32	－	－	－	－	－	0.03
Cu(10^{-6}モル/kg)	0.04－<150	<0.1－1.3	8	34	－	0.003	0, 48	0.007
Zn(10^{-6}モル/kg)	0.9－<750	<0.1－11	118	3000	－	7.6	25	0.01
As(10^{-3}モル/kg)	0.00002	0.0007	－	－	－	－	－	0.00003
Br(10^{-6}モル/kg)	749－1611	779－1179	831	306－1140	－	1045	834	840
Rb(10^{-6}モル/kg)	10－60	20－100	60	8.8－68	360	28	0.02	1
Ag(10^{-9}モル/kg)	<1－26	4, 33	－	－	－	－	7	0.02
Cd(10^{-9}モル/kg)	25－211	<0.1－17	－	－	－	－	0	1
Cs(10^{-9}モル/kg)	100－202	7700	－	－	－	－	－	2
Ba(10^{-6}モル/kg)	>10	15－20	>20	5.9－39	55	60－100	>20	0.14
Pb(10^{-9}モル/kg)	59－900	191, 300	302	3900	－	36	50	0.01
NH$_4$(10^{-3}モル/kg)	0.003, <0.01	2.8－13.6	－	－	4.7	<0.1－5.32	－	<0.01
H$_2$S(10^{-3}モル/kg)	2－110	1.1, 4.8	6.5, 7.1	2.0－<5	2.44	1.6－13.1	0, ~3	0
CO$_2$(10^{-3}モル/kg)	4.2－13.8	20	41, 85	1.5－14.4	96	40－200	10.3	2.3

度は海水と同程度あるいは低い場合がある．硫化物鉱床の熱水流体は，酸化物鉱床のそれと比較してpHが低くH$_2$S濃度が高いが，温度および他の化学成分については差が認められない．硫化物鉱床については地質的環境による化学組成の差異が認められる．例えば，NH$_4$濃度は堆積物のある中央海嶺で著しく高く，また島弧－背弧システムでK濃度が非常に高い場合がある．前者は有機物，後者は珪長質岩によるものと考えられ，いずれも熱水流体－岩石反応の違いによる．

硫化物鉱床あるいは酸化物鉱床は，煙突状の突起（チムニー）およびそれが崩壊堆積した小丘（マウンド）と，海底面下の岩石中の鉱床からなる（図II-25）．熱水流体システムが活動中の時は，チムニーから熱水を噴出し，これから晶出する微粒鉱物の懸濁のため黒煙あるいは白煙を吐いているように見える．チムニーの高さは数cmから十数mに達し，マウンドの直径は数十mから百数十m，マウンドとチムニーの高さを合わせると数十mになることがある．海底熱水鉱床付近には，シロ

表II-11 海底熱水鉱床の鉱物組成 －Scott（1997）による－

	硫化物鉱床				酸化物鉱床
	中央海嶺		海山	背弧拡大軸	
	堆積物僅少	堆積物有り	（拡大軸）		
主要構成鉱物	黄銅鉱 ISS 白鉄鉱 黄鉄鉱 閃亜鉛鉱 ウルツ鉱 硬石膏	ISS 黄鉄鉱 磁硫鉄鉱 閃亜鉛鉱 硬石膏 重晶石 炭酸塩鉱物	白鉄鉱 黄鉄鉱 閃亜鉛鉱 珪酸鉱物	黄鉄鉱 閃亜鉛鉱 方鉛鉱 重晶石 珪酸鉱物	$Fe_2O_3 \pm 2FeOOH$ Mn酸化物 ノントロナイト
少量鉱物	斑銅鉱 磁硫鉄鉱 重晶石 鉄明礬 炭酸塩鉱物 ゲーサイト $Fe_2O_3 \pm 2FeOOH$ Mn酸化物 ノントロナイト 珪酸鉱物 Mg珪酸塩鉱物 硫黄	黄銅鉱 方鉛鉱 白鉄鉱 ウルツ鉱 石膏 赤鉄鉱 磁鉄鉱 $Fe_2O_3 \pm 2FeOOH$ Mn酸化物 珪酸鉱物 Mg珪酸塩鉱物	黄銅鉱 方鉛鉱 ウルツ鉱 硬石膏 重晶石	黄銅鉱 白鉄鉱 四面銅鉱 硬石膏	炭酸塩鉱物 珪酸鉱物
微量鉱物	藍銅鉱 ダイジェナイト 方鉛鉱 硫塩鉱物 四面銅鉱 石膏	藍銅鉱 ダイジェナイト 硫塩鉱物 四面銅鉱 鉄明礬 ゲーサイト 硫黄	藍銅鉱 ダイジェナイト 硫塩鉱物 四面銅鉱 $Fe_2O_3 \pm 2FeOOH$ Mn酸化物 Mg珪酸塩鉱物 硫黄	藍銅鉱 ダイジェナイト 磁硫鉄鉱 硫塩鉱物 Mn酸化物	白鉄鉱 黄鉄鉱 重晶石

ウリガイ，コシオリエビ，チューブワームなどの特殊な生態系が発達し，これらの死骸が鉱床生成の際，還元剤の役割を果たすことが知られている．

　海底熱水鉱床の鉱物組成を表II-11に示す．この表から鉱床の地質環境が鉱物組成に反映されているのがわかる．酸化物鉱床には硫化鉱物，その酸化生成物，元素鉱物がほとんどあるいはまったく認められない．堆積物のある中央海嶺は堆積物中の炭質物によって還元環境となり，鉱床中に磁硫鉄鉱を多産する（III(1)参照）．これに対して堆積物僅少の中央海嶺，海山，背弧拡大軸は，より酸化環境であるといえる．堆積物のある中央海嶺の鉱床で炭酸塩鉱物が豊富なのは，炭質物の存在によってf_{CO_2}が高い環境になっているためと考えられる．表中のISSはCu-Fe硫化物中間固溶体のことで（III(2)参照），従来合成実験においてのみ存在すると考えられてきたが，海底熱水鉱床では一般的に産する鉱物であることが明らかになった．

　表II-12は硫化物鉱床から採取した鉱石試料の化学組成を示したものである．これらのデータは鉱床全体を代表するとは考えられないので，この表から鉱床の化学組成の特徴を地質環境によって比較することは不可能である．

表II-12 硫化物鉱床鉱石試料の化学組成 －Ishibasi and Urabe (1995); Scott (1997) による－

	中央海嶺		海山	島弧－背弧システム		
	堆積物僅少	堆積物有り	(拡大軸)	背弧拡大軸	背弧リフト	火山前線
%						
Zn	4.0〜36.7	1.0〜5.1	22.7	1.4〜26.9	12.8	11.6〜31.3
Cu	0.2〜12.4	0.2〜2.3	0.4	1.15〜30.3	1.46	1.77〜14.5
Pb	0.04〜0.21	0.04〜1.1	0.35	0.025〜7.4	5.01	0.15〜15.8
Fe	12.4〜32.6	5.9〜31.2	5.6	2.4〜31.0	3.29	3.29〜16.7
SiO$_2$	1.2〜21.5	2.2〜28.4	28.1	1.2〜16.2		
Ba	0.0〜7.4	2.0〜14.9	9.6	0.043〜33.3	1.11	0.089〜2.76
Ca	0.02〜11.2	0.07〜6.7	0.21	0.2〜3.7		
ppm						
Ag	38〜378	9〜117	189	42〜680	90.3	113〜2100
Au	0.11〜5.7	0.2〜1.7	4.9	0.78〜10	2.43	3.6〜19.7
Hg	0〜25	0〜18.5	20.2	0〜22		
Cd	109〜886	20〜308	522	73〜780		925〜950
Sn	0〜33	0〜187	7	0〜13		
As	66〜544	113〜4600	569	110〜4629	417	892〜27537
Sb	0〜95	33〜567	349	0〜320		

陸上熱水流体システム 高熱流地域における地熱エネルギーの開発によって，陸上の熱水流体システムに関する知識が蓄積されつつある．地熱システムはプレートの発散型および収斂型境界に伴っている．

地殻中に天水が侵入し，高透水係数帯を通過して地下深部に達すると，冷却しつつある火成岩体，マグマからの熱伝導，あるいはマグマ水との混合によって温められて上昇し，地表に戻って地熱システムすなわち陸上熱水流体システムが形成される．熱水流体システムは，地表において噴気孔，硫気孔，沸騰泉，間欠泉，泥火山，湯沼などの現象として現れる．その地質環境として，収斂型プレート境界に伴う珪長質岩火山帯中のカルデラ，安山岩質層状火山，高地火山，火山島などと，発散型プレート境界に伴う大陸リフト帯などがあげられる．

陸上熱水流体システムの良く研究された例としてSalton Sea地熱帯について説明する．Saltonトラフはカリフォルニア湾の東太平洋海膨拡大軸からSan Andreas断層への移行部に位置する活動中の大陸リフト帯である（図II-26a）．Saltonトラフの軸に沿って高温（>250℃）の熱水流体システム（Salton Sea, Imperial, Cerro Prieto）が，軸周縁部には低温の熱水流体システム（Dunnes, Heberなど）が堆積物によって満たされた構造盆地中に見出される（図II-26b）．これらの高温地熱システムは高い熱流量を示し，地表において第四紀火山，温泉，泥火山などを出現させている．Saltonトラフ地熱帯から採取された熱水流体の化学組成を表II-13に示す．

Salton Sea熱水流体システム中の高温含金属塩水は，海水の10倍の全塩濃度（TDS）を有し，また重金属濃度も海底熱水流体に比べてかなり高く，とくに高Pb, Zn濃度が特徴的である．この熱水流体システムは1957年石油および天然ガスのための開発ボーリング作業中に発見された．その後Salton Sea地域は地熱発電を目的とした多数の地熱井の開発が進められ，現在268,000kWの発電能力が得られている．Salton Sea熱水流体貯留槽には二つの型が認められる．すなわち深

表II-13 Saltonトラフ熱水流体の化学組成
−McKibben and Hardie (1997) による−

	Salton Sea	Imperial	Cero Prieto	East Mesa	Heber
温度℃	330	275	300	190	195
Li	209(30.1×10^{-3}モル/kg)	252	13	—	7
Na	54,800(2383.7×10^{-3}モル/kg)	50,466	5,004	6,362	4,019
Mg	49(2.01×10^{-3}モル/kg)	299	<1	9	2
SiO$_2$	>588(10.12×10^{-3}モル/kg)	465	569	257	237
Cl	157,500(4442.5×10^{-3}モル/kg)	131,000	9,370	11,668	7,758
K	17,700(452.7×10^{-3}モル/kg)	9,555	1,203	1,124	333
Ca	28,500(711.1×10^{-3}モル/kg)	18,140	284	759	750
Mn	1,500(28880×10^{-6}モル/kg)	985	1	—	—
Fe	1,710(30620×10^{-6}モル/kg)	3,219	<1	—	—
Cu	7(110.1×10^{-6}モル/kg)	>1			
Zn	507(7753×10^{-6}モル/kg)	1,155			
Br	111(1389×10^{-6}モル/kg)	—	31		
Sr	421(4805×10^{-6}モル/kg)	1,500	—	—	41
Cd	2(17800×10^{-9}モル/kg)	4	—	—	
Pb	102(492200×10^{-9}モル/kg)	>262			
NH$_4$	330(18.33×10^{-3}モル/kg)	—		—	6
H$_2$S	10(0.294×10^{-3}モル/kg)	>47	180	—	1
SO$_4$	53(0.552×10^{-3}モル/kg)	—	180	—	1
CO$_2$	1,580(35.9×10^{-3}モル/kg)	30,000	2,400	—	186
HCO$_3$	—	—	—	221	—
TDS	26.50%	25.00%	1.60%	2.20%	1.30%

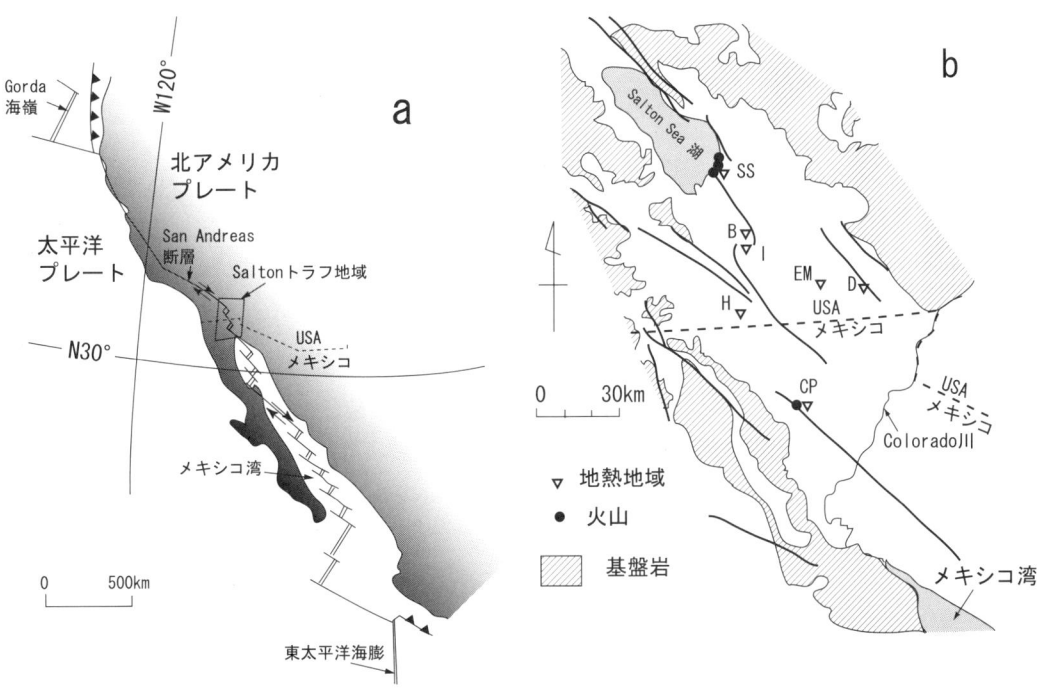

図II-26　a　Saltonトラフの構造的位置図　　b　Saltonトラフ地域地質概図
(SS: Salton Sea, B: Brawley, I: Imperial, H: Heber, EM: East Mesa, D: Dunes, CP: Cero Prieto)
− McKibben and Hardie (1997) による−

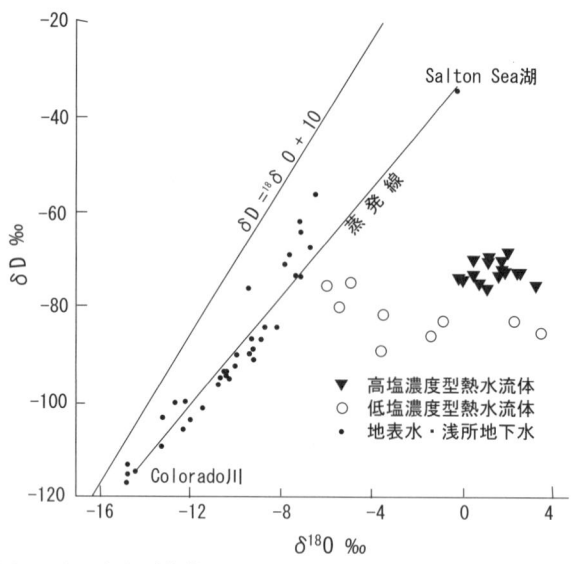

図II-27 Salton Sea および北部 Salton トラフにおける地表水と熱水流体の同位体組成
－McKibben and Hardie（1997）による－

表II-14 Salton Sea 地熱井スケール分析例(ppm)
－McKibben and Hardie（1997）による－

	I	II	III
Na	323	5629	7125
Mg	727	1368	3405
Al	502	508	1130
Si	5840	649	1064
K	63	1479	1990
Ca	395	5608	5080
Cr	0	882	3530
Mn	528	2900	547.7
Fe	9840	47610	51230
Co	36.6	1038.6	1058.9
Ni	1.42	571	1289.7
Cu	169	1123.2	2886.7
Zn	261	152	49.5
Ga	0	178.4	67
As	989	104300	402300
Mo	0.294	26.1	538
Ag	208	0	0
Cd	40.6	1333	5410
Sb	149	205.3	717.6
Te	0	180.2	88.8
Au	0.000011	0.000013	460
Hg	0.000047	6366	313
Pb	24200	31110	375
Bi	219	573.6	18222
U	103	9020	5726

所高塩濃度型と浅所低塩濃度型である．高温（最高365℃）の高塩濃度 Na-Ca-K-Cl 塩水は26%全塩濃度に達し，Fe，Zn，Pbその他の金属に富む．

安定同位体の研究によってSalton Sea 熱水流体の水の起源は天水で，主にColorado 川の水であることが明らかにされている．これらの水は地表近くでの蒸発作用を受けた後，高温での水－岩石相互作用を経験する．浅所低塩濃度型熱水流体は母岩堆積物との酸素同位体交換反応を，種々の程度で受けていることを示している．これに対して，深所高塩濃度型熱水流体は高温で母岩堆積物との酸素同位体交換反応を完全に進め，均等な$\delta^{18}O$値を示す．高塩濃度型熱水流体は，最も^{18}Oの高い低塩濃度型熱水流体よりδDが10‰高い（図II-27）．これは起源の天水の年齢が異なるためと考えられる．Saltonトラフの遺留水はこれと同様なδD値を有しており，このことは深所高塩濃度型熱水流体の生成は古流体との混合後，水－岩石相互作用によって完全な安定同位体均質化が行われたことを意味している．Salton Sea 熱水流体貯留槽は，現在新たな物質供給のない，化学的な閉鎖システムであると考えられる．

安定同位体の証拠から，高塩濃度型熱水流体はColorao川の単純な蒸発作用だけで生成することはできないことが明らかにされている．蒸発岩の溶解と，高温における水—岩石相互作用とが，その生成進化に重要な役割をしたと考えられる．高温における水—岩石相互作用に先立ち，Salton Sea熱水流体は，Salton盆地にある継続的な塩湖の同時堆積的循環作用による塩分付加を受けていたはずである．熱水流体の全塩濃度が，20℃における飽和岩塩量に相当する事はこのことを裏付けている．

　母岩堆積物の頁岩中の卑金属含有量は深部に行くに従い減少している．これら金属の減少量は頁岩中の方解石の減少量と良く対応しており，Zn, Pb, Cuなどが，砕屑作用あるいは続成作用によって生成した炭酸塩鉱物中に，もともと組み込まれていたものが，熱水流体により抽出されたことを示している．原頁岩中の金属含有量をPb 37ppm, Zn 100ppm, Mn 455ppmとして全貯留槽について開放された金属量を計算すると，Pb 100万t，Zn 500万t，Mn 1,500万tとなる．

　Salton Sea熱水流体貯留槽頂部，深さ500-1,500m付近の割目を一部充填して，黄鉄鉱，赤鉄鉱，黄銅鉱，閃亜鉛鉱，方鉛鉱などの金属鉱物が沈殿している．主たる脈石鉱物は方解石，石英，緑簾石，緑泥石である．地熱井上部あるいは配管表面には金属に富むスケールが付着する．このスケールの主成分はヒジンゲライト$Fe(OH)_3 \cdot SiO_2$に類似した非晶質の鉄珪酸塩で，方鉛鉱その他の硫化物を伴う．また地熱井の蒸気—液体分離点付近に生じた磁鉄鉱と砒鉄鉱を主とするスケールの分析例を表II-14に示す．As, Bi, U, Auその他の重金属が高い濃度で含まれているのがわかる．

　Saltonトラフ地域では，熱水流体中の金属を回収する試みがなされてきているが，1992年にSalton Sea地熱井中のスケールから銀を回収する予備的試験に成功したことが報告され，さらに2002年末にはImperial地熱井熱水からZnを回収する事業が開始された．このZn回収技術は発電後の低温化（116℃）した熱水に電気化学的処理を行い99.99％の純亜鉛を年間3万t生産するもので，天然の熱水からZnを商業的に回収する世界で最初の，今のところ唯一の例である．

(7) 地質時代の熱水流体（流体包有物）

　鉱石鉱物および脈石鉱物中には，その生成時，あるいはその後に取り込んだ熱水流体を現在まで保有していることが多い．これを流体包有物といい，地質時代の熱水流体と考えることができる．

　流体包有物のうち結晶生成時に直接取り込まれたものを一次包有物といい，結晶累帯構造に伴うか，結晶欠陥に付随して独立して産する．結晶成長完成後に取り込まれたものを二次包有物という．二次包有物は，累帯構造や結晶外形を切る微小な割目を充填して産し，鉱石生成と関係のない流体が取り込まれていると考えられる．また，結晶成長時にできた割目に伴って生成された包有物を疑二次包有物という（図II-28a）．しかし，これらの包有物の型の区別を産状のみから決定することが困難な場合がある．

　流体包有物は通常液相と気相からなるが，さらに固相を含むことがある（図II-28b）．また液相が不混和の2相になっていることがある．1個の流体包有物の大きさは＜0.01mm，顕微鏡で容易に観察することができる．結晶中に占める容積は平均約0.1％，最大約5％である．

　流体包有物中の液相の主成分はH_2Oであるが，まれに石油を含むことがある．液相中の溶質としては，Na（11,800〜64,000ppm），K（4,800〜15,900ppm），Ca（≒2,500ppm），Mg（0〜2,400ppm），Zn（200〜10,900ppm），Cu（60〜17,640ppm），Fe（140〜9,100ppm），Cl（70,000

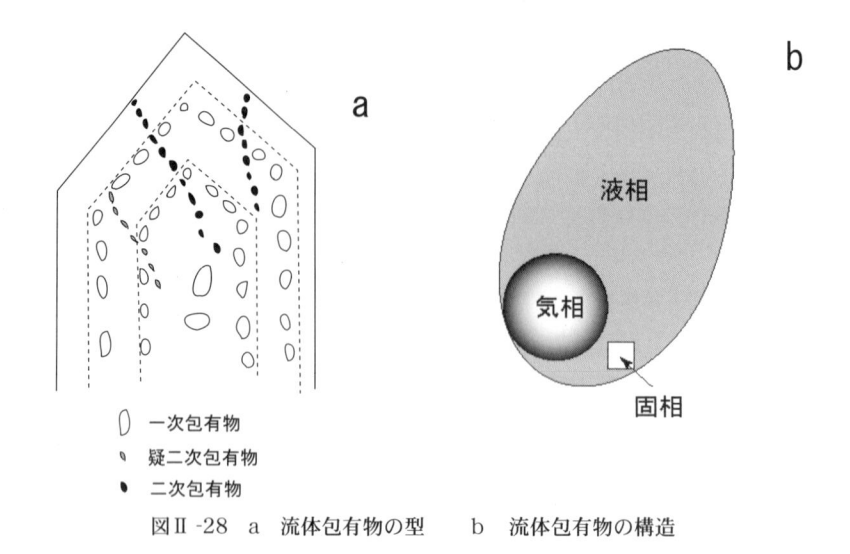

図Ⅱ-28　a　流体包有物の型　　b　流体包有物の構造

〜197,000ppm），SO$_4$（≒80,000ppm）などが認められる．気相の主成分はH$_2$OおよびCO$_2$で，そのほか微量のN$_2$，CO，O$_2$，H$_2$，CH$_4$，C$_2$H$_6$，H$_2$Sを含むことがある．固相はNaClおよびKClで，稀に金属硫化物が認められる．

　常温で図Ⅱ-28bの状態にある流体包有物の温度を上昇させると，固相が溶解し，気相は次第に収縮してある温度で1相になり，流体包有物が結晶に取り込まれた状態と同様になる．この温度を均質化温度（T$_h$）という．均質化温度を測定して，圧力その他の補正を行えば結晶が生成したときの温度T$_f$を推定することができる．このように地質時代に，ある現象が起こったときの温度の測定を行うことを地質温度計という．流体包有物を常温から加熱すると，均質化温度に達するまでの間は，包有物の内圧は液相の蒸気圧曲線（図Ⅱ-29のA線）に沿って変化する．この間，包有物のなかには常に気泡が存在する．均質化温度（T$_h$）で気泡が消失し，包有物は液相のみによって満たされる．さらに温度が上昇すると，包有物の内圧は等比容積線（図Ⅱ-29のB線）に沿って急

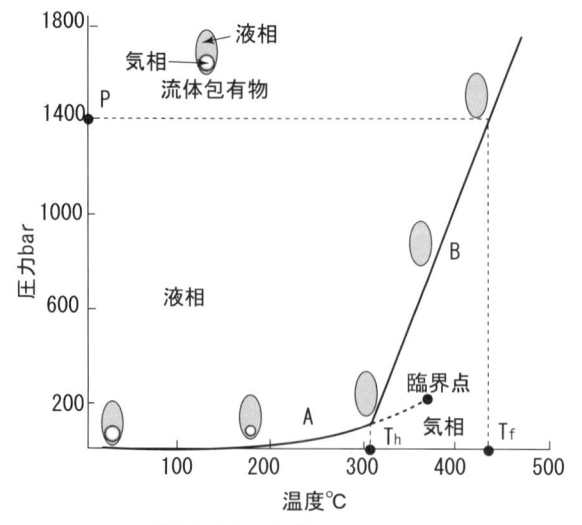

図Ⅱ-29　流体包有物の加熱　－武内（1975）による－

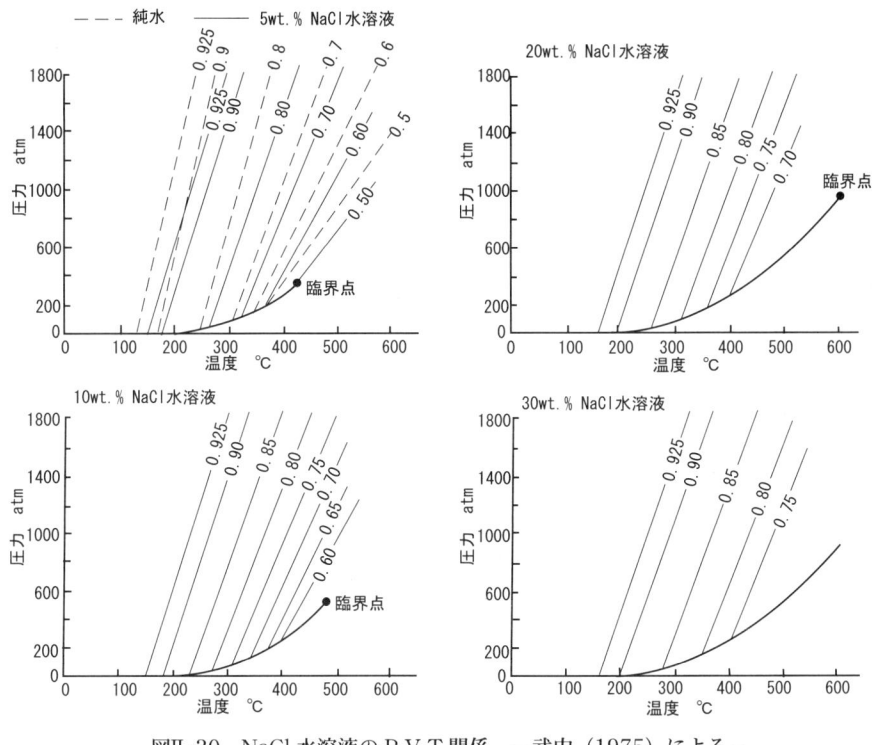

図Ⅱ-30　NaCl 水溶液の P-V-T 関係　―武内（1975）による―

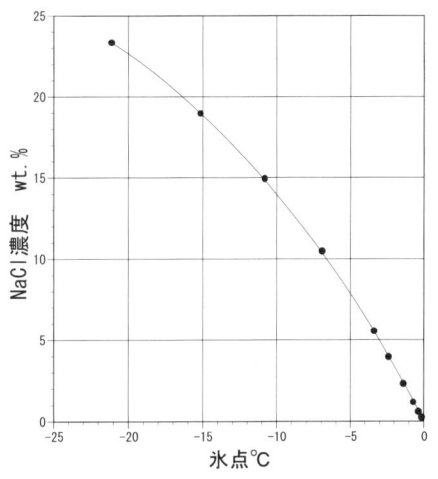

図Ⅱ-31　NaCl 水溶液の氷点曲線
―武内（1975）による―

激に増加する．結晶の生成圧力が Pbar とすると，それに対応する温度 T_f が結晶の生成温度である．生成温度と均質化温度の差が圧力による温度補正値となる．

均質化温度の測定は顕微鏡に加熱ステージを取り付けて行われる．均質化温度から結晶の生成温度を求めるには，結晶の生成圧力以外に液相の蒸気圧曲線と等比容積曲線が必要である．これらは液相の化学組成によって異なり，液相の化学組成は包有物によって異なる．液相の化学分析を包有物ごとに行うのは容易ではなく，また得られた化学組成を有する液相の蒸気圧曲線と等比容積曲線を直ちに求めることも困難である．しかし食塩水の濃度変化と蒸気圧曲線，等比容積曲線の関係（図Ⅱ-30）が明らかにされているので，食塩水の濃度と氷点の関係（図Ⅱ-31）を利用し，包有物液相の解凍温度を測定して NaCl 相当塩濃度を推定し，これによって圧力補正を行う．流体包有物の溶質主成分は通常 NaCl であるので，この方法によって得られた結果には大きな誤差はないと考えられる．一般海洋水の NaCl 相当塩濃度は，3.38～3.68% である．均質化温度と解凍温度を同時に測定するために凍結加熱ステージが用いられている．

III 金属鉱物の化学

　鉱化流体によって運ばれた元素は，一定の場所に濃集して鉱石および脈石鉱物を生成する．生成される鉱物組み合わせと各鉱物の化学組成は，生成反応に関与する系の化学組成，温度，圧力によって決定される．鉱床は通常地質時代の産物であるから，われわれは生成過程の結果である鉱物組み合わせと各鉱物の化学組成しか知ることができない．これらの情報から鉱床の生成機構を推論するためには，鉱石および脈石鉱物の合成実験あるいはその生成反応の理論化学的解析が必要である．しかし，珪酸塩鉱物と異なり，金属鉱物は反応速度が早く，冷却時に低温の平衡関係に移行しやすいので，高温での合成実験の結果を天然に産する鉱石に適用するには注意が必要である．以下主要な系について金属鉱物の化学を概説する．

（1）Fe-S-O系

　この系に属する鉱物としては，自然硫黄，黄鉄鉱，白鉄鉱，磁硫鉄鉱（トロイライト，六方型磁硫鉄鉱，単斜型磁硫鉄鉱），磁鉄鉱，赤鉄鉱があるが（図III-1），このほか非常に結晶度の低い二硫化鉄鉱物メルニコバイトが知られている．しかし，これは準安定相であると思われる．また白鉄鉱（FeS_2）は天然に広く産し，低温で酸性の環境下で安定であると思われるが，人工合成に成功していない．図III-1から明らかなように，黄鉄鉱は赤鉄鉱および磁鉄鉱と共存関係にあるが，磁

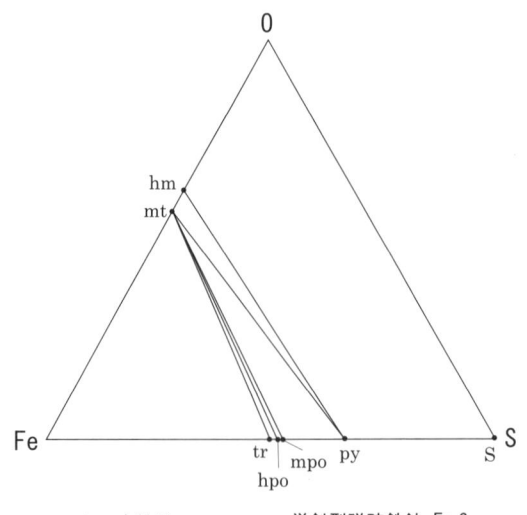

hm	赤鉄鉱 Fe_2O_3	mpo	単斜型磁硫鉄鉱 Fe_7S_8
mt	磁鉄鉱 Fe_3O_4	hpo	六方型磁硫鉄鉱 $Fe_{1-x}S$
py	黄鉄鉱 FeS_2	tr	トロイライト FeS
S	自然硫黄 S		

図III-1　Fe-S-O系相概念図

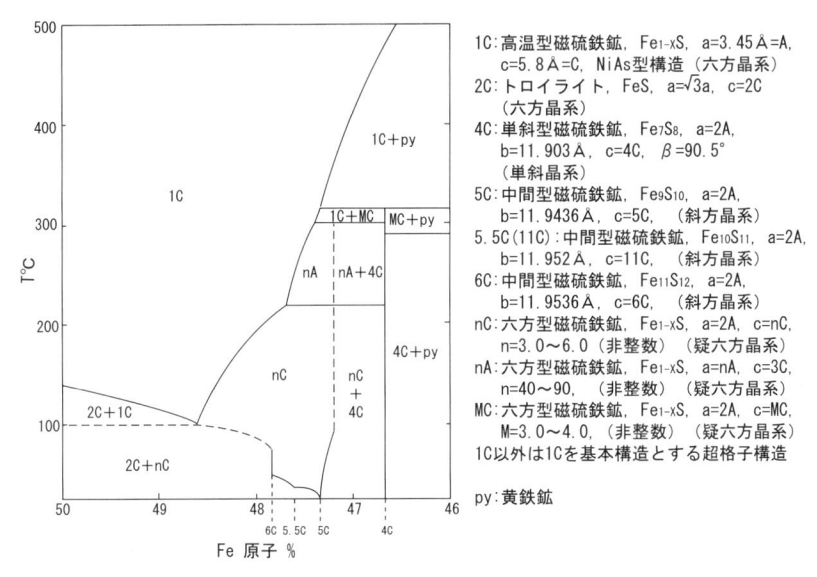

図 III-2 磁硫鉄鉱付近 Fe-S 系相図
− Arnold (1962); Nakazawa and Morimoto (1971a,b); Morimoto et al. (1975) による −

1C: 高温型磁硫鉄鉱，Fe$_{1-x}$S, a=3.45Å=A, c=5.8Å=C, NiAs 型構造（六方晶系）
2C: トロイライト，FeS, a=√3a, c=2C（六方晶系）
4C: 単斜型磁硫鉄鉱，Fe$_7$S$_8$, a=2A, b=11.903Å, c=4C, β=90.5°（単斜晶系）
5C: 中間型磁硫鉄鉱，Fe$_9$S$_{10}$, a=2A, b=11.9436Å, c=5C,（斜方晶系）
5.5C(11C): 中間型磁硫鉄鉱，Fe$_{10}$S$_{11}$, a=2A, b=11.952Å, c=11C,（斜方晶系）
6C: 中間型磁硫鉄鉱，Fe$_{11}$S$_{12}$, a=2A, b=11.9536Å, c=6C,（斜方晶系）
nC: 六方型磁硫鉄鉱，Fe$_{1-x}$S, a=2A, c=nC, n=3.0〜6.0（非整数）（疑六方晶系）
nA: 六方型磁硫鉄鉱，Fe$_{1-x}$S, a=nA, c=3C, n=40〜90,（非整数）（疑六方晶系）
MC: 六方型磁硫鉄鉱，Fe$_{1-x}$S, a=2A, c=MC, M=3.0〜4.0,（非整数）（疑六方晶系）
1C 以外は 1C を基本構造とする超格子構造
py: 黄鉄鉱

硫鉄鉱は赤鉄鉱と共存関係になく，両者が相接して産することは知られていない．

　Fe-S 系の相関係は高温（＞320℃）と低温では大きく異なる．とくに低温では多くの超構造を持つ磁硫鉄鉱が報告され，低温での相関係は確立されていない（Vaughan and Craig, 1997）．図 III-2 は合成実験によって得られた磁硫鉄鉱の化学組成付近の Fe-S 系相図の一例であるが，天然に産出する磁硫鉄鉱および黄鉄鉱の相関係と比較的良く調和する．

　図 III-3 は熱力学的計算により得られた 127℃ および 327℃ における Fe-S-O 系 f_{O_2}-f_{S_2} 図である．この図では，磁硫鉄鉱は FeS で代表されており，f_{O_2} が最も低い，すなわち最も還元的な，また f_{S_2} が最も低い環境において安定であることがわかる．これに対して，赤鉄鉱は f_{O_2} が最も高い，すな

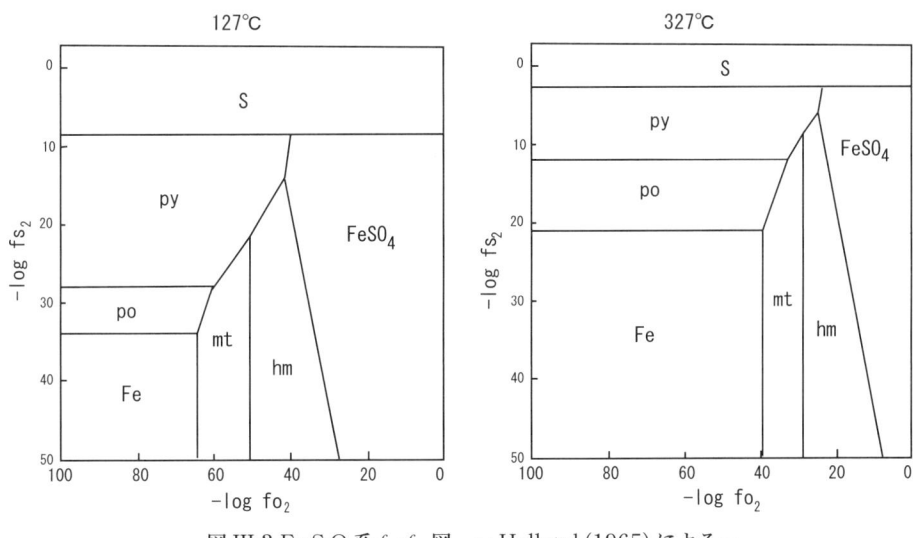

図 III-3 Fe-S-O 系 f_{O_2}-f_{S_2} 図　− Holland (1965) による −

わち最も酸化的ではあるけれども，高f_{S_2}から低f_{S_2}にわたる環境で安定であり，磁硫鉄鉱とは平衡関係にないことを示している．また，黄鉄鉱は磁硫鉄鉱，磁鉄鉱，赤鉄鉱と平衡関係にある．この関係は広い温度範囲で成立し，図III-1と良く調和する．このように二つあるいはそれ以上の鉱物が共存し，互いに平衡関係にあるとき，これらの鉱物は共生するという．ただし，250℃で黄鉄鉱と共生関係にある磁硫鉄鉱は単斜型磁硫鉄鉱であることは，図III-3から明らかである．天然の鉱石には，しばしば黄鉄鉱と六方型磁硫鉄鉱が相接して産するのが認められる．これは，図III-2から高温での平衡関係が保たれたまま冷却した結果であると考えることができる．いい換えると，そのような鉱石は300℃より高温で生成したといえる．

（2）Cu-Fe-S 系

この系に属する主な鉱物としては，前述の黄鉄鉱，磁硫鉄鉱，自然硫黄以外に自然銅，輝銅鉱，ダイジェナイト，銅藍，斑銅鉱，黄銅鉱，キューバ鉱がある（図III-4）．

図III-5に示すように，300℃以上では合成実験の結果から中間固溶体（ISS）が安定に存在する

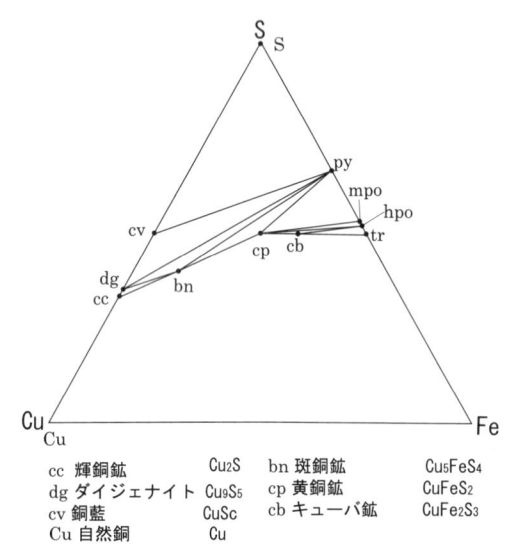

図III-4 Cu-Fe-S系相概念図

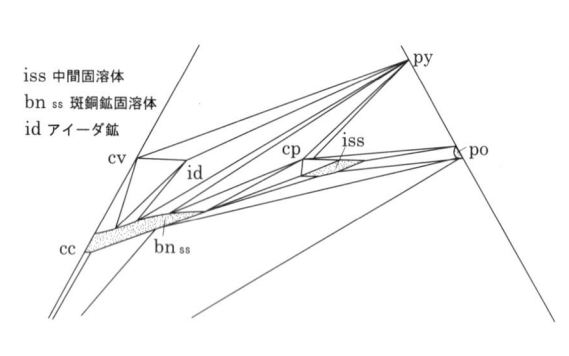

図III-5 Cu-Fe-S系相図（300℃）

ことが明らかにされている．しかし，現世の海底熱水鉱床のように高温から急冷され，未だ時間が十分に経過していない場合には，中間固溶体が認められるが（II-4参照），地質時代の海底熱水鉱床あるいは他の型の高温型鉱床からは中間固溶体は産出しない．これは，中間固溶体が低温では不安定となり，時間の経過とともに斑銅鉱，黄銅鉱，キューバ鉱などに分解するためと考えられる．

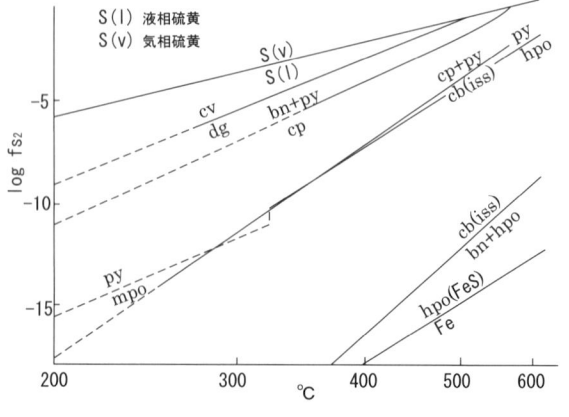

図III-6 Cu-Fe-S系鉱物組み合わせの温度-f_{S_2}図

図III-6 は，実験によって得られた Cu-Fe-S 系鉱物組み合わせと温度および f_{S_2} との関係を示したものである．この図から，種々の鉱物組み合わせが，それぞれ温度と f_{S_2} を指示していることがわかる．

（3）Zn-Fe-S 系

亜鉛の主要な鉱石鉱物である閃亜鉛鉱中は，しばしば FeS を固溶し (Zn,Fe)S のように表される．FeS 固溶量は，全圧力が一定であれば温度および f_{S_2} によって決定される．図III-7 は固溶 FeS 濃度－温度－f_{S_2} 曲線と図III-6 を重ね合わせたものである．閃亜鉛鉱が銅藍－ダイジェナイト，斑銅鉱－黄銅鉱－黄鉄鉱あるいはキューバ鉱－斑銅鉱－六方型磁硫鉄鉱と平衡に晶出したとすると，閃亜鉛鉱中の FeS 濃度を測定すれば，図III-7 を用いて温度と f_{S_2} を同時に求めることができる．六方型磁硫鉄鉱－黄鉄鉱あるいはキューバ鉱－黄鉄鉱－黄銅鉱と閃亜鉛鉱が共生する場合は，これらの

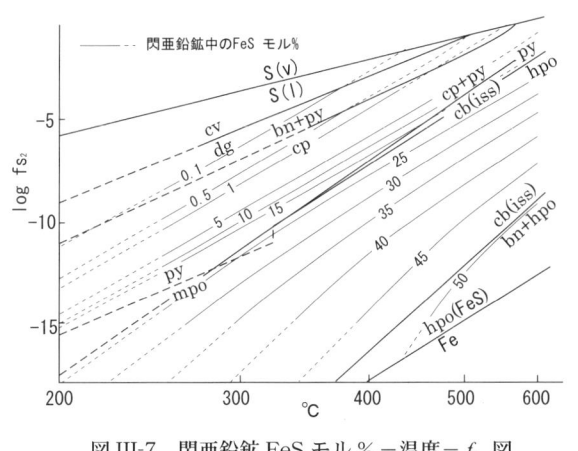

図III-7 閃亜鉛鉱 FeS モル％－温度－f_{S_2} 図

平衡曲線と等 FeS 濃度曲線がほぼ平行であるので，地質温度計としては利用できない．しかし，FeS 濃度が全圧力によって大きく変化する（図III-8）ことによって地質圧力計が成立する．

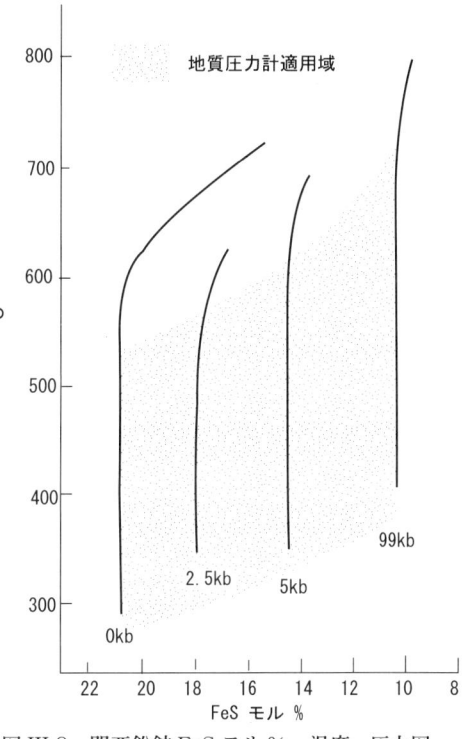

図III-8 閃亜鉛鉱 FeS モル％－温度－圧力図
－Scott (1973) による－

（4）Fe-As-S 系

この系に属する鉱物としては，前述の黄鉄鉱，磁硫鉄鉱，自然硫黄以外に硫砒鉄鉱，砒鉄鉱，雄黄，鶏冠石，自然砒素がある（図III-9）．

硫砒鉄鉱の As 原子率は Fe-As-S 系鉱物の組み合わせ，温度，f_{S_2} によって図III-10 のように変化する．したがって鉱物組み合わせと硫砒鉄鉱の As 原子率を知れば，図III-10 から生成温度と f_{S_2} を求めることができる．

（5）Au-Ag-S 系

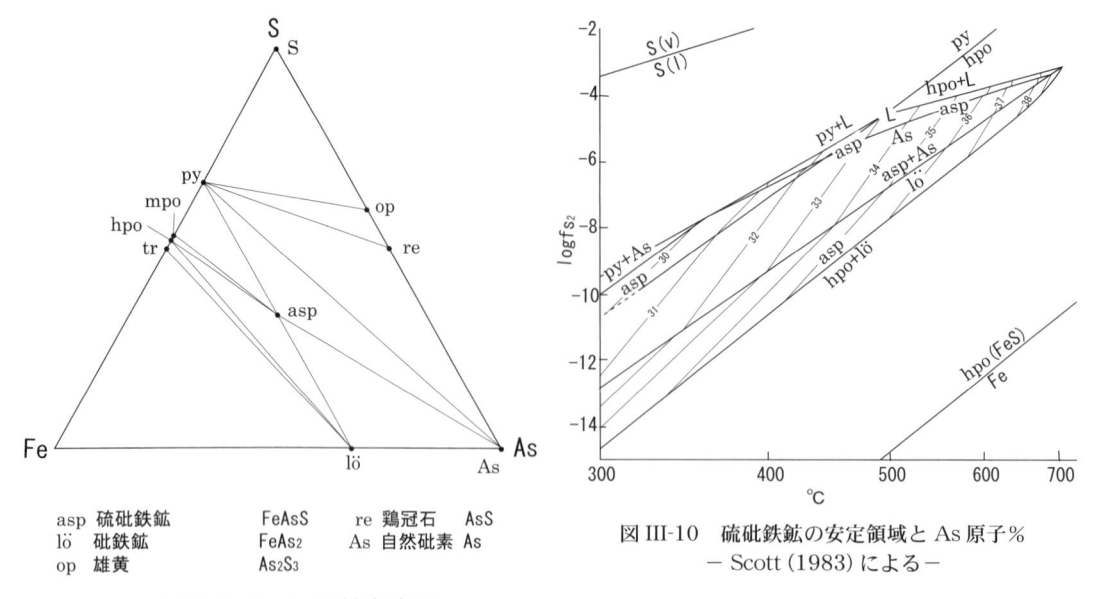

asp	硫砒鉄鉱	FeAsS	re	鶏冠石 AsS
lö	砒鉄鉱	FeAs₂	As	自然砒素 As
op	雄黄	As₂S₃		

図 III-9　Fe-As-S 系相概念図

図 III-10　硫砒鉄鉱の安定領域と As 原子％
－ Scott (1983) による －

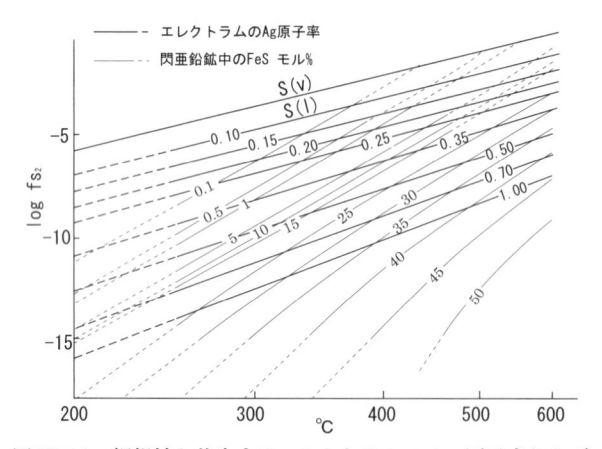

図 III-11　輝銀鉱と共生するエレクトラムの Ag 原子率および
閃亜鉛鉱の FeS モル％の温度－f_{S_2}図
－ Barton and Toulmin (1964; 1966); Scott (1974) による －

　この系に属する鉱物としては，自然硫黄以外に，自然金 Au，エレクトラム（Au, Ag），自然銀 Ag，輝銀鉱 Ag₂S，硫銀鉱 Ag₂S がある．エレクトラムは Au および Ag を端成分とする完全固溶体である．また，硫銀鉱と輝銀鉱は同質異像で輝銀鉱は179℃以下で速やかに硫銀鉱に転移し，179℃以上で生成した輝銀鉱は常温では輝銀鉱を仮像とした硫銀鉱になっている．しかし，このような場合は通常，輝銀鉱と記載している．

　輝銀鉱と共生するエレクトラムの Au/Ag 比は図III-11に示すように温度とf_{S_2}によって変化する．したがって，輝銀鉱―エレクトラム―閃亜鉛鉱の共生を確認し，エレクトラムの Ag 原子率と閃亜鉛鉱の FeS モル％を測定すれば，比較的精度の良い地質温度計および硫黄フガシティー（f_{S_2}）圧力計として利用することができる．また，輝銀鉱―エレクトラムが，温度およびf_{S_2}との関係が明

らかにされているCu-Fe-S系あるいはFe-As-S系の鉱物組み合わせ（図III-6, 10）と平衡に晶出したとすると，エレクトラムのAg原子率から生成温度およびf_{S_2}を推定できることがわかる．

（6）その他の系

図III-12に今まで述べたもの以外の鉱物組み合わせの温度－f_{S_2}図を示した．これらの鉱物組み合わせは，既述のものほど一般的ではないが，閃亜鉛鉱あるいは輝銀鉱―エレクトラムと共生する場合は地質温度計およびf_{S_2}圧力計として利用することができる．

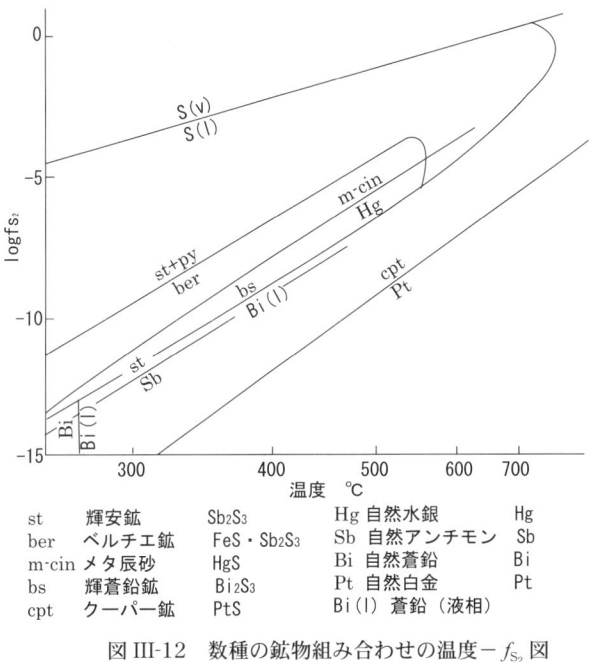

st	輝安鉱	Sb$_2$S$_3$	Hg	自然水銀	Hg
ber	ベルチエ鉱	FeS・Sb$_2$S$_3$	Sb	自然アンチモン	Sb
m-cin	メタ辰砂	HgS	Bi	自然蒼鉛	Bi
bs	輝蒼鉛鉱	Bi$_2$S$_3$	Pt	自然白金	Pt
cpt	クーパー鉱	PtS	Bi(l)	蒼鉛（液相）	

図III-12 数種の鉱物組み合わせの温度－f_{S_2}図
－Barton and Skinnner (1979) による－

IV 同位体化学の応用

　水の起源を推定するために用いられる水素および酸素同位体化学についてはすでに述べたが，これ以外にも安定同位体および放射性同位体は，広く鉱床の研究に応用されている．ここでは，硫黄同位体による硫黄の起源推定と，酸素および硫黄同位体地質温度計について述べる．

（1）硫黄の起源

　鉱床中の硫黄は必ずしも他の成分と同じ経歴を持っているとは限らない．例えば，鉱化流体中の硫黄がマグマ起源の SO_2 であるのに，H_2O は天水起源であることがある．また，堆積岩を母岩とする鉱床中の硫化物が，最初海水中の硫酸塩がバクテリアの還元作用によって黄鉄鉱として沈殿した後，銅を含む熱水流体と反応して黄銅鉱に変換している，というようなこともある．このような場合硫黄同位体組成の測定は，硫黄の起源を知るためにきわめて有効である．

　硫黄には四つの同位体，^{32}S (95.02%)，^{33}S (0.75%)，^{34}S (4.2%)，^{36}S (0.017%) があり，その同位体組成は，次式により示される．

$$\delta^{34}S = \frac{^{34}S/^{32}S(試料) - ^{34}S/^{32}S(標準)}{^{34}S/^{32}S(標準)} \times 1000 ‰$$

標準試料としては Cañon Diabro 隕石中のトロイライトが用いられている．

　自然界の硫黄同位体組成に変化をもたらす分別作用には次の二つの型がある．(a) 硫酸と硫化水素間および硫化物相互間の化学平衡的交換反応，(b) 硫酸のバクテリア還元作用における運動論的同位体効果．後者は自然界の硫黄サイクルにおいて最も大きな同位体分別作用を行う．

　同位体交換反応　自然界において，$^{34}S/^{32}S$ のような同位対比の変化は化合物が化学反応あるいは生化学反応を起こすときに生ずる．同じ化合物でも同位体的成分の異なった分子は，化学反応の速度が異なる．なぜなら，化学反応には核種間結合の破壊が含まれ，その結合エネルギーは質量が大きいほど大きいからである．400℃以下において重要な水溶性の硫黄化学種 H_2S と SO_4^{-2} 間の化学反応について考えよう．

$$\text{酸化反応}\quad H_2S + 2O_2 \to SO_4^{-2} + 2H^+ \quad \text{反応速度係数}: k_+ \tag{1}$$

$$\text{還元反応}\quad H_2S + 2O_2 \leftarrow SO_4^{-2} + 2H^+ \quad \text{反応速度係数}: k_- \tag{2}$$

上の式を ^{32}S と ^{34}S について書き直してみると

$$H_2{}^{32}S + 2O_2 \to {}^{32}SO_4^{-2} + 2H^+ \quad \text{反応速度係数}: k_{+32} \tag{3}$$

$$H_2{}^{32}S + 2O_2 \leftarrow {}^{32}SO_4^{-2} + 2H^+ \quad \text{反応速度係数}: k_{-32} \tag{4}$$

$$H_2{}^{34}S + 2O_2 \to {}^{34}SO_4^{-2} + 2H^+ \quad \text{反応速度係数}: k_{+34} \tag{5}$$

$$\mathrm{H_2^{34}S + 2O_2 \leftarrow {}^{34}SO_4^{-2} + 2H^+} \quad 反応速度係数:\mathrm{k_{-34}} \tag{6}$$

反応が平衡に達したとすると $\mathrm{k_{+32} = k_{-32},\ k_{+34} = k_{-34}}$

$$\mathrm{H_2^{32}S + 2O_2 \Leftrightarrow {}^{32}SO_4^{-2} + 2H^+} \quad 平衡定数:K_1 \tag{7}$$

$$\mathrm{H_2^{34}S + 2O_2 \Leftrightarrow {}^{34}SO_4^{-2} + 2H^+} \quad 平衡定数:K_2 \tag{8}$$

(8)式から(7)式を引くと

$$\mathrm{{}^{32}SO_4^{-2} + H_2^{34}S \Leftrightarrow H_2^{32}S + {}^{34}SO_4^{-2}} \quad 平衡定数:K_3 \tag{9}$$

反応(9)は，硫化水素と硫酸イオン間の硫黄同位体交換反応と呼ばれる．平衡定数 K_3 は K_2/K_1 に等しく，分別係数 $\alpha_{\mathrm{SO_4-H_2S}}$ に等しい．

$$K_3 = \frac{K_2}{K_1} = \frac{[\mathrm{H_2^{32}S}][{}^{34}\mathrm{SO_4^{-2}}]}{[\mathrm{H_2^{34}S}][{}^{32}\mathrm{SO_4^{-2}}]} = \frac{({}^{34}\mathrm{S}/{}^{32}\mathrm{S})_{\mathrm{SO_4}}}{({}^{34}\mathrm{S}/{}^{32}\mathrm{S})_{\mathrm{H_2S}}} = \alpha_{\mathrm{SO_4-H_2S}} \tag{10}$$

図IV-1に硫黄化合物の分別係数の温度変化を示す．

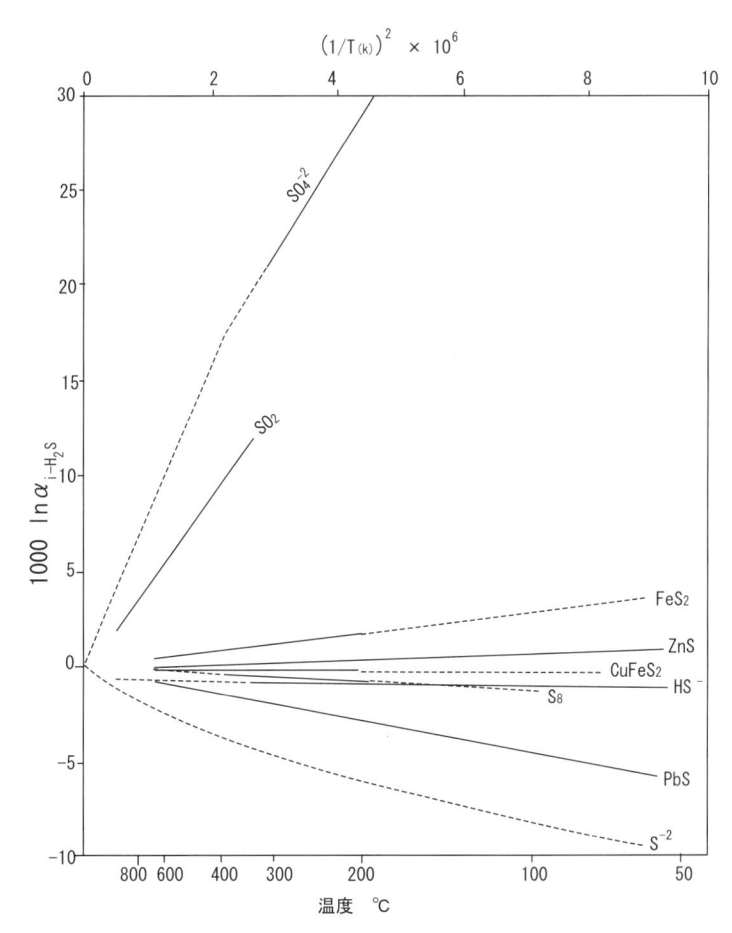

図IV-1 硫黄化合物分別係数の温度変化 －Ohomoto and Rye (1979) による－

バクテリアによる硫酸の還元　硫酸を還元して硫化水素に変換する主要な有機体は*Desulphovibrio*属の嫌気性バクテリアである．この生物は有機物の嫌気的酸化と硫酸の還元を結びつけてエネルギーを獲得している．この還元作用は(3)式から(6)式において$k_{+32} \ll k_{-32}$, $k_{+34} \ll k_{-34}$となることによって起こる．硫酸の還元速度は種々のパラメーターの関数であり，そのうち最も重要なのは有機物の活性である．硫酸の濃度は低濃度の場合重要となる．速度を制限する要素は最初のS−O結合の破壊，すなわち硫酸から亜硫酸への還元である．硫酸還元バクテリアの純粋培養をした場合に生産されるH_2Sは$\delta^{34}S$が4‰ないし46‰低下する．これに対して海洋堆積物および嫌気性水中の硫化物は，一般に$\delta^{34}S$が45‰ないし70‰低下しており，硫酸還元バクテリアの能力を遙かに超えているように見える．しかし，硫酸の還元によって作られた堆積物中の硫化物の多くは，再び徐々に酸化され，これを再びバクテリアが還元するというサイクルが形成される．この場合酸化による$\delta^{34}S$の増加は微弱なので，サイクルが継続することによりH_2Sの$\delta^{34}S$の低下が増幅されるのである．

また，海が開放系か閉鎖系かで状況が異なってくる．閉鎖系の場合は，新しい硫酸の補給が行われないのでバクテリアの還元作用を受けて残された硫黄の同位体組成は次第に重くなり，これが還元作用を受けて生ずる硫化物の同位体組成も重くなって初期の硫酸の$\delta^{34}S$より高い値を示すこともありうる（図IV-2）．

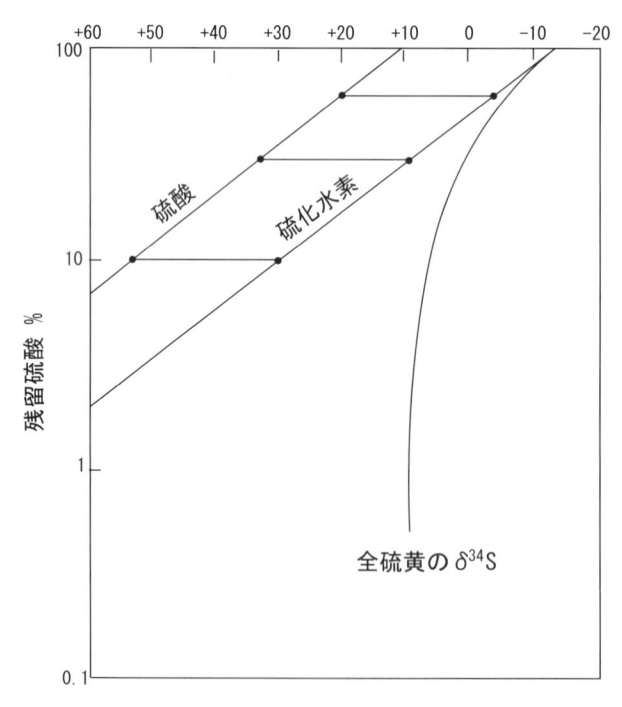

図IV-2　閉鎖系での硫酸バクテリア還元の際の硫黄同位体分別
（分別係数：1.025，最初の硫酸の$\delta^{34}S$を+10‰と仮定）
−Hoefs(1997)による−

硫黄同位体組成の変動範囲 地球誕生時には，地球の硫黄同位体組成δ^{34}Sは均質で0であったと考えられるが，46億年の間のさまざまな地質過程により同位体分別作用が進行し，±50‰を超える変動幅を示すに至っている．その結果，地球を構成する種々の物質は，それぞれ特有の硫黄同位体組成で特徴付けられている（図IV-3）．火成岩はいずれもδ^{34}S＝0に近い値をとるが，とくに苦鉄質岩は変動幅が狭い．現在の海水のδ^{34}Sはほぼ+20‰，地質時代の海水から生成された蒸発岩のδ^{34}Sは+10‰から+30‰の範囲で，硫黄は硫酸として存在し，重い同位体組成を示している．堆積岩中の硫黄は海水の硫黄が硫酸バクテリアによって還元された硫化物として存在し，変動幅が広いが海水や蒸発岩より全体として軽い同位体組成を持っている．

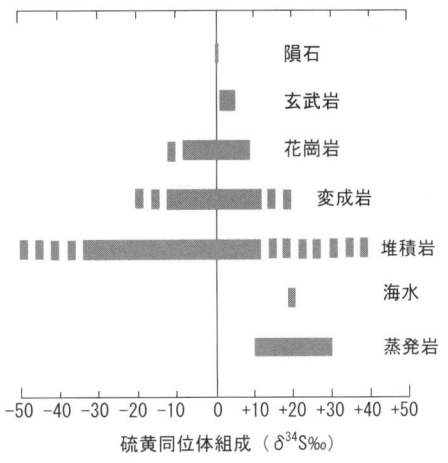

図IV-3 隕石および地球構成物のδ^{34}S変動幅 －佐々木(1979)による－

海水中に溶解している硫酸と，海水から沈殿した石膏（$CaSO_4 \cdot 2H_2O$）あるいは硬石膏（$CaSO_4$）

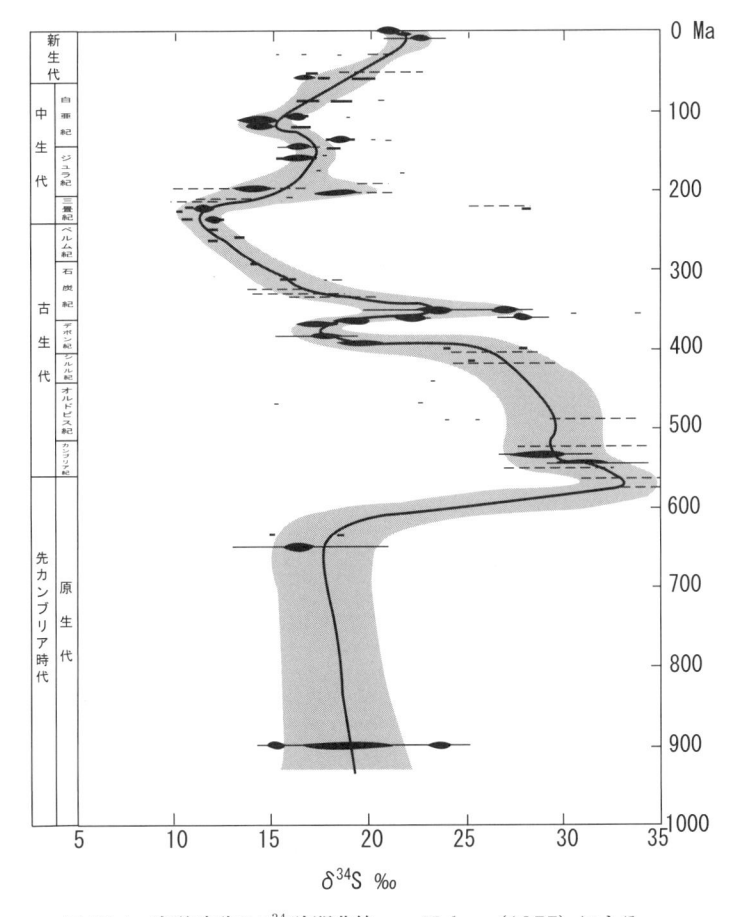

図IV-4 海洋硫酸のδ^{34}時間曲線 －Holser(1977)による－

の硫黄同位体組成の差は無視できる程度なので，地質時代の海洋の硫黄同位体組成は，各時代の蒸発岩に記録されていると考えられる．蒸発岩の$\delta^{34}S$測定によって得られた海洋硫酸の$\delta^{34}S$時間曲線を図IV-4に示す．曲線は最大$\delta^{34}S = 30$‰（早期古生代）から最小$\delta^{34}S = 10$‰（ペルム紀）にわたって変動し，中生代はほぼ$\delta^{34}S = 16$‰の値を示す．これらの変動は，海洋硫酸のバクテリア還元による同位体的に軽い硫黄の，堆積物硫化物への移動を反映していると考えられる．またその結果，残された海洋硫酸の$\delta^{34}S$の増加をもたらしている．反対に風化作用によって硫化物からの軽い硫黄が海洋へ戻される．この関係から，海洋硫酸と堆積物硫化物の$\delta^{34}S$時間曲線が並行的に変動することが期待される．しかし，適用可能な硫化物硫黄同位体データが，還元システムの開放度と堆積速度に強く依存するため，きわめて大きく変動し，時間に伴う変化が隠されてしまっている．

（2）酸素および硫黄同位体地質温度計

熱水流体から例えば石英が平衡を保ちながら晶出したとすると，次のような酸素同位体交換反応式が成り立つ．

$$H_2^{18}O + 1/2Si^{16}O_2 \Leftrightarrow H_2^{16}O + 1/2Si^{18}O_2$$

この反応の分別係数は

$$\alpha_{SiO_2\text{-}H_2O} = \frac{(^{18}O/^{16}O)_{SiO_2}}{(^{18}O/^{16}O)_{H_2O}}$$

で，温度が一定ならば一定であり，$\ln \alpha \propto T^2$である．

$$^{18}O/^{16}O\text{（試料）} = {^{18}O/^{16}O}\text{（標準）}[1+\delta^{18}O/1000]$$

であるから（II-3参照）

$$\alpha_{SiO_2\text{-}H_2O} = \frac{1+\delta^{18}O_{SiO_2}/1000}{1+\delta^{18}O_{H_2O}/1000}$$

したがって

$$\ln \alpha_{SiO_2-H_2O} = \ln[(\delta^{18}O_{SiO_2} - \delta^{18}O_{H_2O})/1000]$$

$\delta^{18}O$は一般に$\ll 1000$であるから

$$\cong (\delta^{18}O_{SiO_2} - \delta^{18}O_{H_2O})/1000$$
$$= \Delta_{SiO_2\text{-}H_2O}/1000 = AT^2/1000$$

（ただし　$\Delta_{SiO_2\text{-}H_2O} = \delta^{18}O_{SiO_2} - \delta^{18}O_{H_2O}$）

上式によって石英および水の$\delta^{18}O$を測定すれば石英の晶出温度を求めることができる．しかし，地質時代の鉱床を生成した水の$\delta^{18}O$測定はかなり困難であるので，共生する鉱物対P－Qそれぞれの$\delta^{18}O$を測定すれば，次式によって，比較的容易に鉱物P，Qの生成温度を求めることができる．

表IV-1　酸素同位体地質温度計比例常数A　—Chiba et al. (1989) による—

P\Q	方解石	曹長石	灰長石	透輝石	Mg橄欖石	磁鉄鉱
石英	0.38	0.94	1.99	2.75	3.67	6.29
方解石		0.56	1.61	2.37	3.29	5.91
曹長石			1.05	1.81	2.73	5.35
灰長石				0.76	1.68	4.30
透輝石					0.92	3.54
Mg橄欖石						2.62

表IV-2　硫黄同位体地質温度計比例常数A　—Ohomoto and Lasaga (1982) による—

P/Q	磁硫鉄鉱	黄銅鉱	閃亜鉛鉱	方鉛鉱	輝銀鉱	辰砂	輝水鉛鉱	輝安鉱Sb_2S_3
黄鉄鉱 FeS_2	0.30	0.45	0.30	1.13	1.20	1.10	−0.05	1.15
磁硫鉄鉱 FeS		0.15	0.00	0.73	0.90	0.80	−0.35	0.85
黄銅鉱 $CuFeS_2$			−0.15	0.52	0.75	0.65	−0.50	0.70
閃亜鉛鉱 ZnS				0.53	0.90	0.80	−0.25	0.85
方鉛鉱 PbS					0.17	0.07	−1.08	0.12
輝銀鉱 Ag_2S						−0.10	−1.25	−0.05
辰砂 HgS							−1.15	0.05
輝水鉛鉱 MoS_2								1.20

$$1000 \ln \alpha_{P-Q} = AT^2$$

種々の酸素を含む鉱物対について求められた比例常数Aの数値を表IV-1に示す．

　硫化鉱物についても同様に共生する鉱物対のδ^{34}Sを測定すれば，その生成温度を求めることができる（IX-6(1)参照）．種々の硫化鉱物対について求められた比例常数Aの数値を表IV-2に示す．

V 母岩の変質

　熱水流体によって生成された鉱床の廻りを取り囲む岩石，すなわち母岩は，鉱床を作った高温の流体と接する部分がこれと平衡になろうとする結果，流体の通路と新鮮な岩石との間に新たな物質帯を生成する．この現象を母岩の変質といい，新たな物質帯を変質帯という．変質帯の規模は，肉眼で漸く観察可能な程度から数kmに及ぶことがあるが，通常は幅1〜2mの鉱脈の周囲に10〜20m幅の変質帯が形成される．変質生成物は母岩および熱水流体の化学的性質と温度および圧力によって決定される．岩石は鉱床生成に伴う熱水流体による変質作用以外に，広域変成作用，接触変成作用，海底変質作用，風化作用などによって，その鉱物組成を変化させることがあり，しばしば，その原因の区別が困難な場合がある．変質した岩石を観察するとき，その原因を良く見極める必要がある．

V-1 母岩と熱水流体間の化学反応

（1）加水分解，水和反応，脱水反応

　HClに富む高温の熱水流体が長石類と反応すると，紅柱石などのアルミニウム珪酸塩を生ずる．

$$2KAlSi_3O_8 + 2HCl \Leftrightarrow Al_2SiO_5 + 5SiO_2 + 2KCl + H_2O \tag{1}$$
　　　カリ長石　　　　　　紅柱石　　　石英

しかし，やや低温になると長石類などの無水の珪酸塩鉱物と熱水流体の反応によって流体中のH^+イオンが鉱物中に取り込まれ，雲母類，粘土鉱物などの含水珪酸塩鉱物を生成する．この反応を加水分解といい，鉱物中の陽イオンの一部が流体中へ放出される．

$$3KAlSi_3O_8 + 2H^+ \Leftrightarrow KAl_3Si_3O_{10}(OH)_2 + 6SiO_2 + 2K^+ \tag{2}$$
　　　カリ長石　　　　　　　白雲母　　　　　　石英

$$3NaAlSi_3O_8 + 2H^+ \Leftrightarrow NaAl_3Si_3O_{10}(OH)_2 + 6SiO_2 + 2Na^+ \tag{3}$$
　　　曹長石　　　　　　パラゴナイト　　　　　石英

これらの反応によりH^+イオンが消費され，流体のpH上昇と金属クロロ錯体の分解をもたらし，ひいては金属の溶解度を低下させ硫化物が沈殿するというドミノ効果を起こすことになる．また，金属クロロ錯体とH_2Sの反応で硫化物が沈殿する際H^+イオンを放出する（II-5参照）ので加水分解反応を促進する．反応(2)でさらに加水分解が進むと，カオリナイトを生成する．この場合はH^+イオンとともにH_2Oも取り込まれ水和反応が起こる．

$$2\,KAl_3Si_2O_{10}(OH)_2 + 3H_2O + 2H^+ \Leftrightarrow 3Al_2Si_2O_5(OH)_4 + 2K^+ \tag{4}$$
白雲母　　　　　　　　　　　カオリナイト

この反応は，高温では

$$2\,KAl_3Si_2O_{10}(OH)_2 + 6SiO_2 + 2H^+ \Leftrightarrow 3Al_2Si_4O_{10}(OH)_2 + 2K^+ \tag{5}$$
白雲母　　　　石英　　　　パイロフィライト

となりパイロフィライトを生成する．カオリナイトに高温の熱水流体が作用すると，H_2O が流体中に放出される脱水反応が起こる．

$$Al_2Si_2O_5(OH)_4 + 2SiO_2 \Leftrightarrow Al_2Si_4O_{10}(OH)_2 + H_2O \tag{6}$$
カオリナイト　　　　　　パイロフィライト

黒雲母のような苦鉄質鉱物が加水分解すると

$$2\,K(Mg,Fe)_3AlSi_3O_{10}(OH)_2 + 2H^+ \Leftrightarrow Al(Mg,Fe)_5AlSi_3O_{10}(OH)_8 + (Mg,Fe)^{+2} + 2K^+ + 3SiO_2 \tag{7}$$
黒雲母　　　　　　　　　　　緑泥石　　　　　　　　　　　　　石英

加水分解が進むとカリ長石と同様に最終的にはカオリナイトを生ずる．

$$Al(Mg,Fe)_5AlSi_3O_{10}(OH)_8 + 14H^+ \Leftrightarrow Al_2Si_2O_5(OH)_4 + 5(Mg,Fe)^{+2} + SiO_2 + 11H_2O \tag{8}$$
緑泥石　　　　　　カオリナイト　　　　　　　石英

上に述べてきた加水分解反応では，いずれも石英を生じていて，この反応には常に二次的珪化作用を伴うことがわかる．

（2）アルカリおよびアルカリ土類交代反応

鉱物中のアルカリまたはアルカリ土類元素が熱水流体中の同イオンと交代反応を起こすと

$$2CaCO_3 + Mg^{+2} \Leftrightarrow CaMg(CO_3)_2 + Ca^{+2} \tag{9}$$
方解石　　　　ドロマイト

の反応はドロマイト化作用と呼ばれ，石灰岩の変質として一般的に認められる．その他の例として，

$$KAlSi_3O_8 + 6.5Mg^{+2} + 10H_2O \Leftrightarrow Mg_{6.5}AlSi_3O_{10}(OH)_8 + K^+ + 12H^+ \tag{10}$$
カリ長石　　　　　　　　緑泥石

$$KAlSi_3O_8 + Na^+ \Leftrightarrow NaAlSi_3O_8 + K^+ \tag{11}$$
カリ長石　　　　　曹長石

の反応は，それぞれカリ長石の緑泥石化作用，曹長石化作用，これらの逆反応はカリ長石化作用とよばれる．また次の反応も代表的なカリ長石化作用である．

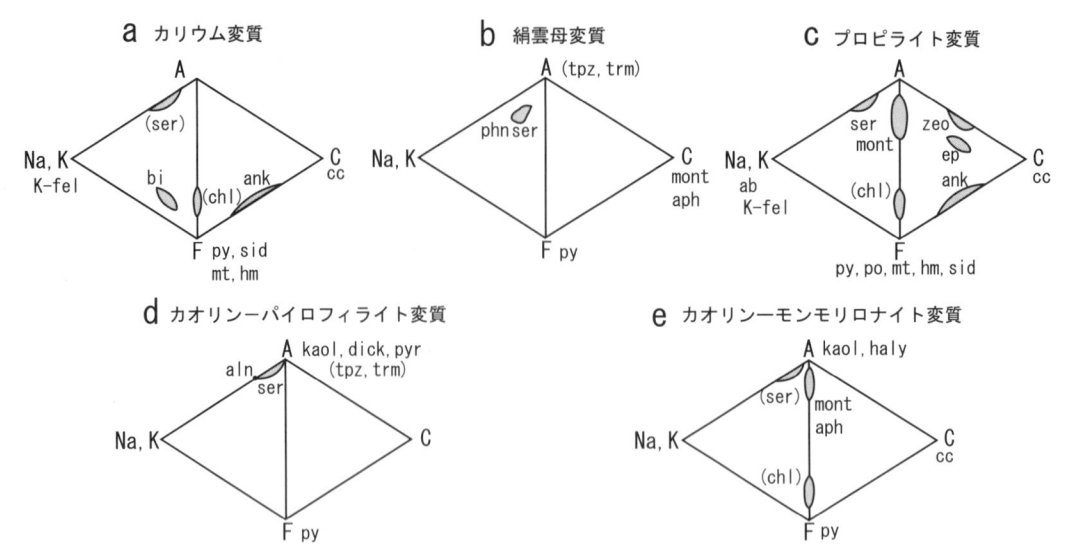

図 V-1 変質鉱物組み合わせ — Meyer and Hemly (1967) による —

k-fel: カリ長石, bi: 黒雲母, chl: 緑泥石, ank: アンケライト, py: 黄鉄鉱, sid: 菱鉄鉱, mt: 磁鉄鉱, hm: 赤鉄鉱, cc: 方解石, ser: 絹雲母, phn ser: フェンジャイト質絹雲母, tpz: 黄玉, trm: 電気石, ab: 曹長石, mont: モンモリロナイト, aph: アロフェン, zeo: 沸石, ep: 緑簾石, po: 磁硫鉄鉱, aln: 明礬石, kaol: カオリナイト, dick: ディッカイト, pyr: パイロフィライト, haly: ハロイサイト

$$CaAl_2Si_2O_8 + 2K^+ + 4H_2SiO_4 \Leftrightarrow 2KAlSi_3O_8 + Ca^{+2} + 4H_2O \tag{12}$$

　　　灰長石　　　　　　　　　　　　　　　カリ長石

(3) 脱炭酸反応

炭酸塩鉱物から CO_2 が脱出する反応で

$$CaMg(CO_3)_2 + 2H_2SiO_4 = CaMg(SiO_2)_2 + 2CO_2 + 2H_2O \tag{13}$$

　　　ドロマイト　　　　　　　　　透輝石

では，珪酸塩を生成しているので珪酸塩化反応ということもできる．

V-2　変質作用の型

　母岩および熱水流体の化学的性質と温度および圧力の変化によって，変質岩の鉱物組み合わせはさまざまに変化する．変質作用は，多くの場合，広域変成作用あるいは接触変成作用に比較して短時間の間に行われ，反応は不完全である．したがって，新しい鉱物組み合わせのなかに不安定な残留鉱物が認められることが変成作用の場合よりも多い．しかし，変成作用における変成相の概念を，母岩の変質に適用することによって，より合理的に変質鉱物組み合わせを区分することができる．図 V-1 にアルミノ珪酸塩岩の代表的変質鉱物組み合わせを ACF 図および AKF 図によって示した．この図を用いながら種々の型の変質作用について鉱物組み合わせを説明する．

(1) カリウム変質作用

　比較的高温でKの強い付加作用によって起こる変質作用である．反応(11), (12)などにより生成した二次生成のカリ長石および黒雲母から成り，ときに硬石膏を産する．通常，粘土鉱物を含まないが少量の緑泥石を含むことがある．その他少量の白雲母，炭酸塩鉱物（方解石，アンケライト，菱鉄鉱），磁鉄鉱，赤鉄鉱，黄鉄鉱などを産することがある（図V-1a）．

(2) 絹雲母変質作用

　カリ長石の加水分解（反応(2)）あるいは斜長石へのK付加と加水分解によって白雲母ないし絹雲母と石英を生ずる変質作用で，アルミノ珪酸塩岩にきわめて一般的に起こり，この作用が完全に進めば長石類と苦鉄質鉱物はすべて白雲母と石英に交代される．これら鉱物の他，しばしば黄鉄鉱を伴う（図V-1b）．花崗岩類が絹雲母変質作用を受けた場合，これをグライゼン化作用という．この場合，黄玉およびズニ石など弗素を含む鉱物を伴うことが多い．

(3) プロピライト変質作用

　比較的低温の変質作用で，緑泥石，緑簾石，炭酸塩鉱物（方解石，アンケライト）で特徴付けられ，しばしば斜長石の曹長石化が認められる．少量の絹雲母，黄鉄鉱，磁鉄鉱を伴い，ときに沸石およびモンモリロナイトを産する（図V-1c）．この型の変質作用は変質帯の最も外側で広範囲に発達することが多い．

(4) カオリン－パイロフィライト変質作用（高度粘土変質作用）

　今まで述べた型の変質作用に比べて，より酸性の環境では加水分解が進み，高温の場合反応(4), (5)によって，この型の変質作用が起こる．パイロフィライトおよびカオリン鉱物としてカオリナイトとディッカイトの組み合わせが特徴的で，その他絹雲母を通常含み，明礬石，黄鉄鉱，黄玉，電気石，ズニ石を伴うことが多い（図V-1d）．

(5) カオリン－モンモリロナイト変質作用（粘土変質作用）

　同様に酸性の環境で，低温の場合はカオリン鉱物（カオリナイト，ハロイサイト）とモンモリロナイトという組み合わせになる．その他，非晶質粘土鉱物であるアロフェンを含むことがある（図V-1e）．

(6) スカルン変質作用

　上に述べた変質作用はすべて母岩がアルミノ珪酸塩岩である場合である．母岩が炭酸塩岩である場合は，反応(13)のような脱炭酸反応によって，柘榴石，透輝石，灰鉄輝石，緑簾石，アクチノ閃石，珪灰石など種々のCa珪酸塩鉱物を生成する．このような変質作用をスカルン変質作用といい，変質岩をスカルンと称する．

V-3 珪長質〜中間質貫入岩からの熱水流体による母岩の変質

マグマ冷却の遷移過程（II-1 参照）において，典型的な花崗岩質溶融体と平衡にある含水相中の主要クロロ錯体は NaCl，KCl，HCl であり，このうち NaCl と KCl の合計が全体の 90% を占め，含水相中の NaCl/KCl モル比は溶融体中の Na/K モル比に等しい（Burnham, 1979）．このように HCl に富む熱水流体は，熱水流体過程にはいると長石質の母岩と反応し，高温では紅柱石，黄玉などのアルミニウム珪酸塩を生成し，この間 HCl 消費するので，KCl/HCl 比は次第に増加する（図 V-2 ①），低温では絹雲母変質作用を行う（図 V-2 ②）．しかしマグマの化学組成が中間質によって花崗閃緑岩質である場合は，主要クロロ錯体として $CaCl_2$，$FeCl_2$，$FeCl_3$ が加わってくる．また，冷却過程で角閃石が晶出すると，これに Na と OH が含まれるため，含水相中の NaCl と HCl が減少し，NaCl/KCl および HCl/KCl モル比も低下する（図 V-2 ③）．熱水流体過程に入ると，高温で

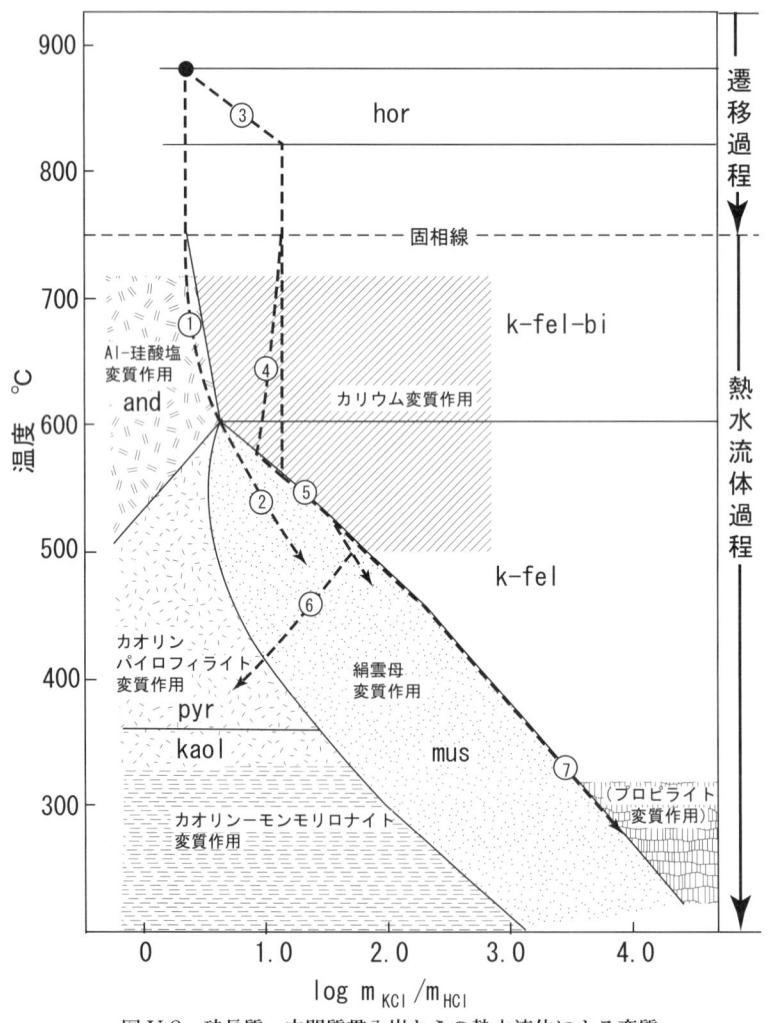

図 V-2 珪長質〜中間質貫入岩からの熱水流体による変質
and: 紅柱石．他鉱物の略記号は図 V-1 に同じ
— Burnham and Ohmoto (1980); Meyer and Hemly (1967) による —

は斜長石のカリ長石化と苦鉄質鉱物の黒雲母化によるカリ長石化作用（図 V-2 ④），低温では長石類の白雲母化による絹雲母化作用が行われ（図 V-2 ⑤），カリ長石が消滅すると熱水流体の組成は白雲母領域に入ってくるが，残留したまま温度が低下すれば，カリ長石－白雲母境界線に沿って絹雲母化作用が進み（図 V-2 ⑦），さらに温度が低下すればプロピライト変質作用の鉱物組み合わせとなる．高温で白雲母領域に入った熱水流体に，外部から H^+ に富んだ水が混入すれば（例えば天水起源の地下水），熱水流体の組成は図 V-2 ⑥のコースを通って白雲母の加水分解によるカオリン－パイロフィライト変質作用（高度粘土変質作用）が行われる．

VI 鉱石組織

　鉱石を構成する鉱石鉱物および脈石鉱物の形態・大きさ，あるいはこれら鉱物集合の空間的特徴を鉱石組織という．鉱石組織は鉱床生成過程に関する情報とともに，鉱石処理技術に必要な多くのデータを提供する．

VI-1　マグマ過程によって形成された鉱石組織

(1) 結晶分化過程によって形成された鉱石

　苦鉄質マグマから結晶分化によって形成される鉱石鉱物は珪酸塩鉱物結晶化の比較的末期に，珪酸塩鉱物と同時に晶出する（図II-2）．苦鉄質貫入岩体は，しばしば構成鉱物を異にしたキュームレイト（集積岩）からなる層状構造をなすが，クロム鉄鉱を主とするキュームレイトが形成されると品位の高い塊状クロム鉱石となり，薄いクロム鉄鉱キュームレイトおよび珪酸塩岩キュームレイトが互層をなす場合は比較的低品位の縞状鉱となる．図VI-1aはクロム鉄鉱キュームレイトの顕微鏡画像である．クロム鉄鉱，オルソ輝石，斜長石はいずれも自形を示し，お互いに食い込んだモザイク状に近い組織を示していて，これらの鉱物はほぼ同時に晶出したと考えられる．このことからクロム鉄鉱，オルソ輝石，斜長石は，苦鉄質岩の冷却過程を示す図II-2においてEからFに至る過程で晶出したと推定できる．これに対して図VI-1bの輝岩キュームレイトの場合は，半自形のオルソ輝石の粒間を斜長石とクロム鉄鉱が埋め，かつオルソ輝石を斜長石とクロム鉄鉱が融食する

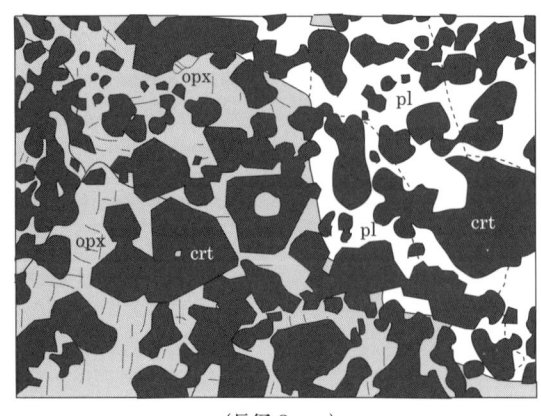

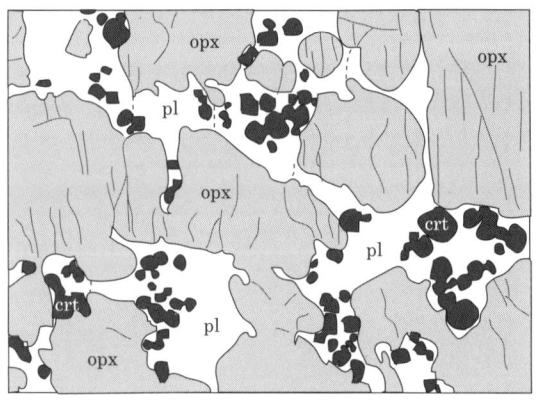

a　（長径3mm）　　　　　　　　　b　（長径6mm）

図VI-1　Bushveldクロム鉄鉱顕微鏡画像
a　クロム鉄鉱キュームレイト，b　輝岩キュームレイト，
crt：クロム鉄鉱，opx：オルソ輝石，pl：斜長石

組織を示し，オルソ輝石が晶出した後，斜長石とクロム鉄鉱がほぼ同時に結晶化したと認められる．したがってこの場合は，図II-2においてオルソ輝石はD~Eの過程で，斜長石とクロム鉄鉱はE~Fの過程で生成されたと考えられる．

（2）液相不混和過程によって形成された鉱石

図II-2において，硫化物に富む苦鉄質マグマの冷却過程で点Qに達すると液は珪酸塩に富む組成Qと硫化物に富む組成Rの2相に分離し，液相不混和を起こす．硫化物に富むマグマは重力によって沈み硫化物鉱床を形成する．図VI-2は液相不混和過程によって形成されたNi-Cu鉱石の顕微鏡画像の例である．鉱石は硫化物と珪酸塩からなる．硫化物は磁硫鉄鉱を主としペントランド鉱，黄銅鉱を含む．硫化物と珪酸塩との境界は滑らかな曲線を示し，両者ともに液体から急冷して，結晶化したことを示唆している．すなわち，図II-2において，組成RないしSの間で不平衡に冷却固結したと考えられる．

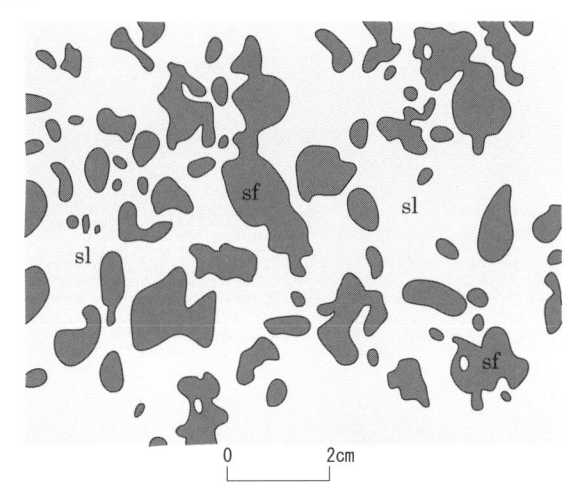

図VI-2 Sudbury Ni-Cu 硫化物鉱石顕微鏡画像
sf：硫化鉱物，sl：珪酸塩鉱物

VI-2 熱水流体によって形成された鉱石組織

（1）結晶成長組織

熱水流体から鉱物が生成した場合，しばしば一つの結晶中にその成長を示す累帯模様が観察されることがあり，これを結晶成長組織という．累帯模様は結晶の色の変化，包有物の分布，腐食試験，化学組成変化などによって認めることができる．図VI-3aに閃亜鉛鉱の結晶成長組織を示した．閃亜鉛鉱の色の変化は，主として固溶するFeS量の変化に対応する．固溶FeS量は4モル％から12モル％まで変化しているが，この変化の原因として熱水流体のFe濃度変化以外に温度とfs_2の変化が考えられる（III(3)参照）．この閃亜鉛鉱の生成温度は流体包有物の研究（Mariko et al, 1996）から約300℃であることがわかっているので，結晶成長の間の固溶FeS量変化をfs_2の変化のみで説明すれば，図II-7から$fs_2=10^{-9.2}$ atmから10^{-10} atmということになる．

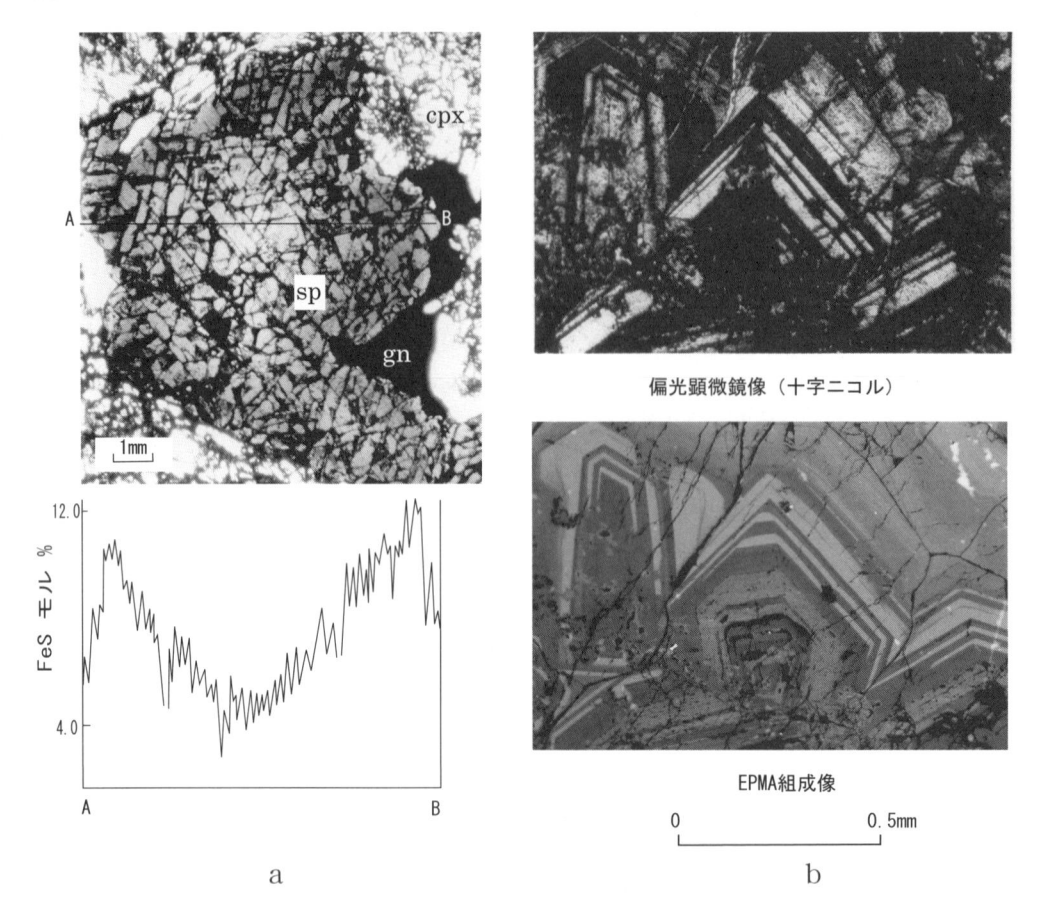

図 VI-3　結晶成長組織
　a　神岡鉱山産閃亜鉛鉱顕微鏡写真と EPMA 線分析　— Mariko et al. (1996) による —
　　sp：閃亜鉛鉱，gn：方鉛鉱，cpx：単斜輝石，この他試料中に黄銅鉱を含む
　b　中竜鉱山産柘榴石（グランダイト）顕微鏡写真（十字ニコル）と EPMA 組成像

　図 VI-3b は代表的なスカルン鉱物の一つである柘榴石（グランダイト）の結晶成長組織を示したものである．グランダイト $Ca_3(Al,Fe)_2Si_3O_{12}$ は灰礬柘榴石と灰鉄柘榴石を端成分とする固溶体である．グランダイトは両端成分組成では等方性であるが，中間組成では異方性を示す．十字ニコル下の顕微鏡像でも干渉色の明暗縞が観察され，組成のリズミカルな変化を示唆している．EPMA 組成像は質量の大きいほど明るくなるので，明色部は鉄に富み，暗色部はアルミニウムに富むことを示す．EPMA 像から柘榴石の結晶成長とともにきわめて明瞭な鉄とアルミニウム量の振動的変化が起こったことが読みとれる．

(2) コロフォーム組織

　一種あるいは二種以上の微粒鉱物の累被成長によって形成された累帯組織で，外に凸の曲面を有し，細かい同心円状の縞状模様をなすものをコロフォーム組織という（島，1988）．これは，もともとコロイドあるいはゲルとして沈殿したものが，表面張力によって外に凸の曲面を形成することから，コロイド起源の組織という意味を持っていたが，低温の過飽和溶液からの沈殿によってもこ

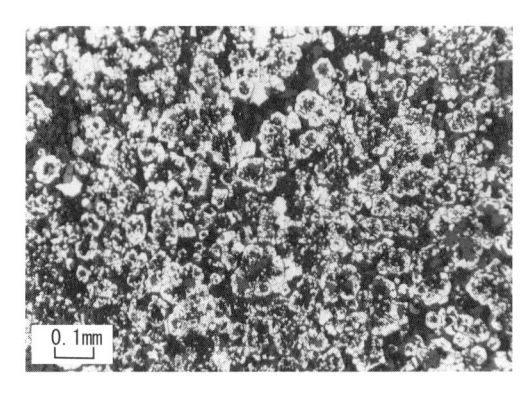

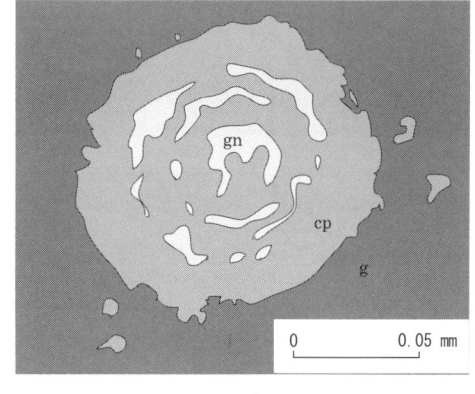

図 VI-4　コロフォーム組織
　a　下川鉱山産黄鉄鉱顕微鏡写真　－Mariko(1988)による－
　b　古遠部鉱山産鉱石顕微鏡画像　cp：黄銅鉱，gn：方鉛鉱，g：脈石鉱物
　　　　　　　－Matsukuma(1989)による－

の組織が形成されるとされ，現在では形態的特徴のみによってコロフォーム組織と名付けられている．変成作用を受けていない海底熱水鉱床（IX-6）あるいはミシシッピーヴァレー型鉛・亜鉛鉱床（IX-7(1)参照）などに広く認められる．

図VII-4aは黄鉄鉱のみで形成されたコロフォーム組織を，図VII-4bは黄銅鉱と方鉛鉱からなるコロフォーム組織を示す．

VI-3　二次的鉱石組織

(1) 交代組織

一つあるいはそれ以上の鉱物が溶解すると同時に他の鉱物または鉱物群が既存の鉱物を置き換えて沈殿する現象を交代作用といい，交代作用によって形成された鉱石組織を交代組織という．交代作用は溶液の組成，f_{O_2}, f_{S_2}, f_{CO_2}, pH, 温度，圧力などの変化によって一次鉱物が不安定になって溶解し，代わって安定な二次鉱物が過飽和となり沈殿することによって起こる．

図VI-5aは鉄重石の灰重石による交代組織を示す．図中央部の柱状結晶なす鉄重石はその縁辺部に沿って，不規則な形で僅かに灰重石に交代されるに過ぎないが，図中右の結晶はほとんど完全に交代され，鉄重石後の仮像をなしている．このような組織を仮像交代組織という．この交代作用の反応式は

$$Ca^{+2} + FeWO_4 \Leftrightarrow Fe^{+2} + CaWO_4$$
　　　　　鉄重石　　　　　　灰重石

となる．Ca^{+2}/Fe^{+2}が十分に大きい溶液が供給されれば，この反応は右に進み，鉄重石は灰重石に交代される．灰重石と鉄重石のモル体積比は1.18である．溶液のWO_4^{-2}イオン濃度が低く鉄重石のWO_4が溶脱して，沈殿した灰重石の体積が元の鉄重石の体積より小さくなれば，収縮割目に沿って溶液の交代前縁への浸透が行われ，灰重石による鉄重石の交代作用が進行する．

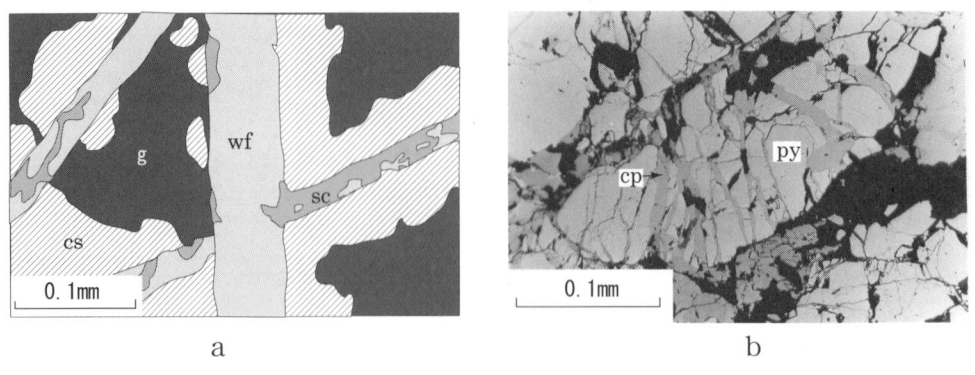

図 VI-5　交代組織 (1) －鞠子 (1988) による－
 a　生野鉱山産鉱石顕微鏡画像　wf：鉄重石, sc：灰重石, cs：錫石, g：脈石
 b　下川鉱山産鉱石顕微鏡写真　py：黄鉄鉱, cp：黄銅鉱

　図 VI-5b は，割目交代組織の例を示したものである．最初に晶出した黄鉄鉱が破砕作用を受けた後，割目に沿って侵入した銅に富む溶液が黄鉄鉱を交代し黄銅鉱を生成したと考えられる．

　図 VI-5a, b はいずれも一連の熱水流体鉱化作用によって形成された交代組織であるが，図 VI-6 には既成の鉱床が風化作用を受けたとき，二次富化帯 (X-2 参照) に形成される交代組織の例を示した．(a) では黄鉄鉱－黄銅鉱－閃亜鉛鉱からなる鉱石が割目に沿って輝銅鉱に交代されているが，閃亜鉛鉱が最も強く交代され，次いで黄銅鉱，黄鉄鉱は僅かに交代されているに過ぎない．図 VI-7 において弱酸性高 Eh (pH=5~6, Eh=+0.4~0.5mV, II-3 参照) の天水①は硫化物と反応して硫酸を生じてより酸性になるとともに Cu^{+2} イオンを溶解する．下降するに従って還元されて Eh=+2mV まで低下すれば，輝銅鉱の安定領域にはいる②．その条件では閃亜鉛鉱，黄銅鉱，黄鉄鉱のいずれも不安定であるので，これらの鉱物はすべて輝銅鉱によって交代されるはずである．しかし，輝銅鉱とのモル体積比は閃亜鉛鉱 1.12~1.15，黄銅鉱 1.28，黄鉄鉱 2.30 で，硫黄の溶脱がなければ輝銅鉱によって交代されると，いずれも体積増加が見込まれる．一定量の硫黄溶脱によって体積が収縮したとすると，その収縮率は閃亜鉛鉱＞黄銅鉱＞黄鉄鉱になると考えられるので，実際の交代されやすさと矛盾しない．②の溶液がさらに下降して還元されれば銅藍の安定領域③に入

図 VI-6　交代組織 (2) 上北鉱山産鉱石－二次富化帯－顕微鏡写真
 a　閃亜鉛鉱 sp，黄銅鉱 cp，黄鉄鉱 py を交代する輝銅鉱 cc，
 b　黄銅鉱 cp を交代する銅藍 cv．

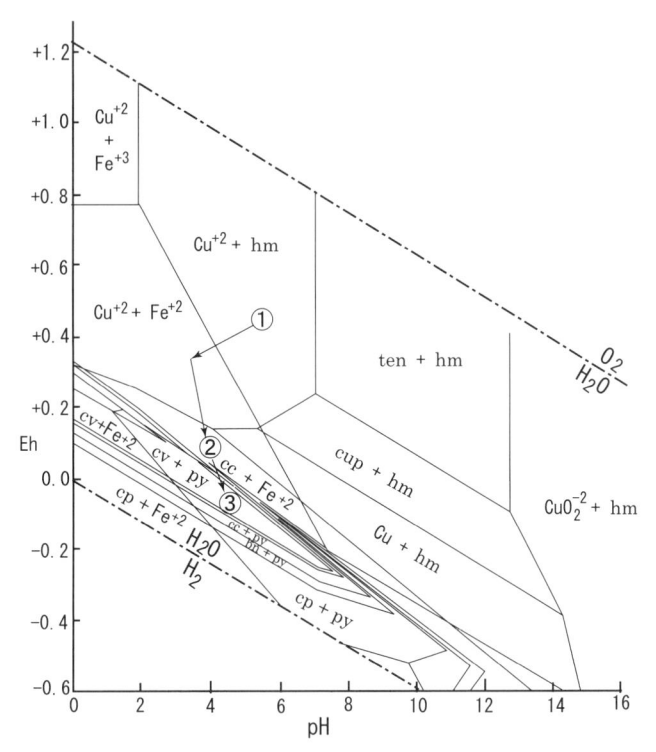

図 VI-7　Cu-Fe-S-O-H 系の Eh-pH 図（1 気圧，25℃　全溶解硫黄 10-4 モル％）
－ Garrels and Christ (1965) による－
hm：赤鉄鉱，ten：黒銅鉱，cup：赤銅鉱，cc：輝銅鉱，cv：銅藍，cp：黄銅鉱，py：黄鉄鉱

るが，ここでは黄鉄鉱も安定である．したがって図VI-6b のように黄銅鉱は結晶粒子周縁（外縁交代組織），劈開（劈開交代組織），割目に沿って強く銅藍に交代されている（モル体積比 0.69）にもかかわらず，黄鉄鉱は交代されない．

(2) 離溶組織

　温度，圧力，f_{S_2} などの変化により固溶体の組成が変化すると，固溶体は2相またはそれ以上に分離することがある．この現象を離溶という．離溶の結果生ずる組織を離溶組織という．分離鉱物のうち量の多いものは主鉱物となり，他の鉱物は主鉱物の包有物として産する．離溶組織では，しばしば包有鉱物が主鉱物の結晶方位に支配された葉片状，格子状，星状をなして産するが，その他，懸滴状，滴状，レンズ状，くさび状，細胞状，網状，蠕虫状，不規則小塊状，島状，微文象状など結晶方位に支配されないさまざまな形態をなす．低温，急冷，過飽和度大，拡散速度小の場合に主晶の結晶方位に支配された形態を示し，高温，徐冷，過飽和度小，拡散速度大の場合は，結晶方位に支配されないさまざまな形態を示す傾向がある（菅木, 1988）．

　閃亜鉛鉱固溶体(Zn,Fe)S 中の FeS 量は温度降下，圧力上昇，f_{S_2} 上昇によって減少する(III(3)参照)．したがって閃亜鉛鉱が晶出した後これらの現象が起こった場合離溶組織が形成される可能性がある．図 VI-8a は主鉱物を閃亜鉛鉱，包有鉱物を磁硫鉄鉱とした離溶組織を示す．磁硫鉄鉱は閃亜鉛鉱の結晶方位（100）に平行な格子状組織を示すとともに，葉片状，レンズ状，滴状をなして閃亜

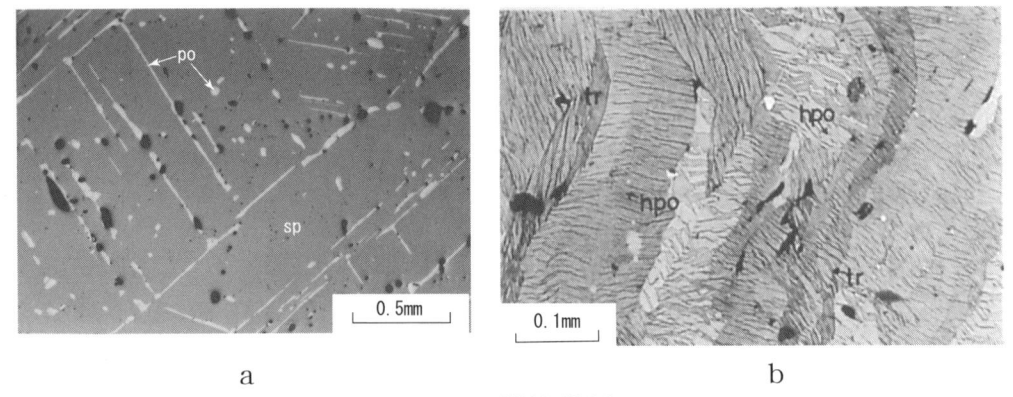

図 VI-8 離溶組織 (1)
 a 秩父鉱山産鉱石顕微鏡写真
 b 釜石鉱山産鉱石顕微鏡写真（塩酸 1:1 溶液による腐蝕）
  －鞠子他（1974）による－
sp：閃亜鉛鉱，po：磁硫鉄鉱，hpo：六方型磁硫鉄鉱，tr：トロイライト

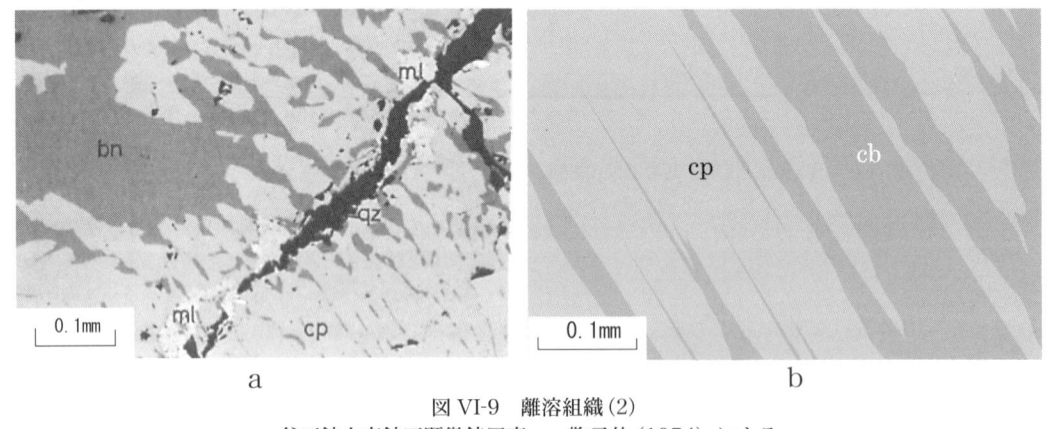

図 VI-9 離溶組織 (2)
 a 釜石鉱山産鉱石顕微鏡写真 －鞠子他（1974）による－
 b 大峰鉱山産鉱石顕微鏡画像 －苣木（1988）による－
bn：斑銅鉱，cp：黄銅鉱，ml：ミレライト，qz：石英，cb：キューバ鉱

鉛鉱中に包有されているのが認められる．閃亜鉛鉱の晶出後，圧力上昇が起こったとは考えにくい．試料中に黄鉄鉱は認められないので，温度降下に伴うf_{S_2}の変化がほとんどなく，温度降下によって磁硫鉄鉱が離溶したと考えることができる．

　図 VI-8b は，六方型磁硫鉄鉱中の葉片状トロイライトの離溶組織を示している．両者の量比がほぼ 1:1 であることから，図 III-2 の Fe－S 系相図において高温で晶出した高温型磁硫鉄鉱（1C）は温度低下に伴い，そのなかに最初トロイライト（2C）が生成し始めて次第に量を増やし，約 100℃で高温型磁硫鉄鉱が六方型磁硫鉄鉱（nC）に転移して，現在見られる離溶組織を形成したと考えられる．

　Cu－Fe－S 系においても離溶によって形成されたと考えられる鉱石組織が認められる．図 VI-9a は黄銅鉱中の微文象状斑銅鉱を示す．300℃以上においては，Cu－Fe－S 系相図の中央部に中間固溶体 iss が存在する（図 VI-10 および図 III-5）．中間固溶体の組成範囲は温度降下に伴い，そ

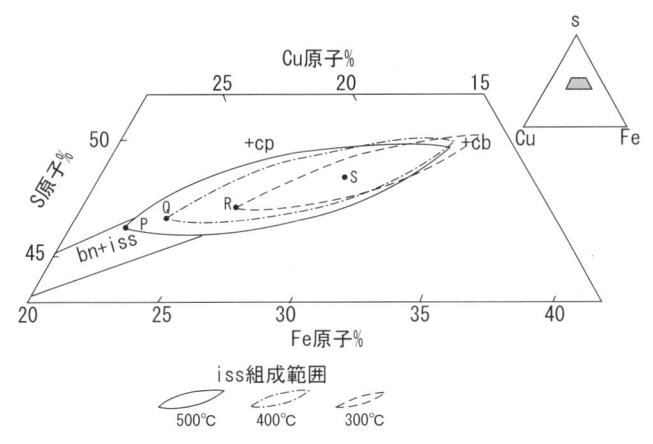

図 VI-10　Cu-Fe-S 系中間固溶体組成範囲　−苣木 (1988) による−
bn：斑銅鉱，iss：中間固溶体，cp：黄銅鉱，cb：キューバ鉱

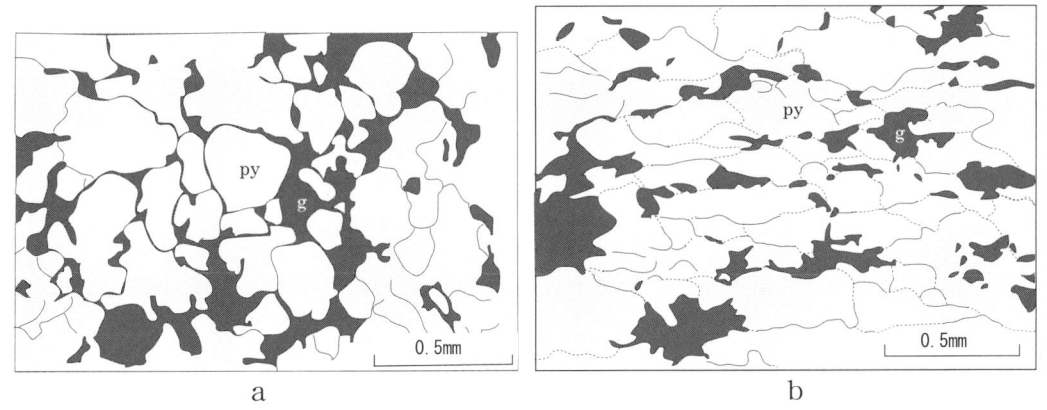

図 VI-11　変成組織　千原鉱山鉱石顕微鏡画像　− Kanehira and Tatsumi (1970) による−
a　母岩の線構造に直角な断面
b　母岩の線構造に平行な断面　py：黄鉄鉱，g：脈石鉱物

の範囲を縮小しながら全体として鉄に富む側に移動する．高温で晶出した銅に富む中間固溶体 P（図 VI-10）は温度降下に伴う固溶体組成範囲の縮小のため P → Q → R と移動するとともに，斑銅鉱を離溶する．300℃以下になると中間固溶体は不安定になり R に硫黄が付加され黄銅鉱となって，この離溶組織が形成されたと考えることができる．高温で晶出する中間固溶体の組成が S（図 VI-10）のように比較的鉄に富む場合は，温度降下に伴う斑銅鉱の離溶は生じず，300℃以下になって中間固溶体が不安定となると同時に図 VII-9b のような黄銅鉱−キューバ鉱離溶組織を生成すると考えられる．

　以上述べたもの以外の鉱物組み合わせの離溶組織が数多く報告されているが（苣木,1988），閃亜鉛鉱中の懸滴状黄銅鉱のような疑似離溶組織が，実際は交代作用によるか，あるいは結晶の累帯成長に伴って形成されることがわかってきており（島崎,1986；苣木,1988；鞠子,1988），形態的に離溶組織に類似していても異なった成因によるものがあるので注意が必要である．

(3) 変成組織

　既成の鉱床は，変成作用に起因する変形，流動，再結晶，固溶体領域の拡大・縮小，鉱物の化学反応などによって鉱石組織にさまざまな変化を起こす．

　図 VI-11 は海底熱水鉱床が低温高圧型の広域変成作用を受け，ストレスを受けながら再結晶した結果，鉱石中の黄鉄鉱結晶が，母岩である結晶片岩の線構造および鉱体の伸張方向に平行に伸びた組織を示している．

　変成作用によって初生時より高温に保持されて固溶体領域の拡大が起こり，冷却時に離溶組織が形成される可能性があるが，後退変成作用のような徐冷では移動速度の早い硫化物の離溶組織は残留しない場合が多いと考えられる（加瀬,1988）.

VII 鉱床の地質構造支配

　熱水鉱床が形成されるためには，地殻内において金属イオンを溶解した鉱化熱水流体が発生場から鉱石鉱物を沈殿する場に移動しなければならない．これを支配する要素として，岩石中の粒子間空隙，割目および断層空隙，褶曲構造に伴う空隙形成など地質構造に関係する現象がきわめて重要になる．

VII-1 鉱化熱水流体系における変形作用，流体圧，流体の流れ

（1）鉱化熱水流体系

　鉱化熱水流体系は金属と流体の起原となる上流域と金属鉱物が沈殿する下流域から構成される．優れた鉱化熱水流体系が発達するためには，第一に金属に富む流体貯留槽が必要であり，第二には，大きな体積を有する流体貯留槽から排水させ，熱水をきわめて小さい体積の鉱床生成場所に運搬する透水性流路形成が必要である（Cox, 2005）（図 VII-1）．地殻深所では流体の分布と有効性は空間的にも時間的にも限られているが，例えば地殻の中部から深部の昇温・脱ガス変成条件下でも地殻規模の熱水流体系の形成は可能である．衝突造山運動中の粒子規模の流体フラックス（比流速）は $10^{-8} m^3 s^{-1}$ 程度，緑色片岩相から低温角閃岩相での剪断帯局部的流体フラックスは $10^{-4} m^3 s^{-1}$（図 VII-2），地殻地震帯上部の断裂断層帯ではさらに高い値を示す．

　流体貯留槽　地球力学的に活動的な地域において深さ約 5km の地殻中を移動する過圧流体は，多種類の貯留槽を起原としている（図 VII-3）．これらはマントル起原，昇温変成作用による脱ガス反応，マグマ系からの排出，地表起原（天水および海水），堆積盆中の空隙の流体（遺留水）を

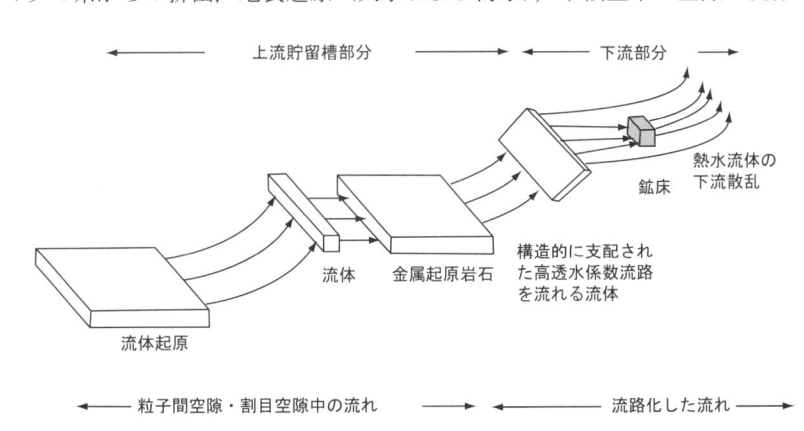

図 VII-1　流体貯留槽を含む割目によって支配された鉱化熱水系流体概念図
－ Cox (2005) による－

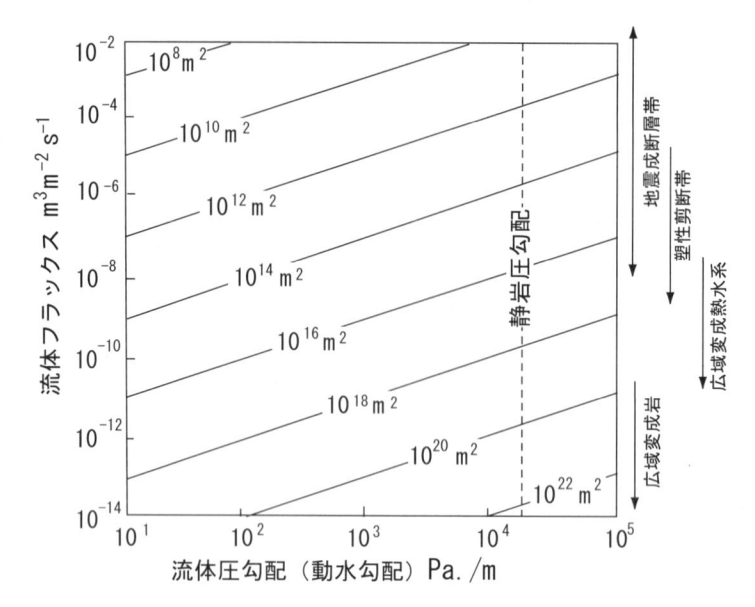

図 VII-2 熱水系の流体フラックス垂直成分を支配する垂直流体圧勾配と透水係数
− Cox (2005) による −

含む．収斂プレート境界において形成される流体の一部は，沈み込み中の加水海洋地殻で起こった昇温脱ガス作用に由来する．

　一般に沈み込む深さ100kmのスラブから放出される流体は，上に横たわるマントル楔の部分溶融を誘発するが，若い高温のスラブの場合は，深さ35～50kmで脱ガス作用を起こし，マントル楔において加水反応により大容量の蛇紋岩を形成する．蛇紋岩のその後の脱水反応によって，上を覆う地殻に大容量の水を供給する可能性が生ずる．浅所では，沈み込み面に沿う衝上断層に伴う透水性の増加により，沈み込みプレートから上盤の大陸地殻への流体再配分が行われる．プレート境界面付近の大規模な走向移動断層は，マントル起原の流体を運ぶ流路系を形成する．

　また，活動的収斂プレート境界における付加複合体の圧縮・脱ガス反応に伴い大量の流体が発生し，これらの流体は付加複合体の尖端あるいは上部に向かう衝上断層に沿って排水される．活動的な衝突造山帯においては，大陸地殻深部の昇温変成作用時の脱ガス反応に由来する流体が主要な流体起原となる．この反応では一般に低塩濃度 $H_2O - CO_2$ 流体が生成される．その化学的性質は昇温流体生成時の岩石の緩衝作用とともに，地殻浅所までの流路に沿う流体－岩石反応に支配される．

　収斂型造山帯における昇温変成作用時の流体生成速度は $0.3～0.5 kgm^{-2}yr^{-1}$ と推定され，これを $0.1 kgm^{-2}yr^{-1}$ と仮定すると，大陸地殻の面積 $50×50 km^2$ を横切って年間流れる流体 $3.5×10^5 m^3$ に相当し，これは10万年間に流れる流体量 $35 km^3$ に等しい．このような流体量は主要な造山型金鉱床生成に関わる推定熱水量に類似する (Cox, 2005)．地殻深部から脱出する流体の主要な流路は剪断帯である．地殻中部の剪断帯を通過する推定時間積算流体量は $10^4～10^7 m^3 m^{-2}$ の範囲である．この値は10～100万年の間，$3×10^{-7} m^3 m^{-2}s^{-1}$ の流速で流れる流体量に等しく，変成脱ガス作用に伴う流体量に比較して著しく多い．断層および剪断帯に沿う高い流体フラックスは，一般に空隙流体形成要因の増加に伴う．高空隙流体要因発達の証拠は，拡張脈および断層充填脈によって示されている．大きな空隙圧力変動が断層および鉱脈群中に短時間の間に生じ，この空

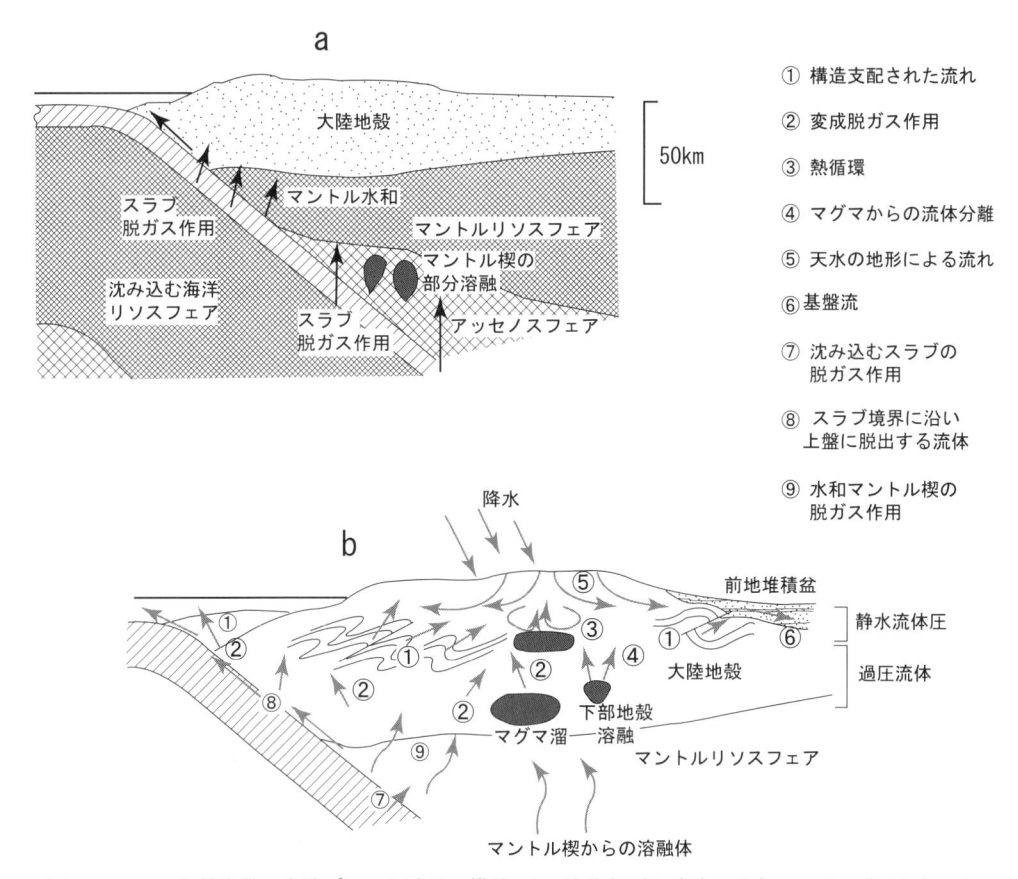

図 VII-3 a 収斂海洋－大陸プレート境界の構造，b 流体起原と流路の分布 －Cox (2005) による－

隙圧力変動の繰り返しは，断層の形成による透水係数変化とこれに伴う地殻深部流体貯留槽からの流体再配分に寄与している．(Streit and Cox, 1998).

結晶化しつつあるマグマから分離した過圧流体は，流体貯留槽を形成し，地殻中の種々の深さの貫入岩に関係する鉱床の金属起原となる．しかし，他の流体貯留槽からの熱水も貫入岩に関係する熱水流体系に導入される．マグマの定置に伴う温度分布の変化によって流体対流系が形成され，貫入岩の接触変成帯に蓄えられた空隙流体の過圧が起こり，これによって貫入岩体から流体の移動が促進される．接触変成帯における脱ガス作用によって生じた流体も熱水流体系に加わる (Cui et al., 2003; Ferry and Dipple, 1992).

地殻浅所，とくに堆積盆の空隙に富み割目の発達した岩石は，上部地殻における寿命の長い主要な流体貯留槽となる．地表起原流体および堆積盆流体が堆積盆の基盤岩中に深く侵入することは，確実な証拠によって裏付けられている．地形的に導入される流れは，数 km の深さまで流体が侵入する機構の一つである．地殻中部から地表近くの静水圧環境へ上に向かって広がる地震断裂は，地表に近い流体が地殻中へ地震後侵入するための流路となる．引き続く地震休止期断層治癒の間に，これらの流体は圧縮過程によって過圧され，断層帯から徐々に排出される．長時間にわたり流体は地震破壊帯を通じて環流し，繰り返される地震によってその量はかなりの大きさ（1～10万年間に 100km^3 程度）に達する (Cox, 2005).

深部熱水流体系における流体の流れ　一次元の水平な流れにおいて，時間 t の間に面積 A を通過する流体の体積を Q，岩石の透水係数を k，空隙流体の粘性係数を μ，流体圧勾配（動水勾配）を dP/dx とすれば，

$$Q/At = (k/\mu)(dP/dx)$$

で表すことができ，これをダルシーの法則という．

Q/At は流体フラックスと呼ばれる．ダルシーの法則は層流を仮定しており，流速1m/sまで空隙のある岩石に適用可能である．これより高い流速，擾乱流，高慣性力の場合，ダルシーの法則は成立しない．透水係数は m^2（1 darcy = $10^{-12} m^2$）の単位を持つ岩石固有の性質であり，岩石を通じて流れる流体量を測定して定められる．粘性係数は空隙を通じて流体を流したときの粘性抵抗を測定して得られる．垂直成分を有する流れでは，流体の移動は，静止した連結流体柱に生ずる流体圧勾配の垂直成分によって駆動される．深さの変化を dz，流体圧変化を dP，流体密度を ρ，重力加速度を g とすれば

$$dP = \rho g dz$$

垂直流体圧勾配 ρg は，静水流体圧勾配として知られる．垂直流の場合ダルシーの法則は

$$Q/At = (k/\mu)(dP/dz - \rho g)$$

となる．dP/dz は，流体圧勾配の垂直成分である．均質密度の流体において，dP/dz が超静水圧条件の場合（$dP/dz > \rho g$）は上に向かう流れを生じ，亜静水圧条件の場合（$dP/dz < \rho g$）は下に向かう流れを生ずる．一般方向の流れでは，ダルシーの法則は

$$Q/At = (k/\mu)[\partial(P - \rho g z)/\partial x]$$

で表される．ここで $\partial(P - \rho g z)/\partial x$ は，通路 x に沿う流体圧勾配である．静岩圧に近い条件では，垂直静岩圧による流体圧勾配は約19kPa/mである．高い勾配下では，流体の上向きの移動は低い透水係数を持つ区画によって妨害される．等方的透水係数を有する岩石中での一般的な流体圧流では，流れは流体圧勾配の非静水圧成分に平行になる．透水係数が異方性を示す場合は，流れは流体圧勾配に非平行となる（Cox, 2005）．

密度の不均質な流体においては，ρg 項は空隙質媒体中の空間的に不均質な流体密度に伴う浮力効果による推進力を示す．流体密度は，塩濃度と同様に圧力と温度に強く依存する．通常の地殻地温勾配において，深さに伴う温度上昇による水質流体密度の減少率は，圧力の上昇に伴う密度増加率よりも大きい．したがって，一般に水質流体は地殻内で深さとともに密度が減少するので，流体で飽和した空隙質の岩石において熱浮力による流れが促進される．流体密度の変化は圧力 P，温度 T の関数として次式によって示される．

$$\rho(T, P) = \rho_0 + (d\rho/dT)_P \Delta T + (d\rho/dP)_T \Delta P$$

ここで $(d\rho/dP)_T = \rho_0 \beta$，$(d\rho/dT)_P = -\rho_0 \alpha$，$\beta$ は流体の等温圧縮係数，α は流体の等圧熱膨張係数，ρ_0 は参照温度・圧力における流体密度，ΔT および ΔP は参照温度・圧力からの差を示す．

この場合ダルシーの法則は

$$Q/At = -(k/\mu)[dP/dz - (\rho_0 g - \rho_0 \alpha g \Delta T + \rho_0 \beta g \Delta P)]$$

流れに圧力による成分がないときには

$$Q/At = -(k/\mu)[\rho_0 g - \rho_0 \alpha g \Delta T + \rho_0 \beta g \Delta P]$$

大括弧中の項は，流れを駆動する浮力導入圧力勾配を示す．地殻中部では浮力導入による力は1kPa/m以下，あるいは静岩圧系における圧力導入による力の約5%である．故に過圧熱水流体系における圧力による水圧勾配は，熱導入による力よりかなり大きいと考えられる．したがって，浮力によって生じた流れは，主として静水流体圧環境付近において重要になる傾向がある．浮力が支配する流れは，熱による浮力の差によるか，流体塩濃度の水平または垂直変化のような化学組成による密度変化によって形成される対流系を推進する．流体が対流を起こすための最小温度勾配は次式で与えられる．

$$dT/dz = 4.2 \times 10^{-10}/kb^2$$

ここでbは対流の長さの尺度である．20℃/kmより高い温度勾配の場合は，透水係数が$10^{-15}m^2$以上であれば，空隙質媒体は数km規模の対流を生ずると予想される (Cox, 2005)．

　圧力による流体の流れを支配する流体圧勾配は，種々の要因で形成される．地殻浅所（数km以下）では，地形的効果が地下の流れを駆動する流体圧の顕著な水平方向変化を引き起こす．また，変形岩石地塊において変形岩石の空隙容積の累進的変化も流体の流れを推進する．例えば堆積シーケンスの圧縮は，埋没中の堆積盆における水流の強力な推進力となる．粒子間隙および割目の弾性変形に伴う空隙体積の変化は一時的な流体圧勾配を生ずる．このような空隙弾性効果は，地震サイクルにおいて大きな応力変化が起こる場合，活断層周辺で重要な役割を果たす．空隙弾性による流れは，地殻浅所のように高縦横比割目の密度が高い地域に，垂直応力の大きな変化が起こるとき最も大きく広がる．約250℃以上の温度を示す地殻では，流体圧勾配は，非弾性変形過程と，空隙および割目の閉塞または熱水沈殿閉鎖による反作用に強く支配される．空隙率の減少は空隙流体圧を静岩圧に近づけ，少なくとも一時的に流体が存在するところで超静水圧垂直流体圧勾配を発生する．このような流体の過剰圧は，とくに透水性の流路が形成され支持されたとき，流体を上方に移動する強力な推進力を生ずる．変成脱ガス化作用やマグマ起原の熱水流体発生による流体生成速度も空隙流体圧および流体圧勾配を支配する基本的な役割を有している (Cox, 2005)．

　粒子規模の空隙　粒子規模の空隙は，一般に粒子間空隙および割目空隙からなる．粒子間空隙に伴う透水係数は，全空隙率，空隙の経および形態，大きな空隙体間の空隙咽喉の直径，空隙の連結程度に関係しているが，経験的に次の式で表される．

$$k \propto \Phi^n$$

ここでΦは空隙率，nはほぼ3である．透水係数は空隙の収縮などによる空隙率の減少とともに減少する．圧縮して空隙率が減少する間に，大きな空隙の間を結ぶ狭い咽喉部の閉鎖によって空隙間の連結が累進的に失われる．連結網を形成する空隙はバックボーン空隙と呼ばれ，全流体はバック

ボーン空隙網に沿って流れるのでバックボーン空隙率が透水係数を決定する．他の空隙は，互いに連結し局部的に集団を形成しているがバックボーン空隙と繋がっていない独立空隙と，一方だけバックボーン空隙と連結している行き詰まり空隙からなる．これらは相互連結空隙の一部で空隙流体を含むが，流れには貢献しない．

　低空隙率の場合は，透水係数はバックボーン空隙，行き詰まり空隙，独立空隙，全空隙の相対的割合に直接関係して変化する．高温の均衡応力環境（全主応力が等しい）では，バックボーン空隙，行き詰まり空隙，独立空隙の相対的割合は主として全空隙率および鉱物と空隙流体間の面間表面エネルギー効果によって決定される．

　空隙は2粒子面間，3粒子縁，粒子端に生ずる（図VII-4）．二面体湿潤角 $\theta > 60°$ のとき，2粒子面間空隙は独立ポケットを形成する傾向がある．低空隙率の場合，粒子縁流路は，粒子縁に沿う不連続なしづく状障害物によって閉鎖され，粒子端の空隙は独立する傾向がある（図VII-4c）．それに対して，二面体湿潤角 $\theta \leqq 60°$ のときは，粒子縁に沿う連続流路によって粒子端空隙間の連結性が供給されると考えられる（図VII-4b）．$\theta > 0°$ の場合，2粒子面間の平衡流体分布は不連続泡の形をとり，$\theta = 0°$ のような特別な場合のみ2粒子面間に連続流体フィルムが安定に存在する．温度上昇よる空隙率減少（この場合表面エネルギー効果が空隙の幾何学を支配する）に伴う透水係数の進化は，図VII-5に概念図として示される．空隙率−透水係数の関係は，完全な空隙間連続性

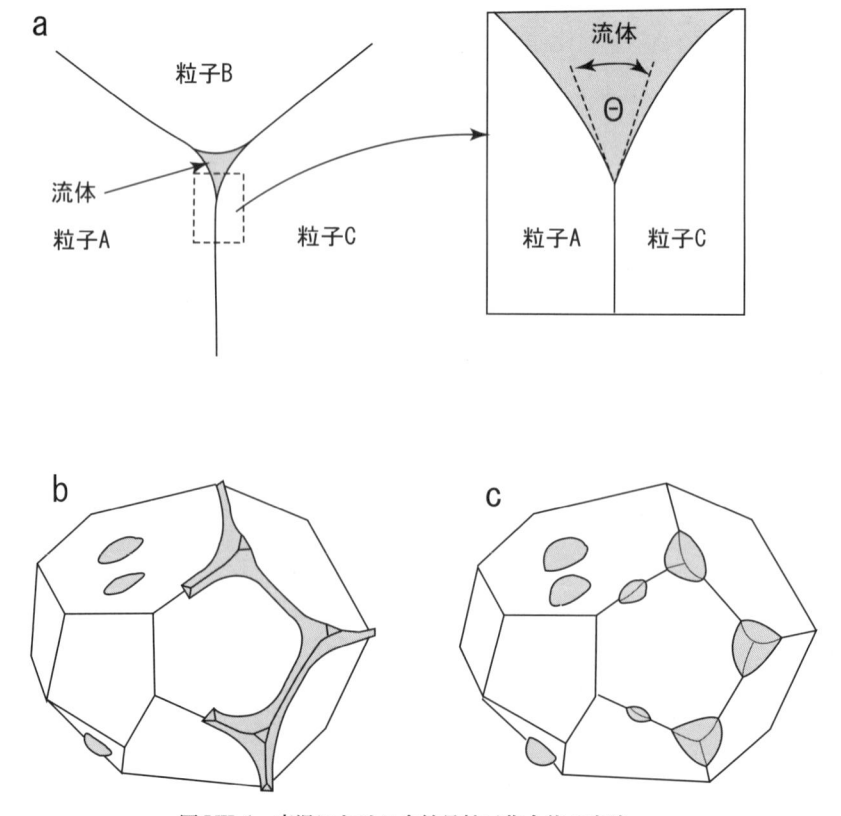

図VII-4　高温における多結晶粒子集合体の空隙
　a　粒子端流路断面図，b　$\theta \leqq 60°$ のときの粒子縁連続流路，c　$\theta > 60°$ のときの独立粒子端空隙
　−Watson and Brenan (1987) による−

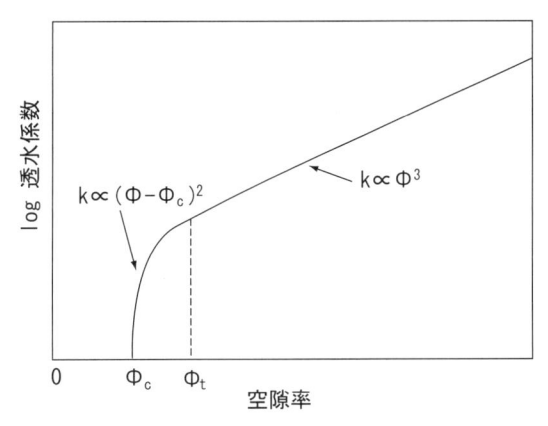

図VII-5　高温の均衡応力環境での粒子間隙空隙率と透水係数との関係
－Zhang et al. (1994) による－

が失われ始める開始空隙率（Φt）までは立方法則（$k \propto \Phi^n$, $n ≒ 3$）に従う．この空隙率以下では透水係数は全空隙率により強く依存する．臨界空隙率（Φc）では，空隙は完全に連結性を失い，この点を浸透開始点と称する．Φt 以下では，透水係数は次の比例法則に従う（Knackstedt and Cox, 1995）．

$$k \propto (\Phi - \Phi c)^2$$

多くの一般的鉱物－流体系面間湿潤角の実験的研究によると，二面体湿潤角は通常 60°より大きく，この場合空隙連結性は数％の空隙で失われる．多くのきわめて低い空隙率の変成流体－岩石系は浸透開始点以下となり，割目網を形成する変形作用がなければ不透水性となる（Cox, 2005）．

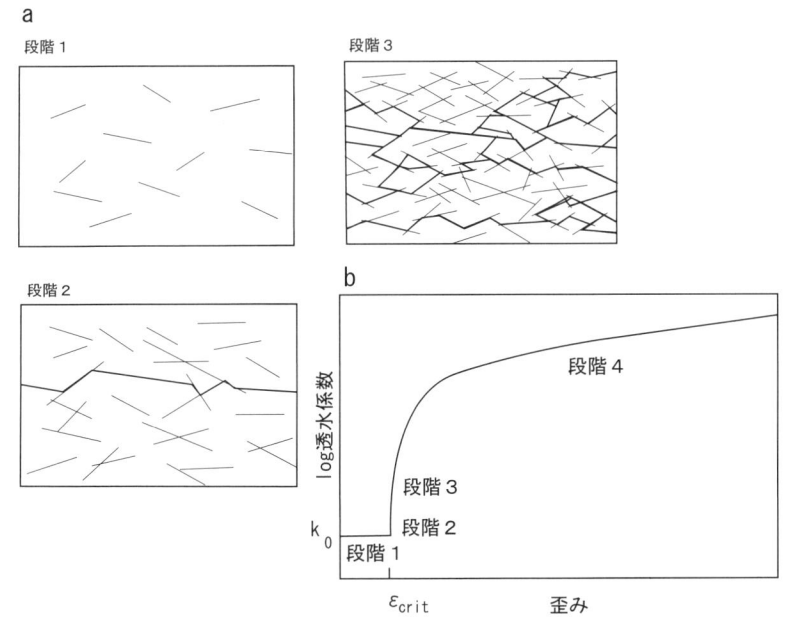

図VII-6　塑性－脆性変形条件での岩石変形と微小割目密度，連結性，透水係数との関係
　　a　微小割目網の成長，b　岩石歪みと透水係数との関係　－Cox (2005) による－

微小割目の成長 粒間透水性がない場合は，累進的変形作用中の透水係数の進化は変形作用による空隙生成過程（割目の成長）と空隙破壊過程（圧縮，割目の閉塞・閉鎖）の競合によって支配される．多くの実験的研究により，僅かな変形によっても，とくに空隙－流体係数（空隙流体圧/封圧比）が高い場合は，数桁の透水係数増加が可能であることがわかった．

非反応性流体が存在する場合，低透水係数の岩石が歪みを受ける間に透水係数は4段階で進化する（図VII-6）．変形初期の段階には，微小割目が核を作り成長を始めるが割目が互いに独立しているため透水係数は変化しない．歪みの増加に伴って割目の長さおよび連結性は，累進的に増加し系を浸透開始点に到達させる（段階$2\varepsilon_{crit}$）．歪みの増加とともに粒子規模の割目が急速に成長し連結性の急速な増加に導く（段階3）．連結性の増加によって粒子規模割目網がほぼ5%短縮されると，透水係数の増加率が歪みの増加とともに高くなる．この点（段階4）からの透水係数の穏やかな増加は，割目の数および連結性の増加よりも割目の幅の増加によると考えられる．

地殻中部の高温条件下では，多くの歪みは転移流動および溶解－沈殿クリープのような顕微鏡的可塑性変形によっている．温度がさらに上昇すると割目成長率は減少するが，臨界歪みに達すれば良く連結された高透水係数を有する割目網の発達を促す．高空隙－流体係数の場合の透水係数増加の速度は，低空隙－流体係数の場合よりも早い．

多種鉱物岩石では，変形時の粒子－粒子間の歪み非調和性が粒子間割目網の成長を増加させ透水係数の上昇をもたらすと考えられる．実験的研究によると，微小割目網は高空隙－流体係数の場合マクロスコッピクな塑性変形条件下でも，きわめて低い歪みにおいて高割目連結性と高透水係数を

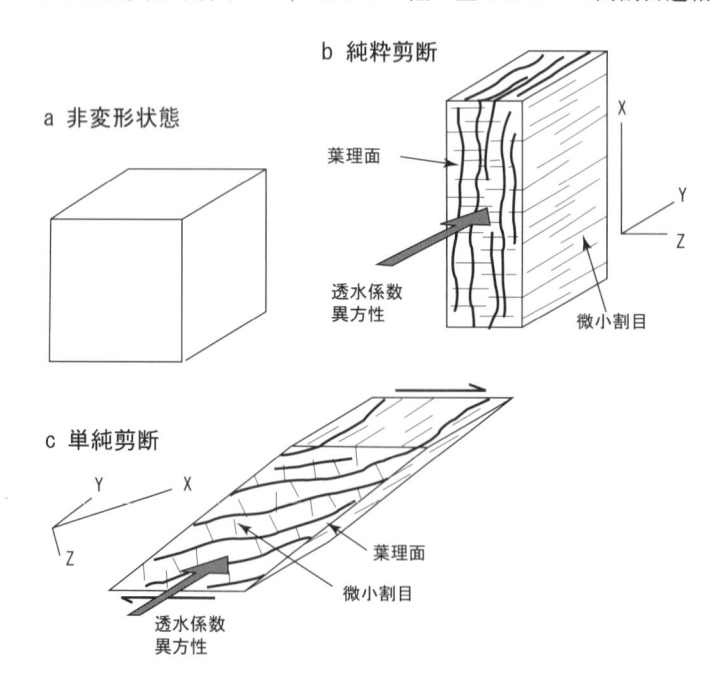

図VII-7 変成岩の粒子規模微小割目と葉理面の発達に伴う透水係数の異方性
a 出発時歪み状態，b 共軸変形平面歪みにおいて最大拡張はX軸方向，最大圧縮はZ軸方向，Y軸方向には長さの変化なし．ZY平面の微小割目とXY平面に沿う葉理面によってY軸方向の透水係数異方性を生ずる，c 単純剪断においては，一時的な最大拡張方向（例えばσ_3方向）に直角な微小割目が生じ，累進的単純剪断作用によって葉理面と微小割目は時計方向に回転するが，最大の割目連結性は歪み楕円のY軸方向となる
－Cox (2005) による－

実現させる．したがって低歪み変形によっても地殻の透水係数増加に重要な衝撃を与えることができる（Cox, 2005）．

粒子規模の微小割目の方向性に対する応力支配によって，変形岩石の透水係数異方性が起こる（図 VII-7）．例えば，同軸性平面歪みが起こっている間，微小割目は最大拡張方向に対して高角度をなして形成され，中間歪み軸に平行な方向に最も良い連結性を持つ（図 VII-7b）．近似的な単純剪断変形において透水係数異方性は，拡張線構造に直角な方向を示す葉理面に平行になり，これは同時に歪み楕円の Y 軸に一致する（図 VII-7c）（Cox, 2005）．

大規模割目 流体の運搬は，粒子規模透水係数と同時に大規模な割目網によっても支配される．大規模割目の透水係数に対しては，三つの型の割目，すなわち拡張割目，剪断割目（または断層），斜交拡張（拡張－剪断）割目が重要な役割を果たす（図 VII-8）．拡張割目には顕微鏡的なものから大規模（長さ数十 m 以上）なものまであるが，低変位剪断破壊，すなわち造山型金鉱床を胚胎する典型的な断層は長さ数千 m にまで達する．これらの割目は水理的に連結した大規模な地殻規模断層およびそれらが集合した割目配列を形成し，活断層の場合，高い透水係数を有する流れ網をともに構成する．大規模地震によって形成された高透水係数破壊帯には，長さ数十 km から数百 km，深さ数十 km のものもある．大規模割目系は，空隙－流体係数が充分高ければ，脆性を有する上部地殻ばかりでなく可塑性を有する下部地殻まで発達可能である．単純拡張割目は，最小主応力（σ_3）に直角に形成され，割目壁に直角な方向に開く（図 VII-8a）．完全な等方性岩石では，剪断割目は，最大主応力（σ_1）の方向に対して 25°～35°をなして形成され，剪断面は中間主応力（σ_2）の方向を含む（図 VII-8b）．等方性の岩石では，二つの方向の剪断割目からなる共役割目（断層）が形成され透水性網目構造を形成する．これが形成される場合共役割目の交線はσ_2にほぼ平行になる．斜交拡張割目は，割目面に平行および垂直な変位成分を有し，それらはσ_1の方向に対して 0°と約 25°の間の角をなす（図 VII-8c）．

流体圧および応力状態の変化によって熱水流体系においては，大規模割目の成長と透水係数の増加が行われる．拡張割目は比較的小さい応力差（$4T$ 以下，T は岩石の引っ張り強度）においての

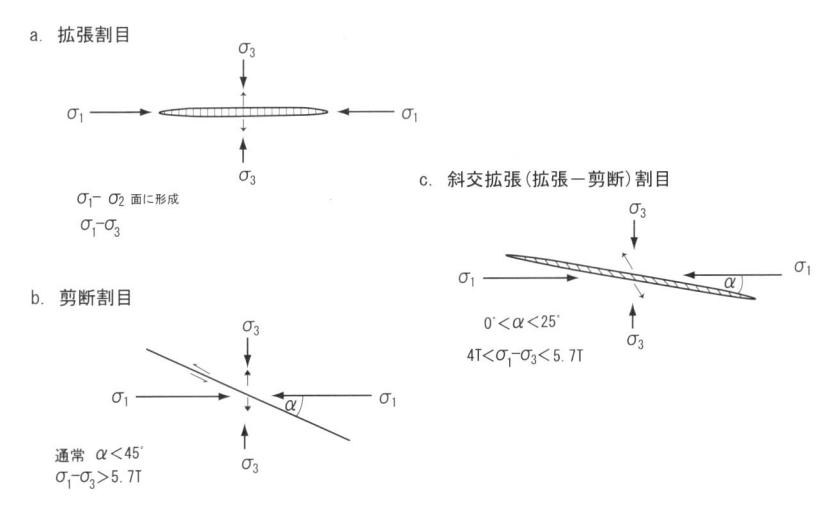

図 VII-8 応力場と a 拡張割目，b 剪断割目，c 斜交拡張割目の間の方位関係，T：岩石の圧裂強さ
－Cox (2005) による－

み生ずる．$4T<(\sigma_1-\sigma_3)<5.7T$では，破壊は拡張剪断様式で起こる．剪断破壊は約$5.7T$以上の応力差において生ずる．岩石の引っ張り強度は一般に10MPa以下であるから，熱水系における拡張脈の産出は，脈生成時の応力差が40MPa以下であったことを示す．

低応力差の場合，大規模拡張破壊を起こすには，空隙－流体係数の増加が応力差の増加よりも早く行われる必要がある．この型の流体による拡張割目は，水力拡張割目として知られている．地殻内で水力拡張割目はP_f（流体圧）$=\sigma_3+T$の条件のときのみ形成される．この式は水力割目条件として知られる．多くの後成鉱床において鉱物によって充たされた拡張割目が広く存在することは，流体圧がσ_3より大きいことが熱水系では一般的であることを示している．水力拡張割目の開口は熱水系に発達する最大流体圧を制限している．流体による割目形成の重要な事実は，非変形の岩石に働く応力の変化がなくても高圧流体の浸透によって割目が成長することである．これらの割目の方向は主応力の方向，応力の大きさの差，岩石塊に前からあった力学的異方性によって支配される．平行な壁面を有する割目における安定した層流に対して有効な透水係数は，aを割目の開口幅とすれば次式で示される．

$$k = a^2/12$$

実際には，割目の不規則性による開口幅の変化のため，割目の開口幅と流速との関係は複雑であり，結局不規則な割目を通じて流路は曲がりくねったものになる．しかし上式の興味ある点は，流体フラックスを支配する開口幅の重要な役割である．もし開口幅が2倍になると透水係数は4倍になる．完全には連結していない不規則に分布した割目網に対して，全透水係数は次式で示される．

$$k = (\pi/120)\cdot fa^3r^2/l^3$$

ここでaは平均割目開口幅，rは平均割目長さ，lは平均割目間隔，fは連結係数で，$0\leq f\leq 1$の範囲にある．割目の方向が不規則でも，上式の関係によって熱水系において割目が支配する透水係数の大きさをある程度予測できる．例えば，平均値として$a=100\mu m$, $r=4m$, $l=5m$, $f=0.1$とすると透水係数は$3\times 10^{-16}m^2$となる．割目のある物質の透水係数は，応力状態と流体圧にきわめて敏感である．流体圧をP_f，割目に直角に働く垂直応力をσ_n，σ_nとP_fの差として定義される実効垂直応力をσ_n'とすると，近似式として

$$k = k_0\exp(-\sigma_n'/\sigma_0)$$

が得られる．ここでk_0は実効垂直応力が0のときの透水係数，σ_0は定数である．しがって割目のある岩石において，垂直応力の減少と流体圧の増加は透水係数を増加する現象の鍵要素となる (Cox, 2005).

要約すると，割目によって支配される熱水系の流れにおいて，最高の流体フラックスは次のような場所と時期に生ずる．(1) 割目開口幅が最大，(2) 割目の密度が最大，(3) 割目の連結性が最大．これら3要素によって，鉱化熱水系における流体の流れの位置決定が基本的に支配される．また，空隙－流体係数が最大の場合に割目の成長が最大となる．一般にきわめて歪みが少なくても割目網は大きく膨張することができ，大規模割目による透水係数の増加に高度の歪みを必要としない．

(2) 累進的変形作用と流体流路の進化

　流体の移動において，活動的な断層，剪断帯，その他の割目網の重要性が，低い透水係数のマトリックス中にはめ込まれた高透水係数帯に関わる多数のモデル研究によって指摘されている．水頭の地域的傾斜に対して低角度で交差する透水性構造において，割目網の高圧部分（上流）周辺に流体の集中が起こる一方，流体の排出が割目網の低圧部分（下流）で生ずる（図VII-9）．高透水係数流路の水頭の地域的傾斜に対する交差角が，高角度の場合は流体流の集中効果は少なくなる（Cox, 2005）．

　浸透網の成長　流体の浸透網の成長過程は，通常浸透と侵入浸透の二つに分けられる．割目支配流路網の成長は，割目の成長が応力状態にほとんど支配されるとき，通常浸透によって生ずる．変形が強くなるに伴い，活動的断層および剪断帯の長さと分布域が増加し，また割目の歪みを伴う連結のような新しい構造が核を生成し成長する．割目が十分連結し，割目系を横断する流れの急速な発進が可能となると，浸透が開始される．浸透の開始点は透水性断層，割目，剪断帯の成長によって生ずる歪みなどのいくつかの要素に依存し，割目の形態および割目の核生成と成長の相対的早さも重要な要素である．割目および剪断帯網の要素に対する流れの分配はバックボーン，行き詰まり，独立要素の相対的割合に依存する．浸透の開始点におけるバックボーンの流れは，全割目網の非常に小さい部分に過ぎないが，流れの大部分は系のこの部分に集中している（図VII-10a）．バックボーン要素の割合が累進的に増加すると，より多くの断層，割目，剪断帯が互いに，また流体貯留槽にも連結し，流れは累進的に系全体に一様に分布するようになる．浸透は全歪みの数%で開始される．もし割目系が初期に過剰圧を有する流体貯留槽に連結されていると，高圧の流体が断層お

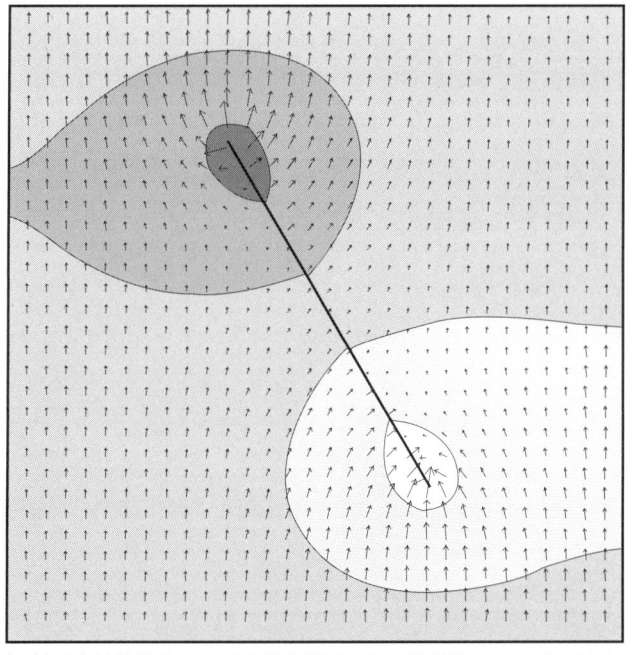

図VII-9　低透水係数岩中の高透水係数断層または剪断帯周辺の垂直断面における流体圧による安定な流れパターン．ベクトルの長さは流速を示す．
－Cox (2005)による－

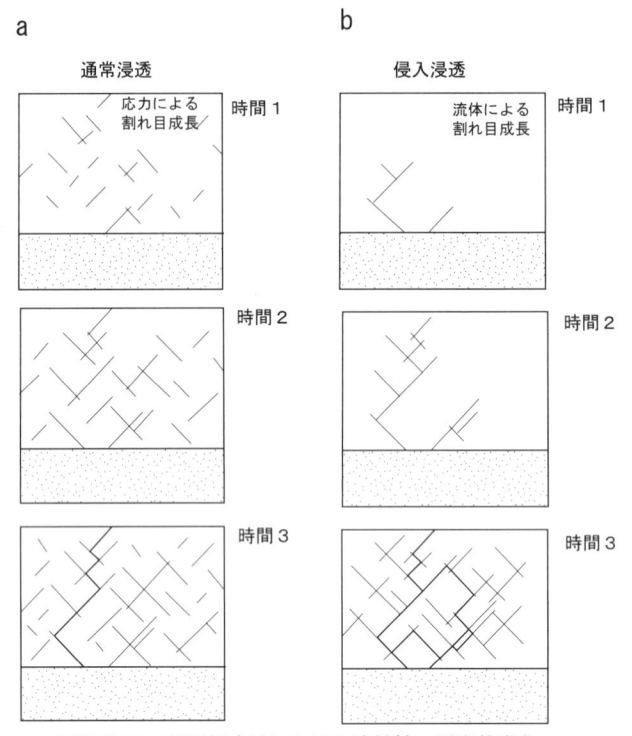

図 VII-10　断層網成長における連結性の累進的進化
a　通常浸透モデル，b　侵入浸透モデル　−Cox (2005) による−

よび割目に沿って侵入し，流体貯留槽に連結していない割目に比較して高い速度で浸透網を成長させる．このような過程を侵入浸透といい，この場合流体による浸透網の形成は，高い空隙−流体係数を有する貯留槽と直接連結している部分の選択的成長が優勢となり，割目網は主としてバックボーンと行き詰まり割目から形成される（図 VII-10b）．過剰圧流体の侵入に応じた浸透網の流体による成長もしくは"自己発生"によって流体の侵入と割目成長速度の間に正のフィードバックが行われる．これは浸透開始点において形成されたバックボーン流の上で滑動が繰り返され，割目系の一部が流体貯留層中に繰り返し食い込むためと考えられる（Cox, 2005）．

　浸透網のモデルによって次の点が明らかにされた．(1) 浸透は全歪みの数 % で開始されるので，割目による熱水系およびこれに伴う鉱床は非常に低い歪みの下で発達することが期待される．(2) 全割目数のなかできわめて小さい割合を占めるバックボーンが存在する浸透開始点直上の割目網において，流れが流体起原と連結する比較的少数の構造中で生ずれば，巨大鉱床を生成する可能性を最大にする．これに対して浸透開始点上の熱水系において，全割目数のなかで大きな割合を占める割目網に広く流れを生ずれば，分散した流れは小さな鉱床を多数生成する可能性が高い．

地震成割目網における浸透　変形は一般に時間とともに地殻中を移動するので割目網の貯留槽との連結性は時間とともに変化すると考えられる．したがって，最高流体フラックスの位置は時間とともに移動するはずである．例えば衝上断層系が発達する間，変形の位置は一般に前地（クラトン）に向かって動く．したがって，活動的な衝上断層が流体貯留槽に食い込み続けるならば，高流体フラックス活動の位置は同様に前地に向かって移動する．地震発生環境において，断層による透水性

網成長の任意の段階における流路形成は，共地震性透水係数増加と透水性を減減させる地震休止期断層閉鎖の競合により支配される．連続的断裂現象は活動的断層系の周辺を移動するので，高透水係数流路の分布は複雑に進化すると考えられる．さらに地震滑動の繰り返し時間規模（おおよそ数十年ないし100年）での断層網の透水係数の急速な変化は，バックボーン流の位置および構造の突然な変化の原因となる（Cox, 2005）.

（3）地殻の非震性帯と震性帯における流体の流れ

地殻深部の流体貯留槽から浅所の熱水系への流体の移動は，広域的動水勾配によって流路網の上流から下流へ流れが駆動される階層的流路網内で起こる．初期の流れは一時的な粒子規模空隙（例えば脱ガス反応の間），あるいは高空隙－流体係数条件での変形中に繰り返し形成される微小割目網を通して行われる．すなわち高い透水性流路が岩石塊全体に分布する顕微鏡的割目網によって形成され，必ずしも断層や剪断帯を伴うことはない．断層や剪断帯のような構造は，粒子規模空隙からの排水作用を行う．このような排水流路としての痕跡を残す脈群が変成帯で一般的に認められる．脈群は，大規模な活動的断層，剪断帯，あるいは一時的な透水性構造中に直接流入する高透水係数流路ともなる．

深部地殻非震性環境における拡散流　非震性地殻深部においては，一般に熱水流は流体生成現象によって始まる．初期安定条件における流体圧の動揺は，空隙充填流体に圧力波動を発生させる．圧力波動（または空隙波動と称する）は，中ないし深部地殻における変成脱ガス作用中の流れの確立にとってとくに重要である．空隙波動の詳細な性質は，岩石の変形が弾性変形かまたは粘性変形かに基づいて推定される．変成環境における脱ガス作用では，流体は粒子規模微小割目網内に広く分布する．伝搬する圧力波動付近の低透水性物体は，その直下に流体圧がσ_3を越え透水係数が大きく増加する区画を形成する可能性がある（Connoly, 1997）．空隙波動に伴う流体圧パルスの上方への伝搬によって，震性帯基底付近に断層破断の引き金を生ずる．さらに，大きな断層破断が地殻中部の空隙波動中に下りてくると，それらに圧力波動からの排水を行い，地殻浅所の静水圧環境において下流としての高流体フラックス現象を形成する可能性がある．移動しつつある圧力波動と交差する透水性の剪断帯は，より長時間にわたって同様に排水作用を行う．この場合剪断帯網は，連続的空隙波動と水理的連結を行うので，高い流体圧，流体フラックス，および一時的透水係数増加の剪断帯を通じた上方への伝搬を繰り返し行う．

したがって，変形しつつある地殻を通じての広域の流れは，安定な流れと空隙波動による断続的な流体移動からなる．広域の流れは，歪みの効果あるいは部分的に透水係数増加を行う変位の位置によって変調される．中ないし深部地殻における流体の静岩圧条件付近での広域および局部的流体移動によって，脆性破壊と自己発生流路による過圧流体の動的貯留槽が形成され，これら深部の貯留槽から上部地殻の断層網へ排水される．

大きな断層破断現象が，現世の収斂型造山運動において透水係数増加と一時的な深部からの流体移動を行った例として，1995年7月30日にチリのAntfagasta付近で起こったモーメント・マグニチュード$M_w = 8$の沈み込み帯地震がある．破断現象の後にアンデス大陸地殻の前弧地域深部，沈み込みスラブの上盤において地震波速度異常が生じた（Koerner et al., 2004）．この異常は，新たに破断したスラブ境界面を横切って，上盤の大陸地殻に向かって，沈み込むスラブから移動する

大きな流体フラックスに伴うものと解釈されている．地震は，沈み込み境界面の傾斜に沿い少なくとも30kmの箇所の破断によって起こり，流体圧パルスが59日にわたって圧縮波速度/剪断波速度比を変えながら，断層の上盤側に約15km移動したと考えられる．また，変成帯深部に流体貯留槽の現存することがニュージーランド南アルプスにおけるMT法データによって示唆されている (Wannamaker et al., 2002)．

流体の流れにおける共地震性透水係数増加の役割　断層上の共地震性滑動によるその部分の透水係数の急激な増加と，地震休止期熱水閉鎖作用による累進的な透水係数の減少が行われる場合，流体の流れは断続的となり，安定した流れよりも地震直後の一時的な流れが優勢となる．低透水係数媒体中の断層において，流れとそれに伴う流体圧の場は，共地震性透水係数増加に続き3段階の進化を行う (Braun et al., 2003)．

第1段階では，断層の上流端と下流端間の初期水頭傾斜により流体が急速に断層を流れるとともに，破断の前に存在した流体圧勾配が緩む．第2段階では，断層中の流体の流れによって，断層の上流端と下流端付近の岩石において急速な流体圧変化が起こる．断層の下流端から流体が急速に排出され，上流端付近の岩石から流体が抜き取られる．これによって断層の末端間の流体圧勾配が減少する．第3段階では，岩石マトリックス中の流体の流れは新たな断層の透水係数に適応し，断層周辺には安定した流体圧場が成立する．

断層破断に始まる3段階の流れの進化は，断層中心における流体速度の時間的進化によって表される（図VII-11）．第1段階では標準化流体速度は，第2段階の遷移的流れの始まりとなる流体速度減少開始時間τ_fまで一定である．時間スケールτ_fは断層の長さを流体が移動するのに要する時間であり，したがって断層の長さと透水係数の関数である．τ_fは断層と周囲岩石間の透水係数の差が増加するとともに減少する．これに対して安定な流れが始まるまでに要する時間τ_Fは，岩石塊の透水係数に支配され断層の長さの減少とともに減少する．破断断層と周囲岩石間の透水係数の差のために，安定な流れの流速は，初期および遷移期の流れの速度に比較してきわめて小さい．断層内の流体速度は流れの第1段階において一定であるので，第1段階の間（$0 < t < \tau_f$）に断層を通

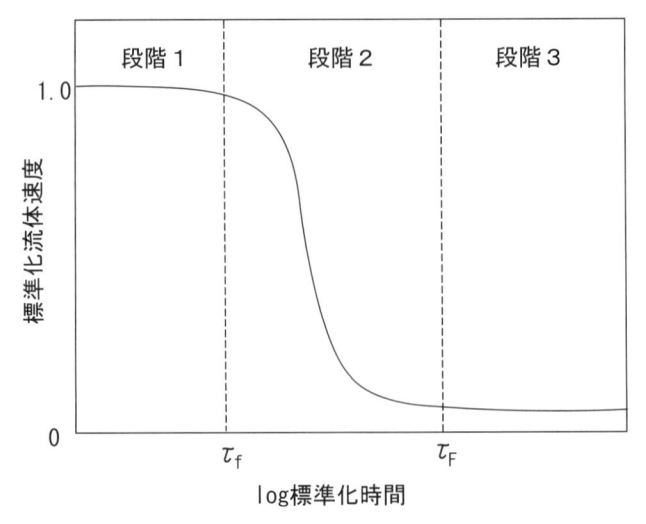

図VII-11　破断による透水係数増加に続く断層内流体速度の進化
− Braun et al. (2003) による −

して流れる流体の全量 Q（断層単位長当たりの体積）は次式によって与えられる．

$$Q = \Phi S l^2 W \psi_0 / L$$

ここで Φ は断層の空隙率，S は特有容量，l は断層長，W は断層の厚さ，ψ_0/L は断層から離れた系の水頭勾配，L はモデル化した岩石塊の大きさ，l^2W は断層体積である．垂直動水勾配中の傾斜断層の場合は，流れ速度および流体フラックスは $\cos \alpha$（α は断層の傾斜）を掛ける．この最大流速期間中に断層を通して浸透する流体の量は，$l = 0.5L$，$W = 0.0005l$，$S = 0.001^{-1}$，$\Phi = 0.05$，$\psi_0/L = 0.5$，$l = 1$km とすると Q は1回のサイクルで 2.5×10^5m^3 である．10km の長さの破断表面上で1,000回の断層滑動事変があったとすると，全流体フラックスは 3.1×10^2km^2 と推定される．この流体量は大型の熱水鉱床系の形成に必要な流体量に匹敵する（Cox, 1999）．

過圧貯留槽の生成－高流体フラックス断層弁モデル　造山型金鉱床形成に適用された"断層弁"モデルは，過圧流体貯留槽に食い込む断層破断に伴う断続的流れを定性的に表現したものである（Sibson et al., 1988; Boullier and Robert, 1992; Cox, 1995; Robert and Paulsen, 2001; Sibson, 2001）．断層弁作用を駆動する流体貯留槽は，流体によって飽和した地殻中の広大な区画，あるいは断層網または剪断帯網周辺に水理的に連結した破壊帯のようなより限られた区画である．塑性剪断帯中の変形により増加した高空隙－流体係数を持つ微小割目空隙は，より浅い水準の脆性断層系に漏出することができる大型の流体貯留槽になりうる．流体の飽和した剪断帯は，大規模な地震破断が震性帯から塑性基盤に到達するとき，これと最も効率よく連結される．断層弁作用は，高温で過圧状態の岩体内部を貫入岩周縁部の甲羅（II(2) および VII-2(2) 参照）によって外側の低温・低流体圧の部分から閉塞分離されている熱水系にも同様に起こりうる．

断層弁作用は，断層破断事変によって急激な透水係数増加を引き起こし，過圧貯留槽と低圧の流体貯留槽とが連結することである．これは過圧貯留槽から断層帯への流体放出によって開始される（図 VII-12）．急速な流体放出の後に，断層の緩やかな再閉塞が行われ，続いて破断帯の上流側で流体圧が回復する．このようにして，断層弁過程によって断層が支配する熱水系を通した流体フラックスの断続的移動が行われる．

過圧熱水系において，断層弁サイクルの破断前段階は，閉塞帯下の上流域における流体圧増加によって特徴付けられる（図 VII-13a）．剪断破壊の前に流体圧が σ_3+T に達すると（図 VII-13b），水力拡張割目の核を生じ成長する．断層に関係した造山型金鉱床に伴って広範に分布する拡張脈群は断層弁サイクルのこの段階に形成されたと考えられる（Cox, 1995）．拡張割目の開口および発展によって，応力差が小さいとき（＜4T）に到達する最大流体圧は制限される．応力差が大きいときは，最大支持空隙流体圧は σ_3+T 以下となり拡張割目は形成されない．破断事変の前に閉塞点の下に形成される流体圧は，断層帯のこの部分から先への流体放出を促進するが，破断前の流体放出は流体－岩石相互作用によって支配される鉱床において母岩中の鉱染鉱石を形成するのに重要である．断層帯内における閉塞開放および拡大は，急速な流体圧低下を伴って起こる（図 VII-13b）．上流側の破断端付近では，共地震性流体圧低下によって，近接する母岩から拡大帯内に流体が移動する．断層内流体と，母岩と平衡にある外部からの流体の混合は，断層充填鉱脈鉱床の位置支配に強力な影響力を有する．同様に断層帯の上流部分を通じて起こる共地震性流体圧低下によって相分離が起こり，それに関係して断層充填鉱床が生成される．断層充填鉱脈（とくに拡大部分）の流体

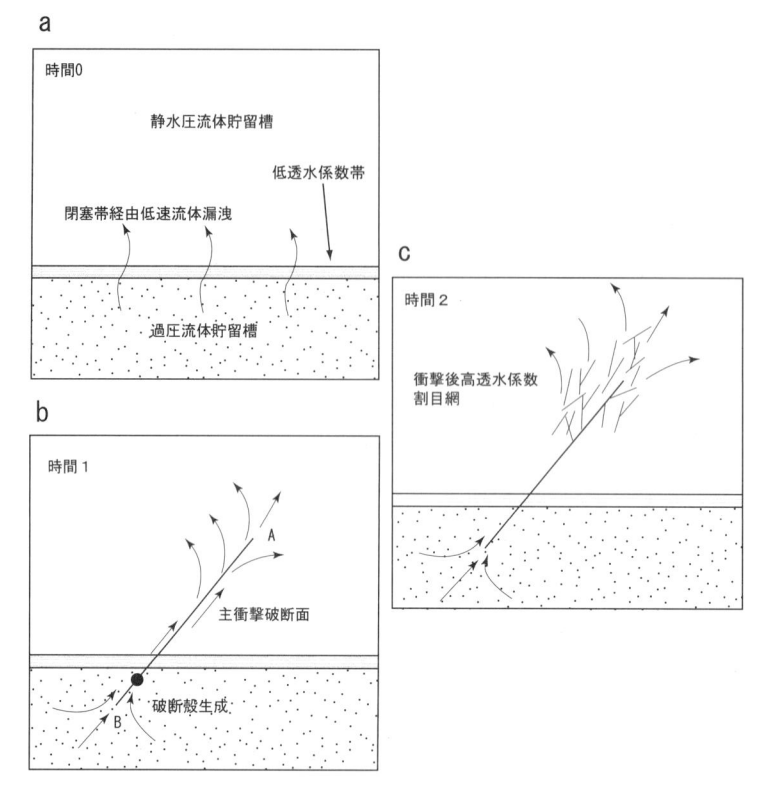

図VII-12　断層弁の挙動と深部過圧流体貯留層中に食い込む断層帯周辺の流体の流れ分布
a　低透水係数の閉塞帯によって境された二つの流体貯留槽
b　閉塞帯を破る断層破断によって断層ABの上方へ急速に流体を排出
c　流体圧パルスが断層の下流端付近から外へ伝搬するのでこれが引き金になって割目網が発達する．
－Cox (2005) による－

包有物は，断層破断直後の低流体圧を記録しているはずである．断層帯の上流部分における流体圧進化と対照的に，断層滑動後の下流部分では最高流体圧を生ずる（図VII-13b）．

　断続的断層破断の主要効果として，断層帯の共地震性拡張効果があり，これには局部的流体圧低下を伴う（Sibson, 1987; 2001）．この"吸引ポンプ"は破断帯に流体を引き込み，緩やかな流体圧回復を行う（図VII-14）．共地震性流体圧低下は，浅熱水鉱床のような静水圧熱水システムにおいて相分離と流体混合を行うのに重要な役割を果たす．断層弁および吸引ポンプによる流体の再配分は，断層帯内の非弾性変形および透水係数変化を伴うが，同時に地震サイクルに伴う応力と流体圧の変化は，流体を含む空隙および割目網の弾性変形を引き起こす．これらいわゆる空隙弾性効果は，断層系周辺の流体を移動させる役割を果たす（Muir-Wood and King, 1993）．中および深部地殻では，高縦横比割目の応力および流体圧による弾性変形は，平均的大きさの粒子間隙の弾性変形よりも大きな空隙弾性反応を引き起こす．割目が支配する貯留槽の空隙弾性挙動は，割目上に働く垂直応力変化に最も敏感である．割目が断層に働く周囲の応力によって形成されたとすると，垂直応力はσ_3である．例として正断層周辺の破砕帯に形成されたほぼ垂直な割目の空隙弾性挙動について考える．正断層はσ_3がほぼ水平，σ_1がほぼ垂直ということで特徴付けられる．破断前において，σ_3は時間とともに累進的に減少するのに対してσ_1はほぼ一定に保たれる．この場合に，流

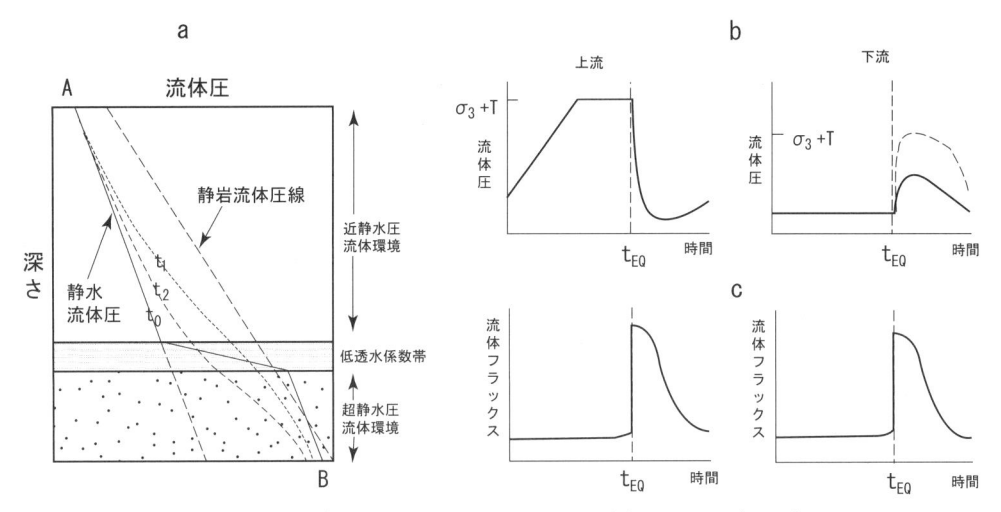

図 VII-13 閉塞帯を破る断層破断に伴う流体圧の進化 — Cox (2005) による—
a 流体圧の深さによる変化．実線 AB は図 VII-12 の断層 AB に沿う主衝撃破断直前の流体圧．閉塞帯より上の流体圧勾配は静水圧勾配に等しい．閉塞帯より下の垂直流体圧勾配は静水圧勾配に近いが流体圧は超静水圧となる．
b 断層の上流側及び下流側における流体圧の時間変化．断層破断は t_{EQ} に起こる．静岩圧に近い流体圧が破断後系の下流側において一時的に生ずる（破線）．
c 流体フラックスの時間変化

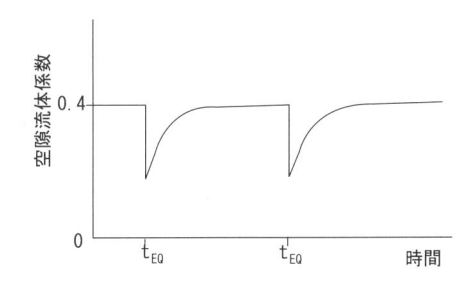

図 VII-14 静水圧付近の条件における断続的活動断層内流体の吸引ポンプモデル
— Sibson (2001) による—

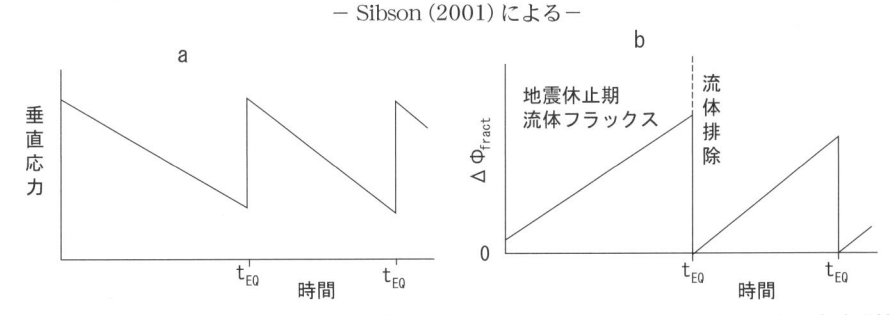

図 VII-15 静水圧付近の条件における活動的正断層周辺の破壊帯中流体の再配分に対する空隙弾性効果
a 断層破断前の σ_3 減少に伴う垂直応力の減少．断層の破断（t_{EQ}）と同時に垂直応力は復活
b 割目空隙率の弾性変化（$\Delta \Phi\,\text{fract}$）
— Cox (2005) による—

体圧がほぼ一定と仮定すると，割目は結局破断時までに弾性的に拡大し，σ_3 の共地震性復活の間に急に隙間を減少させる（図 VII-15b）．活動的断層に接する割目密度が高いとすると，破断前の空隙の弾性的拡大によって流体を水平方向に断層帯に引き込む．その後 σ_3 の共地震性増加によっ

て割目空隙が減少して，流体を破断断層中に移動させるか，水平的に断層帯から遠ざける．逆断層の場合はσ_3の変化が小さく，空隙弾性効果は正断層の場合に比べて無視できる程度である．走向移動断層での効果は正断層と逆断層の中間である．断層弁を含む熱水系（多くの造山型金鉱床はこれに属する）では，過圧貯留槽の開放に伴う高流体フラックスは，空隙弾性効果に関係する流体の流れと動水勾配を圧倒するほど大きい．

地域規模における流体の流れの地質構造支配　地殻規模断層系において，地震サイクル間に，流体の流速には大規模な変化が起こる．流体フラックスも同様に断層網の長手方向に沿って空間的に大きく変化する．この不規則な流れの分布が，鉱化熱水系が断層系内においてどこに発達することができるかを支配する（Cox, 2005）．豊かな鉱石系を形成するためには，活動的断層網の進化の過程において高い透水係数の地域が長い時間保持されることが必要である．地震後の流体再分布時における断層網の小区画内の流れの位置は，ほとんど不規則に見える．この不規則性は，主要な破断事変時ばかりでなく，衝撃後に引き続く透水係数を増加させる系の進化時にも，透水係数増加の大きさを支配する重要な役目を演じている．断層系の地理的不規則性の起原は（Sibson, 2001），断層網が成長する過程にある．長く延長する断層は，始め連結していなかった短い断層の連絡によって形成され，その連絡は，曲げ，折目（図 VII-16a），継目構造などによって行われるので，大きな断層は，通常構造的に単純な断層区画と，これを繋ぐ構造的に複雑な短い部分からなる．同様

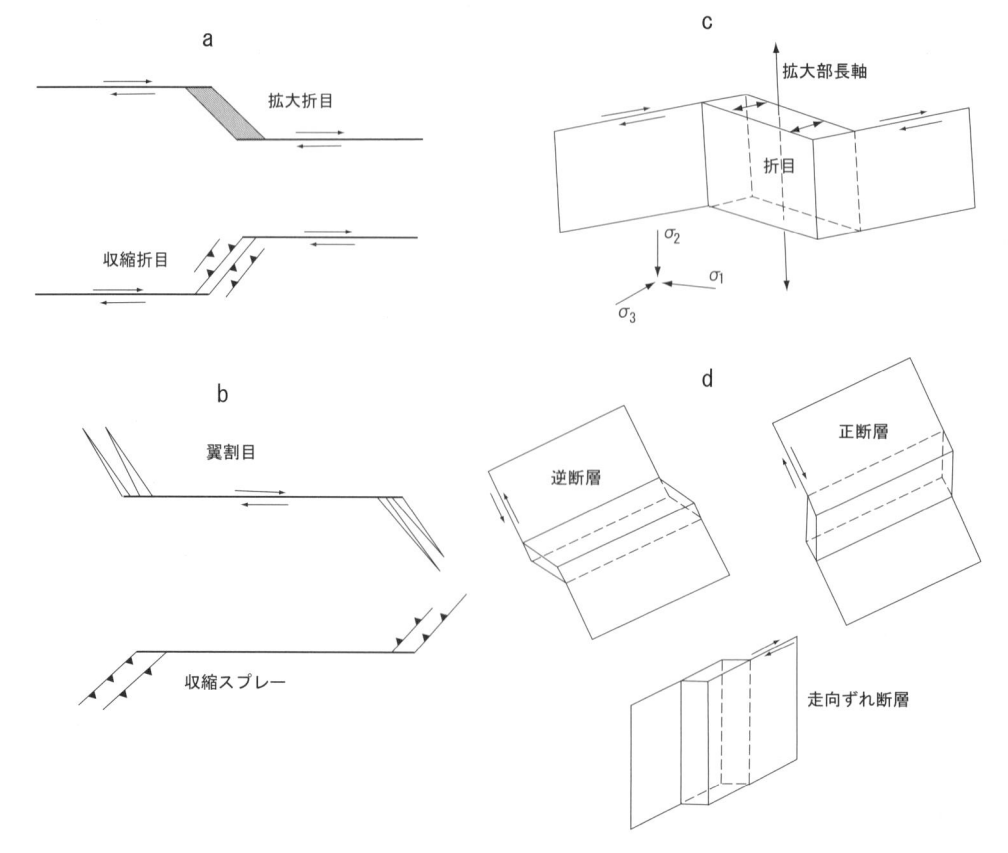

図 VII-16　a　拡大折目と収縮折目，b　断層端周辺に発達する翼割目と収縮スプレー，c　断層のずれに対する拡大折目の方位，d　逆断層，正断層，走向移動断層における折目の方位　－Cox et al. (2001) による－

に大きな変位を有する断層の端では，構造端周辺に分布する歪みによって実質上のずれの減少が起こる．これらの歪みは，種々の型の拡張性あるいは収縮性スプレー構造（図VII-16b）によって調整される．高変位断層における曲げ，折目，継目，断層端スプレー構造は，地殻規模の断層系において最も強く破壊されている場所であり，一般に断層系の他の場所よりも高密度の低変位断層群およびそれに関係した割目を伴う．したがって，断層系内で最も透水係数の高い場所となる．構造的に複雑な破壊帯は，未熟な断層系において区画間の連結を活動的に行っている間は，最も活動的で最も透水性があると期待できる．走向移動断層系における連結構造は強い垂直方向の連結性を有するが，逆断層系および正断層系においては水平方向に連結性を持つ（図VII-16c, d）．収縮性および拡張性連結ともに破断後も透水係数の高い場所となる．連結部と末端の破壊帯以外の断層部分は，平面的で構造的にも複雑でないので低い透水係数を有し，より早く閉塞する．したがって，地震休止期には，流れは連結部と末端の破壊帯においてより長い間続くことになる（Cox and Ruming, 2004; Micklethwaite and Cox, 2004）．

地殻規模断層網における造山型金鉱床の分布に関して二つの興味ある見方がある．その第1は，この型の鉱床は運動学的な高変位構造よりも，これに接する低変位の断層と剪断帯に優先的に形成される傾向があることであり，第2は，地殻規模断層網内に直径10km以内の金鉱床田において群をなして産し，一般的に広大な地殻規模断層系の小区画内に分布する（Robert et al., 2005）．例えばオーストラリア太古代YilgarnクラトンのEastern Gold地方Kalgoorlie地域では，主な金鉱床はBoulder-Lefroy断層系に関係して位置を占め，鉱床は強い群集性を示してPaddington, Kalgoorlie-Boulder, New Celebration, St Ivesのような重要な金鉱床田を形成している．これら金鉱床田はBoulder-Lefroy断層系に沿って約3km離れて分布する（図VII-17a）．

断層系における流路分布を現世の地震断層系の挙動によって考察すると，最も高い変位を有する断層は，マグニチュード6ないし8の地震によって繰り返し破断が行われ，地震サイクル間の流体再配分に最も強い支配力を有する．低変位断層は，地殻規模断層の周辺に広い破壊帯を形成し，高変位破断と水理的に連結する．この場合低変位断層は，その上流域から高変位構造に流体を送る供給帯を形成する．これに対して断層系の下流域では，低変位破壊帯は高変位断層帯からの流体排出を促進する．低変位断層の多くのずれは，高変位構造を作った主衝撃後の段階で起こり，この衝撃後断層は主衝撃破断の周囲に不規則ではなく分布し，一般的には主衝撃破断帯付近の特定な場所に集中する（Stein, 1999）．

現世の地震系における共地震性静応力変化のモデル化によって，衝撃後断層の規則分布の説明に成功した（King et al., 1994; Stein, 1999）．衝撃後活動の確率は，応力および流体圧状態の主衝撃による変化の結果，剪断強さτ_sと負荷剪断応力τの差が減少するところでは増加すると考えられる．剪断強さと負荷剪断応力の差はクーロンの破断応力として知られ，したがって破断によるクーロンの破断応力の変化ΔCFSは，次式によって与えられる．

$$\Delta CFS = \Delta \tau - \Delta \tau_s$$

ここで$\Delta \tau$と$\Delta \tau_s$はそれぞれ剪断応力および剪断強さの変化である．剪断強さは次式で表される．

$$\tau_s = C + (\mu \sigma_n - P_f)$$

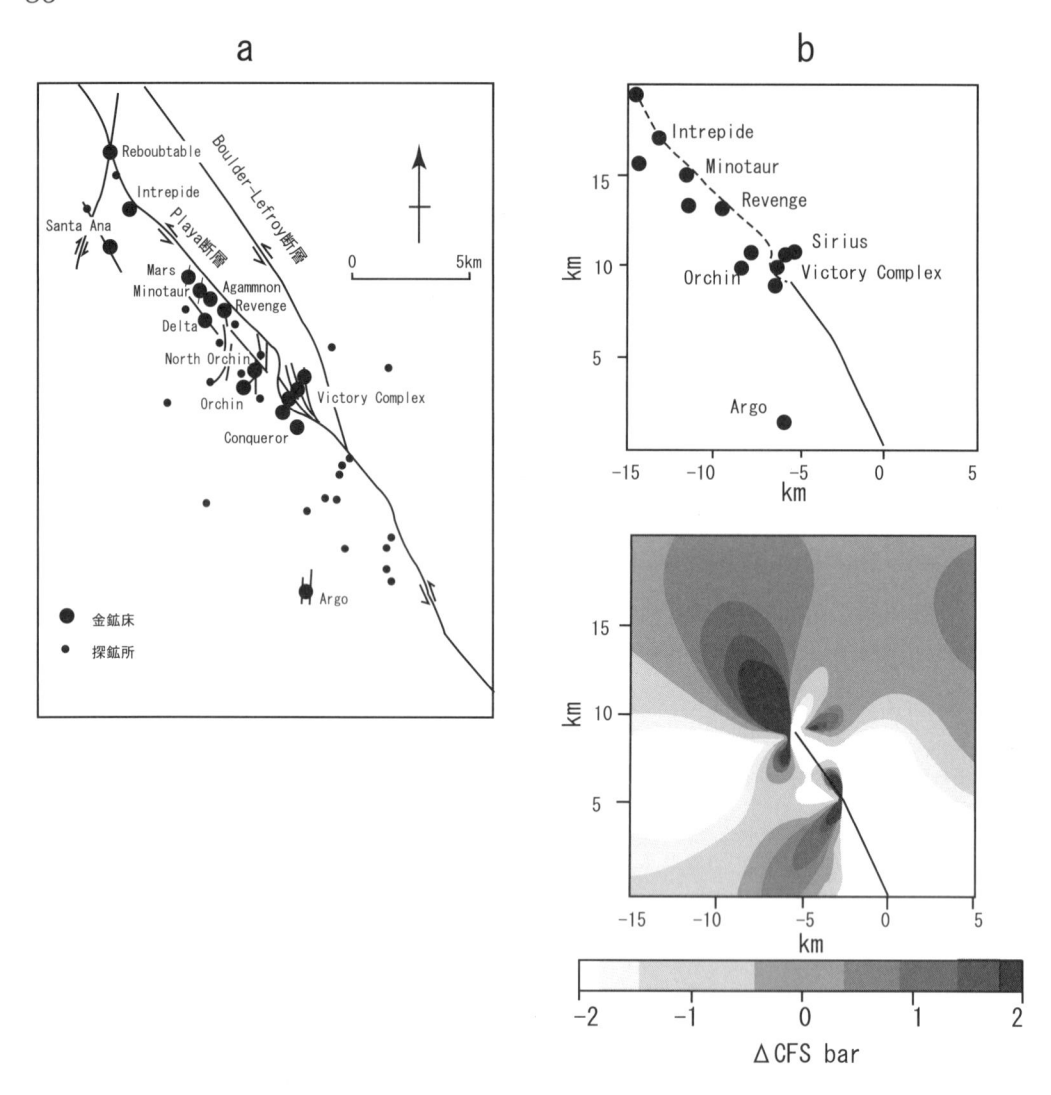

図 VII-17　a　St, Ives 金鉱床田の断層および鉱床分布図，主要な圧縮性折目は Victory Complex の Boulder-Lefroy 断層系中に産し，主衝撃破断はこの折目の東南に存在する，b　St, Ives 金鉱床田の共地震クーロン応力変化（ΔCFS）分布図　− Cox and Ruming (2004) による −

ここでCは粘着強さ，μは摩擦係数，σ_nは垂直応力，P_fは空隙流体圧である．したがって，

$$\Delta CFS = \Delta \tau - \mu (\Delta \sigma_n - \Delta P_f)$$

これは断層ずれの弾性−摩擦モデルによって計算できる（例えば，King et al., 1994）．正のΔCFS区画は負のΔCFSの区域よりも衝撃後作用の起こる確率が高い．正のΔCFS区画の位置は主衝撃破断停止の位置，断層の運動，ずれの大きさ，地域応力場の方向に影響される．このモデル計算は通常，応力状態の急激な共地震性変化が空隙弾性効果のみによって流体圧の変化を引き起こす非排水の空隙流体条件で行われる (Stein, 1999)．図 VII-17b に，St. Ives 金鉱床田の例を示した．金鉱床を含む低変位断層の分布は，地域断層系中の大きな収縮性折目の存在によって支配されている破断端の位置と共地震性静応力変化に調和的である．主鉱化作用は折目にある重なり合った衝上

断層の配列中に起こっているが，副次的鉱化作用が折目から10km離れた低変位断層中にも認められる．この低変位断層は共地震性静応力変化によって促進された衝撃後活動の産物である．

鉱床規模における流体の流れの地質構造支配　地域規模と同様に鉱床規模においても，断層とこれに伴う割目の配列は，割目幅および割目密度に関して不規則な分布を示す．最大の割目幅および割目密度を有する地域は，最大の流体フラックスを生ずる最高透水係数の場所を形成する．大きな割目幅および割目密度は，一般に断層および剪断帯のほぼ平面的な区画を繋ぐ鉱床規模の断層の曲げ，ステップオーバー区域に伴い（例えばBateman, 1959; Sibson, 2001），鉱床規模の収縮性および拡張性折目ともに，流体の流れおよび鉱床を生ずる高割目密度の場所を形成する．断層，折目，ずれの方向間の方位関係は，折目の長軸がσ_2の方位にほぼ平行に発達しているということによって示される（図VII-16c）．これによって折目軸に平行に流れやすいという透水係数の異方性を形成する．逆断層および正断層の場合は，拡張性および収縮性折目は低角度のプランジを有する（図VII-16d）．これは断層内で水平な割目連結を作り，緩やかなプランジを有する富鉱体を形成する原因となる．これに対して，走向移動断層の場合は，垂直方向の連結性を有する折目を作り，急角度のプランジを有する富鉱体の形成を支配する．断層スプレー，翼状割目，角礫帯が発達する断層端付近にも高透水係数の割目が形成される（図VII-16b）．鉱化作用を支配する翼状割目または馬の尾構造の顕著な例が，米国モンタナButte鉱床Leonard鉱山で知られている（Bateman, 1959; 図VII-18）．ここでは，N-W方向の急傾斜翼状割目が，E-N-E方向の右ずれ走向移動断層脈の先端から約100mのびて発達する．翼状割目の配列は高密度で鉱化しており，鉱化中に大きく垂直方向の透水係数を増加し，面積650×150m^2，垂直方向に少なくとも1,000mにわたって分布している．断層に関係した鉱石系における鉱化作用は，断層充填鉱脈あるいは断層および剪断帯周辺の鉱染鉱化帯が多くを占めるが，同様に断層から延びる拡張脈配列も重要である（図VII-18）．

コンピテントな岩層がインコンピテントなマトリックス中に存在すると，マトリックスの急速な変形がコンピテント層とマトリックス間の歪みの差による破断が発生する．層境界面に対して高角度の方向に圧縮力が働くと，マトリックスは流動しやすいため，応力がコンピテント層に選択的に働き，境界面に高角度の方向に拡張割目を生じ，拡張脈配列が形成される．コンピテント層の引き伸ばしにより斜交拡張割目あるいは断層が形成されることがある．また，コンピテント層の歪みの少ない層に平行な引っ張りに伴う割目配列が，鉱床の重要な構造支配を行う例が知られている．

地層に平行な方向に圧縮力を受けた場合，三つの基本的な座屈褶曲機構，フレキシュラルスリップ，フレキシュラルフロー，接線長手方向歪みが褶曲成長の初期相を支配する．どの機構が作用するかは，地層間の力学的結合の強さ，地層の力学的性質，地層間のコンピテンシー差によって決定される．各機構は座屈層周辺に顕著な歪みと変位分布を形成し，褶曲作用による透水係数の増加，鉱床形成に影響を与える割目を伴う．接線長手方向歪は，褶曲作用中に褶曲ヒンジ帯に歪みが分布する状態を記載するために用いる術語である．これは低～中温環境において，コンピテント層の褶曲の場合に重要である．接線長手方向歪による褶曲成長の初期段階の間，コンピテント層の外側弧はヒンジ帯において地層に平行な方向に引っ張られ，一方内側弧は地層に平行な方向に圧縮される．流体圧が最小主応力を越えるのに十分なほど空隙－流体係数が高ければ，外側弧の引っ張りによってヒンジ帯に地層面に対して高角度の拡張脈を形成する（図VII-19a）．同様に正断層がこの区域に形成されうる．内側弧の圧縮によっては，逆断層およびそれに伴う鉱脈が成長するとともに葉理

図 VII-18　Leonard 鉱山の断層支配鉱化作用に伴う翼状割目と拡張脈
― Bateman (1959) による ―

の発達がある．フレキシュラルフロー褶曲は，褶曲翼部におけるほぼ地層に平行な単純剪断変形によって形成される．一般にこのような変形は，粘板岩のような比較的インコンピテントな物質の場合に起こる．単純剪断変形においては，褶曲翼部で地層の長さはほぼ一定に保たれるので，この過

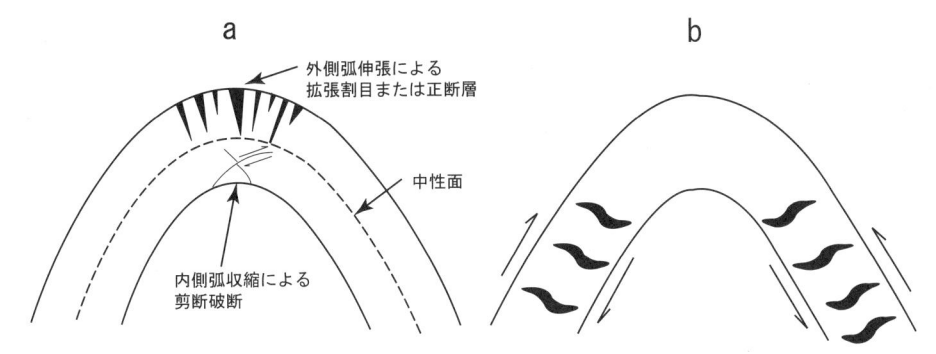

図VII-19 a 褶曲ヒンジ帯において接線長手方向歪みに伴う割目分布，b 褶曲翼部の比較的インコンピテントな層内において形成されるフレクシュラルフローを伴う雁行割目配列
－Cox (2005) による－

程の間に地層の引き伸ばしや圧縮はない．高空隙－流体係数の場合には，褶曲翼部の地層に平行な剪断応力成分によって雁行拡張脈が形成される（図VII-19b）．また，フレキシュラルフロー褶曲をなす地層中の粒子規模透水係数増加に伴う地層に平行な局部的な流体の流れが期待される．

地層境界面に沿い力学的に結合した多重層シーケンスにおいては，褶曲の成長によって褶曲ヒンジに直角方向の地層に沿ったずれが生ずる（図VII-20a）．このような挙動は，きわめて規則的に成層した堆積岩シーケンスのシェブロン褶曲成長時に起こる．高空隙－流体係数の場合には，地層に平行なフレキシュラルスリップによって地層に沿う塊状脈ないし葉理脈が形成される．地層平行脈は，褶曲成長の初期地層平行収縮期から褶曲作用停止後の収縮期まですべての段階において活動的である．地層に平行なずれは，典型的なタービダイトをなす砂岩－シルト岩－粘板岩シーケンスのようなコンピテント層とインコンピテント層の互層がシェブロン褶曲した場合によく発達

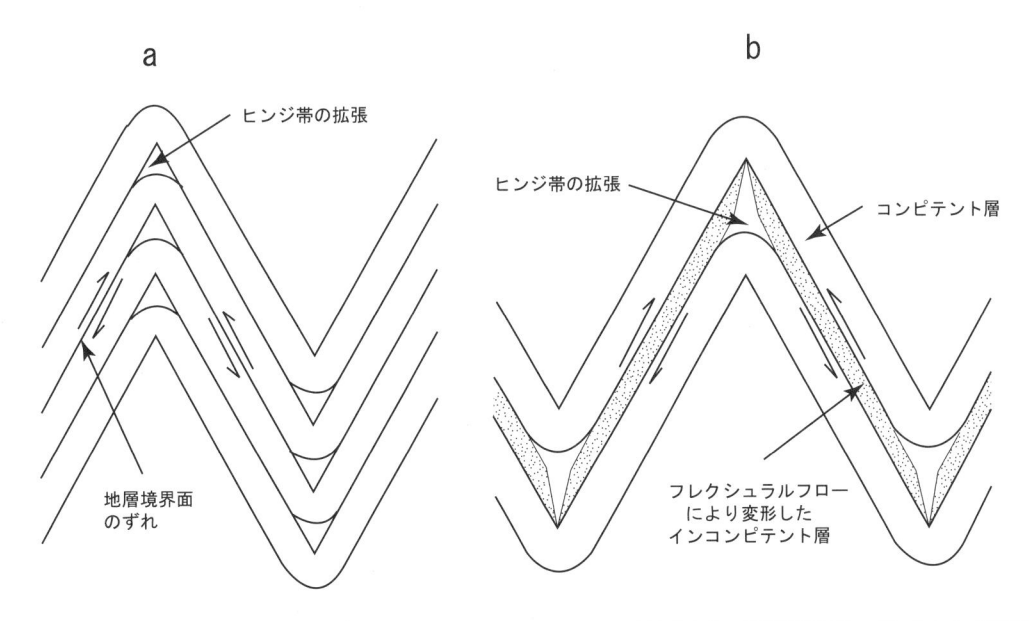

図VII-20 a 多重層シーケンスにおいてフレキシュラルスリップが形成する地層境界面のずれとヒンジ拡張，b コンピテント層とインコンピテント層の互層のシェブロン褶曲に伴うヒンジ拡張帯の形成
－Cox (2005) による－

する．フレキシュラルスリップ褶曲成長の幾何学的結果によって，高空隙－流体係数の場合，褶曲ヒンジには拡大空隙が形成され（図VII-20a），褶曲ヒンジに平行な高透水係数帯を生ずる．褶曲ヒンジの拡大空隙はコンピテント層とインコンピテント層の層厚比が高いときによく発達する（図VII-20b）．褶曲ヒンジ拡大空隙は，コンピテント層に接するインコンピテント層に産する傾向がある．拡大空隙帯には，単純な鞍状脈あるいは複雑な網状脈が形成される．

VII-2 鉱床の地質構造支配の例

（1）グリーンストン帯造山型金鉱床

　グリーンストン帯金鉱床あるいは鉱床地域は，西オーストラリアのBoulder-Lefroy断層，カナダAbitibi帯のPorcupine-DestorおよびLarder Lake-Cadillac断層帯（図VII-21a, b），マニトバRice-Lake地域のWanipigowおよびManigotogan断層帯（図VII-22a），サスカチワンLa Ronge地域のMcLennan構造帯（図VII-22b）のように異なった岩石分布域を境する地殻規模の第1級断層帯に沿って産する．これらの主高角度断層は一般にLSファブリック，網目状の剪断帯，線－面構造の発達，2重プランジ褶曲，縮緬じわ劈開，非対称褶曲などによって特徴付けられ，高角度逆変位成分をもつ圧縮作用および重複した走向移動変位を含む複雑で長い構造運動の歴史を示している（McCuaig and Kerrich, 1998）．これらの断層に沿って，多くの金鉱床地域は，曲げおよびデュープレックスのような複雑な構造，交差断層の交差部などに位置する．また多くの金鉱床地域の構造は，第1級断層にほぼ平行で，中ないし急角度の表成構造単位，広域褶曲，多数の高角度剪断帯によって規定されている．しかし詳細に見ると，多くの金鉱床地域の構造は，変形作用の増進を示す変成組織，褶曲，剪断帯の多重形成によって特徴付けられる．

　地質構造の進化　グリーンストン帯金鉱床地域の構造解析は複雑ではあるが，一般に3段階のペネトラチブ変形を同定することができる（Robert and Poulsen, 2001）．第1段階のD_1構造は局地的に褶曲軸面劈開と地層面に平行な葉理面を有する独立した直立ないし横臥褶曲からなる．低角度の衝上断層がD_1構造として報告されている地域もあるが，一般には後期の構造の重複によりD_1構造を確立できる地域は少ない．多くの地域では沖積－洪積堆積岩層の基底にある不整合面がD_1褶曲および衝上断層を切り，この堆積作用がD_1変形作用後であることを示す．この沖積－洪積堆積岩層は，一般にD_2変形作用と見なされる閉鎖ないし等斜直立褶曲および広域的ペネトラチブ葉理構造などの変形作用を受けている．D_2変形作用によるきわめて顕著な広域的ペネトラチブ葉理構造S_2は地域の構造方向に平行で（図VII-23）垂直であり，地帯に平行な閉じた褶曲ないし等斜直立褶曲F_2の軸面に一致する．D_2構造として線構造L_2も認められる．グリーンストン帯金鉱床地域には一般に中ないし高角度の逆ないし逆－斜交剪断帯が認められる．これらは新たに形成されたD_2変形作用の産物か，またはD_1衝上断層の復活したものである．D_2逆ないし逆－斜交剪断帯は地域の構造方向にほぼ平行で，共役対を形成することがある．D_3変形作用は急角度でプランジする非対称褶曲とS_2およびD_2剪断帯に重複した垂直軸面方向の縮緬じわ劈開によって特徴付けられ，既存の剪断帯の走向移動の復活および新しい走向移動剪断帯の形成も含まれる．

　高角度剪断帯はグリーンストン帯金鉱床地域の不可欠な構造成分である．それらは地殻規模の第1級構造と3次元的に交差分岐する小規模な剪断帯に分けられる．地殻規模の第1級剪断帯は長さ

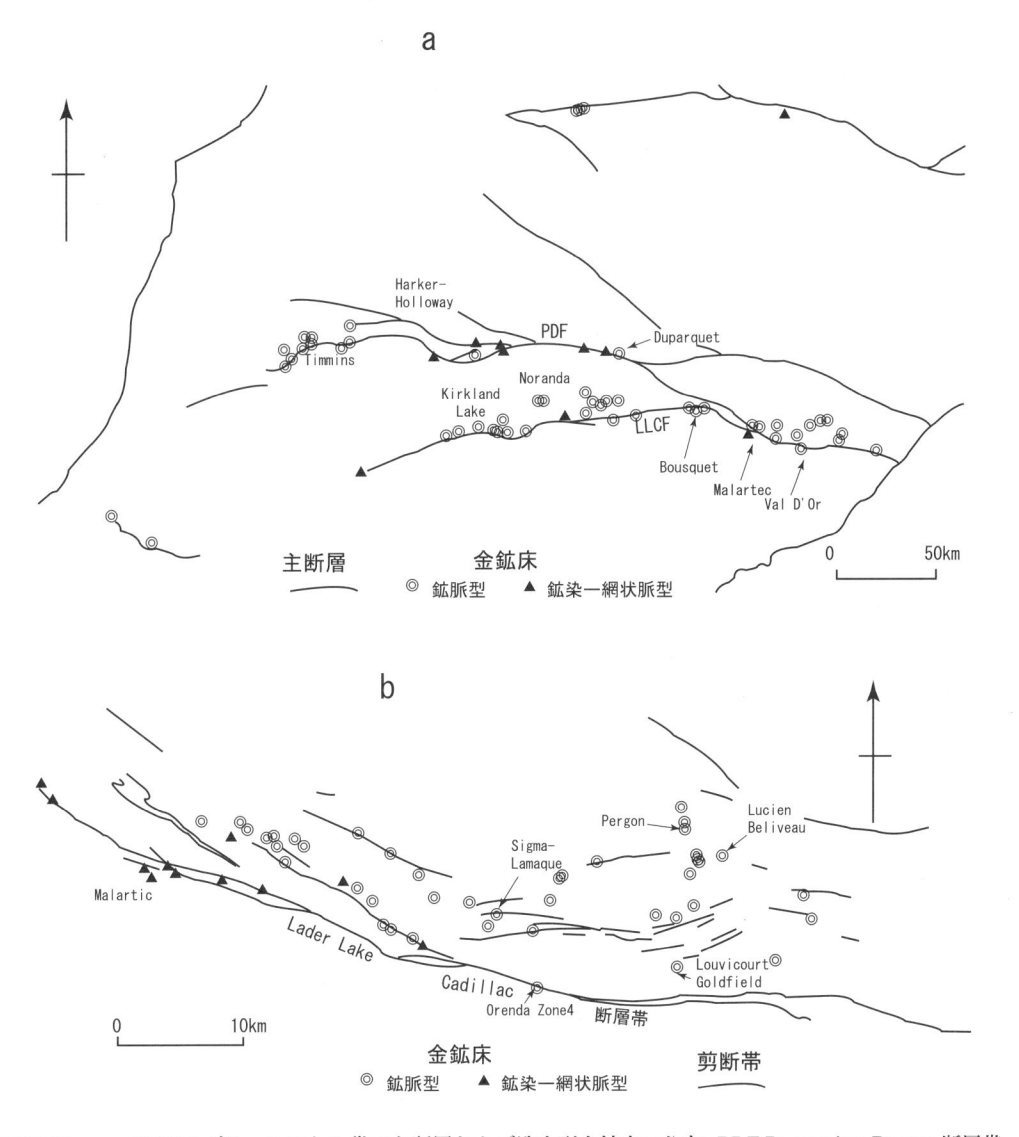

図 VII-21　a　Abitibi グリーンストン帯の主断層および造山型金鉱床の分布，PDF:Porcupine-Destor 断層帯，LLCF:Lader Lake-Cadillac 断層帯，b　Val d'Or 地域の剪断帯および造山型金鉱床の分布
－ Robert and Paulsen (2001) による－

数百 km，幅約 1km に達し，一般に地域の構造に平行である．それらは恐らく最も長く活動している構造であり，複雑な変形の歴史を有する．第 2 級の剪断帯は幅数十 m，数ないし数十 km まで延長するが，より多く分布する第 3 級剪断帯は長さ数 km 以下幅数 m である．第 2 級の剪断帯は一般に地域の構造に平行であるが，第 3 級の剪断帯は斜交している．第 1 級および第 2 級の剪断帯には，明瞭な葉理面と広域のペネトラチブな S_2 および L_2 に平行な線構造が認められ，これらの剪断帯の変形が D_2 期に行われたことを示唆している．第 1 級および第 2 級の剪断帯には，縮緬じわ劈開と非対称褶曲が重複し D_3 走向移動変形期における構造運動の復活を反映している．第 3 級剪断帯は逆断層あるいは走向移動剪断帯の共役対を形成し D_2 あるいは D_3 期の形成と考えられる．

金鉱床の生成　金鉱床地域が第 1 級剪断帯付近に分布するところでは，鉱床の大部分は実際に

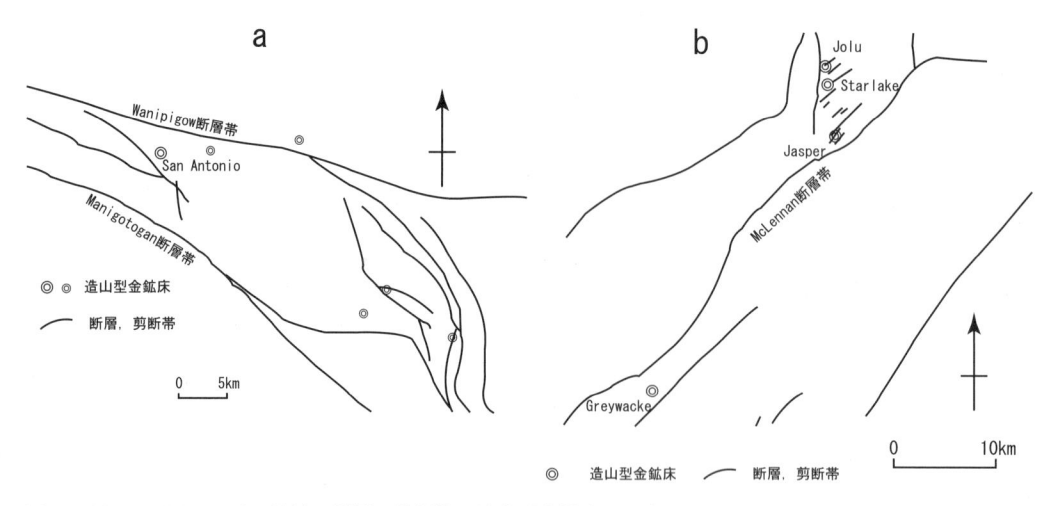

図 VII-22　a　Rice Lake 地域の断層・剪断帯と造山型金鉱床の分布，b　La Gonge 金鉱床帯の断層・剪断帯と造山型金鉱床の分布　－ Robert and Paulsen (2001) による－

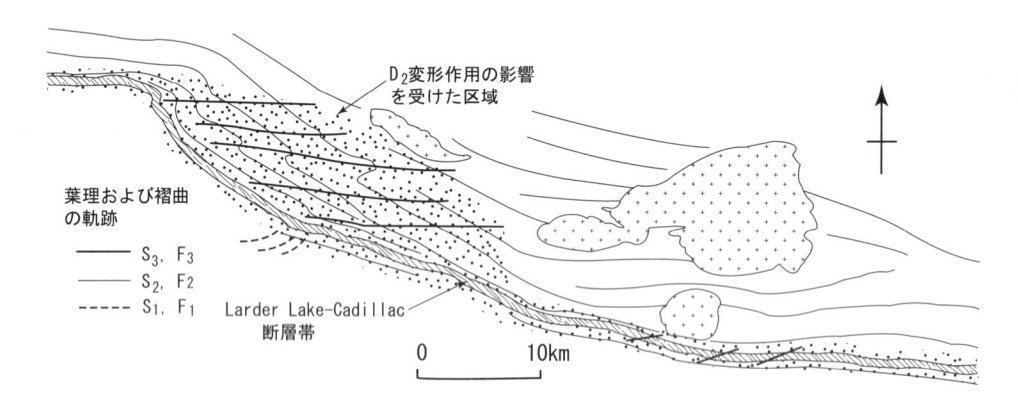

図 VII-23　Val d'Or 地域の主要葉理および褶曲の軌跡概念図
－ Robert and Poulsen (2001) による－

は複数級の剪断帯に賦存していることが明らかにされている（McCuaig and Kerrich, 1998）．この剪断帯と鉱床産出の形は Val d'Or および La Ronge 地域においてよく示すことができる（図VII-21, 22）．この鉱化作用分布の理由は未だ明らかではないが，金鉱床に関係する変質作用の存在と，多少にかかわらず金鉱化作用がすべての級の剪断帯に認められることから，地域進化のある段階でこれらの剪断帯が三次元的に連結していたと考えられる．大部分のグリーンストン帯金鉱床は，母岩中に硫化物を伴った石英－炭酸塩脈からなる．種々の母岩中の脆性－塑性ないし塑性剪断帯中および付近に単純脈ないし複雑な網状脈が見出され，鉱床は垂直方向に長く（しばしば 2km以上）延長する．Val d'Or 地域の Sigma-Lamaque 鉱床（図 VII-24, 25），Rice Lake 地域の San Antonio 鉱床（図 VII-26），Star Lake 地域の鉱床（図 VII-27）を例として，鉱床規模の鉱脈および剪断帯網を示した．少数の鉱床が走向移動剪断帯中に胚胎するが，鉱化された構造は主として中～高角度ないし逆－斜交剪断帯である．石英－炭酸塩脈金鉱床は，一般に地殻の脆性－塑性転移点に相当する深さで圧縮環境において形成されたと考えられる（図 VII-28）．しかし，ある場合には，

VII 鉱床の地質構造支配

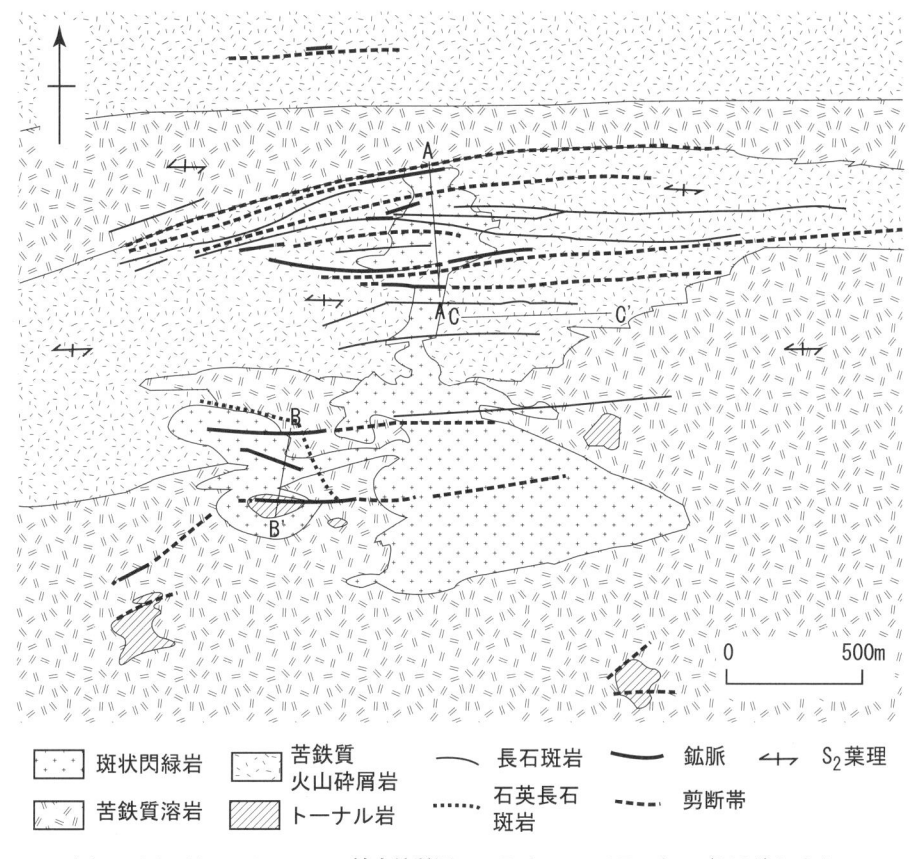

図VII-24 Sigma-Lamaque鉱床地質図 －Robert and Poulsen (2001)による－

鉱床は剪断帯よりも割れ目を生じたコンピテントな岩石に胚胎することがある．Kalgoorlie地域のMt Charlotte鉱床およびSan Antonio鉱床（図VII-26）の一部は，その例である．堆積岩中では，金鉱床が図VII-28に示したように逆断層を伴う褶曲構造中に産することがある（Robert and Paulsen, 2001）．

鉱脈の分類と構造 鉱脈および鉱脈群は，母岩の構造，形態，鉱脈の内部構造に基づいて断層充填鉱脈，拡張および斜交拡張鉱脈，拡張鉱脈アレー，網状脈，角礫脈に分類される．これは個々の鉱脈と鉱脈アレーや網状脈のような密接に相伴う鉱脈組合せを考慮した意味で混成分類であるといえる（Robert and Poulsen, 2001）．

グリーンストン帯金鉱床において最も一般的な鉱床型である断層充填鉱脈は，葉理石英の存在，鏡肌およびスリッケンライン，葉片状母岩スライバーによって特徴付けられる．断層充填鉱脈は母構造である脆性－塑性ないし塑性剪断帯内で長く延びたレンズ状を示し，その長軸に相当するプランジの富鉱体を形成する．多くの断層充填鉱脈は，分離した断層中あるいは剪断帯の中央部においてレンズ状鉱体をなすが，一つの構造内で同じ走向傾斜のまま不毛部分によって分割されて産する場合がある（図VII-29a）．剪断帯内で断層充填鉱脈は剪断帯境界面に対して平行か低角度をなす．大部分の断層充填鉱脈は中ないし急角度（＞45°）の傾斜を示すが，一部は低ないし中角度の傾斜をなす．断層充填鉱脈の内部は一般に葉理石英からなる．各石英の縞あるいは葉片は葉片状母岩

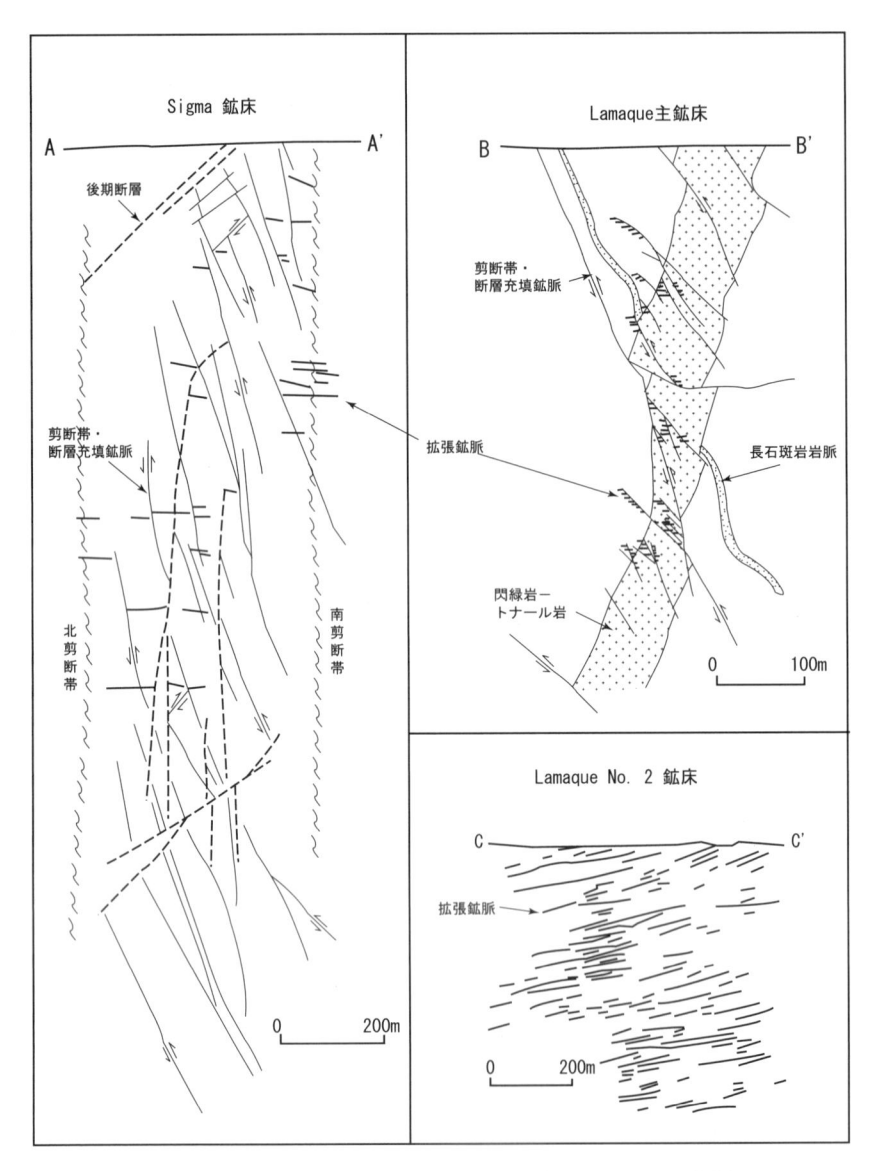

図 VII-25 Sigma-Lamaque 鉱床断面図，位置は図 VII24 参照
― Robert and Poulsen (2001) による ―

スライバーあるいは母岩起原と考えられる mm 程度の厚さの隔壁によって分離され，また電気石，絹雲母，緑泥石のような熱水鉱物を挟んだ滑り面によって隔てられていることもある．各石英の縞あるいは葉片は，一般に脈の境界面に平行か，ほぼ平行である．葉片状断層充填鉱脈は，水平方向あるいは垂直方向に，母岩成分の割合が鉱脈成分にほぼ等しいか稍多いようなシート状小脈帯から，鉱脈成分が優勢なブック構造脈あるいはリボン構造脈まで変化する．また断層充填鉱脈の末端または断層充填鉱脈間の不毛部分では独立した少数の小脈が母岩中に産するという状態になる（図 VII-30a）．これらの小脈は母剪断帯の葉理構造に平行または，ほぼ平行であり，その大きさは断層充填鉱脈を構成する各葉片に類似している．断層充填鉱脈の中心部は，葉片状石英が優勢であるが，それに次いで母岩スライバーによって占められており，この母岩スライバーは一般に完全に変

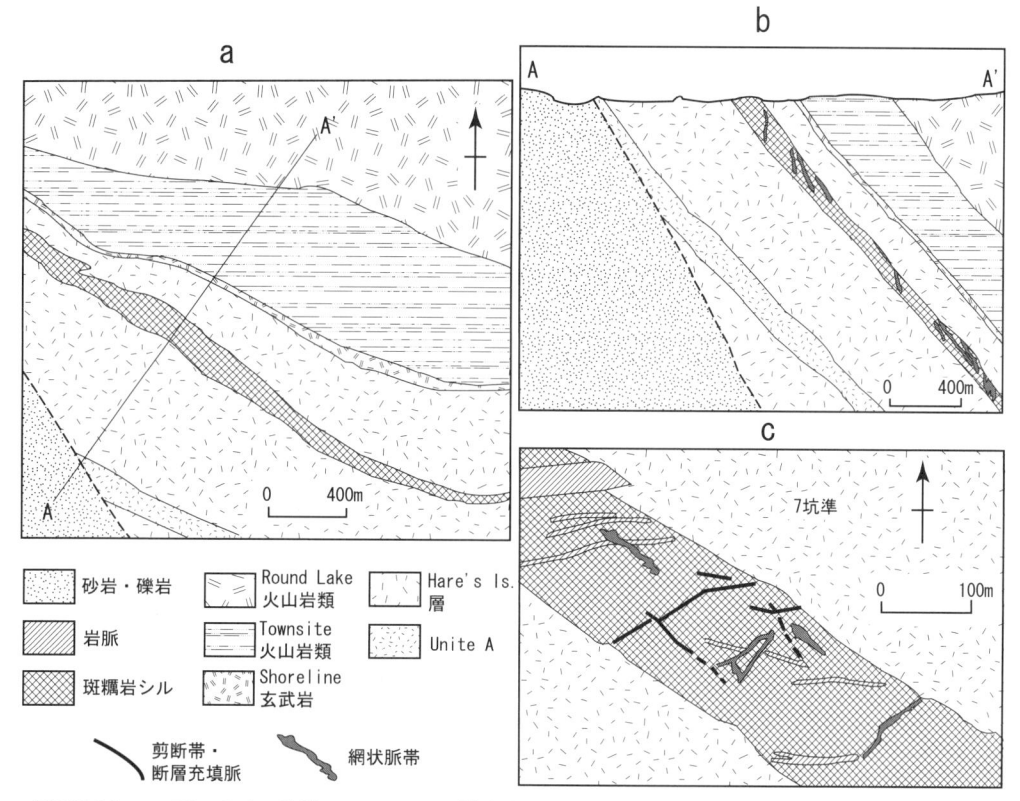

図 VII-26　a　Rice Lake 地域 San Antonio 鉱床地質図，b　同 A-A' 断面図，c　同 7 坑準地質片面図
－ Robert and Poulsen (2001) による－

質し熱水鉱物により交代されている．また断層充填鉱脈の中心部あるいは厚い部分は，既存脈の再開あるいは既存小脈に直接接するか重なって新しい小脈を形成することにより，多数の石英小脈が合併または並置した結果形成されたものであり（図 VII-30b），鉱脈中への母岩スライバーの混入は，鉱脈成長の当然の結果と考えられる．断層充填鉱脈内の母岩スライバーあるいは各石英葉片間の境界面に沿って，条線の入った断層面あるいは鏡肌が観察される．条線あるいは鏡肌には石英，電気石，方解石のような熱水鉱物が生成されている場合がある．そのような条線はスリッケンファイバーと呼ばれ，鉱脈の発達が鉱脈に沿う滑動を伴っていることを示している．また断層充填鉱脈にそって拡大折目（図 VII-29 a）が観察されることがある．拡大折目は，鉱脈の発達が滑動を伴っていることを示すばかりでなく，運動のセンスも示している．葉片状断層充填鉱脈内のスリッケンラインまたはスリッケンファイバーは，鉱脈または鉱脈群のレイクと一致する．またスリッケンラインは母剪断帯の線構造と同じ運動方向を示し，階段状のスリッケンファイバーあるいは拡大折目があれば，それは母剪断帯と同じ運動のセンスを示す．鉱脈内の分離した滑動作用と母剪断帯の塑性流動の間には，剪断方向とセンスに良い調和性があると考えられる．断層充填鉱脈あるいはその中の個々の葉片がほとんど断層角礫またはカタクラサイトからなることがある．これらの角礫は種々の大きさの回転した角礫状岩片で，変質母岩（葉理を示すものもある）および石英を主とする脈鉱物からなる．断層充填鉱脈中の断層角礫の存在は，鉱化作用期における滑動を示し，さらに一般に母剪断帯中に記録されている塑性流動とは対照的に鉱脈生成時に地震性滑動があったことを示してい

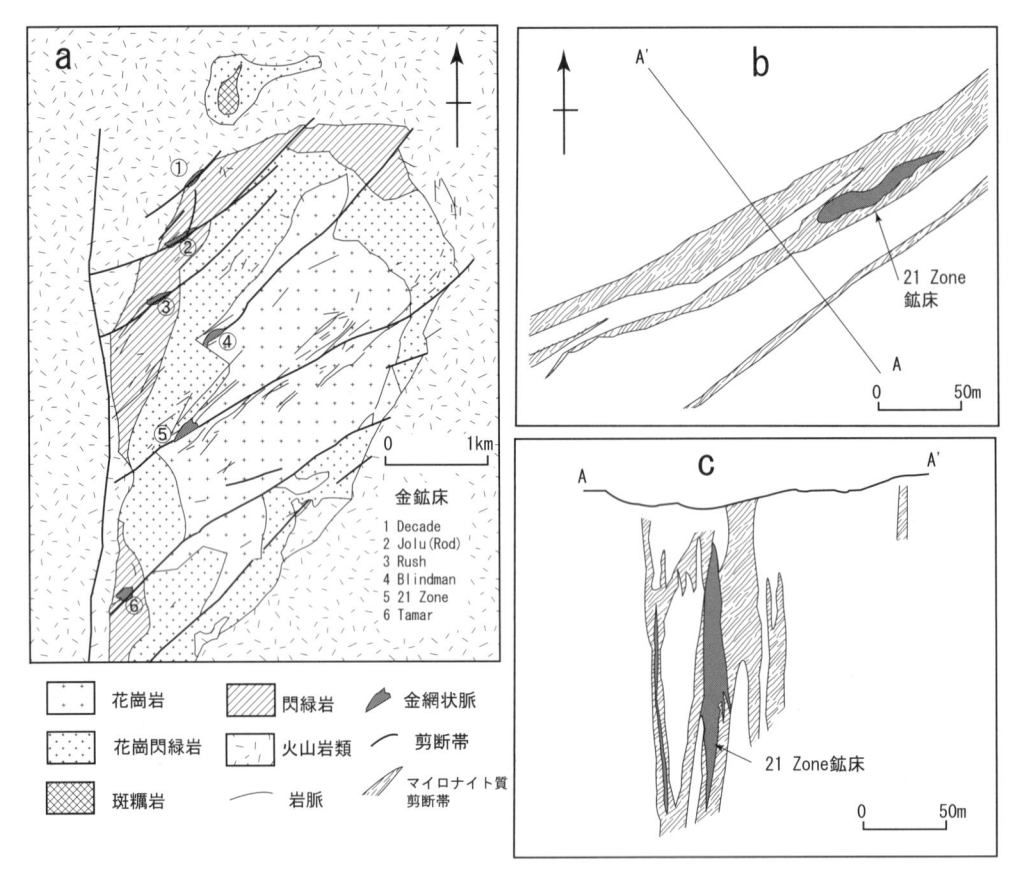

図 VII-27　a　Star Lake 地域地質図，b　同地域 21 Zone 鉱床地質図，c　同断面図
－Robert and Poulsen (2001) による－

る．断層充填鉱脈の大部分は，逆断層滑動に伴って形成されているが，これら鉱脈の開口および拡大の機構は確定されたとはいえない．提案されている二つの機構のなかの一つは，剪断割目または断層の低角度折目あるいは屈曲点に生ずる拡大である（図 VII-29 a）．第 2 の機構は剪断割目に直交または斜交する引っ張りによる開口である．拡大折目および直交鉱物繊維を伴う葉理面に平行な鉱脈の存在は，両機構が断層充填鉱脈の形成のために働いている可能性を示している．

　拡張鉱脈および斜交拡張鉱脈は，単成脈であってもアレーでも，グリーンストン帯金鉱床中では比較的一般的に見られる鉱床型である．多くのこの型の鉱床は金を含み，より重要な断層充填鉱脈と同時期の生成であるが，経済的重要性は限定されている．Val d'Or 地域の Sigma-Lamaque 鉱床を除いて，品位および量からみて，この型の鉱床の全体あるいは一部が採掘されることは比較的稀である．拡張鉱脈にはその形態および剪断帯との関係から三つの産状が認められる．その一つは葉理と線構造がよく発達していない剪断帯中に，雁行する板状またはシグマ状脈群として産するもので，このアレーでは，個々の脈は厚さ 10cm 以下で母剪断帯中の葉理と線構造（存在した場合）とは高角度で交わる（図 VII-29b）．第 2 は，岩脈，既存の鉱脈，剪断帯の変質部のようなコンピテントな岩石中で多数の平行脈からなるアレーを形成するもので，鉱脈は一般に短く，岩脈の境界面に対して高角度をなして産する（図 VII-29c）．このような鉱脈を梯子状脈と称する．第

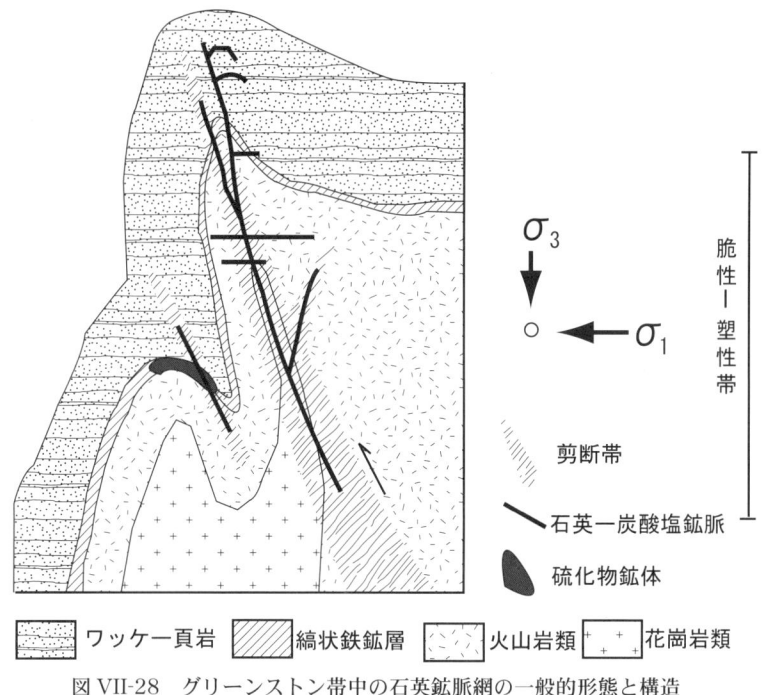

図 VII-28 グリーンストン帯中の石英鉱脈網の一般的形態と構造
— Robert and Poulsen (2001) による —

3は，独立した板状脈が比較的変形の少ない岩石中で剪断帯および断層充填脈から外側へ延びるもので，Val d'Or および Timmins など一部の地域で良く発達する．鉱脈の規模は幅数 cm ないし数 m，長さ数十 m から数百 m に達する．グリーンストン帯金鉱床における拡張鉱脈の大多数は，Sigma-Lamaque 金鉱床で示したような（図 VII-25）低角度傾斜の独立脈および雁行アレーである．これは鉱脈が圧縮環境で生成されたという考えに調和する．拡張鉱脈（および斜交拡張鉱脈）は，その開口ベクトルを示す内部構造および組織など診断に役立つ性質を多く有するので，同定が比較的容易である．一般に拡張鉱脈は，不規則な外形の断層充填鉱脈と対照的に，平行で平面的な壁を有する．しかし脈壁の不規則な形や歪みも比較的多く見られ，これによって開口ベクトルが示されることが多い．脈壁に平行な内部層構造は拡張鉱脈（および斜交拡張鉱脈）に一般的に産する．内部層構造の存在は脈の断続的開口と鉱物沈殿を示し，脈を構成する各層は異なった鉱物組成，組織，構造を持っている．空隙充填組織は，炭酸塩鉱物，黄鉄鉱，電気石，灰重石などの熱水鉱物結晶の脈壁に付着した自形あるいは放射状集合体によって特徴付けられる．空隙中における連続的な沈殿による単鉱物層によって形成された累皮縞構造は小数のグリーンストン帯金鉱床で産する．鉱脈および層内で特定の方向に長く延びた結晶からなる鉱物繊維は，拡張鉱脈において稀ではない．これらの結晶は割目空隙が開く時，鉱脈の開く方向に累進的に成長する．鉱物繊維組織は割目が開く速度と鉱物の沈殿速度とが均しいときに形成され，空隙組織は割目が開く速度が鉱物の沈殿速度より大きいときにできる（Robert and Poulsen, 2001）．

　グリーンストン帯金鉱床の一部には，網状脈および角礫鉱体を産する．網状脈とは二つまたはそれ以上の交差する脈の集合体をいう．網状脈はコンピテントな母岩中に発達し，種々の形態と内部構造を示すが，熱水性角礫および角礫脈は一般に脆性剪断帯内に発達する．網状脈には，定

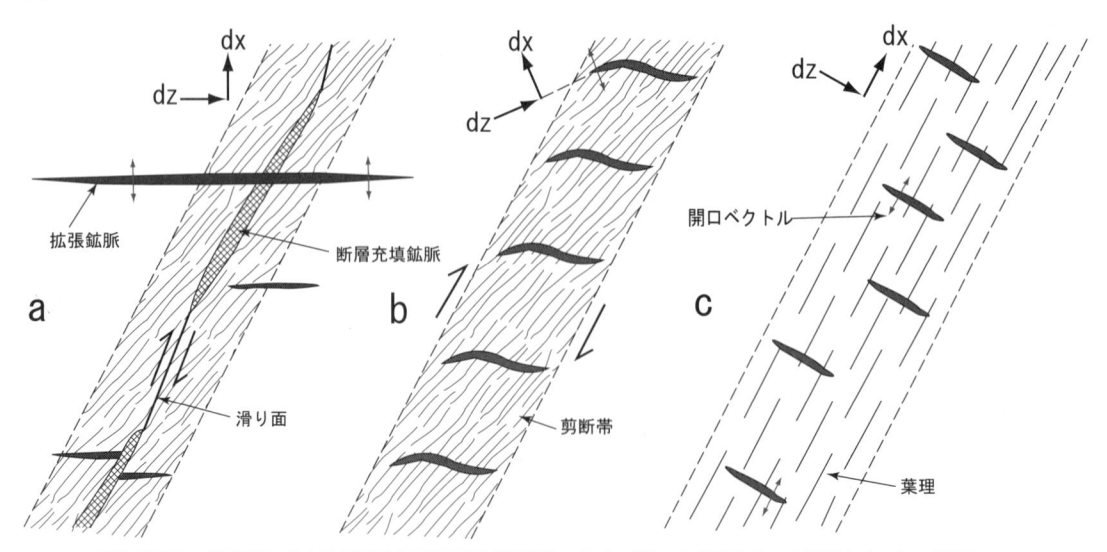

図 VII-29　剪断帯における断層充填鉱脈と拡張脈，およびその短縮軸 dz，拡張軸 dx との関係
a　逆剪断帯中央部の断層充填脈と剪断帯外部まで延長する板状拡張脈，両者は矛盾する交差関係を示す．
b　剪断帯における雁行シグマ状拡張脈アレー
c　剪断帯内の板状拡張脈アレー
－ Robert and Poulsen (2001) による－

図 VII-30　剪断帯中の断層充填鉱脈
a　鉱脈 / 母岩比の水平方向累帯配列，b　独立小脈の集合による断層充填鉱脈の形成
－ Robert and Poulsen (2001) による－

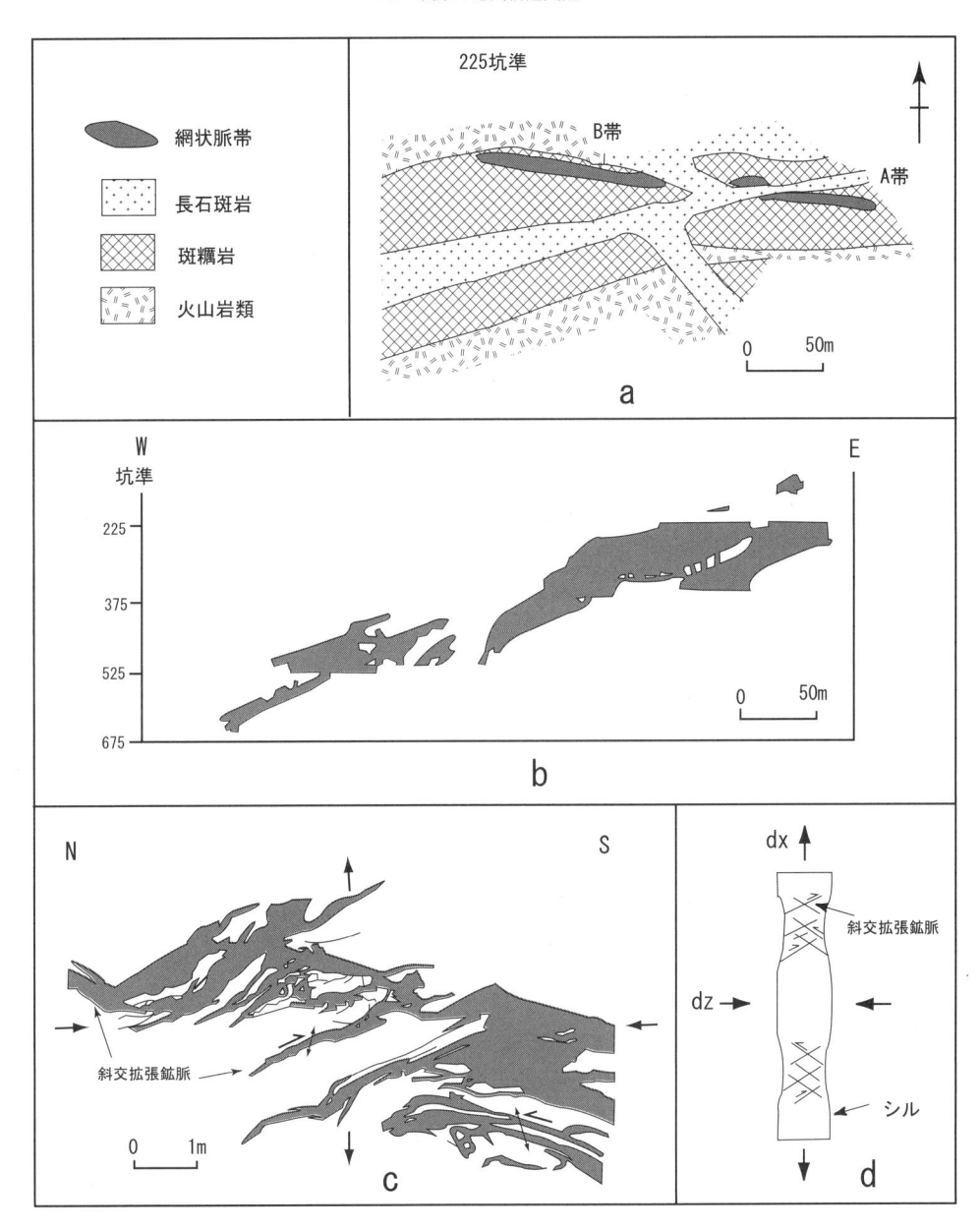

図 VII-31 Louvicourt Goldfield 鉱床の地質 － Robert and Poulsen (2001) による－
a 225 坑準平面地質図
b B 帯鉱床長手方向断面図
c N-S 断面図，斜交拡張鉱脈の共役組合せおよび拡張軸，短縮軸の方向を示す．
d 母岩であるコンピテント斑糲岩シルのメガブーディン初期ネック中に形成された斜交拡張鉱脈の共役組合せ概念図

まった2または3方向の脈が組織的に組み合っているものから，不規則な方向の脈および小脈からなる複雑なものまである．強力な網状脈の発達した結果，母岩が回転することなく角張った岩片に分離し，石英その他の熱水鉱物によって膠結される場合があり，そのような強力な網状脈は熱水角礫の外観を呈する．組織的な網状脈はほぼ直交する拡張脈の組合せか，斜交拡張脈の共役組合せか

らなる．脈が同時に発展した組合せでも，異なった組合せの鉱脈の間には，矛盾する交差関係が一般的に観察される．網状脈帯の全体的な形態は，葉巻状から長い板状まである．Val d'Or 地域の Louvicourt Goldfield 鉱床 A および B 鉱石帯の葉巻状網状脈鉱体は，東西走向のほぼ垂直な斑糲岩シル中に胚胎し長石斑岩岩脈に切られている（図 VII-31a）．網状脈鉱体は，その全体的なプランジに平行な直線で交わる 2 種類の斜交拡張脈共役組合せからなる（図 VII-31c）．2 種類の脈組合せは，一般に互いに合併しており矛盾する交差関係を示す．両脈組合せにおける鉱物繊維，脈を横切る脈壁の不規則性などから，脈の開口ベクトルは急角度で東にプランジし，網状脈のプランジと直交することがわかった（図 VII-31c）．斜交拡張脈の共役組合せは，母岩である斑糲岩シルがほぼ垂直に伸びた結果，メガブーディンの初期ネック中に形成されたと考えられる（図 VII-31d）．熱水角礫および角礫脈は，構造的および水理的過程と熱水性物質充填による破砕作用の繰り返しの結果形成されたと考えられる．ジグソーパズルと断層角礫は，断層充填脈に伴うか，その 1 成分として産する熱水角礫または角礫脈の二つの一般的な型である．ジグソーパズルあるいはモザイク角礫は，内破角礫ともいわれ，石英，電気石などの熱水鉱物をマトリックスとした角張った母岩の岩片からなり，回転や大規模な移動の証拠はない．これらの角礫は，断層に沿う分離した滑動に関係した特定な場所における開口拡大を示し，滑動直後の急激な流体圧降下による水力破壊の結果形成されたと考えられ（Sibson, 1986），一部の鉱床の剪断帯に沿う低角度の拡大曲げ構造に伴って産すると報告されている．このような角礫脈の周辺部には，その発達の初期を記録する種々の方向の割目が観察される．Star Lake 地域の 21 Zone 鉱床は角礫および断層充填鉱脈混成鉱体の例である（図 VII-27b, c）．この鉱床は，ほぼ垂直なマイロナイト質剪断帯中に胚胎し，剪断帯の NE 方向にプランジする線構造に対して中角度をなして SW 方向にプランジする．鉱床はマイロナイト質母岩の厚板状岩片を含むモザイク状石英角礫からなり，一部に独立した貫通する葉理石英脈を伴う．非調和な拡張脈がマイロナイト状葉理を切り角礫脈が剪断帯よりかなり遅く形成されたことを示す．

鉱脈組合せ間の関係 多くのグリーンストン帯金鉱床には，多数の鉱脈型および組合せが存在し，それらは一般に互いに空間的に伴って産するが必ずしも同時生成ではない．断層充填脈とその末端部付近に産する拡張脈アレーは，成因的に関係がある少ない組合せのなかの一つである．異なる鉱脈組合せの時間的関係を知るには，鉱脈の交差関係を注意深く観察する必要がある．

　一つの鉱脈組合せが他の組合せの脈を系統的に切ることは，二つの鉱脈組合せが異なった時期に形成されたこと，および両者間に組織的鉱脈年代関係が確立されたことを示す．このことは鉱床の構造的進化に重要な情報をもたらす．系統的に交差する鉱脈組合せ同士は，必ずしもそうとは限らないが，鉱脈および変質鉱物の差違を示すのが一般的である．San Antonio 鉱床は，網状鉱脈帯と，シルに対して高角度の走向を示す左ずれ逆剪断帯中の断層充填鉱脈組合せから構成され（図 VII-26c），網状鉱脈および断層充填鉱脈とも絹雲母－炭酸塩変質縁に取り囲まれた石英－アンケライト－曹長石－黄鉄鉱脈からなる．しかし，断層充填鉱脈は網状鉱脈を系統的に切って，これをずらしており，鉱床の構造的進化過程において二つの型の鉱床が異なった時期に発達したことを示している（Robert and Poulsen, 2001）．

　鉱床内あるいは網状鉱脈内で異なった鉱脈組合せが矛盾した交差関係を示すことは，比較的多く見られる．ある場所で拡張鉱脈が断層充填鉱脈を切り，他の場所では反対の関係を示すことがある．

このような矛盾した交差関係は，二つの型の鉱脈が広い意味で同時生成であること，両者が循環継続的な発展をしていることを示している．同じ場所で矛盾した関係が必ずしも露出しているとは限らないので，少ない観察結果から基本的な時代関係を決定しないことが肝要である．さらに鉱脈の交差関係は，それらの累進的発展の最終産物を示しており，必ずしも発展の異なった段階の交差関係を示しているのではない．交差関係にある鉱脈組合せの鉱脈あるいは変質鉱物組合せの類似性は，それらが同様な流体によって生成したこと，同時生成の可能性を示している．

　二つの別個の鉱脈組合せが，実は同一組合せである場合が多くある．例えば，Val d'Or 地域のいくつかの鉱床において，拡張脈が断層充填脈中の特定の葉理と同一組合せであることがわかった (Robert and Paulsen, 2001)．このような関係は，二つの鉱脈型が，とくにそれらの鉱脈および変質鉱物組合せが同様ならば，同時生成であることを示唆している．

　二つの型の割目および鉱脈が成因的に密接に関係している場合がある．剪断割目の先端部における変位の減少による応力集中のために，拡張割目が発達する（翼割目；図 VII-16b）．Lamaque Main 鉱床の逆剪断帯の先端部におけるほぼ水平な拡張脈の集中は，翼割目の例と考えられる（図 VII-25）．

　鉱脈網の解析　多くのグリーンストン帯金鉱床はいくつかの鉱脈組合せと型が連合した鉱脈網からなる．これらは一般に共役対をなす断層充填脈とその母剪断帯，雁行アレーあるいは剪断帯外側の板状脈，網状脈を含んでいる．同時形成の鉱脈組合せは，鉱床規模の歪み軸を決定するのに用いられる（図 VII-32a, b）．複数期形成の鉱脈組合せの場合は，鉱床の構造的進化における異なった段階の歪み軸が決定される．鉱脈網の全歪み軸の決定によって，与えられた構造内における鉱体のプランジを予想する枠組みが得られる．例えば，剪断帯内あるいはコンピテント層内の鉱脈鉱体のプランジは歪み中間軸 dY に平行あるいは稀に直交する．また，鉱脈網の歪み軸は，褶曲，ブーディン，剪断帯，地域的葉理構造および線構造のような母岩中の一定の歪み構造と比較することによって鉱床生成時期の決定に用いられる．鉱脈網の歪み軸は，主応力軸（図 VII-8）と同様に断層，剪断帯，拡張脈，脈アレーから決定できる．異なった型の鉱脈および鉱脈アレーの幾何学的関係および歪み軸は，平面歪み (dY = 0) で共役組合せのない場合を図 VII-32a に示す．歪み中間軸 dY は，断層充填鉱脈または剪断帯の面におけるずれ方向対して 90°をなし，雁行アレーの平面状およびシグマ状拡張脈の長軸に平行である．平面歪みで断層充填脈または斜交拡張脈の共役組合せがある場合には（図 VII-32b），dY は二つの組合せの交線に平行で，短縮軸 dZ および拡張軸 dX は，それぞれ短縮および拡張区画の二等分角上にある．拡張軸 dX は，剪断帯外部の拡張脈面（dY および dZ を含む）に垂直である．また一次近似的に dX は雁行アレーをなす拡張脈に垂直と見なされる (Robert and Poulsen, 2001)．

　Val d'Or 地域（図 VII-21）の Sigma-Lamaque 鉱床の例によって，鉱脈網からの鉱床規模歪み軸決定と，地域の変形との比較を示す．鉱床は地表で 3km^2 の面積，地下 1.8km の深さを占める石英−電気石脈の広範な鉱脈網からなり（図 VII-24, 25），同時期の火山底斑状閃緑岩体に貫かれた安山岩質火山岩類中に発達する．これらの岩石は，長石斑岩岩脈群と新期の閃緑岩−トーナル岩岩株によって切られている．堆積岩類と安山岩火山岩類層との境界面は，ほぼ垂直で東西方向の走向を示し，閉じた褶曲ないし等斜褶曲 F$_2$ の軸面および傾斜方向に伸びる線構造を含む広域葉理構造 S$_2$ に平行である．石英−電気石脈と広域葉理構造 S$_2$ は上記全岩類中に形成されている．鉱脈網

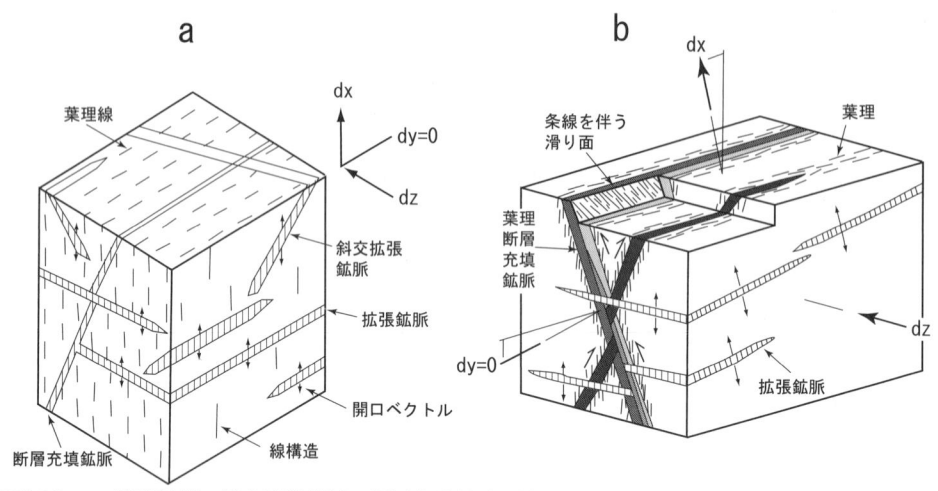

図VII-32 a 拡張鉱脈，斜交拡張鉱脈，断層充填鉱脈の拡大と岩石塊の全歪みとの関係，鉱脈の拡張はdx方向の拡張にのみ寄与するが，dz方向の収縮により相殺される．b Sigma-Lamaque鉱床の鉱脈網に基づく共役剪断帯，断層充填鉱脈，拡張鉱脈，全歪み軸の関係
― Robert and Poulsen (2001) による―

は低角度で西にプランジする線で交差し，急角度で東にレイクする線構造を含む共役逆（斜交）剪断帯に伴って産し，主として共役剪断帯内の葉理断層充填鉱脈と，低角度で西に傾斜し剪断帯外側の変形の少ない岩石まで延長するほぼ水平な拡張脈からなる．これらすべての脈組合せは，矛盾交差および合併関係に基づき同時生成と考えられる．鉱脈網の鍵となる幾何学的および構造的要素は，鉱脈網の発達によって記録された推定歪み軸とともに図VII-32bに示す．拡張軸dXは，ほぼ垂直（実際には東へ急角度で傾く）に，短縮軸dZは北から南に水平に，中間軸dYは西に低角度でプランジする方向に決定された（Robert and Paulsen, 2001）．

（2）斑岩銅鉱床

斑岩銅鉱床の大部分は，プレートの収斂境界において，プレートの沈み込みに関係して形成されたマグマに伴って生成され，世界のマグマ弧中に広く分布する．斑岩銅鉱床には稀に鉱量10億トン以上の巨大鉱床が存在し，これらの鉱床も同様に世界のマグマ弧中に点在する．

テクトニックス－マグマ作用と斑岩銅鉱床の生成 巨大鉱床も中規模以下の鉱床も，その生成過程は，金属および硫黄に富んだ熱水流体がカルクアルカリマグマから分離し，液相の分離，冷却，母岩との反応，外部流体との混合を経ることは同じである．貫入岩の冷却過程でのマグマ揮発成分の分離は，共通の現象であるが，巨大鉱床におけるその規模は時間的にも空間的にもきわめて大きい．

Richards (2003) は，その違いの原因をテクトニックスおよびマグマ生成論の立場から議論した．沈み込んだ海洋プレートから水分の供給を受け，その上の変成したマントル楔中で発生した，高温で水分に富み，比較的酸化的な，硫黄に富む苦鉄質マグマ（玄武岩質）は，上を覆う地殻底部まで浮力により上昇する（図VII-33）．しかし，そこで周囲との密度の差がなくなり滞留することになる．このマグマは酸化的であるため，硫黄は大部分硫酸塩の形で存在し，CuやAuのような親銅元素

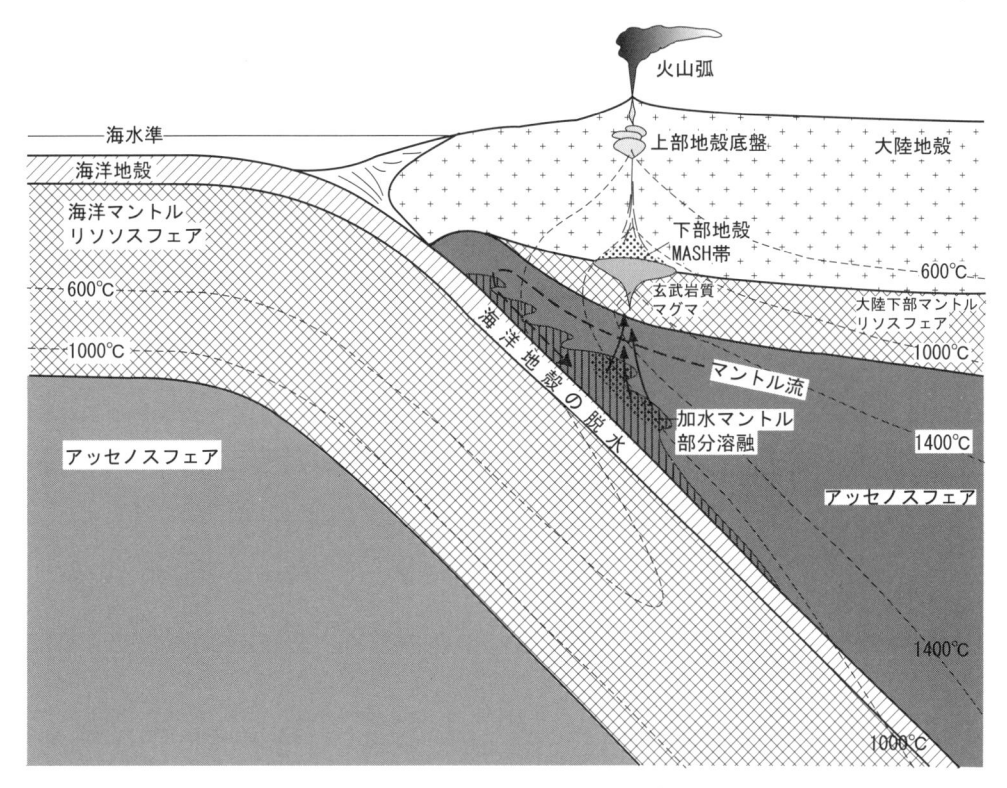

図 VII-33 沈み込み帯と大陸マグマ弧を含む断面図
－Richards (2003) による－

は非調和元素となって溶融体中に留まる．マグマが結晶化するに従い，開放された熱によって地殻岩石の部分溶融が起こる．地殻起源およびマントル起源マグマの混合により揮発成分，金属に富む安山岩あるいは石英安山岩質マグマを生成する．この混成マグマは，地殻を上昇するのに十分なほど密度が低下する．この場合マグマ上昇は浮力とともに割目支配の現象となる．すなわち，地殻の応力－歪の型が，地殻下部からのマグマ上昇の誘導に重要な役割を果たす．とくに，リソスフェアを横切り，造山帯に平行な，走向移動構造は，世界の火山弧におけるマグマ定置の主要な支配要素となる．この場合，既存の断層がマグマの上昇を促進するとともにマグマの熱が地殻の強度をさらに弱め，歪に集中するというフィードバック現象が起こる．断層面の折目，ステップオーバー，断層の交差などは，トランスプレッション応力－歪系において低応力拡張空間を提供する．そのような場所は，比較的高い透水係数の垂直な通路となり，マグマの選択的上昇を促す．したがって，上部地殻の大規模な深成岩複合岩体は，このような構造的環境に位置することになる．上部地殻に形成されるマグマ溜の深さはマグマと地殻の密度によって定まる．一般的には，マグマ弧帯における深成岩体の貫入深さは，同年代の火山堆積物の基底，または基盤岩－スプラクラスタル接触面である（図VII-34）．なぜなら，そこより上部の火山岩および堆積岩類は強度が弱く，密度が中間質～珪長質マグマより低いからである．上部地殻におけるマグマ作用を持続するための重要な要素は，マグマの供給速度である．これが適当な値に保たれると，上部地殻の底盤状の貫入岩複合岩体がかなり短時間の間に構築される．岩脈中をマグマが約 10^{-2}m/s の速度で上昇するとすれば，大型の珪長質深成岩体が100万年以下程度の時間で満たされることになる．

図 VII-34　斑岩銅鉱床生成火山―深成岩系模式断面図
― Richards (2003) による ―

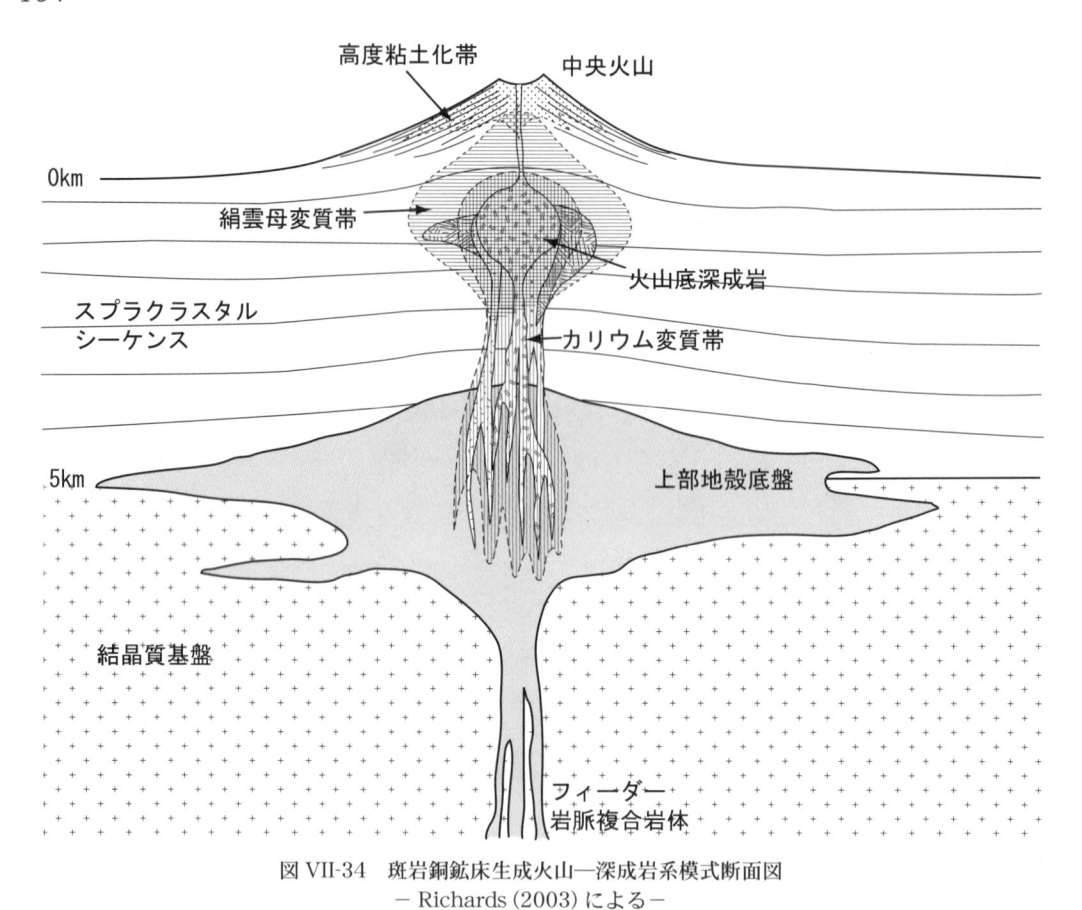

　斑岩銅鉱床が生成される時その上に複合火山が形成されることは，始め Silitoe (1973) によって提案された（図VII-34）．これは多分事実と思われるが，斑岩銅鉱床のマグマ－熱水鉱化作用において，現在受け入れられている生成モデルは，火山作用が重要な役割をすることを必要とせず，むしろ溶岩や火山ガスの噴出は鉱床生成のためには負の効果となる．とくに，大量の揮発成分を放出するイグニンブライトを形成する火山活動を起こすような場合は鉱床生成を期待できない．しかし，斑岩銅鉱床生成の基本的過程の一つであるマグマ中揮発成分の分離のためには，マグマの浅所における冷却と結晶化が必要である．しかも，揮発成分の発散は爆発的でないことが重要である．珪酸成分に富む珪長質マグマは粘性が高く，発泡による揮発性成分の分離が爆発的になりやすい．したがって，地殻浅所まで上昇するマグマは安山岩質あるいは石英安山岩質であることが必要である．地殻浅所で形成された火山底深成岩体は圧力低下により発泡し揮発成分を分離する．その一部は火口から噴出しても，大部分が地下に留まりマグマ－熱水系を形成すれば，鉱床を生成する．上部地殻のマグマ溜に存在する大量の揮発成分は，浅所へのマグマ通路を通って上昇するので，第一次近似として，生成される鉱床の大きさは，上部地殻のマグマ溜に供給されたマグマの体積によって決定される．マグマ弧における斑岩銅鉱床とテクトニックス－マグマ作用の間の空間的・時間的関係に加えて，弧に平行な主走向移動断層との密接な空間的な関係は，多くの斑岩銅鉱床帯において明らかである．とくに北チリの West 断層帯は，最もよく知られた例であり，Collahuasi,

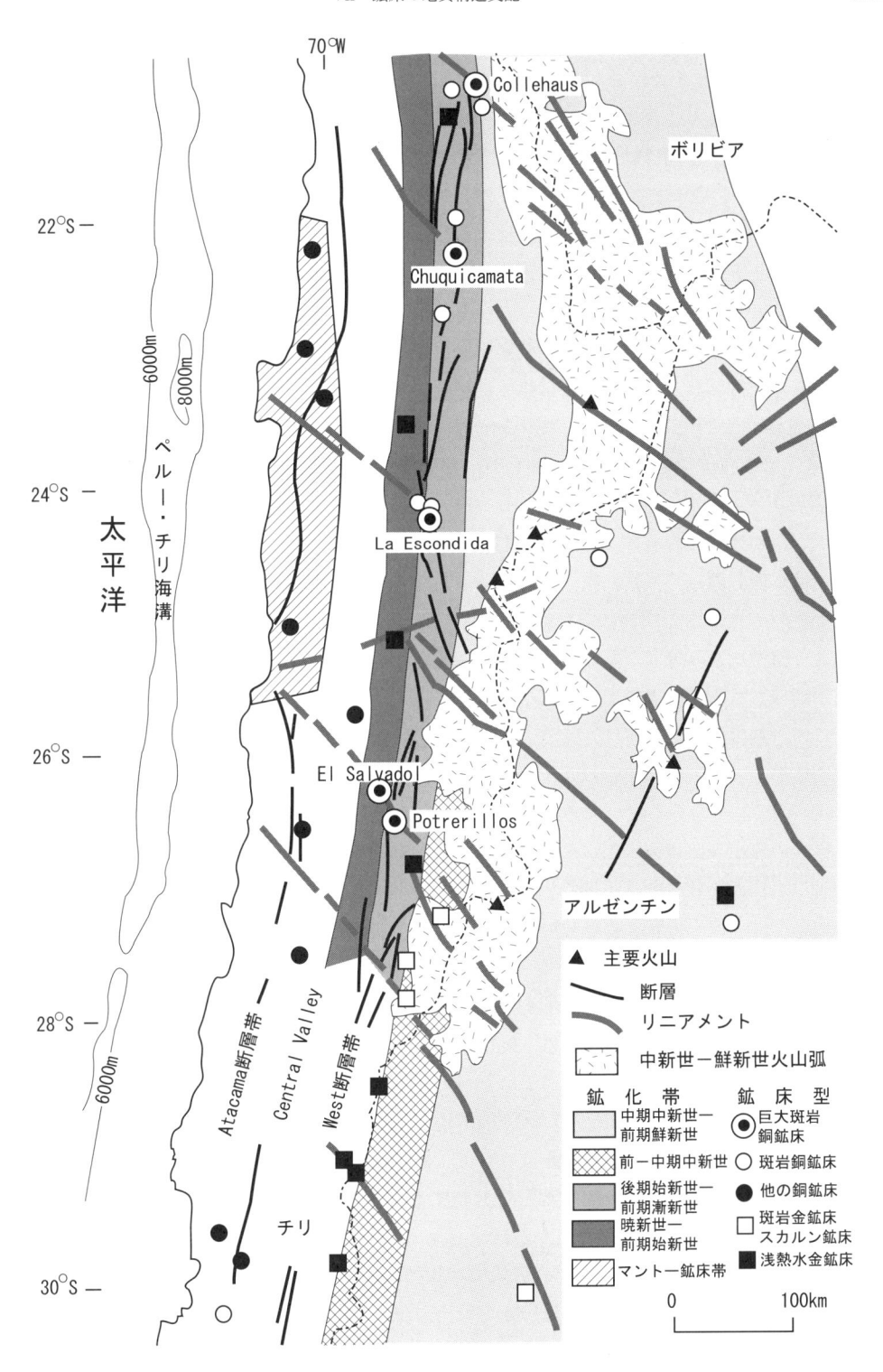

図 VII-35　北チリ鉱床分布図　− Richards (2003) による −

Chiquicamata, La Escondida, El Sallvador-Potrellios などの世界的な巨大鉱床を産する（図VII-35）．類似の例は，ペルー，コロンビア，メキシコ，北アメリカ・コルディレラ，東オーストラリア，トルコ－イラン－パキスタン，シベリア－モンゴルなどで知られている．また，多くの場合鉱化の中心は，主走向移動断層とこれらの構造に伴う横断リニアメントの交差部の近くに存在する（図VII-35）．この事実は地殻下部からのマグマの上昇に構造支配が働いていることを強く示唆している．一つのテクトニックサイクルにおいて，リソスフェア全体に横圧力が働いているときには，マグマの上昇は妨げられ，地殻底部のマグマ溜ではマグマの貯蔵と進化，地殻下部物質との反応が行われる．サイクル終末期には，プレート運動（収斂方向，速度）あるいは沈み角度の変化とともに横圧力が緩み，剪断変形は走向断層運動によって分割される．そこで地殻下部からのマグマの上昇が盛んに行われ，斑岩銅鉱床の生成に至るのである．

斑岩銅鉱床における構造作用　斑岩銅鉱床生成初期の鉱脈（A鉱脈，Gustafson and Hunt, 1975）は，静水圧優勢の脆性岩石に覆われ，かつ囲まれた塑性環境内においてマグマ温度に近い温度と静岩圧下で生成される（図VII-36）（Fournier, 1999）．脆性帯と塑性帯との遷移帯は斑岩岩体あるいは母岩中に存在するが，これは時間とともに移動する．系が進化し温度が低下すると，後期鉱脈は，同じ深さでも静水圧，脆性環境で生成されることになる．塑性区域内では，流体圧の急激な変化（例えば揮発成分に富む新しいマグマが再注入されるような場合），岩石の塑性変形能力を超える急激な歪み速度，あるいは静岩圧条件から静水圧条件に導く圧力密封の破壊などに応じて割目が形成される．後者の場合，気相は相分離と大きな正の体積変化を受け，広範な熱水破砕作用を起こす．温度低下とともに，鉱脈は外部応力の影響下で脆性破壊によって形成されるので，方向に規則性が生ずるようになる（図VII-37, 38）．

斑岩銅鉱床に認められるすべての鉱脈あるいは鉱化割目は，一般に浅い火山底岩株のマグマおよび地質構造の枠組みに調和しながら，深さとともに方向および形状において変化を示す．比較的浅い条件では，同心円状または準同心円状および放射状の割目配列が優勢である．例えばSan Juan鉱床においては，同心円状および放射状割目と鉱脈が岩株の一つの突出部周辺を中心として分布するが，直交する配列を示す岩脈の中心は割目と鉱脈群の中心とはずれている（図VII-38a）．斑岩銅鉱床の深部では，Sierrita鉱床に見られるような一方向の鉱脈および割目系が優勢に発達する（図VII-38b）．ここでは鉱脈および割目は，鉱床系のマグマ進化の一部である母花崗岩質岩中に形成された石英モンゾニ斑岩岩枝に平行である．割目の最も密な分布は石英モンゾニ斑岩岩枝を中心としており，ここにSierritaおよびEsperanza斑岩銅鉱床が胚胎する．El Salvador鉱床の浅い部分では，深部の二つの岩枝または岩株の貫入を反映して，鉱床後円礫岩脈，鉱脈，熱水角礫，割目からなる二つの中心を持つ放射状アレーが重複して分布する（図VII-38c）．これらの割目は，El Salvador鉱床形成過程のどの時点で生成されたかは明らかでないが，現在後期D鉱脈と鉱床後円礫岩脈によって占められている．浅所の2同心円的放射状配列の下には，後期D鉱脈の密度の粗い放射状および同心円状配列あるいは楕円状配列が認められる（図VII-38d）．これらの配列は，大部分の硫化物鉱化作用の後に貫入した二つのL斑岩岩株を中心としている．北西部のL斑岩は放射状鉱脈および岩脈アレーの一つの中心の直下にあるが，他のL斑岩を核とする花崗閃緑斑岩からなる複合岩株は，南東部の放射状鉱脈および岩脈アレーの下にある．このL斑岩を伴う組合せは，成因的な関連を意味し，放射状割目は鉱床進化過程の後期生成であることを示している．しかし，南

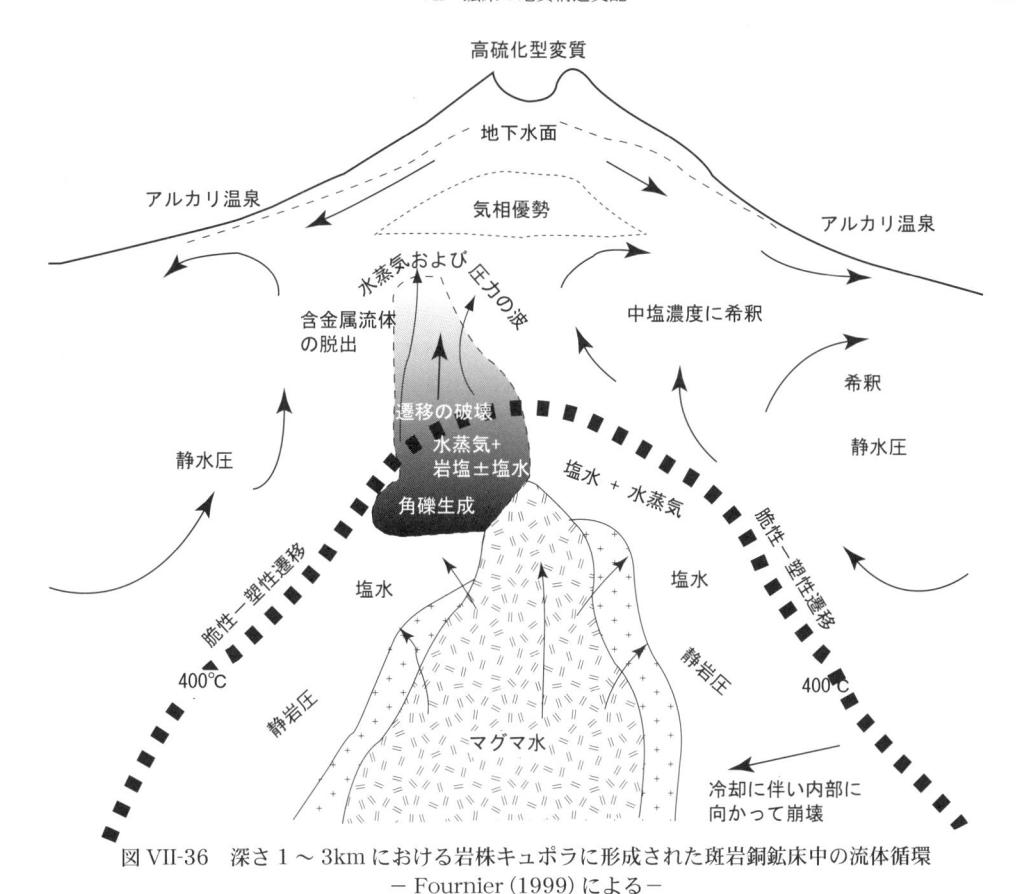

図 VII-36 深さ 1〜3km における岩株キュポラに形成された斑岩銅鉱床中の流体循環
－Fournier (1999) による－

東部のアレーは，X, K, L 斑岩の複合岩株の上にあり，このアレーの形成はより早期に始まった可能性がある．全割目配列が北西方向に伸びているのは，深部の後期 D 鉱脈が，複合斑岩岩株の定置に伴うマグマ性応力だけではなく，広域のトランスプレッション変形作用に伴う NE-SW 方向の最小主応力を反映していることを示唆する．以上述べた傾向の例外もある．Chuquicamata 鉱床では，300 万年ほど隔てて貫入した二つの独立した斑岩系の重複により鉱脈の解析が複雑になっている．カリウム変質帯を伴う含銅脈は一般に NE 方向であり広域応力場の下で形成されたことを示し，この場合 Domeyko 断層系に平行な右ずれ走向移動断層となっている．これに対して早期の石英－輝水鉛鉱脈は斑岩複合岩体付近に密度の粗い楕円形配列を示す．カリウム変質帯に重なって，石英－絹雲母－硫化物鉱脈と硫砒銅鉱鉱脈が早期の割目と鉱脈および広域応力場に支配されて形成されており (Lindsey et al., 1995)，明らかにマグマ性応力から広域応力への過渡的影響を受けている．硫砒銅鉱鉱脈は，早期形成系の隆起およびアンルーフィング期に形成された後期斑岩銅鉱床の浅部を代表すると考えられる (Sillitoe, 1994).

図 VII-38 に示したように多くの斑岩銅鉱床は，形成の深さに関わりなく直交する鉱脈組合せによって特徴付けられる．ある場合には，他の鉱脈群が直交する鉱脈組合せを切る．岩石の脆性破壊期には拡張割目が容易に形成され最小実効主応力 σ_3' に垂直となる (Sibson, 2001)．そのような割目は斑岩銅鉱床のような流体に飽和した環境で優勢となるはずであり，開口していれば熱水鉱物

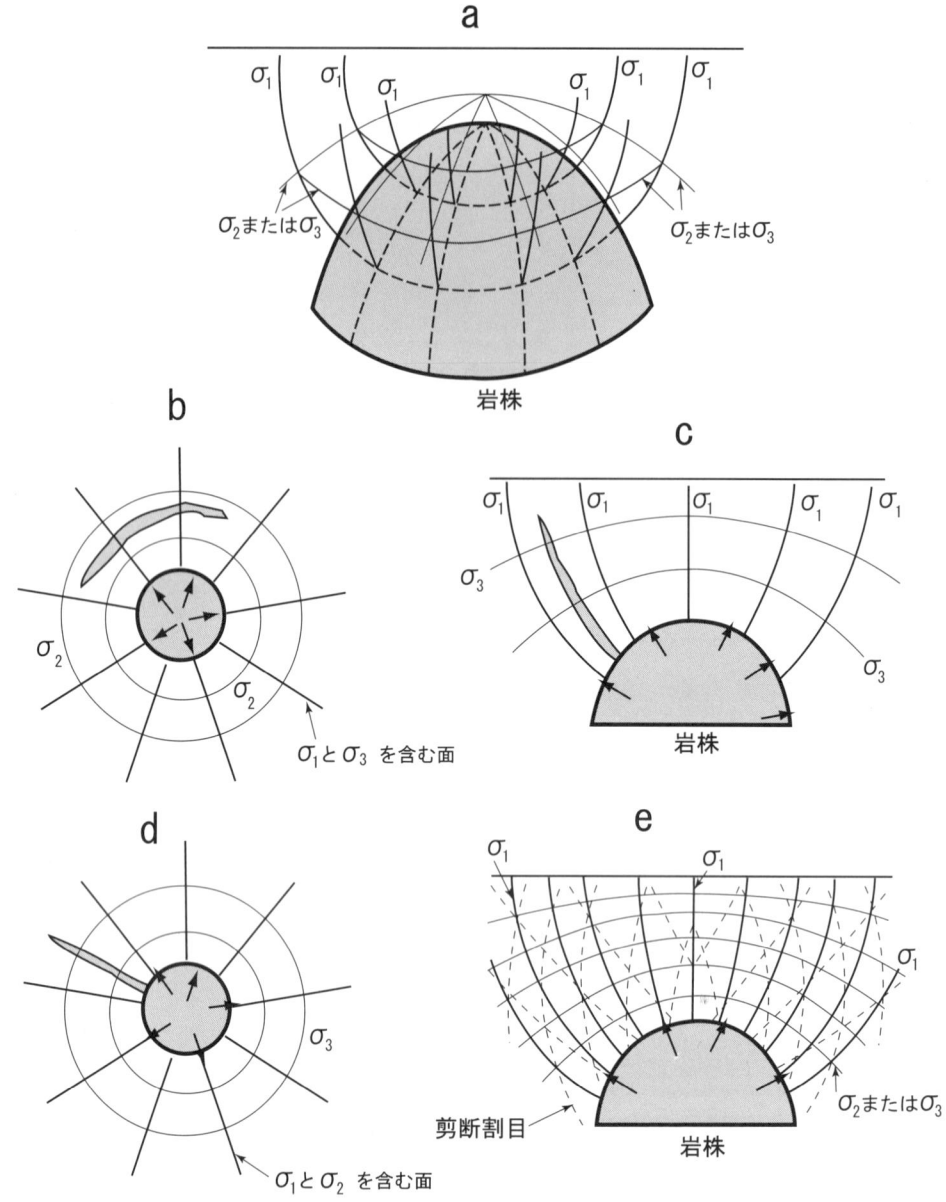

図VII-37　上昇する浅所の岩株上の推定主応力軌跡分布図
－Tosdal and Richards (2001) による－
σ_1:最大主応力，σ_2:中間主応力，σ_3:最小主応力．
a　ドーム状岩株上に形成される応力軌跡立体図，
b　同心円状割目を作る応力分布平面図，
c　同断面図，
d　放射状割目を作る応力分布平面図，
e　ドーム状岩株上に形成される剪断割目

によって充填される．しかし拡張剪断脈あるいは圧縮剪断脈の形成には，より大きな差応力を必要とする．そのような割目あるいは鉱脈は，σ_3'に対して高角度をなして直交割目組合せを切るはずであり，岩石中に既存の平面組織が存在しない限り拡張割れ目に比べて一般的でない．したがって

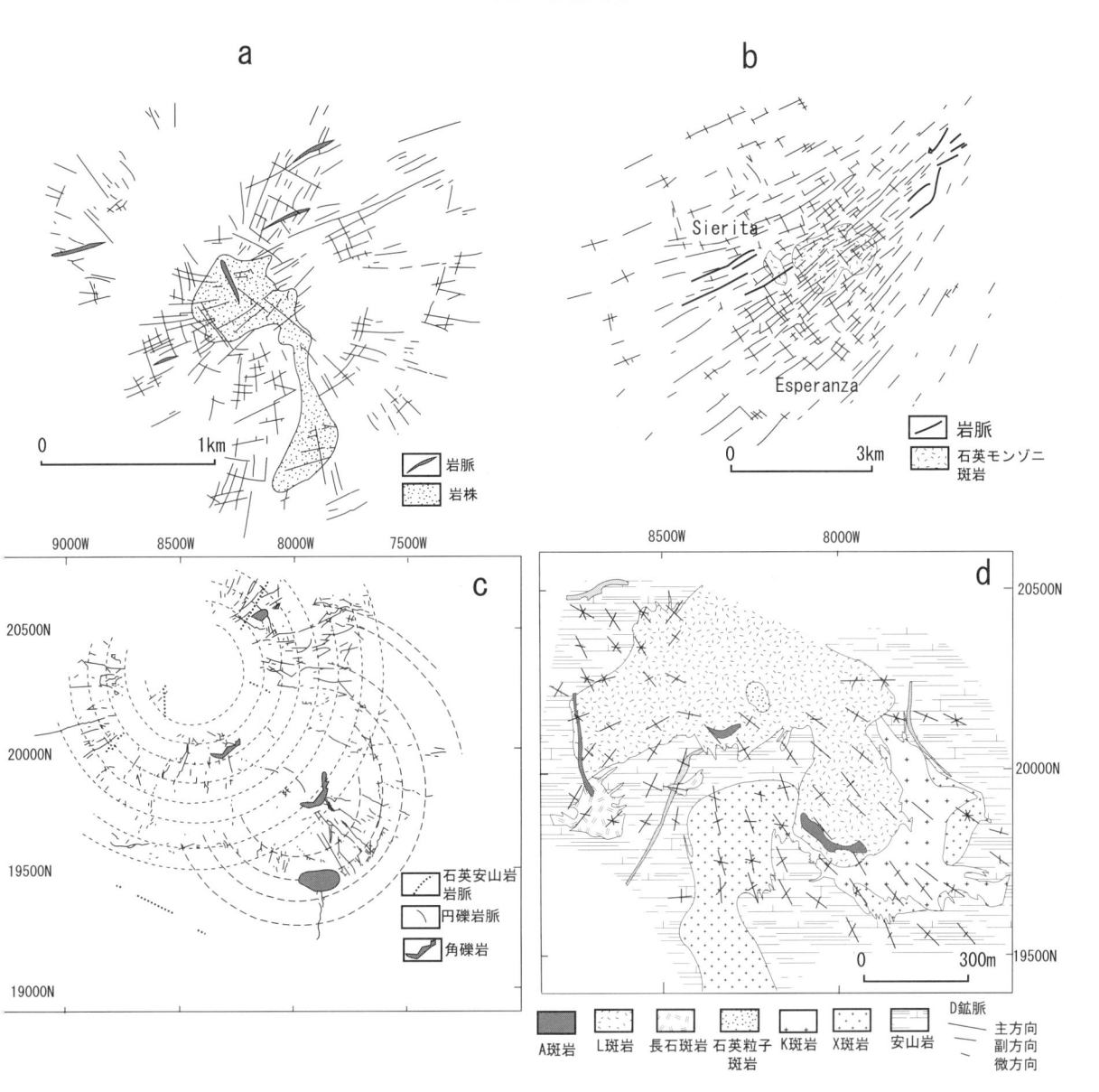

図 VII-38 斑岩銅鉱床に発達する鉱化割目および鉱脈配列
― Tosdal and Richards (2001) による―
a San Juan 鉱床地域高水準における同心円状および放射状の鉱化割目および鉱脈,
b Sierrita および Esperanza 鉱床付近の割目分布と方位,
c El Salvadol 鉱床付近の地表における石英安山岩岩脈，円礫岩脈，熱水角礫岩の分布,
d El Salvadol 鉱床 2600m 坑準の地質図と D 鉱脈の方位

岩石の単純な力学的考察の結果，多方向の鉱脈形成は，斑岩銅鉱床の形成過程において特別な応力条件が必要であることがわかった．拡張脈形成の容易さから見て，斑岩銅鉱床の鉱脈配列，とくに直交割目組合せは，系の形成過程期間中にσ_3'が何回も方向を変化させたとして簡単に説明することができる．直交割目の存在は，σ_3'および他の水平応力，最大実効主応力σ_1'または中間実効主応力σ_2'（応力場による）が，系の形成過程期間中に断続的に交換することが本質的に必要である．

この状況は，図 VII-37c, e に示した異方性岩株上の推定応力軌跡を比較することによって理解できよう．斑岩銅鉱床は，岩株冷却モデル（Cathles, 1977）および年代測定（例えば Cornejo et al., 1997; Marsh et al., 1997）に基づき地質時間のなかで比較的短い期間に形成されたことが判っている．この短期間の熱水活動中に，広域応力場の断続的回転が起こったとは考え難い．したがって，上に述べたような最小実効主応力回転の繰り返しを説明するには，流体圧力の変動によって低差応力場が修正されることを考える必要がある（Tosdal and Richards, 2001）．

VIII　マグマ鉱床

　マグマから鉱石鉱物が直接晶出・濃集した鉱床をマグマ鉱床という．マグマ鉱床は，マグマから鉱石鉱物が分離・濃集する過程によって結晶分化鉱床と液相分離鉱床に大別される．

VIII-1　結晶分化鉱床
(1) 苦鉄質〜超苦鉄質層状貫入岩体中のクロム－白金族鉱床

　世界のクラトンにはきわめてまばらに苦鉄質〜超苦鉄質層状貫入岩体が分布し，その大きさは径418kmから14.5km，盆盤あるいはシルの形態を示す．貫入年代は原生代から第三紀にわたっているが，いずれもソレアイト岩系に属する．岩体は，キュームレイト（集積岩）からなり層状構造を示すが，下部から超苦鉄質→苦鉄質→中間質（珪長質）のような組成変化が認められる．これらのうち経済的に採掘しうるクロムまたは白金族鉱石を産出するのは，多くの場合，マグマの注入と結晶分化による厚さ100m前後の火成岩サイクルの繰り返しを示す岩体に限られる．南アのBushveld複合岩体，ジンバブエのGreat Dyke複合岩体，フィンランドのKemi層状貫入岩体とPenicat層状貫入岩体，インドのSukinda超苦鉄質複合岩体，米国のStillwater複合岩体（Naldrett, 1989），ブラジルのCompo Formosa貫入岩体，Carabia複合岩体，Jucurici複合岩体（Marques and Filfo, 2003）などがその例で，いずれも原生代に形成されている．鉱床はこれら岩体中にきわめて連続性の良い層をなして産する．

　クロムの鉱石鉱物はクロム鉄鉱ただ一つである．その理想化学式は$FeCr_2O_3$であるが，天然のクロム鉄鉱は複雑な固溶体をなし，$(Fe,Mg)(Cr,Al,Fe)_2O_3$で示される．クロム鉱石はその化学組成によって，高クロム鉱石（$Cr_2O_3 > 46\%$，$Cr/Fe > 2$），高鉄鉱石（$Cr_2O_3\ 40〜46\%$，$Cr/Fe = 1.5〜2.1$），高アルミニウム鉱石（$Cr_2O_3\ 32〜38\%$，$Al_2O_3\ 22〜34\%$，$Cr/Fe = 2.0〜2.3$）に分類される．高クロム鉱石は金属用，高鉄鉱石は金属および化学工業用，高アルミニウム鉱石は耐火物用に主として用いられている．白金族には白金のほかルテニウム，ロジウム，パラジウム，オスミウム，イリジウムが含まれる．白金族鉱石鉱物の主なものは，自然白金，ブラジャイト，クーパー鉱，ラウラ鉱，モンチェ鉱，コツルスキー鉱などである．

　Bushveldクロム－白金族－バナジウム－鉄鉱床　鉱床を胚胎するBushveld複合岩体は南アフリカ共和国Transvaalの中央部から西部にかけて分布し，東西463km，南北262km，世界最大の苦鉄質〜超苦鉄質層状貫入岩体を中心とする岩体である（図VIII-1）．この地域の地史は先カンブリア時代のTransvaal系（2,200〜2,050Ma）に始まる．Transvaal系は層厚12km，砕屑性堆積岩，珪長質〜苦鉄質火山岩類からなる．Bushveld複合岩体の貫入に先立って苦鉄シルがTransvaal系中に貫入しているが，複合岩体の形成と平行して超苦鉄質岩（橄欖岩，輝岩）およ

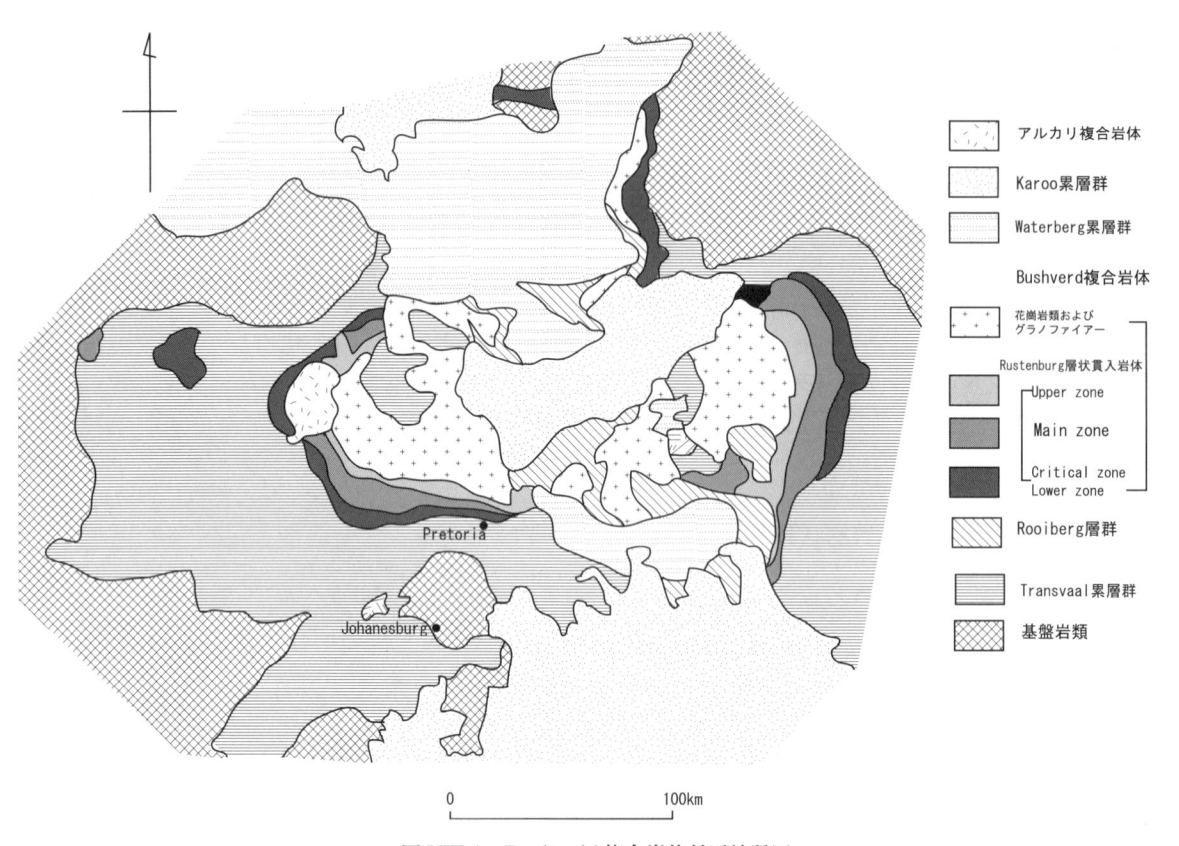

図 VIII-1　Bushveld 複合岩体付近地質図
− Hunter (1976)；Cawthorn et al. (2005) による −

び苦鉄質岩（斑糲岩、輝緑岩）が Transvaal 系中に貫入し、その一部は複合岩体の外殻帯を形成している。Bushveld 複合岩体は Rustenburg 層状貫入岩体（2,049～2,058Ma），Stavoren グラノファイアー（2,000Ma），Nevo 花崗岩（2,010Ma），Makfutso 花崗岩（1,670Ma）からなり（Von Gruenewaldt et al.,1985），Rustenburg 層状貫入岩体は，構成岩石により下から Lower zone, Critical zone, Main zone, Upper zone に区分される（表 VIII-1）．

厚さ数十 cm から 2m の多数のクロム鉄鉱岩層が Critical zone と Lower zone に産するが，多くのクロム鉄鉱岩層は，複合岩体の東翼および西翼において 100km 以上追跡できる．一般にクロム鉄鉱岩層は，上位に向かって Cr/Fe 比が減少する傾向が認められる．主として Steelport 層（LG-6 層）およびその副層，MG1 層が採掘されている（表 VIII-1）．LG-6 層は走向延長 72km，塊状鉱石（厚さ 0.9～1.2m），やや品位の低い縞状鉱石（厚さ 0.3～0.9m），輝岩からなる層状構造をなし，平均的な化学組成は，Cr_2O_3 44.32%，Al_2O_3 16.06%，FeO 24.63%，MgO 11.22% である．白金族鉱床には，リーフ型とクロム鉄鉱岩層型の二つの型がある．前者に属するものに Merensky リーフ，Bastered リーフ，Plat リーフが，後者に属するものに UG-1，UG-2 があり，これらのうち経済的に重要なのは Merensky リーフ，UG-2，Plat リーフである．前 2 者は Critical zone 上部に（図 VIII-2），後者は Lower zone に産する（表 VIII-1）．Merensky リーフは，クロム鉄鉱岩→ハルツバージャイト（または古銅輝石岩）→ノーライト→斜長岩の火成岩サイクルのなかで，下底に近い

表VIII-1 Rustenburg層状岩体の主要構成岩石・鉱床
－Von Gruenevaldt et al., (1985)；Cauthorn et al., (2005)による－

Zone	Subzone	厚さ m	岩型	鉱床
Upper	C	1,000	閃緑岩	磁鉄鉱層を挟む
	B	550	斑糲岩 斜長岩 トロクトライト	磁鉄鉱層を挟む
	A	700	斑糲岩 ノーライト 斜長岩	磁鉄鉱層を挟む
Main	C	700	ノーライト 斜長岩 斑糲岩	
	B	2,200	輝岩 ノーライト 斜長岩	
	A	1,300	ノーライト 斑糲岩 斜長岩 輝岩	
Critical	Upper	900	ノーライト 斜長岩 輝岩 斑糲岩	Merensky reef, Bastered reef UG-2クロム鉄鉱岩層 UG-1クロム鉄鉱岩層 MG1-4クロム鉄鉱岩層
	Lower	500	輝岩 ダン橄欖岩 ハルツバージャイト	LG-6,7クロム鉄鉱岩層 LG-1～LG-5クロム鉄鉱岩層
Lower	Upper 古銅輝石岩	250	古銅輝石岩 ハルツバージャイト	Upperクロム鉄鉱岩層
	ハルツバージャイト	550	ダン橄欖岩 古銅輝石岩	Lowerクロム鉄鉱岩層
	Lower 古銅輝石岩	500	古銅輝石岩 ノーライト	Platreef
	Basal	400	古銅輝石岩 ハルツバージャイト	

輝岩およびペグマタイト質輝岩の薄層中に発達し，1～2枚のクロム鉄鉱岩薄層を伴う．リーフには白金族鉱物と硫化鉱物を含み，クロム鉄鉱岩薄層付近でとくに白金族の濃度が高くなる傾向が認められる（図VIII-3）．Merenskyリーフは，下位の岩石を局部的に侵食しており，甌穴，盆状構造などの非調和的な関係で接するが，上位の岩石とは常に調和的である（図VIII-4）．主な白金族鉱物は，ブラジャイト，クーパー鉱，ラウラ鉱，モンチェ鉱などで，これに磁硫鉄鉱，ペントランド鉱，黄銅鉱，黄鉄鉱などの硫化鉱物を伴う．UG-2クロム鉄鉱岩層は同様にUG-2火成岩サイクルの下底に位置し，厚さ60～120cm，Rustenburg層状岩体の東部から西部にわたりMerenskyリーフの下位15～370mの層準に発達する（図VIII-3）．岩層中の白金族濃度は均一でなく，一般に下底付近で最高になり，他の高濃度部が中間および頂部にも現れる．主な白金族鉱物はラウラ

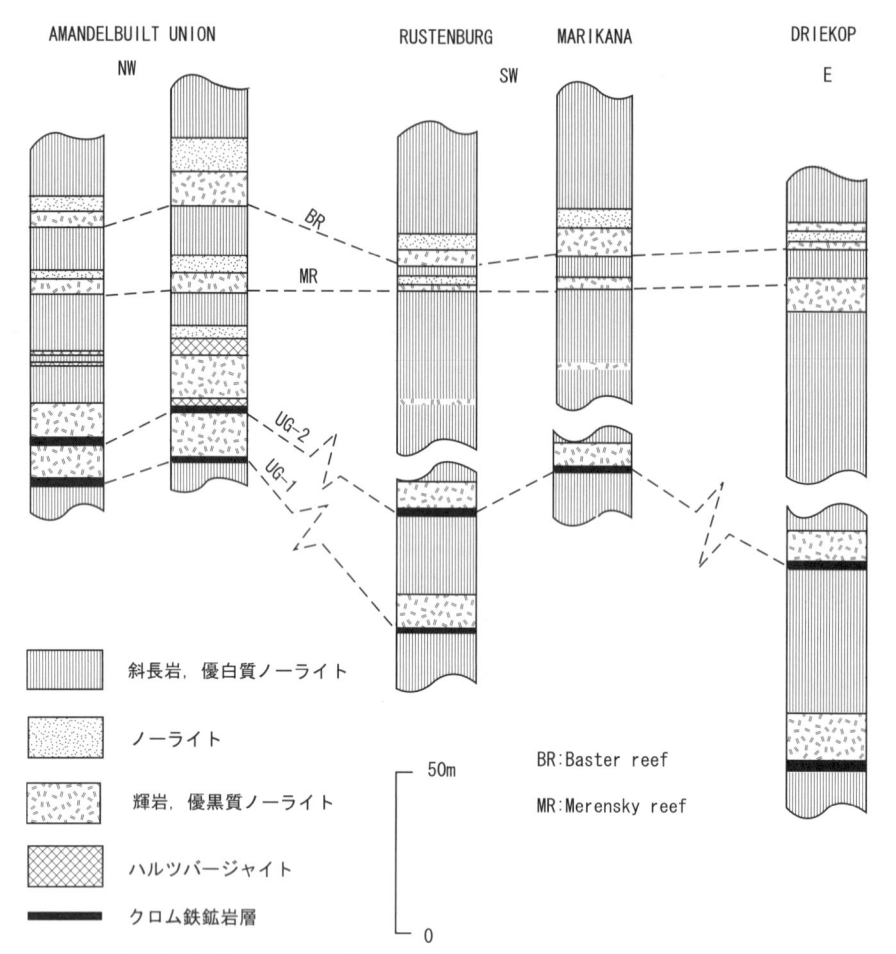

図 VIII-2　Critical zone 上部の火成岩サイクル　－Naldrett et al. (1986) による－

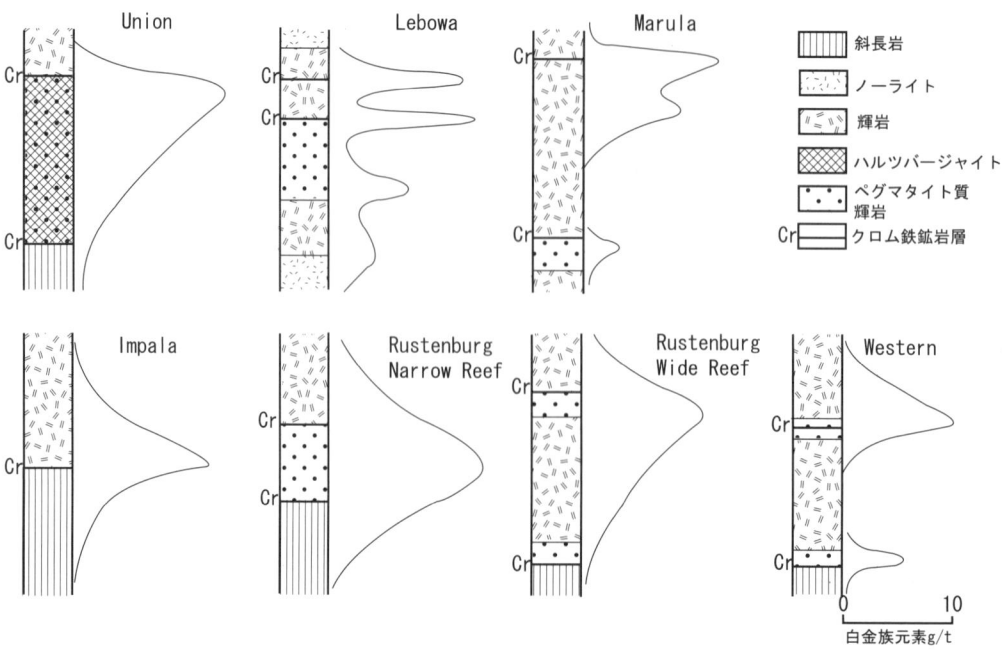

図 VIII-3　Merensky リーフ 柱状図　－Cathorn et al. (2005) による－

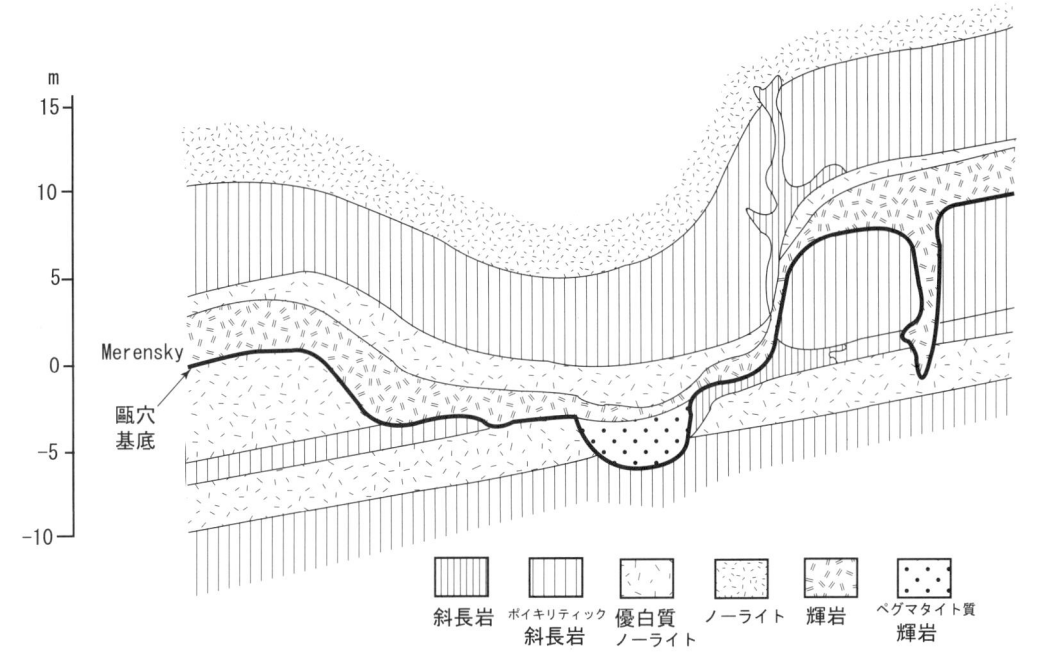

図VIII-4 甌穴を含むMerensky リーフ断面図 －Carr et al.(1999)による－

表VIII-2 Merenskyリーフ，UG-2鉱床の白金族元素・金含有量
－Von Gruenewaldt et al. (1986)による－

鉱床名	PGE+Au(g/t)	Pt%	Pd%	Rh%	Ru%	Ir%	Os%	Au%
Merensky reef								
Union	7.34	58.4	25.3	4.1	6.7	1.9	1.1	2.5
Rustenburg	6.49	55.7	24.2	3.5	7.7	1.2	1	6.6
Marikana	5.95	59	26	3	6	1	1	4
UG-2								
Amundelbelt	6.5	44.8	25.1	9.4	18	2.5	2.5	0.2
Union	5.24	53.8	20.7	8.9	10.5	1.2	1.2	0.6
Maandagshoek	9.64	39.4	38.3	5.2	13.8			1.1
Hackney	6.36	40.8	34.3	7.6	10.2	1.7	1.7	1.2

鉱，クーパー鉱，ブラジャイトなどでその多くはクロム鉄鉱中に包有される．ペントランド鉱，黄銅鉱，磁硫鉄鉱，黄鉄鉱などの硫化鉱物を伴うがその量は，Merensky リーフに比べて遙かに少ない．表 VIII-2 に Merensky リーフおよび UG-2 クロム鉄鉱岩層鉱石の金および白金族元素品位を示した．Plat リーフは，Bushveld 複合岩体の北翼部の岩体最下底に位置し，下位の Tranvaal 層群および基盤岩の花崗岩質片磨岩と直接接する Marginal zone の岩石中に産する．平均品位はPt+Pd+Rh+Au 3g/t である．Upper zone の基底は，斑糲岩質岩中の磁鉄鉱キュームレイトによって定められている．東翼では，基底から 30m の位置に 24 枚の磁鉄鉱層を産するが，下から 4番目の磁鉄鉱層を主磁鉄鉱層（厚さ 2m）と称する（表 VIII-1）．磁鉄鉱層の大部分は 95% 以上の含チタン－バナジウム磁鉄鉱を含む塊状鉱石からなり，主磁鉄鉱層の平均品位は V_2O_5 0.3～2%, TiO_2 8～12% である．

Bushveld 全域のクロム鉱石の年間生産量は，700万 t（Cr$_2$O$_3$ 40～50%），埋蔵鉱量と資源量を合計すると約65億 t（Cr$_2$O$_3$ 45%）である．白金族元素の年間生産量は，金属量として9Moz（252t）（品位4.0～8.0g/t），埋蔵量は63,000tで，資源量を加えると133,000tとなり，これは全世界の資源量の88%にあたる．また，バナジウム鉱石の年間生産量（金属量）は，Mapochs鉱山8,000t（V$_2$O$_5$ 1.4%），Kennedy's Vale鉱山62,000t（V$_2$O$_5$ 1.75%），Rhovan鉱山53,000t（V$_2$O$_5$ 0.6%），全体の埋蔵鉱量は約10億 t と推定されている（Von Gruenewaldt et al., 1986; Cawthorn et al., 2005）．

Great Dyke クロム－白金族鉱床　鉱床を胚胎する Great Dyke は，ジンバブエの中央部に幅5～12km，南北約550kmにわたって延長する長大な苦鉄質～超苦鉄質層状貫入岩体である．この岩体は太古代の花崗岩およびグリーンストン帯を貫いて発達し（2,416±1.5Ma; Hamilton,

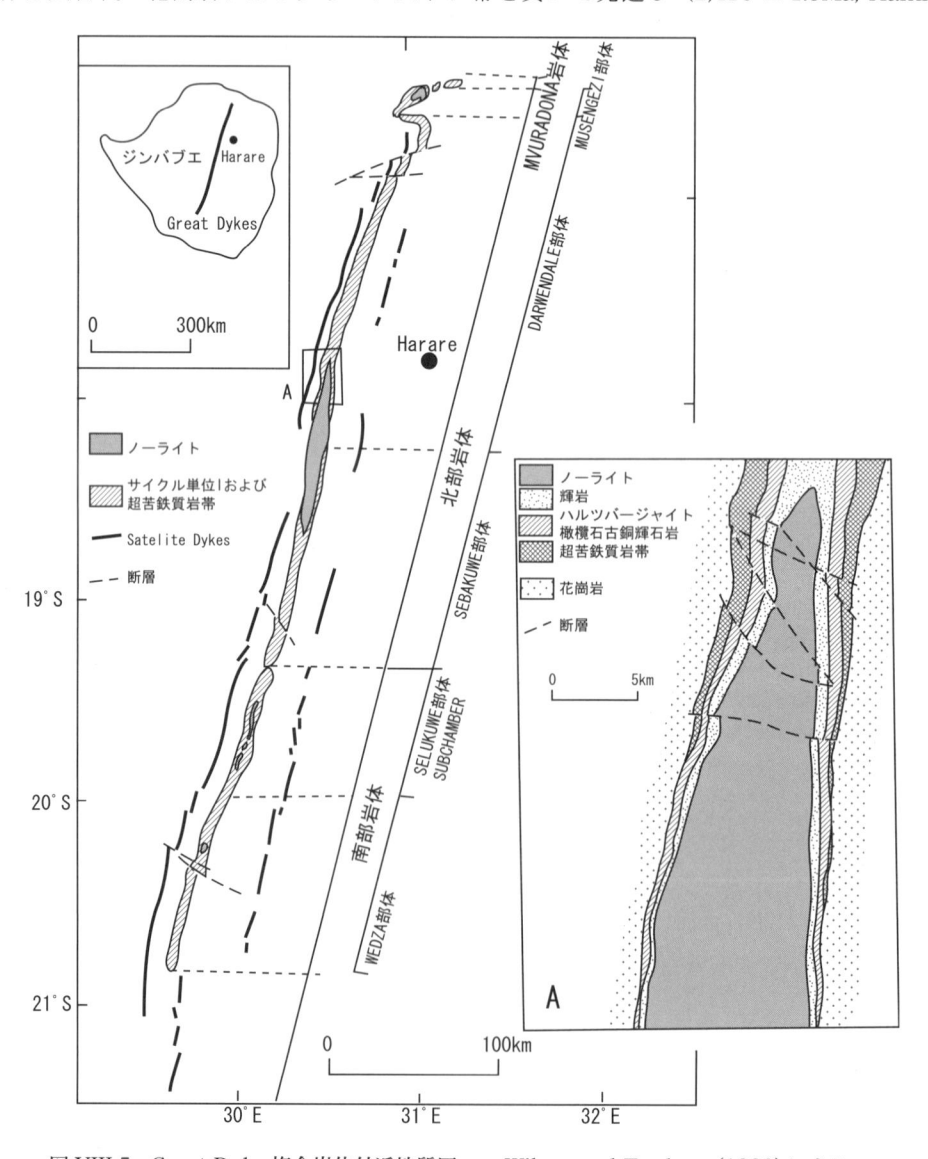

図VIII-5　Great Dyke 複合岩体付近地質図　－ Wilson and Tredoux (1990) による－

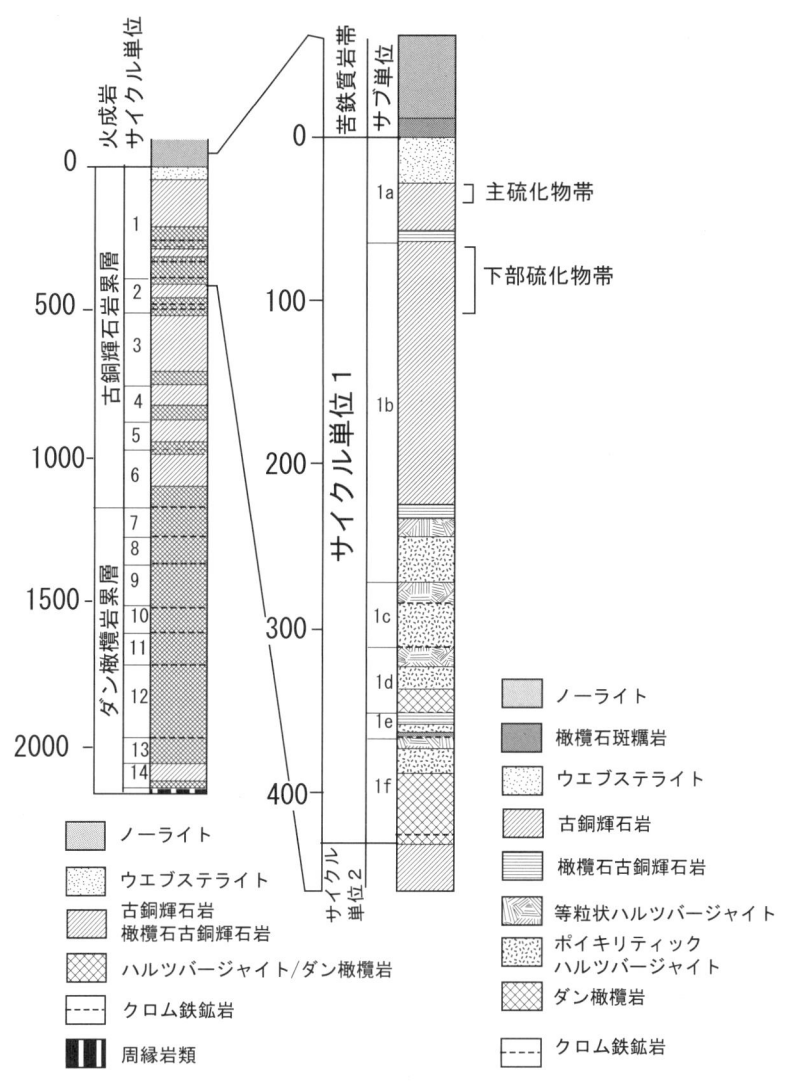

図 VIII-6　Great Dyke Darwendale 部体超苦鉄質岩帯柱状図
－ Wilson and Tredoux (1990) による －

1977), その名称にもかかわらず岩脈ではなく，Zimmbabwe クラトン中に形成された拡張性地溝を充たした層状貫入岩体であり，細長い盆盤状の形態を示す．Great Dyke 層状貫入岩体は，最北部の Muvradona, 北部，南部の3岩体からなり，さらに層の対比，層厚，火成岩サイクル単位に基づき，北部岩体は Musengezi, Darwendale, Sebakuwe の3部体，南部岩体は，Sulkuwe, Wedza の2部体に分割されている（図 VIII-5）．各岩体の層序は，下位からダン橄欖岩累層と古銅輝石岩累層からなる超苦鉄質岩帯と，下部，中部，上部累層からなる苦鉄質岩帯によって構成されている．ダン橄欖岩累層ではクロム鉄鉱岩層を下底としてその上に続くダン橄欖岩からなる火成岩サイクルを示し，古銅輝石岩累層では最下底から上へクロム鉄鉱岩層→ダン橄欖岩→ハルツバージャイト→橄欖石古銅輝石岩→古銅輝石岩のような火成岩サイクルを示す．ただし，後者の火成岩サイクルでは，クロム鉄鉱岩層の発達は貧弱で欠く場合もある．クロム鉄鉱岩層は Musengezi 岩

帯で7層，北部岩体で11層，南部岩体で6層が知られているが，その層厚は最も厚いNo.2層で0.25～0.45m，その他の層は十数cmである．白金族鉱床は古銅輝石岩累層の最上部の火成岩サイクル単位に属する古銅輝石岩中に産し，卑金属硫化物を伴う以外は，岩石組織，化学組成変化を伴わない点で，Bushveldの白金族鉱床と異なる．白金族は下部硫化物帯と主硫化物帯の2層準に濃集する（図VIII-6）．下部硫化物帯は厚さ10～20mの硫化物鉱染帯で白金族の鉱化も弱いが，主硫化物帯は厚さ1.5mで優勢な白金族鉱化帯を形成している．

Great Dyke層状貫入岩体のクロム鉱床は高クロム低鉄鉱石（Cr/Fe＝2.6）を産し，年間生産量は300万t（Cr_2O_3 40%），埋蔵鉱量7億5,300万t（資源量を含む）と報告されている．白金族元素の年間生産量は，金属量として0.27Moz（7.56t）（品位3.7g/t），主硫化物帯の鉱石資源量は約25億tと推定され，白金族平均品位を3.7g/tとすると9,250tとなり，Bushveldに次ぐ世界第2位の白金族鉱床である（Wilson and Tredoux, 1990; Cawthorn et al., 2005）．

Kemiクロム鉱床 フィンランド北部に分布する太古代の花崗岩質片麻岩と，その上に不整合に重なるSvecokarelian片岩類との間にKemi苦鉄質～超苦鉄質層状貫入岩体（2,440Ma）が貫入し，これに伴ってクロム鉱床を産する．Kemi岩体は最大幅1,900m，NE方向に10km以上にわたって延長し，NWへ70°で傾斜する．岩体は下位から上位へ超苦鉄質岩帯，ノーライト帯，斜長岩帯からなる．クロム鉄鉱岩層は厚さ数cm～数mのものが8層超苦鉄質岩体の下部50～200mに濃集し，橄欖岩および輝岩と互層する．主クロム鉄鉱岩層の採掘可能な走向延長は約4.5kmである（図VIII-7）．露天採掘埋蔵鉱量は，Cr_2O_3 26.6%，Cr/Fe＝1.53として4,000万t，その他に資源量1億1,000万tが見込まれている（Alapieti et al., 1989）．

Stillwater白金族鉱床 Stillwater複合岩体は米国モンタナ南部に位置し，WNW方向に約4kmにわたって延長し，北に傾斜する厚さ約6kmの苦鉄質～超苦鉄質層状貫入岩体である（図VIII-8）．その生成年代は2,700Maとされている．岩体は下位から基底岩帯，超苦鉄質岩系，縞状岩系からなり，後2者はそれぞれ，橄欖岩帯，古銅輝石岩帯と下部，中部，下部に分けられている．基底岩帯は，ノーライト，斑糲岩，古銅輝石岩，橄欖岩帯はハルツバージャイトおよび古銅輝石岩，古銅輝石岩帯は古銅輝石岩から構成されている．縞状岩系下部は6単位の火成岩サイクルからなる．鉱床はそのなかのOBI単位において，橄欖石集積岩と橄欖石－斜長石集積岩の境界部に産し（図VIII-9），厚さ1～3m，走向方向に約40km追跡される層状のリーフ型鉱床で，J-Mリーフ鉱床と称する．主要な白金族鉱物はモンチェ鉱，ブラジャイト，クーパー鉱，コツルスキー鉱，イソ鉄白金などで，随伴する硫化鉱物として黄銅鉱，磁硫鉄鉱，ペントランド鉱，黄鉄鉱を産する．年間生産量は，白金族金属量として0.6Moz（16.8t）（品位22g/t），埋蔵量（金属量）は900t（鉱石品位Pt+Pd 17g/t，Pt/Pd＝0.25），資源量（金属量）は2,000tである．

鉱床生成機構 層状貫入岩体は，マグマのただ1回の注入によってではなく，注入の繰り返しによって生成される．この注入は乱流的であり，したがって，マグマ溜内で残留マグマを引きずり込みこれと混合する．その結果，生成された混成物は適当な密度水準まで上昇し，乱流的対流層を形成して広がる（図VIII-10）．Irvine（1977）は，分化残留マグマが，新しく注入された，より未分化のマグマと混合することにより，苦鉄質～超苦鉄質層状貫入岩体中のクロム鉱床が生成することを示した．図VIII-11は，クロム鉄鉱岩層生成を説明するための相図である．図において，マグマ溜の組成fのマグマから斜方輝石が晶出しつつあり，注入されたマグマの組成をaとする．マグ

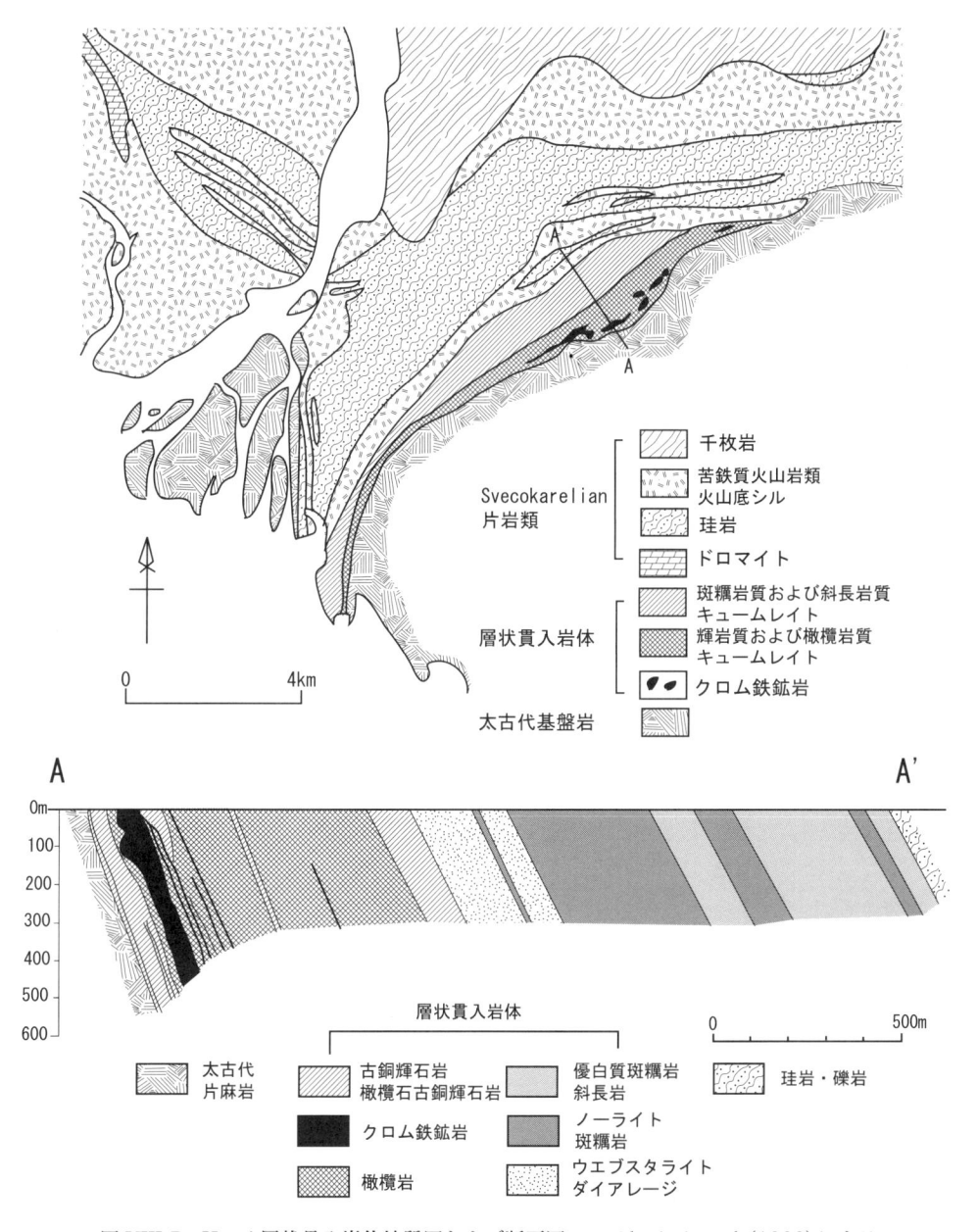

図 VIII-7 Kemi 層状貫入岩体地質図および断面図 － Alapieti et al. (1989) による－

マaは高温の液相面温度を有するので，橄欖石－クロム鉄鉱境界線に沿ってaからbまで分化を始め，この間，マグマ溜の底に結晶を沈殿しクロム鉄鉱を僅かに含んだ橄欖岩層を形成する．しかし，古いマグマと新しいマグマは混合して解け合い，その混成物は混合・溶解線bfに沿って進化する．混成物の組成を例えばcとすれば，cはクロム鉄鉱フィールドにあるので混成マグマからはクロム鉄鉱が晶出しクロム鉄鉱岩層を形成する．斜方輝石とクロム鉄鉱は反応関係にあるので，液相の組成はdに向かって変化し，クロム鉄鉱の晶出は止まり再び斜方輝石の晶出が始まる．したがって，火成岩サイクルは輝岩－橄欖岩－クロム鉄鉱岩－輝岩となって Bushveld Steelport 鉱床

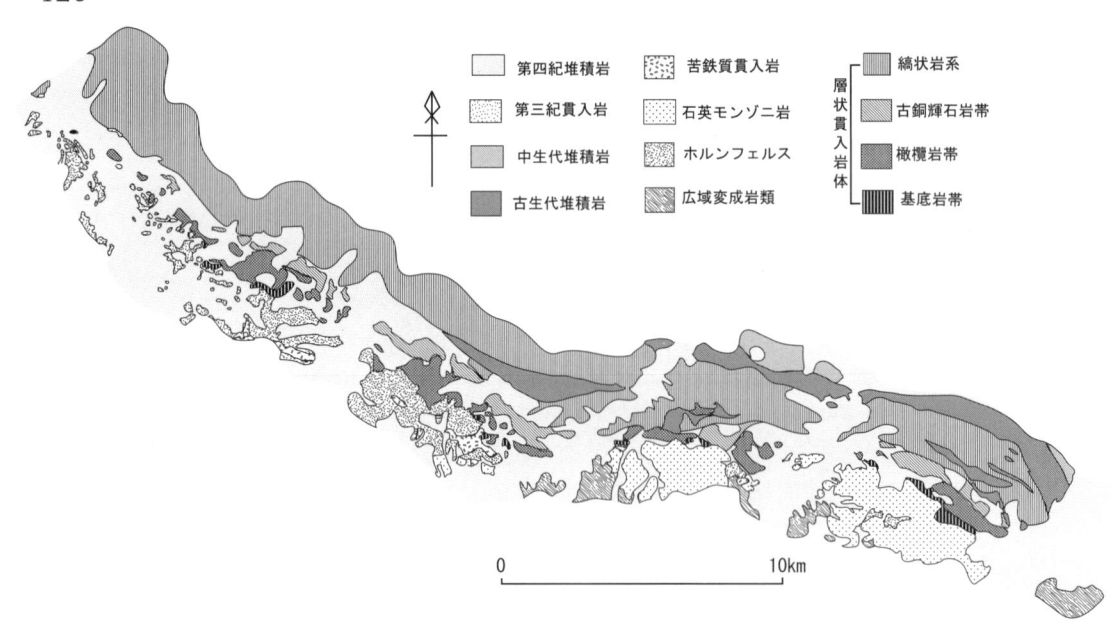

図VIII-8　Stillwater層状貫入岩体地質図　－Page and Nokleberg (2002) による－

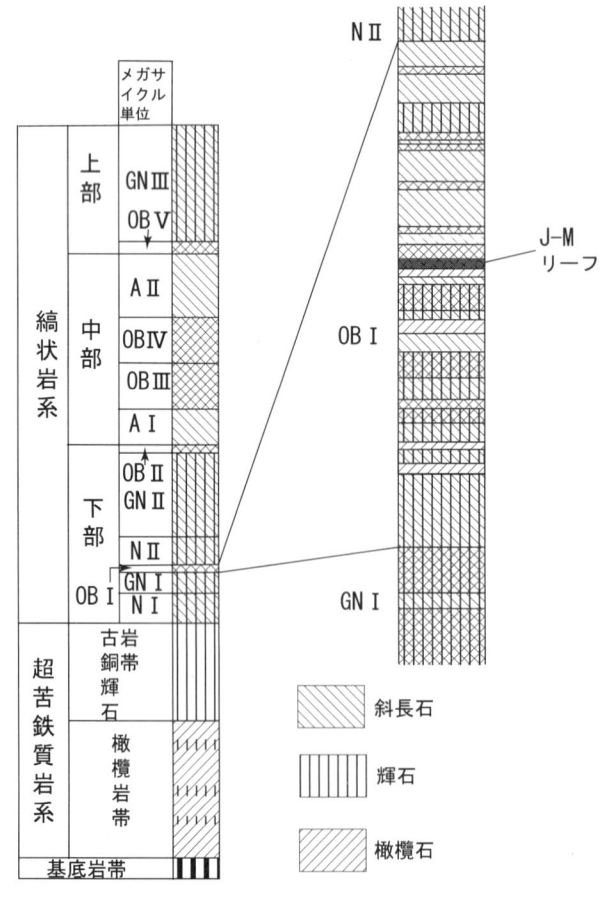

図VIII-9　Stillwater層状貫入岩体柱状図　－Naldrett (1993) による－

図 VIII-10　マグマの乱流的注入
　－ Naldrett (1993) による－
(マグマ溜中に高密度の A マグマとより低密度の B, C マグマが注入されると A の場合は乱流的噴出, B, C の場合は乱流的プリュームが起こる. とくに C の場合は第1層と第2層の間にマグマが注入される.)

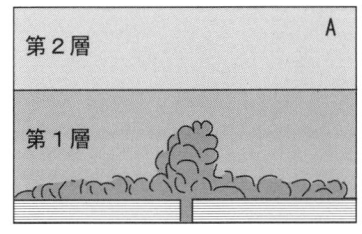

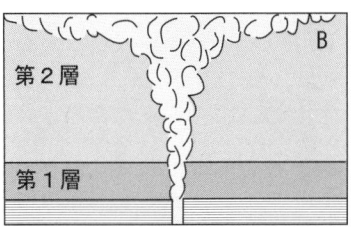

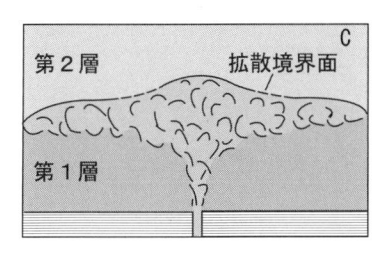

に一致し, 逆に注入マグマの量が多く混成マグマの組成が g のようであれば, 火成岩サイクルは橄欖岩－クロム鉄鉱岩－橄欖岩となり, Great Dyke あるいは Kemi 鉱床と一致する.

　図 VIII-12 は Naldrett and von Gruenevaldt (1989) によって推定された Bushveld マグマの分化過程での硫化物溶解度曲線である. 点 A のような硫化物を含むが飽和

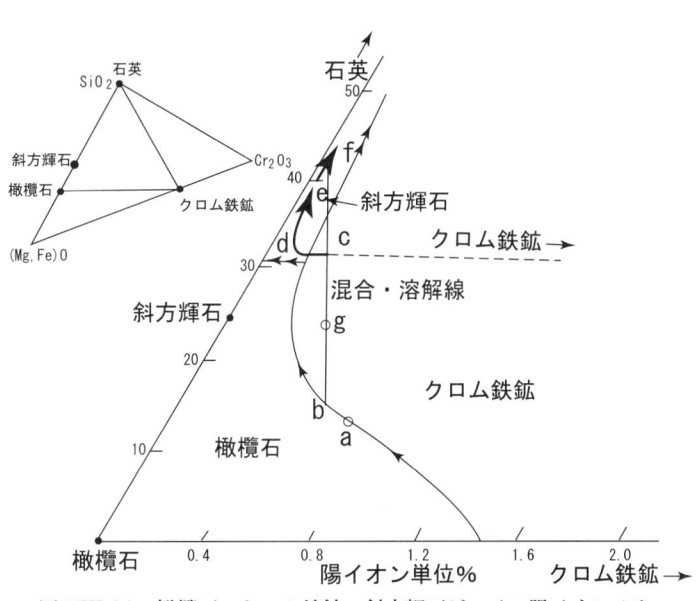

図 VIII-11　橄欖石－クロム鉄鉱－斜方輝石ジョイン陽イオンノルム投影図　－ Irvine (1977); Irvine et al. (1983) による－

していない初期マグマを考える. 結晶化が進むとマグマの組成は図の左から右に移動し, 硫化物の量は A－B の経路をたどり, B 点で飽和に達する. さらに結晶化が進むとマグマの硫化物溶解量は溶解度曲線に沿って減少するので硫化物の分離が起こる. 白金族の硫化物への高い分配係数により, 初期に沈殿する硫化物は白金族に富むが, マグマ中の白金族が急速に減少するため, 後期に沈殿する硫化物は白金族に乏しくなる. これらの硫化物はサイクル単位の基底に伴うことはなく, 硫化物を生ずるマグマの液相面上に斜長石が存在する必要もない. もし, マグマ溜のマグマがまだ斜方輝石フィールドにあるような初期段階において, 新しく組成 A のマグマが注入され少量のマグマと混合したとすると, その混合物は硫化物溶解度曲線の不飽和側にある. 図 VIII-12 において, 組成 A のマグマが注入されて生成されるクロム鉱床には硫化物を伴わず, したがって白金族も伴わない.

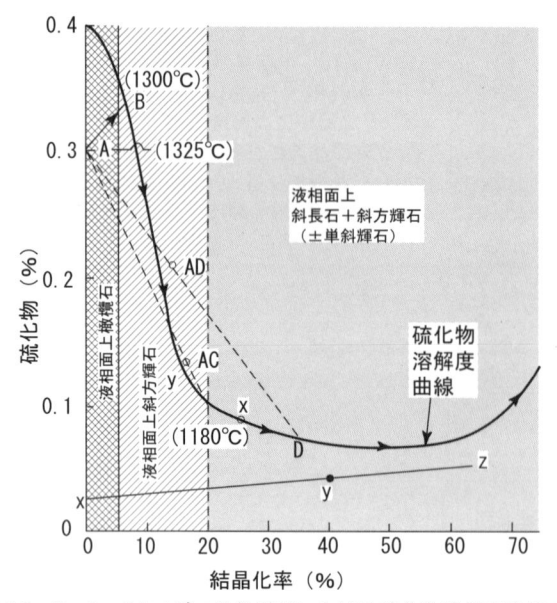

図VIII-12 Bushveldマグマ分化過程における硫化物溶解度曲線の概念図
— Naldrett and von Gruenevaldt (1989) による —

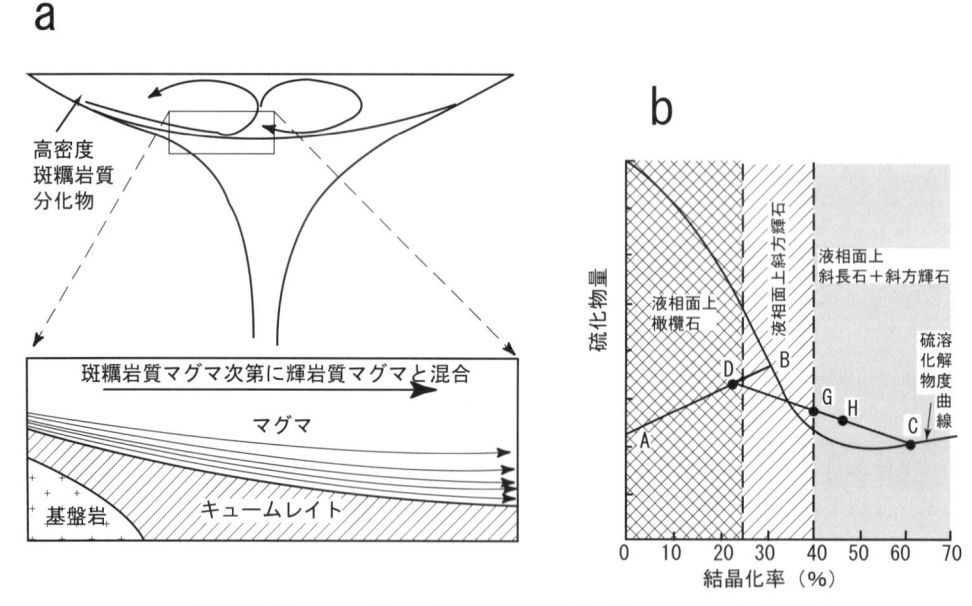

図VIII-13 a マグマの対流と差別分化を示すGreat Dyke断面図,
b Great Dykeマグマ分化過程における硫化物溶解度曲線の概念図
— Naldrett (1993) による —

　一方，組成Dのような斑糲岩組成の斜長石の集積物を生ずるようなマグマに新しく組成Aのマグマが等量かやや多く注入されたとすると，その混合物はAD点のような硫化物溶解度曲線の飽和側にある可能性があり，その場合は硫化物が沈殿する．残留マグマおよび注入マグマ両者がクロム鉄鉱に飽和していれば，白金族に富むクロム鉄鉱岩を生じ，またもし，両方の，あるいは一方のマグマがクロムに乏しければリーフ型の白金族鉱床を生ずる．

前述のように珪酸塩の結晶化によって分化しつつあるマグマはしばしば硫化物について飽和し，サイクル単位あるいは集積鉱物に関係なく白金族に富んだ硫化物を沈殿する．Great Dyke の下部硫化物帯はこれによって説明できるが，主硫化物帯は硫化物濃度が高く（1.5～3%）説明できない．Great Dyke は図 VIII-13a に示すように断面がラッパの口のような形をしている．この口の端では熱が中心部より急速に失われるので，より早く分化が進行し斜長石も早期に晶出する．このような斑糲岩質マグマ C（図 VIII-12b）が中心部に移動し，より未分化なマグマ D と混合して硫化物に飽和したマグマ G, H が生ずれば主硫化物帯のような白金族鉱床が生成されると考えられる (Naldrett, 1993).

（2）オフィオライト超苦鉄質岩中のクロム鉱床

この型の鉱床はアルプス型超苦鉄質岩中のクロム鉱床あるいは"さや状"クロム鉱床とも呼ばれ，その分布はきわめて広範で世界の古生代以後の，ほとんどすべての造山帯にわたっている．主要な鉱床の多くは，海洋内発散プレート縁辺部における背弧拡大軸に形成された海洋プレート片である所謂超沈み込み帯オフィオライト中に位置する (Zhou and Robinson, 1997). 主要な産地はカザフスタン，トルコ，イラン，アルバニアで，その他ロシア（ウラル），中国，キューバ，キプロス，ギリシャ，ニューカレドニア，オマーン，パキスタン，フィリピンなどが知られている．日本でかつて操業されていた若松，広瀬，日東などの鉱床もこの型に属する．

苦鉄質～超苦鉄質層状貫入岩帯中のクロム鉱床に比べて，オフィオライト超苦鉄質岩中のクロム鉱床はきわめて不規則な産状を示す．クロム鉄鉱の濃集の程度も粗粒塊状の高品位鉱から細粒鉱染状の低品位鉱まで変化する．低品位鉱の場合は比較的母岩の構造に調和的で，連続性の良くない層状あるいはレンズ状をなすが，高品位鉱の産状は，より不規則であり，層状をなすことは稀で，多くの場合，パイプ状，さや状，袋状を呈する．パイプ状鉱体は母岩の線構造に平行か，二つの断層の交線に沿って延長する．さや状鉱体では母岩の層状構造に平行なこともあるが，斜行する場合もある．袋状あるいはさらに不規則な形態を示すときは母岩の岩相や構造と無関係に見えることが多い．上述のような鉱床の形態，鉱石品位の変化がニューカレドニアのような一つの鉱床地域で起こることも稀ではない (Nicolas et al., 1981).

この型の鉱床は，輝岩よりもハルツバージャイトあるいはダン橄欖岩と，より密接に関係している．鉱床は種々の程度に蛇紋岩化した橄欖岩，残留マントル・ハルツバージャイト，キュームレイトダン橄欖岩中に不規則に産し，母岩の橄欖岩の大きさと鉱床の大きさとは関係がない．鉱床は一般に母岩とともに激しい変形を受けているが，比較的稀にオフィオライト層序を示す橄欖岩と斑糲岩の境界と一定の空間的関係を保って橄欖岩中に分布することがある．後者の例としてはフィリピン，ルソン島の Zammbales 地域 (Fernandez, 1960)，キューバ中央部の Camafauey 地域 (Flint et al., 1960)，オマーン北部 (Coleman, 1977) があげられる．

鉱床に含まれるクロム鉄鉱の化学組成は変化に富んでおり，これは鉱床が生成されたマントルの複雑な歴史を反映しているものと考えられる．その範囲は，Cr_2O_3 16.4～64.8%，Al_2O_3 6.6～51.3%，FeO 9.3～13.4%，MgO 15.1～17.7% で Cr_2O_3 と Al_2O_3 は互いに反比例の関係にある (Thayer, 1964). 一つの鉱床地域で高クロム鉱石と高アルミニウム鉱石を産することがある．

Donskoy クロム鉱床　本鉱床はカザフスタン北西部にあり，ウラル造山帯南部に位置する．ウ

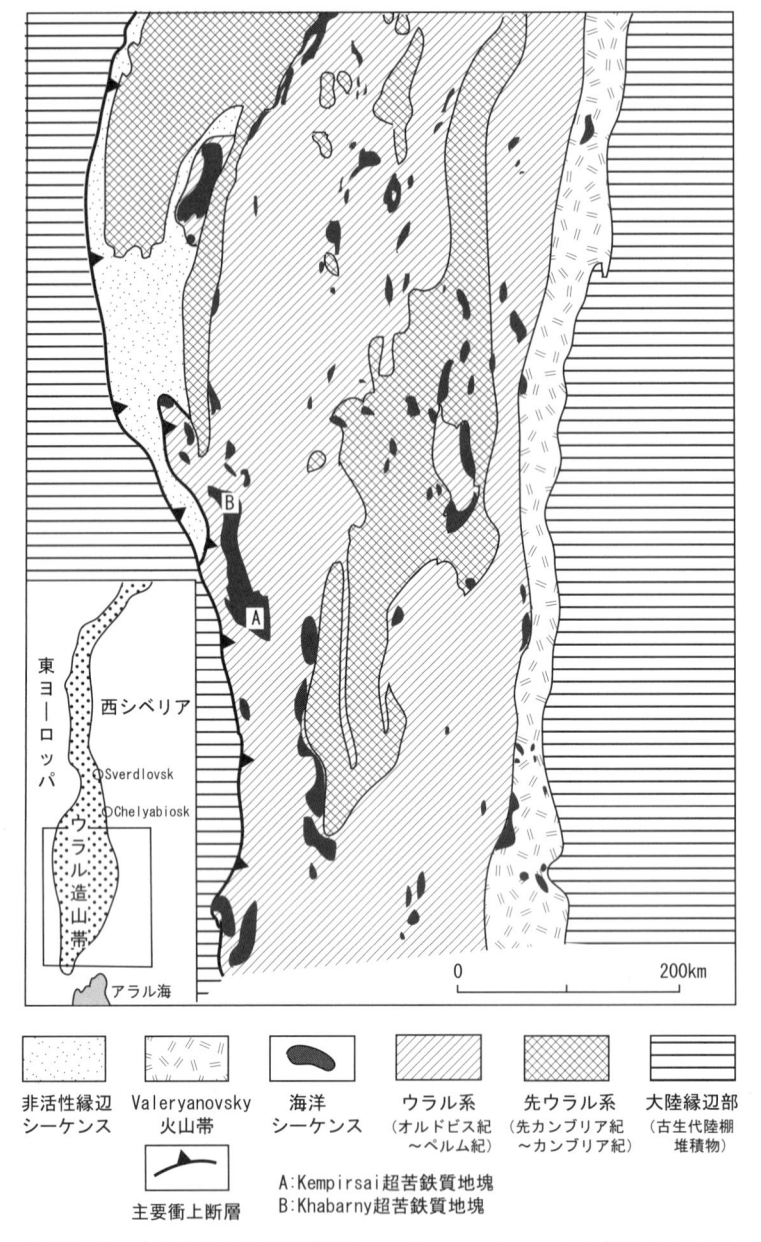

図 VIII-14 ウラル造山帯南部構造図 － Zonnenshain et al. (1984) による－

凡例：
- 非活性縁辺シーケンス
- Valeryanovsky 火山帯
- 海洋シーケンス
- ウラル系（オルドビス紀〜ペルム紀）
- 先ウラル系（先カンブリア紀〜カンブリア紀）
- 大陸縁辺部（古生代陸棚堆積物）
- 主要衝上断層
- A: Kempirsai 超苦鉄質地塊
- B: Khabarny 超苦鉄質地塊

ラル造山帯は幅平均 400〜450km，南北に数千 km にわたって延長し，古生代後期から三畳紀後期にかけて起こった北ヨーロッパプレートとカザフスタンプレートの衝突によって形成された．ウラル造山帯は先カンブリア系〜カンブリア系からなる先ウラル系，オルドビス系〜ペルム系からなるウラル系，古ウラル海，縁海の海洋プレートからなる海洋シーケンス，石炭紀にカザフスタン側に形成された火山弧である Valerianovsky 火山帯，ペルム紀モラッセからなる非活性縁辺シーケンスによって構成されている（図 VIII-14）．海洋シーケンスはしばしば大規模な超苦鉄質地塊を形成し，Donskoy クロム鉱床は，その一つである Kempirsai 超苦鉄質地塊中に胚胎する．

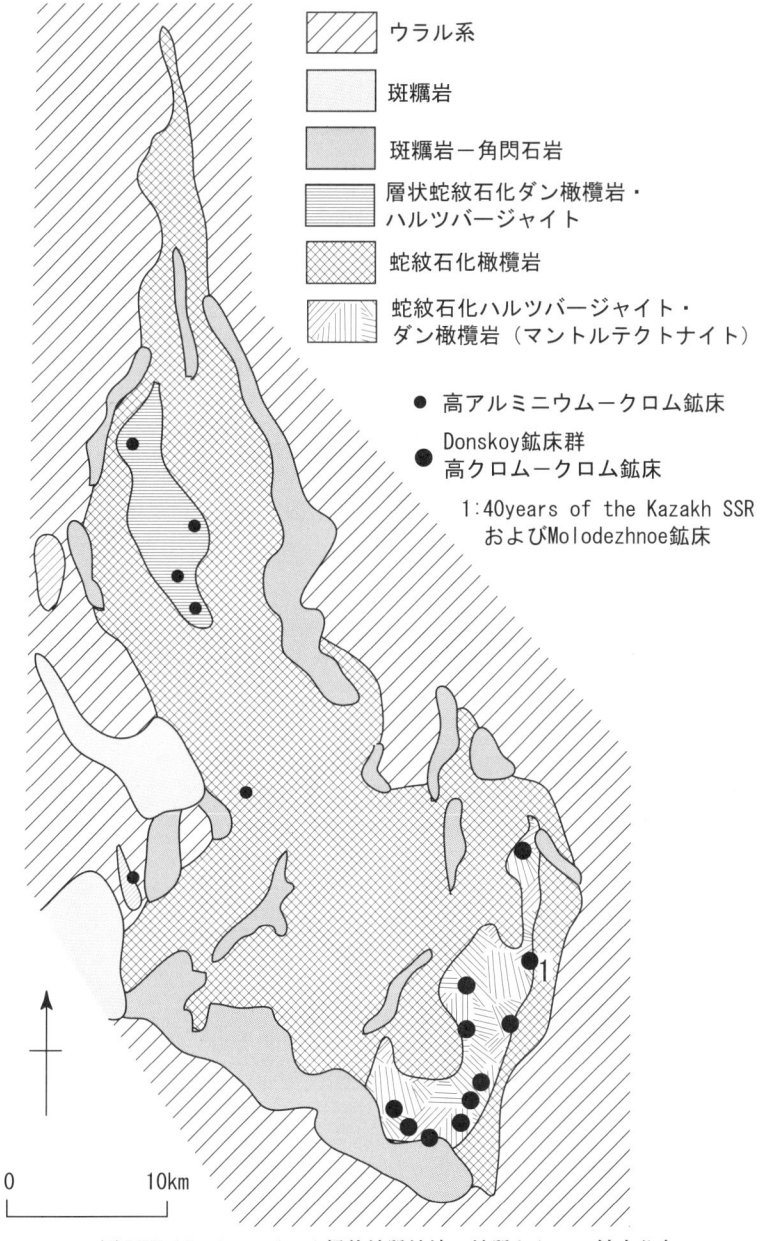

図 VIII-15　Kempirsai 超苦鉄質地塊の地質とクロム鉱床分布
　　　　　− Melcher et al. (1994) による −

　Kempirsai 超苦鉄質地塊は，マントルテクトナイトおよび層状超苦鉄質岩体を含むダン橄欖岩とハルツバージャイトを主とする超苦鉄質岩類からなり，周辺部に斑糲岩，斑糲岩−角閃岩を伴う（図 VIII-15）．これらは海洋プレートの一部が異地性岩体としてオブダクトしたオフィオライトと考えられる．鉱床は Kempirsai 超苦鉄質地塊の南東部および北部に分布する．前者は高品位の高クロム鉱石を産する多数の大規模鉱床からなり，Donskoy 鉱床群と呼ばれる．後者はいずれも小規模であるが，高アルミニウム鉱石を産する（図 VIII-15）．Donskoy 鉱床群の鉱床はいずれもダ

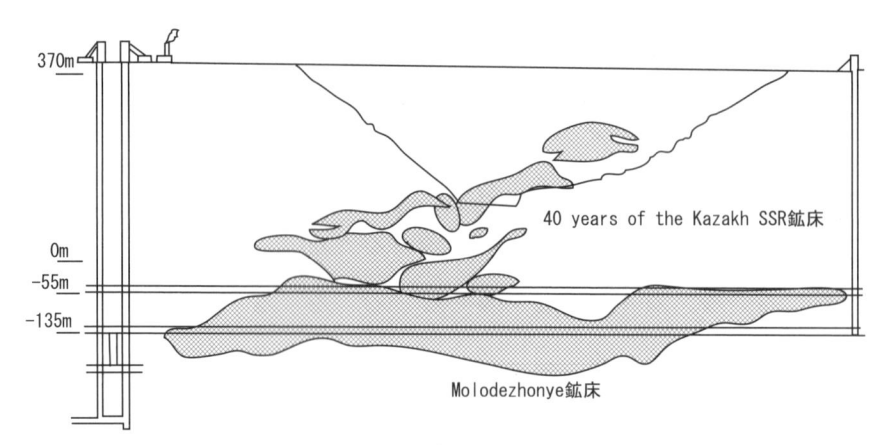

図VIII-16 40years of the Kozakh SSR鉱床およびMolodezhnoye鉱床断面図 －中山（1995）による－

ン橄欖岩中に産し，さや状あるいは芋状を呈する．図VIII-16に40 years of the Kozakh SSR鉱床（露天採掘）およびMolodezhnoye鉱床の断面図を示す．

Molodezhnoye鉱床は本地域最大規模の鉱床で1,500m×400m，厚さ140mに達する．Donskoy鉱床全体の確定鉱量はCr_2O_3 43～44%として約4億t，資源量は約10億tとされている（中山，1995）．

VIII-2 液相分離鉱床

（1）苦鉄質～超苦鉄質貫入岩体中のニッケル－銅鉱床

マグマ・ニッケル－銅鉱床を産する苦鉄質貫入岩は，クラトン中に貫入したものと，造山時貫入岩とに大別できる．クラトン中に貫入したものは，さらに洪水玄武岩に関係ある貫入岩とこれに関係ない貫入岩とに分けられる．前者の例として，米国ミネソタのDuluth複合岩体，南アフリカのInsizuwa-Ingeli複合岩体，ロシア・シベリア地域のNorli'sk-Talnakh貫入岩体があげられる．これらは，洪水型のソレアイト玄武岩に伴って産し，洪水玄武岩と同一マグマ起原を有すると考えられる．後者にはカナダのSudbury複合岩体の1例があるのみである．両者ともソレアイト岩系に属し層状構造を有するが，細かい火成岩サイクルは示さない．造山時貫入岩は，原生代および古生代以後の造山運動に伴うソレアイトマグマの貫入によって形成され，不規則な層状構造，多種類の岩型，部分的な変成，変形作用によって特徴付けられる．この型の苦鉄質貫入岩はアパラチア－カレドニア造山帯に広く産し，ニッケル－銅鉱床を伴う例として，ノルウェーのRona岩体，米国メインのMoxie-Katahdin斑糲岩などが知られているが，ニッケル－銅資源として重要な鉱床は認められていない（Naldrett, 1989）．マグマ・ニッケル－銅鉱床を産する超苦鉄質岩としては中国甘粛省Junchuan（金川）複合岩体が知られている（Tang, 1993）．

マグマ・ニッケル－銅鉱床は，多くの場合貫入岩体の基底部に層状あるいはレンズ状をなして産する．この型の鉱床が生成されるためには，(a)主マグマが硫黄に飽和していること，(b)形成される液相硫化物の滴状体の量が十分に多く，比較的に大型で急速に沈降できることが必要である．

マグマ・ニッケル－銅鉱床に産する主要なニッケル鉱石鉱物は，ペントランド鉱であるが，磁硫

鉄鉱およびトロイライト中には少量のニッケルが固溶されている．銅の主要鉱物として，黄銅鉱，キューバ鉱，斑銅鉱を産する．また，この型の鉱床には白金族鉱物を伴うことが多く，主としてイソ鉄白金，クーパー鉱，砒白金鉱などを産する．

Norli'sk-Talnakhニッケル－銅鉱床 本鉱床はロシア中央シベリア高原北西部にあり，地質的にはシベリア卓上地北西端に位置する．古生代末までに東ヨーロッパ，カザフスタン，シベリア地塊は衝突合体したが，三畳紀初期から中期にかけて東ヨーロッパ－カザフスタンとシベリア間，タイミル半島とシベリア間で大陸分裂が起こり，これに伴って大規模な洪水玄武岩が噴出した（図VIII-17）これと同時に洪水玄武岩の下位にある堆積岩中に粗粒玄武岩および斑糲岩が貫入しており，鉱床はこれら貫入岩の中，分化したシル（248 ± 4Ma）の基底部に胚胎する．

本地域の地質は，下から下部古生代の海成ドロマイト，石灰岩，粘土質岩，デボン紀の石灰質およびドロマイト質泥灰岩，ドロマイト，硫酸塩に富む蒸発岩，下部石炭紀の浅海性石灰岩，これら

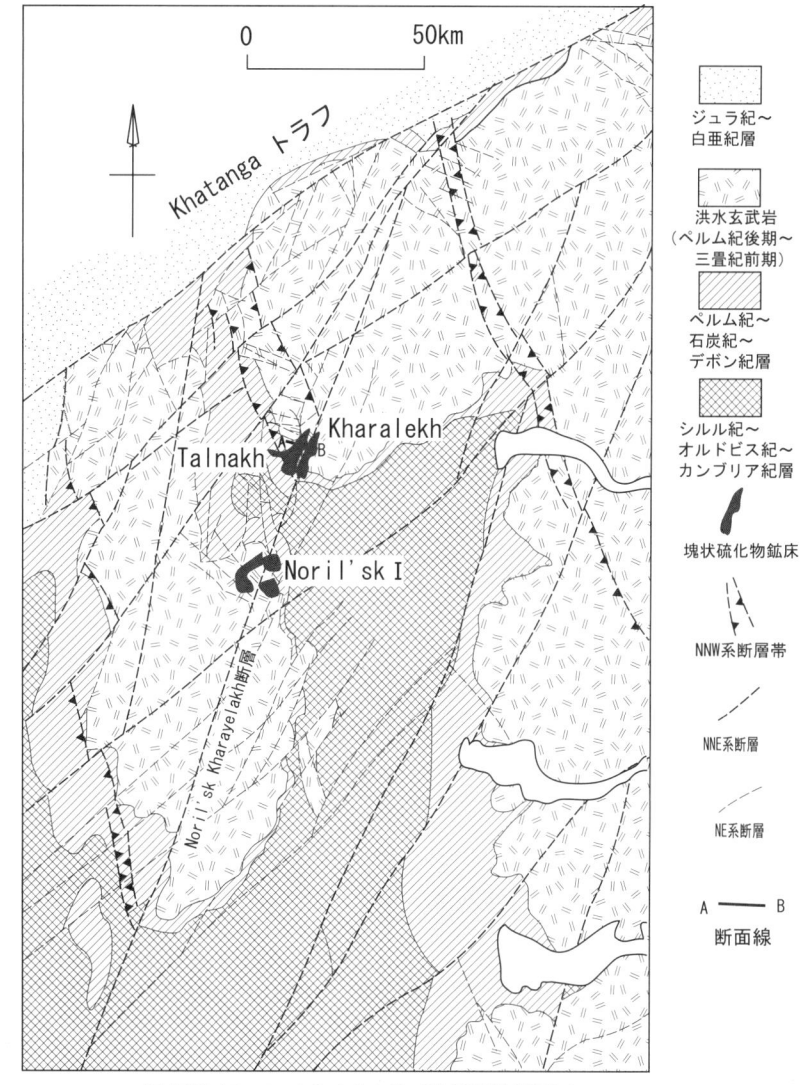

図VIII-17 シベリア卓上地西北端部地質概図
― Naldrett et al. (1992); Barnes and Lightfoot (2005) による ―

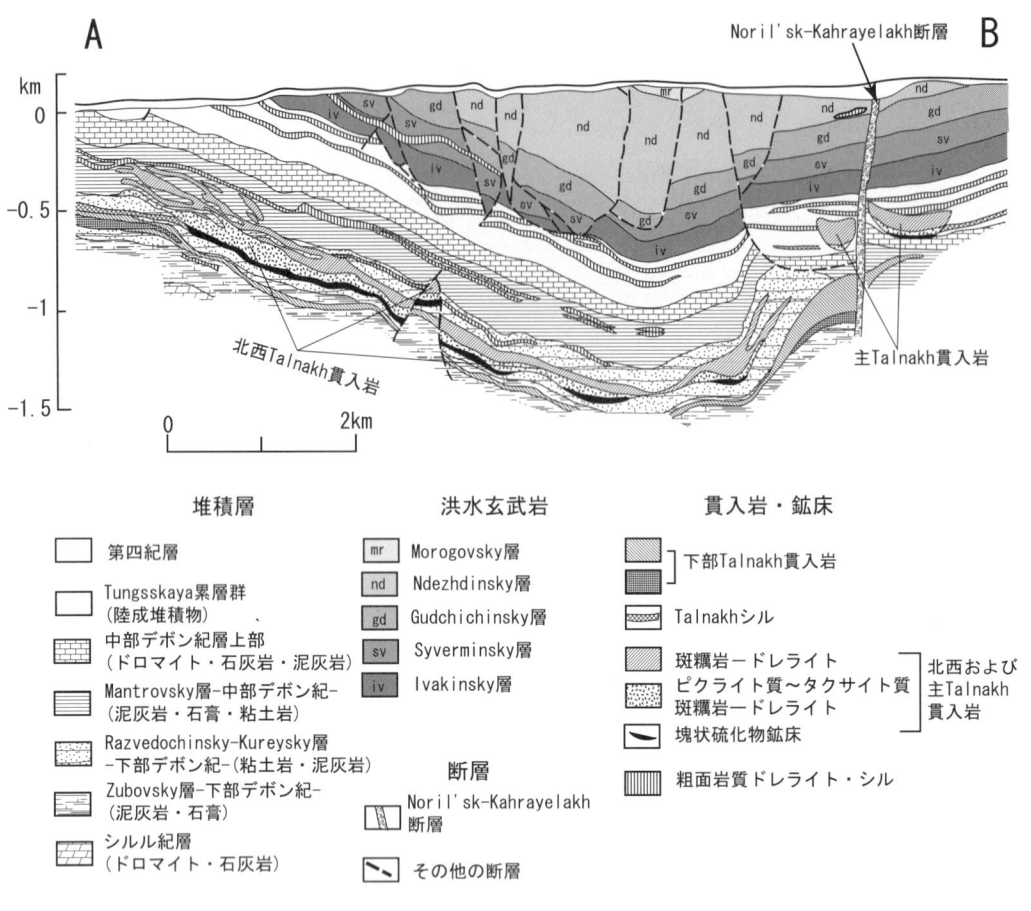

図VIII-18 Talnakh鉱床断面図 － Naldrett et al. (1995) による－

を不整合に覆う中部石炭紀から上部ペルム紀の潟成および陸成シルト岩，砂岩，礫岩，石炭層，さらにこれらシベリア卓上地の堆積岩類を覆うペルム紀後期から三畳紀初期の洪水玄武岩および貫入岩類からなる（図VIII-17, 18）．洪水玄武岩はシベリアトラップと呼ばれ，その厚さは約3.5kmに達し，溶岩と凝灰岩の互層をなす．貫入岩としてはアルカリ岩質シル，未分化粗粒玄武岩岩脈およびシル，種々の岩石組織を示す斑糲岩などを産する．

　鉱床を胚胎する貫入岩は，Noril′sk I, Talnakh, Kharalakh の3岩体で（図VIII-17），他に鉱石鉱物を鉱染する多くの貫入岩体が認められるが，採掘可能なものは上記3岩体中の鉱体のみである．これら3岩体は比較的高濃度のCr（平均184ppm）を含み，地殻を切る長さ約100kmのNoril′sk-Talnakh断層に沿って分布するように見える．高品位の塊状鉱石はシルの下底部に産し，厚さ3〜10mに達する．塊状鉱石の上位のタクサイト質またはピクライト質斑糲岩ないし粗粒玄武岩中には鉱染鉱石を産するが（図VIII-18），塊状鉱と鉱染鉱の間は漸移関係ではない．岩体の上部および周辺には銅鉱石を産することがある．一般に塊状鉱石は鉱染鉱石に比較してNi, Rh, Ru, Ir, Osに富み，Cu, Pt, Pd, Auに乏しい（Naldrett et al., 1995）．塊状鉱と鉱染鉱を構成する主要な金属鉱物は，単斜および六方磁硫鉄鉱，トロイライト，ペントランド鉱，黄銅鉱，キューバ鉱，タルナカイト，モイフーカイトなどである（Naldrett et al., 1989）．

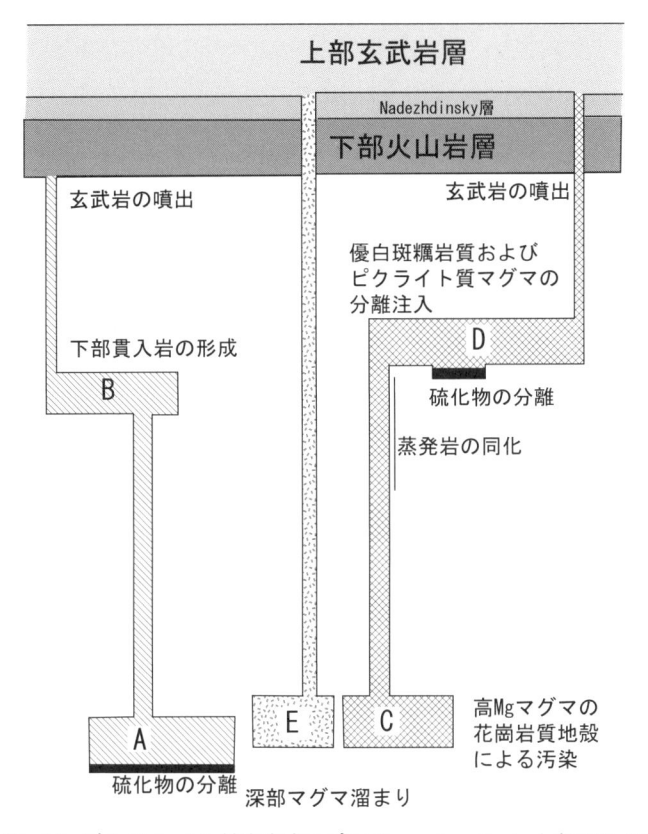

図 VIII-19 Noril'sk-Talnakh 鉱床生成モデル図 — Arndt et al. (2003; 2005) による —

　Naldrett et al. (1992; 1995) は本地域の洪水玄武岩と貫入岩類の微量化学分析に基づき，次のような鉱床生成過程を提案している．(1) ソレアイト系の橄欖石成分に富むマグマが，Noril'sk-Talnakh 断層に沿って上昇し，地殻中部あるいは上部にマグマ溜を形成する．(2) そこでマグマは結晶分化を起こすと同時に硫黄を含む地殻物質に汚染され，不混和硫化物流体を分離する．(3) この混成マグマはやがて上昇して洪水玄武岩層の底部に達するが，直接地表には出られず浅所マグマ溜を形成する．このマグマ溜は堆積岩中の硫黄を取り込んでさらに不混和硫化物流体を増加させる．(4) マグマ溜下部に沈んだ不混和硫化物流体に富むマグマは，洪水玄武岩層の下位にある堆積岩中に侵入し鉱床を形成する．(5) 一方，浅所マグマ溜中の上部マグマは，Ni, Cu, 白金族に乏しくなり，貫入岩体の周辺部から断層などのフィーダーを通り地表に達して上位の洪水玄武岩層を形成する．

　これに対して Arndt et al. (2003; 2005) は，Nd, Os, Sr の同位体分析と橄欖岩の Ni 含有量に基づき，次のような生成モデルを提案した（図 VIII-19）．(1) 深部マグマ溜 (A) に侵入したマントルからのマグマは，ここで強く地殻物質に汚染され不混和硫化物流体を分離沈降して鉱床を形成する．親銅元素に乏しくなったマグマは上昇して下部 Talnakh 貫入岩体を形成するとともに地表に噴出し，洪水玄武岩として Nadezhdinsky 層（図 VIII-18）を形成する．(2) 一方マントルからのピクライト質マグマが深部の他のマグマ溜 (E) に侵入する．このマグマは結晶分化は行うがあまり地殻

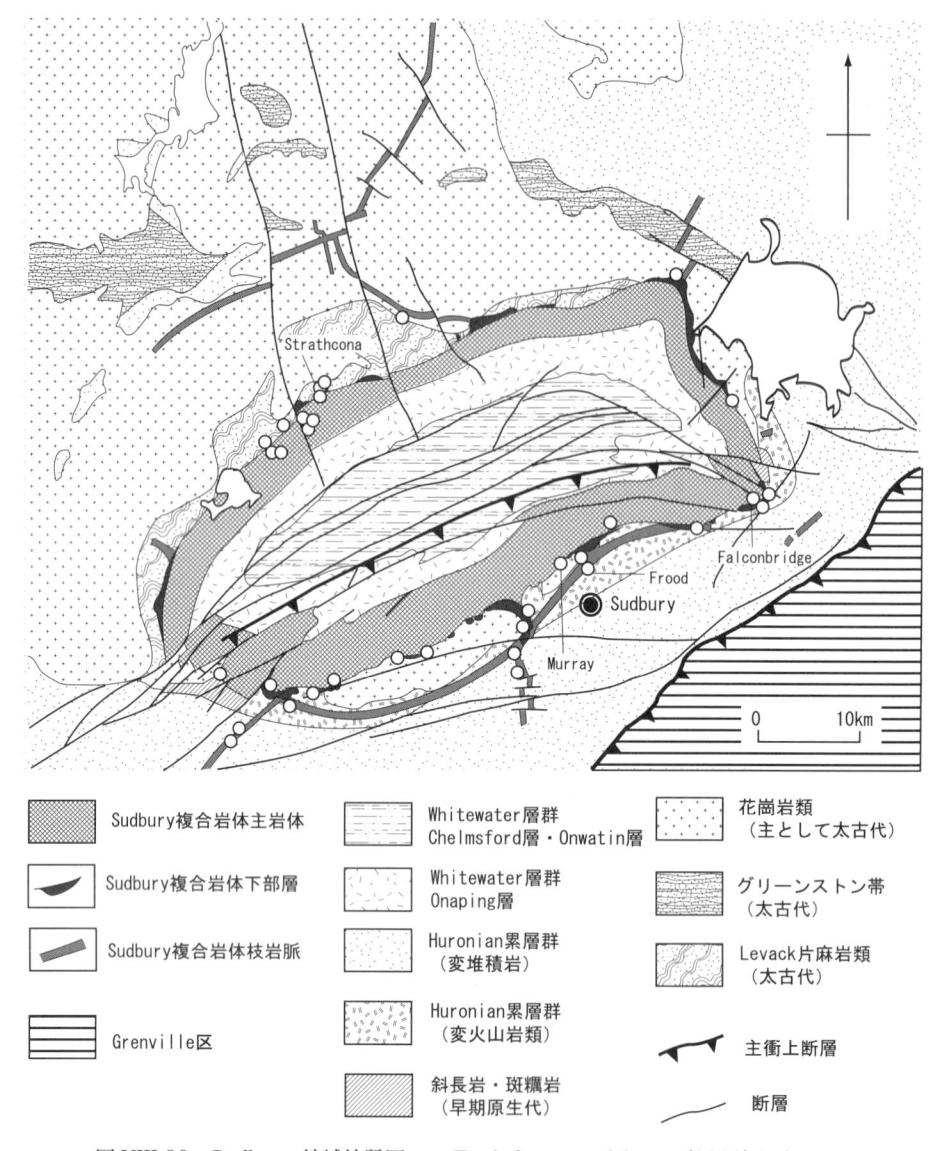

図 VIII-20　Sudbury 地域地質図　－Tuchsherer and Spray (2002) による－

物質に汚染されず，硫化物を分離するに至らない．このマグマが直接地表に噴出した場合は，鉱床を生成せず Nadezhdinsky 層より上位の洪水玄武岩を形成する．(3) マグマ溜 (C) において僅かに汚染したのみで親銅元素に富んだまま，他の経路を通り，硫酸塩および石炭を含んだ地層に遭遇すると硫化物液滴を分離し，浅所のマグマ溜に到達し沈降して塊状硫化物層を形成する．珪酸塩の一部は地表に到達して Nadezhdinsky 層より上位の洪水玄武岩層の形成に加わる．

　Norli'sk-Talnakh ニッケル－銅鉱床の 2001 年におけるニッケル鉱石産出量は，金属量にして約 25 万 t で，世界の産出量の 19% に相当し，世界第 1 位である (USGS, 2004)．鉱石の品位は塊状鉱石が Ni 3%, Cu 4%, 白金族 10g/t，鉱染状鉱石が，Ni 0.3%, Cu 0.4%, 白金族 5g/t，埋蔵鉱量は 13 億 930t (Ni 1.77%, Cu 3.57%) Ni 金属量は 23,174,610t で世界最大である (Baenes and

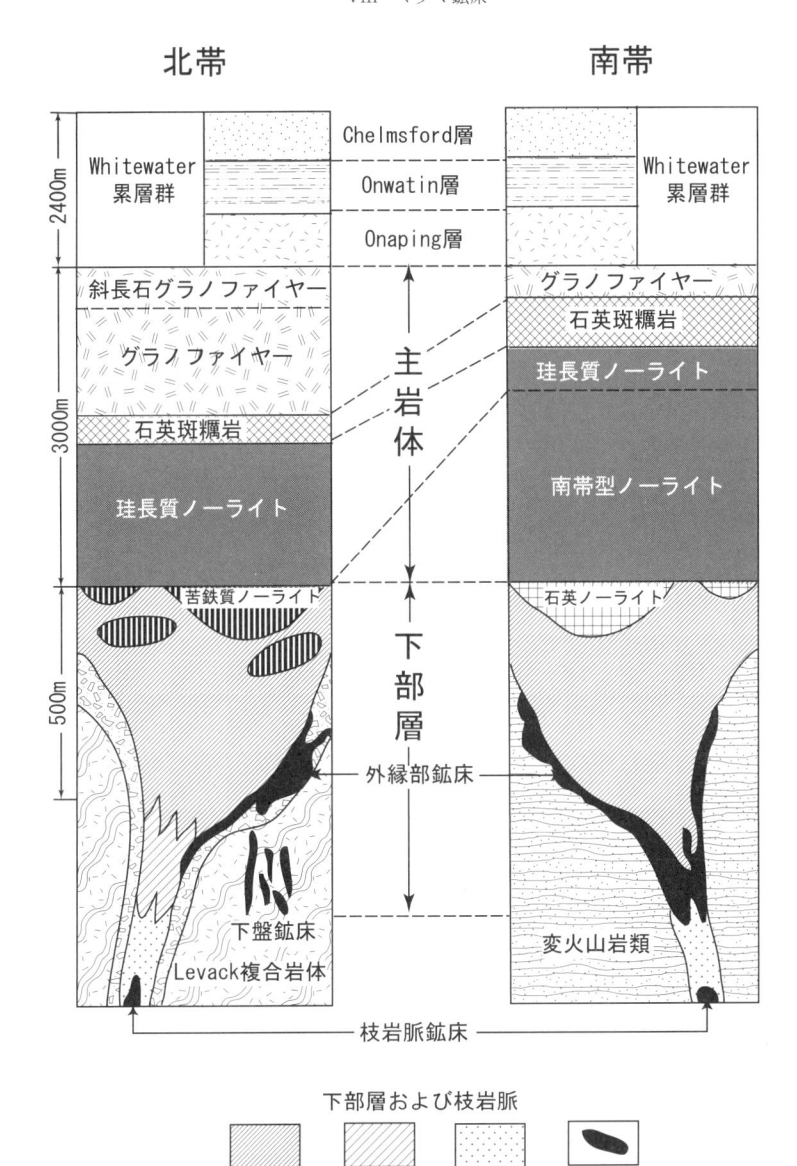

図VIII-21 Sudbury 北帯・南帯の主要地質単位
− Naldrett (1989); Lighthoot et al. (1997) による−

Ligtfoot, 2005).

Sudburyニッケル−銅鉱床　本鉱床はカナダ・オンタリオにあり，地質的にはカナダ盾状地 Superior 区南部に位置する．Sudbury 複合岩体は北側の太古代片麻岩類からなる Levack 複合岩体と南側の原生代 Huronian 累層群との接触部付近に存在し（図VIII-20），生成年代は 1.85Ga とされている．その主要単位は (1) 同心円状および放射状の枝岩脈，(2) 複合岩体下底接触部に不連続に発達する下部層（これから上部の主岩体へ連続する），(3) 周縁相である南帯の石英ノーライトおよび北帯の斜方輝石に富む優黒質ノーライト，(4) 周縁相の上部に発達する南帯ノーライトと北

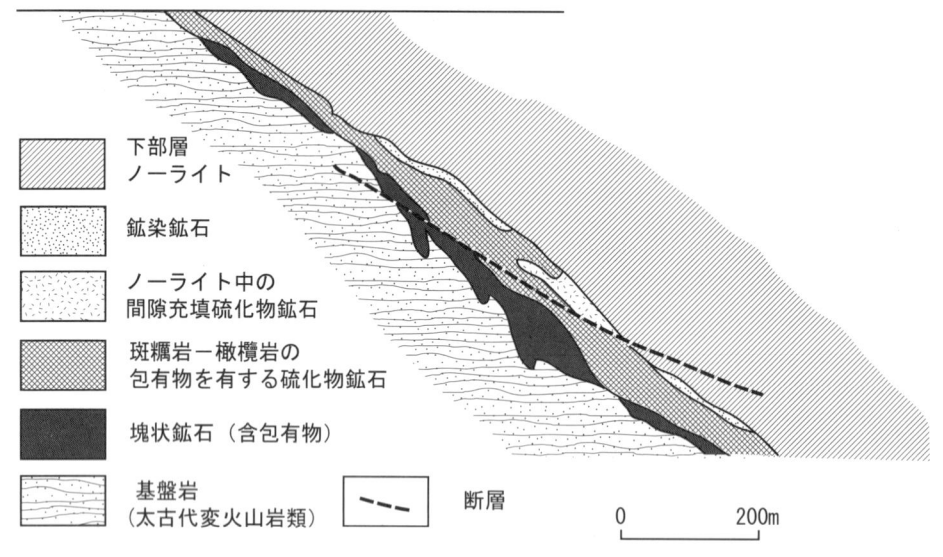

図VIII-22 Murray鉱床断面図 －Naldrett (1989)による－

帯の珪長質ノーライト，(5)漸移帯石英斑糲岩，(6)グラノファイヤーおよび斜長石グラノファイヤーである(図VIII-21).枝岩脈および下部層を除いた(3)(4)(5)(6)の単位をまとめて主岩体と称する.主岩体の下部に下部層あるいは枝岩脈が存在しない場合は周縁相と基盤岩が直接接する.下部層および枝岩脈の岩石は，包有物を有することで特徴付けられる.包有物として含まれる岩石には，近接する基盤岩類と付近に認められない外来の苦鉄質〜超苦鉄質岩石がある.珪長質ノーライトおよび南帯ノーライトは，斜長石－斜方輝石－単斜輝石キュームレイトであり，輝石のFe/Mg+Fe比と斜長石のAn量は上方への分化作用を示している.上位の石英斑糲岩にはいると斜方輝石が消滅し含チタン磁鉄鉱と燐灰石がキュームレイト相として出現する.グラノファイヤーは石英－斜長石の文象状連晶，自形斜長石，単斜輝石からなる.

　Subury地域におけるニッケル－銅鉱床は四つの型に分類される.すなわちSudbury複合岩体南帯外縁部鉱床，北帯外縁部鉱床，枝岩脈鉱床，その他の鉱床である (Naldrett, 1989).南帯外縁部鉱床の典型的例であるMurray鉱床は，下盤側の塊状鉱石から上盤側の鉱染状鉱石にわたる帯状構造を示す（図VIII-20, 22）.塊状鉱石は直接基盤の上に乗り，基盤岩，斑糲岩，橄欖岩の岩片を含む.鉱染状鉱石を形成する岩石は下部層ノーライトで，上位の主岩体石英ノーライトと明瞭な境界面を示す.Strathcona鉱床は北帯外縁部鉱床の典型例である(図VIII-20, 23).この鉱床では，Sudbury複合岩体の下盤接触面において角礫化した基盤岩中に鉱化作用が初生的に起こっている.この下盤角礫岩は石英－長石質基質と，基盤岩，超苦鉄質岩，稀にノーライトからなる.硫化物は(1)角礫岩中の細粒および泡状鉱染鉱と塊状の鉱条として，(2)下盤の割れ目中の鉱条として，(3)比較的稀に下部層ノーライト中の鉱染鉱として産出する.下盤の片麻岩中には，割れ目に後期熱水作用の産物と考えられる塊状の黄銅鉱を主とし少量のペントランド鉱を伴う銅鉱が見出されている(Molnar et al., 2001).枝鉱床はSubury複合岩体の下部層ノーライトおよび斑糲岩から枝分かれして下盤中に数km延長する岩脈状岩石中に産する.多くの場合，硫化物鉱床は，多量の包有物を有する枝岩脈に伴い，急角度プランジのレンズ状あるいはさや条の形態を示し，塊状あるいは鉱染

VIII マグマ鉱床

凡例:
- 輝緑岩
- 下盤角礫岩
- 下部層ノーライト
- Levack複合岩体
- 鉱床

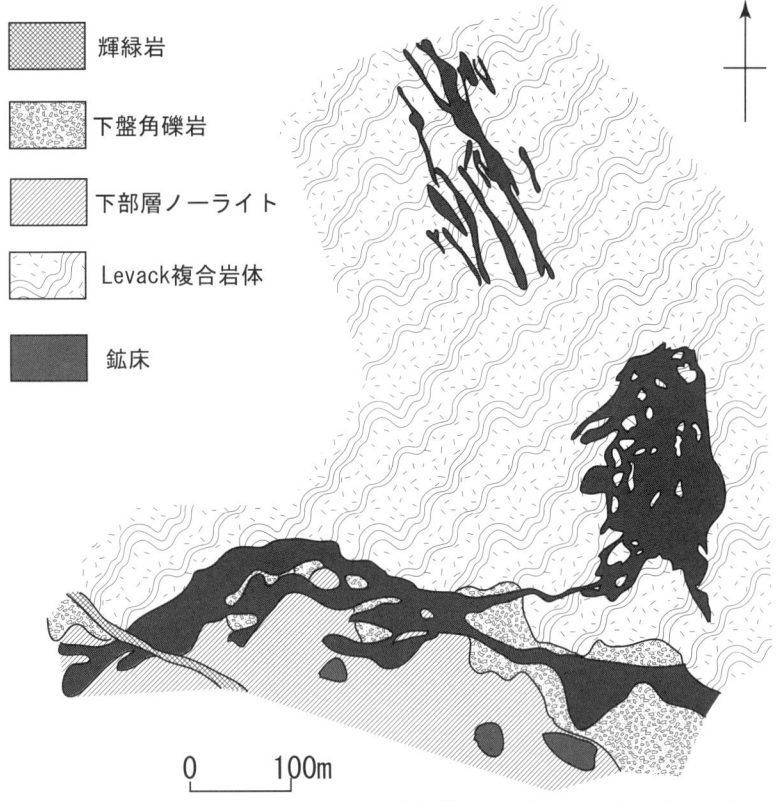

図 VIII-23　Strathcona 鉱床 2625ft 坑地質図　－Naldrett (1989) による－

状の鉱石からなる．最大の枝鉱床である Frood-Stobie 鉱床は，Sudbury 複合岩体の南側接触面に平行に産し，平面的には岩脈に類似するが，断面では下方に細くなる楔状をなして北に急角度で傾斜する（図 VIII-20, 24）．鉱床上部では，石英閃緑岩の包有物を有する下部層ノーライト中に硫化物が鉱染するが，下部に行くに従い包有物を有する塊状鉱石が楔の周縁部に濃集し，さらに楔先端部では鉱床は塊状鉱石のみからなる．その他の鉱床型の例として Farconbridge 鉱床がある．本鉱床は複合岩体の接触面に平行な断層に沿って産する．この断層は，ほぼ複合岩体と基盤岩との間に存在し，西方では複合岩体中で尖滅するが，東方では基盤岩の緑色岩中にはいる．Sudbury 鉱床の主要金属鉱物は，磁硫鉄鉱，ペントランド鉱，黄銅鉱で，少量の黄鉄鉱，キューバ鉱，磁鉄鉱を伴う．

　Sudbury 地域には，次のような事実から 18.5Ga に異常な大爆発があり，これによって噴火口状の地形が形成されたと考えられている．(1) 盆状地質構造の存在，(2) Sudbury 複合岩体周辺の母岩が衝撃変成作用を受けている，(3) Sudbury 複合岩体下盤の母岩が広く角礫化している（図 VIII-21, 23），(4) Sudbury 複合岩体上盤の Onaping 層（図 VIII-20）は周辺岩石の角礫と火山ガラス様物質のマトリックスからなるが，これに対して隕石衝突によって形成された角礫岩と，イグニンブライトという二つの解釈がなされている．Naldrett (1989) は，隕石衝突説を支持した上で，この衝撃によって洪水玄武岩に類似した組成のマグマ上昇を誘発し，Sudbury 複合岩体を生成したと考えた．ただし，岩石中の希土類元素を分析した結果，このマグマは地殻物質に汚染されたこ

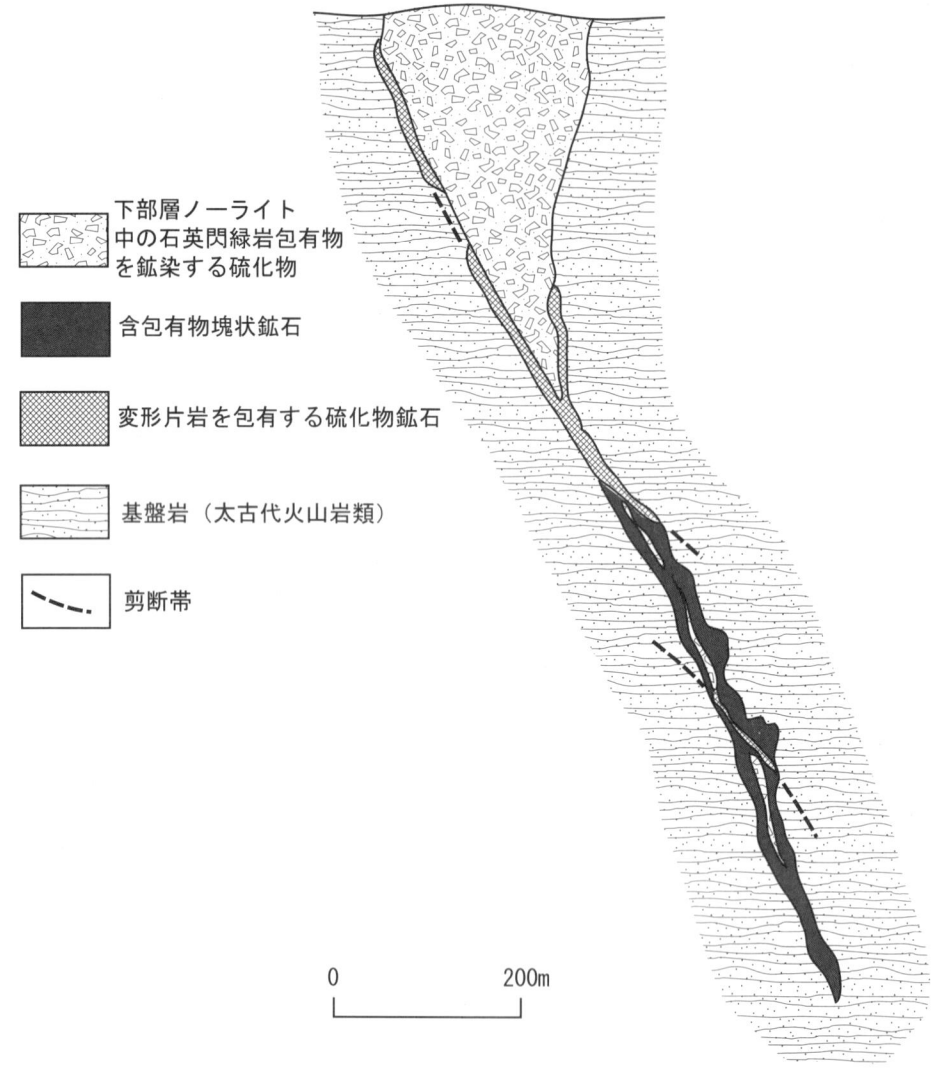

図VIII-24 Frood鉱床断面図 － Naldrett (1989) による －

とを認めた．また，Lightfoot et al. (2001) は Sudbury 複合岩体の本体，下部層ノーライト，枝岩脈における主成分元素，LIL元素，HFS元素，希土類元素，銅，硫黄，ニッケルなどの挙動に基づいて，マントルからのマグマの供給がない次のような複合岩体およびニッケル－銅鉱床の生成モデルを提案した（図VIII-25）．(1) 隕石衝突に伴って生成した地殻物質溶融体からなる岩床の生成，(2) 過熱状態の石英閃緑岩岩床溶融体の枝岩脈への貫入と硫化物を含まない急冷周縁相の生成，(3) 岩床溶融体のグラノファイヤー質溶融体とノーライト質溶融体への2相分離と硫化物のノーライト質溶融体への濃集，(4) 硫化物の枝岩脈中心部への注入と下部層トラフへの硫化物と包有物の濃集開始，(5) 下部層ノーライトおよび外縁部鉱床の形成と，2相溶融体の上部から下方へと下部から上方への結晶化開始，(6) 石英斑糲岩を最後として，Sudbury複合岩体主岩体の形成完了および硫化物の再配置．

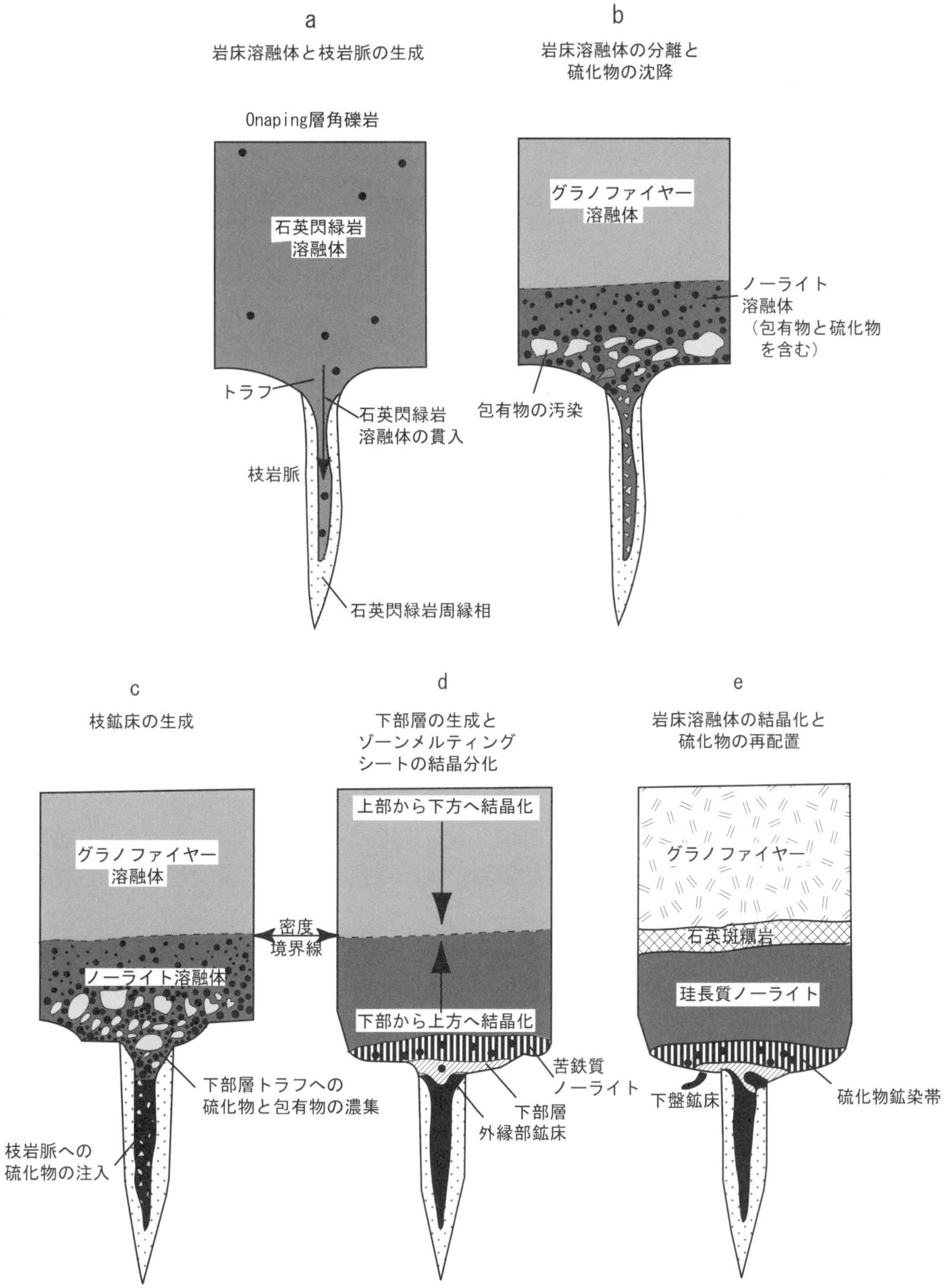

図 VIII-25　Sudbury 複合岩体と Ni-Cu 鉱床の生成モデル　－ Lightfoot et al (2001) による－

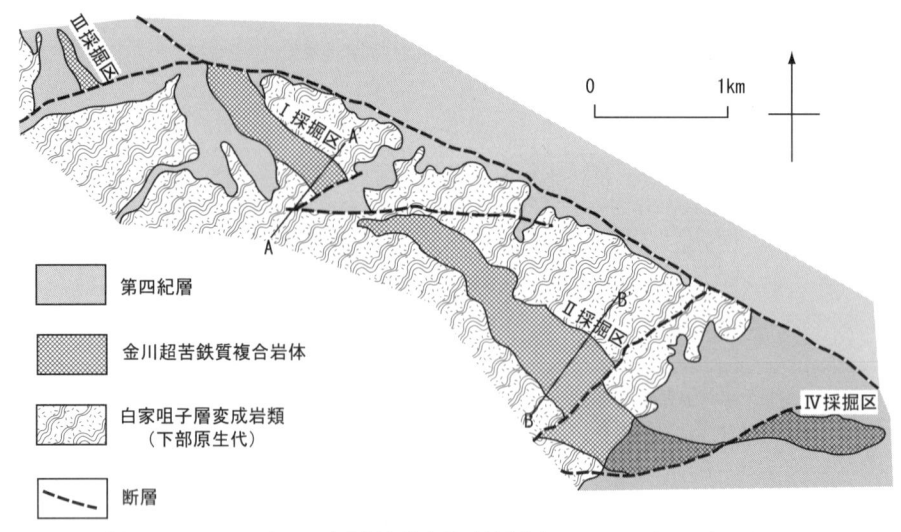

図 VIII-26　Junchuan（金川）鉱床付近地質図　−Tang（1993）による−

　Sudbury複合岩体中には，Ni 1.2%，Cu 1.03%の鉱石約16億4,800万t以上の鉱床（埋蔵量＋既生産量）を胚胎し，Ni金属量19,776,000tの世界第2位ののニッケル鉱床である（Baenes and Ligtfoot, 2005）．2000年におけるSudbury地域の生産量（金属量）は，Ni 11万4,000t，Cu 13万7,000t，Au 1.8t，白金族11.4tである（Lesher and Thurton, 2002）．

　Junchuan（金川）ニッケル−銅鉱床　本鉱床は中国甘粛省金昌市にあり，地質的には中朝地塊南西縁に沿って分布するLongshoushan（龍首山）隆起帯中に位置する．鉱床を伴うJunchuan超苦鉄質複合岩体は，下部原生代Baijiazuizi（白家咀子）層の変成岩を貫いて発達する．Junchuan複合岩体の生成年代はNd-Smアイソクロン法により1,508 ± 31Maと報告されている（Tang et al., 1992）．この貫入岩体の長さは6,500m，幅は最大1,000mに及んでおり，走向約N50°W，傾斜50〜80°SW，不規則な岩脈状をなしている．岩体はENE方向の剪断断層によって切られ，I〜IV採掘区に分割されている（図VIII-26）．Junchuan複合岩体は3段階に分かれて貫入している．第1段階の貫入岩はレールゾライトおよび橄欖岩ウエブステライトからなり，IおよびIII採掘区岩体の南西側に分布する．第2段階の貫入岩はレールゾライト，斜長石レールゾライト，橄欖石ウエブステライト，ウエブステライトからなり各採掘区岩体の主要部分を占める．第3段階の貫入岩はダン橄欖石からなりIおよびII採掘区岩体の北東側あるいは下部に分布する．

　Junchuan鉱床の鉱石はマグマ型，スカルン型，熱水型の三つの型に分類される（Tang, 1993）．マグマ型鉱石は鉱石組織によりさらに鉱染鉱石，網状鉱石，塊状鉱石の三つの型に分類され，鉱染鉱石は，本鉱床において2番目に重要な鉱石である．鉱染鉱石からなる鉱体はレンズ状をなし，鉱体の中心部で品位が高く母岩との境界は漸移的である．優勢な鉱体は橄欖石に富むレールゾライトに伴うことが多い．主要金属鉱物は磁硫鉄鉱，ペントランド鉱，黄銅鉱で，その他キューバ鉱，マツキーノ鉱，バレリ鉱を含む．網状鉱石はJunchuan鉱床において最も重要な鉱石である．その鉱体は，板状，レンズ状，脈状をなし，規模が大きく岩体の最下部あるいは底部に産することが多い．網状鉱石鉱体は貫入岩体の傾斜よりも傾斜が急か緩く，岩体の構造を切って産する．鉱体の担体岩石はダン橄欖岩であり，金属鉱物組成は鉱染鉱石と同様である．塊状鉱石は，網状鉱石鉱

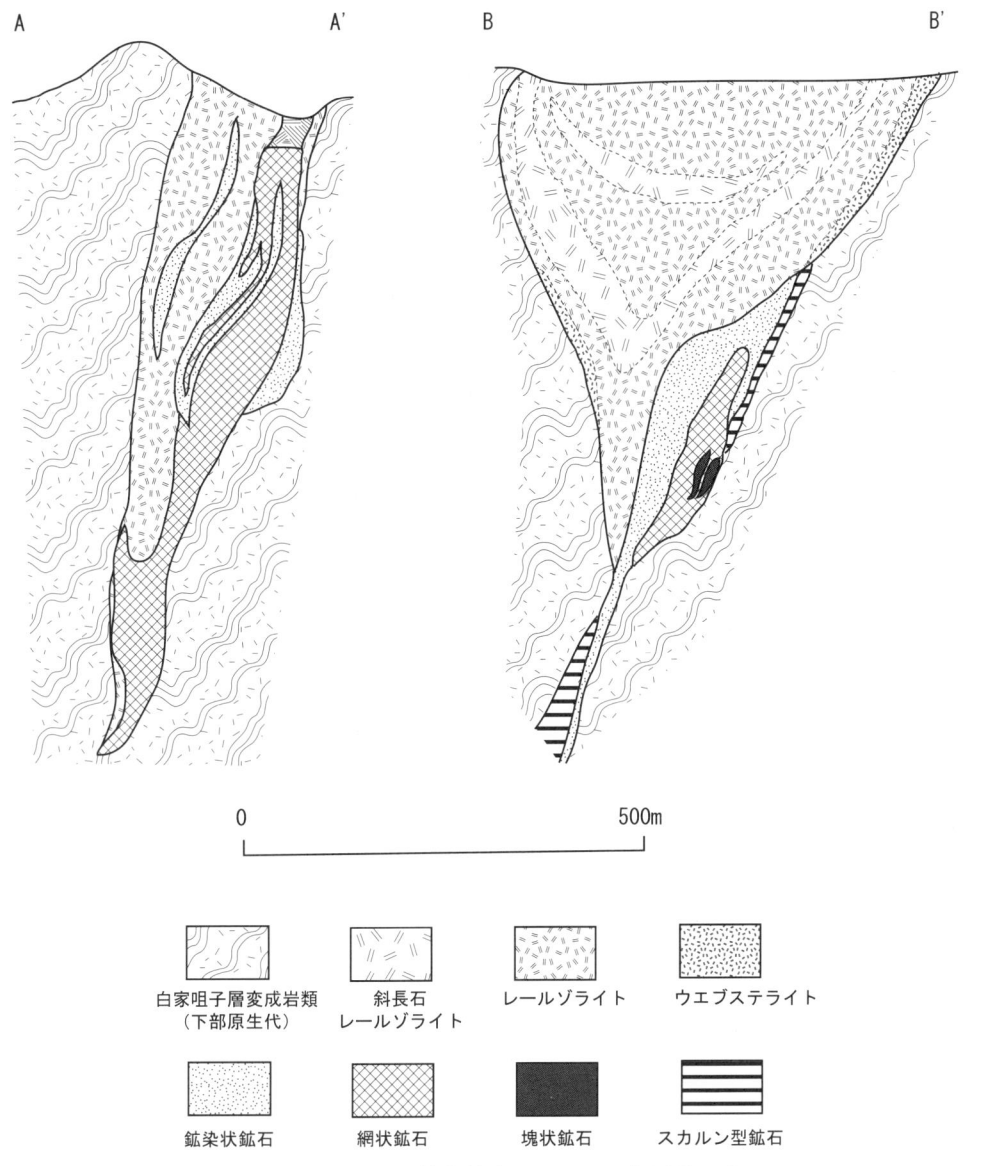

図 VIII-27 Junchuan 鉱床断面図 — Tang (1993) による—
(断面線 A-A', B-B' の位置は図 VIII-24 に示す)

凡例: 白家咀子層変成岩類（下部原生代）, 斜長石レールゾライト, レールゾライト, ウエブステライト, 鉱染状鉱石, 網状鉱石, 塊状鉱石, スカルン型鉱石

体中あるいは，これと母岩との接触部に産する．鉱体は不規則レンズ状または鉱脈群をなす．主要金属鉱物は磁硫鉄鉱，黄鉄鉱，黄銅鉱，ペントランド鉱，ビオラル鉱である．スカル型鉱石は，鉱染状または網状鉱石として，主として貫入岩体の下盤岩石中に貫入岩体に沿って層状，レンズ状，ポケット状をなして産する．主要金属鉱物は，磁硫鉄鉱，ペントランド鉱，黄銅鉱で，黄鉄鉱，ビオラル鉱，バレリ鉱，磁鉄鉱，赤鉄鉱を伴う．下盤岩石の石灰岩は結晶化し，透輝石，柘榴石，透閃石，緑泥石などを生じている．熱水型鉱石は独立して産せず，マグマ型網状鉱石あるいは稀にその鉱染状鉱石に重複した形で生じている．ⅠおよびⅡ採掘区における鉱床断面図を図 VIII-27 に示す．

Tang (1993) は鉱床の産状，鉱石の化学分析から次のような生成過程を提案している．(1) 深部

マントルを起原とする超苦鉄質マグマが15km以深の地殻にマグマ溜を形成する．その体積は現存する超苦鉄質岩体の3倍以上と考えられる．(2) マグマ溜の形成後，1,700～1,400℃で，硫化物溶融体の分離と橄欖石の結晶化が行われる．硫化物溶融体はマグマ溜の底部に沈降し，その層の上に橄欖石が沈積する．やや後期に分離した硫化物溶融体は橄欖石の粒間を充填して網状鉱石層を形成する．さらに後には，滴状硫化物溶融体が分離し，マグマ溜上部に懸濁する．このようにしてマグマ溜は，上部から不毛マグマ，含硫化物マグマ，硫化物に富むマグマ，硫化物溶融体のように成層する．(3) 1,400～1,200℃では，橄欖石のみ晶出し硫化物は溶融体のままである．この間に構造運動によってマグマが上昇し，不毛マグマ，含硫化物マグマ，硫化物に富むマグマ，硫化物溶融体の順に10～15kmの深さの地殻中に定置し，現在見られる岩体と鉱床を形成した．(4) 不毛マグマと含硫化物マグマは，定置後1200℃以下でその場所で結晶化し，輝石類と斜長石を順次生成した．分散していた滴状硫化物溶融体は下部に集まり結晶化した珪酸塩鉱物の間を充填し，鉱染鉱石を形成した．(5) 温度低下に伴い結晶化が進むと，水を始め揮発性物質が濃集し，橄欖石，輝石，斜長石などの蛇紋石化，角閃石化，緑泥石化が起こり，さらに硫化物，珪酸塩などを溶解した熱水が周囲の炭酸塩岩と反応してスカルン鉱物を生成した．(6) この熱水は鉱染鉱石，網状鉱石にも作用し，熱水鉱化作用を重複させた．

　Junchuan鉱床の平均鉱石品位はNi 0.47%, Cu 0.76%, Co 0.031%, 白金族 0.4g/tと報告され (Jia, 1986)，また埋蔵鉱量は5億1,500万t (Ni 1.06%, Cu 0.67%)，Ni金属量 5,499,000tとの記載がある (Barnes and Lightfoot, 2005)．2001年における生産量は金属量にして，Ni 6万t, Cu 6万t, Co 1,200t, 白金族 1,000kgとされている (USGS, 2004)

(2) グリーンストン帯苦鉄質～超苦鉄質火山活動に伴うニッケル鉱床

　楯状地には太古代の海底火山活動により形成された珪長質―苦鉄質－超苦鉄質火山岩類および貫入岩類が広く分布し，これらはグリーンストン帯と呼ばれる．ニッケル鉱床はグリーンストン帯中のコマチアイト溶岩，コマチアイトにマグマを供給したと見られる超苦鉄質岩体，ソレアイト溶岩などに胚胎する．コマチアイト溶岩中の鉱床例として西オーストラリアのKambalda地域とWidgiemooltha地域の鉱床，Agnew鉱床，カナダのLangmuir鉱床，ジンバブエのTrojanおよびShangani鉱床が，超苦鉄質岩体中の鉱床例として西オーストラリアのSVIII-MileおよびMt. Keith鉱床，カナダのDumont, Lyn Lake, Cape Smith鉱床およびManitoba地域の鉱床があげられる．コマチアイト溶岩に伴う鉱床は規模が小さいが高品位であるのに対して，超苦鉄質岩体に伴うものは大規模低品位が特徴である．また，ソレアイト溶岩に関係する例としてロシアのPechenga鉱床がある (Naldrett, 1989)．

　Kambalda地域ニッケル鉱床　Kambalda地域は西オーストラリア中央南部にあり，地質的には太古代Yilgan地塊の東半分を構成するEastern Goldfield内に位置する．この地域は幅約200km，長さ約800kmのNorseman-Wilunaグリーンストン帯の南中央部にあたる．Norseman-Wilunaグリーンストン帯は，E-W方向を軸とする褶曲にN-NW方向の軸を有する顕著な褶曲構造が重なり，N-NW方向の盆状構造とドーム構造を繰り返しており，Kambalda鉱床はこれらの中の一つKambaldaドームの周縁部に分布し，グリーンストン帯中のコマチアイトに伴って産する．

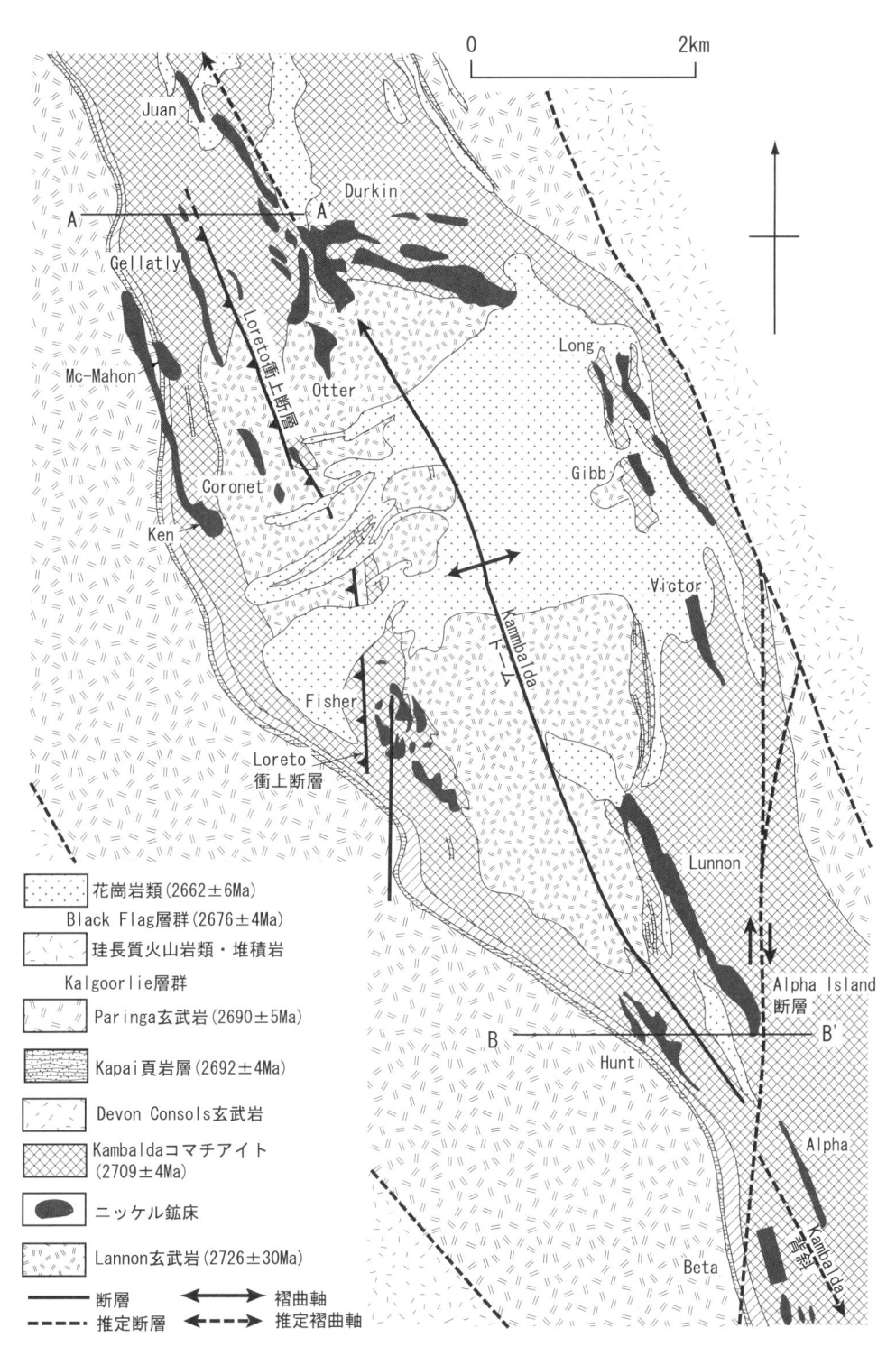

図 VIII-28 Kambaldaドーム地域地質図（鉱床は投影図）
− Gresham and Loftus-Hills (1981); Stone et al. (2005) による −

Kambalda地域の地質は，下からKalgoorlie層群およびBlack Flag層群とこれらを貫く貫入岩類からなる（図VIII-28, 29）(Cowden and Roberts, 1990; Stone et al., 2005). Kalgoorlie層群は下位からLunnon玄武岩層，Kambaldaコマチアイト層，Devon Consols玄武岩層，Kapai頁岩層，Paringa玄武岩層から構成される．Lunnon玄武岩層は，枕状および塊状玄武岩からなり，稀に調和的に貫入した粗粒玄武岩および斑糲岩が認められ，堆積物を挟む．この玄武岩質海洋底がKambaldaコマチアイト層の高マグネシウム・コマチアイト溶岩の土台を形成している．Kambaldaコマチアイト層は，岩相変化に基づきSilver LakeおよびTripod Hillの2部層に分けられるが，いずれの部層も異なった程度に組織，鉱物組成，化学組成上の分化を示す多くのコマチアイト溶岩流が重なりあって形成されている．組織がよく保存されている場合は，溶岩層は上部帯

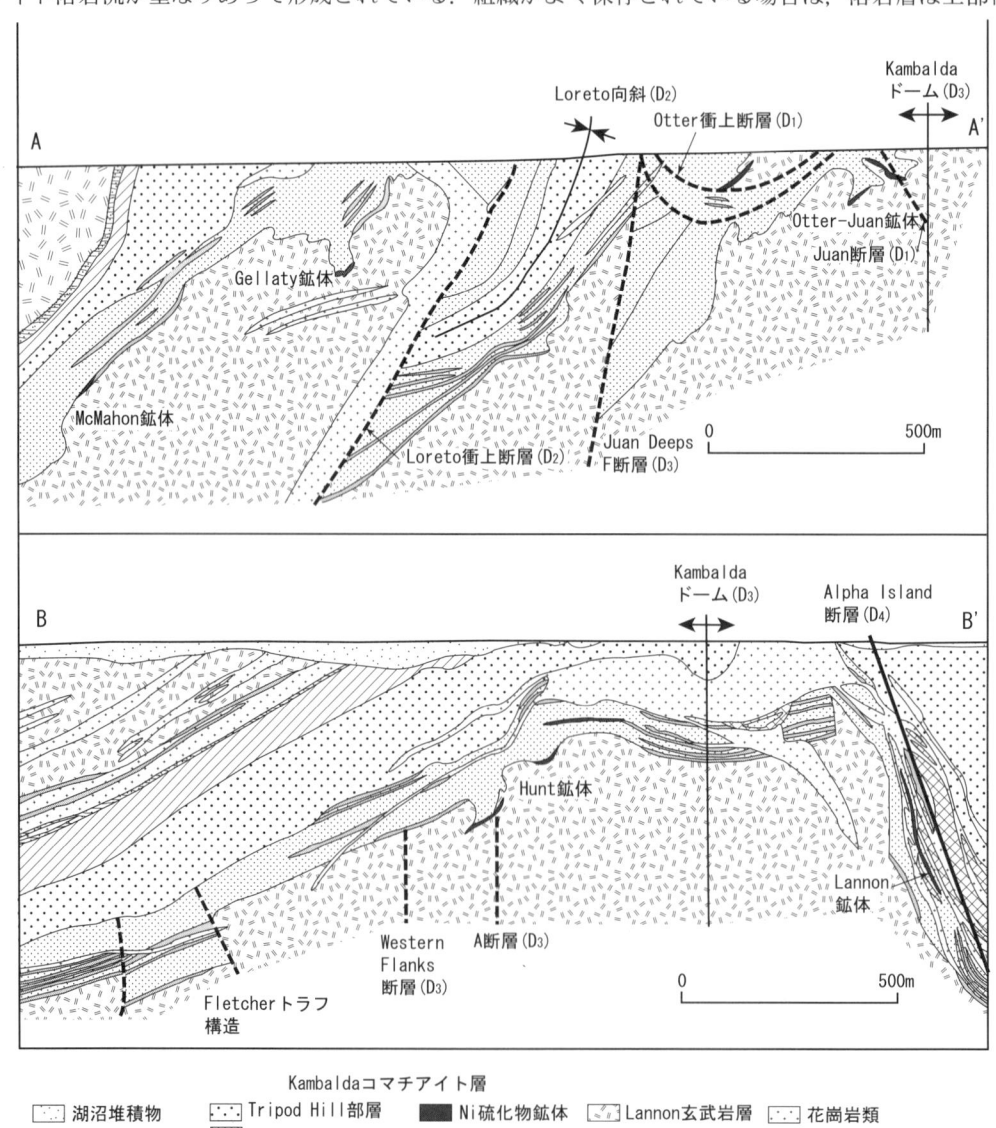

図VIII-29　Kambaldaドーム断面図（断面位置は図VIII-28に示す）
－Stone et al. (2005) による－

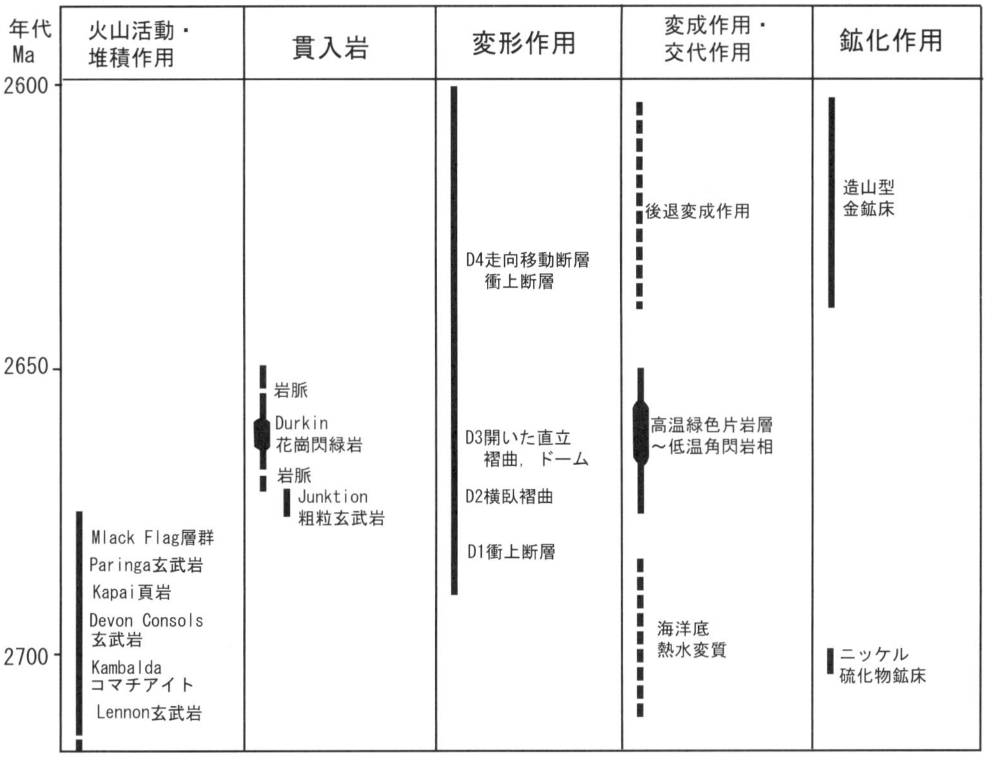

図VIII-30 Kambalda地域の地史 － Cowden and Roberts (1990)による－

と下部帯に分けることができる．上部帯は橄欖石のスピニフェックス組織によって特徴付けられ，下部帯はハリスティック橄欖石薄層を挟む橄欖石オルソキュームレイトおよびメソキュームレイトが優勢となる．Silver Lake部層は厚さ25〜100m，高マグネシウム（MgO 16〜45%）溶岩流からなるが，硫化物を含み薄い葉理を示す堆積物を挟み，上位のTripod Hill部層に漸移する．Tripod Hill部層は厚さ1〜20m，比較的低いマグネシウム量（MgO 16〜36%）の溶岩流からなり，堆積物を挟まない．Devon Consols玄武岩層は，厚さ60〜100m，高マグネシウム玄武岩からなり，薄い分化した粗粒玄武岩をはさむ．夾在する堆積物は稀である．Kapai頁岩層は，厚さ1〜10m，石灰質および硫化物質粘土岩からなり珪長質〜中間質シルを伴う．Paringa玄武岩層は，厚さ1,300〜1,800m，珪質高マグネシウム玄武岩と分化した粗粒玄武岩からなり，少量の堆積物を挟む．Black Flag層群は，厚さ1,400〜1,500m，粘土岩およびワッケを主とする堆積岩類と珪長質〜中間質溶岩，火山円礫岩，火山角礫岩，凝灰岩からなり，これらをソレアイト系斑糲岩が貫く．貫入岩類の形成，変形作用，変成作用の過程を図VIII-30に総括して示した．

　鉱床を胚胎するKambaldaコマチアイト層Silver Lake部層コマチアイトは，流路相と岩床状溶岩流相の二つの岩相に分類される（Cowden and Roberts, 1990）．流路相は，異常な厚さ（100m程度）および高マグネシウム（MgO 45%程度）のコマチアイト溶岩流と，堆積物を挟まないことで特徴付けられ，基底の溶岩流の上に3枚程度の溶岩流が積み重なって形成される．流路相はNNW方向に線状に少なくとも10km伸びるが，横幅は短く150〜500m程度である．基底溶岩流がLannon玄武岩層頂部のエンベイメント上に乗っている場合もあるが，多くの場合流路相

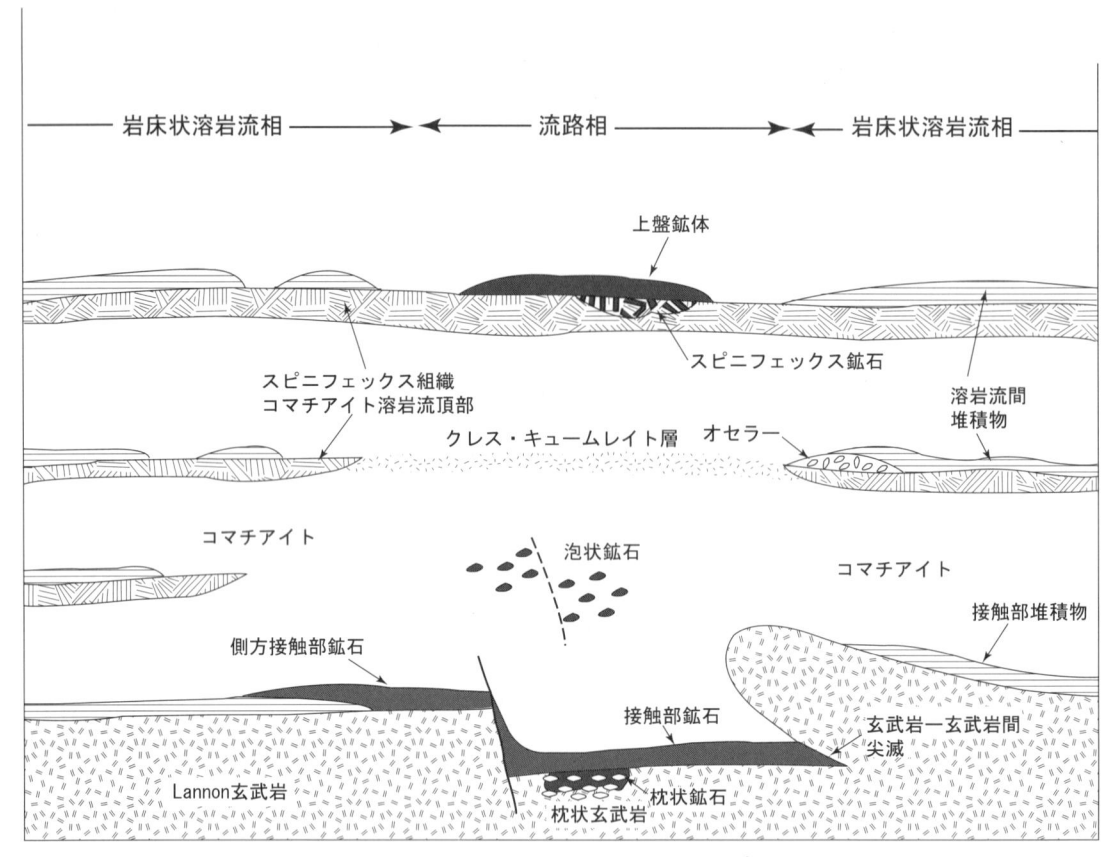

図VIII-31　Kambaldaコマチアイト層Siner Lake部層における
硫化物鉱体の位置，流路相と岩床状溶岩流相の関係　－Cowden and Roberts (1990) による－

は初期凹部のない平坦な海底面上に乗っている．流路相は一般に後期の構造運動によって変形している．岩床状溶岩流相帯の基底コマチアイト溶岩流は側方の流路相から漸移薄層化するとともに，組織および化学組成において分化が進み，流路相よりマグネシウムが少なくなる（MgO 16～36%）．溶岩流の層序は規則的であり，薄い溶岩流あるいは一連の溶岩流は横方向に数百m以上対比可能であるが，流路相の個々の溶岩流とは対比できない．溶岩流間堆積物が一般的に見られるが，流路相との漸移帯には存在しない．ニッケル硫化物鉱床は，特定の火山岩相，線状の流路相コマチアイト中に胚胎する．鉱床は，Lunnon玄武岩の直接上，Silver Lake部層コマチアイト最下部の厚い溶岩流の基底において最も良く発達し（接触部鉱体），その他基底溶岩流より一つあるいは二つ上位の溶岩流の基底にもやや小規模な鉱床（上盤鉱体）を伴う（図VIII-31）．鉱床のリボン状形態は，乱流的な溶岩流によって硫化物滴状流体が運ばれたことを示唆している．鉱体の厚さは通常5m以下である．鉱体は一般に硫化物量が上方に向かって減少しながら良く成層している（図VIII-32, 33）．最下部の塊状硫化物層（硫化物＞80%）の上にマトリックス硫化物層（硫化物 40～80%），さらにその上には鉱染硫化物層（硫化物＜40%）が乗る．鉱石帯は溶岩流の基底急冷帯の一部であり，マトリックスあるいは鉱染硫化物層は沈降しつつある硫化物滴状流体を捕獲しながら溶岩流の結晶化が進み形成されたものである．塊状硫化物層の厚さおよび横方向の延長は不規則

VIII マグマ鉱床

図 VIII-32 ニッケル硫化物鉱体柱状図
— Cowden and Roberts (1990) による —

図 VIII-33 Long 鉱床 702 坑道地質図
— Cowden and Roberts (1990) による —

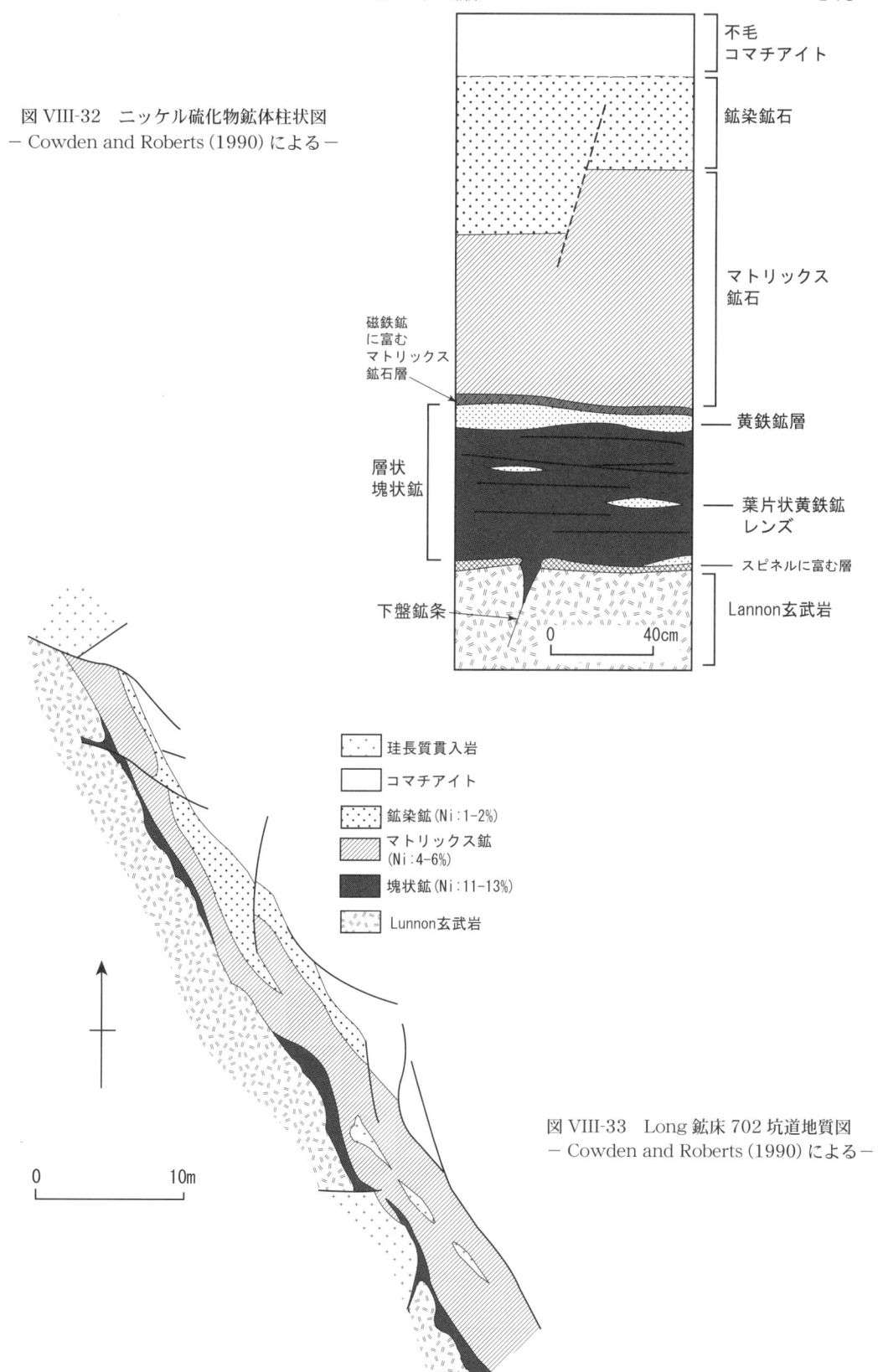

図 VIII-34 Hunt 鉱床 E-W 断面図
− Cowden and Roberts (1990) による −

図 VIII-35 a Hunt 鉱床, b Otter-Juan 鉱床断面図
− Cowden and Roberts (1990) による −

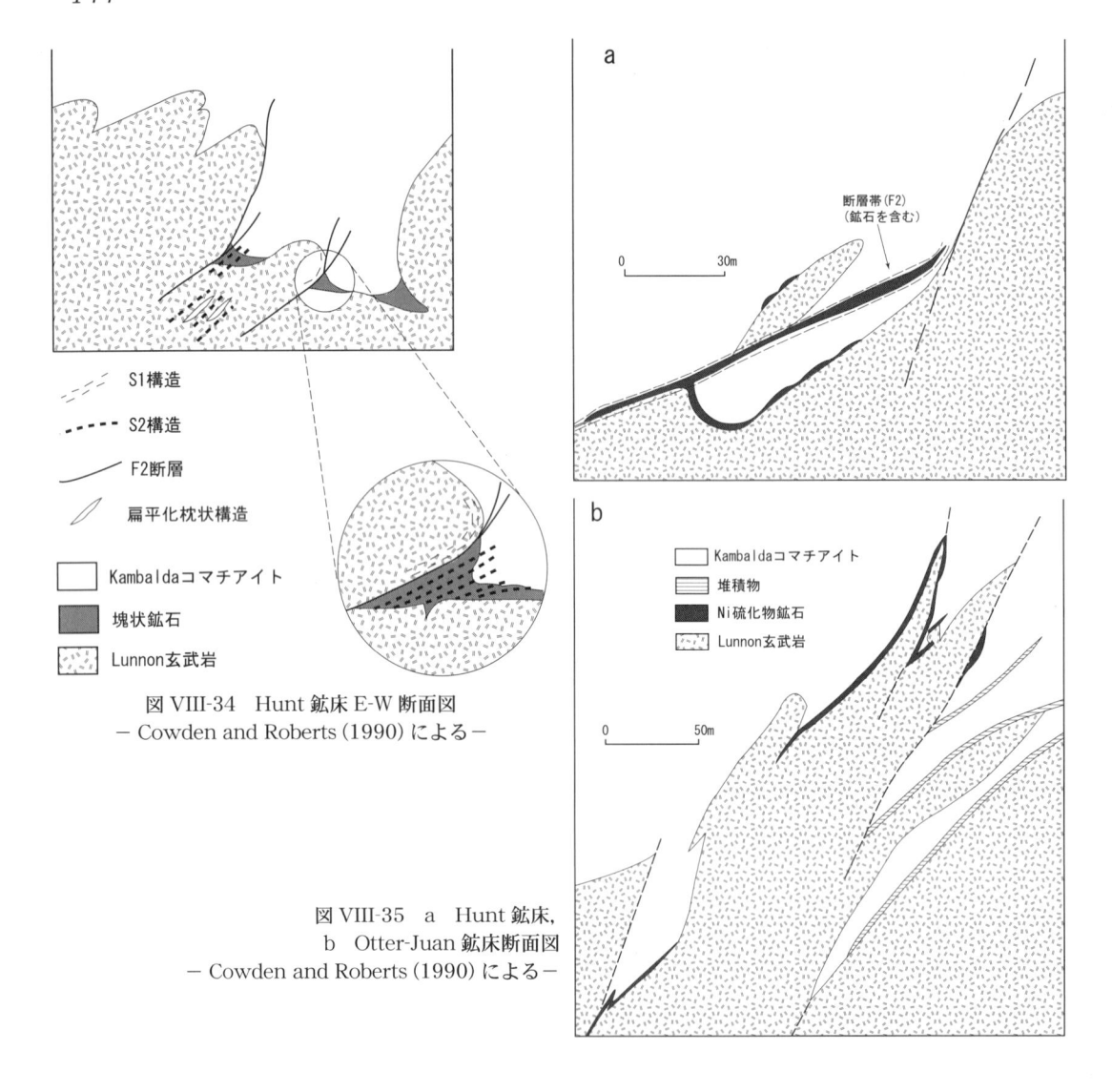

であるが，マトリックスおよび鉱染硫化物層は比較的安定しており，両者を併せると硫化物鉱体全層厚の 60 〜 80% を占めている（図 VIII-33）．

上盤鉱体の硫化物層の分布は接触部鉱体よりさらに不規則である．稀ではあるが，上盤鉱体の塊状硫化物層が下位のコマチアイト溶岩流頂部のスピニフェックス組織岩の上に乗り，塊状硫化物層の下には橄欖石の粒間を硫化物が充填するスピニフェックス組織硫化物鉱石が発達するのが認められる（図 VIII-31）．

主要な金属鉱物は多いものから順に，磁硫鉄鉱，ペントランド鉱，黄鉄鉱，磁鉄鉱，クロム鉄鉱，黄銅鉱，針ニッケル鉱，ビオラル鉱である．最も一般的な鉱物組み合わせは，磁硫鉄鉱−ペントランド鉱−黄鉄鉱±(黄銅鉱−磁鉄鉱−クロム鉄鉱）で，高品位鉱体ではペントランド鉱−黄鉄鉱−磁鉄鉱±(黄銅鉱−クロム鉄鉱−磁硫鉄鉱）の組み合わせが多い．

Kambalda ニッケル−銅鉱床は，鉱床生成後に起こった数回の構造運動によって複雑な変形をしている（Cowden and Roberts, 1990）．最も早期の変形作用（$D_1 \sim D_2$）では，積層衝上断層作

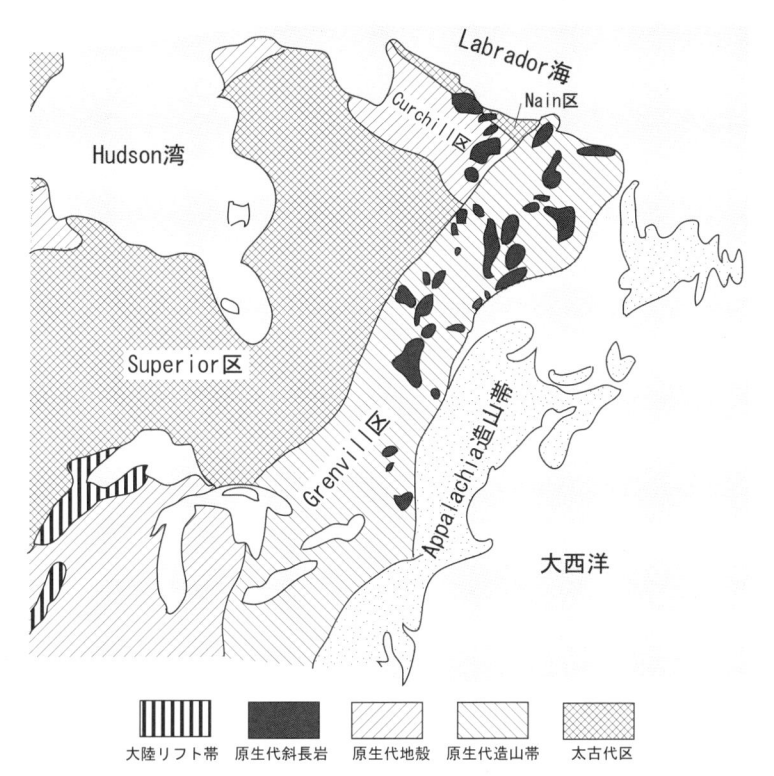

図VIII-36　北アメリカ原生代斜長岩分布図　－Scoates and Michell (2000) による－

用によって多くの低～中品位塊状鉱石の磁硫鉄鉱－ペントランド鉱成層化が行われている．cm規模のほぼ平行な磁硫鉄鉱－ペントランド鉱葉理が塊状鉱体周縁部に発達し，葉片状の黄鉄鉱レンズがこれに伴う．2番目の変形作用（D_2）では，非対称傾斜ないし横臥褶曲作用および衝上断層作用によってLunnon玄武岩－Kambaldaコマチアイト接触部において多くの凹入トラフ構造が形成された（図VIII-31, 34）．2番目および3番目の変形作用（$D_2 \sim D_3$）では，個々の鉱体内における硫化物の分散および濃集が起こった．コマチアイト－玄武岩接触面にほぼ平行あるいは低角度の衝上断層によって，硫化物層を移動させ（図VIII-35），高塑性の塊状硫化物層上に衝上断層が発生し，褶曲することによって，トラフにおける塊状ニッケル硫化物の濃集と玄武岩－玄武岩間での尖滅が共存している（図VIII-31, 34）．また，急角度の衝上断層によってニッケル硫化物鉱体を移動させ，コマチアイト－玄武岩接触面を分断して接触面上に鉱床を付けたまま断層楔を形成している（図VIII-35）．鉱床のリボン状形態が，鉱床生成後の変形および再流動の結果であるとの研究もある（Stone et al., 2005）．

　Kambaldaニッケル－銅鉱床の1987～1988年における年間生産量は120万t（Ni 2.96%, Cu 0.21%），Ni金属量34,140tである（Cowden and Roberts, 1990）．埋蔵鉱量は，3,430万t（Ni 3.08%, Cu 0.25%），Ni金属量にして10,055,516tと報告されている（Barnes and Lightfoot, 2005）．

（3）斜長岩複合岩体に伴うニッケル－銅－コバルト鉱床

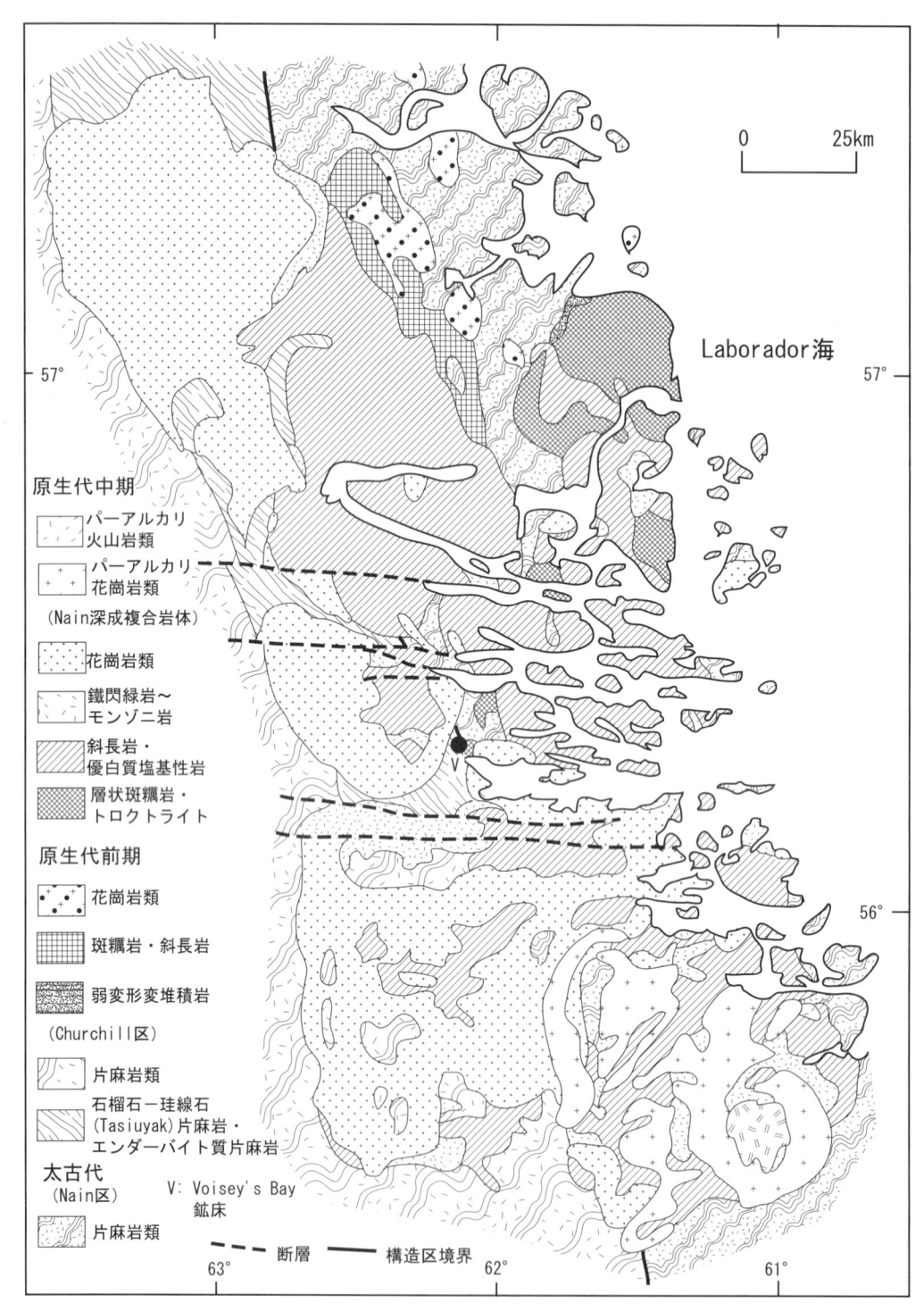

図 VIII-37 Voisey's Bay 鉱床付近地質図 — Ryan (2000) による—

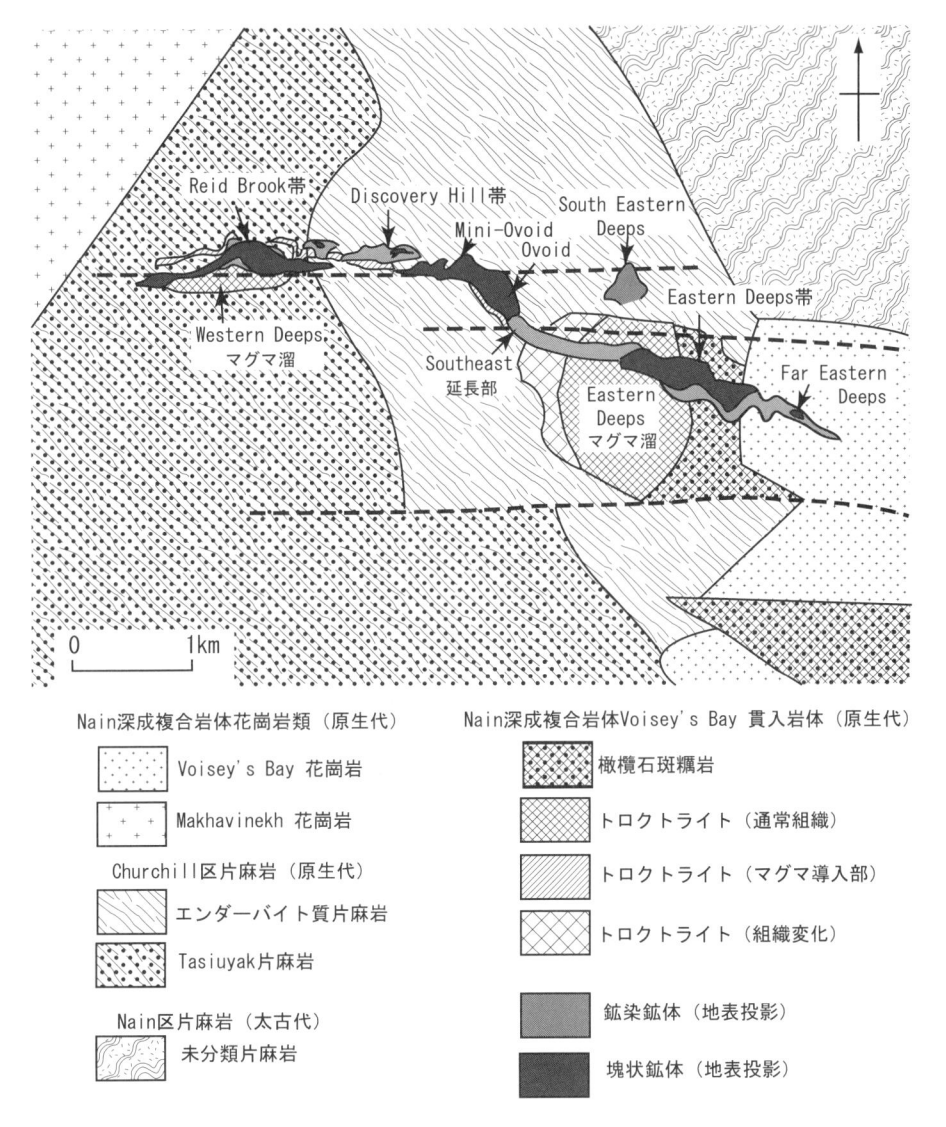

図 VIII-38 Voisey's Bay 鉱床に伴うトロクトライト－斑糲岩，硫化物帯，主要構造要素の地表投影図
— Evans-Lamswood et al. (2000) による—

カナダ・ラボラドール海岸地域には，太古代地域と原生代地域の境界に沿って，原生代に形成された斜長岩を主とする複合岩体に伴う巨大なニッケル－銅－コバルト鉱床を産する．一連の原生代斜長岩複合岩体が北アメリカ北東部に分布し（Scoates and Michell, 2000）（図 VIII-36），また，米国ワイオミング Lalamie およびウクライナの Korosten などにも太古代地域と原生代地域の境界に沿って，斜長岩を主とする原生代複合岩体を産するので，同様な鉱床が新たに見出される可能性がある．

Voisey's Bay ニッケル－銅－コバルト鉱床 本鉱床は，カナダ・ラボラドール Nain 市の南西 30km にあり，カナダ盾状地 Nain 区と Churchill 区の境界付近に位置する．鉱床付近の Nain 区は太古代の片麻岩類からなり，Churchill 区は原生代前期の片麻岩類を基盤とし，その東側に原生

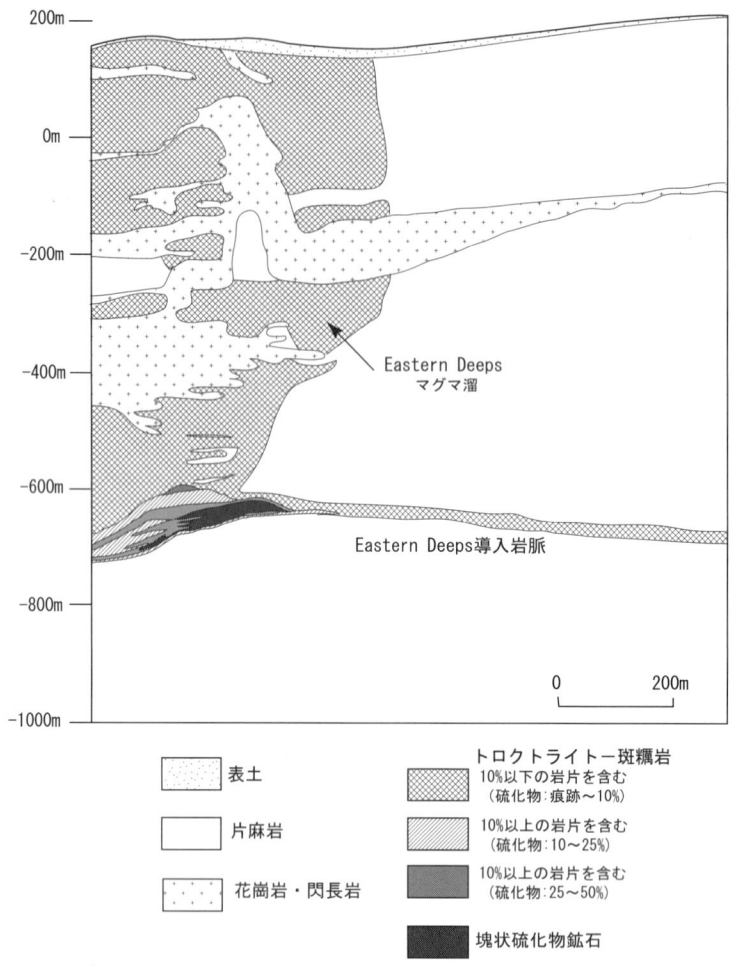

図 VIII-39　a　Eastern Deepsマグマ溜付近断面図
— Evans-Lamswood et al. (2000) による—

代前期の白粒岩相粘土質変成岩（Tasiuyak片麻岩）がNain区とChurchill区の境界に沿って帯状に分布する（図VIII-37）．また，Harp Lake貫入岩体（1,450Ma）とNain深成複合岩体（1,350〜1,290Ma）がNain区とChurchill区の境界を横切って貫入している．Nain深成複合岩体は，斜長岩質岩，花崗岩質岩，斑糲岩ないしトロクトライト質岩，鉄閃緑岩ないしモンゾニ岩質岩からなる．斜長岩質岩と花崗岩質岩はほぼ同量で，両者がNain深成複合岩体の地表露出面積の80％を占める．Nain深成複合岩体を構成する四つの型の岩石は同時に形成されたのではなく，少なくとも4,000万年にわたって互いに重複しながら貫入したと考えられる（Kerr and Ryan, 2000）．Voisey's Bayニッケル－銅－コバルト鉱床は，Nain区の太古代石英－長石－黒雲母片麻岩およびChurchill区の原生代Tasynyak片麻岩（含硫化物－柘榴石）中に貫入するトロクトライト－斑糲岩貫入岩体と岩脈複合岩体からなるVoisey's Bay貫入岩中に胚胎する．Voisey's Bay貫入岩は，Nain深成複合岩体の一員であり，貫入年代は1.34〜1.29Gaと報告されている．

　Voisey's Bay鉱床は二つの型のマグマ環境，すなわちマグマ溜とマグマ通路岩脈中に存在している．鉱床を伴うマグマ溜にはEastern DeepsおよびWestern Deepsがあり（図VIII-38, 39a,

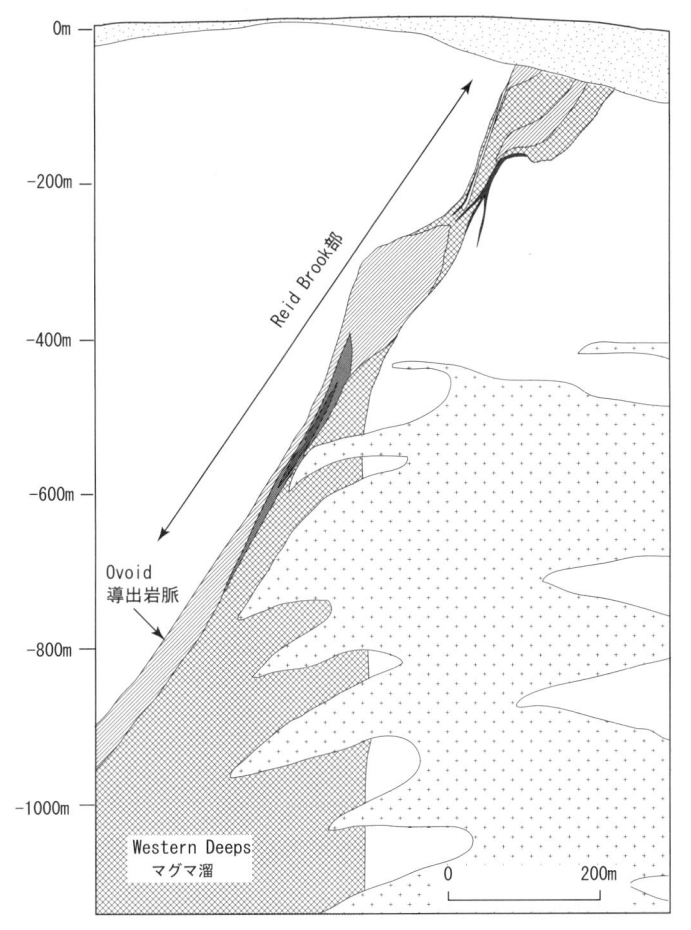

図VIII-39　b　Western Deeps マグマ溜付近断面図
― Evans-Lamswood et al. (2000) による―

b)，両者とも，岩片に乏しい橄欖石斑糲岩ないしトロクトライト質岩からなる類似のマグマ層序を示す．一般に硫化物の濃度は10%以下で，マグマ溜周縁部付近に鉱染状をなして産し，一部に粗粒の硫化物が点在する．硫化物の広範な分散状態は，硫化物が重力による沈降やマグマの対流の影響をほとんど受けていないことを示唆している．Eastern Deeps マグマ溜には最も完全な層序が保存されている．その最下部はマグマ導入岩脈と同じ細粒の斑糲岩と貫入トロクトライト角礫岩からなり，鉱染状ないし半塊状の硫化物を伴い，これらは塊状硫化物によって切られている（図VIII-39a）．最下部のマグマ導入岩脈と同じ岩脈の上には，種々の組織を有するトロクトライトがのり，部分的に5%以下の硫化物を含む．この上を岩片を含まない通常組織の不毛トロクトライトが覆い，さらに優白質トロクトライト，橄欖石斑糲岩と続く．Western Deeps マグマ溜は，最上部の斑糲岩を除き Eastern Deeps マグマ溜と同様な層序を示し，岩体内部に重要な鉱化は認められないが，マグマ溜最上部のマグマ導出岩脈付近には硫化物を産する（図VIII-39b）．Voisey's Bay 鉱床には，マグマ通路岩脈として Ovoid 導出岩脈と Eastern Deeps 導入岩脈がある（図VIII-39a, b）．これら岩脈には，岩片を含む橄欖石斑糲岩ないしトロクトライトに伴い重要なニッ

ケル硫化物鉱床を産する．Ovoid 導出岩脈は，さらに Nini-Ovoid 部，Dscovery Hill 部，Reid Brook 部の三つに区分される．

　Voisey's Bay 鉱床におけるすべての鉱化作用は，岩片を包有するトロクトライトおよび斑糲岩に伴って認められ，鉱石はマグマ過程によって形成された組織を示すが，マグマ溜の下底への単純な集積よりもマグマ通路岩脈に関係したもののほうが優勢である．鉱化システム内部で，マグマ通路の形態における物理的不規則性や変化が，マグマの速度や粘性に変化をもたらす結果，硫化物の沈殿，捕獲，保存を促し，そこへ硫化物が濃集していると考えられる．各鉱化帯を産するマグマ通路岩脈に存在する硫化物組織と物理的環境の間には一定の関係が認められる．Ovoid 導出岩脈では膨張部に富鉱体を生じ，とくに Reid Brook 部の鉱化帯は走向に沿った湾曲軸部に位置している（図 VIII-38, 39b）．Eastern 鉱化帯は Eastern Deeps マグマ溜の下底部にあるけれども，マグマ溜の下のマグマ導入岩脈により密接に産する（図 VIII-38, 39a）．Riplex et al. (2002) は，$\delta^{34}S$, $\delta^{14}C$, Se/S 比などを測定した結果，Voisey's Bay 貫入岩に対する Tasynyak 片麻岩の汚染作用が鉱床生成の要因として重要であることを示した．

　Voisey's Bay 鉱床は，1993 年に発見され，その確定鉱量は 1 億 2,300 万 t（平均品位 Ni 1.66%, Cu 0.87%, Co 0.09%），推定鉱量は 1,370 万 t（平均品位 Ni 0.98%, Cu 0.66%, Co 0.06%）と報告されている（Evans-Lamswood et al., 2000）．また，鉱量 1 億 3,670 万 t (Ni 1.59%, Cu 0.85%)，Ni 金属量 2,173,530t という記載もある（Barnes and Lightfoot, 2005）．

VIII-3　その他のマグマ鉱床

斜長岩－斑糲岩－ノーライト複合岩体中のチタニウム－鉄鉱床

　中原生代の非造山期ないし拡張期に形成された斜長岩－斑糲岩－ノーライト貫入複合岩体には，レンズ状，岩脈状あるいはシル状をなして塊状イルメナイト鉱床，あるいは苦鉄質岩中に鉱染状イルメナイト鉱床を産することがある．鉱床は斜長岩－ノーライトマグマの累進的結晶分化作用の結果，後期に Ti および Fe が濃集して生成されたイルメナイト・キュームレイトが割目に沿って再移動したものか，あるいは斜長岩－ノーライトマグマから Fe-Ti 酸化物溶融体として液相分離したものと考えられている．チタン鉱物としてイルメナイトおよびチタン磁鉄鉱を産し，その他磁鉄鉱，磁硫鉄鉱，ペントランド鉱，黄銅鉱を伴う．また脈石鉱物として斜長石，オルソ輝石，単斜輝石，橄欖石，燐灰石，ジルコンなどの珪酸塩鉱物を産する．この型の主な鉱床例としては，Lac Tio（カナダ・ケベック），Sanford Lake（米国ワシントン），Tellnes（ノルウェー），Balla Balla（オーストラリア・西オーストラリア）などがあげられる．

IX 熱水鉱床

　熱水循環システムが形成され，熱水によって溶解し運搬された物質が限られた場所に沈殿して濃集生成した鉱床を熱水鉱床という．その生成温度は600℃から100℃前後の広範囲にわたる．ここでは，貫入火成岩の形成に関係し主としてマグマ水によって生成された斑岩型鉱床，スカルン鉱床，その他の型の熱水鉱床について最初に述べ，次いで広域変成作用に伴い変成水を含む熱水によって生成された造山型金鉱床，陸上火山活動に伴う熱水作用によって生成された浅熱水金－銀鉱床，海底の熱水作用によって生成された種々の鉱床，最後に比較的低温の熱水で生成されているが鉱床生成に直接関係したマグマ活動が認められず，熱水中に続成作用によって形成された遺留水を含む一群の鉱床について述べる．

IX-1 斑岩型鉱床

　珪長質ないし中間質，稀に苦鉄質の火成岩貫入に伴う熱水作用により貫入岩体頂部と周辺の岩石に形成された網状脈，細脈，鉱染鉱などの集合体からなる大型，中～低品位の鉱床を斑岩型鉱床といい，銅，モリブデン，金，錫，タングステンなどを産する．

(1) 斑岩銅鉱床の生成過程

　斑岩銅鉱床は，主として銅を産する斑岩型鉱床で，通常モリブデンまたは金を伴うほか，微量の銀を含む．世界の銅産額の50％以上を産出し，銅資源として最も重要である．鉱床生成に関係する火成活動は，収斂型プレート境界におけるプレートの沈み込みに伴うか，大陸付加作用に続く背弧拡大および走向移動断層に関係した拡張テクトニックスに伴って起こる．斑岩銅鉱床は主として中生代～新生代の造山帯に分布するが，古生代造山帯にも存在する．鉱床生成期は，古生代中期（アパラチア造山帯，ウラル造山帯，東オーストラリア），中生代中期～後期（北アメリカ，中国），新生代（南北アメリカ，中央アジア，南西太平洋）に分けられる．貫入岩は，粗粒顕晶質ないし斑状の岩株，底盤，岩脈群などとして産し，稀にペグマタイト質のものも見られる．岩石組成は，カルクアルカリ岩系の石英閃緑岩，花崗閃緑岩ないし石英モンゾニ岩と，閃長岩などアルカリ岩系の岩石に二大別されるが，前者が一般的である．通常，連続的に多数の貫入岩相あるいは種々の角礫岩を形成する．鉱床は石英脈，網状脈，硫化物細脈，鉱化割目，鉱染を含む10km^{2}以上の面積にわたる広大な熱水変質帯として産する．鉱床の境界は，経済的要素によって，より大きい低品位の鉱化帯より内側に引かれる．斑岩銅鉱床は，カリウム変質帯，絹雲母変質帯，プロピライト変質帯の他，ときにカオリン－モンモリロナイト変質帯を伴うことがある（Lowell and Guilbert, 1970）．初生

金属鉱物として黄銅鉱，斑銅鉱，輝銅鉱，四面砒銅鉱，四面銅鉱，硫砒銅鉱，輝水鉛鉱，閃亜鉛鉱，方鉛鉱，黄鉄鉱，磁鉄鉱などを産する．

斑岩銅鉱床の大きな特徴は，他の熱水鉱床に比較してきわめて大型であることである．これは熱水流体が，貫入岩およびその周囲の岩石を含めてきわめて大きな体積の岩石中に浸透することを意味する．斑岩銅鉱床の生成母胎である含水マグマは通常地表下 0.5 ～ 2km に到達し，冷却によりその周縁部から結晶化を始める．結晶化の進行により H_2O に関して飽和に達し，さらに冷却が進むと H_2O は後退沸騰過程によりマグマから分離する．後退沸騰が進行するとマグマは膨張すると同時に内部圧が増加し，結晶化した貫入岩および周囲の母岩は脆性破壊を起こし割目を生じ，あるいは角礫化する（II-1(2) および VII-2(2) 参照）．このようにして透水係数の高くなった岩石中をマグマ水は容易に通過し巨大な鉱床を形成する．

後退沸騰によるマグマ性含水相の生成によって遷移過程に入るとすべての元素は，化学平衡を保つようにすべての相へ再配分される．含水珪酸塩溶融体中に主として塩素イオン Cl^- として溶解していた塩素はマグマ性含水相へ強く配分され，HS^- イオンとして溶解していた硫黄も，磁硫鉄鉱が不安定であればマグマ性含水相へ強く配分される．しかし，マグマ性含水相－珪酸塩溶融体間の硫黄の分配係数は H_2O 分圧と fo_2 の変化とともに大きく変化し，fo_2 が高い I 型（磁鉄鉱型）マグマでは分配係数は上昇する．マグマ中に含まれる銅その他の多くの重金属は，塩素濃度と正の相関をなして含水相に分配されクロロ錯体を形成する（II-1(2)，II-5(3) 参照）．マグマの冷却が進むと著しく圧力も低下し珪酸塩溶融体が消失し，熱水過程に入る．岩石中の割目あるいは空隙に浸透した熱水中の銅クロロ錯体は，溶解している H_2S と次の反応を起こして硫化物として沈殿する．

$$CuCl_2^- + H_2S = CuS + 2H^+ + 2Cl^-$$

この式から銅の沈殿が次のような種々の原因で起こることがわかる．(1) H_2S 濃度の増加．この原因として熱水と生物起原有機物との反応による有機物の分解，炭質物などによる熱水の fo_2 低下に基づく硫酸塩の還元などが考えられる．(2) pH の増加．この原因は，主として熱水と母岩中の炭酸塩鉱物，長石との反応で，結果として母岩の変質と硫化物の沈殿が起こる（V-1(1) 参照）．(3) 安定定数の変化・錯体の安定度低下．塩素濃度一定のもとで $CuCl_2^-$ の安定定数 β_2（II-5(3) 参照）は温度の低下とともに減少し，天水などの混合によって熱水が希釈されると錯体は不安定となりいずれの場合も硫化物の沈殿が進行する．一方，金などの"軟らかい"金属は HS^- イオンと結合して水硫化錯体を作りやすい．金の水硫化錯体は次の反応を起こして自然金を沈殿する．

$$Au(HS)_2^- + 1/2H_2 = Au + H_2S + HS^-$$

この式から沈殿が進行する要因は，(1) HS^- イオン，H_2S 濃度の減少．その原因として fo_2 上昇による HS^- イオン，H_2S の酸化，再沸騰によるガス成分の除去が考えられる．(2) 温度低下，希釈による錯体の不安定化である．このようにクロロ錯体を作る金属と，水硫化錯体を作る金属の沈殿要因には，相反するものと共通のものとがある．

(2) 斑岩銅鉱床の型と例

カルクアルカリ岩系火成岩に伴う斑岩銅鉱床は，その産状によって標準型，火山岩型，深成岩

型に分けられる（MacMillan and Panteleyev, 1980）. 標準型鉱床は，一般に浅所（深さ1~2km）に，ほぼ等しい大きさの円筒形の斑状貫入岩が多数形成され，その中の岩株を中心として鉱化されたものである．鉱化前，中，後に貫入した多数の岩脈および角礫岩が地質を複雑にしている．鉱体は貫入岩の周縁部および接触部に環状をなして産する．カリウム変質またはプロピライト変質を受けた低品位のコアを中心として，外側に向かって変質帯および硫化鉱物の水平方向累帯配列が認められる．コアを取り囲んで，黒雲母に富むカリウム変質帯または絹雲母変質帯を伴う輝水鉛鉱－黄銅鉱帯があり，黄銅鉱帯を経て，外側部には一般に黄鉄鉱を含む不毛のプロピライト変質帯が広く分布する．標準型斑岩銅鉱床は，一般にモリブデンを伴い，一部金を伴う．その例として，Bingham Canyon（米国ユタ），Miami-Inspiration, Morenci, Ray, Sierrita-Experanza, Twin Buttes, Kalamazoo, Santa Cruz（米国アリゾナ），Schaft Creek（カナダ・ブリティッシュコロンビア），Casino（カナダ・ユーコン），Cananea, La Caridad（メキシコ），El Salvador（チリ），Agua Rica, Bajo de la Alumbrera（アルゼンチン），Grasberg（インドネシア），Ok Tedi（パプアニューギニア），Dexing －徳興－（中国江西省），Kal'makyr-Almalyk（ウズベキスタン）などがあげられる．

　火山岩型鉱床は火山底における小規模な岩株，シル，岩脈および種々の型の貫入角礫岩の多相火成活動に伴って生成される．火山の地形，構造，火道付近の噴出堆積物，火山底噴出中心等の再構築が多くの場合可能であり，もしくは推定することができる．深さ1kmまたはそれ以浅における鉱化作用が，主として角礫岩の発達に伴って行われるか，または高い透水係数を持った母岩を交代して行われる．プロピライト変質は広範であり，中心部に高品位のカリウム変質帯を伴って，一般に早期に行われる．後期には，鉱化を伴う絹雲母変質作用が早期変質帯に重なるように起こる．カオリン－パイロフィライト変質帯が上部に形成されることがある．火山岩型斑岩銅鉱床は一般に金を伴い，一部モリブデンを伴う．その例として，Fish Lake, Poison Mountain（カナダ・ブリティッシュコロンビア），Aldebaran（チリ），Atlas, Far Southeast, Sipalay, Guianaong,（フィリッピン），Frieda River, Panguna（パプア・ニューギニア）などがあげられる．

　深成岩型鉱床は，比較的深所（2~4km）で固化した大きな深成岩体あるいは底盤中に見出される．これに関係した岩脈および貫入角礫岩が，より浅い場所に形成されていることがある．母岩の組織は顕晶質粗粒等粒状ないし斑状である．貫入岩は分化作用の結果，内部組成変化を示すことがあり，その境界は漸移的なことも明瞭なこともある．貫入角礫岩を伴う岩脈群が部分的に発達し，これらと断層帯も鉱化されている．珪化変質帯に伴う鉱体は，拡散した網状脈をなす傾向があり，割目の発達した岩石中に黄銅鉱，斑銅鉱および少量の黄鉄鉱を産するが，全体として硫化物の産出はまばらである．鉱体中心部の早期カリウム変質および絹雲母変質帯は，鉱化した割目の周縁に限って認められるが，後期の絹雲母－カオリン－モンモリロナイト変質帯は，鉱脈や割目を包んでより広く発達している．プロピライト変質作用も，かなり広範に発達しているが標準型および火山型ほどではない．プロピライト変質は稀に黄鉄鉱を産出すること，緑泥石化苦鉄質鉱物，ソーシュライト化斜長石，少量の緑簾石によって示される．深成岩型斑岩銅鉱床は，一般にモリブデンのみを伴い，金はあっても含有量が少ない．その例として，Highland Valley Copper, Gibraltar,（カナダ・ブリティッシュコロンビア），Cerro Verde-Santa Rosa, Cuajone, Quellaveco, Toquepala（ペルー），Chuquicamata, La Escondida, Quebrada Blanca, Collahuasi-Rosario, El Abra, El Teniente,

Los Pelambres, Rio Blanco-Los Bronces-Andina, Zaldivar-Pinta Verde（チリ）などがある．

　アルカリ岩系火成岩に伴う斑岩銅鉱床は，収斂型プレート境界，とくに海洋プレート上に形成された島弧に生成される．関係する火成岩は斑糲岩，閃緑岩，モンゾニ岩，閃長岩，霞石閃長岩などの貫入岩と，同マグマ起源のアルカリ玄武岩，ショショニティック火山岩などであり，これらの岩石は，プレートの沈み込み角度が小さく速度が遅い場合に形成される．マグマは島弧の軸または，島弧を横切る構造に沿って導かれ，鉱床は，浅所に形成された岩株の貫入に伴って生成される．この型の鉱床は，カナダコルディレラおよび西南太平洋の島弧に分布し，前者の生成年代は後期三畳紀～早期ジュラ紀，後者は第三紀～第四紀である．オーストラリア東部古生代造山帯にも同様な鉱床が知られている．鉱床の中心部には，早期生成のカリ長石，黒雲母，硬石膏からなるカリウム変質帯が鉱石を伴って分布する．この変質帯中には透輝石，柘榴石などのスカルン鉱物帯を含む．その外側には二次黒雲母に富む苦鉄質火山岩，さらに広範なプロピライト変質帯が発達する．これらの変質帯には，後期生成の絹雲母－黄鉄鉱変質あるいは，絹雲母－カオリン－炭酸塩－黄鉄鉱変質が重なることがある．アルカリ岩系火成岩に伴う斑岩銅鉱床は金ときに銀を伴い，その例として，Afton, Mt. Polley, Mt. Milligan, Galore Creek（カナダ・ブリティッシュコロンビア），Cadia 地域，Endeavour（オーストラリア），Namosi（フィジー），Tai Parit（フィリッピン）などがある．また，アルカリ岩に関係がある斑岩銅鉱床の特異な例としてカーボナタイト中に産する Palabora 銅－銀－白金族－金鉱床（南アフリカ）をあげることができる（Mutschler and Mooney, 1997）．

　Bingham Canyon 銅－金－モリブデン鉱床　本鉱床は米国ユタ Oquirrh 山地北部にあり，Salt Lake City の西南約 35km に位置する．Oquirrh 山地は，太古代以来クラトンの活動的縁辺部で，地質時代にわたって活発な構造運動を繰り返してきた場所であり，それがこの地域における斑岩に関係した鉱床の生成と位置を決定する重要な要素となっている．

　前期古生代も Oquirrh 山地は，活動的大陸縁辺部であり，炭酸塩岩の薄層と砕屑性堆積岩との互層が堆積した．後期ペンシルバニア紀の間，北西方向に伸びた Oquirrh 海盆に浅海成の炭酸塩岩と珪質の砕屑岩が急速に堆積したが，前期ペルム紀には再び活動的大陸縁辺部の堆積の場となった．中生代にはジュラ紀 Elko 造山運動と白亜紀 Sevier 造山運動が，本地域に影響を与えている．Oquirrh 山地は，これら 2 期の変形作用の結果，Bingham より南部では，北西方向の軸を有する褶曲系が，北部の鉱床地域では，北東方向の褶曲が衝上断層および他の複雑な断層・褶曲を伴って発達している（図 IX-1）．新生代の構造運動は大部分拡張性である．この運動は，貫入岩，岩脈，割目を伴って始新世に小規模に開始され，中新世から現世にわたって Basin and Range 拡張運動として大規模に行われた．これによって Salt Lake およびその他の南北方向の盆地が，主要なリストリック正断層に沿って開かれ，Bingham 鉱床が，東方へ 15～20°傾く結果となった．火成活動は，ジュラ紀から白亜紀にわたって Bingham の東方および西方で Unita 背斜軸に沿って始まり，始新世に最盛期となった．とくに Unita 背斜軸に沿った Park City, Bingham, Stockton 地域で貫入岩および火山岩の活動が盛んに行われた．Unita 背斜軸は，Stockton-Park City 貫入岩帯とも呼ばれ，これに沿った磁気異常によって数 km の深さにある大型の貫入岩体が推定されている（Waite et al., 1997）．

　Bingham 地域の火成岩は，南に向かって移動し，43Ma に Basin and Range 地域北部に入ってきた火山活動の一部として形成された．この火山活動の南方への移動は，大陸地殻下への海洋プ

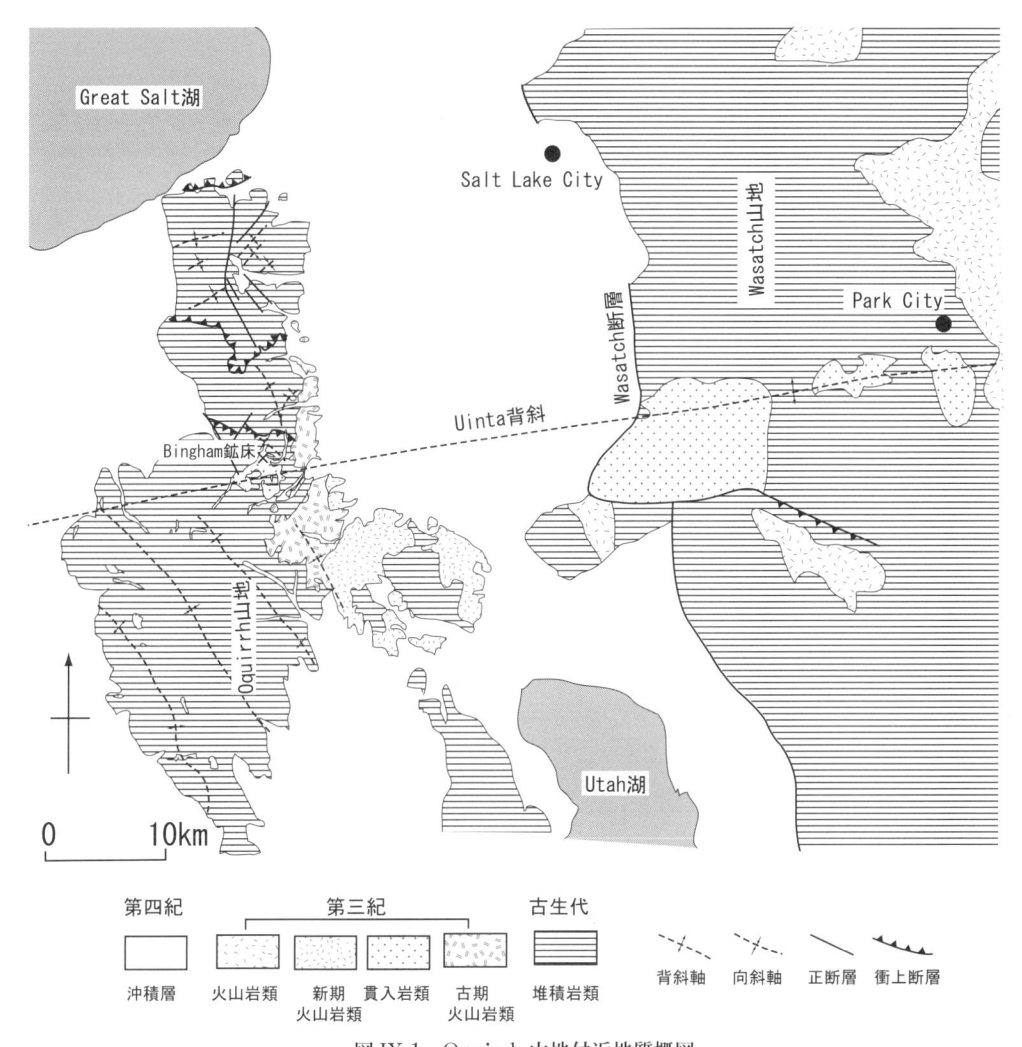

図 IX-1 Oquirrh 山地付近地質概図
— Babcock et al. (1995) ; Pressnel (1997) ; John (1997) ; Waite et al. (1997) による —

レートの沈み込みが累進的に急勾配になったことに関係している．Bingham 鉱床付近におけるマグマ活動は，始新世最後期から中期漸新世にわたる約 800 万年間に及び，高カリウム－カルクアルカリ岩系に属する（Silitoe, 1993）．火山岩類は，時期的および岩石学的に古期火山岩類，霞石ミネット－ショショナイト，新期火山岩類に分類され，貫入岩複合岩体は古期火山岩類と共通マグマによって生成されたと考えられる（Whaite et al., 1997）．古期火山岩類は，Bingham 貫入岩体とほぼ同時期，約 38.5Ma に形成され，岩屑流，火山灰流，角礫状溶岩流などからなる．岩質的には粗面安山岩（レータイト）ないし粗面岩である．霞石ミネット－ショショナイト溶岩流は 37.7Ma の生成年代を示し，古期火山岩類上部に夾在して産する．新期火山岩類は，前 2 者よりやや新しく 31.2～30.7Ma の生成で，溶岩流，火山灰流，火山角礫岩などからなり，岩質は安山岩，石英安山岩，流紋岩などである（図 IX-2）．Bingham 貫入複合岩体は，珪岩とこれに夾在する石灰岩およびシルト岩からなるペンシルバニア紀－ペルム紀 Oquirrh 層群 Bingham Mine 層中に貫入し，

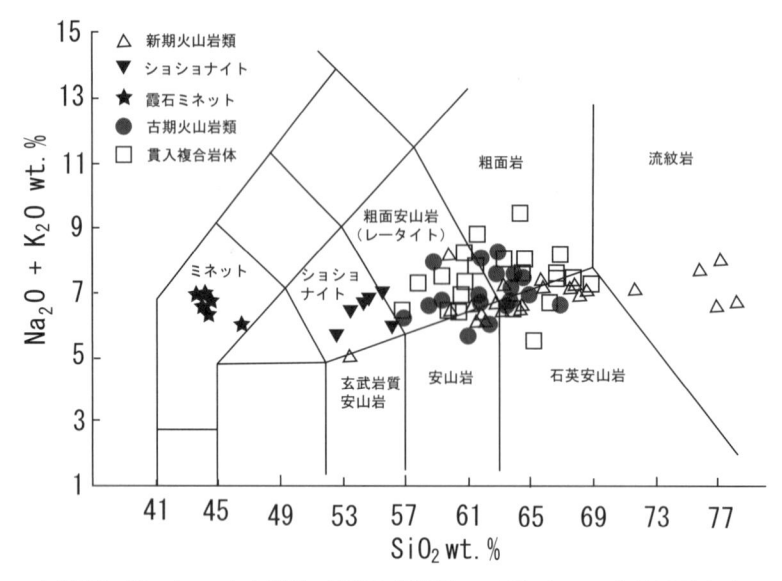

図 IX-2　Bingham 火成岩類の IUGS 分類図　－ Whaite et al. (1997) による－

　古い順からモンゾニ岩，石英モンゾニ斑岩，レータイト斑岩，石英レータイト斑岩から構成される．モンゾニ岩は，Bingham 岩株を構成する最も一般的な岩型で斑岩銅鉱石の重要な母岩の一つである．Last Chance 岩株も同様にモンゾニ斑岩からなるが，変質の程度が異なるため区別されている．石英モンゾニ斑岩は，Bingham 岩株のなかで斑岩組織を示す主要な岩石であり，同様に斑岩銅鉱石の重要な母岩の一つである．レータイト斑岩は，岩脈およびシルをなして Bingham 岩株を貫き，石英レータイト斑岩は 10m 以下の幅を持った細い岩脈をなし他の岩石を貫いて産する（図 IX-3）．
　硫化鉱物の分布は，多くの斑岩銅鉱床と同様に外側の低品位黄銅鉱－黄鉄鉱帯，内側の高品位黄銅鉱帯からなる．輝水鉛鉱は鉱床の中心部に産し，後期の斑銅鉱－金鉱化作用が早期の鉱化帯の一部に重なって生じている．最も外側には鉛－亜鉛帯が分布する（図 IX-4）．母岩の変質作用として，最初に広範なアクチノ閃石－緑泥石変質作用が Bingham 岩株のモンゾニ岩に行われ，次いでモンゾニ岩中の小さな割目を満たして少量の硫化鉱物を伴い黒雲母小脈群が形成される．これらの小脈群はさらに盤肌鉱物として大量の黒雲母とカリ長石を伴い黄銅鉱を含む石英－黒雲母脈によって切られる．石英－黒雲母脈は，網状脈に進化すると黄銅鉱が増加するが，輝水鉛鉱が出現するに従い黄銅鉱は減少する．Cu ＞ 0.7% 帯は環状をなし，この中で Cu ＞ 1% 以上の品位を示す所が 4 ヵ所存在する（図 IX-5c）．これら高品位区域の存在は，鉱化中心がいくつかに分離していたことを示すのかもしれない（Phillips et al., 1997）．鉱床北部の金－斑銅鉱帯（図 IX-5d）は，銅鉱体の平均金品位の 4〜5 倍の金品位を示し，Au 2.8g/t の分析値を示すことも稀ではない．斑銅鉱鉱化作用は，石英－カリ長石脈に伴って早期の銅鉱化作用に重なって生じ，カリウム変質作用の一環をなしている．絹雲母変質帯はカリウム変質帯と，ほぼ一致するが一部で二次黒雲母限界線を越えて外側に広がっている(図 IX-5)．絹雲母変質帯は鉱床周縁部では，石英－絹雲母－黄鉄鉱脈からなるが，高品位帯では石英－絹雲母－黄銅鉱脈によって構成されている．緑簾石と方解石，稀に黄銅鉱を伴った黄鉄鉱脈が，絹雲母変質帯の周縁部で黒雲母限界線を越えてアクチノ閃石－緑泥石変質岩中に産する．脈の周辺では岩石中の苦鉄質鉱物を交代して黄鉄鉱，緑泥石，緑簾石，方解石が生じ，プ

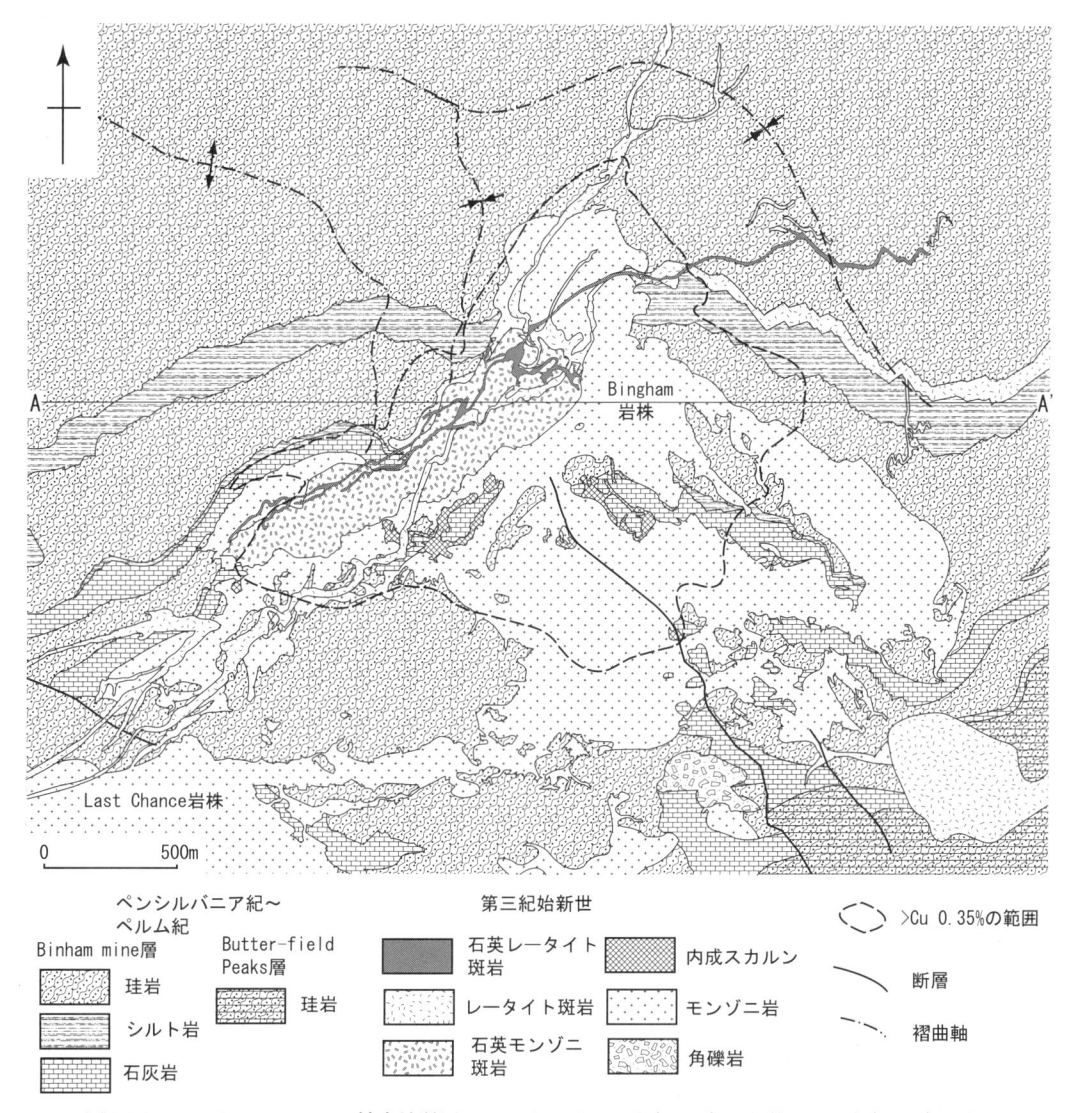

図 IX-3　Bingham Canyon 鉱床地質図　－Babcock et al. (1995); Phillips et al. (1997) による－

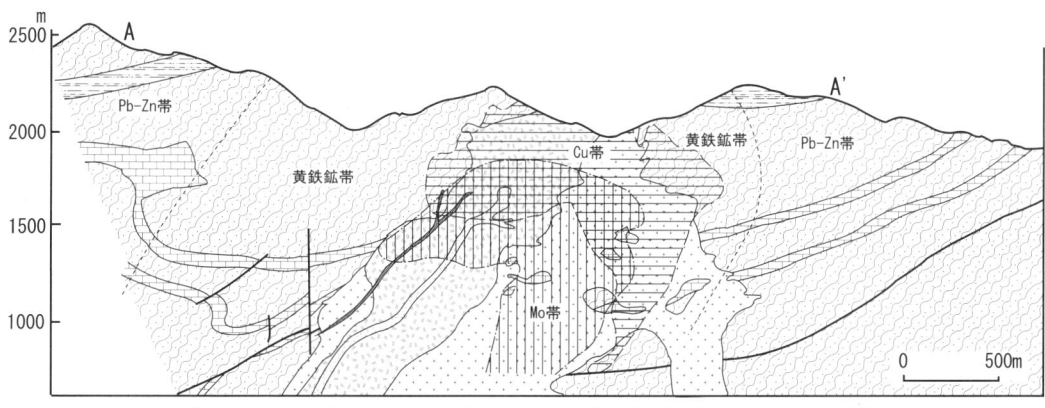

図 IX-4　Bingham Canyon 鉱床断面図（断面位置・凡例は図 IX-3 参照）
－Babcock et al. (1995); Phillips et al. (1997) による－

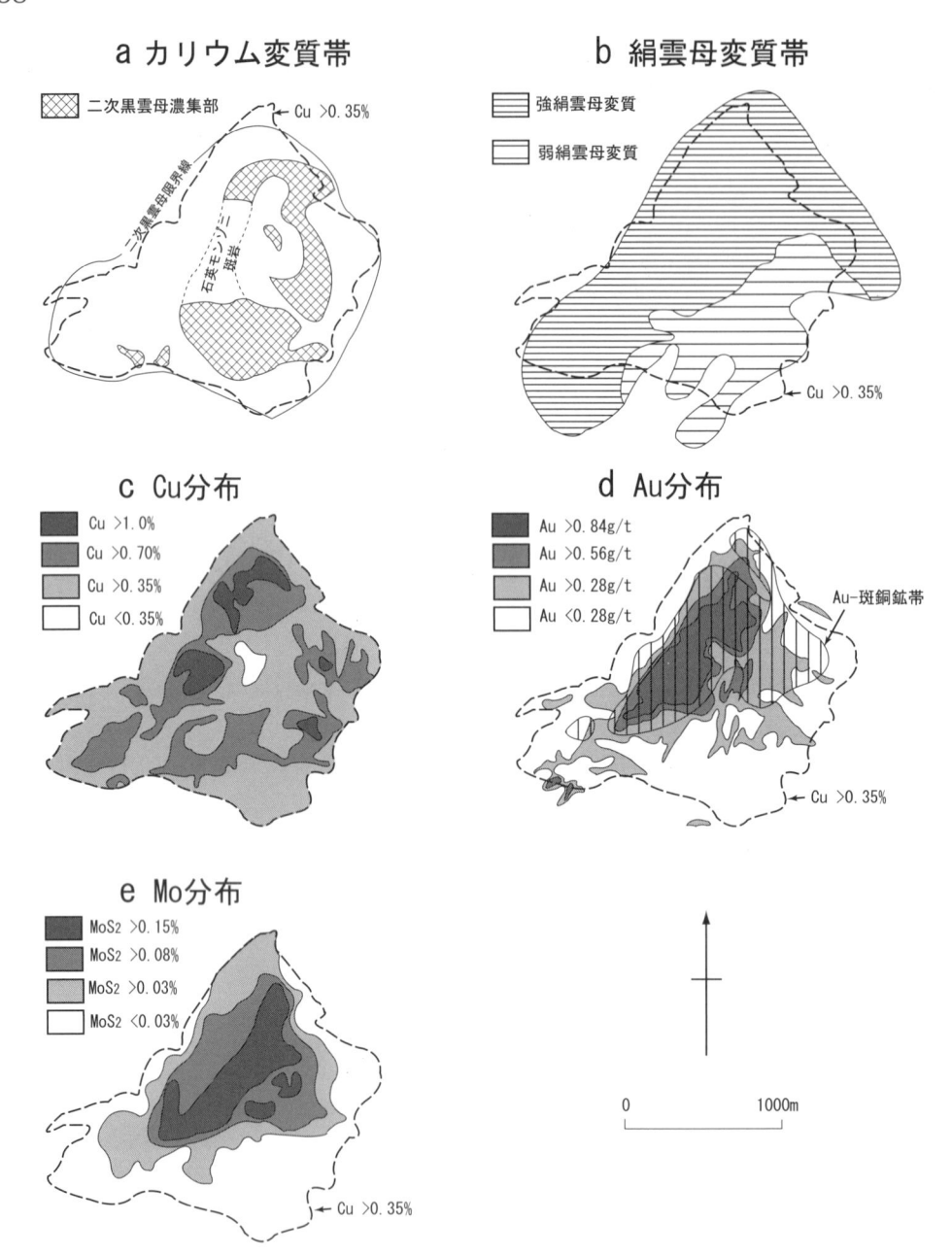

図 IX-5　Bingham Canyon 鉱床の変質帯と金属分布図　− Phillips et al. (1997) による −

ロピライト変質帯を形成している．

　最も後期の石英レータイト斑岩も鉱化を受けており，Bingham Canyon 鉱床の鉱化作用を Bingham 岩株のいずれか一つの岩相のみに関係付けることはできない．また，レータイト斑岩岩脈の金属品位が石英モンゾニ斑岩より僅かに低いのは，割目の発達が良くないことが原因と考えられる．石英レータイト斑岩のモリブデン品位は銅品位に対して比較的高い．これは，この岩脈の形成が銅鉱化開始後，モリブデン主鉱化の前であることを示すのかもしれない（Phillips et al.,

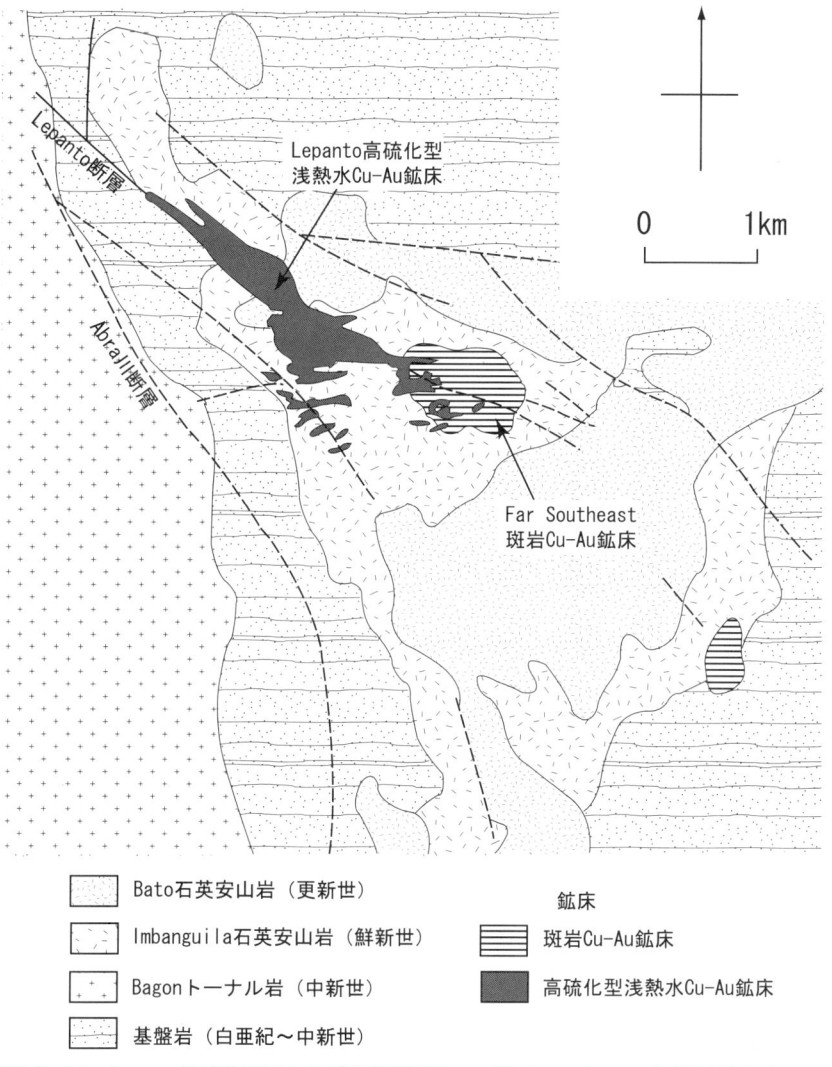

図IX-6 Mankayan 地域地質図および鉱床投影図 － Hedenquist et al. (1998) による－

1997).

　Bingham Canyon 銅－金－モリブデン鉱床の 1996 年における過去の生産量は 19 億 1,353 万 t（Cu 0.80%, Au 0.39g/t, Ag 2.8g/t, MoS$_2$ 0.050%），埋蔵量は 9 億 281 万 t（Cu 0.59%, Au 0.28g/t, Ag 2.24g/t, MoS2 0.027%）と報告されている（Krahulec, 1997）.

　Far Southeast 銅－金鉱床　本鉱床はフィリッピン島弧，ルソン島北部にあり，マニラ市の北 200km に位置する．Far Southeast (FSE) 斑岩銅－金鉱床は，高硫化型浅熱水性鉱床（IX-5(1)参照）である Lepanto 硫砒銅鉱－金鉱床とともに Mankayan 鉱床地域を形成している．地域の地質は次の四つの岩石単位で構成される．(1) Lepanto 変火山岩類および Balili 火山－外力砕屑岩からなる後期白亜紀～中新世シーケンスで基盤岩をなす，(2) 地域の西側に分布する中新世 Bagon トーナル岩質貫入岩体，(3) 銅－金鉱化作用前の鮮新世石英安山岩～安山岩質角礫岩および斑岩（Imbanguila 角閃石石英安山岩），(4) 鉱化作用後の更新世石英安山岩～安山岩質溶岩ドームおよび火砕流（Bato

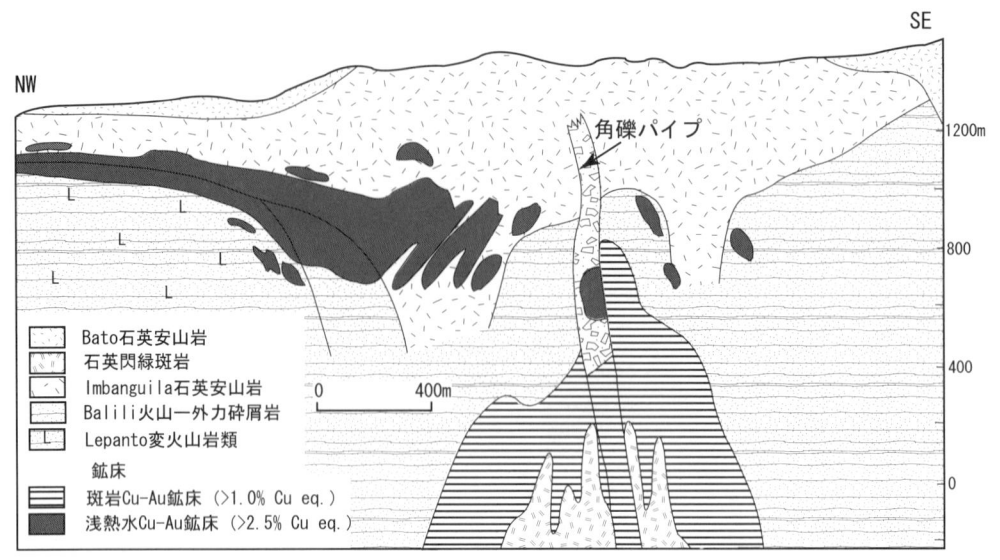

図 IX-7　FSE および Lepanto 鉱床の NW-SE 方向模式的地質断面図　− Hedenquist et al. (1998) による−

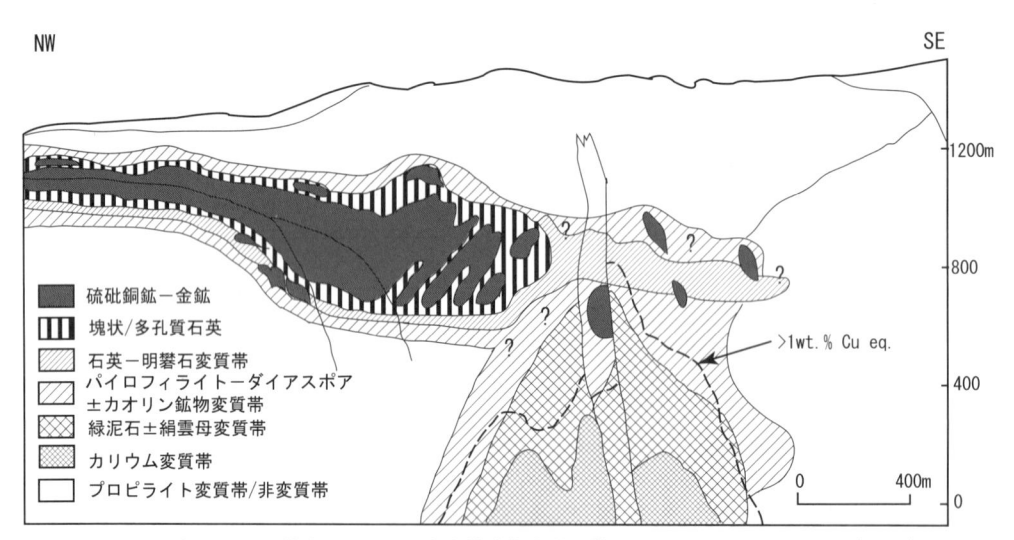

図 IX-8　FSE および Lepanto 鉱床の NW-SE 方向模式的変質分帯図　− Hedenquist et al. (1998) による−

角閃石−黒雲母石英安山岩）（図 IX-6）．Lepanto 鉱床の大部分および Far Southeast 鉱床のほとんどは基盤岩の変火山岩類あるいは火山−外力砕屑岩中に胚胎するが，Mankayan 地域の鉱床はいずれも鮮新世から更新世にわたる中間質岩の火山活動に関係して生成している．すなわち，鉱化作用はこの活動の中期に生成された石英閃緑斑岩岩脈および不規則岩体の形成に伴って起こった（図 IX-7）．この石英閃緑斑岩および Imbanguila 石英安山岩，Bato 石英安山岩は位置的に Lepanto 断層に関係しており，Lepanto 断層は Philippine 断層系の一部である Abra 川断層のスプレーである（図 IX-6）．Imbanguila 石英安山岩，Bato 石英安山岩，石英閃緑岩は化学組成が類似しており（Hedenquist et al., 1998），共通の親マグマから導入されたと推定される．FSE 鉱床付近には，Imbanguila 石英安山岩の斑岩および角礫岩を含む二つの火道が認められる．この火道は明らかに Imbanguila 石英安山岩岩体の供給源であることを示している．FSE 鉱床は，基

盤岩の外力砕屑岩を貫く優黒質の石英閃緑斑岩質岩脈および不規則岩体を中心として発達しており（図IX-7），これら早期の貫入岩体は通常幅50〜150m，5:1の割合で地域の一般的な断層の方向に平行な北西方向に伸張する．優黒質の石英閃緑斑岩に遅れて，優白質石英閃緑斑岩岩脈が早期貫入岩を貫き，低品位の鉱化作用を受けている．また，熱水角礫パイプがFSE鉱床の中心部とImbanguila石英安山岩を貫いて発達し（図IX-8），これにはBalili火山－外力砕屑岩，早期および後期の石英閃緑斑岩の礫が含まれている．鉱床生成期におけるマグマ作用は主として貫入岩活動であり，銅－金鉱化作用の直後にBato石英安山岩溶岩流－ドーム複合火山活動によって噴出岩活動が再開される．

カリウム変質帯は石英閃緑斑岩の中心部に発達し（図IX-8），黒雲母，磁鉄鉱および，少量のカリ長石からなる．この黒雲母のK-Ar年代は，1.41±0.05Maである．早期に行われたカリウム変質作用に伴い微晶質他形の石英脈が発達し，石英中にはガスに富みNaClに飽和した流体包有物が含まれ，450〜550℃の最高均質化温度，50〜55%NaCl相当濃度を示す．カリウム変質作用とほぼ同時期に石英－明礬石からなる酸性変質作用（1.42±0.08Ma）が，石英閃緑斑岩頂部に行われている．この変質作用の下限は海抜800mほどである（図IX-8）．同様な変質作用が基盤岩と石英安山岩との接触部に沿いLepanto断層に支配されながら北西方向に約4km延長し，明礬石の硫黄同位体温度計によって，その生成温度が斑岩から周縁部に向かって350℃から200℃に低下したと推定された．カリウム変質帯には緑泥石－絹雲母変質作用が重なる．この変質帯の外周部はパイロフィライトを含むようになり，部分的にパイロフィライト－ダイアスポア±カンダイト鉱物（ディッカイト，ナクライト，カオリナイト）の組み合わせを示す．さらにその外側にはプロピライト変質帯が発達する（図IX-8）．緑泥石－絹雲母変質帯は，自形石英脈によって切られ，この石英脈は再開して他形石英によって満たされることがあり，絹雲母のハローを有する．このハロー中のイライトの生成年代は，1.30±0.07Maである．金属鉱物については，カリウム変質帯の斑銅鉱－黄銅鉱－磁鉄鉱，緑泥石－絹雲母帯の黄銅鉱－磁鉄鉱－赤鉄鉱±黄鉄鉱および輝水鉛鉱，プロピライト変質帯の黄銅鉱－黄鉄鉱－赤鉄鉱のような累帯配列が認められる．金は，自然金として黄銅鉱－斑銅鉱と密接に伴って産し，銅および磁鉄鉱の量と正の相関を示す．熱水角礫パイプは，斑岩の同心円的鉱化作用の枝分かれ部となっており（図IX-7），その下部は絹雲母－イライト±電気石－緑泥石変質を受け，上部には変質鉱物として硬石膏－イライト－明礬石－ダイアスポア－ズニ石－パイロフィライトが認められる（図IX-8）．熱水角礫パイプは，その鉱石品位は周囲の斑岩部より低いが，下部では黄銅鉱を含む岩片を有し，マトリックスも下部では黄銅鉱－黄鉄鉱－赤鉄鉱－硬石膏の，上部では硬石膏－黄鉄鉱－硫砒銅鉱の鉱化作用を被っている．

図IX-9はFSE-Lepanto鉱床における火成岩造岩鉱物および熱水鉱物の$\delta^{18}O$およびδD組成から計算された各鉱物と平衡な流体の$\delta^{18}O$－δD組成図である．流体包有物の研究から鉱床生成時における地表からの深さは1,500〜2,000mと推定され，これに基づき熱水作用の最盛期1.4〜1.3Maにおける本地域天水の同位体組成は，$\delta^{18}O$＝－11.3‰，δD＝－75‰とされた（Hedenquist et al., 1998）．図からマグマ水と天水がFSE鉱床を生成した流体の重要な成分であることがわかる．火成岩中の角閃石および黒雲母と平衡な流体のδD組成が，珪長質マグマ中に初期に溶解していた流体（Taylor, 1992）より低いのは，それらの鉱物が著しい脱ガスによって水分を失ったマグマから晶出したことを示す．

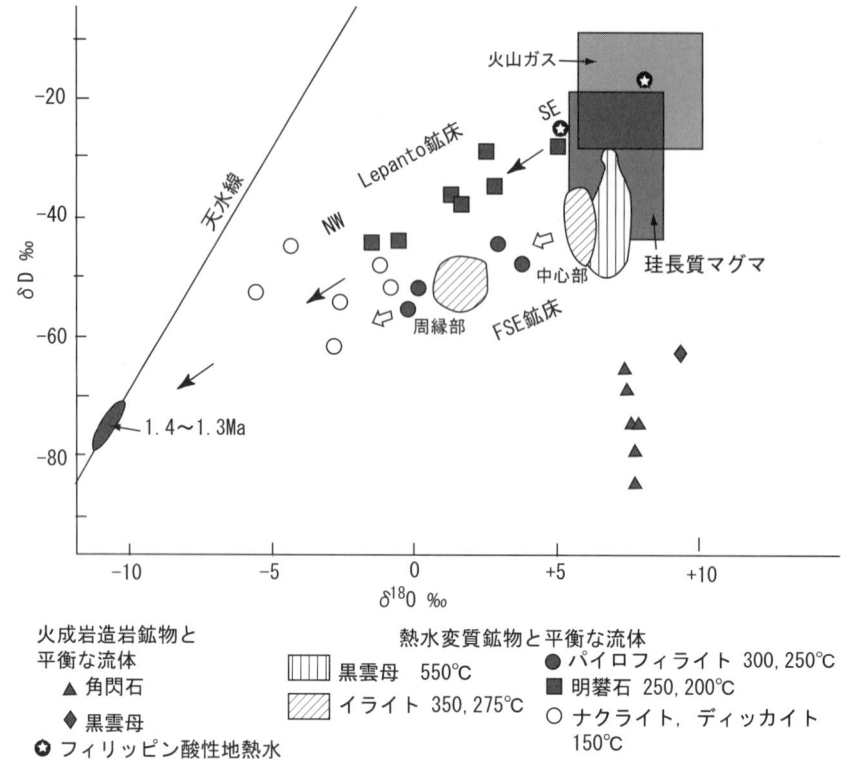

図 IX-9　計算によって得られた火成岩造岩鉱物・熱水鉱物と平衡な流体の$\delta^{18}O-\delta D$組成図
－Hedenquist et al. (1998) による－

　カリウム変質帯中の黒雲母と平衡な流体の$\delta^{18}O-\delta D$組成は，珪長質マグマ中に溶解する典型的な飽和食塩水と一致する．FSE鉱床下部の緑泥石－絹雲母変質帯中のイライトと平衡な流体の$\delta^{18}O-\delta D$組成は，鉱床中心部ではマグマ水の組成の近く，鉱床周縁部ではこれに地域天水が最大20～30％混合した組成を示す．パイロフィライトと平衡な流体の$\delta^{18}O-\delta D$組成は，緑泥石－絹雲母変質作用を行った流体に類似する．FSE鉱床における大部分の銅および金の生成は後期の自形石英脈の形成と緑泥石－絹雲母変質作用に伴っていると思われる．さらに，鉱物化学，鉱物組み合わせ，同位体組成，流体包有物などのデータもLepanto硫砒銅鉱－金鉱床が，これと同一の熱水によって生成されたことを示唆している（IX-4(1)参照）．

　FSE鉱床の埋蔵鉱量は可採品位をCu 1.8%等価とした場合，1億500万t（平均品位Cu 0.86%，Au2.02g/t）とされている（Hedenquist et al., 1998）．

Chuquicamata銅－モリブデン鉱床　本鉱床は海抜約2,800m，北部チリAtacama砂漠中にあり，Antofagasta市の北東240kmに位置する．地域は現世の大陸弧，アンデス・コルディレラ火山帯の西側に平行に走る北チリPrecordilleraに属する．地域の中央を南北方向に中期ないし後期新生代形成のWest断層が走り，地質が二分されている．断層の東側は，古生代の変堆積岩類および変火成岩類，中部三畳紀のAqua Dulce層およびEast花崗閃緑岩，ジュラ紀－早期白亜紀Elena花崗閃緑岩，始新世－漸新世Chuquicamata斑岩複合岩体，中新世の外来銅鉱からなり，断層の西側は，始新世Arca層，始新世－漸新世のLos Picos閃緑岩，Fortuna花崗閃緑岩か

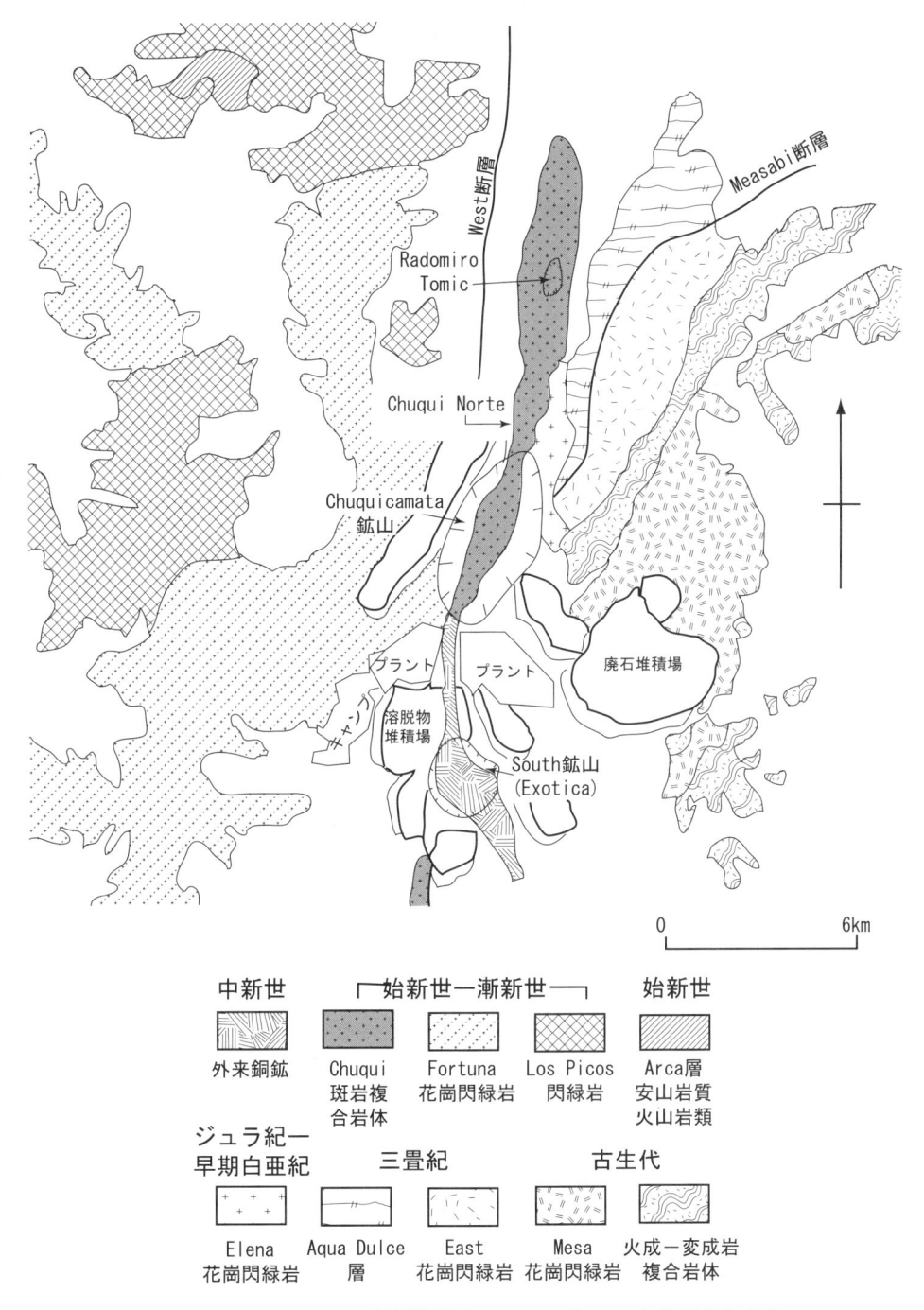

図 IX-10　Chuquicamata 地域地質図　− Osandon et al. (2001) による −

らなる（図 IX-10）．古生代の岩石は，変堆積岩類，片麻状花崗岩，変閃緑岩，石英閃緑岩および少量のトーナル岩から構成され，角閃岩相までの種々の変成度に変成されている．East 花崗閃緑岩は古生代変火成岩類を貫いて発達し，一部 Chuquicamata 斑岩の影響により曹長石−緑泥石−磁鉄鉱変質および絹雲母変質を受けている．これらの結晶質岩類は中生代火山岩−堆積岩シーケ

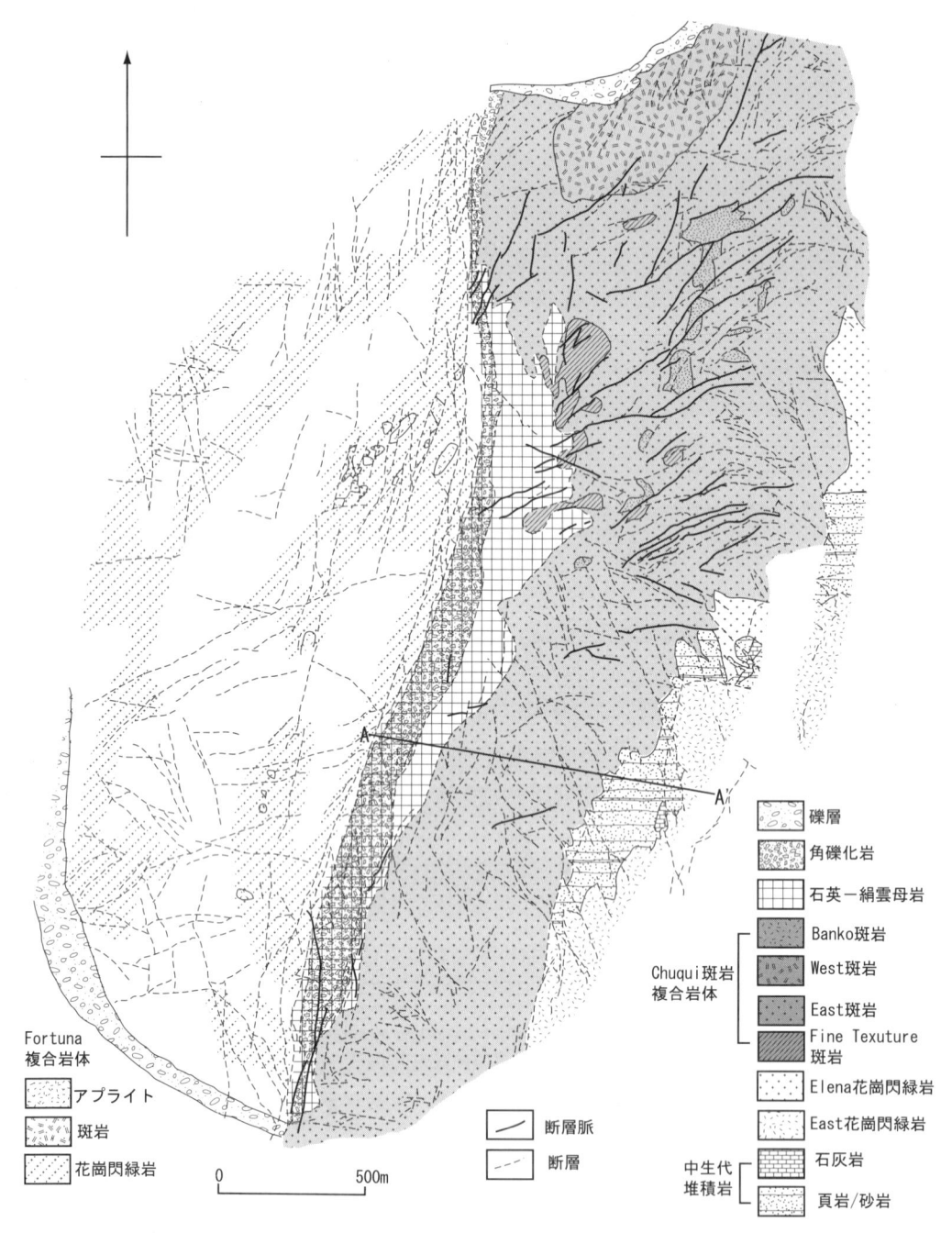

図 IX-11 1998 年 Chuquicamata 露天採掘場における露出岩石と主要地質構造
A－A' は図 IX-12 の断面図位置 －Osandon et al. (2001) による－

ンスに不整合に覆われている．始新世－漸新世の貫入岩類は West 断層によって分割され，西側の Fortuna 花崗閃緑岩はほとんど不毛であるのに対して東側の Chuquicamata 斑岩複合岩体は強く鉱化作用を被っている．West 断層は，Chuquicamata 斑岩複合岩体貫入以前から活動を始め，16Ma 以降まで少なくとも 2 度運動方向を変えながら活動を続けていたことがわかっている．した

IX 熱水鉱床 IX-1 斑岩型鉱床

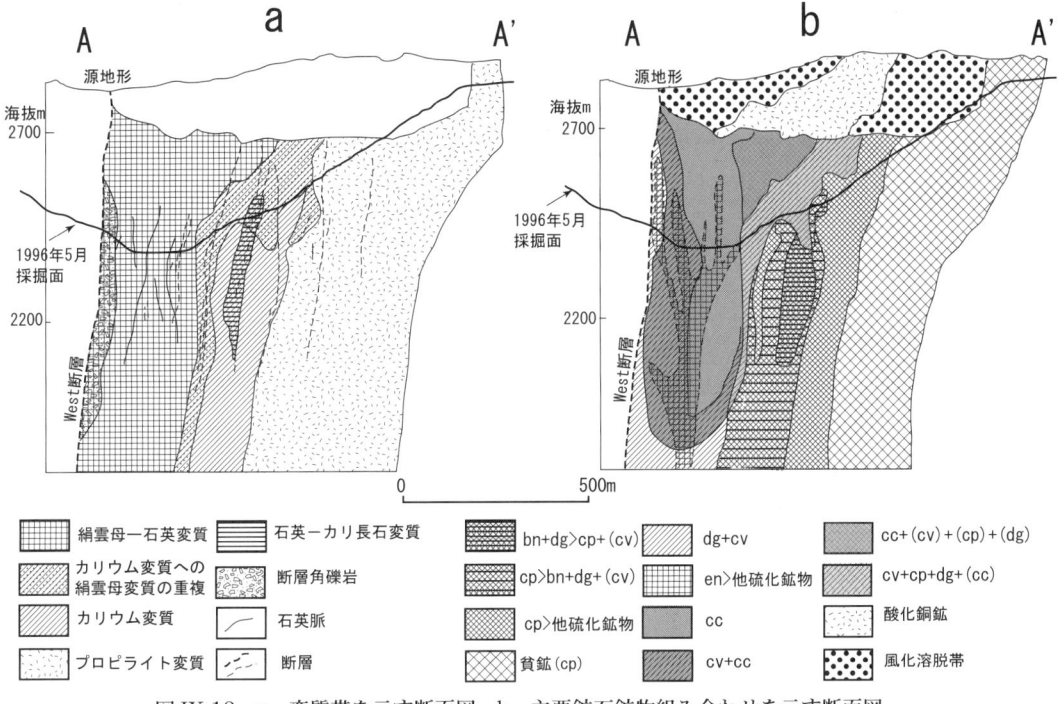

図IX-12　a　変質帯を示す断面図，b　主要鉱石鉱物組み合わせを示す断面図
黄鉄鉱は斑銅鉱を含む鉱石以外すべてに含まれる．
略記号 bn 斑銅鉱，dg ダイジェナイト，cp 黄銅鉱，cv 銅藍，en 硫砒銅鉱，cc 輝銅鉱
― Osandon et al.(2001) による ―

がって，この断層は鉱床母岩の貫入，鉱化構造の形成，鉱体の生成後変位を決定的に制御したと考えられる (Ossandon et al., 2001).

鉱体の母岩である Chuquicamata 斑岩複合岩体は，East, Fine Texture, West, Banco の4斑岩岩体からなり（図IX-11），いずれも新鮮な状態において，斜長石，石英，カリ長石，黒雲母，角閃石から構成され，副成分鉱物として，くさび石と磁鉄鉱を伴うが，組織を異にする．East 斑岩は最大の岩体で最も早期貫入と考えられ，半自形粒状組織を示す．自形の斜長石（＞2mm），黒雲母，角閃石，カリ長石の粒間をやや小さい他形の石英，カリ長石，黒雲母が充填している．West 斑岩は East 斑岩に類似した組織を示すが，やや粒径が小さく，眼球状石英が見られる．両者の境界は明瞭でなく同一岩体である可能性がある．Banco 斑岩は，East 斑岩より細粒で，斑状組織も明瞭である．East 斑岩と Banco 斑岩の接触面は明瞭であるが，多くの場合断層で境されている．Fine Texture 斑岩は，Banco 斑岩ほど East 斑岩との明瞭な境界面を示さないが，両者とも East 斑岩と同様な変質および鉱化作用を被っている．Chuquicamata 斑岩複合岩体は，早期に可塑性変形，引き続いて破砕変形を受け，さらに断層を生じている．

Chuquicamata 斑岩類はすべて，火成岩組織を保ったままカリウム変質を被っている．カリウム変質によって斜長石の部分的カリ長石化および曹長石化が行われ，角閃石は広く黒雲母に交代されている．これに伴って，初期鉱化期の粒状石英と石英－カリ長石細脈を生じ，これらは，極微量の黄銅鉱と斑銅鉱を伴う．初期の石英－カリ長石細脈と次の主硫化鉱物鉱化期の間に，すべての斑岩類を切って幅5m以下の石英－輝水鉛鉱脈が生じている．主硫化鉱物鉱化期は，強い破

砕変形と火成岩組織の破壊を伴う石英－カリ長石変質でもって始まる．この変質帯は幅200m以上長さ1,500mにわたってBanco斑岩岩脈に沿って南に伸び，同時に生じた主硫化鉱物累帯配列の中心である斑銅鉱－ダイジェナイト帯と重なっている．硫化鉱物累帯配列はこの帯から東へ黄銅鉱－斑銅鉱帯，黄銅鉱－黄鉄鉱帯へと変化し次第に硫化物が減少する（図IX-12）．鉱床の東端では，黒雲母変質に重なってプロピライト変質が起こっている．西側に行くと，この硫化鉱物累帯配列は広く石英－絹雲母を伴う黄鉄鉱主脈によって中断される．主硫化鉱物鉱化期鉱脈は，West断層に沿った構造帯に集中している．石英，黄鉄鉱，黄銅鉱，斑銅鉱を伴う主期鉱脈は，West断層系の右横ずれ剪断作用の間に形成されたと考えられる．主硫化鉱物鉱化期の最後に，硫砒銅鉱，ダイジェナイト，銅藍，黄鉄鉱および微量の閃亜鉛鉱の鉱化が絹雲母，一部で明礬石を，ごく稀にパイロフィライトおよびディッカイトを伴って行われる．これは高硫化型熱水作用によるものである（IX-4(2)参照）．ダイジェナイトは，比較的粗粒の銅藍を伴って絹雲母化帯中に深部から上部に向かって末広がりに産し，上部で風化に伴う輝銅鉱二次富化作用（X-2(4)参照）を受けている．ダイジェナイトおよび銅藍の粒子外縁部には，閃亜鉛鉱を産するのがしばしば認められ，二次富化帯では消滅している．北西方向の硫砒銅鉱脈が認められるが，これはWest断層系の剪断センスが左横ずれに変わった後に開口したことがわかっている．Chuquicamata鉱床のすべての変質帯と鉱物組み合わせにおいて，銅鉱物の大部分は，断層や断層に関係した破砕帯を充填した鉱脈および細脈に含まれ，これらの割目は，すべて一回以上開口し，鉱化を受けている．断層破砕帯および広範な主硫化鉱物鉱化期絹雲母変質帯中に深さ800mに及んで発達する高品位二次富化輝銅鉱体の上には，風化溶脱帯，および輝銅鉱体上部を交代する酸化銅鉱帯が一部残留している（図IX-12）．また，溶脱した銅は移動して付近の礫層中に外来銅酸化物鉱および珪酸塩鉱を形成している（図IX-10）(X-2（4）参照)．West断層の鉱化後の運動によって，幅広い角礫帯を生じ，鉱化した岩石は大きく移動し，約35kmの左横ずれを生じている．

　1997年までのChuquicamata地域の既採掘量はChuquicamata鉱体の20億3,500万t（平均品位Cu 1.54%）およびSouth mine鉱体の1億2,000万t（平均品位Cu 1.25%）であり，埋蔵鉱量はChuquicamata鉱体64億5,000万t（Cu 0.55%），South mine鉱体1億9,000万t（Cu 1.12%）と報告されており，両鉱体の既採掘量，埋蔵鉱量および南部のMMプロジェクト，北部のRadomio Tomic鉱体の資源量を合計すると114億t（Cu 0.76%）となり，El Tenienteと並んで世界最大の銅鉱床地域の一つとなっている（Ossandon et al., 2001）.

Ridgeway金－銅鉱床　本鉱床はオーストラリア，ニューサウスウェールズ南東部にありキャンベラ市の北約200kmに位置する．地質的には東Lachlan褶曲帯中の後期オルドビス紀～前期シルル紀の島弧活動に関係する火山－深成岩帯に属する．Ridgeway鉱床は後期オルドビス紀火山－堆積岩類中のアルカリ貫入岩に伴うCadia地域斑岩型鉱床の一部をなす（図IX-13）．Cadia地域の基盤をなす岩石は，後期オルドビス紀のWeemella層で主として細粒，面状葉理を示すシルト岩からなる．シルト岩は長石質で一部石灰質である．シルト岩層は少量の火山岩質砂岩層を挟む．その上にForest Reef火山岩類が整合に重なり，両者を貫いてCadia貫入複合岩体が発達する．この複合岩体は同一マグマ起原で，鉱化以前の閃緑岩－斑糲岩と鉱化に関係したモンゾニ岩－石英モンゾニ岩からなる．RidgewayおよびCadia Far Eastの非露出モンゾニ岩－石英モンゾニ岩もこれと同様の組成を示す．いずれも高K_2Oによって特徴付けられ，ショショナイトの領域に入る．

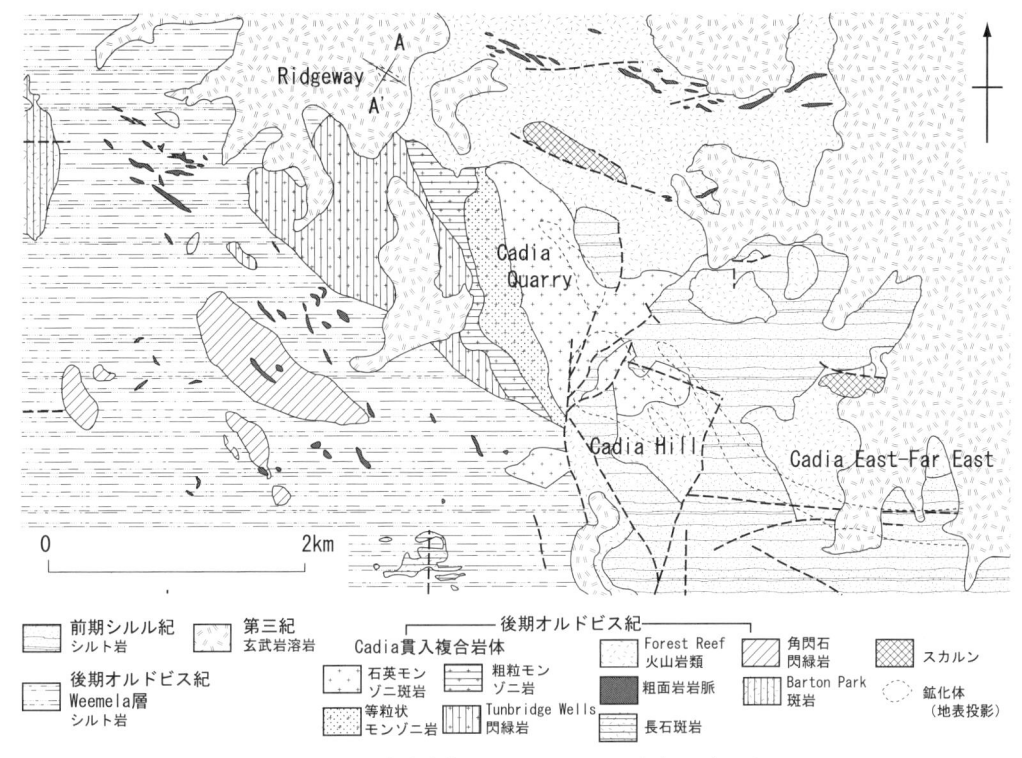

IX 熱水鉱床　IX-1 斑岩型鉱床　　　　　　　　　　　　　　　　　　　　*167*

図 IX-13　Cadia 地域地質図　−Wilson et al.(2003)による−

　島弧活動の後，主として長石質シルト岩からなり少量の砂岩と微量の石灰岩を含むシルル紀の堆積岩が不整合に上記岩類を覆って分布する．地域の最も新しい岩石は，第三紀中新世の玄武岩溶岩である（Wilson et al., 2003）．

　Ridgeway 鉱床付近の Forest Reef 火山岩類は，含火山岩片（玄武岩〜安山岩）礫岩−角礫岩−砂岩層，塊状玄武岩〜玄武岩質安山岩溶岩，玄武岩〜安山岩質斑状貫入岩脈などからなる（図 IX-14）．斑状貫入岩脈は一部ペペライト状の周縁構造を示し，マグマが未固結の含水堆積物中に貫入したと解釈される．したがって，これらの岩脈の貫入時期は Forest Reef 火山岩類の堆積時期とほぼ同じと考えられる．これに対して鉱化作用と関係があるモンゾニ岩類は完全に岩石化した Forest Reef 火山岩類中に貫入しており，時期的にも差があることを示している．Ridgeway 貫入複合岩体は古いものから，等粒状モンゾニ閃緑岩，早期鉱化モンゾニ斑岩，中期鉱化モンゾニ斑岩，後期鉱化モンゾニ斑岩に分類される．モンゾニ閃緑岩は，鉱化作用以前の貫入と考えられ，楕円形断面のパイプ状をなし北に急傾斜する（図 IX-14,15）．本岩は等粒状組織を示し，斜長石，正長石，単斜輝石，と少量の黒雲母，磁鉄鉱からなる．石英脈の発達，鉱化作用は比較的弱い（Au 0.92g/t, Cu 0.51%）．モンゾニ斑岩類はモンゾニ閃緑岩と同様な形態を示すがやや小型である．早期鉱化モンゾニ斑岩は，正長石斑晶を有し，石基は強いカルシウム−カリウム変質（アクチノ閃石−磁鉄鉱−黒雲母）を受け原組織が失われている．本岩中には，最も密に石英網状脈が発達し，高品位（Au 5.60g/t, Cu 1.24%）の鉱化作用を受けている．中期鉱化，後期鉱化モンゾニ斑岩は，多量の斜長石，少量の正長石，緑泥石化単斜輝石の斑晶を有し，石基は正長石に富む．早期鉱化モ

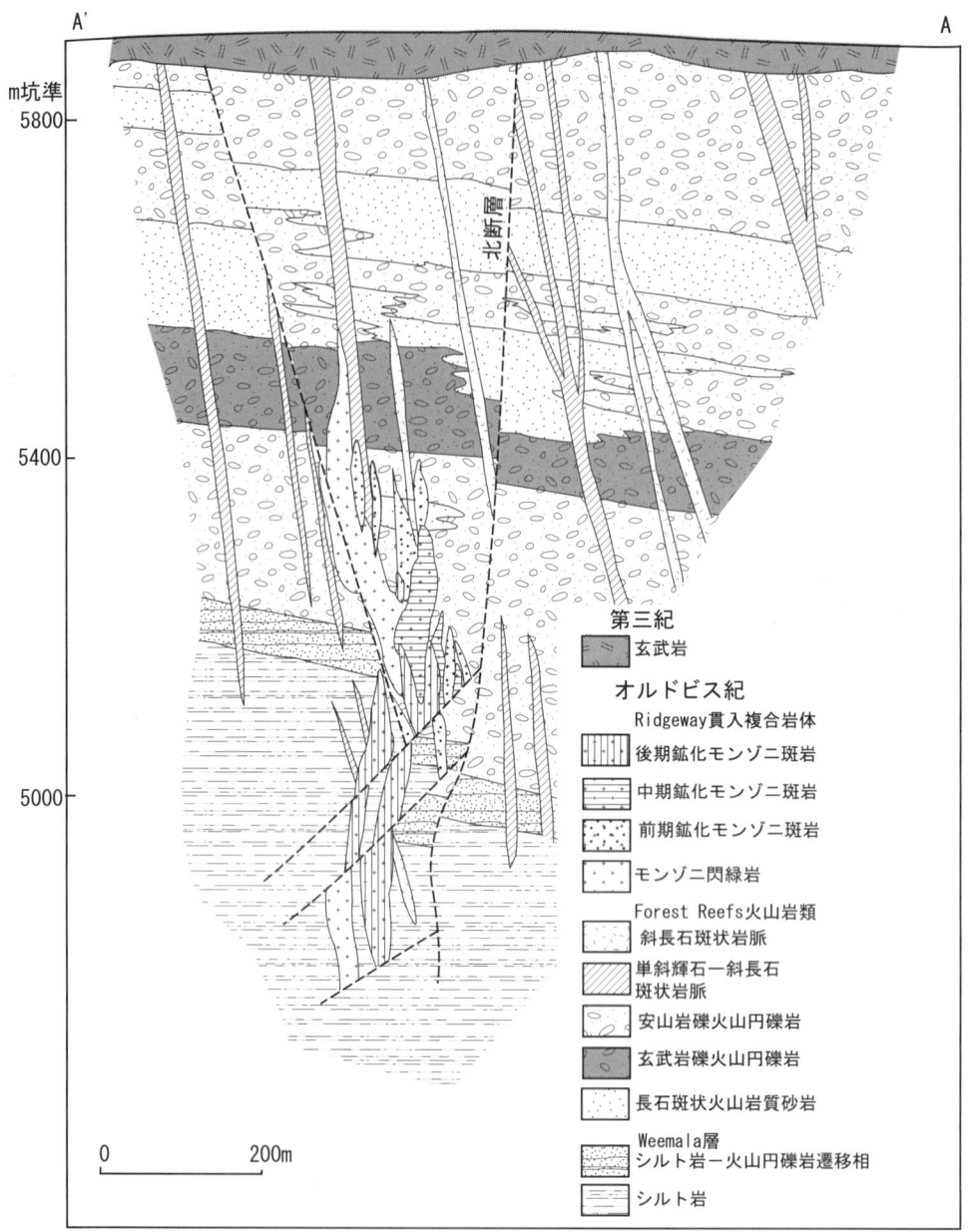

図 IX-14　Ridgeway 鉱床付近地質断面図
（断面位置は図 IX-13 の A-A' 線）− Wilson et al. (2003) による −

ンゾニ斑岩中に発達する石英脈あるいは変質帯が中期鉱化モンゾニ斑岩によって切られ，両者の前後関係は明らかであるが，中期鉱化，後期鉱化モンゾニ斑岩は同時期の可能性がある．中期鉱化モンゾニ斑岩（Au 2.77g/t，Cu 0.59%）と後期鉱化モンゾニ斑岩（Au 1.09g/t，Cu 0.24%）は，鉱化作用の程度によって区別されている．鉱床付近を支配する主構造は，走向 E-W~ENE-WSW，南に急傾斜する正断層で北断層と呼ばれる（図 IX-14,15）．北断層は，鉱床の北東側を限った形をなし，この断層の両側で火山岩質円礫岩の層厚が変化することから，Forest Reef 火山岩類の堆積中も活動していたと考えられる．さらに，この断層は，その長期活動性から Ridgeway 貫入複合岩体の

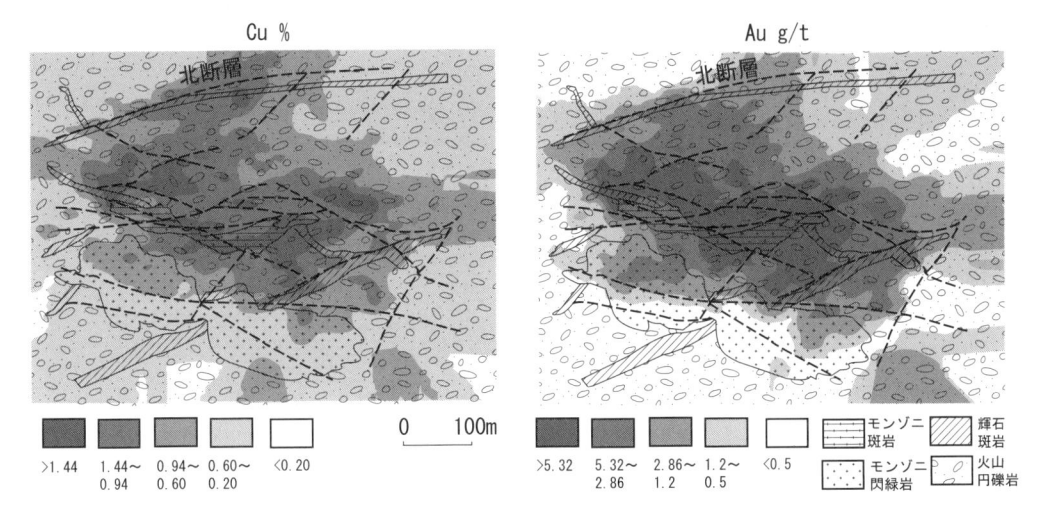

図IX-15 5,280m坑準の地質平面概図と鉱石品位分布図
－Wilson et al. (2003) による－

形成にも役割を果たしていると推定されている (Wilson et al., 2003).

Ridgway鉱床は主として石英－硫化鉱物±磁鉄鉱からなる網状脈からなり，EWないしNW-SE方向に伸びる楕円状の水平断面を有するほぼ垂直なパイプ状の形態をなす (図IX-15,16). 切り合い, あるいは重なり合いの関係に基づき, 11の鉱脈生成およびそれに関係する変質作用段階が認められた. これらの鉱脈生成および変質作用段階は, 早期鉱化モンゾニ斑岩に伴う早期段階, 中期鉱化モンゾニ斑岩に伴う遷移段階, 後期鉱化モンゾニ斑岩に伴う後期段階に区分される. これらに加えて, Ridgway貫入複合岩体の周辺部に分布し, かつ前述の段階に一部重なって生じている変質作用と4段階の脈生成期が認められ, これらは周辺変質および周辺脈として分類される. また, 貫入複合岩体周辺のWeemella層は強い珪化作用を受けており, 石灰質の場合は灰鉄柘榴石－正長石－磁鉄鉱変質作用を被っているが, この変質作用には脈生成を伴わず, 他の変質作用との時期的関係は明らかにされていない. 早期段階には, 強いアクチノ閃石－磁鉄鉱－黒雲母変質 (カルシウム－カリウム変質) 作用が起こり, これに伴って4期 (E1～E4) の磁鉄鉱, アクチノ閃石, 斑銅鉱で特徴付けられる高品位脈が生成された. 斑銅鉱と金の産出は良く一致する. E1脈は, 磁鉄鉱と少量のアクチノ閃石, 緑泥石, 黒雲母, 黄銅鉱, 斑銅鉱, 黄鉄鉱, 石英, 正長石からなり, 脈の周囲には小規模な正長石±曹長石－緑泥石変質帯が分布する. E2脈は, mm以下の磁鉄鉱－斑銅鉱葉理組織とこれに伴う石英を主とし微量の黄銅鉱, アクチノ閃石, 黒雲母, 緑簾石, 金を産する. 脈を取り囲む変質帯は存在せず, カリシウム－カリウム変質母岩と化学的に平衡であったことを示す. E3脈は, 局部的に産し, アプライト質脈状岩脈をなす. この脈状岩脈は正長石と石英のグラフィック連晶を示し, 少量の黄銅鉱, 磁鉄鉱, 斑銅鉱を伴う. 熱水性石英が同時脈として岩脈の中心および盤際に産し, この石英脈にも硫化物, 磁鉄鉱, 黒雲母, 緑泥石を含む. E3脈状岩脈の産出は, 火成活動と金－銅鉱化作用との同時性を示すと考えられる. E4脈は, 石英－磁鉄鉱－アクチノ閃石－斑銅鉱－黄銅鉱の網状脈からなる. 金は石英内部か, 斑銅鉱に密接に伴って産する. 遷移段階には正長石, 黒雲母, 磁鉄鉱によって特徴付けられるカリウム変質作用が起こった. 斑銅鉱とアクチノ閃石の産出は稀である. 変質作用に伴って4期 (T1～T4) の鉱脈生成が認められる.

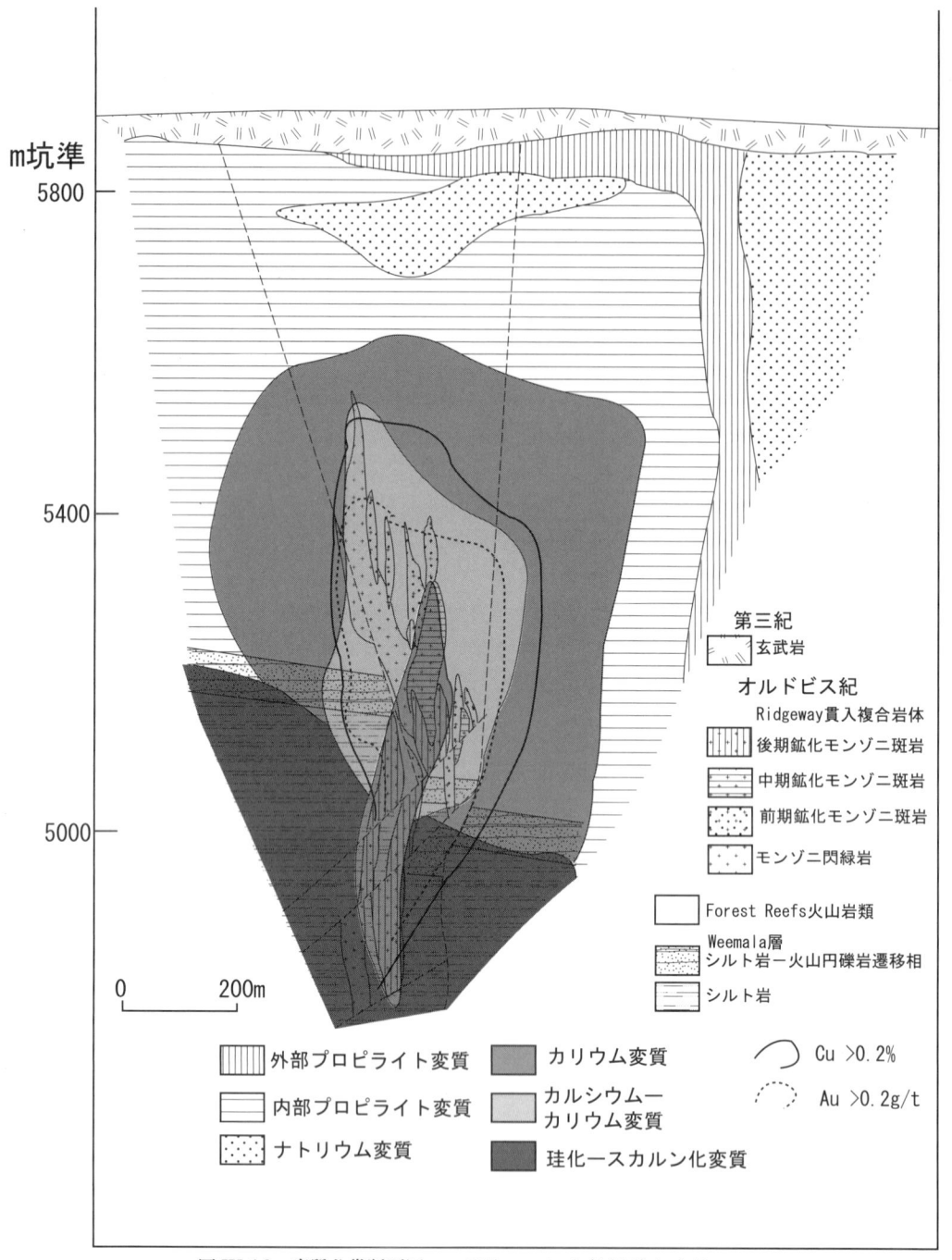

図 IX-16 変質分帯断面図 －Wilson et al. (2003) による－

T1脈は，石英−黄銅鉱−黄鉄鉱−磁鉄鉱からなり，T2脈は，アプライト質脈状岩脈である．T3脈は中期鉱化モンゾニ斑岩の頂部に当たると考えられ，一方向の固化作用によって生じた縮緬皺層，櫛状石英層，櫛状組織石英が見られる．T4脈は中期鉱化モンゾニ斑岩中の角礫脈で黄銅鉱−黄鉄鉱の鉱化が認められる．後期段階には正長石を主としたカリウム変質作用とこれに伴う脈（L1〜

L3）が生成された．L1 脈は黄鉄鉱－黄銅鉱－方解石±蛍石，緑泥石，磁鉄鉱，正長石，輝水鉛鉱を伴う石英脈である．L2 脈は絹雲母－黄鉄鉱－石英断層脈で周辺には小規模な絹雲母変質帯が分布する．L3 脈は，葉片状方解石を特徴とし，少量の黄鉄鉱と黄銅鉱を伴う．周辺変質帯としては，内部プロピライト変質帯（緑泥石－曹長石－赤鉄鉱－磁鉄鉱－緑簾石），外部プロピライト変質帯（緑泥石－曹長石－方解石），ナトリウム変質帯（曹長石－石英）が分布する（図 IX-16）（Wilson et al., 2003）．

Ridgeway 鉱床を含めて，Cadia 地域の四つの斑岩銅鉱床の金埋蔵量は 574t とされ，世界で最も金品位の高い斑岩銅鉱床のグループに属する．2002 年には，Ridgeway 鉱床は 242,00 oz（6.8 t）の金と 33,200 t の銅を生産した（Wilson et al., 2003）．

（3）斑岩銅鉱床の物理・化学的生成条件

Hedenquist and Richards（2001）は，カルクアルカリ岩系貫入岩に伴う斑岩銅鉱床の物理・化学的生成条件について総括的に述べている．

Bingham 斑岩銅鉱床を始め多くの斑岩銅鉱床中には過塩濃度流体包有物（常温で固相岩塩を含む）と気相に富む流体包有物が共存しているのが観察される．これは鉱化流体が $H_2O-NaCl$ 系において気液 2 相領域（図 IX-17）に入っていることを示す．すなわち均質な鉱化流体が，圧力 1～1.5kb（深さ 4～6km に相当）において結晶化しつつある親マグマ深成岩体から後退沸騰に

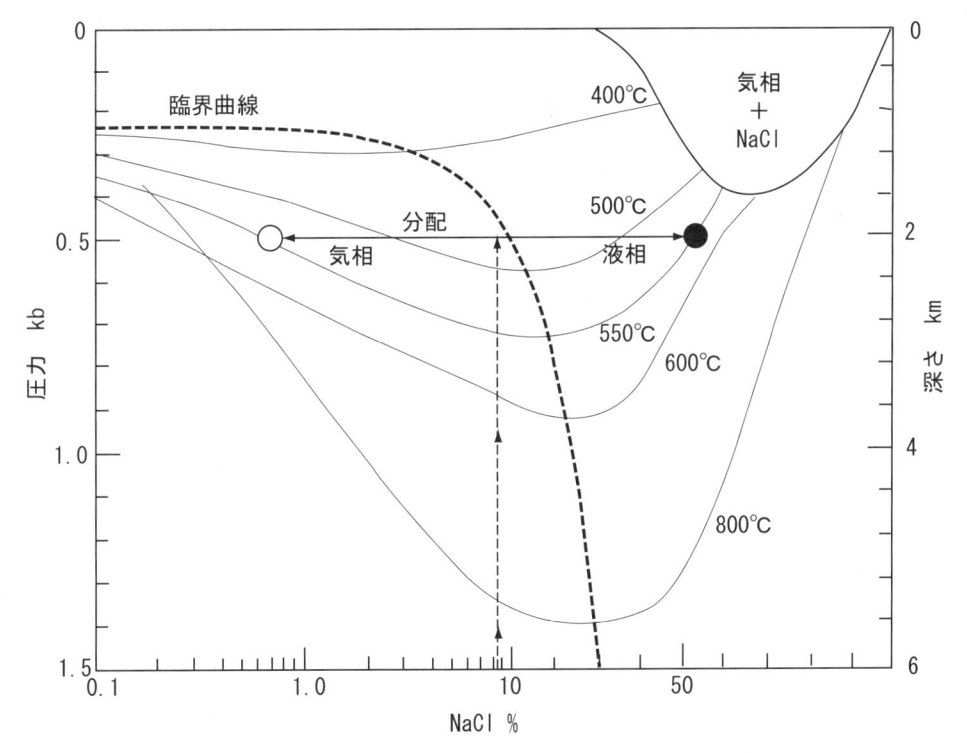

図 IX-17　$H_2O-NaCl$ 系相図 － Hedenquist and Richars（2001）による－
上昇する 800℃，8.5%NaCl 相当塩濃度のマグマ水は約 1.4kb（深さ約 5.6km）で 2 相分離線と交差する．この流体がこの深さに到達する前に 550℃まで冷却していたとすると，そのまま深さ約 2km に達したときには NaCl：55% の過塩濃度水と NaCl：0.7% の気相に分離する．

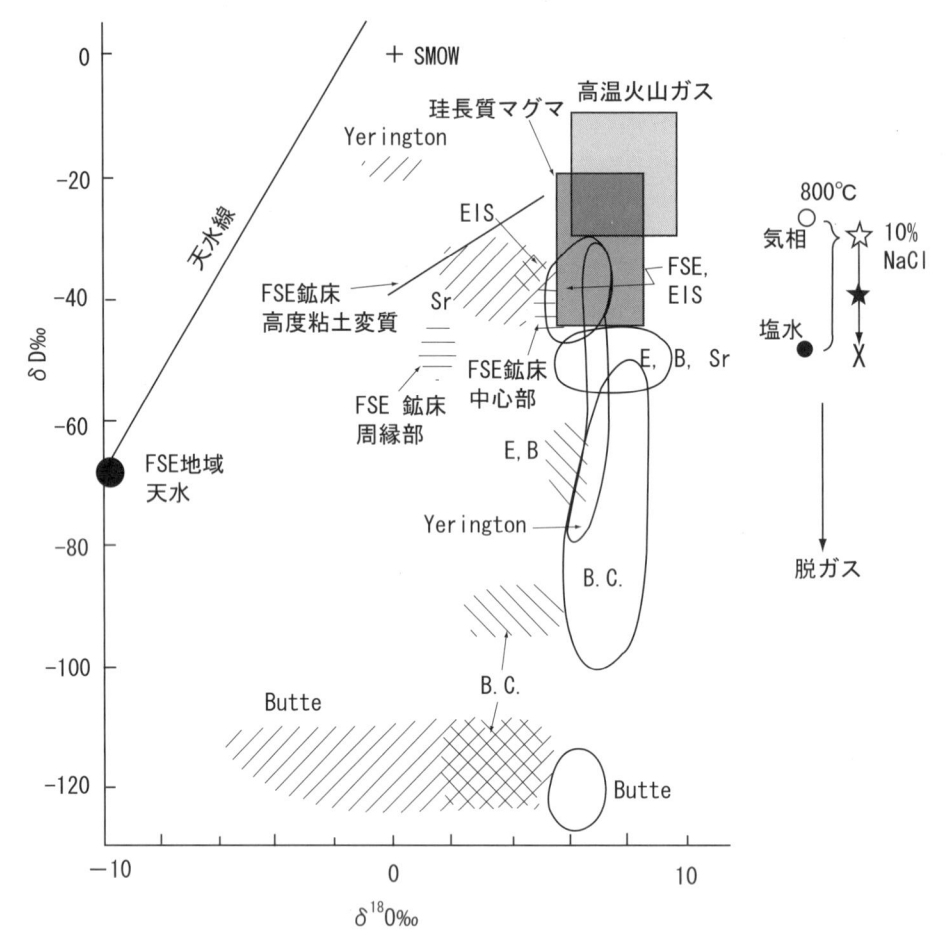

図 IX-18 地殻環境および斑岩銅鉱床中の水の酸素および水素同位体組成
斑岩銅鉱床のカリウム変質作用を行った水の同位体組成は実線で囲んだ範囲で示し，低塩濃度水による後期の絹雲母化作用を行った水の同位体組成は斜線で示した．略記号 B: Bingham, B.C.: British Columbia, E: Ely, ElS: El Salvador, FSE: Far Southeast, Sr: Santa Rita．右側の図は溶融体に溶解している水（黒星）の水素同位体組成の挙動，溶融体中の溶解水の 50% が分離した後の分離流体の水素同位体組成（白星），溶融体中に溶解する残留水の水素同位体組成（X）を示す．分離したマグマ水は過塩濃度水（黒丸）と気相（白丸）に分離して水素同位体分別を起こし，気相の水素が 20‰ 重くなる．
- Hedenquist and Richars (2001) による -

より 2〜10% の塩濃度を持って分離した後，斑岩岩株形成位置（圧力 0.5kb，深さ 2〜3km）まで上昇して再沸騰したことを示している（図 IX-17 参照）．ただし一部の鉱床（例えば，アルカリ岩系列の貫入岩に伴う Ridgeway 鉱床）では低密度の気相に富む流体包有物が存在せず H_2O - NaCl 系において気液 2 相領域に入らなかったことを示し，鉱化流体が，結晶化しつつあるマグマから後退沸騰により分離した後，再沸騰していないことを示唆している（Wilson et al., 2003）．

鉱床を生成する熱水システムの水の起原を知るために，多くの斑岩銅鉱床について熱水変質によって生成された含水鉱物の水素および酸素の同位体組成が測定され，さらにこれら鉱物と平衡な熱水の δD および $\delta^{18}O$ が計算された．図 IX-18 には，カリウム変質作用に対応する熱水の水素および酸素の同位体組成範囲が示されている．FSE（Far Southeast）鉱床，El Salvador その他のチリ

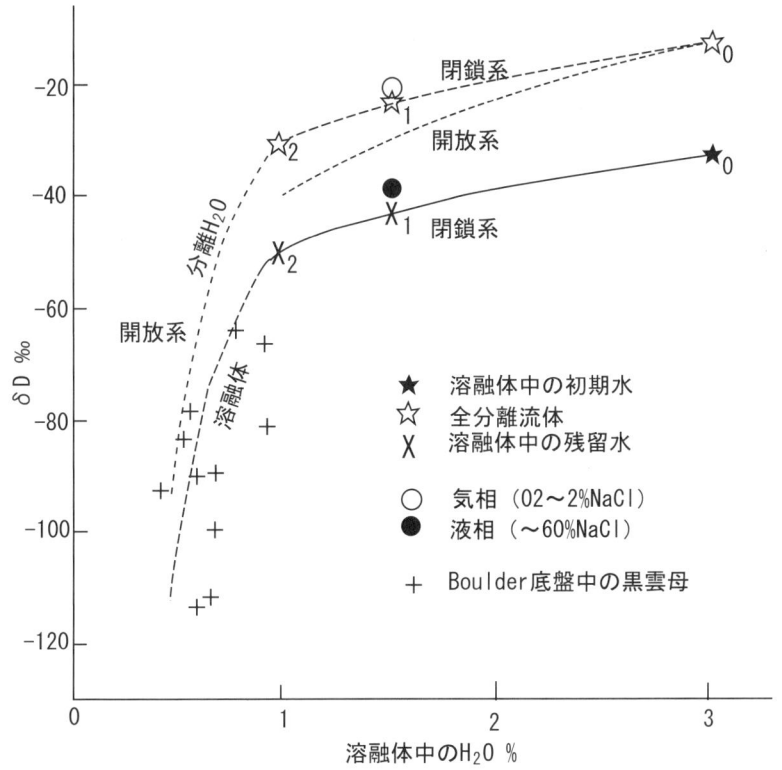

図 IX-19 溶融体中に溶解する残留水と分離した超臨界流体，
相分離後の気相と液相の水素同位体組成進化
− Hedenquist and Richars (2001) による −

の鉱床の同位体組成範囲は狭く，珪長質マグマ中に溶解する水の組成範囲に含まれる．Ely 鉱床，Bingham 鉱床，Santa Rita 鉱床も同様に同位体組成範囲は狭いが，δD は約 10‰ 低く δ^{18}O もやや変動幅が大きい．これは地質条件およびマグマ組成の違いを反映していると思われる．以上の二つのグループに対して，Yerington 鉱床とカナダ・ブリティッシュコロンビアの鉱床は，一つの鉱床で δD が 50‰ 以上の大きな変動幅を有しているが，δ^{18}O の幅は狭く珪長質マグマ中に溶解する水の組成範囲に一致する．また Butte 鉱床は同位体組成範囲は狭いが，δD が非常に低い値を示している．水素同位体には溶融体および熱水流体間の分別作用があるので，このようなカリウム変質作用の同位体組成上の特徴から，親マグマの結晶化過程などの進化に関する情報が得られる．カリウム変質作用は，下部に存在する深成マグマの早期脱ガス化に伴われると考えられる．閉鎖系での断続的な流体分離では δD の変化は小さいが，開放系での流体分離が行われると δD は大きく変化する（図 IX-19）．脱ガス化が高度に進んだマグマから最終的に分離した流体は，初期に分離した流体に比べて大きく D が減少しているが均質なものとなる．例えば，Butte 鉱床の場合は δD ＝ −120‰ まで減少している．火成岩の斑晶の δD は，一般に貫入岩の最終脱ガス期（開放系）を反映する．カリウム変質より後期の絹雲母化作用においても，多くの鉱床は少なくとも 75％ のマグマ水成分を有し（図 IX-17），天水が主成分となるのは，絹雲母化作用では稀であり，後期の粘土化作用で一般的となる．斑岩銅鉱床における銅鉱化作用は主としてカリウム変質作用と絹雲母化作用に伴っている．水素および酸素の同位体組成のデータから，マグマ水は天水とともに鉱床生成に

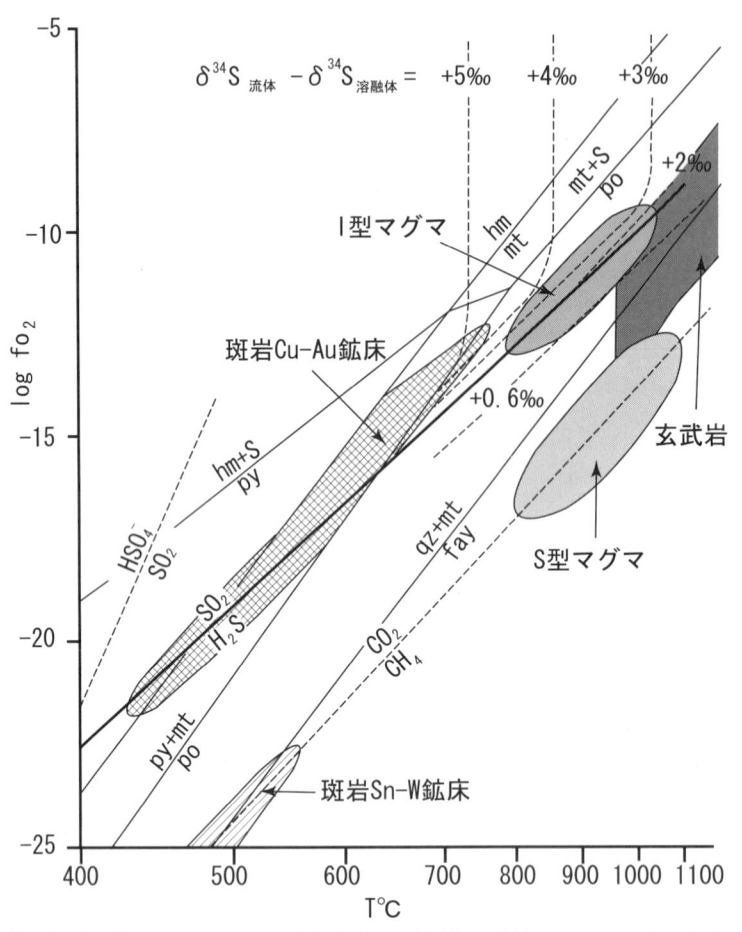

図IX-20　種々の固相（細線）および気相（破線と太線）の緩衝反応，種々のマグマ生成範囲，斑岩型鉱床の生成範囲を示す温度－fo_2図
－Hedenquist and Richars（2001）による－

重要な役割を演じていることは明らかであり，斑岩銅鉱床生成が火成岩を熱エンジンとして天水を主成分とする熱水の循環によって行われるというTaylor（1974）の考えは受け入れられない．

　斑岩銅鉱床は地殻中における大規模な硫黄異常濃集帯であり，硫黄同位体を用いて硫黄の起原を知ることは，鉱床生成時における物質の流れを追求するために重要な課題となる．硫黄同位体の分別は温度，pH，酸化還元状態によって変化するので，得られた硫黄同位体組成データを解釈する前にこれらの変数に関する知識が必要になる．またマントル起原火成岩中の初生硫化物の硫黄同位体組成は0±3‰なので，この値は重要な初期制約条件となる．マグマから分離した熱水流体の硫黄同位体組成は酸化状態（SO_2/H_2S比），温度，流体／マグマ比によってこの値からずれる．玄武岩マグマから分離した流体はH_2Sに富む傾向がある一方，花崗岩類から分離した流体はその酸化状態によってH_2Sに富む場合とSO_2に富む場合がある．斑岩銅鉱床は，一般に比較的酸化的な磁鉄鉱型（I型）花崗岩類（II-1(2)参照）に伴う．これはマグマから誘導される流体が^{34}Sに富む傾向があることを意味し，起原マグマよりδ^{34}Sが4‰高くなる結果となる（図IX-20）．また比較的酸化的条件であるため硫黄は大部分硫酸塩として存在する．これに対してこの流体から沈殿する硫

化物は，硫化物および硫酸塩間の分別作用によりδ^{34}Sが低下する．このような考え方に基づいて，Ohmoto and Rye (1979) は，American Cordillera 中の斑岩銅鉱床において，δ^{34}S＝−3～＋9‰の組成を有する主としてマグマ起原の硫黄を含む鉱化流体からδ^{34}S＝−3～＋1‰の硫化物とδ^{34}S＝＋8～＋15‰の硫酸塩が生成されたと説明した．チリ，フィリッピン，Nevada 底盤の磁鉄鉱型花崗岩類に伴う斑岩銅鉱床および全岩中の硫化物硫黄同位体組成についても同様な結果が得られている (Sasaki et al., 1984; Ishihara and Sasaki, 1989)．全岩硫黄同位体組成は，マグマ起原の硫黄同位体組成にほぼ等しいと考えられる．前述の磁鉄鉱型花崗岩類のマグマ起原硫黄同位体組成は，例外なく^{34}Sに富むが（チリ：δ^{34}S＝＋2.2～＋9.1‰；フィリッピン：δ^{34}S＝＋8.2～＋9.5‰；Nevada 底盤：δ^{34}S＝＋1.6～＋4.0‰），これに伴う硫化物の硫黄同位体組成は^{34}Sが低下している（チリ：δ^{34}S＝−4.7～−1.3‰；フィリッピン：δ^{34}S＝−3.7～＋5.0‰）．しかし，還元的なイルメナイト型（I 型）花崗岩類（II-1(2) 参照）の場合には，^{34}Sに乏しく（δ^{34}S＝−5.3～−3.7‰），この型のマグマの起原に堆積性硫黄成分を含むことを示唆している (Sasaki et al., 1984; Ishihara and Sasaki, 1989)．

多くの斑岩銅鉱床中の Sr, Nd, Pb, Os などの同位体組成分析の結果，(1) これらの金属は，これと化学的挙動が類似する Cu を含めて，鉱床に伴う貫入岩に由来するものであって地域的な上部地殻岩石からのものではない．(2) また，これらの貫入岩は大部分がマントル起原物質からなる．という結論を得た．

(4) 斑岩モリブデン鉱床

斑岩モリブデン鉱床は比較的高品位（＞Mo 0.1％）のリフト型鉱床と低品位の島弧型鉱床に分類される．前者は，分化の進んだ弗素に富む花崗岩ないし流紋岩岩株に，後者は，弗素に乏しいカルクアルカリ岩の岩株または深成岩体に伴って生成される．これら二つの型の鉱床はそれぞれ高珪酸アルカリ花崗岩ないし流紋岩および分化モンゾニ花崗岩から誘導される．両者は，プレート内リフトと，プレート下への他のプレートの沈み込みという環境の間の組成的，構造的，熱的相違を反映している．この違いは，上部地殻におけるマグマ溜内部でのモリブデンの捕集および濃集過程の効率に影響を及ぼす．とくに，プレート内拡張環境における苦鉄質アルカリマグマの一般的生成と，これに伴う弗素，塩素，ルビジウム，カリウム，ナトリウム，ニオブ，タンタル，ウランの濃集は，高品位モリブデン鉱床の生成にとって基本的な現象であると考えられる．リフト型鉱床のうち厚い大陸地殻のリフト帯に形成されたものは，規模が大きくその代表的鉱床の名を取って Climax 型鉱床と呼ばれる．Climax 型鉱床は，通常直径数百 m，高さ数十ないし数百 m の逆カップ形あるいは半球形殻状をなし，鉱石の産状は網状，石英小脈ないし脈，角礫状であって，交代ないし鉱染状のものは少ない．鉱石鉱物として輝水鉛鉱，鉄マンガン重石，閃亜鉛鉱，方鉛鉱，モナズ石を，脈石鉱物として石英，黄玉，蛍石，菱マンガン鉱を産する．モリブデン高品位部（＞Mo0.2％）に一致してカリウム変質帯が分布し，その下部には一部で珪化帯が重なる．絹雲母変質帯は鉱体の上部数百 m まで広がり，さらにその上部数百 m にわたってカオリン−モンモリロナイト変質帯が発達する．両変質帯中には満礬柘榴石を産することがある．モリブデン高品位部の下では輝水鉛鉱−石英脈の周囲にグライゼン変質が認められる．プロピライト変質帯は数 km にわたって広く発達する．Climax 型鉱床の例としては，Climax, Henderson, Mount Emmons, Silver Creek（米国

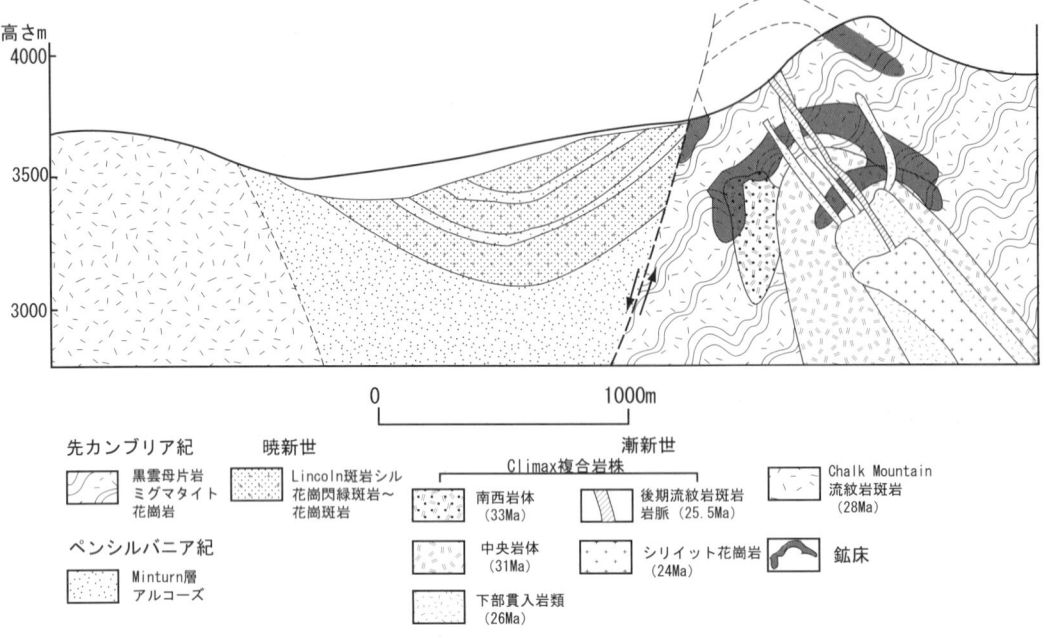

図IX-21　Climax鉱床地域地質断面図　－Bookstrom(1989)による－

コロラド)，Questa（米国ニューメキシコ），Pine Grove（米国ユタ），Malmbijerg（グリーンランド），Norbli（ノルウェー）などがある．

　島弧型鉱床は，逆カップ形，パイプ状あるいは不規則形をなし，リフト型鉱床とほぼ同規模の大きさを有する．鉱石の産状もリフト型鉱床と類似する．鉱石鉱物は，輝水鉛鉱を主とし，黄銅鉱，灰重石，方鉛鉱などを伴う．脈石鉱物は，石英，カリ長石，黒雲母，絹雲母，粘土鉱物，方解石，硬石膏などである．母岩の変質作用は斑岩銅鉱床に類似する．島弧型鉱床の例としては，Quartz Hill（米国アラスカ），Thompson Creek（米国アイダホ），Endaco-Denak,（カナダ・ブリティッシュコロンビア）Red Mountain（カナダ・ユーコン），Jin Dui Cheng －金堆城－（中国）などがある．

　Climax モリブデン鉱床　本鉱床は米国コロラド北部Leadvilleの北東21kmにあり，地質構造的には，Rio Grandeリフト系内に位置する．付近の地質は，Mosquito断層によって東西に二分される．東側は，先カンブリア紀の変成岩および花崗岩類とこれらを貫く漸新世のClimax複合岩株からなり，西側はペンシルバニア紀Minturn層とララミー期の花崗斑岩質シルからなる（図IX-21）．Climax複合岩株は，南西岩体，中央岩体，下部貫入岩類，鉱化後貫入岩類から構成される（図IX-21,22）．南西岩体（33Ma）は黒雲母に乏しい細粒の花崗斑岩ないしアプライト質斑岩で，下部では斜長石が認められるが，上部ではすべて正長石に交代されている．南西岩体は，Ceresco鉱体の起源と考えられている．中央岩体（31Ma）は，上部鉱体の起源と考えられ，黒雲母に乏しい粗粒の花崗斑岩で，葉理組織が特徴で岩体全体としてほぼ均質であるが，上部に細粒で斑晶が少なくアプライト質の石基を有する部分が帽子状に発達する．下部貫入岩類（26Ma）は，黒雲母花崗斑岩，黒雲母斑岩，アプライト質斑岩等の岩質を示し，下部鉱体の下にドーム状岩体を形成し，一部岩脈として産する．下部鉱体と関係する強い珪化作用が下部貫入岩類の組織を広く破壊し，中央

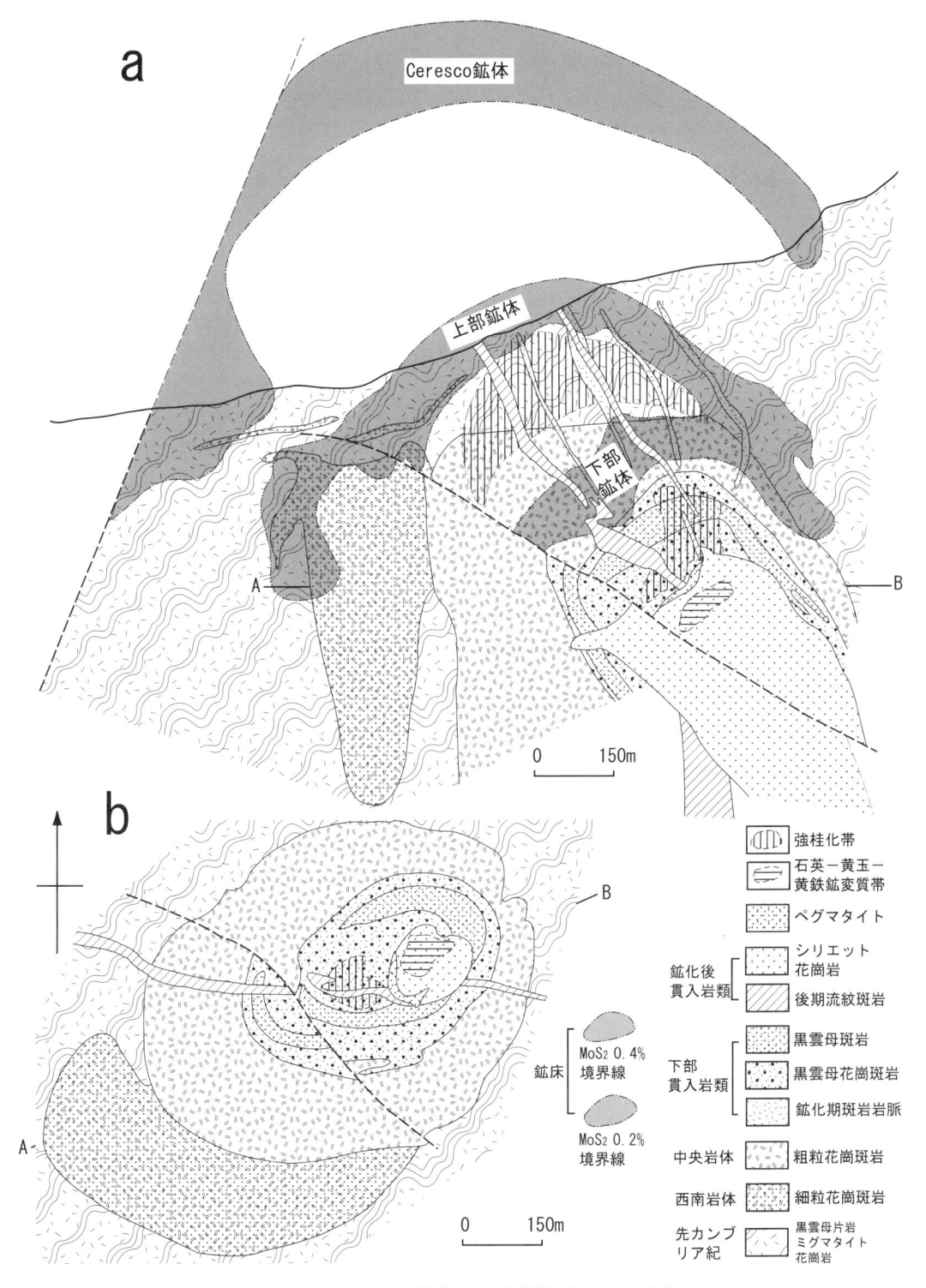

図 IX-22 Climax 鉱床　a 地質断面図，b 平面図
— White et al. (1981) による —

岩体との関係を不明瞭にしている．鉱化後貫入岩類は，後期流紋岩斑岩とシリイット花崗岩からなり，一部で僅かながら輝水鉛鉱の鉱化が認められる．Climax 複合岩株を構成する貫入岩類は，カルクアルカリ岩系に属するが，カルクアルカリ花崗岩の平均値より SiO_2 量が高く，Ca，Al，全 Fe の量が低い．また，K_2O/Na_2O 比はカルクアルカリ花崗岩およびアルカリ花崗岩の平均値より高い（White et al., 1981）．

Climax 鉱床は，Ceresco 鉱体，上部鉱体，下部鉱体の 3 鉱体からなる（図 IX-22）．各鉱体の中心部にはカリウム変質帯が発達し，カリウム変質帯は石英－輝水鉛鉱小脈に切られている．上部鉱体，下部鉱体の下には強い珪化帯が分布する．Mo 高品位部周縁部は，タングステンを含むグライゼン化帯によって取り囲まれる．グライゼン化帯中の含タングステン小脈には，石英，黄鉄鉱，黄玉，マンガン重石を含み，小脈の周りは絹雲母によって埋められている．タングステン帯を含め，その外側には石英，黄鉄鉱を含む絹雲母変質帯が釣り鐘状に発達し，絹雲母変質帯は強い緑泥石化帯により取り囲まれる．さらに外側は弱く緑泥石化したプロピライト変質帯が広がり，東に約 2.2km，南に約 4km の規模を有する．

Climax 鉱床の鉱量は 1990 年現在，Mo 0.120％ として 7 億 6900 万トンと報告され（Carten et al., 1997），また Mutschler et al.(2002) によれば，埋蔵量は Mo 0.24％ として 9 億 700 万トンとなっている．

Endaco-Denak モリブデン鉱床 本鉱床はカナダ・ブリティッシュコロンビア中央部にあり，Canadian Cordillera の Intermontaine 帯に位置する．地域の地質は，後期三畳紀の Beer 深成岩類，ジュラ紀 Hazelton 層群，ジュラ紀〜白亜紀の Stellako 貫入岩類，後期ジュラ紀〜早期白亜紀の Francois Lake 深成岩類，始新世の Endako 層群および Ootsa Lake 層群からなる．Francois Lake 深成岩類は，早期岩類（159Ma-154Ma）と後期岩類（149Ma-145Ma）に分けられる．早期岩類は黒雲母モンゾニ花崗岩ないしモンゾニ花崗岩からなり，さらに Nithi 岩相，Gulenanan 岩相，Tatin Lake，Hanson 亜相に分けられる．また後期岩類は，Casey 岩相（アプライト質黒雲母モンゾニ花崗岩および花崗閃緑岩）および Endako 岩相（石英モンゾニ岩）からなり，Endako 岩相は Francois，Sun Ross Creek 亜相（花崗岩ないし花崗閃緑岩）を含んでいる（図 IX-23）．Francois Lake 深成岩類間の接触面は明瞭であり，しばしば急冷相が発達する．また，Francois Lake 深成岩類は，花崗岩質岩脈および玄武岩あるいは安山岩岩脈に切られる（図 IX-23）．

鉱床は Endako 岩相中に胚胎し，主に網状脈およびリボン構造脈として産するほか細脈，鉱染鉱も産する．主要な金属鉱物は，輝水鉛鉱で，黄鉄鉱，磁鉄鉱を伴い，その他少量の黄銅鉱，斑銅鉱，輝蒼鉛鉱，灰重石，緑柱石，赤鉄鉱，方鉛鉱を産する．網状脈は，Endako East 採掘場に集中して産し，早期網状脈と後期網状脈に分けられる．早期網状脈は強いカリウム変質作用（カリ長石±石英）を伴うが，輝水鉛鉱の産出は僅かである．後期網状脈は黒雲母を伴うカリウム変質帯（カリ長石＋黒雲母＋石英）に取り囲まれ，輝水鉛鉱，磁鉄鉱，黄鉄鉱に富む．後期網状脈は，絹雲母変質作用（絹雲母＋石英＋黄鉄鉱）と高度粘土化変質作用（カオリナイト＋パイロフィライト＋緑泥石＋方解石）を重複して伴うことが多い．リボン構造脈は網状脈より後期生成で，葉理組織を示す輝水鉛鉱－石英脈であり，本鉱床の主要な鉱石型である．通常幅 5cm 程度で 5〜10 枚の輝水鉛鉱葉層からなるが，幅 1m に達するものもある．リボン構造脈の周囲は絹雲母変質帯に取り囲まれており，母岩のカリ長石，斜長石，黒雲母は絹雲母と緑泥石により交代されているが，脈から離

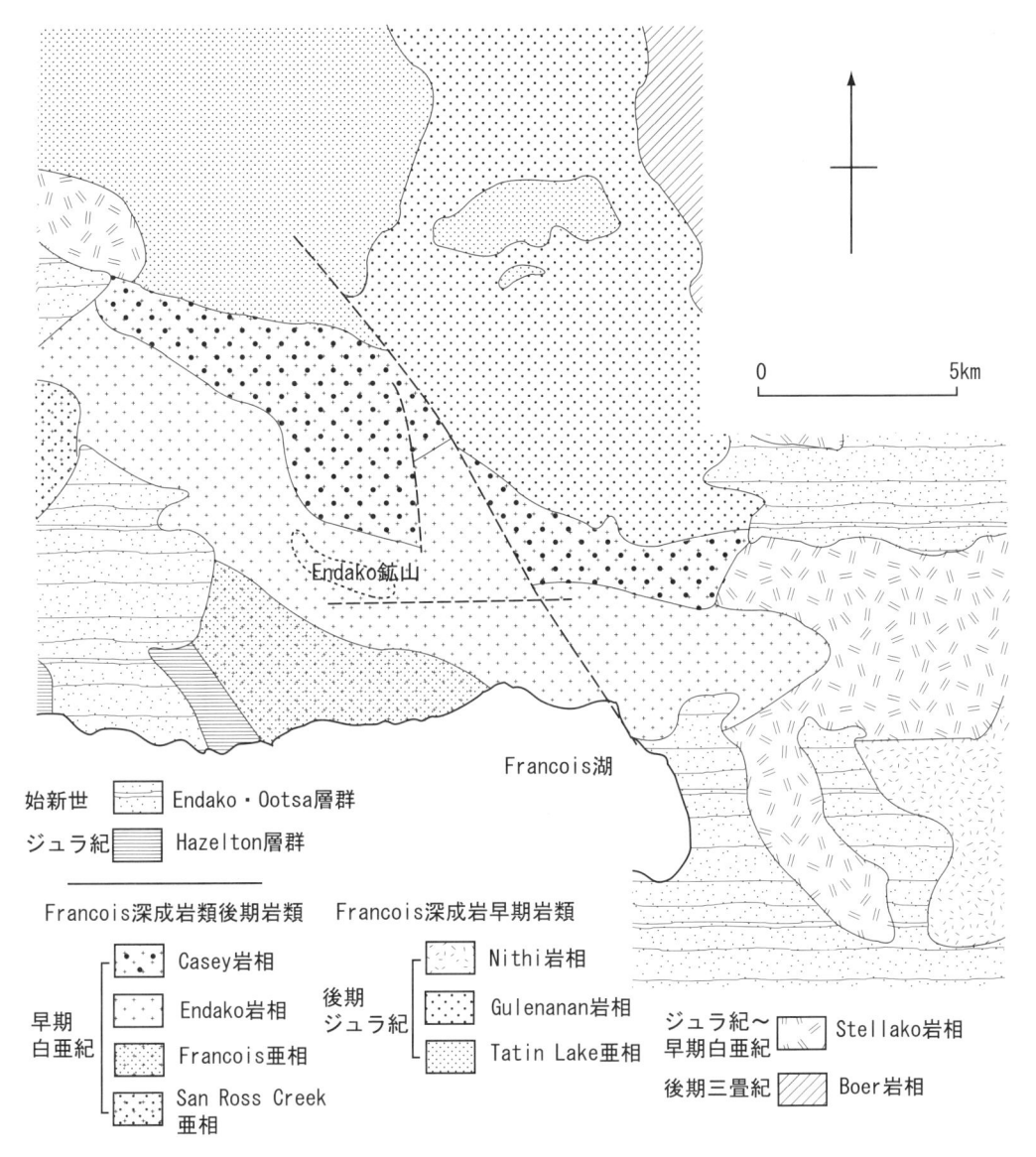

図 IX-23 Endako 地域地質図 — Selby et al. (2000) による—

れるに従い変質作用は弱まる．絹雲母変質作用は鉱床の東部（East および West Endako 採掘場）で顕著で西部に行くに従い弱くなる．リボン構造脈に伴う絹雲母変質帯には高度粘土化変質作用が重複し，その強さは，脈の破砕作用が強いほど増す．鉱石生成後の変質作用として玉髄質石英を伴う方解石脈が認められる（図 IX-24）．

Endako-Denak 鉱床の埋蔵鉱量は 3 億 3,600 万 t（Mo 0.09％）と報告されている（Mutscher et al., 2000）．

(5) その他の斑岩型鉱床

斑岩銅鉱床，斑岩モリブデン鉱床以外の斑岩型鉱床として，斑岩金鉱床，斑岩錫鉱床，斑岩タン

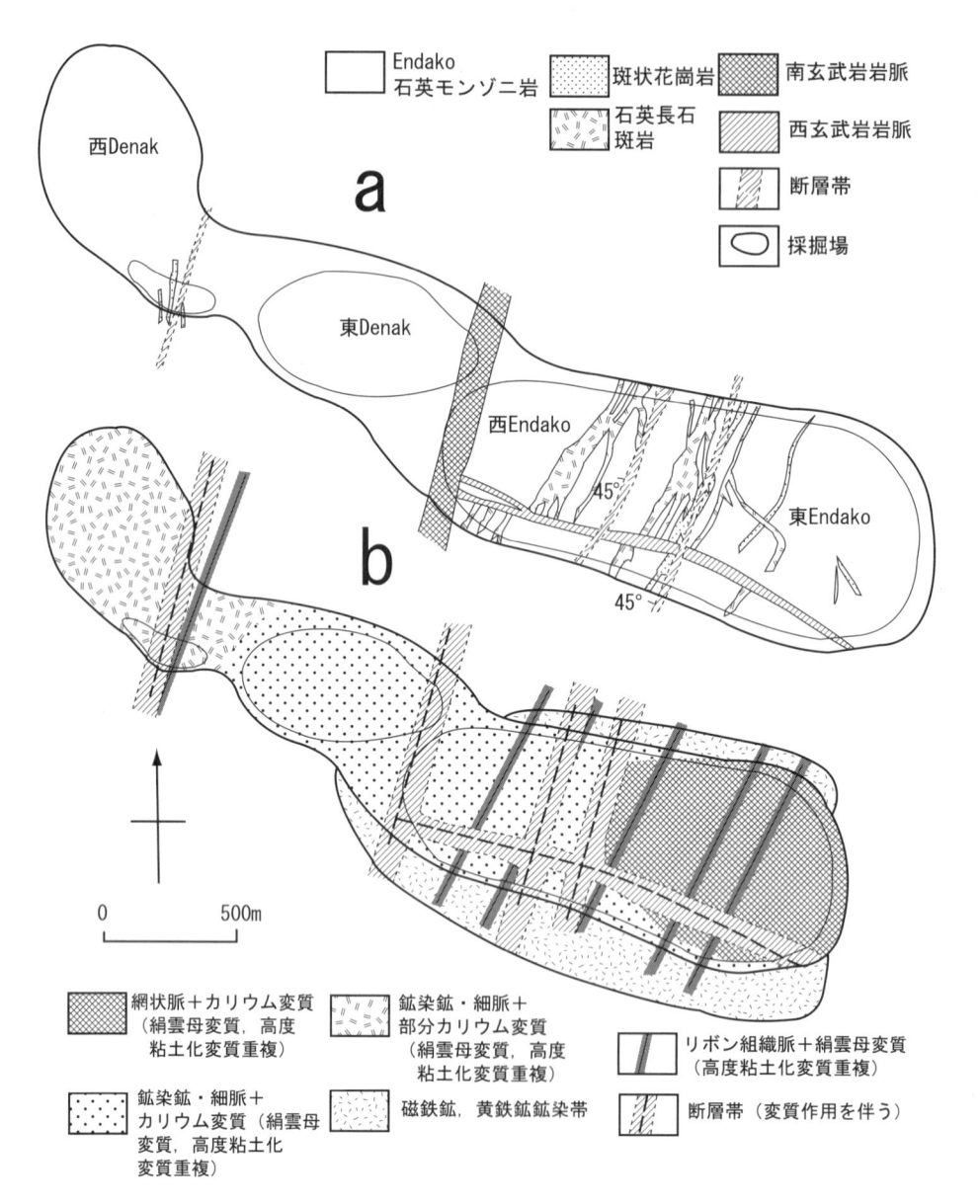

図 IX-24　a　Endako-Denak 鉱床地質図，b　同鉱床熱水変質帯分布図　－Selby et al.(2000) による－

グステン鉱床の産出が認められる．斑岩金鉱床は，深成岩型と火山底型に分類される（Mutschler et al., 2000）．深成岩型斑岩金鉱床は，プレートの沈み込みに伴って形成された花崗閃緑岩，石英モンゾニ岩，モンゾニ岩，閃長岩，花崗岩および中間質ないし珪長質斑岩類と関係して，これらの貫入岩とその周辺の岩石中に網状脈，石英脈，鉱染状をなして生成される．鉱化帯の中心部には，カリウム変質作用，曹長石化作用，絹雲母変質作用が認められ，外縁部にはプロピライト変質帯が広く発達する．硫化鉱物の産出は僅かであるが，金は黄鉄鉱，硫砒鉄鉱，輝蒼鉛鉱，テルル蒼鉛鉱，灰重石，輝水鉛鉱などと密接に伴って産する．深成岩型斑岩金鉱床の例として，Fairbanks 地域－Fort Knox, Ryan-Lode, Dolphin－, Donlin Creek, Pogo（米国アラスカ），Dublin Gulch（カナダ・

ユーコン）などがある．火山底型斑岩金鉱床は，同時期の火山岩類中に貫入した中間質ないし珪長質火山底貫入岩に伴って生成される．鉱床下部では縞状石英細脈，上部では黄鉄鉱－曹長石－粘土脈をなして産し，緑泥石－磁鉄鉱－曹長石変質作用あるいは黄鉄鉱－曹長石－粘土変質作用を伴っている．金は磁鉄鉱または黄鉄鉱と伴うときと独立して産するときがある．斑岩金鉱床の下にカリウム変質帯を伴う斑岩銅鉱床が認められる場合がある．火山底型斑岩金鉱床の例として，Refugio地域，Marte-Lobo，Aldebaran-Cerro Casale（チリ）がある．

　斑岩錫鉱床は，一般にS型マグマ（イルメナイト型）（II-1参照）起源の弗素あるいは硼素に富んだ浅所ないし火山底珪長質貫入岩に関係して生成され，貫入岩に関係する火山岩類を伴うことが多い．鉱床の形態は逆円錐形，パイプ状あるいは不規則形で，鉱石は，網状，石英細脈，鉱染状をなして産するが，鉱脈が斑岩銅鉱床に比較して良く発達し，鉱脈鉱床との中間型と見なせるものもある．また，交代組織も認められる．鉱石鉱物として錫石，黄錫鉱，黄銅鉱，閃亜鉛鉱，方鉛鉱を産し，後期鉱脈，交代型鉱石中にはSnとAgを含む硫塩鉱物が認められる．脈石鉱物としては，黄玉，電気石，白雲母，燐雲母などを産する．鉱床中心部で石英－電気石変質作用，その周囲で電気石－絹雲母－黄鉄鉱変質作用が認められ，外周部はプロピライト変質帯が分布する．斑岩錫鉱床の例として，Catavi, Chorolque, Llallagua（ボリビア）などがあるが，世界の錫資源としての重要度は比較的低い．

　斑岩タングステン鉱床は，弗素に富む浅所ないし火山底珪長質貫入岩に関係して貫入岩およびその周辺岩石中に生成される．鉱床の形態は逆円錐形，パイプ状あるいは不規則形で，鉱石は，網状，石英細脈，脈，角礫状，鉱染状をなして産する．主な鉱石鉱物は灰重石または鉄マンガン重石であるが，両者とも産することがある．副成分鉱石鉱物として，輝水鉛鉱，自然蒼鉛，輝蒼鉛鉱，錫石などがあげられる．脈石鉱物としては，石英，カリ長石，黒雲母，白雲母，蛍石，黄玉などを産する．鉱化作用の中心部では，カリウム変質作用とグライゼン変質作用が認められ，カナダの鉱床では後者が強く，中国の鉱床では前者が優勢である．低品位部では石英－黒雲母－緑泥石－黄玉変質帯または絹雲母変質帯が発達し，鉱床外縁部ではプロピライト変質帯が広く分布する．粘土変質作用が，カリウム変質または絹雲母変質に重複して認められる場合がある．斑岩タングステン鉱床の例としては，Mount Pleasant（カナダ・ニューブルンスヴィック），Logtung（カナダ・ユーコン），Lianhuashan－蓮花山－（中国広東省），Xingluokeng（中国）などがある．

Refugio地域金鉱床　本鉱床は，チリ北部Copiapoの北東150kmにあり，後期漸新世〜後期中新世形成のMaricunga帯に属する．Mariqunga帯は大陸縁辺部火山－深成岩弧の一部をなし，北ないし北東方向に伸びる安山岩〜石英安山岩質火山岩帯を形成する（図IX-25）．この帯には，3方向の主構造線が発達する．その第1は，基盤岩を境する北〜北東方向の高角度逆断層で，プレート沈み込み角減少開始に対応する．2番目は北西方向の正断層，岩脈，脈であり，南西－北東方向の拡張運動を示唆する．この方向の構造は後期漸新世〜早期中新世の火山中心部に多く見出される．3番目は，東－北東方向のリニアメントで，中新世〜現世のチリ沿岸海底火山脈の陸上への投影に一致する（Muntean and Einaudi, 2000）．

　Refugio地域の基盤岩は地域西部に露出する古生代（後期ペンシルバニア紀）〜三畳紀の流紋岩質火山砕屑岩で，北東方向の逆断層に沿って衝上し，地域の最高地を形成している．また，地域南西部には，後期三畳紀〜早期第三紀の赤色層，プロピライト化安山岩溶岩，安山岩質火山砕屑

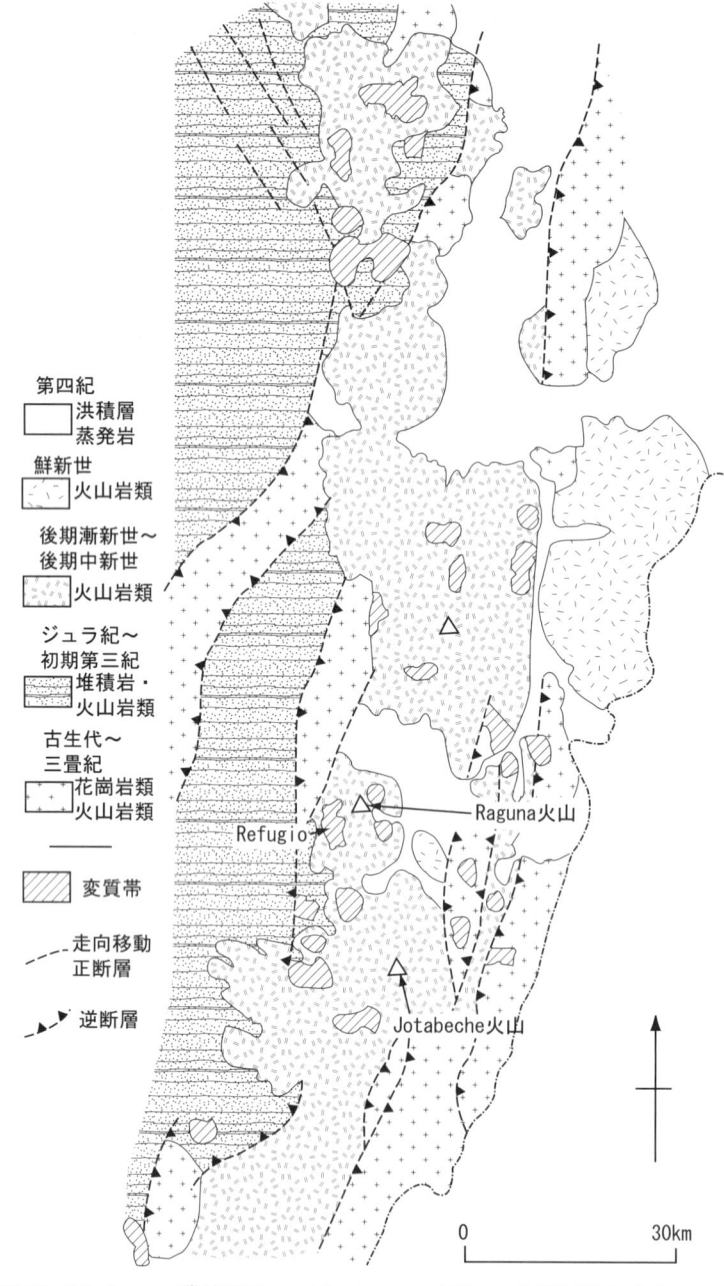

図 IX-25　Maricunga 帯地質図　− Muntean and Einaudi (2000) による −

岩が，集塊岩を伴い分布する．これらの岩石を貫くか覆って，鉱床の母岩である後期漸新世～早期中新世のRefugio火山岩類が発達するが，その東部分は，地域の東 6km にある中期中新世の La Laguna層状火山の火山岩類に覆われている．Refugio火山岩類は，少なくとも 12km^2 の露出面積を有し，安山岩質～石英安山岩質溶岩流，同質火山角礫岩，石英安山岩斑岩ドームとこれらを貫く貫入角礫岩パイプおよび岩脈と火山底型石英閃緑斑岩岩株からなる．Refugio火山岩類の厚さは，地域中心部で約 700m に達する．貫入角礫岩は，細粒のマトリックス中に 32~4mm 程度の石英閃

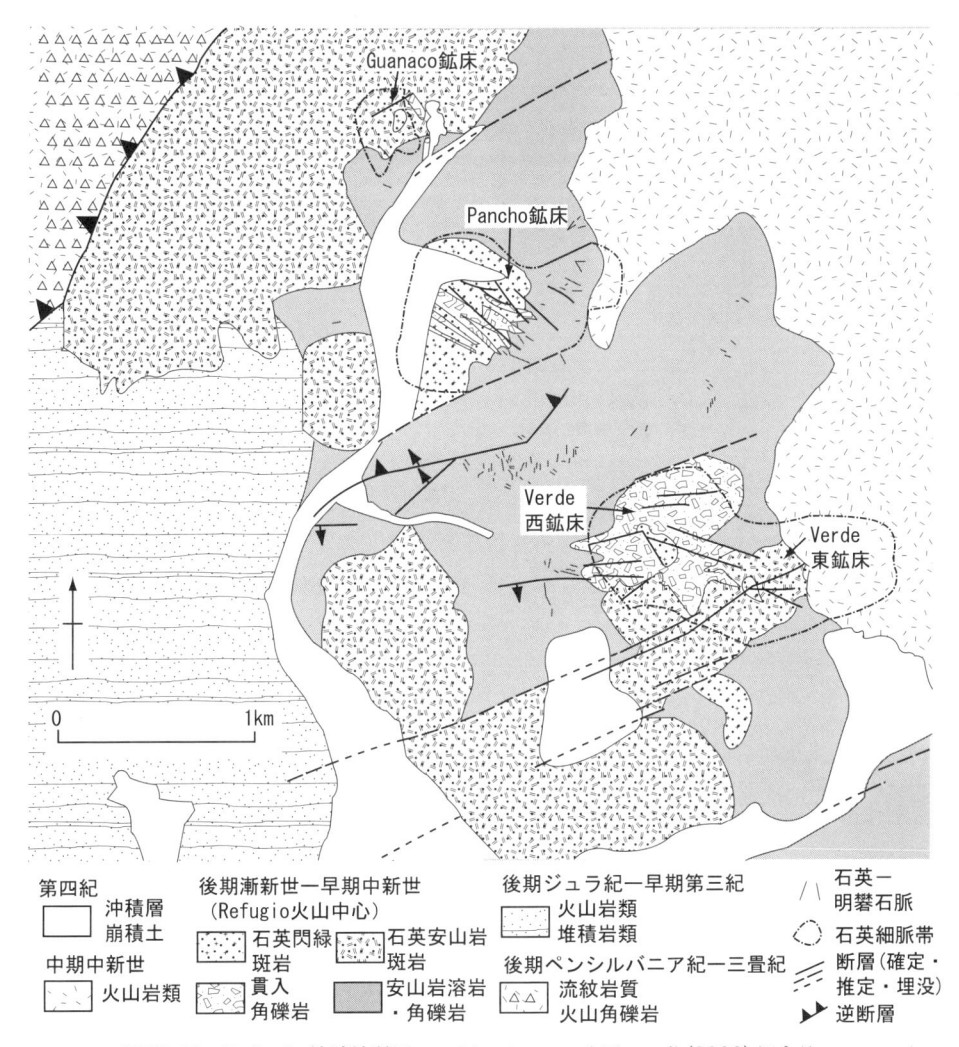

図 IX-26　Refugio 地域地質図　− Muntean and Einaudi (2000) による−

緑斑岩質岩片およびその他の岩石片を含み，石英閃緑岩マグマの水蒸気爆発によって形成されたと考えられる（Muntean and Einaudi, 2000）．

　Refugio 地域は高角度逆断層に境されたグラーベン構造の西端に位置する．地域西部で走向 N20~35°E を示す高角度逆断層− Refugio 断層−は，基盤岩と後期ペンシルバニア紀〜三畳紀の流紋岩質火山砕屑岩および Refugio 火山岩類の石英閃緑斑岩との境界をなしている．したがって Refugio 断層の最終運動は，Refugio 火山岩類およびこれに伴う金鉱床生成よりも後に起こったことになる．石英閃緑斑岩岩株，貫入角礫岩パイプ，石英脈群，金鉱床は，いずれも N30~45°W 方向に配列し，貫入角礫岩脈の走向は NW を示す．また石英閃緑斑岩岩体の一部は NW − SE 方向に伸張し，鉱床内断層の一部も，NW の走向を示す．Pancho 鉱床における NW 方向の断層に沿って形成された石英−明礬石脈の存在は，この方向の断層が熱水作用の間活動していたことを示唆している（Muntean and Einaudi, 2000）．

　Refugio 地域および Maricunga 帯の斑岩金鉱床は，知られている斑岩型鉱床中最も Cu/Au 比

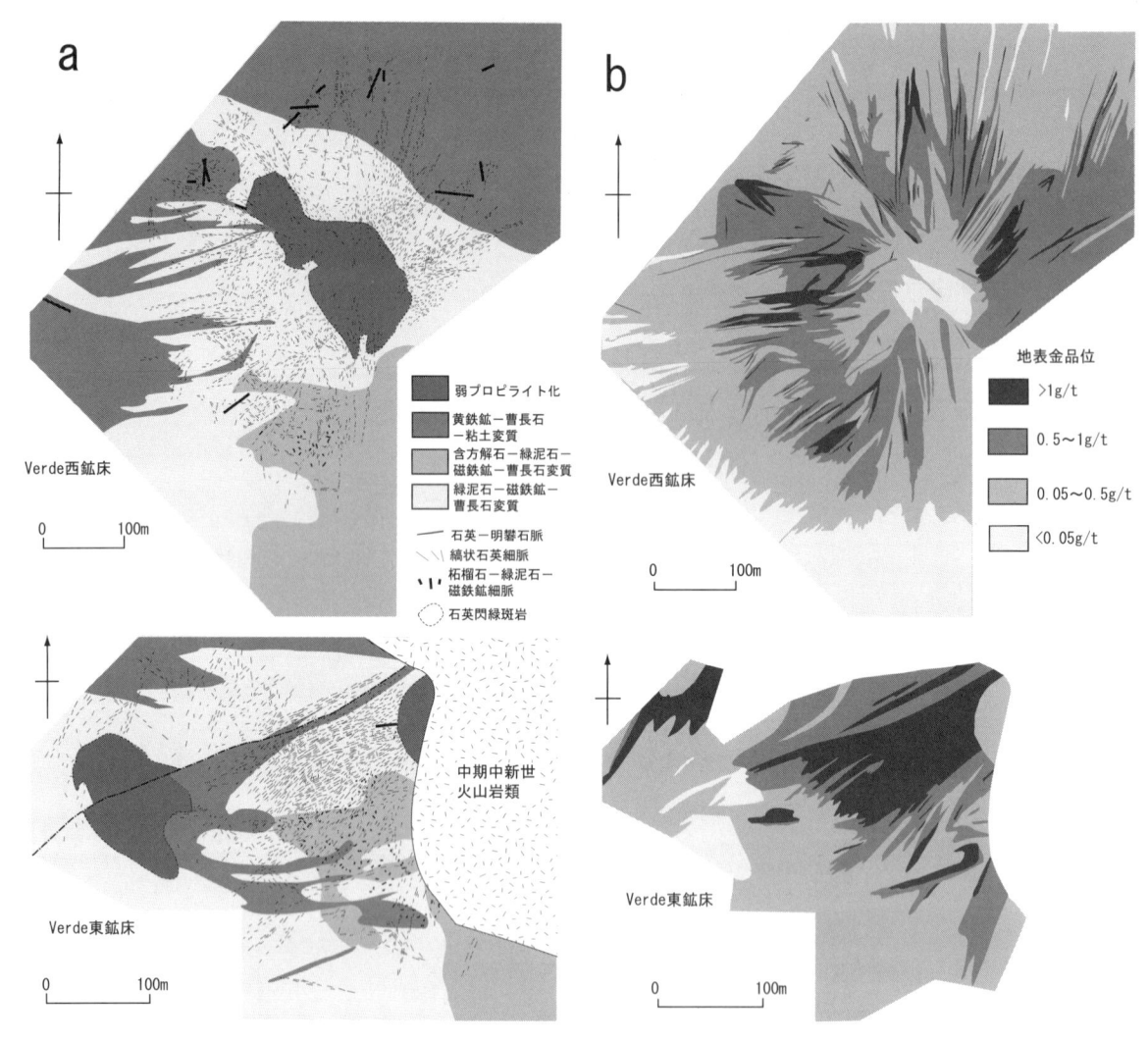

図 IX-27　a　Verde 鉱床の変質帯と脈型分布，b　Verde 鉱床の金品位分布
　　　　　− Muntean and Einaudi (2000) による −

が低い（Cu %/Au ppm = ~0.03）（Muntean and Einaudi, 2000）．Refugio 地域の主要金鉱床は，Verde および Pancho 鉱床からなる（図 IX-26）．Verde 金鉱床は，長さ約 1,500m，幅約 600m，N80°W の方向に伸びる石英細脈帯によって形成され，さらに Verde 西および Verde 東鉱床に分けられる．それぞれ，径 100~150m の低品位の中心核を持つ径約 500m の環状をなし，垂直方向の伸びは，500m 以上に達する．Verde 鉱床における金鉱化作用は，石英安山岩斑岩，貫入角礫岩，石英閃緑斑岩岩株の順に貫入した複合貫入岩体中に行われているが，石英安山岩斑岩と貫入角礫岩に発達する石英細脈は，石英閃緑斑岩によって遮られる形態を見せている．Verde 西鉱床では，石英閃緑斑岩体周辺部で 2.5% を示す石英細脈体積率が岩体内部では 0.25% に減少し，Verde 東鉱床では 0% となる．石英細脈には，急傾斜で石英閃緑斑岩岩株を中心とする放射状配列を示すものと，内側へ緩傾斜し同心円状配列を示すものとがあり，その他 Verde 東鉱体には，断層帯に平行な N70°E 方向の石英細脈群がある（図 IX-27a）．これら石英細脈は，ガスに富む多数の流体

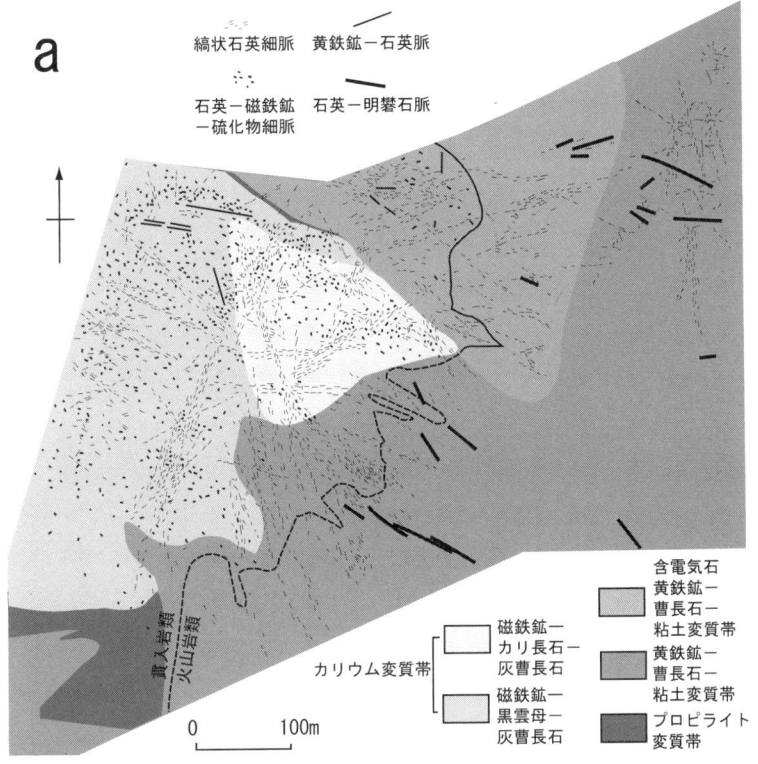

図 IX-28　a　Pancho 鉱床の変質帯と脈型分布
－ Muntean and Einaudi (2000) による－

の流体包有物と微細な磁鉄鉱のため特徴的な縞状構造を示し，金の鉱化と密接な関係を有する．縞状石英細脈の他に，これより早期の灰鉄柘榴石－緑泥石－磁鉄鉱細脈と後期の石英－明礬石脈が認められるが，いずれも金鉱化作用と関係がないように見える．母岩の変質作用としては，緑泥石－磁鉄鉱－曹長石化作用および黄鉄鉱－曹長石－粘土化作用が観察される．前者の分布は複合貫入岩体の中心と金の高品位帯（＞Au 0.5g/t）に一致し，鉱床南部のこの変質帯には方解石を伴う．後者は黄鉄鉱－曹長石－イライト－カオリナイトからなり，Verde 鉱床から北西方へ幅2kmで約3km延長する．金の品位分布は縞状石英細脈の密度ときわめて良く一致する（図 IX-27a, b）．金は石英細脈中または細脈の周囲に沿った母岩中に産する．細脈の縞の中で10μm以下の円味のある金粒子が石英に閉じこめられた形で磁鉄鉱，黄鉄鉱，緑泥石などと共産するのが観察された（Muntean and Einaudi, 2000）．

　Pancho 金鉱床では，金の最高品位部が径約900mの石英閃緑斑岩岩株中心に合致し，長さ1.1km，幅0.7km，東西に延びる石英細脈帯がこれに伴っている（図 IX-28a）．石英閃緑斑岩岩株は，走向N50°～60°W，急傾斜の貫入角礫岩岩脈により切られており，Pancho 鉱床における多くの断層はこれと平行である．石英細脈の一部も貫入角礫岩岩脈に平行になっている．Pancho 鉱床には，Verde 鉱床と同様の縞状石英細脈および石英－明礬石脈以外に，縞状石英細脈より早期の石英－磁鉄鉱－硫化物細脈および後期の黄鉄鉱－石英－絹雲母脈を産する．前者には早期と後期があり，早期石英－磁鉄鉱－硫化物細脈は比較的短く，磁鉄鉱，黒雲母，石英および少量の黄銅鉱か

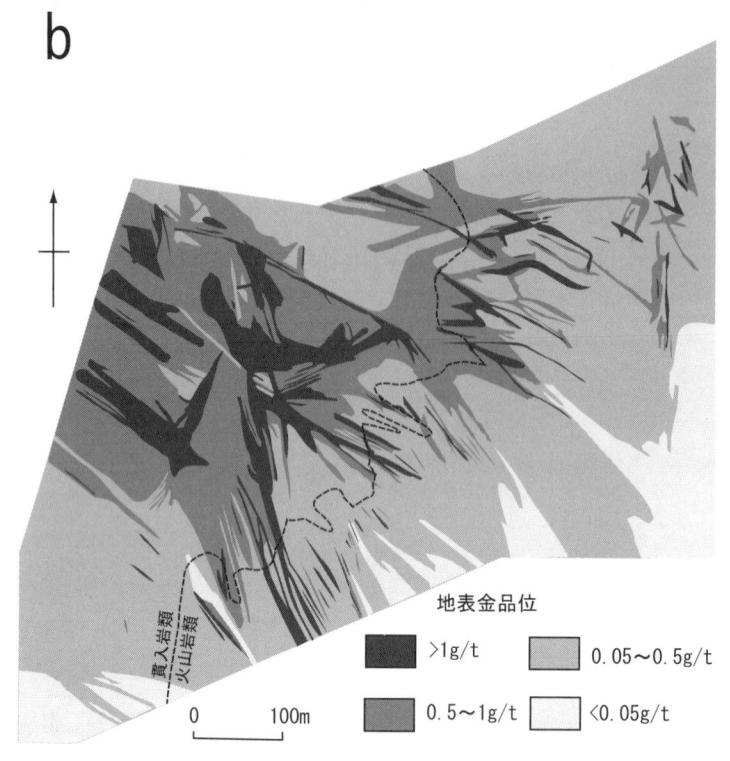

図IX-28 b Pancho鉱床の金品位分布
－Muntean and Einaudi (2000) による－

らなり，その周囲にカリ長石および黒雲母変質帯を伴う．後期石英－磁鉄鉱－硫化物細脈は比較的幅，長さが大きく，早期のものより黄銅鉱と石英の量を多く含み，その周囲に変質帯を生じていない．両者とも貫入岩中にのみ産する．黄鉄鉱－石英－絹雲母脈は，石英－明礬石脈より早期生成で，一部で黄銅鉱あるいは輝水鉛鉱を含む．Verde鉱床と異なり，カリウム変質作用が顕著で，鉱床中心部で径約200mの磁鉄鉱－カリ長石－灰曹長石組み合わせに少量の黄銅鉱（＜1体積％）を伴う変質帯が発達する．この鉱物組み合わせは，下部に行くに従い徐々に磁鉄鉱－二次黒雲母－灰曹長石に変化し黄銅鉱の量を増す（＜2体積％）．カリウム変質帯は鉱床周縁部で広域のプロピライト変質帯に移り変わり，上部では，カリウム変質帯に重なる形でVerde鉱床と同様の黄鉄鉱－曹長石－粘土帯に変化する（図IX-28a）．Pancho金鉱床では，金粒子を直接観察できないが，縞状石英細脈，石英－磁鉄鉱－硫化物細脈，カリウム変質帯と金品位分布とが密接な関係にあることがわかる（図IX-28a, b）(Muntean and Einaudi, 2000)．

　Refugio地域の金鉱床は，1984年に鉱徴が認められていたが，1989年に漸く大規模な酸化金鉱石がVerde東鉱床で発見され，1991年までにボーリング探査によってVerde鉱床において1億100万t（平均Au 1.02g/t－可採最低品位0.5g/t－）の鉱量が確定した．また，Pancho鉱床の推定鉱量として8,100万t（Au 0.85g/t）が算定され，これにはCu 0.05～0.2％が含まれている．1995年後半から露天採掘によって30,000t/日の操業が開始された．

IX-2 スカルン鉱床

珪長質ないし苦鉄質の貫入岩（花崗岩，アダメロ岩－石英モンゾニ岩－，花崗閃緑岩，モンゾニ岩，石英閃緑岩，斑糲岩およびそれらの中深成岩）の形成に伴って生成された熱水が，炭酸塩岩（石灰岩，ドロマイト質石灰岩，ドロマイトなど）を交代して形成した鉱床のうち，スカルン鉱物を含む鉱床をスカルン鉱床という．スカルン鉱物として産する鉱物には，柘榴石，単斜輝石，珪灰石，橄欖石，角閃石などがあり，一般に複雑な固溶体を形成する（図IX-29）．IX-1表に主要なスカルン鉱物およびその端成分を示す．

(1) スカルン鉱床の形成過程

スカルン鉱床の形成過程は a. 変成スカルン形成，b. 交代スカルン形成，c. 後退変質の3段階に分けられる．

変成スカルン形成は貫入火成岩が高温のマグマとして存在している段階で行われる．従来，接触変成作用では，貫入岩の周辺岩石は熱伝導によって温度が上昇し，大規模な物質移動を伴わない再結晶作用によって，変成鉱物が生成され，ホルンフェルス，結晶質石灰岩，珪岩などの接触変成岩が形成されると考えられてきた．その際源岩が不純な石灰岩，石灰質砂岩，石灰質粘土岩などであ

表IX-1　主要スカルン鉱物の端成分と化学組成

スカルン鉱物	端成分	記号	化学組成
柘榴石	灰礬柘榴石	Gr	$Ca_3Al_2(SiO_4)_3$
	灰鉄柘榴石	Ad	$Ca_3Fe_2(SiO_4)_3$
	満礬柘榴石	Sp	$Mn_3Al_2(SiO_4)_3$
	鉄礬柘榴石	Al	$Fe_3Al_2(SiO_4)_3$
	苦礬柘榴石	Py	$Mg_3Al_2(SiO_4)_3$
単斜輝石	透輝石	Di	$CaMgSi_2O_6$
	灰鉄輝石	Hd	$CaFeSi_2O_6$
	ヨハンセン石	Jo	$CaMnSi_2O_6$
橄欖石	苦土橄欖石	Fo	Mg_2SiO_4
	鉄橄欖石	Fa	Fe_2SiO_4
	灰色マンガン鉱	Tp	Mn_2SiO_4
ブスタメント鉱	珪灰石	Wo	$CaSiO_3$
	薔薇輝石	Rd	$MnSiO_3$
アクチノ閃石	鉄アクチノ閃石	Ft	$Ca_2Fe_5Si_8O_{22}(OH)_2$
	透閃石	Tr	$Ca_2Mg_5Si_8O_{22}(OH)_2$
	鉄ツェルマック閃石	Fts	$Ca_2Fe_5Al_2Si_6Al_2O_{22}(OH)_2$
	ツェルマック閃石	Ts	$Ca_2Mg_5Al_2Si_6Al_2O_{22}(OH)_2$
角閃石	鉄ツェルマック閃石	Fts	$Ca_2Fe_5Al_2Si_6Al_2O_{22}(OH)_2$
	ツェルマック閃石	Ts	$Ca_2Mg_5Al_2Si_6Al_2O_{22}(OH)_2$
	鉄アクチノ閃石	Ft	$Ca_2Fe_5Si_8O_{22}(OH)_2$
	透閃石	Tr	$Ca_2Mg_5Si_8O_{22}(OH)_2$
緑簾石	クリノゾイサイト	Cz	$Ca_2Al_3Si_3O_{12}(OH)$
	緑簾石	Ep	$Ca_2(Fe,Al)_3Si_3O_{12}(OH)$

れば種々のスカルン鉱物を生成する．このスカルン鉱物の集合体を変成スカルンと呼ぶ．しかし，接触変成作用は，マグマの貫入に伴う強い温度勾配と大規模な変成流体循環セルによって行われ，単純な等化学組成モデルよりかなり複雑であることがわかってきた．粘土質岩と石灰岩が接触していると境界部で物質移動が起こり，スカルン鉱物を生ずる．このようなスカルンを反応スカルンという．

また，比較的純粋な炭酸塩岩中に割目が発達していると，これを通る循環流体によって物質移動が起こり，割目に沿ってスカルン鉱物が生成される．このようなスカルンをスカルノイドと呼ぶ．スカルノイドは交代スカルンと間違われやすい．反応スカルンとスカルノイドは，変成スカルンに含まれる．変成スカルン中には，鉱石鉱物は生成されない．

マグマの冷却が進み，遷移過程から熱水過程にはいると（II-1, II-2 参照），生成されたマグマ水は割目を通して，既に固結した貫入岩体および周辺岩石中に浸透し，これらの岩石と反応して種々のスカルン鉱物を生成する．この段階を交代スカルン形成過程，または累進スカルン形成過程という．この過程で，熱水が珪酸塩鉱物を主成分とする火成岩または堆積岩と反応し，これを交代して生じたスカルンを内成スカルンといい，炭酸塩鉱物を主成分とする岩石と反応し，これを交代して生じたスカルンを外成スカルンという．石灰岩と反応すると，灰鉄柘榴石－灰礬柘榴石系（グランダイト），苦礬柘榴石－満礬柘榴石－鉄礬柘榴石系（サブカルシック柘榴石），単斜輝石（灰鉄輝石－透輝石系），珪灰石などの Ca に富むスカルン鉱物を生成し，ドロマイトと反応すると，橄欖石，透輝石などの Mg に富むスカルン鉱物を生成する．前者をカルシックスカルン，後者をマグネシアンスカルンと呼ぶ．

さらに冷却が進むと，後退変質過程に入る．この段階では，しばしば，天水がマグマ水中に混入する．累進スカルン形成過程で生成されたスカルン鉱物は，この段階で一部あるいは大部分が変質して二次スカルン鉱物を生ずる．これら変質鉱物の多くは含水鉱物である．カルシックスカルンからは，角閃石（アクチノ閃石，普通角閃石），黒雲母，緑簾石，緑泥石，珪灰鉄鉱など，マグネシアンスカルンからは，金雲母，ヒューマイト，蛇紋石，滑石，緑泥石などを生ずる．磁鉄鉱，赤鉄鉱，灰重石，磁硫鉄鉱，黄鉄鉱，黄銅鉱，キューバ鉱，斑銅鉱，閃亜鉛鉱，含銀方鉛鉱，輝蒼鉛鉱，輝水鉛鉱，エレクトラムなどの金属鉱物は，累進スカルン形成過程から後退変質過程にかけて生成される．後退変質過程において，含水珪酸塩鉱物および金属鉱物は，累進スカルン形成過程で生成されたスカルン鉱物を交代して生ずるばかりでなく，新たに炭酸塩岩を交代して生成することが多い．また，累進スカルン形成過程および後退変質過程を通じて，炭酸塩鉱物および石英が，他の鉱物と伴うか，あるいは単独で生成される．

（2）スカルン鉱床の型と例

スカルン鉱床は，主として含まれる金属によって，鉄，銅，タングステン，亜鉛－鉛－銀，モリブデン，金の6つの型に分類され，これらの間の中間型も存在する．この他に錫，白金，ウラン，希土類などのスカルン鉱床も知られている（Einaudi et al., 1981; Meinert et al., 2005）．

鉄スカルン鉱床は，大型のものは埋蔵量5億トン以上に達し，磁鉄鉱を主な採掘対象とするが，Cu, Co, Ni, Au を含むことがある．とくにかなりの Cu を伴い銅スカルン鉱床との中間型と見なされるものも稀ではなく，日本でかつて操業された釜石鉱床はその例の一つである．鉄スカルン

鉱床はさらにカルシックスカルン型とマグネシアンスカルン型とに分けられる．カルシックスカルン型鉄鉱床は，島弧において石灰岩および火山岩類に貫入した苦鉄質ないし中間質の貫入岩に伴って生成される．内成スカルンが広く発達するのが特徴である．スカルン鉱物は柘榴石および単斜輝石を主とし緑簾石，珪灰鉄鉱，アクチノ閃石などを伴う．いずれも鉄に富む化学組成を有する（図IX-29）．これに対して，マグネシアンスカルン型鉄鉱床は，ドロマイトが存在すれば様々なテクトニック条件で，広範囲の化学組成の貫入岩に伴って形成される．生成される主な珪酸塩スカルン鉱物は，苦土橄欖石および透輝石など鉄に乏しいので，熱水中の鉄は磁鉄鉱として沈殿する傾向が強く鉄鉱床を形成しやすいと考えられる（Hall et al., 1988；Meinert, 1992；1997）．カルシックスカルン型鉄鉱床は世界各地の古生代造山帯および中生代〜新生代造山帯に分布し，主要な鉱床として Vancouver Island（カナダ），Cornwall（米国ペンシルバニア），Magnitnaya, Peshansk, Goroblagodat（ロシヤ・ウラル），Dashkesan（ロシア・アゼルバイジャン），Turgai 地域 － Kachar, Sarboi, Soklovsk －（カザフスタン），Larap（フィリッピン）などがあげられる．またマグネシアンスカルン型鉄鉱床の主要例としては，Sheregesh, Teya（ロシア），Eagle Mountain（米国カリフォルニア）などがある（Einaudi et al., 1981；Meinert, 1992；1997）．

銅スカルン鉱床は，スカルン鉱床のうち最も多く産出する型の鉱床である．この型の鉱床は，島弧あるいは大陸縁辺へのプレート沈み込みによって形成された造山帯に広く分布し，多くは，I 型（磁鉄鉱型）のカルクアルカリ花崗岩質斑状貫入岩に伴って形成される（II-1(2) 参照）．これらの貫入岩の多くは火山岩類と同一起源であり，網状脈が発達し，脆性破断や角礫化を受け，強い熱水変質を被っている．多くの銅スカルン鉱床は，貫入岩体に近接して産し，スカルン鉱物としては，グランダイト系柘榴石が優勢で，単斜輝石，ヴェスヴ石，珪灰石，アクチノ閃石，緑簾石を伴う．スカルン鉱物はしばしば累帯配列を示す．貫入岩付近は，塊状の柘榴石からなり，貫入岩から遠ざかるにつれて単斜輝石の量を増し，結晶質石灰岩との境界付近ではヴェスヴ石または珪灰石を産する．磁鉄鉱および赤鉄鉱を一般的に産し，硫化鉱物については，貫入岩付近で黄鉄鉱が優勢で，黄銅鉱が次第に増加し，石灰岩との接触部付近で斑銅鉱を産するという累帯配列が認められている．銅スカルン鉱床には斑岩銅鉱床に伴うものと，伴わないものとがあり，1 億 t 以上の大型銅スカルン鉱床は斑岩銅鉱床に伴って形成されたものが多い．前者の例としては，Twin Buttes, Mission（米国アリゾナ），Bingham 地域（米国ユタ），Santa Rita（米国ニューメキシコ），Erzberg（インドネシア），Gold Coast（パプア－ニューギニア）など，後者の例としては，Rosita（ホンデュラス），八茎（日本，Fe，W との中間型）などがある（Einaudi et al., 1981；Meinert, 1992；1997）．また，2001 年に開発を始めたペルーの Antamina 銅－亜鉛スカルン鉱床（Love et al., 2004）は，Meinert et al.(2005) の分類には含まれていないが，埋蔵量 5 億 6,100 万 t（Cu 1.24%, Zn 1.03%, Ag 13.71g/t, Mo 0.029%）の巨大鉱床で，注目に値する．

タングステンスカルン鉱床は，島弧あるいは大陸縁辺へのプレート沈み込みによって形成された造山帯に広く分布するが，関係火成岩は，周辺に高温の広い接触変成帯を伴い，粗粒・等粒状のカルクアルカリ花崗岩質岩（S 型および I 型）で，銅スカルン鉱床に比較して深所生成と考えられる．鉱床周辺にはしばしば変成スカルンを形成するが，これらは源岩の組成を反映しており，これによって交代スカルンと区別される．貫入岩は，一般に新鮮で僅かに斜長石－単斜輝石内成スカルンを生ずるに過ぎない．この型の鉱床は，さらに S 型花崗岩類に関係する還元型と I 型花崗岩類に関係

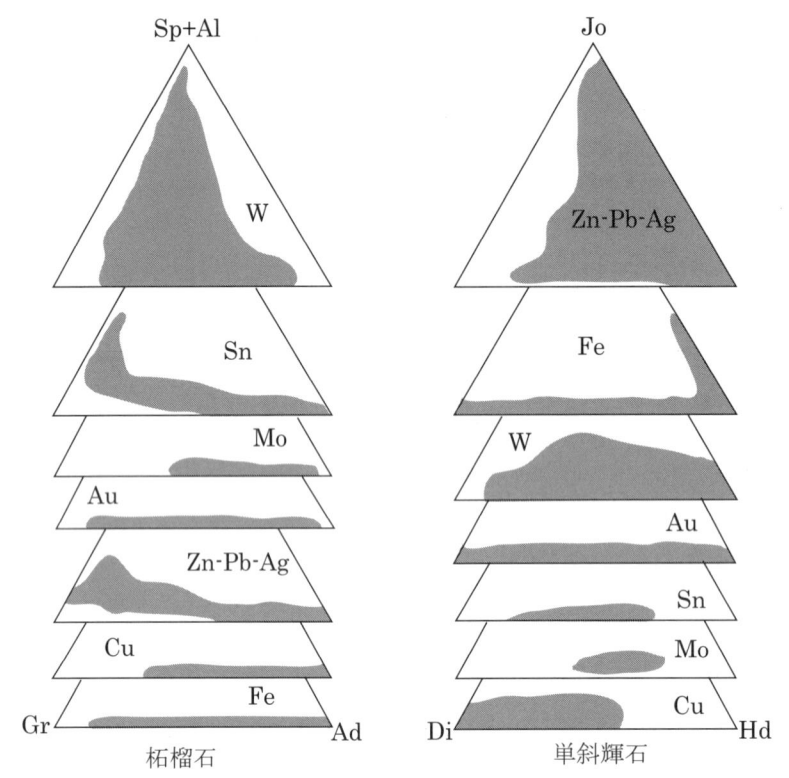

図IX-29 各型のスカルン鉱床に産する柘榴石と単斜輝石の化学組成範囲
－Meinert (1992) による－

する酸化型に分類される．還元型鉱床の早期晶出（累進スカルン形成過程）鉱物組み合わせは，灰鉄輝石質単斜輝石とこれより少量のグランダイト系柘榴石および鉱染状の細粒含モリブデン灰重石からなる．後退変質過程にはいると，満礬柘榴石－鉄礬柘榴石に富んだサブカルシック柘榴石を晶出するとともに早期の細粒灰重石を溶出し，粗粒の低モリブデン灰重石を再晶出する．この過程で，磁硫鉄鉱，輝水鉛鉱，黄銅鉱，閃亜鉛鉱，硫砒鉄鉱などの硫化物と黒雲母，角閃石，緑簾石などの含水鉱物を沈殿する．酸化型鉱床では単斜輝石より灰鉄柘榴石質柘榴石が優勢で，単斜輝石も透輝石質である．含水鉱物は緑簾石を主とし，磁硫鉄鉱より黄鉄鉱が多く，サブカルシック柘榴石はほとんどあるいはまったく産出しない．一般に酸化型タングステンスカルン鉱床は還元型より規模が小さい (Meinert, 1992;1997)．世界の主要なタングステンスカルン鉱床として，Mactung, Cantung (カナダ北西テリトリー), Shyzhuyuan －柿竹園 W-Sn-Bi-Mo-F 多金属複合型鉱床－（中国湖南省），Tymyauz (ロシア・カフカス), Vostokz (ロシア沿海州) Sandong (韓国) などがあげられる．

　亜鉛－鉛－銀スカルン鉱床は，大陸縁辺部へのプレート沈み込み，あるいは大陸リフト活動に伴う火成作用によって生成される．関係火成岩の化学組成範囲は広く，閃緑岩から高珪酸花崗岩にわたる．その生成深度も底盤から浅所形成の岩脈－シル系，さらに噴出火山岩までに及んでいる．一般に鉱床は火成岩から遠い位置に形成され，関係火成岩を決定できない場合もある．この型の多くの鉱床は生成温度範囲が広く，とくに大型鉱床では，珪酸塩スカルンに富む鉱体とスカルンを欠く

か乏しい鉱体からなり，それぞれ様々な形態を示すことが多い．亜鉛－鉛－銀スカルン鉱床は，しばしば地質構造支配を受け，岩石境界，断層，褶曲軸部に沿って形成され，鉱物の化学組成がきわめてマンガンと鉄に富み，鉱床周辺の接触変成帯が小規模であることで特徴付けられる．この型の鉱床に産する柘榴石，単斜輝石，橄欖石，珪灰鉄鉱，ブスタメント鉱，角閃石類，緑泥石，蛇紋石などほとんどすべてのスカルン鉱物は，マンガンに富む．また，鉱化作用の中心から周辺部に向かって，単斜輝石/柘榴石量比と単斜輝石中のマンガン量が増加する傾向が認められることがある．多くの亜鉛－鉛－銀スカルン鉱床は，2,000万t以下の規模であるが，神岡鉱床（日本）はこの型の鉱床として突出した約1億tの鉱量を有していた．しかし，現在生産を停止している．その他の主要な鉱床例としては，Naica（メキシコ），El Mochito（ホンジュラス）などがある（Einaudi et al., 1981；Meinert, 1992;1997）．

モリブデンスカルン鉱床の大部分は，優白質花崗岩に伴い，高品位小型鉱床から低品位大型鉱床まで産する．この型の鉱床の多くはW，Cu，Zn，Pb，Bi，Sn，Uなど種々の金属を含み，しばしば多金属鉱床を形成するが，Mo－W－Cuの組み合わせが一般的である．珪酸塩スカルン鉱物として主に灰鉄輝石質単斜輝石を産し，少量のグランダイト系柘榴石，珪灰石，角閃石類，蛍石などを伴う．大型モリブデンスカルン鉱床の例としてLittle Boulder Creek（米国モンタナ）がある．

金スカルン鉱床は，従来ほとんど注目されず，1980年代に至って漸く開発されるようになった．金スカルン鉱床には，高品位（5-15g/t Au）の金鉱石を産し，ほとんど卑金属硫化物を伴わないものと，低金品位（1-5g/t Au）であるが，かなりのCu，Pb，Znなどの硫化物を含み，両者を併せて採掘し操業可能なものとがある．高金品位型鉱床の多くは，S型（イルメナイト型）の閃緑岩－花崗閃緑岩質深成岩－岩脈/シル複合岩体に伴って産し，灰鉄輝石質単斜輝石が優勢であるが，貫入岩体に近接する部分では中間組成のグランダイト系柘榴石を多産する．その他のスカルン鉱物として，カリ長石，柱石，ヴェスヴ石，燐灰石，高塩素アルミナ質角閃石が認められる．主要な硫化物は硫砒鉄鉱および磁硫鉄鉱である．金のほとんどはエレクトラムとして産し，種々の蒼鉛およびテルル化鉱物と密接に伴う．主要な高金品位型金スカルン鉱床の例としてFortitude（米国ネヴァダ），Nickel Plate（カナダ・ブリティッシュコロンビア），低金品位型金スカルン鉱床の例としてCrown Jewel（米国ワシントン），Rio Narcea地域（スペイン）がある（Meinert, 1992;1997;2000）．

図VII-29に各型のスカルン鉱床に産する柘榴石および単斜輝石の化学組成範囲を示した．

Bingham地域スカルン銅－金鉱床 本鉱床は，米国ユタ，Salt Lake City南西40kmのOquirrh山南斜面に位置するBingham鉱山地域にあり，Bingham斑岩銅鉱床の生成に伴って形成された．地質構造的には北アメリカ・コルディレラのGreat Basin東部に当たる．地域の地質は，ミシシッピー紀後期から早期ペルム紀にかけて堆積したOquirrh層群と古第三紀貫入の火成岩類からなる．

鉱床付近では，Oquirrh層群の中部から上のBingham Mine層が分布する（図IX-30）．鉱床胚胎層準であるBingham Mine層は，珪岩を主とし少量の石灰岩およびシルト岩を挟む．古第三紀貫入の種々の形態を示す火成岩類をまとめてBingham岩株と称し，古い順からモンゾニ岩，石英モンゾニ斑岩，レータイト斑岩，石英レータイト斑岩から構成される．（Bingham地域の地質についてはIX-1(1) Bingham Canyon銅－金－モリブデン鉱床の項参照）．

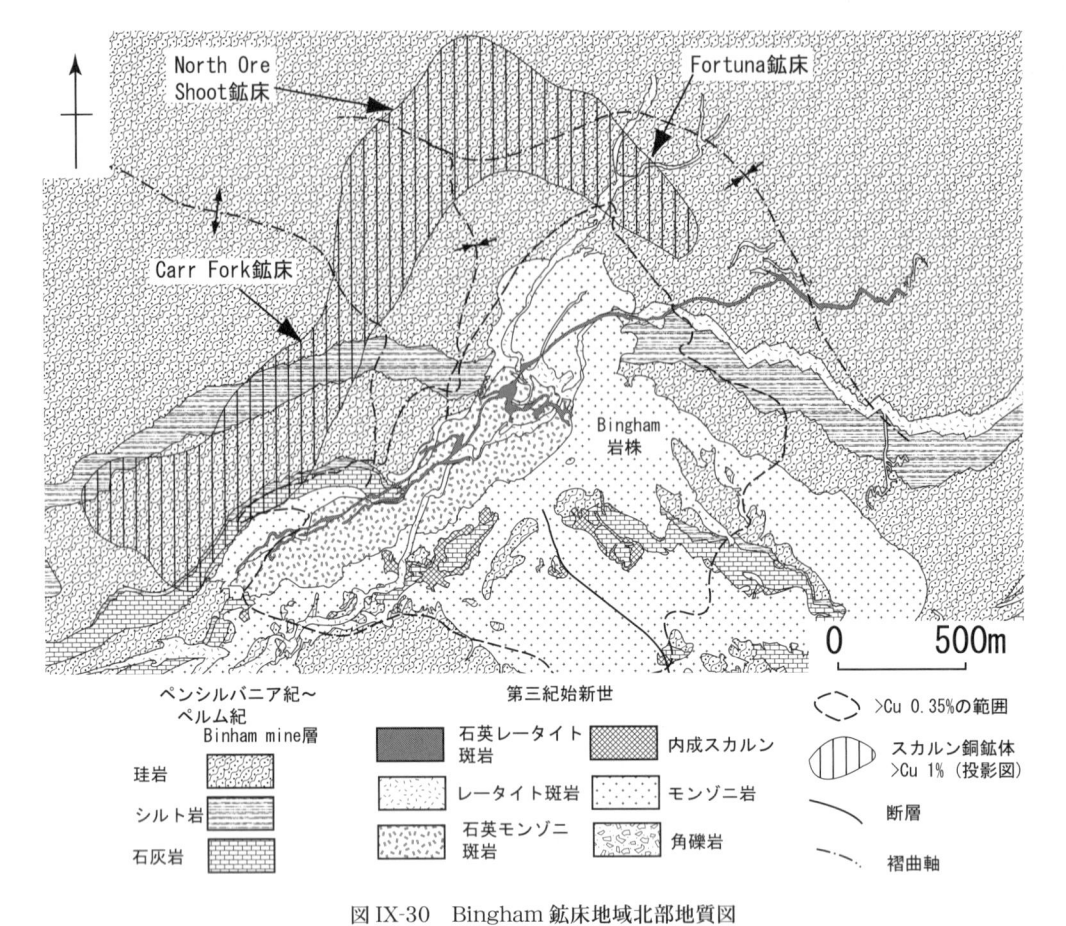

図 IX-30 Bingham 鉱床地域北部地質図
－Babcock et al. (1995); Phillips et al. (1997); Harrison and Reid (1997) による－

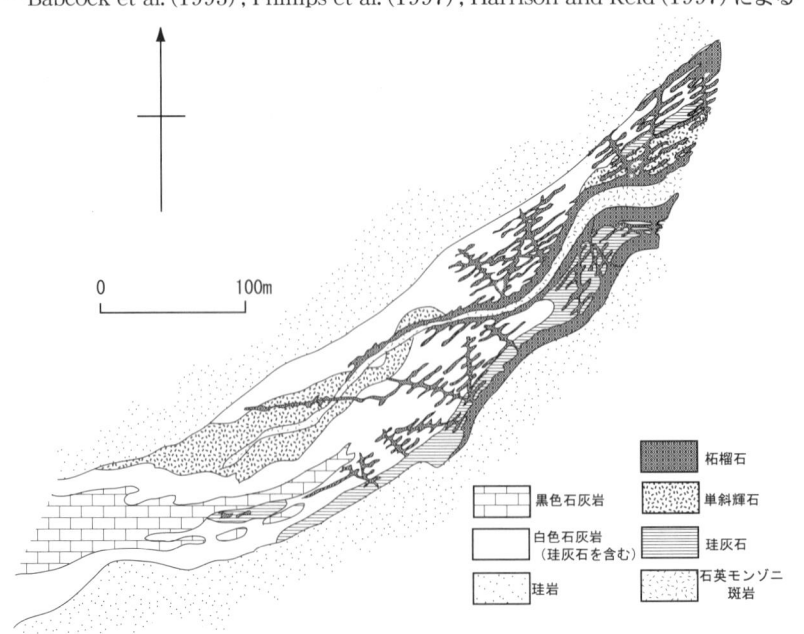

図 IX-31 Carr Fork 鉱床（Parnel 石灰岩を交代するスカルン分布図）
－Atkinson and Einaudi (1978) による－

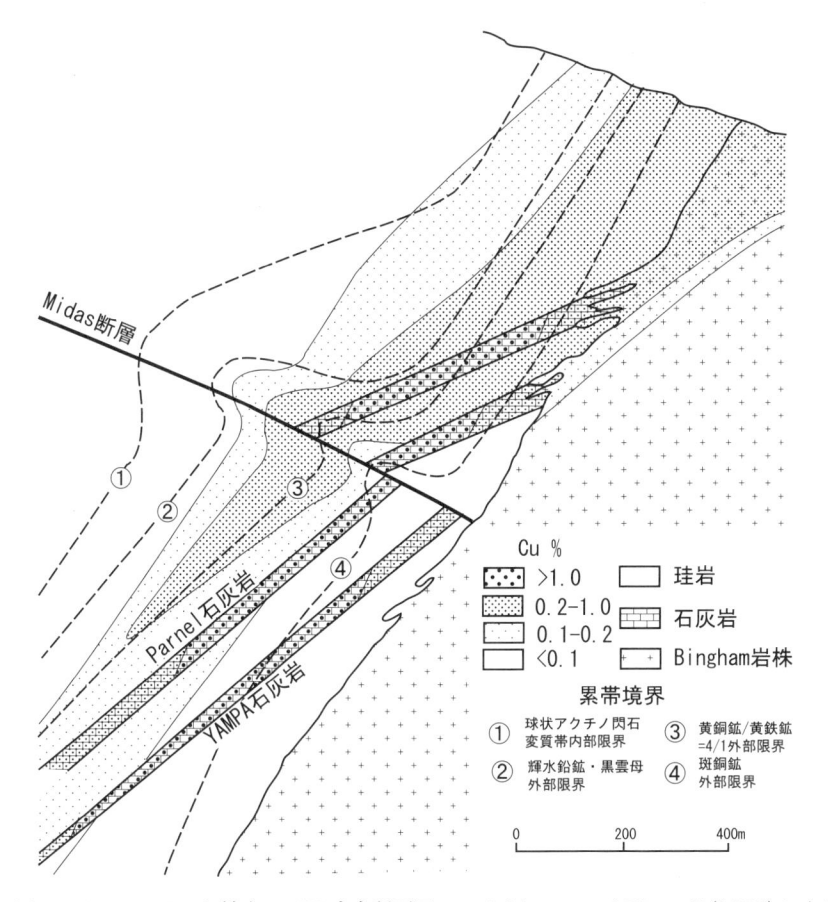

図 IX-32　Carr Fork 鉱床の NW 方向断面図　− Atkinson and Einaudi (1978) による−

　Bingham 地域スカルン鉱床は，Bingham Mine 層下部の主要な石灰岩層である Jordan 石灰岩および Comercial 石灰岩を交代して産する．鉱化スカルン帯は石英モンゾニ斑岩の周囲に約 600m の幅で分布し，Carr Fork，North Ore Shoot，Fortuna の 3 鉱床からなる（図 IX-30）．

　Bingham 岩株の接触変成帯は，岩株の西北側で接触面から約 1,500m に及び，変成スカルンとして，珪岩中に粒間を埋めて透輝石，シルト岩中に透輝石−石英，石灰岩中に珪灰石および少量の透輝石，珪灰鉄鉱，柘榴石を生じている．

　Carr Fork 鉱床では，累進スカルン形成過程は，珪岩，シルト岩，石英モンゾニ斑岩に形成される内成スカルンと Yampa 石灰岩（Jordan 石灰岩に対比）および Parnel 石灰岩（Comercial 石灰岩に対比）に形成される外成スカルンとに分けられる．外成スカルン鉱体は Midas 衝上断層によってその上盤側と下盤側に分断されている（図 IX-32）．外成スカルンを構成する主要スカルン鉱物は，灰鉄柘榴石，単斜輝石，石英で，磁鉄鉱，赤鉄鉱（鏡鉄鉱），Cu-Fe 硫化物鉱物を伴う．柘榴石スカルンは，斑岩接触面から外側へ広がり，部分的に早期の珪灰石を貫いて，さらに結晶質石灰岩を交代している（図 IX-31）．柘榴石の組成は，大部分 $And_{80\sim100}$ であるが，一部に $And_{28\sim36}$ のようなアルミナ成分に富むものもある（Atkinson and Einaudi, 1978）．細粒の単斜輝石が，柘榴石スカルン中，およびその外縁付近，珪岩と石灰岩境界部に広く産する（図 IX-31）．単斜輝石

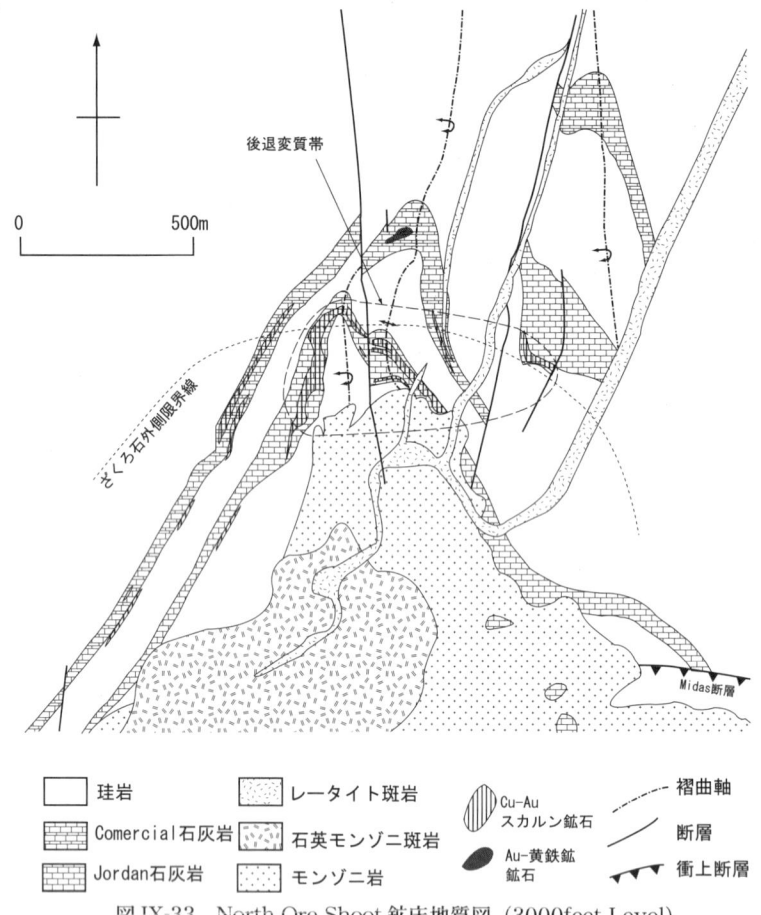

図 IX-33　North Ore Shoot 鉱床地質図（3000feet Level）
－Babcock et al.(1995)による－

の組成は Hd_{16-37} である．磁鉄鉱は深部ほどその量を増し，柘榴石を交代した産状を示すものが多い．赤鉄鉱は斑岩付近，および結晶質石灰岩と珪酸塩スカルンとの境界部に，黄鉄鉱，方解石，柘榴石を伴い，塊状をなして産する．脈状柘榴石スカルンおよび早期珪灰石スカルン中に散点する柘榴石に伴って黄銅鉱を産し，この黄銅鉱は柘榴石とほぼ同時期の晶出と考えられる．石灰岩と接する付近の石英モンゾニ斑岩中には，内成スカルンの発達が認められる．その幅は接触部から数m程度で，アクチノ閃石と単斜輝石からなる．また，変成スカルン化した珪岩とシルト岩中には黒雲母とアクチノ閃石を伴う石英－硫化物細脈が内成スカルンとして生成されている．硫化物は黄鉄鉱と黄銅鉱で岩株に近いほど黄銅鉱の量が増す（図 IX-32）．外成スカルンの後退変質過程では，単斜輝石と柘榴石の炭酸塩化とアクチノ閃石化とともに鉱床の主体となる硫化鉱物の沈殿が行われる．岩株に最も近接する所では黄銅鉱と一部に斑銅鉱の鉱染が認められ，岩株から離れると黄鉄鉱が優勢となり黄銅鉱を伴う．最外側部では斑銅鉱，黄銅鉱，閃亜鉛鉱を産する．最後期の粘土化作用として緑泥石，モンモリロナイト，絹雲母，滑石，黄鉄鉱による変質が上部の岩株付近で認められる．金の鉱化作用は主銅硫化物鉱化期と最後期粘土化作用に伴うものとの2期に分けられる．後者がより高品位（平均 9.3g/t）である（Cameron and Garmoe, 1987）．

North Ore Shoot 鉱床はすべて Midas 断層の下盤側に位置するが，二つの断層によって3ブロックに分けられている（図 IX-33）．石灰岩は，その厚さが Carr Fork 鉱床に比較してやや薄く，褶曲や断層によって複雑な形態を示す．銅の鉱化作用は主として柘榴石スカルンの後退変質帯に認められる．後退変質帯は Bingham 岩株の北側突出部に沿って広がり，Bingham Mine 層の背斜軸部と柘榴石化作用の先端部に一致する（図 IX-33）．鉱石型として柘榴石スカルン鉱石，塊状硫化物鉱石，酸化鉄鉱石が認められる．柘榴石スカルン鉱石は主として灰鉄柘榴石および単斜輝石からなり，この柘榴石は一部石英－方解石－磁鉄鉱に分解し，粘土化を受けている．柘榴石スカルン中には，黄鉄鉱および黄銅鉱が，磁鉄鉱とアクチノ閃石，緑簾石などの後退変質鉱物を伴い脈状に産する．塊状硫化物鉱石は，黄鉄鉱，石英，黄銅鉱からなり微量の赤鉄鉱，磁鉄鉱，炭酸塩鉱物を伴う．酸化鉄鉱石は，赤鉄鉱，磁鉄鉱，黄鉄鉱，菱鉄鉱からなり，しばしば縞状組織を呈する．このなかには，黄銅鉱が微量の輝銅鉱と斑銅鉱を伴い散点する（Harrison and Reid, 1997）．

　Carr Fork 鉱床の埋蔵鉱量は 6,100 万 t（Cu 1.89%, Au0.38g/t, Ag10g/t, Mo0.03%），North Ore Shoot 鉱床の埋蔵鉱量は 8,100 万 t（Cu2.8%, Au1.57g/t, Ag21g/t, Mo0.03%）と報告されている（Porter GeoConsultancy, 2004）．

　Shyzhuyuan（柿竹園）タングステン－錫－蒼鉛－モリブデン－蛍石鉱床　本鉱床は，中国湖南省最南部 Chenzhau 市付近にある．本地域は南中国褶曲帯に属し，先カンブリア時代（震旦紀 600－700Ma），中・上部デボン紀，下部石炭紀の堆積岩と早期燕山期（142－187Ma）の Qianlishan 花崗岩類からなる．震旦系は地域の東部に分布し，低変成度の砂岩とシルト岩からなり粘板岩を挟む．震旦系を不整合に覆うデボン系は，中部デボン紀の Tiaomajian 層群，Qiziqiao 層群，および上部デボン紀の Shetianquiao 層群，Xikuangshan 層群に分けることができる．Tiaomajian 層群は厚さ 760m，基底部に含角礫砂岩と礫岩を伴い，石英砂岩，シルト岩，頁岩からなる．Qiziqiao 層群は，主としてドロマイト，ドロマイト質石灰岩，浅海相石灰岩からなり，厚さは 500m 以上に達する．Shetianquiao 層群は，ミクライト石灰岩とシルト質石灰岩の互層からなり，厚さは 276m である．Xikuangshan 層群は厚さ 457m，含塊状チャート石灰岩とドロマイト質石灰岩からなる．Qianlishan 花崗岩類の貫入に伴って上記デボン紀石灰岩中に 10 以上のスカルン鉱床が生成されたが（図 IX-34），Shyzhuyuan 鉱床がこれらの鉱床中最大規模を有する．本地域は Dongpo-Yuemei 復向斜帯の北端に位置し，鉱床は Shyzhuyuan-Taipingli 向斜中に産する．NE, N-S, NW 方向の断層が発達し前2者が Qianlishan 花崗岩類の貫入と鉱床生成の規制を行っている．Qianlishan 花崗岩複合岩体は，多相貫入によって形成されたもので4期のマグマ活動が認められる（Lu et al., 2003）．その最初は，細粒電気石－黒雲母－カリ長石斑状花崗岩（花崗岩 Ia）（183-187Ma）と絹雲母化斑岩（花崗岩 Ib）（182Ma）からなり，第2番目は周縁部の細・中粒黒雲母－カリ長石斑状花崗岩（花崗岩 IIa）（160-162Ma）と中心部の中粒黒雲母－カリ長石花崗岩（花崗岩 IIb）（158Ma）からなる．花崗岩 I と花崗岩 II の接触部は漸移的である．第三番目の花崗岩 III は細粒の黒雲母－カリ長石花崗岩で，花崗岩 II を切っている．最後のカリ長石斑岩（花崗岩 IV）は NE 方向の断層に沿って貫入しており，古い花崗岩類とそれに伴うスカルンおよびグライゼンを切って発達し，144～146Ma の貫入年代を示す．花崗岩 II が最も密接に鉱化作用と関係している．その鉱物組成はカリ長石，斜長石，石英，黒雲母で，副成分鉱物として磁鉄鉱と黄鉄鉱を含む．斑晶は主としてカリ長石で少量の石英を伴う．これらの花崗岩類は高 SiO_2（74.07-75.26%）

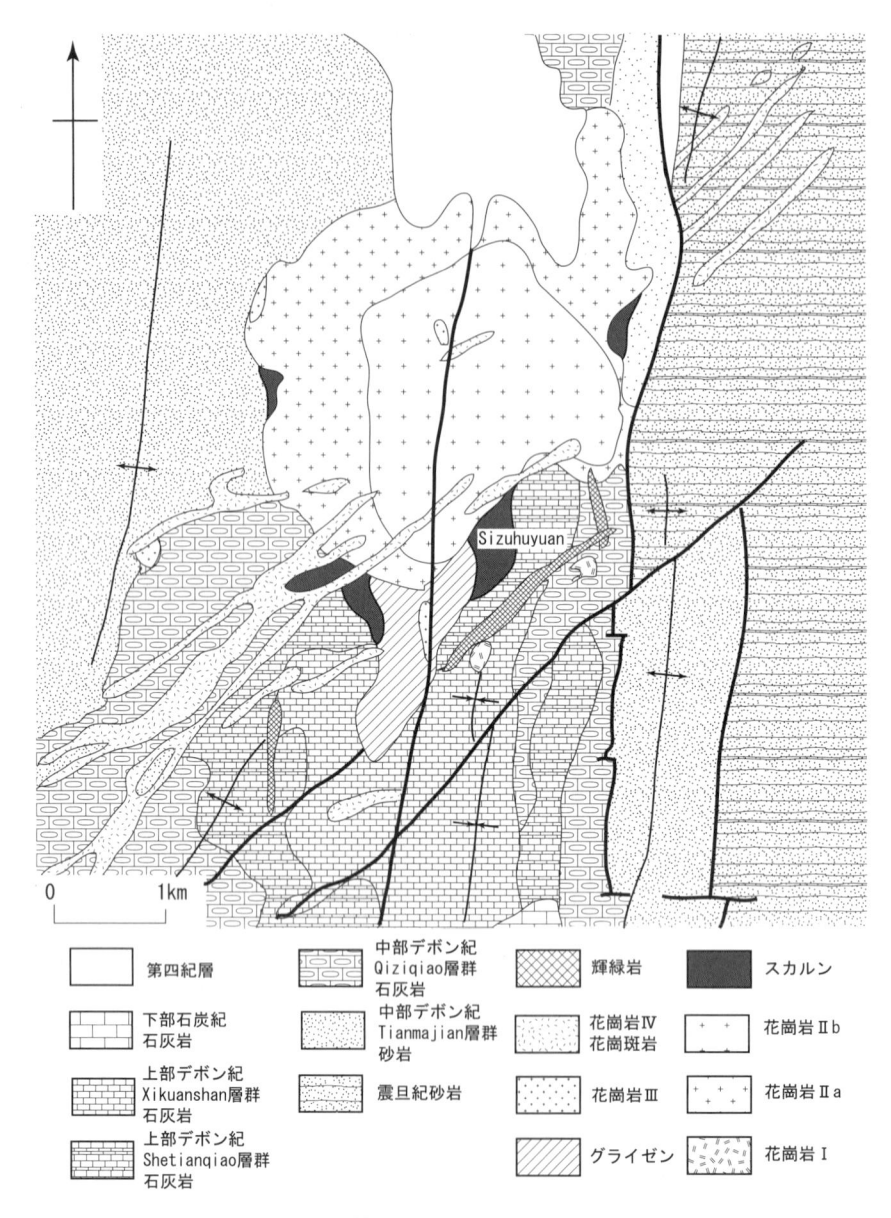

図 IX-34 Shyzhuyuan鉱山地域地質図　−Lu et al. (2003) による−

低 FeO+Fe$_2$O$_3$+CaO+Na$_2$O/K$_2$O 比 (1.18-1.48) で特徴付けられ (Lu et al., 2003), 典型的な高 SiO$_2$, 高 K$_2$O の強分化型の花崗岩であり, モリブデンあるいは錫スカルン鉱床に関係する花崗岩 (Meinert, 1993) に類似する.

　Shyzhuyuan スカルンは, Qianlishan 花崗岩複合岩体の南東縁の凹面状接触部に産し (図 IX-34), スカルンに接する花崗岩体の上部には, グライゼン, 蛍石鉱化帯, 絹雲母変質帯が発達する (図 IX-35). 累進スカルン形成過程では珪酸塩鉱物として柘榴石, 単斜輝石, ヴェスヴ石, 珪灰石などが晶出し, 花崗岩体側から結晶質石灰岩に向かって, 柘榴石スカルン, 柘榴石－単斜輝石スカルン, ヴェスヴ石－柘榴石スカルン, 珪灰石―ヴェスヴ石スカルンのような累帯配列が認めら

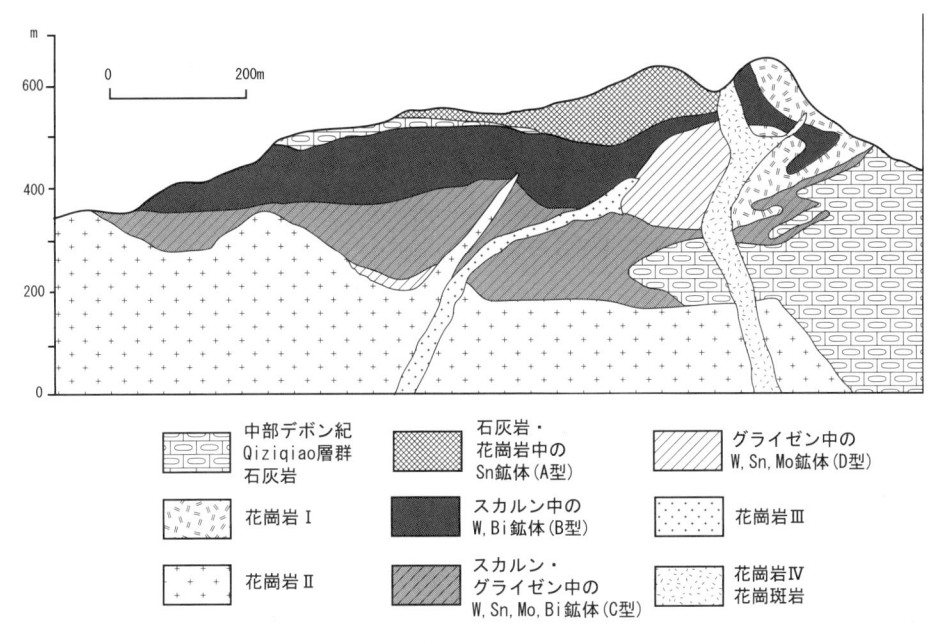

図IX-35 Shyzhuyuan鉱床地質断面図 － Lu et al. (2003) による－

れる．これらに伴って灰重石，錫石，蛍石が生成されている．柘榴石および単斜輝石の化学組成を図IX-36に示す．後退変質過程では，早期スカルン鉱物の緑簾石化，緑泥石化，アクチノ閃石化，蛍石化が進み，同時に灰重石，鉄マンガン重石，輝蒼鉛鉱，錫石，輝水鉛鉱，磁鉄鉱，黄鉄鉱の主鉱化作用がおこなわれる．グライゼンは塊状のものと網状のものとに分類されるが，鉱物組成はほぼ同様で，石英，白雲母，鱗雲母，黄玉，斜長石，緑泥石，蛍石からなり，これに灰重石，鉄マンガン重石，輝水鉛鉱，輝蒼鉛鉱，磁鉄鉱，黄鉄鉱，錫石などを伴う．地表近くでは，塊状グライゼンが花崗岩I，II（稀にIII）中に産し，深部では，網状グライゼンがスカルンあるいは塊状グライゼンを切って発達する．本鉱床産鉱石は，化学組成，組織，構造などに基づき，Sn-Be細脈鉱石（A型），W-Bi-Mo-Sn塊状スカルン鉱石（B型），W-Sn-Mo-Bi-F網状鉱石（C型），W-Sn-Mo-Bi塊状グライゼン（D型）に分類できる．これらの鉱石は鉱床上部から下部に向かってA，B，C，D型の順に産出する（図IX-35）．A型鉱石は絹雲母化斑岩（花崗岩Ib）に関係した鉱化作用によって生成され，結晶質石灰岩および斑岩中に産する．白雲母－斜長石－錫石細脈，錫石－電気石－緑泥石細脈，緑柱石－電気石細脈，錫石－蛍石－電気石細脈など数種の細脈が重複している．B型鉱石は累進スカルン形成過程および後退変質過程によって花崗岩IIと結晶質石灰岩の間に主として生成され，花崗岩IおよびIIIと石灰岩間でも生成されているが，規模が小さい．灰重石は鉄マンガン重石を交代しており，かなりの量のモリブデンを固溶している．C型鉱石は塊状スカルンおよび塊状グライゼンが破砕されて生じた割目に鉱化作用が重複して形成されたもので，花崗岩IIに接するスカルンおよびグライゼン中に産する．網状脈は主としてグライゼン脈またはスカルン脈からなる．前者は主として石英，長石類，絹雲母と種々の金属鉱物からなり，金属鉱物として，灰重石，鉄マンガン重石，輝水鉛鉱，輝蒼鉛鉱，錫石，磁鉄鉱，黄鉄鉱などを産する．後者は，柘榴石，ヴェスヴ石，単斜輝石に，灰重石，鉄マンガン重石，磁鉄鉱，蛍石，斜長石，電気石などを伴う．B型鉱石と同

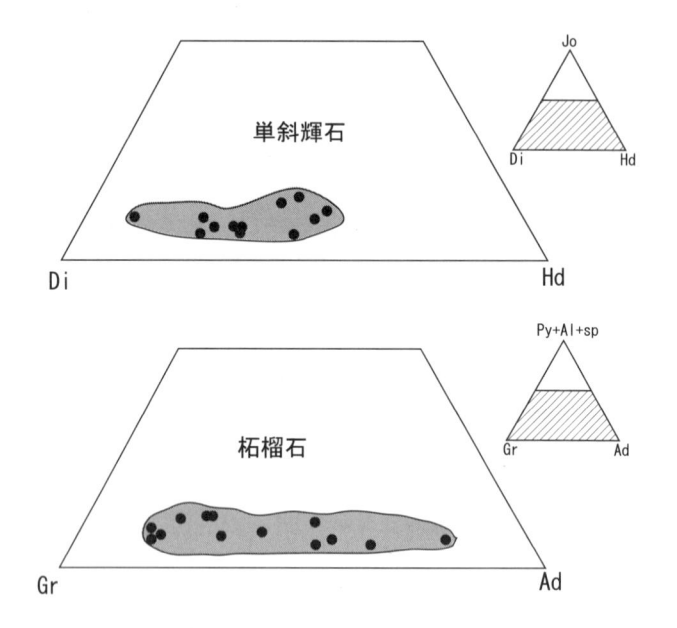

図 IX-36　単斜輝石・柘榴石の組成　－Lu et al. (2003) による－

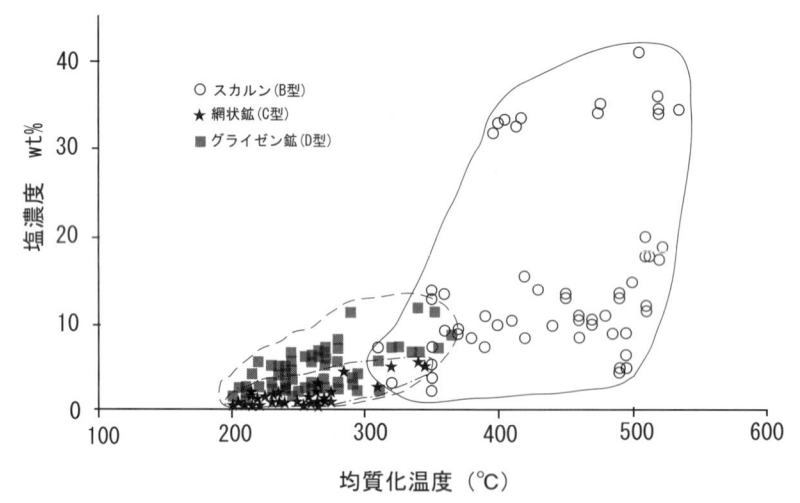

図 IX-37　B,C,D 型鉱石中流体包有物の均質化温度－塩濃度図
（A 型鉱石については C 型鉱石とほぼ同様な値が得られている）
－Lu et al. (2003) による－

様に鉄マンガン重石は灰重石により交代され仮像を示すことが多い（図 VII-5 参照）．D 型鉱石は鉱床最下部および東部に不連続に産出する．この型の鉱石は，花崗岩 I, II, III の上部におけるグライゼン化の結果生成された．鉱石鉱物は，鉄マンガン重石，灰重石，輝蒼鉛鉱，蛍石である．鉄マンガン重石はかなり灰重石によって交代されているが，なお前者の量は後者より多い．

　塊状スカルン中の柘榴石および単斜輝石の Sm および Nd の化学分析と同位体分析を行い，アイソクロン法によって生成年代を求めたところ，157.0 ± 6.2Ma を得た（Lu et al., 2003）．これは花崗岩 IIb の年代値とよく一致する．

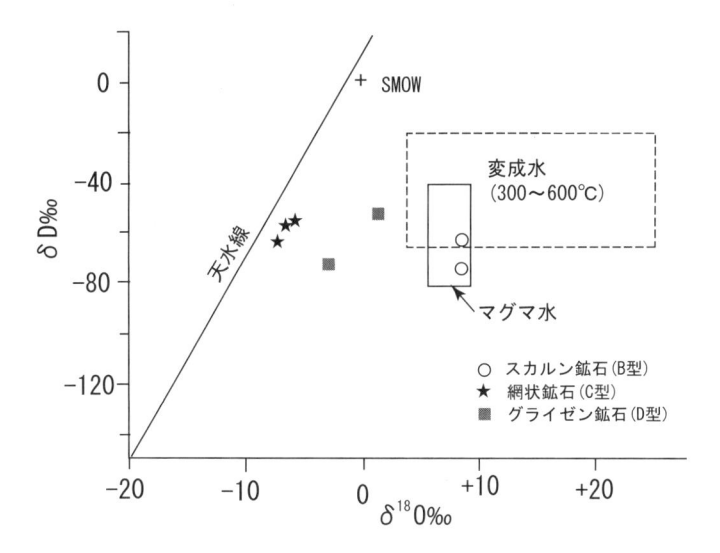

図IX-38　B, C, D型鉱石中流体包有物の$\delta^{18}O - \delta D$図
— Lu et al. (2003) による —

　各型の鉱石を構成する鉱物中の流体包有物について，均質化温度，塩濃度を測定した結果を図IX-37に，δDおよび$\delta^{18}O$の測定結果を図IX-38に示した．これらの図から，B型鉱石はマグマ水によって生成され，A，C，D型鉱石はマグマ水と天水との混合熱水によって生成されたと考えられる（Lu et al., 2003）．

　Shyzhuyuan鉱床の鉱石品位はA型鉱石：WO_3 0.220%，Mo 0.005%，Bi 0.004%，Sn 0.170%，B型鉱石：WO_3 0.267%，Mo 0.044%，Bi 0.110%，Sn 0.186%，C型鉱石：WO_3 0.802%，Mo 0.121%，Bi 0.501%，Sn 0.103%，D型鉱石：WO_3 0.259%，Mo 0.092%，Bi 0.067%，Sn 0.139%，で周辺の鉱山をあわせると，タングステンの金属埋蔵量は350万t以上に達すると報告されている（Lu et al., 2003）．また，Mutschler et al.(2002)によると埋蔵鉱量2億7000万トン（Mo 0.04%, Sn 0.12%, W 0.22%）とされている．

　神岡亜鉛－鉛－銀鉱床　本鉱床は中部日本飛騨帯東部に位置し，鉱床付近の地質は，飛騨片麻岩類，これを貫く変閃緑岩－斑糲岩，眼球花崗岩，早期中生代の船津および下本花崗岩類，片麻岩類と花崗岩類を覆って地域北部に分布する中生代手取層群，新期珪長質～中間質火成岩類から構成される（図IX-39）．飛騨片麻岩類は，黒雲母片麻岩，角閃石片麻岩，結晶質石灰岩，角閃岩，マイロナイトからなるが，これら以外に"伊西ミグマタイト"（Kano et. al., 1992）と称される石灰質珪酸塩岩を産する．この岩石は飛騨広域変成作用によって不純石灰岩から形成された変成スカルンと考えられる．新期珪長質～中間質火成岩類は小規模な岩脈または岩株として産し，貫入年代によって白亜紀～古第三紀（55-65Ma）のものと，白亜紀およびそれ以前（90-125Ma）のものに分けられる（櫻井・塩川，1993）．

　神岡鉱床は，飛騨片麻岩類中の結晶質石灰岩を交代する亜鉛－鉛－銀スカルン鉱床で栃洞，円山，茂住の3鉱床からなる．鉱化作用は，岩石の化学組成とともに明らかに褶曲，断層などの地質構造支配を受けている．鉱体のプランジは一般に石灰岩の褶曲軸と平行であり，また2つの断層の交差部に沿って発達す鉱体も認められる（図IX-40）．

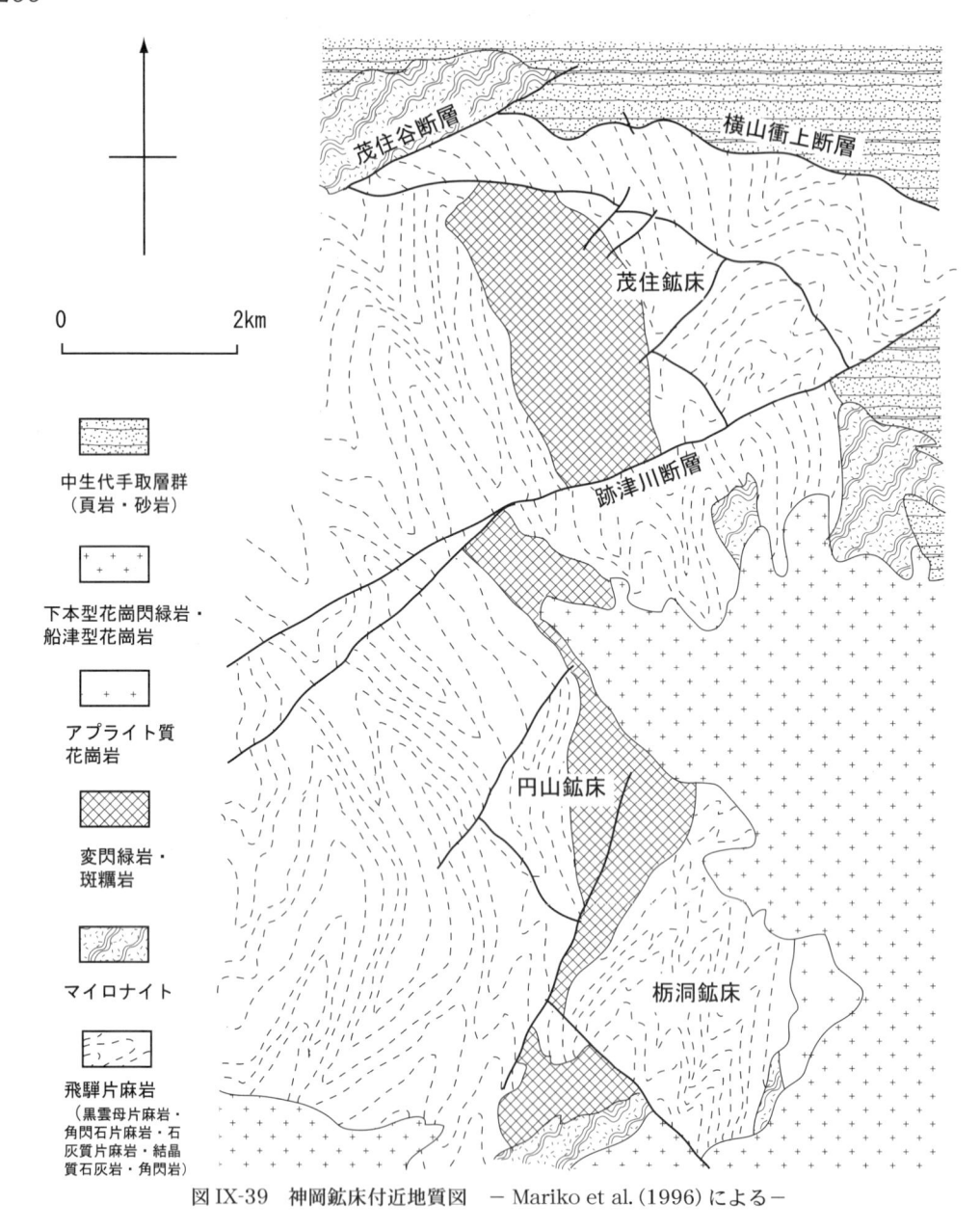

図 IX-39 神岡鉱床付近地質図 －Mariko et al. (1996) による－

　スカルン形成過程は，飛騨変成作用および早期中生代貫入の花崗岩類による古期変成スカルンと鉱床生成に直接関係するスカルンとに分けられる．鉱床生成に関係ある火成岩の本体は地下深部にあると考えられ，この接触変成作用による変成スカルンは鉱床付近では認められていない．鉱床生成に伴う内成スカルンとしては，片麻岩類および"伊西ミグマタイト"を交代する緑簾石スカルンと単斜輝石－角閃石スカルンを産する．外成スカルンは，累進スカルン形成過程で単斜輝石および柘榴石を生成し，後退変質過程で緑簾石，アクチノ閃石，緑泥石，絹雲母，スメクタイトを生成している．また全過程にわたって石英と方解石を晶出する．種々の鉱石型が認められるが，大部分は単斜輝石－亜鉛－鉛鉱石（杢地鉱）で，このほか栃洞，茂住鉱床において周辺部に方解石－石英－

IX 熱水鉱床　IX-2　スカルン鉱床

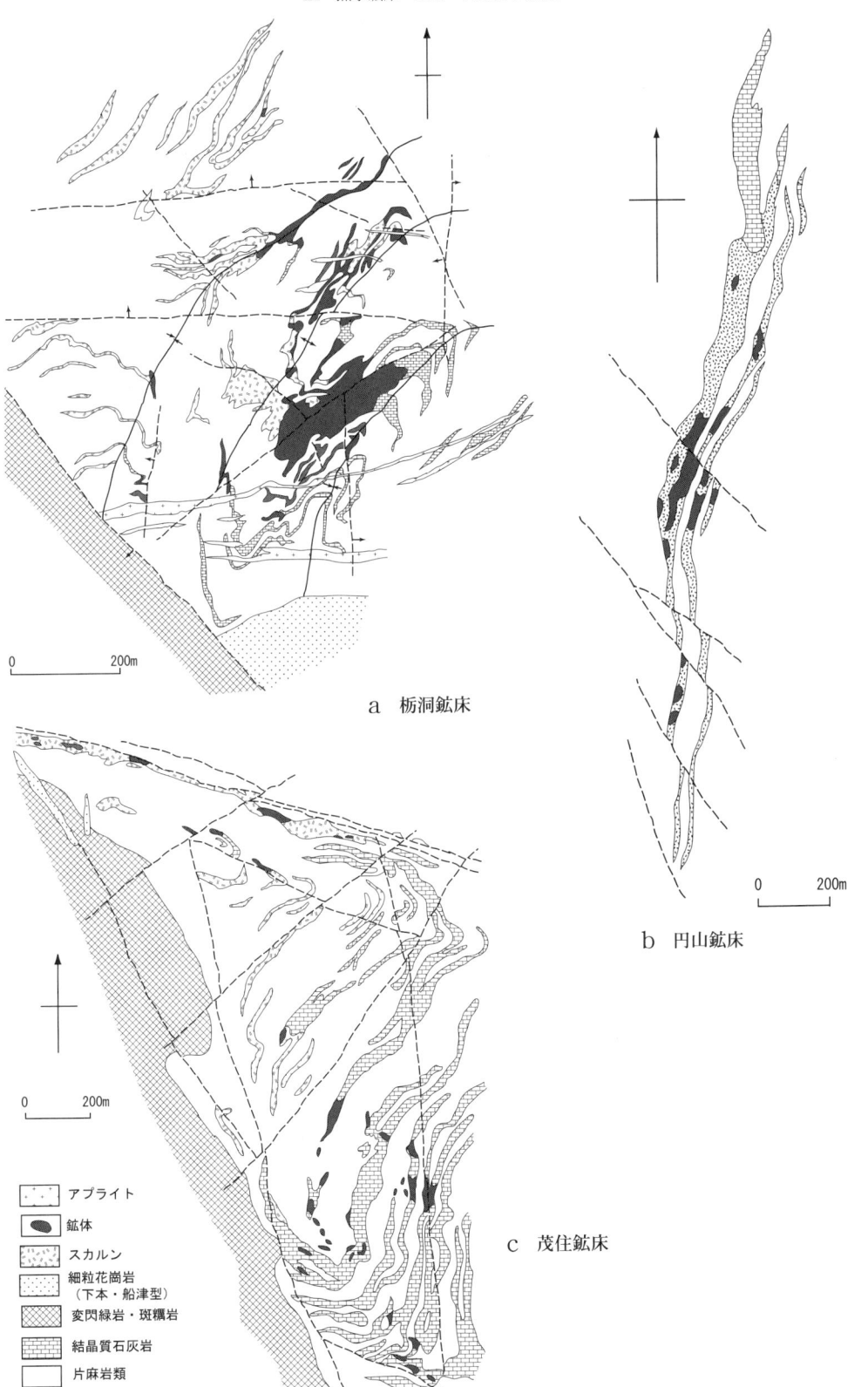

a　栃洞鉱床

b　円山鉱床

c　茂住鉱床

凡例：
- アプライト
- 鉱体
- スカルン
- 細粒花崗岩（下本・船津型）
- 変閃緑岩・斑糲岩
- 結晶質石灰岩
- 片麻岩類

図 IX-40　神岡鉱床地質図　－町田ほか(1987)；川崎ほか(1985)；鉱山資料による－

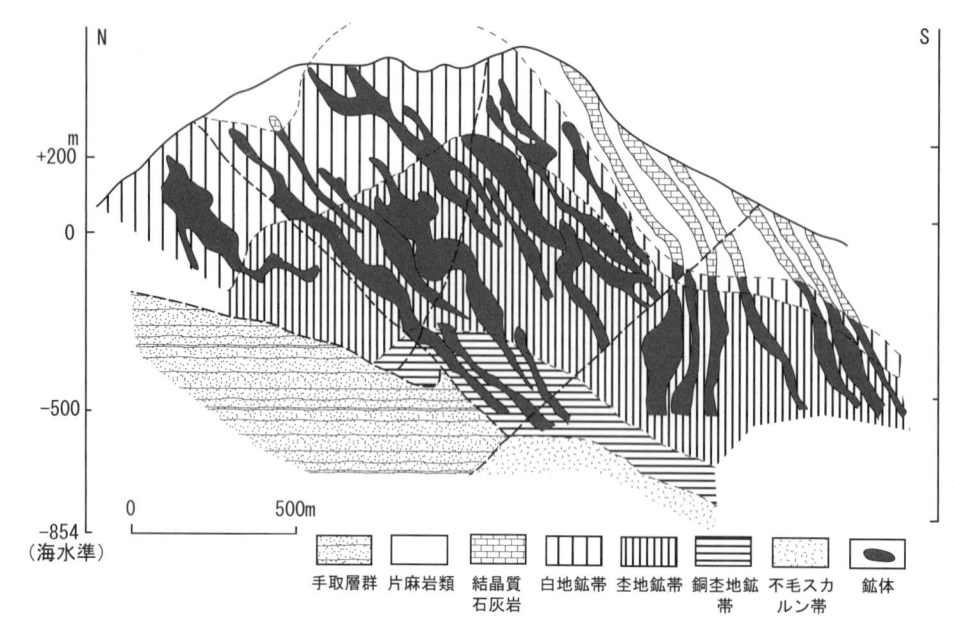

図 IX-41 神岡鉱山茂住鉱床の模式的地質断面図 －川崎ほか (1985) による－

鉛－亜鉛鉱（白地鉱），局部的にアクチノ閃石－銅鉱（含銅杢地鉱），方解石－石英－銅鉱，石英－絹雲母銀鉱，石英－銀鉱などを産する．また，片麻岩類および"伊西ミグマタイト"が鉱化し，鉱染鉱（緑簾石－緑泥石－亜鉛－鉛鉱，石英－絹雲母－亜鉛－鉛鉱）を生成していることがある．鉱床下部には，不毛の単斜輝石スカルンが分布する．図 IX-41 に茂住鉱床の鉱石型分布を断面図で示した．白地鉱中の絹雲母および内成スカルン中のヘスチング閃石について，それぞれ 65.1～66.1 ± 2.0Ma と 63 ± 1.6Ma の K-Ar 年代が報告されている（長沢・柴田，1985; 佐藤・内水，1990）ので鉱床の生成年代は白亜紀～古第三紀である可能性が強い．また，閃亜鉛鉱地質圧力計によって生成圧力 0.17kbar と推定され（Shimizu and Shimazaki, 1981; Mariko et al., 1996），浅所生成と考えられる．

スカルン鉱物および金属鉱物の顕微鏡観察，化学組成分析，流体包有物測定の結果（Mariko et al., 1996），茂住鉱床の杢地鉱，白地鉱生成過程における鉱物晶出順序は図 IX-42 のように示される．杢地鉱の生成過程は4期に分けられ，累進スカルン形成過程に相当する A-1 期では，400～330℃で大量の単斜輝石（$Di_{10-35}Hd_{43-75}Jo_{11-35}$）が，少量の柘榴石（$Gr_{22-84}Ad_{16-78}$），早期方解石，早期石英，鉄に乏しい閃亜鉛鉱（3～8Fe モル%），含銀－蒼鉛方鉛鉱，自然蒼鉛，輝蒼鉛鉱，Ag-Pb-Bi-S 鉱物を伴って晶出する．A-2a 期（330～260℃）は，主硫化物晶出期であり A-1 期に晶出を始めた硫化鉱物が生成最盛期となり，A-1 期の単斜輝石，柘榴石を交代して晶出する．A-2b 期（260～240℃）では，鉄に富む熱水の浸入によって含鉄閃亜鉛鉱（9～14Fe モル%）が生成され，閃亜鉛鉱の累帯構造を生じている．また，これと同時に単斜輝石に鉄が付加されて灰鉄輝石成分が増加（$Di_{3-30}Hd_{53-88}Jo_{3-24}$）し，局所的に少量の黄鉄鉱あるいは黄銅鉱を晶出している．A-3 期（240～130℃）は後退変質過程に相当すると考えられ，それほど広範ではないが，早期生成のスカルン鉱物の炭酸塩鉱物化，珪化，スメクタイト化が行われるとともに，銀および蒼鉛に乏しい後期方鉛鉱が晶

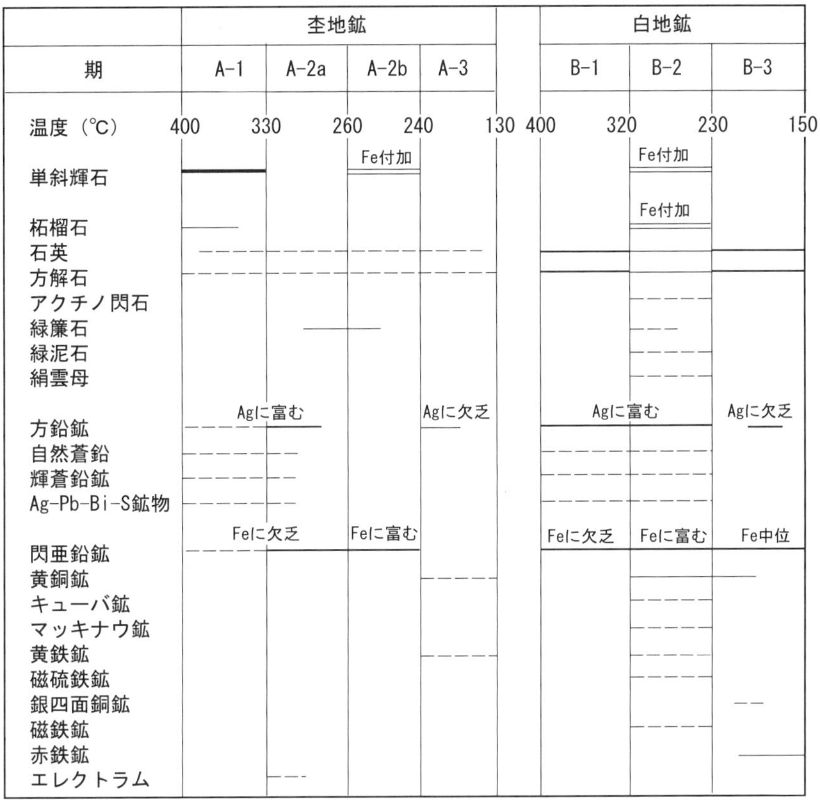

期	杢地鉱				白地鉱		
	A-1	A-2a	A-2b	A-3	B-1	B-2	B-3
温度 (℃)	400　330	260	240	130　400	320	230	150

図 IX-42 杢地鉱・白地鉱の鉱物晶出順序
— Mariko et al. (1996) ; Omori and Mariko (1999) による —

出している．白地鉱は，杢地鉱生成の後に新たに熱水が上昇し，石灰岩と一部杢地鉱を交代して生成した．生成過程は 3 期に分けられる．B-1 期（400〜320℃）では，早期方解石，早期石英，鉄に乏しい閃亜鉛鉱（3〜7Fe モル％）が，含銀-蒼鉛方鉛鉱，自然蒼鉛，輝蒼鉛鉱，Ag-Pb-Bi-S 鉱物を伴って晶出する．B-2 期（320〜230℃）では鉄に富む熱水が浸入し，含鉄閃亜鉛鉱（7〜21Fe モル％）を生成し早期閃亜鉛鉱を交代するとともに自然蒼鉛，輝蒼鉛鉱，黄鉄鉱，後期方解石，後期石英および少量のアクチノ閃石，緑簾石，絹雲母，緑泥石を晶出する．また，これと同時に単斜輝石と柘榴石に鉄が付加されて灰鉄輝石質単斜輝石（$Di_{2-32}Hd_{54-93}Jo_{2-17}$）および灰鉄柘榴石質柘榴石（$Gr_{7-43}Ad_{57-93}$）を生成し，磁鉄鉱，黄鉄鉱，磁硫鉄鉱，硫砒鉄鉱，黄銅鉱，キューバ鉱を晶出している．B-3 期（230〜150℃）には，後期方解石，後期石英とともに 10〜14Fe モル％の閃亜鉛鉱を生成して，早期の閃亜鉛鉱を交代し，続いて銀に乏しい後期方鉛鉱，銀四面銅鉱，末期には緑簾石，赤鉄鉱を晶出する．スカルン鉱床の生成環境としては温度以外に f_{O_2} および X_{CO_2} が重要である．茂住鉱床の杢地鉱と白地鉱について，鉱物の化学組成と生成温度に基づいて，各晶出期における鉱物組み合わせの安定 $f_{O_2} - X_{CO_2}$ 条件が熱力学的計算により求められている（Omori and Mariko, 1999）．図 IX-43 に杢地鉱 A-1 期および白地鉱 B-2 期の $f_{O_2} - X_{CO_2}$ 相図を示し，図 IX-44 に杢地鉱と白地鉱の生成過程における $f_{O_2} - X_{CO_2}$ 変化図を示した．

Shimazaki and Kusakabe（1990a, b）は，単斜輝石スカルン中の単斜輝石および石英の酸素同

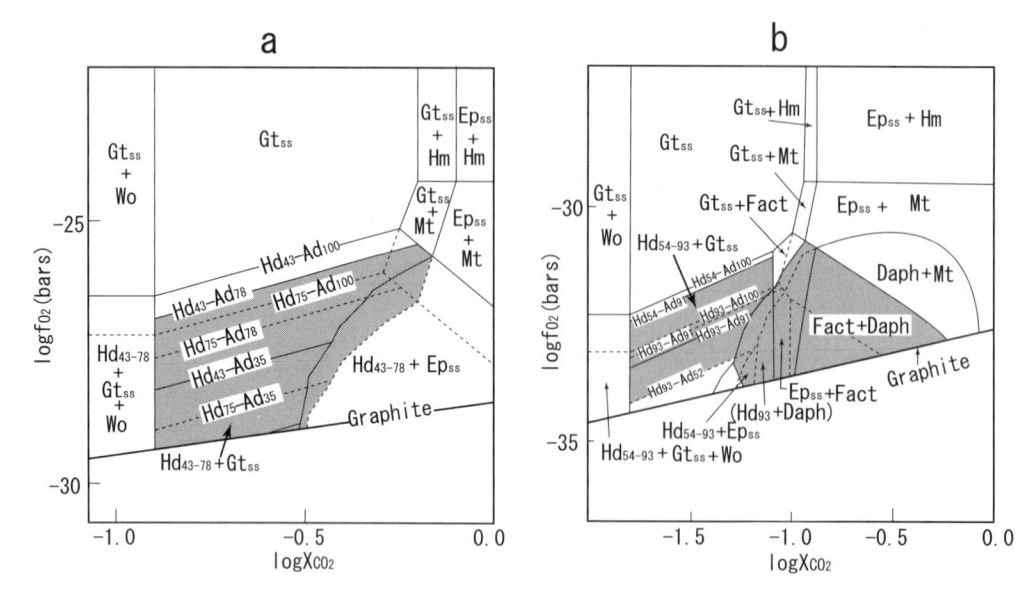

図 IX-43　a　杢地鉱 A-1 期 400℃ f_{CO_2}-X_{CO_2} 相図，b　白地鉱 B-2 期 320℃ f_{CO_2}-X_{CO_2} 相図
（略記号：Gt 柘榴石，Wo 珪灰石，Hm 赤鉄鉱，Mt 磁鉄鉱，Ep 緑簾石，Hd 灰鉄輝石，Ad 灰鉄柘榴石，Fact 鉄アクチノ閃石，Daph 月桂石，ss 固溶体）－Omori and Mariko (1999) による－

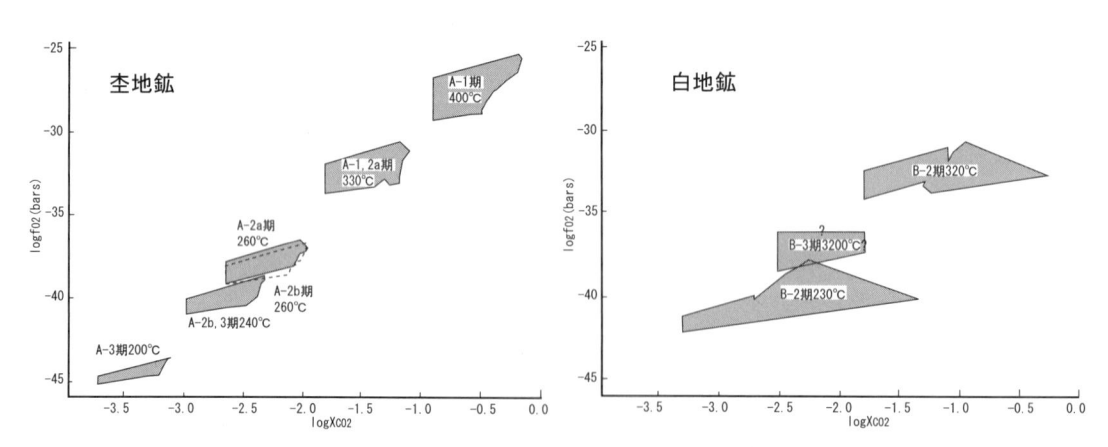

図 IX-44　杢地鉱・白地鉱生成過程における f_{O_2}-X_{CO_2} 変化図
－Omori and Mariko (1999) による－

位体組成と，白地鉱，絹雲母－銀鉱，鉱床周辺の陶石鉱床中の絹雲母の水素同位体組成を測定し，それぞれ単斜輝石 $\delta^{18}O = -5.0 \sim +2.2$‰，石英 $\delta^{18}O = +3.1 \sim +9.6$‰，絹雲母 $\delta D = -120 \sim -98$‰を得た．これらの値からこれら鉱物を生成した熱水の同位体組成はそれぞれ $\delta^{18}O = -4 \sim +3$‰，$\delta D = -70 \sim -90$‰と推定される．Shimazaki and Kusakabe (1990a, b) は，この同位体組成がマグマ水と考えるには低すぎることに基づき，神岡鉱床が白亜紀の底盤質貫入岩によって駆動された天水起原熱水溶液の巨大な対流循環によって生成されたと結論した．また Mariko et al. (1996) は，神岡鉱床を形成する杢地鉱，白地鉱，含銅杢地鉱が，白亜紀～古第三紀の火成岩を熱源として飛騨片麻岩，変閃緑岩－斑糲岩，早期中生代花崗岩類，ミシシッピーヴァレー型鉛―亜

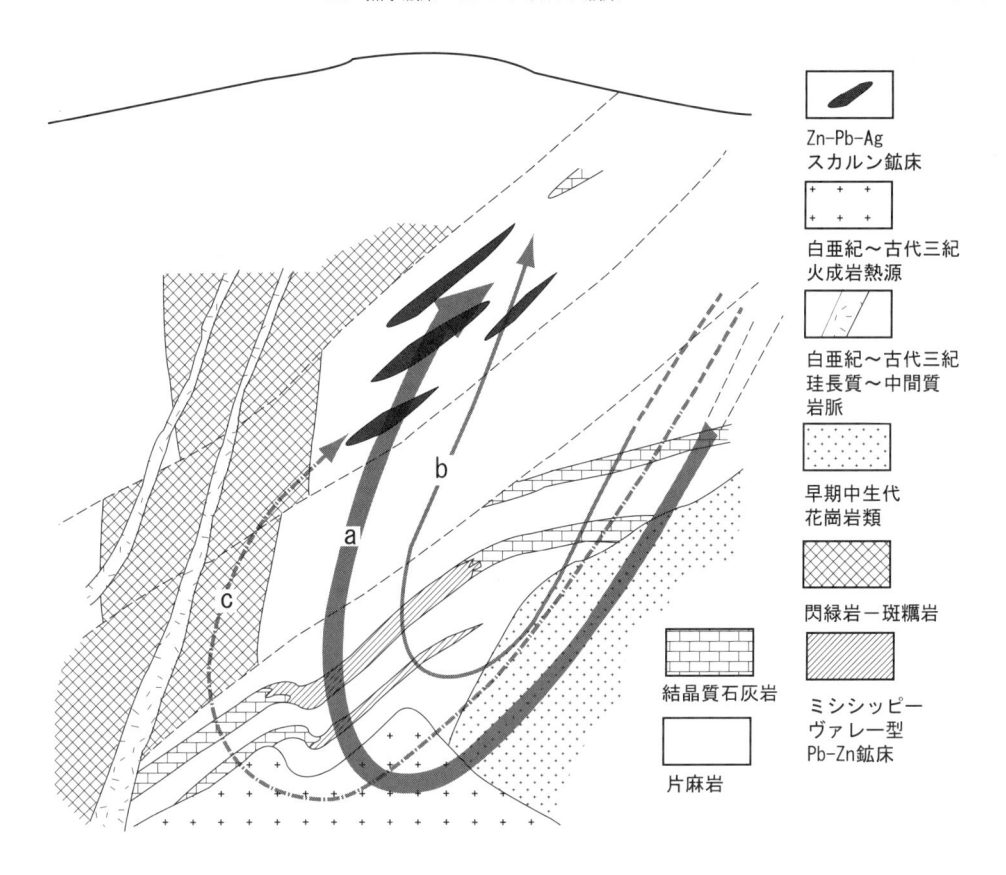

図 IX-45　茂住鉱床生成モデル
a　杢地 Zn-Pb 鉱石，b　白地 Pb-Zn 鉱石鉱石，c　含銅杢地鉱石の熱水循環システム
－ Mariko et al. (1996) による－

鉛鉱床などを通過する異なった流路の熱水循環系によって生成されたとするモデルを提案した（図IX-45）．

　神岡鉱床の埋蔵鉱量は既採掘量 6,500 万 t（Pb 0.82%, Zn 5.2%, Ag 33g/t）を含めて約 1 億 t と報告されている（Kano et al., 1992）.

IX-3　貫入岩に伴うその他の熱水鉱床

　斑岩型鉱床およびスカルン鉱床以外にも，珪長質ないし中間質，稀に苦鉄質の火成岩貫入に伴う熱水作用により，貫入岩および周囲の岩石中の割目を充填し，周辺の岩石を交代して生成した鉱床を熱水鉱脈，陥没作用，水蒸気爆発などによって形成された角礫帯の空隙を充填するとともに礫部を交代して生成した熱水角礫鉱床，石灰岩およびその他の岩石を交代して生成し，スカルン鉱物を含まない熱水交代鉱床，また，熱水作用によってグライゼン化作用（V-2(2)参照）を受けた岩石中に鉱染鉱あるいは石英細脈の集合体として形成されたグライゼン鉱床など貫入岩の化学組成と生成深度，母岩の化学組成，鉱床の貫入岩からの距離により種々の型の鉱床を産する．

(1) 錫の鉱脈，グライゼン鉱床，交代鉱床

　錫鉱脈は，中〜浅所貫入の花崗岩類に伴う熱水作用により，花崗岩類およびその周囲の岩石中に生成され，割目充填鉱脈および交代鉱脈として産する．鉱脈を構成する主な鉱物は石英および錫石で，その他鉄マンガン重石，硫砒鉄鉱，輝水鉛鉱，赤鉄鉱，灰重石，緑柱石，方鉛鉱，閃亜鉛鉱，黄銅鉱，黄錫鉱，輝蒼鉛鉱，輝安鉱などを伴うことがある．鉱床の中心部で錫石±鉄マンガン重石，周縁部で硫化鉱物という鉱石鉱物の累帯配列が認められる．また，母岩の変質鉱物も中心部から周辺部に向かって，石英－電気石－黄玉，石英－電気石－絹雲母，石英－絹雲母－緑泥石，石英－緑泥石，緑泥石のような累帯配列を示す．錫鉱脈の例としては，Cornwall 地域（英国），Herberton 地域（オーストラリア・クイーンスランド），Gejiu －箇旧－（中国雲南省），Dachan －大廠－（中国西壮族自治区）などがある．

　錫グライゼン鉱床は，中〜浅所貫入岩に伴い，その頂部あるいは縁辺部に形成された塊状のグライゼンまたはグライゼン化帯中の鉱染鉱あるいは石英細脈として産する．塊状グライゼンは，石英，白雲母，黄玉からなり蛍石，電気石を伴うことがある．源岩の組織は通常残されていない．花崗岩類のグライゼン化帯は，石英，白雲母，黄玉，蛍石からなり電気石を伴うことがある．源岩の花崗岩類の組織が残されている場合が多い．鉱石鉱物には，一般に帯状分布が認められ，中心部に錫石－輝水鉛鉱の組み合わせを産し，周辺部に行くに従い，錫石－輝水鉛鉱－硫砒鉄鉱－緑柱石，鉄マンガン重石－緑柱石—硫砒鉄鉱－輝蒼鉛鉱，銅・鉛・亜鉛硫化鉱物－硫塩鉱物のように変化する．錫グライゼン鉱床の例としては，Lost River（米国アラスカ），Anchor Mine（オーストラリア・タスマニア），Erzgebirge（チェッコ）などがある．

　錫交代鉱床は，浅所貫入の花崗岩類に伴う熱水作用により，石灰岩，ドロマイトなどの炭酸塩岩中に生成され，葉理組織を伴う塊状鉱または網状脈として産する．金属鉱物は主として磁硫鉄鉱，硫砒鉄鉱，錫石，黄銅鉱からなり，少量の黄鉄鉱，方鉛鉱，閃亜鉛鉱，黄錫鉱，四面銅鉱，磁鉄鉱を伴う．後期生成の閃亜鉛鉱－方鉛鉱－黄銅鉱－黄鉄鉱－蛍石脈を産することがある．母岩の変質としては，花崗岩類の周辺にグライゼン化作用，砕屑性堆積岩の電気石化作用，炭酸塩岩の菱鉄鉱化作用が認められる．錫交代鉱床の例として，Renison Bell, Cleveland, Mt. Bischoff（オーストラリア），Changpo-Tongkeng（中国）などがある．

これらの錫鉱床は，S型マグマ起源の珪長質貫入岩に関係して生成されるが，1億トン以上の巨大鉱床は見出されていない．しかし，マライ，タイ，ビルマ，中国南部には，大規模なアルカリ花崗岩質貫入岩に伴う錫鉱化作用が，グライゼン変質帯中に鉱染鉱あるいは石英細脈として広く分布する（Garnett and Basset, 2005）．これらの初生鉱化帯は一般に低品位であり，鉱床としての価値はほとんどないが，重要な錫資源である砂錫鉱床の起源として注目される．

(2) タングステン鉱脈および網状鉱床

タングステン鉱脈は，大陸地殻の再溶融によって生成したS型花崗岩質マグマの中～浅所貫入に伴う熱水作用により，モンゾニ花崗岩あるいは花崗岩およびその周囲の岩石中に生成され，割目充填鉱脈，および交代鉱脈として産する．個々の鉱床は比較的規模が小さいが，中国南東部，南北アメリカなどに広く分布し，タングステン資源として重要である．主要な鉱石鉱物は，鉄マンガン重石で，他に輝水鉛鉱，輝蒼鉛鉱，黄鉄鉱，磁硫鉄鉱，硫砒鉄鉱，斑銅鉱，黄銅鉱，灰重石，緑柱石，蛍石などを伴う．母岩の変質として，下部でカリウム変質作用，上部でグライゼン化作用が認められる．タングステン鉱脈の例としては，Xihushan－西華山－，Dangping－蕩坪－（中国江西省），Pasto Bueno（ペルー），Hamme地域（米国ノースカロライナ），Round Mountain（米国ネバダ）などがある．

タングステン網状鉱床は，後期シルル紀～中期デボン紀のフリッシュ堆積物中に貫入した後期石炭紀の底盤複合岩体に伴う熱水作用によって生成されたもので，灰重石を含む網状脈からなりカリウム変質作用，絹雲母変質作用，プロピライト変質作用を伴う．全体として楕円体の形態を示す．その代表的なものは，カザフスタン西部のKairakty鉱床で8億1,500万t（WO_3 0.135%）の鉱量を有する巨大鉱床である．その他，Batistau, Kara-Oba（カザフスタン）の例がある．

Xihushan（西華山）タングステン鉱床 本鉱床は，中国江西省最南部大余市の北西9km付近にあり，地質構造的には，南中国褶曲系の北東部に位置する．地域の地質は，カンブリア紀，デボン紀，白亜紀の堆積岩類とヘルシニア期石英閃長岩，燕山期およびヒマラヤ期の花崗岩類からなる（図IX-46）．カンブリア系は中部カンブリア紀の高灘層群および上部カンブリア紀の水石層群に分けることができる．高灘層群は浅海性フリッシュ相を示し，中～細粒の石英長石質砂岩，硬砂岩，凝灰質砂岩，千枚岩，粘板岩からなり，層厚1,747～2,152mである．水石層群も同様に浅海性フリッシュ相を示し，主として石英長石質砂岩からなり，長石質砂岩，シルト質粘板岩，粘板岩の互層を挟む．層厚は1,526～2,391mに達する．カンブリア系堆積岩類は弱広域変成作用を受けている．デボン系は高角度の不整合面によってカンブリア系の上に重なり断層に挟まれて分布し，下位の中部デボン紀羅段層と上位の走水層からなる．羅段層は主として石英砂岩からなり，走水層の上部は頁岩，シルト岩，砂岩の互層，下部は凝灰質砂岩，礫岩などからなる．白亜系の分布は局部的である．ヘルシニア期の漂塘石英閃長岩（287～242Ma）は北西方向に延長して露出し漏斗状の岩体をなし，カンブリア系およびデボン系を貫く．燕山期花崗岩類は西華山花崗岩複合岩株として露出する．その火成活動は前期および後期に分けられ，前期はさらに3期に分けることができる（図IX-47）．前期第1期は斑状中粒黒雲母花崗岩で，生成年代は＞162Maとされている．前期第2期（156～149Ma）はさらに主期と副期に分けられ，主期は中粒黒雲母花崗岩，副期は含斑晶両雲母ないし黒雲母花崗岩である．前期第3期（142～135Ma）も主期と副期に分けられ，主期は斑状

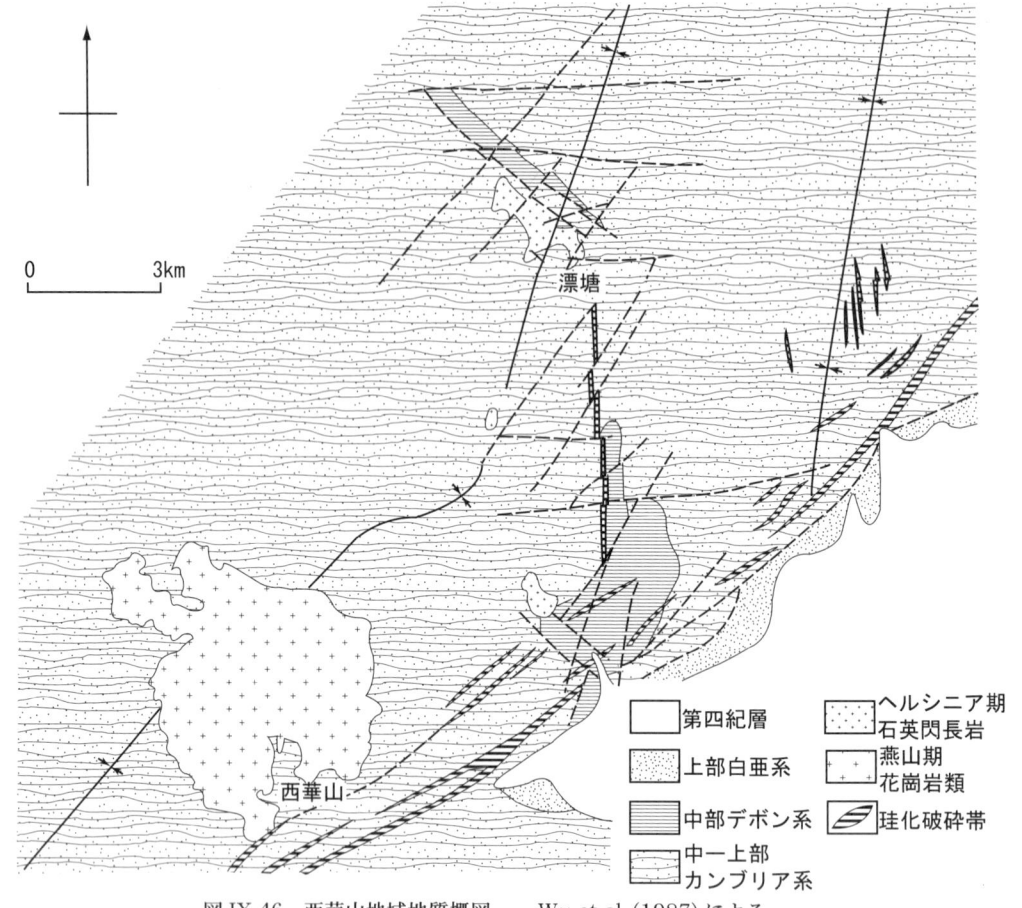

図 IX-46　西華山地域地質概図　− Wu et al. (1987) による −

中粒～細粒黒雲母花崗岩，副期は細粒含柘榴石両雲母花崗岩である．後期燕山期花崗岩は斑状細粒花崗岩からなる．本地域の燕山期花崗岩類は S 型を主とし，一部 I 型を示す（図 IX-48）．本地域におけるヒマラヤ期火成活動はきわめて微弱である．

　鉱床は主として西華山花崗岩複合岩株中に胚胎し，カンブリア系岩石中で急速に劣化する．複合岩株中には西華山，蕩坪の他 4 鉱床を産し，2,000 以上の鉱脈が認められているが，そのうち 615 の鉱脈が西華山鉱床に含まれる（図 IX-49）．西華山鉱床における鉱脈の長さは通常 200m ないし 600m で，最大 1,075m に達する．鉱脈の厚さは大部分 0.2m～0.6m の範囲で，最大 3.6m である．また鉱脈の垂直延長は一般に 60m から 200m で，最大 350m である．鉱脈は複雑な形態を示し，膨縮，尖滅，枝分かれなどがしばしば認められる．鉱脈群は (1) 東北東脈：走行 N65°～75°E，傾斜 80°～85°NW 一部 SE，(2) 東西脈：走行 N80°～90°E，傾斜 65°～85°N，一部 S，(3) 西北西脈：走行 N85°～75°W，傾斜 75°～80°NE，一部 SW の 3 系統に分けることができる．すべての鉱脈は僅かに湾曲し，雁行配列をしている．平面図では (1), (2) の脈系統は左雁行配列，(3) の脈系統は右雁行配列を示す．金属鉱物は鉄マンガン重石を主とし，輝蒼鉛鉱，輝水鉛鉱，灰重石，黄銅鉱，錫石，希土類鉱物，Nb 鉱物，Ta 鉱物を伴う．その他，少量の黄鉄鉱，磁硫鉄鉱，緑柱石，斑銅鉱，閃亜鉛鉱，硫砒鉄鉱を産する．脈石鉱物は大部分石英で，長石，雲母，蛍石，ヘ

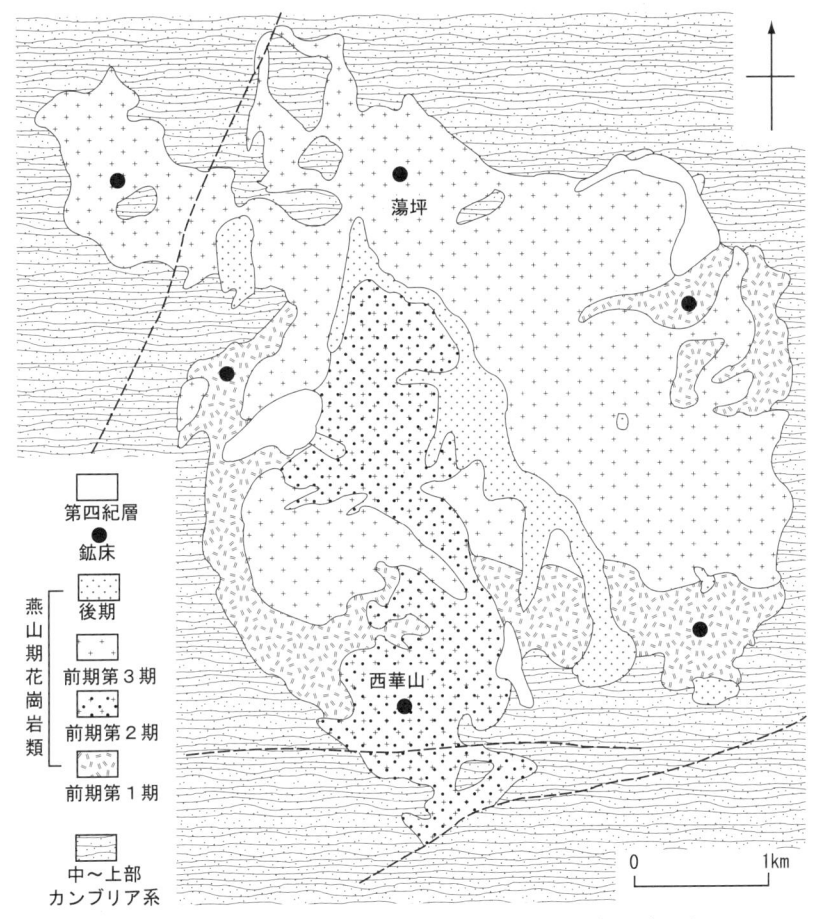

IX 熱水鉱床　IX-3　貫入岩に伴うその他の熱水鉱床

凡例:
- 第四紀層
- ● 鉱床
- 燕山期花崗岩類
  - 後期
  - 前期第3期
  - 前期第2期
  - 前期第1期
- 中〜上部カンブリア系

図IX-47　西華山花崗岩複合岩株地質図　－Wu et al. (1987) による－

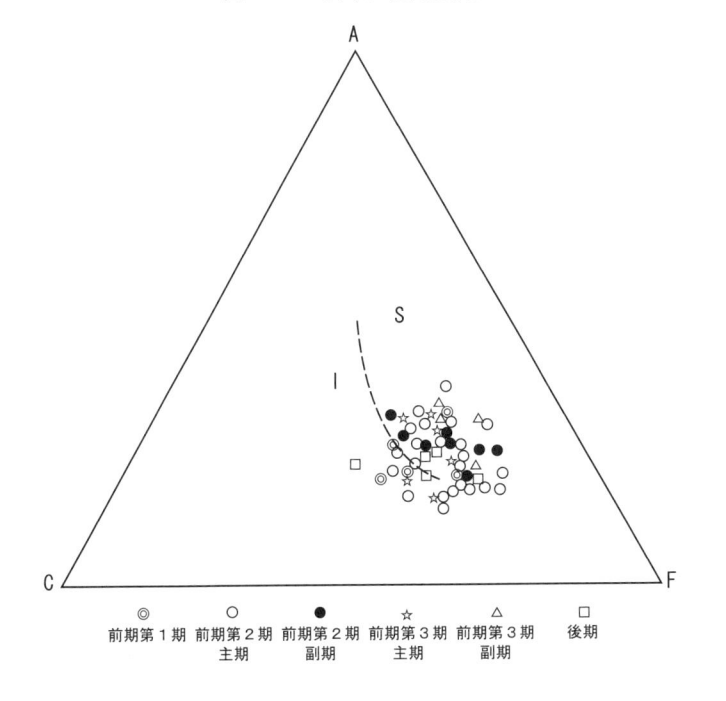

図IX-48　燕山期花崗岩類 ACF 図　－Wu et al. (1987) による－

◎ 前期第1期　○ 前期第2期主期　● 前期第2期副期　☆ 前期第3期主期　△ 前期第3期副期　□ 後期

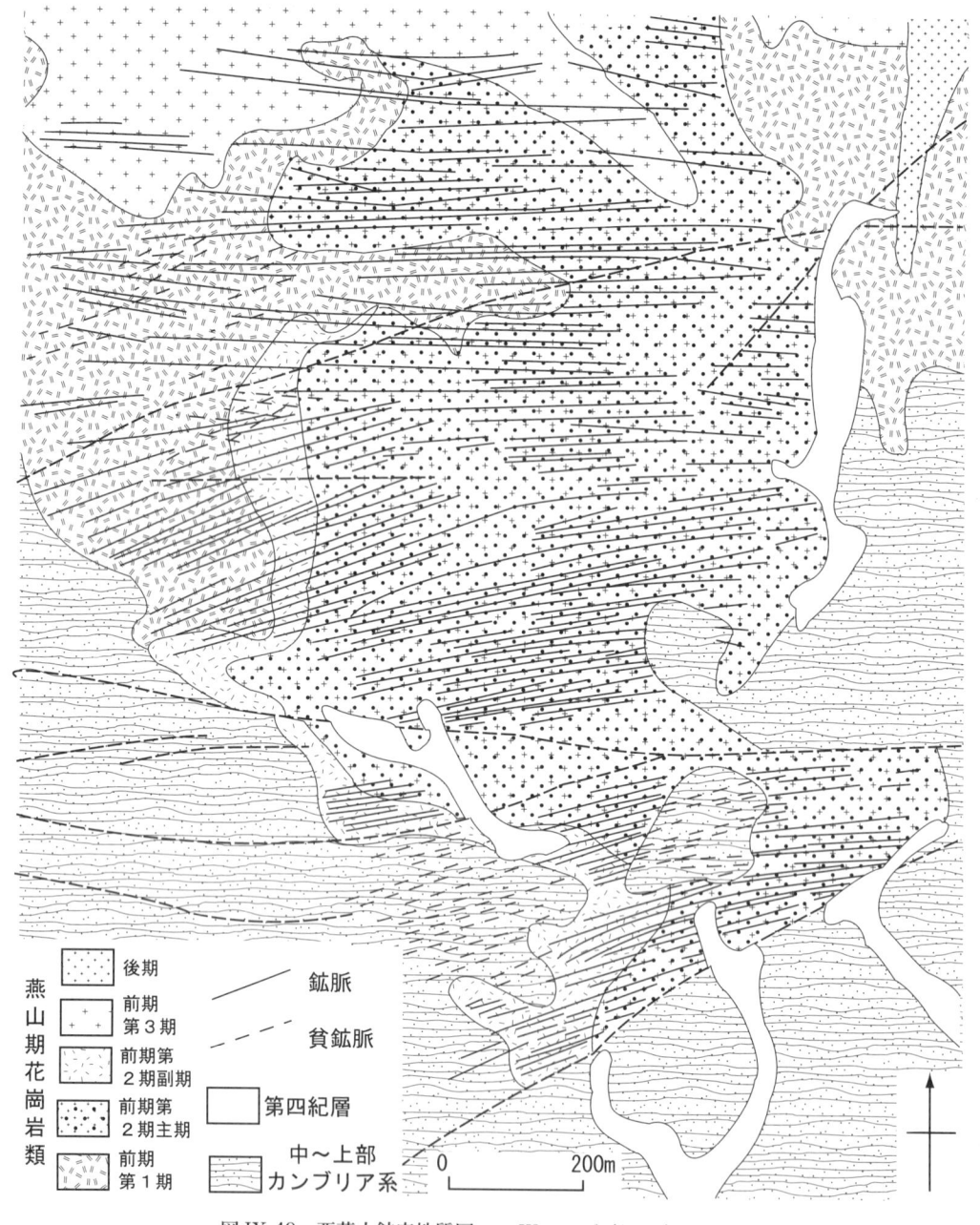

図 IX-49　西華山鉱床地質図　— Wu et al. (1987) による —

ルバイトを伴う．鉱石鉱物は，鉱脈の上部で鉄マンガン重石のマンガン量が多いとともに錫・タングステン鉱物が比較的多く，下部で鉄マンガン重石の鉄量が多く硫化物に富むという垂直方向の累帯配列を示す（図 IX-50a）．また，一つの脈が時期の異なる二つの花崗岩体にまたがって発達するとき，その境界部で脈の尖滅あるいは，劣化現象が認められる（図 IX-50b）．母岩の変質の主要な型はカリ長石化作用，グライゼン化作用，珪化作用で，その他絹雲母化作用，緑泥石化作用，炭酸塩化作用を生じている．カリ長石化作用は最も早期に脈下部から上部にわたって行われ，次いで脈

図 IX-50　a　鉱石・母岩変質の累帯配列，
b　62号鉱脈の品位分布図
― Wu et al. (1987) による ―

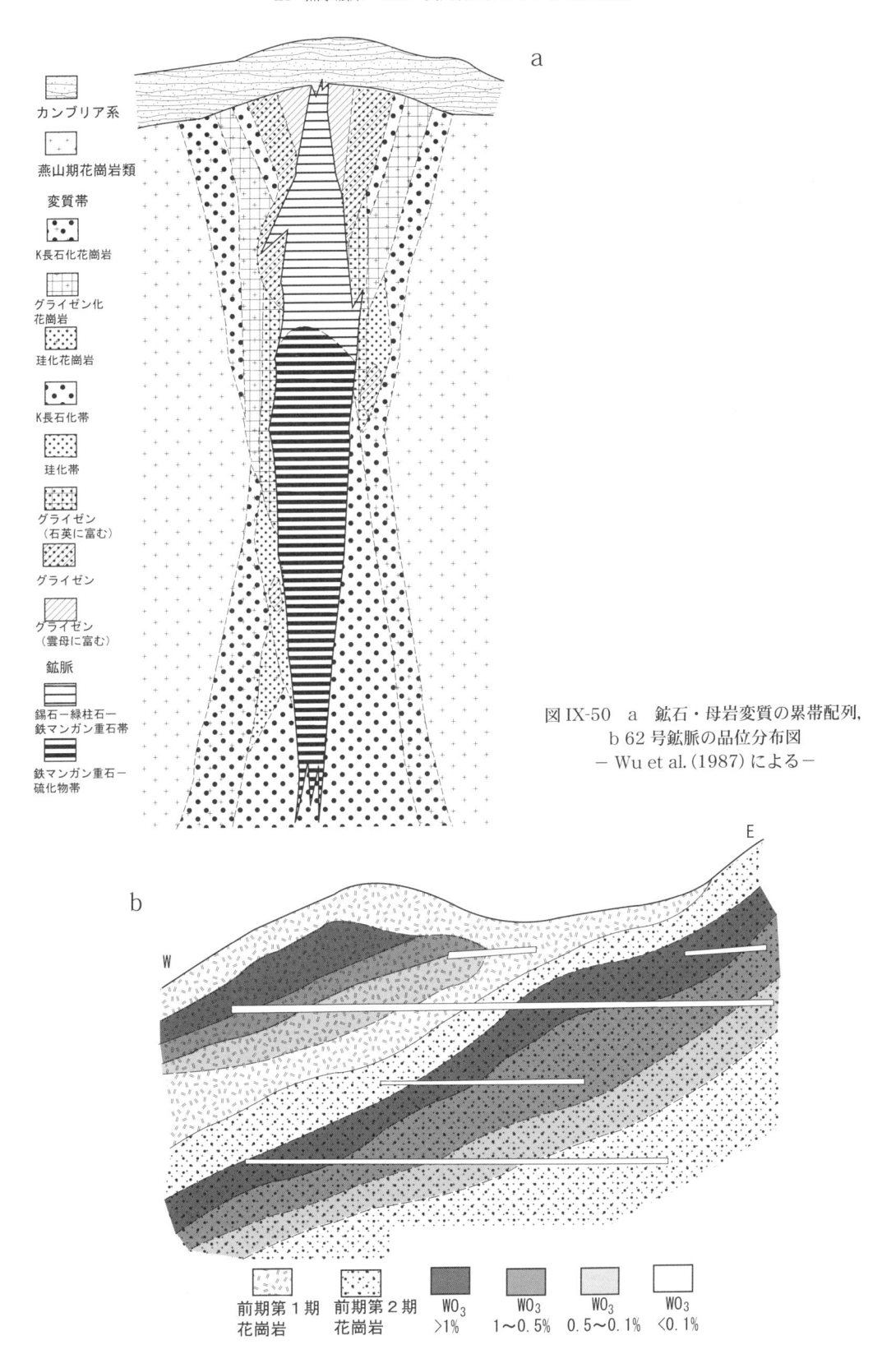

上部でカリ長石化帯に重なってグライゼン化作用，さらに珪化作用を受けている（図IX-50）．変質帯の幅は，脈下部で1〜2m，上部で40〜80cmの程度である．

埋蔵鉱量の正確な数値は明らかではないが，金属量にして約40万tとの報告があり，鉱脈品位は約1% WO_3，粗鉱生産量3,000t/日である（武内他，1985）．

（3）金の網状脈，鉱染鉱床，交代鉱床，角礫岩パイプ鉱床，鉱脈

斑岩型金鉱床および金スカルン鉱床以外の貫入岩に関係した金鉱床として(1)貫入岩中および周辺岩石中の網状脈，鉱染鉱床，交代鉱床（例：Quesnel River, Malartic（カナダ），Mount Morgan, Telfer, Pine Creek（オーストラリア），Porgera（パプア・ニューギニア））(2)角礫岩パイプ鉱床（例：Montana, Tunnels-Golden, Sunlight（米国モンタナ），Kidston（オーストラリア・クインスランド）(3)鉱脈（例：Lyan Lode(カナダ)）がある（Sillitoe, 1991; Sillitoe and Thompson, 1998）．これらの鉱床の多くは，金属組み合わせ，変質鉱物組み合わせ，鉱化流体，構造支配などの点で造山型金鉱床（IX-4(1)参照）と類似し，貫入岩と空間的に密接な関係がある鉱床でも，いずれに分類するかを判断するのが困難な場合がある．貫入岩に関係する金鉱床の造山型金鉱床との違いは，地質環境がクラトンに近く，多くの造山型金鉱床に比較して沈み込み帯から遠い地域で生成され，産出地域にはしばしばSn, W鉱床を伴うことである．また，貫入岩から離れた所にAg-Pb-Zn鉱床を産するという地域規模の累帯配列が認められる（Groves et al., 2003）．鉱床に関係ある貫入岩は顕生代のものが一般的である．母岩は，炭酸塩化作用，絹雲母化作用，緑泥石化作用などの変質を受ける．金属鉱物として，自然金のほか少量の黄鉄鉱，磁硫鉄鉱，硫砒鉄鉱，黄銅鉱，閃亜鉛鉱，方鉛鉱などを産し，脈石鉱物は，石英，方解石，アンケライト，ドロマイトなどである．

Porgera金鉱床　本鉱床は，パプアニューギニア中央部にあり，オーストラリアプレート北縁とビスマルク海プレート上島弧間の鮮新世における衝突によって形成された約2,500mの高地に位置する（図IX-51）．この衝突に続いて，相対する大陸と島弧の下へのNEおよびSW方向の二重沈み込みによりソロモン海微小プレートの一部が消滅した．その結果高地の隆起と変形が約5Maに始まり現在まで緩やかな隆起と微小地震が続いている．Porgera複合岩体はこの事変の直前，6.0±0.3Maに形成され，マグマ作用は大陸－島弧衝突の開始と二重沈み込みに伴うテクトニックスの複雑な変化に関係していると考えられる．

地域の地質は，後期ペルム紀のStrickland花崗岩を基盤とし，下から後期ジュラ紀Koi-Lange砂岩層，後期ジュラ紀Imburu泥岩層，後〜中期ジュラ紀Om層（石灰質シルト岩），早〜後期白亜紀Ieru層（シルト質砂岩・泥岩），後期白亜紀Chim層（石灰質頁岩・シルト岩），後〜中期始新世Mendi層群，早期漸新世－後期中新世Nipa層群（生物砕屑性・藻類石灰岩），中〜後期中新世Aure層群（火山性－多原性砂岩），第四紀層と後期中新世のPorgeraおよびMt. Kareアルカリ斑糲岩質〜閃緑岩質等粒状〜斑状貫入岩からなる（図IX-52）．Porgera鉱床は，オーストラリアクラトンと付加島弧帯の間の縫合線であるStolle-Lagaip断層の大陸側にあり，この構造線は最初中－後期漸新世にSepik帯が結合したときに形成され，後の中新世－鮮新世衝突事変の間に再活動したと考えられる．断層の南には褶曲－衝上断層帯が弱固結中生代劣地向斜堆積シーケンスおよびこれを覆う異地性第三紀石灰岩中に発達している．地域には広く断層が分布しているが，Om層

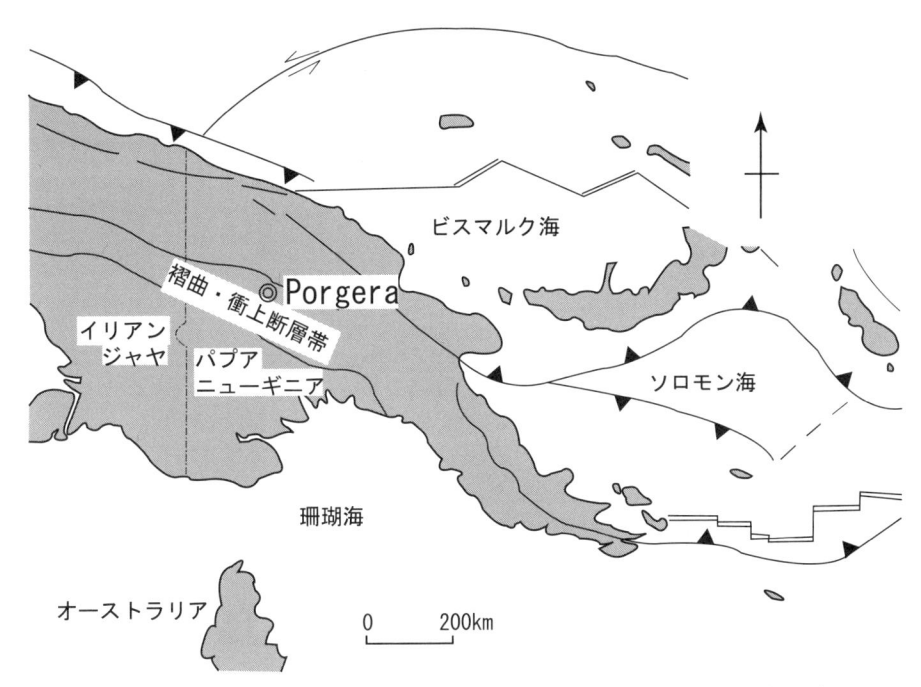

図IX-51　パプアニューギニア付近プレートテクトニクス図　－Ronacher et al. (2004) による－

およびChim層のジュラ－白亜紀堆積岩中に位置するPorgera貫入複合岩体は原地性であり，この構造運動に関係するペネトラチブ変形を僅かに受けている．この貫入岩は，この場所において衝上運動と変形作用を押さえつけた可能性がある（Richards and Kerrich, 1993）.

　Porgera貫入複合岩体の早期苦鉄質貫入岩は，橄欖石および単斜輝石の斑晶と，斜長石および填間組織（しばしばオフィティック組織）をなす角閃石，微晶の燐灰石およびクロム鉄鉱からなる石基によって構成される．単斜輝石と角閃石の反応関係が稀に見られる．より進化した貫入岩は斑状閃緑岩ないし長石斑岩であり，自形の角閃石，単斜輝石，斜長石とこれらの粒間を埋める黒雲母，燐灰石，磁鉄鉱によって特徴付けられる．複合岩体は，化学組成的には，アルカリ玄武岩質，ハワイ岩質，ミュジアライト質を示す．大型の斑糲岩体にはミアオリティックな空隙およびレンズ状ペグマタイトが，小岩脈には気孔が多く観察され，多量の角閃石斑晶の産出と相まって，結晶化中に多量のマグマ水（＞ H_2O 3%）が含まれていたことを示している．接触変成作用によるホルンフェルスは，稀にしか見出されず，大きな岩株に接する石灰質堆積岩中にはスカルン（柘榴石，緑簾石など）を部分的に産するに過ぎない．貫入複合岩体中および周囲には，広範にプロピライト変質帯が発達し，局部的に強い絹雲母変質作用を受けている．貫入岩体は岩株（径≦500m）および岩脈として産する（Richards and Kerrich, 1993; Ronacher et al., 2004）.

　Porgera鉱床は，Porgera貫入複合岩体および周辺の岩石中に発達する鉱脈，細脈，網状脈，鉱染鉱からなり，Roamane断層に沿うVII帯とその下盤側に分布する北帯から構成される（図IX-53）．鉱化作用は三つの段階に分けることができる．最も早期の先段階－1鉱化作用の磁鉄鉱－硫化物－炭酸塩脈は，鉱床の中心部および下部に分布し，磁鉄鉱を主とし，黄鉄鉱，磁硫鉄鉱，黄銅鉱を伴う．稀に黄鉄鉱中に自然金が包有される．主な脈石鉱物は方解石で微量の石英を伴う．

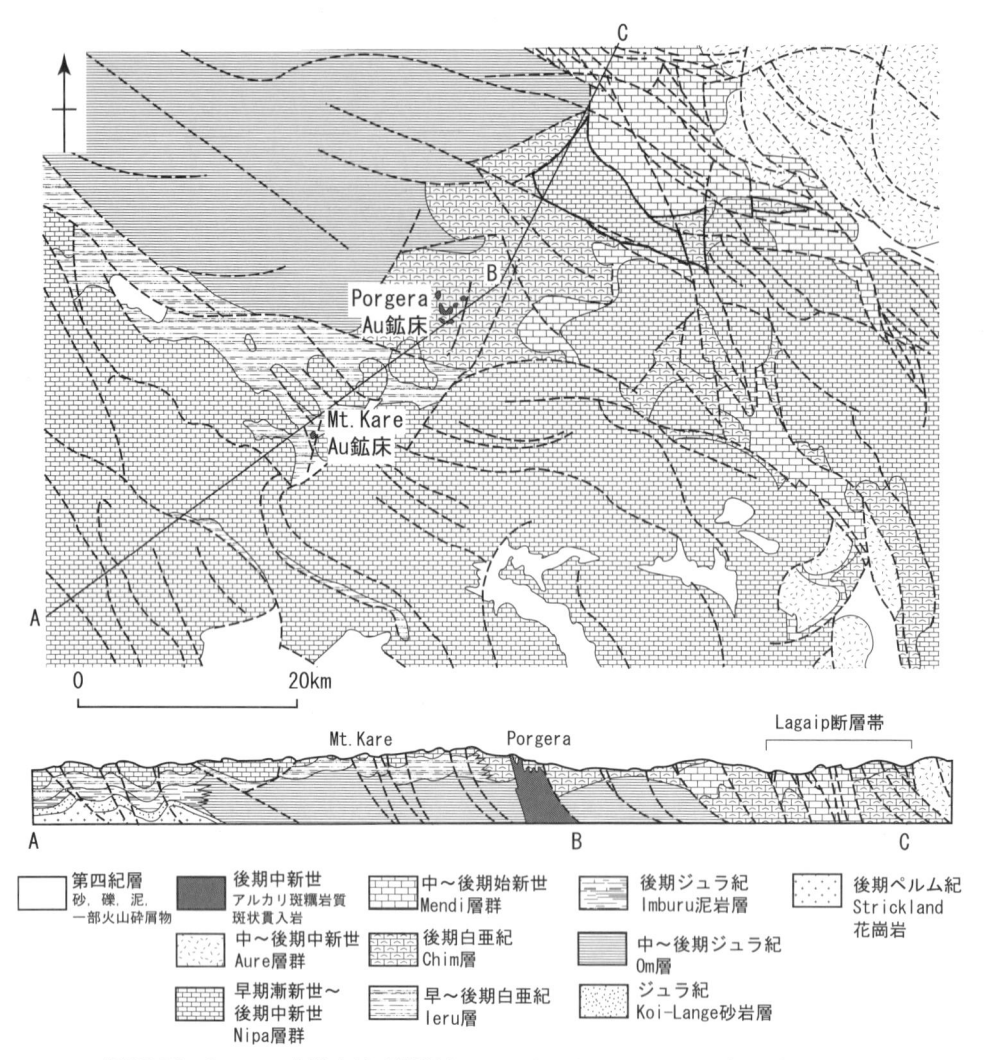

図IX-52 Porgera金鉱床付近地質図 － Richards and Kerrich (1993) による－

僅かに産する黒雲母から 5.98 ± 0.13Ma の生成年代が得られた．先段階－1 鉱化作用は，経済的には重要でない．次の段階－1 の鉱化作用は，早期から後期へ C，B 型鉱石と微量の A 型鉱石からなる．C 型鉱石は，限られた範囲に見られ，角礫化した岩石中に鉱染鉱として産する．主要金属鉱物は，細粒他形含金砒素質黄鉄鉱で，黄鉄鉱と白鉄鉱を伴う．脈石鉱物は絹雲母，石英，炭酸塩鉱物，燐灰石である（平均品位 Au 6g/t, Ag 4g/t）．B 型鉱石は，鉱染鉱，細脈，網状脈として広く産し，自形含金黄鉄鉱を主とし，閃亜鉛鉱，方鉛鉱を伴う．脈石鉱物は方解石－ドロマイト，絹雲母，石英である（平均品位 Au 2.5g/t, Ag 5g/t）．A 型鉱石は，きわめて広範に分布し，鉱脈，細脈，角礫化した岩石のマトリックスとして広く産する．主要金属鉱物は粗粒の含金黄鉄鉱，閃亜鉛鉱，方鉛鉱，硫砒鉄鉱で副成分金属鉱物は，砒素質黄鉄鉱，淡紅銀鉱／濃紅銀鉱，四面銅鉱－銀四面銅鉱，黄銅鉱，硫銀鉱，自然金／エレクトラム，磁硫鉄鉱である．脈石鉱物としては，Fe-Mn 炭酸塩鉱物，石英，絹雲母，ドロマイト，石膏，硬石膏を産する（平均品位 Au 3g/t, Ag 12g/t）．最後の段階－2 の鉱化作用は，A および D 型鉱石からなり，段階1 の鉱石に比較して高品位である．

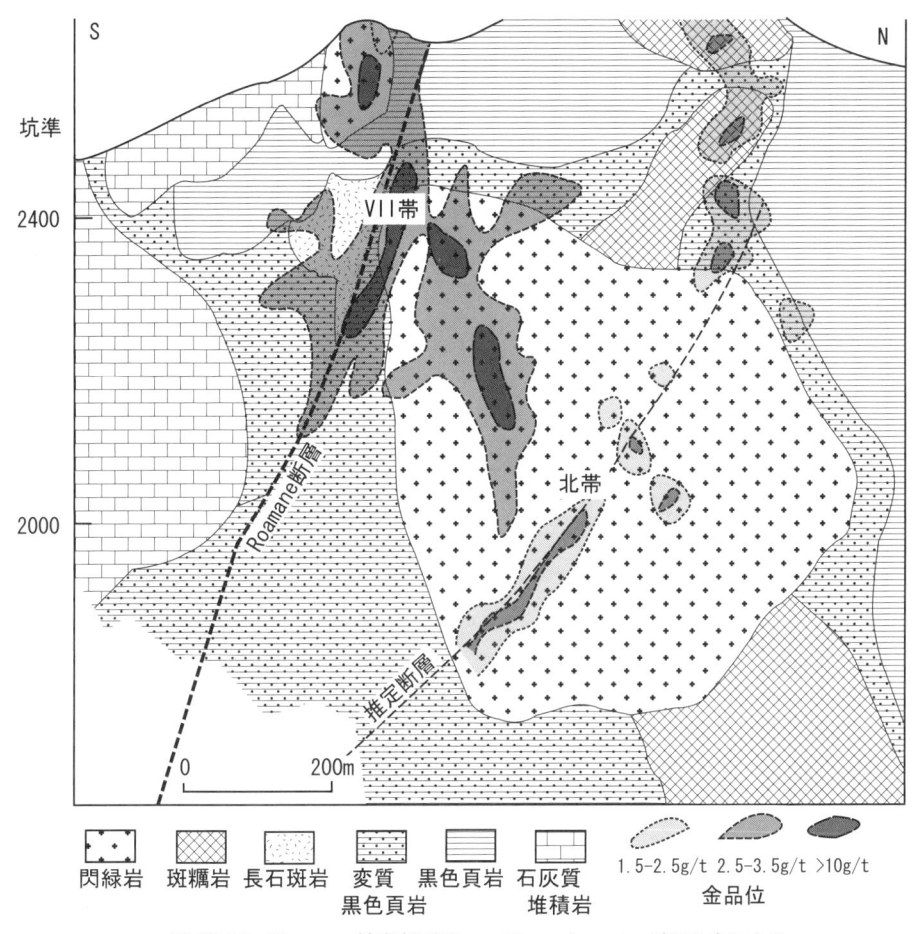

図IX-53 Porgera鉱床断面図 －Ronacher et al.(2004)による－

D型鉱石は，細脈および角礫化した岩石のマトリックスとして断層に沿って産し（図IX-53），晶洞に富む．主要金属鉱物は黄鉄鉱および自然金/エレクトラムで，副成分金属鉱物として，白鉄鉱，黄銅鉱，四面銅鉱，硫砒鉄鉱，赤鉄鉱，ヘッス鉱，ペッツ鉱，クレネライト，カラベラス鉱，コロラド鉱，アルタイ鉱を産する．また，脈石鉱物として，ロスコー雲母，Ca-Fe-Mg炭酸塩鉱物，石英，硬石膏，重晶石，氷長石を産する（平均品位Au 10g/t, Ag 10g/t）（Handley and Henry, 1990; Richards and Kerrich, 1993; Ronacher et al., 2004）．

貫入複合岩体中および周囲に発達するプロピライト変質帯に産する方解石，燐灰石，柘榴石の流体包有物の多くは，均質化温度450℃以下で比較的希薄な塩濃度（NaCl相当≦8%）を示すが，一部で稍高い塩濃度を示す（NaCl相当≦16.8%）．二次緑簾石中流体包有物のδDおよびδ^{18}Oの測定値から，流体の起原は地表水と推定されるが，海水か天水かは明らかでない．一部の高塩濃度流体の存在は，マグマ水の存在を示唆しており，プロピライト変質帯中の鉱染黄鉄鉱の硫黄同位体値（δ^{34}S = 1.4 ～ 4.5‰）は，硫黄がマグマ起原であることを示している．強い絹雲母化作用を伴う段階－1の鉱化作用によって生成された微量の石英中には，過塩濃度流体包有物を産する．この包有物は岩塩に飽和し（約32%NaCl相当塩濃度），均質化温度200 ～ 210℃である．測定値か

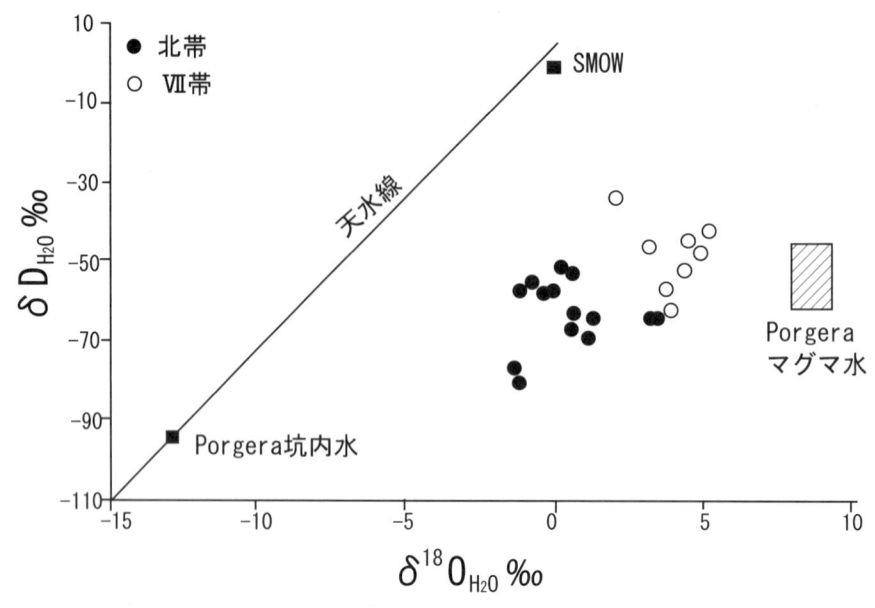

図 IX-54 段階2石英中流体包有物のδ ^{18}O- δ D 組成図 － Ronacher et al.(2004) による－

ら計算された流体包有物のδ ^{18}O およびδ D は，それぞれ 9.1 ～ 10.4‰および -55 ～ -37‰の範囲で，初生角閃石および黒雲母の測定値から計算された Porgera マグマ水の同位体値（δ ^{18}O = 7.9 ～ 9.3‰，δ D ＝－ 63 ～－ 4.9‰）と重なる（図 IX-54）．段階－1の鉱染黄鉄鉱の硫黄同位体値は，プロピライト変質帯中の鉱染黄鉄鉱の硫黄同位体値と類似する（δ ^{34}S = 2.4 ～ 5.2‰）．段階－1卑金属硫化物脈の閃亜鉛鉱および石英中流体包有物は，中程度の塩濃度(9.5 ± 1.8%NaCl 相当塩濃度)と比較的高い均質化温度(299 ± 33℃)を示す．閃亜鉛鉱と共存する石英と平衡な流体のδ ^{18}O 値 8.6‰は，Porgera マグマ水の同位体値の範囲にはいる．脈中の黄鉄鉱，閃亜鉛鉱，方鉛鉱の硫黄同位体値（δ ^{34}S = 2.4 ～ 5.4‰）は，段階－1の鉱染黄鉄鉱およびプロピライト変質帯中の鉱染黄鉄鉱と同様である．段階－2の石英－ロスコー雲母－金鉱脈の各試料の流体包有物平均均質化温度は，127 ± 12℃～ 167 ± 25℃で，多くの試料の平均塩濃度は 7.5 ± 1.0% ～ 9.6 ± 0.2%NaCl 相当塩濃度を示し，他に 4.4 ～ 6.2% NaCl 相当塩濃度を示すグループが認められた．167 ± 25℃の均質化温度を示す試料は，同時に気相に富む包有物を含み，この温度で沸騰が起こったことを示している．Ronacher et al.(2000)は，Porgera 鉱床の流体包有物のトラッピング圧力を約 250 ～ 340bar と推定したが，地質学的考察からの鉱床生成深度は，2.0 ～ 2.5km（静水圧約 200 ～ 250bar）で，僅かに低く熱水流体の過剰圧を示唆しており，これは水力断裂および脈角礫化と矛盾しない．高塩濃度流体包有物のガスクロマトグラフ分析を行った結果，CO_2 2 モル%，CH_4 0.11 モル%，N_2 0.065 モル%を得た．VII帯および北帯の流体包有物の安定同位元素組成（δ ^{18}O = 2.0 ～ 5.4‰，δ D ＝－ 77 ～－ 34‰およびδ ^{18}O ＝－ 1.2 ～ 4.1‰，δ D ＝－ 77 ～－ 52‰）は，マグマ水と天水の中間値を示す（図 IX-54）．段階－2黄鉄鉱のδ ^{34}S 値は，－ 14.0 ～ 6.14‰であるのに対して晶洞中の重晶石および硬石膏の値は，それぞれ 22.2 および 12.4 ～ 20.6‰である．段階－2炭酸塩鉱物のδ ^{18}O 値は 15.2 ～ 16.6‰の範囲で，δ ^{13}C 値は－ 3.3 ～－ 2.4‰であった．また，変質および非変質堆積岩中炭酸塩鉱物のδ ^{13}C 値はそれぞれ－ 5.4 ～－ 4.0‰および－ 1.5 ～ 0.0‰，頁

岩中の有機炭素のδ^{13}C値は$-23.6 \sim -16.8$‰であった．以上のデータから鉱床を形成した熱水流体はマグマ水と天水との混合したものであり，上昇してきたマグマ水はその途中で堆積岩あるいは堆積岩中の流体との相互作用を経たものであることが示唆される (Richards and Kerrich, 1993; Ronacher et al., 2004).

段階1の鉱化作用において，絹雲母化帯において鉱染黄鉄鉱と密接に伴って産する金は，絹雲母化作用と黄鉄鉱化作用と連結して沈殿したことを示唆している．早期の高塩濃度流体がこれらの作用に関与したとすれば，金は$AuCl_2^-$のようなクロロ錯体によって運ばれたと考えられる (II-5(3)参照 ; Hayashi and Ohmoto, 1991). このような条件下では，金の沈殿は，次に示す反応で長石と磁鉄鉱を含む母岩の鉱化流体による硫化反応および絹雲母化作用とともに行われたと考えられる．

$$Fe_3O_4 + 6KAlSi_3O_8 + 4\,AuCl_2^-{}_{(aq)} + 6H_2S_{(aq)}$$
$$= 3FeS_2 + 2KAl_3O_{10}(OH)_2 + 4Au + 12SiO_2 + 8Cl^-_{(aq)} + 4K^+_{(aq)} + 4H_2O$$

これに対して卑金属鉱脈中に産する金は，中程度の塩濃度の鉱化流体によって中性の水硫化錯体$HAu(HS)_2$として運ばれたと考えられ (Hayashi and Ohmoto, 1991), その沈殿反応は温度降下に伴う硫化物沈殿による溶液からの還元硫黄除去に支配される．

$$FeCl_{2(aq)} + 2ZnCl_{2(aq)} + 2HAu(HS)_{2(aq)}$$
$$= FeS_2 + 2ZnS + 2Au + 6Cl^-_{(aq)} + 6H^+_{(aq)}$$

この反応によるpHの低下は，母岩の加水分解反応によって一部相殺される (V-1(1)参照)．段階2の鉱脈は，比較的品位の低い段階1の鉱染鉱および鉱脈鉱と対照的に，自然金あるいはAu-Agテルル化鉱物からなる高品位の鉱石を局部的に産出する．段階2の鉱石には，硫化鉱物が存在するが，段階1に比べて量が少なく，流体の温度および塩濃度も一般的に低い．前述のように段階2の流体包有物は沸騰が起こったことを示している．$Au(HS)_2^-$の形で運ばれた金は，沸騰の結果，脱ガス作用により次の反応が右辺に進み沈殿したと考えられる (Richards and Kerrich, 1993; Ronacher et al., 2004).

$$2\,Au(HS)_2^-{}_{(aq)} + 2\,H^+_{(aq)} + H_2O = 2Au + 4H_2S_{(g)} + 1/2O_{2(g)}$$

Porgera金鉱床は，1990年に開業してから2001年6月までに10.3Moz (288.4t) の金を生産している．2001年6月における埋蔵鉱量および資源量は1億1,300万t (Au 3.5g/t) で，既生産量と合わせると金量は約20Moz (560t) となる (Richards et al., 2004).

Kidston金鉱床 本鉱床は，オーストラリアのクイーンスランド北部Townsvilleの西北西280kmにあり，Tasman褶曲帯のなかに位置する．地域を構成する主な岩石は，初期〜中期原生代のEinaslaeigh変成岩類とシルル紀〜デボン紀のOak River花崗閃緑岩であるが，鉱床を胚胎する角礫岩パイプは，石炭〜二畳紀の流紋岩および流紋斑岩からなる火山底岩脈・岩栓と空間的・時間的に関係している．これらの貫入岩類は，花崗岩底盤と環状岩体を付随するコールドロン沈降帯を伴い，クイーンスランド東北部に広範に分布するカルクアルカリ岩系火山岩類シーケンスの一部である (Baker and Tullemans, 1990).

鉱床付近のEinaslaeigh変成岩類は，複雑に変形し明瞭な縞状組織を示す黒雲母片麻岩，優白質

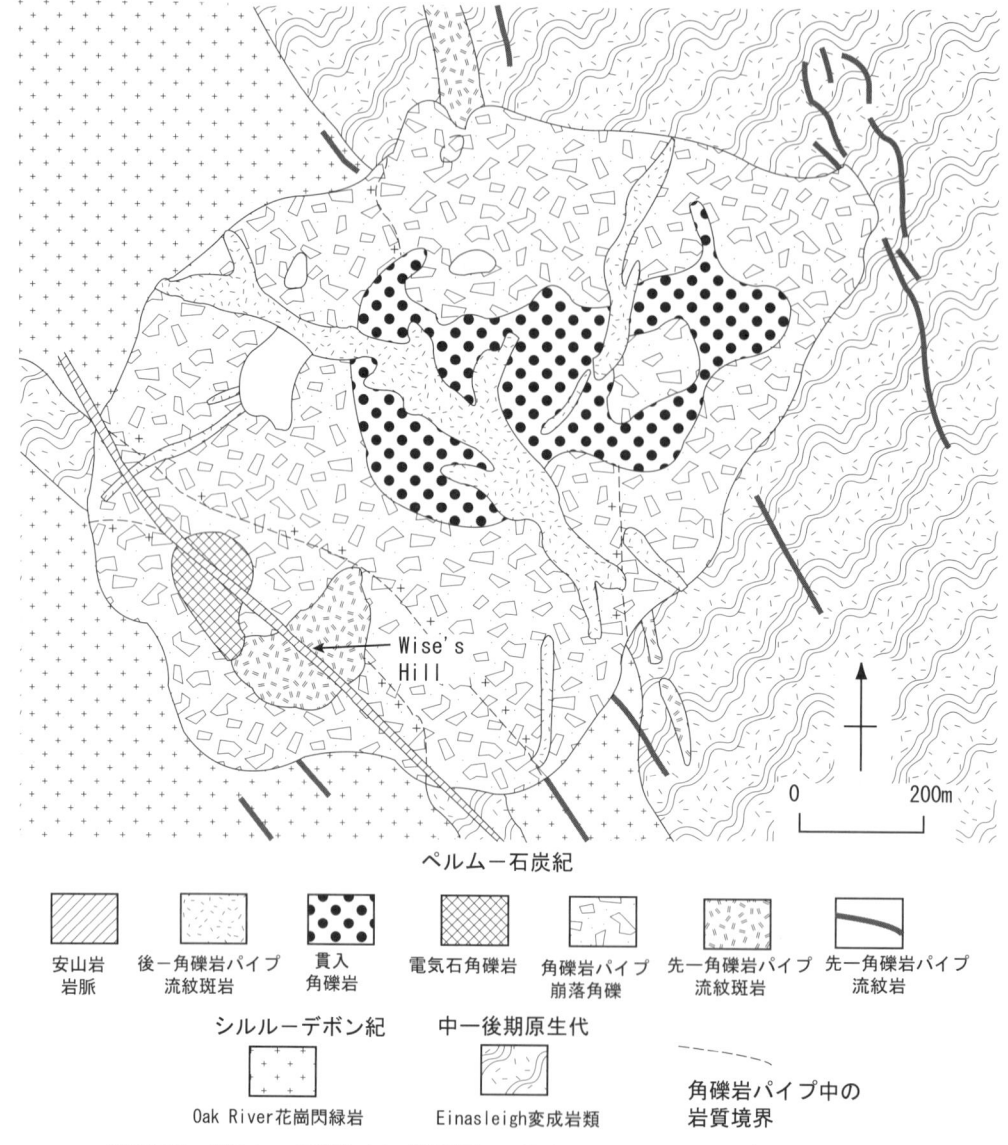

図 IX-55 Kidston 角礫岩パイプ地質図 － Baker and Tullemans (1990) による－

花崗閃緑岩，角閃岩からなり，南部で葉片状等粒状組織の Oak River 花崗閃緑岩に漸移する．この岩体は，Einasleigh 変成岩の挟みを隔てて，斑状組織の花崗閃緑岩となる（図 IX-55）．先－角礫岩パイプ流紋岩岩脈は，細粒で径 3mm 以下の石英，斜長石，正長石の斑晶を含みその量は 10% 以下である．Wise's Hill の先－角礫岩パイプ流紋斑岩岩栓は，帽子状の細粒の流紋岩相を有し，下部および内部に向かってより大きな斑晶を 20% 以上含む斑岩に漸移する．後－角礫岩パイプ流紋斑岩岩脈は，7mm 程度の石英，正長石，斜長石の大型斑晶を大量に（40〜50%）含み，角礫岩パイプ中央部に貫入している．安山岩岩脈は，鉱化作用後の貫入である．

Kidston 角礫岩パイプは，地表で 1,100m × 900m の広がりを持つ台形状のパイプである．角礫岩パイプの境界は明瞭で，一部で外側へ急傾斜するが，全体的には内側へ約 80°で傾斜する．角

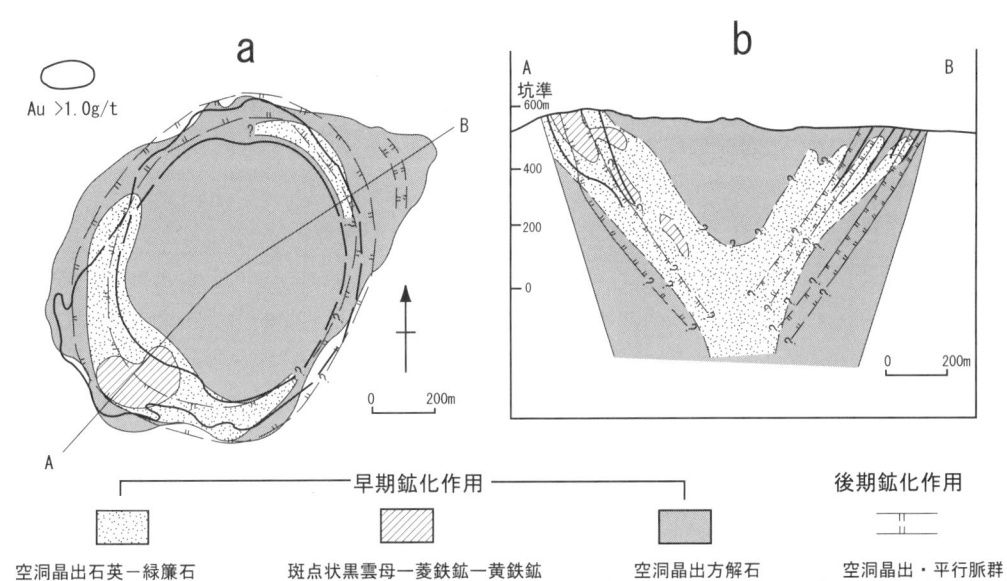

図IX-56 後－角礫岩パイプ早期・後期鉱化作用および変質作用
a 520m坑準平面図, b A-B断面図 － Baker and Tullemans (1990) による－

　礫は，長方形状の変成岩類，花崗閃緑岩，流紋岩の岩片からなり，角礫の周囲は一部粉砕された岩粉または鉱物粉からなる基質によって充填され，マトリックスの量は角礫の20%以下である．角礫岩パイプ内には直径最大200m，大部分は10m以下程度の岩塊が存在するが，その葉片状組織は，岩塊が角礫パイプに取り込まれて以後ほとんど回転していないことを示している．角礫および基質の岩質は，角礫岩パイプの東北部では変成岩類が優勢で，南西部では花崗閃緑岩が優勢である．流紋岩角礫の量は，先－角礫岩パイプ流紋岩岩脈が分布していたと推定される所で多くなっている．角礫岩パイプ内の角礫の岩質境界線を図IX-55のように引けるので，角礫化作用による混合が激しくなかったことがわかる．角礫化作用中の物体の運動があまり激しくないことと，基質の量が多くないことから，角礫化を引き起こした原因は，陥没現象であると考えられる (Baker and Tullemans, 1990)．

　角礫岩パイプ中央部に貫入している角礫岩 (図IX-55) の特徴は，円味を帯びた流紋岩岩片，花崗閃緑岩岩片，石英－磁鉄鉱網状脈を含む流紋岩岩片の存在である．円味を帯びた岩片表面の低い凸部は，貫入角礫相の上昇に伴う減圧による岩片表層の深成面構造 (Baker and Tullemans, 1990) と解釈される．また，他に見られない石英－磁鉄鉱網状脈の存在も貫入角礫岩が，かなり深部から上昇したことを示すと考えられる．基質中に電気石と石英を含む電気石角礫岩も，流紋岩と花崗閃緑岩の岩片から成り，同様に深部から上昇してきたものと考えられる．

　Kidstonにおける鉱化作用および変質作用は先－角礫岩パイプのものと後－角礫岩パイプのものに分けられる．先－角礫岩パイプ鉱化作用の一つは，角礫岩パイプ中の岩片に限って産する種々の硫化物相と磁鉄鉱を含む網状石英脈である．この網状脈は，脈の壁面に平行な葉理面を有する細粒のモザイク状石英からなる．葉理面には種々の硫化物と珪酸塩相が濃集する．角礫岩パイプ中心部

の石英網状脈を有する岩片には，種々の量の磁鉄鉱と黄鉄鉱を含み，ときに金を伴うことがあるが，経済的なものではない．Weise's Hill の先－角礫岩パイプ流紋斑岩岩栓の上部流紋岩相中には，多数の石英－黄鉄鉱±輝水鉛鉱－硫砒鉄鉱－黄銅鉱脈を産するが，これらの網状脈は下部の斑岩相までは延長しない．石英－黄鉄鉱網状脈は変質鉱物として白雲母と炭酸塩鉱物を伴い，磁鉄鉱を含む網状脈は白雲母－石英あるいは正長石－緑簾石－緑泥石変質帯を伴う．

　後－角礫岩パイプ鉱化作用（図IX-56）は，さらに早期および後期鉱化作用に別けられ，先－角礫岩パイプ鉱化作用より複雑で広範囲に及ぶが，変質作用は角礫岩パイプの基質と岩片の周縁幅20～30mmに限られる．後－角礫岩パイプ早期鉱化作用の一つは，空洞を充填して晶出する石英－緑簾石および方解石である．これには黄鉄鉱あるいは磁硫鉄鉱を伴うことがある．石英－緑簾石鉱化作用は角礫岩パイプ周縁部の二つの半円形帯に限られ，低品位の金を伴うことがある．角礫岩パイプの残りの部分には方解石が分布する（図IX-56）．空洞中の石英－緑簾石は，斜長石を交代する正長石と一次黒雲母からなる幅の狭いカリウム変質帯と，その外側に斜長石と黒雲母を交代する正長石－曹長石－方解石－緑泥石変質帯を伴う．石英－緑簾石帯周囲の空洞充填方解石周辺には，斜長石と黒雲母を交代する白雲母－方解石－正長石－曹長石－緑泥石からなる絹雲母変質帯が発達する．石英－緑簾石帯から離れた位置にある空洞充填方解石周辺は，方解石－緑泥石－白雲母からなるプロピライト変質帯が取り囲んでいる．また，Wise's Hill 区域には，空洞を充填して晶出する二次黒雲母－菱鉄鉱－黄鉄鉱が斑点状に分布する．角礫岩パイプのこの部分の約10%が黒雲母－菱鉄鉱－黄鉄鉱鉱化作用を受けており，その周囲は斜長石と黒雲母を交代する二次黒雲母と菱鉄鉱からなるカリウム変質作用を被っている．この変質作用は早期空洞晶出の石英－緑簾石とそれに伴う変質帯に重複している．黒雲母－菱鉄鉱－黄鉄鉱斑点の一部は金品位 1.2g/t に達する．

　後－角礫岩パイプ後期鉱化作用（図IX-56）は，石英－方解石－アンケライト－硫化物の空洞晶出と平行脈群からなり，経済的品位の金を伴う．その最初期は空洞および脈において内側に向かう櫛状石英の晶出である．炭酸塩鉱物と硫化物はその間隙を充填して晶出する．硫化鉱物は多いものから順に黄鉄鉱，磁硫鉄鉱，閃亜鉛鉱，黄銅鉱，輝水鉛鉱，方鉛鉱，輝蒼鉛鉱，蒼鉛テルル化鉱物である．金の90%以上は，径20～200μm の自然金粒子として産する．後期鉱化作用に伴い白雲母－石英または白雲母－炭酸塩鉱物からなる絹雲母化作用が認められる．この変質作用は早期鉱化作用に伴うカリウム変質作用に重複して行われ，空洞中に早期に晶出した石英－緑簾石組み合わせの一部は，石英－炭酸塩鉱物－硫化鉱物の組み合わせに移行し，緑簾石は白雲母と炭酸塩鉱物によって交代される（Baker and Tullemans, 1990）．

　Kidston 鉱床の1988年における金の生産量は，6.4t である．1988年現在の鉱石埋蔵量は，品位 Au 1.58g/t, Ag 2.02g/t として，3,310万 t である（Baker and Tullemans, 1990）．

(4) 亜鉛－鉛－銀鉱脈および交代鉱床

　この型の鉱脈鉱床は，変堆積岩，火山岩，貫入岩中に閃亜鉛鉱，方鉛鉱，銀鉱物，硫塩鉱物を含む硫化物鉱脈として産し，脈石として石英，炭酸塩鉱物を伴う．生成年代は，白亜紀ないし第三紀のものが多い．鉱床を胚胎する変堆積岩は，砕屑性堆積岩を主とし変形および変成作用を受け火成岩に貫入されている．鉱脈は変形および変成作用後に断層あるいは割目に沿って形成される．火成岩を母岩とする鉱脈は貫入岩株周辺の火山岩シーケンスを切って形成されることが多い．鉱脈は急

傾斜で幅が狭い板状をなし，一般に平行脈および支脈を形成する．脈幅は数 cm から 3m，走向および傾斜延長は 200〜300m から 1000m 以上に達する．鉱脈は，複雑な晶出順序を示す復成脈である．主な金属鉱物は方鉛鉱，閃亜鉛鉱，四面銅鉱で，濃紅銀鉱，脆銀鉱，車骨鉱，硫銀鉱，自然銀，黄銅鉱，黄鉄鉱，硫砒鉄鉱，輝安鉱を伴う．銀鉱物はしばしば方鉛鉱中の包有物として産する．一部の鉱床で，自然金およびエレクトラムが認められる．脈石鉱物として，変堆積岩中の鉱床では，炭酸塩鉱物，石英，重晶石，蛍石などを産し，炭酸塩鉱物は菱鉄鉱を主とし少量のアンケライト，ドロマイト，方解石を伴う．火成岩中の鉱床では，石英，炭酸塩鉱物（菱マンガン鉱，菱鉄鉱，方解石，ドロマイト）を産する．母岩の変質については，変堆積岩の場合は，変質帯は比較的狭く脈際数 m 程度で，絹雲母化作用，珪化作用，黄鉄鉱化作用が認められ，火成岩の場合は，粘土化作用，絹雲母化作用，緑泥石化作用が広く発達する．この型の鉱床の例としては，Silvana, Lucky Jim（カナダ・ユーコン），Coeur d'Alene 地域（米国アイダホ），Sunnyside, Idorado（米国コロラド），Pachuca（メキシコ）などがある．

交代鉱床は，白亜紀〜第三紀の花崗岩，石英モンゾニ岩，その他の中間質〜珪長質中深成斑状岩の貫入に伴って石灰岩あるいはドロマイトなどの炭酸塩岩中に塊状，レンズ状，パイプ状，脈状などをなして形成され，亜鉛，鉛，銀の硫化物を主とし，ときに銅，金，白金族を含む後成熱水性鉱床で，変動帯に分布する．金属鉱物として，鉱化帯中心部に硫砒銅鉱，閃亜鉛鉱，輝銀鉱，四面銅鉱，ダイジェナイト，黄銅鉱，中間部に方鉛鉱，閃亜鉛鉱，輝銀鉱，四面銅鉱，外周部に閃亜鉛鉱，菱マンガン鉱を，また全般にわたって石英，黄鉄鉱，白鉄鉱，重晶石を産する．母岩の変質として，石灰岩はドロマイト化作用，珪化作用，貫入岩あるいは頁岩などの珪酸塩岩は一般に緑泥石化作用，粘土化作用を受ける．この型の鉱床の例としては，Bingham Canyon, Tintic 地域，Park City 地域（米国ユタ），Gilman 地域，Leadville 地域（米国コロラド），Bisbee, Superior（米国アリゾナ），Santa Eulalia, Providencia（メキシコ），Cerro de Passco, Morrococha（ペルー）などがある．

Leadville 地域亜鉛－鉛－銀－金鉱床 本鉱床は，米国コロラド北部，Denver 市の西南約 100km にあり，地質構造的には，Laramide Swatch 隆起帯の東翼部に位置する．付近の地質は，原生代の St. Kevin 花崗岩（1.5Ga）を基盤とし，この上に重なるカンブリア紀，オルドビス紀，デボン紀，ミシシッピー紀，ペンシルバニア紀の堆積岩類と，これらを貫く第三紀火成岩類からなる（図 IX-57）．後期白亜紀 Laramide 期に，南西方向の低角度衝上断層が，原生代－古生代岩石を切って発達する．Laramid 期圧縮テクトニックスの後期を代表する走行 NE および NW の高角度逆断層が，低角度衝上断層の後に生じている．第三紀火成岩の形成は，引き続き活動する低角度衝上断層に伴う Pando 斑岩（72Ma）から始まる．Pando 斑岩は，衝上断層面およびミシシッピー系最上部の Leadville ドロマイト頂部の不整合面に沿って貫入している．その後，Lincoln 斑岩（64Ma），Evans Gulch 斑岩（47.0Ma），Sacramento 斑岩（43.9Ma），Johnson Gulch 斑岩（43.1Ma）の活動によってシル，岩脈，小岩株などを生成し，最終的に Leadville 地域東部の Breece Hill 複合岩株を形成している．これらすべての鉱床前火成岩の岩質は，粗面安山岩ないし石英モンゾニ岩である．鉱床生成後の火成活動としては，流紋岩斑岩（38.5 ± 0.6Ma）と砕屑状斑岩がある．流紋岩斑岩は岩脈あるいはパイプ状岩体をなして鉱体を切るが，これは Breece Hill 複合岩株の周囲に板状あるいは不規則状をなして発達する砕屑状斑岩によって貫かれる（Thompson and Arehart, 1990）．

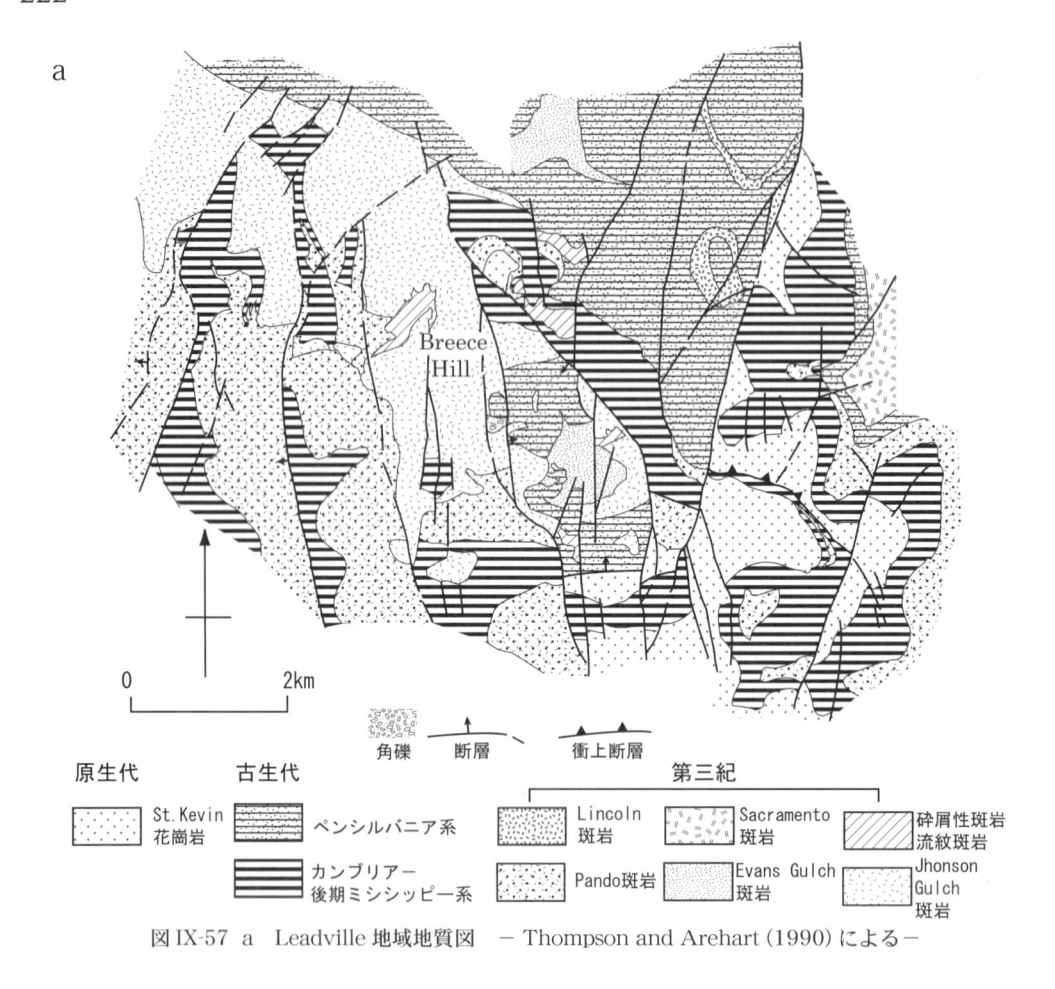

図IX-57 a Leadville 地域地質図 －Thompson and Arehart (1990) による－

　Leadville 地域の鉱床は，(1) 接触変成型磁鉄鉱－蛇紋石鉱石，(2) Leadville 型鉱石：ドロマイト中の亜鉛－鉛－銀－金塊状硫化物交代型鉱石および鉱脈型鉱石，(3) 砂金から構成される．接触変成型磁鉄鉱－蛇紋石鉱石は，Breece Hill および Sunday 岩株の形成時に Manitou, Dyer, Leadville ドロマイト層中に生成された．この型の鉱石は，岩株周縁ばかりでなく岩株中のドロマイト捕獲岩および岩株から伸びる断層に沿って生成されている．鉱石中には Au 2～5.8g/t，Ag 68.5～137g/t を含む．Leadville 型鉱石は，1回のかなり長い鉱化作用によって形成され，(a) 石英－黄鉄鉱－金鉱脈，(b) 斑岩中の石英－黄鉄鉱－金鉱染鉱石，(c) 石英－卑金属鉱脈，(d) ドロマイト中の亜鉛－鉛－銀－金交代型鉱石（マント型鉱石とも呼ばれている）に分類される．Breece Hill 岩株およびその周辺岩石中には，100以上の石英－黄鉄鉱－金鉱脈が知られ，鉱脈中には，平均 Au 17g/t，Ag 1,020～1,360g/t を含む．鉱脈中に産する鉱物は，石英，マンガン菱鉄鉱，菱鉄鉱，黄鉄鉱，鉄マンガン重石，灰重石，自然金，黄銅鉱，方鉛鉱，脆銀鉱，輝蒼鉛鉱である．鉱脈に接する母岩には幅約10mの変質帯が発達し，鉱脈側から珪化帯，絹雲母化帯，粘土化帯，プロピライト化帯のような累帯配列が認められる．斑岩中の石英－黄鉄鉱－金鉱染鉱石は，Breece Hill 岩株中に不規則な形態をなして産し，とくに NS 系および NE 系断層の交差部に形成されることが多い．鉱染鉱石付近の岩石は強く変質し，粗粒の絹雲母，石英，黄鉄鉱などを生じている．鉱

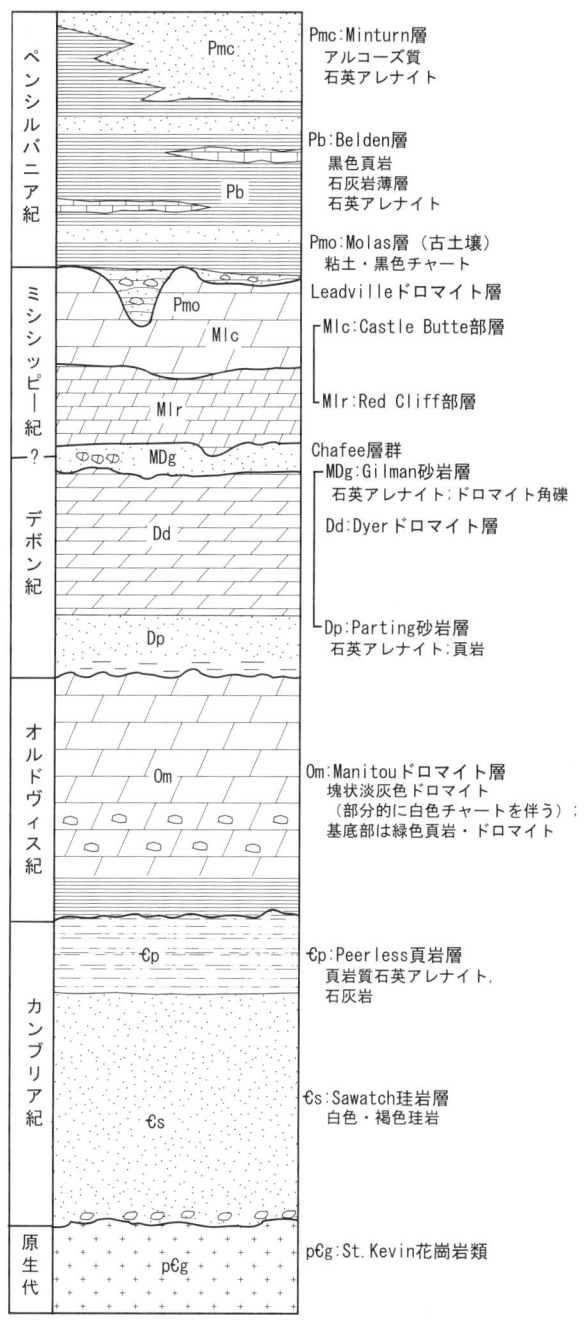

図 IX-57 b　Leadville 地域古生層柱状図
－Thompson and Arehart (1990) による－

染鉱石には，Au 5〜30g/t を含む．石英－卑金属鉱脈は，Breece Hill 岩株から比較的離れて分布し，金品位は低いが銀品位が高く，最高 200g/t に達する．本地域では，一般的にこの型の鉱石は金属供給源としてそれほど重要ではないが，鉱脈がドロマイトを切るときは，マント型鉱石のポテンシャルを示すものとして注目される．Leadville 地域における主要な鉱石型であるドロマイト中の亜

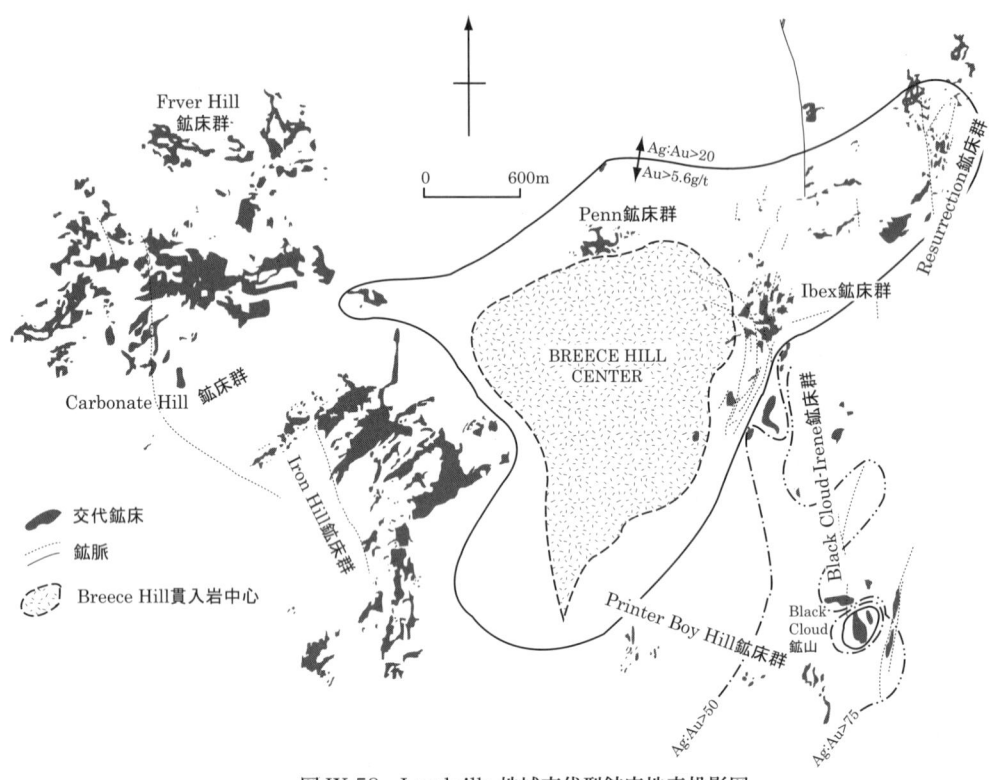

図 IX-58　Leadville 地域交代型鉱床地表投影図
（主要な鉱脈を同時に示す．金銀比，金品位は硫化物鉱石の値である）
－ Thompson and Arehart (1990) による－

　鉛－鉛－銀－金塊状硫化物交代型鉱石（マント型鉱石）は，熱水導入路である断層が存在するときドロマイトを交代して生成される．鉱体の大きさは長さ約 1,200m，幅約 200m，厚さは 60m 程度で，Black Cloud 鉱山（図 IX-58）の鉱体には，平面的な大きさよりも垂直方向の延長の方が大きいものがある．多くの鉱体は，平面図において不規則な形態に見えるが，Iron Hill 鉱床群は明らかに N30°～ 40°E の走行を示し，これは NS 走行の Cord 鉱脈が，ドロマイトを切った所に交代鉱床を形成したためと考えられる（図 IX-58）．その他の鉱床についても，断層の交差部，とくに東に急傾斜する断層と緩傾斜断層との交差部付近に発達する傾向が認められる．Black Cloud 鉱山には，古カルスト層準が存在するが交代鉱床は断層と接している部分にのみ発達し，中央上部の古カルスト角礫岩は鉱化されていない（図 IX-59）．マント型硫化物鉱石の品位は，Pb 3～8%，Zn 6～30%，Ag 68～204g/t，Au 1.7～7g/t，Zn/Pb 比 1:1～4:1 である．銅は回収されていない．マント型鉱石は，主として黄鉄鉱からなり，鉄閃亜鉛鉱（FeS 20.5～5.5 モル%），方鉛鉱（一部含銀－蒼鉛方鉛鉱），黄銅鉱，四面銅鉱，磁鉄鉱，磁硫鉄鉱，白鉄鉱，エレクトラムを伴う．脈石鉱物として石英，菱鉄鉱を産する．また後期晶出の細脈および晶洞鉱物として，菱鉄鉱，石英，黄鉄鉱，閃亜鉛鉱，Bi-Te-Hg-Au-Ag 鉱物，菱マンガン鉱，ドロマイト，重晶石，蛍石があげられる．マント型鉱石中の硫化物体積率は，65% 以上である．鉱石は塊状で一般に組織，粒径，鉱物の相違による縞状構造を呈する．縞状構造は，ドロマイトの堆積層理面あるいは割目に平行で，鉱体中の残留ドロマイトの周囲では同心円状の縞状構造も認められる．これらの縞状構造は，鉱化流体

凡例:
- 砕屑性斑岩
- 鉱石
- Jhonson Gulch斑岩
- Evans Gulch斑岩
- Pando斑岩
- Belden頁岩層
- Molas層（古土壌）
- Leadvilleドロマイト（一部古カルスト）
- Gilman砂岩層
- Dyerドロマイト層
- Parting砂岩層
- Manitouドロマイト層

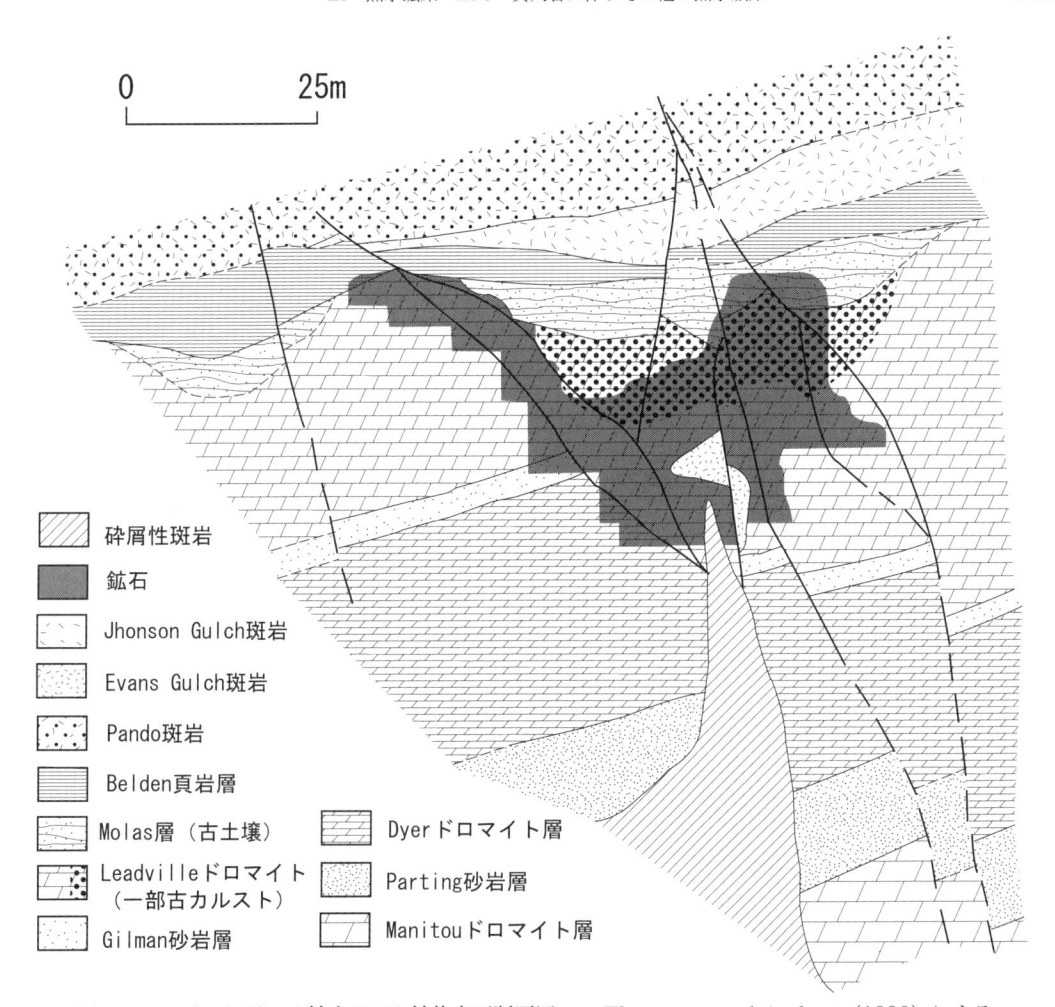

図IX-59 Black Cloud鉱山504S鉱体東西断面図 －Thompson and Arehart（1990）による－

の流動が層理面や割目構造に支配されていることを示すと考えられる（Thompson and Arehart, 1990）.

　Breece Hill岩株は，広く絹雲母化作用および粘土化作用などの熱水変質作用を受けている．とくに鉱脈あるいはマント型鉱床に接する部分では強い絹雲母化作用を被り，粘土化帯やプロピライト化帯に縁取られ，鉱石から約100mの広がりを見せる．火成岩に比較してドロマイトの変質は弱いが，鉱化に伴う珪化作用，基質の溶解による脆弱化作用，ドロマイトに含まれる絹雲母の再結晶化作用などが認められる．変質帯の範囲は数m程度である．Jhonson Gulch斑岩中の変質絹雲母のK-Ar年代は39.6 ± 1.7Ma（早期漸新世）で，ほぼ鉱化作用の年代を示すと考えられる（Thompson and Arehart, 1990）.

　石英，閃亜鉛鉱，ドロマイト，菱マンガン鉱，重晶石中の流体包有物は単純な気液2相系である．閃亜鉛鉱地質圧力計によって鉱床生成系の全圧力は1.2 kbar，流体包有物の平均NaCl相当塩濃度は3.3wt.%であるので，生成温度は均質化温度に90℃加えた値になる（II-5(7)参照）．測定されたLeadville地域の流体包有物均質化温度を圧力補正した生成温度は（Thompson and Beaty,

1990), Breece Hill 岩株の最も中心に近い石英－黄鉄鉱－金鉱脈で 410〜469℃, 岩株周辺地域の石英－卑金属鉱脈で 378〜439℃, マント型鉱床で 360〜418℃, 後期晶出の石英, ドロマイト, 菱マンガン鉱, 重晶石で, 270〜360℃である. マント型鉱床である Black Cloud 鉱床産の黄鉄鉱, 閃亜鉛鉱, 方鉛鉱の硫黄同位体比測定値から計算された黄鉄鉱－閃亜鉛鉱, 閃亜鉛鉱－方鉛鉱組み合わせの生成温度（IV-(2) 参照）は 345〜408℃となり, 流体包有物地質温度計の結果とよく一致する (Thompson and Beaty, 1990).

Leadville 地域の鉱石生産量は 1924〜1957 年の間に 512 万 3,002t (Au 4.76g/t, Ag 48.9g/t, Pb 2.01%, Zn 8.02%) 1971〜1987 年の間に 302 万 5,366t (Au 2.38g/t, Ag 73.1g/t, Pb 8.90%, Zn 8.02%), 1860 年以降の生産量は 2,400 万 t に達すると報告されている (Thompson and Arehart, 1990).

(5) 錫－多金属鉱脈鉱床

この型の鉱床は, 珪長質火山底貫入岩に伴う熱水作用によって貫入岩およびその周辺の岩石, あるいは石英安山岩, 石英粗面安山岩などの溶岩流－ドーム複合岩体中に生成され, 錫石のほか銀, 亜鉛, 銅, 金, 鉛などを含む鉱脈型の鉱床である. 本鉱床は, 大陸縁辺造山帯の中間質〜珪長質マグマ弧において浅所貫入岩に伴って, 白亜紀から第三紀にかけて生成されたものが多い. 鉱脈は一般に密集した平行脈群を形成し, 脈幅は細脈状のものから数 m に及ぶが, 1m 弱の場合が多い. 鉱脈の走向方向および傾斜方向延長は 1,000m 以上に達することがあるが, 富鉱部は両方向とも一般に 200〜300m の範囲である. 鉱脈の構造は, 多鉱化期復成縞状脈を示す. 産出する金属鉱物は, 黄鉄鉱, 錫石, 磁硫鉄鉱, 白鉄鉱, 閃亜鉛鉱, 方鉛鉱, 黄銅鉱, 黄錫鉱, 硫砒鉄鉱, 四面銅鉱, 灰重石, 鉄マンガン重石, アンドラー鉱, 毛鉱, ブーランジェ鉱, 濃紅銀鉱, 輝安鉱, 輝蒼鉛鉱, 自然蒼鉛, 輝水鉛鉱, 輝銀鉱, 自然金, 複雑硫塩鉱物などであり, 多種の鉱物を産することがこの型の鉱床の特徴である. 水平および垂直方向の鉱物累帯は, 鉱床毎に完全には一致しないが, 貫入岩あるいはドーム複合岩体を中心として, 顕著な累帯配列をする鉱床が多い. すなわち, 中心部では錫石, 鉄マンガン重石, 輝蒼鉛鉱などの高温鉱物を, 周辺部では, 方鉛鉱, 黄銅鉱, 黄錫鉱, 鉛硫塩鉱物, 銀鉱物などの低温生成鉱物を多く産する. このように 1 鉱床中に高温鉱物から低温鉱物を産する現象をテレスコーピングと言い, テレスコーピングを示す熱水鉱床をゼノサーマル鉱床と称する. また, 脈石鉱物として, 下部では石英, 絹雲母, 電気石, 上部では, 玉髄, 稀に重晶石, 菱鉄鉱, 方解石, マンガン炭酸塩鉱物, 蛍石を産する. 母岩の変質作用としては, 石英－絹雲母－黄鉄鉱または, 石英－絹雲母－緑泥石化作用が認められ, 地表付近で, 粘土変質作用または高度粘土変質作用が重複することがある.

この型の鉱床の代表的例として, ボリビアの Cerro Rico de Potosi があげられるが, そのほか Llallagua, Kori-Kollo, Oruro（ボリビア）, Pirquitas（アルゼンチン）などがあり, 日本の足尾, 生野, 明延もその例とされている.

Cerro Rico de Potosi 錫－多金属鉱脈鉱床 本鉱床は, ボリビアの首都 La Paz の南東 420km にあり, ボリビア・アンデス東山脈の中央部に位置する. 地域の地質は, オルドビス系, シルル系, 白亜系, 第三系, 第四系と, 石英安山岩, 石英斑岩, 花崗岩などの貫入岩からなる（図 IX-60）(Sugaki et al., 1983). オルドビス系は, 地域の北部と南部に分布し, 粘板岩および珪岩からな

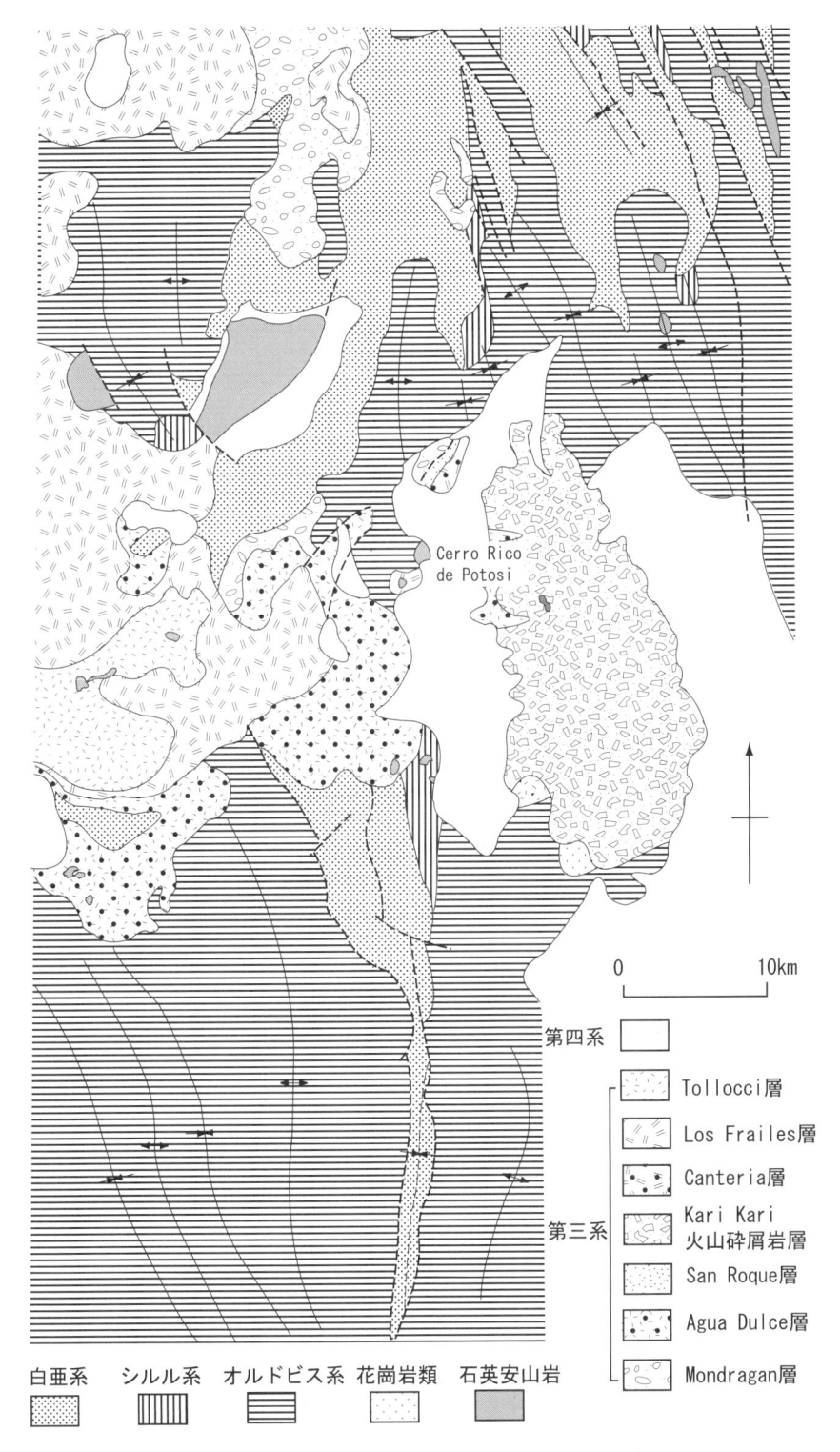

図 IX-60　Potosi 地域地質図　— Sugaki et al. (1983) による —

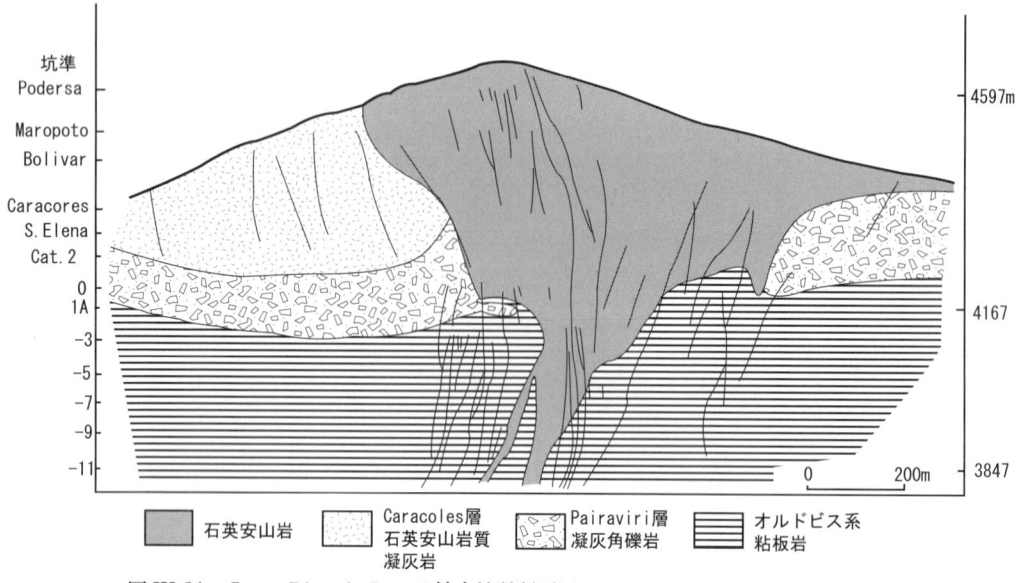

図 IX-61　Cerro Rico de Potosi 鉱床地質断面図　－Sugaki et al. (1983) による－

る．Kumurana 花崗岩質岩体付近の珪岩は再結晶し，少量の電気石を生じている．シルル系はオルドビス系を覆って発達し，頁岩，珪岩およびこれらの互層からなる．白亜系は，古生層を不整合に覆って広く分布し，下位の Torotoro 層と上位の Miraflores 層に分けられる．Torotoro 層は主として斜交層理を示す粗粒砂岩からなり，ときに礫岩および黒色頁岩を挟む．Miraflores 層は，主に砂岩・頁岩の互層からなるが，局所的に石英安山岩質凝灰岩および溶岩，石灰岩，石灰質頁岩を挟む．本地域の古生代および白亜紀の地層は，NS および NNW-SSE 方向の褶曲軸を有する顕著な褶曲構造を示し，これと平行に，ときにこれを切って断層が発達する．第三系は，下位から Mondragon, Agua Dilce, San Roque, Kari Kari 火山砕屑岩, Canteria, Pailavili, Caracores, Los Frailes, Tollocci の各層からなり，中生層および古生層を不整合に覆って中新世に堆積している．Mondragon 層は，地域北部および Potosi 付近に分布し，粗粒砂岩，礫岩および両者の互層からなる．Agua Dilce 層は，Potosi の西側および南側に分布し安山岩質および石英安山岩質凝灰岩，凝灰角礫岩，溶岩からなる．San Roque 層は，Potosi の北東側に露出し，砂岩，礫岩，石英安山岩質凝灰岩，およびこれらの互層からなる．Kari Kari 火山砕屑岩層は，地域中央部の Kari Kari 地塊に広く分布し，石英安山岩質凝灰岩と古生層および安山岩の岩片を含んだ凝灰角礫岩からなる．Kari Kari 地塊周縁部には石英安山岩質溶結凝灰岩が認められる．これらの大量の火山砕屑岩噴出後の崩落によって Kari Kari カルデラが形成された．Canteria 層は，San Roque 層の上に整合に載って発達し，石英安山岩質凝灰角礫岩，石英安山岩，安山岩，砂岩，粘板岩の岩塊を含む火山角礫岩からなる．Pailavili 層は，Potosi 鉱山付近，とくに坑内に見出され，大量の古生代黒色粘板岩を含む石英安山岩質溶結凝灰岩からなる．Caracoles 層は，Pailaviri 層の上に整合に重なり細粒の石英安山岩質凝灰岩からなる．Los Frailes 層は，石英安山岩質のイグニンブライトからなり，下部第三系，白亜系，古生層を不整合に覆って広く分布する．Tollocci 層は，本地域第三系の中で最も新しい地層で，石英安山岩質溶岩および溶結凝灰岩からなる．地域南部の Kumurana 花崗岩

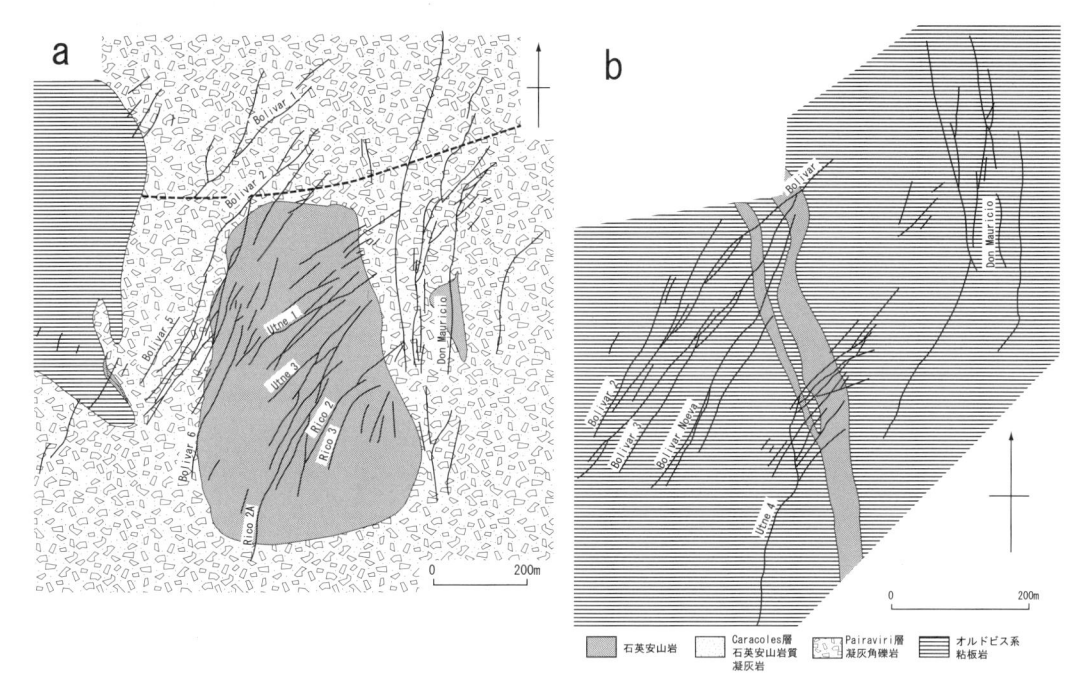

図 IX-62　a　Cerro Rico de Potosi 鉱床地質平面図（0 坑準），
　　　　　b　Cerro Rico de Potosi 鉱床地質平面図（-7 坑準）　－Sugaki et al. (1983) による－

質岩体の貫入年代は，20.5〜21.1Ma (Everunden et al., 1977; Grant et al., 1979a, b) と報告され，その岩質は，花崗岩，石英モンゾニ岩，花崗閃緑岩にわたる．Cerro Rico de Potosi 石英安山岩岩株は，Kari Kari カルデラの北西端に露出し，オルドビス系粘板岩，中新世 Pailaviri 層の石英安山岩質凝灰角礫岩，Caracoles 層の細粒凝灰岩を貫く．その下部は，パイプ状あるいは岩脈をなすが，上部では漏斗状あるいは茸状を示し（図 IX-61），強く熱水変質を受けている．Grant et al. (1979b) によれば，その K-Ar 年代は 13.2〜14.1Ma である．

　Cerro Rico de Potosi 鉱床は，石英安山岩岩株，中新世火山砕屑岩類，オルドビス系中に形成された多数の割目を充填する熱水鉱脈からなる．鉱脈は主としてオルドビス系粘板岩と石英安山岩岩株中に，次いで Caracores 層細粒凝灰岩中に発達し，Pailavili 層凝灰角礫岩中のものは比較的少ない（図 IX-61）．

　鉱脈は，走行 NNE-SSW ないし N-S 系と NE-SW 系の 2 系統に分けることができ（図 IX-62，表 IX-2），前者は剪断脈，後者は拡張脈と考えられる (Sugaki et al., 1983)．脈幅は，通常 10〜50cm，ときに 1〜2m に達する．貫入岩の中心部の鉱脈では，錫石，黄鉄鉱，鉄マンガン重石，硫砒鉄鉱などの高温鉱物を多く産し，周縁部に向かって銀鉱物，Pb-Zn-Ag 硫塩鉱物などの低温鉱物が増加するテレスコーピングが認められる (Suttill, 1988)．鉱脈は縞状復成脈なす．黄鉄鉱および閃亜鉛鉱は石英を伴い 5〜20cm の幅で脈の両外側に縞をなし，中心部は 5〜10cm 幅の明礬石，カオリン，絹雲母からなる縞が占める．錫石はしばしば 2〜5cm の狭い縞をなして，外側の黄鉄鉱－閃亜鉛鉱－石英縞と中心の明礬石－カオリン－絹雲母縞の間に挟まれて産するが，外側の黄鉄鉱－閃亜鉛鉱－石英縞中に見出されることもある．この場合，錫石は黄銅鉱，黄錫鉱を伴う

表IX-2 Cerro Rico de Potosi 鉱床主要鉱脈データ
－Sugaki et al. (1983) による－

鉱脈名	走向	傾斜	長さ m	深さ m	幅 m
Bolivar	N35°E	70°W	500	420	0.25
Bolivar 1 Ramo 1	N10-20°E	80°E	150	60+	0.3
Bolivar 2	N25°E	80°E	400	400	0.2
Bolivar 4	N20°E	85°E	500	200	0.2
Bolivar 5	N30°E	75°W	300	420	0.4
Bolivar 6	N25°E	80°E	600	300	0.2
Bilivar Nueva	N25°E	80°E	500	450	0.2
Utne 2	N40°E	85°E	400	450	0.4
Utne 3	N45°E	85°E	300	420	0.4
Utne 4	N40°E	65°W	950	450	0.5
Tajao Polo 1	N-S	75°W	500	370	0.8
Rico 2	N40°E	90°	450	250	0.3
Rico 2A	N25°E	90°	450	290	0.3
Mendieta 2	N60°E	85°W	460	400	0.3
Don Maurico	N20-30°E	75-85°E	650	490	0.5

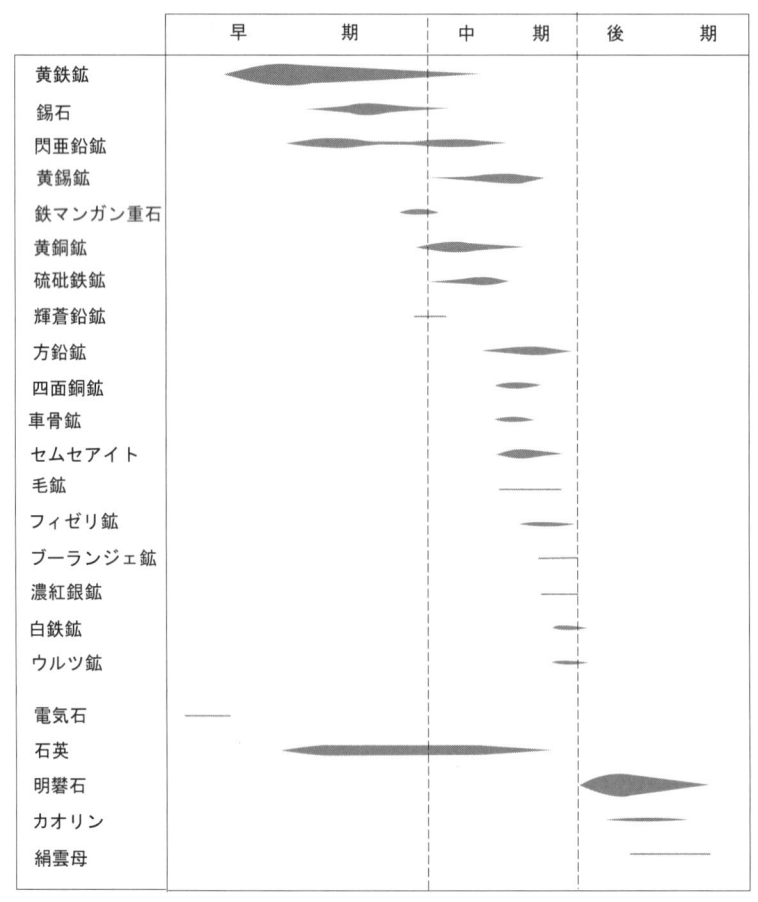

鉱物	早期	中期	後期
黄鉄鉱	●━━		
錫石		●	
閃亜鉛鉱	●━━	●	
黄錫鉱		●	
鉄マンガン重石		─	
黄銅鉱		●	
硫砒鉄鉱		●	
輝蒼鉛鉱		─	
方鉛鉱		●	
四面銅鉱		●	
車骨鉱		●	
セムセアイト		●	
毛鉱		─	
フィゼリ鉱		─	
ブーランジェ鉱		─	
濃紅銀鉱		─	
白鉄鉱		─	
ウルツ鉱		─	
電気石	──		
石英	●━━━━━		
明礬石			●
カオリン			─
絹雲母			─

図 IX-63 鉱物晶出順序 － Sugaki et al. (1983) による－

ことがある．鉄マンガン重石（MnWO₄ 4.6～7.1 モル％）は，ときに石英，黄鉄鉱，黄銅鉱，黄錫鉱を伴って錫石縞の内側に産する．輝蒼鉛鉱は，錫石を伴う閃亜鉛鉱中に見出されることがある．含銀鉱物としては，フィゼリ鉱，濃紅銀鉱，セムセアイト，ブーランジェ鉱，四面銅鉱，含銀方鉛鉱などを産し，黄鉄鉱－閃亜鉛鉱－石英縞において石英，黄鉄鉱，硫砒鉄鉱などの粒間を埋めて晶出している．Sugaki et al. (1983) が，肉眼および顕微鏡観察の結果得た鉱物の晶出順序を図 IX-63 に示す．

Suttill (1988) によると，Cerro Rico de Potosi 鉱床の地下埋蔵鉱量は，7 億 7,800 万 t（Ag 150～250g/t, Sn 0.3～0.4%）とされ，その他地表に同一品位の砕屑鉱石が 5,000 万 t あると報告している．また，Mutschler et al. (2000) は，鉱量 9 億 8,500 万 t（Ag 116g/t, Sn 0.15%）と算定している．

（6）鉄酸化物（－銅－ウラン－金－希土類元素）鉱床（オリンピック・ダム型～キルナ型鉱床）

この型の鉱床は，陸成火山岩類，堆積岩，貫入岩類中にパイプ状，板状，層状または不規則な形態をなす，浅所生成の赤鉄鉱－磁鉄鉱の角礫岩型，鉱脈，交代鉱床で，多種の非鉄金属（Cu, Au, Ag, U, REE）を含むオリンピック・ダム型（あるいは IOCG 型－ Willams et al., 2005）から，ほとんど含まないキルナ型鉱床までであるが，いずれも共通産出鉱物として CO₃, Ba, P あるいは F 鉱物を含む．鉱床の多くは中期原生代に，安定なクラトン内の拡張テクトニクスによるグラーベン構造形成に伴って生成されたものである．鉱床は，"赤色"花崗岩およびラパキビ花崗岩ないしマンゲライトおよびチャーノッカイト（A 型花崗岩類），およびこれに相当する火山岩類などのアルカリ珪長質岩に伴って産し，これらの火成岩類中には一般に副成分鉱物として鉄酸化鉱物を含む．オリンピック・ダム型鉱床などの角礫岩型鉱床は，岩片，酸化鉄片，赤鉄鉱－石英の小礫および細粒塊状礫と酸化鉄鉱物の基質からなる角礫岩中に形成される．角礫岩中の礫の大きさは，最大 10m に達するが，多くは数～数十 cm である．非鉄金属鉱物は，通常，鉄酸化物基質中に微細脈を伴う鉱染鉱化作用によって生成されるが，稀に礫部も鉱化される．交代組織および微空隙充填組織が一般的に認められる．赤鉄鉱および磁鉄鉱は，板状および葉片状結晶をなし，それらがモザイク組織を示す．キルナ型鉱床などの層状交代鉱床は，母岩の火山岩類と調和的な赤鉄鉱に富む角礫岩層，鉄酸化物層，多量の鉄酸化物を含む火山岩層などからなる．鉱床の規模は，水平方向および垂直方向に数 km，厚さ数 m から数百 m に達する．オリンピック・ダム型角礫岩型鉱床およびキルナ型層状交代鉱床のほかに，鉱脈および塊状交代鉱床の産出も報告され，石灰岩を交代する Bayan Obo 鉱床もこの型の鉱床とされている（Oreskes and Hitzman, 1993）．

キルナ型鉱床の鉱石鉱物は，Ti に乏しい磁鉄鉱および赤鉄鉱のみであるが，オリンピック・ダム型鉱床は多種の鉱石鉱物を産する．すなわち，Ti に乏しい赤鉄鉱および磁鉄鉱，斑銅鉱，黄銅鉱，輝銅鉱，黄鉄鉱，ダイジェナイト，銅藍，自然銅，カーロール鉱，輝コバルト鉱，Cu-Ni-Co 砒素酸塩鉱物，瀝青ウラン鉱，コフィナイト，ブランネル石，バストネス石，モナズ石，ゼノタイム，フローレンサイト，自然金，自然銀，Ag テルル化鉱物などである．脈石鉱物として，オリンピック・ダム型鉱床は絹雲母，炭酸塩鉱物，緑泥石，石英，蛍石，重晶石のほか，ときに少量の緑簾石を産する．キルナ型鉱床の脈石鉱物は，燐灰石，アクチノ閃石または，輝石である．母岩の変質は，鉱物組み合わせおよび変質の強さが大きく変化する．オリンピック・ダム型鉱床においては，強い絹

雲母－赤鉄鉱変質作用が認められ，上部では角礫岩体の中心部に向かって赤鉄鉱の量が増す．鉱床近辺では，絹雲母化した長石は赤鉄鉱リムを生じ，赤鉄鉱細脈に切られる．赤鉄鉱角礫岩に接する長石，蛍石，絹雲母はすべて赤鉄鉱によって交代される．そのほか，部分的に珪化作用を受けている．キルナ型鉱床の母岩の変質は深さにより著しく変化し，深部では磁鉄鉱に伴うソーダ変質作用（曹長石に富む），中間部では赤鉄鉱または磁鉄鉱に伴うカリウム変質作用（カリ長石＋絹雲母），最上部では絹雲母化作用（絹雲母＋石英）が認められる．

この型に属する主な鉱床の例としては，Olympic Dam, Oak Dam（オーストラリア・南オーストラリア），Ernest Henry（オーストラリア・クイーンズランド），Peco（オーストラリア・ノーザンテリトリー），Kiruna 地域，Malmberget, Svappavaava, Grangsberg（スウェーデン），東南 Missouri 地域（米国・ミズーリ），Iron Spring（米国ユタ），Humboldt, Cortez Mtns., Yerington（米国南西部），Benson mines（米国ニューヨーク），Great Bear Lake 地域（カナダ・ノースウエステリトリー），Cerro de Mercado（メキシコ），Marcona, Pampa del Congo（ペルー），Candelaria（チリ），Carajas（ブラジル），Kasempa（ナミビア），Jabal Idas（サウジアラビア），Bingol-Anvik（トルコ），Korushunovsk, Tagar（ロシア），Hankow（中国），Bayan Obo－白雲鄂博－（中国・内蒙古）などがある（Oliver and Marshik., 2005）.

Olympic Dam 銅－ウラン－金－希土類元素－銀鉱床 本鉱床は，南オーストラリア南部 Adelaide の北北西 300km にあり，地質的には Stuart 陸棚の中央部に位置するが（図 IX-64），鉱床は，Stuart 陸棚堆積物の基盤岩中に胚胎する．Gawler クラトンの最下部基盤岩は太古代 Mulgathing 複合岩体および Sleaford 複合岩体である（Parker, 1990）．これら複合岩体はグラニュライト相の片麻岩類からなり，グリーンストン帯を含まない．Eyre 半島南部で，Sleaford 複合岩体は，砕屑性堆積岩からなる早期原生代の Hutchison 層群に覆われる．Hutchison 層群は，繰り返し強く変形，変成作用を被り，変成度は角閃岩相に達する．地域東南部には，低変成度結晶片岩，角閃岩からなる Broadview 片岩類が Myola 珪長質火山岩類を伴って分布し，さらにその東には，McGregor 火山岩類とその上位の Moonabie 層が露出する．これらも早期原生代に形成されたもので Hutchison 層群の上位に当たる．また，早期原生代には，種々の組成の花崗岩類（1,850 ～ 1,600Ma）が貫入し，これらは Lincolin 複合岩体と呼ばれる．中期原生代の堆積岩・火山岩類は早期原生代ほど激しい変形・変成作用を受けず，水平に近い構造を示す．珪長質火山岩類からなる中期原生代 Gawler Range 火山岩類（1,600 ～ 1,590Ma）は，Tarcoola 層および Corunna 礫岩層を伴って広く分布する．大規模に貫入する Hiltaba 非造山性花崗岩質深成岩は，Gawler Range 火山岩の活動と成因的に関係があると考えられる．Olympic Dam 地域では，Hiltaba 深成岩を Burgoyne 底盤と呼んでいる（Reeve et. al., 1990）．Burgoyne 底盤（1,600 ～ 1,585Ma）は，少なくとも二つの花崗岩質岩体，White Dam および Wirrda 岩体からなり，それぞれ東側および西側に分布する．両者の岩質は，石英モンゾニ岩から花崗岩の範囲であり，A 型花崗岩（Collins et al., 1982）に属する．Olympic Dam 鉱床は，Wirrda 岩体の一部である Roxby Downs 花崗岩中に胚胎する．以上の中期原生代の岩石を覆って Stuart 陸棚には Pandurra 層が堆積する．Pandurra 層とその下位の岩石は NW 方向の Gairdner 苦鉄質平行岩脈群に貫かれ，Pandurra 層は，苦鉄質の Beda 火山岩および非変形の後期原生代とカンブリア紀の卓状地堆積岩に不整合に覆われている（図 IX-64, 65）．

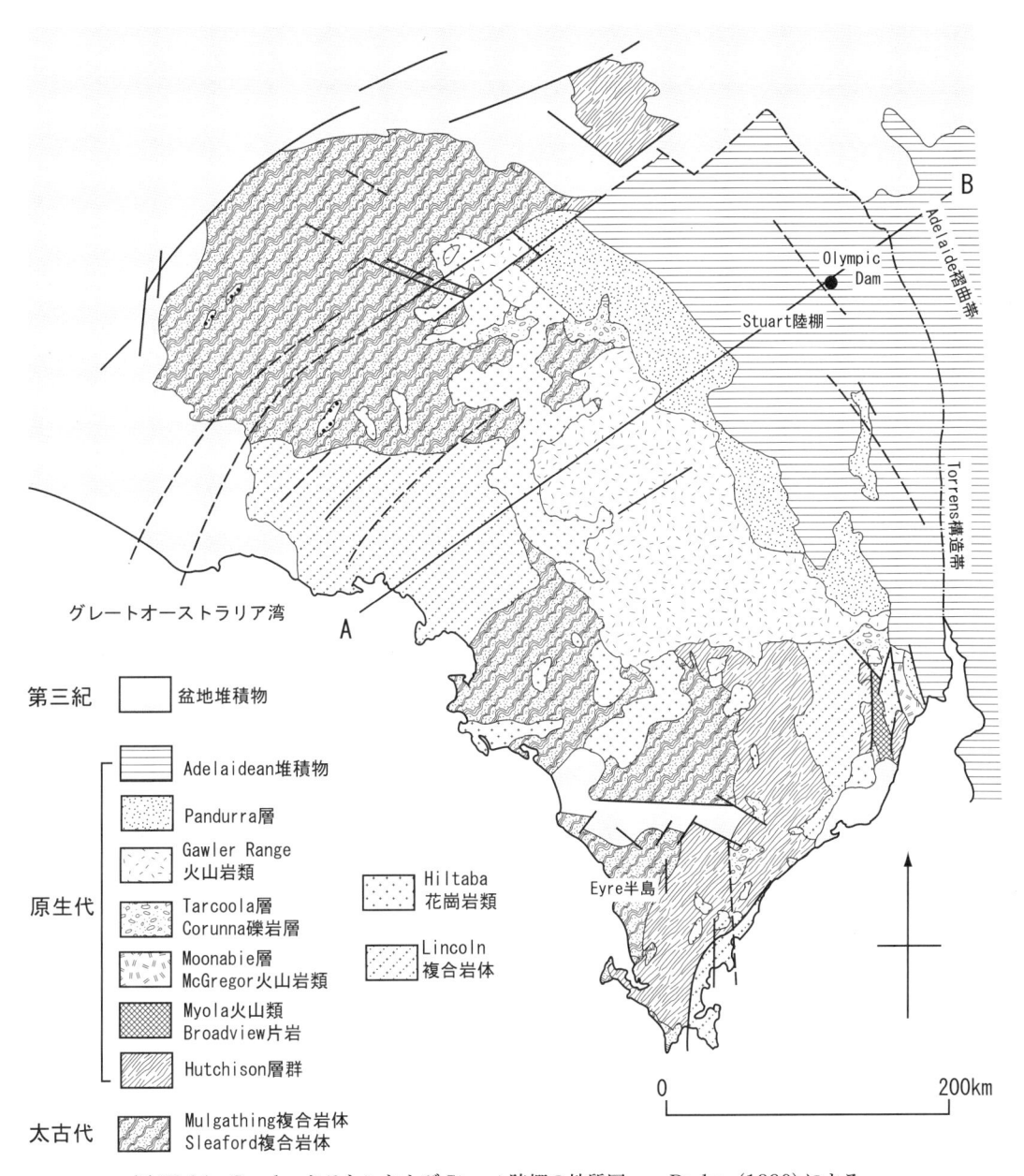

図IX-64 GawlerクラトンおよびStuart陸棚の地質図 — Parker (1990) による —

　Olympic Dam鉱床は，Roxby Downs花崗岩中に産するOlympic Dam角礫岩複合岩体中にのみ存在する．また，Olympic Dam角礫岩複合岩体の主成分はRoxby Downs花崗岩，Gawler Range火山岩，熱水起原物質である．Olympic Dam角礫岩複合岩体の外側の境界は不明瞭で，変質花崗岩角礫岩から角礫化花崗岩を経て割目の入った花崗岩へ漸移する．角礫岩複合岩体の中心部へ近づくほど赤鉄鉱が増加し，周縁部に向かって累進的に花崗岩の量を増す（図IX-66）．しかし，詳細に見ると複合岩体は，不規則な形をし，異なった組成の角礫岩体が，多数集合したものであることがわかる．これら岩体および赤鉄鉱に富む帯の長軸は，多くNW方向になっている（図

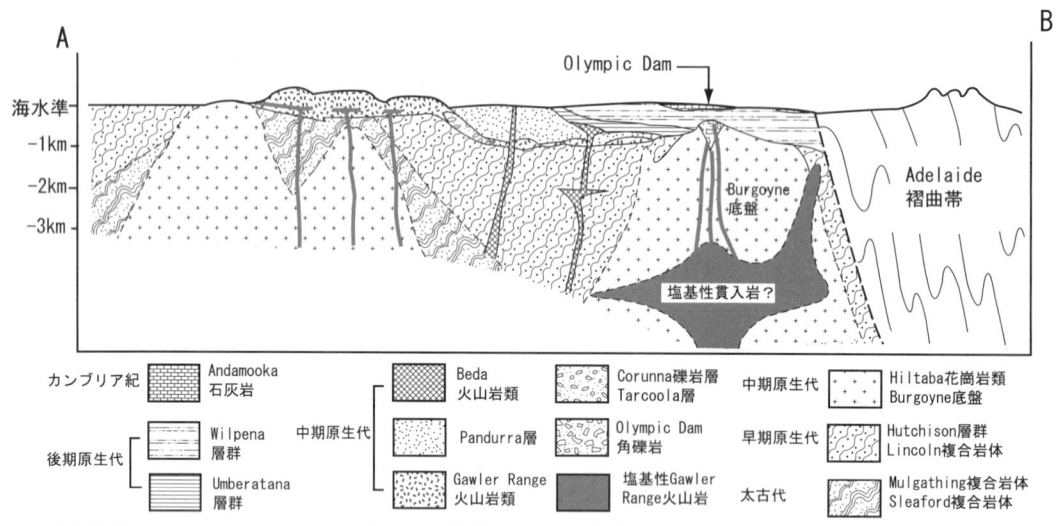

図 IX-65 GawlerクラトンおよびStuart陸棚のA-B地質断面図 — Reeve et al. (1990) による—

IX-67)．鉱化作用の母岩となっている角礫岩は広範囲の岩型からなり，角礫岩の主要成分は，主として花崗岩質のものから非常に赤鉄鉱に富むものまでにわたり，お互いに漸移関係にある．したがって，Olympic Dam角礫岩複合岩体を岩石学的に細分することは困難であり，記載される角礫岩体の岩型区分は人為的なものであり岩型間は漸移している (Reeve et al., 1990)．花崗岩角礫岩の大部分は，割目の入った花崗岩あるいは花崗岩質礫支持角礫岩からなる．しかし，部分的に花崗岩質基質支持角礫岩も産する．また，赤鉄鉱に富む基質を有する花崗岩角礫岩も認められ，この場合は局部的に多量の硫化物を伴う．赤鉄鉱に富む角礫岩は，鉱化作用の母岩として最も重要であり，赤鉄鉱−石英角礫岩，赤鉄鉱角礫岩，多岩質赤鉄鉱角礫岩に分けられる．赤鉄鉱−石英角礫岩は，赤鉄鉱および石英からなる基質と赤鉄鉱，石英，赤鉄鉱−石英の礫からなり，主として角礫岩複合岩体の中心部に産する．赤鉄鉱角礫岩は，礫岩および基質が大部分赤鉄鉱からなるもので，その分布は小範囲であるが強く鉱化作用を受け，とくに北西部では高品位鉱を伴う．多岩質赤鉄鉱角礫岩は，赤鉄鉱に富む角礫岩の中で最も広く分布し，鉱量の大部分はこの型の角礫岩中に産する．赤鉄鉱礫の他，変質した花崗岩，苦鉄質および珪長質貫入岩，堆積岩の礫を含み，塊状の黄銅鉱，重晶石，菱鉄鉱の礫を産することもある．Olympic Dam角礫岩複合岩体中には変質した細粒の苦鉄質および珪長質岩小規模岩脈が認められ，その他，ダイアトリーム構造を有する凝灰質貫入岩も産する（図IX-66, 67）．

図IX-66に示した赤鉄鉱に富む角礫岩体の長軸方向は，地域の主要リニアメント方向WNW-ESEにほぼ一致し (O'Driscoll, 1985)，このことは主要構造が熱水作用と角礫岩形成を支配していることを示唆する．鉱床は種々の方向の断層と脈によって網目状に切られており，それらの大部分は角礫岩形成後のものである．WNW-ESE方向のほぼ垂直な走向移動断層，NNW-SSE方向のほぼ垂直な走向移動断層，NW-SE方向の緩傾斜逆断層，NE方向とEW方向の共役断層の4系統の断層系が認められる（図IX-67）．脈としては，連続性の良い型，不規則型，角礫によって切断される分裂型など種々の型がある．脈を充填する鉱物は，赤鉄鉱，絹雲母，緑泥石など

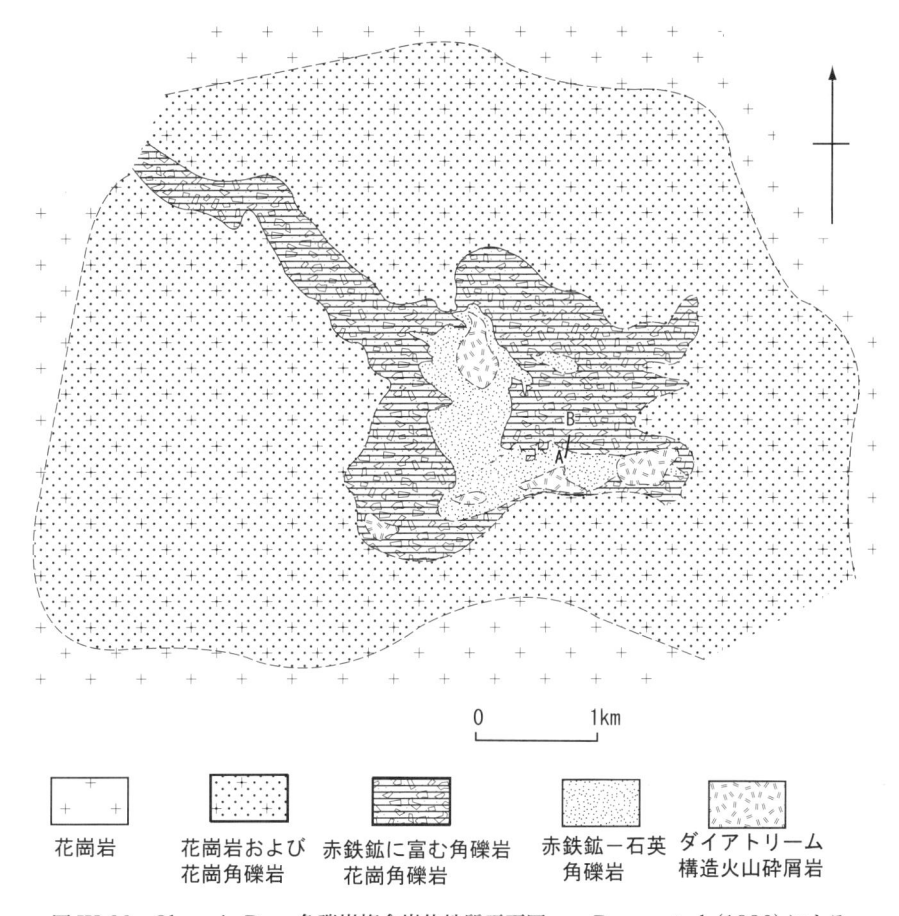

図IX-66　Olympic Dam角礫岩複合岩体地質平面図　－Reeve et al. (1990) による－

で，一つの脈に1種類の鉱物である場合が多いが，赤鉄鉱－菱鉄鉱脈，重晶石－蛍石（±赤鉄鉱，菱鉄鉱，石英，黄銅鉱）脈も広く産する．また広く珪化した角礫岩中には，石英－緑泥石細脈を産し，花崗岩および花崗岩に富む角礫岩中には，銅硫化物（±瀝青ウラン鉱，蛍石，重晶石）細脈，縞状菱鉄鉱－黄銅鉱±石英脈，石英－電気石±緑泥石±絹雲母脈が認められる．赤鉄鉱－石英角礫岩中には，重晶石－石英±蛍石脈，蛍石－重晶石±黄銅鉱ひび割れ状細脈を産する．数十cm幅の重晶石－蛍石脈を除いて，大部分の脈幅は1cm以下である．

　主要な母岩の変質作用は，絹雲母化作用，赤鉄鉱化作用，緑泥石化作用，珪化作用であり，炭酸塩鉱物化作用は僅かである．絹雲母化作用は鉱床全般にわたり，とくに花崗岩角礫岩において強い．鉱床中の赤鉄鉱の大部分は，既存鉱物を交代して生じたと考えられる．交代される鉱物は，初生の花崗岩組成鉱物ばかりでなく，二次熱水鉱物あるいは脈鉱物である磁鉄鉱，菱鉄鉱，緑泥石，絹雲母，硫化鉱物も含まれる．しかし赤鉄鉱の一部は，脈あるいは空隙中に熱水溶液から晶出している．赤鉄鉱化作用は鉱床中心部に向かって強くなる．緑泥石化作用は散点的であるが広範囲にわたっており，弱から中程度の強さである．緑泥石は長石後の仮像を呈することが多く，深部でその傾向が強い．珪化帯は独立した不規則な形態を示し，赤鉄鉱－石英角礫岩体中心部で優勢である．変質した花崗岩の多くは，その原組織を保存しているが，強い絹雲母化作用を受けた時には，組織が破壊

凡例	
花崗岩・花崗角礫岩	
花崗角礫岩	
赤鉄鉱に富むマトリックスの花崗角礫岩	赤鉄鉱に富む角礫岩
赤鉄鉱－石英角礫岩	ダイアトリーム構造火山砕屑岩
塩基性貫入岩	
断層	
重晶石－蛍石脈	

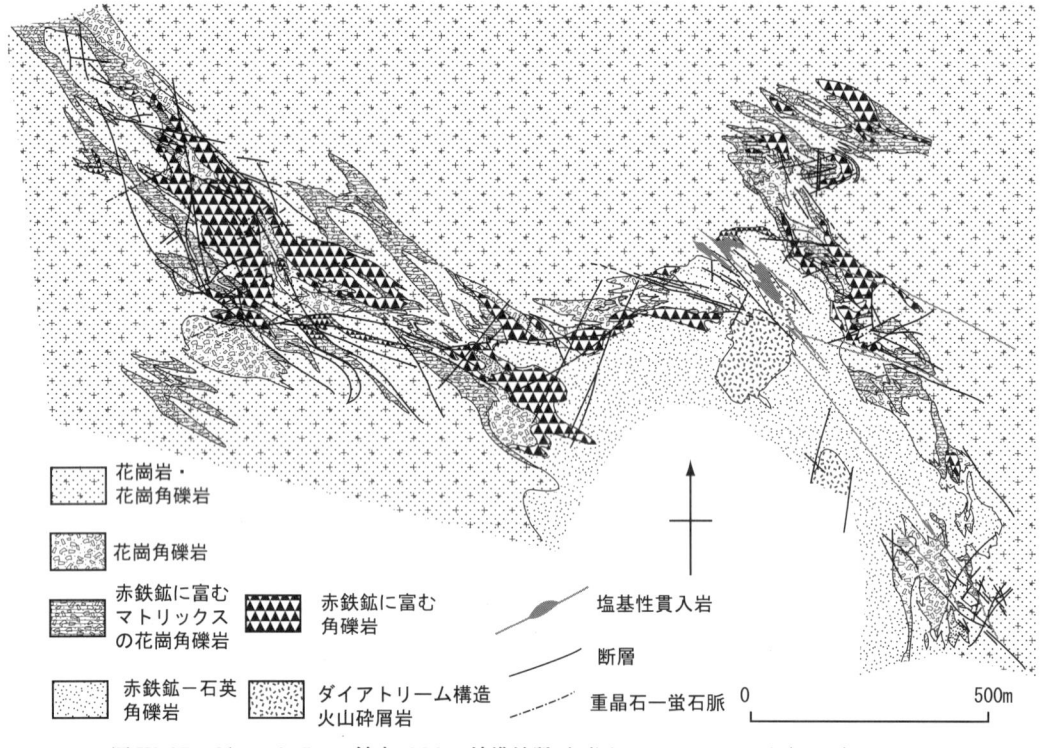

図 IX-67 Olympic Dam 鉱床 -320m 坑準地質平面図 － Reeve et al. (1990) による－

されることがある.

　Olympic Dam 鉱床は，鉄，銅，ウラン，金，銀，バリウム，弗素，希土類元素とくにランタン，セリウムの異常な濃集を示している．しかし，今のところ銅，ウラン，金，銀のみが回収されている．鉱石は，Olympic Dam 角礫岩複合岩体の全角礫岩体積の小部分を占めるに過ぎないが，弱い鉱化作用が，ほとんど全岩体に及び，平均 Cu 0.5%, U_3O_8 0.2kg/t, Au 0.5g/t, Ag 1g/t に達する (Reeve et al., 1990). 銅の鉱化作用は，主として粒径 0.1～2.0mm の硫化物粒子が散点する鉱染鉱石からなり，硫化物細脈の寄与は少ない．塊状硫化物鉱石はほとんど産出しない．経済的品位の銅鉱化作用は，ほとんど多岩質赤鉄鉱角礫岩および赤鉄鉱角礫岩に限られ，ごく一部が赤鉄鉱に富む基質を有する花崗岩角礫岩中に認められる．主要銅鉱物は，黄銅鉱，斑銅鉱，輝銅鉱（デュルレ鉱）で，少量のダイジェナイト，銅藍，自然銅，カーロール鉱を産する．主要硫化鉱物は顕著な分布様式を示し，より硫黄に富む鉱物黄鉄鉱－黄銅鉱は鉱床深部および外周部に，硫黄に乏しい鉱物斑銅鉱－輝銅鉱は鉱床上部および中心部に分布する．この黄銅鉱－斑銅鉱境界(図 IX-66)はきわめて明瞭で，やや入り組んだロウト状の形態を示し，境界から下方あるいは外側に離れるに従い黄鉄鉱：黄銅鉱比が増加するとともに，全硫化物量が減少し，境界から上部に行くに従い輝銅鉱の量比が漸増する傾向が認められる．また，この境界は高品位銅鉱の下限にほぼ一致する（図 IX-68）．斑銅鉱－輝銅鉱鉱化作用の上限も明瞭で，黄銅鉱－斑銅鉱境界の上部約 50m に限られる．多くの場合，銅硫化物は，赤鉄鉱の粒間を埋めるか交代して晶出し，稀に同時晶出あるいは銅硫化物後の赤鉄鉱も認められる．黄銅鉱は一般に黄鉄鉱と共存しその一部を交代する．黄鉄鉱中には数％のコバルトを固

図 IX-68 Olympic Dam 鉱床地質断面図（図 IX-52 A-B） － Reeve et al. (1990) による －

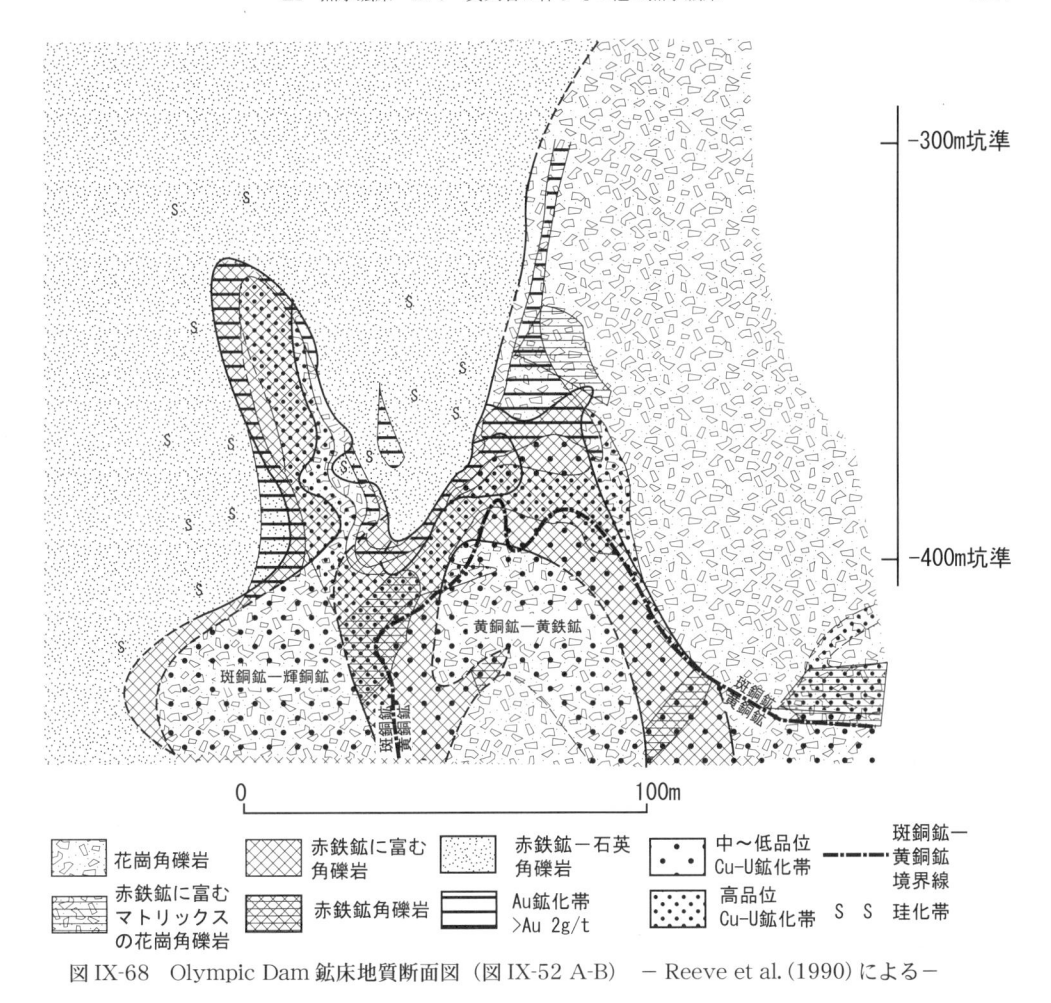

溶するとともにカーロール鉱を包有する．黄銅鉱－斑銅鉱境界上で，黄銅鉱と斑銅鉱は密接に産し，斑銅鉱は黄銅鉱の縁辺部を交代し，斑銅鉱粒子中には離溶によって生じた葉片状黄銅鉱が認められる．斑銅鉱と輝銅鉱は，共晶関係にあるか等粒状多結晶集合体をなすことが多い．全角礫岩複合岩体平均値以上のウランの濃集はほとんど赤鉄鉱に富む角礫岩中に銅鉱化作用とともに生じている．斑銅鉱－輝銅鉱帯の上限に近い所に高品位のウラン鉱化作用が生じていることが多いが，斑銅鉱－輝銅鉱帯の高品位銅鉱でもウランが比較的低品位であることがある．黄銅鉱―黄鉄鉱帯では一般にウランは中～低品位である．花崗角礫岩中にも幾つかのウランの濃集が認められており，この場合銅を伴うときと伴わないときがある．主要なウラン鉱物は，瀝青ウラン鉱で，この他少量のコフィナイト，ブランネル石，閃ウラン鉱を産する．瀝青ウラン鉱は，微粒子集合体あるいは鉱染鉱として産し，銅硫化物と共存することが多い．金は，銅－ウラン鉱石帯中に産する場合と，独立した金鉱化帯を形成する場合とがある．前者では，金の品位は 0.3g/t から 1.0g/t（平均 0.6g/t）まで変化するが，共存する銅，ウランの品位とは無関係のように見える．しかし，鉱床の中心部で品位が高く周辺部で低下する傾向が認められる．金はきわめて微細な粒子として産し銅硫化物と密接に共存する，この型の金が量的には本鉱床の主要な金供給源である．後者は，高品位（Au 数 g/t）の

小規模な不規則鉱化帯として，銅－ウラン鉱石帯から独立するか隣接して産し，分布は赤鉄鉱－石英角礫岩体の東側に沿った赤鉄鉱－石英角礫岩，赤鉄鉱に富む角礫岩，花崗角礫岩中に限られている（図IX-66, 68）．金は，10～100μm径の微粒子として産する．銅鉱化作用に伴って常に銀を産し，Cu(%)：Ag(g/t)比は，2：1から1：6まで変化する．また金鉱化作用にも銀を伴い，Au：Ag比は2.5：1から1.5：1である．主要な銀鉱物は自然銀，輝銀鉱で，稀にテルル化銀鉱物を産する（Reeve et al., 1990）．

本鉱床は，1975年に発見され，1985年に採掘を開始した．銅－ウラン鉱石の埋蔵鉱量は，4億5,000万t（Cu 2.5%, U_3O_8 0.8kg/t, Au 0.6g/t, Ag 6.0g/t）で，これには1,300万t（Cu 3%, U_3O_8 1.1kg/t, Au 0.3g/t, Ag 10.2g/t）の確定鉱量を含む．また，20億t（Cu 1.6%, U_3O_8 0.6kg/t, Au 0.6g/t, Ag 3.5g/t）の推定鉱量が算出されている．金鉱石の確定鉱量は，230万t（Cu 1.6%, U_3O_8 0.3kg/t, Au 3.6g/t, Ag 2.9g/t）である（Reeve et al., 1990）．

Kirnavaara 鉄鉱床 本鉱床は，スウェーデン最北部 Kiruna 地域にあり，地質的には Norrbotten 帯に位置する．地域の基盤は，太古代花崗岩質片麻岩（2.8Ga）で，その上に不整合に下部原生代 Kiruna 緑色岩類がのる．さらにその上に中部原生代（1.85～1.8Ga）の礫岩層，閃長岩質火山岩類，流紋岩質火山岩類，安山岩－玄武岩層，Hauki 堆積岩層が重なり，これらの岩石は，斑糲岩および花崗岩類（1.5～1.6Ga）に貫かれる（図IX-69）．Kiruna 緑色岩類は，中間質，苦鉄質，超苦鉄質火山岩類からなり，少量の浅海性堆積岩類を伴う．中部原生代の火山岩類は，主としてアルカリ流紋岩質，粗面岩質，粗面安山岩質火山灰流および溶岩流からなり，同一マグマ起源の貫入岩類を伴う．これらは上部に向かって次第に陸成堆積岩シーケンスに移り変わる．これらの火山岩類の分布から Kiruna 地域にはグラーベンあるいはカルデラ構造が推定されているが，後期の貫入岩類および構造運動によって覆い隠されているように見える（Hitsman et al., 1992）．Kiruna 緑色岩類層および中期原生代の火山岩類層は，80～55°で東ないし東南へ傾斜する（図IX-69）．

Kirunavaara 鉄鉱床は，中期原生代の中間質ないし珪長質火山岩類中に胚胎する．Kiruna 地域では，この火山岩層の厚さは，約6kmに達し，鉄鉱化作用は火山岩全層序にわたって認められる．Kirunavaara 鉱体と Luossavaara 鉱体は，斑状粗面岩質火山灰流および溶岩流と閃長岩からなる下部火山岩層と主として流紋岩質火山灰流および凝灰質堆積岩からなる上部火山岩層の境界部付近で両者にまたがって存在する．鉄鉱床と中期原生代の火山岩類とは，時期的，空間的に密接な関係を有する．すなわち，鉱体は閃長岩質，流紋岩質，苦鉄質岩脈によって切られ，これらの岩脈中には磁鉄鉱の破片を含み，かつ磁鉄鉱脈によって切られている．また，Hauki 堆積岩層中には磁鉄鉱鉱石の破片を含んでいる．Kirunavaara 鉄鉱床の形態は母岩の火山岩類と調和的な板状をなし，走向延長4km，傾斜延長1.5km，厚さ平均90mを示す．鉱体の外周部母岩との境界は漸移関係にあり，鉱体中心部に向かって長石，石英量が減少する（Hitsman et al., 1992）．鉱石はきわめて細粒塊状で主として磁鉄鉱からなるが，赤鉄鉱も存在する．脈石鉱物は，弗素燐灰石を主とし，少量のアクチノ閃石，方解石，透輝石，黒雲母を含む．鉱石は低燐灰石鉱（Fe 67% P 0.02%）と高燐灰石鉱（Fe 59% P 2%）に分けらる．両者は明瞭であるが不規則な境界を示し，下部に向かって平均燐含有量が増加する傾向がある．弗素燐灰石は，約0.6%の希土類元素を含む（Grip, 1978）．

Kiruna 地域の鉱床は広範な母岩の変質帯を伴い，その性状は生成時の深さと密接な関係を有する．すなわち，深部においては，曹長石に富むナトリウム変質作用，中間部では，カリウム変質作

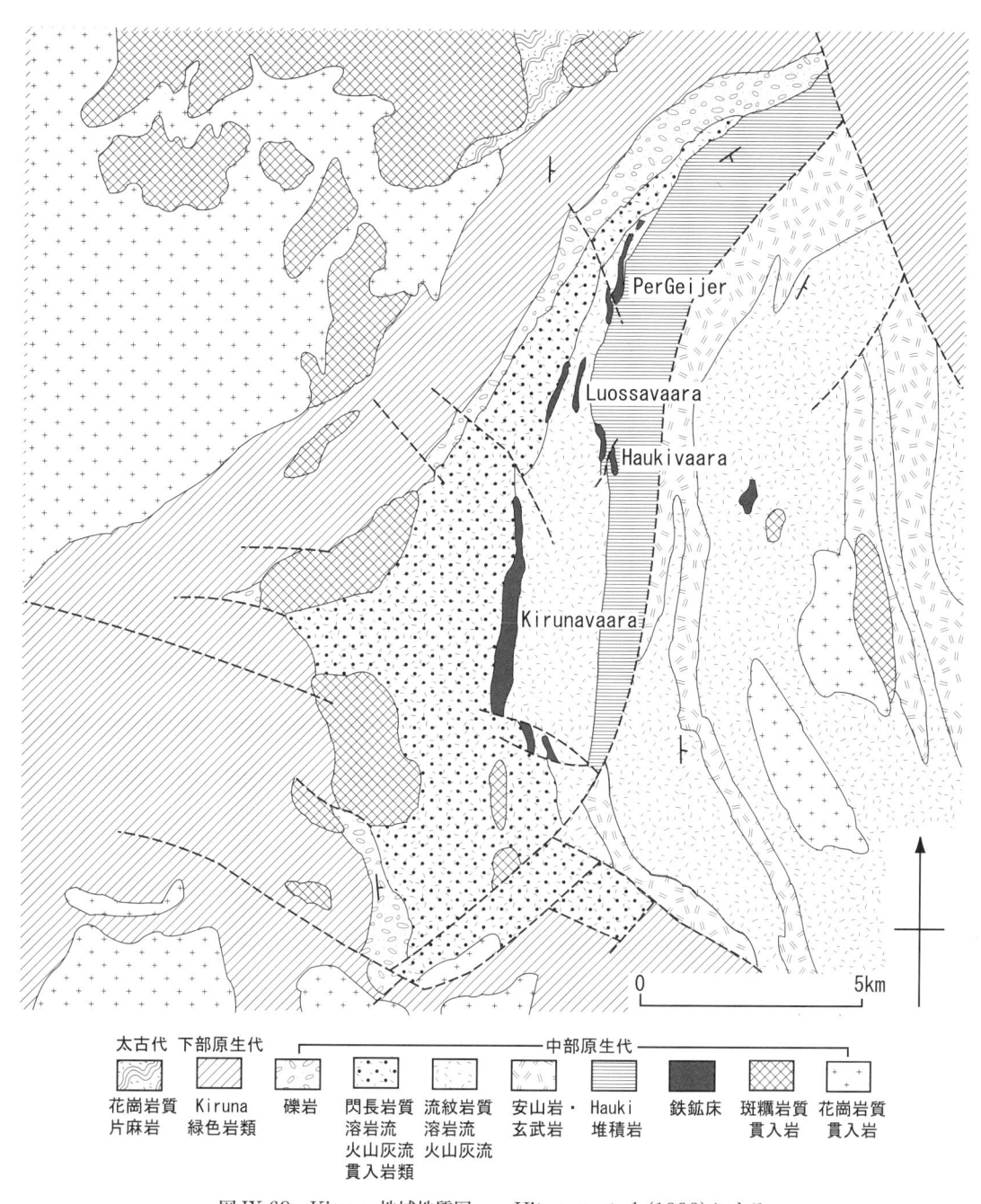

図 IX-69　Kiruna 地域地質図　— Hitzman et al. (1992) による —

用（カリ長石＋絹雲母），最上部では，絹雲母化および珪化作用（絹雲母＋石英）のように変化する（図 IX-70）．Kirunavaara 鉱床下盤の火山岩類は，磁鉄鉱＋曹長石＋アクチノ閃石＋緑泥石の組み合わせの変質作用を受け，岩石中の斜長石は全域にわたって曹長石に置き換わっている．鉱体自身は主として磁鉄鉱とこれに連晶する燐灰石，アクチノ閃石，少量の石英からなる．鉱床中に取り込まれた粗面岩と流紋岩は曹長石岩に変化している．鉱床上盤の流紋岩質岩では，Per Geijer 鉱

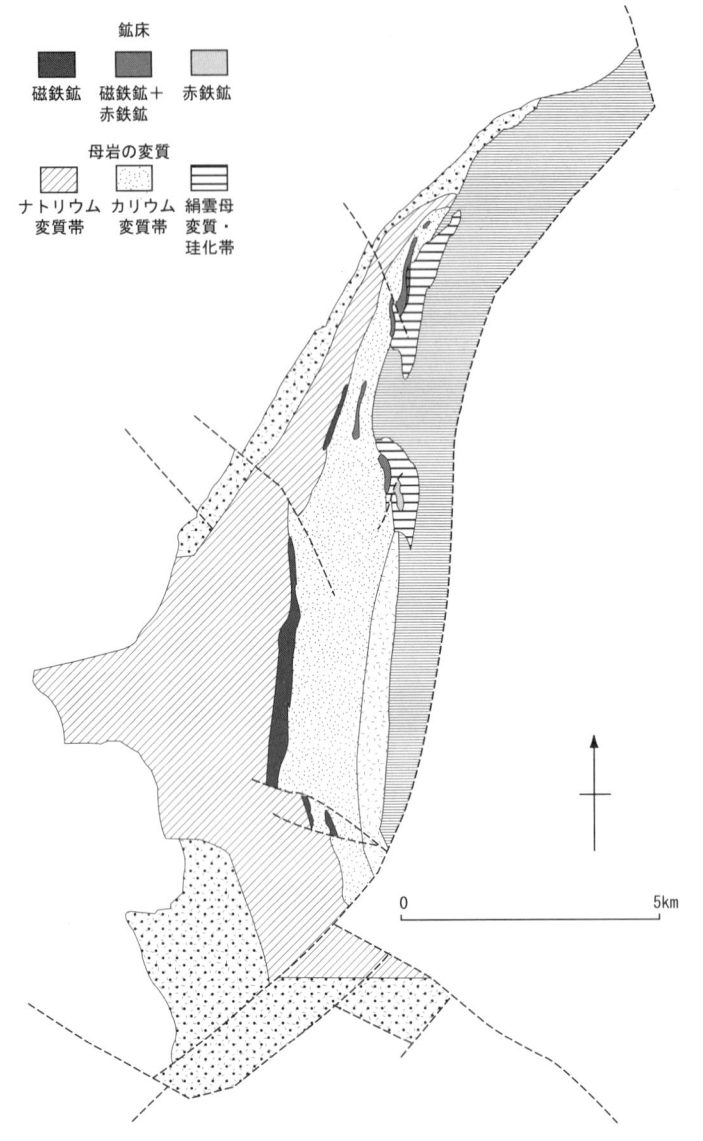

図IX-70 Kiruna地域鉱床・変質分帯図 － Hitzman et al. (1992) による－
上記以外の凡例は図IX-69参照

まで火山岩中の初生カリ長石が一部石英＋黒雲母に置換され，部分的に黄鉄鉱の鉱染が認められる．Per Geijer鉱体の上下盤境界は，赤鉄鉱＋磁鉄鉱＋燐灰石の基質と珪化および絹雲母化した火山岩片からなる角礫岩によって占められる．Per Geijer鉱体の母岩は，赤橙色の二次カリ長石が初生カリ長石を交代し，石基と斜長石斑晶は絹雲母によって交代されている．これより上位では，絹雲母化および珪化帯となり，Haukivaara鉱床に向かってその強さを増す．Haukivaara鉱床においては，赤鉄鉱が石英，絹雲母，燐灰石，重晶石と共晶し，赤鉄鉱鉱石および近接する母岩には，重晶石＋方解石脈を含んでいる．鉱床上盤の堆積岩中にも弱い絹雲母化，珪化，方解石化作用が認められる (Hitsuman et al., 1992).

Kiruna地域全体の鉄鉱石埋蔵鉱量は，約20億t (Fe 50%) と報告されている (Grip, 1978).

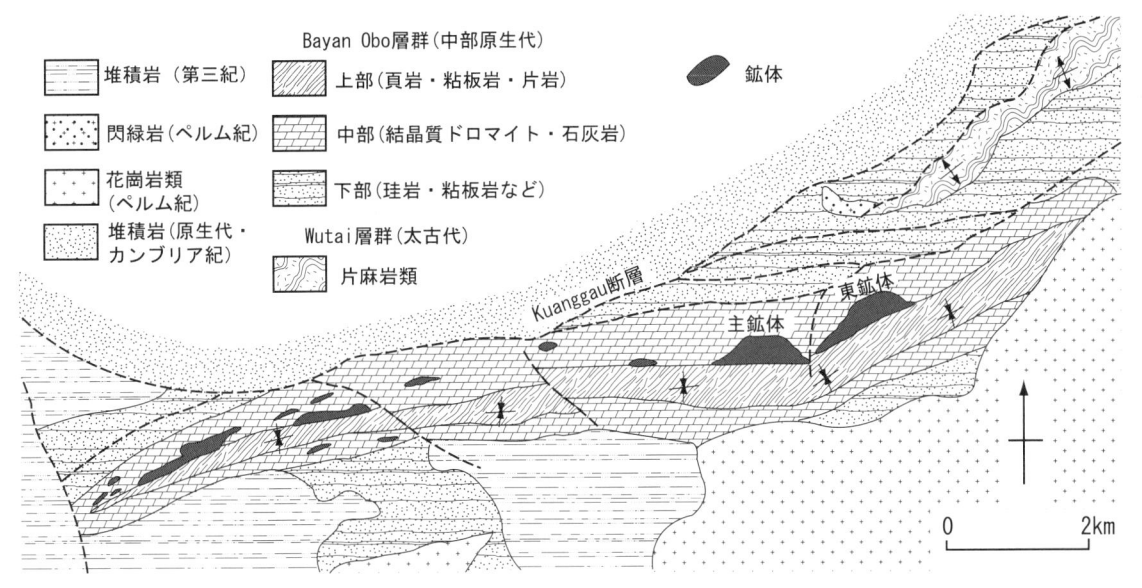

図IX-71 Bayan Obo 地域地質図 － Chao et al. (1997) による－

Bayan Obo（白雲鄂博）鉄－希土類元素－ニオブ鉱床 本鉱床は，中国・内モンゴル自治区中央部，包頭市の北方150kmにあり，地質的には中朝準卓状地の北限に位置する．地域の基盤は，花崗岩質片麻岩およびミグマタイトからなる太古代Wutai層群で，これを不整合に覆って中期原生代Bayan Obo層群が広く分布し，ヘルシニア期の花崗岩類および閃緑岩が露出する．また，地域の南方50kmには，オルドビス紀のA型花崗岩（451±17Ma, Wang et al., 1994）が分布し（Chao et al., 1997），幅1〜2m，長さ150mほどの小規模なカーボナタイト岩脈群（433Ma, Bai and Yuan, 1985）がWutai層群の背斜構造を切って貫入しているのが認められる．Bayan Obo鉱床の北方に東西方向に走るKuanggou断層の北側は，鉱床地域と著しく地質を異にし，原生代〜古生代の堆積岩層によって占められている（図IX-71）．Bayan Obo層群は下部，中部，上部に分けられ，下部は下位からアルコーズ質珪岩，細粒〜中粒珪岩，石灰質粘板岩，アルコーズ質珪岩・粘板岩，シルト質砂岩および珪岩を挟む粘板岩，珪岩，結晶質ドロマイト・アルコーズ質砂岩・石灰質粘板岩からなる．中部は，主な鉱床胚胎層準で，結晶質ドロマイトおよび石灰岩からなり，その上部と下部に珪岩を挟み，厚さ240〜540mに達する．上部は，黒色頁岩，粘板岩，黒雲母片岩の互層からなる．Bayan Obo層群は東西方向の軸を有する向斜構造を有し，北側の翼は一般に50〜70°Sの傾斜，南側の翼は70〜80°Nのより急傾斜を示し，一部で，垂直層あるいは逆転層をなしている．この向斜構造は多くの小規模な東西性の雁行褶曲，剪断帯，衝上断層を伴っており，多くの有力な鉱床は東西方向の剪断帯に沿って発達している（Chao et al., 1997）．Bayan Obo地域は，後期原生代（約900Ma），カレドニア期（425〜343Ma），ヘルシニア期（310〜220Ma）に広域変成作用を受けた．前2者は変成アルカリ角閃石の存在から，低変成度角閃岩相，後者は黒雲母の存在から緑泥片岩相の変成作用と考えられる（Chao et al., 1997）．

鉱床は，主としてBayan Obo層群中部のドロマイトを交代する熱水鉱床で，Bayan Obo層群の構造に調和したレンズ状ないし層状をなし，東西約18km，南北2kmの範囲に多数分布する．

図IX-72 主鉱体と東鉱体の鉱石分布図 − Chao et al. (1997)による−
上記以外の凡例は図IX-71参照

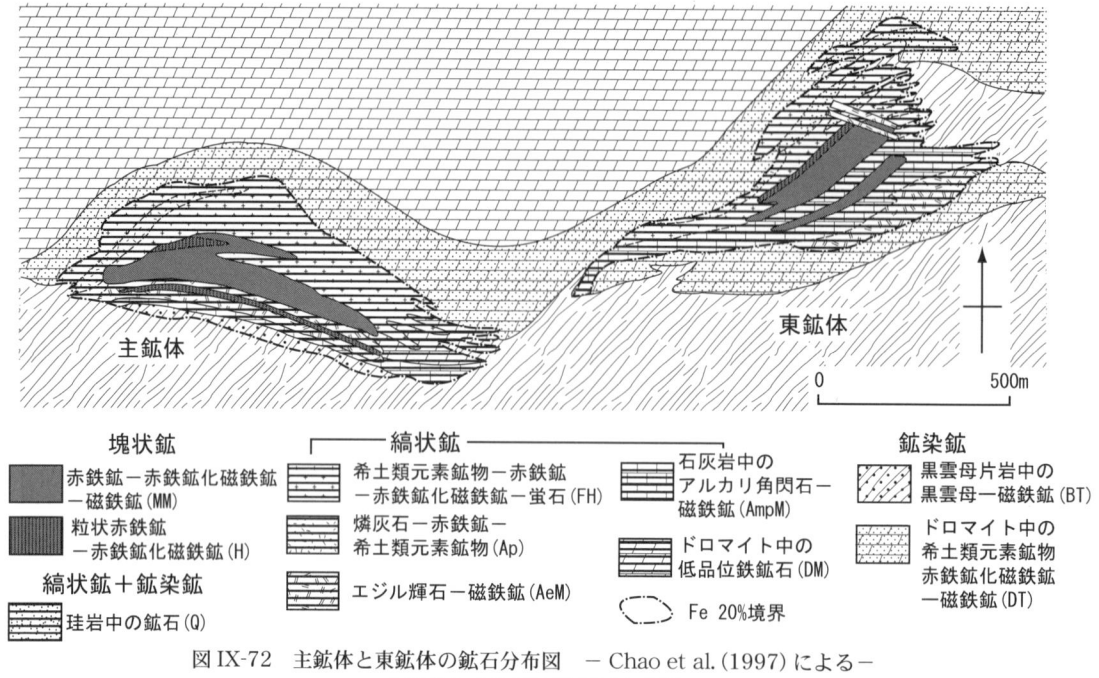

凡例:

塊状鉱
- 赤鉄鉱−赤鉄鉱化磁鉄鉱−磁鉄鉱(MM)
- 粒状赤鉄鉱−赤鉄鉱化磁鉄鉱(H)

縞状鉱＋鉱染鉱
- 珪岩中の鉱石(Q)

縞状鉱
- 希土類元素鉱物−赤鉄鉱−赤鉄鉱化磁鉄鉱−蛍石(FH)
- 燐灰石−赤鉄鉱−希土類元素鉱物(Ap)
- エジル輝石−磁鉄鉱(AeM)
- 石灰岩中のアルカリ角閃石−磁鉄鉱(AmpM)
- ドロマイト中の低品位鉄鉱石(DM)
- Fe 20%境界

鉱染鉱
- 黒雲母片岩中の黒雲母−磁鉄鉱(BT)
- ドロマイト中の希土類元素鉱物赤鉄鉱化磁鉄鉱−磁鉄鉱(DT)

これらは，東鉱体，主鉱体，西鉱体群に区分されるが，前二者の規模が大きく，いずれも走向延長約1km，厚さ最大300〜400mに達し，南に傾斜する．鉱石は，鉱染鉱，縞状鉱，塊状鉱に分類され，東鉱体と主鉱体ではこれら鉱石の累帯配列が認められる．すなわち，鉱染鉱は鉱体の最も外側に分布し，縞状鉱は中間部，塊状鉱は中核部に産する（図IX-72）．主な鉱石鉱物は，鉄鉱物として磁鉄鉱，赤鉄鉱，希土類元素鉱物としてモナズ石(Ce)，バストネス石(Ce)，ファンゴアイト(Ce)，パリサイト(Ce)，ニオブ鉱物としてエシナイト(Ce)を産し，脈石鉱物として燐灰石，エジル輝石，蛍石，重晶石，アルカリ角閃石，炭酸塩鉱物を伴う（Smith and Henderson, 2000）．鉱石組織と主要な鉱石鉱物，脈石鉱物の組み合わせなどから次のような鉱石型に分類される．ドロマイト中の希土類元素鉱物−赤鉄鉱化磁鉄鉱−磁鉄鉱鉱染鉱（DT），ドロマイト中の低品位鉄鉱石（DM），希土類元素鉱物−赤鉄鉱−赤鉄鉱化磁鉄鉱−蛍石縞状鉱（FH），燐灰石−赤鉄鉱−希土類元素鉱物縞状鉱（Ap），粒状赤鉄鉱−赤鉄鉱化磁鉄鉱塊状鉱（H），赤鉄鉱−赤鉄鉱化磁鉄鉱−磁鉄鉱塊状鉱（MM），エジル輝石−磁鉄鉱縞状鉱（AeM），黒雲母片岩中の黒雲母−磁鉄鉱鉱染鉱（BT），珪岩中の鉱石（Q），石灰岩中のアルカリ角閃石−磁鉄鉱縞状鉱（AmpH）（図IX-72）．

鉱床を生成した熱水システムにより，露頭面積で約50km^{2}の大規模な母岩の変質帯を形成している（Drew et al., 1990）．鉱床下盤側のBayan Obo層群下部およびWutai層群の珪酸塩岩には，エジル輝石，Na角閃石，炭酸塩鉱物，鉄酸化鉱物，モナズ石，燐灰石，石英などからなる幅3〜1mの脈が多数発達しており，この脈間の岩石は鉄，カリウム，ナトリウムなどの供給を受けて変質し，エジル輝石，Na角閃石，曹長石，カリ長石などを生じている．鉱床下盤のBayan Obo層群中部のドロマイトには層理面に沿ってNa角閃石，磁鉄鉱，赤鉄鉱が散点状ないし鉱染状に生成されている．また，ドロマイト中の頁岩およびシルト岩薄層中にはNa角閃石および黒雲母ないし

金雲母が見出される．鉱床上盤のBayan Obo層群上部の頁岩は，カリウム変質によって微斜長石化が走向方向に広く進み，その他部分的に曹長石化作用が認められる（Drew et al., 1990）.

Chao et al.（1997）によれば，鉱床中のモナズ石およびバストネス石の化学組成にかなりの幅があり，^{232}Th/^{208}Pb アイソクロン放射年代は555Maから398Maにわたっていることがわかった．また，異なる生成年代のモナズ石およびバストネス石の初期 ^{232}Th/^{208}Pb 値が異なっており，これは，それらの希土類元素鉱物の起源が異なっていることを示唆している．鉄鉱物の生成年代は，共生する希土類元素鉱物の放射年代から，430〜390Maと推定される．ファンゴアイトおよびエジル輝石を伴うエシナイトの ^{232}Th/^{208}Pb アイソクロン放射年代は，438 ± 25.1Maと測定された．以上のデータから，一部の希土類元素鉱物を除いてBayan Obo鉱床の主要な鉱化作用はカレドニア期に行われており，その成因を地域南方のオルドビス紀A型花崗岩と結びつけて考えることができる．

Bayan Obo鉱床の埋蔵鉱量は，鉄鉱石15億t（Fe 35％），希土類元素鉱石4,800万〜1億t（REE$_2$O$_3$ 6％），Nb鉱石100万t（Nb 0.13％）と報告され（Drew et al., 1990），また，石原・村上（2005）によると鉄鉱石20億t（Fe 35％），酸化希土類鉱石3,600万t（REE$_2$O$_3$ 6％），酸化ニオブ鉱石200万t（Nb 0.13％）とされている．

IX-4　広域変成帯に伴う熱水鉱床

　大規模な広域変成帯には造山型金鉱床と呼ばれる中温熱水金鉱床をしばしば産する．流体包有物の同位体組成研究などにより，造山型金鉱床は，変成水起原の熱水あるいは，これにマグマ水，地表水などを混合した熱水によって生成された可能性のあることが主張されてきた．これらの鉱床には金埋蔵量100t以上の大型鉱床が多く含まれる．

(1) 造山型金鉱床

　この型の鉱床は，プレートの収斂型境界に沿い，プレートの沈み込みに関係して起こる付加，並進，衝突作用などの間に生成される．多くの鉱床は造山運動の変形－変成－マグマ過程の後期に生成されるが，母岩は一般に緑色片岩相ないし低温角閃岩相の広域変成岩である．鉱床は母岩の主要なペネトラティブ変形作用に伴って同構造時的に形成され，必然的に断層，剪断帯，褶曲，コンピテンシー較差などの強い構造支配を受ける（VII-2参照）．鉱床は垂直方向に1～2kmの規模を有するが，その間で微妙な金属累帯配列を示し，水平方向には明瞭な母岩の変質累帯を示す．母岩の変質は，通常K, As, Sb, LIL元素, CO_2, Sの付加が，一部で，とくに角閃岩相の母岩の場合にNa, Caの付加が起こる．熱水系の温度により，鉱床に近接する母岩変質鉱物組み合わせは，浅所で絹雲母－炭酸塩鉱物－黄鉄鉱，途中黒雲母－炭酸塩鉱物－黄鉄鉱，黒雲母－角閃石－磁硫鉄鉱をへて，深所で黒雲母/金雲母－透輝石－磁硫鉄鉱のように変化する．鉱床は含金石英±炭酸塩鉱物脈が一般的であるが，鉱床に接する岩石のFe/Fe+Mg+Ca比が高いとき硫化物を伴う．特徴的な金属組み合わせはAu－Ag±As±As±B±Bi±Sb±Te±Wで，Ag, Sb, Asを副産物として回収することがあり，一般にAu/Ag比は≧5/1である．生成年代は，太古代から第三紀にわたり，最盛期は後期太古代，古原生代，顕生代に分かれている．この型の鉱床の主な例として太古代：Kerr-Addison, Kirkland Lake, Campbell-Red Lake, Sigma-Lamaque, Con-Giant, Lupin, Doyan, McIntire, Modsen（カナダ），Kolar（インド），Mollo Velho（ブラジル），Kalgoorlie地域－Golden Mile, Mt Charlotte－, Sunrise, Walby, Leonora, Tarmoola, Sons of Gwalia, Granny Smith（オーストラリア），原生代：Homestake（米国サウスダコタ），Las Cristmas（ベネズエラ），Ashanty, Damany, Prestea, Afaho（ガーナ），Morila, Syama（マリ），Geita, Bulyanhula（タンザニア），顕生代：Grass Valley-Nevadacity, Alleghany地域, Mother Lode（米国カリフォルニア），Kochkar地域, Sukhai Log, Berezvoskoe, Olympiada, Nazdahniskoe, Natalka（ロシア），Vasil'kovsk, Bakyrchik（カザフスタン），Muruntau, Amantaitau（ウズベキスタン），Kumtor（キルギスタン），Linglong－玲瓏－, Sanshandao－三山島－（中国），Bendigo（オーストラリア）などがある（Goldfarb et al., 2005）．

　造山型金鉱床が分布する地域には特異な組成の金鉱床を産することがあり，これらの鉱床には，造山型金鉱床に特徴的なAs, B, Bi, Sb, Te, Wを含む以外に，大別するとCu±Moに富むものとCu-Zn±Pbに富むものとがある．前者の例としてTimmins地域－Hollinger-McIntyre, Dome, Pamour－（カナダ）およびBoddington（オーストラリア），後者の例としてHorne, Bousquet

（カナダ），Boliden（スウェーデン）がある．Hemlo（カナダ）は，Ba, Mo, Hg を含み，上記のグループに属さない例である．Hollinger-McIntyre および Dome 鉱床は，それぞれ早期の斑岩型 Cu-Ag-Au-Mo および Cu-Au ± Mo 熱水鉱化作用に，造山型金鉱化作用が重なって形成されたとされ，Bousquet 鉱床は火山成塊状硫化物鉱床に造山型金鉱化作用が重なったと考えられている（Groves et al., 2003）．

Kalgoorlie 地域金鉱床　本鉱床は，西オーストラリア Perth の東 600km にあり，地質的には Yilgarn 地塊の Eastern Goldfield 地域中央部 Kalgoorlie グリーンストン帯に位置する．Yilgarn 地塊は，主として花崗岩類および花崗岩質片麻岩からなり，苦鉄質－超苦鉄質および珪長質溶岩，堆積岩類，苦鉄質貫入岩類からなるスープラクラスタル岩（グリーンストン帯）を伴う（図 IX-73）．その生成年代は 3,600～2,600Ma にわたる．Eastern Goldfield 地域には，グリーンストン帯が広く分布し，ここでは苦鉄質－超苦鉄質岩類を覆って不整合によって隔てられた二つ以上

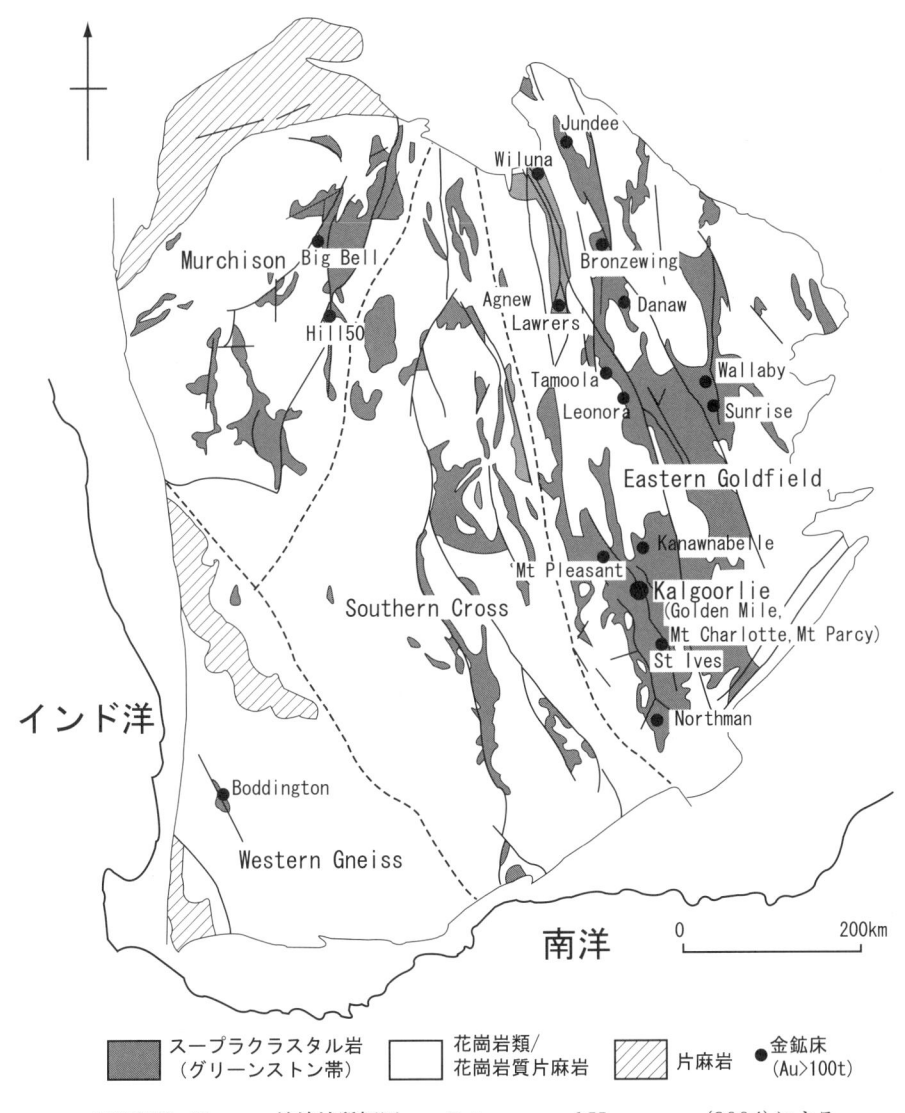

図 IX-73　Yurgan 地塊地質概図　－ Bateman and Hagemann (2004) による－

の堆積シーケンス（Black Flag 層および Kurrawang 層）が発達する．Yilgarn 地塊のグリーンストン帯には地塊全体にわたる多くの剪断帯が走る．構造地質的には，間に拡張期を挟む4回の圧縮変形期が明らかにされ，それは広域的な早期衝上断層運動に続く左横ずれ断層運動に始まる．このような構造運動は，Kalgoorlie 地域の地質構造にも反映されている．グリーンストン帯は，圧縮変形の原因となった多数または単一の沈み込み帯の形成に伴って付加された多段階外来テレーンから構成されている．大量の苦鉄質－超苦鉄質火山岩類は，この時期を特徴付けるマントルプルームによって生成され，珪長質火山岩類は島弧における産物と考えられる．グリーンストン帯は，最低温緑色片岩相ないし高温角閃岩相の広域変成作用を受けている．Yilgarn 地塊に露出する花崗岩類は黒雲母花崗閃緑岩およびモンゾニ岩であってトーナル岩－トロンニエム岩－花崗閃緑岩系ではないが，造山運動中にこの系の岩石の部分溶融によって生成されたと推定される（Bateman and Hagemann, 2004）．

　Kalgoorlie 地域の地質は，下から Hannan's Lake 蛇紋岩，Devon Consols 玄武岩，Kapai 粘板岩，Paringa 玄武岩，Black Flag 層と，これらを貫く貫入岩類からなる（図 IX-74）．Hannan's Lake 蛇紋岩は，spinifex 組織とキュームレート組織を特徴とし，初生マグマ起原のコマチアイト溶岩からなり，そのジルコンによる U-Pb SHIRIMP 生成年代は，2,705～2,710Ma（Nelson, 1997）である．Devon Consols 玄武岩（厚さ 50～200m）と Paringa 玄武岩（厚さ 300～900m）は厚さ 10m の硫化物を含む Kapai 粘板岩（約 2,692Ma）を間に挟み，厚い塊状溶岩，枕状溶岩，角礫状溶岩として産し，バリオリティック組織を特徴とする．これら珪質高マグネシウム玄武岩，すなわちコマチアイトは，地殻物質によって強く汚染されており，大陸地殻下に注入されたマントルプルームの進化の記録であると説明されている．Black Flag 層は，苦鉄質火山岩シーケンスの上に不整合に重なり，海底の珪長質火山岩体周辺に堆積した厚さ 1,000m 以上の堆積岩類からなる．この堆積岩類は上位に向かって粗粒になる黒色頁岩，火山砕屑性砂岩，礫岩から構成されている．化学組成は同時に活動した火山岩類に類似し，生成年代は 2,655～2,690Ma である．これらの堆積岩は，同時代マグマ弧の島弧内でのリサイクル堆積物と解釈されている．以上述べた堆積－火山岩シーケンスを貫いて，一連の分化した層状苦鉄質シルが形成されている．多くの金鉱床の母岩となっている Golden Mile ソレアイト質粗粒玄武岩シルは，厚さ約 800m で，一部 Black Flag 層に非調和であるが，大部分調和的に発達し 10 岩相に分けられている．最上位 No.1 および最下位 No.10 は急冷相で，No.3, 4, 5, 6, 9 は斑糲岩相，No.7 は鉄に富む微斑糲岩相を示し，No.8 の含多石英グラノファイアー相（2,675±2Ma）は，他の岩相と対照的に強いコンピテンシーを形成し，これが Charlotte 型鉱化作用の基礎条件と考えられている．その他のシルとして，Eureka-Federal 粗粒玄武岩（厚さ 100m）および Williamstown 粗粒玄武岩（厚さ 350m）を産する．これらの汚染されていないソレアイト質シルは，年代，組成ともに高マグネシウム玄武岩と異なる．以上の他少量の角閃石－斜長石－石英斑岩（約 2,680～2,670Ma）およびランプロファイアー（2,638±6Ma）を産する（Bateman and Hagemann, 2004）．

　Kalgoorlie 地域における変形作用は，D_1 衝上断層作用，D_2 広域褶曲および逆断層作用，D_3 右横ずれ走向移動断層作用，D_4 右横ずれ走向移動断層作用の4期に分けて考えることができる．これらの変形作用は，ともに全体として NE-SW 方向の短縮を伴う左横ずれトランスプレッション造山運動を構成している．最後期の D_4 右横ずれ走向移動断層群は，走向 NNE，垂直ないし NW に

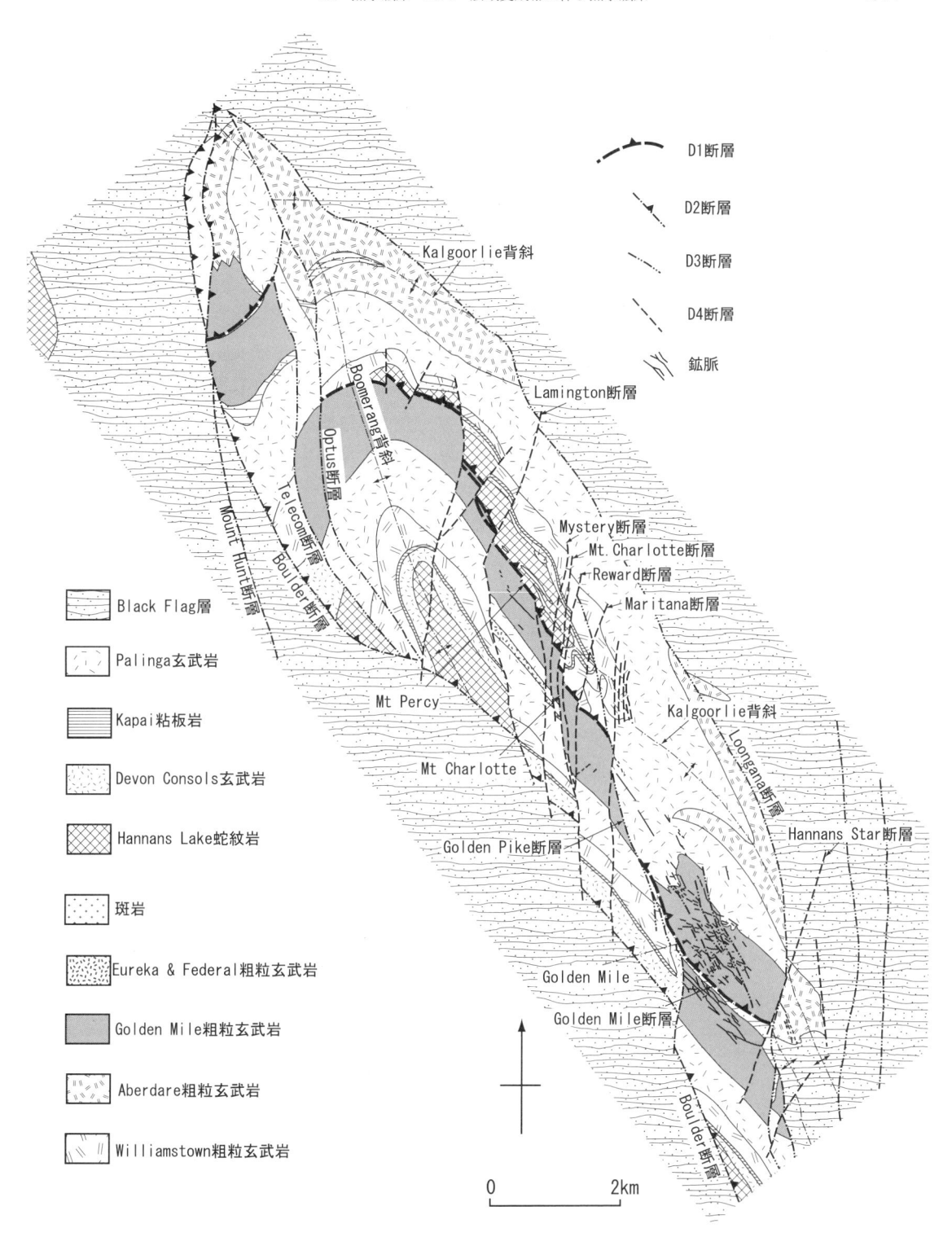

図IX-74 Kalgoorlie グリーンストン帯地質図 — Bateman and Hagemann (2004) による—

急傾斜で，他の構造をすべて切り，他の構造によって切られていない．この断層は一般に数百 m の移動距離を示し，階段状構造を形成する．断層面には SW 方向にプランジする鉱物伸張線構造が認められる．D_4 断層の断層帯は，一般に幅が狭く（＜2m）脆性を示し，主断層面に沿った繊維状石英が特徴的で，右横ずれ斜め移動を示している．D_4 断層形成年代は，～2,630Ma であって平行配列石英脈群を伴う Charlotte 型鉱化作用の年代と一致する．石英脈は密接した D_4 断層の間で最も良く発達し，D_4 断層の下盤で産出する傾向がある．鉱脈は互いに切り合い，また D_2 および D_4 断層とも切り合う．これは，D_4 断層との同時性を示すと同時に，早期の D_2 断層が D_4 断層期に再活動していることを示す．D_3 期の主要な断層は，Golden Pike および Adelaide 断層である．これらの断層は，走向 NNE，NW 方向へ稍急傾斜し，2km 以上の移動距離を有する．Adelaide 断層は，Lake View 脈を Golden Mile 鉱床の南端で切っている．D_4 期 Hannan's Star 断層は，Adelaide 断層を切り，他の D_4 断層は，D_3 断層を走向に平行あるいは斜交している．D_3 期変形作用は 2,632～2,660Ma に行われたと推定される．D_2 期変形作用は，広域的な NE-SW 方向の圧縮作用によって形成された層序および直立褶曲にほぼ平行な走向 NNW の衝上断層によって代表される．この変形作用によって Kalgoorlie 地域の現在の急傾斜した地層の姿勢がほぼ形成された．D_2 期変形作用に属する地質構造としては，Mount Hunt 断層，Boulder 断層，Abattoir 東断層，Celebration 背斜，および広範に分布する走向 N-S のほぼ垂直な褶曲軸面劈開などがあげられる．D_2 変形形成年代は，2,675～2,657Ma である．D_1 期変形作用は，広域的に NE-SW 方向の圧縮作用によって形成された変形現象を含んでおり，Kalgoorlie 地域では，Golden Mile 断層および Kalgoorlie 背斜が主要な D_1 構造である．Golden Mile 断層は，すべての後期構造，すなわち D_2 小断層，D_3 Boomerang 背斜，D_3 および D_4 走向移動断層によって切られている．Kalgoorlie 背斜は，Golden Mile 断層の全露出走向長に沿って平行な上盤背斜である．D_1 期変形作用の年代は，貫入岩のデータから 2,675Ma 後 2660Ma 前とされている（Bateman and Hagemann, 2004）．

　Kalgoorlie 地域では，D_1 および D_3 変形作用に時期的に一致する M_1 および M_3 の 2 回の変成作用が認められる．M_1 変成作用は，超苦鉄質岩および苦鉄質岩に広く発達し，輝石，斜長石，チタン磁鉄鉱などの火成初生鉱物は，それぞれ低温型緑色片岩相鉱物組み合わせのアクチノ閃石±黒雲母，曹長石／緑簾石，イルメナイト／くさび石±磁鉄鉱によって交代されている．M_3 変成作用は，D_3 変形作用の早期に行われ，亜緑色片岩相の鉱物組み合わせを生じている．この変成作用は，小規模褶曲，スタイロライト形成，葉理カタクラサイト形成を伴う．変成組織として定方位白色雲母（白雲母±パラゴナイト）あるいは緑泥石±クロリトイドからなるアナストモージング劈開が認められる．この変成組織は Fimiston および Oroya 型鉱床に形成されている（Clout et al., 1990）．

　Kalgoorlie 地域の金鉱床は，Fimiston，Oroya，Charlotte の三つの型の鉱床からなり，前二者は Goden Mile 地区に分布し，Charlotte 型鉱床は Kalgoorlie 金鉱床地域の北端に位置する Mt Charlotte 鉱床および Mt Percy 鉱床に産する．Fimiston 型鉱床は D_1 期変形作用時に形成され，この型の鉱化帯には D_3 期と同時と考えられる広域変成作用が重なっている．Fimiston 型鉱床は，三つの主要方向（走向 NW，WNW，E-W いずれも急傾斜）を有する約 1,000 個の鉱脈からなる（図 IX-75）．鉱脈は一般に走向延長 1～2km（最大 7km），垂直延長 1.3km の規模を有し，鉱石組織は主要断層および剪断帯付近で発達した内破角礫組織，微角礫組織ないしカタクラサイト組織など一連の角礫組織によって特徴付けられる．鉱脈は割目充填，縞状，コッケイド，櫛状，空洞充填構

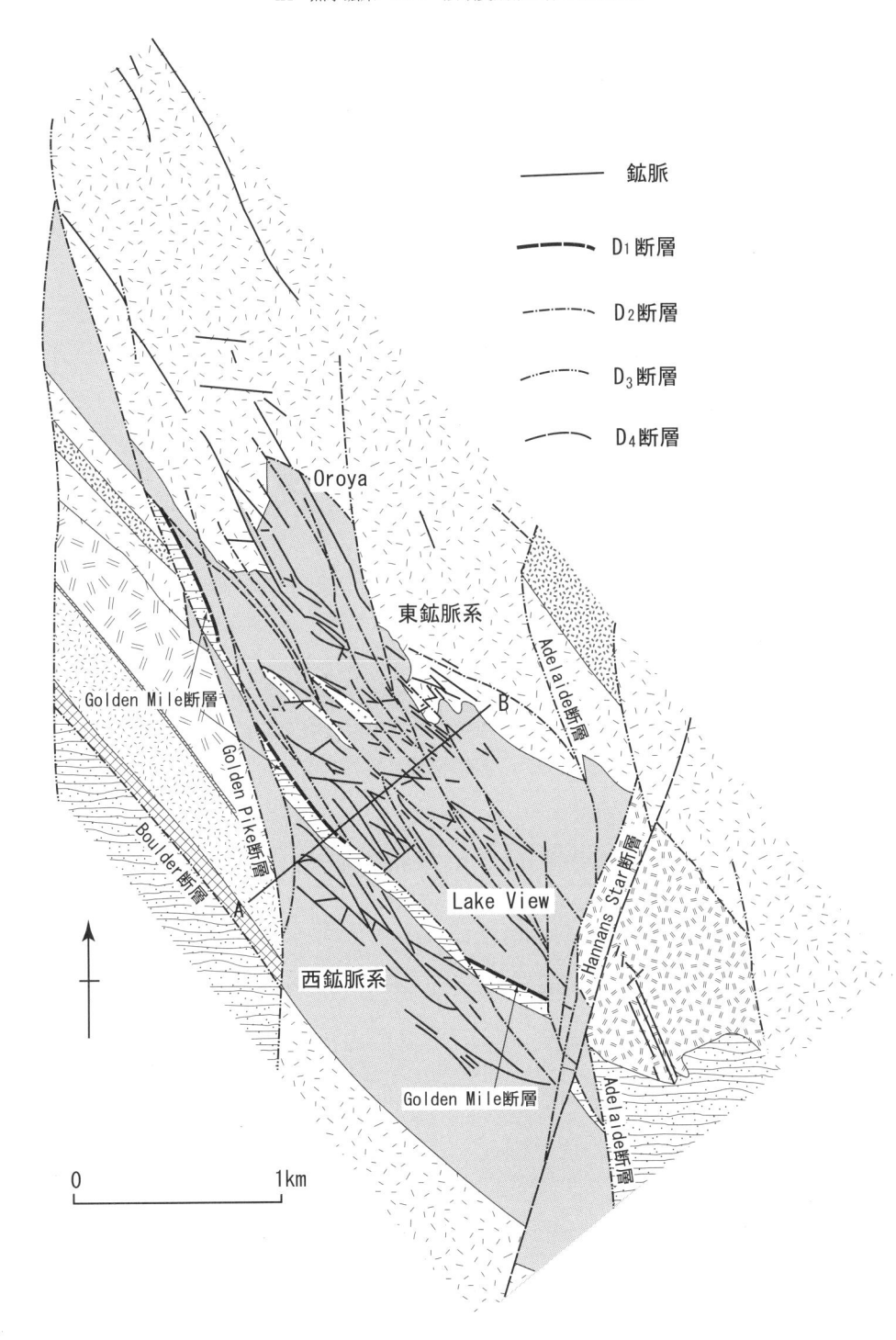

図 IX-75 Golden Mile 地区地質図 — Clout et al. (1990) による— (凡例図 IX-74 参照)

造を示し，一部で葉片状構造がこれに重なっている．富鉱体は一般に鉱脈の交差部または鉱脈と非鉱化剪断帯との交差部に発達し，急傾斜で北または南にプランジする．構造的交差部に関係のない富鉱部は，方向性に変化に富み（急傾斜ないしほぼ水平），Palinga 玄武岩中の黒色頁岩に関係し

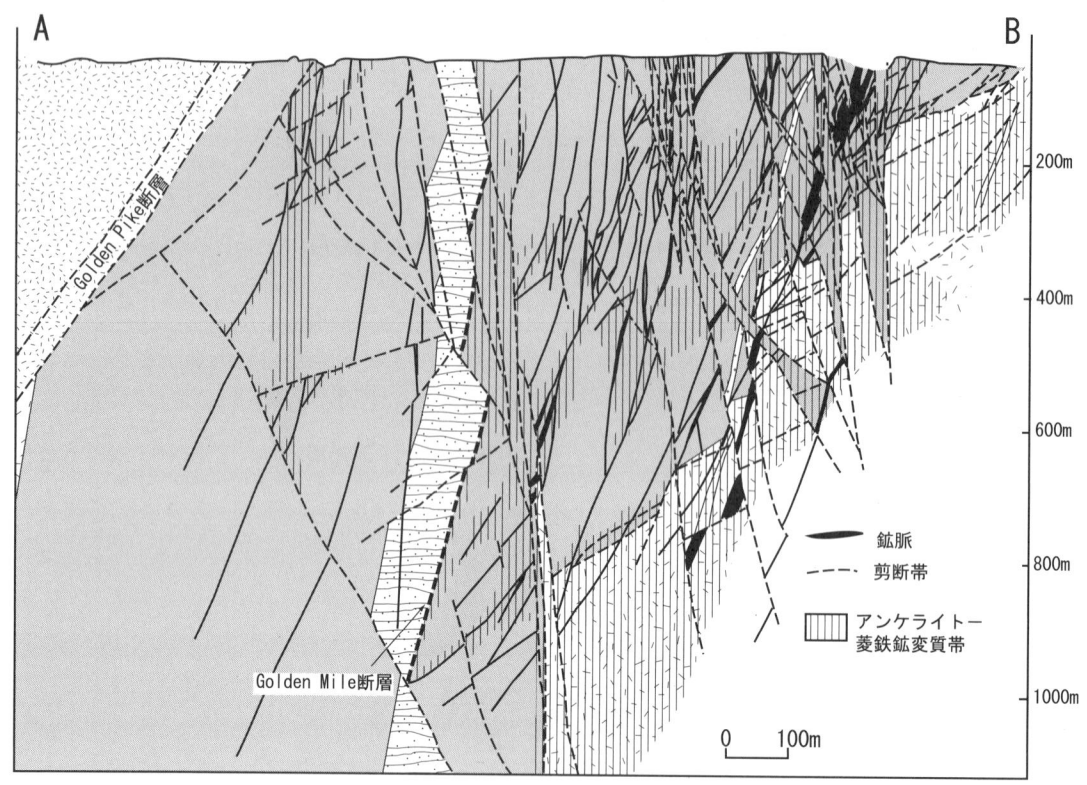

図IX-76　Golden Mile 鉱床断面図　− Clout et al.(1990)による−（凡例図IX-74参照）

たものも認められる．高品位富鉱部の例としてLake View鉱山のDuck Pond富鉱体（平均品位Au 1.25kg/t）があげられる．Oroya型鉱床は，Fimiston型鉱床より遅れてD$_2$期にこれを切って産する角礫鉱化体からなり，多量のテルル化鉱物およびV-Fe-Ti鉱物と少量の硫砒鉄鉱の産出を特徴とする．Palinga玄武岩と黒色頁岩との接触部に発達したOroya富鉱体は，この型に含まれる．Oroya富鉱体からは一部で10kg/tの高品位鉱を産出している．Charlotte型鉱床の生成時期はほぼD$_4$期に一致する．Mt Charlotte鉱床におけるこの型の鉱床の特徴的形態は，近接して存在するD$_4$期走向移動断層の下盤側にあるGolden Mile粗粒玄武岩のNo.8グラノファイアー相中の石英−炭酸塩−灰重石平行脈群である．これら平行脈群は，北に約45°および70°の角度で傾斜する2方向の脈からなる．鉱脈の厚さは数mmから5mにわたる（Bateman and Hagemann, 2004）．Fimiston型およびOroya型鉱床に産する金鉱物は，自然金，金テルル化鉱物，金−銀テルル化鉱物である．自然金は，主な硫化鉱物である黄鉄鉱と密接に伴い，径0.5〜20mmの粒状をなし黄鉄鉱中またはその周縁部および黄鉄鉱集合体の割目を充填して産する．自然金はまた，珪酸塩−炭酸塩脈石中にコロラドアイトを伴い角礫間隙充填物として産する．30g/t以上の高品位富鉱体中には，肉眼で観察しうる粗粒の自然金が認められる．金テルル化鉱物は全域に産し，全産金量の15〜20%に達すると思われ，主なテルル化鉱物としてコロラドアイト，カラベラス鉱，クレネライト，ペッツ鉱，ヘッス鉱，シルバニア鉱を産する．その他の金属鉱物として赤鉄鉱，磁鉄鉱，菱鉄鉱，硫砒鉄鉱が認められ，主な脈石鉱物は，石英，アンケライト，ドロマイト，方解石，曹長石，絹雲母，硬石膏である．Charlotte型鉱床では，自然金は黄鉄鉱中の割目を充たすか，黄鉄鉱粒子と脈

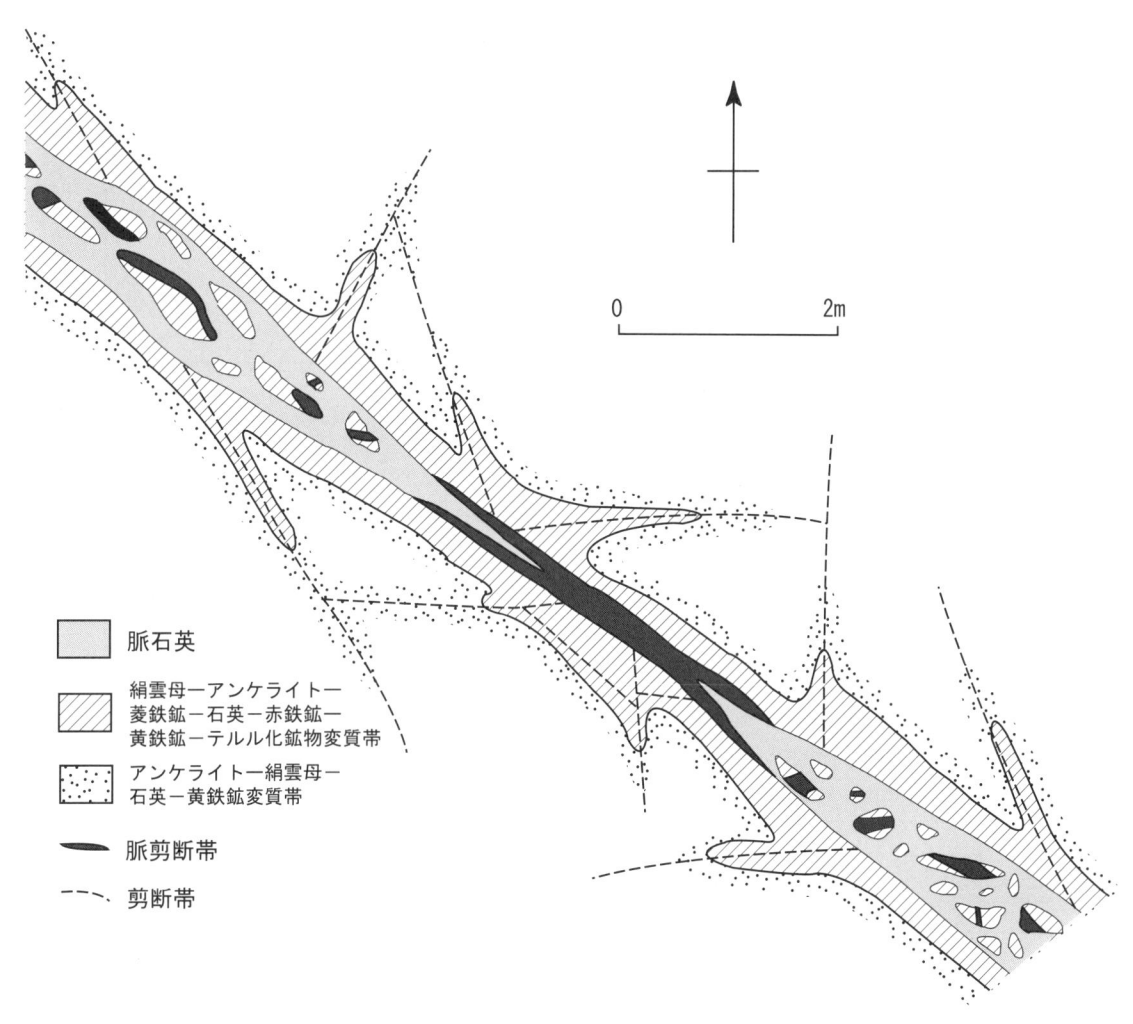

図 IX-77 Golden Mile 地区 Lake View 鉱山 4 坑準 D 鉱脈（一部）地質平面図
 － Clout et al. (1990) による －

凡例：
- 脈石英
- 絹雲母－アンケライト－菱鉄鉱－石英－赤鉄鉱－黄鉄鉱－テルル化鉱物変質帯
- アンケライト－絹雲母－石英－黄鉄鉱変質帯
- 脈剪断帯
- 剪断帯

石鉱物の接触部に 5～10μm の粒子として産する．黄鉄鉱中には 10μm 程度の磁硫鉄鉱，黄銅鉱，テルル化鉱物の包有物が認められる．テルル化鉱物は大部分金および金－銀テルル化物で，シルバニア鉱，カラベラス鉱，クレネライト，ペッツ鉱，ヘッス鉱，アルタイ鉱などである．テルル化鉱物は稀に石英脈の晶洞を充たし粗粒をなして産する．この型の鉱床中にテルル化物として産する金の量は，全金量の 1% 以下である．閃亜鉛鉱および方鉛鉱が副成分硫化鉱物として産する (Clout et al., 1990)．

Kalgoorlie 地域には，早期から後期へ緑泥石－方解石変質作用，アンケライト－菱鉄鉱変質作用，鉱脈変質作用，網状脈変質作用の 4 段階の熱水変質作用が認められる．緑泥石－方解石変質作用は，広域変成 M_1 緑色片岩相鉱物組み合わせに重なるかこれを破壊するが，後に M_3 変成作用を受ける．この変質作用によって変成アクチノ閃石，曹長石，緑簾石，くさび石は，少量の黄鉄鉱と菱鉄鉱を伴う緑泥石－磁鉄鉱－絹雲母－炭酸塩鉱物に交代されるかオーバーグロースされる．緑泥

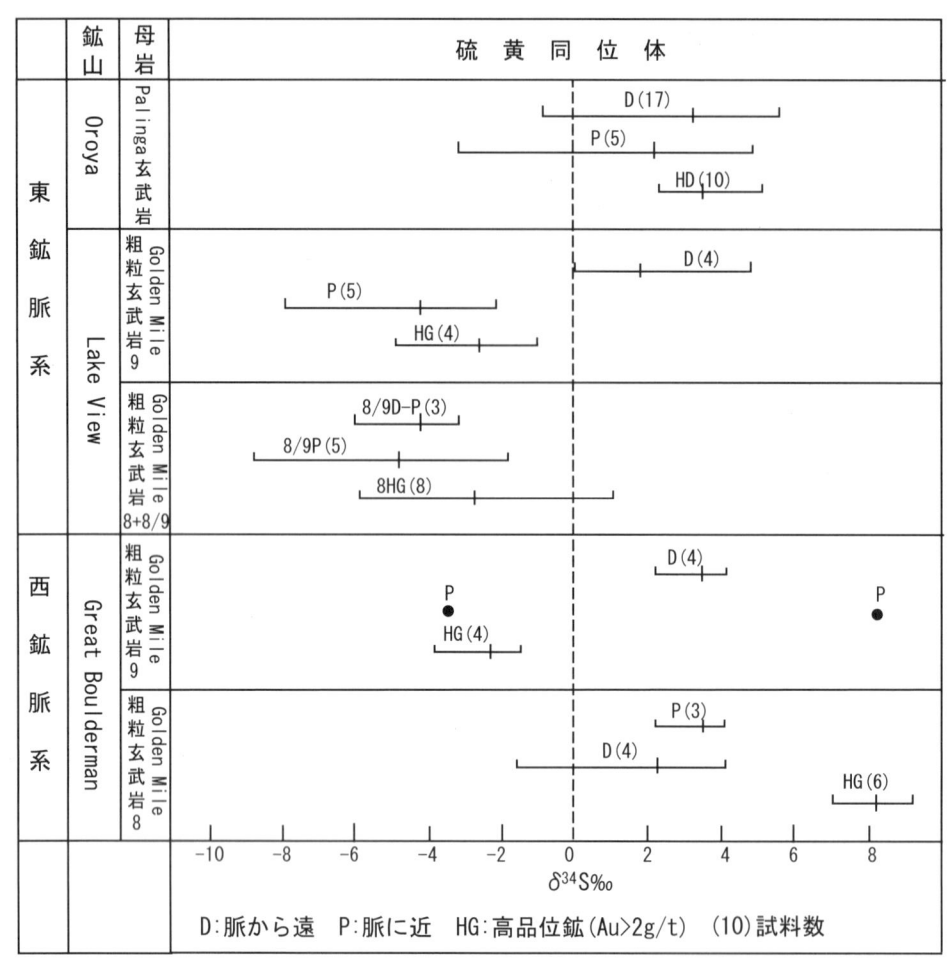

図 IX-78　Oroya および Fimiston 型鉱床の硫黄同位体組成
－Bateman and Hagemann (2004) による－

石－方解石変質帯は Kalgoorlie 地域で最も広い分布を示す変質帯で，Kalgoorlie 背斜－ Golden Mile 断層を中心として 0.2 〜 1km の幅で広がり，とくに D_1 および D_2 剪断帯に沿って良く発達する．緑色片岩相から緑泥石－方解石変質への変化の際には，K, CO_2, H_2, Au, S の付加と Fe^{+2}/Fe^{+3} の増加が認められる．アンケライト－菱鉄鉱変質作用は，緑泥石－方解石変質相の交代作用，すなわちアンケライトによる緑泥石の，絹雲母／アンケライトによる曹長石の，アンケライトによる方解石の，白チタン石によるイルメナイトの交代作用によって進められる．この変質作用は Golden Mile 地区で最も強く行われ，Kalgoorlie 背斜の東翼，Golden Pike 断層の南東側で顕著である（図 IX-76）．緑泥石－方解石変質相からアンケライト－菱鉄鉱変質相への変化では，CO_2, S, K, Rb, B, Ba, W, Au の付加と H_2O および Li の離脱が認められる（Clout et al., 1990）．鉱脈変質作用は D_2 期に Golden Mile 地区の鉱化作用に密接に伴って発達したもので，三つの型に分けられる．アンケライト－絹雲母－石英－黄鉄鉱変質作用および絹雲母－アンケライト－菱鉄鉱－石英－赤鉄鉱－黄鉄鉱－テルル化鉱物変質作用は Fimiston 型鉱床に伴う．前者は，鉱体中心から比較的離れたところに分布し，0.1 〜 3g/t の金を含む．後者は，鉱体中心から数 m の範囲に発達し，Au 50g/t

までの品位を有し主な採掘の対象となる（図 IX-77）．変質帯中心部では曹長石，電気石，磁鉄鉱を産し，鉱体上部では硬石膏が認められる．この型の変質作用は CO_2, K, Cs, Rb, Ba, Sr, Sb, B, Te, S, Au の付加によって特徴付けられる．含バナジウム白雲母－アンケライト－石英－菱鉄鉱－赤鉄鉱－黄鉄鉱－テルル化鉱物変質作用は緑色リーダー（green leader）と呼ばれ，主として Oroya 型鉱床に伴うが，一部の Fimiston 型鉱床の角礫部にも認められる．この型の変質帯は他の変質帯に比べ例外なく高品位（Au ≦ 100kg/t）を示しテルル化鉱物の含有量も高い（Clout et al., 1990; Bateman and Hagemann, 2004）．網状脈変質作用は，D_4 期の Charlotte 型鉱床に伴う変質作用で，早期の緑泥石－方解石変質帯を切って発達し，水平方向および垂直方向に累帯配列が認められる．鉱床上部では，鉱脈付近で変質鉱物の組み合わせは石英－アンケライト－絹雲母－黄鉄鉱－菱鉄鉱－ルチル，鉱脈から離れたところで石英－曹長石－緑泥石－磁鉄鉱－黄鉄鉱を示す．これに対し，鉱床下部では，鉱脈付近で石英－アンケライト－曹長石－絹雲母－磁硫鉄鉱（黄鉄鉱）－菱鉄鉱－ルチル，鉱脈から離れたところで石英－曹長石－緑泥石－磁鉄鉱－磁硫鉄鉱を示し，垂直方向の累帯は硫化鉄鉱物の変化のみである（Bateman and Hagemann, 2004）．

Fimiston 型および Oroya 型鉱床の鉱化流体の性質は類似しており，低塩濃度（＜ NaCl 相当 6％）で，水溶性二酸化炭素に富み（X_{CO_2} ≒ 0.2），温度 250 〜 350℃，圧力 100 〜 200MPa である．Oroya 型鉱床は高 CH_4 濃度の点で Fimiston 型鉱床と異なるが，鉱床母岩である Palinga 玄武岩中に夾在する炭質頁岩と上昇熱水との流体－岩石反応によって説明できる．石英の酸素同位体組成値から熱水温度を 300℃として計算によって求めた石英と平衡な熱水の $\delta^{18}O$ は，6.5 ± 2.0 ‰となり，熱水の一部を変成水起原とする考えに調和する（Bateman and Hagemann, 2004）．Fimiston 型および Oroya 型鉱床産黄鉄鉱の硫黄同位体組成 $\delta^{34}S$ が測定され，その鉱床内および粒子内での変化（それぞれ 22‰および 6‰）が明らかにされた（図 IX-78）．きわめて低い $\delta^{34}S$ 値（＜ 8‰）および大きな粒子内不均質性は，硫化物沈殿の間に種々の相不混和および多起原の硫黄を含む流体の混合が起こったことを示唆している．鉱脈型変質の上部に見られる硬石膏の存在と高い $\delta^{34}S$ 値（12 〜 188‰）は，Fimiston 型鉱床の断層帯に沿って地表水（地表水または海水）の降下が起こったという考えを支持する．Charlotte 型鉱床の流体包有物も低塩濃度（NaCl 相当 2.0 〜 5.5％）を示し，均質化温度は 264 〜 360℃，圧力 150 〜 230MPa である．鉱床中の石英の酸素同位体組成は $\delta^{18}O$ = 11.5 ± 0.3‰，黄鉄鉱の硫黄同位体組成 $\delta^{34}S$ = 2.2 〜 4.3‰である（Bateman and Hagemann, 2004）．

1893 年以来 Golden Mile 地区の鉱床から産出した金量は 1,475t，Mount Chaelotte 鉱床から産出した金量は 150t である（McNaughton et al., 2005）．

Muruntau 金鉱床 本鉱床は，ウズベキスタンの北西部，Nukus の北東 200km にあり，地質的には Tian Shan（天山）山系の西端に位置する．Tian Shan 山系は，モンゴルのゴビ砂漠から中国北西部を経てウズベキスタンの Kyzylkum 砂漠まで延長する．その褶曲－断層帯はきわめて複雑で，古生代の大部分にわたる異なった造山運動の要素を伴い，さらにアルプス造山運動の影響も受けている．Tien Shan 山系中央部から西部にかけて幅 5 〜 6km の構造帯が 1,000km 以上にわたって NW 方向に走る．これは Karakum と中央カザフスタン－北 Tien Shan の二つの大陸地塊を並置する縫合線である（図 IX-79）．

Muruntau 地域の地質は，下位から原生代 Takazgan 層群，カンブリア紀－オルドビス紀

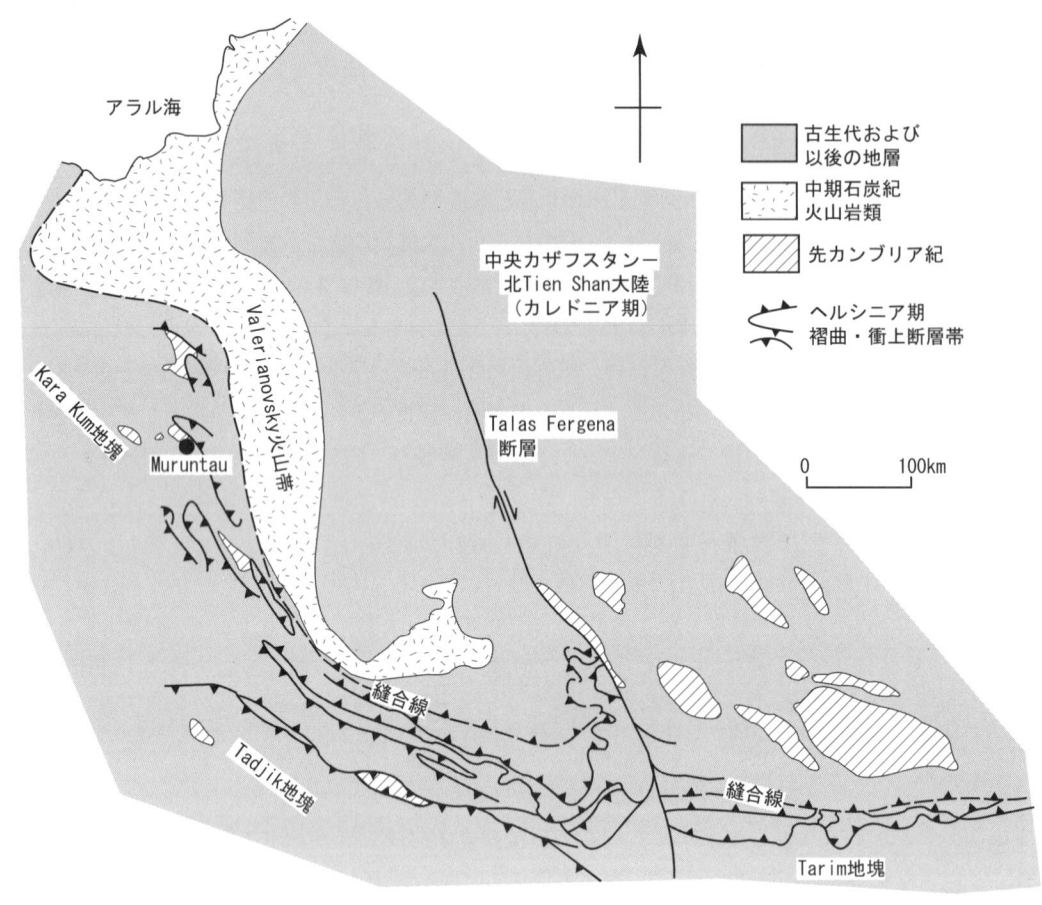

図 IX-79 中央アジア Tien Shan 褶曲・衝上断層系 －Drew et al. (1996) による－

Besopan 層群，シルル紀層，デボン紀－石炭紀層，中生代－新生代層，および花崗岩類からなる（図 IX-80）．Takazgan 層群 (1,650～590Ma) は，海成の珪質砕屑岩，苦鉄質火山岩類，炭質頁岩から構成され，その下部は変成されて，緑泥石－アクチノ閃石－緑簾石－曹長石片岩を形成している．Besopan 層群は，全層厚約 5km で bS_1 層～bS_4 層からなり，Muruntau 金鉱床の母岩となっている．最下位の bS_1 層は，主としてシルト岩を原岩とする鉄質絹雲母－緑泥石片岩からなり，層の基底近くに珪長質火山岩レンズを挟む．bS_2 層は，少量の礫質岩を挟む変砂岩である．この層は火山岩類およびチャートをまったく含まない．bS_3 層は，主母岩層であり，変質を受けていない所では，千枚岩質ないし片岩質の変シルト岩，変砂岩，石灰質変砂岩，変凝灰岩からなる．bS_4 層は，変シルト岩，粘土質岩，礫質岩を挟む緑泥石－絹雲母片岩からなる．この地域には，造山運動の一環として花崗岩質マグマが縫合線形成後に貫入している．Murantau 鉱床の南東約 7km に露出する Sardarian 岩体は，斑状花崗閃緑岩からなり，北西方向に伸びて鉱床の下部に達していると推定されている．また，鉱床の北西 25km の花崗岩質岩体では，平均 270.9 ± 7.4Ma の地質年代が測定された．さらに地域規模の剪断帯，とくに Muruntau－Daugyztau 剪断帯中には，珪長質，閃長岩質，閃緑岩質，ランプロファイヤー質の平行岩脈が多く認められ，閃緑岩岩脈は，261.2 ± 5Ma の年代を示した (Drew et al., 1996)．

図 IX-80　ウズベキスタン西部地質概図　− Drew et al. (1996) による−

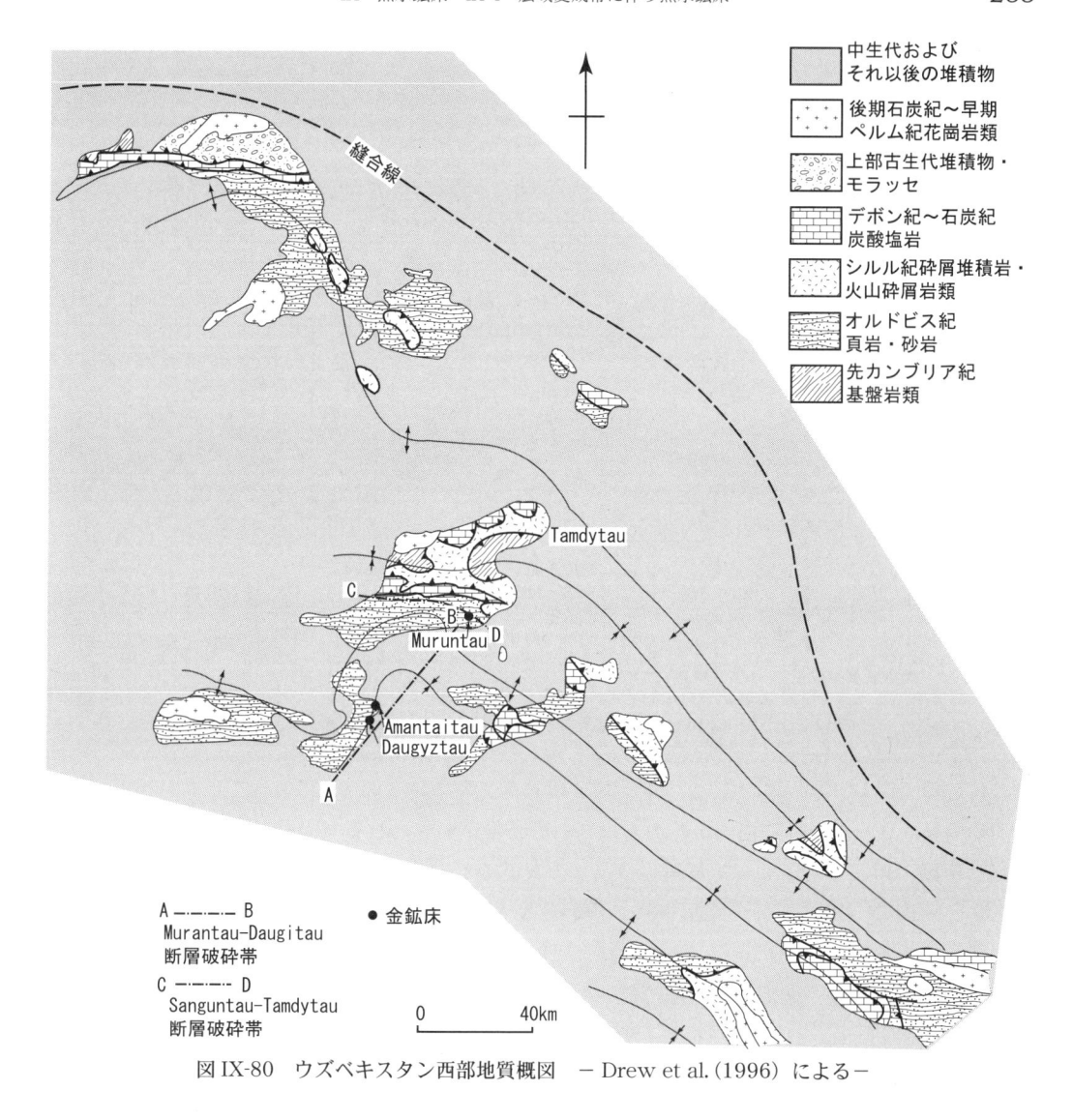

　Muruntau 地域では，走向 NW の Sangruntau-Tamdytau およびこれと交差する Muruntau-Daugyztau の二つの剪断帯が，Karakum プレートと中央カザフスタン−北 Tian Shan 大陸の衝突したヘルシニア期に発達している（図 IX-80）．ウズベキスタンにおけるこの大陸間衝突の証拠として，中央カザフスタン−北 Tian Shan 大陸の西縁および南縁に，強いカルクアルカリ火山活動による Valerianovsky 火山帯が形成されている（図 IX-79）．この火山帯は，中後期石炭紀に海洋地殻が Karakum プレートと中央カザックスタン−北 Tian Shan 大陸の間で消費されている期間に形成された．大陸間衝突の開始は，中後期石炭紀のタービダイト／オリストストローム層とともに活動的縁辺における炭酸塩岩シーケンスの堆積に反映されている．後期石炭紀および早期ペルム紀は，主要ナップの発達と Karakum, Tajik, Tarim プレート上へのオフィオライト複合岩体のオブダクションによって特徴付けられる．ヘルシニア期圧縮作用によって北傾斜のナップが形成され，これらのうち二つのナップは，Tamditau において地域規模の向斜および背斜構造を

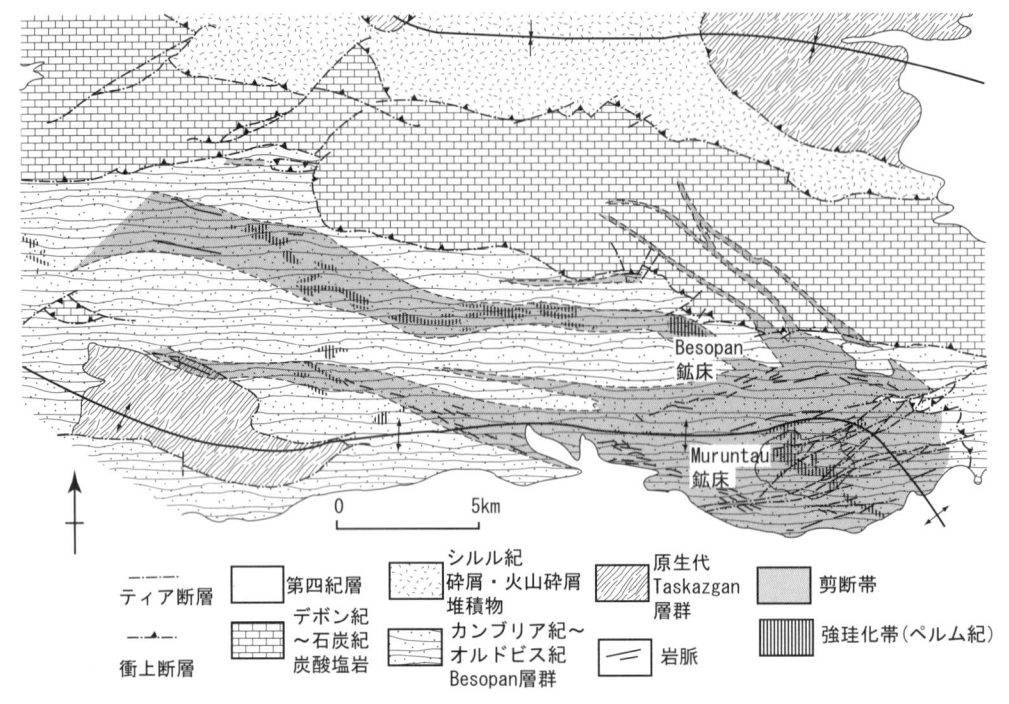

図 IX-81 Muruntau 地域地質概図 － Drew et al. (1996) による －

切っている（図 IX-80）．引き続くヘルシニア期トランスプレッションによって走向 WNW の左横ずれ剪断帯，さらに続いて走向 SW の左横ずれ剪断帯が形成される（図 IX-81）．これらの剪断帯に沿う運動の相互作用によって背斜状ナップの東部の走向が変化し，Z字形の褶曲構造が形成されている（図 IX-82）．このZ字形構造の中心部を Muruntau-Daugyztau 剪断帯中の脆性断層が切っているところが，Muruntau 鉱山の露天採掘場に当る．石炭紀－ペルム紀花崗岩類は，ナップ，地域的剪断帯，推定縫合線中に貫入し，この貫入は深部の基盤を切る断層に支配されている．Muruntau-Daugyztau 剪断帯は，塑性および脆性変形を含み，走向 NE-SW，幅 5km，長さ 75km を示す．これに同調する断層が，主断層帯北東の同一ナップ中，また，北西方向のデボン紀－石炭紀シンフォーム衝上石灰岩塊中にも認められる．Muruntau-Daugyztau 断層の左横ずれ運動は，デボン紀石灰岩中の断層によって境された切片の運動にも見られる．図 IX-83 は，複雑な Muruntau-Daugyztau 剪断帯の断層系および強い熱水変質帯を示す．Muruntau 地区におけるこの剪断帯断層系によって区切られた切片の方向は Tamdytau 南方のナップの軸に平行である．このことは，これら切片がヘルシニア期の大陸間衝突の間に形成された軸割目および衝上断層に沿って発達したことを示唆している．原生代および古生代の地層には，塑性変形から脆性変形に移り変わる過程が記録されている．Muruntau の南西方 Amantaitau 地区では，大小の振幅を有する同斜褶曲をなす最も古い地層が逆転を起こしている．この同斜褶曲作用に引き続き変成再結晶作用が生じ，さらに変成作用を伴わない開いた褶曲作用に移り変わる．その後キンク褶曲事変を経て，前に述べた最終の剪断帯変形作用を生ずる．これらの変形作用は，構造的切断作用を含めて，鉱脈の連続性，構造支配，鉱床の層準規制の説明に重要な役割を果たす（Drew et al., 1996）．

　Muruntau 鉱床は Sangruntau-Tamdytau および Muruntau-Daugyztau 剪断帯の交差部に位置

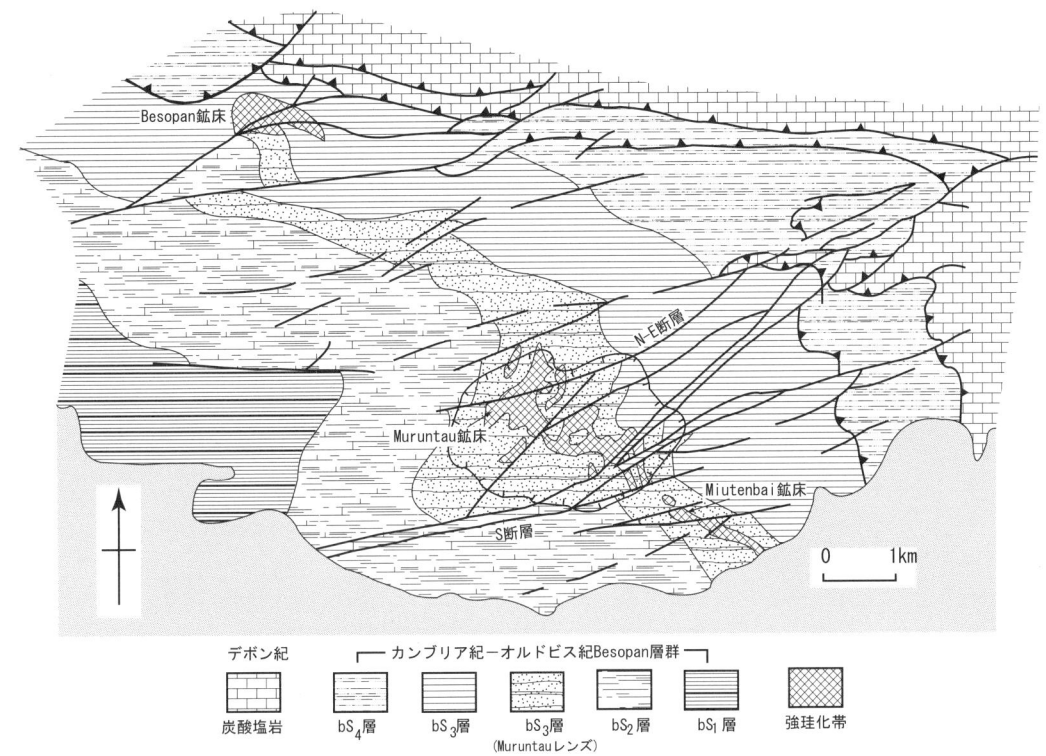

図 IX-82 Muruntau 鉱床付近地質図 －Drew et al. (1996) による－

している．これらの地域的剪断帯には Muruntau のような巨大鉱床から Amantaitau, Daugiztau のような中級鉱床，Besopan のような小規模鉱床に至るまで数多くの鉱床を産する（図 IX-80, 81, 82）．金鉱床は，Besopan 層群内の剪断帯中の割目中あるいは付近に産する．Muruntau 地域では，金鉱脈は様々な形態を示すが，大きく次の三つのグループに分けることができる．(1) 数 mm から数 cm 幅の多数の鉱脈からなる層状の鉱化帯をなししばしばブーディン構造あるいは褶曲構造を示す．(2) 数 μm から 1～2cm 幅の浸透性の鉱脈でいかなる方向にも 1m 以上の連続性を示さない．(3) 1cm ないし 1m 幅で走向延長数 m と同様の傾斜延長を示す鉱脈．Muruntau 地域の鉱脈は，大部分(1)および(2)からなり，これらは(3)より早期生成で，平均的に品位が低い．(1)に属する鉱脈は，Sangruntau-Tamdytau 剪断帯内においてカレドニア期のほぼ平行で覆瓦構造をなす層間衝上断層面中に産し，鉱化帯は Miutenbai 鉱床から Besopan 鉱床まで一つの線に沿って延長している．(2)の鉱脈の塑性変形の程度は(1)の鉱脈より低い．Muruntau 鉱床では(1)と(2)に属する鉱脈が混在している．(2)の鉱脈のうち，数 μm から 1mm 幅の脈はヘルシニア期以前の片理面，ヘルシニア期に転位した劈開面，種々の方向の劈開後の割目に沿って発達し，小褶曲および細密褶曲が一般的に見られる．鉱脈は短い直線的階段の連続として産することが多い．これらの鉱脈は"網状脈"と呼ばれている．また，1mm から 1～2cm 幅の脈は褶曲軸面劈開と見られる密集した平行な割目に沿って発達し"縞状脈"と呼ばれる．(3)に属する鉱脈は，(1)と(2)の鉱脈のすべてを切る高角度断層に沿って形成され，これらの脈はリボン構造を有し"中心脈"と呼ばれている．(1)(2)の鉱脈群は複雑な形の鉱体を形成するが，大きく見ると鉱化帯は NE－SW の方向に伸びているよう

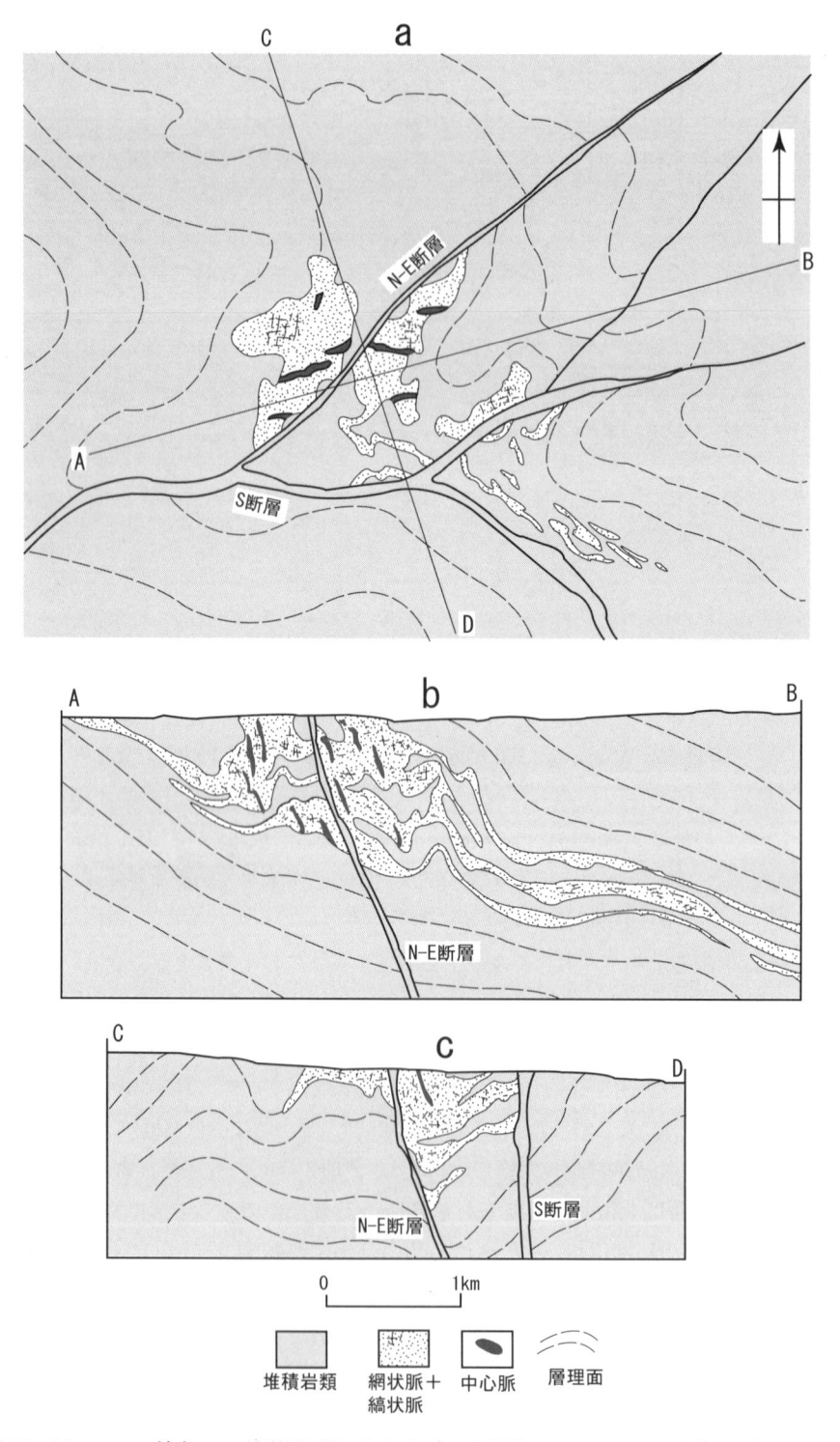

図 IX-83 Muruntau 鉱床　a　地質平面図，b および c　断面図　− Drew et al. (1996) による −

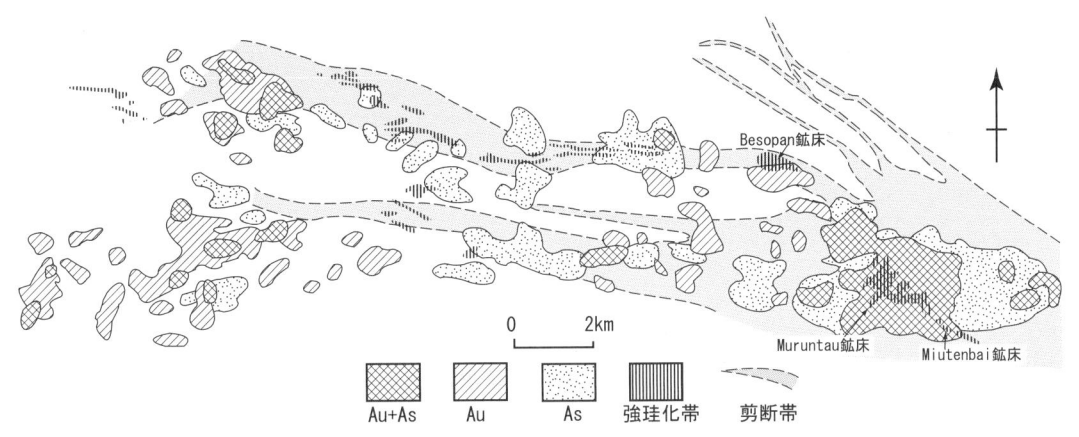

図IX-84　Muruntau 地域の Au および As 異常値分布図　− Drew et al. (1996) による−

に見える（図IX-82）．Muruntau 露天採掘場において，鉱体は湾曲しているものの中央部と北部では NE-SW 方向に伸び，南部では NW-SE 方向に伸びている（図IX-83）（Drew et al., 1996）．

　Muruntau 露天採掘場内および周辺には点紋片岩帯が分布する．この点紋片岩帯内部には，鉱床の周囲を取り囲んで球根状の熱水変質帯が発達し，さらに西方 Sangruntau-Tamdytau 剪断帯の一部および南東方 Miutenbai 鉱床には狭い変質帯を産する（図IX-81, 82）．点紋片岩は広域変成作用の産物と考えられ，点紋には後期の剪断作用に支配された鉱化作用が重なるが，初期には黒雲母，緑泥石化らなり斜長石を伴っていたと推定される．熱水変質作用は数段階にわたって行われた鉱化作用と関係し，一般に剪断帯内の剪断された炭質角礫化岩石中に層状珪酸塩，石英，長石からなる変質帯を形成している．熱水変質岩は，黒雲母および緑泥石の高マグネシウム含有量，曹長石ないし曹長石−灰曹長石組成の斜長石，カリウムに富む全岩組成，各鉱物の割合によって未鉱化の広域変成岩と区別される．また，変質帯は金および砒素の異常値を示す（図IX-84）．最初期の熱水変質鉱物組み合わせは，Miutenbai および Besopan 鉱床の間に連続して産し，"Muruntau レンズ"と呼ばれる（図IX-82）．変質鉱物は石英＋曹長石＋黒雲母＋緑泥石＋正長石からなり，ほぼ平行に走る石英脈および細脈を伴う．Muruntau 露天採掘場内では，前述の最初期変質鉱物に相当する組み合わせとして石英＋曹長石＋金雲母±灰曹長石を産する．灰曹長石は曹長石または正長石による交代を免れた残留鉱物として認められる．変質作用は鉱化作用以前の褶曲作用によって生じた片理面および劈開面に沿って行われている．"Muruntau レンズ"と呼ばれる変質作用に続いて雁行微脈中の黄鉄鉱±硫砒鉄鉱を伴う広範な金雲母化作用が行われる．この盤肌には，白雲母，マグネシウム緑泥石，石英，金雲母，カリ長石，微量の鉄−マグネシウム炭酸塩鉱物を産する．これら微脈は片理および軸面劈開を切っているのが観察される．第3段階の変質作用は石英，カリ長石，白雲母からなりアンケライト質炭酸塩鉱物，硫化物を伴う鉱脈の形成である．これらの脈は金雲母脈を切り母岩のマトリックス中に侵入する．"中心脈"には，これと同じ変質作用を伴う．これらの鉱脈は鉱床中最も高品位の平均 Au3.5〜11g/t を示し，局部的にはさらに高品位となる．珪質岩脈が上述の全段階の変質帯を切って"中心脈"生成後に貫入する．これと同時または直後に，第4段階の脈生成とカリ長石＋ドロマイト質炭酸塩鉱物＋電気石±黄鉄鉱からなる変質作用が行われる．最終段階の変質作用は方解石−黄鉄鉱−モナズ石脈に伴う母岩の広範な方解石化作用である

(Drew et al., 1996).

　主要な鉱石鉱物は石英脈中に産する自然金である．主要な硫化鉱物は，黄鉄鉱で硫砒鉄鉱，白鉄鉱，磁硫鉄鉱がこれに次ぐ．その他少量の灰重石，金および蒼鉛のテルル化およびセレン化鉱物，方鉛鉱，閃亜鉛鉱，黄銅鉱，輝水鉛鉱，鉄マンガン重石，磁鉄鉱，イルメナイトを産する（Drew et al., 1996）.

　Muruntau 地域の金埋蔵量は，Muruntau 鉱床 Au ≫ 1,100t, Amantaitau, Daugiztau 鉱床 Au 200〜300t, Besopan 鉱床 Au 50t と報告されている（Drew et al., 1996）.

(2) 造山型金鉱床鉱化流体の起原

　造山型金鉱床の金をその起原点から沈殿場所まで運搬する熱水流体の発生モデルには，(1) グリーンストン帯広域変成作用の昇温期における変成脱水作用，(2) マントルからの入力による（あるいは入力無しの）下部あるいは中部地殻の脱水作用，(3) 広域底盤あるいは花崗岩質複合岩体から発生するマグマ水，(4) 金に富むランプロファイヤー質マグマの結晶化過程で発生する流体，(5) 地殻深部に達する循環地表水などがある（Hagemann and Cassidy, 2000）．全世界の造山型金鉱床 94 鉱床において報告された流体包有物の型および組み合わせを表 IX-3 に示す．少数の例外を除いて，大部分の鉱床は低塩濃度，水－二酸化炭素混合流体（低〜中 CO_2 濃度）を示し，また，多くの鉱床は同時に他の 1〜2 の型の流体を含む．大部分の研究者は，この低塩濃度，水－二酸化炭素混合流体が金をもたらした鉱化流体であると考えており，金とこの型の流体包有物の共生関係および自然金中の流体包有物組成からもこの考えは支持されている．図 IX-85 は，造山型金鉱床の鉱化流体包有物組成を他の型の金鉱床データと比較したものである．図から明らかなように，一部の例外を除いて造山型金鉱床流体包有物組成は他の型の金鉱床に比較して低塩濃度であり著しく CO_2

表IX-3　造山型金鉱床の流体包有物組成型データ
－Ridley and Diamond（2000）による－

流体包有物の型	鉱床数	%
M	87	92.6
M2	1	1.1
C	36	38.3
A	25	26.6
流体包有物の型組み合わせ		
M	43	45.7
M+C	22	23.4
M+C+A	11	11.7
M+A	10	10.6
M+M2	1	1.1
A	4	4.3
A+C	0	0
C	3	3.2
合計	94	100

M型：低塩濃度，水－二酸化炭素混合流体(低〜中CO_2濃度)
M2型：高塩濃度，水－二酸化炭素混合流体(低〜中CO_2濃度)
C型：中〜低塩濃度，二酸化炭素流体(高CO_2濃度)
A型：中〜低塩濃度，水流体(極低CO_2濃度)

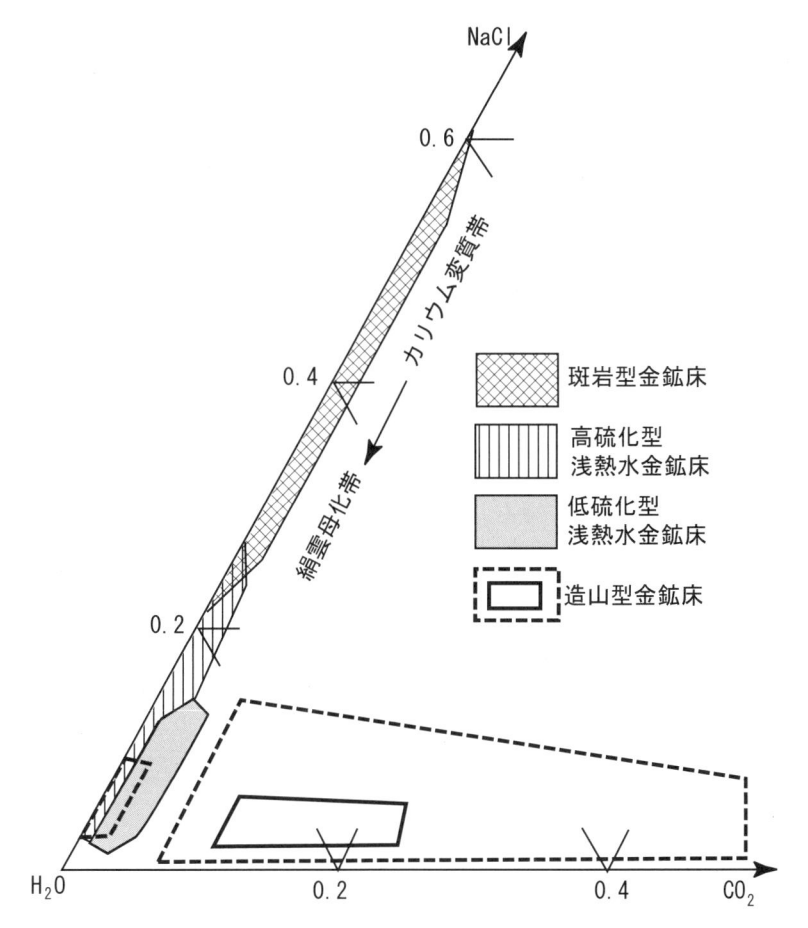

図IX-85 種々の型の金鉱床流体包有物 NaCl-H_2O-CO_2 モル分率図
― Ridley and Diamond (2000)による―

濃度が高い．また，報告されている X_{CO_2} 値の範囲は 0.05 〜 0.90 であるが，多くの鉱床で比較的狭い 0.10 〜 0.25 に集中している．通常の累進変成作用あるいは埋没変成作用において流体圧は岩石圧とほぼ同じ値を有する．部分溶融が起こるような環境を除き，全流体圧は優勢な揮発性成分である H_2O 分圧と CO_2 分圧の合計に等しい．この混合物が理想的であると考えればそれぞれの分圧はモル分率に関係する．Kerrich and Fyfe (1981) は，流体の化学的性質と炭酸塩-含水化合物平衡関係の研究によって CO_2/H_2O 比は，変成度が上昇するほど増加し角閃岩相では，0.2 〜 0.5 に達し，グラニュライト相では CO_2 優勢になるとしている．変質作用あるいは鉱化作用によって流体組成は変化するとしても，造山型金鉱床では多量の炭酸塩鉱物を生成しており，この CO_2 の供給源として変成水を考えるのが適当であると考えられる．

図IX-86 に太古代，原生代，顕生代の造山型金鉱床，斑岩型金鉱床，浅熱水金鉱床の鉱化流体 $δ^{18}O$ および $δD$ 値をマグマ水・変成水のデータとともに示した．斑岩型金鉱床および浅熱水金鉱床の鉱化流体は，いずれもマグマ水と地表水（海水および天水）の混合によってほぼ説明できるが，造山型金鉱床の場合は時代を問わずマグマ水と地表水以外に変成水の混合を考えることによって説明可能となり，前述の推定を裏付けている．

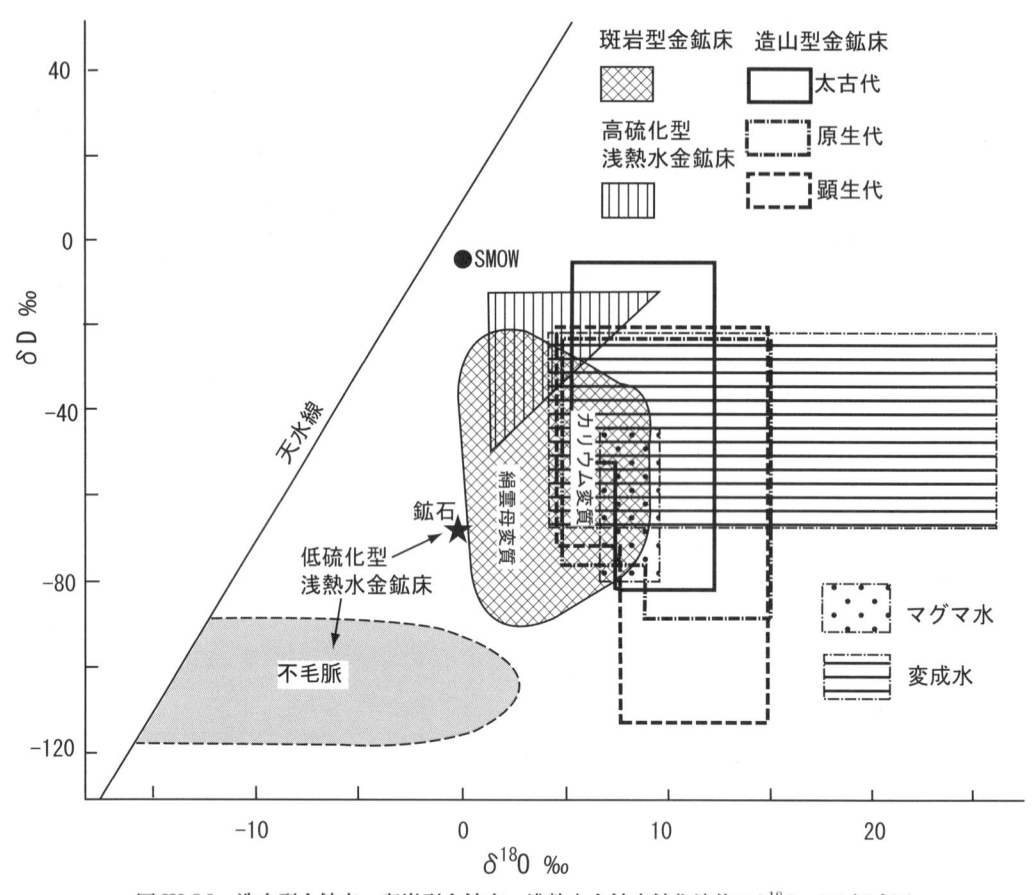

図IX-86 造山型金鉱床，斑岩型金鉱床，浅熱水金鉱床鉱化流体の$\delta^{18}O$-δD組成図
− Ridley and Diamond (2000); Partington and Williams (2000); Bierlien and Crowe (2000)による−

IX-5　陸上火山活動に伴う熱水鉱床

　中生代および新生代，稀に古生代の収斂型境界，すなわち造山帯に沿う陸上火山活動によって形成された中間質ないし珪長質火山岩類中あるいはその付近には，しばしば火山活動に付随する浅熱水作用によって金および銀を主とする鉱脈，角礫，交代，鉱染鉱床を産する．

(1) 浅熱水金－銀（－銅）鉱床

　この型の鉱床は，その初生硫化鉱物組み合わせにより高硫化型，中硫化型，低硫化型に分類される (Hedenquist et al., 2000; Silitoe and Hedenquist, 2003)．大部分の高硫化型鉱床は，小数の大型鉱床が抑圧された火山活動によって特徴付けられる圧縮弧に産するのを除いて，中性応力あるいは弱拡張性応力によって特徴付けられるカルクアルカリ岩系安山岩－石英安山岩弧中に生成され，浅所貫入のマグマ溜の上に形成された成層火山その他の火山体に伴われる．とくに，鉱床は，カルデラ中の火山あるいは火山底，溶岩ドーム複合岩体中に形成されることが多く，しばしば，火山底岩株，岩脈，角礫岩を伴う．鉱床付近に成因的に関係のある斑岩銅－金鉱床が存在することが多い．鉱床母岩は安山岩質，石英安山岩質溶岩および火山砕屑岩が一般的で，火山岩類に挟まれる堆積岩も鉱化される．鉱床の形態は，鉱染状，塊状硫化物鉱脈，細脈状，不規則塊状，レンズ状，網状，角礫状などである．鉱石組織は，酸性溶液によって溶脱された残留物である多孔質珪化岩を母岩とする交代組織が特徴的である．その他硫化物塊状組織，縞状組織，角礫組織を示す．金は，自然金およびエレクトラムとして産し，その他主要な金属鉱物として硫砒銅鉱／ルソン銅鉱，銅藍，黄鉄鉱，黄銅鉱，四面銅鉱，閃亜鉛鉱，テルル化鉱物，セレン化鉱物を産する．主な脈石鉱物として石英の他，明礬石，重晶石，カオリナイト，ディッカイトを産する．方解石は認められない．変質作用は，多孔質珪化作用，石英－明礬石化作用，高度粘土化作用（パイロフィライト－ディッカイト－絹雲母）が特徴的であり，この他，水蒸気加熱により形成されたシリカ（クリストバライト，蛋白石，玉髄），カオリナイト，明礬石，硫黄などからなる毛布状被覆層が認められる．この型の鉱床例として，Goldfield（米国ネバダ），Yanacocha地域，Pierina（ペルー），Pueblo Viejo（ドミニカ），Pascua-Real del Monte, El Indio, Tambo（チリ），Chelopech（ブルガリア），南薩地域（日本），Lepanto（フィリピン）などがある．

　中硫化型鉱床の火山テクトニックス環境は，高硫化型鉱床とほぼ同様であるが，一部の鉱床で流紋岩のような珪長質岩との関係が認められる．斑岩銅鉱床との密接な関係は示さない．鉱床の形態は，鉱脈，鉱染状，細脈状，網状，角礫状などである．鉱石組織は，空隙充填，対称または非対称縞状，累皮，櫛状などを示す．金はエレクトラムとして産し，その他主な金属鉱物として閃亜鉛鉱，黄銅鉱，方鉛鉱，黄鉄鉱，硫銀鉱，四面銅鉱などがあげられる．脈石鉱物は，石英が最も多く，氷長石，方解石がこれに次ぐ．母岩の変質作用としては，絹雲母化作用，珪化作用，プロピライト化作用が認められる．この型の鉱床例として，Comstock地域（米国ネバダ），Tayolitita Guanajuato, Pochuca-Real del Monte（メキシコ），Portovelo（エクアドル），Acupan, Victoria（フィリピン），Kelian（インドネシア）などがある．

大部分の低硫化型鉱床は，内弧，近弧，背弧などの拡張性環境および後衝突リフト中の玄武岩－流紋岩バイモーダル火山岩系に伴って産する．しかし，一部の低硫化型鉱床は，拡張性テクトニックスに関係するアルカリ岩に伴い，前者と異なって，斑岩銅鉱床を同時に生成する．鉱床を胚胎する地域割目系は，グラーベン，カルデラ，溶岩ドーム複合岩体，稀にマール・ダイアトリームに関係して形成され，正断層，断層スプレー，梯子状割目，サイモイドループなどの拡張性構造と走向移動断層構造が一般的である．鉱脈の規模は最大走向延長1,000m以上，脈幅1~10m程度，深さ最大600mで，網状脈，鉱染鉱床，角礫鉱床も産する．鉱床に伴う火山岩類は，カルクアルカリ岩系の安山岩ないし流紋石英安山岩，バイモーダル珪長質岩－苦鉄質岩，アルカリ岩である．鉱床母岩は，火山岩ドーム，ダイアトリーム，火山砕屑岩，堆積岩などである．鉱石組織は，空隙充填，対称または非対称縞状，累皮，櫛状，コロフォーム縞状，多段階破砕組織などを示す．主な金鉱物はエレクトラムで稀に金テルル化鉱物を産し，輝銀鉱（硫銀鉱），銀硫塩鉱物，黄鉄鉱，白鉄鉱，黄銅鉱，閃亜鉛鉱，方鉛鉱を伴う．その他，金・銀セレン化鉱物，辰砂，輝安鉱，セレン硫塩鉱物，四面銅鉱，硫砒鉄鉱，磁硫鉄鉱を産することがある．黄鉄鉱中に固溶する金も報告されている．主な脈石鉱物は石英，炭酸塩鉱物，氷長石，絹雲母（またはイライト）で，この他玉随，重晶石，蛍石，菱マンガン鉱，赤鉄鉱，緑泥石などを伴う．母岩の変質鉱物組み合わせは，変質温度により変化するが，変質帯の産出鉱物として，石英，氷長石，方解石の他，イライト，緑泥石，緑簾石，沸石，硬石膏，黄鉄鉱などがあげられる．これらの鉱物からなる変質帯の外周部および鉱床中心部には，イライト/スメクタイト混合層鉱物，イライト，カオリナイトなどからなる粘土帯が発達する．鉱床深部および外周部にはプロピライト変質帯が分布する．低硫化型熱水系の際だった特徴は古地表面に生成されるシンターで，これは中性pH温泉の噴出によって生成される微細な葉理面を有する非晶質シリカの段丘である．シンターにより古地表面と主要な沸騰熱水流体の位置を決定することができる．地表近くでは，水蒸気加熱により形成されたカオリナイト，クリストバライト，スメクタイト，明礬石，硫黄などからなる毛布状被覆層，あるいは地下水面に沿って玉髄質の珪化帯が発達するが，浸食されていることが多い．斑岩型鉱化作用の上にこの型の鉱化作用が重複していることがある．この型の鉱床に属する例としては，McLaughlin（米国カリフォルニア），Round Mountain（米国ネバダ），Cripple Creek（米国コロラド），El Penion（チリ），Esquel，Cerro Vangardia（アルゼンチン），Martha Hill-Favona（ニュージーランド），Emperor（フィジー），Ladolam（パプア・ニューギニア），菱刈（日本），などがある（Simmons et al., 2005）．

　Yanacocha地域金鉱床　本鉱床はペルー北部Cajamarca市の北20kmにあり，北アンデス造山帯中に位置する．本造山帯は，全ペルーにわたって走り，中生代の堆積岩類と第三紀火山岩類からなる．Yanacocha鉱床帯はこの造山帯内の一つの断裂帯に沿っている．白亜紀堆積岩中のNW方向の褶曲および衝上断層は，ENE方向のアンデス造山帯を横切る構造帯－trans-Andean構造帯－との交差部でほぼEW方向に向きを変えている．このtrans-Andean構造帯は，太平洋岸から幅30～40kmで約200km続くChicama-Yanacocha構造帯として知られ，ペルー海岸線の変位，N50°E平行断層群，Yanacocha鉱床群のENE方向配列などによってその存在が明らかになっている（Bell et al., 2004）．

　Cajamarca地方の地質は，白亜紀の堆積岩類と第三紀の火山岩類および貫入岩類からなる（図IX-87）．白亜紀堆積岩類は，基底の珪質砕屑岩類とその上の炭酸塩岩から構成されるが，高硫化

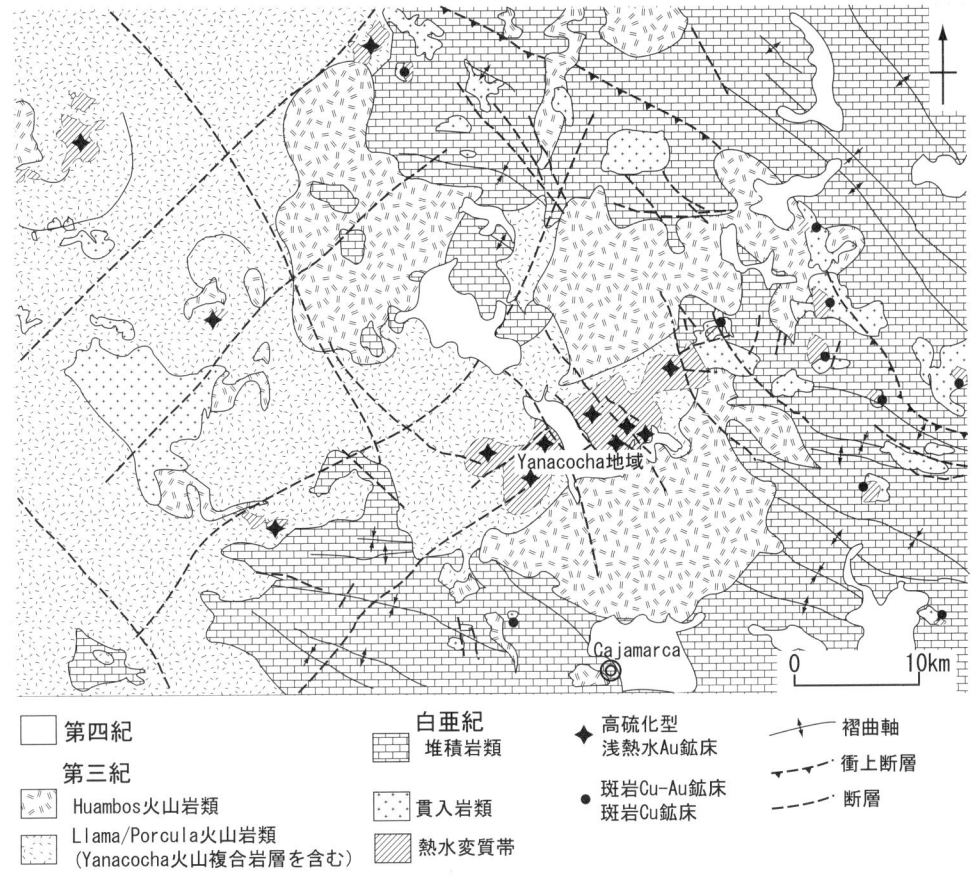

図 IX-87 Cajamarca 地方の地質概図 － Bell et al.(2004)による－

型浅熱水鉱床はこれらの岩石中には見出されていない．第三紀火山岩類の基底は暁新世 Llama 層で，溶岩類，火山岩屑流礫岩，火山砕屑岩層からなる．Llama 層の上には，本鉱床の母岩である Yanacocha 火山複合岩層の火山岩類が重なる．この岩石は広域的には，Porcula 層に対比される．Yanacocha 火山複合岩層は，安山岩溶岩と火山砕屑岩類の互層で Llama 層から漸移する．Yanacocha 火山複合岩層の上を覆って，安山岩質ないし石英安山岩質のイグニンブライトからなる Huambos 層（Fraylones 部層）が，広く分布する．この岩石の放射性年代は，8.4〜8.8Ma である (Bell et al., 2004)．

　Yanacocha 地域の基盤岩は，下部白亜紀の Farrat 層で強く褶曲した珪岩と少量のシルト岩からなる．その上には，中部白亜紀 Yunagual 層の石灰質頁岩とシルト岩を挟む石灰岩層が重なる．Yanacocha 地域の火山岩類は，下部安山岩シーケンス，Yanacocha 火山砕屑岩シーケンス，上部安山岩シーケンスに分けられる．下部安山岩シーケンスは，基底角閃石安山岩質火山泥流層，下部含黒雲母凝灰岩層，下部輝石-角閃石安山岩層からなる．基底角閃石安山岩質火山泥流層は褶曲した白亜紀堆積岩を不整合に覆い，地域の北部，南部，西部に分布する．この層は安山岩質火山泥流と岩屑流からなり 19.53 ± 0.13Ma の年代を示す．下部含黒雲母凝灰岩層は，安山岩質火山泥流，含黒雲母凝灰岩，火山角礫岩からなり 15.5 ± 0.06Ma の年代を示し，地域南部と北部に分布する．

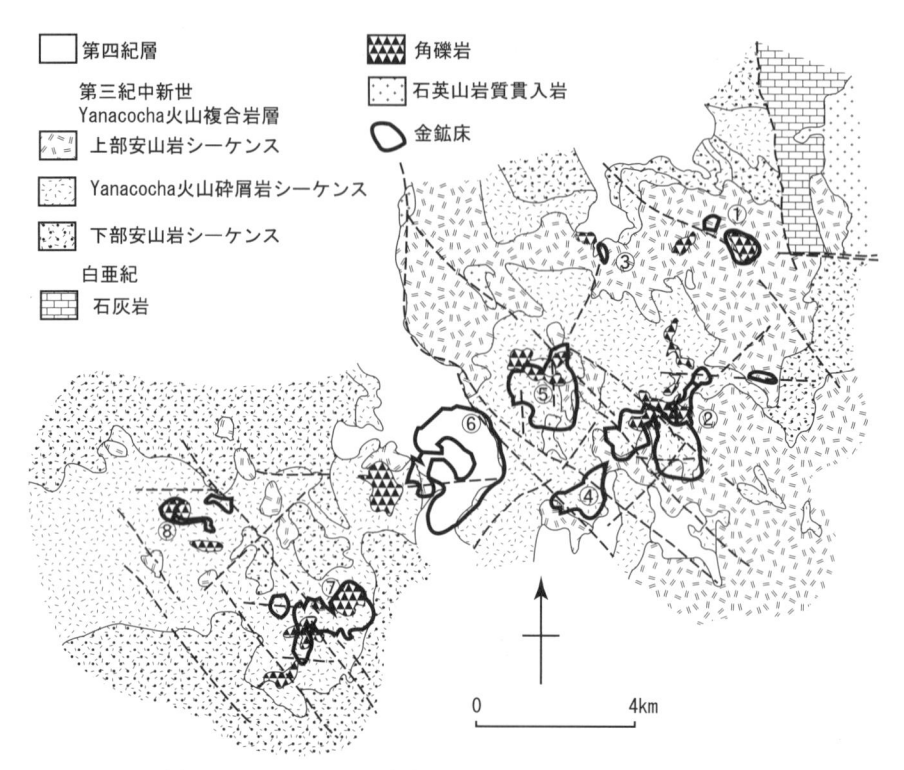

図 IX-88　Yanacocha 地域地質図　－ Bell et al. (2004) による－
鉱床位置　① Maqui Maqui ② Carachugo-Chaquicocha ③ Antonio ④ San Jose
⑤ Cerro Yanacocha ⑥ La Quinua-Tapado-Corimayo ⑦ Quillish ⑧ Cero Negro

　下部輝石－角閃石安山岩層は安山岩質溶岩流，結晶質－石質凝灰岩，含輝石－角閃石火山泥流からなり 13.2 ± 0.14Ma の年代を示す．本層は，地域の西部に分布し，北東方において基盤の褶曲石灰岩に直接乗っている．Yanacocha 火山砕屑岩シーケンスは，Yanacocha 地域中央部で優勢に分布し，細粒凝灰岩層，遷移縞状火山砕屑岩層，上部石質凝灰岩層からなる．これらの層については変質が激しいため信頼できる年代値が得られていない．最下位の細粒凝灰岩層の分布は下部安山岩シーケンス後の断層運動中に形成された堆積盆に限られ，不連続である．また，その厚さと形状はきわめて変化に富んでいる．遷移縞状火山砕屑岩層は，弱溶結結晶質凝灰岩，結晶質－石質凝灰岩，火山礫凝灰岩の互層で変化に富んだ縞状を呈する．この層は古堆積盆内で細粒凝灰岩層の上に重なるか，下部安山岩シーケンスの上に直接乗って発達する．上部石質凝灰岩層は，多量の既変質凝灰岩片を含む角閃石安山岩質石質－結晶質凝灰岩からなる．上部安山岩シーケンスは，Maqui Maqui イグニンブライト，上部輝石－角閃石安山岩層，上部結晶質－石質イグニンブライトから構成される．Maqui Maqui イグニンブライトは，顕著な縞状組織を示し，多量の扁平化した火山礫片，珪岩片，斑岩片を含み，12.4 ～ 12.7Ma の年代を示す．上部輝石－角閃石安山岩層は，火山泥流角礫岩，火山岩塊－火山灰流，斑状角閃石安山岩溶岩流を伴う安山岩ドームからなり，11.6 ～ 12.2Ma の年代を示す．上部結晶質－石質イグニンブライトは，11.2 ～ 12.2Ma の年代を示し，扁平化した大型の初生火成岩片で特徴付けられる（図 IX-88）(Bell et al., 2004).

　上記火山岩類は，様々な型の多くの角礫岩によって貫かれ，これらの角礫岩は，金鉱化作用を密

接に伴うことが多い．最も顕著で特徴ある角礫岩の型は，破壊粉砕された斜長石結晶に富む基質に円礫ないし亜角礫状岩片を含むもので，岩片は種々の岩種からなるが，一般には，隣接した母岩を反映している．この型の角礫岩は，急傾斜の岩脈または直径数百 m の急プランジのパイプとして産し，マグマ水蒸気爆発起原で，この地域では，ダイアトリームと呼ばれる．同様に重要な角礫岩の型は，強く磨砕された均質な砂質岩片からなる基質中に亜角礫ないし円礫状岩片を含むもので，基質支持から岩片支持のものまである．この型の角礫岩は，一般に岩片が同一岩種であり，既成の角礫岩を岩片として含むことがある．この角礫岩は砂質基質角礫岩と呼ばれ，水蒸気爆発起原と考えられる．その産状は，同様に急傾斜岩脈またはパイプであり，マグマ水蒸気爆発角礫岩と複合パイプを形成することがある．やや産出の少ない型として，安山岩質ないし石英安山岩質の斑岩状基質中に亜角礫ないし亜円礫状岩片を含む角礫岩がある．岩片は通常同一岩種であるが例外もある．この型の角礫岩は石英安山岩質貫入岩の上部にほぼ垂直なパイプとして産し，貫入岩との間は漸移的でマグマ水蒸気爆発角礫岩である．以上の他，主に細粒の石英からなり，鉄酸化物，玉髄，明礬石，硫化物が広く分布する流状組織を示す基質に，同一岩種の角礫ないし亜角礫質岩片を含む角礫岩を産する．岩片は母岩の組成を反映している．この型の角礫岩は岩脈をなして他のすべての型の岩石を切っており，熱水角礫岩と考えられる（Bell et al., 2004）．

　堆積岩類とこれを覆う火山岩類を切って貫入岩が発達するが，変質が激しく最近までその存在は明らかにされなかった．貫入岩は鉱化作用を支配し金－銅斑岩鉱床を生成したと考えられる．この地域の貫入岩は石英の存在に基づいて二つに分けられる．その一つは安山岩組成で，石英を含まないか，ないしはきわめて少量の斑岩状貫入岩であり，岩脈，岩栓，溶岩流ドームとして産する．他は，含石英貫入岩で，多くの鉱床を切って産する．貫入岩類の生成年代は，12.10～8.40Ma である（Bell et al., 2004）．

　Yanacocha 地域の岩石は N40°～60°E 系，N30°～60°W 系，E-W 系の断層および割目によって切られる．NE 系および EW 系の構造は拡張性であり，開口割目または正断層として出現する．NW 系の構造は圧縮性のものと拡張性のものとがあり，走向移動剪断構造および正断層として産する．局部的に NS 走向の二次割目あるいは断層帯が認められる．NE 系の構造方向は，金鉱床，角礫岩，貫入岩の配列にも現れ，変質帯の伸びの方向を支配しているように見える．また，NE 系と NW 系の構造交差部は，重要な熱水流体の通路となったと考えられる．

　母岩の変質分帯図を図 IX-89 に示す．Yanacocha 地域の変質は高硫化型変質の多段階作用および斑岩型変質作用・後期中硫化型変質作用の重複によって複雑になっている．斑岩型変質作用は，多くの鉱床の下部に認められる．高硫化型変質作用は多くの鉱床で類似しており，金鉱化作用と密接に伴って強い塊状の珪化帯が鉱床中心部に発達する．塊状珪化帯の外側は，強い酸性水によって溶脱した多孔質および粒状シリカ帯に漸移する．溶脱帯を越えると明礬石，粘土鉱物，少量のシリカを含む高度粘土化帯となり，この帯が通常金の可採最低品位に一致する．高度粘土化帯は次第に粘土鉱物の量を増し，さらにプロピライト変質帯から非変質帯に移行する．高硫化型変質作用に重複して，結晶の発達した重晶石を時に伴ったクリーム色の玉髄質シリカからなる珪化作用が，ほとんどの鉱床に認められる．クリーム色は Ti 酸化物を含むためで，この変質作用は中硫化型変質作用と考えられる（Bell et al., 2004）．

　Yanacocha 地域の鉱化作用は次の 5 段階に分けられる．(1) 深部における斑岩型低品位金－銅

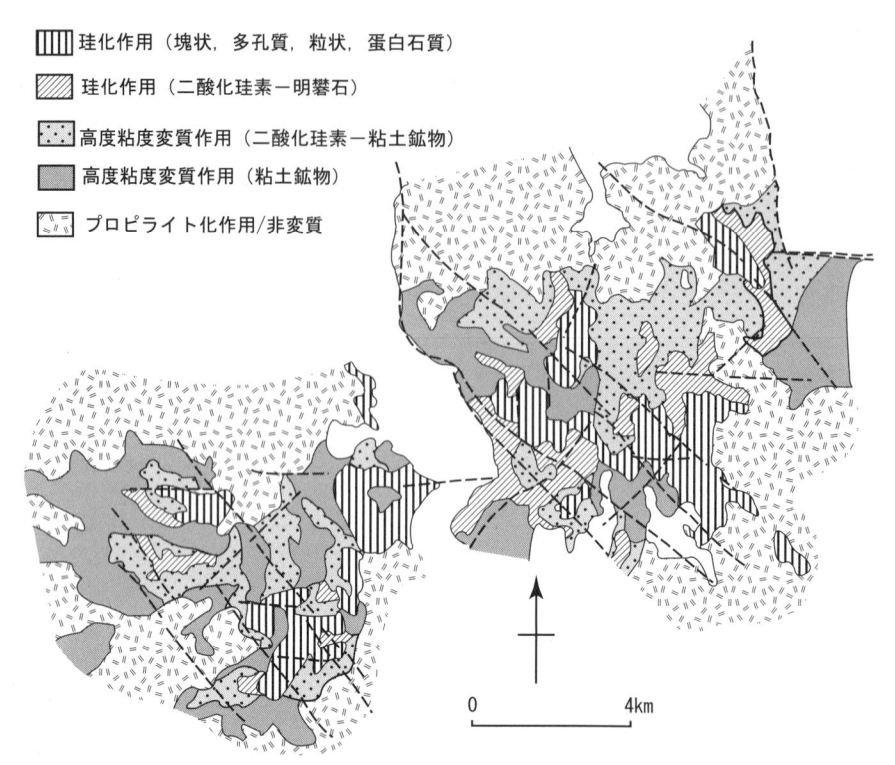

凡例:
- 珪化作用（塊状，多孔質，粒状，蛋白石質）
- 珪化作用（二酸化珪素－明礬石）
- 高度粘度変質作用（二酸化珪素－粘土鉱物）
- 高度粘度変質作用（粘土鉱物）
- プロピライト化作用/非変質

図 IX-89　Yanacocha 地域母岩の変質分帯図　－ Bell et al.（2004）による－

鉱化作用，(2)主金－(銅)鉱化作用，(3)後期高品位金鉱化作用，(4)後期銅－(金)鉱化作用，(5)後期炭酸塩－硫化物鉱化作用．第1段階の斑岩型鉱化作用は，細粒の黄鉄鉱の鉱染と低品位の金（＜ 0.2g/t）を伴う広範な珪化作用で特徴付けられる．深部では，斑点状の珪化帯から虫食い状のA型細脈(石英－磁鉄鉱－硫化物脈 IX-2(3)参照)に移り変わり，斑岩銅－金鉱床としての特徴を示す．流体包有物データも，均質化温度 200 〜 500℃，NaCl 相当塩濃度 43.2% が得られ，この考えを支持している．変質帯の二次黒雲母の Ar^{30}/Ar^{40} 年代は 10.72 ± 0.09Ma を示す（Bell et al., 2004）．第2段階の主金－(銅)鉱化作用は広範な珪化作用の後に起こっている．この鉱化作用の特徴は，細粒の黄鉄鉱と微量の硫砒銅鉱，銅藍を伴うことである．硫化物は鉱染状をなすか，空隙および割目充填物として産する．この段階では，金は鉄酸化物と密接に伴ってミクロン以下の粒子として産する．第3段階の高品位（＞ 1g/t）金鉱化作用では，金は比較的粗粒をなして塊状の重晶石に伴うか，または珪化火山砕屑岩，水蒸気角礫岩を切るクリーム色の玉髄質シリカに伴って産する．この段階の鉱化作用は地域のすべての鉱床に認められるが，とくに Chaquicocha Alta, El Tapado, Corimayo などの鉱床で重要である．第4段階の後期銅－(金)鉱化作用は，石英安山岩質貫入岩およびマグマ水蒸気角礫岩に密接に伴って起こる．この鉱化作用は，特徴的に硫砒銅鉱，銅藍，黄鉄鉱を産し，浅所では明礬石－シリカを含む高度粘土化帯を，深部では高温型高度粘土変質帯（パイロフィライト－ダイアスポア）を伴う．この段階の鉱化作用は，Cerro Yanacocha 鉱床で認められる．明礬石の年代測定結果は 9.12 ± 0.32Ma である．第5段階の鉱化作用は，まばらに分布する菱マンガン鉱－ドロマイト－卑金属硫化鉱物細脈によって代表される．この鉱化作用は局部的に酸性流体からより中性に近い流体への遷移が起こったことを示すもので，Cerro Yanacocha

鉱床で認められる．鉱化作用を支配する要素として，断層・割目などの構造的要素以外に，岩石の透水係数，岩石の境界面などが認められる．地域の多くの鉱床，San Jose, Corimayo, Cerro Yanacocha, Antonio Norte などの鉱床は，他の岩石より空隙率，透水係数の高い火山砕屑岩中に選択的に形成されている．溶岩ドーム，ダイアトリームと火山砕屑岩との境界には，比較的品位の高い（＞1g/t）鉱床が生成される．これは，透水係数の低い岩石が局部的に流体の流れの変化を作り，金の沈殿を促すためと考えられる（Bell et al., 2004）．

本鉱床の埋蔵鉱量は金量にして，31.7Moz (887.6t)，品位は 1.03g/t と報告されている（Bell et al., 2004）．

Lepanto 銅－金鉱床 本鉱床はフィリッピン島弧，ルソン島北部にあり，マニラの北 200km に位置する．Lepanto 銅－金鉱床は Far Southeast (FSE) 斑岩銅－金鉱床とともに Mankayan 鉱床地域を形成している（地質は IX-2(1) 参照）．この高硫化型浅熱水銅－金鉱床は Lepanto 断層に支配され，Imbanguila 石英安山岩の基底にあたる不整合面とこの断層の交差部に発達する（図 IX-6）．鉱化体は斑岩銅鉱床の北西方向に 3km 以上延長する（図 IX-6, 7）．鉱床は角礫化した塊状または多孔質残留石英からなる溶脱珪化帯を密接に伴い，その外側には主として石英－明礬石からなる高度粘土化帯が分布する（図 IX-8, 90）．変質作用は母岩の組成と透水性によって変化し，溶脱珪化帯は不整合面と石英安山岩角礫岩において最も良く発達する．高度粘土化帯には場所によりカオリナイト，ディッカイト，ダイアスポア，パイロフィライト，自然硫黄を産する．このような変質作用は浅熱水高硫化型銅－金鉱床に特徴的なものであり，強い，酸性水が母岩と反応して次第に中性になる過程で形成される．不整合面より下の基盤岩中では，石英－明礬石帯は溶脱珪化帯の直下またはこれに接して存在し，この外側に広く発達する主として緑泥石からなるプロピライト変質帯に漸移する．これに対して石英安山岩中では，石英－明礬石帯はあまり発達せずその上に主としてカオリナイトからなる高度粘土化帯が分布する．さらにその上は，イライト－スメクタイト変質帯から弱－不変質帯へ移行する．北西側の Lepant 鉱床から FSE 斑岩銅鉱床に向かって高度粘土変質帯を追っていった場合，斑岩銅鉱床上部に分布する高度粘土変質帯との境界を見極めることは困難である．これは，両鉱床の変質作用が時空的に連続していたことを示すものと考えられる（Hedenquist et al., 1998）．

Lepanto 鉱床の主鉱体は，Lepanto 断層に沿った角礫化帯を鉱化したものである．断層運動は鉱化作用中にも起こったことは，100m にも及ぶ変質帯の変位を伴う多段階角礫化・鉱化作用によって示されている．鉱体の垂直方向の長さは平均 100m で時に 300m に達し，幅は 10～50m である．鉱床の形態は主として黄鉄鉱と硫砒銅鉱からなる塊状鉱脈で，鉱石組織は，空隙充填，角礫状，断層状，交代構造などを示す．断層が不整合面と交差する所では，変質および鉱化作用は不整合面に沿って外側に広がる．Branch 脈と呼ばれる多くの平行脈は，Lepanto 断層の西側で良く発達している．FSE 斑岩銅鉱床付近では，Asterliies 脈と呼ばれる鉱脈において硫砒銅鉱鉱石は，Imbanguila 石英安山岩角礫岩中にのみ胚胎する．硫砒銅鉱鉱石は，鉱脈以外に不整合面の上および下に層準規制レンズ状鉱体として産する（図 IX-90）．浅熱水銅－金鉱化作用は，珪化変質作用後，および大部分の高度粘土変質作用後に起こり，第１および第２段階に分けられる．第１段階では，主要銅鉱物である硫砒銅鉱およびルソン銅鉱が多量の自形黄鉄鉱を伴って晶出し，第２段階では，後期の他形黄鉄鉱が四面銅鉱，黄銅鉱，閃亜鉛鉱，方鉛鉱，エレクトラム，テルル化鉱物（ペ

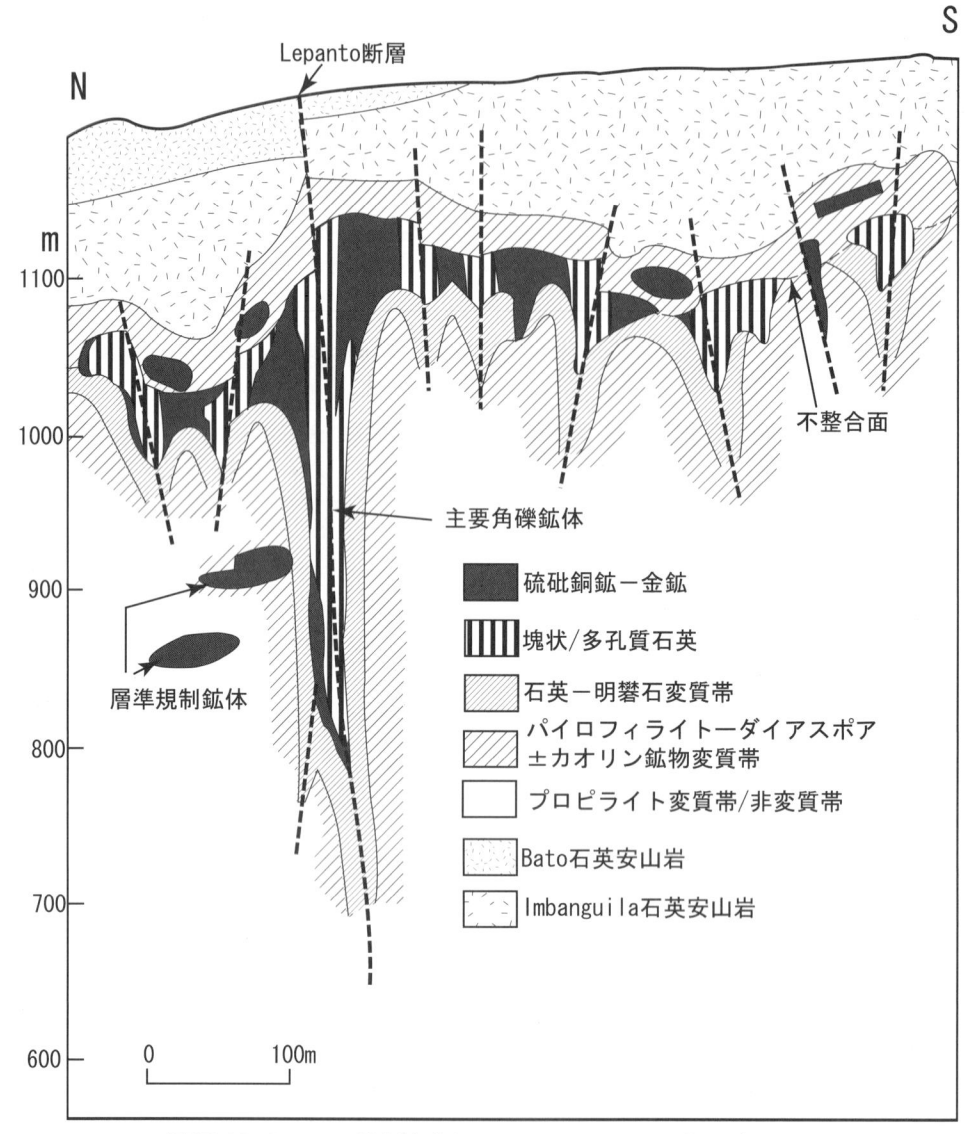

図IX-90 Lepanto鉱床断面図 －Hedenquist et al. (1998)による－

ッツ鉱，カラベラス鉱，ヘッス鉱，クレネライト），セレン化鉱物，含Bi鉱物，含Sn鉱物を伴って産出する．金鉱化作用は四面銅鉱および黄銅鉱と伴い，その大部分は硫砒銅鉱－ルソン銅鉱より後期である．主な脈石鉱物として石英，硬石膏，重晶石を産し，少量の明礬石，カオリン鉱物（ナクライト，カオリナイト）を伴う．硫砒銅鉱中の流体包有物はすべて流体に富む疑似二次包有物であり，一次包有物は認められなかった（Hedenquist et al., 1998）．疑似二次流体包有物による均質化温度とNaCl相当塩濃度の測定結果をFSE斑岩銅鉱床のデータとともに図IX-91に示す．図によれば，均質化温度とNaCl相当塩濃度ともに斑岩銅鉱床から北西に向かって連続的に降下していることがわかる．この傾向は，FSE斑岩銅鉱床に鉱化流体の流入中心があり，そこから鉱化流体は西北方に流れながら低温（＜50℃），0塩濃度の天水に希釈されたとする考えに調和する．

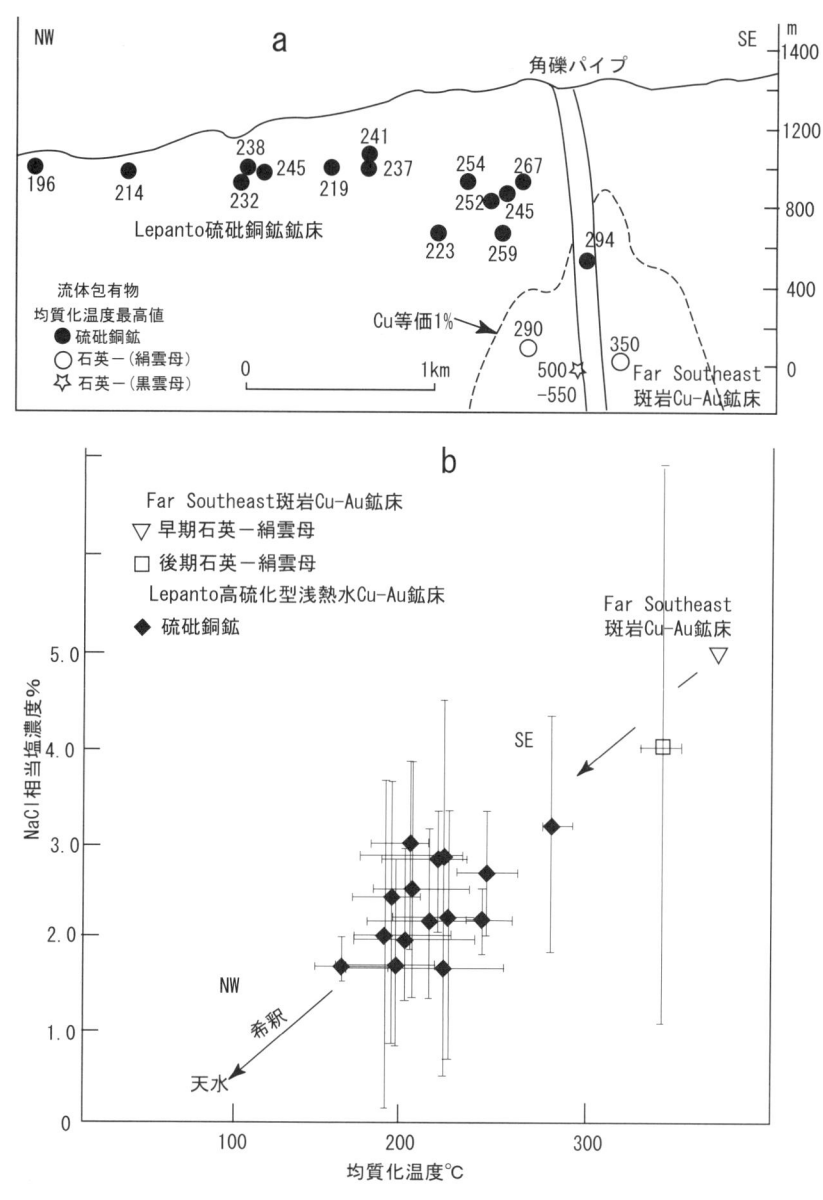

図IX-91　a　FSEおよびLepanto鉱床の断面に流体包有物データを示す
b　FSEおよびLepant鉱床の流体包有物均質化温度－塩濃度図
－Hedenquist et al. (1998) による－

　Lepanto鉱床の埋蔵金属量は約Au 137t, Cu 900万tとされ，第2次世界大戦以後1995年までの生産量は，3,300万t (Cu 2.2%, Au 3.5g/t, Ag 11g/t) と報告されている (Hedenquist et al., 1998). また，Matshuler (2000) によれば，斑岩銅鉱床のFar Southeast鉱床と合わせた埋蔵量は6億8,500万t (Cu 0.80%, Au 1.42 g/t, Ag 0.53 g/t) となっている.

Comstock地域金－銀鉱床　本鉱床は，米国ネバダ西端Renoの南東約40kmにあり，北西―南東方向に伸びる西部ネバダ中新世安山岩質火山岩帯中に位置する (Hudson, 2003). 地域の基盤

をなす岩石は，下部ジュラ紀のGardnerville層で，シルト岩および細粒の長石質砂岩と夾在する少量の石灰岩からなり，緩やかな褶曲構造を示す．Gardnerville層は，厚いロポリス状の細粒ないし中粒の輝石斑糲岩に貫かれ，さらに，これらの岩石は白亜紀の閃緑岩，花崗閃緑岩，花崗岩の岩株および岩脈に貫かれている．地域南部にはこれらの中生代岩石を覆って漸新世～中新世の珪長質火山灰流凝灰岩が分布する．上記岩石を不整合に覆って，厚い安山岩質火山岩類の層序からなる早期中新世のAlta層が発達し，主要な鉱床母岩となっている．Alta層はさらに下部層，Sutro部層，上部層に分けられる．下部層は，厚さ約300mで，角閃石－普通輝石，普通輝石，角閃石安山岩溶岩流，角礫質溶岩流，泥流角礫岩，および少量の火山砕屑質堆積岩の互層からなる．Sutro部層は，湖沼成のシルト岩，砂岩，礫岩からなり，厚さ0~30mである．上部層は，厚さ700m以上で，角閃石および角閃石－輝石安山岩溶岩流からなり，まれに安山岩質火山角礫岩を産する．Alta層のK-Ar年代は14.4～20.1Maとされている（Vikre et al., 1988）．Alta層を貫いて，等粒状中粒閃緑岩ないし安山岩斑岩からなるDavidson閃緑岩体が発達するが，そのK-Arおよびフィッション・トラック年代は，Alta層のK-Ar年代とほぼ一致する（Vikre et al., 1988）．Alta層を不整合に覆うか貫いてKate Peak火山岩類が形成されている．この岩石は便宜上熱水変質を受けた前期と非変質の後期に分けられるが，組成および組織は類似している．Kate Peak火山岩類は，角閃石安山岩および石英安山岩からなり，前期岩類（13.5～16.5Ma）は溶岩流の他，多数の岩脈あるいは岩栓が地域に広く露出するが，とくに鉱床付近に集中し，鉱脈に平行に，あるいは鉱脈中に貫入している．後期岩類（12.7～14.1Ma）は溶岩流あるいは火山泥流をなして分布する．Kate Peak火山岩類の上には，Knickerbocker安山岩（12～14.5Ma）が重なる（図IX-92）．

　Comstock地域の岩石は，鉱化作用前，中，後形成の多数の後期新生代正断層によって切られている（Hudson, 2003）．鉱化前，鉱化中に形成され鉱化を受けた主要断層として，東傾斜のComstock, Silver City, Occidental断層帯をあげることができる（図IX-92）．その他の多数の断層は，小規模であり，変質・鉱化も比較的弱い．Comstock断層帯は，走向方向に15km以上追跡できる地域中の主構造帯である．Silver City断層との交差部から北側では，Comstock断層帯の主要な鉱化部分は，ほぼN15°Eの走向を示すが，交差部の南約500mの所から急に西に向きを変えて走向N65°Eとなり，その後さらに南に転じN5°Wを示す．地域内のComstock断層帯全長にわたって，断層帯は，これにほぼ平行な断層に囲まれ，これらの断層は"東壁"および"西壁"と呼ばれている．Comstock Lode鉱化体の大部分は，これら平行断層の間に限定されている．図IX-93aにおいて断層帯は，深さ約125mまでは傾斜がほぼ40°Eであるが徐々に緩やかになり深さ約600mでは35°Eとなる，東西の壁の間の厚さは深さにより0から50mまで変化する．地表においては，他の区域で東西の壁の間の水平距離は，20~300mで，通常150m程度である．このように断層帯上部は多数の小断層が集合して楔状となり幅が広がる．Comstock断層帯の上盤には断層帯からほぼ垂直に断層あるいは割目が立ち上がり，これにCon Virginia鉱体が胚胎する（図IX-93a）．Comstock断層帯との交差部付近で，Silver City鉱床は，約2,700mにわたってN50°Wの走向を示すが，その南方で不規則に湾曲して南北方向に走向を変え4km以上連続する（図IX-92）．走向変化点の北側では，Silver City鉱床はComstock断層帯と同様に二つの平行断層に囲まれた形を取る．これらの断層は，地表で65°NEの傾斜を示すが，急速に緩やかになり深部では40°NEとなる．南北走向を示すようになると，Silver City鉱床は幅が狭まり上盤と下盤に多数のスプレーを有する単

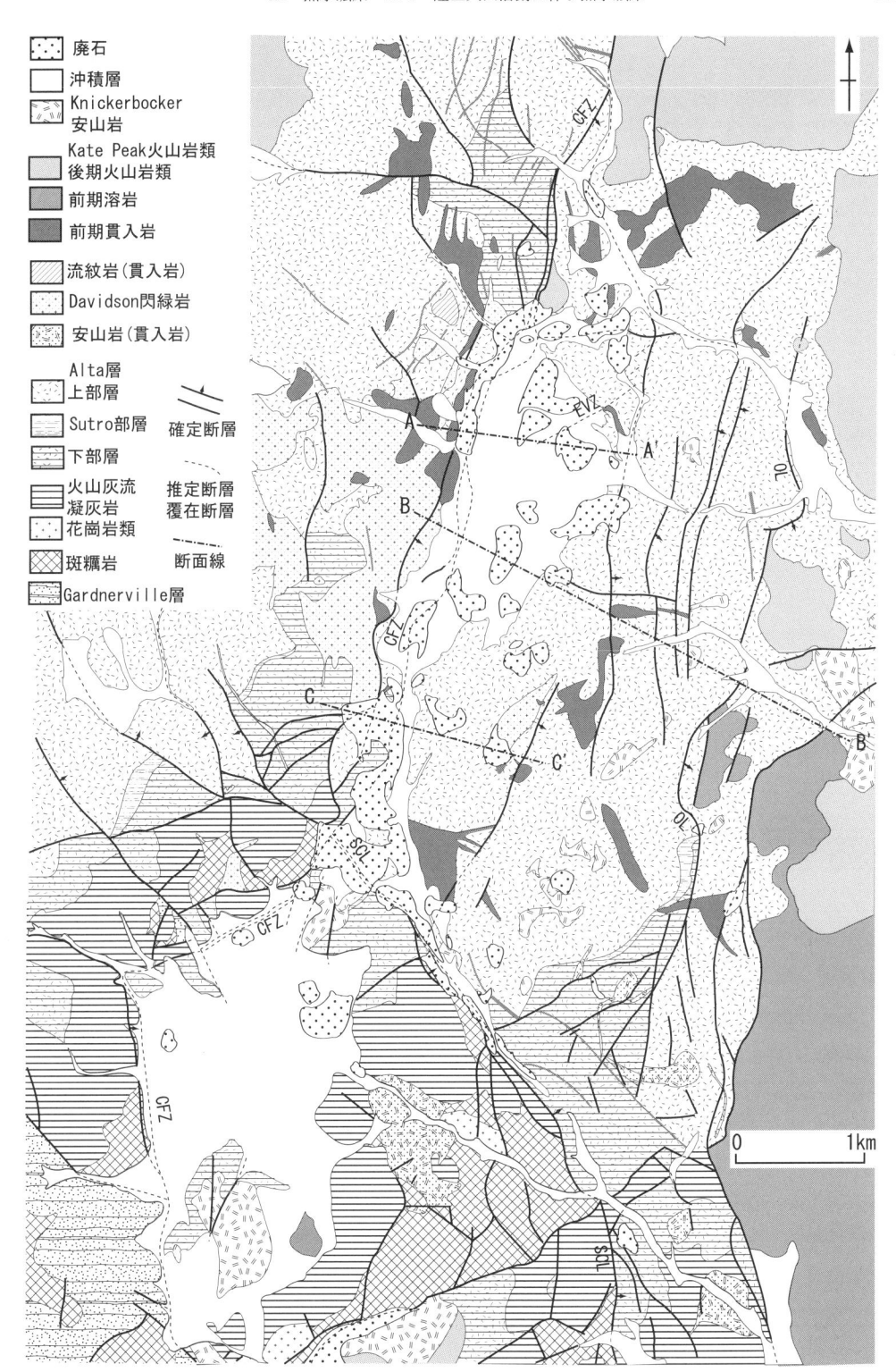

図 IX-92 Comstock 地域地質図　CFZ：Comstock 断層帯，SCL：Silver City Lode 鉱化体，OL：Occidental Lode 鉱化体　－Hudson (2003) による－

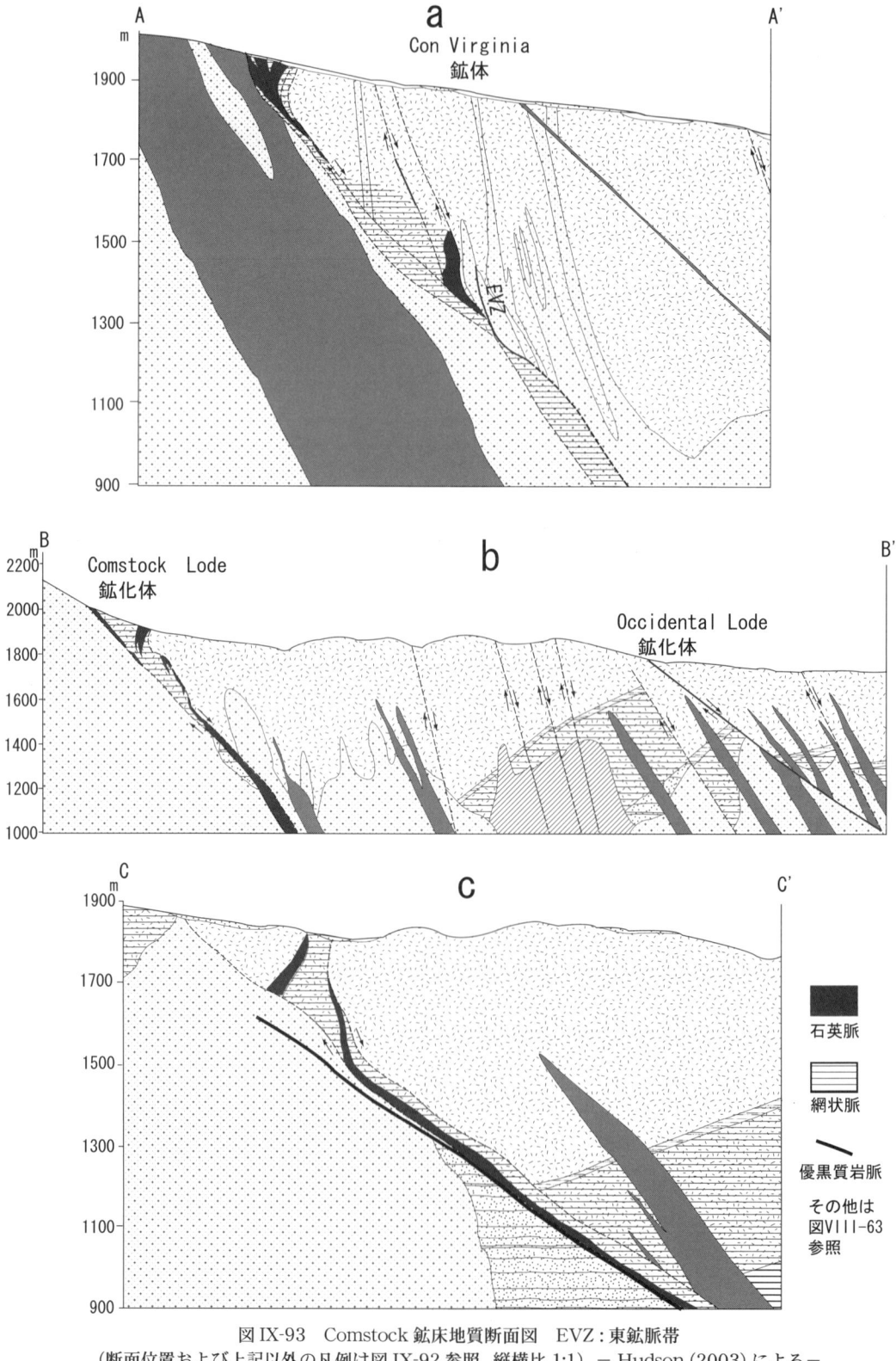

図 IX-93 Comstock 鉱床地質断面図　EVZ：東鉱脈帯
（断面位置および上記以外の凡例は図 IX-92 参照，縦横比 1:1）− Hudson (2003) による −

表IX-4　Comstock 地域主要断層の姿勢と変位
－Hudson（2003）による－

断層名	一般走向	地表傾斜	深部傾斜	変位 m
Comstock	N15°E	50°E～80°W	35°～40°E	500～900
Occidental	N15°E	45°E	35°E	0～300
Silver City	N50°W～NS	60°～40°E	35°～40°E	100～500
East Vein	N50°E	−	70°～55°SE	<100?
Haywood	N70°E	70°S	−	250?
Grizzly Hill	N70°E	55°N	−	<70?
Buckeye	N15°E～N20°W	50°～55°E	−	>300
Woodville	N45°E	80°N	−	200

表IX-5　Comstock 地域変質鉱物組み合わせ　－Hudson（2003）による－

	低硫化型変質			
	プロピライト変質a	プロピライト変質e	プロピライト変質c	カリウム変質
基本鉱物	緑泥石, 曹長石, 石英	緑泥石, 緑簾石, 曹長石 石英, 方解石, 沸石	緑泥石, 方解石, 曹長石	黒雲母
多産鉱物	カリ長石, イライト, 黄鉄鉱		スメクタイト, 石英, 沸石	石英, 黄鉄鉱, 磁硫鉄鉱
稀産鉱物	白雲母	アクチノ閃石		黄銅鉱
	中硫化型変質			
	イライト変質	絹雲母変質	珪化変質	風化？変質
基本鉱物	イライト, 石英	白雲母, 石英	石英	石英, 不規則型カオリナイト
多産鉱物	黄鉄鉱, 硬石膏	黄鉄鉱,	黄鉄鉱	
稀産鉱物	イライト/スメクタイト, スメクタイト			
	高硫化型変質			
	明礬石変質	アルシック変質	カオリナイト変質	クリストバライト＋カオリナイト変質
基本鉱物	明礬石, 石英	パイロフィライト, 石英, ダイアスポア	カオリナイト, ディッカイト, 石英	クリストバライト, カオリナイト
多産鉱物	黄鉄鉱	黄鉄鉱	黄鉄鉱	明礬石, 黄鉄鉱
稀産鉱物	赤鉄鉱		赤鉄鉱	

構造を示す．Occidental 鉱床は Comstock 断層帯とほぼ平行で，一般走向 N15°E，傾斜約 40°E である．Comstock 断層帯と異なり Occidental 断層は，ほぼ全長にわたって単構造を示すが（図IX-93b），その南端でいくつかに枝分かれする．地域の多くの断層で鉱化前と鉱化後の変位が認められるが，表 IX-4 には計算によって求めた全変位量が示されている．

Comstock 地域では，表 IX-5 に示すように 20 組の母岩変質鉱物組み合わせが認められた．これらの鉱物組み合わせは中新世における数回の熱水作用の産物であり，空間的に重なり合いが生じている．これらの大部分は，Hedenquist et al.(2000) による比較的深所生成の低硫化型から中硫化型，中間深度生成の高硫化型にわたっている．(Hudson, 2003)．図 IX-94 に本地域の変質帯分布図を示した．プロピライト変質 e は，Comstock Lode 鉱化体のほとんどの下盤岩石に分布し，緑簾石の量は鉱床付近で最も多く最高 20 体積％に達するが，鉱床から離れるに従い減少する．プロピライト変質 e は Comstock Lode 鉱化体の上盤側にも広く分布するが，緑簾石の量に規則性が認められない．また，プロピライト変質 e は Occicedental Lode 鉱化体の上下盤側に狭く発達し，鉱床に向かって緑簾石の量が増加する．プロピライト変質 c は，方解石を多量に含み（5～50 体積％），緑簾石を含まない．この組み合わせの変質帯はプロピライト変質 e 帯の上部に分布する．プロピライト変質 a は，Comstock Lode 鉱化体中心部に限って産し，多くの鉱体の周囲を取り囲んでいる．明礬石変質は，Comstock Lode 鉱化体および Occidental Lode 鉱化体上盤，Davidson 山西方で，小規模なほぼ垂直な断層あるいは割目に沿って発達し，現在の地表下 100m 以下では認められない．アルシック変質組み合わせは，水平的に明礬石変質の外側に分布するか，独立して割目を充填

図 IX-94 Comstock 地域変質帯分布図 －Hudson (2003) による－

し周辺に変質帯を形成している．カオリナイト変質は，アルシック変質のさらに外側に分布する．両者とも明礬石変質同様に地下深部では認められない．イライト変質は Comstock Lode 鉱化体南部，地域南部の鉱床付近に不規則に分布し，また Comstock Lode 鉱化体北部の下盤側に鉱床から離れて分布する．この変質組み合わせは地下深部少なくとも 900m 水準でも見出される．大規模な絹雲母変質帯は，地表では Comstock Lode 鉱化帯の下盤側のみに見出されるが，小規模なものは，上盤側や Comstock Lode 鉱化体のプロピライト変質 a 帯中にも産する．イライト変質帯および絹雲母変質帯中には，石英脈が豊富に産する場合からまったく存在しない場合まである．カリウム変質は Davidson 閃緑岩中にのみ見出される．クリストバライト－カオリナイト変質帯は Kate Peak 火山岩類後期岩類の溶岩ないし溶岩ドーム直下にあり，厚さ数 m の毛布状を呈しプロピライト変質 a 帯および e 帯の上を覆っているように見える．この変質鉱物組み合わせは，Hedenquist et al.（2000）による浅所生成の高硫化型変質に相当する．

　Comstock 鉱床は，鉱化作用後の断層運動によって複雑に再配置された極めて大規模な採掘可能品位以下の石英脈，角礫体，網状脈複合鉱化体内部に断続して存在する多数の小さなレンズ状富鉱体（ボナンザ）からなる．Cedar Hill から Silver City Lode 鉱化体との交差部まで約 4,200m の鉱化体中採掘可能な鉱石部分は僅か 0.2% に過ぎないと推定されている（Hudson, 2003）．ほとんどの鉱体は東傾斜または垂直であるが，一部の鉱体は西傾斜を示す．鉱体の水平方向幅は，10 〜 17 m，垂直方向の長さは，多くは 150m 以下，稀に 150m 以上になる（図 IX-95）．脈構造としては，縞状，櫛状，塊状などが一般的である．脈石鉱物は，石英が最も多く，氷長石，方解石がこれに次ぎ，稀に酸化マンガン鉱，緑泥石を産する．鉱石を形成する最も一般的な石英は粒径 0.05 〜 1mm のモザイク状石英で他形の金属鉱物と連晶する．また一部の鉱体では，やや縞状構造が発達した累皮組織ないしコッケイド組織を示す石英が見られる．1mm 以上の粗粒石英が鉱石鉱物を伴うのは稀である．主な金属鉱物は，多いものから閃亜鉛鉱，黄銅鉱，方鉛鉱，黄鉄鉱，硫銀鉱，エレクトラムで，一部の鉱体で脆銀鉱を主要銀鉱物として産する．このほか少量の硫セレン銀鉱，ジャルパ鉱，輝安銀鉱，ピアス鉱，ポリバス鉱，淡紅銀鉱，濃紅銀鉱，緑鉛鉱，ステルンベルグ鉱，輝銀銅鉱，四面銅鉱の産出が報告されている．酸化帯中には，自然銀，銅藍，斑銅鉱，角銀鉱が認められる．鉱体内および鉱体間で，硫化物と貴金属鉱物の量が大きく変化する．すなわち，ある場合は，硫化物を産しても貴金属が鉱石品位に達せず，他の場合は，貴金属が鉱石品位を有するとともに硫化物を産し，また他の場合は硫化物がほとんど認められないのに貴金属が鉱石品位に達している．一般に，金銀比は深さとともに減少する傾向があるが，一部の鉱体では，不規則に大きく変化する（Hudson, 2003）．

　本地域で最も古い熱水活動は，Davidson 山西方の中間深度生成の高硫化型変質と考えられる（図 IX-94）．この変質作用は，Alta 層期のマグマ活動に対応すると推定される（Hudson, 2003）．次に古い熱水活動はカリウム変質で，Davidson 閃緑岩に直接伴うことから，この貫入岩の形成と関係して生成されたと考えられる．第三番目の熱水活動の産物として Cedar Hill 付近を中心とし，Comstock Lode 鉱化体上盤に分布する中間深度生成の高硫化型変質は，Kate Peak 火山岩類前期貫入岩に伴うものである．この変質鉱物の一つである明礬石の K-Ar 年代は 15 〜 16.3Ma で，前期貫入岩の K-Ar 年代の範囲に含まれる．毛布状を呈するクリソトバライト－カオリナイト変質帯は，Cedar Hill 付近を中心とする中間深度生成の高硫化型変質帯上部の古地下水面を示すものと考

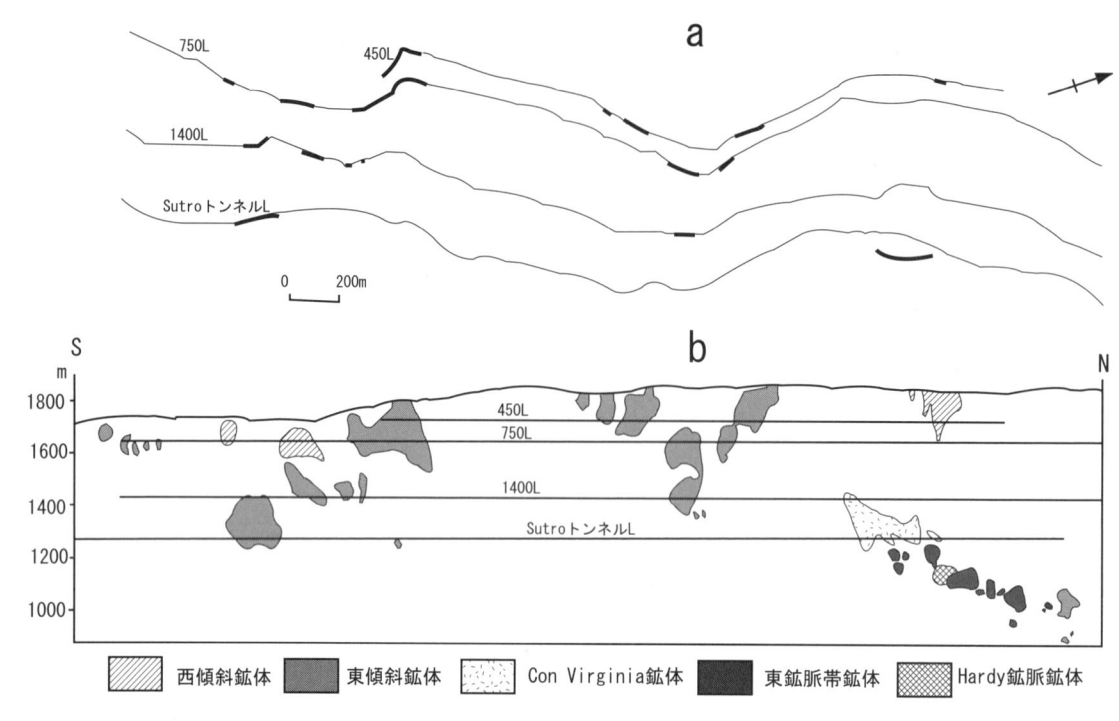

図IX-95 a Comstock断層帯西側断層4レベル平面図（鉱体位置を太線で示す），
b ComstockLode鉱化体における鉱体の長軸方向垂直投影図
－Hudson (2003) による－

凡例：西傾斜鉱体　東傾斜鉱体　Con Virginia鉱体　東鉱脈帯鉱体　Hardy鉱脈鉱体

えられる．氷長石および絹雲母のK-Ar年代は，13～14Maで，Cedar Hill付近を中心とする中間深度生成の高硫化型変質より約100万年後に生成されたことを示すが，Knickerbocker安山岩およびKate Peak火山岩類後期岩類との区別がつかない．これらの岩石が貴金属鉱床を生成した低硫化型熱水活動より前に形成されたにしては，その露頭はほとんど熱水変質を受けていない（図IX-94）．しかし，もしこれらの岩石が貴金属を含む熱水活動より後に形成されたとすると，緑簾石を含むプロピライト変質e帯が現在のように露出するにはさらに時間が必要である．したがって，Kate Peak火山岩類後期岩類およびKnickerbocker安山岩は，鉱化作用時には既に存在したが，透水性，地質構造，鉱化作用中心からの距離などから熱水活動の影響を受けなかったと考えられる（Hudson, 2003）．

Comstock地域における現在までの貴金属生産量は金約257t，銀約6,000tで，地域中のCon Virginia鉱体からの年間鉱石生産量は113万1,900t，平均品位はAu 87.4g/t，Ag 1834.3g/tと報告されている（Hudson, 2003）．

Ladolam金鉱床　本鉱床は，パプアニューギニア・Lihir島の第四紀火山の中心部に産する．Lihir島は，パプアニューギニア東北部において地球化学的に際だった特徴を有するTabar－Lihir－Tanga－Feni火山諸島の一つである．この火山諸島は，かつて活動したManus－Kilinailau海溝系の前弧としての位置を占めた始新世－現世New Irland海盆のなかにある（図IX-96）．これらの島は，2,000mの深海から急上昇し，互いに約80km離れている（Carman, 2003）．地域のプレートテクトニクスは，新生代の間インド－オーストラリア・プレートと太平

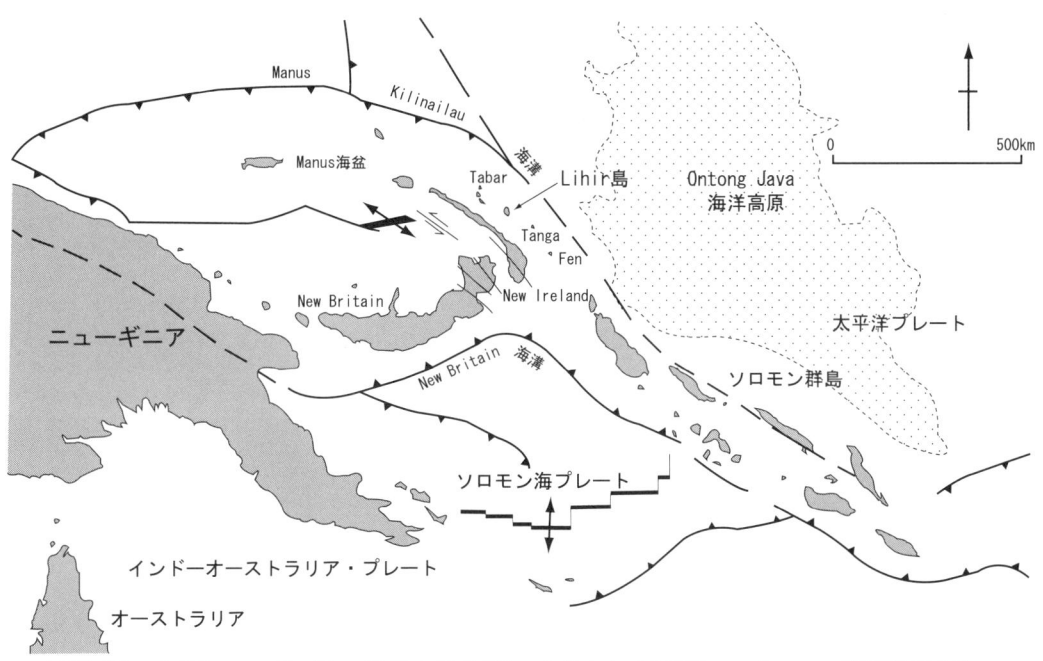

図IX-96 パプアニューギニア－ソロモン群島プレートテクトニクス図 －Carman (2003) による－

洋プレート間の左横ずれ斜交収斂作用が優勢に行われている．約10Maまで太平洋プレートは，Manus-Kilinailau海溝から南西方向に沈み込み，その間Ontong Java海洋平原は沈み込み帯に衝突し，沈み込み方向の逆転を引き起こした．3.5Ma以後，左横ずれ斜交収斂作用の連続とNew Britain海溝における沈み込みによってManus海盆での背弧拡大が起こった．同時に起こった左横ずれ断層によってNew Britain島はNew Ireland島に対して南東方向に400km移動した (Carman, 2003)．Tabar-Lihir-Tanga-Feni溶岩の放射年代測定によってTabar層群の火山活動は後期鮮新世（〜3.7Ma）に始まったことがわかった．Feni島では，更新世火山ドームの上に完新世凝灰岩がのっており，Lihir島南西10kmにある海山からは現世の火山砕屑物が回収された．Lihir島の南10kmにあるConical海山からは，1998年多金属 (Zn-Pb-Ag-Au) 脈とこれに伴う黄鉄鉱網状脈がドレッジされた．Tabar-Lihir-Tanga-Fenの鮮新世―更新世火山岩類はアルカリ苦鉄質岩優勢の不飽和マグマ系を形成している．このアルカリ溶岩は島弧型の微量成分を有し，したがって沈み込み過程と関係があることを示している．New Ireland海盆の地震探査の結果は，活動的な南西傾斜Benioff帯の欠如と，鮮新世―更新世の拡張作用を示し，これは，Tabar-Lihir-Tanga-Fen火山活動がManus-Kilinailau海溝からの太平洋プレートの沈み込みに関係していないことを示唆している．それにもかかわらず，この異常なマグマ組成は，プレート沈み込み逆転によるManus海盆での背弧拡大の前に，沈み込む海洋プレートから誘導された水分がマグマを発生したマントル・ウエッジに供給された事を示している．湾曲したTabar-Lihir-Tanga-Fen火山の配列や岩脈の方向から深部における放射状拡張性割目が推定され，湾曲したNew Britain海溝からのソロモン海プレートの沈み込みによる背弧への揮発性成分に富んだマグマ供給の可能性が考えられる（図IX-97）(Carman, 2003)．

　Lihir島の地質を図IX-98に示す．島の基盤岩は，鮮新世の玄武岩およびアンカラマイトで，そ

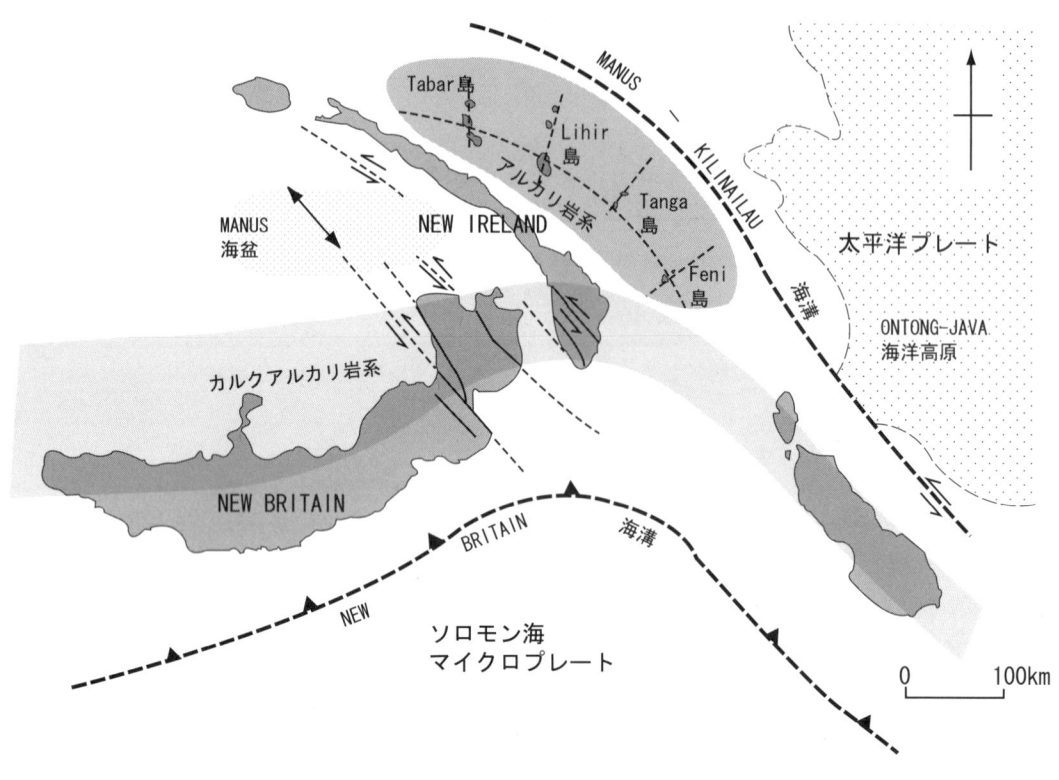

図 IX-97　現在のパプアニューギニア北東部のプレートテクトニクス
− Carman (2003) による −

の上に様々の程度に浸食された苦鉄質ないし中間質の三つの更新世成層火山− Huniho, Kinami, Luise −が載っている．Huniho および Kinami 火山の溶岩と火山砕屑岩は，山腹崩壊により形成されたと考えられる火口円形凹地に部分的に露出している．Luise 火山は，大きな楕円状の火口−その北東側は海水中にあるが−中に Ladolam 鉱床を胚胎している．第四紀珊瑚石灰岩が島の周囲を取り巻き，最大高さは海水準から 50m に達している．Luise 港には礁成石灰岩が形成されていないので，火口形成は石灰岩堆積後である．Luise 火山は，古いものから苦鉄質火山岩類，アルカリ貫入岩，Ladolam 角礫岩複合岩体からなる．苦鉄質火山岩類は，鉱化体の周辺にあり，Luise 成層火山の山腹を形成している．これらは少量の中間質溶岩を伴う成層した苦鉄質溶岩を主とし，これに外力砕屑岩を挟む．火山岩の岩質は，アルカリ玄武岩，斑状粗面玄武岩，粗面安山岩から稀に粗面岩，フォノライトにわたっている．夾在する外力砕屑岩は，単斜輝石に富む火山岩のモノミクト角礫岩と少量の砂岩からなる．アルカリ貫入岩は，等粒状から斑状組織を示し岩株として産する．岩質は優白質斑糲岩，モンゾニ岩，閃緑岩，閃長岩など多岐にわたっている．すべての岩株は程度の差はあるが角礫化作用と変質作用を受けており，径数十〜数百 m の急傾斜のパイプ状をなして産する．Ladolam 角礫岩複合岩体は，Luise 火山の火口位置を占めて産し，種々の程度に角礫化した火山岩，貫入岩，堆積岩を含んでいる．これらの角礫岩は苦鉄質火山岩類とアルカリ貫入岩を切っている．角礫岩の中，ある型のものはとくに浅所で金鉱化作用と空間的に密接な関係を示す．Ladolam 角礫岩複合岩体は，全体として断面が長軸約 3km の楕円形を示すパイプ状の形態をなし（図 IX-99），これを構成する岩石の中最も多く産するのは，斑岩角礫岩と火山角礫岩である．

図 IX-98　Lihir 島地質図　− Carman (2003) による−

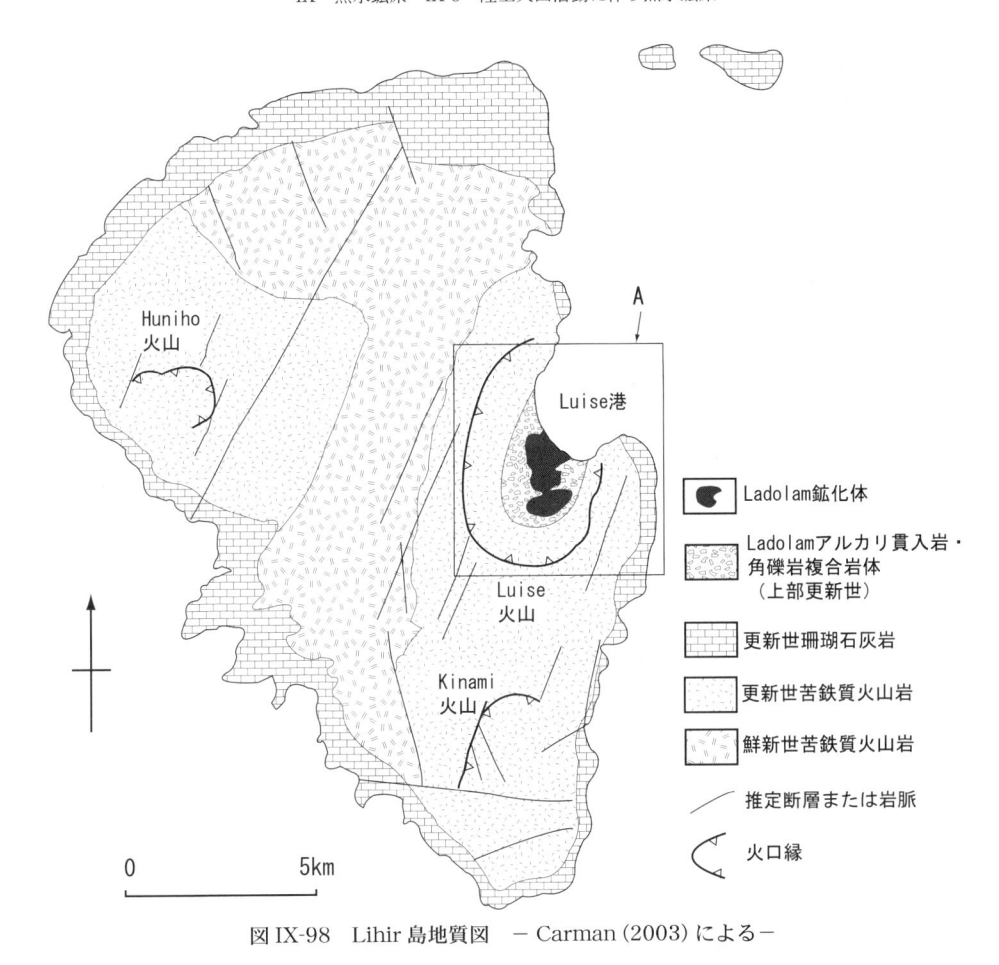

斑岩角礫岩は，Minifie 鉱体の下に存在するとともに Lientz 鉱体の母岩となっている．斑岩角礫岩は，この場所で熱水変質を受けたアルカリ貫入岩の角礫化作用によって形成された．Minifie の斑岩角礫岩は中程度から低度の分級を受けた塊状の基質に富む角礫岩で，多少円味を帯びた岩片を含み磨砕作用があったことを示している．基質は硬石膏，カリ長石と少量の黒雲母，黄鉄鉱を含む変質岩の細片からなる．Lientz の斑岩角礫岩は，大部分が角礫化したモンゾニ岩のモノミクト岩片と硬石膏に富む膠結物質からなる．Lientz 下部では岩石の 50 体積 % 以上を硬石膏膠結物質が占めるが，上部では，硬石膏は後期の変質鉱物に置き換えられている（図 IX-100, 101）．火山角礫岩は，斑岩角礫岩とアルカリ貫入岩を取り巻くように広く分布し，その岩片は径数 m を超すものもあるが多くは 0.5〜6cm である．典型的な火山角礫岩は，溶岩岩片を含み，低度分級の基質に富む岩石で苦鉄質火山岩類と区別し難い．一部の岩片は内に窪んだ形によって機械的な磨減作用があったことを示し，また他の岩片は基質までは伸びない細脈によって角礫化前に熱水作用を受けたことを示している．基質は炭酸塩鉱物と緑泥石に変質した岩石細片からなる（Carman, 2003）．

　Minifie 鉱体は，大きな茸状をなす火口角礫岩体の中心部から周縁にかけ発達する（図 IX-100, 101）．火口角礫岩はマグマ水蒸気角礫岩（Muller et al., 2002）とほぼ同義語である．Minifie 火口角礫岩は，低度分級の角礫ないし亜角礫のポリミクト岩片からなり，岩片支持から基質支持のも

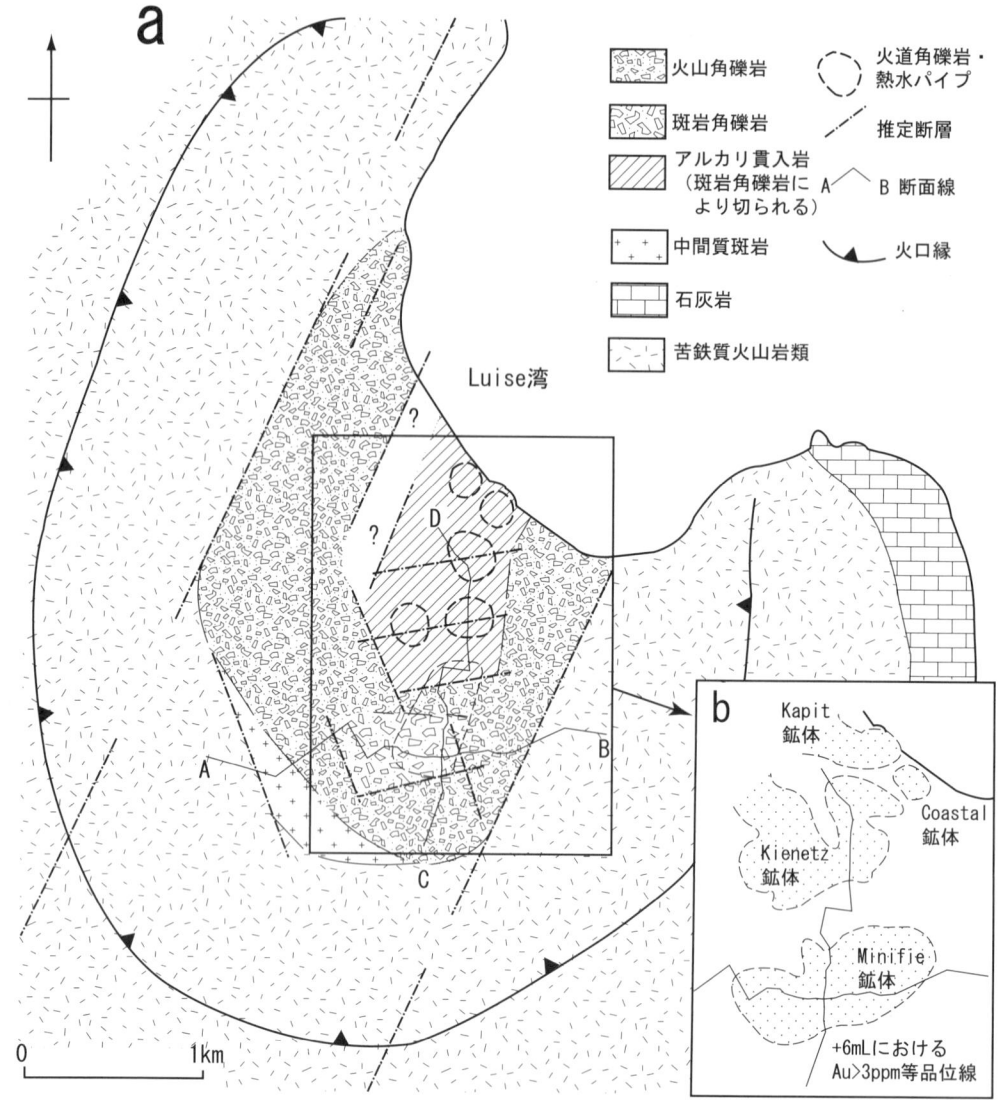

図 IX-99　a －100mL における Ladolam 鉱床地質平面図（位置は図 IX-98 の A）
　　　　　b　Luise 火口内金鉱化作用の分布　－Carman（2003）による－

のまである．岩片の岩種は，種々の溶岩，葉理泥岩，層理凝灰質砂岩などで，層理凝灰質砂岩中にはときに火山礫が含まれる．Minifie 火口角礫岩体中には，既存の岩石を貫いて幅 1 ～ 10m の基質支持の板状角礫岩を産し，強く金の鉱化を受けるとともに基質は熱水変質している．金の品位は，細粒黄鉄鉱の量と氷長石化の強さに直接関係している．Lienetz 鉱体は，斑岩岩脈に貫かれたアルカリ貫入岩体の珪化帯中に発達し，この珪化帯には下部では硬石膏化と方解石化が，上部では氷長石化が重複している（図 IX-101）．Lienetz 鉱体で最も重要な鉱石型は，上部にほぼ水平に伸びる珪化角礫岩である．この岩石の一部に珪化を免れて残留した早期熱水変質鉱物である黒雲母や重晶石が観察された（Carman, 2003）．

　Ladolam 角礫岩複合岩体は，火山構成体移動の後，Louise 火口中に発達したダイアトリーム

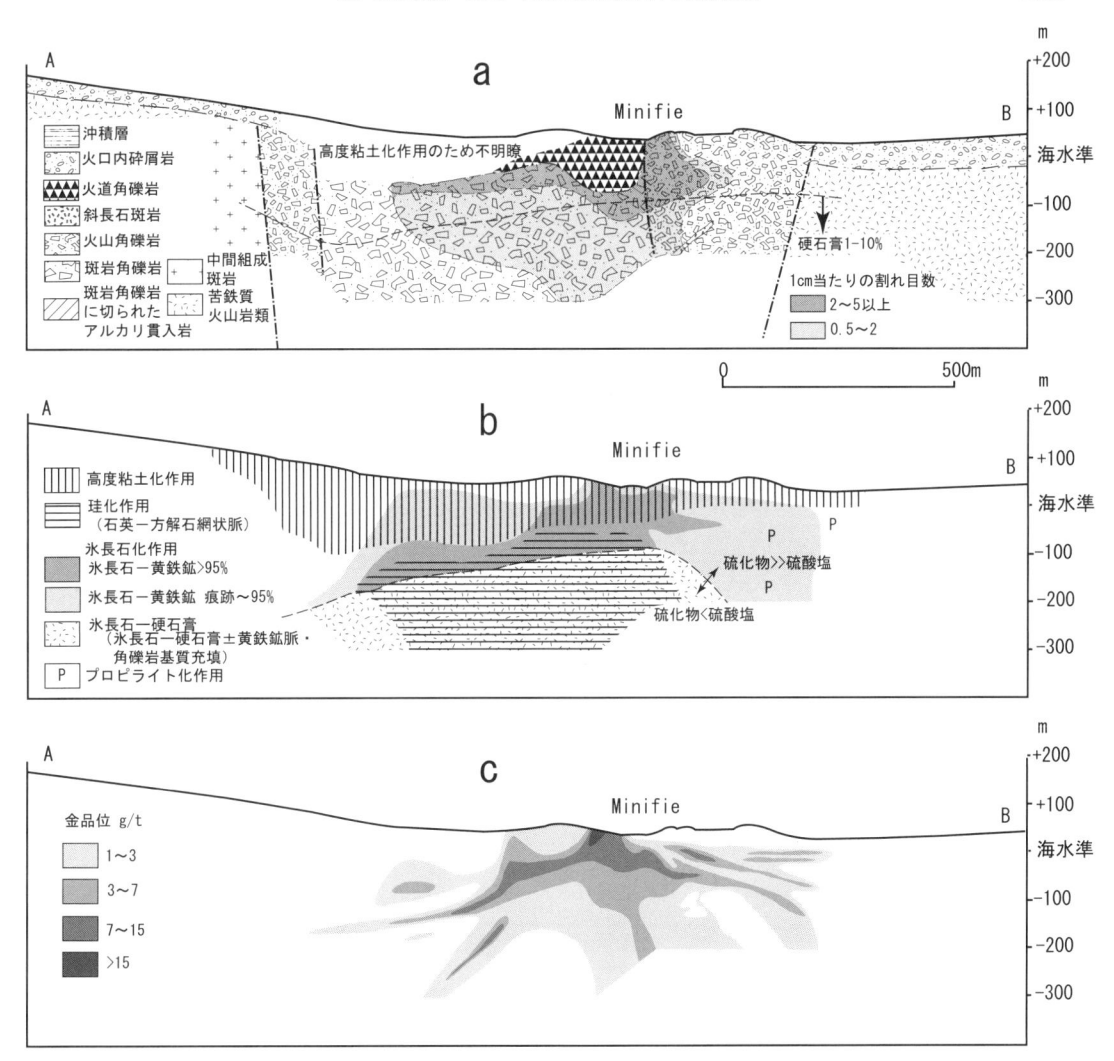

図IX-100　a　Ladolam鉱床地質断面図(1)　b　同変質分帯断面図　c　同金品位分布断面図
（断面線A-Bは図IX-102参照）　－Carman (2003) による－

の上部に形成されたと考えられる（Carman, 2003）．急速な火山構成体移動は，地震あるいは火山爆発を引き金とする岩屑雪崩によって起こる．アルカリ貫入岩体を貫く斜長石斑岩岩脈は，角礫化作用中および直後の浅所マグマの貫入を示している．一方，水蒸気およびマグマ水蒸気爆発はLuise火口の広い範囲に起こり，角礫化は流体圧が最高になったLienetz, Minifie, Kapitなどのモンゾニ斑岩に集中した．その結果形成された角礫パイプは割目分布断面図に示されている（図IX-100, 101）．引き続く崩壊によって繰り返された爆発によってパイプ頂部には，複雑な内部構造を持つ火口角礫岩体が形成された．火口角礫岩体中の水中堆積岩片，火山礫を含む層状シルト岩などは，地表水が火口に入ってきたことを示している．これらの堆積物は，火山活動静止時に浅い潟環境で堆積したと考えられる．外周部の火山角礫岩も，大部分マグマ水蒸気爆発によって形成されたと解釈される．

　Ladolam地域の鉱化作用および変質作用には，斑岩型と浅熱水型両者が認められ（Moyle et al.,

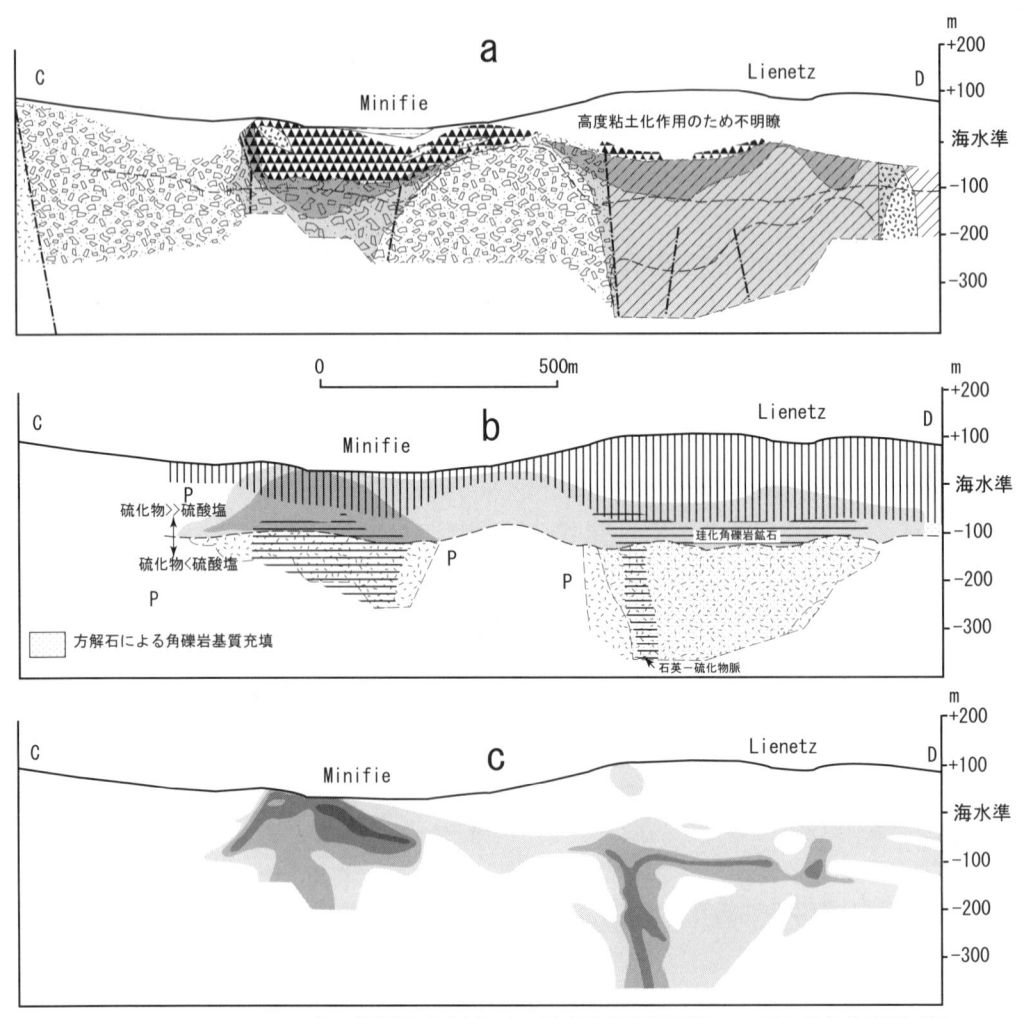

図 IX-101　a　Ladolam 鉱床地質断面図(2)　b　同変質分帯断面図　c　同金品位分布断面図
（断面線 C-D は図 IX-102 参照，凡例は図 IX-103 参照）− Carman (2003) による −

1990; Muller et al., 2002；Carman, 2003），古い斑岩型鉱物組み合わせの上に浅熱水型鉱化作用が重複している．Ladolam 地域の変質熱水鉱物は，次の五つの主要組み合わせに分類される．古いものから，(1)黒雲母変質，(2)プロピライト変質，(3)氷長石変質，(4)珪化変質，(5)高度粘土変質．黒雲母変質作用は，斑岩型鉱化作用を伴う．プロピライト変質帯は，黒雲母化帯を取り巻くように分布し，これとほぼ同一時期と考えられる．氷長石変質および珪化変質鉱物組み合わせは浅熱水型鉱化作用を伴い，斑岩型変質鉱物組み合わせに重複している．水蒸気加熱および風化起源の高度粘土化変質作用は，鉱床の帽岩を形成するとともにいくつかの温泉活動地域に分布する．Ladolam 地域には，また斑岩段階（第 1 段階），遷移浅熱水段階（第 2 段階），後期浅熱水段階（第 3 段階）の三つの鉱脈形成段階が認められる．図 IX-100, 101 には，断面線 AB および CD に沿った変質および金鉱化作用の分布を示した．Minifie 鉱体では，金は氷長石（＋黄鉄鉱）変質に密接に伴い，Lienetz 鉱体では珪化変質に伴う．黒雲母変質は，Lienetz および Minifie におけるモンゾニ岩−閃緑岩−閃長岩質のアルカリ貫入岩に限定される．初生単斜輝石および角閃石は，選択的に細粒の

黒雲母－硬石膏±正長石に交代されている．その他変質鉱物として，少量の曹長石，白雲母，透閃石，緑泥石，電気石，磁鉄鉱，燐灰石を産する．これらの変質鉱物に伴い，硫化物（黄鉄鉱±黄銅鉱±輝水鉛鉱）が鉱染し，全体の1～5体積％を占める．黒雲母変質を受けた岩石には，第1段階の細粒黒雲母の細脈（黒雲母－正長石－硬石膏±磁鉄鉱±透閃石±黄鉄鉱±黄銅鉱±輝水鉛鉱）が広く発達する．浅熱水変質の重複が少ない場所で銅の品位は0.1％程度で採掘対象となり得ない．プロピライト変質はLuise火口域で最も広く分布し，その鉱物組み合わせは緑泥石－方解石－曹長石－正長石－K雲母－アクチノ閃石－黄鉄鉱－ルチル±緑簾石±金雲母である．氷長石変質は，100m坑準以下の深部に発達する硫酸塩に富む鉱物組み合わせ氷長石－硬石膏－黄鉄鉱－ルチル－イライト－バーミキュライトと，上部の硫化物に富む鉱物組み合わせ氷長石－黄鉄鉱－白チタン石－イライトとに分けられ，両者の間は漸移しており同時期のものと考えられる．前者は金鉱化作用を伴わないが，後者はMinifie鉱体において角礫岩を母岩とする採掘可能な鉱石を形成している（図IX-99, 100）．鉱化中の金は，黄鉄鉱および白鉄鉱中に格子点置換を行って含まれており（Carman, 2003），含金黄鉄鉱には，As, Sb, Te, Se, Wなどの微量成分を含む．100m坑準以下の深部では，硬石膏－氷長石－黄鉄鉱－バーミキュライト（±黒雲母，燐灰石，重晶石，方解石，緑泥石，閃亜鉛鉱，方鉛鉱，磁硫鉄鉱，黄銅鉱，輝水鉛鉱）からなる第2段階の脈および空隙充填物の形成が行われた．石英－混合層粘土鉱物－黄鉄鉱－白チタン石±氷長石±方解石からなる珪化変質作用は，第3段階の石英－方解石網状脈および空隙充填物を空間的に密接に伴っている．Lienetz鉱体では，方解石を基質とする角礫岩を切る石英－硫化物±重晶石または天青石脈が強い金鉱化作用を伴っている．金は，金に富むエレクトラムとして産し，黄鉄鉱および白鉄鉱を伴う．石英は，累皮および櫛状組織を示し，空隙中に沈殿したことを示唆している．また，Lienetz鉱体では，－100m坑準に発達するシリカ鉱物を基質とする珪化角礫岩が重要な金鉱石型となっている（図IX-101）．これは深部の硬石膏および方解石を基質とする角礫岩と組織が類似しており，これらの基質を溶解して細粒の石英が沈殿したと考えられる．珪化角礫岩には，2～7体積％の硫化物（黄鉄鉱，白鉄鉱と微量の硫砒鉄鉱，黄銅鉱，閃亜鉛鉱，四面銅鉱）を含み，金はエレクトラムとしてこれらの硫化物とともに産する．高度粘土変質（カオリナイト－スメクタイト－黄鉄鉱±白鉄鉱±明礬石）は，一般に金鉱化作用を伴わないが，早期の鉱化作用に重複して行われると，金を再移動させていることがある．アルカリ貫入岩中の変質黒雲母のK-Ar年代は，0.9±0.1Maから0.34±0.04Maにわたり，Minifie鉱体産氷長石試料のAr-Ar年代は0.61±0.25Maおよび0.52±0.11Ma，Lienetz鉱体産の明礬石に富む高度粘土変質帯試料のK-Ar年代は0.15±0.02Maと報告されている（Carman, 2003）．黒雲母の年代幅は後期の重複変質作用の影響と考えられる．

　Carman（2003）は，Ladolam鉱床産の各熱水段階の鉱物についての流体包有物と同位体組成および現在の地熱水の塩濃度・同位体組成の測定を行い，熱水システムの時間的変化を解析した．第1段階（斑岩段階）の黄鉄鉱と黒雲母から得られた同位体組成は，それぞれ$\delta^{14}S=-1.4～+2.2$‰および$\delta^{18}O=+6.2$‰で，ともにマグマ水からの沈殿と考えて矛盾がない（II-4, IV-(1)参照）．第2段階（遷移浅熱水段階）の鉱化作用は，温度200～300℃，1価および2価のイオンと相当量のガス（CO_2+H_2S）を含むマグマ起源の深部塩水（NaCl相当塩濃度5～10％）により行われた．深部の硬石膏脈中の流体包有物が広範囲の塩濃度（NaCl相当塩濃度5～＞32％）を有する（図IX-102）のは，開放系での沸騰と脱ガスが原因である．硬石膏－氷長石変質帯の直上にある角

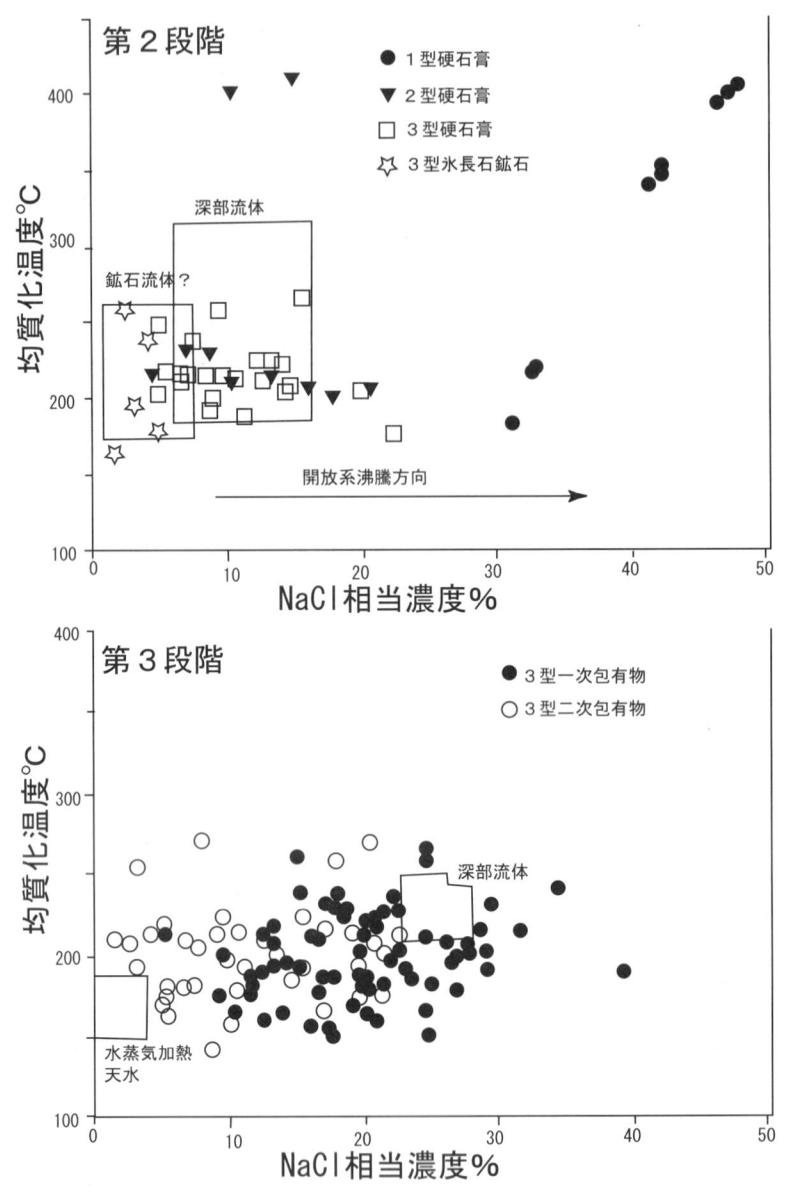

1型：気相＋液相＋固相（NaClおよびそれ以外の固相）　2型：気相＋液相＋固相（NaCl）
3型：気相＋液相（均質化したとき液相になる）

図IX-102　第2・3段階の均質化温度－NaCl相当塩濃度図　－Carman（2003）による－

礫岩中の細粒含金黄鉄鉱と氷長石は，地表に流体を放出しながら約200℃で沈殿した．黄鉄鉱鉱石は沸騰と，マグマ起原の鉱化流体（$\delta^{18}O \sim 6‰$）と冷たい天水（$\delta^{18}O \leqq 0‰$）との混合による急冷によって生成した．黄鉄鉱と深部硬石膏の硫黄同位体組成，$\delta^{14}S = -7 \sim +2‰$ と $\delta^{14}S = +13 \pm 2‰$（図IX-103）は，マグマ起原であることを示唆している．第3段階（浅熱水段階）の石英－方解石脈は，その深さでの静水圧沸騰点下で形成された．上昇してきた第3段階の流体は，温度230℃，中程度の塩濃度（NaCl相当塩濃度 $5 \pm 0.5\%$），低い溶解ガス濃度（$CO_2+H_2S < 3.5\%$）を有していた（図IX-102）．この塩水は天水（170 ± 20℃において NaCl相当塩濃度～0%）と混

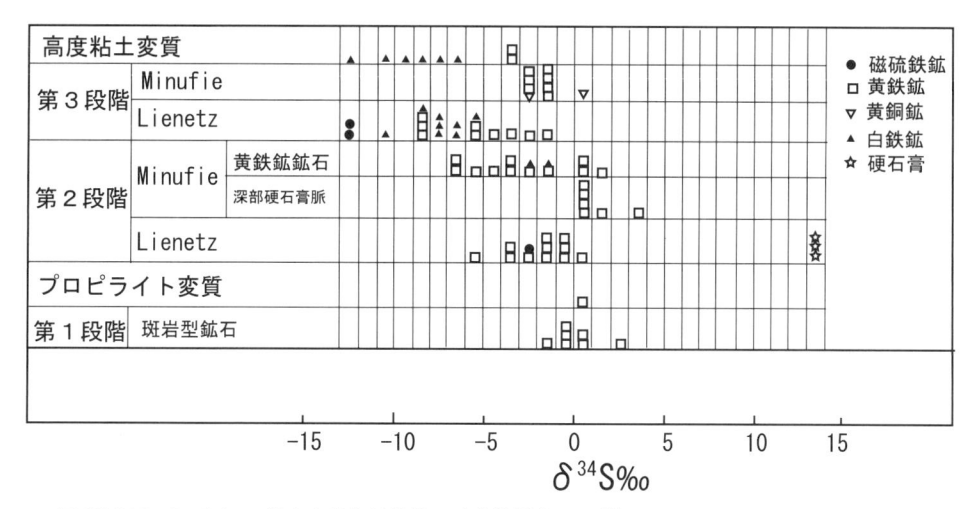

図IX-103 Ladolam鉱床産硫化鉱物物・硫酸塩鉱物のδ^{34}S －Carman(2003)による－

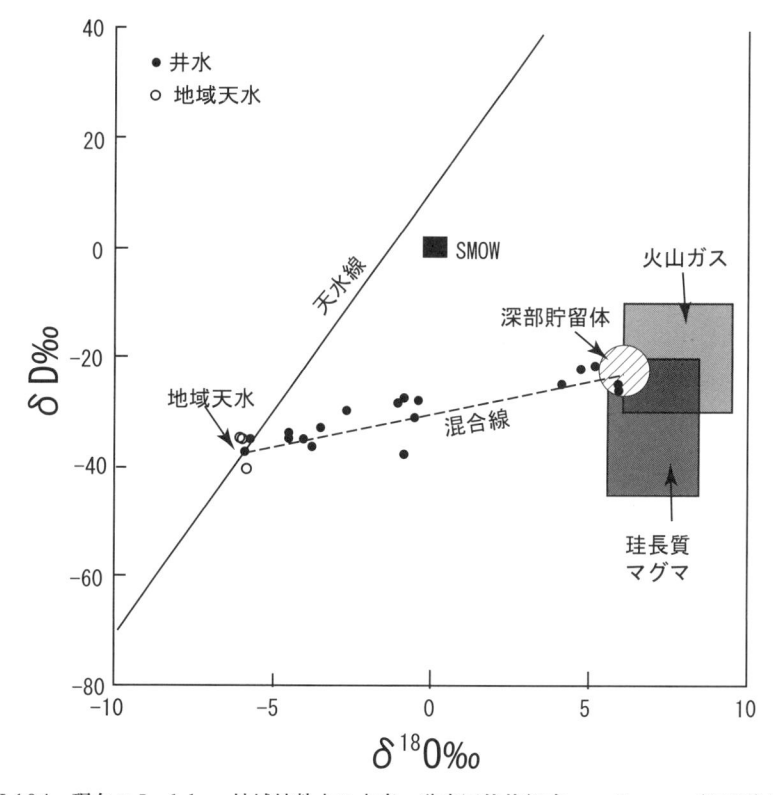

図IX-104 現在のLadolam地域地熱水の水素・酸素同位体組成 －Carman(2003)による－

合し，冷却して石英を沈殿した．深部炭酸塩鉱物の同位体組成（δ^{13}C＝－4‰，δ^{18}O＝＋14‰）は，マグマ起原の塩水（CO_2のδ^{13}C〜－3‰，H_2Oのδ^{18}O＝＋6‰）から沈殿したことを示す．Lienetz鉱体の珪化角礫岩金鉱石は，Minifieの黄鉄鉱（δ^{14}S＝－3〜－1‰）より軽い硫黄同位体組成（δ^{14}S＝－13〜－2‰）の黄鉄鉱－白鉄鉱を含む（図IX-103）．これは，後期の高度粘土化作用を行った酸化酸性硫酸塩溶液の影響が少ないためと考えられる．現在の地熱流体は，第3段

階の流体に類似する塩濃度（NaCl 相当塩濃度～5.5%）を有する中性 pH の塩化物－硫酸塩塩水であるが，少量のマグマ性揮発成分を含んでいる．現在の熱水システムは，鉱床を形成した熱水システムの残留物であると考えられる．この地熱水は，マグマ起原の深部塩水（$\delta^{18}O = +6$‰, $\delta D = -25$‰）が，地表下数百 m 以内で天水（$\delta^{18}O = -6$‰, $\delta D = -40$‰）によって希釈されたものであり（図 IX-104），Kapit-Coastal および Luise 港付近で放出されている．一方，水蒸気加熱起原の酸性硫酸塩温泉が，主鉱体の西方および北方の水蒸気噴出地帯で湧出している．

本鉱床は，1982 年の探査計画において発見された．1983 年から 1991 年にわたるボーリング調査により Lienetz, Minifie 両鉱体の輪郭が明らかにされ，1997 年に Minifie 鉱体の露天採掘が開始された．その埋蔵鉱量は，確定，推定，予想を含めて 4 億 2,890 万 t（平均品位 Au 2.69g/t，可採最低品位 Au 1.5g/t），含有金量は 37.1Moz(1,038.8t) である（Carman, 2003）．

菱刈金－銀鉱床 本鉱床は鹿児島県北部，鹿児島市の北約 70km にあり，第四紀火山岩帯中に位置する．地域の地質は，白亜紀四万十累層群を基盤とし，その上を不整合に覆う第四紀火山岩類と沖積層からなる．四万十累層群は，頁岩，砂岩からなり，凝灰質頁岩およびチャートを挟む．菱刈地域にはその露出はないが，第四紀火山岩類の下に広く分布することがボーリング調査により確かめられている．第四紀火山岩類は，古いものから菱刈下部安山岩（0.95～1.78Ma），黒園山石英安山岩（0.95～1.26Ma），菱刈中部安山岩（0.78～0.79Ma），獅子間野石英安山岩（0.66～1.10Ma），般若寺溶結凝灰岩（0.58～0.73Ma），菱刈上部安山岩，魚野越凝灰岩，入戸火砕流からなる（図 IX-105）．鉱床の母岩は，菱刈下部安山岩および四万十累層群である．鉱床付近の菱刈下部安山岩は，凝灰角礫岩，凝灰岩，凝灰質シルト岩からなる火山砕屑岩類と夾在する 2～3 枚の溶岩から構成される（Izawa et al., 1990; Ibaraki and Suzuki, 1993）．

鉱床は，一般走向 N30°～50°E，傾斜 70°～90°N，幅 0.5～4m（最大 13m）の鉱脈型鉱床で，主鉱床，山田鉱床，山神鉱床の三つの鉱脈群からなる（図 IX-106）．主鉱床は，芳泉，瑞泉，菱泉，大泉の 4 鉱脈群から構成される．芳泉鉱脈群は四万十累層群中で良く発達し，とくに四万十累層群と菱刈下部安山岩の間の不整合面直下で高品位帯を形成する．これに対して瑞泉・菱泉・大泉鉱脈群は四万十累層群と菱刈下部安山岩両者中に産し，瑞泉の一部を除いて，不整合面と富鉱帯との関係は認められない（図 IX-107）．山神鉱床は，慶泉，祥泉両鉱脈群からなり．主として四万十累層群中で発達する．慶泉鉱脈群は高品位細脈の集合体からなり，挟みを含めた脈幅が最大 13m に達する．本鉱床と山神鉱床の金品位は鉱脈系の上部で最高になり，下部に向かって急激に低下する傾向がある．山田鉱床は，菱刈下部安山岩中に胚胎し，多数の平行脈を伴ういくつかの主鉱脈からなる．山田鉱床付近では，不整合面は海水準から－100～－400m に低下している（図 IX-108）．鉱脈を形成した割目系は，基盤である四万十累層群の上昇に伴う正断層と考えられ，鉱脈に認められるプルアパート構造，断層破砕帯，引きずり褶曲などの変形構造から，割目系は鉱脈形成前後にわたって活動していたと推定される（Naito, 1993）．Sekine et al. (2002) は鉱脈同士の切り合い関係を観察した結果，菱刈鉱床の鉱脈は前期鉱脈と後期鉱脈に分類されることを明らかにし（図 IX-109），前者の生成年代を 0.86～1.11Ma，後者の年代を 0.73～0.84Ma とした．鉱脈は顕著な対称縞状構造を呈し，各バンドは幅 1～10cm で，主成分鉱物によって分類される．その主要なものは，石英バンド，氷長石バンド，スメクタイトバンドで，まれに方解石バンド，トラスコット石バンドが認められる．石英バンドと氷長石バンドの中間型があるが，他の中間型は存在しない．

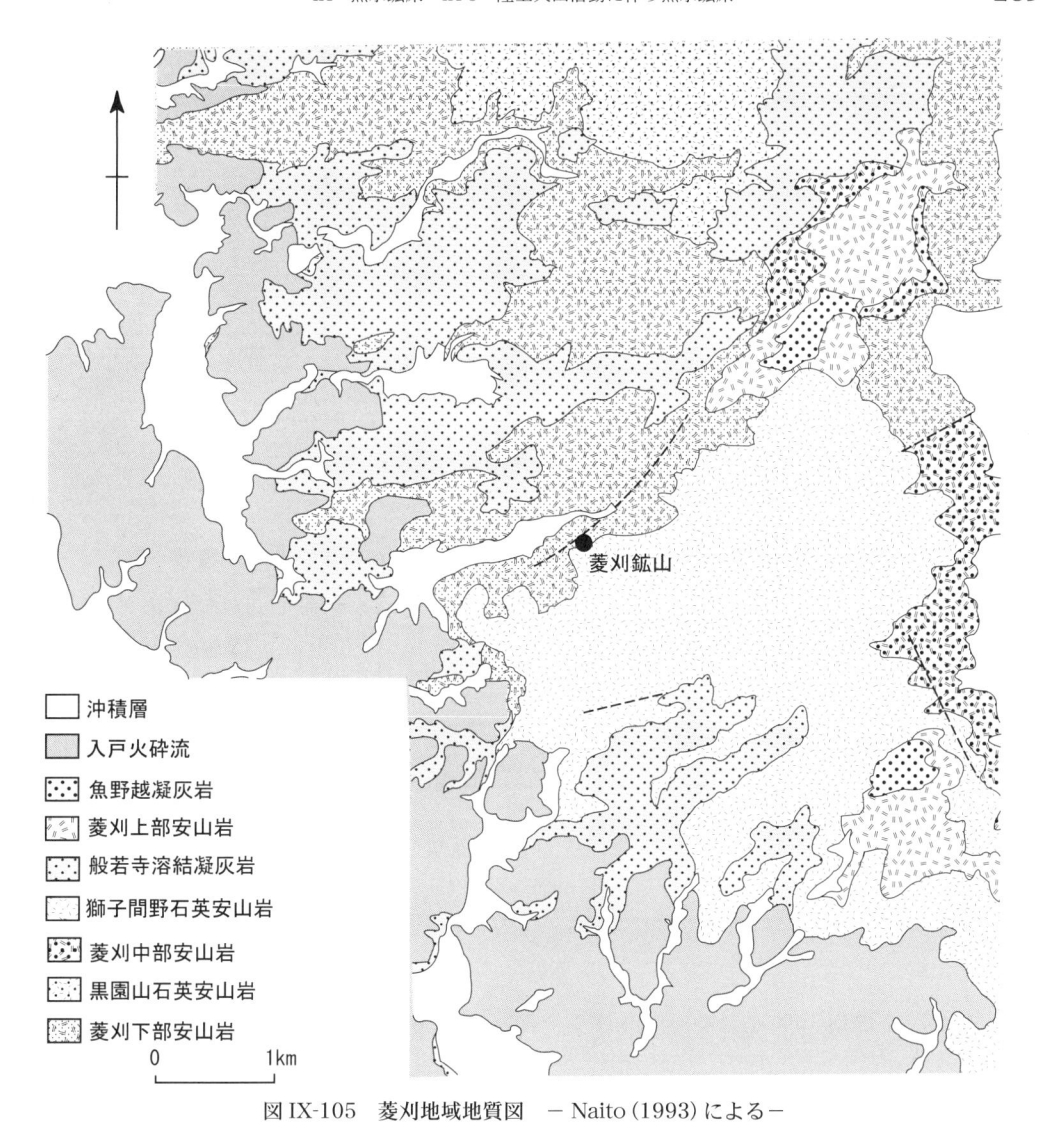

図 IX-105　菱刈地域地質図　－Naito (1993) による－

多くの鉱脈は，二つ以上の対称縞状構造の複雑な組み合わせからなるが，詳細な観察により各バンドの晶出順序を推定できる．母岩に接して最初に晶出するバンドは氷長石バンドで，その後次第に氷長石バンド中の石英の量が増して中間型から石英バンドになり，最終に対称縞状組織の中心に晶出するバンドは氷長石を含まない石英バンドまたは，スメクタイトバンドである．スメクタイトバンドの分布規則性は明らかでないが，氷長石バンドに伴われることが多い（Nagayama, 1993）．鉱脈中の氷長石には，柱状のものと粒状をなすものとがある．また石英は汚濁石英，透明石英，薄片状石英の三つの型に分けられる．柱状氷長石は最大長さ 3cm に達し母岩際に産するのに対し，粒状氷長石は盤際からやや離れて汚濁石英を伴って晶出する．透明石英は主として脈の中心の晶洞に産する．方解石は脈幅の大きい鉱脈に薄片状石英を伴って広く産するほか，細脈中に認められる．Faure et al.(2002)は，一部の鉱脈にスメクタイトがバーミキュライト，カオリナイトを伴い薄いバンド（幅＜2mm）あるいは鉱染状斑点をなして母岩際あるいはその近くの早期氷長石バンド中

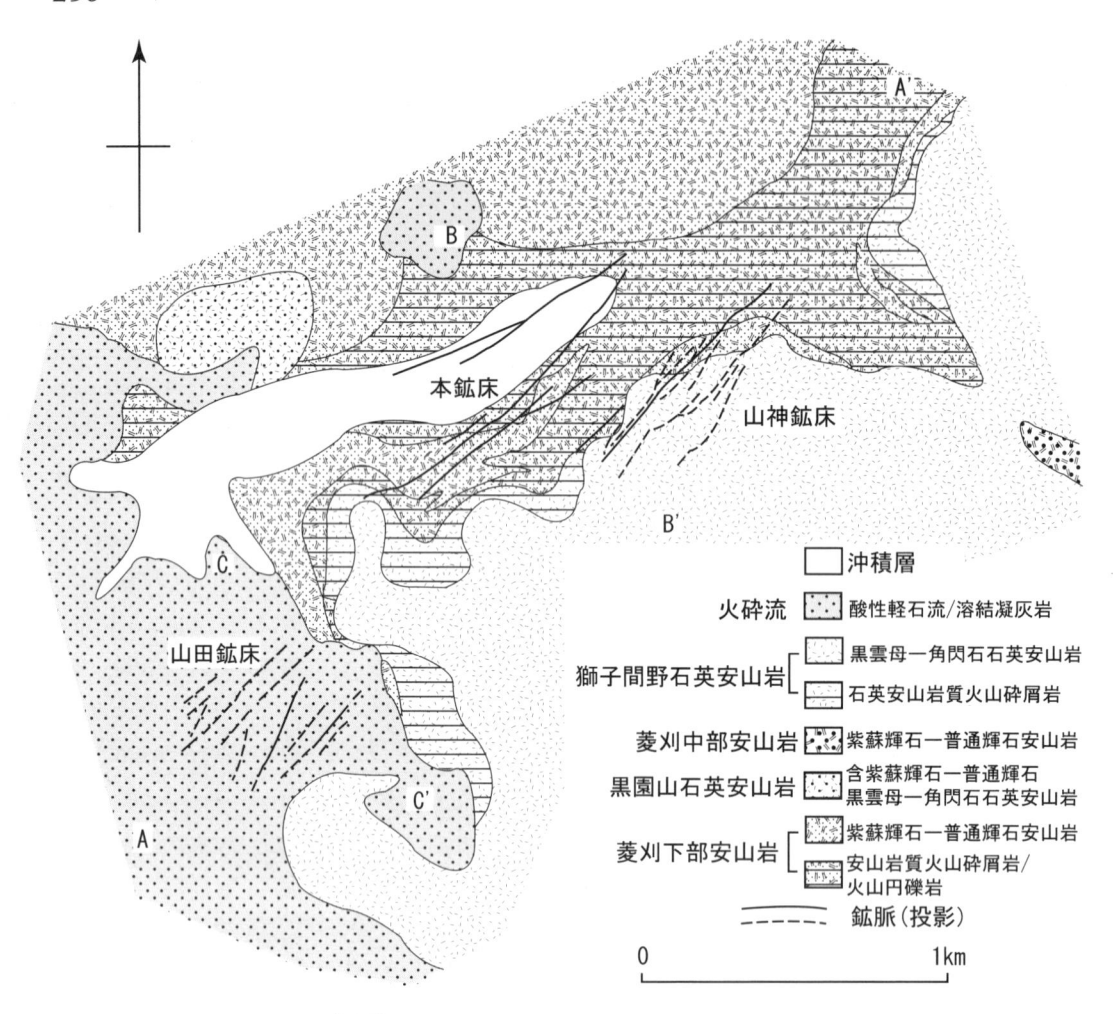

図 IX-106 菱刈鉱山付近地質図 － Ibaraki and Suzuki (1993) による －

に産するのを認め，このなかに自然金を見出した．これらの金を伴う粘土鉱物は鉱脈生成の過程の中で早期に生成したとしている．また氷長石が後期にスメクタイト，カオリナイトに変質し，脈をなして鉱脈バンドを横切るのを認めた．主な金属鉱物は，エレクトラム，黄鉄鉱，白鉄鉱，黄銅鉱，ナウマン鉱－硫セレン銀鉱，濃紅銀鉱で，その他少量の閃亜鉛鉱，方鉛鉱，輝安鉱，四面銅鉱，輝安銀鉱，赤鉄鉱を産する．金粒子の大きさは主鉱床 5〜15μm，山神鉱床 10〜50μm，山田鉱床 3〜15μm とされている．輝安鉱が晶洞に産するのを除いて，エレクトラム，黄銅鉱，ナウマン鉱などの金属鉱物の挙動は，氷長石のそれと類似する (Ibaraki and Suzuki, 1993)．Imai and Uto (2002) は，方解石に伴う石英は，方解石を交代して晶出したものであり，方解石は初生的には主要脈石鉱物として現在観察されるよりも広範に存在したものと考えた．また，氷長石晶出直後の方解石とエレクトラムの共生を認め，初生的なエレクトラムと方解石の共沈が，菱刈鉱床において普遍的な現象であったと推察している．前期鉱脈と後期鉱脈は，走向・傾斜，不整合面での脈の連続性，鉱脈を断層として捉えたときの変位量に違いが認められる一方，鉱物組成および金品位には，大きな差は認められない (Sekine et al., 2002)．鉱脈のなかには，水平長さ 600m，垂直長

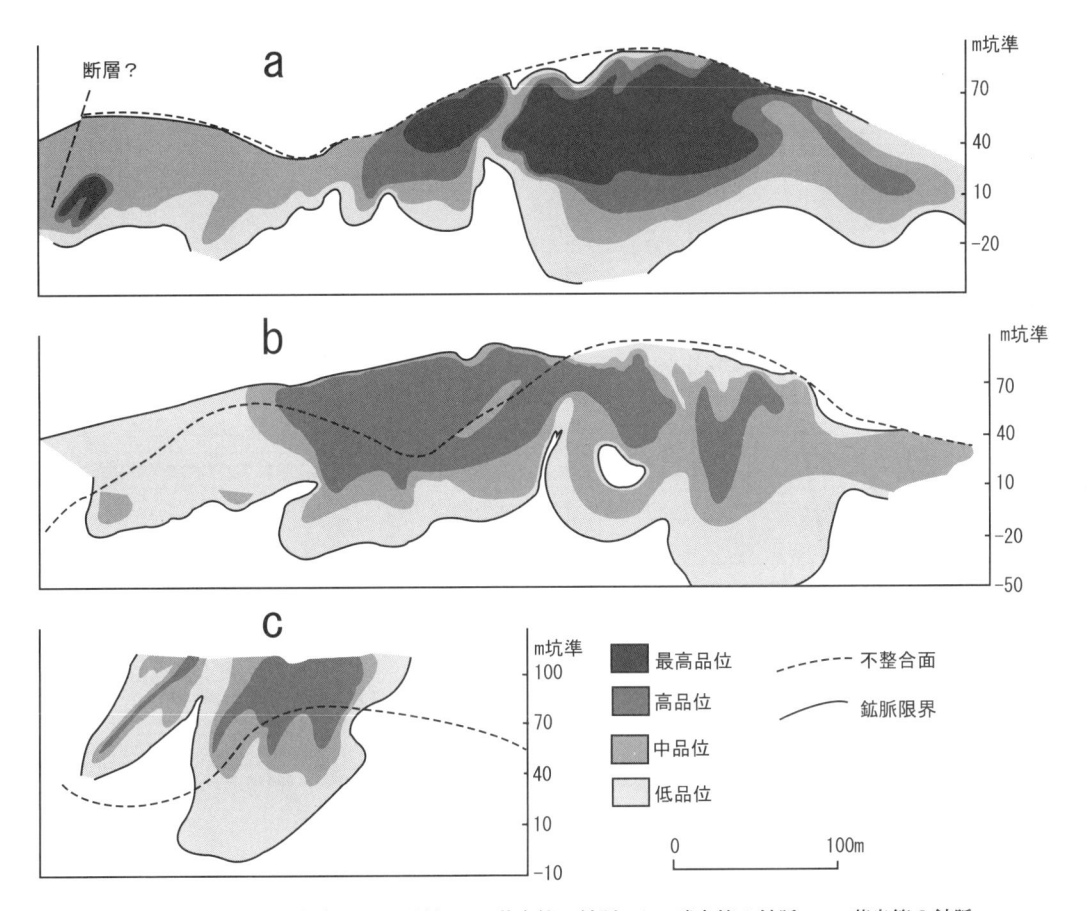

図 IX-107 富鉱体と不整合面との関係　a　芳泉第2鉱脈，b　瑞泉第1鉱脈，c　菱泉第2鉱脈
（N50°E 方向断面図）－Ibaraki and Suzuki (1993) による－

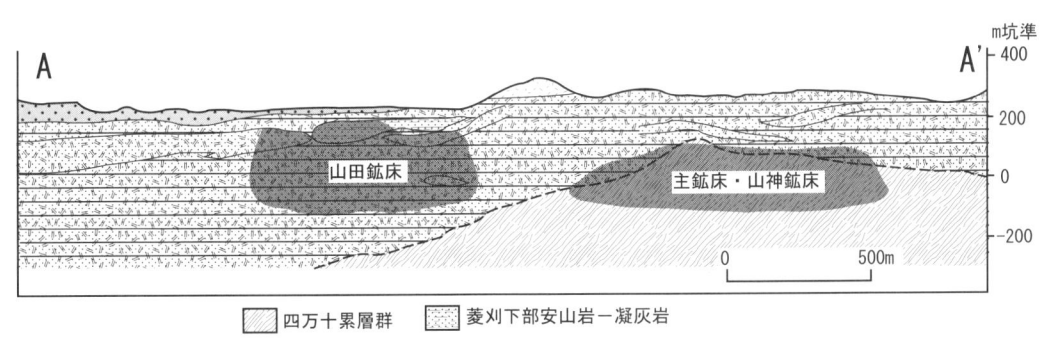

図 IX-108　菱刈鉱山付近 A-A' 地質断面図　－Ibaraki and Suzuki (1993) による－

さ 50m 以内の富鉱体（ボナンザ）が形成され，このなかに Au > 500ppm，Ag > 150ppm の高品位鉱を産し，富鉱体の外側では急激に品位が 60ppm 以下に低下する．富鉱体は高い氷長石/石英比（> 0.5）で特徴付けられる．金・銀含有量，氷長石/石英比，薄片状方解石と含金スメクタイト－バーミキュライトの産出の正の相関と，一定した富鉱体の垂直長さは，沸騰現象が鉱床生成を支配していることを示唆していると考えられる（Faure et al. 2002）．山田鉱床直上には，菱刈下部安山岩に属する凝灰質シルト岩が分布し，これは，鉱床生成時に堆積した湖成層と考えられる

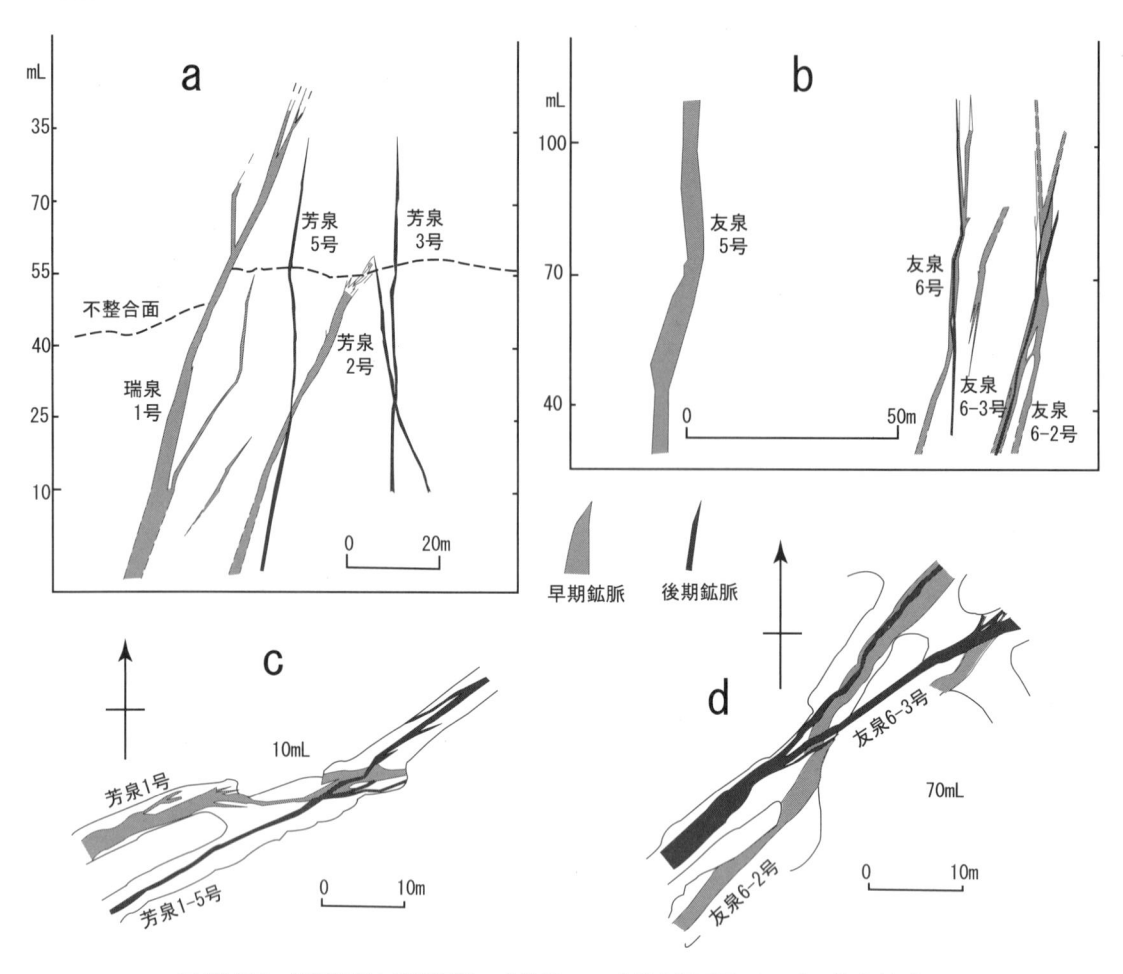

図 IX-109　早期鉱脈と後期鉱脈の産状例　a　本鉱床断面図，b　山田鉱床断面図，
c　本鉱床平面図，d　山田鉱床平面図　−Sekine et al. (2002) による−

（図 IX-108）．この堆積層は凝灰質砂岩，シルト岩，泥岩からなり，堆積物中に黄鉄鉱と辰砂を含む赤色／黒色と，石英からなる明灰色の薄層を挟んでいる．この堆積の場は熱水噴出によって生じたクレーター内の熱水プールで，熱水から沈殿した全金量は，50t に達すると推定される（Izawa et al., 1993a）．

　火山岩類の熱水変質は，変質鉱物の組み合わせにより中心から周縁部に向かって次のように五つに分帯される．緑泥石−絹雲母帯（IV 帯），混合層粘土鉱物帯（III 帯），石英−スメクタイト帯（II 帯），クリストバライト−スメクタイト帯（I 帯），弱変質帯．またさらに石英−カオリナイト亜帯（IIb 帯）とクリストバライト−カオリナイト亜帯（Ib 帯）が認められる．IV 帯は地表では認められず，地表下の高品位帯に直接伴って分布する（図 IX-110, 111）．III および II 帯は本鉱床および山神鉱床の外周部に鉱床を取り囲むように分布するが，山田鉱床では III 帯または II 帯を欠くことがあり，一部で IIb 帯が優勢になる．本鉱床と山神鉱床の鉱脈は，大部分が IV 帯中に賦存する一方，山田鉱床の鉱脈は III 帯中にあり，一部で鉱脈上部が II 帯まで伸びる．III 帯の混合層粘土鉱物は，本鉱床ではイライト／スメクタイト混合層鉱物，山田鉱床では緑泥石／スメクタイト混合層鉱

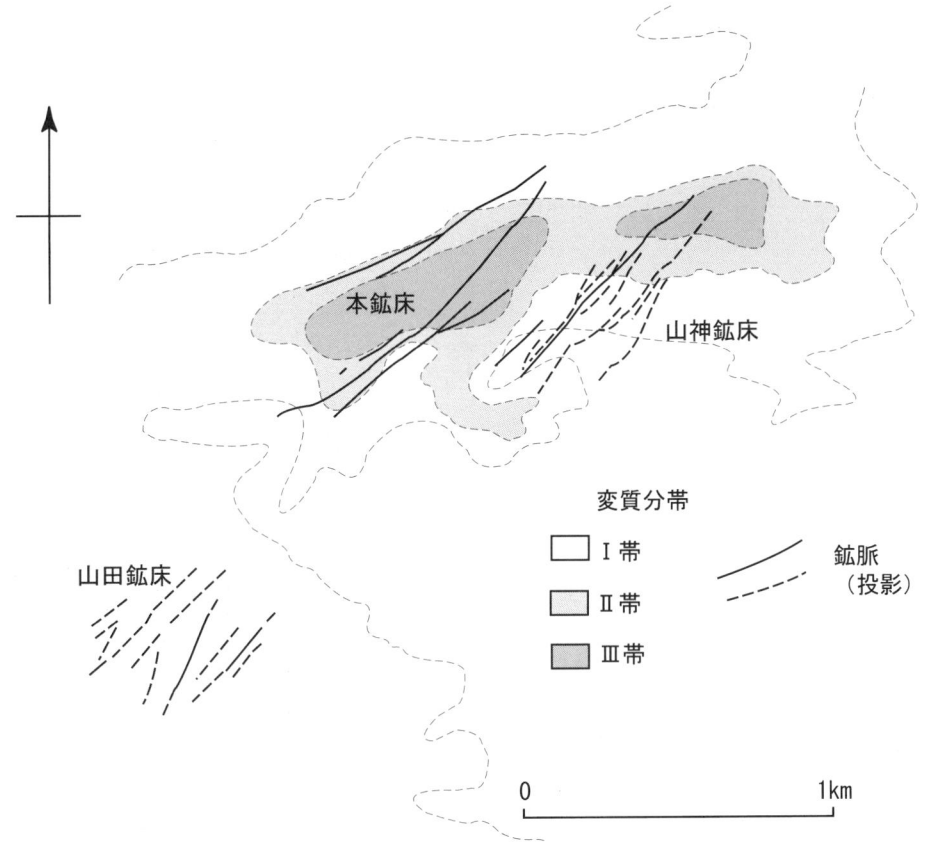

図 IX-110 菱刈鉱山付近変質分帯地表平面図 －Izawa et al.(1990)による－

物が優勢である．地熱地帯での変質鉱物の安定関係に基づいて各変質帯の形成温度を推定すると，Ⅰ帯＜100℃，Ⅱ帯100〜150℃，Ⅲ帯150〜220℃，Ⅳ帯＞220℃となり，変質帯の累帯配列は地域の地温勾配を示していることになる（Ibaraki and Suzuki, 1990; 1993）．菱刈鉱床のK-Ar年代測定の結果，その熱水変質と鉱化作用は1.25Maに始まり60万年継続して，0.66Maに終わっているが明らかになり，菱刈地域の第四紀火山活動と関連していることを示している（Izawa et al., 1993b）．

本鉱，山神鉱床産の石英，氷長石の流体包有物均質化温度は多くの研究者（Izawa et al, 1990; Nagayama, 1993, Shikazono and Nagayama, 1993; Hayashi, et al., 2000; 2001）により測定され，温度範囲150〜250℃（平均200℃）というほぼ同じ結果が得られている．母岩際鉱脈中に産する柱状氷長石の流体包有物測定の結果（Etoh et al., 2002），気相に富む包有物と液相に富む包有物の共存が見られ，柱状氷長石が沸騰流体から沈殿したことを示している．均質化温度は170〜330℃の範囲で，沈殿時の流体の温度は175〜215℃と推定され，一般に深度の増加に伴い上昇する．流体のNaCl相当塩濃度は0.2〜2.1%である．また鉱脈中方解石の流体包有物測定（Imai and Uto, 2002）では，本鉱床－山神鉱床の均質化温度は山田鉱床のものより高く，エレクトラムと共生する方解石の均質化温度は206〜217℃で，低品位〜不毛の方解石の183〜204℃より高いと言う結果が得られた．流体のNaCl相当塩濃度は0〜0.4%でエレクトラムと共生する方解石

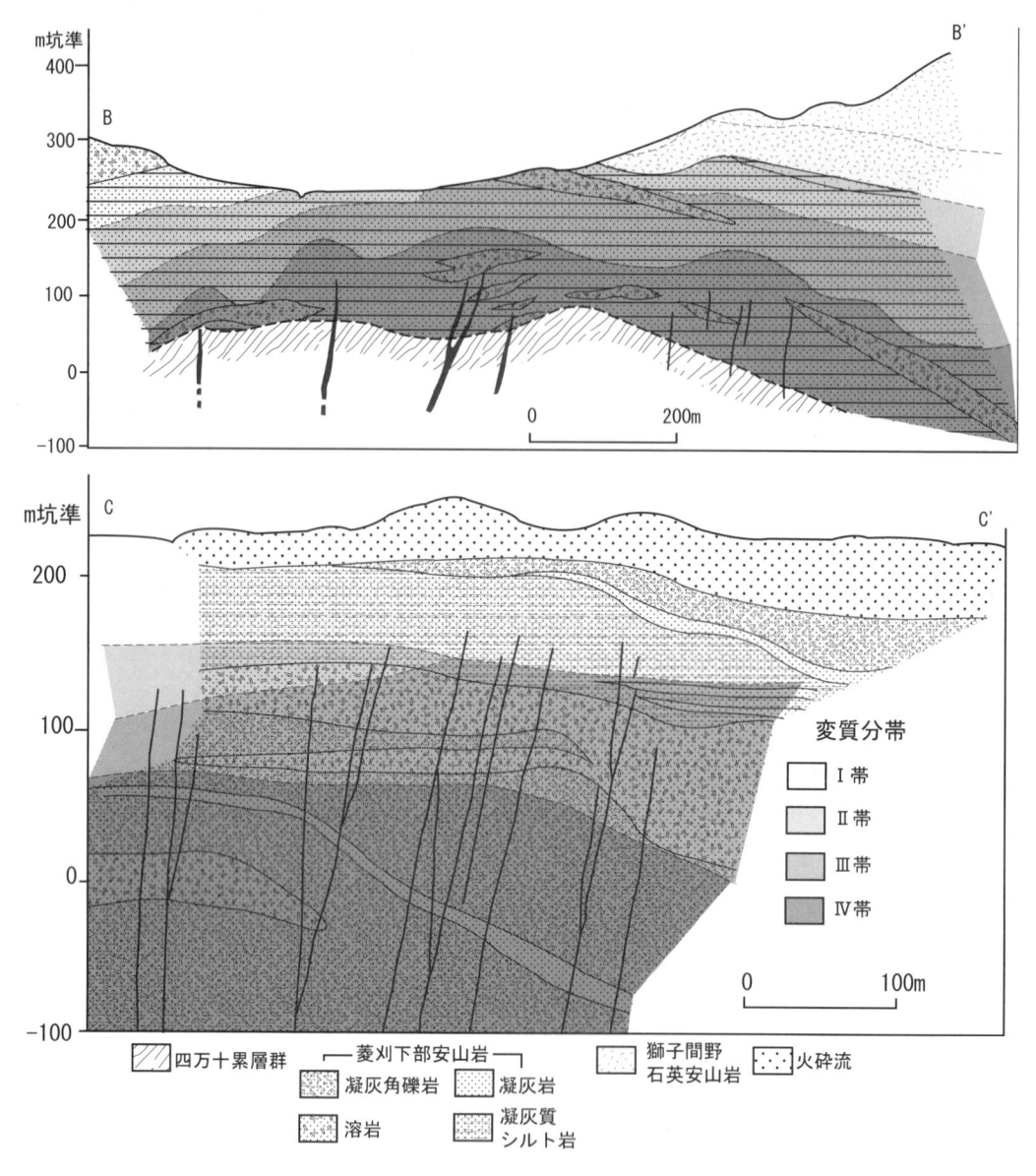

図IX-111 菱刈鉱山付近B-B',C-C'地質・変質分帯断面図
— Ibaraki and Suzuki (1993) による —

および低品位～不毛の方解石ともにきわめて低い塩濃度の流体から沈殿している．

　Shikazono and Nagayama(1993)の本鉱床についての研究によると，一つの鉱脈が発達するに従いバンド中の氷長石/石英比は減少するが，これに伴って氷長石，石英の$δ^{18}O$およびこれらを沈殿した流体の$δ^{18}O$も減少し，これに対応して金，鉛，銅，銀，セレンの含有量も減少する傾向があるとしている．流体の$δ^{18}O$計算値の範囲は$-6.7 \sim 2.2$‰である．流体の$δ^{18}O$減少の原因は，マグマ起原の熱水への大量の天水の混入と考えられる．Matsuhisa and Aoki (1994)は対称縞状脈（菱泉5脈）の試料について$δ^{18}O$を測定し，Shikazono and Nagayama(1993)と同様な傾向を見出した．流体の$δ^{18}O$計算値の範囲は$-6.8 \sim -0.1$‰である．Hayashi et al. (2001)は，弗化物密

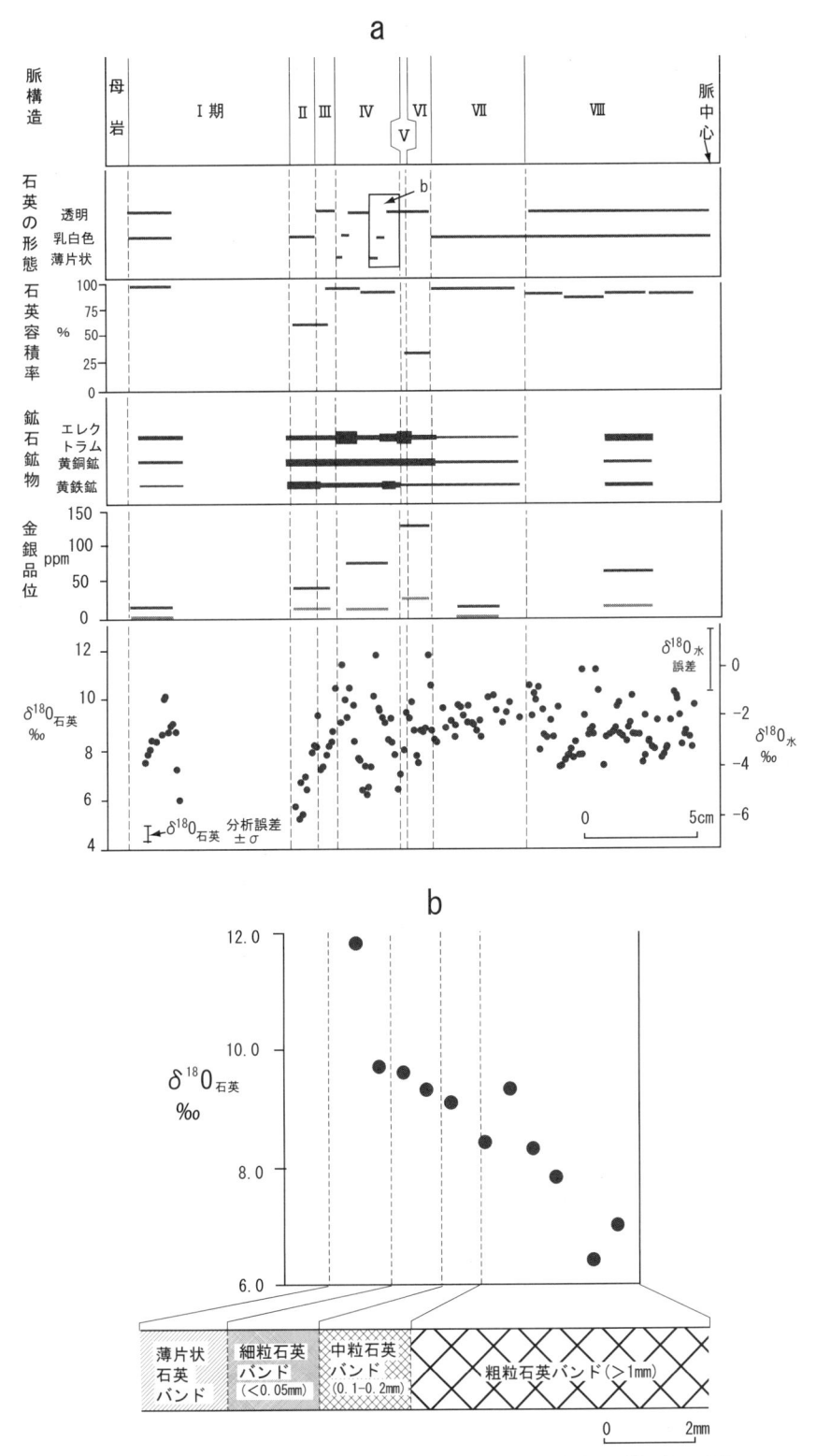

図 IX-112　a　芳泉1脈の盤際から脈中心までの鉱物の産状とδ^{18}O値の変化
　　　　　　b　a図のIV期バンドの石英の産状とδ^{18}O値の変化
　　　　　　－Hayashi et al. (2001) による－

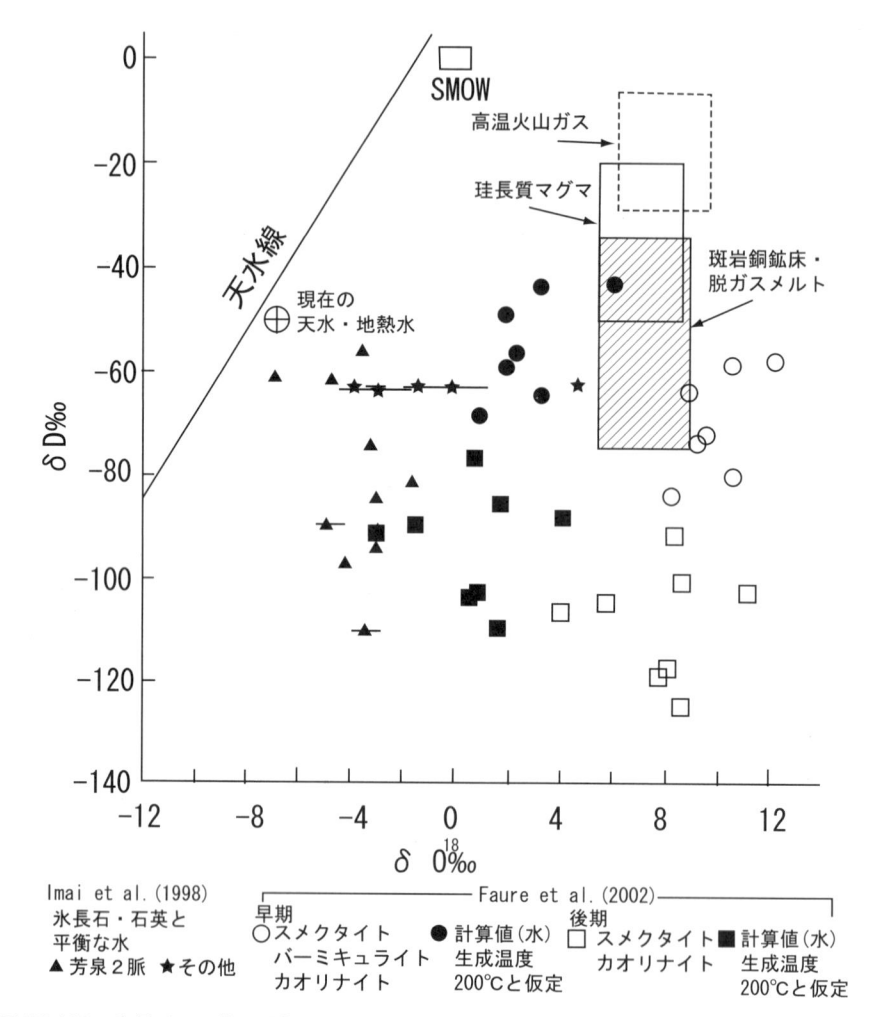

図 IX-113 氷長石,石英と平衡な水,および粘土鉱物とそれに平衡な水のδ^{18}O値およびδD値
高温火山ガス,珪長質マグマ斑岩銅鉱床脱ガスメルトのデータは
Hedenquist and Lowenstern (1994)による －Fauret et al. (2002) を改変－

閉型CO_2レーザー切除法によるその場δ^{18}O測定装置(Sharp, 1990)を用いて芳泉1鉱脈中石英試料についてmm以下間隔でδ^{18}Oを測定した.また流体包有物の均質化温度を測定し,石英と同位体平衡をしているH_2Oのδ^{18}O値を計算により求めた(図IX-112).富鉱部と同位体的に不均質な部分との密接な関係は,金の沈殿が熱水の酸素同位体値を大きく変動させることを示している.Ⅳ期の鉱脈には,急激な増加とそれに続く漸減という特徴的なδ^{18}O値の変化の形が2サイクル含まれている.また,Ⅳ期の鉱脈には,薄片状石英に始まり,乳白色石英,透明石英と続く沈殿石英の形態変化が2回認められる.早期の薄片状石英は高いδ^{18}O値(約12‰)を示し,その後減少して最後の粗粒自形石英は最低値(約6‰)を示す.δ^{18}Oのこのような急激な増加は,約1‰のδ^{18}O値を有する熱水の導入と,同時に起こった沸騰によると考えられ,その後のδ^{18}Oの漸減は,δ^{18}O値約－6‰の天水の混入によって説明されるとした.

Fauret et al. (2002)は,本鉱,山神,山田鉱床について石英および氷長石のδ^{18}O値を測定し

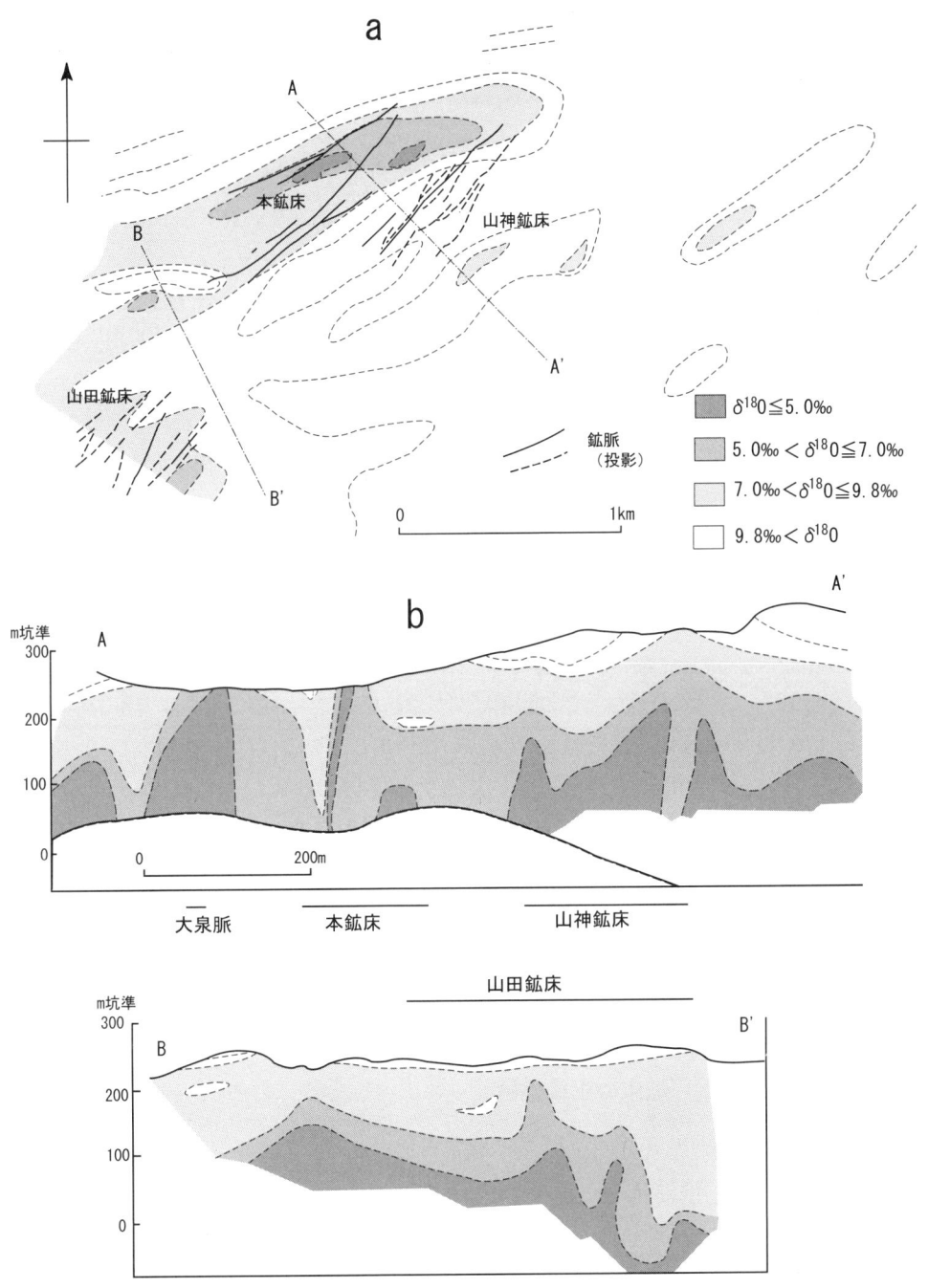

図 IX-114　a　菱刈鉱床付近δ^{18}O等値線平面図，b　同断面図　−Naito et al. (1993) による−

Shikazono and Nagayama (1993), Matsuhisa and Aoki (1994) と同様の傾向を見出した．平衡流体のδ^{18}O計算値の範囲は−4〜01‰である．また共存する石英−氷長石のそれぞれのδ^{18}O値から酸素同位体平衡温度を求め，220〜250℃および170℃を得ている．Imai et al. (1998) はShikazono and Nagayama (1993) の試料を含む多数の鉱脈試料についてデクレプテーション法に

よって石英中の流体包有物を回収し，δD の測定を行い次のような結論を得た．δD 測定値の範囲は－61～－114‰で，現在菱刈鉱床から出している温泉や地域の天水のδD 値より遙かに低い．このような低いδD 値をマグマ水と天水の混合で説明することはできない（図 IX-113）．鉱床胚胎母岩の四万十層群の頁岩試料から放出された水のδD 値は－132～－148‰である．得られた流体の低いδD 値は，基盤堆積岩の含水鉱物の脱水によって放出された水か，地表水が高温で堆積岩中を循環しながら同位体交換を行った水が，菱刈鉱床を生成した鉱化流体の一部に寄与したことを示していると考えている．Fauret et al. (2002) は，含金早期スメクタイト－バーミキュライトおよび後期スメクタイト－カオリナイト のδ^{18}O 値およびδD 値を測定し，それぞれδ^{18}O = 8～13‰，δD = －55～－85‰およびδ^{18}O = 4～11‰，δD = －90～－130‰を得た．生成温度を200℃と仮定して計算した含金早期スメクタイト－バーミキュライト平衡水の同位体値は，それぞれδ^{18}O = 1～4‰，δD = －40～－65‰である（図 IX-113）．石英，氷長石，早期スメクタイトの同位体値から得た平行な熱水のδ^{18}O 値およびδD 値は，鉱化溶液がマグマ水と天水の混合によって形成されたことを示唆しているが，反対に水/岩石比 0.1～3 として計算すると天水が基盤岩中を循環して同位体交換を行ったとしても説明可能で，天水（－50‰）とマグマ平衡水（－30～－70‰）のδD 値が重なり合っているのでいずれが正しいか決めることができないとしている．Imai and Uto (2002) は，方解石のδ^{13}C およびδ^{18}O を測定し，方解石と同位体平衡をしている熱水溶液中の H$_2$CO$_3$ のδ^{13}C 値および H$_2$O のδ^{18}O 値を計算により求め，それぞれ－14.4．～－9.1‰および－6.2～＋5.4‰を得た．この結果はマグマ起原の熱水との天水の混合を示唆している．Naito et al. (1993) は菱刈鉱床付近の岩石のδ^{18}O を測定し，その分布図（図 IX-114）を求めた．岩石のδ^{18}O は熱水変質作用の進行に従って，岩石熱水間の酸素同位体交換反応が行われ，非変質岩石から鉱床に向かってδ^{18}O が減少する．δ^{18}O 等値線の分布は，δ^{18}O 値が小さくなるにつれて密になり，とくに＋5‰以下の等値線の分布は鉱脈の分布と調和的になる．

　菱刈金－銀鉱床は，1981 年本鉱床が発見されて開発に着手され，1988 年には山田鉱床が発見された．菱刈鉱床の特徴はきわめて金品位の高いことで，平均品位は約 70g/t である．したがって鉱石埋蔵量は大きくないが埋蔵全金量は，250t（8.93Moz）に達し，世界的レベルの金鉱床と言える．生産金/銀比は比較的低く約 0.7 である（Shikazono et al., 1993）．

(2) 浅熱水金－銀（－銅）鉱床の生成機構

　自然環境において，酸性溶液の成因として，深成マグマ水，水蒸気加熱酸化，浅成酸化の三つが考えられる．深成マグマ水は高硫化型鉱床における高度粘土化帯を生成し，後 2 者は高硫化型，低硫化型両鉱床における毛布状高粘度化被覆層の形成にかかわっている．熱水起原のマグマから比較的近い位置に生成される高硫化型鉱床では，マグマ水は母岩との反応によって中性化することなく，多い順から HCl, SO$_2$, HF などの酸性化学種を含んでいる．これらの化学種は，マグマ起原の高温水蒸気が地下水と遭遇し 300～350℃で SO$_2$ が不安定になるとともに分解して

$$HCl = H^+ + Cl^- \tag{1}$$

$$4SO_2 + 4H_2O = 3H_2SO_4 + H_2S \tag{2}$$

$$H_2SO_4 = H^+ + HSO_4^- \tag{3}$$

pH 約 1 の深成塩酸－硫酸酸性水を生じ，これは岩石中の Al を含む大部分の成分を溶脱させることができる．この溶脱作用後の残留シリカはすぐに再結晶して多孔質珪化帯を形成し，その上部に高度粘土化帯を形成する．この境界は明瞭で帯水層に一致する（図 IX-115a）．高硫化型，低硫化型両熱水システムにおいて，存在する H_2S は地下の通気帯中で大気中の O_2 によって酸化され硫酸を生じ，水蒸気加熱硫酸水を生成する．

$$H_2S + 2\,O_2 = H_2SO_4 \tag{4}$$

深部循環地下水は 10ppm の溶解酸素を含むに過ぎず，通気帯より下部で硫酸酸性水を作るには不十分である．したがって，水蒸気加熱硫酸水は通気帯内のみで生成され，これによる変質帯は地下水面に沿った厚さ数 m の毛布状を呈するに過ぎない（図 IX-115b）．水蒸気加熱硫酸水は，100～120℃を越えず，HCl を含まず硫酸濃度も低いので pH は 2～3 の範囲である．この流体は容易に火山ガラスおよび多くの造岩鉱物を溶解するが，Al は残留してカオリナイトあるいは明礬石として固定される．したがって毛布状水蒸気加熱変質帯中では残留シリカ変質帯の広範な発達は妨げられるが，部分的に蛋白石質珪化帯をつくり，硫酸水が帯水層を流動することにより中和しながら玉髄質あるいは蛋白石質の珪化帯を形成する．第 3 番目の浅成酸化作用は，熱水作用終了後の硫化物風化酸化作用に関係している．

$$\text{硫化物} + 2\,O_2 = \text{鉄酸化物} + H_2SO_4 \tag{5}$$

浅成酸化作用は，水蒸気加熱酸化と同様に通気帯で行われ，地下水面の位置に支配される．温度は，最高 30～40℃，二次変質鉱物として，カオリナイト，ハロイサイト，明礬石，鉄明礬石，鉄酸化物を生成する．酸性水は断層，割目に沿って下降し，次第に中和する．

　世界の多くの地熱系におけるボーリングによって，中心部の上昇流は沸騰条件を示す温度勾配を示すことが明らかになった（図 VIII-116）．一般に割目中を流動する熱水系では，静水圧の 10% 程度圧力が増加する．また，熱水中のガス量の増加は蒸気圧を上昇させるので，同温度の熱水の沸騰開始深度を増加させる．例えば，300℃の純水の沸騰開始深度は 1,050m であるのに対して，CO_2 濃度 2.6% の沸騰開始深度は 1,250m となる．逆に熱水中の塩濃度の増加は沸騰開始深度を減少させる．浅熱水系において，沸騰と混合とは地表近くにおける蒸気の濃集とともに主要な過程である．高フラックス熱水系では，流体は充分早く上昇して深度―沸騰点曲線と交差すると考えられる．熱水系の周縁部では，深部からの熱水は，冷たい地下水あるいはその蒸気加熱産物と混合する（図 VIII-116）．低硫化熱水システムにおける流体 pH の主要な支配要素は CO_2 濃度と塩濃度である．沸騰によって CO_2 が除去されると pH は上昇する（6）．pH の上昇はイライトの安定領域から氷長石の安定領域への移行の原因となり（7），CO_2 の除去は方解石の沈殿を促す（8）（Hedenquist et al., 2000）．

$$HCO_3^- + H^+ = H_2CO_3 \Rightarrow CO_2 + H_2O \tag{6}$$
$$KAl_3Si_3O_{10}(OH)_2 + 6SiO_2 + 2K^+ \Rightarrow 3KAlSi_3O_8 + 2H^+ \tag{7}$$
$$2\,HCO_3^- + Ca^{+2} \Rightarrow CaCO_3 + CO_2 + H_2O \tag{8}$$

沸騰とそれに伴うガス成分の除去は,弱アルカリ性熱水溶液において優勢な金の水硫化錯体（II-5(3)

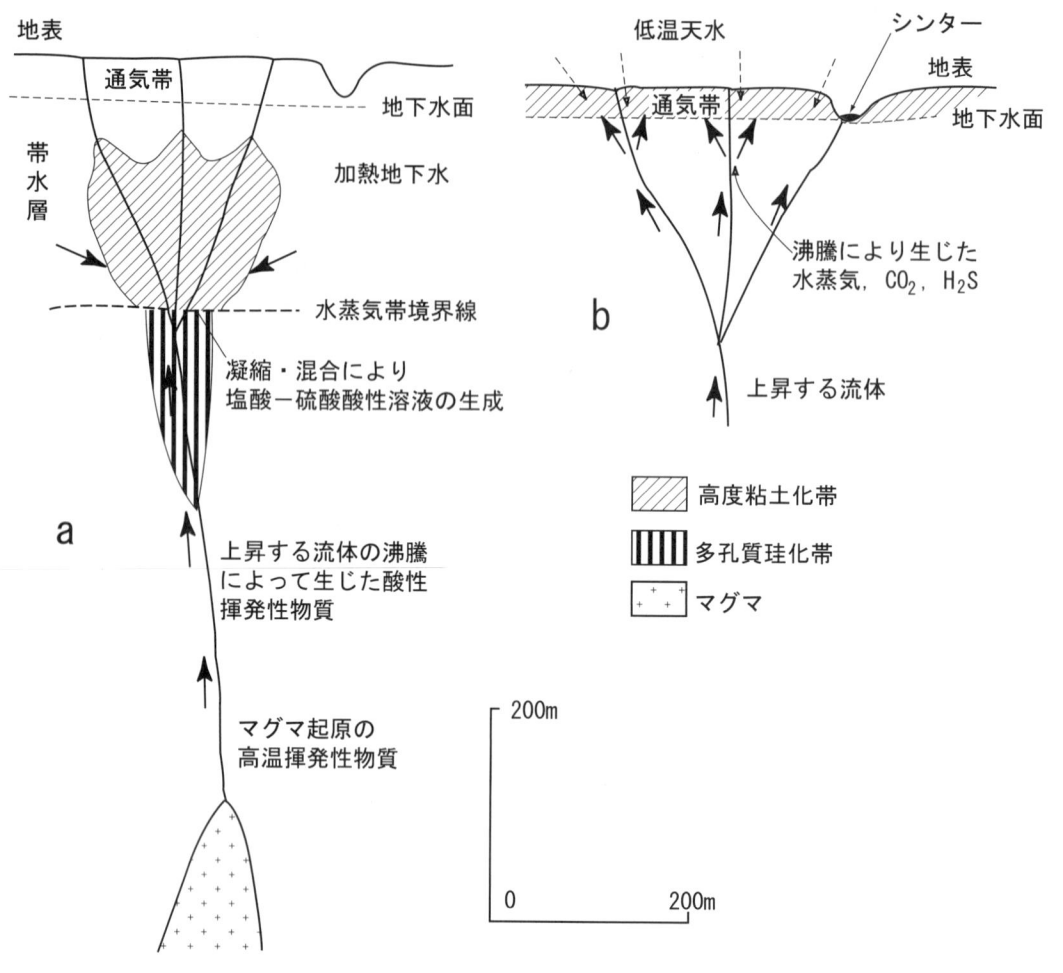

図 IX-115　a　深成マグマ水からの塩酸－硫酸酸性溶液の生成，b　水蒸気加熱酸化による硫酸水の生成
— Hedenquist et al. (2000) による —

参照）Au(HS)$_2^-$ 沈殿の主要な原因となる（例えば Brown, 1986; Shikazono, 1986; Hedenquist, 1991）．

$$Au(HS)_2^- + 0.5\ H_2 \Rightarrow Au + H_2S + HS^- \tag{9}$$

また，クロロ錯体を形成して溶解している金属も pH の上昇により次の反応を起こして沈殿する (Shikazono and Ngayama, 1993)．

$$MCl_2 + H_2S = MS + 2\ H^+ + 2Cl \quad (M：2 価金属) \tag{10}$$

沸騰により温度低下ももたらし，これによって H$_2$SiO$_4$ の形で溶解していたシリカ（II-5(5) 参照）が過飽和となり石英あるいはシリカコロイドが沈殿する．しかし，熱水が H$_2$S ガスの地表酸化によって生成された下降低温硫酸酸性溶液あるいは低温の地下水と混合すれば，温度および pH の低下を生じ，これは金，氷長石，石英，硫化鉱物などの沈殿原因となる（Spycher and Reed, 1989;

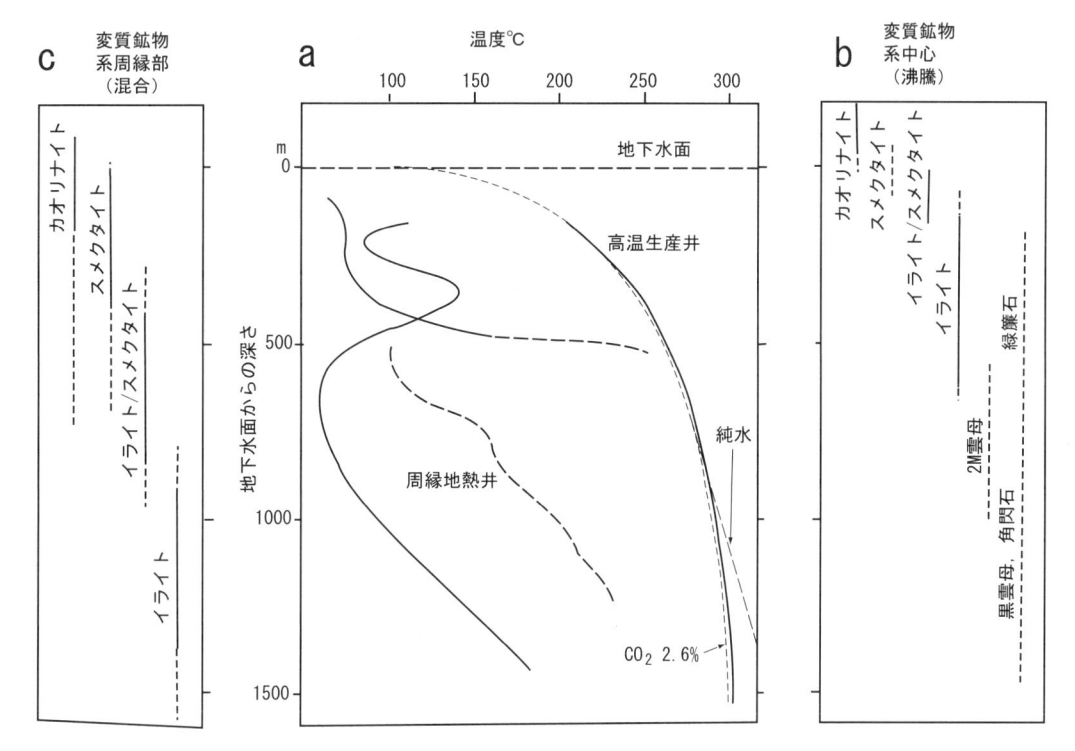

図 IX-116　a　純水と CO_2 を含む水の沸騰点−深さ曲線と地熱井の温度−深さ曲線
b　地熱系中心部の変質鉱物の分布　c 地熱系周縁部の変質鉱物の分布
— Hedenquist et al. (2000) による —

Shikazono and Ngayama, 1993; Hedenquist et al., 2000). したがって沸騰と混合のいずれがこれら鉱物の沈殿の主原因であるかは，各低硫化型金鉱床について証拠となるデータを集積する必要がある.

　高硫化型熱水システムでは，ディッカイト，カオリナイト，絹雲母が金鉱石を伴う多孔質石英岩に接して沈殿する．これらの鉱物は流体の pH が低く 4～5 であることを示している．これに対して氷長石，方解石を晶出する低硫化型熱水システムの流体 pH は，6～7 と高い．より酸性な高硫化環境で，しかも比較的酸化環境，中程度の塩濃度下でも優勢な金の錯体は $AuHS^0$ と考えられ，高硫化型鉱床生成初期の珪酸塩溶脱期のような強い酸性・酸化環境下ではクロロ錯体が優勢となる（II-5(3) 参照）．低硫化型鉱床で沸騰現象の証拠が比較的多く挙げられているのに対して，高硫化型鉱床では，酸素および水素同位体測定に基づいて熱水と低温地下水との混合を示す例が多い（Hedenquist et al., 2000）．Lepanto 鉱床では，硫砒銅鉱沈殿中低温地下水の混合が続き，これが熱水の沸騰を妨げていると考えられる（図 IX-91）．しかし沸騰現象は，高硫化型鉱床においても熱水角礫岩あるいは蒸気加熱によって生成された毛布状変質被覆層の産出などから鉱床生成過程において重要な役割を演じているといえる.

IX-6　海底熱水鉱床

　海嶺，島弧，背弧リフト，ホットスポットなどの海底火山活動に伴う熱水活動，あるいは火山活動に直接関係がない海底熱水作用によって銅，鉛，亜鉛，金，銀，鉄，マンガンなどの鉱床が，各地質時代にわたって多数生成され，重要な金属資源を形成している．

(1) 火山成塊状銅-亜鉛-鉛硫化物鉱床

　火山成塊状銅-亜鉛-鉛硫化物鉱床は，地質時代および現世の種々の地質条件のもとで，循環する熱水流体から海底上および海底下において沈殿した硫化鉱物が，主として層状～レンズ状をなして集積した鉱床であり，火山-堆積層序中に産し，一般に火山岩と同時期に生成されている．この型の鉱床は，世界の銅，亜鉛，鉛，金，銀鉱石の重要な供給源であり，副産物として Co, Sn, Ba, S, Se, Mn, Cd, In, Bi, Te, Ga, Ge などを伴う．火山成塊状硫化物鉱床は，その母岩の組成に基づき苦鉄質型，苦鉄質-珪質砕屑，バイモーダル-苦鉄質型，バイモーダル-珪長質型，バイモーダル-珪質砕屑型の五つに分類され（Barrie and Hannington, 1999；Franklin et al., 2005），鉱石の銅，亜鉛，鉛の量比は鉱床型によって異なる（図 IX-117）．

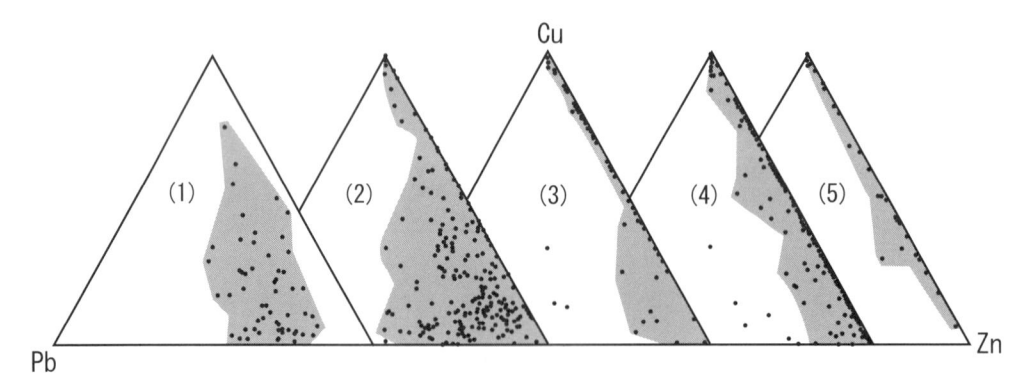

図 IX-117　火山性塊状硫化物鉱床の Cu-Pb-Zn 三成分図
(1) バイモーダル-珪質砕屑型，(2) バイモーダル-珪長質型，
(3) 苦鉄質-珪質砕屑型，(4) バイモーダル苦鉄質型，(5) 苦鉄質型
- Baree and Hannington (1999) による -

　苦鉄質型は，母岩の火山-堆積層序が主として苦鉄質岩（> 75%）からなり，珪長質岩（< 1%）はきわめて少ないか，存在しない．しかし，一般に微量の珪質堆積岩または超苦鉄質岩を含んでいる．オフィオライトに伴う火山成塊状硫化物鉱床がこれに属し，"キプロス型"と呼ばれることもある．ほとんどの鉱床が顕生代の岩石中に産する．母岩の玄武岩質岩はソレアイトが多くボニナイトの場合もある．鉱床は母岩と調和的なレンズ状をなし，レンズ状鉱体の下側には強い変質帯と硫化物網状脈が発達して鉱条帯を形成している．これは海底への熱水の通路であったと考えられる．鉱床上部を覆って，アンバーと呼ばれる褐鉄鉱，マグヘマイト，石英を含む泥質岩あるいはチャートを産する．鉱石は通常細粒の黄鉄鉱と黄銅鉱からなる塊状組織を示し，時に角礫状組織，

あるいは縞状組織を示す．塊状磁鉄鉱，磁鉄鉱－滑石，硫化物－滑石鉱石も産する．金属鉱物として上記のほか，閃亜鉛鉱，白鉄鉱，方鉛鉱，磁硫鉄鉱，キューバ鉱，黄錫鉱，赤鉄鉱などが見出される．脈石鉱物として，滑石，石英，緑泥石を産する．変質帯中に産する二次鉱物は，緑泥石，滑石，炭酸塩鉱物，絹雲母，石英などである．この型の鉱床は，数が少なく比較的小型のものが多い．鉱石の化学組成は他の型の火山成塊状硫化物鉱床に比較して銅に富み亜鉛，鉛が少ない（図IX-117）．苦鉄質型鉱床の例として，Tilt Cove（カナダ・ニューファウンドランド），Troodos（キプロス），Kure，Ergani（トルコ），Lasail（オマーン）などがあげられる．現世の類似鉱床は，東太平洋海膨 11°N，13°N，21°N，Galapagos リフトなどに見出される（II-5(6)参照）．

苦鉄質－珪質砕屑型の鉱床では，母岩の苦鉄質火山岩または貫入岩とタービダイト質珪質砕屑岩の量がほぼ等しく，珪長質火山岩はきわめて少ないか，存在しない．苦鉄質岩はソレアイトの場合が多いが，サブアルカリ玄武岩への遷移型の場合も知られている．鉱床の生成年代は主として中期原生代であるが，顕生代に生成された有力な鉱床もある．この型の鉱床の多くは広域変成作用を受け複雑な変形をしており，代表的な鉱床例である日本の別子鉱床の名を取り，"別子型" とも呼ばれる．鉱床は厚さ数 m，走向延長 1km 以上に及ぶ層状を示すことが多いが，レンズ状の場合もある．鉱石は主として細粒～中粒の黄鉄鉱，磁硫鉄鉱，黄銅鉱，閃亜鉛鉱からなり，塊状あるいは顕著な縞状組織を呈する．変成作用によって片麻状組織を示すことがある．鉱条帯は認められないことが多い．上記以外の金属鉱物として少量の輝コバルト鉱，方鉛鉱，磁鉄鉱，斑銅鉱，四面銅鉱，キューバ鉱，黄錫鉱，輝水鉛鉱，硫砒鉄鉱，白鉄鉱を産する．主な脈石鉱物は，石英，方解石，アンケライト，菱鉄鉱，電気石，石墨（または炭質物），緑泥石，角閃石，黒雲母などである．鉱化作用に伴う母岩の変質は，鉱化後の変成作用あるいは鉱化前海洋底変成作用と重複して区別が困難なことが多いが，珪化作用，炭酸塩鉱物化作用，緑泥石化作用，絹雲母化作用が認められている．苦鉄質－珪質砕屑型に属する鉱床例としては，Windy Craggy（カナダ・ブリティッシュコロンビア），Ducktown（米国テネシー），Rouez（フランス），Saladipura（インド），別子（日本）などがある．Outokumpu（フィンランド）もこの型に属すると考えられるが，異論もある（Gaal and Parkinnen, 1993; Galley and Kosky, 1999）．日本の下川鉱床は，変成作用を受けていない別子型鉱床として注目される（Mariko, 1984; 1988a,b; Mariko and Kato, 1994; Slack, 1993）．現世の類似鉱床としては，大陸縁辺リフトであるカリフォルニア湾 Guaymas 海盆，陸地から堆積物が供給されつつある海洋リフトである北東太平洋の Middle Valley，Escanaba トラフの鉱床がある（II-5(6)参照）．

バイモーダル－苦鉄質型は，母岩が 50％ 以上の苦鉄質岩と 3％ 以上の珪長質岩，少量の珪質砕屑岩からなるもので，多くの場合苦鉄質岩／珪長質岩比は 3/1 かそれより大きい．しかし，一般に鉱床は珪長質岩と密接に関係して産する．この型の鉱床は "ノーランダ型" と呼ばれることがある．後期太古代～早期原生代に生成された鉱床が多いが，古生代のものも知られている．母岩の組成は，始原的火山弧あるいは始原的火山弧リフトの特性を示す．苦鉄質火山岩は一般にソレアイトか，そのカルクアルカリ岩への遷移型であり，珪長質火山岩は一般に高珪酸流紋岩あるいはそのカルクアルカリ流紋岩への遷移型である．鉱床はレンズ状をなし，流紋岩中，流紋岩の直上，または流紋岩の直下に産するか，堆積岩中に産する．鉱石は細粒の黄鉄鉱，黄銅鉱，閃亜鉛鉱，磁硫鉄鉱からなり塊状組織を呈する．レンズ状鉱体内で鉱石鉱物は累帯配列をなし，その上部には比較的閃亜鉛鉱

が濃集し，しばしば黄鉄鉱とともに縞状構造を示す．下盤側には黄銅鉱－磁硫鉄鉱が濃集する．塊状鉱石中には，少量の硫砒鉄鉱，磁鉄鉱，方鉛鉱，四面銅鉱，輝銀鉱，エレクトラムが散点し，閃亜鉛鉱鉱石中の方鉛鉱，四面銅鉱の量は上盤に向かって増加する．変質した下盤岩石中には黄銅鉱，磁硫鉄鉱，キューバ鉱が鉱染し，鉱条帯を形成している．脈石鉱物として，緑泥石，石英，方解石，硬石膏を産する．変質作用には，珪化作用，絹雲母化作用，緑泥石化作用，滑石－炭酸塩化作用が認められる．前三者は主として鉱体下盤の流紋岩に強く表れ，上盤岩石中にも観察される．滑石－炭酸塩化作用は下盤に超苦鉄質岩が存在するときに限られる．この型の鉱床は火山成塊状硫化物鉱床のうち最も一般的である．バイモーダル－苦鉄質型鉱床の標準的な例として，Noranda 地域，Matagami 地域（カナダ・ケベック），Flin Flon 地域（カナダ・マニトバ）があげられる．Kidd Creek（カナダ・オンタリオ）はこの型に属するが，鉱床下盤側に超苦鉄質岩があることと巨大過ぎることから典型的例とはいえない．その他，Jerome（米国アリゾナ），Ladysmith-Rhinelander（米国ウイスコンシン），Trondheim（ノルウェー），Skellefte（スウェーデン）などの例がある．日本の日立鉱床もこれに属すると考えられる（Mariko and Kato, 1994）．現世の類似鉱床は，西大西洋東 Manus 海盆に見出される（II-5(6) 参照）．

　バイモーダル－珪長質型は，母岩の火山－堆積層序が 50% 以上の珪長質火山岩と 15% 以下の珪質砕屑岩，残りが苦鉄質火山岩および貫入岩という構成になっている．生成年代は太古代から新生代にわたるが，顕生代生成の鉱床のほうが多い．この型の鉱床は，バイモーダル苦鉄質型より成熟した島弧あるいは火山弧リフトに見出される．珪長質母岩は，主としてカルクアルカリ岩系であるが，高珪酸流紋岩からカルクアルカリ岩への遷移型の組成を示すものも多い．同様に，苦鉄質岩はカルクアルカリ岩，またはソレアイトからカルクアルカリ岩への遷移型である．鉱床は母岩と調和的な層状ないしレンズ状をなし，層状鉱体の上部は方鉛鉱，閃亜鉛鉱，重晶石に富み，下部は黄鉄鉱と黄銅鉱が優勢である．層状鉱体の下盤には，珪長質岩中に黄鉄鉱，黄銅鉱，石英からなる鉱染鉱および網状脈鉱が発達し鉱条帯を形成している．石膏あるいは硬石膏からなるレンズ状あるいは不規則塊状の鉱体が層状鉱体と鉱条帯の間に産することがある．上記以外の一次金属鉱物として，エレクトラム，自然銀，輝銀鉱，四面銅鉱，斑銅鉱，硫砒銅鉱，硫砒鉄鉱，白鉄鉱，赤鉄鉱などを産する．主な脈石鉱物は石英，重晶石，燐灰石，絹雲母，緑泥石である．鉱床生成と関係のある変質作用として珪化作用，緑泥石化作用，絹雲母化作用，炭酸塩鉱物化作用が認められる．この型の標準的例として，日本の北鹿地域その他の黒鉱鉱床があげられ，バイモーダル－珪長質型鉱床は黒鉱型鉱床と呼ばれることがある．その他の鉱床例としては，Izok Lake（カナダ・ノースウエストテリトリーズ），Buchans-Victoria Lake（カナダ・ニューファウンドランド），Murgul（トルコ），Zyryanowsk（カザフスタン），Mt. Red（オーストラリア・タスマニア）などがある．現世の類似鉱床例としては，南太平洋の Taupo-Havre-Lau 背弧海盆の鉱床があげられる（II-5(6) 参照）．

　バイモーダル珪質砕屑型では，母岩の火山岩と珪質砕屑岩の量がほぼ等しく，火山岩中の珪長質岩が苦鉄質岩より多い．珪長質母岩は一般にカルクアルカリ岩であるが，堆積岩の部分溶融起原と考えられる場合があり，大陸縁辺弧または大陸縁辺弧リフトという地質環境を裏付けている．苦鉄質岩は一般にソレアイトであるが，火山－堆積層序の上位にアルカリ玄武岩を産し，この型の鉱床を特徴付けている．鉱床は母岩と調和的な層状ないしレンズ状をなすが，強く変形するとともに変成作用を受けている．層状鉱体は黄鉄鉱に富む塊状硫化物鉱石からなり，基本的には上位は閃亜鉛

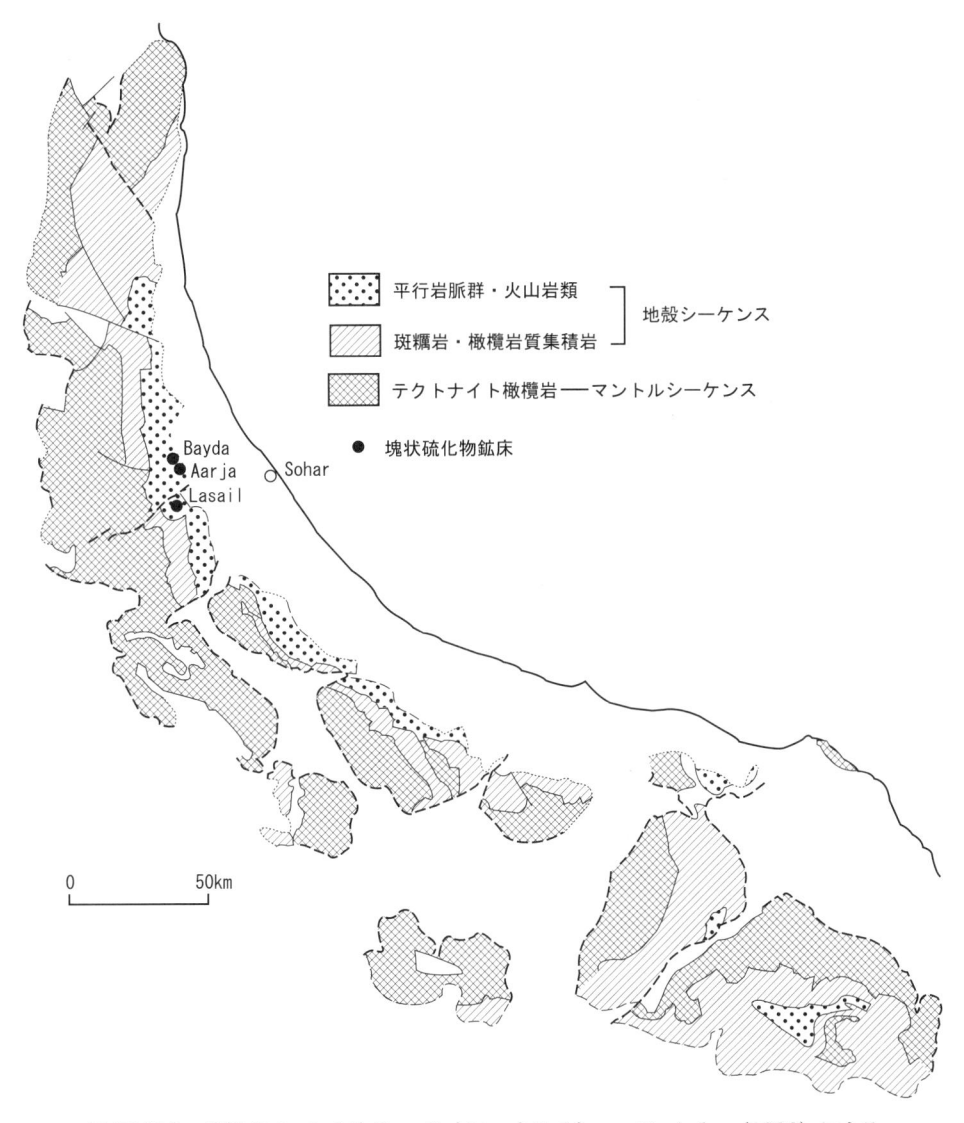

図 IX-118　北部オマーン山地 Semail オフィオライト　－Bachelor（1992）による－

鉱,方鉛鉱に富み下位は黄銅鉱に富むという垂直方向の累帯配列を示すが,変形作用によって原鉱物配列は激しく変化し,とくに黄銅鉱あるいは方鉛鉱の局部的な再流動を引き起こしている.層状鉱体の下盤の地層が緑泥石化,絹雲母化,珪化を受け,磁硫鉄鉱,黄鉄鉱,黄銅鉱が鉱染している場合があるが,一般的ではない.上記以外の一次金属鉱物として,磁鉄鉱,硫砒鉄鉱,四面銅鉱,車骨鉱,黄錫鉱などを産する.主な脈石鉱物は,石英,緑泥石,菱鉄鉱,方解石,ドロマイトである.この型の鉱床生成年代は,原生代～顕生代であり,鉱床例として Bathurst 地域（カナダ・ニューブルンズウイック）,Iberia 黄鉄鉱帯（スペイン,ポルトガル）があげられる.また,この型の鉱床が強い変成・変形作用を受けた例として Broken Hill（オーストラリア）があげられるが,独自の型であるという考えもある（Parr and Plimer, 1993）.現世の類似鉱床例としては,沖縄トラフの鉱床がある.

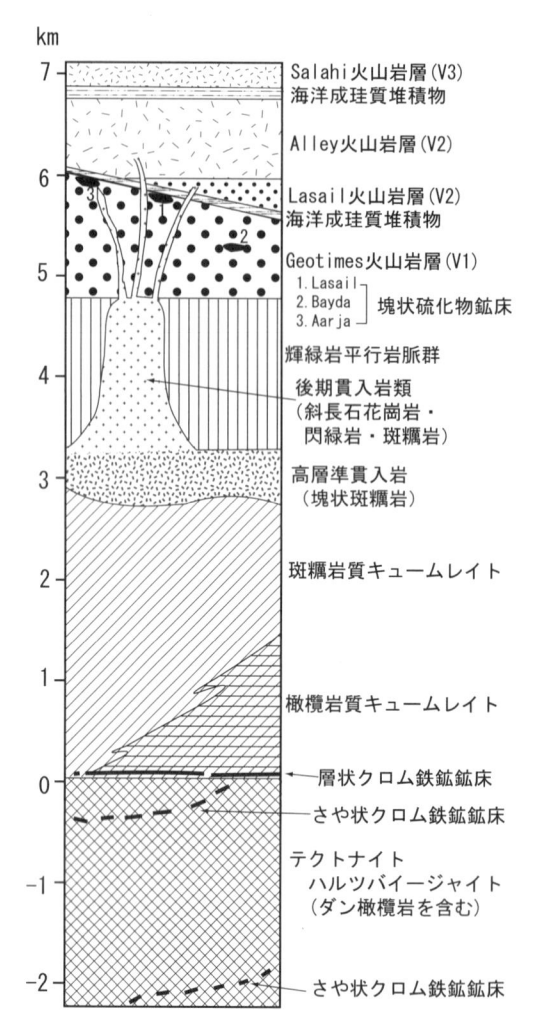

図 IX-119 オマーン山地北部 Semail オフィオライト柱状図
− Batchelor (1992) による −

Lasail 地域銅鉱床　本地域はオマーン北部 Suhar の西方約 40 km にあり，地質的にはオマーン山地ナップ北部に位置する．オマーン山地はアラビア大陸プレートの南東縁を形成し，後期白亜紀大陸−海洋衝突境界をなしている．オマーン山地にはオブダクトしたオフィオライト・ナップ複合体である Semail オフィオライトを産し，多数の苦鉄質型火山性塊状硫化物鉱床を胚胎する．Lasail 鉱床はその中で最大規模の鉱床である（図 IX-118）．

オマーン山地北部の Semail オフィオライトの層序は (Batchelor, 1992)，基底から上位へ (1) 主としてテクトナイト・ハルツバージャイトからなり，少量のダン橄欖岩，クロム鉄鉱岩を伴うマントルシーケンス (2) 苦鉄質溶融体から結晶分化によって形成された橄欖岩質および斑糲岩質キュームレイト層 (3) 塊状斑糲岩および種々の岩相（斜長石花崗岩を含む）からなる高層準貫入岩類 (4) 強く熱水変質作用を受けた輝緑岩平行岩脈群複合岩体 (5) 平行岩脈群複合岩体を通してマグマの供給を受けた海底枕状溶岩および海洋成堆積物 (6) 以上の岩石を貫く数組の深成岩および半深

図 IX-120 後期白亜紀 Semail ナップの進化 － Batchelor (1992) による－

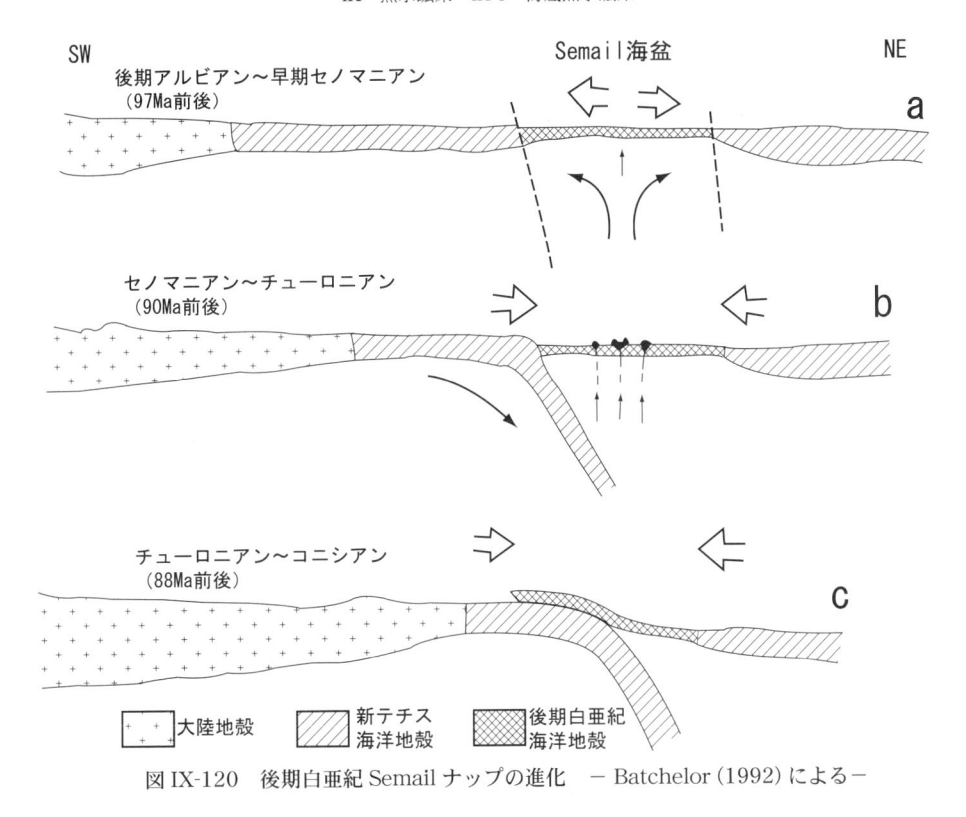

成岩からなり溶岩シーケンスを含む後期貫入複合岩体（図 IX-119）となっている．Semail オフィオライトは，2 段階のマグマ系によって形成されたと考えられる（Juteau et al., 1988; Batchelor, 1992）．その第 1 段階は斑糲岩マグマ系（M1）で，橄欖岩質および斑糲岩質キュームレイト層，高層準貫入岩類，平行岩脈群複合岩体の大部分，下部噴出岩類（V1）は，このマグマ系によって生成された．第 2 段階は多相マグマ系（M2, M3）で，二つの火山岩層（V2, V3）とともに断層に支配されて貫入した斑糲岩，閃緑岩，斜長石花崗岩を形成した．このような 2 段階のマグマ作用は，次のようなプレートテクトニクスによって説明される（Batchelor, 1992）．最初の段階で既存の新テチス・プレート中に開いた海盆内で新しい海洋地殻が拡大海嶺において生成される（M1）．第 2 段階では新テチス・プレートがこの海洋地殻の下に北東方向へ沈み込み，結果として第 2 段階のマグマ作用により海洋地殻を切って火山岩と深成岩体が形成される．この際，圧縮作用によりユーラシア大陸とアフリカ大陸は反対方向に回転しテチス海を閉じる．最後の段階で新旧の海洋プレート境界で海洋プレート間の分離が起こり，アラビア卓上地の上に Semail オフィオライトがオブダクトする（図 IX-120）．

　Lasail 地域の地質は，下位からテクトナイト・ハルツバージャイト，橄欖岩質および斑糲岩質キュームレイト層，塊状斑糲岩，輝緑岩平行岩脈群，Geotimes 火山岩層（V1），Lasail 火山岩層および Alley 火山岩層（V2），Salahi 火山岩層（V3），後期貫入岩類，珪質海洋成堆積物からなり（図 IX-121）(Alabaster and Pearce, 1985; Lippard et al, 1986; Batchelor, 1992)，鉱床は Geotimes 火山岩層中および同火山岩層と Lasail または Alley 火山岩層の境界に胚胎する．Geotimes 火山岩層は，後期アルビアンないし早期セノマニアン（97Ma 前後）に形成され，平行

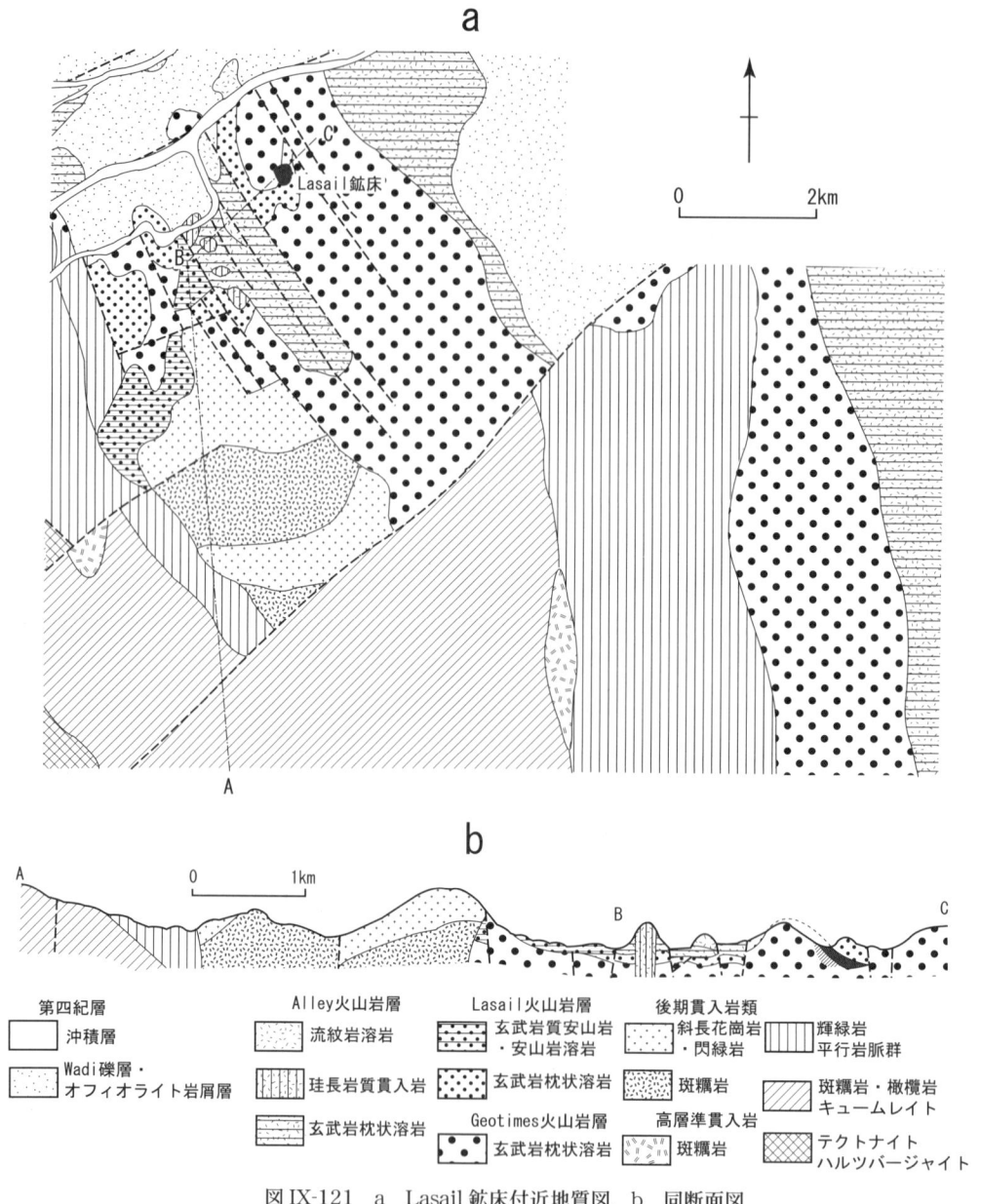

図 IX-121　a　Lasail 鉱床付近地質図，b　同断面図
— Alabaster and Pears (1985); Lipard et al. (1986); Batchelor (1992) による —

凡例：
第四紀層／沖積層／Wadi 礫層・オフィオライト岩屑層／Alley 火山岩層／流紋岩溶岩／玄武岩枕状溶岩／珪長岩質貫入岩／Geotimes 火山岩層／玄武岩枕状溶岩／Lasail 火山岩層／玄武岩質安山岩・安山岩溶岩／玄武岩枕状溶岩／後期貫入岩類／斜長花崗岩・閃緑岩／斑糲岩／高層準貫入岩／斑糲岩／輝緑岩平行岩脈群／斑糲岩・橄欖岩キュームレイト／テクトナイトハルツバージャイト

岩脈群の上を直接覆っている．本層は中央海嶺玄武岩の地球化学的性質を持った枕状および塊状溶岩からなる．Lasail 火山岩層は Geotimes 火山岩層を覆い，主として島弧ソレアイトに類似した化学組成を有する枕状溶岩からなり，安山岩円錐状岩床を伴う．本層の岩石は一般に葡萄石−パンペリー石相ないし緑色片岩相の海洋変成作用を受けている．Alley 火山岩層は，Geotimes および Lasail 火山岩層両者を覆って発達，火山弧組成の玄武岩から流紋岩にわたる範囲の火山岩類からなり，沸石相変成鉱物を含む．Lasail および Alley 火山岩層はセノマニアンないしチューロニアン（90Ma 前後）に形成された．Salahi 火山岩層は，アルカリ岩系の枕状および塊状の玄武岩溶岩流

からなるが，分布はごく限られている．放散虫チャート，鉄に富むオーカー，マンガンに富むアンバーなどからなる珪質の海洋成堆積物は，V1-V2間およびV2-V3間に産する．

Lasail地域の塊状硫化物鉱床は，Lasail, Bayda, Aarjaの3鉱床からなる．Lasail鉱床はGeotimes溶岩を下盤として形成され，Lasail火山岩層に覆われる．鉱床は，南北に延び東に傾斜するレンズ状をなし（図IX-121b），長さ約500m，幅約300m，厚さ最大210mの規模を有する．塊状鉱床の下盤には，銅に富む網状脈が広範に発達し，これは海底への熱水の通路としての鉱条帯と見なされる．鉱体は鉱化を受けていない安山岩質円錐状岩床に切られている．鉱体の北縁および西縁に沿い塊状鉱石に接して分布する鉄に富む珪質堆積物が認められる．塊状鉱石は磁鉄鉱－赤鉄鉱－黄銅鉱を伴い早期に晶出した自形黄鉄鉱と，これを脈状に切るか交代する黄銅鉱と石英を伴う赤鉄鉱からなる．黄銅鉱の分布は不規則である．石英以外の主な脈石鉱物は，方解石，ドロマイト，石膏，緑泥石である．Bayda鉱床は，Geotimes火山岩層中にNNW-SSE方向の断層によって形成されたグラーベン構造中に胚胎する．鉱床は角礫鉱床とその上に重なる塊状鉱床からなり，前者はグラーベン底部に集積した岩屑層が鉱化したと考えられる．Bayda鉱床は輝緑岩平行岩脈群の上約500m弱の低い層準にあり，鉱床の生成は平行岩脈群のマグマ供給位置に当たる海嶺に平行なグラーベン構造内で行われたと推定される．この鉱床の金属鉱物と脈石鉱物は，Lasail鉱床にきわめて類似した組織を示すが閃亜鉛鉱をかなり含んでいる．Aarja塊状硫化物鉱床はGeotimes火山岩層とAlley火山岩層の境界に生成され，南に30°でプランジするパイプ状をなし，北西－南東方向の長さ約75m，最大厚さ50mの規模を有する．塊状鉱床の下盤には角礫状あるいは網状の鉱条帯が発達する．塊状鉱石はLasail, Bayda両鉱床とやや異なり，硫化物として黄鉄鉱，黄銅鉱，閃亜鉛鉱の他に斑銅鉱および方鉛鉱を産する（Batchelor, 1992）．

埋蔵鉱量としてLasail鉱床は820万t（Cu 2.1%），Bayda鉱床は30万t（Cu 3.1%, Zn 1.4%），Aarja鉱床は320万t（Cu 1.5%, Zn 1.4%）と報告されている（Batchelor, 1992）．

Windy Craggy銅－コバルト－金鉱床　本鉱床はカナダ・ブリティッシュコロンビア北西端にあり，地質的には中生代の太平洋海洋底拡大による北アメリカ西岸への付加体であるAlexander帯中に位置する．Alexander帯の基盤は，比較的低変成度の先カンブリア時代～ペルム紀海盆および卓上地成の主として炭酸塩岩および砕屑岩からなり，火山岩類を伴う．このシーケンスを不整合に覆って，上部三畳紀の石灰質岩，タービダイト，苦鉄質火山岩類からなる火山岩－堆積岩シーケンスが分布する．中期ペンシルバニア紀の深成岩が基盤岩類を貫き，さらに早期－中期ジュラ紀にはAlexander帯東側縁辺部で変形作用が生じている．これはAlexander帯の北アメリカ大陸への初期並置によるものと考えられる．ジュラ紀－白亜紀の深成岩類の活動がこれに続き，暁新世のトランステンション，始新世の収縮変形，漸新世の深成岩活動，中新世の衝上断層運動が起こっている（Peter and Scott, 1999）．

上部三畳紀火山岩－堆積岩シーケンスは，Tats層群と呼ばれ，下部堆積岩類，下部火山岩類，中部火山岩類，上部火山岩類から構成される．下部堆積岩類は厚さ1,000～1,500m，石灰質シルト岩，粘土質石灰岩からなり，玄武岩シルを伴う．下部火山岩類は，中部火山岩類への遷移帯と考えられ，厚さ約1,000m，塊状シルと玄武岩溶岩流からなり，少量のホルンフェルス化堆積岩を挟む．塊状シルは，一部斑状の微閃緑岩である．中部火山岩類は，さらに下位火山岩－シル優勢部と鉱床胚胎層（図IX-122）である上位堆積物優勢部に区分される．中部火山岩類は，厚さ600～

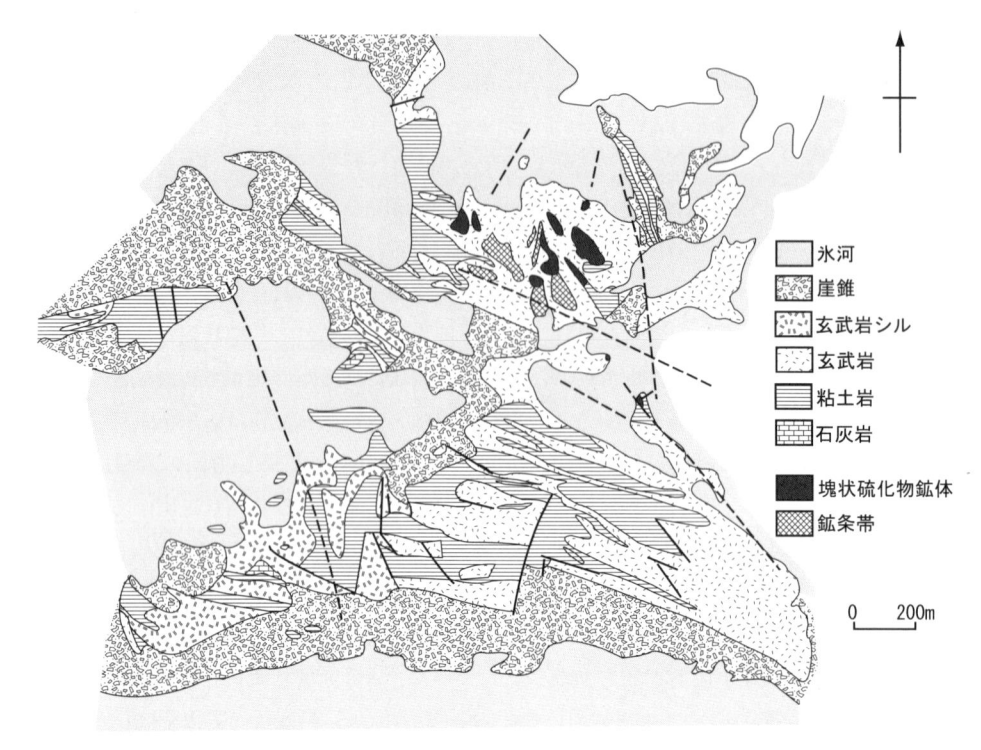

図IX-122　Windy Peak 地域地表地質図　− Peter and Scott (1999) による −

2,200m, 枕状玄武岩溶岩と炭質〜石灰質のシルト岩および粘土質岩の互層からなり, 微量の凝灰岩, チャート, 石灰質岩屑流を含む. 玄武岩シルの産出は局部的である. 炭質〜石灰質のシルト岩および粘土質岩はタービダイトと考えられる. 上部火山岩類は, 厚さ 500 〜 1,000m, 塊状〜枕状玄武岩溶岩と少量の玄武岩シルからなり, 堆積岩は微量存在するか認められない. Tats層群玄武岩溶岩は広範に低変成度緑色片岩相の変質鉱物, 緑泥石, 炭酸塩鉱物, 緑簾石, アクチノ閃石, 黒雲母, 曹長石などを生じており, 広域変成作用によるとされているが (Peter and Scott, 1999), 変質鉱物の産状から見て海洋底変成作用による可能性がある. Tats層群の溶岩およびシルは低希土類元素に富み, その他の微量元素の特徴からソレアイトおよびそのサブアルカリ玄武岩への遷移型と考えられる. また玄武岩と互層する粘土質岩の化学組成分析結果は, この堆積物が大陸性地塊の浸食によって形成されたものではなく, Windy Craggy 地域の玄武岩と類似する玄武岩起原であることを示している. 以上のことから, この火山岩−堆積岩シーケンスは, 成熟した海洋性背弧海盆において生成したと推定され, 現在別子型鉱床を生成しつつあるとされる北東太平洋の Middle Valley, Escanaba トラフとは異なる地質環境と考えられる (Peter and Scott, 1999).

　Windy Craggy 鉱床は, 塊状鉱石からなる二つの主要鉱体, 北硫化物鉱体, 南硫化物鉱体と, やや小規模な Ridge 帯から構成され, 各鉱体はその下部に鉱条帯を有する (図IX-123, 124). 北硫化物鉱体は, 板状ないしレンズ状をなし, 走向 WNW, NNE に急傾斜する. 鉱体中には, 磁硫鉄鉱に富む核を中心として, 層位的上位に向かって, 磁硫鉄鉱＋黄鉄鉱帯, 黄鉄鉱に富む塊状硫化物帯, 塊状黄鉄鉱＋方解石＋閃亜鉛鉱帯, 熱水堆積物 ("イグゼイライト") のような鉱物累帯配列が認められる (図IX-123, 124). 磁鉄鉱は磁硫鉄鉱から黄鉄鉱への遷移帯に細粒の房状, 泡状,

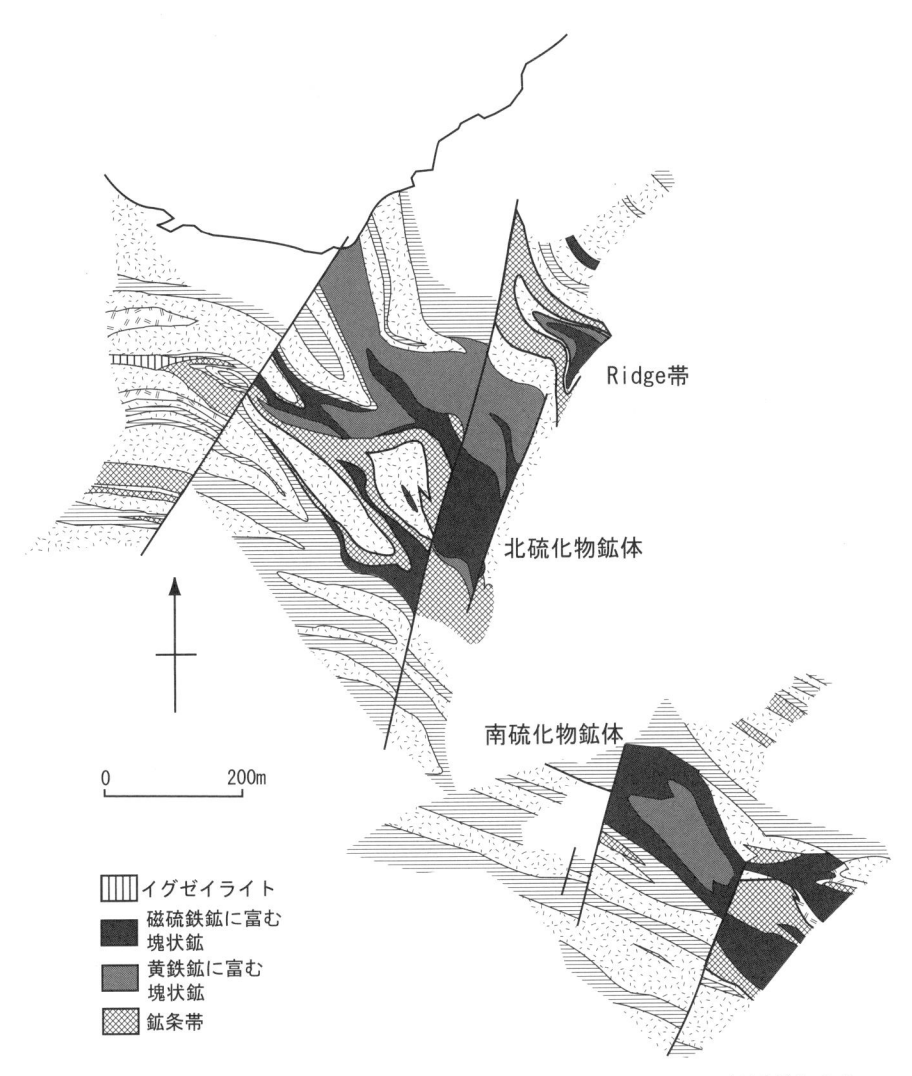

図 IX-123　Windy Craggy 鉱床 1,400m 坑準地質図　— Peter and Scott (1999) による —
（上記以外の凡例は図 IX-122 参照）

斑点状をなして産する．この鉱物累帯配列は初生的なものと考えられる．南硫化物鉱体は，板状ないしレンズ状をなして SE 方向に伸び，SE 方向に急プランジする．その走向は母岩と不調和で，現在の形態が構造的な変化を受けていることを示し，初生鉱物累帯配列も，変形作用の間の硫化物塊の褶曲あるいは平行移動によって破壊されている．南硫化物鉱体は現在，磁硫鉄鉱に富む周縁帯，約 50% 黄鉄鉱とほぼ同量の磁硫鉄鉱および磁鉄鉱からなり少量の黄銅鉱を伴う核から構成されている．北硫化物鉱体および南硫化物鉱体は，元来接触していたのではなく，分離したレンズ状鉱体として形成されたものと考えられる（Peter and Scott, 1999）．このことは，鉱体の形態，亜鉛含有量の相違によっても裏付けられる．北硫化物鉱体の層位的上位では，0.54〜2.02% の亜鉛を含むのに対して，南硫化物鉱体はほとんど亜鉛を含まない．Ridge 帯の北硫化物鉱体および南硫化物鉱体との構造的関係は明らかでないが，後二者より銅および亜鉛に富んでいる．南硫化物鉱体の北西端には，金に富む部分があり，金品位が 14.7g/t に達する．この部分は，金に富む "イグゼイラ

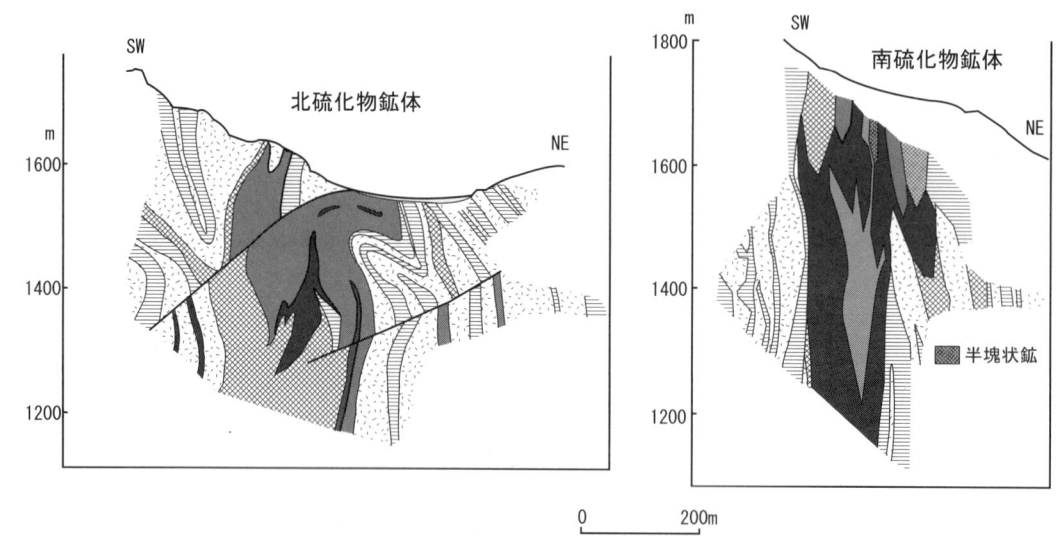

図 IX-124　北・南硫化物鉱体断面図　－Peter and Scott (1999) による－
(凡例は図 IX-122, 123 参照)

イト"内での二つの主断層交差部に当たり（図 IX-123），金は後期熱水作用により"イグゼイライト"から断層帯に移動したと考えられる（Peter and Scott, 1999）.

　北硫化物鉱体において，層位的上位の部分では初生鉱石構造・組織が最も良く保存されているが，磁硫鉄鉱に富む核部ではほとんど消滅している．強い剪断作用と再結晶作用を受けた南硫化物鉱体では，僅かな例外を除いて初生鉱石構造・組織は存在しない．認められる鉱石構造・組織として，(1) 磁硫鉄鉱，磁鉄鉱，黄鉄鉱，黄銅鉱からなる微縞状構造，(2) 塊状細粒硫化物中の方解石，菱鉄鉱，黄鉄鉱からなるコロフォーム組織（VI-2(2) 参照），(3) 細粒の磁硫鉄鉱に富むマトリックス中に黄鉄鉱に富む角礫状鉱石が含まれる角礫構造，(4) 中粒ないし粗粒の黄鉄鉱からなる再結晶海綿状組織，(5) 黄銅鉱，黄鉄鉱，磁硫鉄鉱，方解石，磁鉄鉱などの単鉱物不連続縞からなる片麻状構造がある．これらは (5) を除いて初生のものであり，(3) の角礫構造は，崩壊したチムニーあるいはマウンド（II-5(6) 参照）の再膠結産物と考えられる（Peter and Scott, 1999）．母岩構造と非調和な鉱条帯は，変形の弱い北硫化物鉱体下部で最も良く発達し，原形態が保存されている．Windy Craggy 鉱床の鉱条帯では，他の型の火山成塊状硫化物鉱床に見られるパイプ状の形態が，変形作用によって失われているが，北硫化物鉱体下盤の鉱条帯では，網状脈鉱化作用が，角礫化し，広範に緑泥石化，珪化を受けた玄武岩，貫入岩，粘土質岩中に生じ，幅 1mm～1m の細脈，直径数 m の小レンズ，莢状鉱塊を形成し，鉱染鉱を生じている．鉱条帯の金属鉱物は，磁硫鉄鉱と少量の黄銅鉱からなり，場所により黄鉄鉱，閃亜鉛鉱を産する．北硫化物鉱体下盤の鉱条帯の銅品位は，1.07～1.5% で，脈石鉱物として石英，炭酸塩鉱物，緑泥石，曹長石を含む．"イグゼイライト"は微縞状～層状構造を示す主としてチャート－炭酸塩－硫化物からなる薄層（厚さ 0.1～3m）で，赤鉄鉱および緑泥石を含むことにより赤色ないし淡緑色を呈する．その他の含有鉱物は，方解石，菱鉄鉱，アンケライト，絹雲母，斜長石，金紅石，磁鉄鉱，磁硫鉄鉱，黄鉄鉱（フランボイダル，コロホーム組織），黄銅鉱で，稀に閃亜鉛鉱，硫砒鉄鉱，自然金，エレクトラムを産する．"イグゼイライト"は塊状硫化物鉱体より広く分布する．場所により"イグゼイライト"は角礫化し，含赤鉄鉱石英±硫

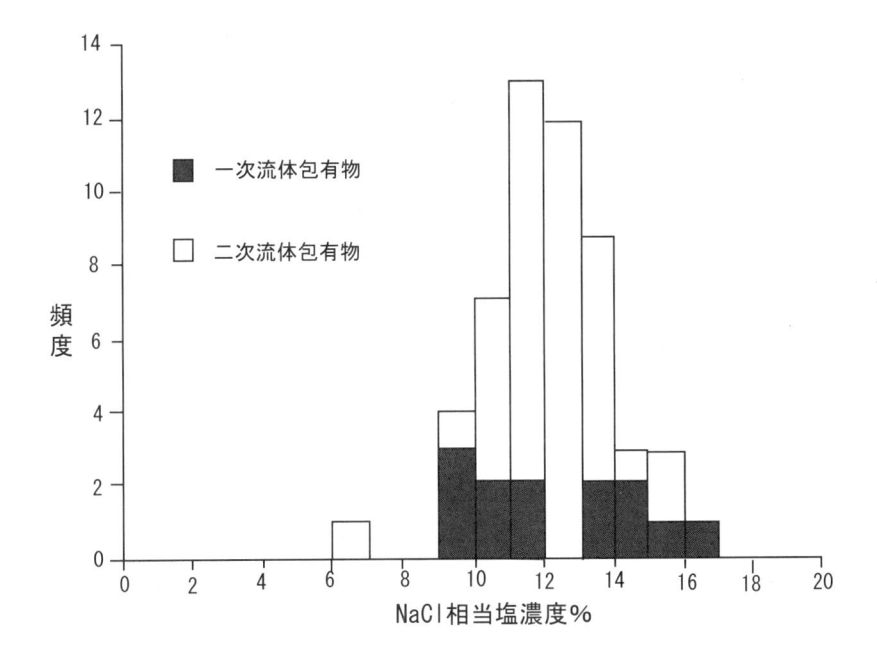

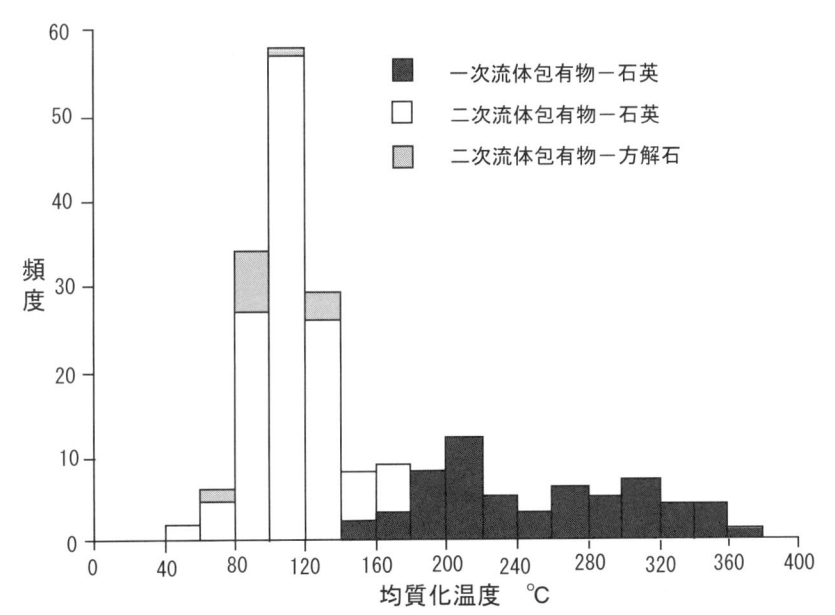

図 IX-125 Windy Craggy 鉱床鉱条帯の石英・方解石中流体包有物の塩濃度と均質化温度
— Peter and Scott (1999) による —

化物からなるマトリックス中に微粒の含赤鉄鉱石英の角礫を含む角礫岩として産する．この角礫は幅数 mm〜数 cm の漂白縁を形成している．また硫化物化作用を受けた"イグゼイライト"を産し，これは，硫化物細脈と赤鉄鉱後の仮像によって特徴付けられる．部分的に硫化物によって交代された早期形成の"イグゼイライト"の存在は，鉱床生成の初期に，海底で熱水からの化学的堆積作用があったことを示している (Peter and Scott, 1999)．塊状鉱石および網状脈鉱石中に産する鉱石鉱物としては，上記鉱物の他，白鉄鉱，方鉛鉱，ダイジェナイト，硫砒鉄鉱，テルル化ビスマ

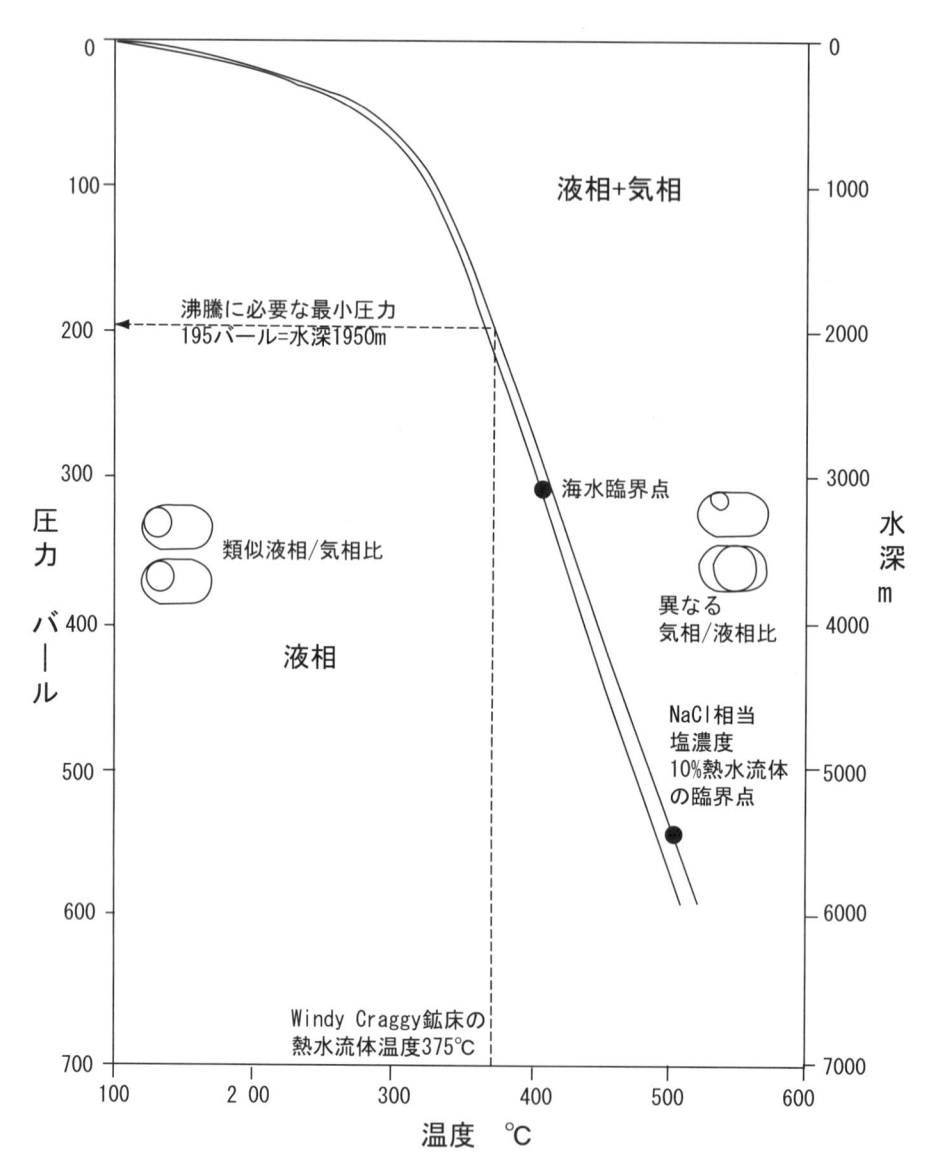

図IX-126 海水および10%NaCl相当塩濃度流体の温度−圧力−組成図
− Peter and Scott (1999) による−

ス鉱物,輝コバルト鉱,キューバ鉱,自然金,エレクトラム,自然銀を産する.また上記以外の脈石鉱物には,スティルプノメレイン,ヒシンゲライト,極微量の重晶石がある.鉱石鉱物中,黄鉄鉱は最も早期に晶出し,磁硫鉄鉱,黄銅鉱,自然金,エレクトラム,白鉄鉱,閃亜鉛鉱,ダイジェナイトなどは黄鉄鉱の粒間を埋めるか,黄鉄鉱の周りに累皮成長し,場所によりコロフォーム黄鉄鉱後の黄銅鉱による仮像を生じている.また再結晶による黄鉄鉱の自形化も見られる (Peter and Scott, 1999).

　鉱床生成に直接関係のある母岩の変質作用として,緑泥石化作用と珪化作用があげられる.粘土質岩は玄武岩に比較して強く緑泥石化作用を受けない.玄武岩の緑泥石化作用はほぼ等容量的に行

われるのに対して，珪化作用は，顕著な体積膨張によって特徴付けられる．玄武岩の珪化作用において，低希土類元素および中希土類元素が大きく移動するが，緑泥石化作用では，両者とも僅かな移動に留まる．珪化帯は，水／岩石比が増加したときに形成されたと考えられ，既存の緑泥石化帯の上に重複して行われる（Peter and Scott, 1999）．

　北硫化物鉱体下盤の鉱条帯からの石英－硫化物脈から採取した石英中，北硫化物鉱体および南硫化物鉱体の塊状鉱において硫化物と連晶する方解石中には，一次および二次流体包有物が観察された．一次流体包有物は気液二相で比較的均質な相比を示し，鉱物晶出の場で沸騰あるいは相分離を行った証拠は示されなかった．流体包有物のNaCl相当塩濃度は，一次および二次包有物とも同じで6〜17％で，一般の海洋水塩濃度より著しく高い（図IX-125）．しかし，この理由は明らかにされていない．一次および二次包有物の塩濃度が同じということは，一次包有物から低温で二次包有物へ再分配されるとき，塩濃度が保存されたことを示す．石英中の一次包有物の均質化温度は140°〜375℃で，この温度は現世の多くの海底熱水噴出口における流体温度に良く一致する（II-5(6)参照）．網状脈石英および塊状鉱中方解石の二次包有物の均質化温度は，50°〜170℃である．方解石中の包有物の多くは，形態的には一次包有物に見えるが，その均質化温度は石英中の二次包有物の均質化温度に一致する．方解石中に高温の包有物が見られないのは，変成作用あるいは変形作用に応じて方解石が容易に再結晶するためと考えられる．Windy Craggy鉱床を生成した熱水が，沸騰あるいは相分離しないための最小水柱圧は，図IX-126から195barであることがわかる．この値から鉱床は，少なくとも1,950mより深い海底で生成されたことになる（Peter and Scott, 1999）．

　硫黄同位体組成から，鉱床中の硫化物中の硫黄は主として母岩の玄武岩から抽出されたもので，ごく一部が海水中の硫酸塩が無機的に還元されたものに由来することがわかった．炭素同位体分析の結果から，炭酸塩鉱物中の炭素の起源は，主に分解した海成炭酸塩または海水であるとされている．鉱床を形成した熱水は，海水起原であるが，熱水が地下を循環する間に堆積岩との同位体交換反応によって^{18}Oに富んだものである．また，硫化物中の鉛の起原は，母岩である玄武岩と夾在する粘土質岩であると推定された（Peter and Scott, 1999）．

　1991年現在のWindy Craggy鉱床の確定，推定，予想を合わせた全鉱量は，可採品位Cu 0.5％，平均品位Cu 1.38％として2億9,740万tである．また，北硫化物鉱体のみの埋蔵鉱量は1億3,830万t（Cu 1.44％, Au 0.22g/t, Ag 4.6g/t, Co 0.166％, Zn 0.25％）と報告されている（Peter and Scott, 1999）．

Kidd Creek銅－亜鉛－銀鉱床　本鉱床はカナダ・オンタリオ西部にあり，地質的にはカナダ盾状地Superior区中央部に位置する．Superior区はいくつかの亜区からなり，Kidd Creek鉱床はAbitibi亜区西部に産する．各亜区は東西方向に伸びる花崗岩－グリーンストン帯と変堆積岩帯から構成される．花崗岩－グリーンストン帯は，深成岩起原の片麻岩質岩，主として火山岩起原のスプラクラスタル岩，数種の変動時花崗岩類，後変動時花崗岩類からなる．火山岩類は全面積の約12％を占める．グリーンストン帯は火山岩－深成岩弧，海洋島，深海平原，リフトに関係する集合体の水平方向付加体であると説明されている（Hannington et al., 1999a）．Abitibi亜区は，最大のグリーンストン帯を有し，その西部はさらに地域規模の不整合および断層によって境された岩石－層序的集合帯に区分されている．Abitibi亜区はDestor-Porcupine断層帯を境にし

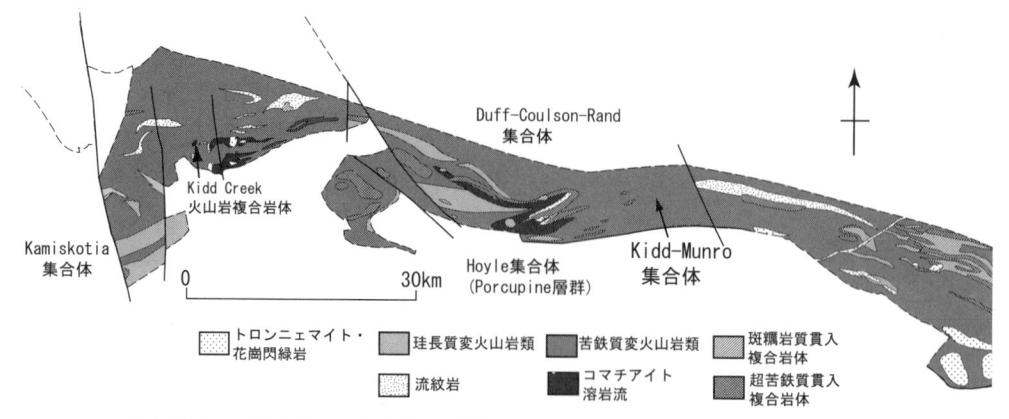

図 IX-127　Kidd-Munro 集合帯の地質図　－Hannington et al. (1999a) による－

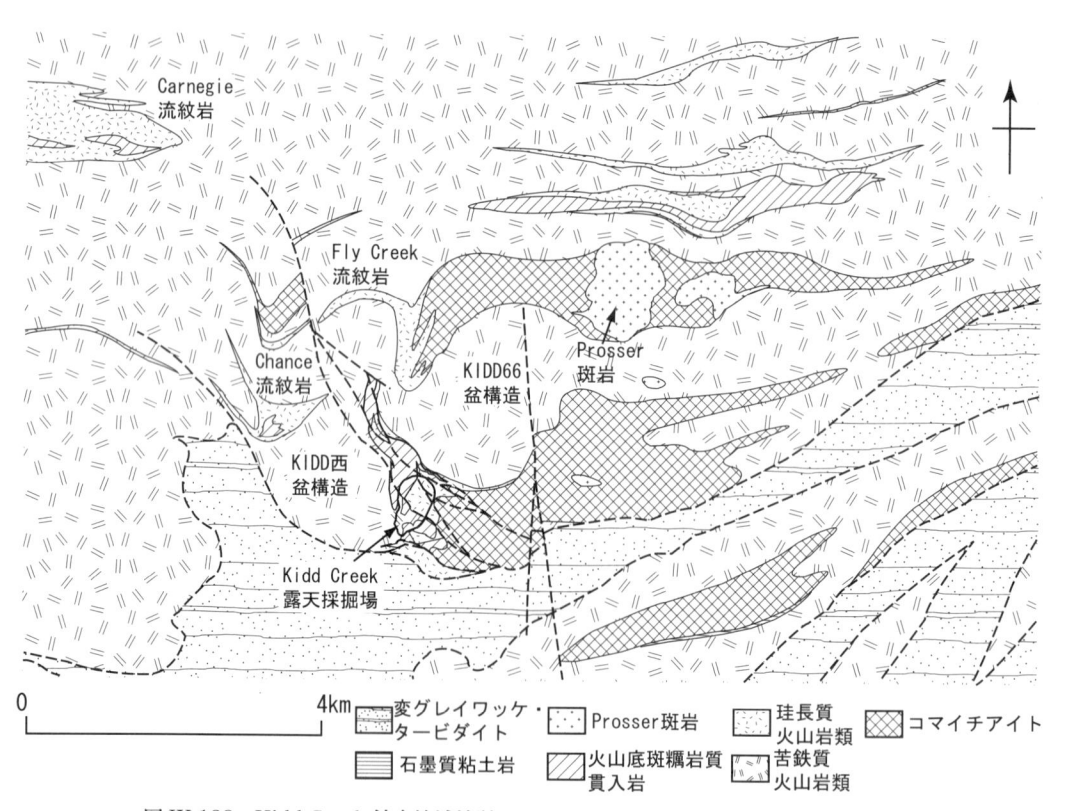

図 IX-128　Kidd Creek 鉱床地域地質図　－Hannington et al. (1999a) による－

て火山岩の性質を異にし，南側は主としてソレアイトおよびカルクアルカリ岩であるのに対して，Kidd Creek 鉱床のある北側は，主としてソレアイトおよびコマチアイトで生成年代は 2,730～2,700Ma である．Kidd Creek 鉱床の属する Kidd-Munro 集合帯（図 IX-127）は東西方向に長さ約 200km 延長する．火山岩類は，ほぼ同時代の主として苦鉄質および超苦鉄質の火山岩層からなり，所々に高シリカ流紋岩組成の珪長質火山中心が分布する．火山岩および堆積岩層は大規模な東西方向の直立褶曲を形成している．

Kidd-Munro集合帯の珪長質火山岩類の生成年代は，2,717～2,710Maで，Kidd Creekにおける流紋岩は，2,717Maを示す．これと同じ年代で化学組成の類似した流紋岩が，Kidd CreekからMunroまで60km以上点々と続き，苦鉄質－超苦鉄質の優勢なマグマ活動の中で，局所的な珪長質火山活動を促す地域規模のマグマ活動があったことを示している（図IX-127）．Abitibi亜区の他の地域には，後期太古代のトーナル岩－トロンニェム岩－花崗閃緑岩質深成岩体がスプラクラスタル岩を貫いて大規模に分布し，そのうちの最大の岩体が，Kidd Creekの南約100kmにある．Kidd-Munro集合帯において苦鉄質－超苦鉄質火山岩の中で最も優勢なものは，ソレアイトであるが，コマチアイト溶岩流の異常な濃集体が集合帯を通して所々に産する．コマチアイトは通常層状貫入複合体を伴う．また，流紋岩がコマチアイトの直接下位に産することがある．Kidd-Munro集合帯の南縁は，変グレーワッケおよびタービダイトによって限られている．この堆積岩はPorcupine層群と呼ばれているが，その堆積年代は2,699Maより若く，火山岩類生成後のものである．Kidd-Munro集合帯の岩石とPorcupine層群との境界は，東部ではPipestone断層，Kidd Creek付近では不整合面または衝上断層であるとされている（Hannington et al., 1999a）．

　Kidd Creek鉱床地域の地質は，Kidd Creek火山岩複合岩体とPorcupine層群からなる（図IX-128）．火山岩複合岩体は顕著なバイモーダルを示すコマチアイト溶岩流と高シリカ流紋岩，およびこれらを覆うソレアイト質玄武岩からなる．この火山岩層序の小部分を占めて，主として石墨質粘土岩からなる薄層が夾在する．Kidd Creek火山岩複合岩体の最下部には，少量の流紋岩を挟む超苦鉄質溶岩流からなる厚い地層が発達する．これらの岩石は鉱床の東側に露出し，鉱床の下盤を形成している．東西方向の向斜褶曲と，北東に急角度でプランジする軸を持った褶曲とが干渉し合う大規模な褶曲構造によって形成された二つの盆構造（Kidd 66盆構造およびKidd西盆構造）が鉱床の北および西に存在する．この褶曲構造は，玄武岩質枕状溶岩，苦鉄質火山角礫岩，少量の夾在堆積物および珪長質火山岩類からなる厚い連続堆積層のシンフォーム構造を形成する．多数の珪長質火山岩類と堆積岩類が，Kidd 66盆構造およびKidd西盆構造内および周縁部に見出される．この珪長質火山岩類は，Kidd Creek鉱床に伴う珪長質火山岩とほぼ同時代形成と考えられる．これらの多くは凝灰質および角礫岩質であるが，Chance流紋岩，Carnegie流紋岩，Fly Creek流紋岩などの塊状溶岩も含まれる．これら流紋岩体は，一般に石墨質粘土岩層を伴い小規模な鉱床の母岩となっており，Kidd Creek鉱床に伴う流紋岩と地質構造的に同一層準にあると考えられる．Kidd西盆構造の苦鉄質火山岩は，Kidd Creek鉱床を直接覆う上盤となっている．顕著な多孔質構造を有する玄武岩が火山岩層序の頂部に産し，この部分が大気中に露出して形成されたことを示している．Kidd 66盆構造およびKidd西盆構造の苦鉄質岩類はほぼ同時代生成と考えられる．Kidd Creek鉱床の南でKidd Creek火山岩複合岩体は，Porcupine層群と接している（Hannington et al., 1999a）．

　Kidd Creek鉱床および母岩の模式的柱状図を図IX-129に示す．超苦鉄質岩は，部分的にコマチアイト溶岩流のスピニフェックス組織を良く保存しており，しばしば珪長質凝灰岩，外力砕屑岩，含硫化鉱物粘土岩を挟んでいる．超苦鉄質岩は，既存の始原的島弧層序の初期リフト活動に関係して流紋岩より早く噴出し，流紋岩を定置するための地形的凹部を提供したと解釈される．縞状流理構造を示す流紋岩と塊状の自破砕流紋岩（2,716.1 ± 0.6Ma）が，露天採掘場の東端に露出しており，これらは下盤超苦鉄質岩の上に直接乗り，珪長質火山岩累層の基底を形成している．これらの

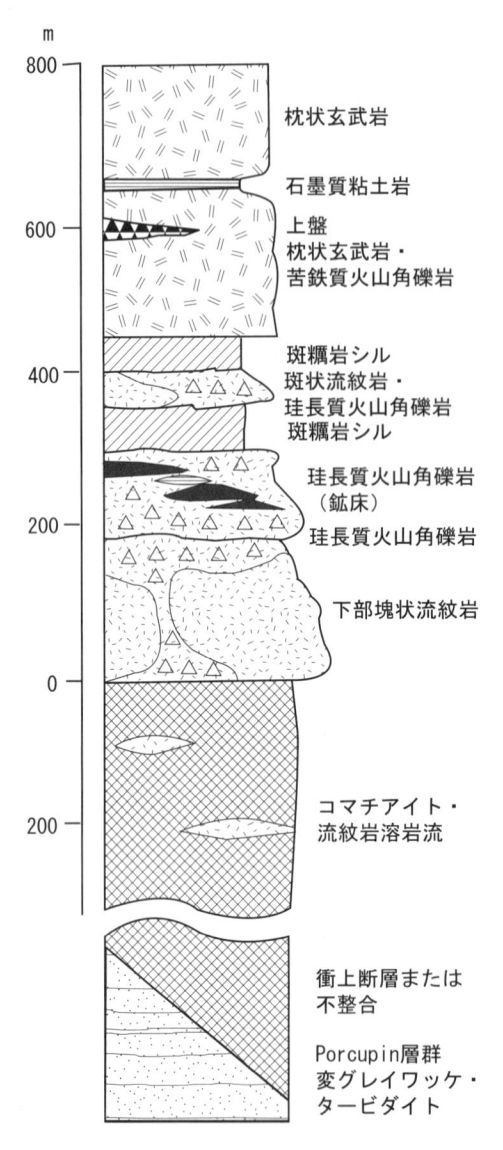

図 IX-129　Kidd Creek 鉱床地域地質柱状図
－ Hannington et al. (1999a) による －

流紋岩は火道近接相と考えられる．流紋岩質火山礫凝灰岩が塊状流紋岩溶岩の上に重なり，これが主な鉱床胚胎母岩となっている．珪長質火山岩類の最上部は斑状流紋岩(2,711.5 ± 1.2Ma)である．斑状流紋岩を覆う上盤苦鉄質火山岩類は，主として枕状溶岩，枕状角礫岩からなり，少量の石墨質粘土岩を挟む．上記の岩石は，斑糲岩の不規則岩体に貫かれ，珪長質火山岩類の最上部で斑糲岩シルに貫入されている（Hannington et al., 1999a）．

　Kidd Creek 鉱床の主レンズ状鉱体は，N-NE に急角度でプランジする S 字形褶曲構造を示す（図 IX-130a）．地層は逆転しており，西方上位となっている（図 IX-130b）．主鉱体は，珪長質火山岩類層の頂部に近い層準の塊状流紋岩，流紋岩質火山角礫岩，岩屑流などのなかに，あるいはその上を覆って産する．レンズ状鉱体の下盤をなす珪長質火山岩類層は厚さ数百 m，鉱床を胚胎するグ

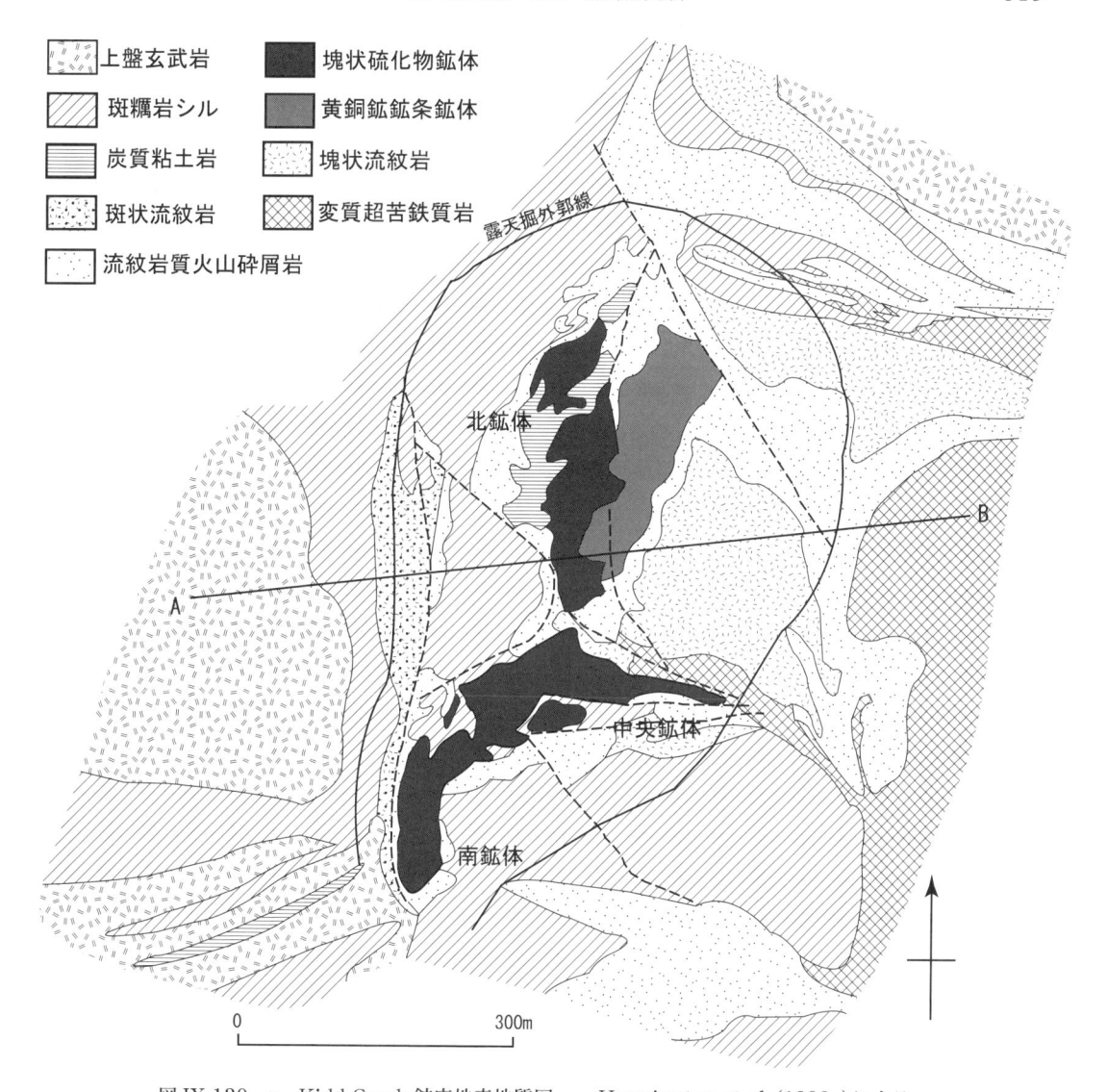

図 IX-130　a　Kidd Creek 鉱床地表地質図　－Hannington et al. (1999a) による－

ラーベン様構造を形成している．塊状硫化物鉱床はいくつかの層序的間隔を置いて産し，珪長質火山岩累層内で複数回の鉱床生成作用があったことを示している．鉱床は三つの主レンズ状鉱体，すなわち北鉱体，中央鉱体，南鉱体からなる．これら主レンズ状鉱体は，地表で最も厚く，露天採掘場で塊状鉱石が最も濃集し，流紋岩も厚い．このことは原鉱床の重要な部分が浸食されてしまったことを示唆している．(Hannington et al., 1999a,b)．鉱体が急角度でプランジしているため，その層序的関係は平面図によってよく観察される．露天採掘場では，中央鉱体は，東西剪断帯の南に位置しその大きさも南鉱体に次ぐものであるが，2300 (702m) 坑準では東西剪断帯によって層序から除去され（図 IX-131），2500 (763m) 坑準では纏まったレンズ状塊状硫化物鉱体として東西剪断帯の北に現れ，さらに深部では，中央鉱体のみが主鉱体となる．2300 坑準では北および南鉱体が東西剪断帯に分断された形で産する．北および中央鉱体の上盤には鍵層として石墨質粘土岩層

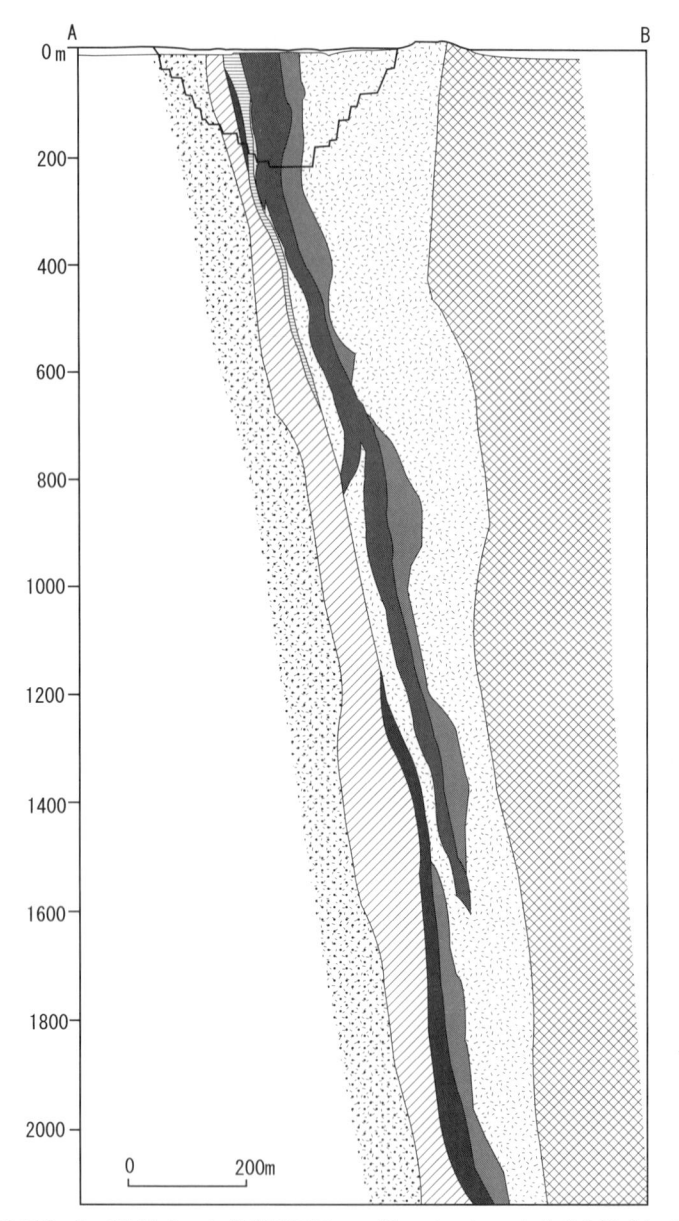

図 IX-130　b　Kidd Creek 鉱床断面図　− Hannington et al. (1999a) による−
（凡例は図 IX-130a 参照）

があるが，この層を追跡すると南鉱体の下盤に至り南鉱体が他の二鉱体より上位にあることが明らかである (Hannington et al., 1999b).

　Kidd Creek 鉱床に産する鉱石は，(1) 多鉱物質角礫状鉱石，(2) 閃亜鉛鉱角礫状鉱石，(3) 黄鉄鉱−閃亜鉛鉱質粘土岩鉱石，(4) 閃亜鉛鉱鉱染−網状脈鉱石，(5) 閃亜鉛鉱−石英−炭酸塩鉱物シンター様鉱石，(6) 黄鉄鉱塊状鉱石，(7) 閃亜鉛鉱−黄鉄鉱塊状鉱石，(8) 閃亜鉛鉱−磁硫鉄鉱塊状鉱石，(9) 閃亜鉛鉱−黄銅鉱塊状鉱石，(10) 黄銅鉱塊状鉱石，(11) 黄銅鉱鉱染−網状脈鉱石，(12) 斑銅鉱鉱石に分類される．多鉱物質角礫状鉱石（平均品位 Zn 5%, Pb 1%, Ag 400g/t, Sn 0.2%）は，

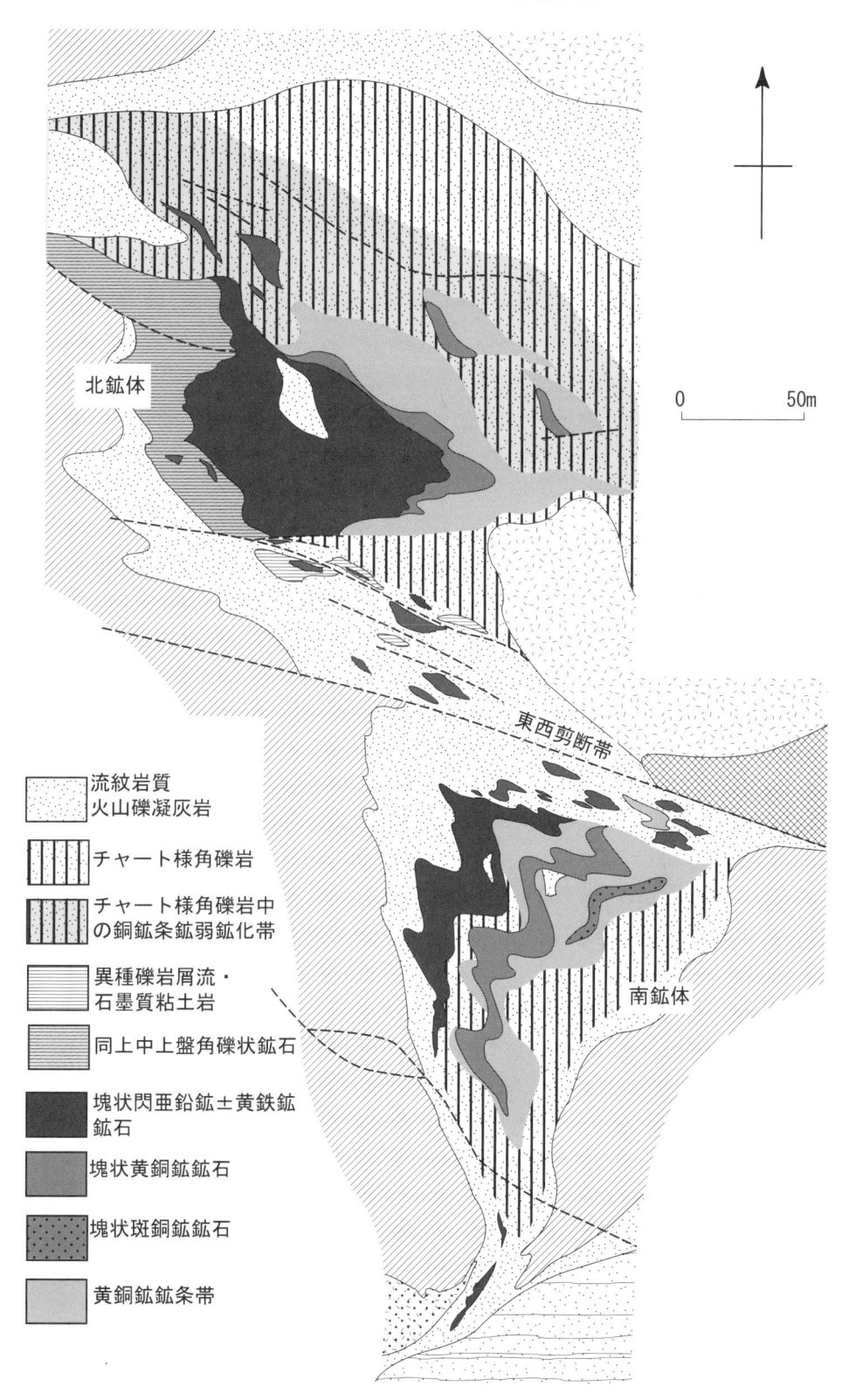

図 IX-131 Kidd Creek 鉱床 2300 坑準地質図 — Hannington et al. (1999b) による—
（上記以外の凡例は図 IX-130a 参照）

外力砕屑岩中に黄鉄鉱，閃亜鉛鉱，方鉛鉱などの破片が含まれるもので，北および中央鉱体の上盤側に産する（図IX-131）．部分的に黄鉄鉱の交代作用が認められる．閃亜鉛鉱角礫状鉱石は，塊状の閃亜鉛鉱の角礫，円礫と閃亜鉛鉱および緑泥石のマトリックスからなる岩屑流であり，北および中央鉱体において局部的に上盤角礫状鉱石を構成する．北鉱体上盤の閃亜鉛鉱礫中には Pb 0.1～4%, Cd 0.1～0.6%, Ag 50～400g/t, As 1600g/t, Sb 190g/t を含む．北鉱体上盤の粘土岩層は，多量の黄鉄鉱ノジュールあるいは細粒の硫化物タービダイト（局部的に Zn 20%）を含み黄鉄鉱－閃亜鉛鉱質粘土岩鉱石を形成している．北鉱体頂部には，玉髄質石英，閃亜鉛鉱，炭酸塩鉱物からなるシンター様堆積物が認められる．これは下部の塊状閃亜鉛鉱鉱石に比較して Ag, Pb, Sn に富み，熱水噴出口付近のマウンドとして形成されたと考えられる．閃亜鉛鉱鉱染－網状脈鉱石は，閃亜鉛鉱塊状レンズ状鉱体の周縁部あるいは上盤側に産する．塊状硫化物鉱体の下盤では閃亜鉛鉱鉱条帯は黄銅鉱の鉱化作用が重複しており，その一部が残存するに過ぎない．黄鉄鉱塊状鉱石は，早期のコロフォーム－縞状黄鉄鉱，後期の黄鉄鉱－菱鉄鉱ノジュール，磁硫鉄鉱，黄銅鉱，閃亜鉛鉱などが鉱染する塊状～縞状黄鉄鉱として産する．閃亜鉛鉱－黄鉄鉱塊状鉱石は，広範な黄鉄鉱の交代作用によって複雑な組織を示す．レンズ状鉱体中には黄鉄鉱，黄銅鉱，磁硫鉄鉱などの構造縞を含む二次的縞状閃亜鉛鉱鉱石を産する．また，稀に閃亜鉛鉱－黄鉄鉱－炭酸塩鉱物の細かい一次葉理構造を示す鉱石が認められる．塊状閃亜鉛鉱鉱石中には方鉛鉱，四面銅鉱，錫石，硫砒鉄鉱，微量の輝コバルト鉱が散点する．閃亜鉛鉱－磁硫鉄鉱塊状鉱石は，鉱床深部，とくに中央鉱体の塊状閃亜鉛鉱鉱体に産する．磁硫鉄鉱は閃亜鉛鉱中に連続性の弱い縞として，ときには塊状磁硫鉄鉱の大塊として産する．この型の鉱石中には方鉛鉱，錫石が認められず，硫砒鉄鉱，輝コバルト鉱を比較的豊富に含む．閃亜鉛鉱－黄銅鉱塊状鉱石は，レンズ状塊状閃亜鉛鉱鉱体の基底部に鉱石の 30～40 容積 % を黄銅鉱が占めた状態で産する．黄銅鉱は塊状の閃亜鉛鉱を交代し，連続性の弱い鉱条，縞をなして産する．鉱石中に含まれる黄鉄鉱も黄銅鉱に交代されている．

黄銅鉱塊状鉱石は，厚さ 10～20m のレンズ状鉱体をなして各主レンズ状閃亜鉛鉱鉱体の下盤側に産する．鉱体の周縁部には緑泥石化岩石をしばしば包有し，鉱体に接する流紋岩は強く緑泥石化されている．この型の鉱石は Co (1,400ppm), Se (1,100ppm), In (600ppm), Bi (22ppm) に富んでいる．黄銅鉱鉱染－網状脈鉱石には，珪化角礫化塊状流紋岩中の網状脈鉱石と，強く緑泥石化した流紋岩中の塊状黄銅鉱脈がある．前者はレンズ状塊状黄銅鉱鉱体および主レンズ状鉱体下盤に広く産し，後者は網状脈鉱石帯の中心部に出現する．北および中央鉱体の黄銅鉱鉱染－網状脈鉱石は，As (0.6%), Co (0.5%), Se (2,000ppm), Bi (90ppm) に富み，一部で In (600ppm), Sn (0.3%) に富む．斑銅鉱鉱石を除く鉱石型に産する上記以外の主要金属鉱物は，輝銀鉱，自然銀，黄錫鉱，褐錫鉱，自然蒼鉛，輝蒼鉛鉱，灰重石，鉄マンガン重石，磁鉄鉱などである（Hannington et al., 1999b）．

斑銅鉱鉱石は塊状をなし，南鉱体のレンズ状塊状黄銅鉱鉱体の下盤に産する．斑銅鉱は上を覆う黄銅鉱を交代し，既存の黄銅鉱鉱条帯の黄銅鉱を置き換えて斑銅鉱鉱条帯を形成する．斑銅鉱鉱石は，後期の銅に富む高温熱水パルスによって生成されたものと考えられる．斑銅鉱鉱石は，Cu, Co, Bi, Se, Ag, As, Ni 鉱物の複雑な集合体であり，他の型の銅鉱石に比較してこれらの元素が多く濃集している．主要な構成金属鉱物は，斑銅鉱，四面砒銅鉱，ダイジェナイト，硫砒銅鉱，モーソン鉱，カーロール鉱，Ag-Bi セレン化鉱物，Bi-Pb-Cu-Se 硫化鉱物である．斑銅鉱鉱石は Cu-Fe-S 系の銅に富む部分の鉱物によって構成されているので熱的に不安定で，鉱床生成後の広域変成作用

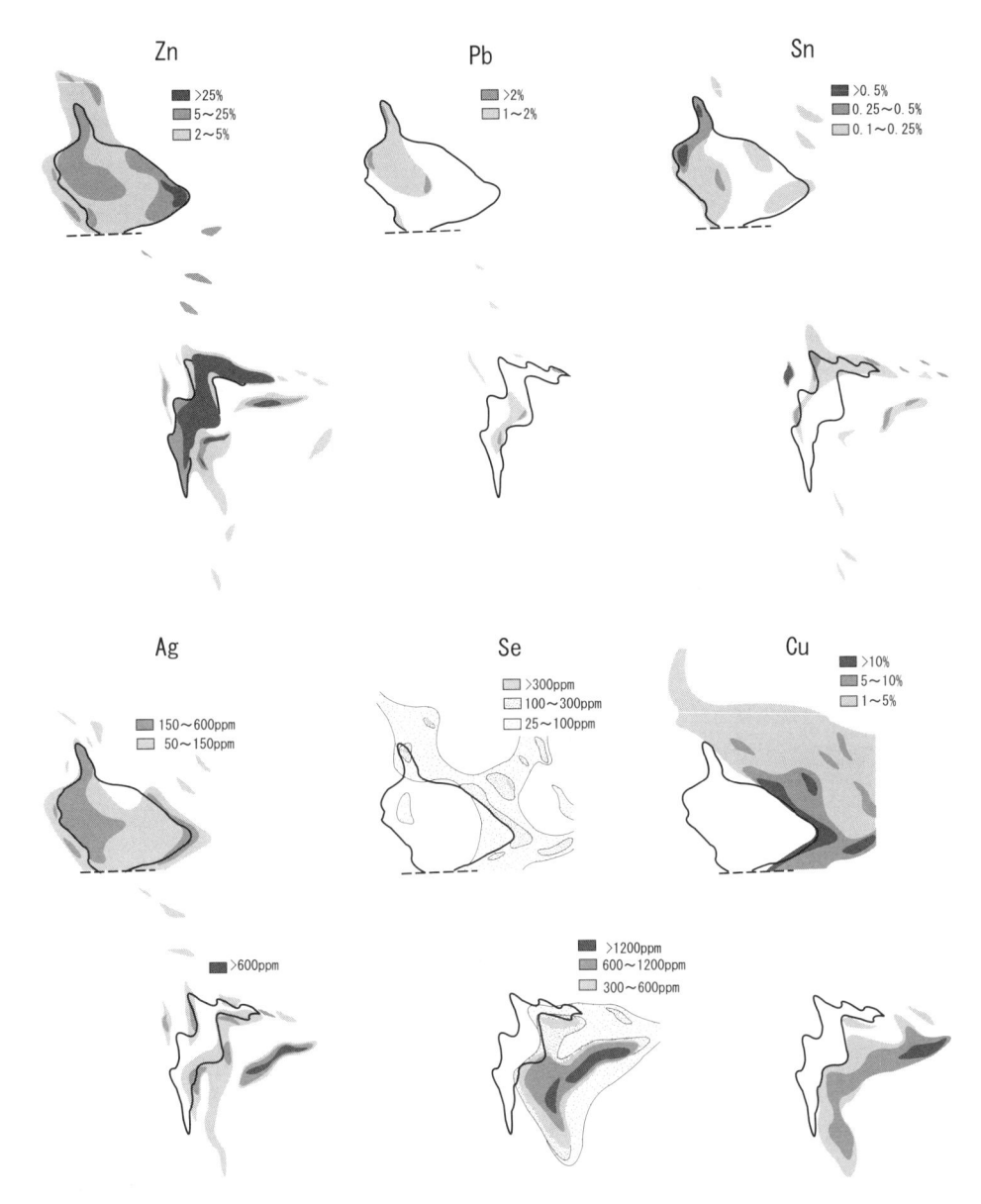

図 IX-132 Kidd Creek 鉱床 2300 坑準における金属累帯分布
− Hannington et al. (1999b) による−

の影響を選択的に受けている (Hannington et al., 1999c).
　各鉱体は，強い層位的金属累帯配列を示し（図 IX-131, 132），上位に亜鉛，下位に銅が分布する．亜鉛帯と銅帯の境界は明瞭である．しかし，同一層準における横方向の金属累帯配列はほとんど認められない．亜鉛と銅以外の金属にも層位的累帯配列が認められ（図 IX-132），北鉱体において銀，鉛，錫は最上位あるいはレンズ状鉱体に接する上盤角礫岩中に濃集する．それに対してセレニウムは，下位の銅鉱体に広く分布する．南鉱体においては，閃亜鉛鉱塊状鉱が黄鉄鉱による交代作用をあまり受けなかったため，主レンズ状閃亜鉛鉱鉱体の亜鉛品位が高く均質に保たれている．鉛の分

布は北鉱体と異なり主レンズ状閃亜鉛鉱鉱体中央部に濃集し，品位も低い．錫は主レンズ状閃亜鉛鉱鉱体頂部と上盤の亜鉛鉱染帯に濃集している．銀も北鉱体と異なり主レンズ状閃亜鉛鉱鉱体より塊状黄銅鉱鉱体に濃集している．閃亜鉛鉱の鉄量は広く変化し，とくに斑銅鉱鉱石中の閃亜鉛鉱は鉄に乏しい．磁硫鉄鉱は単斜晶系および六方晶系両者を産する．

鉱石中の主要な脈石鉱物は，石英，鉄に富む炭酸塩鉱物，絹雲母，緑泥石，少量の電気石である．北鉱体頂部の閃亜鉛鉱鉱石中には，細粒の玉髄質石英が一般的に見られ，熱水噴出口付近の石英－閃亜鉛鉱－炭酸塩鉱物シンター様堆積物として産する．その他石英は粒状をなしてすべての鉱石型に認められる．黄銅鉱鉱条鉱石を胚胎する角礫化塊状流紋岩は強く珪化しているが，石英脈はほとんど認められない．鉄に富む炭酸塩鉱物は，すべての鉱石型中に脈石鉱物として産し，菱鉄鉱，含マンガン菱鉄鉱，アンケライトなどが見出される．他の炭酸塩鉱物としてドロマイト，方解石も産する．緑泥石は主として黄銅鉱鉱条鉱石に伴う．電気石は主に黄銅鉱鉱条鉱石に伴うが，閃亜鉛鉱鉱染鉱，上盤の角礫状鉱石中にも産する．その他少量脈石鉱物として，蛍石，モナズ石，ゼノタイム，ルチル，チタン石，曹長石が認められる (Hannington et al., 1999b)．

Kidd Creek 鉱床に伴う流紋岩は，変質して石英－絹雲母および石英－緑泥石と少量の鉄—マグネシウム炭酸塩鉱物，電気石に置換されている．レンズ状鉱体の下盤は300mまで珪化帯が発達している．熱水の主上昇流は，塊状流紋岩の厚い集合体を中心として活動し，そこは，"チャート様角礫岩"と呼ばれる細粒灰色の強く珪化した岩石になっている．主上昇流の周縁部では，流紋岩は主に石英－絹雲母岩に変質し，鉱床周辺に明瞭な変質帯を形成する（図IX-133）．しかし鉱床の上盤側では，鉱床の上に貫入した斑糲岩シルに遮られ，変質帯は数十m程度しか広がっていない．珪長質火山岩類層最上部の斑状流紋岩では，微弱な絹雲母化作用と閃亜鉛鉱の鉱染が認められるに過ぎない．鉱体に近接する所では，石英，絹雲母，緑泥石が，火山礫凝灰岩のマトリックスを交代するか，角礫化流紋岩中の網状割目を満たしている．塊状レンズ状鉱体直下に発達する大部分の強珪化岩を切って，非調和緑泥石化帯が形成され，主要な黄銅鉱鉱条帯の母岩となっている．また，下盤流紋岩中に緑泥石化岩が層準規制レンズ体として産し，これは，流紋岩に挟まれた細粒凝灰岩が交代されたもので，黄銅鉱鉱条鉱化作用を伴う．黄銅鉱鉱条帯の周縁部の石英－絹雲母化岩には，閃亜鉛鉱の鉱染が広く認められ，閃亜鉛鉱鉱条帯を形成している．これは早期生成の閃亜鉛鉱に富む網状脈の残留物と考えられる．変質に伴う下盤への SiO_2 の大量付加は，流紋岩の角礫化に伴う顕著な体積増加によって可能となった．下盤珪化岩の全 SiO_2 量は85%に達する．鉱床付近岩石の珪化帯は，レンズ状鉱体から水平距離数百mにわたって追跡できる大きなアルカリ減少帯に一致する．鉱体の直接下盤に当たるチャート様流紋岩では，Na_2O, CaO, Rb, Sr, Ba, ± MgO が除去される一方，レンズ状鉱体周縁の石英－絹雲母岩と下盤深部では，K_2O, MgO, Mn, F, Cl が付加される．この付加作用は，火山活動と同時期の低温熱水循環期早期変質作用（海洋底変成作用）の一部と考えられる．レンズ状鉱体周縁の MgO 付加作用は，この部分が海水の浸透帯であったことを示している．この帯の石英－緑泥石岩は，アルカリの除去と FeO, Mn, B, F, 卑金属の付加を示している．下盤岩石では K_2O が除去されるが，鉱床付近全体では K_2O はほぼ保存され，鉱床上盤の絹雲母岩の K_2O 付加は鉱体の直接下盤におけるカリウム溶脱と関係している．K_2O と FeO（± MgO）の負の相関は，後期緑泥石の生成が既存の絹雲母の消費によるものであることを示している．Kidd Creek 鉱床の変質作用の分布および様式は，火山岩層の原透水係数と強く関係し，主として鉱床付

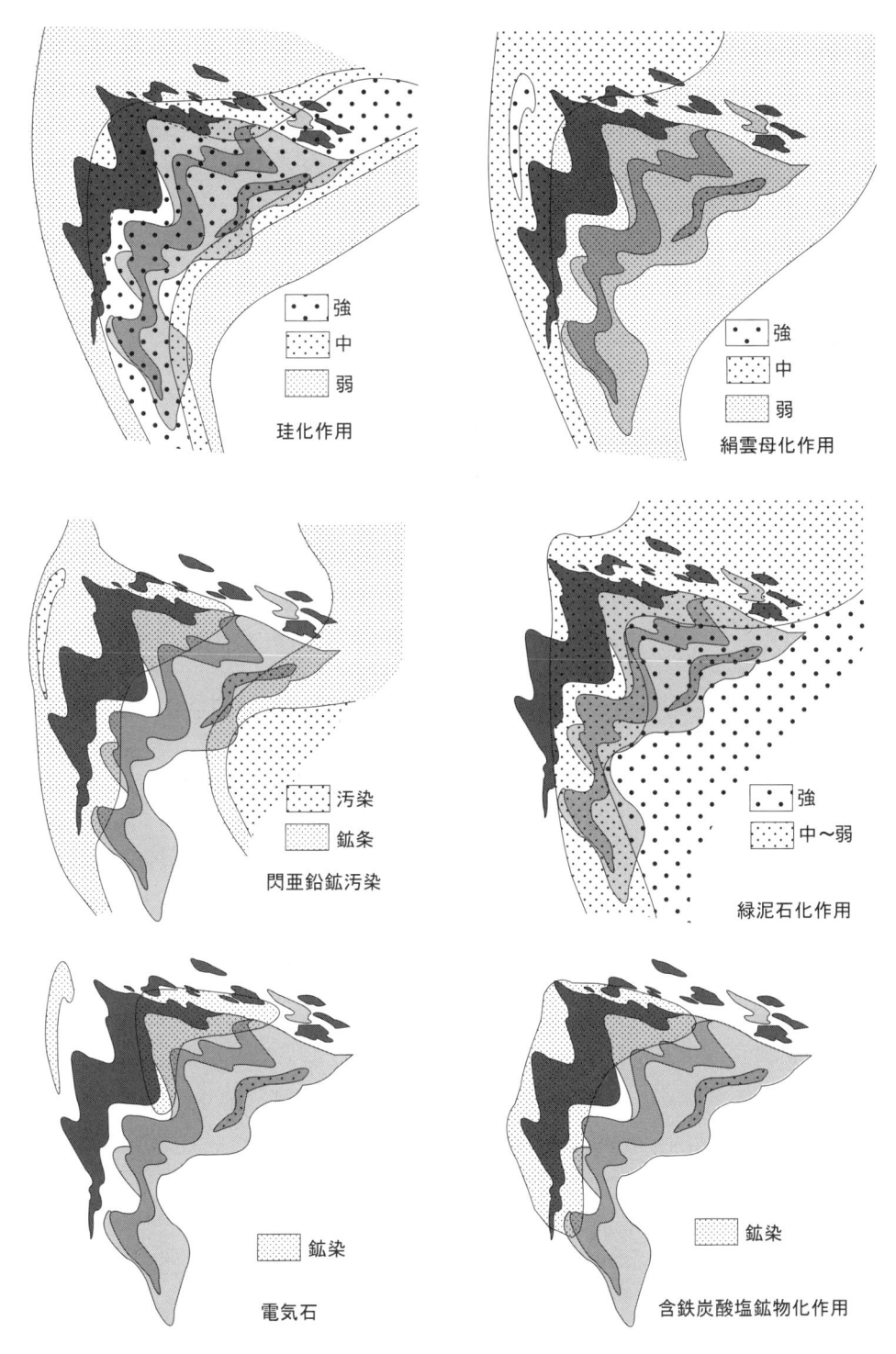

図 IX-133 Kidd Creek 南鉱体周辺の変質帯 — Koopman et al. (1999) による—
（上記以外の凡例は図 IX-131 参照）

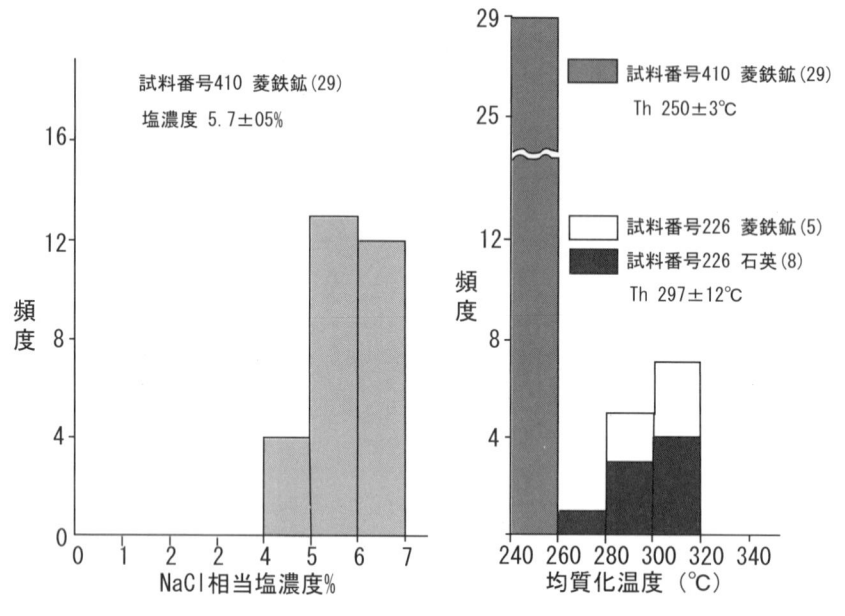

図 IX-134　菱鉄鉱および石英の均質化温度と塩濃度
－ Schandl and Bleeker (1999) による－

近火山岩累層の上部を占める透水性火山角礫岩中の低温拡散流と，鉱床下盤の角礫化塊状流紋岩中に強く集中した上昇熱水流に反映されている．広い構造調和的な珪化作用，絹雲母化作用，緑泥石化作用と，緑泥石に富む狭いパイプ状変質作用とが対照をなしている（Koopman et al., 1999）．

　鉱石に伴う菱鉄鉱中および石英の流体包有物の均質化温度は 250°～ 297℃，NaCl 相当塩濃度は 5.7 ± 0.5% である（図 IX-134）．Kidd Creek 鉱床産試料中の流体包有物研究の結果，鉱床生成後 2 回の変成作用によって形成された変成作用起原の流体包有物が同定された．その第一は，斑銅鉱鉱石中の曹長石斑状変晶中の流体包有物で，均質化温度は 320°～ 340℃ であるが，圧力補正の結果の生成温度は約 450℃ と推定され，鉱床生成後約 55my の Prosser 斑岩と同時期の生成と考えられる．第二は，Kidd Creek 鉱床全体に分布する水平石英脈中の流体包有物で均質化温度 298 ± 31℃，NaCl 相当塩濃度は 1.9 ± 1.1% を示す．この値は変成水起原とされる Timmins 地域の造山型金鉱床石英脈のデータと一致する（Schandl and Bleeker, 1999）（IX-4 参照）．

　緑泥石－黄銅鉱試料の緑泥石の水素および酸素同位体測定結果から，黄銅鉱生成時の熱水の同位対比は，温度を 300°～ 350℃ として計算すると $\delta^{18}O = 3.8 ± 0.85$‰，$\delta D = -8 ± 5$‰ となる．この鉱化流体は，海水の海底下における循環過程で ^{18}O に富んだ母岩と同位体交換を行った結果生成されたと考えられ，約 20% のマグマ水を含むと推定される（Huston and Taylor, 1999）．

　主レンズ状鉱体は，火山角礫岩および凝灰岩などの火山砕屑岩類中に熱水が浸透し，空隙を充填するか，層準規制的に岩石を交代して形成されたものである（Hannington et al., 1999b）．塊状硫化物鉱体内に多数存在する残留珪化流紋岩，鉱化帯周縁部の未鉱化角礫岩と塊状鉱石間の漸移的境界，上盤の角礫岩に見られる広範な交代組織は，鉱床の大部分が海洋底の下で形成されたことを示している．岩屑流などによる鉱床の埋没は，鉱化作用と時を同じくし，硫化物の海洋底沈殿作用は，レンズ状鉱体に隣接する火山砕屑岩類に向かって水平に進行したと考えられる．金属を含

む堆積物あるいは"イグゼイライト"は，明らかに存在せず，海洋底への高温熱水の広範な噴出があったという証拠もほとんどない．海盆の厚い地層内での硫化物の沈殿は，鉱化流体がグラーベン構造内に制限され，金属が高温放出によって失われることが比較的少ないと考えられる．三つの主要鉱体の発達は，長期間維持された低温の熱水システムに高温の銅に富む熱水流体パルスが，何回か加えられるというモデルによってよく説明することができる．強い珪化作用を受けた塊状流紋岩中では熱水流体は上昇するか，通路付近に浸透する程度と思われる．水平方向への広範な熱水の流れは層状の火山砕屑岩内で行われ，高温度の熱水流体が，鉱床の下のいくつかの高水準帯水層を満たしたと推定される．このことは，構造に調和的なレンズ状緑泥石化帯，半塊状黄銅鉱鉱石，層準規制黄銅鉱鉱条帯，レンズ状鉱体を調和的に取り巻く大規模な変質帯などにより裏付けられる (Hannington et al., 1999b).

Kidd Creek 鉱床の 1995 年までの生産量は 1 億 650 万 t (Cu 2.31%, Zn 6.55%, Pb 0.24%, Ag 94g/t) である．1996 年現在の埋蔵鉱量は 3,220 万 t (Cu 2.48%, Zn 6.34%, Pb 0.21%, Ag 71g/t) でその他約 1,700 万 t の推定埋蔵量を有すると報告されている (Hannington et al., 1999a).

北鹿地域銅－鉛－亜鉛－銀－金鉱床 北鹿地域は秋田県の北縁部に約 1,600 km² の面積を占め，地質的にはグリーンタフ地域に属する．そのなかには多数の黒鉱鉱床が分布し，1980 年代までは日本における金属鉱業の一大中心地であった．グリーンタフ地域の地史は，次のような白亜紀以後の日本およびその付近の地質現象を順次説明することによって明らかにされる (Ohomoto, 1983).

(1) 130～65Ma の間，太平洋プレートがアジア大陸の下に北ないし北西の方向に低角度で沈み込み，その結果日本の外帯にイルメナイト型のマグマ作用が生じた．

(2) その後 65～40Ma の間に太平洋プレートの沈み込む方向が西に変化し，沈み込み角度も急になったため，日本海盆地域において背弧拡大作用が始まり，日本のアジア大陸からの分離運動が起こり 30Ma まで続いた．

(3) 65～30Ma の間は，日本海盆地域で生成された玄武岩質地殻が，東に向かって大和堆地域に沈み込み，その結果日本内帯ではカルクアルカリ系列の磁鉄鉱型火成活動が起こった．

(4) 約 25Ma には，30Ma の拡大中止に続くユースタティックな海面上昇の結果として，日本海盆地域に最初の海（プロト日本海）が形成された．

(5) 25～5Ma の間に大和海盆地域では背弧拡大作用が生じ，近接する本州内帯と大和堆地域でバイモーダル火山活動と沈降運動を引き起こした．17Ma 頃 2～300 万年の間に北鹿海盆，新潟油田海盆，秋田油田海盆などが，すべて断層で境された深海盆（＞2,500m）として地殻塊の急速な沈降によって形成された．ただし有機物の集積と黒鉱の鉱化作用は同時ではない．

(6) 5Ma には沈み込む太平洋プレートの傾斜角は約 5°に戻り，背弧拡大は止まり，大和海盆の沈降と近接する本州内帯と大和堆地域の上昇が始まった．グリーンタフ地域の地史は以上述べた 65Ma から現在にわたる日本海と日本列島の形成に伴う構造運動および火成活動によって代表される（図 IX-135）．

地域の地質は，古生層と考えられる基盤岩，第三紀の火山岩類および海成砕屑性堆積岩，第四紀の凝灰岩および陸成砕屑堆積物，珪長質～苦鉄質貫入岩からなる（鈴木他，1971; Sato et al., 1974; Tanimura et al., 1983; 山田・吉田，2002 ; 2003）（図 IX-136, 137）．基盤岩は主として千枚岩およびチャート，少量の砂岩からなり，地域の西縁および東縁の地表とボーリング・コアに産

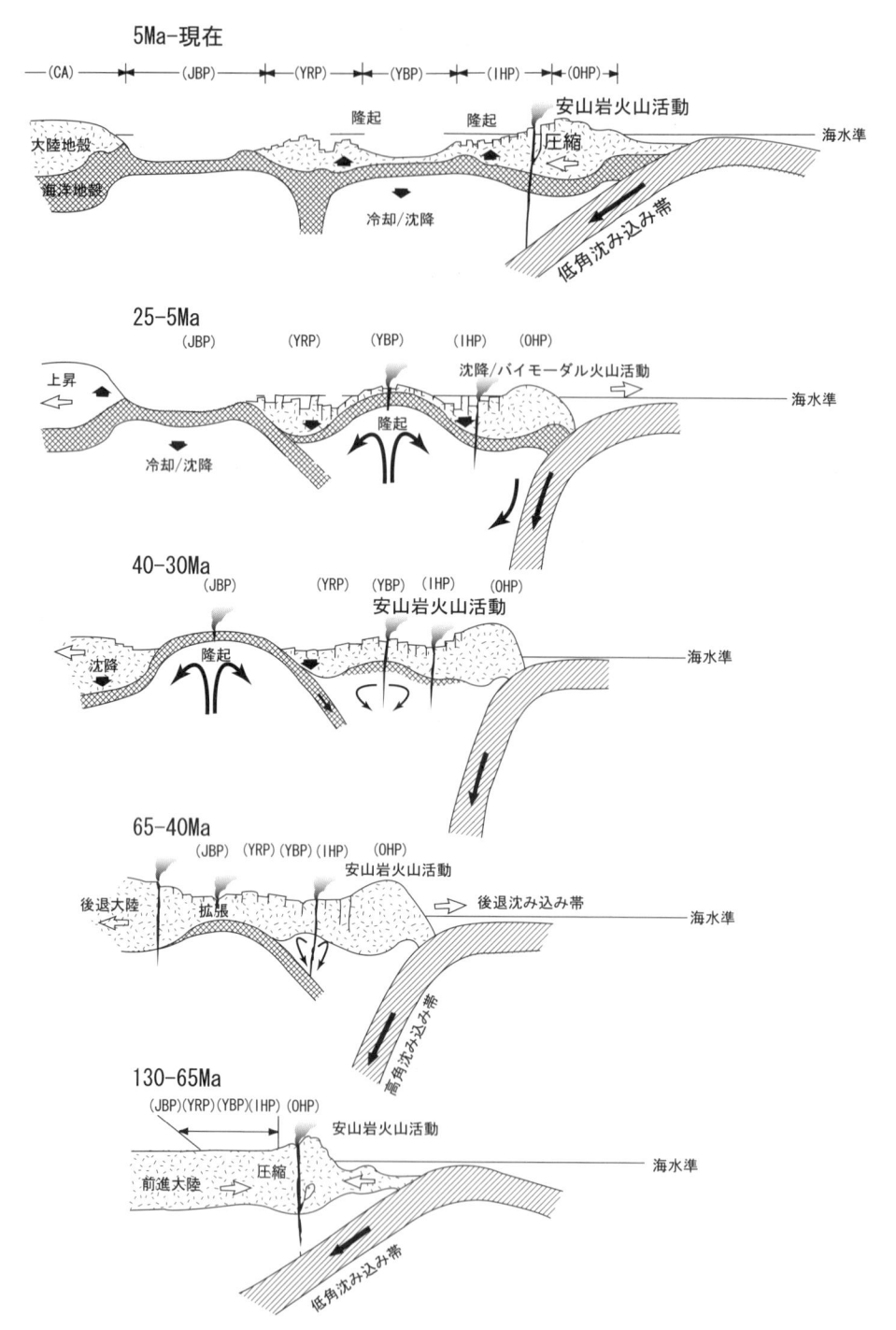

図 IX-135　130Maから現在までの日本および日本海のプレートテクトニクス
CA：大陸地域，　JBP：日本海盆区域，　YRP：大和堆区域，　YBP：大和海盆区域，
IHP：内側本州区域，　DHP：外側本州区域　－Ohomoto (1983) による－

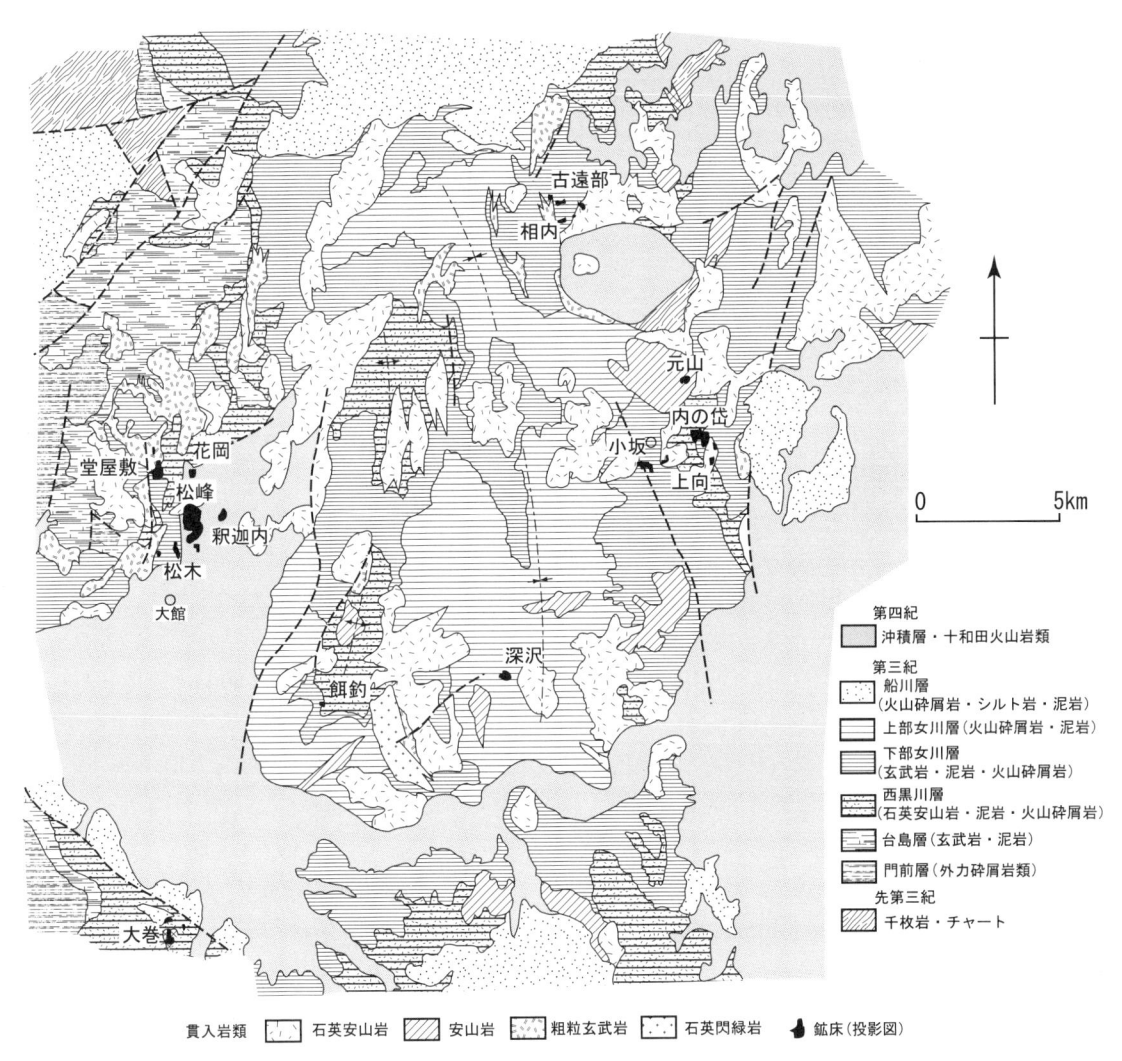

図 IX-136　北鹿地域の地質図
－鈴木他(1971)；Sato et al.(1974)；Tanimura et al.(1983)；山田・吉田(2002；2003)による－

するが，中心部では，深さ約1,200mのボーリング・コアにも認められない．基盤岩の上に不整合に重なる第三紀層は，男鹿半島でのグリーンタフ標準層序に従うと，下位から漸新世～中新世門前層，中新世台島層，西黒沢層，下部女川層，上部女川層，鮮新世船川層からなる．門前層（目名市沢層・笹畑層）は地域西部および中央部では，安山岩溶岩および安山岩質火山砕屑岩からなる層に礫岩，砂岩，泥岩を挟むが，東部では泥岩と砂岩を主とする砕屑性堆積岩のみからなる．台島層（保滝沢層）は，地域西部および中央部で門前層に整合に重なり，少量の泥岩と珪長質凝灰岩を挟む玄武岩溶岩・同質凝灰角礫岩層からなる．西黒川層（花岡層・雪沢層・上向層）は，主として珪長質火山岩類からなり，黒鉱鉱床がこの層の上位に産する．珪長質火山岩類は，火山角礫岩，石英安山岩溶岩流，石英安山岩ドーム，凝灰角礫岩，火山礫凝灰岩からなるが，石英安山岩溶岩流が優勢で最も広く分布する．下部女川層（堤沢層・籠谷層・赤森層）は，西黒沢層の上に整合に重なり，広く泥岩を産出することで特徴付けられる．本層の最下位および最上位には泥岩層が広く分布するが，

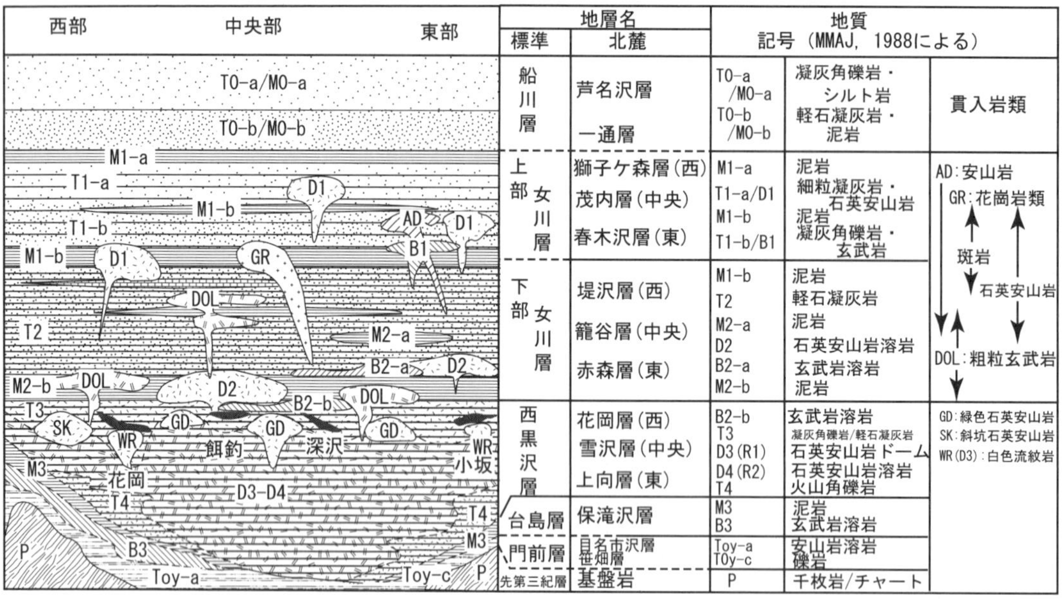

西部	中央部	東部	地層名 標準	地層名 北麓	地質記号（MMAJ，1988による）		貫入岩類
TO-a/MO-a			船川層	芦名沢層	TO-a/MO-a	凝灰角礫岩・シルト岩	
TO-b/MO-b				一通層	TO-b/MO-b	軽石凝灰岩・泥岩	
M1-a			上部女川層	獅子ヶ森層（西）	M1-a	泥岩	AD:安山岩
T1-a M1-b	D1			茂内層（中央）	T1-a/D1	細粒凝灰岩・石英安山岩	GR:花崗岩類
T1-b M1-b	D1 GR AD D1 B1			春木沢層（東）	M1-b T1-b/B1	泥岩 凝灰角礫岩・玄武岩	斑岩 石英安山岩
T2	DOL		下部女川層	堤沢層（西）	M1-b T2	泥岩 軽石凝灰岩	DOL:粗粒玄武岩
M2-b	D2 DOL B2-b	M2-a D2		籠谷層（中央）	M2-a D2	泥岩 石英安山岩溶岩	
T3 SK WR M3	GD 餌釣 GD 深沢 GD	GD WR 小坂	西黒沢層	赤森層（東）	B2-a M2-b	玄武岩溶岩 泥岩	GD:緑色石英安山岩 SK:斜坑石英安山岩 WR(D3):白色流紋岩
花岡 T4	D3-D4	T4		花岡層（西）	B2-b T3	玄武岩溶岩 凝灰角礫岩/軽石凝灰岩	
P B3		P	台島層	雪沢層（中央）	D3(R1) D4(R2) T4	石英安山岩ドーム 石英安山岩溶岩 火山礫凝灰岩	
Toy-a		Toy-c	門前層	上向層（東）	M3 B3	泥岩 玄武岩溶岩	
			先第三紀層	保滝沢層 目名市沢層 笹畑層	Toy-a Toy-c	安山岩溶岩 礫岩	
				基盤岩	P	千枚岩/チャート	

図 IX-137　北鹿地域地質柱状図
－鈴木他 (1971)；Sato et al.(1974)；Tanimura et al.(1983)；山田・吉田 (2002；2003) による－

　これらの泥岩層は，通常凝灰質でしかも軽石凝灰岩，火山礫凝灰岩，凝灰角礫岩と互層する．また各所に石英安山岩溶岩，玄武岩溶岩を産する．以上述べた下部女川層の岩石は，いずれも黒鉱鉱床の直接上盤岩石になりうる．下部女川層の上に整合に重なる上部女川層（獅子ヶ森層・茂内層・春木沢層）は，珪長質凝灰岩と泥岩の互層からなる．本層下部では凝灰岩が優勢で，上部では泥岩が優勢である．下部では，局所的に石英安山岩溶岩を産する．船川層（一通層・遠部層・芦名沢層）は，主として泥岩－シルト岩と珪長質凝灰岩の互層からなり，地域の周縁部に局所的に分布する．大部分は，上部女川層最上部の泥岩層に整合に重なるが，一部不整合の関係にある．地域東部には，第三紀層を不整合に覆って第四紀十和田火山の溶結凝灰岩および軽石流が分布し，沖積層および段丘堆積物が地域の東部，西部，南部の河川に沿って発達する．第三紀層中には粗粒玄武岩，安山岩，石英安山岩，花崗岩質斑岩などの貫入岩が認められる．

　北鹿地域の構造運動および火成活動の順序は (Tanimura et al., 1983)，次のようにまとめることができる．(1) 30?～17Ma：安山岩の火山活動と海浜から浅海（＜500m）環境への緩やかな沈降 (2) 約17Ma：急角度の正断層に沿う大きな沈降運動 (海水準下約 3,500m) と，それに伴う玄武岩および少量の珪長質岩の火山活動，さらに引き続く沈降運動による北鹿海盆の完成 (3) 16～11Ma：大規模な珪長質火山活動と陥没帯および黒鉱鉱床の形成 (4) 11～5Ma：小規模なバイモーダル火山活動と泥岩，凝灰岩の堆積 (5) 5Ma～現在：地塊の差別的隆起運動，小規模海盆の形成，緩やかな褶曲運動，安山岩火山活動への復帰．

　北鹿地域の黒鉱鉱床は，7区域に，花岡－堂屋敷－松峰－釈迦内－松木，大巻，餌釣，深沢，花輪，小坂（元山，内の岱，上向），古遠部－相内など多数の鉱床を産し（図 IX-136），いずれも西黒川層上部の凝灰角礫岩あるいは火山礫凝灰岩中（T_3）に胚胎するが（堀越，1960）（図 IX-137），その層準は 2～3 層にわたっており（図 IX-138），ある時間的な幅を持ったゾーンとして捉えるの

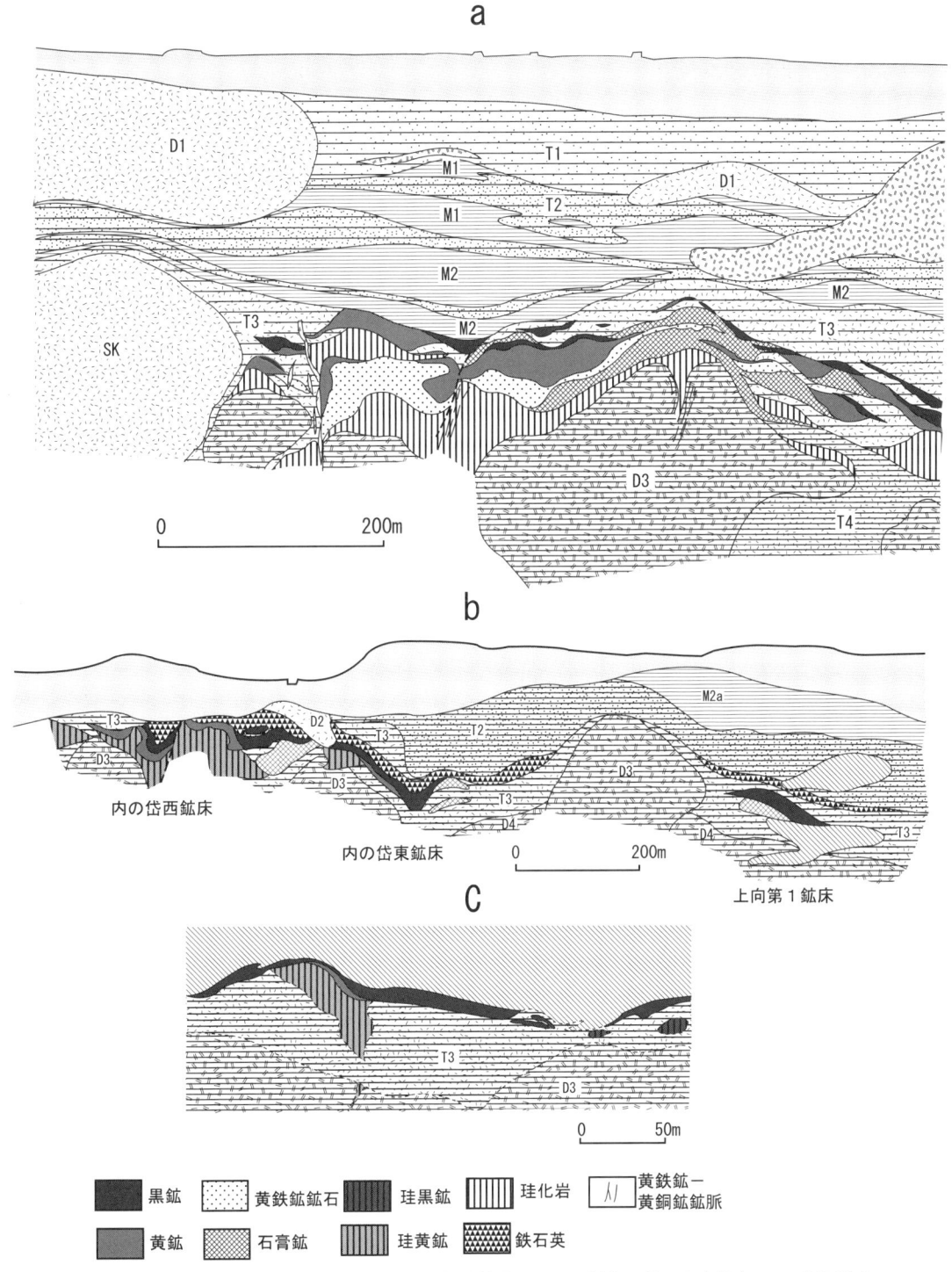

図 IX-138 北鹿地域黒鉱鉱床断面図　a　松峰鉱床　b　小坂内の岱・上向鉱床　c　深沢鉱床
― Ito et al. (1974)；高橋 (1983)；Oshima et al. (1974)；Eldridge et al. (1983) による ―

が妥当である（高橋，1983）．花岡・小坂両鉱山地区では，鉱床近傍あるいは直下に出現するT₃凝灰岩中の変質溶岩相を白色流紋岩と呼び，鉱床の生成と深い関係があると考えられてきたが，深沢，餌釣など地域中央部の鉱床には白色流紋岩と呼べる独立した岩相は存在せず，凝灰岩・石英安山岩の白色変質帯が分布する（山田・吉田，2003）．鉱床は母岩の地層と調和して，層状，レンズ状，塊状をなし，個々の鉱体の規模は大小様々で，長さ60〜900m，幅40〜400m，厚さ5〜150mの範囲である．鉱石は，主として閃亜鉛鉱，方鉛鉱，重晶石からなり，黄銅鉱，黄鉄鉱，四面銅鉱を伴う黒鉱，主として黄銅鉱と黄鉄鉱からなる黄鉱，火山角礫岩あるいは凝灰角礫岩の残留構造を示し，硫化鉱物，石英が網状ないし鉱染状に産する珪鉱，主として硬石膏および石膏からなり微量の硫化物を伴う石膏鉱などに分類され，これらの鉱石型は，一般に鉱床上部から下部へ黒鉱－黄鉱－珪鉱のように累帯配列し，石膏鉱は鉱体縁辺部に黄鉱と珪鉱の中間に位置し，塊状をなして産する．珪鉱は海底への熱水の通路である鉱条帯と見なされ，鉱条帯の中心部に珪黄鉱，上部および周縁部に珪黒鉱，最下部に珪黄鉄鉱鉱が分布する．黒鉱のさらに上部に，微量の硫化物を含み主として石英，赤鉄鉱，重晶石からなる「鉄石英」と呼ばれる層を産することがある（図IX-138）が，これは，鉱床生成の後期に形成されたと考えられる（Kalogeropoulos and Scott, 1983）．各鉱石型の境界は一般に漸移的であり，黒鉱と黄鉱の中間的な半黒鉱が存在するが，破砕された黒鉱が黄鉱のマトリックスに取り囲まれるか，割目に沿って黒鉱が黄鉱に交代されるのが認められる．また，機械的に再移動したと見られる鉱石の境界は，きわめて明瞭である．鉱床と上盤岩石との境界は明瞭であるが，境界より上位の泥岩あるいは凝灰岩中に生成された小規模レンズ状鉱体に熱水を供給したと見られる細脈が境界を切っているのが観察される（Eldridge et al., 1983）．

　鉱石組織および構成鉱物については多くの研究があり（例えば，Shimazaki, 1974; Sato, 1974; Watanabe, 1974; Matsukuma et al., 1974; Eldgidge et al., 1983; Bryndzia et al., 1983; Pisutha-Arnond and Ohmoto, 1983）．これらを要約すると，(1) 黒鉱にはしばしば黄鉄鉱－黄銅鉱－閃亜鉛鉱－重晶石の互層からなる同心円状コロフォーム組織，閃亜鉛鉱－方鉛鉱－黄銅鉱からなる球状組織，黄銅鉱－黄鉄鉱－閃亜鉛鉱からなるコロフォーム－縞状組織，方鉛鉱－黄銅鉱－四面銅鉱－閃亜鉛鉱からなる層理面に平行な縞状組織が認められる．このような過飽和沈殿組織は鉱体の下位に行くに従って減少する傾向があるが，その程度は鉱床によって異なる．(2) 黄鉱は黒鉱に比較して粒子が大きく，自形の黄鉄鉱のマトリックスを充填して黄銅鉱を産する組織が特徴的である．(3) 珪鉱は，火山砕屑岩のマトリックスを満たして主として石英，自形黄鉄鉱，黄銅鉱からなる珪黄鉱，石英，閃亜鉛鉱，黄鉄鉱，方鉛鉱からなる珪黒鉱，石英と黄鉄鉱からなり微量の黄銅鉱，閃亜鉛鉱を伴う珪黄鉄鉱鉱に分類される．(4) 鉱床の一部には，主として黒鉱の再移動によると考えられる破砕組織および級化組織が認められる．(5) 金はエレクトラム（Ag 3.4〜30%）として主として黒鉱中に産し，しばしば方鉛鉱を伴う．銀鉱物としては，黒鉱中に輝銀鉱，輝銀銅鉱，ポリバス鉱，ピアス鉱，マッキンストリー鉱などの産出が報告されているが，黒鉱鉱床中の銀の主な担体は四面銅鉱である．(6) 銅の主要鉱物として黄銅鉱以外に斑銅鉱が一次鉱物としてかなり一般的に産する．その他少量産する銅の一次鉱物として硫砒銅鉱，斑銅鉱，銅藍，ダイジェナイト，福地鉱があげられ，主として黒鉱および黄鉱，稀に石膏鉱中に産する．(7) その他稀産鉱物として，ゲルマン鉱，ベース鉱，硫バナジン銅鉱，ベテフチン鉱，車骨鉱，ブーランジェ鉱，メネギニ鉱などが報告されている．黒鉱の主要な脈石鉱物は重晶石であるが，少量の石英が散点する．炭

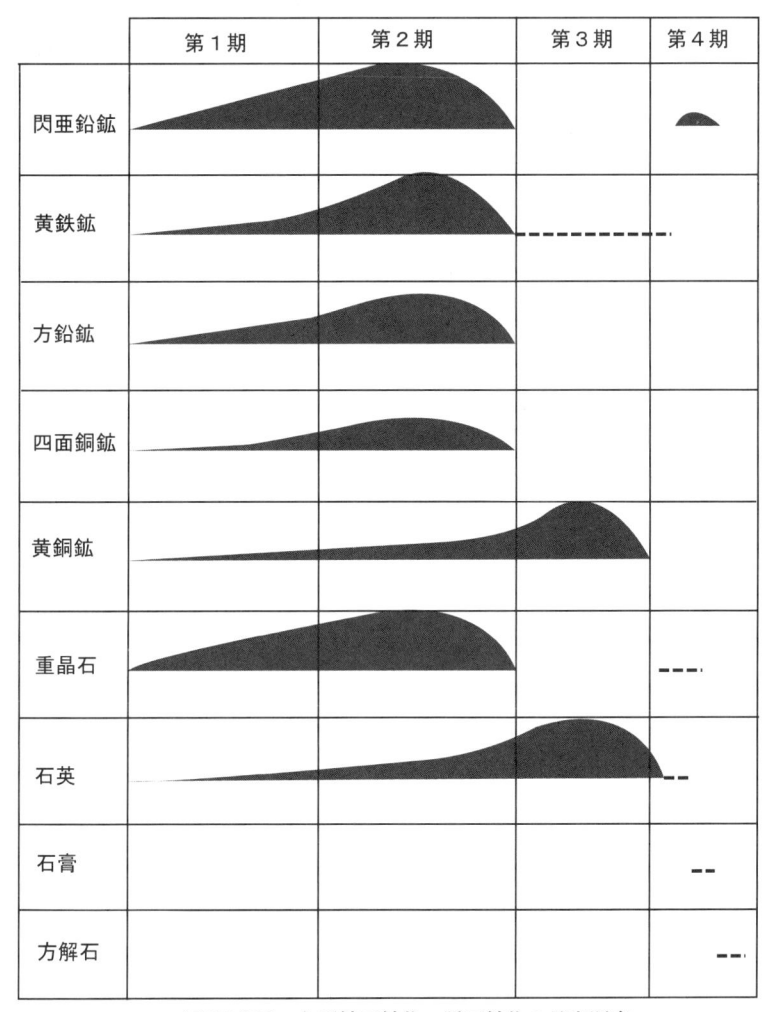

図 IX-139 主要鉱石鉱物・脈石鉱物の晶出順序
— Eldridge et al. (1983); Pisutha-Arnond and Ohmoto (1983) による —

酸塩鉱物は少量見出される．絹雲母と緑泥石はすべての鉱石型に認められる．また微粒の石膏が黒鉱および黄鉱中に見出されることがかなりあり，これらは硫化鉱物と同時晶出と考えられる（鹿園，1983）．稀にダイアスポア，パイロフィライト，カオリン，燐灰石などを多く含んだ粘土質黒鉱を産することがある（Matsukuma et al., 1974）．図 IX-139 に石膏鉱を除いた鉱石の主要な金属鉱物および脈石鉱物の晶出順序を示した．第1期は初期鉱化期に相当し，コロフォーム組織を含み通常 < 50μm の細粒をなす．第2期は比較的粗粒で数 mm 〜 20mm の範囲の大きさを示す．黄銅鉱には自形の石英を伴い粗粒をなし第2期の硫化物を交代して産するものがあるのでこれを第3期晶出とした．第4期は晶洞晶出鉱物である．

北鹿地域の母岩の変質は，広域の海洋底変成作用（続成作用）と黒鉱鉱床，鉱脈鉱床の鉱化作用に関係のある変質作用が重複し，その厳密な分離が困難であるが，北鹿地域の黒鉱鉱床に関係する変質累帯分布として中心から周縁へ，緑泥石・絹雲母帯（ときにカリ長石帯）→混合層粘土鉱物帯→モンモリロナイト帯→方沸石帯→モルデン沸石帯が提案されている（歌田他，1981; 1983）．

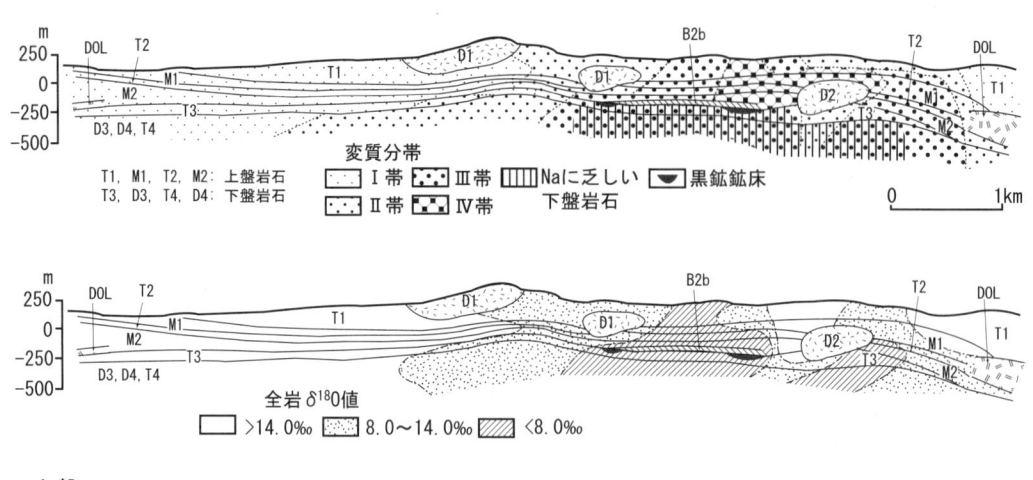

図IX-140 深沢鉱床周縁の母岩の変質分帯およびδ^{18}O値分布図
－ Date et al. (1983) ; Green et al. (1983) による －

Urabe et al., (1983) は小坂鉱山内の岱鉱床の鉱化作用に関係する変質累帯分布を中心から周縁へ石英＋絹雲母帯→絹雲母＋緑泥石＋石英帯→残留曹長石＋絹雲母＋緑泥石＋石英帯→カオリナイト＋石英＋絹雲母±緑泥石±曹長石帯のように示し，石英＋絹雲母帯からカオリナイト＋石英＋絹雲母帯へ全岩δ^{18}Oが6.7〜8.6‰から8.7〜10.4‰へ変化し，推定生成温度が240〜310℃から210〜250℃まで低下するとしている．Date et al., (1983) は，北鹿地域中央部の深沢鉱床

周縁の変質累帯分布と，鉱床下盤石英安山岩（D_3, D_4, T_4）の変質による元素の出入りを図IX-140のように示した．鉱床付近におけるNaの溶脱は，比較的低いpH，やや高い温度における斜長石およびアルカリ長石からの絹雲母の生成が原因である．絹雲母へのKの付加は下盤石英安山岩自身のアルカリ長石および熱水溶液から供給されたと考えられる．鉱床付近の石英安山岩から溶脱したNaの大部分は，移動してIおよびIV帯の岩石に付加されI帯の方沸石とIV帯のモンモリロナイトの生成に対応したと推定される．絹雲母はすべての帯に産するが，鉱床上盤および下盤両者において鉱床に近づくほど増加する傾向がある．緑泥石も同様にすべての帯に産するが，鉱床に近づくに従ってMgに富む様になり，とくに下盤においては鉱床から離れるにつれFeに富む傾向がある．熱水または海水から付加されたMgは，苦鉄質鉱物および火山ガラス中のFe^{+2}を置換して緑泥石中に組み込まれる．黒鉱鉱床の変質作用による元素の溶脱と付加についてIzawa et al (1978)も同様な結果を得ている．Green et al (1983) は，深沢－小坂鉱床地域の岩石の全岩$\delta^{18}O$値を測定し，その分布が，変質鉱物累帯分布と良く対応することを見出した（図IX-140）．

　小坂上向鉱床第4鉱体および内の岱西鉱床第7下部珪鉱体の珪鉱中の流体包有物について均質化温度および塩濃度を測定した結果（Marutani and Takenouchi, 1978），石英中流体包有物の均質化温度範囲は前者では260〜310℃，後者では280〜320℃となり（図IX-141），黄鉱型珪鉱と黒鉱型珪鉱の差，坑準による差は，ほとんど認められていない．しかし，閃亜鉛鉱中流体包有物の均質化温度範囲は前者では200〜240℃，後者では235〜280℃で，いずれも共存する石英より低い温度を示し，石英中流体包有物塩濃度は2.5〜5.5％の範囲で両鉱体とも下部に向かって上昇する傾向が認められる．Pisutha-Arnond and Ohmoto (1983)は，小坂内の岱，上向鉱床，釈迦内鉱床，松峰鉱床，深沢鉱床，古遠部鉱床の珪鉱について鉱物の晶出期を4期に分け（図IX-139参照），期ごとに石英および閃亜鉛鉱中の流体包有物均質化温度と塩濃度を測定した．一次流体包有物の測定結果を図IX-142aに示す．均質化温度はI期から上昇に向いIII期に最高となりIV期には下降する傾向は測定したすべての鉱床に共通している．この温度変化は流出する熱水の温度変化を反映していると考えられる．均質化温度が大きく変化するのに対して，一部の例外を除き塩濃度

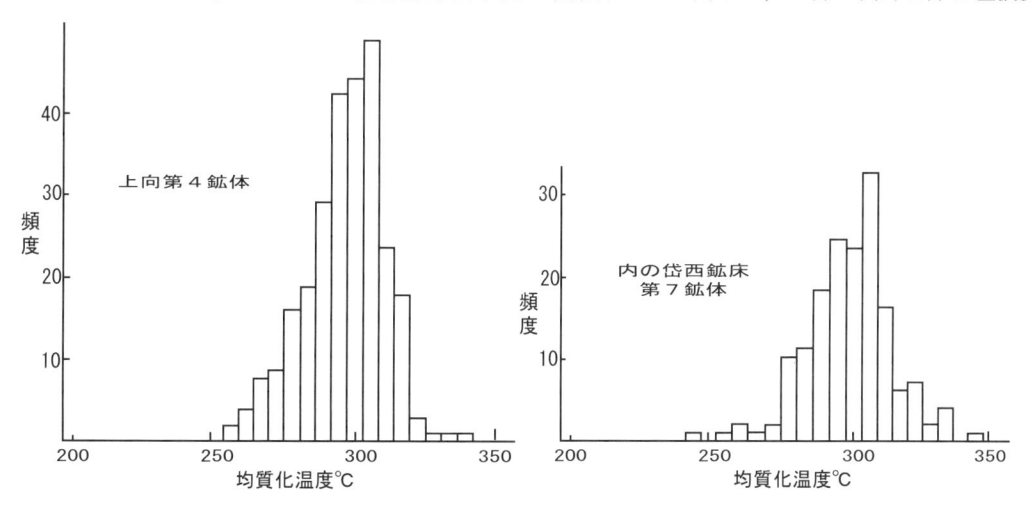

図IX-141　小坂上向・内の岱鉱床珪鉱中石英流体包有物均質化温度
－Marutani and Takenouchi (1978)による－

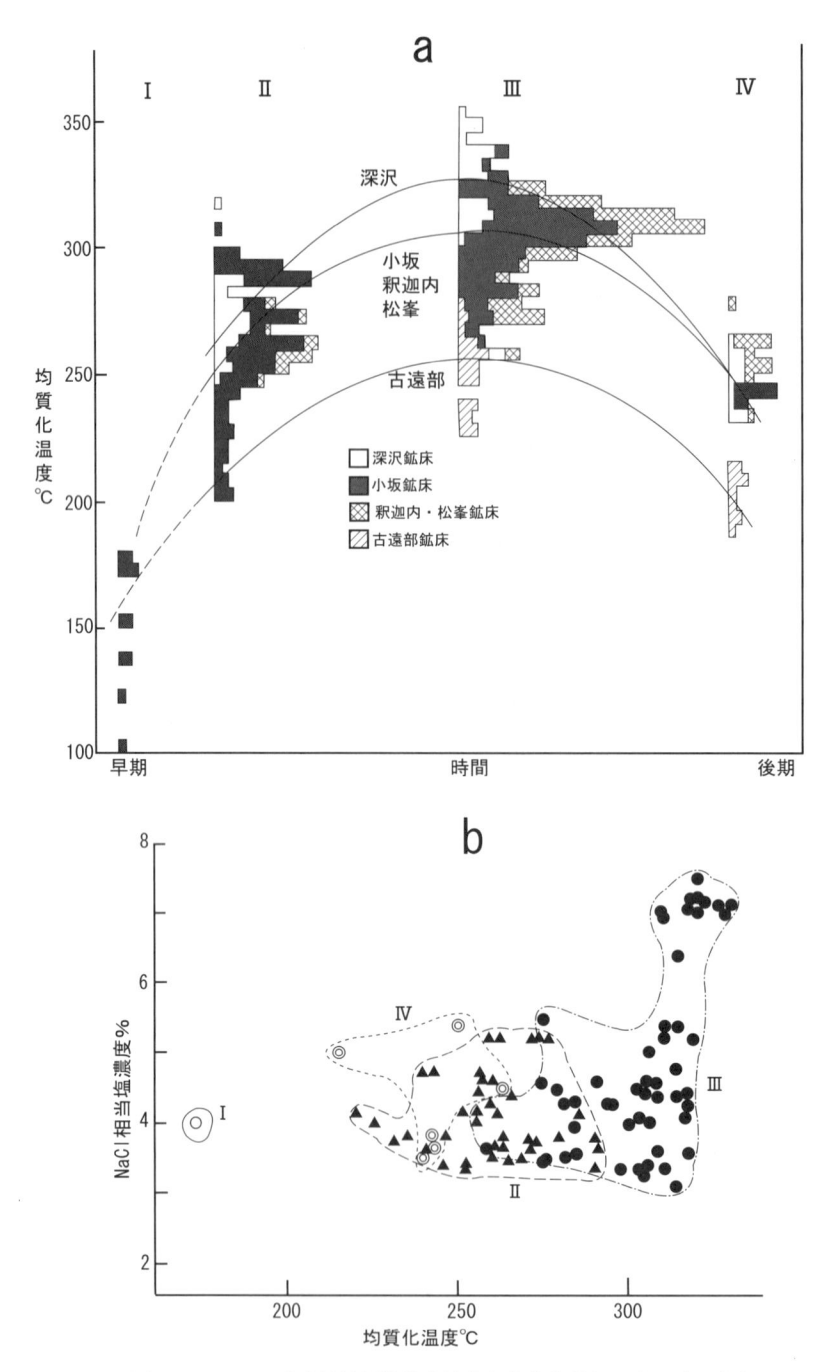

図 IX-142　a　北鹿地域黒鉱鉱床流体包有物均質化温度の時間変化
　　　　　b　同均質化温度と塩濃度との関係　－Pisutha-Arnond and Ohmoto (1983) による－

は比較的一定した NaCl 相当塩濃度 3.5〜5.5％を示し，この値は海水塩濃度に近似するかより高く，他報告値 (Tokunaga and Honma, 1974; Marutani and Takenouchi, 1978; Bryndzia et al., 1983) に良く一致する (図 IX-142b)．海水塩濃度より高い値を示す理由を Bryndzia et al. (1983)

図IX-143　NaCl-H$_2$O-CO$_2$系温度-圧力図
— Pisutha-Arnond and Ohmoto (1983)による —

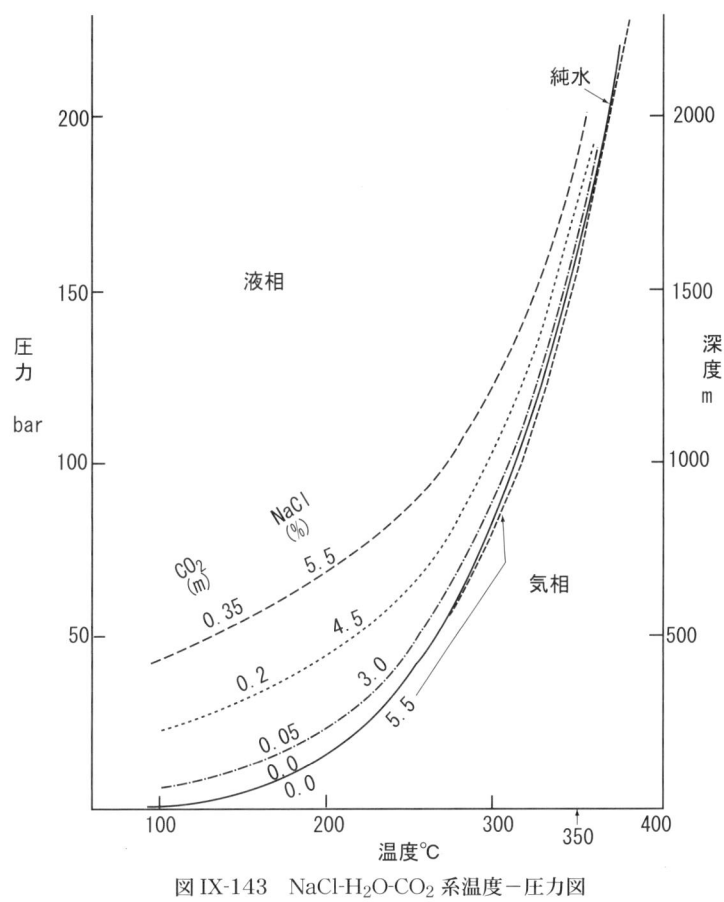

は，高塩濃度のマグマ水の寄与を考えている．一次流体包有物は，すべて液体に富む気液2相型で鉱物晶出時に熱水の沸騰が起こっていないことを示している．流体がNaCl 4.5%，CO$_2$ 0.2モルを含むとすれば，深沢鉱床の最高均質化温度350℃の熱水が流出した場合沸騰が起こらないためには，海面下最小1,700mを必要とする(図IX-143)．放散虫による推定海底深度は3,500±500m(Guber and Merill, 1983)または2,000〜3,000m（的場，1983）であり，この値と矛盾しない．中期中新世の北鹿地域の平均海底深度として3,500±500mを用いて均質化温度を圧力補正（Potter, 1977）して得られた鉱床生成温度を表IX-6に示した．

Pisutha-Arnond and Ohmoto (1983)は，北鹿地域6黒鉱鉱床産珪鉱中の硫化物および石英から粉砕法およびデクレピテーション法によって回収した流体包有物について化学分析，水素の同位体組成分析を行った．元素濃度（モル/kg）は，Na 0.60±0.16, K 0.08±0.05, Ca 0.06±0.05, Mg 0.013±0.008, Cl 0.82±0.32, C (CO$_2$として) 0.20±0.15で，Cu, Pb, Zn, Feは，6ppm以下であり（表II-10参照），δD値の範囲は−30〜+15‰であった．石英と鉄石英中の赤鉄鉱の酸素同位体分析値，同一試料の流体包有物均質化温度，石英-水分別係数（Matsuhisa et al., 1979）から推定した流体のδ^{18}O値の範囲は−6〜+4‰であった（図IX-144a）．これらのδD値とδ^{18}O値の範囲は，他の多くの研究（Ohomoto and Rye, 1974; Hattori and Sakai, 1979; Hattori and

表IX-6 北鹿地域黒鉱鉱床珪鉱の生成温度
－Pisutha-Arnond and Ohmoto (1983) による－

	第I期	第II期	第III期	第IV期
小坂	〜200±50℃	285±50℃	320±25℃	〜270℃
釈迦内・松峯		285±20	325±30	280±20
深沢		295±20	355±20	275±20
古遠部	〜195	〜240	275±30	230±10

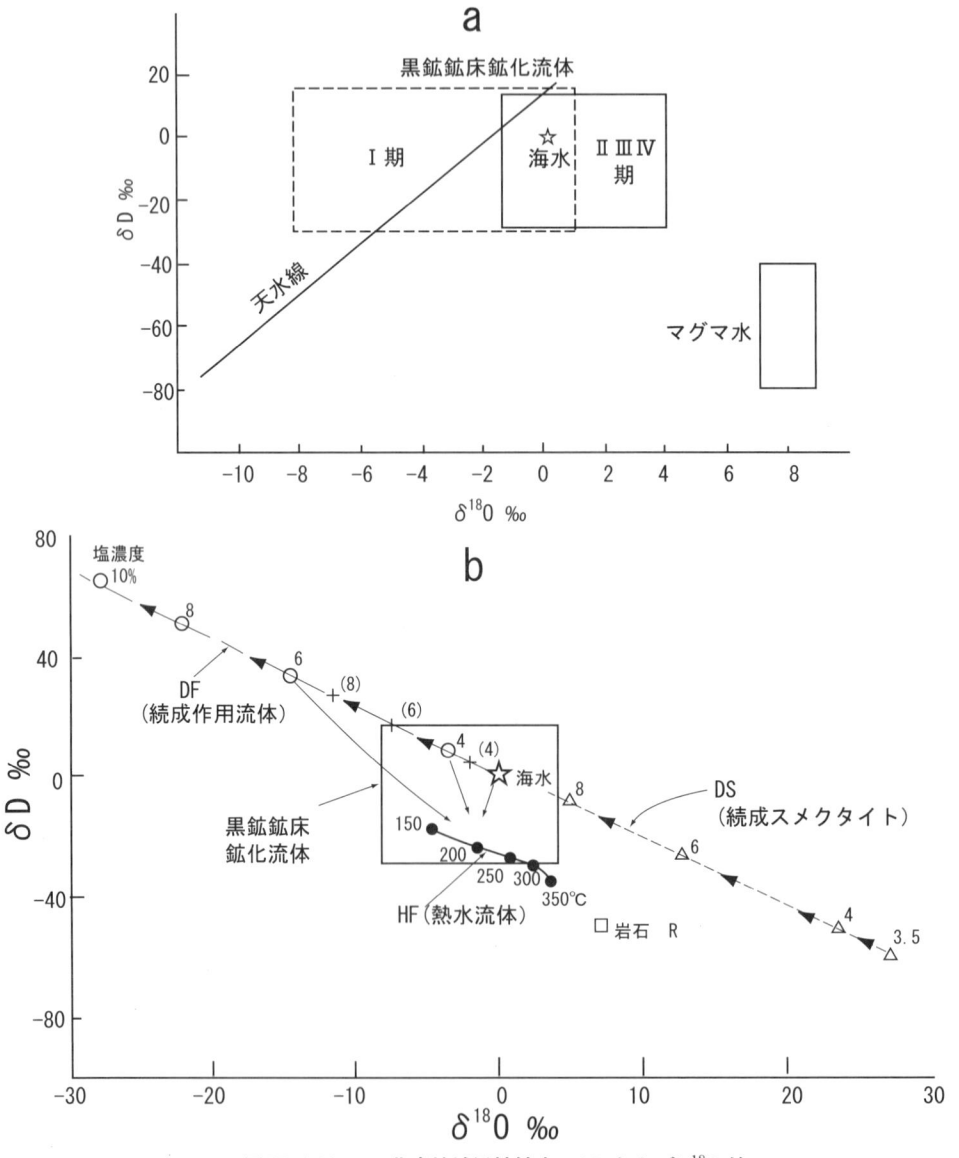

図 IX-144　a　北鹿地域黒鉱鉱床のδDおよび$\delta^{18}O$値
b　続成作用期・熱水期における流体－岩石相互作用中の岩石および空隙中流体同位体組成の推定変化.
線 DF は続成作用期における含水鉱物(スメクタイト)生成中の空隙中流体のδD, $\delta^{18}O$値, 塩濃度計算値を示す.
150℃の同位体分別係数を用いて計算した値は(　)で示す. 線 DS は 25℃の流体 DF と平衡なスメクタイトの
同位体組成を示す. 線 HF は熱水温度における仮想上の岩石 R ($\delta D = -50‰$, $\delta^{18}O = -7‰$) と平衡な流体
の同位体組成値を示す. － Pisutha-Arnond and Ohmoto (1983) による－

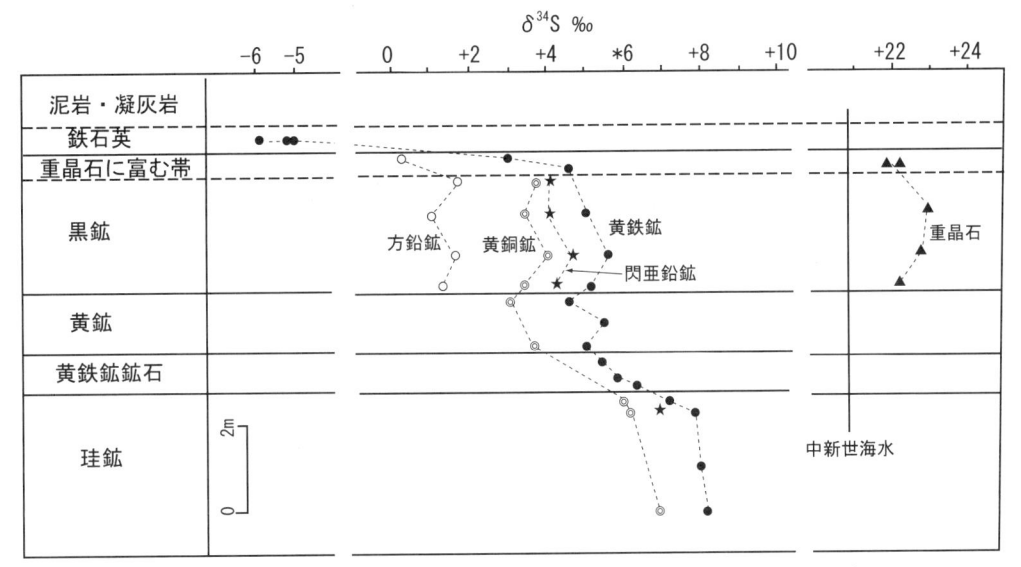

図 IX-145 釈迦内鉱床第1鉱体における硫黄同位体組成変化 －Kajiwara（1971）による－

Muehlenbachs, 1980) の値（δD －26 ～ －18‰, $\delta^{18}O$ －1.6 ～ －0.3‰）に比較してかなり広い. このような広範囲な値, とくに+δD値と-$\delta^{18}O$値は, 海水, 天水, マグマ水の海底下深部あるいは堆積場所における単純な混合によって説明することはできない. Pisutha-Arnond and Ohmoto（1983)は, 150℃以下の続成作用によって火山岩類中に沸石, スメクタイトなどの含水鉱物が生成する間に岩石の空隙中に閉じこめられた海水の同位体組成が変化し, 塩濃度が増加すること, また, 150℃以上の熱水期には空隙水と斜長石, スメクタイト間に同位体交換反応が起こることに着目し, 実験的研究と計算により図IX-144bを求め, 測定されたδD値と$\delta^{18}O$値を有する鉱化流体が海水を起原として生成されることを示した. このモデルによって$\delta^{18}O$値と熱水流体の温度との間の正の相関関係, 流体包有物中の Na, K, Ca, Mg, Cl などの濃度の説明をすることができる.

　Kajiwara（1971）は, 釈迦内鉱床第1鉱体について硫黄同位体組成の測定を行い, 図IX-145の結果を得た. 図に示す様に硫化鉱物の$\delta^{34}S$は, 鉱床下部から上部に向かって減少する傾向が認められる. 各硫化鉱物の$\delta^{34}S$は, 鉱床内の位置によって大きく変化するが, 共存する鉱物間の分別係数（IV(2)参照）は, 比較的一定しており硫化鉱物間の同位体交換平衡が成立していることを示唆している. 表IX-7に, 硫黄同位体地質温度計を適用して得られた鉱物組み合わせの生成温度を示した. 珪鉱の生成温度が表IX-6と良く一致していることがわかる. Kajiwara（1971）は, 硫化鉱物の硫黄の起原を中新世の海洋水のSO_4^{-2}（$\delta^{34}S$ ～ +20‰図IV-3参照）とその部分還元H_2Sを想定し, 熱力学計算によって硫化鉱物の$\delta^{34}S$が鉱床下部から上部に向かって減少する原因を鉱化流体の酸素フガシティーとpHの増加によるとした. 一方, Ishihara and Sasaki（1978）は, 北鹿地域を中心とする中新世花崗岩類の$\delta^{34}S$が+6‰前後の値を示し, 黒鉱鉱石の平均的代表値を示すと考えられる選鉱場黄鉄鉱精鉱の$\delta^{34}S$がやや低い+4‰である（Sasaki and Kajiwara, 1971）ことに注目し, この関係が白亜紀で成因関係が明らかな岩石－鉱床ペアと同様であるとした. すな

表IX-7　硫黄同位体地質温度計による硫化鉱物の推定温度　—Kajiwara (1971) による—

試料番号	鉱石型	$\delta^{34}S$ ‰ py	sp	cp	gn	温度 ℃ py-cp	sp-gn	py-gn	py-sp	cp-gn
SK-B-1	黒鉱	+3.0			+0.3				363	
SK-B-3	黒鉱		+4.1	+3.7	+1.8		307			269
SK-B-4	黒鉱	+5.0	+4.0	+3.4	+1.0	257	243	251	251	247
SK-B-5	黒鉱	+5.6	+4.7	+4.0	+1.6	257	234	251	251	248
SK-B-6	黒鉱	+5.2	+4.2	+3.5	+1.3	240	252	258	258	
SK-Y-1	黄鉱	+4.6		+3.0		257				
SK-Y-1	黄鉱	+5.0		+3.6		293				
SK-V-1	珪鉱	+7.2		+6.0		337				
SK-V-2	珪鉱	+7.8		+6.9	+6.3	274				
SK-D-2	珪鉱	+8.2		+6.9		315				
SK-G-4	石膏鉱	-4.2		-6.2		200				

py：黄鉄鉱, sp：閃亜鉛鉱, cp：黄銅鉱, gn：方鉛鉱

わち黒鉱鉱床の硫黄の起原は，鉱床付近の火山岩類と共通の起原を有する花崗岩マグマであり，究極的にはマントル起原と考えた．

　Ohmoto et al.(1983) は，(1)黒鉱を生成した流体中の全硫黄濃度を硬石膏との平衡条件から 250 ± 50℃において $10^{-3} \sim 10^{-2}$ モルと推定し，$T \geq 750$℃の酸性マグマから誘導される流体の全硫黄濃度 $10^{-1} \sim 1$ モル（Burnham and Ohmoto, 1980）と比較してきわめて小さいこと(2) $\delta^{34}S$ が +5‰程度のマグマ水から $T \leq 300$℃において $\delta^{34}S$ が +5‰程度の硫化物を平衡条件下で生成することは不可能であることから硫黄のマグマ起原説を否定し，また直接海水起原説も全硫黄濃度の点から困難であるとし，図IX-146のような硬石膏緩衝説を示した．(a)凝灰岩に富む火山岩類と空隙中に閉じこめられた海水が25℃においてもイオン交換を起こし溶液中のCaが増加するので，続成段階および初期熱水段階（$T \leq 150$℃）で火山岩類中に石膏ないし硬石膏が鉱染することが可能である．(b)岩石中に Fe^{+2} または有機炭素が含まれていれば早期熱水段階（$T = 150 \sim 300$℃）で次のような反応により硬石膏は不安定となり温度の上昇とともに空隙流体中の H_2S が増加する．

$$CaSO_4 + 8Fe^{+2} + 10H^+ \rightarrow H_2S + 8Fe^{+3} + Ca^{+2} + 4H_2O \text{ または}$$
$$CaSO_4 + 2C + 2H^+ \rightarrow H_2S + 2CO_2 + Ca^{+2}$$

ΣSO_4^{-2} の濃度は温度が上昇しても硬石膏が残留する限り一定となる．(c) 350℃における黒鉱流体の ΣSO_4^{-2} 濃度推定値は，低温における濃度と同様であるので硬石膏に関して不飽和であることになる（図IX-147a）．これは，岩石中の硬石膏が消費され還元能力を失ったためと考えられる．鉱床下盤の岩石において変質帯の中心部（Ⅲ帯）でFeOが減少し，Fe_2O_3 が増加しているのは（図IX-140参照），上述の岩石中 Fe^{+2} の還元作用を示唆している．黒鉱鉱床鉱化流体の還元硫黄がすべて海水起原であったとすると，海水から直接無機的に還元されるか，最初に硬石膏として沈殿してから還元されるかにかかわらず，熱水作用の期間を通じて鉱化流体の $\delta^{34}S_{\Sigma S}$ は20‰に近い値で一定に保たれるはずである．しかし，計算された $\delta^{34}S_{\Sigma S}$ は早期の低温流体では20‰より著しく高く，後期の高温流体では20‰より低い値である（図IX-147b）．このような $\delta^{34}S_{\Sigma S}$ の変化は，図

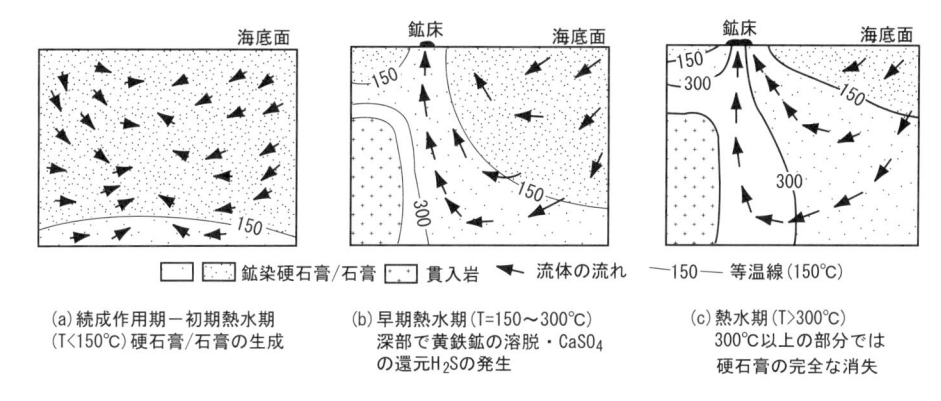

図 IX-146　黒鉱鉱床の硫黄の起原に関する硬石膏緩衝説　− Ohmoto et al.(1983) による −

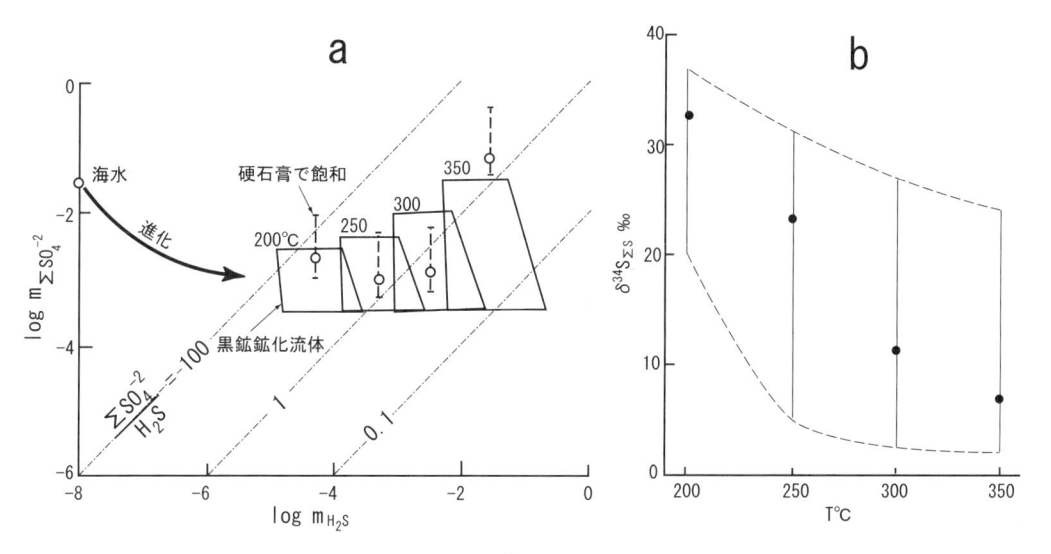

図 IX-147　a　黒鉱鉱化流体のΣSO_4^{-2}およびH$_2$S濃度計算値とpH4.5において
硬石膏と平衡なΣSO_4^{-2}濃度（Ca 0.05m/kgH$_2$O）
b　$\delta^{34}S = 5 \pm 3$のH$_2$Sを含む黒鉱鉱化流体のΣSのδ^{34}S範囲計算値.
黒丸は$\delta^{34}S_{H_2S}$およびΣSO_4^{-2}/H$_2$Sの中央値におけるδ^{34}S値
− Ohmoto et al.(1983) による −

IX-148に示した北鹿地域の鉱床と岩石の硫黄同位体組成のデータを考慮に入れれば説明することができる．泥岩中の黄鉄鉱は，海底下数mの未固結の泥岩中で海水SO_4^{-2}からバクテリアの還元作用によって生成され，きわめて低いδ^{34}S値（≒−25‰）を有する．これはその付近の空隙中流体の残留SO_4^{-2}が，硬石膏−石膏に取り込まれる前に海水より^{34}Sに富むことを意味する．黄鉄鉱の溶解度は，温度上昇とともに上がるので高温の熱水流体は続成黄鉄鉱の硫黄を獲得してδ^{34}S値は2‰に近づき，T≒350℃では流体は硬石膏からと黄鉄鉱からの硫黄をほぼ等量取り込むと考えられる．硬石膏緩衝説を他の型の火山性塊状硫化物鉱床にも適用することができる．鉱化流体がT$_{初期}$≧200℃であり熱水期を通してΣSO_4^{-2}/H$_2$S≒1であれば，主鉄硫化鉱物は磁硫鉄鉱でなく黄鉄鉱となり，δ^{34}S値は海水と母岩硫化物の中間値をとる．珪長質火山岩優勢地域の多くの顕生代火山成塊状硫化物鉱床はそのような特性を有する．苦鉄質岩あるいは有機物に富む堆積岩が優勢

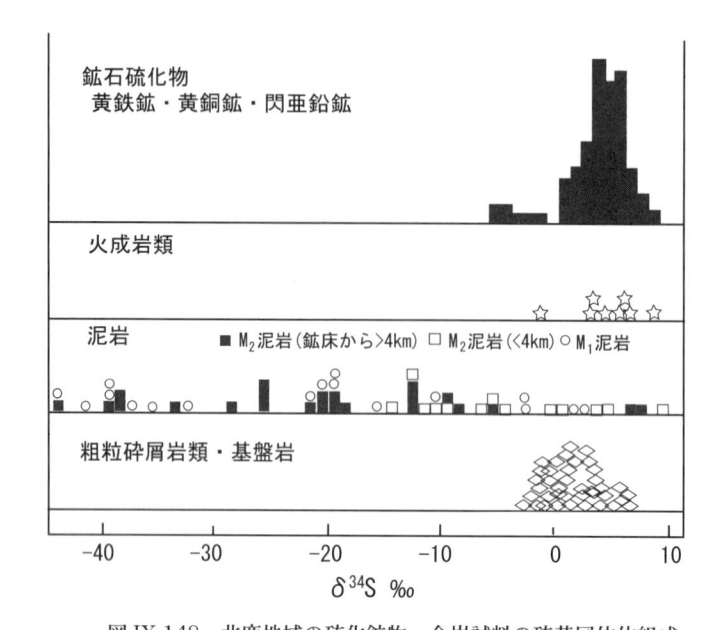

図 IX-148 北鹿地域の硫化鉱物・全岩試料の硫黄同位体組成
― Kajiwara (1973); Ishihara and Sasaki (1978); Pisutha-Arnold (1978); Ohmoto et al. (1983) による ―

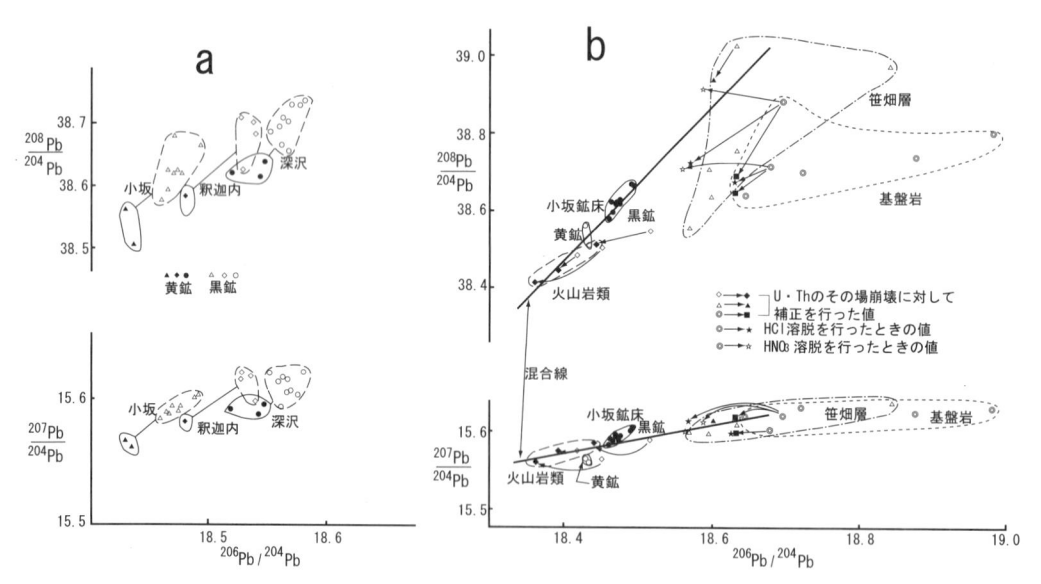

図 IX-149 a 北鹿地域黒鉱鉱床産黒鉱及び黄鉱の鉛同位体組成, b 小坂地域鉱石および岩石の鉛同位体組成. 混合線は火山岩類・鉱石・基盤岩鉱物の HCl 溶解物の混合を示唆. ― Fehn et al. (1983) ―

な地域あるいは海水中の ΣSO_4^{-2} 濃度が低かった太古代の火山成塊状硫化物鉱床では，主鉄硫化鉱物は還元性の磁硫鉄鉱となる．

　Fehn et al. (1983) は，北鹿地域の黒鉱鉱床および岩石の鉛同位体組成を測定し，(1) 各鉱床の鉛同位体組成範囲は狭くそれぞれ特有の組成を有する (図 IX-149a). (2) 同一の鉱床内で黒鉱は黄鉱よりも放射性鉛の割合が高いが，その差は鉱床間の違いより小さい．母岩の西黒沢層火山岩類は，一般に鉱石より放射性鉛の割合が低いが，深部の笹畑層（門前階）および古生代基盤岩は放

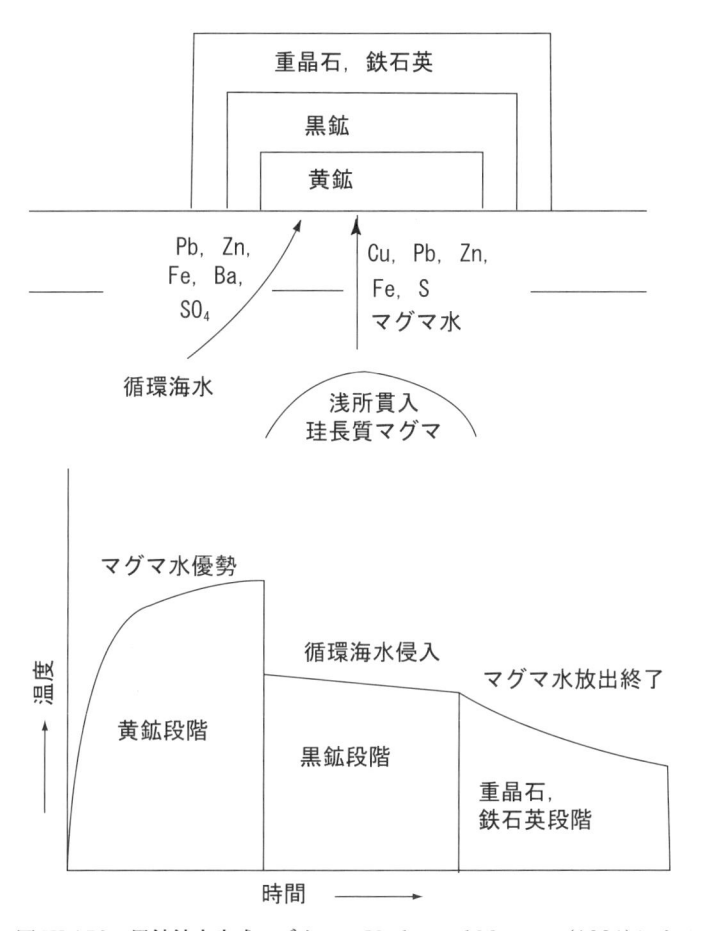

図 IX-150　黒鉱鉱床生成モデル　− Urabe and Marumo (1991) による −

射性鉛の割合が鉱石より高い（図 IX-149b）. という結果を得た. これらのデータから Fehn et al (1983) は, 黒鉱鉱床の鉛の大部分は西黒沢層火山岩類を起原とするが, かなりの量を西黒沢層以前の深部地層から供給されていると結論し, 各鉱床はそれぞれの地域的熱水系によって生成され, 黄鉱は黒鉱より西黒沢層火山岩類起原の鉛を多く含んでいると考えた.

硬石膏−石膏および重晶石などの硫酸塩鉱物を多産することは, 北鹿地域黒鉱鉱床の特徴である. 石膏鉱として産する硬石膏は, Sr 含有量, $^{87}Sr/^{86}Sr$, $\delta^{34}S$, $\delta^{18}O$ などの研究から海底下浅所で低温の海水と高温の熱水溶液の混合によって生成されたと推定され（鹿園, 1983; Shikazono et al., 1983; Kusakabe and Chiba, 1983; Farrel et al., 1983）, 生成温度は約 200℃ または 250〜350℃, 熱水溶液は海水／岩石の相互作用で生成されたとされている. 石膏の成因としては, 40℃ 以下の低温での海水と熱水溶液との混合（鹿園, 1983）と, 後期での硬石膏の加水反応（Matsukuma and Horikoshi, 1970; Kajiwara, 1971; Matsubaya and Sakai, 1973）が提案されている. 重晶石の生成機構も硬石膏と同様と考えられる.

Ohmoto et al. (1983) は, 水素, 酸素, 硫黄, 鉛同位体のデータおよび硫化鉱物の溶解度計算などに基づき, 黒鉱鉱床生成モデルとして, 貫入岩を熱源とし海水を起原とする熱水循環による母岩からの金属溶脱を想定し, 質量および熱バランスの計算を行った. それによると, 北鹿地域

黒鉱鉱床の平均的熱水システムは，温度＞250℃（すなわち絹雲母－緑泥石変質帯）面積約1.5×3km，深さ＞1kmの岩体から温度≧200℃，0.5～1×10^{11}tの熱水流体を放出する．この熱水流体は体積20～40km^{3}の母岩から，200～50,000年間に，それぞれ50～100万tのZnおよびBaを含む鉱石を生成する．この熱水システムに必要な熱源としての貫入岩の大きさは約10km^{3}である．これに対して，Urabe and Marumo（1991）は，Pisutha-Arnond and Ohomoto（1983）の示した黒鉱から黄鉱への生成温度変化とFehn et al.（1983）の黒鉱および黄鉱のあいだの鉛同位体組成変化の深部地層と西黒沢火山岩類の鉛同位体組成の差異による説明は，調和する様に見えるが，深部地層の銅含有量（20～70ppm）が，西黒沢火山岩類（8ppm）より高いことから成立しないと主張し，現世の海底熱水活動のデータを考慮した金属の珪長質マグマからの供給と熱水循環による母岩からの溶脱を組み合わせたモデル（図IX-150）を提案した．

　北鹿地域黒鉱鉱床の全鉱量は，既生産量と埋蔵鉱量を含めて，約1億4,000万t（Cu 1.5%, Zn 3%, Pb 1%）と称される（Tanimura et al., 1983）．

　Bathurst地域鉛－亜鉛－銅－銀鉱床　本鉱床はカナダ・ニューブルンスウィック北部Bathurst市の南西方に分布し，地質的にはMiramichiアンチクリノリウム帯の北東端に位置する．Bathurst地域は，中期オルドビス紀にゴンドワナ大陸縁辺に発達した北部アパラチア造山帯の火山弧および背弧の一部をなす．Popelogan弧の北西方向への移動によって，最初にエンシアリックな背弧盆が開かれ，大陸地殻に形成されたTetagouche-Exploitsリフトが，きわめて薄い大陸地殻と海洋地殻からなる海洋底を形成し，最後には日本海型の縁海となった（van Staal et al., 2003）（図IX-151a,b）．本地域はFournier, California Lake, Tetagouche, Sheephouse Brookの各構造塊と青色片岩構造片などからなり，これらの構造塊および構造片は，特徴的な火山層序を有し，分離してTetagouche-Exploits背弧海盆のエンシアリックないしエンシマティックな部分を代表している．Tetagouche-Exploits背弧海盆は，北西方向に面しているPopelogan弧のリフト活動によって形成されたが，拡張－リフト作用の経過は多段階をなしている．これら構造塊の定置はオルドビス紀末期からシルル紀後期にかけて行われた（図IX-151a,b）（van Staal et al., 2003）．

　Bathurst地域は，古生代のBathurst累層群および貫入岩類からなる（図IX-152, 153, 154）．Bathurst累層群の最下部層はMiramichi層群である．Miramichi層群はTetagouche, Sheephouse Brook, California Lake各層群の基盤をなし，下位からChain of Rocks層，Knight Brook層，Patrick Brook層の順に重なる．各層とも砂岩－頁岩の互層からなるが，Tetagouche構造塊中のPatrick Brook層上部には流紋岩（479±6Ma）のレンズ状岩体を産する．Sheephouse Brook構造塊はMiramichi層群とその上のSheephouse Brook層群からなり，後者は下位からClearwater Stream, Sevogie River, Slacks Lakeの各層から構成される．Miramichi層群およびSheephouse Brook層群は両者を貫く大量の珪長質斑岩によって連結され，この斑岩はSheephouse Brook層群中の火山岩類と共通マグマ起原と見なされる．Clearwater Stream層は斜長石斑晶石英安山岩質凝灰岩（478±3Ma）からなり，これはChester塊状硫化物鉱床の母岩となっている．この凝灰岩に時期的に対比される岩石は他の構造塊中には見出されていない．Sevogie River層は，アルカリ長石斑晶石英安山岩および流紋岩（466±2Ma）からなり，Slacks Lake層は頁岩およびソレアイト質玄武岩～アルカリ遷移質玄武岩からなる．

　Miramichi層群とともにTetagouche構造塊を構成するTetagouche層群は，下位から

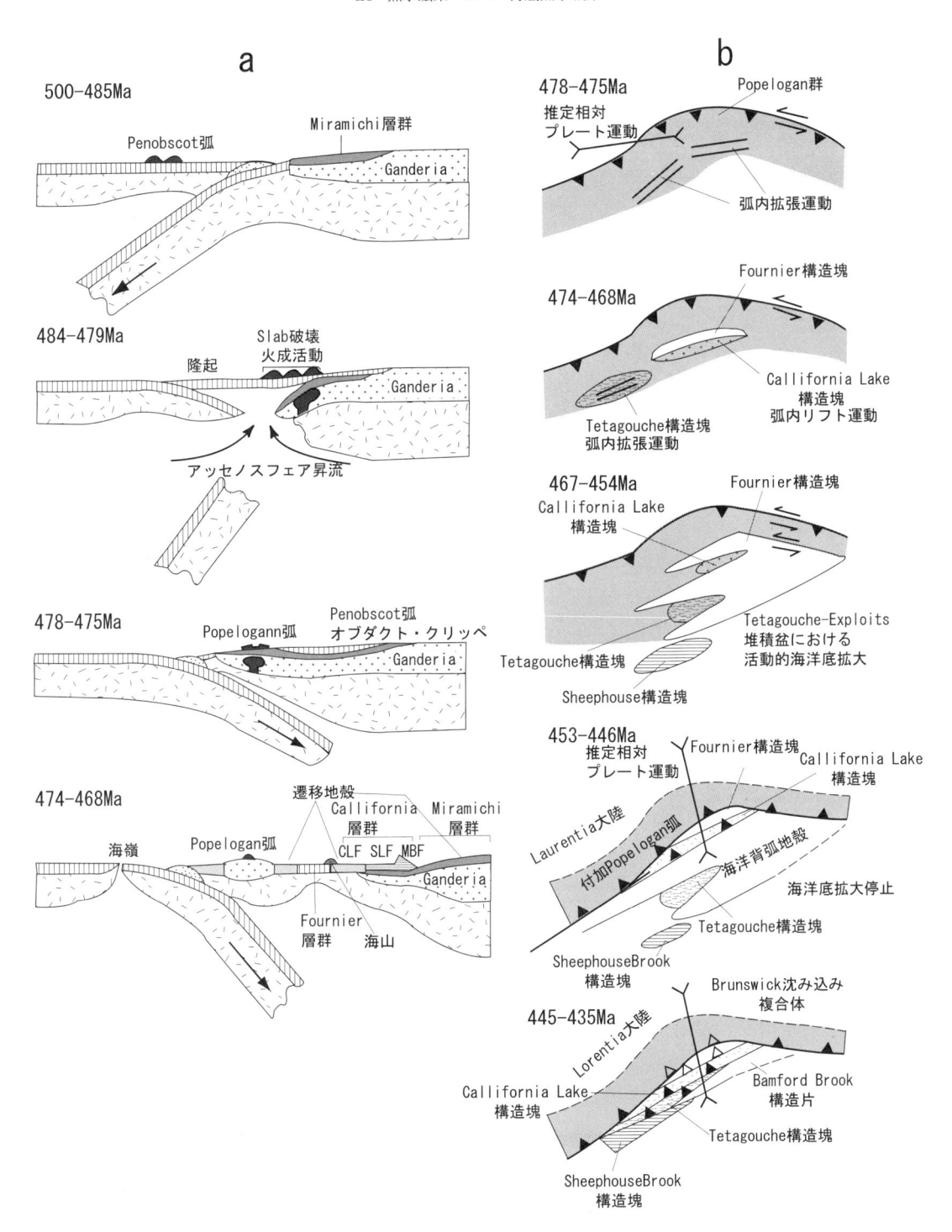

図 IX-151　a　後期カンブリア紀～中期オルドビス紀 Buthurst 地域の構造進化
　　　　　b　Tetagouche-Ezploits 背弧海盆発展と閉鎖の概念的モデル
　　　　　　　　－ van Staal et al. (2003) による－

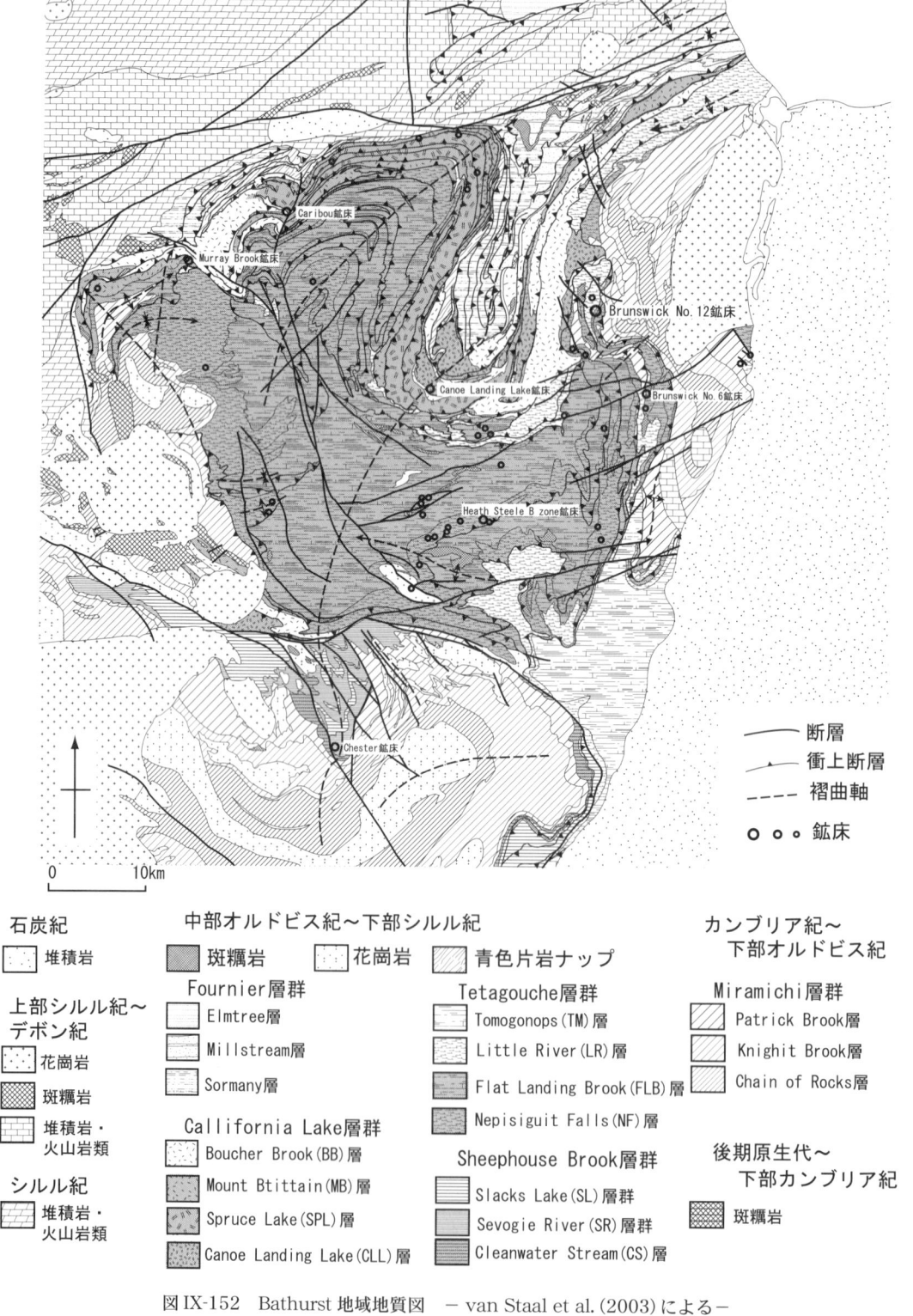

図 IX-152 Bathurst 地域地質図 － van Staal et al. (2003) による－

□ シルル紀以後	California Lake構造塊	Tetagouche構造塊
▨ Fournier構造塊	▨ Canoelanding Lakeナップ	▨ Strachen Lakeナップ
▨ 青色片岩構造片	▨ Spruce Lakeナップ	▨ Heath Steelナップ / Portage Riverナップ
	▨ Mount Britainナップ	▨ Tomogonopsナップ
		▨ Nepisiguitナップ
		▨ Sheephouse Brook構造塊

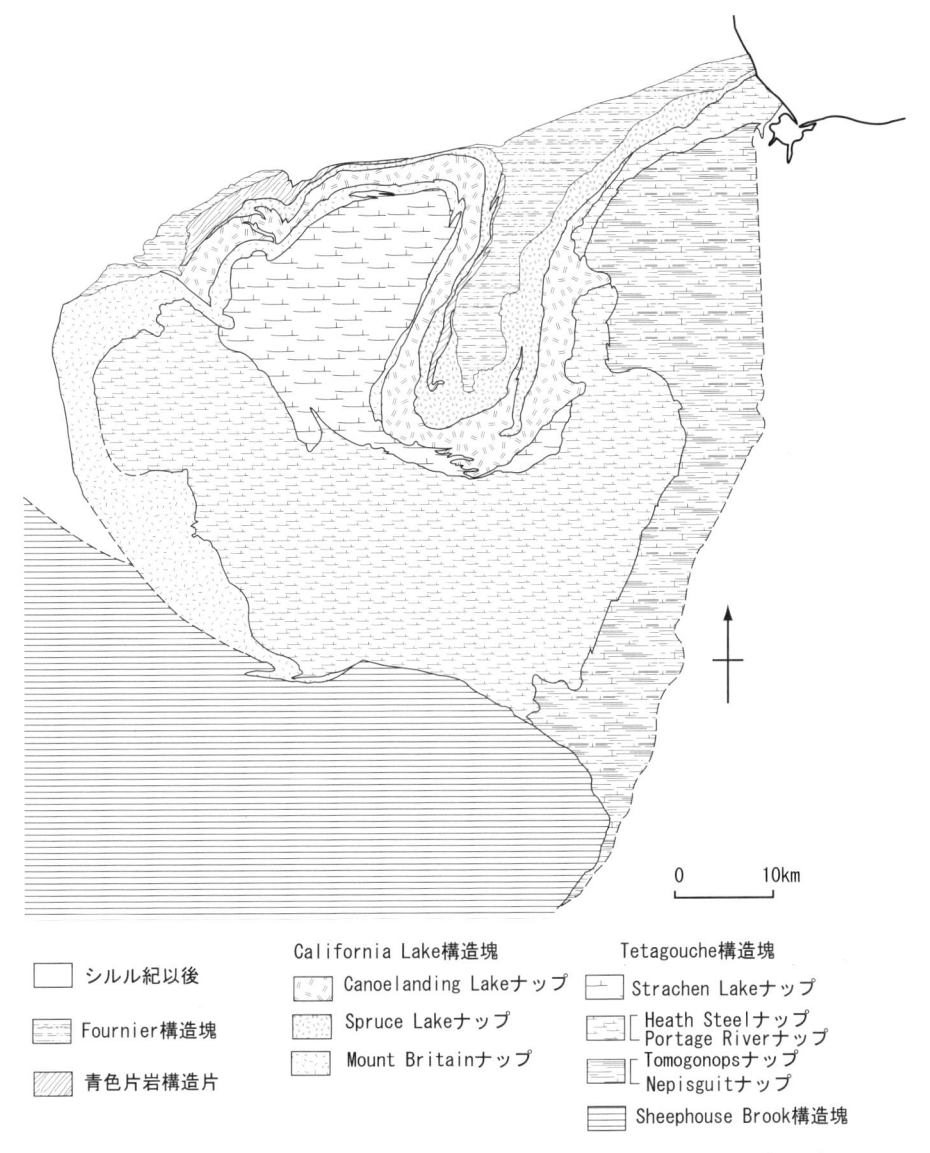

図IX-153 Bathurst地域の構造塊，構造片，ナップ分布図 — van Staal et al. (2003)による—

Nepisiguit Falls, Flat Landing Brook, Little River, Tomogonopsの4層からなる．下位の2層は火山岩類を主とするに対して上位2層は堆積岩が優勢である．Nepisiguit Falls層は主として石英および長石斑晶石英安山岩質ないし流紋岩質結晶凝灰岩（473～468Ma），凝灰質砂岩および頁岩からなり，少量の石灰質堆積岩を伴う．玄武岩は認められない．またNepisiguit Falls層下部には石英-長石斑岩シルの貫入が認められる．Flat Landing Brook層は主として無斑晶あるいは少量の長石斑晶石英安山岩ないし流紋岩溶岩流（466±5Ma）および同質火山砕屑岩類からなり，これに特徴的にソレアイト玄武岩を挟む．また，この玄武岩と共通マグマ起原の輝緑岩および斑糲岩岩脈がNepisiguit Falls層を貫いている．Little River層は主として頁岩，砂岩，チャートからなるが，相当量の遷移質ないしアルカリ枕状玄武岩を含む．Tomogonops層は上位に向かって粗

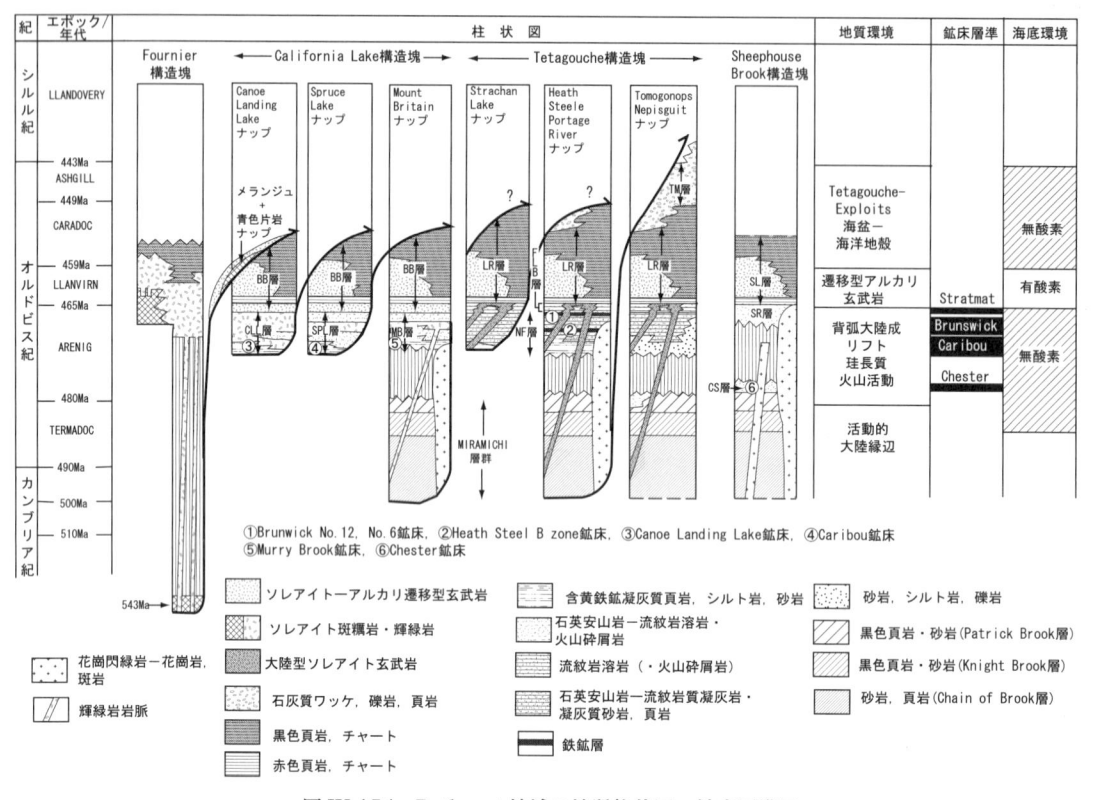

図 IX-154　Bathurst 地域の地質柱状図・鉱床層準図
— van Staal et al. (2003); Goodfellow and McCutchon (2003) による —

粒となるシーケンス，すなわち下位から頁岩，石質ワッケ，礫岩からなり，火山岩類を含まない．
　California Lake 構造塊は Miramichi 層群および California Lake 層群からなる．California Lake 層群は火山岩類に富む Mount Britain, Spruce Lake, Canoe Landing Lake の 3 層を含むが，それぞれ覆瓦構造を示すナップを形成し，相互間の層序接触面を持たない．またこれら 3 層は，他の構造塊中の火山岩類とは地球化学的および記載岩石学的に異なる中央海嶺型玄武岩と島弧ソレアイトの中間的性質を有する玄武岩を含み，同一地殻塊中において互いに近接して形成されたことを示唆している．しかし，Mount Britain および Spruce Lake 層は，石英安山岩質および流紋岩質火山岩類（468 ± 2Ma）が優勢であるのに対して Canoe Landing Lake 層は玄武岩が優勢である．上記 3 層を整合的に覆って頁岩，砂岩，チャートからなる Boocher Brook 層が発達する．
　青色片岩構造片は，Fournier および California Lake 構造塊の間に分布し，高歪帯を形成している．この構造片は一連の薄い衝上シート群からなり，構造的に California Lake 構造塊の Canoe Landing Lake および Spruce Lake ナップの上に，Fournier 構造塊の衝上シートの下に存在している．青色片岩構造片の各衝上シートは層状の斑糲岩，枕状玄武岩，頁岩またはチャートからなるオフィオライト層序を示し，青色片岩相の変成作用を受けている．斑糲岩および枕状玄武岩は，海嶺玄武岩および海洋島玄武岩の性質を示すので，青色片岩構造片は California Lake 構造塊付近で形成された海山の残留体（図 IX-151a 参照）と考えられる．
　Fournier 構造塊は上部新原生代〜下部カンブリア紀 Upsaloquitch 斑糲岩（554 〜 543Ma）

とFournier層群の下部〜中部オルドビス紀苦鉄質岩，堆積岩類からなる．苦鉄質岩は海嶺玄武岩および島弧玄武岩の間の性質を持つ枕状玄武岩，火山同時成斑糲岩，斑糲岩を切る輝緑岩岩脈，少量の蛇紋岩を含む．Upsaloquitch斑糲岩は，Tetagouche-Exploits海盆の形成開始時において海洋底拡大開始直前に，低角度拡張作用によって海底上に引き出された下部地殻の断片と考えられる．Sormany層の玄武岩を覆ってMillstream層の頁岩，砂岩，少量の礫岩，石灰岩が発達する．これらの砕屑岩類は珪長質ないし中間質火山岩の岩片および石英，長石斑晶片を含み，おそらくPopelogan弧に近い場所で堆積したと考えられる．またFournier層群玄武岩の一部が島弧玄武岩の化学組成を示すことからも島弧に近接していることを示唆している．したがってFournier層群は，Arenig後期にCalifornia Lake構造塊がPopelogan弧から切り離されて後，Tetagouche-Exploits背弧海盆の活動的縁辺付近で形成された遷移的ないし海洋性地殻の残留体であると解釈される（図IX-151a,b）(van Staal et al., 2003; Goodfellow and McCutcheon, 2003)．

　Bathurst地域の変形作用は，複雑であり，多相かつ長期にわたっている．最も古い塑性および塑性－脆性構造は，下部〜中部オルドビス紀火山活動およびそれに伴う堆積作用以前に形成され，これらの構造は中期Arenig前のMiramichiメランジュおよび上部新原生代のUpsalquitch斑糲岩の高温型葉片構造に示されている．後期オルドビス紀から後期デボン紀にわたる脆性変形作用にはD_1〜D_4の段階が認められ，鉱床を含めて多くの岩石の分布は，主としてD_1に支配され，副次的にD_2に支配される．D_1構造は東南方向に面するBrunswick沈み込み複合体（図IX-151b）に各構造塊が組み込まれることに伴う累進的衝上運動による変形作用である．この変形作用によって大部分の岩石は高圧低温型の変成作用を受け，葉片構造（S_1）と線構造（L_1）を形成している．D_1歪はかなり変化するが，衝上運動に関係した剪断帯に例外なく出現する．例えばSpruceナップにおける鉱床はこのような剪断帯の影響を受け，鉱体は非常に薄く伸びた形に変化している．D_1衝上運動は少なくとも2つの褶曲構造形成を包含している．2つの褶曲は早期衝上断層を一部褶曲させ，後期衝上断層に一部切られている．衝上系の一般的性質として構造的に上位にあるナップは，より早期にBrunswick沈み込み複合体に付加したといえる．D_2構造運動は非対称直立褶曲と局部的な狭い剪断帯を形成している．この運動は，斜交沈み込みによるトランスプレッションに関係していると考えられる（van Staal et al., 2003）．

　Bathurst地域には，1,200万年ないし1,400万年の間に，古いものから順にChester（478Ma），Caribou（472〜470Ma），Brunswick（469〜468Ma），Stratmat（467〜465）の4回の熱水鉱化作用が認められる（図IX-154）．これらの鉱化層準年代は，鉱床母岩の珪長質火山岩によって規定され，鉱床を生成した熱水作用の年代そのものを正確に決定することはできない．StratmatおよびBrunswick鉱化層準はTetagouche層群中に，CaribouおよびChester鉱化層準はそれぞれCalifornia LakeおよびSheephouse Brook層群中に産する．Stratmat鉱化層準はFlat Landing Brook層中にあり8鉱床を産するが，いずれも小規模である．Brunswick鉱化層準は，Bathurst地域において最大級の鉱床－Brunswick No.12, No.6, Heath Steel B zone鉱床－を含み，23鉱床を産する最も重要な層準である．いずれの鉱床もNepisiguit Fall層の石英－長石斑岩貫入前後に形成された泥岩および火山砕屑岩中に産する（Goodfellow and McCutcheon, 2003）．Brunswick No.12, No.6, Heath Steel B zone鉱床の直上には炭酸塩－酸化物－珪酸塩鉄鉱層が分布する（図IX-154, 155）．Caribou鉱化層準はSpruce Lake, Mount Britain, Canoe

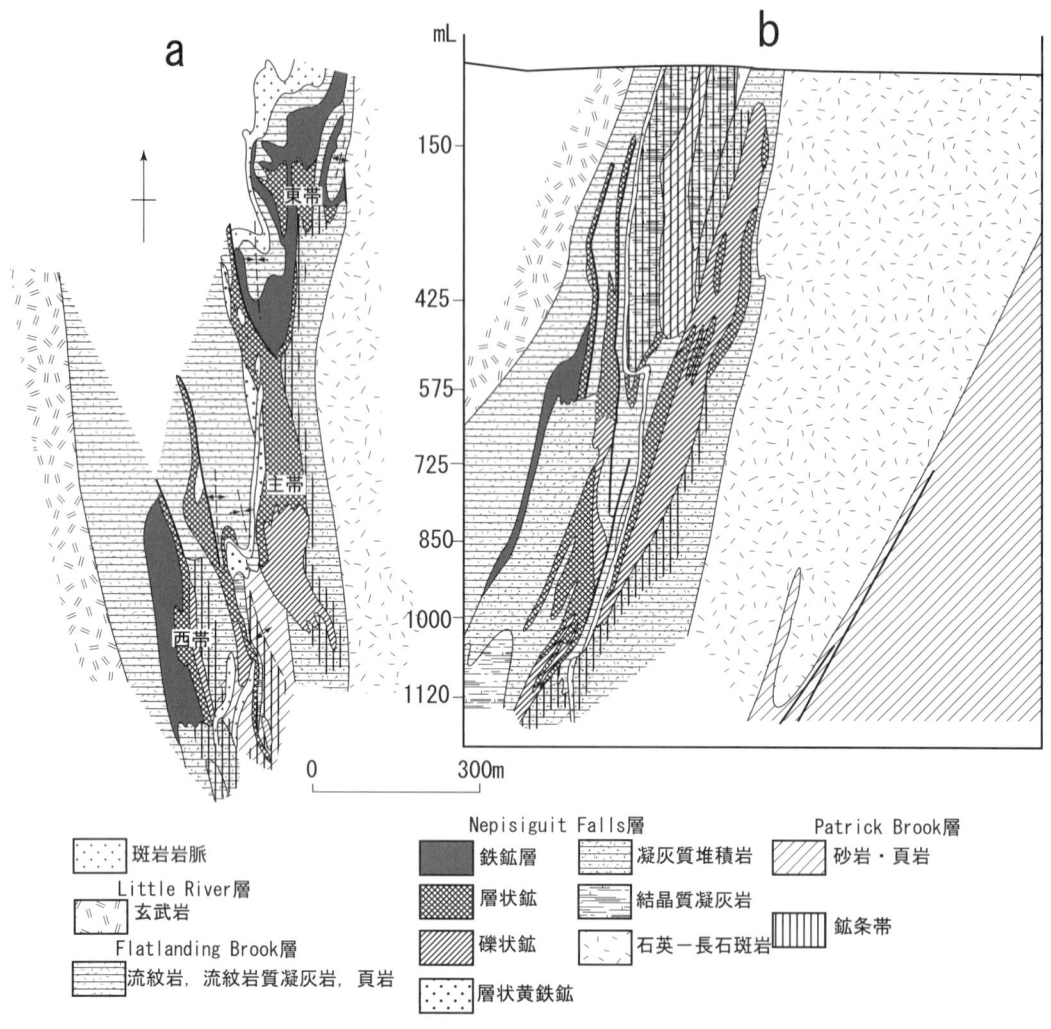

図 IX-155　a　Brunswick No.12 鉱床 575m 坑準地質平面図
　　　　　　b　同地質断面図　− Luff et al. (1992) による −

Landing Lake の3層中にある．Spruce Lake 層には10鉱床を産し，その中で最大の規模を有する Caribou 鉱床は，炭質頁岩とその上を覆う長石斑晶質ないし無斑晶質の珪長質火山岩の間に存在する．Mount Britain 層および Canoe Landing Lake 層中にはそれぞれ小規模な2鉱床および Canoe Landing Lake 鉱床が含まれる．Canoe Landing Lake 鉱床は暗灰色頁岩中に産する．Chester 鉱化層準は，Clearwater Stream 層中にあり Chester 鉱床のみを産する（図 IX-154）．

　Bathurst 地域の鉱床の形態は，強い多相変形作用によって大きく変化しているが，低歪部分に保存されている Bathurst 地域塊状硫化物鉱床の熱水生成物から，あるいは現在生成されつつある海底熱水鉱床，地質時代の低度変形鉱床と比較することによって，鉱床の原形態をある程度再構築することが可能である．現在見られる鉱床は，茨状，レンズ状，層状をなし，個々の鉱体の規模は大小様々で長さ60〜2,300m，厚さ2〜90m，長さ/厚さ比3〜337の範囲である．鉱石の産状は，層状鉱石，層状黄鉄鉱，礫状鉱石，鉱条帯，炭酸塩−酸化物−珪酸塩鉄鉱層に分類される．

層状鉱石（図 IX-155）は主として細粒ないし中粒の黄鉄鉱，褐色閃亜鉛鉱，方鉛鉱からなりこれら鉱物の縞から構成されている．この他少量の硫砒鉄鉱，白鉄鉱，磁硫鉄鉱，黄銅鉱，磁鉄鉱，錫石，黄錫鉱，四面銅鉱，車骨鉱を含む．変形作用に対しては塑性のある閃亜鉛鉱および方鉛鉱は歪を受けやすく，脆性の強い黄鉄鉱は，破砕されやすい．閃亜鉛鉱の鉄量は，0.1～9.0％にわたっており，その他 Cu ＜ 1.09％，Cd 0.08～0.23％，Sn ＜ 0.18％，Bi ＜ 0.12％を含む（Caribou 鉱床）．方鉛鉱は閃亜鉛鉱に伴って産し，銀に富む（最大 0.19％ Caribou 鉱床）．層状鉱石中の黄銅鉱は，脈状あるいは閃亜鉛鉱および黄鉄鉱を交代し点滴状ないし鉱染状をなして産する．脈石鉱物は鉱石全体に鉱染するか縞をなして産する．主な脈石鉱物は，菱鉄鉱，アンケライト，ドロマイト，方解石，重晶石，石英，緑泥石，白雲母，滑石，スティルプノメレイン，ミネソタアイトなどである．層状黄鉄鉱は主として塊状の黄鉄鉱からなり，微量の閃亜鉛鉱，方鉛鉱，黄銅鉱を伴うもので，経済的に採掘し得ない．層状黄鉄鉱は Brunswick No.12 鉱床（Luff et al., 1992）では層状鉱石の上盤あるいは側方に産する．礫状鉱石は，層状鉱石の下盤側に分布し，磁硫鉄鉱，黄鉄鉱，緑泥石化岩石の礫と，礫間を充填し，礫を交代あるいは脈状に貫く磁硫鉄鉱，黄鉄鉱，黄銅鉱，閃亜鉛鉱，磁鉄鉱，緑泥石，石英，鉄質炭酸塩鉱物などからなる．礫は径 10cm 以下の円礫ないし角礫である．閃亜鉛鉱は鉄に富む（平均 Fe 5.6％）が，層状鉱石に比較して Cd, Sn が少ない（Caribou 鉱床）．礫状鉱は鉱床生成時，熱水噴出孔付近で一旦生成した層状鉱が熱水破砕作用によって崩壊し，生じた空隙は硫化物その他の熱水産物により充填され，さらに早期生成の堆積硫化物がより高温の鉱物組み合わせによって交代され形成されたものであると考えられ，ベント複合体と呼ばれている（Goodfellow et al., 1999; Goodfellow and McCutcheon, 2003）．

　鉱条帯は，礫状鉱の下位にあり熱水変質を受けた堆積岩および火山岩類中に発達した硫化鉱物の脈および鉱染鉱からなる．多くの硫化鉱物脈は変形作用により転移して層理とほぼ平行になっているので，鉱条帯全体として層準規制的な外観を呈している．金属鉱物は，主として磁硫鉄鉱および黄鉄鉱からなり，これに黄銅鉱と微量の閃亜鉛鉱および方鉛鉱を伴う．脈石鉱物は他形ないし半自形の石英および鉄質炭酸塩鉱物である．炭酸塩－酸化物－珪酸塩鉄鉱層は Brunswick 鉱化層準の鉱床にのみ伴い，直接硫化物鉱床の上に数 km にわたって発達する．層厚は強い変形作用のため正確に推定することは困難であるが，とくに鉱床周縁部で数 m に達し，鉱床から離れるに従い減少する．この層厚変化は非熱水性の砕屑物堆積物の厚さの相対的変化と対応する．鉄鉱層は鉱物組成に基づき，炭酸塩，磁鉄鉱，珪酸塩，赤鉄鉱の 4 相に分類される．炭酸塩相は主として菱鉄鉱，石英，砕屑物の互層からなり，ときに燐灰石層を伴う．鉱物組成は熱水成鉱物（あるいは熱水成鉱物を起原とする変成鉱物）と砕屑堆積成鉱物からなる．主な熱水成（変成）鉱物は，菱鉄鉱，石英，方解石，ドロマイト，クトナホライトで少量の燐灰石，磁鉄鉱，スティルプノメレイン，満礬柘榴石，磁硫鉄鉱，閃亜鉛鉱，方鉛鉱を伴う．磁鉄鉱相は一般に炭酸塩相を伴い，菱鉄鉱層を挟む磁鉄鉱からなる．主な熱水成（変成）鉱物は，磁鉄鉱，菱鉄鉱，石英で，少量の燐灰石，スティルプノメレイン，磁硫鉄鉱，黄銅鉱，閃亜鉛鉱，方鉛鉱を伴う．磁鉄鉱は明瞭な層構造を示さず，菱鉄鉱の堆積後，続成作用または変成作用によって再結晶したと考えられる（Goodfellow and McCutcheon, 2003）．珪酸塩相は，緑色ないし黒色緑泥石片岩として他の相に挟まれて鉄鉱層周縁部に産し，主として毛氈状の緑泥石からなる．一般に少量の石英，スティルプノメレイン，絹雲母，長石，黒雲母，イルメナイト，ルチル，緑簾石，燐灰石，磁鉄鉱，満礬柘榴石，黄銅鉱，閃亜鉛鉱，方鉛鉱，硫砒鉄鉱，

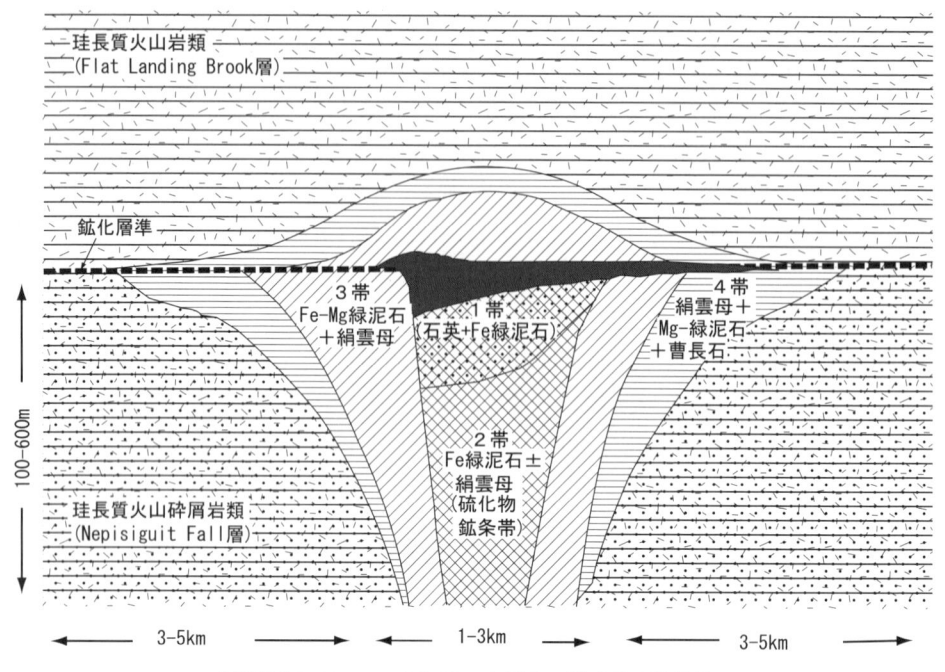

図IX156 Brunswick No.12鉱床の模式的変質分帯図
― Goodfellow and McCutchon (2003) による ―

斑銅鉱が認められる．赤鉄鉱相はAustin BrookおよびBrunswick No.6鉱床に限られ，厚い鉄鉱層上部付近に，他の相に挟まれて産する．主な組成鉱物は赤鉄鉱，磁鉄鉱，石英である．

　鉱床生成時に鉱化熱水流体の海底への供給路であったと考えられる鉱条帯を中心として，母岩の火山岩類および堆積岩が水平方向に1～5km，垂直方向に数百mの範囲にわたって広く変質作用を受けている．この変質帯は，中心部から周縁部に向かって1帯（石英＋Fe緑泥石＋磁硫鉄鉱＋黄銅鉱），2帯（Fe緑泥石＋絹雲母±黄鉄鉱），3帯（Fe－Mg緑泥石＋絹雲母＋曹長石），4帯（曹長石＋Mg緑泥石）のように分帯される．図IX-156にBrunswick No.12鉱床の模式的変質分帯図を示す．1帯は母岩の広範な珪化作用によって特徴付けられる．一部で堆積岩の原層理が保存されているのが認められるが，多くの一次鉱物，とくに珪長質火山砕屑岩の長石斑晶は強い変質作用によって分解消滅している．硫化鉱物としては，磁硫鉄鉱または黄鉄鉱が優勢であるが，常に微量の黄銅鉱を伴う．石英は灰色ないし白色の隠微晶質で縞状を呈する．1帯の変質珪長質火山岩類は，非変質のものに比較してSi, Fe, CO_2, Cu, Zn, Pb, Ag, Cd, Sn, In, Bi, Tl, Hgの濃度が高く，NaおよびCaの濃度が低い．2帯は1帯直下の鉱条帯中心部を形成している．この帯は変形作用により一般構造にほぼ平行に遷移しているが，水平方向の延長は600m程度までに限られる．2帯の特徴は，緑色ないし淡緑色の緑泥石－絹雲母化火山岩類および堆積岩中の磁硫鉄鉱，黄鉄鉱，黄銅鉱を伴う石英脈およびこれら鉱物の鉱染の発達である．珪長質火山岩類の斑晶および石基を構成するカリ長石および斜長石はすべてFe緑泥石と絹雲母に変質している．2帯変質岩の化学組成はSi量が1帯ほど多くない以外は1帯に類似している．3帯は最も広範に発達し，容易に識別できるので鉱床探査に有効である．この帯は鉱床下盤では2帯の周辺に分布するとともに，Brunswick No.12, Caribou, Heath Steel B zone鉱床では鉱床上盤側にも発達している．珪長質火山岩類の

斑晶および石基の長石は，淡緑色ないし緑色の緑泥石－絹雲母連晶に交代されている．緑泥石および絹雲母は非変質の珪長質火山岩類にも変成鉱物として広く産出するので，これと区別するには緑泥石の高い Mg/Mg+Fe 比と長石の欠如に注意する必要がある．硫化鉱物は 1 帯，2 帯に比較して少量であるが，黄鉄鉱，閃亜鉛鉱，方鉛鉱の脈と鉱染が認められる．3 帯変質岩は Mg, Mn, CO_2, S, 卑金属類に富み，カリ長石，斜長石の広範な緑泥石化および絹雲母化により Na, Ca, K, Ba, Rb が少なくなっている．4 帯は変質帯の最も外側を占め，珪長質火山岩類の斜長石と石基の緑色緑泥石および絹雲母による変質によって特徴付けられる．またカリ長石が一部曹長石によって交代されているのが認められる．4 帯変質岩は，Mg, Na に富み Ca が少なくなっている．Bathurst 地域の変質帯緑泥石の Fe/Mg+Fe 比は一般に熱水通路の中心部に向かって増加する傾向があり，この増加は Mn の増加と相伴っている．この性質はこの型の火山成塊状銅－亜鉛－鉛硫化物鉱床に共通している (Goodfellow and McCutcheon, 2003)．

　Bathurst 地域の塊状硫化物鉱床の鉱条帯石英中の流体包有物について NaCl 相当濃度 3～8% と測定され (Goodfellow and Peter, 1996)，硫化鉱物の組み合わせから生成温度は 300℃ 以上と推定された (Luff et al., 1992)．これらの値は，緑色片岩相の変成作用と変形作用の効果が重なっている恐れはあるが，現世の海底熱水鉱床および他の火山成塊状硫化物鉱床の値と比較すると，大きな差があるとは考えられない．

　図 IX-157 において，Brunswick No.12 鉱床内での $\delta^{34}S$ は，鉱条帯平均 $\delta^{34}S = 16.1‰$，塊状鉱平均 $\delta^{34}S = 15.8‰$，層状鉱平均 $\delta^{34}S = 14.2‰$，鉄鉱層鉱床付近 $\delta^{34}S = 15.3‰$，鉄鉱層外側 $\delta^{34}S = 3.1‰$ となっている．Nepisiguit Falls 層の下位の Patrick Brook 層炭質頁岩の $\delta^{34}S$ 値は，バイモーダルになっているが，その中の 1 モードは Caribou 層準中の鉱床の $\delta^{34}S$ に一致し，他のモードは一部 Brunswick 層準の鉱床の $\delta^{34}S$ に重なる．また，Caribou 鉱床の $\delta^{34}S$ は下盤の Spruce Lake 層炭質頁岩の $\delta^{34}S$ の値に含まれている（図 IX-157）．したがって還元硫黄の大部分は海水起原であると考えられる．Bathurst 地域の鉱床は，無酸素海底水の下で成層した Tetagouche 背弧海盆で形成されている．海水の条件は Arenigian 黒色頁岩の広域的堆積時の無酸素海底水から，Llanvirn 赤褐色頁岩およびチャート堆積時の有酸素海底水へ，さらに Caradocian 黒色頁岩堆積時の無酸素海底水へと変化した（図 IX-154）．還元状態の停滞した海水は，Bathurst 地域の鉱床生成に重要な役割を演じている．すなわち (1) 熱水流体中金属の沈殿に必要な生物的還元硫黄の十分な供給，(2) 上昇熱水プリュームにおける硫化物の酸化の最小化による金属捕獲効率上昇（現在の海水のような酸化的環境ではチムニーから排出される黒煙中金属の 90% が酸化され失われる），(3) 強い低層流による硫化物の拡散がないこと．地球規模の無酸素現象は古生代に 4 回（後期カンブリア紀～早期オルドビス紀，中期オルドビス紀，後期オルドビス紀～早期シルル紀，後期デボン紀～早期ミシシッピー紀），中生代に 1 回（後期ジュラ紀）起こっており，重要な火山塊状硫化物鉱床および噴出堆積（SEDEX）鉛－亜鉛－銀鉱床の生成に関係している．Bathurst 地域では，重晶石の産出は少ないが，Brunswick No.12 鉱床礫状鉱中の黄鉄鉱と連晶して産するのが認められる．この重晶石の $\delta^{34}S$ 値は 28.8‰ で，オルドビス紀海洋の $\delta^{34}S$ 値 28‰ と一致し，礫状鉱中の Ba と海水起原の SO_4^{-2} と反応して生成したと考えられる (Goodfellow and McCutcheon, 2003)．

　Bathurst 地域塊状硫化物鉱床の鉛同位体組成は放射性鉛に富み，鉛が大陸性地殻起原であることを示している（図 IX-158）．これは鉱床が，大陸地殻中に発達した背弧リフトで形成されたと

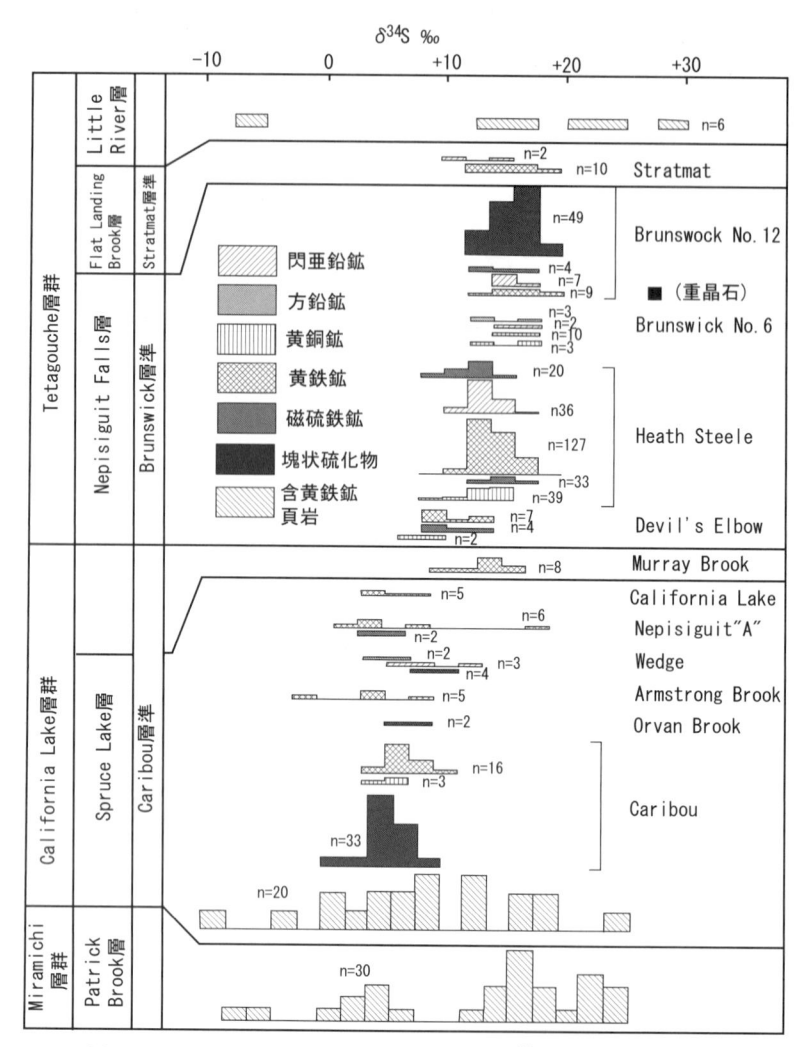

図 IX-157　Bathurst 地域塊状硫化物鉱床の $\delta^{34}S$ 値ヒストグラム
－ Goodfellow and McCutchon (2003) による －

いう説（van Staal et al., 2003）（図 IX-151a,b）と調和する．鉛同位体組成は Tetagouche 層群中の鉱床と Carifornia Lake 層群中の鉱床の 2 群に分けることができる．後者は前者に比較して Pb^{206}/Pb^{204} が高く，これは Carifornia Lake 層群の下にある鉛の起原岩石が Tetagouche 層群内鉱床の鉛の起原岩石に比較して，より進化しておりマントル成分が少ないことを示している．このような鉛同位体組成の多様性は，鉛の起原の不均質性，すなわち熱水反応領域が広範であることを示すと考えられる（Goodfellow and McCutcheon, 2003）．大陸性地殻の大部分は，珪長質火山岩類とそれに関係する貫入岩によって構成されているので，鉛の起原もこれら珪長質岩類と関係があると推定される．

　Bathurst 地域において Sn 含有量は，鉱床の規模と高い正の相関がある．また In と Au も同様に鉱量と正の相関があり，Au は Sb および As と正の相関がある．Sn, In, Au の大規模鉱床における冨化が，基本的に海水を起原とする熱水循環過程に支配されているとすれば，Zn, Pb, Cu

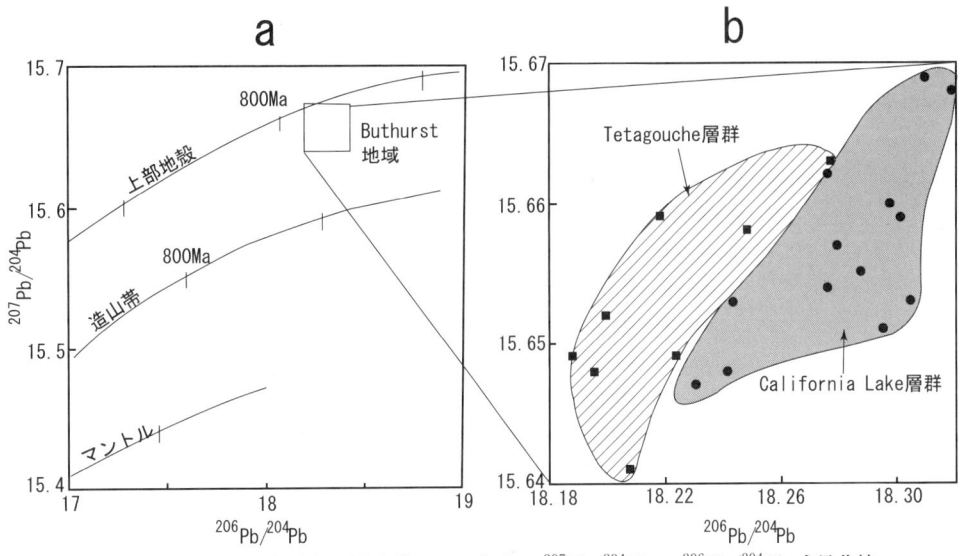

図 IX-158　a　上部地殻，造山帯，マントルの ^{207}Pb/^{204}Pb － ^{206}Pb/^{204}Pb 成長曲線，
b　Buthurst 地域塊状硫化物鉱床 ^{207}Pb/^{204}Pb － ^{206}Pb/^{204}Pb 図
－ Goodfellow and McCutchon (2003) による－

などの卑金属の品位および量比も同様に鉱床規模と相関があるはずであるが，事実はそうではない．このことは，Sn，In，Au，Sb，As などの成分が，海水起原のみではなく，熱水循環システムの中で比較的浅い場所のマグマから放出された揮発性物質起原のものが加わっているという二重起原を示唆する．この推論によって Bathurst 地域における巨大鉱床の特性として，マグマからの入力をあげることができる．Bathurst 地域の多くの鉱床は，各層の珪長質火山岩類に伴って産し，これは金属のマグマ起原説と調和するが，浅所貫入のマグマによって形成された地温勾配のもとでの熱水流体の循環が行う岩石からの金属の抽出を排除するものではない．しかし，火山岩類の量と鉱床の規模とは必ずしも相関していないので，マグマからの直接の寄与を否定することはできない (Goodfellow and McCutcheon, 2003)．

図 IX-159 に Goodfellow and McCutcheon (2003) の提案した Bathurst 地域塊状硫化物鉱床の生成モデルを示した．流体包有物と硫化鉱物組み合わせから推定された塩濃度(NaCl 相当 3〜8%) と生成温度（＞300℃）および層状鉱石中に石英が少ないことから，鉱床の大部分をなす層状鉱石は，海底を這う塩水からではなく，上昇して海水中に広がった熱水プリュームからの沈殿と考えられる．海水中での過冷却条件ではシリカは硫化鉱物に比較して核を作る速度が遅く，沈殿できず拡散してしまう．これに対してベント複合体を形成する礫状鉱は，海底下で生成され過冷却条件にはないため，かなりの石英を含む．層状黄鉄鉱は熱水活動衰弱期の生成と考えられる．炭酸塩，珪酸塩，燐酸塩，酸化物鉱物の成層した鉄鉱層は熱水起原の海底堆積物であり，その大部分は無酸素状態の海底で生成したものであるが，一部鉱床に伴う鉄鉱層上部に産する赤鉄鉱を含む相は有酸素条件で沈殿しており，海水中に酸化還元境界があったことを示す．Bathurst 地域の鉱床を生成した熱水システムは，地溝構造をなす Tetagouche 背弧リフトの中心部に堆積した Miramichi 層群に属する不透水性帽岩および下位の透水性砕屑堆積岩，火山底貫入岩からなる．海水はグラーベン構造周縁部から透水性砕屑堆積岩中に供給されるが，不透水性帽岩によって半ば密閉状態になっ

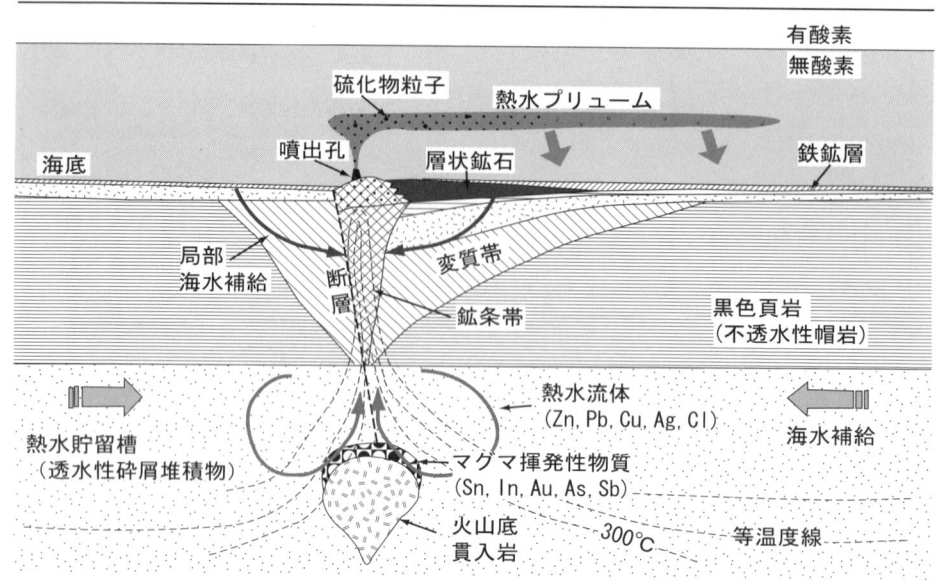

図IX-159 Bathurst地域塊状硫化物鉱床の生成モデル －Goodfellow and McCutchon (2003) による－

た貫入岩周辺では熱水循環セルが形成され，熱水貯留槽（または反応槽 VII-1 参照）が成立する．熱水の排出は焦点が絞られ，噴出口は多少移動するが，長時間活動が可能となる．貫入岩は熱水循環システムに熱を供給するばかりでなく，Sn, In, Au, As, Sb などの金属に富んだ揮発性物質も供給する．

Bathurst 地域における主要鉱床の鉱量は，Brunswick No.12: 2億2,900万t (Pb 3.01%, Zn 7.66%, Cu 0.46%, Ag 91g/t, Au 0.46g/t)，Heath Steel B-zone: 6,990万t (Pb 0.89%, Zn 2.69%, Cu 0.98%, Ag 47g/t, Au 0.54g/t)，Caribou: 6,949万t (Pb 1.60%, Zn 4.29%, Cu0.51%, Ag 51g/t, Au 1.89g/t)，Brunswick No.6: 1,859万t (Pb 1.59%, Zn 4.08%, Cu0.45%, Ag 55g/t, Au 0.11g/t) であり，1999年までの地域全生産量は，1億2,800万t (Pb 2.87%, Zn 6.58%, Cu 0.93%, Ag 82g/t)，現在生産を行っているのは，Brunswick No.12 のみである (Goodfellow and McCutcheon, 2003)．

Broken Hill 亜鉛－鉛－銀鉱床 本鉱床は，オーストラリア・ニューサウスウェールズ西部 Broken Hill 市西方約10kmにあり，地質的には，Willyama 造山帯の東端に位置する．Willyama 造山帯は，変動帯の発展につれて基盤が多くの地塊に分断され，高度変成岩類を切る多数の後退変成剪断帯を生じている．Broken Hill 鉱床地域は，その地塊の一つである Broken Hill 地塊の一部を形成している．Broken Hill 地塊の地質は，Willyama 造山帯の他の地塊と同様主として古原生代 Willyama 累層群からなり，その他苦鉄質貫入岩および花崗岩を産する．Broken Hill 地塊の Willyama 累層群は，下位から Clevadale ミグマタイト，Thorndale 複合片麻岩，Thackaringa 層群，Broken Hill 層群，Sundown 層群，Paragon 層群のように重なり（図IX-160），その層序，変成岩相，岩石組織および化学分析によって推定された原岩相およびジルコンの SHRIMP U-Pb 法による原岩生成年代は表IX-8のように示される．Willyama 累層群は，その原岩相の解析から

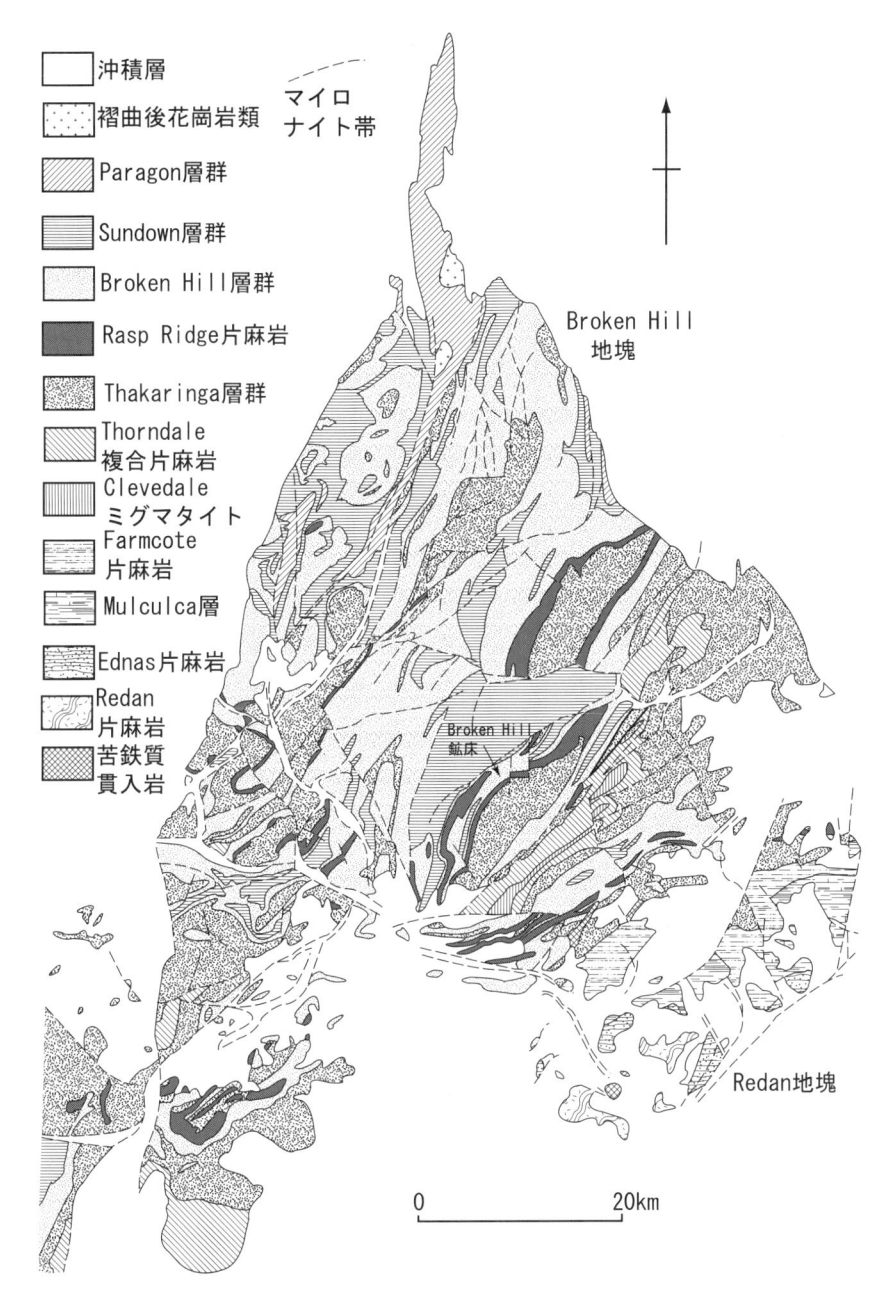

図 IX-160　Broken Hill 地塊・Redan 地塊の Willyama 累層群分布図　— Page et al. (2005) による —

未成熟の陸源性および火山性砕屑物と，珪長質および苦鉄質火山岩類によって特徴付けられる沈降海成シーケンスと見ることができる（図 IX-161）．その火山活動および堆積作用は拡張作用による連続的な沈降の場で 1,700～1,800Ma に開始された．最初は陸棚様の海底傾斜をもった浅海の環境で，引き続く沈降によって海底の傾斜が強まり，現世の深海陸棚環境に比較しうる堆積場を形成し，1,680Ma 頃火山活動の休止の後，現世の大陸斜面あるいはコンティネンタルライズに類似した堆積作用が行われ，1,640Ma 頃 Willyama 累層群の形成は終了した．Willyama 累層群後期にお

表 IX-8　Broken Hill 地塊 Willyama 累層群層序・変成岩相・推定原岩相・原岩年代
— Willis et al.(1983); Page et al.(2005)による—

層序単位			変成岩相	推定原岩相
Paragon 層群	Darint Bore変堆積岩類 1642±5Ma		葉理文象千枚岩稀に文象砂質岩	炭質薄層理細粒タービダイト,微量半遠洋性堆積物・コンターライト砂岩
	Bijerkerno変堆積岩類 1655±4, 1657±4Ma		薄層理〜葉理細粒長石質文象砂質岩,斜交層理	炭質コンターライト砂岩,浅海層状砂岩の可能性
	Cartswrights Ck変堆積岩類		薄層理〜葉理文象質泥質岩/砂泥質岩;微量空晶石片岩;長石質砂質岩	炭質細粒タービダイト,半遠洋性堆積物少量のコンターライト砂岩
		King GunniaCa珪酸塩岩	文象質薄層理Ca珪酸塩岩	炭質不純ドロマイト質石灰岩
Sundown層群　1670-1680Ma			泥質岩/砂泥質岩±砂質岩,薄層理,一般に級化層理,Ca珪酸塩ノジュールを伴う	中〜広域薄層理タービダイト;再移動コンターライトを伴う
Broken Hill 層群	Purnamoota 亜層群	Hores片麻岩 1685±3Ma	石英-長石-黒雲母±柘榴石片麻岩/片岩;稀に粘土質岩;Broken Hill Pb-Zn鉱床;石英-電気石±W鉱	流紋石英安山岩質結晶・石質火山灰流凝灰岩,水中物質流の可能性;Pb-Zn-AgおよびW噴出物
		Silver King層	薄層理泥質〜砂泥質/砂質岩,級化層理;微量苦鉄質片麻岩を挟む;少量の石英-長石-黒雲母±柘榴石片岩/片麻岩	中〜広域薄層理タービダイト;コンターライト;変質Feソレアイト質・流紋石英安山岩質火山岩類を挟む;微量含金属噴出物
		Freyers 変堆積岩類	薄層理泥質〜砂泥質/砂質岩,稀に級化層理;Ca珪酸塩ノジュール	中〜広域薄層理タービダイト;コンターライト
		Parner層 1693±5Ma ≧1682±9	薄層理泥質〜砂泥質/砂質岩,級化層理;微量苦鉄質片麻岩を挟む;石英-長石-黒雲母±柘榴石片麻岩;Ca珪酸塩岩;微量縞状鉄鉱層;柘榴石-石英;石英-亜鉛スピネル;Ca珪酸塩ノジュール	中〜広域薄層理タービダイト;コンターライト;変質Feソレアイト質・流紋石英安山岩質火山岩類を挟む;微量含金属噴出物
		Allendale 変堆積岩類	薄層理泥質〜砂泥質/砂質岩,微量苦鉄質片麻岩;Ca珪酸塩ノジュール	中〜広域薄層理タービダイト;コンターライト
		Ettile-wood Ca珪酸塩岩	薄層理Ca珪酸塩岩	不純ドロマイト質石灰岩
	Thackalinga 層群	Rasp Ridge 片麻岩	石英-長石-黒雲母片麻岩;微量苦鉄質片麻岩;Baに富むCa珪酸塩岩	流紋岩質〜石英安山岩質火山岩類;苦鉄質火山岩類;火山底貫入岩の可能性
		Himalaya層 ≦1710-1700 >1690±11Ma	薄層理優白質Na質斜長石-石英岩;石英-磁鉄鉱薄層;微量苦鉄質片麻岩;優白質珪岩質ペグマタイト	Na質流紋岩質降下凝灰岩;方沸石化珪質質凝灰岩;Feに富む化学的堆積物;苦鉄質火山岩類;再流動流紋岩質火山岩類
		Cues層	砂質〜砂泥質変堆積岩類/複合片麻岩;苦鉄質片麻岩を挟む;石英-長石-黒雲母-柘榴石片麻岩;優白質片麻岩;微量柘榴石-石英,石英-Fe酸化物/硫化物岩;稀にPb-Zn, Cu	薄層理長石質砂岩,シルト岩;優白質,流紋石英安山岩質火山岩類;流紋岩質降下凝灰岩;Fe-Cuおよび微量のPb-Znに富む噴出物
		Alderes Tank層	変堆積岩または曹長石質石英-長石質複合片麻岩	長石質砂岩・シルト岩層;少量の火山砕屑岩類
		Lady Brassey層 ≦1720 Ma	薄層理Na質斜長石-石英岩;塊状苦鉄質片麻岩	Na質流紋岩または変質降下凝灰岩,火山砕屑岩類;ソレアイト質火山岩類を挟む
		Alma 片麻岩 1704±3Ma	粗粒石英-長石-黒雲母片麻岩;微量苦鉄質片麻岩	流紋岩質石英安山岩質斑状火山岩類
Thorndale複合片麻岩			薄〜弱層理長石質変堆積岩複合片麻岩;微量苦鉄質片麻岩	長石質砂岩・シルト質砕屑岩類,外力砕屑岩類;ソレアイト質火山岩,貫入岩
Clevedaleミグマタイト			薄〜弱層理優白質石英長石質/変堆積岩ミグマタイト;微量苦鉄質片麻岩	Na質流紋岩,層状火山砕屑岩類,外力砕屑岩類;ソレアイト質火山岩,貫入岩

いては,広範なコンターライトを含む低エネルギーの堆積および新しい長石質堆積物が,沈降の進行と海底傾斜の変化を示している.堆積の場は火山活動が活発であったことを示しているが,シーケンス中には,火山活動の中心に近いことを示す粗粒の火山砕屑物などは含まれていない.火山岩類は主としてシーケンスの下部2/3に集中し,珪長質−苦鉄質のバイモーダルの特徴を示す.全

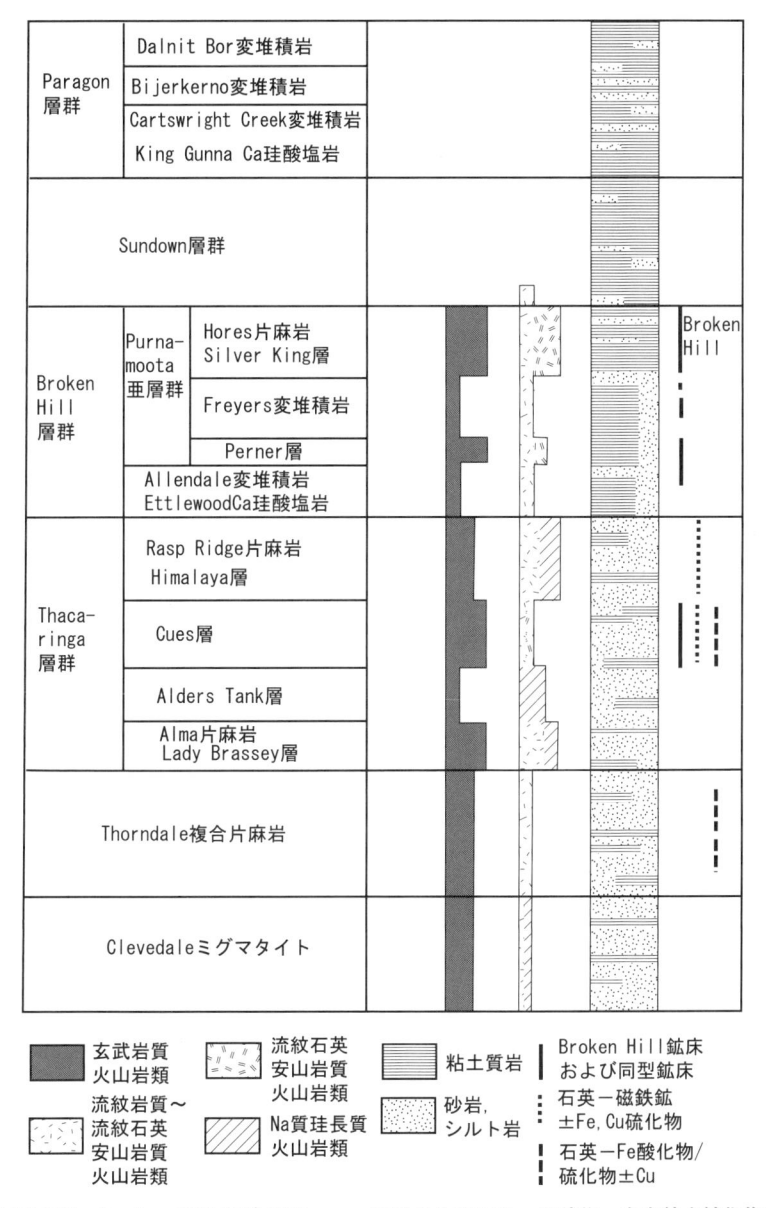

図 IX-161 Broken Hill 地塊 Willyama 層群の火山活動，堆積物，海底熱水鉱化作用
－ Willis et al. (1983) による －

火山活動を通じて，高 Fe ソレアイトが噴出し，初期には，Na 質珪長質火山岩類および流紋岩－流紋石英安山岩を，シーケンスの上部にかけては，流紋石英安山岩－石英安山岩を伴う．また海底熱水作用により，火山活動前期には Fe に富む噴出物を，後期には Pb-Zn-Ag に富む噴出物を生成している (Willis et al., 1983)．Willyama 累層群は，その後多相の変形および変成作用を受けている．3 段階の褶曲作用 F_1, F_2, F_3 が認められ，F_1 褶曲として振幅が数十 km に及ぶ大規模な横臥褶曲があり，下方フェルゲンツの F_2 および F_3 褶曲の例がある．累進変成作用が 3 段階の変形作用とほぼ同時期（約 1,600Ma）に起こり，変成度は Broken Hill 地塊の北部で角閃岩相高温部，南部

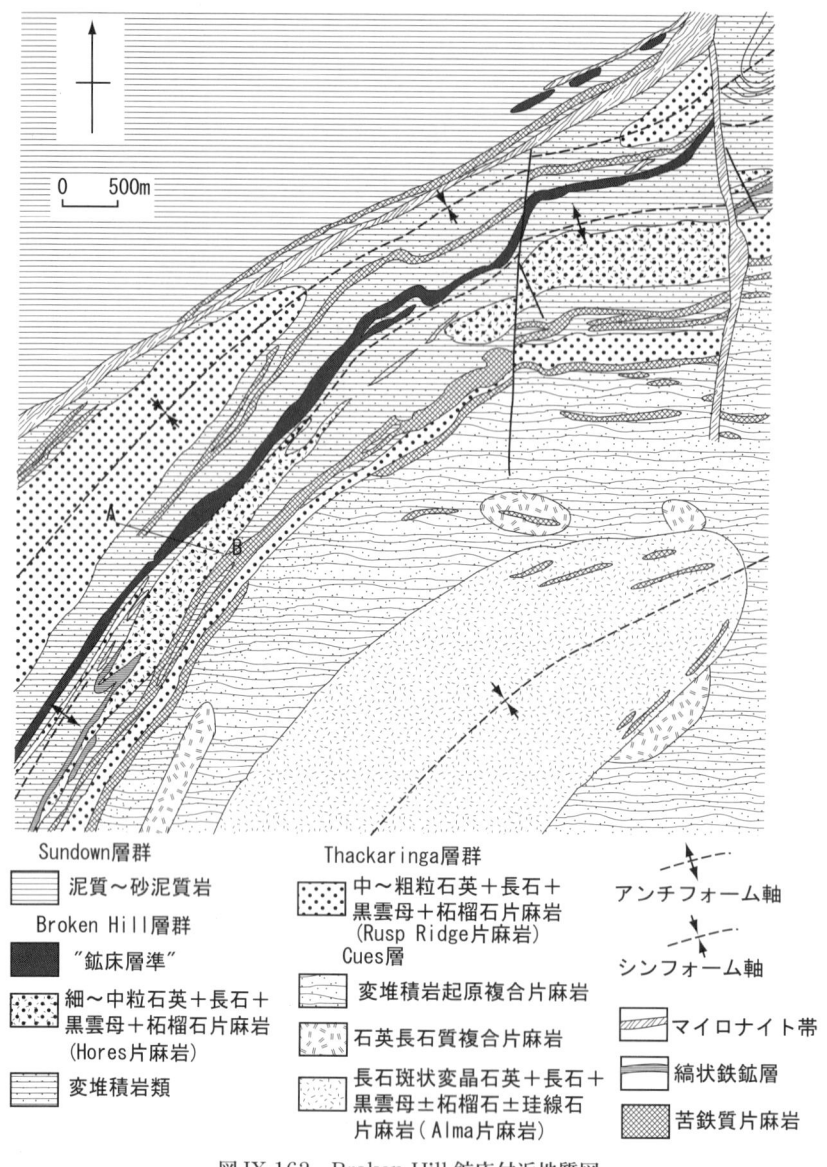

図IX-162 Broken Hill 鉱床付近地質図
— Parr and Plimer (1993); Willis et al. (1983) による —

ではグラニュライト相に達している．その後少なくとも500Maまで後退変成作用が断続的に行われた (Parr and Plimer, 1993).

Broken Hill 鉱床付近の地質はWillyama累層群のThackaringa層群，Broken Hill層群，Sundown層群からなる（図IX-162）．Thackaringa層群は下位からAlma片麻岩，石英長石質複合片麻岩−変堆積岩起原複合片麻岩，Rusp Ridge片麻岩の順に重なり苦鉄質片麻岩を挟む．それぞれの原岩は，流紋岩質石英安山岩質斑状火山岩類，流紋石英安山岩質火山岩類−薄層埋長石質砂岩・シルト岩，流紋岩質〜石英安山岩質火山岩類，ソレアイト質火山岩類である．Broken Hill 層群は，変堆積岩類，Hores片麻岩，"鉱化層準"，縞状鉄鉱層からなり，苦鉄質片麻岩を挟む．変

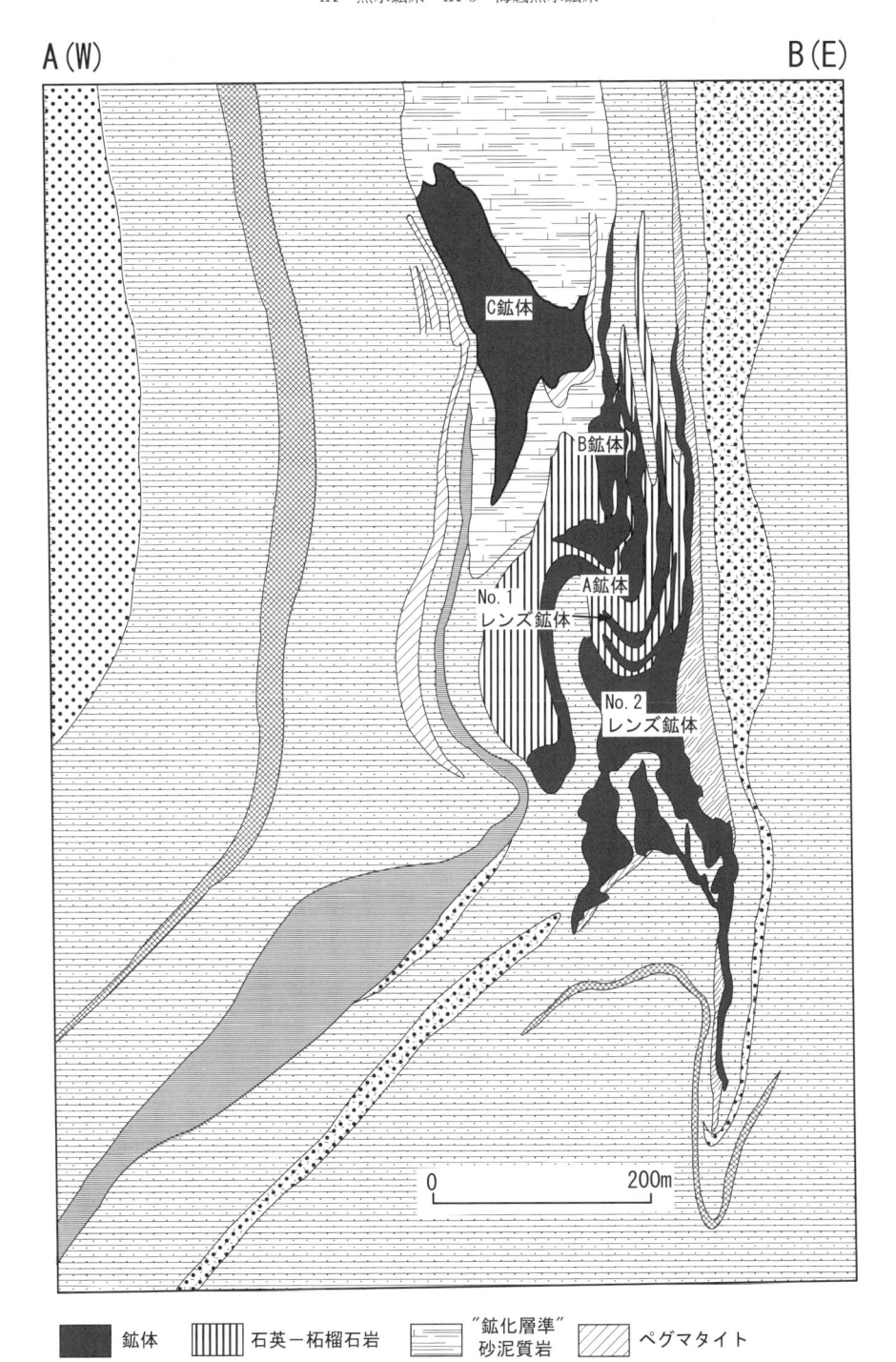

IX 熱水鉱床 IX-6 海底熱水鉱床   *361*

図 IX-163 Broken Hill 鉱床断面図（断面位置，凡例は図 IX-162 参照）
— Parr and Plimer (1993) による —

堆積岩類の原岩は，中～広域薄層理タービダイトおよびコンターライト，Hores 片麻岩の原岩は，流紋石英安山岩質結晶・石質火山灰流凝灰岩と推定されている．"鉱化層準"は，鉱体とそれを取り巻く石英－亜鉛スピネル岩，石英－柘榴石岩，変堆積岩類などから構成される．Sundown 層群は，中～広域薄層理タービダイトおよび再移動コンターライトを原岩とする泥質～砂泥質岩からなる．

　Broken Hill 鉱床は，"鉱化層準"中に層状，レンズ状，塊状をなして産する多数の鉱床からなり，下位から上位へ，C 鉱化体，B 鉱床，A 鉱床，下部 No.1 レンズ鉱床，上部 No.1 レンズ鉱床，No.2 レンズ鉱床，No.3 レンズ鉱床などがある（Mackenzie and Davies, 1990）．鉱床は，広域 F_1 ナップの逆転した翼部に位置し，これに急傾斜の軸面を有する同斜褶曲 F_2 が重なる．鉱床は F_2 アンチフォームのヒンジから近接する F_2 シンフォームの南東側翼部にわたっており（図 IX-163），硫化物は流動して同斜褶曲のヒンジ部で調和的層序を保ちながら厚みを増している．北西方向に傾斜するマイロナイト帯は鉱床の薄化した東側翼部に相当し，このマイロナイト帯は，約 300m の垂直移動と若干の水平移動を示すとともに，帯内には変形していない変堆積岩類と石英に富み硫化物を含む岩石が見出される．A 鉱床は多数の鉱床中最も複雑でかつ最も大規模であり，弱く鉱化した石英－柘榴石岩中に発達する多数のレンズ状，莢状の高品位鉱体からなる．個々の鉱体は，長さ 50～1,100m，幅 20～90m の規模を有し Pb+Zn 20% 以上の品位を示すが，A 鉱床全体としての平均品位は Pb 4%，Ag 30g/t，Zn 10% 程度である．主要な金属鉱物は鉄閃亜鉛鉱（Fe 10～12%），方鉛鉱，磁硫鉄鉱で少量の砒鉄鉱，黄銅鉱を産する．脈石鉱物は石英および Mn 柘榴石を主とし，少量の薔薇輝石，灰鉄輝石，カミングトン閃石および微量の方解石を伴う．B 鉱床および No.1 レンズ鉱床は，A 鉱床と同様の性質を示すが，平均品位がやや高く鉱床全体の規模は小さい．最下位の C 鉱化体は長さ 2,600m 以上，最大水平幅 130m，垂直延長 250m の規模を有し，主として含柘榴石砂泥質岩からなる"鉱化層準"中に胚胎するが，平均的には低品位（Pb+Zn 1～2%）で鉄閃亜鉛鉱，方鉛鉱，磁硫鉄鉱の鉱染帯をなす．しかし，長さ 50m，厚さ 5m 程度の高品位（Pb+Zn ＞ 10%）レンズ状鉱体が散在し，これらは経済的価値を有する．下位の A，B，C，No.1 レンズ鉱床は亜鉛が優勢であるのに対して，上位の No.2 および No3 レンズ鉱床は鉛と銀に富み，Broken Hill 鉱床全体として，層序的に下位ほど Zn，Cu，Bi，Ni が，上位ほど Pb，Ag，Mn，Sb，As が増加する傾向が認められている（Mackenzie and Davies, 1990; Parr and Plimer, 1993）．

　Broken Hill 鉱床および Broken Hill 地塊内の同型の鉱床には，通常の熱水変質帯と見なされるものは認められていない（Parr and Plimer, 1993）．しかし，Broken Hill 鉱床は，やや異常な組成を持つ多様な岩石を伴っている．そのような岩石の一つに，泥質岩，柘榴石に富む角閃岩，および微量の亜鉛スピネル，含鉛正長石，硫化物を伴う青色珪質岩などを取り込んだ珪質岩があり，これは，変成作用を受けた熱水変質岩または砕屑物と熱水噴出物の混合物と考えられる．このような岩石は熱水噴出物とともに"鉱化層準"と呼ばれている（Parr and Plimer, 1993）．

　Broken Hill 鉱床の埋蔵鉱量は既生産量も含めて 2 億 8,000 万 t（Pb 10%，Zn 8%，Cu 0.14%，Ag 148g/t）と報告され（Parr and Plimer, 1993），4 鉱山によって開発されているが，その中の Z.C. 鉱山の 1911 から 1987 年までの生産量は，7,350 万 t（Pb 10.2%，Zn 11.1%，Ag 78g/t）である（Mackenzie and Davies, 1990）．

(2) 噴出堆積（SEDEX）亜鉛－鉛－銀鉱床

　噴出堆積亜鉛－鉛－銀鉱床は，半地溝海盆において嫌気性海成砕屑堆積物を母岩とし，海底へ噴出した熱水流体によって生成された硫化物鉱床で，その主な鉱石鉱物である閃亜鉛鉱および方鉛鉱が，石英および重晶石などの熱水産物および母岩である堆積物とともに規則的な成層をなして産する．この型の鉱床は，世界の鉛および亜鉛埋蔵量の50％以上を有し，鉛・亜鉛資源として最も重要な位置を占めている．鉱床の形態は，板状ないしレンズ状で厚さは数cmから数十mに達し，横方向の広がりと最大厚さの比は通常≧20である．1,000 m以上の間隔をもった複数の鉱化層準が認められることがある．鉱床生成年代は，早期〜中期原生代，早期カンブリア紀，早期シルル紀，中〜後期デボン紀からミシシッピー紀，中生代である．母岩の多くは，炭質黒色頁岩，シルト岩，チャート質粘土岩，チャートであるが，タービダイト質砂岩，細礫ないし中礫礫岩，遠洋性石灰岩およびドロマイトの薄層を挟むことがある．陸棚環境の場合は，蒸発岩，石灰質シルト岩および泥岩を多産する．母岩層序中に凝灰岩，アルカリ岩系およびソレアイト岩系海成苦鉄質溶岩流および貫入岩が存在することがある．変形作用が弱い場合は硫化物および重晶石の葉層はきわめて細粒であるが，強く褶曲した鉱床では粗粒の再結晶帯が一般的に認められる．葉層は通常単鉱物であり，厚さは数mmから数十cmの範囲である．いくつかの葉層が重なって鉱化層を形成する．主要な金属鉱物は黄鉄鉱，磁硫鉄鉱，閃亜鉛鉱，方鉛鉱で，ときにかなりの量の黄銅鉱を伴うが，多くの場合黄銅鉱を伴わない．微量金属鉱物として，白鉄鉱，硫砒鉄鉱，輝蒼鉛鉱，輝水鉛鉱，硫砒銅鉱，針ニッケル鉱，銀四面銅鉱，輝コバルト鉱，錫石，バレリ鉱，メルニコバイトなどが報告されている．顕生代の鉱床では，重晶石は鉱石帯の主成分鉱物であるが，原生代の鉱床では稀である．重晶石以外の脈石鉱物としては，石英，方解石，アンケライト，菱鉄鉱，Ba炭酸塩鉱物がある．母岩の変質作用は，広く発達する場合からほとんど認められない場合まである．鉱床の中心部には，上昇する熱水流体と熱水からの堆積物との相互作用によって形成されたベント複合体が発達することがある（Goodfellow et al, 1993）．ベント複合体は，層状を示す鉱化層と異なり不均質で，一般に硫化物，炭酸塩，石英からなる塊状帯，斑状交代部，不規則脈，鉱染帯で構成される．主な金属鉱物は，黄鉄鉱，磁硫鉄鉱，方鉛鉱，閃亜鉛鉱，少量の黄銅鉱，硫砒鉄鉱，硫塩鉱物を伴う．脈石鉱物として，鉄質炭酸塩鉱物，ドロマイト，石英，電気石を産する．ベント複合体の下部には，網状脈あるいは鉱染鉱からなる鉱条帯があり，これを中心として変質帯が発達することがある．変質鉱物として，シリカ鉱物，電気石，炭酸塩鉱物，曹長石，緑泥石を産する．鉱床の上盤側にも変質帯が認められることがある．この型に属する鉱床は，大型のものが多く，その例として，Howards Pass, Faro, Dy, Curque（カナダ・ユーコンテリトリー），Sullivan（カナダ・ブリティッシュコロンビア），Red Dog, Anarraaq, Lik（米国アラスカ），Balmat（米国ニューヨーク），El Aguilar（アルゼンチン），Black Angel（グリーンランド），Arditurri（スペイン），Meggen, Rammelsberg（ドイツ），Zinkgruvan（スウェーデン），Gamsberg, Big Syncline, Broken Hill, Black Mountain, Rosh Pinah（南アフリカ），Filizchai, Ozernoe, Tekeli, Gorresk, Limonitovoske, Kholodninskoe（ロシア），Rampura-Agucha, Dariba-Rajpura, Sindesar Kalan East, Zawarmala（インド），Changba, Dongshengmiao（中国），Dairi（インドネシア），McArthur River(H.Y.C.), Century, Mount Isa, George Finsher, Lady Loretta, Dyglad River, Hilton North, Cannington（オースト

ラリア)がある (Leach et al., 2005).

Howards Pass 亜鉛－鉛－銀鉱床 本鉱床は，カナダのユーコンテリトリーとノースウエストテリトリーの境界付近に存在し，地質的にはSelwyn堆積盆中に位置する．Selwyn堆積盆は，早期古生代に起こった北アメリカの西部大陸縁辺部のリフト作用によって形成された．拡張作用の開始は，卓状地性の石灰岩から基底の炭質泥岩およびチャートへの急激な転移によって記録されている．この転移はMisty Creekエンベイメントでは最後期早期カンブリア紀に，Howard Passでは中期オルドビス紀に生じ，Selwyn堆積盆全域にわたってダイアクロニックに起こったように見える．Howard Pass鉱床付近では，Selwyn堆積盆は主拡張性断層（現在堆積盆縁辺を規定する線構造によって示されている）に沿う沈降によって中期オルドビス紀に発達を始めた．後期カンブリア紀から早期オルドビス紀にわたる基盤の石灰岩の堆積に続いて，残りのオルドビス紀から早期シ

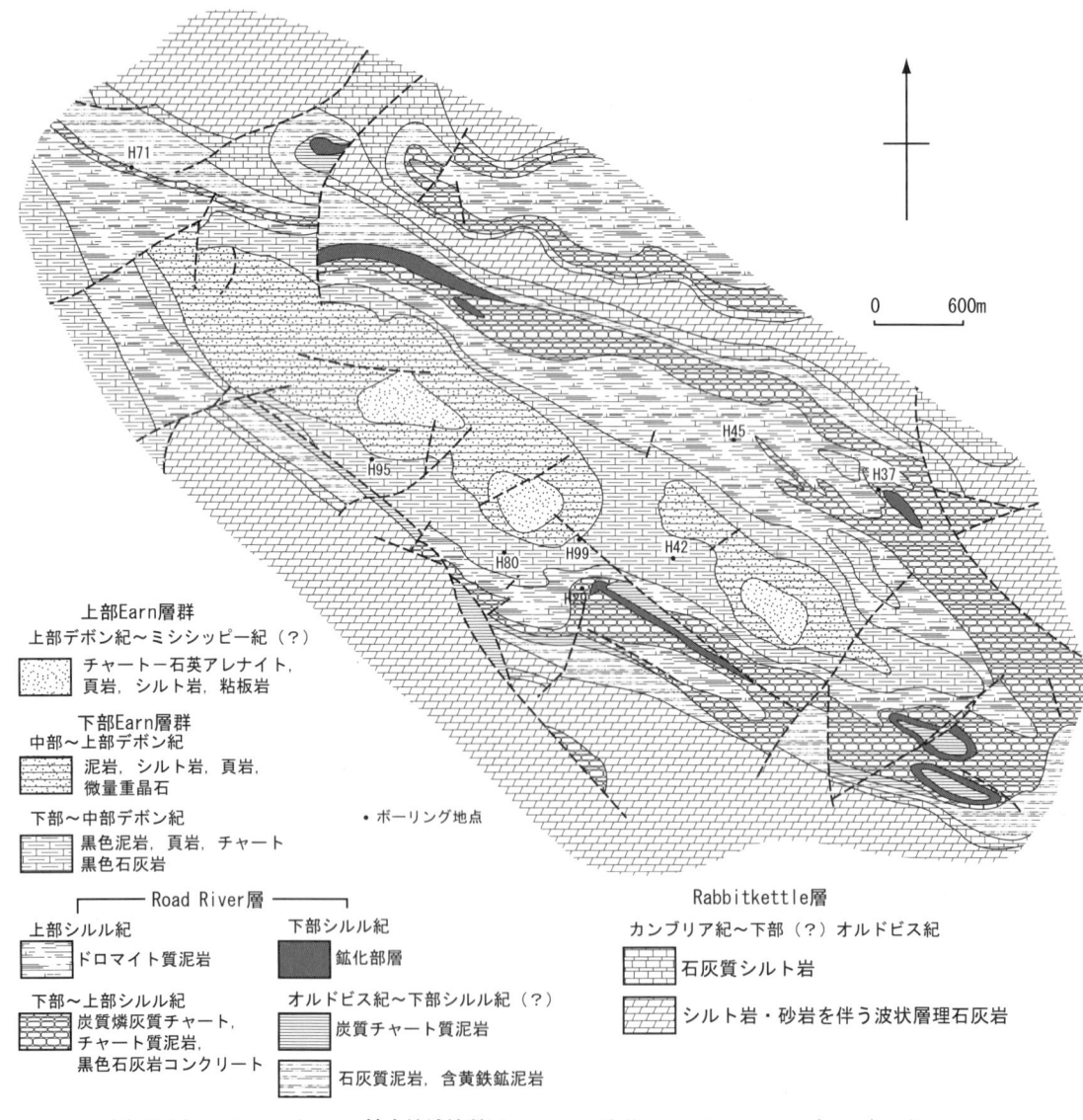

図IX-164 Howards Pass 鉱床地域地質図 － Goodfellow and Jonasson (1983) による －

ル紀まで炭質泥岩とチャートを主とする岩石が堆積した．この堆積作用は，堆積物に乏しい基底環境に特徴的な 1,000 年間に 0.4cm 以下の低堆積速度でもって行われている．この環境は，ほぼ中期〜後期シルル紀の堆積盆上昇によって中断され，その後早期デボン紀に堆積物に乏しい環境に復帰した．この上昇期の堆積物水平圧縮作用は Howard Pass 鉱床の早期変形作用の原因と考えられている．Selwyn 堆積盆における噴出堆積硫化物鉱床の生成は，3 期にわたっている．第 1 期は早期カンブリア紀の Anvil 地域の鉱床に代表され，第 2 期は早期シルル紀の Howard Pass 鉱床の生成である．第 3 期は，ユーコンテリトリーおよび北部ブリティッシュコロンビアの Tom, Jason, Pete, Cirque, Driftpile, Elf などが生成した中〜後期デボン紀である．

　Howards Pass 地域の地質はカンブリア紀からミシシッピー紀にわたる古生層からなり，下位から Rabbitkettle 層，Road River 層，下部 Earn 層群，上部 Earn 層群のように累重する（Goodfellow and Jonasson, 1983）（図 IX-164）．Rabbitkettle 層は，波状層理を示すシルト質石灰岩からなる．その上に整合に重なる Road River 層は，下から含黄鉄鉱泥岩，石灰質泥岩，炭質泥岩，鉱化層，燐灰質チャート，生物擾乱泥岩から構成され，その上の下部 Earn 層群は，石灰質および炭質泥岩，黒色泥岩およびシルト岩からなる．上部 Earn 層群は，粗粒および細粒の外力砕屑岩からなる．鉱床は 2 回の変形作用を受けている．最初は，鉱化層の堆積後間もなく，粒間流体が多く残留しているときの圧縮作用で，小規模褶曲，石英および炭酸塩鉱物の圧力溶解，縞状劈開面に沿った閃亜鉛鉱，方鉛鉱，黄鉄鉱の再結晶などに記録されている．後期変形作用は白亜紀のララマイド造山運動で，広域的な圧縮褶曲と粘板岩状劈開を生じている（Goodfellow and Jonasson, 1983）．

　Howards Pass 鉱床は，Howards Pass 亜堆積盆中に産し，全体として半径 3〜4km の円盤状を呈する．鉱床は"鉱化部層"（Active Member）と称され，亜堆積盆中心部で約 50m の厚さを有し，周縁に向かって徐々に厚さを減ずる．Road River 層中の鉱化部層は，硫化物層間に挟まれる石灰岩とチャートの割合に基づいて，上部層と下部層に分けられる．下部鉱化部層は，主として葉理または薄層を示す石灰岩とチャート質石灰岩からなり，ときに炭質チャート質泥岩を挟む．上部鉱化部層は少量の石灰岩を挟む炭質チャートからなる（図 IX-165）．最も閃亜鉛鉱と方鉛鉱に富むのは，鉱化部層が最も厚い Howards Pass 亜堆積盆中心部である（図 IX-165）．鉱化部層は堆積盆周縁部に向かって薄くなるので，閃亜鉛鉱と方鉛鉱も周縁部に向かって貧化する傾向がある．例外として，Howards Pass 亜堆積盆東部のボーリング H37 では，鉱化部層が厚く石灰質であるのに方鉛鉱および閃亜鉛鉱の品位が比較的低い．これはボーリング H45 付近で鉱化部層がやや薄層化しているためと考えられる．閃亜鉛鉱および方鉛鉱はきわめて細粒（1-50 μm）をなし，薄く葉理面および縞状劈開面に濃集している．この縞状劈開は，前述の前期変形作用による石英および方解石の圧力溶解に伴う収縮の結果形成されたと考えられ，石英および方解石は引き続き細脈中に再沈殿する．縞状劈開中の再結晶硫化物は長い距離を移動していないので，鉱化部層内の元素累帯分布に影響を及ぼさず，再結晶の結果として硫黄同位体の均質化が期待される．鉱化部層内で鉛と亜鉛に関して垂直的にも水平的にも累帯分布を示す．すなわち，Pb/Pb+Zn 比は，下部から上部に向かい，鉱床中心部から周縁部に向かって減少する（図 IX-165）．垂直的な Pb/Pb+Zn 比の変化は，同時に下部のチャート質石灰岩から上部の炭質チャートへの岩石的変化を伴っている．黄鉄鉱は，一般に細葉理および薄層中に微フランボイドの濃集鉱染状をなして産する．縞状劈開中では，一般に黄鉄鉱微フランボイドは結合するか再結晶する．鉱化部層中の黄鉄鉱の分布は，ほとんど塊状に濃集

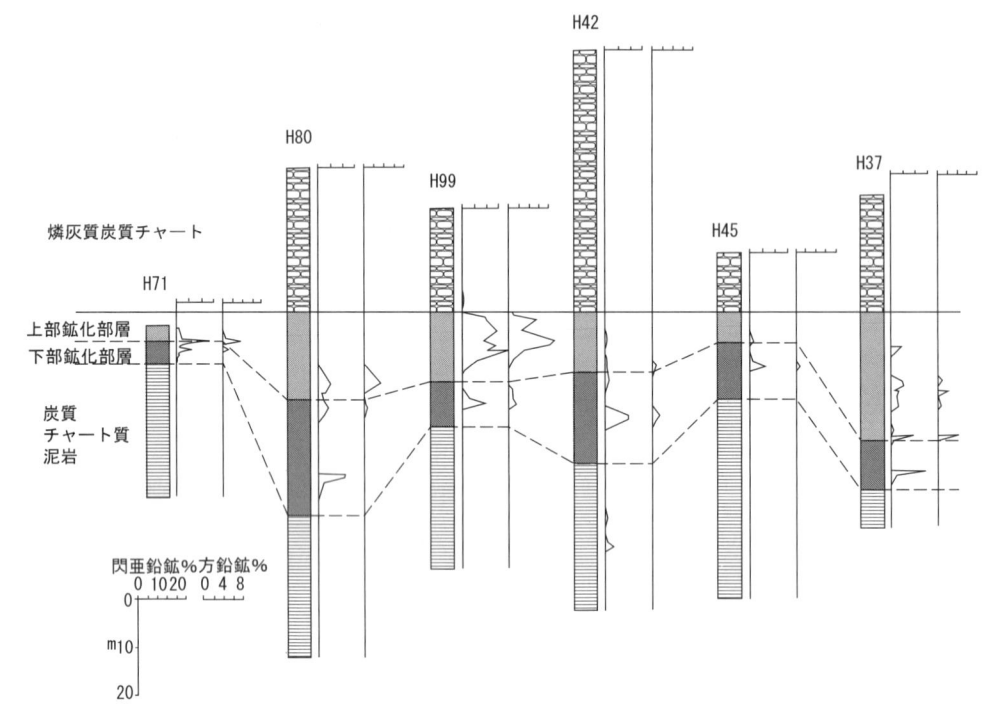

図 IX-165　Howards Pass 亜堆積盆鉱化部層柱状図（凡例は図 IX-164 参照）
― Goodfellow and Jonasson（1983）による ―

する場合から葉理チャート質石灰岩に微フランボイドが弱く鉱染する場合まである．下部鉱化部層では，チャート質石灰岩よりも夾在する炭質チャート中により多く黄鉄鉱を含む．主要硫化鉱物である閃亜鉛鉱，方鉛鉱，黄鉄鉱以外に，微量鉱物として四面銅鉱，輝水鉛鉱，磁硫鉄鉱，ポリジム鉱，針ニッケル鉱，ゲルスドルフ鉱を産する．

　鉱化部層内で方解石および石英は，葉理を示す硫化物より遙かに多く産する．その結果，両者は互いに他の鉱物が減少するとそれを補完して増加するという関係にある．鉱化部層内での方解石の主たる産状は，コンクリーションおよび細葉理石灰岩である．同心円状および放射状の累帯構造を示す径 1m 以内の楕円体コンクリーションが鉱化部層内，とくに上部鉱化部層中および燐灰質チャートの上に多く認められる．それに対して，葉理石灰岩は，通常チャート質で，淡灰ないし中灰色，有機質炭素に乏しい．石英の主な産状である上部鉱化部層中の炭質葉理チャートは，弱く葉理をなす微晶質石英および層理面に平行に配向した繊維状石英からなる（Goodfellow and Jonasson, 1983）．

　Howards Pass 鉱床は下盤の炭質泥岩および上盤のチャートに挟まれて賦存し，これらの岩石は鉱化部層から離れた同時期の岩石より多くの黄鉄鉱を含み，よりドロマイト質である．また鉱化部層に近い黄鉄鉱ほど Ni，Co，As，Sb，Se を多く含む傾向が認められる．下盤の炭質泥岩では，Howards Pass 鉱床付近で自生 K-Ba 長石中の K 量が高く，上盤の燐灰質炭質チャートでは，硫化物帯から離れるに従ってその厚さと燐灰石含有量を減ずる（Goodfellow and Jonasson, 1983）．

　Goodfellow and Jonasson（1983）は，Selwyn 堆積盆海水の古環境進化を黄鉄鉱および重晶石の $\delta^{34}S$ の変化，全岩化学組成，堆積論，古生物層位学を用いて明らかにし，その噴気堆積硫化物

鉱床の生成, 保存, 変化に対する役割を示そうとした. 海洋環境の重要な要素である海洋水循環の程度は, 海水中の有機物質生産および消費の速度, 硫化鉱物－硫酸塩鉱物間の硫黄同位体分別作用, 無酸素階層化堆積盆において生成された炭酸塩鉱物の炭素同位体組成によって評価できる. 同時生成の黄鉄鉱および重晶石の $\delta^{34}S$ は, 海洋循環の停滞・流通交代の開始および期間を明らかにするのに用いられる. さらに, Selwyn 堆積盆産重晶石の $\delta^{34}S$ を世界の蒸発岩の $\delta^{34}S$ と比較することによって, 開放海洋との交換の程度を知ることができる. また, 海水から沈殿した黄鉄鉱の堆積物中での存在は, 明らかに無酸素低層水を指示する. 酸化環境で沈殿する重晶石およびマンガン酸化物と無酸素環境で生成される鉱物との共存は, 酸化還元階層化海水の証拠となる. 堆積物中の重晶石およびマンガン酸化物の存在は, 海水の開放海洋との流通を指示するが, これらの鉱物の生成および保存に影響を与える化学作用および続成作用などの他要素があるので, 存在しないからと言って流通がないと言うことはできない. 海水が階層化するためには, 最初に上部と下部の間に密度の差を生ずることが必要である. 密度の差があった期間は古塩濃度の測定によって知ることができ, 自生粘土鉱物の構造に取り込まれた硼素 (B) の量は海水中の B, したがって塩濃度に比例するので, 粘土鉱物中の B を測定すれば海水密度の差があったことを知ることができる. 嫌気性バクテリアの還元作用が行われる期間に生成される硫化物の $\delta^{34}S$ は, 海水中の硫酸の $\delta^{34}S$ に比較して軽くなるが, 無酸素海水内では, 還元されて硫化水素になる硫酸の割合が高まり, 軽い硫黄を持つ黄鉄鉱の堆積物中への固定と相まって, 海水中に残留する硫酸および硫化水素の $\delta^{34}S$ が次第に上昇する (IV(1) 参照).

図 IX-166 に, 後期カンブリア紀からミシシッピー紀にわたる Selwin 堆積盆総合柱状図の上に岩石中黄鉄鉱および重晶石の $\delta^{34}S$ の時間変化を示した. 早期ないし中期オルドビス紀の大陸縁辺部のリフト活動に伴う Selwyn 堆積盆沈降開始時における黄鉄鉱の $\delta^{34}S$ 値はきわめて低く, 開放型海洋における硫酸のバクテリア還元作用によって生成される黄鉄鉱の期待 $\delta^{34}S$ 値に近い. その後オルドビス紀を通じて黄鉄鉱の $\delta^{34}S$ 値は上昇を続け, 後期オルドビス紀ないし早期シルル紀には +14‰ に達する. これは Selwyn 堆積盆が少なくとも部分的に流通を制限され, 海水が階層化し, この時期の開放型海洋から次第に孤立していったことを示す. このことは有機炭素および塩濃度 (B) の増加によっても裏付けられる. 有機炭素の高濃度化は後期オルドビス紀に始まった熱水活動による生物生産性増加も寄与していると考えられる. 早期シルル紀における一時的な有機炭素の減少は, 石灰岩の沈殿によるものである. Howards Pass 亜堆積盆における熱水活動の開始は, 苦鉄質火山活動によって示される拡張期の後であり, 北コルディレラ海進に一致する. 早期シルル紀鉱化部層およびその上の燐灰質チャート中黄鉄鉱の $\delta^{34}S$ 値は, 急激に増加して 47‰ に達し, 重晶石の $\delta^{34}S$ 値とほぼ等しくなる. このことは無酸素水中の硫酸が, ほとんどすべてバクテリア還元されてしまったことを示唆する. これは, この時期に最高潮に達し, Howards Pass Pb-Zn-Ag 鉱床を生成した熱水活動によって燐, 窒素などの栄養物質が多量に供給されバクテリアの還元作用を促進したためと考えられ, 同時に起こった鉱床の生成と有機炭素の増加が, この考えを支持している. また, B 濃度の異常な増加が示す塩濃度の増加は金属に富む高塩濃度熱水の影響であると考えられる. 燐灰質チャートの上を覆う生物擾乱泥岩は, 強い生物擾乱と炭素濃度の低下によって, 嫌気性から酸素に富む海底水へ急速に変化したことを記録している. 黄鉄鉱 $\delta^{34}S$ 値の大きな低下も, この時期に, よく混合して酸素に富んだ非階層海水になったことを裏付けている. 後期シルル

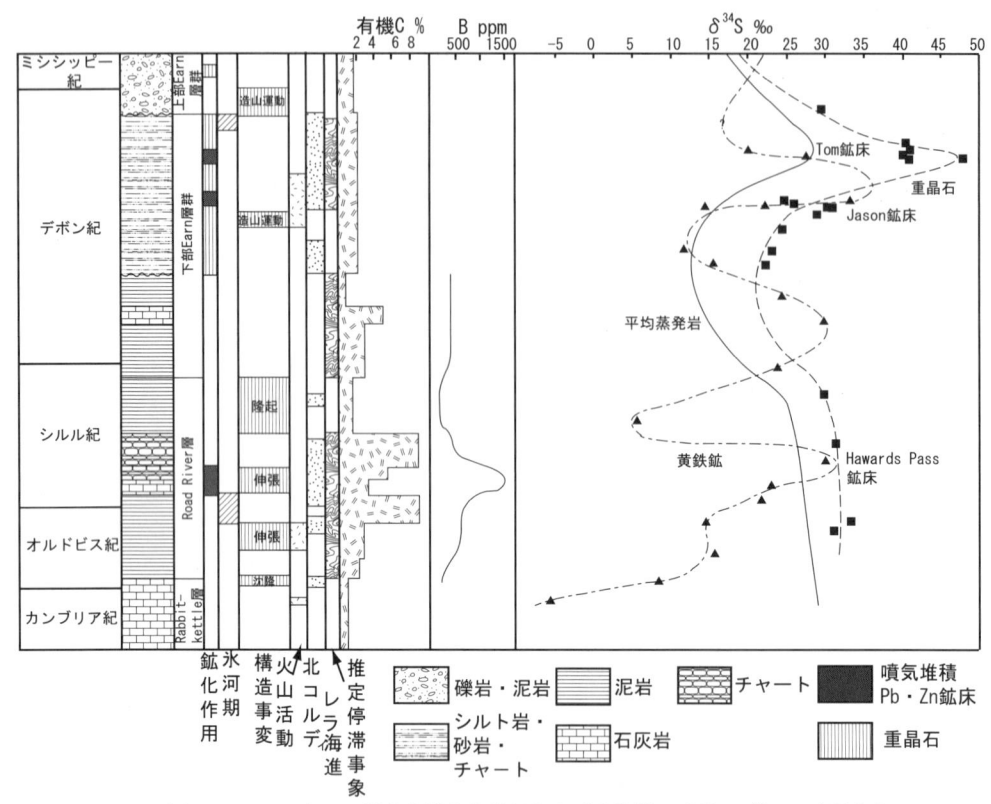

図IX-166 Selwyn堆積盆総合柱状図および黄鉄鉱・重晶石δ^{34}Sの時間変化
− Goodfellow and Jonasson (1983) による −

紀から早期デボン紀には，再び炭質堆積物の堆積作用が起こった．黄鉄鉱δ^{34}S値が増大し塩濃度も上がって，嫌気性高塩濃度低層水を伴う海水の階層化が起こったことを示している．中期デボン紀には，アーチー堆積盆発達を伴う差別変動の開始が，比較的安定した堆積物の少ない基盤環境から砕屑物の多い環境に移る不整合面によって示されており，黄鉄鉱δ^{34}S値の急速な低下によって砕屑物を運ぶ海流の発達が裏付けられる．その後の黄鉄鉱および重晶石のδ^{34}S値の複雑な動きはSelwyn堆積盆内の海水流通の制限および階層化に影響を及ぼした優勢な地区的および地域的事象によって説明できる．後期デボン紀の階層化無酸素条件への復帰は，Jason鉱床産黄鉄鉱の高黄鉄鉱δ^{34}S値によって示される．ほぼ同時の他産地の黄鉄鉱δ^{34}S値は中程度であり，より層準的に上のTom鉱床産他の黄鉄鉱δ^{34}S値はさらに低い値を示しているものがある．高黄鉄鉱δ^{34}S値は，熱水作用によって生成されたPb-Zn硫化物および重晶石を伴う炭質チャートおよび泥岩の細葉理貧堆積物盆中の黄鉄鉱に見られる．早期シルル紀と同様に，堆積盆への栄養物に富む含金属熱水流体の注入は，バクテリアの活動を促進し，還元され堆積物中に固定される硫黄の量を増加させる．中程度に高いδ^{34}S値が，ほぼ同時期の重晶石に現れ，その直後重晶石のδ^{34}S値は最高値を示している．その時黄鉄鉱のδ^{34}S値は急激に低下し，無酸素低層水中に集積する同位元素的に重い硫黄の反転現象の間に海水の流通が開放されたことを示唆している．

　Howards Pass鉱床の埋蔵鉱量は5億5,000万t（Zn 5.0%, Pb 2.0%, Ag 9.0g/t）と報告されている（Goodfellow et al., 1993）．

噴気堆積亜鉛-鉛-銀鉱床の生成過程　噴気堆積亜鉛-鉛-銀鉱床の鉱物粒子がきわめて小さいため，その流体包有物の研究は少ないが，Tom および Jason 鉱床について平均均質化温度は 260℃，NaCl 相当塩濃度は平均 9%（Ansdell et al., 1989; Gardner and Hutcheon, 1985），Silvermines 鉱床については，それぞれ 50～260℃，8～28% とされている（Samson and Russell, 1987）．塩濃度と均質化温度は負の相関があり，これは高温低塩濃度の深部流体と低温高塩濃度の浅所の炭酸塩岩中遺留水との混合によるものと考えられる（図 IX-167）．現世の海水と比較すると K/Na お

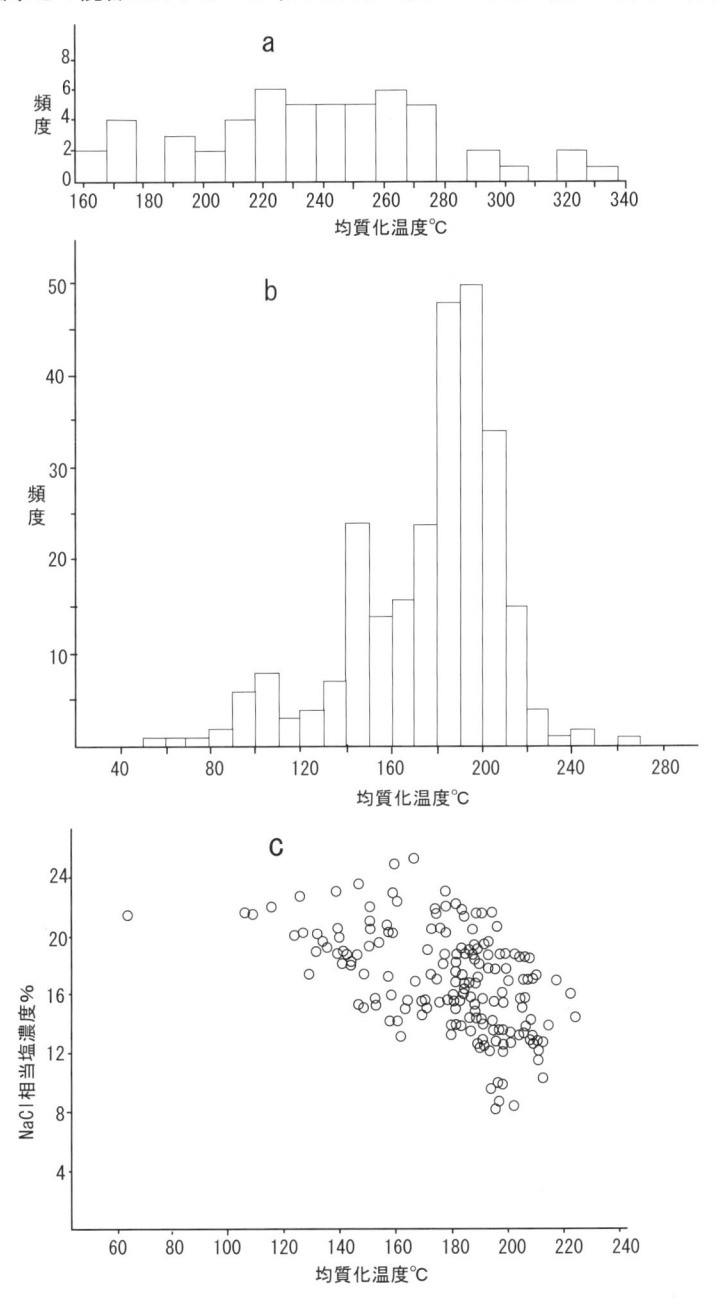

図 IX-167　a　Tom 鉱床流体包有物均質化温度　− Ansdell et al. (1989) による −
　　b　Silvermines 鉱床流体包有物均質化温度，c　同均質化温度−塩濃度相関図
　　　− Samson and Russell (1987) による −

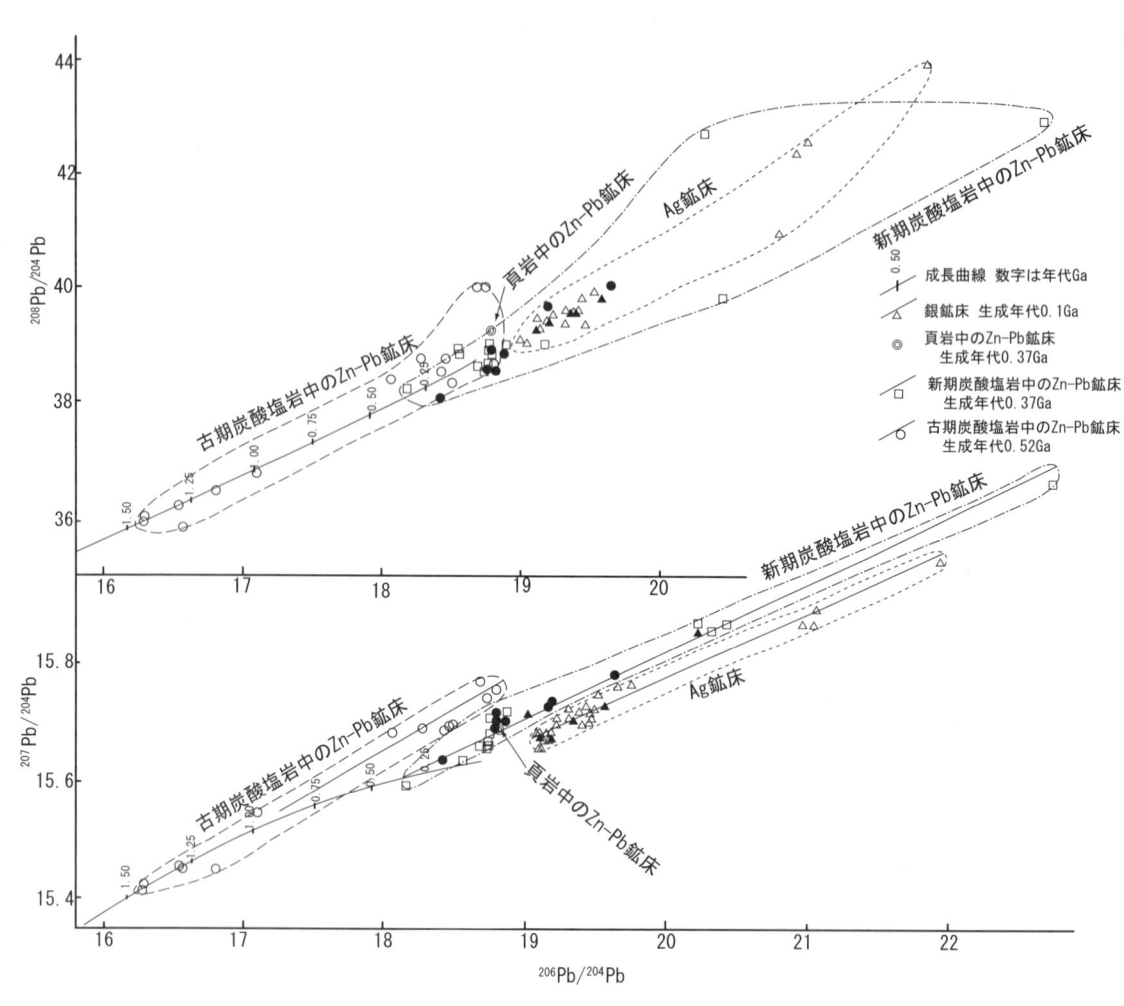

図 IX-168　Selwyn 堆積盆中噴出堆積硫化物鉱床の鉛同位体組成
（●は古期炭酸塩岩中の鉱床で生成時期が新期炭酸塩岩中の鉱床と同じもの）
－Godwin et al.(1982) による－

よび Ca/Na が高く，Mg/Na が低い．また塩濃度は現世の海水の数倍に達するものがあるが，報告されているミシシッピーバレー型鉱床より低く，火山成塊状硫化物鉱床と同程度かやや高い．Selwyn 堆積盆内の噴気堆積亜鉛－鉛－銀鉱床の鉛同位体研究の結果，Godwin et al., (1982) は，鉛の起原がハドソニアン基盤岩（1.9Ga）またはハドソニアン基盤岩から直接導かれた砕屑堆積物であると結論し（図 IX-168），また，Mount Isa 鉱床の鉛同位体研究によって（Gulson et al., 1983），鉛が地殻起原であることが明らかにされた．熱水流体の起原についても，Silvermines 鉱床産石英中流体包有物の δD および $\delta^{18}O$ を測定し，δD-$\delta^{18}O$ 組成が変成型地熱水ないし変成水に類似することを示し，また天水，マグマ水，海水などが地殻物質と同位体交換反応することによっても鉱床生成流体の δD-$\delta^{18}O$ 組成を実現可能であることを計算によって明らかにした（Samson and Russell, 1987）（図 IX-169）．熱水溶液が運搬できる亜鉛・鉛の量は還元硫黄の濃度に反比例するので（Goodfellow et al., 1993），噴気堆積亜鉛－鉛－銀鉱床における硫黄の起源は重要な問題である．Selwyn 堆積盆の噴気堆積硫化物鉱床中の還元硫黄の大部分は，鉱床生成時に周囲

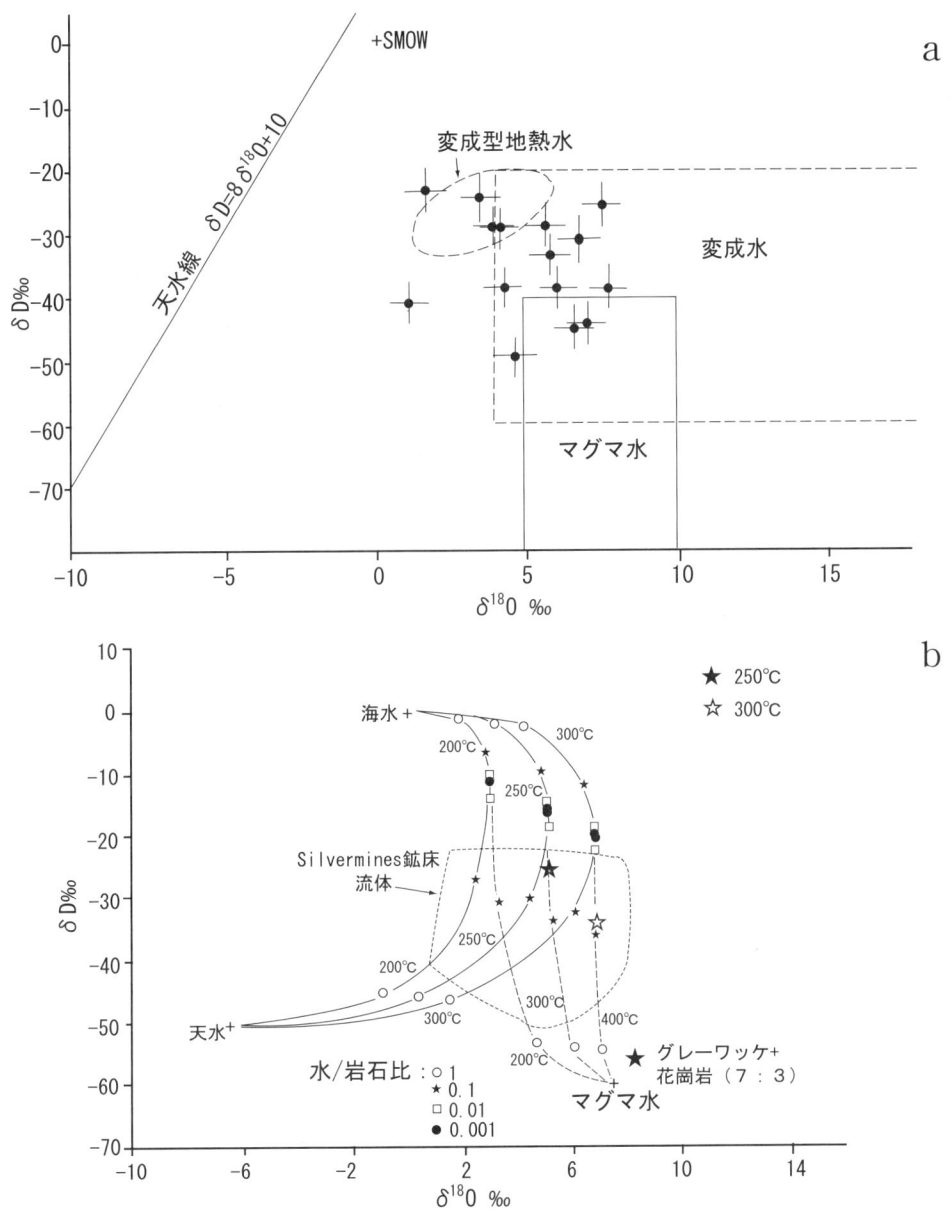

図 IX-169 a Silvermines鉱床鉱化流体の$\delta^{18}O - \delta D$組成図.
変成型地熱水ないし変成水に類似した組成を示す.
b グレーワッケ・花崗岩（200〜300℃）と反応後の海水，天水，マグマ水の$\delta^{18}O - \delta D$組成変化.
海水のみではSilvermines鉱床鉱化流体の$\delta^{18}O - \delta D$組成を生成し得ないが，天水，マグマ水あるいは2，3者混合流体から生成可能 － Samson and Russell（1987）による－

の海水から供給されたことが明らかにされている（Goodfellow, 1987; Goldfellow et al., 1993; Shanks et al., 1987）．このことが他地域の噴気堆積硫化物鉱床にも適用されるとすれば，生成場所における還元硫黄供給の難易度が鉱床生成の限界要素の一つになると考えられる．噴気堆積硫化物鉱床を生成する大量の鉱化流体に要求される濃度100,000ppm以上の塩素の起原は，同様に重

要な問題である．海水の数倍の塩濃度に到達する最も直接的な方法は，海水または湖水の蒸発，または蒸発岩の溶解である．噴気堆積硫化物鉱床を生成する鉱化流体が，太陽の蒸発作用によって作られ階層化した高塩濃度海水が下降し，地下で集められた地下塩水であるとすれば，鉱床が生成するためには，その少し前に蒸発が盛んな気候を実現しうる大陸または大陸に近い環境が必要である．また，鉱化流体をその高塩濃度を鉱床の下位の堆積岩シーケンス中に含まれる蒸発岩に求めるならば，同様の気候の歴史が推定される (Goodfellow et al., 1993).

噴気堆積硫化物鉱床を生成する熱水システムの熱水貯留槽（または反応槽－VII-1,IX-5(1)参照）は，この型に属する鉱床では積極的に同定された例がない．しかし，活動的大陸内リフトにおいて熱水流体の最低温度を200℃，平均地温勾配を70℃/kmとすれば，多くの噴気堆積硫化物鉱床に対して海底下少なくとも3kmに反応槽を期待することができ，高水準マグマ体を仮定すれば地温勾配が上昇し，反応槽はさらに浅くなる．卑金属に富む熱水流体の生成には特別な環境が必要である．微量卑金属元素が鉱物表面に緩やかに吸着するか，鉱染した金属鉱物として産する限られた岩石においてのみ，環流する熱水流体によって相当量の卑金属が溶脱されうる．大量の金属を吸着する鉄およびマンガンの酸化物によってコーティングされた石英粒子を含む赤色砂岩がその一例である．多くの岩石では，微量金属の大部分は，造岩鉱物の結晶構造において主要元素のダイアドキック置換をなして産する．例えば，亜鉛の大部分は通常鉄およびマンガンを置換し，鉛の大部分は通常カリウムを置換する．構造的に結合した金属が溶脱するには，熱水変質あるいは変成作用の間に主鉱物が分解あるいは再結晶しなければならない．変成型反応とは，全岩主要元素の大きい変化が起こらない鉱物変化を意味する．堆積盆に堆積物が埋没している間に温度圧力が変化して起こる鉱物－鉱物間変化もこれに含まれる．海底泥として堆積した膨潤性粘土鉱物は，より規則性のある安定な非膨潤性の粘土鉱物へ転移する（例えばモンモリロナイトは約90℃でイライト－スメクタイト混合層鉱物に転移を始める）．これらの粘土鉱物はさらに高温で結局イライトおよび緑泥石になる．変成型反応は，鉱物－鉱物間の非平衡によって駆動され，造岩鉱物化学成分のみが含まれるので，共存する粒子間空隙流体の化学的活性を消耗すること無しに非常に低い水／岩石比で起こすことができる．変成型反応の間に造岩鉱物中の微量金属は，岩石の空隙流体に分配され，その量は，空隙流体の金属飽和容量と反応生成物の金属吸着性に依存する．

一方，交代反応は熱水変質反応によるもので，岩石の全化学組成に大きな変化が生ずる．交代反応は流体と造岩鉱物間の非平衡によって駆動されるので化学平衡に達すると終了する．岩石と空隙流体からなる化学システム内では空隙流体の化学成分のモル分率は，岩石より著しく小さいので，少量の岩石を完全に変質するには大量の流体を必要とする．すなわち交代作用のためには高い水／岩石比が要求される．計算によると，交代型反応（純粋の水和反応を除く）では，反応造岩鉱物中の溶脱されうる金属濃度を50ppm，空隙率を50%と仮定して，流体が反応能力を失うまでに，熱水流体は最大1～2ppmの金属濃度を得るに過ぎない．この計算は高温における堆積岩と塩水の反応実験で，平衡に達した熱水中の金属濃度がZn+Pb 2ppmであったことに基づいている．熱水流体がそのような低金属濃度では，噴気堆積鉱床を生成するのに不十分と考えられる．

これに対して，変成型反応では，金属濃度数千ppmの空隙流体を生成することができる (Goodfellow et al., 1993). 噴気堆積鉱床を生成するのに十分な熱水流体ができる三つの場合が考えられる．1) 蒸発岩を含む粘土質堆積物の埋没深度の増加および温度上昇によって熱変成反応が

進行する．平均地温上昇率を70℃/kmとすれば，深さ3kmの堆積シーケンスで噴気堆積鉱床の生成温度200℃に達する．脱水反応の間に鉱石金属は粘土鉱物から溶脱されるが，岩塩蒸発岩の溶解によって生ずる流体の曹長石化作用が溶脱作用を増進し，溶液中の金属濃度はさらに上昇すると考えられる．2) 高水準マグマ体の存在によって局部的累進変成反応が起こり1)の場合より浅い深度で高塩濃度遺留水を含む地層中に含金属熱水流体が生成される．マグマ体上方において，周囲の低温・低塩濃度の地下水との重力平衡作用によって高温高塩濃度の熱水流体が上昇するというメカニズムにより，反応槽は必ずしもマグマ体との物理的接触を必要としない．Salton Sea 地熱帯は，そのような熱水システムの例である（II-5(6)参照）．3) 沈降によって海進が起こるような大陸内リフト活動では，同時に沈降帯が数kmの厚さの大陸起原砕屑堆積物とその上の海成粘土質および炭酸塩堆積物によって充填される．非海成リフト段階の内陸排水システムによるか，初期海進段階の随時海水侵入によって生成された蒸発性塩水は，リフト充填堆積物の基底層中に集積する．リフト充填砕屑堆積シーケンス内の赤色層鉱物粒子をコーティングする弱結合酸化物からか，1)および2)において提案された海成堆積シーケンスから金属が溶脱される（Goodfellow et al., 1993）．

　噴気堆積硫化物鉱床生成において海底への熱水上昇メカニズムとして，帯水層モデル（図IX-170）は，上記3)の熱水流体生成機構を基礎としている．リフトと同時形成の頁岩を帽岩とする砕屑物シーケンスは，マグマ体熱源の有無にかかわらず地熱貯留槽として理想的環境である．帽岩である粘土質堆積物の低熱伝導率および低透水係数によって，伝導と循環による熱損失を減少させ，砂質貯留槽内を高温に保ち熱水システムを長期間維持することができる．粘土質帽岩の低透水係数によって，圧縮期における砂質シーケンスの脱水を遅らせ，熱水貯留層の高空隙率を保持し地層圧力を増進させる．海底への熱水流体排出は，帽岩が拡張性断層を形成して破壊された時その場所で行われる．したがって熱水流体運動エネルギーは，空隙流体圧力降下時に圧縮する堆積物柱から解放されるエネルギーである．このモデルにおいて鉱化流体は地層水，堆積盆塩水あるいは遺留水と呼ばれてきた．この鉱化流体は，貯留槽に長期間滞留し，基本的に堆積シーケンスの欠くこ

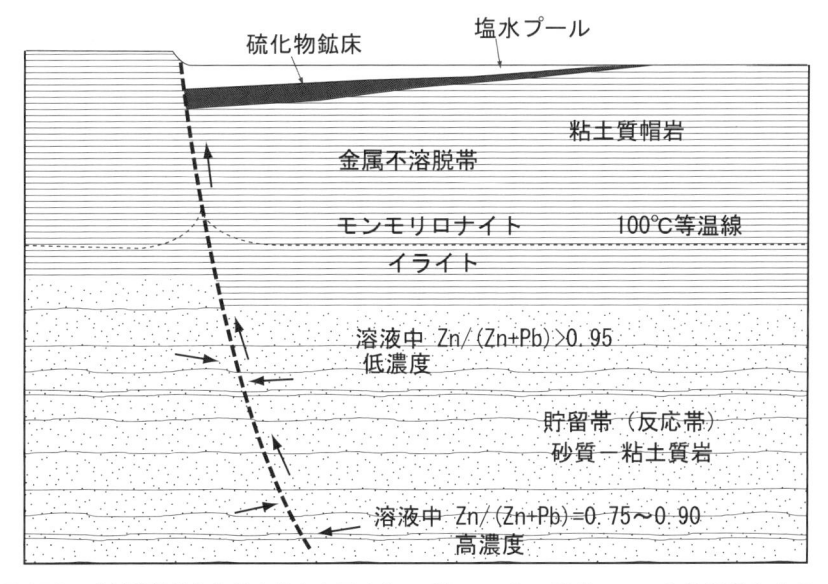

図IX-170　噴気堆積硫化物鉱床熱水上昇メカニズム　－Goodfellow et al.(1993)による－

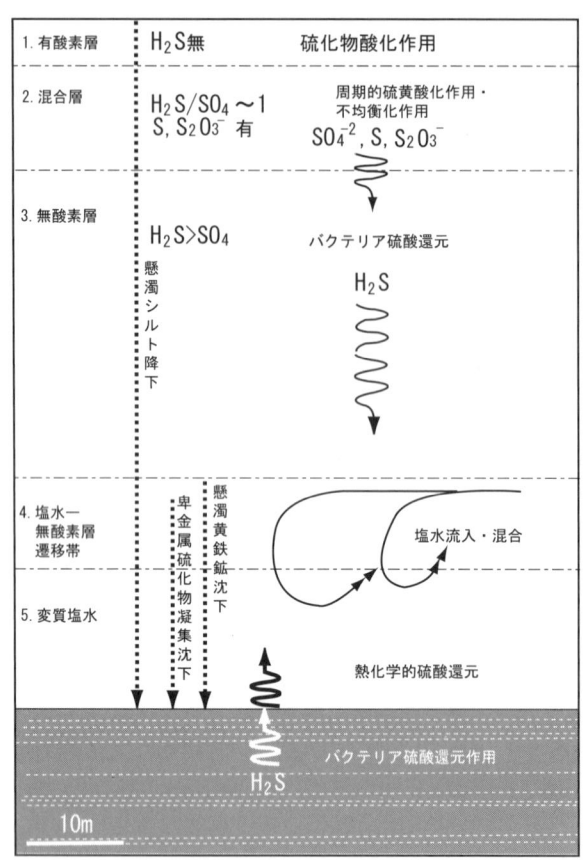

図IX-171 McArthur River鉱床の硫化物沈殿モデル
― Ireland et al. (2004) による―

とのできない部分である．鉱化流体は反応槽において"単純通過"熱水システムを形成している．Cathes and Smith (1983) の計算によると，地層圧を受けた熱水システムからの流体放出は，圧縮期の空隙流体圧力の周期的開放のために長期間にわたり間歇的に行われる傾向があり，流体の放出は断層などの構造運動と一致する（Goodfellow et al., 1993）．

　熱水流体が地層を横切って集中的に上昇するためには，高透水係数地層横断帯としてのダイラタント断層帯とマグマ体のような地下の熱源が必要である．Selwyn堆積盆では，TomおよびJason鉱床の分布するMacmillan Pass地域において鉱床生成に関係したと考えられる堆積同時性断層が知られている．鉱体を境するJason断層では，ダイアミクタイトの房が断層に向かって厚さを増し粗粒になっており，角礫パイプと鉱床のベント複合体（IX-5(1)参照）が断層に沿って発達している．その他，同様な断層の例がSilvermines，McArthur River鉱床などでも報告されている．噴気堆積硫化物鉱床では，厚い火山岩類を同一層準に産することはない．厚い未固結な堆積層が発達する場合，苦鉄質マグマは海底まで達せず堆積層中にシルを形成する．多くの場合鉱床地域の浸食はシルの層準まで進んでいないが，Sullivan鉱床の下盤には斑糲岩シルの産出が知られており，この岩体は未固結堆積岩中に貫入したことが明らかにされている．したがって鉱床生成とほぼ同時期に苦鉄質マグマの活動があったことになる．他の噴気堆積硫化物鉱床においても鉱床生

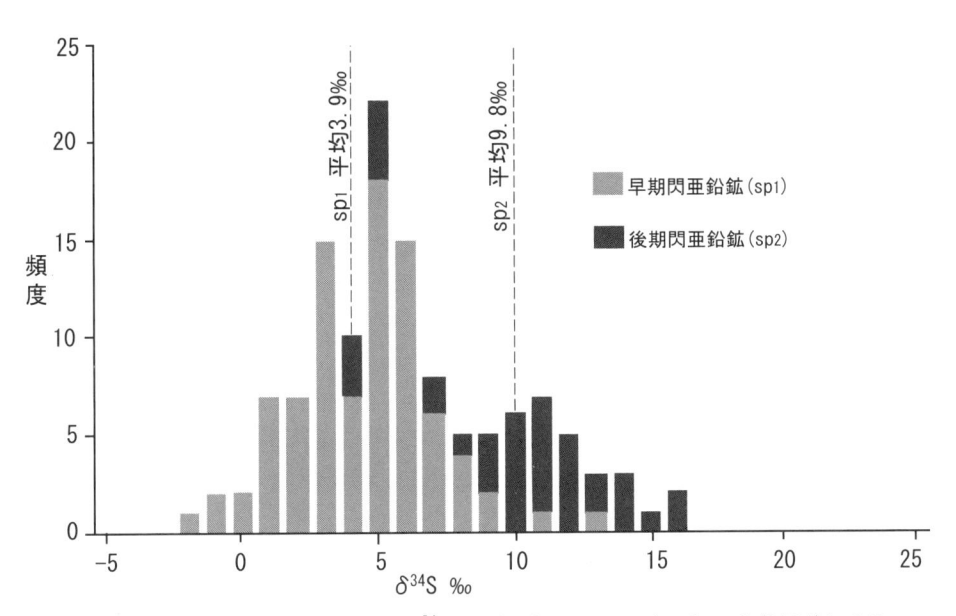

図 IX-172 McArthur River 鉱床産閃亜鉛鉱の δ^{34}S ヒストグラム － Ireland et al.(2004) による－

成時,地下での苦鉄質マグマ活動の可能性を否定することはできない（Goodfellow et al., 1993）.
　Ireland et al.(2004) は，McArthur River(HYC) 鉱床について硫黄同位体と鉱石組織に関する研究を行い，硫化鉱物の生成が母岩堆積期の沈殿作用と母岩続成期の交代作用の 2 段階に別れることを明らかにした．温度 100 ～ 240℃，高塩濃度 (NaCl 相当約 25%)，高密度，硫酸塩優勢の含 Zn-Fe-Pb-Cu-Ag 塩水が不連続パルスとして深い堆積盆に導入される．塩水パルスは，海底の傾斜面を流れ，局部的な凹地で速度を緩めるまでほとんど変化しないと考えられる．塩水は最初堆積盆中に滞留し，やがて拡散作用により塩水と周辺の無酸素海水との間に物理的・化学的勾配を生ずる（図 IX-171）．この混合拡散帯において溶解している H_2S と金属クロロ錯体は反応を起こし，自発的かつ急激に硫化物（早期黄鉄鉱 (py_1)，早期閃亜鉛鉱 (sp_1) など）が沈殿する．懸濁した卑金属微結晶は，塩水の高イオン強度のため海底面の直上に凝集する．黄鉄鉱 (py_1) は卑金属鉱物凝集の後海底に堆積する．凝集した卑金属鉱物集合体は自重のため崩壊し圧縮され，遠洋性堆積物および黄鉄鉱を取り込みながら特徴ある早期閃亜鉛鉱 (sp_1) 葉理を形成する．多少変化した塩水が徐々に海底から下方に浸透し，葉理を示す堆積物の上部に産する炭酸塩鉱物ノジュールに接するとこれを部分的に交代して後期閃亜鉛鉱 (sp_2) を生成する．層状をなして産する早期閃亜鉛鉱 (sp_1) は平均 δ^{34}S 値 3.4‰，炭酸塩鉱物ノジュールを交代して産する後期閃亜鉛鉱 (sp_2) は平均 δ^{34}S 値 9.84‰ を示し（図 IX-172），この差は統計学的に有意とされた．後期閃亜鉛鉱に ^{34}S がより濃集することは，この閃亜鉛鉱が閉鎖系すなわち続成期に間隙流体中で生成したとすると良く説明できる．後期閃亜鉛鉱は McArthur River(HYC) 鉱床に産する全閃亜鉛鉱の 15 ～ 20% を占める．

(3) 縞状鉄鉱層（BIF）中の鉄鉱床

　縞状鉄鉱層は，厚さ数十 m ～数百 m，走向方向への広がりは数百 m ないし数千 m 以上の規模で産し，生成年代は 3.8 ～ 1.8Ga，0.8 ～ 0.6Ga および顕生代で，約 2.5Ga に生成されたものが最

も多い．縞状鉄鉱層は，鉄に富む層とシリカに富むチャート層の厚さmm以下から数mの細密な互層によって特徴付けられ，酸化物相，炭酸塩相，珪酸塩相，硫化物相から構成される．酸化物相は，さらに赤鉄鉱亜相と磁鉄鉱亜相に分けられ，二つの亜相は漸移の関係にある．酸化物相は，他に細粒潜晶質シリカないし石英粒子のモザイク連晶を含み，炭酸塩鉱物（方解石，ドロマイト，アンケライト）を伴うことがある．磁鉄鉱亜相は，赤鉄鉱亜相ほど一般的ではないが，磁鉄鉱と鉄珪酸塩または炭酸塩層，チャート層との互層からなる．縞状鉄鉱層の酸化物相は，通常平均Fe 30〜35%である．炭酸塩相は，一般に菱鉄鉱とチャートの等量互層からなり，磁鉄鉱－菱鉄鉱－石英岩を経て酸化物相に，または黄鉄鉱が加わり硫化物相に移り変わることがある．珪酸塩相は，一般に鉄珪酸塩層，磁鉄鉱層，菱鉄鉱層，チャート層の互層からなる．鉄珪酸塩の一次鉱物としては，グリーナライト，シャモサイト，海緑石，スティルプノメレイン，ミネソタアイトがあげられる．接触変成作用および広域変成作用によって生ずる珪酸塩鉱物としては，グリュネル閃石，カミングトン閃石などの角閃石，灰鉄輝石，鉄紫蘇輝石などの輝石がある．炭酸塩相と珪酸塩相はともに通常Fe 25〜30%で経済的に採掘し得ない．硫化物相は含黄鉄鉱粘土岩と炭質粘土岩との細かい互層からなる．黄鉄鉱の量は37%程度である．この相は無酸素環境で生成されたと考えられる．縞状鉄鉱層の生成は，大陸棚，卓状地，クラトン，プレート縁辺，沈込み帯など種々の地質環境で行われる．また，鉱床を胚胎する岩石相は変化に富み，沖浜火山帯，島弧，拡大海嶺，深海盆リフト帯に沿うグレーワッケおよび火山岩を伴う火山中心付近などである（Gross, 1993）．

　縞状鉄鉱層の成因論には変遷の歴史がある．20世紀初め，鉄およびシリカの起原は，一般的に陸上岩石の風化作用に求められ，溶解した鉄およびシリカは限られた堆積盆に運搬され，無機的にまたはバクテリアの助けを借りて沈殿したと考えた．その後縞状鉄鉱層の成因と大気成分の進化とが結びつけた考えが提案された．陸上から運ばれた鉄は，光合成生物の広範な活動に伴って古原生代に増加した大気中の酸素によってFe^{+2}CO$_3$の形で海中に濃集し，この鉄が急速かつ広範に酸化沈殿するという説で，一時広く支持された．しかし，太古代の大気中にもかなりの酸素が濃集していたという証拠が示され（Dimroth and Kimberly, 1976），古原生代に大気中の酸素濃度が海底堆積物の酸化状態に影響を及ぼすという考えは否定された．19世紀に既に検討されていた熱水噴気堆積説は，20世紀後半に至って，縞状鉄鉱層の精密な主成分および微量成分析が進み，そのデータと現世の海底熱水堆積物データの比較によって類似性が明らかになり，現在最も有力な成因説となっている（Gross, 1993）．

　縞状鉄鉱層は，初生地質環境に基づいてAlgoma型，Superior湖型，Rapitan型に分類されている．Algoma型鉄鉱層は，島弧および拡大海嶺において3.8Gaから現世まで生成されるが，太古代の地帯（2.9〜2.5Ga）に最も多く分布する．鉄鉱層は火山帯に沿う噴出中心，深部断層系，リフト帯の近くに，あるいは稍離れて形成され，共存岩石として，珪長質ないし苦鉄質・超苦鉄質火山岩類，火山砕屑岩類と互層するグレーワッケ，黒色頁岩，粘土岩，チャートと，これらの変成岩相を産する．Algoma型鉄鉱層およびこれに伴う堆積物は，単一の堆積シーケンス内で一般に多数の異なった相を示す．その中で酸化物相が，通常最も厚く最も広く分布する．鉄鉱層は厚さ30〜100m，走向延長数kmの規模を有し，同斜褶曲あるいは衝上断層によって鉄鉱層の見かけの厚さが増加する．また，微縞状組織，層理，塑性流動によるスランプ褶曲・断層などが一般的に見られる．この型の縞状鉄鉱層の例としてAdams, Sherman（カナダ・オンタリオ），Baffin Island

（カナダ），Saglek Fiord（カナダ・ニューファウンドランド），Melville 半島（カナダ），Lupin Mine（カナダ・ノースウエストテリトリー），Isua（グリーンランド），San Francisco（メキシコ），Cerro Bolivar, San Isidro, Altamira（ベネズエラ），Tapaje（スリナム），Carajas, Mazagao（ブラジル），Valentines（ウルガイ）Zapla（アルゼンチン），Negwena（スワジランド），Zanaga（コンゴ），Belinga（ガボン），Bushmanland, Gamsberg（南アフリカ），Karadgal（カザフスタン），Kudremuk（インド），Anshan-Shenyang －鞍山－瀋陽－地域，Wutaishan －五台山－地域，Hainan －海南島－（中国），Pilbara 地域（オーストラリア・西オーストラリア）などがある．

Superior 湖型鉄鉱層は，古原生代（2.5Ga～1.8Ga）に，クラトン縁辺に沿う陸棚，蒸発性堆積盆，平坦な前進汀線，卓上地性海盆中に形成されている．鉄鉱層は，正規の陸棚型堆積岩，ドロマイト，珪岩，アルコーズ砂岩，黒色頁岩，礫岩を伴うとともに，凝灰岩その他の火山岩類を伴う．この型の鉄鉱層は，沈み込み帯に伴う深部断層および割目帯に沿う熱水噴出活動および火山活動の産物と考えられる．その規模は，走向延長数百 km，厚さ数十 m～数百 m に達する．多くの鉄鉱層は，酸化物相，炭酸塩相，珪酸塩相を示し，通常砕屑物を含まない．リズミカルな縞状組織を一般的に示し，その特徴によって，かなり距離を隔てた地点間の対比が可能である．この型の鉄鉱層の例として，Labrador-Quebec 褶曲帯中の鉄鉱層（カナダ・ラブラドール－ケベック），Belcher 諸島（カナダ），Great Slave 湖地域（カナダ・ノースウエストテリトリー），Superior 湖地域（米国ミネソタ－ウイスコンシン），Quadrilatero Ferrifero 地域，Bahia 地域（ブラジル），Transvaal 層群中の鉄鉱層（南アフリカ），Goa 地域，Bihar-Orissa 地域，Singbhum 地域（インド），Olenyagorsk, Karelia-Kola 半島地域，Kursk 地域（ロシア），Kirvoy Rog 地域（ウクライナ），Qinan-Suichan-Beijing －秦安－遂晶－北京－帯の鉄鉱層（中国）などがある．

Rapitan 型鉄鉱層は，大陸縁辺部に沿うグラーベンおよび断層崖堆積盆において新原生代～早期古生代（0.8～0.6Ga）のシーケンス中に赤鉄鉱亜相をなして産する．この型の鉄鉱層の例として，Snake River（カナダ・ノースウエストテリトリー），Jacadigo, Urucum, Mato Groso（ブラジル），Mutun（ボリビア）などがある．

多くの縞状鉄鉱層のうち，鉱床として採掘できるものは次の三つに分類できる．(1) Fe35～45％の初生鉄鉱層，(2) 地質時代ないし現世の風化作用によって品位が Fe56～63％まで上がったマータイト－ゲーサイト鉱床，(3) 交代変成作用あるいは熱水作用によって形成された高品位（Fe60～68％）赤鉄鉱鉱床．(1) の鉱床の例としては，Algoma 型に属する Mt. Gibson, Kooanooka, Tallering Peak（オーストラリア・西オーストラリア），Anshan －鞍山－（中国），Superior 湖型に属する Wabush, Mount Wright, Carol Lake（カナダ・ケベック），Empire, Tilden（米国ミシガン），Hibbing, Northshore（米国ウィスコンシン）があり，(2) の鉱床の例としては，Algoma 型の Marandoo, West Angels, Mining Area C, Hope Downs, Paraburdoo, Koolyanobbing, Mt. Jackson-Mt. Windering（オーストラリア・西オーストラリア），(3) の鉱床の例としては，Algoma 型の Carajas 地域（ブラジル），Marampa（シエラレオネ），Simandou, Mount Nimba（ギニア），Hainan Island －海南島－（中国），Hamersley 地域（オーストラリア・西オーストラリア），Superior 湖型の Quadrilatero Ferrifero 地域（ブラジル），Krivoy Rog（ウクライナ），Sishen-Beeshoek, Thabazimbi（南アフリカ），Baladila, Goa（インド）などがある (Claut and Simonson, 2005)．

凡例			
新期花崗岩 Carajas花崗岩	Aguas Craras層・Igarape Cigarra層	Parauapebas層	Xingu複合岩体
Carajas層	Saiobo層群		

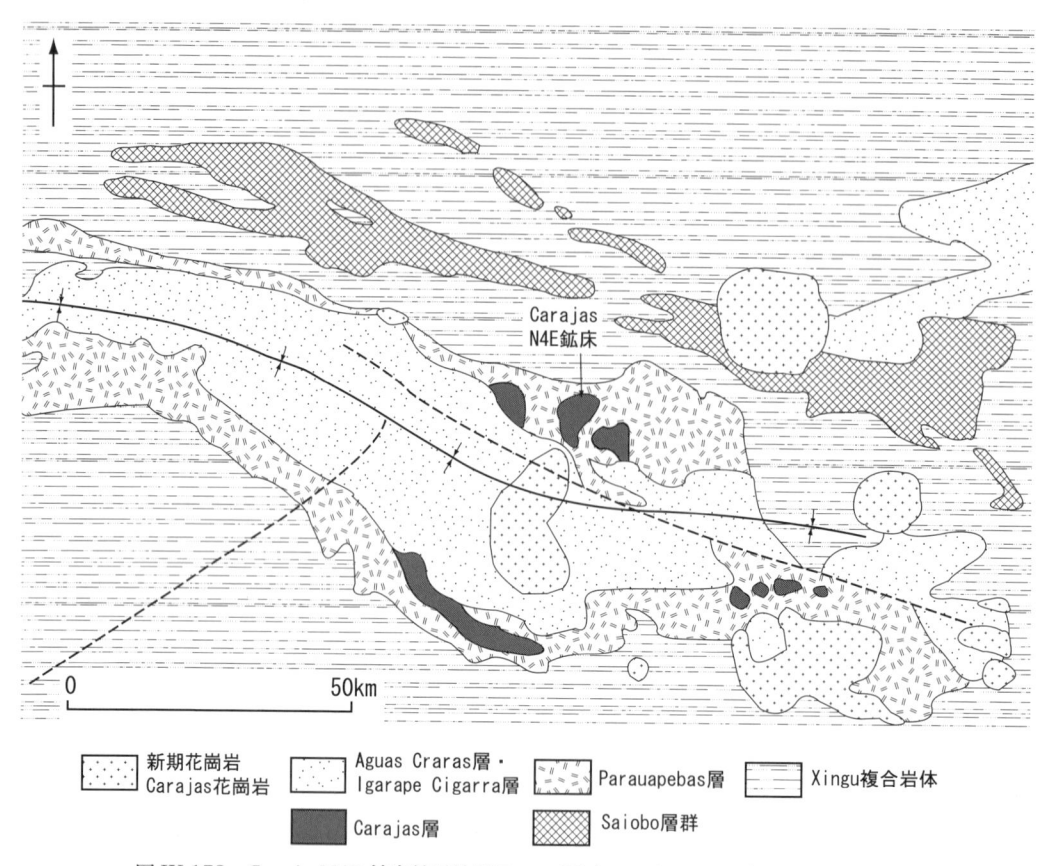

図 IX-173　CarajasN4E鉱床付近地質図　－Klein and Ladeila (2002)による－

Carajas地域鉄鉱床　Carajas地域は，北部ブラジルPara南東部，Belem市の南南西約600kmに位置し，地質的には先カンブリア安定大陸域である南アメリカ台地に含まれる．地域の地質は，太古代のXingu複合岩体，Itacaiunas累層群，Igarape Cigarra層，Aguas Crares層，Rio Fresco層および新期花崗岩類（Carajas花崗岩1,880Ma）からなる（図IX-173）．広域の模式地質層序およびSHRIMP法による地質年代を表IX-9に示す．鉱床胚胎層であるCarajas層は，縞状鉄鉱層とこれを貫く変苦鉄質岩シルからなり，変玄武岩および変流紋岩とこれに夾在する砂岩および礫岩からなる下位のParauapebas層を整合に覆って分布する．またCarajas層は，変玄武岩からなるIgarape Cigarra層および砂岩，シルト岩，火山岩類からなるAguas Crares層に不整合に覆われる．Carajas地域の主構造は，西北西方向の軸を有する開いた広域シンクリノリウムであり，鉄鉱床はその北側の翼に位置するが，これにほぼ直交する軸を有する褶曲が存在するため複雑な地質構造になっている（Klein and Ladeira, 2002）．

　Carajas地域N4E鉱床は，走向延長約1,500m，厚さ約300m，傾斜延長1,000m以上の規模を有し，主として薄葉理が発達し強い内部変形を示す軟らかく脆い赤鉄鉱鉱石（Fe 66～69%）からなる．鉱体の下盤近くには，緻密で硬い赤鉄鉱鉱石が分布し，この型の鉱石は全鉱量の10%程度を占める（図IX-174）．鉱体深部，地表下数百mでは軟質赤鉄鉱鉱石および硬質赤鉄鉱鉱石は，炭酸塩鉱物に富む初生原鉱石（Fe約45%）に移り変わる．炭酸塩鉱物に富む鉱石には二つの型が

表IX-9　Carajas地域地質層序・年代表　－Klein and Ladeila (2002)による－

累層群	層群	層	主な岩石	地質年代（Ma）
太古代		Aguas Clares/ Rio Fresco	砂岩,シルト岩,火山岩類	2680±8
		Irarape Cigarra	変玄武岩	
	Igarape Bahia	Sumidouro	アルコーズ変砂岩 苦鉄質火山岩類を挟む	シル2577±72
		Grota do Vizinho	変粘土質岩,リズマイト 珪長質・中間質・苦鉄質 火山砕屑岩類	
	Itacaiunas Grao Para	Carajas	縞状鉄鉱層 (鉄鉱床母岩) 変苦鉄質シルを挟む	約2750〜約2740 2740±8
		Parauepebas	変玄武岩, 珪長質火山岩類	2758±39 2757±7
		Salobo-Pojuca	角閃岩,鉄鉱層, 珪質岩	変成作用 2732〜2742
	Xingu 複合岩体		片麻岩,トーナル岩, トロンニェム岩, ミグマタイト,花崗岩類	2859±2

認められる．一つは，ドロマイト－赤鉄鉱の縞状組織によって特徴付けられ，比較的下部に産する．この赤鉄鉱は，一般に1mm以下の縞のなかに板状微結晶および他形をなして産し，より大型の自形マータイト結晶（磁鉄鉱後の赤鉄鉱仮像）によってオーバーグロースされる．このことは，磁鉄鉱がCarajas縞状鉄鉱層初生原鉱石の重要な構成鉱物であったことを示唆する．ドロマイトは，鉄とマンガンに富み自形結晶がモザイク組織をなして産し，塵状赤鉄鉱を含み，ときに潜晶質の石英および燐灰石を包有する．ドロマイトの縞は，細密褶曲結晶をなす赤鉄鉱と薄い石英脈を切り，炭酸塩鉱物導入の前に少なくとも一回変形作用があったことを示している．また小さな石英粒子が鉄酸化鉱物中に包有物として認められ，少量の滑石が板状微結晶赤鉄鉱と連晶している．上部に行くと，ドロマイトは同様に鉄とマンガンに富むが，縞をなすより交差する脈あるいは晶洞をなし，ときに角礫岩の一部をなして産する．この岩石では，ドロマイトがマトリックスをすべて交代するが，石英は鉄酸化鉱物の包有物として残留し，少量の燐灰石と緑泥石を産する．軟赤鉄鉱鉱石は，組織的には縞状ドロマイト－赤鉄鉱鉱石に対応しており，大型の自形マータイト結晶によってオーバーグロースされた板状微結晶および他形の赤鉄鉱の縞からなるが，初生原鉱石において炭酸塩鉱物によって占められていた場所は空隙となっている．軟赤鉄鉱鉱石は，炭酸塩鉱物と燐灰石の単純な風化脱溶作用によって形成されたものと考えられる（Dalstra and Guedes, 2004）．

鉱床下盤の苦鉄質火山岩は変質作用によって緑泥石，炭酸塩鉱物，赤鉄鉱，滑石を生じて元の火成岩鉱物組成を失っている．また原岩石よりマグネシウムと鉄が増加，シリカとカルシウムが減少し（図IX-175），この変化は緑泥石化と変形作用の増進に対応している．強い鉄の増加とシリカの

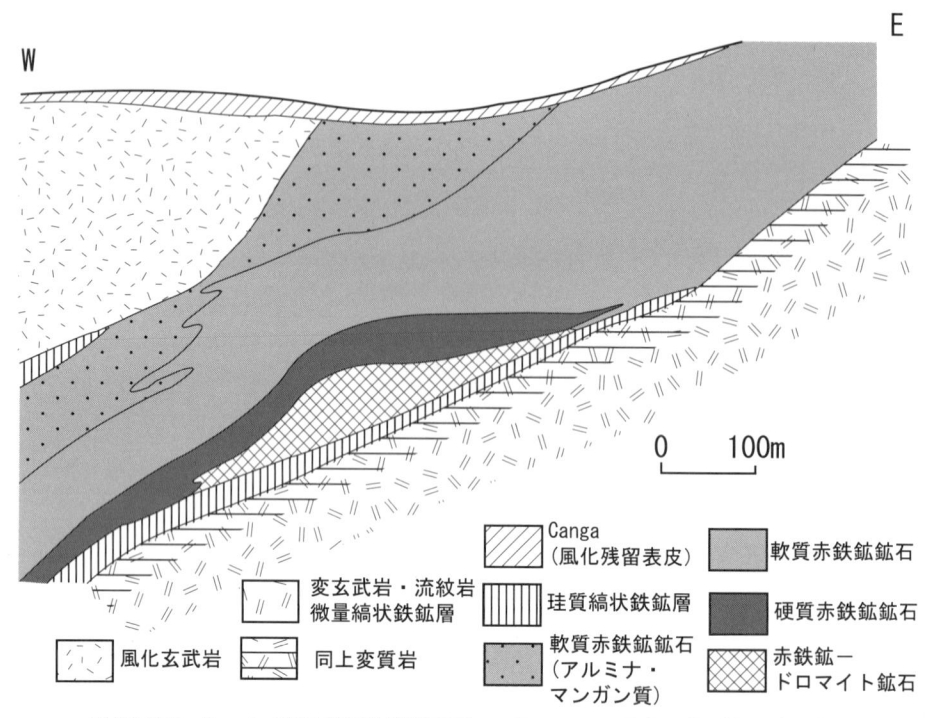

図IX-174　CarajasN4E鉱床地質断面図　－Darstra and Guedes (2004)による－

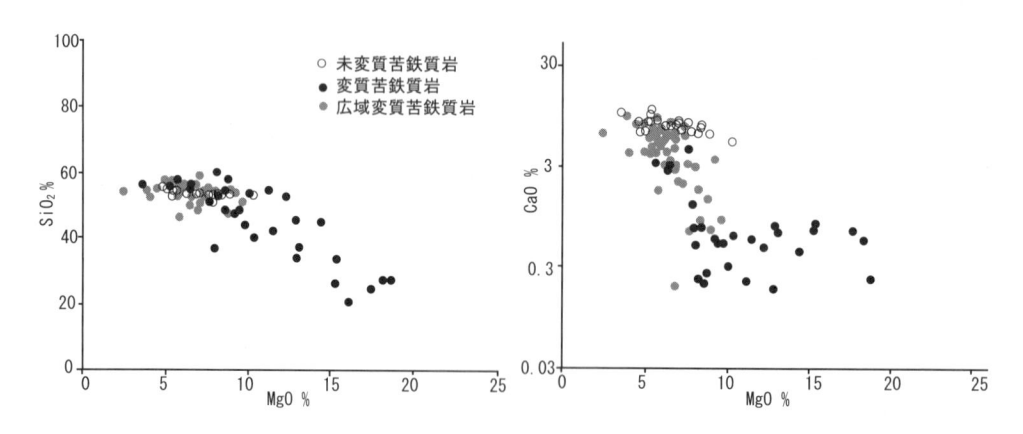

図IX-175　Carajas地域未変質苦鉄質岩・近接変質苦鉄質岩・広域変質苦鉄質岩の化学組成
－Dalstra and Guedes (2004)による－

減少は，鉱体から15m以内に限られるが，カルシウムとナトリウムの減少は鉱体の下75mに及んでいる．鉱体中の苦鉄質岩シルもMg-Feの付加と強い緑泥石化作用を受けている (Dalstra and Guedes, 2004)．

　上述のように高品位赤鉄鉱鉱石に伴って，その前身として磁鉄鉱－赤鉄鉱－炭酸塩鉱物－燐灰石の組み合わせを持つ鉱石を産することが認められた．このことから，初生原鉱床は，早期に熱水作用によってシリカが溶脱されるとともにCa-Fe-Mg炭酸塩鉱物を生成し，次いで風化作用によって炭酸塩鉱物が溶脱され高品位赤鉄鉱鉱石が形成されたという過程が考えられる．この熱水作

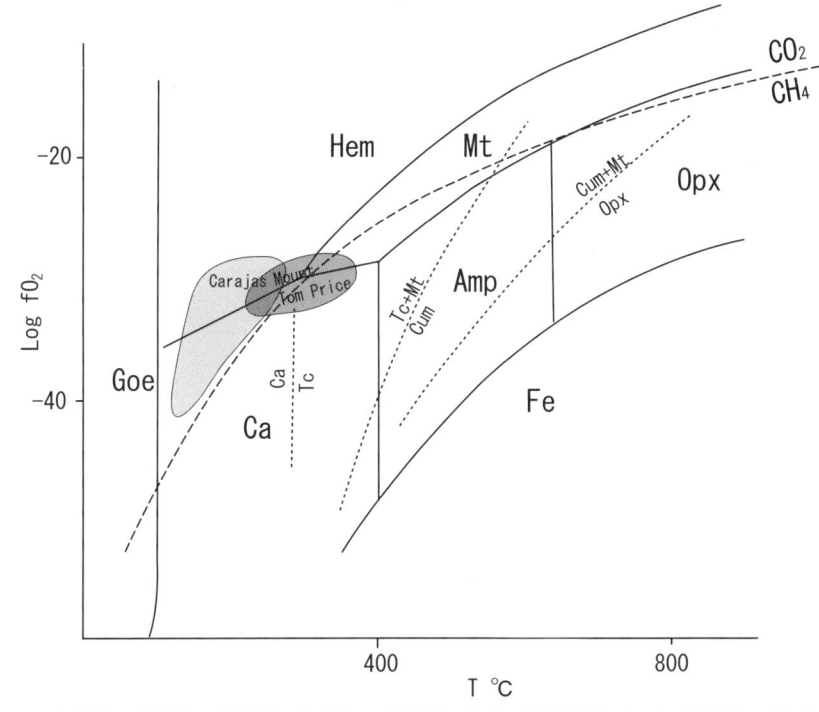

図 IX-176 赤鉄鉱－炭酸塩，磁鉄鉱－炭酸塩，磁鉄鉱－角閃石初生原鉱石の安定関係を示す T-fo$_2$ 図
P = 1kbar, Xco$_2$ = 0.1, Hem：赤鉄鉱，Mt：磁鉄鉱，Opx：斜方輝石，Amp 角閃石，Ca：炭酸塩，
Goe：ゲーサイト，Cum：カミングトン閃石，Tc：滑石 － Dalstra and Guedes(2004)による－

用の温度は鉱石および変質苦鉄質岩の鉱物組み合わせから 300℃以下と推定される（Dalstra and Guedes, 2004）（図 IX-176）．

Carajas 地域全体の鉄鉱石埋蔵量は，約 180 億 t（Fe 67%）と称される（Dalstra and Guedes, 2004）．その中で埋蔵鉱量 12 億 5,100 万 t（Fe 66.13%）の N4E 鉱床が 1986 年に Carajas 地域で初めて操業に入り，2002 年までに約 6 億 t が採掘された（Klein and Ladeira, 2002）．

Hamersley 地域鉄鉱床 Hamersley 地域は西オーストラリア北西部 Pilbara Block の一部をなし，地質的には西オーストラリア原生代造山帯に属する．地域の地質は太古代花崗岩・グリーンストンを基盤とし，その上に不整合に重なる太古代－原生代 Mount Bruce 累層群および原生代 Wyloo 層群からなり，Mount Bruce 累層群は，下位から Fortescue 層群，Hamaersley 層群，Turee Creek 層群から構成される（図 IX-177）（Taylor et al., 2001）．

Pilbara Block の早期リフト作用に伴って約 2,770Ma に発達した NW-SE 方向のグラーベン中に砕屑物堆積と苦鉄質火山活動が始まり Fortescue 層群最下位，砕屑物優勢の Bellary 層が部分的に形成されたが，これを平行ないし傾斜不整合に覆って，砂岩と礫岩からなる Hardey 層（約 2750Ma）が広く発達し，拡張作用に伴う NW-SE 方向の広域沈降運動を示している（図 IX-178）．

Hamersley 地域の中央部の NW 方向の主成長断層によって限られたリフト堆積盆内ではコマチアイト組成の溶岩およびシルを含む火山活動が活発になり，Hardey 層を整合に覆って火山岩類と堆積岩からなる Tumbiana 層が発達した．さらにその上には Fortescue 層群最上位の有機物に富む細粒砕屑岩のみからなる Jerrinah 層（約 2,690～2,630Ma）が重なる．Hamersley 地域中央部

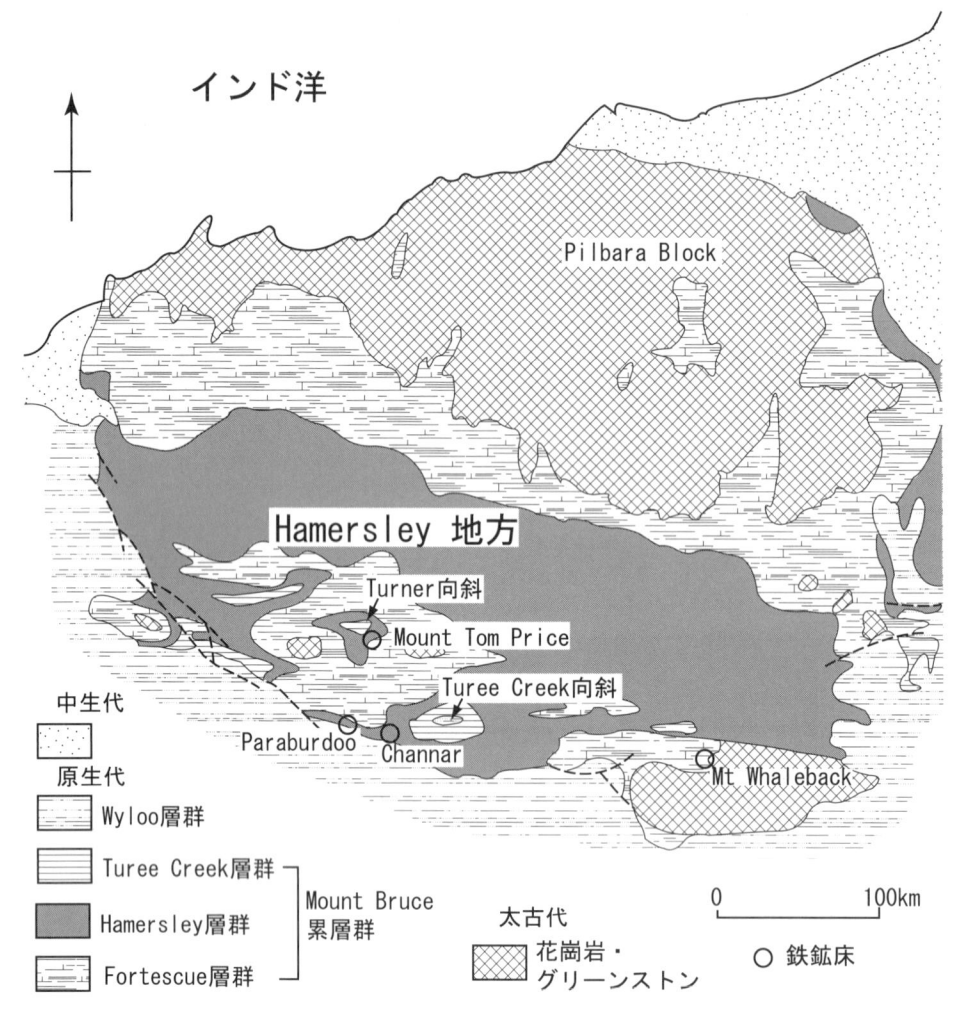

図IX-177 Hamersley 地域地質概図 — Taylor et al.(2001)による —

Turner向斜付近では（図IX-177），厚さ1km弱の地層の半分以上が苦鉄質火山岩およびシルで占められている．厚さ2,500mのHamersley層群は，Jerrinah層を整合に覆い，厚さ約1,000mの縞状鉄鉱層を特徴的に含む新しい堆積サイクルの開始を示している．Hamersley層群の下部および中部は，遠距離火山活動と隕石衝突を示す薄く水平方向に広く発達する凝灰岩層と球顆層準を含み，例外なく深海堆積物と思われる．堆積物中にはスランプ褶曲（F_1）のような堆積同時性微構造が認められ，未固結堆積物内の圧縮およびクリープ作用を反映している．この堆積物の地質環境はBrockman鉄鉱層まで，緩やかに沈降する活動的大陸縁辺であると推定される．Hamersley層群中には，基底のMarra Mamba，中間部のBrockman，上部のWeeli WolliおよびBoolgeedaの四つの主要縞状鉄鉱層が認められる．Marra Mamba（約2,600Ma）およびBrockman鉄鉱層の間は，炭酸塩岩，頁岩および少量のチャート，縞状鉄鉱層のシーケンスからなるWittenoom層，Mount Sylvia層，Mount MacRae頁岩層（約2,600〜2,480Ma）が占める．この比較的静穏な活動的大陸縁辺堆積作用は，強いバイモーダル火山活動を伴う鉄鉱層堆積作用に移り変わる．すなわち苦鉄

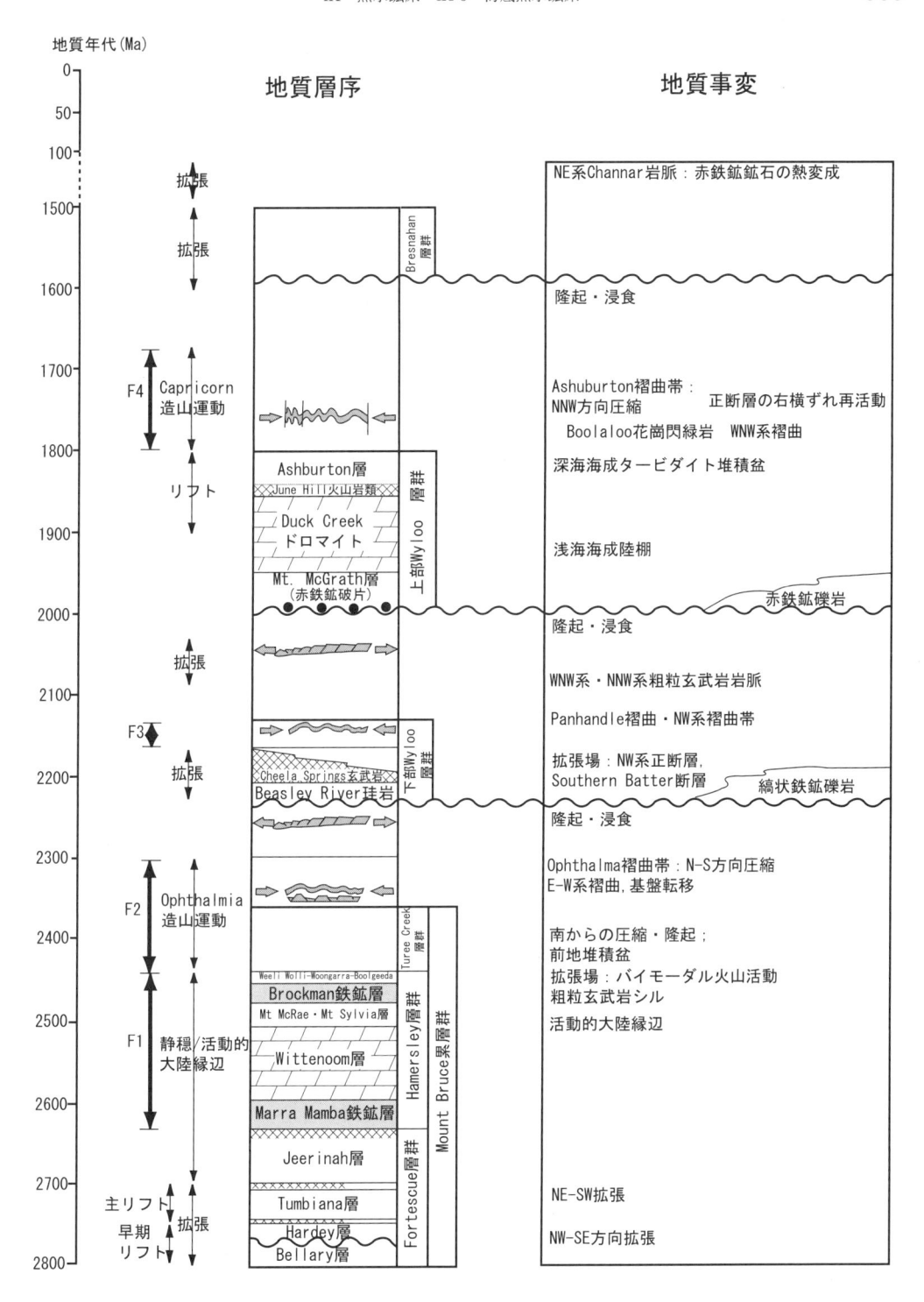

図 IX-178　Hamersley 地域地質層序・構造柱状図　－Taylor et al. (2001)による－

質シルを伴う Weeli Wolli 鉄鉱層とその上の珪長質火山岩類を伴う Woongara 層である．流紋岩に伴うリフト構造あるいは火山中心は知られていないが，この岩石組み合わせは活動的大陸縁辺から拡張性の背弧海盆への転換を示すものと考えられる．

Hamersley 層群最上部の Boolgeeda 鉄鉱層を整合に覆って，Kungara 層の厚い頁岩層が重なり厚さ 3,000～5,000m の Turee Creek 層群の基底を形成している．Turee Creek 層群の堆積作用は，南方から導入される砕屑堆積物の急激な増加によって特徴付けられ，Hamersley 層群期から続いた深海堆積盆は，Turee Creek 層群期を通じて砕屑堆積物により累進的に充填される．この堆積作用は，Ophthalmina 造山運動の強い南北方向の圧縮による褶曲作用（F_2）によって終息する．

Hamersley 層群露頭の南半は，Ophthalmia 造山運動によって強く褶曲し東西性の Turner および Brockman 向斜を生じている．これは約 400 万年にわたった Mount Bruce 累層群堆積サイクルの終を意味する．Mount Bruce 累層群とその上を覆う下部 Wyloo 層群間の不整合は第 1 級の広域的なものであり，下部 Wyloo 層群基底の Beasley River 珪岩層は，地域の南縁に沿って Turee Creek 層群および Hamersley 層群の上に乗る．Beasley River 珪岩層の基底礫岩層（2,209 ± 15Ma）は，多量の Hamersley 層群縞状鉄鉱層の破片，稀に赤鉄鉱の破片を含んでいる．Beasley River 珪岩層は層厚約 500m で，苦鉄質凝灰岩と溶岩を挟む細粒砕屑岩に移化し，さらに層厚約 2,000m の高カルシウム苦鉄質溶岩シーケンス Cheela Spring 玄武岩層に覆われる．Cheela Spring 玄武岩層は下部および上部 Wyloo 層群を分ける広域不整合面によって切られている．下部 Wyloo 層群の堆積物と苦鉄質火山岩類が，新しい拡張性堆積盆で堆積した後 Ophthalmia 褶曲帯は現在の Hamersley 地域の南縁に沿って上昇し浸食を受ける．この堆積盆は拡張性の正断層運動が NNW ないし WNW の方向に進行して形成され，これに堆積作用が伴ったものである．Mount Tom Price 鉱床地域の Southern Batter 断層はこの時期のものと考えられる．これに続いて第 3 期の褶曲（F_3）が NW 方向を軸として Hamersley 地域西部に発達した．この褶曲が EW 系 Ophthalmia 褶曲と交差する場合には，特徴的なドーム－盆構造が形成される．Turner 向斜において，広域的に発達する WNW および NNW 方向の岩脈群がこれらの褶曲構造を切り，NW 系褶曲作用すなわち Panhandle 褶曲（F_3）が，これら岩脈より早期形成であり，岩脈に切られていない上部 Wyloo 層群の基底 Mount McGrath 層より古いことを示している．Paraburdoo 帯に沿って多くの NW 系断層が Hamersley 層群から下部 Wyloo 層群までの地層を変位させ，上部 Wyloo 層群下の不整合面によって切られている．また岩脈がこれらの断層に沿って貫入している．上部 Wyloo 層群は，Hamersley 層群の露頭の南および西側に発達した拡張性堆積盆－Asburton トラフ－に堆積し，その最下部層である Mount McGrath 層は，下部 Wyloo 層群，Turee Creek 層群を切り，Hamersley 層群の各層，Fortescue 層群の一部を覆って分布する．Paraburdoo 付近で Mount McGrath 層は，その基底に厚さ数 m の赤鉄鉱礫を含む礫岩層を産する．

Mount McGrath 層は，塊状のドロマイトからなる Duck Creek ドロマイト層に覆われ，さらに分級の悪い砕屑シーケンスである Asburton 層が重なる．Asburton 層の基底には，June Hill 火山岩類（1,843 ± 2Ma および 1,828 ± 38Ma）が存在する．第 4 期圧縮作用（F_4），Capricorn 造山運動によって Asburton トラフの堆積物は褶曲と断層を生じ，Hamersley 層群露頭の南西縁に沿って Mount Bruce 累層群は，Wyloo 層群とともに NW 系の軸を有する再褶曲作用を受けるが，

他の地域では，Capricorn造山運動の影響はあまり認められない．Hamersley層群露頭内の多くのNW系褶曲はPanhandle造山運動時形成と考えられるが，NW系岩脈との関係が露出する場合のみ，この区別を明らかにすることができる．Boolaloo花崗閃緑岩が褶曲し切断されたこれらの堆積物を切って約1,790Maに貫入し，Wyloo層群の堆積および構造運動の終わりを示している．Capricorn造山運動の結果，Hamersley地域の南縁に沿って，Mount Bruce累層群の岩石を切る早期の断層および岩脈は強く回転し，二つの広域不整合面はこれを覆う岩石とともに褶曲している．Capricorn造山運動の後，厚いNE系の岩脈群（752±10Ma）が，Asburtonトラフ堆積物とHamersley層群を切って発達し，その一つはChannarにおいて鉄鉱石を切るとともに接触変成作用を与え粗粒の磁鉄鉱－鏡鉄鉱鉱石を形成している（Taylor et al., 2001）．

Hamersley地域には，縞状鉄鉱層の富化によって形成された鉄鉱石を広く産するが，これらは二つの型に分類することができる．

(1) 原縞状鉄鉱層の深部風化富化作用によりMarra MambaおよびBrockman鉄鉱層において形成されたマータイト－ゲーサイト鉱石．原磁鉄鉱は酸化して赤鉄鉱（マータイト）に，鉄珪酸塩および炭酸塩は酸化および水和作用によりゲーサイトになり，他の炭酸塩および石英は溶脱されるとともにゲーサイトに交代されている．原燐灰石は変質し，燐はゲーサイト格子中に取り込まれる．鉱石中の燐含有量は，原縞状鉄鉱層の燐含有量を反映する．Brockman鉄鉱層由来の鉄鉱石燐含有量は約0.1％であるのに対しMarra Mamba鉄鉱層由来の鉄鉱石燐含有量は少なく約0.06％である．現在この型の鉱石で生産しているのは，ほとんど後者に属する．上部の硬い赤鉄鉱鉱石を除いて，この型の鉱石は軟質であり，ゲーサイトを多産するので，高品位赤鉄鉱鉱床より低品位の塊鉱を生産している．

(2) マータイトおよび微板状赤鉄鉱と，少量のゲーサイトを伴う高品位赤鉄鉱鉱石．Mount Whaleback，Mount Tom Priceのような少数の大型鉱床を形成する．この型の鉱石は，ほとんどBrockman鉄鉱層に限られ，その最下部Dales Gorge部層で最も良く発達している．一般にマータイト－ゲーサイト鉱石は，白亜紀風化富化作用の産物，高品位赤鉄鉱鉱石は原生代富化作用の産物と考えられる（Taylor et al., 2001）．

Mount Tom Price鉱床は，Turner向斜東端の軸付近（図IX-177）において南に傾斜する板状鉱体として産し，主鉱床は，北鉱体から南東枝鉱体まで約7km延長する（図IX-179）．鉱床はほとんど微板状赤鉄鉱からなり，Hamersley地域において最も高品位である．鉱床地域の地質は下位からJeerinah層，Marrabamba鉄鉱層，Wittenoom層，Mount Sylvia層，Mount McRae頁岩層，Brockman鉄鉱層からなり，Brockman鉄鉱層は下位からDales George部層，Whaleback頁岩部層，Jeffre部層から構成される．Brockman鉄鉱層の下盤，Mount McRae頁岩層の最上位は厚さ12mの間縞状鉄鉱層と頁岩が互層し，Colonialチャート部層または下盤帯と呼ばれている．Brockman鉄鉱層の最下位Dales George部層は，厚さ150m，縞状鉄鉱の縞と頁岩の縞の互層からなる．頁岩の量は6～31％である．Dales George部層は，厚さ50mの頁岩とチャートからなるWhaleback頁岩部層に覆われ，さらにその上を厚さ360mの微量の頁岩を伴う縞状鉄鉱からなるJeffre部層が覆う．Jeffre部層にはDales George部層のような縞状鉄鉱と頁岩の明瞭な縞状構造は認められない．Mount Tom Price鉱床産鉄鉱石の90％以上はDales George部層で発達し，残りは，Dales George部層と断層で接するJeffre部層に部分的に認められる．Mount Tom Price

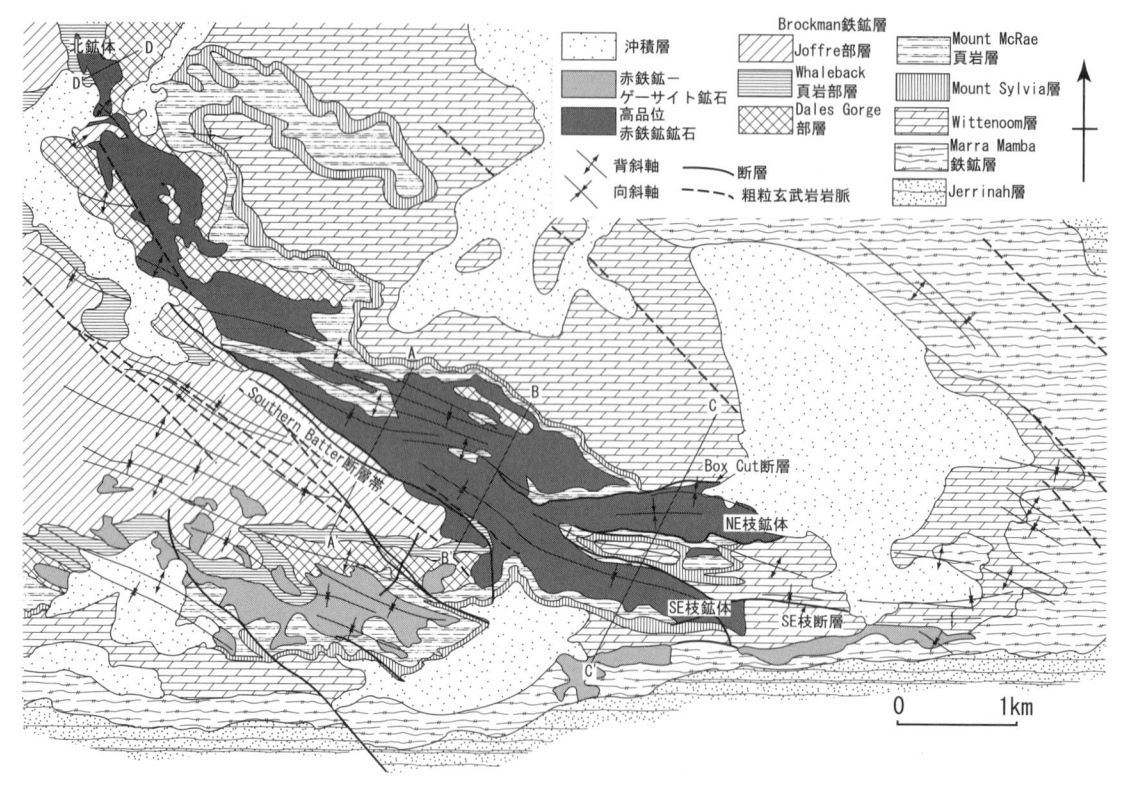

図IX-179 Mount Tom Price鉄鉱床付近地質図 －Taylor et al.(2001)による－

　鉱床は，早期（Ophthalma）褶曲作用（F2）により形成されたTurner向斜盆状構造の内部または北部に位置し，北東枝鉱体と南東枝鉱体に伴う二つの明瞭な向斜構造が鉱床の東端をなしている．鉱床地域ではSouthern Batter断層（図IX-178, 179, 180）およびBox Cut断層などが卓越し，主要な富鉱化作用はこれらの断層帯に平行に発達し，多くの富鉱化帯はSouthern Batter断層の北側に限られている．Southern Batter断層は，走向NW，SW方向に傾斜する落差300mの正断層である．鉱床中心部では，断層は間隙のあまりないほぼ平行な二つないし三つの断層に分かれる．Box Cut断層は，北東枝鉱体の高品位赤鉄鉱鉱石に関係する主要構造で，北側はWittenoom層Paraburdoo部層に直接する．この断層は走向EW，南に急傾斜する最大変位300mの正断層である．南東枝断層は，南東枝鉱体の北側を限り，上述の断層と異なって北に急傾斜し，最大変位約120mの逆断層である．鉱床中央部Synclines区域ではPanhandle褶曲（F3）作用によってSouthern Batter断層が複雑な褶曲を示すのが認められる．Hamersley堆積盆西部に発達するNW系粗粒玄武岩岩脈群の一部がMount Tom Price鉱床地域にも見られ，上述のすべての構造を切って産する（図IX-180）（Taylor et al., 2001）．

　Mount Tom Price鉱床には三つの型の富鉱化作用が認められる．最も優勢なのは高品位鉄鉱化作用で，現在の経済条件ではこの富鉱化作用によって生成した鉱石のみ採掘可能である．低燐高品位赤鉄鉱鉱石は（図IX-180），縞状鉄鉱層の微細な縞および中程度の縞を富化した後も保存し，多孔質（平均空隙率30%）かつ高塊鉱率で，珪酸，燐，アルミニウム，アルカリなどの不純物が少

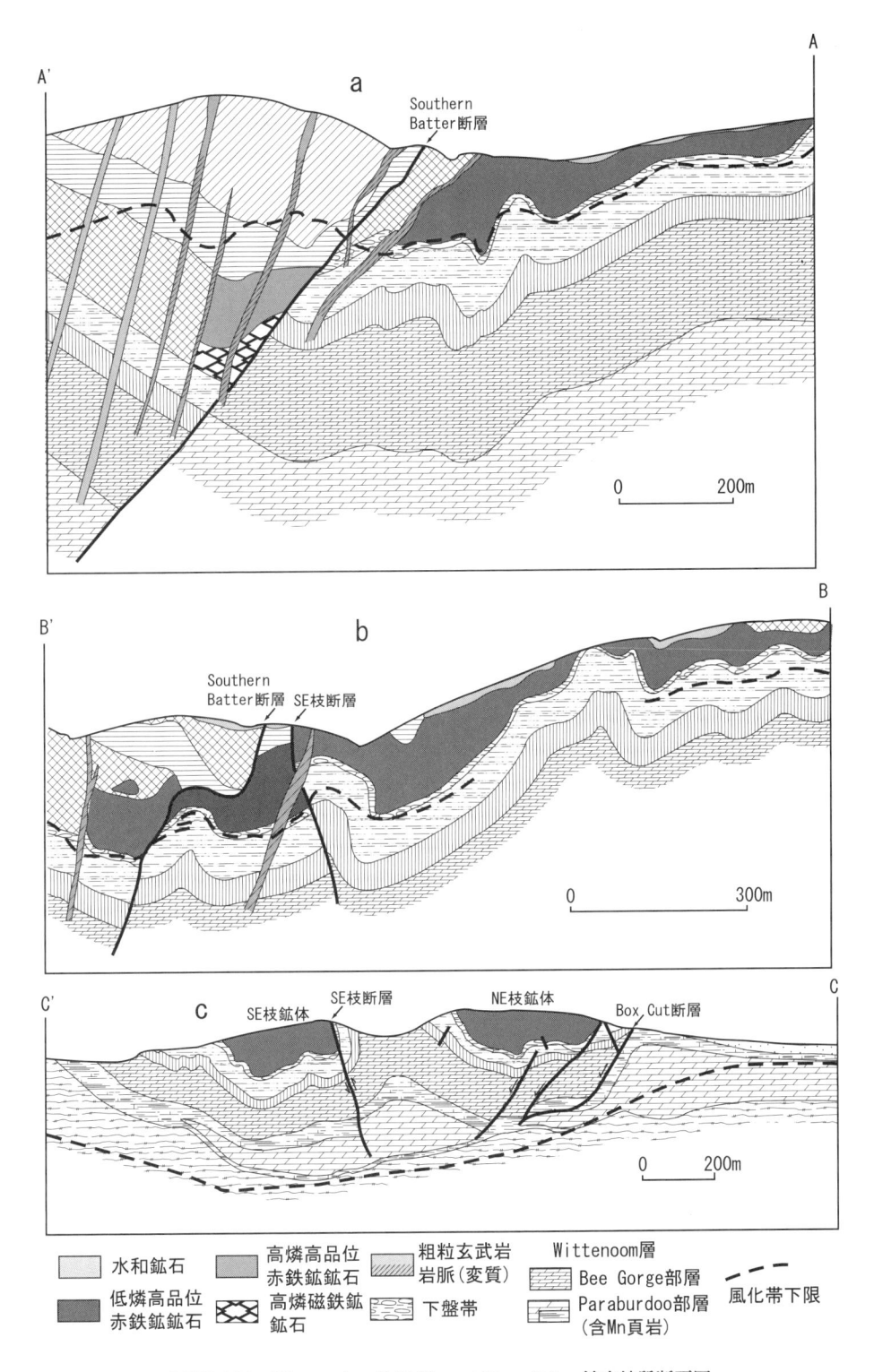

図 IX-180 Hamersley 地域 Mount Tom Price 鉱床地質断面図
（断面位置および上記以外の凡例は図 IX-179 参照）− Taylor et al. (2001) による −

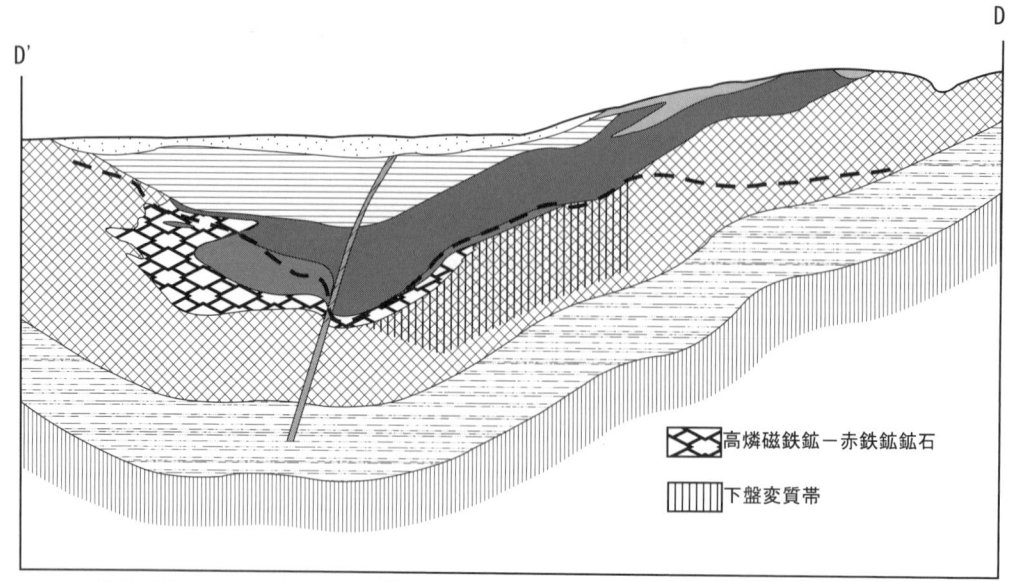

図 IX-181　Mount Tom Price 鉱床北部鉱体地質断面図　− Taylor et al. (2001) による −
（上記以外の凡例は図 IX-179, 180 参照）

ないのを特徴とする．この型の鉱石は，不規則配列の細粒板状赤鉄鉱とマータイトからなり，微板状結晶の大きさは 0.001 〜 0.25mm 程度である．塊鉱中の板状結晶は融結して密な網状組織をなし，鉱石の硬度を増している．マータイトは一般に半自形で微板状赤鉄鉱の周りにオーバーグロースして産する．空隙を満たす超細粒の土状赤鉄鉱は鉱石全体の 5% 以下である．既存磁鉄鉱の酸化はほぼ完全に行われ Fe^{+3}/Fe^{+2} 比は 200 以上を示す．鉱石中に挟まれる淡赤色頁岩縞が主要な不純物となっている．低燐高品位赤鉄鉱鉱石は，Fe 65% 以上，P 平均 0.05% 以下で，ゲーサイトは通常鉱体上部の頁岩縞に伴う．石英の量は，1% 以下で，黄鉄鉱の産出は記録されていない．Southern Batter 断層の上盤側には，上記低燐高品位赤鉄鉱鉱石と同様の鉄品位を示すが，燐灰石に富み 4 倍の燐含有量を有する高燐高品位赤鉄鉱鉱石を産する（図 IX-180a）．この型の鉱石は鉄鉱物に関しては基本的に低燐高品位赤鉄鉱鉱石と同様であり，空隙率も高い．この高燐高品位赤鉄鉱鉱石は，低燐含有量の縞状鉄鉱層と並置しており（図 IX-180a），高い燐は後期に付加されたものと考えられる．この型の鉱石は現世の風化帯より深部に産する．同様な高燐高品位赤鉄鉱鉱石が，北部鉱体にも見出され，約 2m の漸移帯を経て赤鉄鉱に富み炭酸塩優勢の縞状鉄鉱層に移化する（図 IX-181）．高燐高品位赤鉄鉱鉱石は，鉱石組織的には低燐高品位赤鉄鉱鉱石に類似し，主要な相違点は燐灰石の含有である．マータイトの中心部には残留磁鉄鉱の核が見出されることがあり（Fe^{+3}/Fe^{+2} 比 98.0），磁鉄鉱を囲む複雑な赤鉄鉱の組織が認められる．一部では，磁鉄鉱を囲み五つの組成帯が観察され，複数回の赤鉄鉱化パルスがあったことを示唆している．燐灰石は緑泥石（5% 以下）と連晶して特定の層に産する．粒間の空隙率は約 16% である．Southern Batter 断層の上盤側高燐高品位赤鉄鉱鉱石は，下部に向かって約 22m の漸移帯を経て高燐高品位磁鉄鉱鉱石に移り変わる（図 IX-180a）．この型の鉱石には磁鉄鉱と少量の赤鉄鉱が含まれ，Fe^{+3}/Fe^{+2} 比は約 2.9 である．鉱石は縞状組織をなす細粒状磁鉄鉱からなり，微板状赤鉄鉱は空隙中または縞中の磁鉄鉱の周りにオーバーグロースして産する．鉄に富む緑泥石（9%）が相当量見出され，黄鉄鉱（2% 以下）

表IX-10 未富化縞状鉄鉱層と a 鉱床中央部高燐高品位赤鉄鉱鉱石, 低燐高品位赤鉄鉱鉱石,
b 北部鉱体高燐高品位赤鉄鉱鉱石, c 北部鉱体下盤の鉄炭酸塩鉱物に富む変質帯の化学分析値比較
－Talor et al. (2001) による－

a

	全Fe l%	Al$_2$O$_3$%	TiO$_2$%	SiO$_2$%	MgO%	CaO%	P$_2$O$_5$%	灼熱減量%	S%
未富鉱化縞状鉄鉱層									
縞状鉄鉱縞	33.79	0.38	0.01	44.22	1.83	1.56	0.20	3.16	—
頁岩縞	22.04	3.36	0.11	44.42	3.26	4.43	0.16	10.20	—
重み平均	31.01	1.08	0.03	44.27	2.16	2.24	0.19	4.82	—
高燐赤鉄鉱/磁鉄鉱冨鉱化鉱石									
縞状鉄鉱縞	65.57	0.49	0.01	3.30	0.98	1.20	0.71	1.39	—
頁岩縞	31.49	8.89	0.34	23.10	—	—	0.39	7.25	—
重み平均	58.14	2.30	0.08	7.71	—	—	0.64	2.70	—
冨化係数	1.87	2.13	2.58		—	—	3.33		
減量係数				0.13				0.56	
低燐赤鉄鉱冨鉱化鉱石									
縞状鉄鉱縞	67.02	1.24	0.05	1.17	0.01	0.44	0.10	0.94	—
頁岩縞	46.80	12.63	0.45	14.30	0.06	0.27	0.17	4.10	—
重み平均	65.18	2.28	0.08	2.36	0.01	0.42	0.10	1.23	—
冨化係数	2.10	2.11	2.68						—
減量係数				0.05	0.01	0.19	0.54	0.25	

b

	全Fe l%	Al$_2$O$_3$%	TiO$_2$%	SiO$_2$%	MgO%	CaO%	P$_2$O$_5$%	灼熱減量%	S%
未富鉱化縞状鉄鉱層									
縞状鉄鉱縞	37.60	0.39	0.01	41.40	2.09	1.01	0.16	2.24	0.01
頁岩縞	25.83	1.85	0.06	43.78	5.75	0.77	0.19	40.84	0.18
重み平均	34.68	0.75	0.03	42.00	3.00	0.95	0.17	4.37	0.04
高燐赤鉄鉱冨鉱化鉱石									
縞状鉄鉱縞	66.58	0.55	0.02	1.79	0.12	0.53	0.35	1.04	0.01
頁岩縞	44.49	7.29	0.25	17.86	2.47	1.07	0.55	5.00	0.09
重み平均	63.32	1.54	0.05	4.16	0.47	0.61	0.38	1.62	0.02
冨化係数	1.82	2.05	2.00				2.23		
減量係数				0.10	0.16	0.64		0.37	—

c

	全Fe l%	Al$_2$O$_3$%	TiO$_2$%	SiO$_2$%	MgO%	CaO%	P$_2$O$_5$%	灼熱減量%	S%
未富鉱化縞状鉄鉱層									
縞状鉄鉱縞	31.82	0.26	—	46.48	2.08	1.85	0.22	3.22	0.05
頁岩縞	23.50	2.05	0.07	46.61	3.60	2.56	0.15	8.70	0.45
重み平均	29.05	0.86	0.03	46.52	2.57	2.09	0.20	5.05	0.18
変質帯									
縞状鉄鉱縞	45.69	0.35	0.01	4.10	7.16	9.60	0.27	14.50	0.11
頁岩縞	23.22	8.79	0.27	27.46	12.35	4.33	0.16	11.75	0.67
重み平均	38.01	3.23	0.11	12.08	8.93	7.80	0.23	13.56	0.31
冨化係数	1.31	3.76	4.26		3.48	3.73	1.16	2.68	1.70
減量係数				0.26					

が磁鉄鉱マトリックス中に半自形ないし他形をなし，または空隙中の磁鉄鉱あるいは赤鉄鉱を包んで産する．一次磁鉄鉱の残留物と思われる比較的粗粒の自形結晶が稀に認められる．微量の球状石英が磁鉄鉱あるいは微板状赤鉄鉱中に包有物として産する．燐灰石は自形結晶として空隙中または磁鉄鉱および赤鉄鉱中に産する（Taylor et al., 2001）．

北鉱体高品位鉄鉱石の下盤に存在するDales Gorge部層の縞状鉄鉱層には，通常の縞状鉄鉱層

と鉱石の中間的な鉄品位（約50%）を有する鉄炭酸塩鉱物に富む下盤変質帯が第2の型の富鉱化作用により形成されている（図IX-181）．この変質帯は，上下二つの帯に分けられる．横方向に良く連続する下部変質帯は，主要鉄鉱物として磁鉄鉱および菱鉄鉱を含み，Fe^{+3}/Fe^{+2}比は1.85で通常の縞状鉄鉱層より強い還元環境を示している．また珪酸含有量も通常の縞状鉄鉱層より著しく減少している．上部変質帯は不規則な分布を示し，シリカ鉱物はほぼ完全に消滅し炭酸塩鉱物が富化している．原縞状鉄鉱層中の磁鉄鉱はマータイトに変化し，炭酸塩鉱物は低鉄アンケライトないしドロマイトで微板状赤鉄鉱と連晶している．上部変質帯のFe^{+3}/Fe^{+2}比は23.8で，下部変質帯の累進酸化作用によって形成されたと考えられる．下部変質帯とSouthern Batter断層の上盤側高燐高品位磁鉄鉱鉱石の組織は類似しており，前者は後者の先駆物質と推定される．Southern Batter断層の上盤側高燐高品位赤鉄鉱鉱石（図IX-180a）の上盤にはWhaleback頁岩部層を隔てJoffre部層の縞状鉄鉱層が分布するが，そのなかには不規則な形の樹枝状赤鉄鉱鉱体（"クリスマスツリー"）が第3の型の富鉱化作用として発達する．この鉱体は，一部角礫化および粉末化しているが，高品位赤鉄鉱鉱石に類似した性質を示しており，その周囲は赤鉄鉱に富む赤色の縞状鉄鉱層および不規則な石英脈に取り囲まれている．Southern Batter断層の上盤側縞状鉄鉱層は，微板状赤鉄鉱および他形赤鉄鉱とその粒間を充填するシリカ鉱物からなり，組織的には，シリカ鉱物を伴う以外高品位赤鉄鉱鉱石と類似する．富化されていない縞状鉄鉱層中に微板状赤鉄鉱を産することは，この組織が縞状鉄鉱層から鉱石への品位向上作用と直接関係がないことを示唆している．"クリスマスツリー"周辺の石英脈化の強いところでは，脈中に微量の磁鉄鉱，赤鉄鉱，炭酸塩鉱物を含み，測定に適した多量の流体包有物が認められる（Taylor et al., 2001）．

　表IX-10aに鉱床中央部の高燐高品位赤鉄鉱鉱石，低燐高品位赤鉄鉱鉱石（図IX-180a），表IX-10bに北部鉱体高燐高品位赤鉄鉱鉱石（図IX-181），表IX-9cに北部鉱体下盤の鉄炭酸塩鉱物に富む変質帯の化学分析値を示し，それぞれ付近の未富化縞状鉄鉱層の化学分析値と比較した．未富化縞状鉄鉱層から高燐高品位赤鉄鉱鉱石への転移では，いずれの場合もFe, Al_2O_3, TiO_2, Pの増加とSiO_2, MgO, CaO, 灼熱減量の減少が見られ，残留したSiO_2とMgOは，頁岩縞に濃集して緑泥石および鉄滑石中に入っている．また鉄鉱縞と頁岩縞中に残留したCaOは，大部分Pと結合して燐灰石を生成している．鉄炭酸塩鉱物に富む変質帯では，MgO, CaO, Al_2O_3, TiO_2が増加している．高燐高品位赤鉄鉱鉱石の一定したCaO/P比はこれらにおけるPの主鉱物が燐灰石であることを示唆している．さらに低燐高品位赤鉄鉱鉱石への変化においては，MgOの消失，CaO, 灼熱減量の減少，Pの顕著な減少が見られ，CaOとPとの非対応は燐灰石の分解を示すと考えられる．低燐高品位赤鉄鉱鉱石の頁岩縞はほぼカオリナイトに変質している．図IX-180に見られるように，低燐高品位赤鉄鉱鉱石は，すべて第三紀〜現世の風化帯中に存在し，そこでは頁岩縞および下位のMount McRae頁岩層中の黄鉄鉱および有機質炭素は酸化分解している．また高燐高品位赤鉄鉱鉱石は，常に風化帯の下にあり含黄鉄鉱黒色頁岩を伴う．高燐鉄鉱石中の燐灰石は一般に自形を示し，一部で粗粒をなして産する．これらの燐灰石は原縞状鉄鉱層中の細粒他形燐灰石の単なる残留物ではなく，新たに再結晶したものである（Taylor et al., 2001）．

　Mount Tom Price鉱床地域には，主としてNW方向の粗粒玄武岩岩脈が縞状鉄鉱層および鉄鉱床を切って分布する（図IX-179, 180）．鉱床中央部では，これらの岩脈が未富化縞状鉄鉱層と高品位鉄鉱床の境界をなしているのが認められる．鉱床内および付近では，岩脈は強く変質してほと

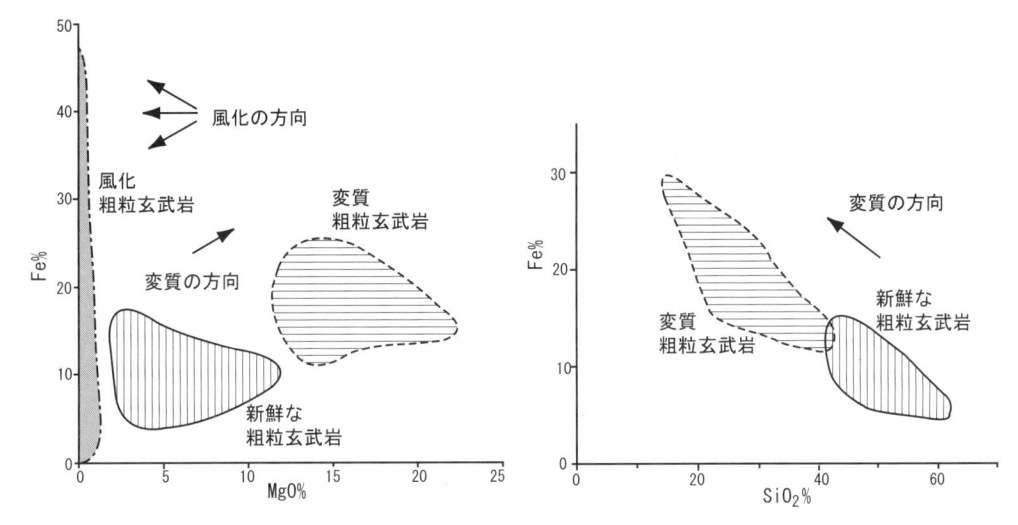

図 IX-182　新鮮・風化・変質粗粒玄武岩岩脈の Fe-MgO および Fe-SiO$_2$ 図
− Taylor et al. (2001) による −

んど緑泥石，滑石などの含水鉱物と少量の白チタン石，黄鉄鉱からなる岩石となる．図 IX-182 に Hamerslry 地域の新鮮および風化粗粒玄武岩岩脈，Mount Tom Price 鉱床地域の変質粗粒玄武岩岩脈の Fe-MgO 図および Fe-SiO$_2$ 図を示す．新鮮な粗粒玄武岩に比べて変質岩は Fe 量のやや増加，MgO の著しい増加，SiO$_2$ の減少，風化岩石は幅広い鉄量と MgO の著しい減少が特徴的である．富鉱化作用に関係のある変質作用と風化作用の化学変化の傾向には著しい差があり，前者では MgO の著しい増加，後者では MgO の著しい減少が起こる．この傾向は縞状鉄鉱層の富鉱化過程における化学変化の傾向と同一であり，このことは，岩脈が縞状鉄鉱層の富鉱化過程におけるシリカ溶脱段階の前または早期に形成されたことを意味する（Taylor et al., 2001）.

図 IX-183 は北部鉱体下盤縞状鉄鉱層の鉄炭酸塩鉱物に富む変質帯，未風化の縞状鉄鉱層，北部鉱体北方 Wittenoom 層の炭酸塩鉱物について得られた δ^{18}O-δ^{13}C 図である．Wittenoom 層ドロマイトの δ^{13}C 値は，現世海成炭酸塩に似て 0‰ に近い値を示す．未富化の縞状鉄鉱層産ドロマイト，アンケライト，方解石の δ^{13}C および δ^{18}O 値は，かなりの広がりを示すものの，δ^{13}C が現世海成炭酸塩より著しく低く，有機炭素から導かれた遺留水起原炭酸塩として説明される．これに対して変質帯の炭酸塩鉱物の δ^{13}C および δ^{18}O 値は，未富化の縞状鉄鉱層炭酸塩鉱物の範囲から Wittenoom 層ドロマイトに近い値までにわたっている．変質帯炭酸塩鉱物の中の比較的重い δ^{13}C 値は，Wittenoom 層と未富化縞状鉄鉱層起原炭素の混合の結果と考えられる（Taylor et al., 2001）.

高品位鉄鉱石中には流体包有物測定に適した鉱物は認められないが，北部鉱体下盤変質帯，"クリスマスツリー"周辺，Southern Batter 断層中には測定に適した石英および炭酸塩鉱物脈を産する．これらの多くは赤鉄鉱を伴い，高品位鉄鉱化作用に関係があると見なすことができる．これらの脈中に観察される一次包有物は比較的狭い均質化温度範囲 140〜230℃ を示し，二次包有物の均質化温度は 180℃ 付近に集中するが 350℃ のような高温のものもある（図 IX-184）．塩濃度の値は，一次包有物では明瞭なバイモーダル分布を示し，二次包有物はそれらの中間を占める．高塩濃度の流体包有物は，複雑な堆積盆塩水起原と考えられ，低塩濃度の包有物は温天水を代表するもの

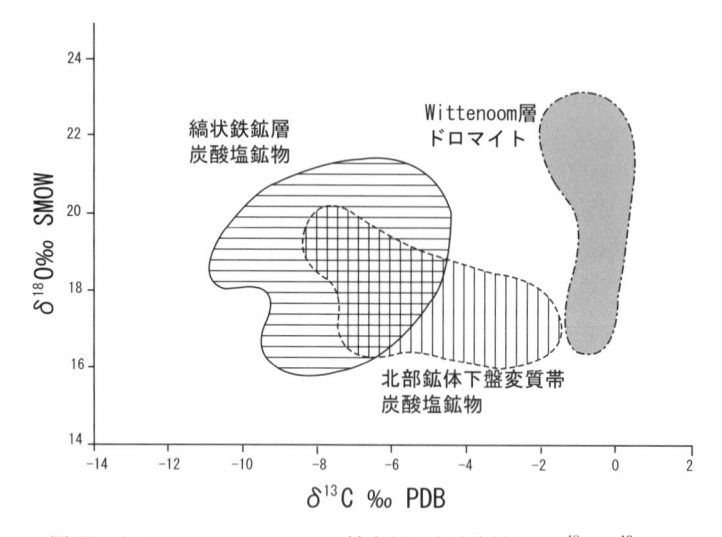

図 IX-183　Mount Tom Price 鉱床付近炭酸塩鉱物の $\delta^{18}O$-$\delta^{13}C$ 図
— Taylor et al. (2001) による —

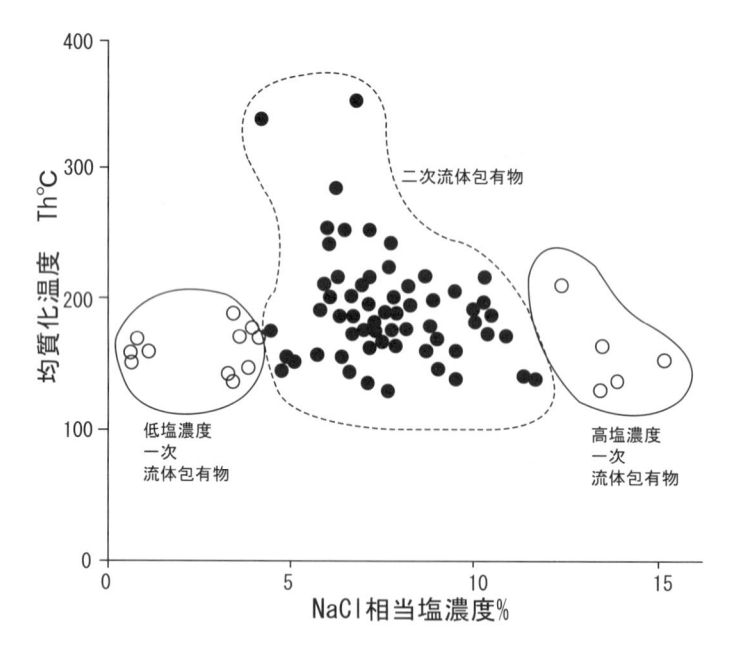

図 IX-184　Mount Tom Price 鉱床産石英・炭酸塩鉱物中
流体包有物の均質化温度 － NaCl 相当塩濃度図　Taylor et al. (2001) による —

であろう.

　以上述べた記載およびデータにより，縞状鉄鉱層から Mount Tom Price 高品位赤鉄鉱鉄鉱床への進化は，原生代の主要隆起・拡張期に形成された正断層系に沿って行われ，原縞状鉄鉱層からの多段階の脈石鉱物離脱の結果であることがわかった．その最初の段階は，深成富鉱化作用であり，これによってシリカのみが溶脱され，磁鉄鉱，炭酸塩，Mg 珪酸塩，燐灰石からなる鉱石が層厚を減じて残留する．この変質作用は，下位の炭酸塩と頁岩からなる Wittenoom 層から高塩濃度

IX 熱水鉱床　IX-6 海底熱水鉱床　　　　393

露出

④ 浸食・風化段階
鉱体の深部風化による燐灰石の離脱

微板状赤鉄鉱－マータイト冨鉱化作用

埋没段階
W上部yloo層群の厚層堆積による
鉱床埋没

隆起
埋没

赤鉄鉱礫岩

浸食段階
隆起継続，鉱床上部浸食
赤鉄鉱礫岩の堆積

③ 炭酸塩・残留シリカの溶脱
微板状赤鉄鉱－マータイト－燐灰石
冨鉱化作用

② 天水深部循環段階
酸化低塩濃度天水の深部循環
微板状赤鉄鉱－マータイト－燐灰石－
アンケライト冨鉱化作用

隆起継続
上昇流停止
下降流に変わる

拡張・隆起

① 深成富化作用段階
堆積盆塩水の上方移動
磁鉄鉱－炭酸塩－燐灰石冨鉱化作用
（シリカ溶脱）
粗粒玄武岩岩脈の貫入

隆起開始
Paraburdoo部層に閉じ
こめられた流体圧力上昇
Panhandle褶曲運動
局部的WNW方向褶曲帯

圧縮

拡張
WNW～NW方向の正断層
（Southern Batter断層）

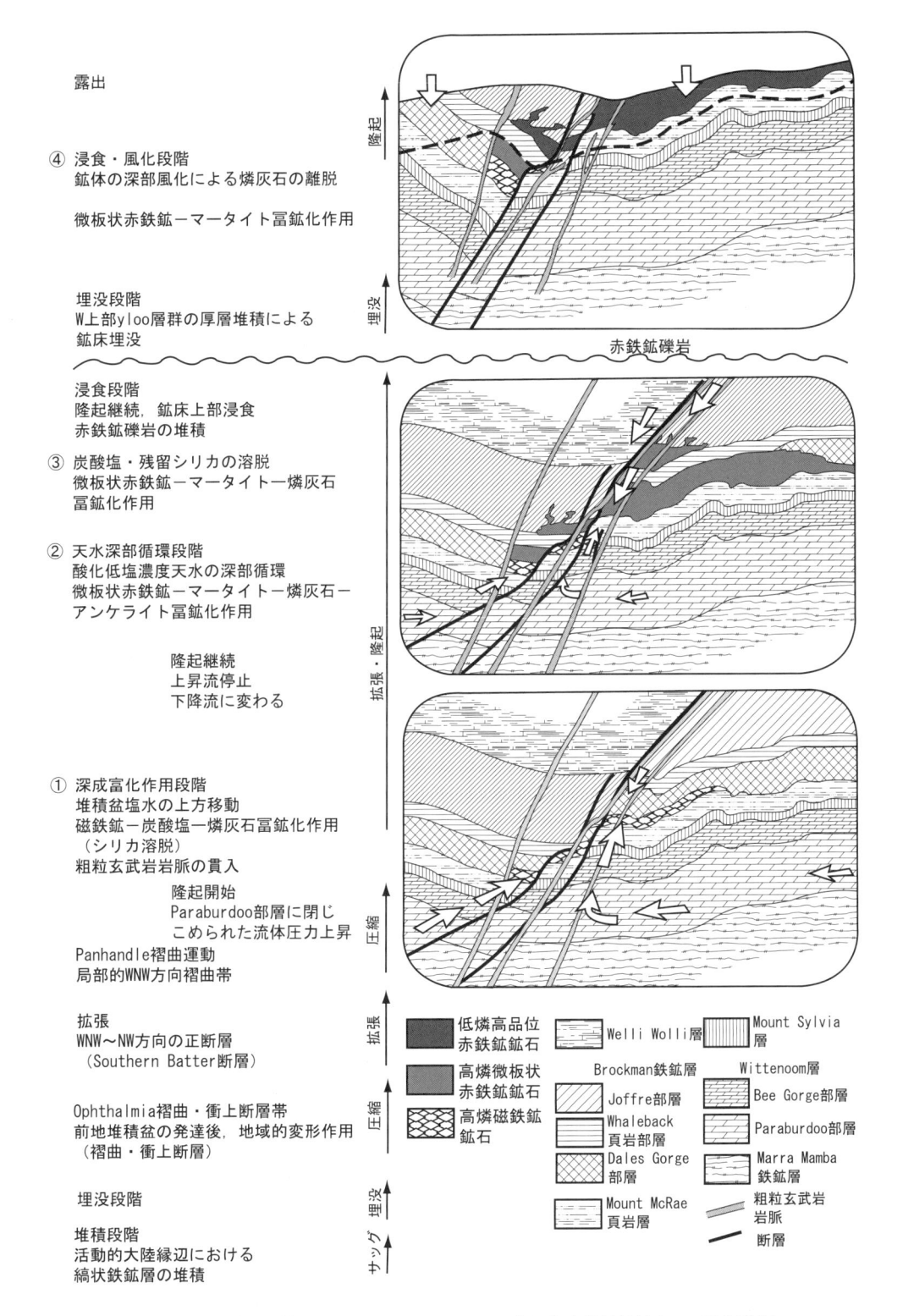

Ophthalmia褶曲・衝上断層帯
前地堆積盆の発達後，地域的変形作用
（褶曲・衝上断層）

埋没段階

堆積段階
活動的大陸縁辺における
縞状鉄鉱層の堆積

拡張
圧縮
サッグ
埋没

凡例	
■ 低燐高品位赤鉄鉱鉱石	Welli Wolli層 / Mount Sylvia層
▨ 高燐微板状赤鉄鉱鉱石	Brockman鉄鉱層: Joffre部層, Whaleback頁岩部層, Dales Gorge部層
▩ 高燐磁鉄鉱鉱石	Wittenoom層: Bee Gorge部層, Paraburdoo部層
	Mount McRae頁岩層
	Marra Mamba鉄鉱層
	粗粒玄武岩岩脈
	断層

図 IX-185　縞状鉄鉱層から Mount Tom Price 高品位赤鉄鉱鉄鉱床への進化過程
－ Taylor et al. (2001) による －

で CO_2 に飽和した熱水が，断層帯に沿って上昇し Brockman 鉄鉱層に達して行われ，鉱物組み合わせから熱水の温度は 300～400℃と推定される．第2の段階は，天水深部循環作用によるもので，磁鉄鉱－菱鉄鉱組み合わせは，酸化して赤鉄鉱－アンケライトの組み合わせとなり，微板状赤鉄鉱の生成と磁鉄鉱のマータイト化を特徴とする．変質を行った流体は，大部分地表から下降した温天水で低塩濃度，酸化状態にあったものと考えられる．鉄鉱物の酸化に引き続いて炭酸塩が溶脱され，Mg に富む頁岩を挟む多孔質高透水性の鉄鉱石の縞が残留する．最後の段階は，純粋な浅成冨鉱化作用で地表面からかなりの深さまで行われる．Mg 珪酸塩はカオリナイトに変化して頁岩縞は薄化し，燐灰石は分解して Ca と P が溶脱する．最終段階の産物は，低燐高品位赤鉄鉱鉱石である（図IX-185）．

Hamersley 地域の鉄鉱石資源量は，Brockman 鉄鉱層が 190 億 t（＞Fe 55%），Marra Mamba 鉄鉱層が 8 億 8,000 万 t と称せられ（Harmsworth et al., 1990），地域における 2 大鉱床 Mount Tom Price および Mount Whaleback の埋蔵鉱量は，それぞれ 9 億 t（Fe 64%）および 1 億 4,000 万 t と報告されている（Taylor et al., 2001）．

(4) 縞状鉄鉱層に伴う層状マンガン鉱床

Algoma 型および Superior 湖型の縞状鉄鉱層中またはこれと密接に伴って層状のマンガン鉱床を産することがある．この型の鉱床は少数であるが巨大なものがあり，世界のマンガン資源の 80% 以上を占める．初生のマンガン鉱層は，これに伴う縞状鉄鉱層と同様な環境で生成されたと考えられ，二次的な富鉱化作用によって品位が向上して採掘可能になったものが多い．この型の鉱床は，鉱物組成によって酸化物－炭酸塩型と酸化物型に分けられる．前者は，ブラウン鉱を主としクトナホライト，マンガン方解石，赤鉄鉱などを伴うのに対し後者は，ブラウン鉱II，ハウスマン鉱，ビクスビ鉱などからなるが，一地域で両者を産することが多い．南アフリカの Kalahari マンガン鉱床が，代表的例であり，その他 Azul 地域（ブラジル），Urcum, Mutum（ボリビア），Moanda（ガボン），Nsuta（ガーナ）などの鉱床が知られている．

Kalahari マンガン鉱床 本鉱床地域は，南アフリカ Cape 北部 Kurman の北西約 60km にあり，地質的には，原生代 Kheiss 造山帯に属する．地域の地質は下から古原生代 Transvaal 累層群，Olifantshoek 累層群，第三紀 Kalahari 層からなる（図IX-186）．Transvaal 累層群は，Ghaap 層群と Postmasburg 層群に分けられ，Ghaap 層群は，下から主として炭酸塩岩からなり頁岩を伴う Campbellrand 亜層群，微縞状鉄鉱層と砕屑組織鉄鉱層からなる Asbestos Hills 亜層群，珪質砕屑岩と鉄鉱層からなる Koegas 亜層群のように重なり，これらは不整合面を隔てて Postmasburg 層群 Makganyene 層に覆われる．Makganyene 層は，厚さ最大 150m，氷河成のダイアミクタイトからなり，さらに玄武岩質安山岩溶岩流からなる厚い（500～600m）Ongeluk 層（2222±13Ma）に覆われる．Ongeluk 火山岩類の最上部は特徴的な枕状構造を示すが，鉄質ハイアロクラスタイトを経て規則的な縞状組織を示す Hotazel 層（厚さ 200～250m）の縞状鉄鉱層に漸移する．Hotazel 鉄－マンガン層の上には，Kalahari 地域中央部および南部に炭酸塩岩と微量のチャートからなる Mooidraai 層が広く分布し，Hotazel 層および Mooidraai 層によって Voelwater 亜層群が形成される．地域北部および西部には，Voelwater 亜層群を不整合に覆って後期古原生代の Olifantshoek 累層群 Mapedi 層に属する頁岩，珪岩および少量の礫岩が分布する（Tsikos et al.,

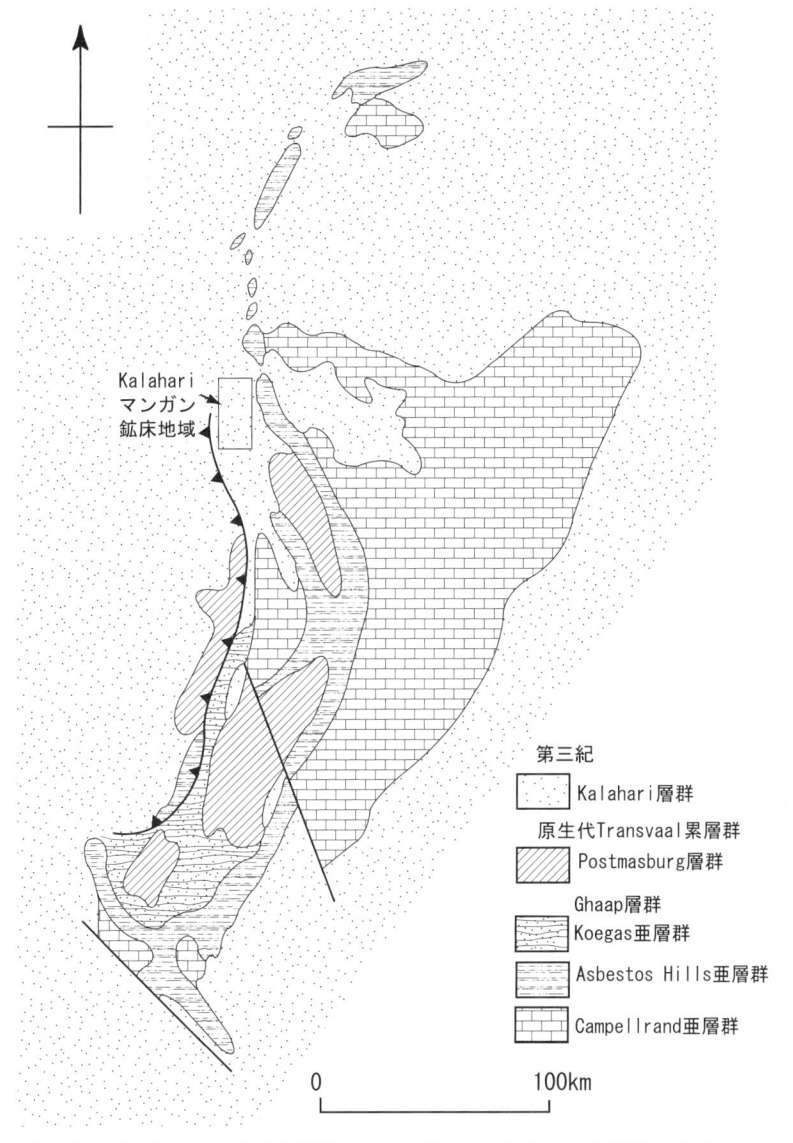

図 IX-186　北 Cape 地域地質概図　− Tsikos and Moore (1997) による −

2003).Olifantshoek 累層群 Hartley 溶岩からは，1,900Ma の生成年代が得られている．

　Kalahari 地域には五つの既知マンガン鉱床が存在するが，その中 Kalahari 鉱床が最大で 35 × 15km^2 の規模を有し，経済的にも最も重要である（図 IX-187）．Hotazel および Langdon-Annex 鉱床は，高品位であるが小規模で既に採掘済であり，Leinster および Avontuur の 2 鉱床はヤコブス鉱を主成分とし低品位で経済的価値がない．Kalahari マンガン鉱床は，含マンガン Hotazel 層が後期古原生代 Olifantshoek 累層群赤色層，後期石炭紀−早期ペルム紀 Karoo 層群 Dwyka ダイアミクタイト層，第三紀 Kalahari 層の下で構造的に保護されてほとんど浸食を免れた残留物であり，現在 Black Rock 鉱体のみ Hotazel 付近の小さな丘に自然の露頭を有している（Gutzmer and Beukes, 1995）（図 IX-187）．Hotazel 層は，3 枚のマンガン鉱層を夾在する 4 層の縞状鉄鉱

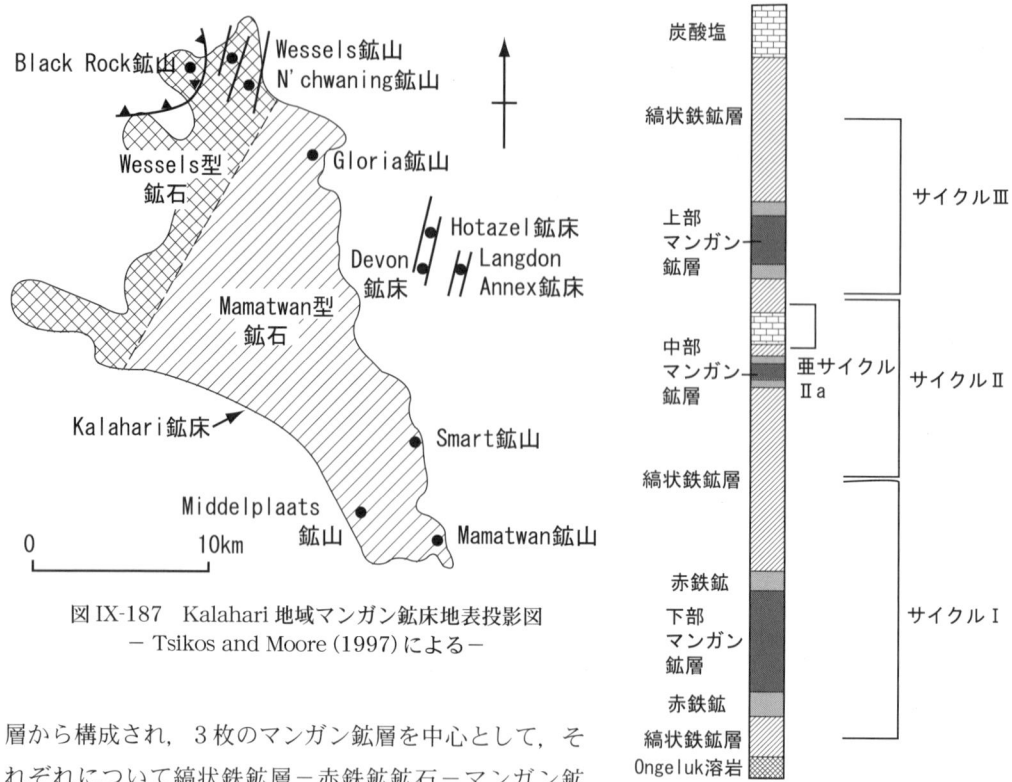

図 IX-187　Kalahari 地域マンガン鉱床地表投影図
－Tsikos and Moore (1997) による－

図 IX-188　Hotazel 層地質柱状図
－Tsikos and Moore (1997) による－

層から構成され，3枚のマンガン鉱層を中心として，それぞれについて縞状鉄鉱層－赤鉄鉱鉱石－マンガン鉱石－赤鉄鉱鉱石－縞状鉄鉱層のような対称的サイクルが一般的に認められる（図 IX-188）．縞状鉄鉱層は，他の Transvaal 層群中のものと同じく Superior 湖型である（Tsikos and Moore, 1997）．Kalahari 鉱床のマンガン鉱石埋蔵量および生産は事実上下部マンガン鉱層からのもので，その層厚は地域南部の Mamatwan 鉱山付近で最大の 45m に達し，北部の Wessel および Nchwang 鉱山付近では 4～8m である．また上部マンガン鉱層の層厚は 4～10m で一部採掘され，中部マンガン鉱層は平均層厚 1m で経済的価値はない．

　Kalahari マンガン鉱床の鉱石はその組成により酸化物－炭酸塩型と酸化物型に分類され，Kalahari 地域ではそれぞれ Mamatwan 型と Wessels 型と呼ばれる．前者は比較的低品位（Mn 27～46％）で，微晶質葉理組織を呈し，主としてブラウン鉱，赤鉄鉱，クトナホライト，マンガン方解石と少量の含マンガン方解石卵形コンクリーションからなる．後者は高品位で平均 Mn 51％に達し，一般に粗粒，多孔質で，ブラウン鉱，ブラウン鉱 II，ハウスマン鉱，ビクスビ鉱，水マンガン鉱，マロカイトなどからなる．Mamatwan 型鉱石の分布する鉱床南部の Mamatwan 鉱山付近では，古期岩類を不整合に広く覆う第三紀 Kalahari 層群が Mooidraai 層の大部分および Hotazel 層の上部を浸食している（図 IX-189）．Hotazel 層は緩やかな褶曲を示しながら全体として西に約 8°で傾斜する．走向東西，南に傾斜し落差 2～9m の正断層がマンガン鉱層を切断し，断層に平行および直角な割目が広く発達する．これらの断層および割目に沿って赤鉄鉱化が行われ，これに伴ってクリプトメレンを生じマンガン品位が向上しているのが認められる．また Mamatwan 型鉱石と Kalahari 層群の間の不整合面に沿ってもクリプトメレンを産する．下部マ

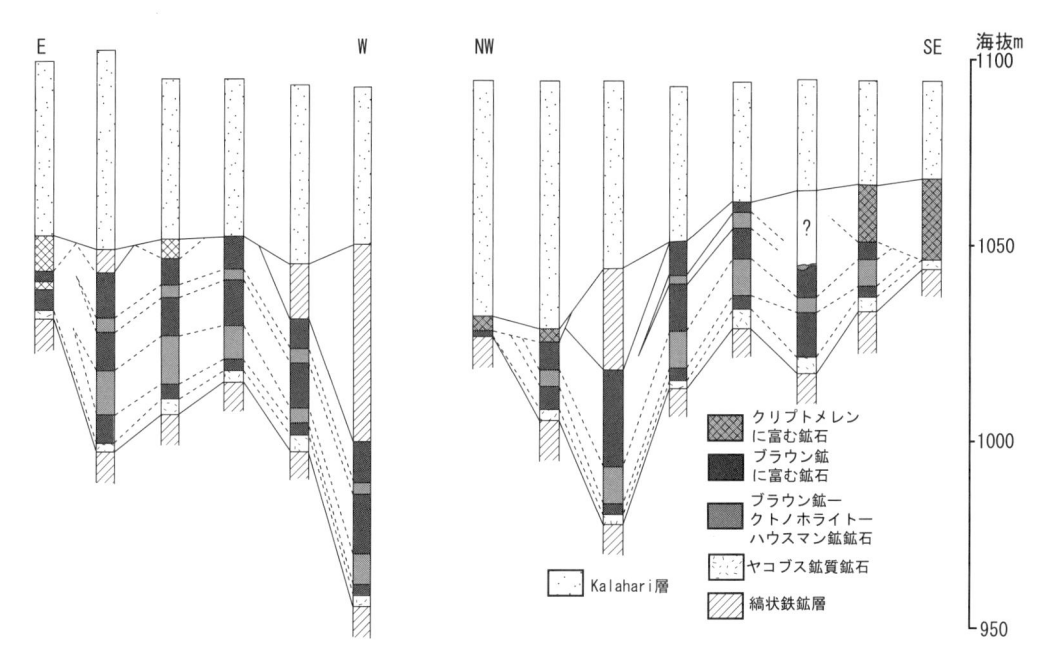

図IX-189 Mamatwan鉱山マンガン鉱層の鉱物組成変化 －Nel et al. (1986)による－

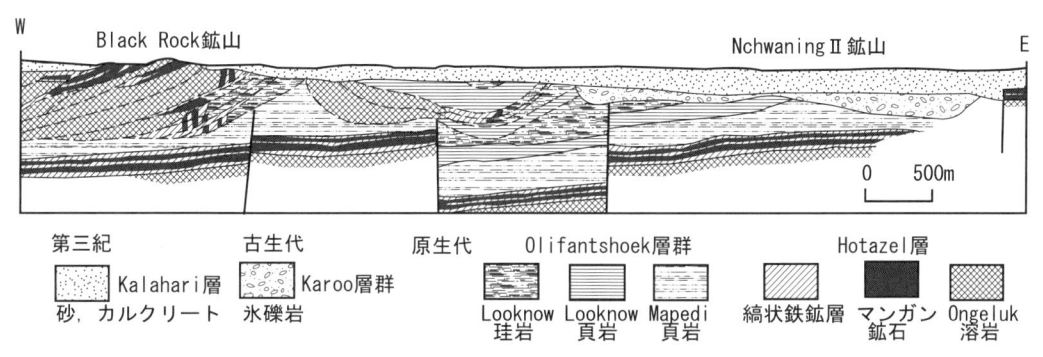

図IX-190 北部Kalahariマンガン鉱床地質断面図 －Gutzmer and Beukes (1995)による－

ンガン鉱層には三つの堆積サイクルが認められ，各サイクルは，大型のMn方解石卵形コンクリーションを伴うブラウン鉱に富む中心部と，その上下のブラウン鉱－クトナホライト層からなる．前者の鉱石品位はMn 38～46%，後者は，Mn 27～30%である．ブラウン鉱クトナホライト層には，より小さいMn方解石卵形コンクリーションを伴い，このなかにハウスマン鉱の微晶を含む．また，一部のブラウン鉱－クトナホライト層には，ブラウン鉱－クトナホライト葉理組織を切ってハウスマン鉱の縞を産するのが認められる．下部の縞状鉄鉱層とマンガン鉱層との間にはしばしばヤコブス鉱を産する (Nel et al., 1986)．

北部のKalahariマンガン鉱層は，約8°で西に緩やかに傾斜するが，鉱床の西縁付近では，西方からの衝上断層により鉱床とOngeluk溶岩の繰り返し層序が認められる（図IX-190）．Wessels型鉱石はこの衝上断層およびNS方向の正断層が発達する区域にのみ分布し，中央部から南部には

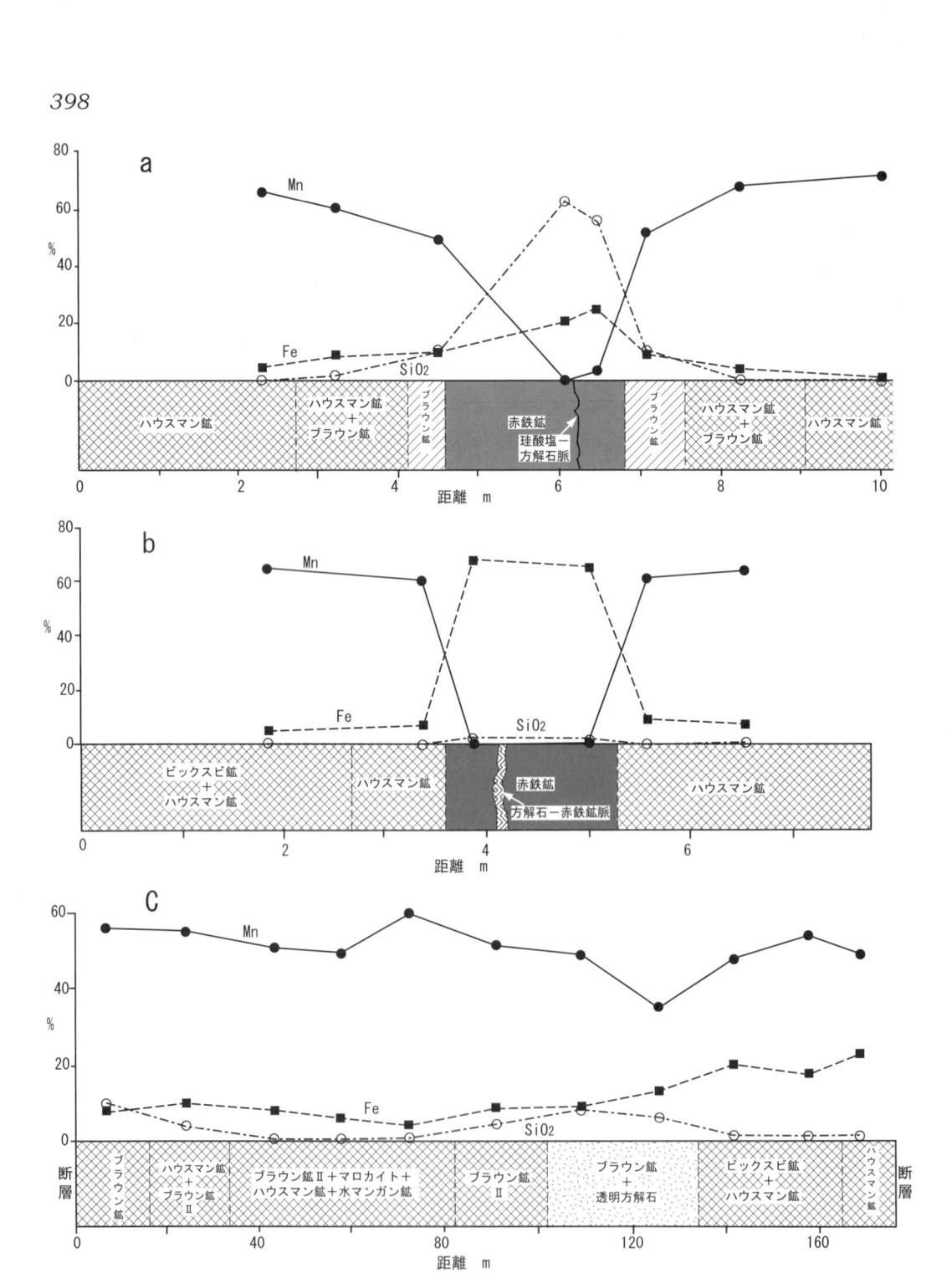

図 IX-191　Nchwanning 鉱山における鉱物組成と鉱石型，炭酸塩鉱物脈の分布と Mn, Fe, SiO$_2$ の変化との関係
— Gutzmer and Beukes (1995) による —

認められない．

　Gutzmer and Beukes(1995) は，地域北部の Nchwanning 鉱山において正断層とそれに沿う赤鉄鉱化帯，Wessels 型鉱石，Mamatwan 型鉱石の関係を鉱物組成と化学組成について明らかにし，Wessels 型鉱石の成因を議論した．図 IX-191 に，鉱物組成と鉱石型，正断層を充填した炭酸塩鉱物脈の分布と Mn, Fe, SiO_2 の変化との関係を示した．Kalahari マンガン鉱床地域における初生の鉱石鉱物組み合わせは，ブラウン鉱－赤鉄鉱－クトナホライト－マンガン方解石と考えられ最初地域に広く生成された．これが，Mamatwan 型鉱石の原型である (Nel et al., 1986). 正断層とこれに沿う赤鉄鉱化帯から最も離れた場所では，原 Mamatwan 型鉱石の最初の変化の印が，ブラウン鉱からブラウン鉱 II とハウスマン鉱へ，クトナホライトからハウスマン鉱と方解石への反応として現れる (図 IX-191c).

$$6Mn^{+2}Mn_6^{+3}SiO_{12} + 3Fe_2O_3 + 3CaCO_3 + O_{2(aq)} \rightarrow$$
　　　ブラウン鉱　　　赤鉄鉱　　　方解石
$$6Ca_{0.5}(Mn,Fe)_7^{+3}Si_{0.5}O_{12} + 2Mn^{+2}Mn_2^{+3}O_4 + 3SiO_{2(aq)} + 3CO_{2(aq)}$$
　　　　ブラウン鉱 II　　　　　ハウスマン鉱

$$3CaMn^{+2}(CO_3)_2 + 1/2O_2 \rightarrow Mn^{+2}Mn_2^{+3}O_4 + 3CaCO_3 + 3CO_{2(aq)}$$
　　　クトナホライト　　　　　　　ハウスマン鉱　　　方解石

この最初の変質反応において SiO_2 と CO_2 の分解，赤鉄鉱の交代，炭酸塩の Mn^{+2} からハウスマン鉱の Mn^{+3} への酸化反応が含まれ，炭酸塩と SiO_2 の溶脱により二次的空隙率を獲得することが重要である．正断層とそれに沿う赤鉄鉱化帯へ僅かに近づくと，SiO_2 のさらなる溶脱とブラウン鉱*の生成による空隙率の増加が起こる (図 IX-191c).

$$6Mn^{+2}Mn_6^{+3}SiO_{12} + 3Fe_2O_3 + 3CaCO_3 + 3/2O_{2(aq)} \rightarrow$$
　　　ブラウン鉱　　　赤鉄鉱　　　方解石
$$6Ca_{0.34}(Mn,Fe)_6^{+3}Si_{0.34}O_{10} + 3Mn_2^{+3}O_3 + 4SiO_{2(aq)} + 2CO_{2(aq)}$$
　　　　ブラウン鉱*　　　　　ビックスビ鉱

$$6Ca_{0.5}(Mn,Fe)_7^{+3}Si_{0.5}O_{12} \rightarrow$$
ブラウン鉱 II
$$6Ca_{0.34}(Mn,Fe)_6^{+3}Si_{0.34}O_{10} + 6Mn_2^{+3}O_3 + 35CaO + 35SiO_{2(aq)}$$
　　　ブラウン鉱*　　　　　ビックスビ鉱

炭酸塩と SiO_2 の溶脱の最終段階はビックスビ鉱とマロカイトを生成する次のような反応と考えられる (図 IX-191c).

$$2Mn^{+2}Mn_6^{+3}SiO_{12} + Fe_2O_3 + 1/2O_{2(aq)} \rightarrow 8(Mn,Fe)_2^{+3}O_3 + 2SiO_{2(aq)}$$
　　　ブラウン鉱　　　　赤鉄鉱　　　　　　　　ビックスビ鉱

表IX-11 Wessels 型鉱石構成鉱物の塩濃度と均質化温度 －Luders et al. (1999) による－

	NaCl相当塩濃度%		均質化温度℃	
	範囲	平均(測定数)	範囲	平均(測定数)
早期変質段階				
方解石	19.9－23.2	21.4(15)	172.6－224.4	210.5(31)
主変質段階				
ハウスマン鉱	13.5－18.6	16.4(11)	142.6－164.8	152.5(14)
赤鉄鉱	13.2－22.5	19.9(11)	114.5－164.6	137.2(51)
方解石(1次)	14.6－22.3	19.8(63)	71.1－174.5	130.3(50)
方解石(2次)	0－6.2	1.8(25)	97.5－137.6	123.7(19)
ダトー石	9.7－18.1	16.4(25)	94.5－148.5	135.1(23)
後期変質段階				
方解石	0－7.5	2.8(40)	81.2－172.2	131.9(44)

$$Mn_2^{+3}O_3 + CaCO_3 \rightarrow CaMn_2^{+3}O_4 + CO_{2(aq)}$$
ビックスビ鉱　　　　　　マロカイト

赤鉄鉱化帯ではマンガン鉱石が赤鉄鉱によって交代される．ここでは溶液によって運ばれてきた Fe^{+2} イオンが，Mn^{+3} の還元剤として働く

$$Mn_2^{+3}O_3 + Fe^{+2} \rightarrow Fe_2O_3 + Mn_{(aq)}^{+2}$$
ビックスビ鉱　　　　　赤鉄鉱

Mn^{+2} は赤鉄鉱化帯に隣接するマンガン鉱石帯で沈殿して高品位鉱を形成する．
例えばビックスビ鉱は，次のようにハウスマン鉱により交代される（図 IX-191a, b）．

$$Mn_2^{+3}O_3 + Mn_{(aq)}^{+2} + O_{2(aq)} \rightarrow Mn^{+2}Mn_2^{+3}O_4$$
ビックスビ鉱　　　　　　　　　　ハウスマン鉱

しかし赤鉄鉱化帯とこれに近い変質帯は，同時に二次的な炭酸塩化作用とシリカの付加を受けることになる．すなわち赤鉄鉱化帯では，粗粒の方解石，変質帯との漸移帯では，二次ブラウン鉱に富んだ塊状鉱石が生成される（図 IX-194a）．

$$Mn^{+2}Mn_2^{+3}O_4 + 2SiO_{2(aq)} + O_{2(aq)} \rightarrow 3Mn^{+2}Mn_6^{+3}SiO_{12}$$
ハウスマン鉱　　　　　　　　　　ブラウン鉱

この二次ブラウン鉱鉱石に伴って，二次のブラウン鉱II，ブラウン鉱*，石英，炭酸塩鉱物，Ca 珪酸塩などが空隙中に生成されている．

　Evans et al. (2001) は，マンガン鉱石中の赤鉄鉱の古地磁気測定から生成年代を推定し Mamatwan 型鉱石については 2,222 ± 13Ma および 1,900Ma，Wessels 型鉱石については，

1,250Maおよび1,100Maの値を得た．これに基づき現在のMamatwan型鉱石およびWessels型鉱石は，原Mamatwan型鉱石から多段階の変質作用によって形成されたと結論している．

Luders et al.(1999)は，高品位のWessels型鉱石の赤鉄鉱およびハウスマン鉱とこれに伴う方解石，ダトー石中の流体包有物について均質化温度とNaCl相当塩濃度の測定を行った結果（表IX-11），これらの鉱物は高塩濃度の流体から200℃以下の均質化温度で晶出したことを示した．変質時の地表からの深度を2～3kmと仮定すると10～15℃の圧力補正が必要となる．

Kalahariマンガン鉱床の資源量は80億t（Mn 20～48%）と称されるが（Laznica, 1992），高品位のWessels型鉱石（＞Mn 44%）は，その5%以下であると考えられる（Tsikos et al., 2003）．

IX-7　低温熱水鉱床

　炭酸塩岩中の層準規制鉛－亜鉛鉱床（ミシシッピーヴァレー型鉱床），炭酸塩岩中の金鉱染鉱床（カーリン型鉱床），不整合型ウラン鉱床，堆積岩中の層状銅鉱床（カッパーベルト型；マンスフェルト型鉱床）は比較的低温の熱水によって生成されているが，鉱床生成に直接関係したと考えられるマグマ活動が認められず，鉱化流体に続成作用によって形成された遺留水を含んでいる．これらの鉱床を一括して低温熱水鉱床として説明する．

(1) 炭酸塩岩中の層準規制鉛－亜鉛鉱床（ミシシッピーヴァレー型鉱床）

　ミシシッピーヴァレー型鉛－亜鉛鉱床は，主としてドロマイト中に塊状，空隙充填，鉱染状をなして後成鉱床として産し，鉱床生成の最適環境は造山帯前地の非変形の炭酸塩岩卓上地であるが，その他，前縁海溝との境界をなす前地衝上断層帯およびクラトン内堆積盆にも見出される．この型の鉱床の特徴は，一般に数百～数千 km^2 の地域に比較的小規模の鉱床が多数分布し，各地域内では鉱床の地質・構造支配，鉱物組成，鉱石組織，同位体組成が類似することである．鉱床は海盆側面，堆積盆周囲の隆起部，薄い陸棚炭酸塩岩シーケンスへの深部堆積盆遺留水の集中上昇によって形成されている．鉱床形成を支配するより小規模な地質および構造的要素として，頁岩端（shale edge），石灰岩からドロマイトへの遷移，炭酸塩岩リーフ複合体，溶液崩壊角礫，断層および割目などがあげられる．主要な金属鉱物は方鉛鉱，閃亜鉛鉱，黄鉄鉱，白鉄鉱で一部の鉱床で黄銅鉱を産する．脈石鉱物としては方解石，ドロマイト，シリカ鉱物，蛍石，重晶石を産する．最も一般的な母岩の変質作用はドロマイト化作用であり，珪化作用が一部の鉱床で認められる．鉱床内の鉱物および元素に関する累帯配列は一部を除いて認められない．鉱石組織はきわめて変化に富み，塊状交代組織，空隙充填結晶房状組織，コロフォーム組織，種々の崩壊角礫組織が認められる．鉱床の生成年代は古原生代から白亜紀にわたるが，カンブリア－オルドビス紀，デボン－石炭紀，三畳紀生成の鉱床が多い．この型の鉱床は世界に広く産し，鉛・亜鉛の資源として重要である．米国ミシシピー川流域に多数の鉱床を産することからミシシッピーヴァレー型鉱床と名付けられた．主な鉱床例としては，Pine Point 地域（カナダ・ノースウエストテリトリー），Polaris（カナダ・パソー諸島），南東 Missouri 地域，中央 Missouri 地域（米国ミゾーリ），Tri-State 地域（米国オクラホマ・カンザス・ミゾーリ），北部 Arkansas 地域（米国アーカンサス）中央 Tennessee 地域，東部 Tennessee 地域（米国テネシー），Upper Mississippi Valley 地域（米国イリノイ），Florida Canyon, San Vicente（ペルー），Lisheen（アイルランド），Bleiberg（オーストリヤ），Recoin（スペイン），Silesia-Cracow 地域（ポーランド），Toussit-Bou Beker（モロッコ），El Abed（アルジェリア），Mehidi Abad（イラン），Sumsar（キルギスタン），Komdok（北朝鮮），Tianbaoshan －天宝山－，Fankou －凡口－（中国），Admiral Bay, Pillara, Cadjebut Trend（オーストラリア・西オーストラリア）があげられる (Leach et al., 2005)．

　南東 Missouri 地域鉛－亜鉛鉱床　本鉱床地域は米国ミゾーリ東部セント・ルイスの南約 100km にあり，地質的には北米大陸内部低地中央部に発達する Ozark ドーム東北部に位置する（図

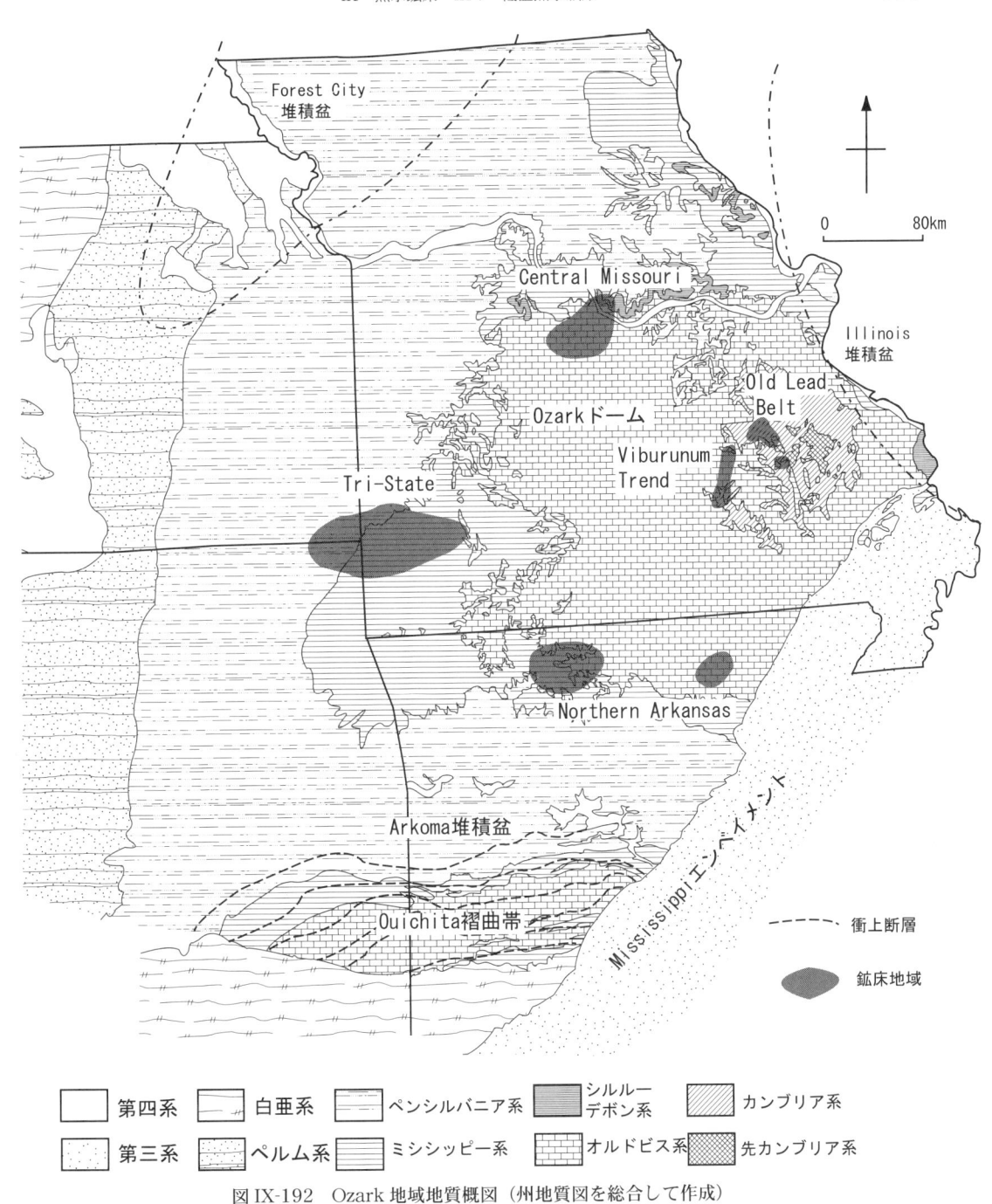

図 IX-192 Ozark 地域地質概図（州地質図を総合して作成）

IX-192). 北米大陸内部低地は先カンブリア岩類の基盤の上にほとんど変形していないほぼ水平な顕生代の卓上地堆積物が覆っているが, 古生代の間には随所にドーム構造あるいは堆積盆構造が発達し, これらの堆積盆には比較的厚い地層が堆積するのに対してその周囲では地層が薄く, ドームの中心部にはしばしば先カンブリア基盤岩が露出する. 本地域およびその周辺にはそのようなドーム・堆積盆構造として Ozark ドームおよび Illinois 堆積盆, Forest City 堆積盆が認められる (図

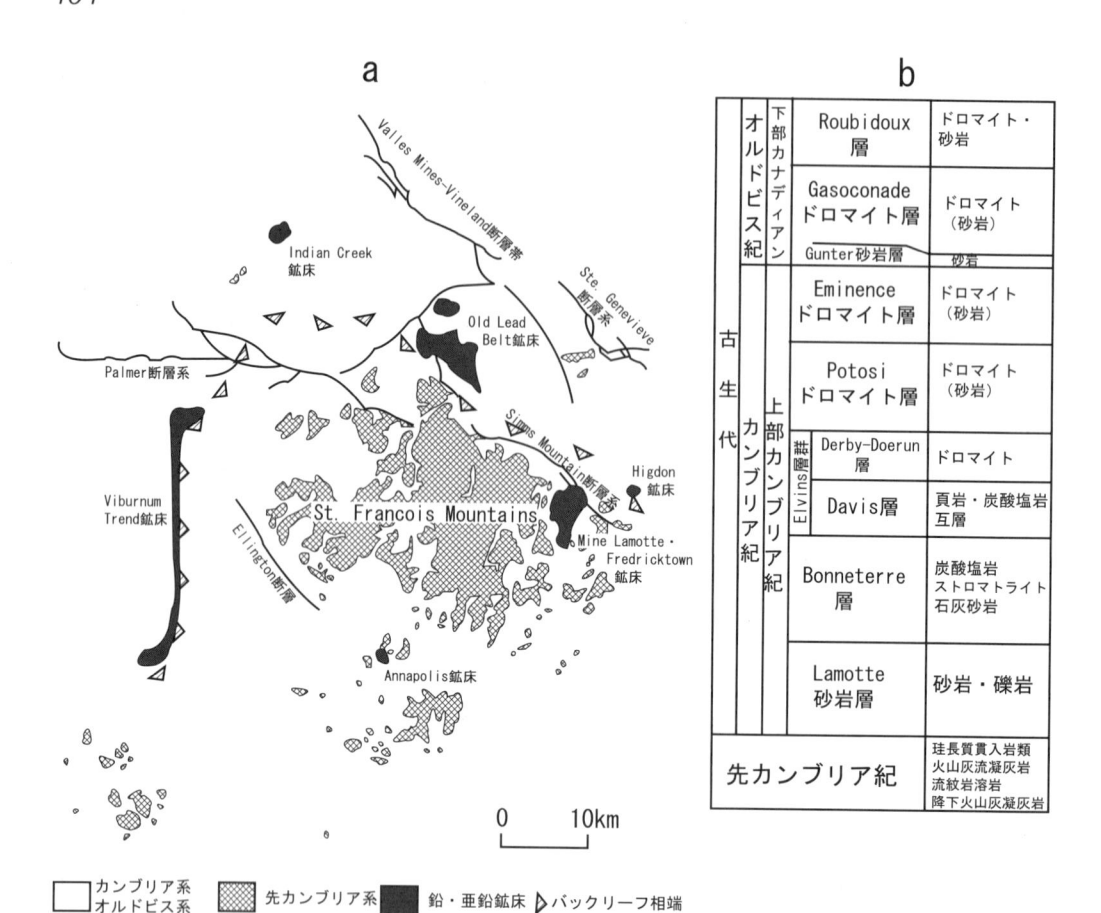

図 IX-193　a　南東 Missouri 地域鉱床分布図，b　同地質柱状図
— Hagni (1995); Appold and Garven (2000) による —

IX-192).しかし，後期古生代になると，北アメリカプレートは Llanoria 大陸プレートの下に南傾斜で沈み込んで付加体を形成し，ついにはこれと衝突・縫合を行う．Ouchita 褶曲帯はこの時形成され，Arkoma 堆積盆（311〜303Ma）は Ouchita 褶曲帯の北側に形成された前地堆積盆である（Leach and Rowan, 1986）．

　南東 Missouri 鉛-亜鉛鉱床地域の地質は，先カンブリア紀岩類を基盤として，下位から上部カンブリア紀の Lamotte 砂岩層，Bonneterre 層，Elvins 層群，Potosi ドロマイト層，Eminence ドロマイト層，オルドビス紀 Gunter 砂岩層，Gasconade ドロマイト層，Roubidoux 層からなる（図 IX-193）．先カンブリア紀岩類は主として珪長質貫入岩類とイグニンブライト，流紋岩質溶岩，凝灰岩などの火山岩類から構成され，微弱な鉛-亜鉛鉱化作用が認められるが少数の例外を除いて鉱石品位に達しない．Lamotte 砂岩層は基底堆積層をなし，その層厚は＜100〜150m であるが先カンブリア基盤岩凸部で尖滅する．Lamotte 砂岩層は主として石英アレナイトからなり，先カンブリア基盤岩との境界に近づくとアルコーズ質礫岩に漸移し，上位の Bonnetere 層ドロマイトとの接触部付近でドロマイト質砂岩からドロマイトに移り変わる．Lamotte 砂岩層は，局部的に鉱床を胚胎することがある．Lamotte 砂岩層は，鉱化流体の主要な通路となった帯水層と考えられている．Bonnetere 層は主として炭酸塩岩からなり，層厚は 50〜140m である．下部

Bonnetere 期に保礁型のリーフが成長し，St. Francois 先カンブリア高地の東，北，西側面に沿って弧状リーフを形成した．リーフ複合体の炭酸塩岩は，大部分鳥趾状ストロマトライトおよびリーフ成石灰砂岩である．炭酸塩泥と面状ストロマトライトからなるバックリーフ相が St. Francois 先カンブリア高地を囲んで発達し，南に広がっている．フォアリーフ相は灰色ないし褐色の頁岩質石灰泥岩である．フォアリーフ相の外側は沖浜頁岩・石灰岩相に移り変わる．引き続く中部および上部 Bonnetere 層の炭酸塩岩は通常の沖浜陸棚相である．南東 Missouri 鉛-亜鉛鉱床地域の主要な鉛および鉛-亜鉛鉱床は大部分，Bonnetere 層中に胚胎する．Old Lead Belt, Fredericktown, Indian Creek, Annapolis 鉱床は，Bonnetere 層の下部 1/3 中に，Viburunum Trend 鉱床は中部 1/3 中に産する．Bonnetere 層の石灰岩は，鉱床付近およびバックリーフ相の大部分がドロマイト化し，また Bonnetere 層底部約 1m は下位の Lamotte 砂岩層を通った早期熱水作用によりドロマイト化している．Elvins 層群は，Davis 層および Derby-Doerun 層からなる．Bonnetere 層中部 1/3 の石灰砂岩中に存在する二つの顕著な頁岩質鍵層は，False Davis 層（または下部 Davis 層）および灰色層と呼ばれる．False Davis 層は，多くの鉱体の高品位鉱の直上にあり，鉱化流体の不透水性帽岩の役割を果たしたと考えられる．灰色層は鉱体の下位にあり母角礫体を形成した溶液薄層化作用の影響を受けている．Davis 層は Bonnetere 層の上に整合に重なり，頁岩と炭酸塩岩の互層からなる．Davis 層は，鉱化流体の垂直および水平方向の移動に対する不透水性の障害体を形成し，上位の地層の鉱化を妨害する役割を果たしたと考えられる．Derby-Doerun 層は主として炭酸塩岩からなる．Potosi ドロマイト層より上位の地層は，主としてドロマイトからなり若干の砂岩を伴う．これらの地層にも鉱化作用が認められるが，経済的に採掘できるものはない（Hagni, 1995; Goldhaber et al., 1995）．

古生代の地層は，断層付近を除いてほぼ水平，あるいは St. Francois 高地から周囲に向かって緩やかに傾斜している．St. Francois 高地の北東側に沿う NW 系の St. Genevieve および Simms Mountain 断層帯は Old Lead Belt 鉱床付近に発達し地域の鉱床賦存の 1 要素となっている．南東 Missouri 鉛-亜鉛鉱床地域においては Elington, Black などの NW 系断層が Annapolis および Viburunum Trend 鉱床付近に認められ，鉱床生成に関係があると考えられている（図 IX-193）(Hagni, 1995)．

南東 Missouri 鉛-亜鉛鉱床地域において，現在採掘されているのは Viburunum Trend 鉱床のみであり，幾つかの鉱山が操業を行っている（図 IX-194）．Viburunum Trend 鉱床において最も重要な構造支配は溶液崩壊角礫体によるもので，この角礫体は Casteel, Magmont, Buik, Sweetwater などの鉱山で良く発達している．Buik および Magmont 鉱山の主鉱体は 2 または 3 本の NS 方向の角礫体中に鉱体が含まれ（図 IX-194），Sweetwater 鉱山 No.8 鉱体は，1 本の NW 方向の中央角礫体とこれに伴う 2 本の平行な周縁角礫体中に産する．Casteel, Magmont, Buik 鉱山の鉱体は幅 37～92m，厚さ 9～18m，南北に 8km 以上延長する．Sweetwater 鉱山 No.8 鉱体の中央角礫体の幅は 24～92m，周縁角礫体の幅は 9～31m である．溶液崩壊角礫構造は，大部分鉱化流体の溶解作用によって発達したと考えられるが，その最初の発達の原因および場所の要因を決定することは困難である．一つの考え方は，滑動角礫化作用を初期原因とするものである（Rogers and Davis, 1977）．角礫体の基底にある"渦巻き"構造は，角礫体が堆積起原であることを示唆し，鉱化流体の侵入の間に岩石の分解が進み初期の堆積成滑動角礫構造を破壊して

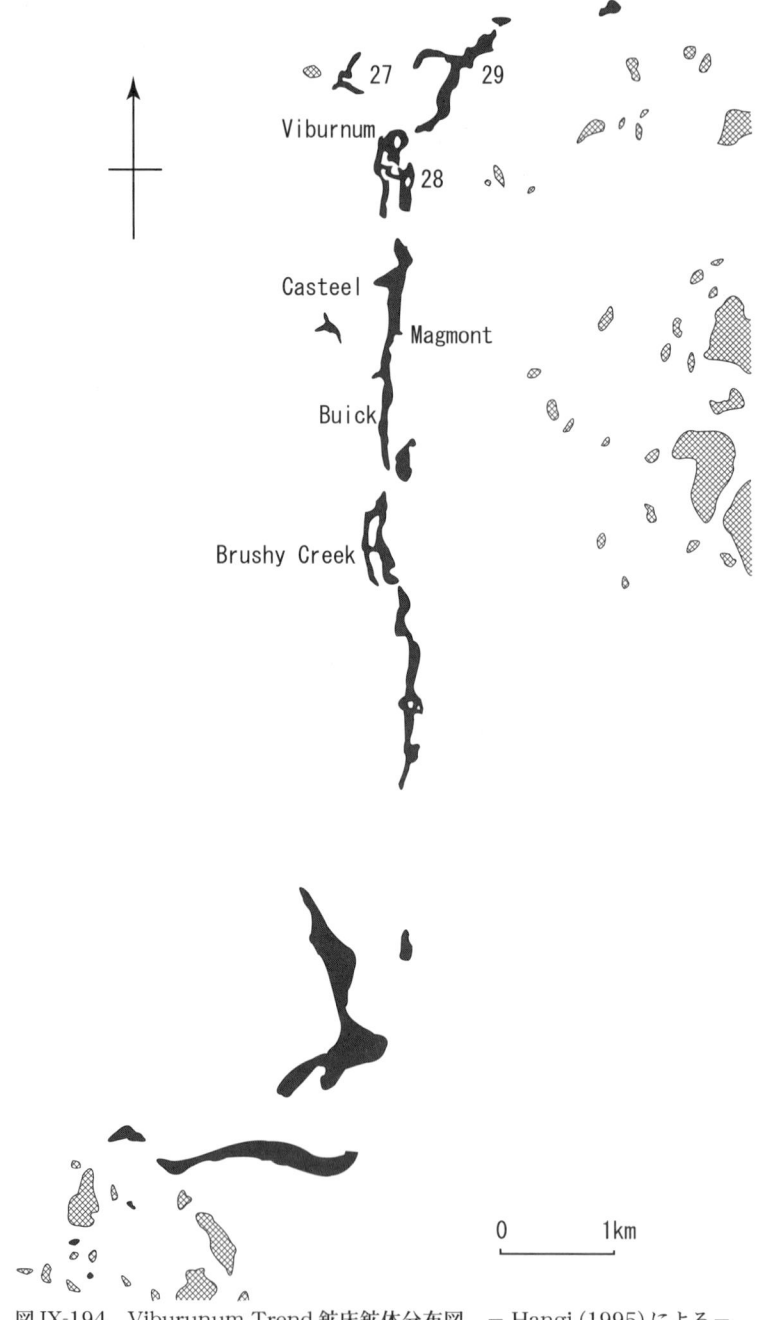

図 IX-194　Viburunum Trend 鉱床鉱体分布図　— Hangi (1995) による —
(凡例は図 IX-193 参照)

その上に溶液崩壊角礫構造を形成したと考える．第二の考え方は，周囲の圧縮されやすい堆積物が圧縮する間に，硬いリーフが支点として働き上を覆う Bonneterre 層を破砕したとするものである (Ohle, 1985)．Ohle (1985) は，Viburnum Trend における角礫構造の発達過程において溶液崩壊作用の前に構造的圧搾作用が働き，溶液崩壊作用と重力破砕作用に加えて化学的角礫化作用も貢献していると主張した．南東 Missouri 地域の一部の鉱床は，海底地滑り構造中に胚

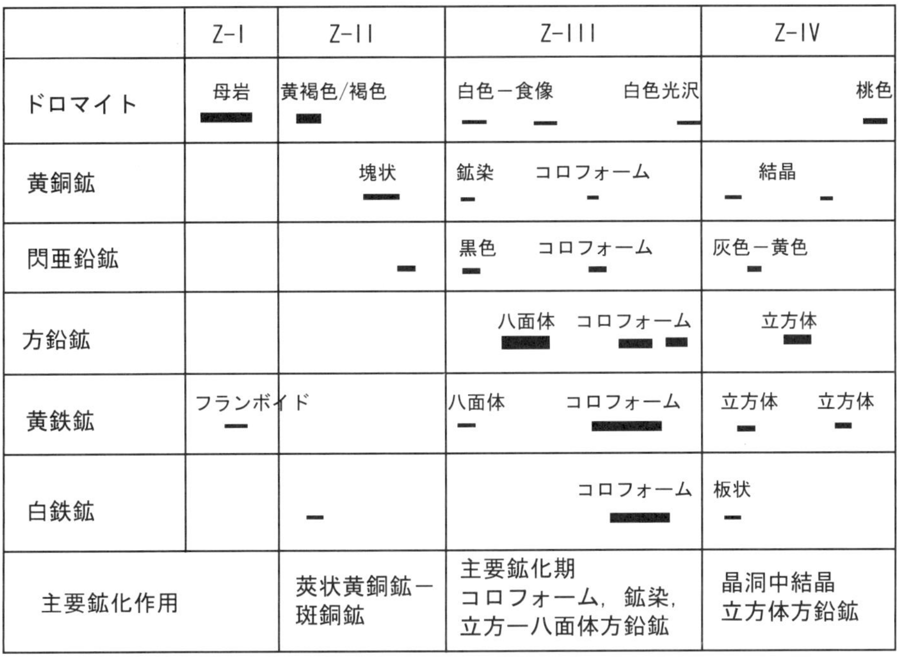

	Z-I	Z-II	Z-III	Z-IV
ドロマイト	母岩	黄褐色/褐色	白色－食像　白色光沢	桃色
黄銅鉱		塊状	鉱染　コロフォーム	結晶
閃亜鉛鉱			黒色　コロフォーム	灰色－黄色
方鉛鉱			八面体　コロフォーム	立方体
黄鉄鉱	フランボイド		八面体　コロフォーム	立方体　立方体
白鉄鉱			コロフォーム	板状
主要鉱化作用		英状黄銅鉱－斑銅鉱	主要鉱化期 コロフォーム，鉱染，立方－八面体方鉛鉱	晶洞中結晶 立方体方鉛鉱

図 IX-195　主要鉱物の産状と共生関係　－Goldhaber et al. (1995) による－

胎し，Viburnum Trend 28 鉱体および Magmont 西鉱体はその例と考えられる．Magmont 西鉱体は幅 76〜152m，厚さ約 15m，610〜915m にわたって延長する．Viburnum Trend 29, Magmont, Buik, Casteel 鉱山には薄層（厚さ＜10m）で水平方向に伸びる（東西に約 600m）毛布状鉱体を産する．これらの鉱体は，主角礫鉱体の東に位置し，リーフの東方への移動を示す舌状リーフ岩の上に乗っている．Old Lead Belt 鉱床の鉱体は，NE 方向の石英砂岩または石灰砂岩の砂州あるいはリッジおよびその上の藻類リーフ構造に密接に伴って産する．Indian Creek 鉱床の鉱体は先カンブリア高地の北西側にあり，北東に向かって傾斜する．南西部の鉱体は下部 Bonneterre 層のリーフ構造に密接に伴い，北東部ではリーフが尖滅して鉱体は Lamotte 砂岩層中に落ち込む．Fredericktown 鉱床の鉱体は，Lamotte 砂岩層が尖滅した所で先カンブリア層の上に直接乗った下部 Bonneterre 層中に胚胎する．多くの鉱体は馬蹄形をなし，その規模は幅 60m，厚さ 6m，長さ 100m 程度で北に開いた形をしている．他の鉱体は溶液崩壊角礫体に伴って産する (Hagni, 1995)．

　南東 Missouri 地域鉛－亜鉛鉱床に産する主要な金属鉱物は方鉛鉱，閃亜鉛鉱，黄銅鉱，白鉄鉱，黄鉄鉱である．これらの鉱物は角礫体の空隙，母岩の溶解空洞，層理面，割目中に自形をなすか，母岩のドロマイトおよび頁岩質ドロマイト中に鉱染あるいは塊状交代産物として産する．これらすべての硫化物は繰り返し沈殿し，ある鉱物が生成するとき他の鉱物が溶解するという現象がしばしば見られる．早期晶出の方鉛鉱は八面体を含む立方体をなすのに対し，後期の方鉛鉱は八面体を含まない．方鉛鉱はコロフォーム組織をあまり示さないのに対して，早期の斑銅鉱，黄銅鉱，閃亜鉛鉱，黄鉄鉱，白鉄鉱はしばしばコロフォーム組織をなす．閃亜鉛鉱は一般に母岩のドロマイトを交代して鉱染する小結晶として産すが，塊状鉱中に産するか晶洞中に後期晶出の小自形結晶として産

することもある．閃亜鉛鉱には，その色の違いおよび共生関係から少なくとも4回の晶出時期が認められる．早期晶出の黄銅鉱は塊状ないしコロフォーム組織を示し，急速に沈殿したことを示唆している．多くの黄鉄鉱は早期に鉱染状をなして産するが，後期に白鉄鉱とともにコロフォーム組織をなして塊状鉄硫化物として産するものもある．白鉄鉱は他の硫化物とくに方鉛鉱の表被膜をなすか，コロフォーム組織塊状鉄硫化物として，または多くの鉱床の周縁部に石英と連晶して産する．上述以外の微量産出の金属鉱物としてジーゲナイト，ウルツ鉱，カーロール鉱，針ニッケル鉱，輝銅鉱，ダイジェナイト，デュルレ鉱，アニライト，ポリジム鉱，ベース鉱，ゲルスドルフ鉱，四面砒銅鉱，硫砒鉄鉱，磁硫鉄鉱，磁鉄鉱，硫砒銅鉱，銅藍などが報告されている．南東Missouri地域鉛―亜鉛鉱床は，他のミシシッピーヴァレー型鉱床に比較して多種類の硫化鉱物を産し，とくに銅，ニッケル，コバルト鉱物を産することが特徴である．

　主要な脈石鉱物はドロマイト，方解石，石英である．ドロマイトは母岩中に最も多く産するが，鉱石および母岩中の小晶洞の内側を覆う結晶としても産する．ドロマイトには硫化物晶出期を通して4回の晶出時期が認められる他，硫化物が晶出しないときにも数回沈殿している．方解石は多くの硫化鉱物の晶出が終わった後に生成され，白鉄鉱，黄銅鉱，黄鉄鉱，黄鉄ニッケル鉱などの結晶が方解石によって囲まれているのが認められる．石英はCasteel，Magmont，Buikなどの鉱体でとくに多く認められる．その一部は晶洞中に小結晶として産し，一部は母岩の炭酸塩鉱物を交代したジャスペロイドとして産する．その他脈石鉱物として絹雲母と氷長石の組み合わせが報告され，その生成時期は八面体方鉛鉱の後，後期の立方体方鉛鉱，石英，白鉄鉱，一部のドロマイトの前とされている．Sweetwater鉱山では幾つかの有機物質が認められている．有機物質には黄－褐色樹脂状物質から光沢のある黒色の石炭様泡状〜莢状物体，細脈などがあり，四つの型に分類される．最も多い型は，主として通常の海成有機物質から作られたビチューメン，石油などのアルカン熱分解産物からなる．黄銅鉱および立方型方鉛鉱と共生する脆性型の有機物質はきわめて低い水素係数を有し，水素に富むアルカンを欠いており，水素に乏しい芳香族炭化水素からなる．Magmont-West鉱体を産するFalse Davis頁岩に限って産する光沢のある黒色のビチューメンは，きわめて後期，大部分の硫化鉱物が晶出した後に母岩から熱水溶液により誘導されたと考えられる（Hagni, 1995）．図IX-195に主要鉱物の共生関係を示した．

　南東Missouri地域鉛－亜鉛鉱床の生成年代は未だ不確定とされているが，地質学的証拠によって母岩であるBonneterre層の固結と角礫化の後であることは明らかである．Davis層の岩片が鉱石中に含まれていることから鉱化作用の一部恐らく全部がDavis層堆積後であるといえる．放射年代測定データとしては，方鉛鉱によるRb-Sr年代391±21Ma，海緑石によるRb-Sr年代380〜350Ma，黄鉄鉱によるAr-Ar年代549±20Ma，イライトによるK-Ar年代489±8〜297±7Ma，古地磁気年代として286±20Maが報告されている．これらを総合すると，鉱化作用はOuachitaプレートの収斂および前地堆積（311〜303Ma）の終了後，Ouachita造山運動の収縮後隆起によって形成された地形に駆動されたOzark地域への鉱化流体の流入に伴うものであると考えられる（Hagni, 1995; Leach et al., 2001）．

　閃亜鉛鉱の流体包有物均質化温度は，早期の黄色閃亜鉛鉱が137〜82℃，後期の褐色閃亜鉛鉱が125〜110℃であり，最早期の黒色閃亜鉛鉱は測定不能であった．石英中の流体包有物による均質化温度は，120〜94℃，方解石は70〜80℃である．閃亜鉛鉱流体包有物の塩濃度は，NaCl

相当塩濃度 22 〜 26% と高い値を示すが，方解石流体包有物の塩濃度はこれより著しく低下し NaCl 相当塩濃度 12 〜 2% である (Roedder, 1977; Hagni, 1995).

　Goldhaber et al. (1995) は南東 Missouri 地域および周辺のミシシピーバレー型鉛－亜鉛鉱床および岩石の鉛および硫黄同位体の詳細な研究を行い，南東 Missouri 地域鉛－亜鉛鉱床の古水理学および成因を論じた．方鉛鉱および黄銅鉱，閃亜鉛鉱など鉱石中の硫化鉱物のウラン起原鉛同位体図（$^{206}Pb/^{204}Pb - ^{207}Pb/^{204}Pb$ 図）では，南東 Missouri 地域，中央 Missouri 地域，Tri-State 地域，北 Arkansas 地域，Upper Mississippi Valley 地域，Illinois-Kentucky 蛍石地域の全試料データはほぼ同一直線上にのり，直線の傾斜は鉛が約 1,450Ma の基盤岩に由来することを示したのに対し，トリウム起原鉛同位体図（$^{206}Pb/^{204}Pb - ^{208}Pb/^{204}Pb$ 図）では Illinois 堆積盆周辺の Upper Mississippi Valley 地域および Illinois-Kentucky 蛍石地域の $^{208}Pb/^{204}Pb$ は明らかに Ozark 地域の値より高い（図 IX-196a）．反対に Viburnum Trend の主鉱化期方鉛鉱（八面体を含む方鉛鉱）および Old Lead Belt のデータは他の Ozark 地域および Viburnum Trend の後期鉱化作用（立方体方鉛鉱期）のデータより低い $^{208}Pb/^{204}Pb$ 値を示している．岩石中の微量の鉛を含む硫化鉄鉱物試料のウラン起原鉛同位体図は一般に鉱石の鉛同位体と同一直線を示しこれは鉛の起原が基盤岩であることを示す．しかしトリウム起原鉛同位体図はより複雑であり，上部カンブリア紀 Bonneterre 層より若い主としてドロマイトからなるカンブリア系およびオルドビス系から採取した試料のデータは，中央 Missouri 地域，Tri-State 地域，北 Arkansas 地域からのデータおよび Viburnum Trend の後期鉱化作用（立方体方鉛鉱期）の鉱石中硫化鉱物データとほぼ同一直線を形成する．またこの直線は主鉱化期方鉛鉱（八面体を含む方鉛鉱）の $^{208}Pb/^{204}Pb$ に比較して高い値を示す．南東 Missouri 地域鉛亜鉛鉱床の母岩である Bonneterre 層から採取した試料のデータも，やや分散が大きいが主鉱化期方鉛鉱の $^{208}Pb/^{204}Pb$ に比較して高い値を示す．この傾向は，南東 Missouri 地域鉛亜鉛鉱床生成に際しての主要な帯水層となった下位の Lamotte 砂岩層のデータについても認められる（図 IX-196b）．

　このように広範な鉛同位体組成データを得たにもかかわらず，硫化物に伴う鉛を含む帯水層に，^{208}Pb に乏しい主鉱化期方鉛鉱の同位体鉛の追跡を行うことはできなかったが，Tri-State 地域，北 Arkansas 地域，中央 Missouri 地域の稍品位の低い鉱床に鉛を運んだと考えられる Bonneterre 層堆積後のドロマイトに伴う帯水層を同定することができた．岩石中の微量の鉛を含む硫化鉄鉱物試料（$\delta^{34}S < 10‰$）は，Viburnum Trend の主鉱化期方鉛鉱試料（$\delta^{34}S > 10‰$）に比較して ^{32}S に富む．含微量鉛硫化鉄鉱物試料の鉛および硫黄同位体データを結びつけても南東 Missouri 地域鉛亜鉛鉱床のための単一独自の鉱化流体について期待される徴候をつかむことはできないが，同位体的に軽い硫黄と僅かに ^{208}Pb に富む端成分の混合を示唆している．Bonneterre 層と Lamotte 砂岩層とは岩石溶出鉛同位体データによって容易に区別できる（図 IX-197）．トリウム起原鉛同位体図において Bonneterre 層の石灰岩およびドロマイトは，ともに炭酸塩岩中の含微量鉛硫化鉄鉱物試料と良く一致する直線を形成する．この結合鉛同位体直線は"中央大陸炭酸塩岩鉛線"と呼ばれ初生石灰岩および鉱化前ドロマイトの鉛の起原とその沈殿場所（岩石中の含微量鉛硫化鉄鉱物および鉱化期熱水ドロマイト）を示していると考えられる．また，ウラン起原鉛同位体図の中央大陸炭酸塩岩鉛線の傾斜は，鉱石と基盤岩石の放射性鉛年代と類似の年代を与え，Bonneterre 層中ウランの究極起原が基盤岩石であると解釈できるが，岩石形成中にウランの優先的運搬およびトリ

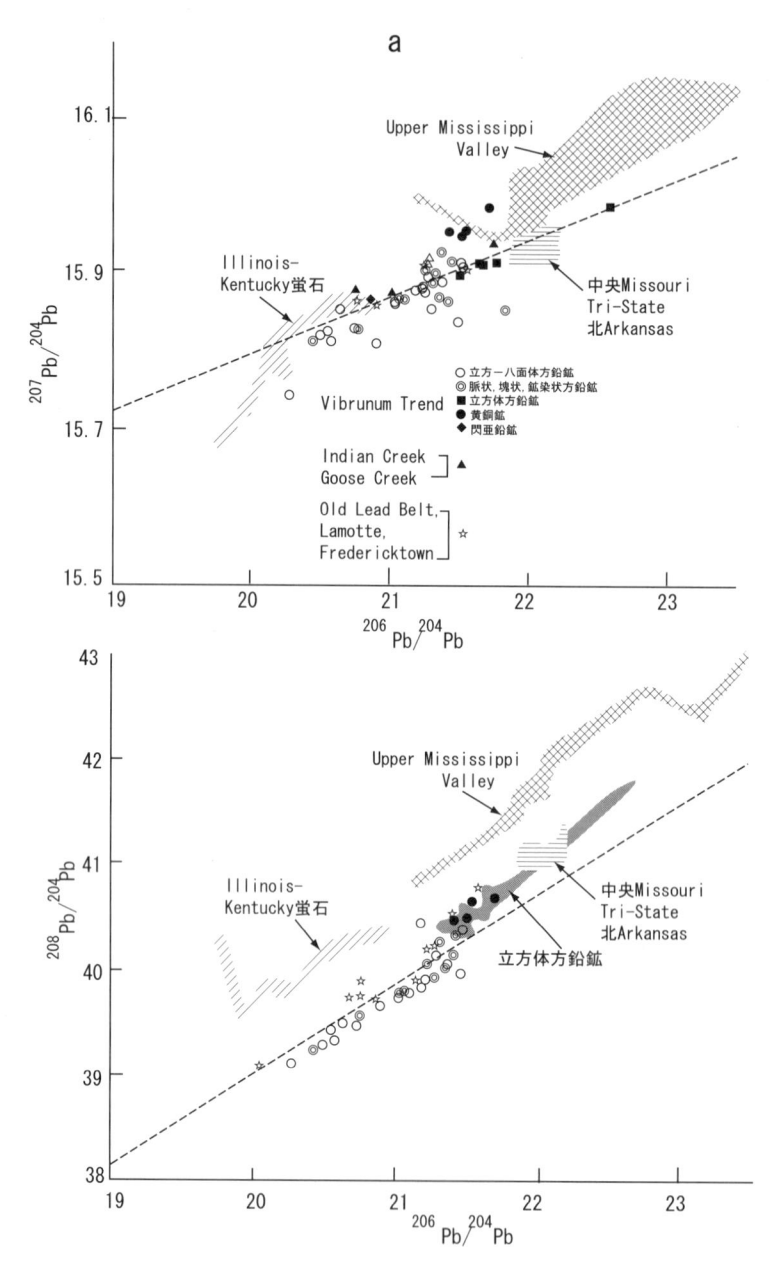

図 IX-196 a　鉱石試料の鉛同位体組成図，上図はウラン起原鉛同位体図．直線は Missouri 地域のデータにより作成，傾斜 1.0854，起原岩の年代 1325 ± 230Ma（鉱化作用の年代を 0Ma と仮定），下図はトリウム起原鉛同位体図．直線は主鉱化期鉛のデータにより作成，傾斜 0.8397　− Goldhaber et al. (1995) による−

ウムとの合流が行われたと考えられる．Lamotte 砂岩層岩石溶出トリウム起原鉛同位体データは ^{208}Pb にやや乏しく，この層が主鉱化期鉛を運搬した岩石である可能性を示している．Lamotte 砂岩層の岩石溶出鉛同位体データの低い ^{208}Pb 値と含微量鉛硫化鉄鉱物同位体データの高い ^{208}Pb 値の差違は，鉱化作用時におけるこの砂岩層の地球化学的進化を反映していると考えられる．最初 Lamotte 砂岩層は早期続成作用の結果として赤鉄鉱を含んでおり，南東 Missouri 地域鉱化作用の

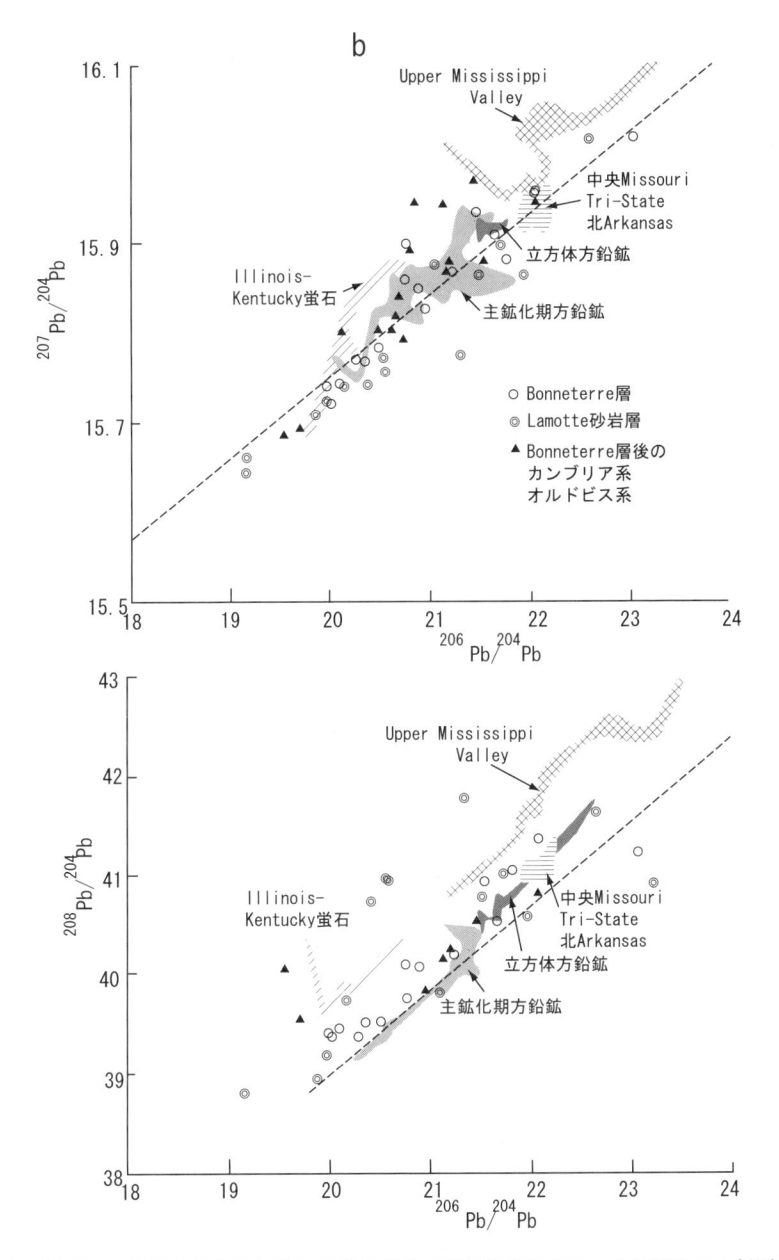

図 IX-196 b 岩石中の微量の鉛を含む硫化鉄鉱物試料の鉛同位体組成図,上図はウラン起原鉛同位体図.直線は Missouri 地域のデータにより作成,傾斜 0.0904.下図はトリウム起原鉛同位体図.直線は a 下図に同じ
― Goldhaber et al. (1995) による ―

初期に Lamotte 砂岩層を通過する鉱化流体は,この赤鉄鉱により高い f_{O_2}(したがって低 H_2S)に緩衝保持され,H_2S の欠如は暖かい塩水による鉛(および銅も)の効率的な溶出と高濃度運搬を可能にした.この鉛の起原は Lamotte 砂岩層自身と先カンブリア層上部(風化部)と考えられる.次の過程では,赤鉄鉱の除去によって Lamotte 砂岩層帯水層流体に H_2S が集中し,無 H_2S から含 H_2S 流体への転移は,風化および変質岩(Lamotte 砂岩層と基盤岩上部)からトリウム起原鉛の多い未富化基盤岩への鉛起原の転換と一致する(Goldhamber et al., 1995).

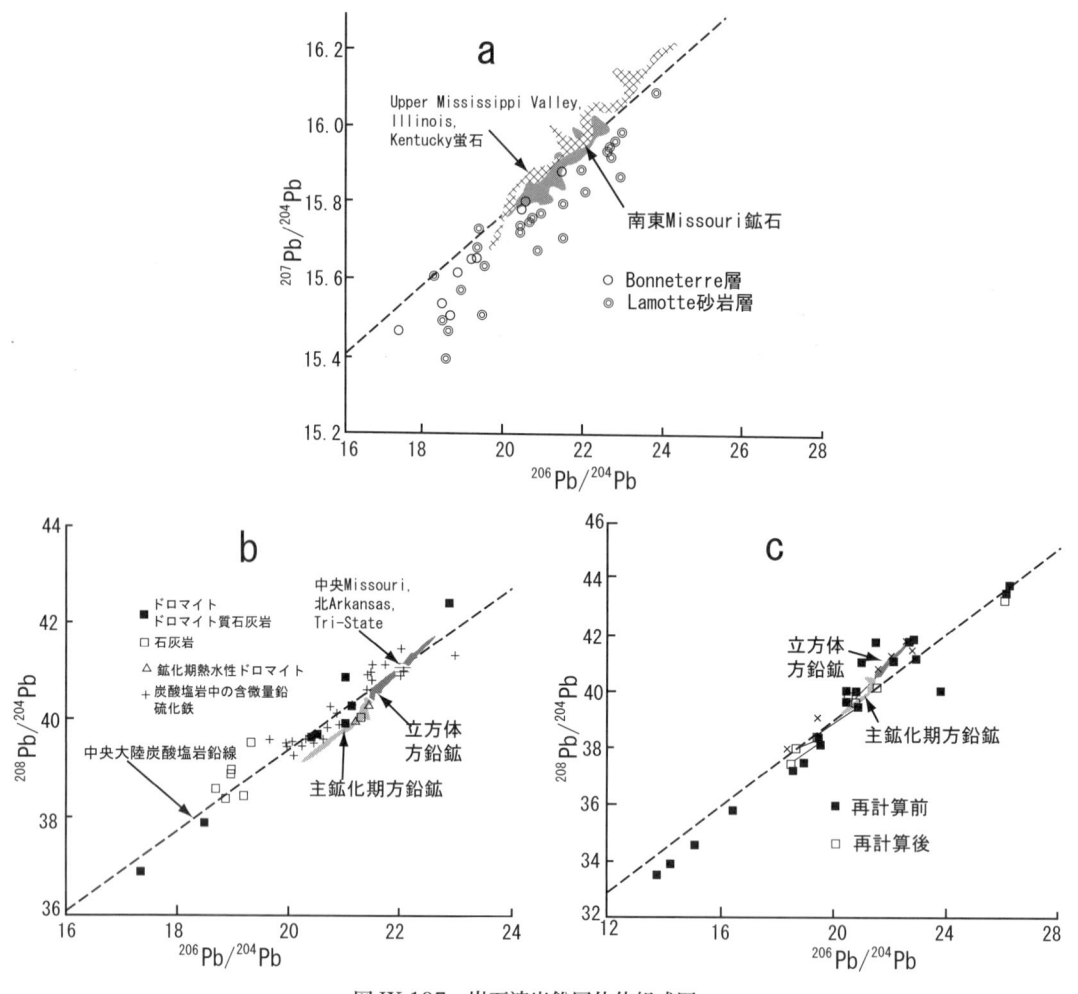

図 IX-197 岩石溶出鉛同位体組成図,
岩石中には U, Th を含むのですべてのデータは鉱化年代を 260Ma として再計算
a　ウラン起原鉛同位体組成図, 直線は図 IX-180a 上図に同じ,
b　Bonneterre 層トリウム起原鉛同位体組成図, 直線の傾斜 0.8098,
c　Lamotte 砂岩層トリウム起原鉛同位体組成図, 直線は図 IX-196a 下図に同じ
— Goldhaber et al.(1995) による—

 以上の鉛同位体の研究から,南東 Missouri 地域鉛亜鉛鉱床の鉛起原として他の地域は除外される. すなわち, Illinoi 堆積盆地域からの含微量鉛硫化鉄鉱物および鉱石の鉛同位体データは, 南東 Missouri 地域主鉱化期鉛に比較して著しく ^{208}Pb に富み, これに寄与しているとは考えられない. 南東 Missouri 地域主鉱化期鉱石は, 三つの独立した帯水層を通過した流体の混合物によって生成されたと考えられる. 鉛の大部分, とくに低 ^{208}Pb 成分は Lamotte 砂岩層を通って運ばれたものである. 同位体的に重い H$_2$S は, 上部 Bonneterre 層（Sullivan Siltstone 部層）中を移動し, 鉛と軽い H$_2$S は炭酸塩岩層（上部 Bonneterre 層を除く）中を移動した. これらの流体は St. Francois 山地付近の激しい堆積相変化によって混合した. すなわち Lamotte 砂岩層は部分的に基盤岩の高まりに向かって尖滅し, 上を覆う Bonneterre 層は細粒の基底頁岩およびミクライトからなる層から空隙が多く透水係数の高いドロマイトへ変化している. これらの変化は流体が

Lamotte 砂岩層から上部へ移動することを可能にし，同時に上部 Bonneterre 層に移動した流体は Sullivan Siltstone 部層の尖滅のため分散を強制される．炭酸塩岩層から鉛と軽い H_2S を運んだ流体は，最終的に空隙の多い"白色岩"に沿った鉱石帯に排水される．この流体混合説によって鉱石の同位体的および組織的特徴を説明することができる．層位的により高い地層に形成された鉱石は，累進的に Lamotte 砂岩層－基盤岩からの鉛の影響が少なくなり，炭酸塩岩由来の鉛の成分が多くなる (Goldhamber et al., 1995).

1960 年から 1984 までの Viburnum Trend 鉱床からの鉱石生産量は 1 億 2,300 万 t (Pb 5.8%, Zn 0.8%, Cu 0.14%, Ag 7g/t)，1985 年から 1993 年までの鉱石生産量は 1 億 8,200 万 t (Pb 6.0%, Zn 0.6%, Cu 0.19%, Ag 6.9g/t) であった．また，Old Lead Belt 鉱床における 1865 年から 1972 年までの金属鉛生産量は，850 万 t，1915 年から 1972 年までの鉱石生産量は 2 億 2,800 万 t (Pb 2.8%)，Indian Creek 鉱床における鉱石生産量は 1,500 万 t (Pb 2.5%)，Fredericktown 鉱床の金属鉛生産量は 60 万 t，Annapolis 鉱床の金属鉛生産量は 2 万 t と報告されている (Hagni, 1995).

Silesia-Cracow 地域亜鉛－鉛鉱床 本鉱床はポーランド南部クラクフの西北方 10 ～ 80km の範囲に分布し，地質的には，Subvariscan 帯に位置する．地域の地質は先カンブリア系結晶質岩を基盤とし，その上のカンブリア－シルル系，デボン系，石炭系，三畳系，ジュラ系，白亜系，第三系からなる（図 IX-198）．地域北部の Cracow-Myszkow 帯では，先カンブリア系基盤岩の上に不整合に重なるカンブリア－シルル系は，厚さ 11.5km のフリッシュ相を主とするシーケンスで NNW 方向の強い褶曲構造をなし，カレドニア造山期の変成作用を受けている．カンブリア－シルル系の上には下部デボン系砂岩および下部石炭系（Visean）炭酸塩岩が重なる．この地帯には，中生代の岩石の下に走向 NW の多数の断層が走り Cracow-Myszkow 構造帯を形成している．南部の Upper Silesian 石炭堆積盆地域では，先カンブリア紀基盤岩の上は，カンブリア系および下部デボン系の厚さ 400m の砂岩，厚さ 1.5km の中部デボン系および下部石炭系 (Visean) 炭酸塩岩，厚さ 1.5km の下部石炭系（Visean）フリッシュおよび頁岩，厚さ 8km の石炭系含石炭層モラッセによって覆われる．バリスカン造山期に Silesian 堆積盆西部は，強い変形を受け NNW 走向の衝上断層によって切られ，東部は WNW 走向の正断層によって切られている．Silesia-Cracow 地域には，WNW 走向の構造的沈降帯に沿った陸成層が発達し，これがポーランド中央部のペルム紀堆積盆に連続している（図 IX-198a, b）．

図 IX-198c に Silesia-Cracow 地域における中生代以降の地質柱状図を示した．三畳紀には海進によって古生代基盤岩の島々が存在する大規模な浅海炭酸塩岩卓上地が形成された．Buntsandstein 層は地域的に良く発達する基底赤色砂岩，石膏層，粘土質ドロマイトからなる．この上に重なる Mushelkalk 層は厚さ 75 ～ 160m，主として石灰岩からなり，早期続成ドロマイト，粘土岩，砂岩を伴う．重要な鉱床はこの Mushelkalk 層中の含鉱石ドロマイトに胚胎する．含鉱石ドロマイトは下部 Mushelkalk 層内に含まれるが，Mushelkalk 層堆積後ジュラ紀堆積岩堆積以前に形成されている．Mushelkalk 層を覆って非海成の粘土岩からなる Keuper 層が発達する．中期～後期ジュラ紀には厚さ 400m の石灰岩が堆積する．地域東部には厚さ 300m の白亜紀砂岩が堆積し，カルパチアにおけるアルプス構造運動の開始を記録している．白亜紀から中新世にかけて，Silesia-Cracow 地域は，カルパチア造山帯のアルプス構造運動の影響下にあり，隆起，海進

期に伴う浸食，広範な断層作用などが起こった．カルパチア造山帯は，不規則なヨーロッパプレート境界に対する大陸片の複雑な縫合によって形成され，それは中期白亜紀に始まって現世まで続いている．Silesia-Cracow 地域においては，早期アルプス（Cimmerian-Laramide）および後期アルプス（第三紀）の二回のアルプス造山運動による事象が認められる．Cimmerian 相は，一般に基盤岩割目の再活動を反映する広域の低振幅褶曲と小移動を伴う広範な割目・断層の発達を，Laramide 相はより強い断層作用による広範な割目・断層系と Silesia-Cracow 単斜構造を形成している．中生代被覆層の最も強い構造擾乱は，後期アルプス・カルパチア褶曲帯と前陸盆地の発達に伴って第三紀に起こった．後期アルプス変形作用は既存のバリスカンおよび早期アルプス断層および割目を再活動させ，NS 方向の数 km の移動を伴う走向移動断層を形成し，走向移動断層の間には張力が働き広く正断層が形成された．NS 方向の走向移動運動と既存の EW および NW 方向の急傾斜断層との相互作用によって密度の高い断層系が形成されている．この構造的相互作用によって，この地域には 50〜70m 程度の垂直移動量を示すホルスト－グラーベン系を生じ，地域の最も重要な鉱床の一部が，グラーベン構造中の割目を生じた岩石中に胚胎している（Leach et al., 1996）．

Silesia-Cracow 地域における重要な鉱床を図 IX-198a に示す．亜鉛－鉛鉱床は，デボン系からジュラ系にわたって産し，鉱化作用の痕跡は，白亜系および第三系にも認められる．鉱石の約 92% は，下部 Muschelkalk 層含鉱石ドロマイト中に，約 4% はデボン系炭酸塩岩中に存在し，その他の鉱床胚胎層として，Roethian（下部三畳系最上部）ドロマイトおよび中部 Muschelkalk 層 Diplopora ドロマイトがあげられる．デボン系および下部石炭系炭酸塩岩層を覆う三畳系が分布する地域では鉱化作用はデボン系中に 100m 以上広がるが，石炭系およびペルム系の粘土岩，粘土質砂岩，礫岩の上を三畳系が覆う場合は鉱化作用の広がりは少ない．Muschelkalk 層中の鉱床は板状をなし，鉱石は，ドロマイトを交代するか，割目および角礫の空隙中に産する．上部古生代炭酸塩岩中の鉱床は一般に三畳系直下に位置するか，上位の岩石中の鉱床から連続し，断層帯またはカルスト角礫に伴う（Leach et al., 1996）．

図 IX-199 は，Olkusz 付近の Klucze 鉱床地質断面図である．上部ジュラ系および含鉱石ドロマイトを変位させている正断層が板状鉱体によって切られている．したがって鉱床生成は後期ジュラ紀以後でなければならない．鉱床生成以前に形成された含鉱石ドロマイトは上部ジュラ系とともに正断層によって変位しているので，後期ジュラ紀以前であるはずである．前述のように本地域の多くの鉱床は，後期アルプス造山期に古い構造の再活動の結果生じたホルスト－グラーベン構造中に胚胎する．さらに一部の第三紀断層は鉱床生成中にも活動し，ある鉱床は中新世の後期アルプス断層によって変位している．したがって，鉱床の生成期は第三紀のアルプス断層活動とほぼ一致するが，最後期の活動（中新世）より前であると考えられる．古地磁気研究の結果，鉱床の生成は第三紀中期に生成されたことが示され，これはカルパチア褶曲帯におけるアルプス造山運動終息期に一致する（Leach et al., 1996）．

含鉱石ドロマイトの生成期は 2 期に分けられる．第 1 期ドロマイトは含鉱石ドロマイトの大部分を占め早期続成ドロマイトとして中後期三畳紀に形成された．第 2 期ドロマイトは，第 1 期ドロマイトに局部的に重複して透明ドロマイト膠結物として第三紀中期に生じ，硫化鉱物の生成と空間的・時代的に密接に関係している．この透明ドロマイトは Fe および Zn に富み，硫化物鉱体の周囲に

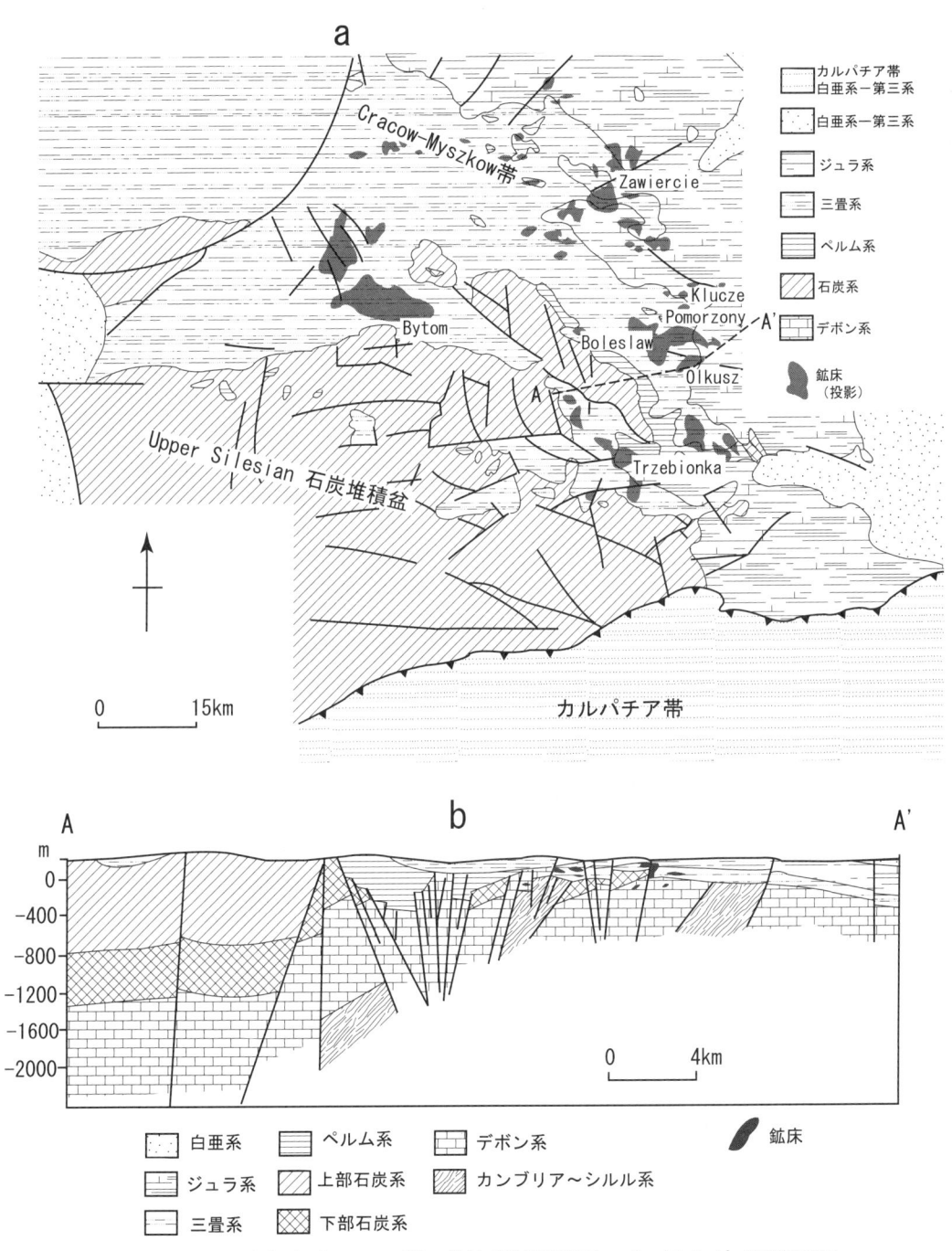

図IX-198 a Silesia-Cracow 亜鉛－鉛鉱床地域地質図, b 同 A-A' 地質断面図, c 同中生代以降地質柱状図 － Leach et al. (1996); Sass-Gutkiewics (1996)による －

数百 m の幅で変質帯として分布している (Leach et al., 1996).

　鉱床生成の場を支配する要素として，含鉱石ドロマイト，断層および割目，溶液崩壊角礫があげられる．鉱床生成の含鉱石ドロマイトへの選択性は，Muschelkalk 層の石灰岩部に比較して高い

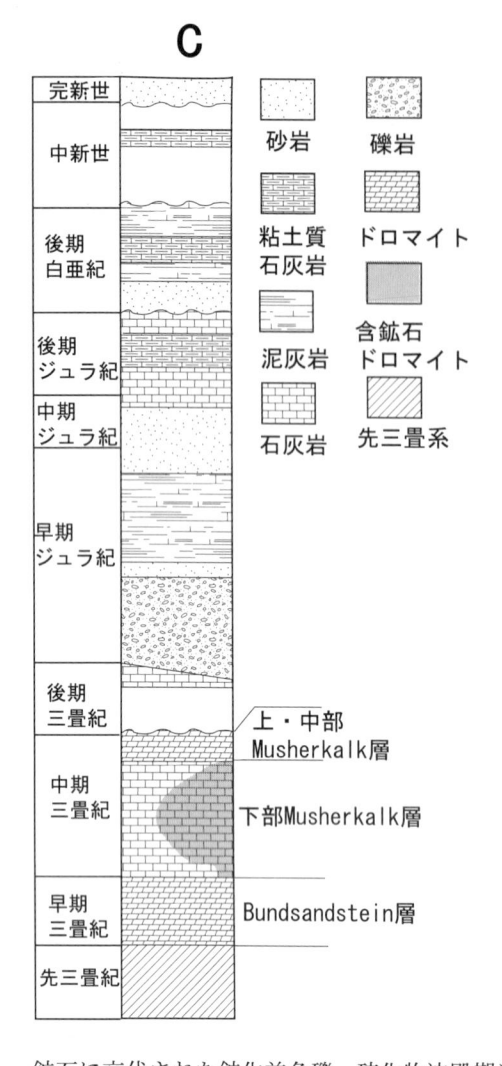

流体伝達性を有することによると考えられる．これは含鉱石ドロマイトが構造運動に対して敏感で脆性破壊を生じやすいことによる．後期アルプス構造運動によって形成されたグラーベン構造に伴う鉱床で最も重要な鉱石の濃集は，下降地塊の断層側面において断層角礫と開口割目が集中しているところに生じている．本地域の亜鉛および鉛資源の15%以上が断層に密接に関係した細脈および割目に濃集していると推定され，断層帯がMuschelkalk層への鉱化流体導入について重要な役割を果たしていると考えられる．PomorzanyおよびOlkusz鉱床などでは，溶液崩壊角礫が重要な鉱床母岩となっており，硫化鉱物は既存の溶液崩壊角礫を交代して産する(Leach et al., 1996).

Silesia-Cracow地域で観察される鉱石組織としては，交代組織，溶液崩壊角礫組織，断層・堆積角礫組織などがある．交代組織は最も広く分布し，全鉱石の約60%を占める．交代鉱石からなる鉱体の多くは，厚さ数mの板状をなし，鉱石は含鉱石ドロマイトの原成層組織に類似した組織を示す．このリズミカルな縞状組織を示す鉱石はリズマイトと呼ばれ，閃亜鉛鉱によるドロマイトの選択的交代作用によって源岩の組織を保存したと考えられる．Silesia-Cracow地域における溶液崩壊角礫には，現世の天水によるカルスト角礫，鉱化前角礫，鉱石に交代された鉱化前角礫，硫化物沈殿期に炭酸塩が溶解して形成された熱水角礫の四つの型が認められる．この地域の現世カルスト角礫およびドリーネは鉱化作用とは無関係である．これらの角礫には，炭酸塩洞窟落下物 (Speleothems) のほか酸化鉱石片，岩屑，外来残留産物などが含まれる．硫化物を含まない鉱化前角礫が鉱床中およびその周辺に一般的に認められ，このことは硫化物の沈殿とは無関係な多くの炭酸塩崩壊角礫が存在することを示唆している．硫化物を産する場合は，既存の炭酸塩崩壊角礫を硫化鉱物が交代していることが多い．鉱化前角礫の成因としては，次の三つが考えられる．(1)鉱化前の天水によるカルストの形成と引き続く鉱化流体の流入による原角礫の変質と拡大．カルスト形成期としてはMuschelkark層最上部の不整合，早期および中期ジュラ紀における浸食が考えられる．(2)硫化物生成に関係がない酸性熱水流体の導入による鉱化前角礫の形成．この溶液崩壊角礫の形成は一般にH_2Sの酸化，有機物質の続成作用，CO_2に富む塩水の冷却に関係した地下における溶解作用によるものと見なされている．(3)鉱化流体導入の初期，硫化物沈殿前の鉱化前角礫の形成．鉱化作用の初期に晶出した透明ドロマイトの流体包有物に含まれる気相はCO_2に富みH_2Sに乏しい．このことは金属を含みCO_2に富みH_2Sに乏しい流体の初

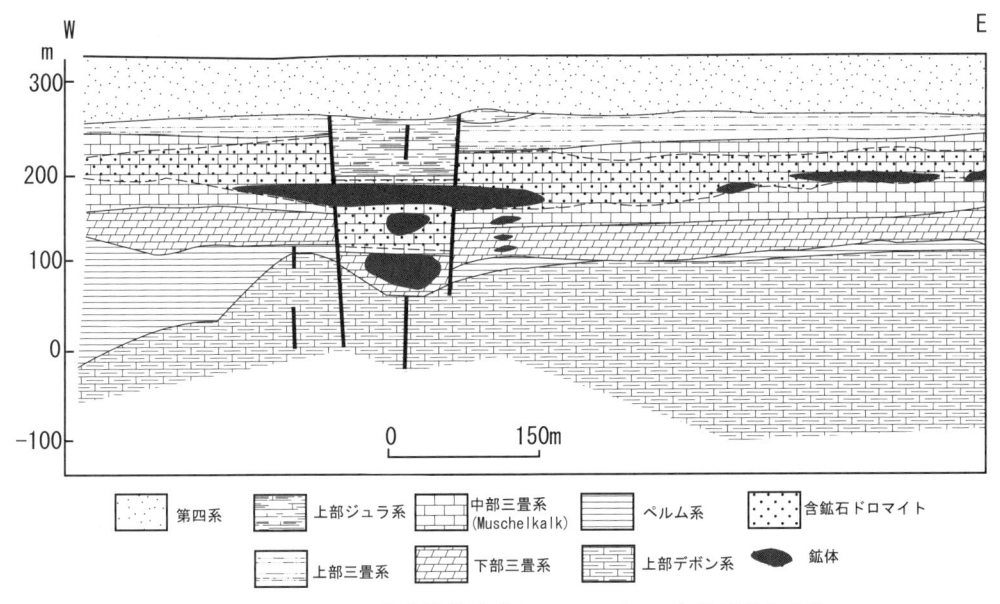

図IX-199 Klucze鉱床地質断面図 － Leach et al. (1996)による－

期冷却によって硫化物をほとんど沈殿することなく母岩の炭酸塩岩を溶解するという仮説と調和する (Leach et al., 1996).

鉱石に交代された鉱化前角礫では，硫化鉱物は角礫片の周辺を中心に細粒のマトリックスを交代し，最終的にはマトリックス全体が硫化物によって占められる．その結果，鉱石組織は鉱化前角礫組織を引き継ぐことになる．硫化物沈殿期熱水角礫は，Silesia-Cracow 地域の一部で良い例が認められる．一般に多量の鉄硫化鉱物を含む鉱化前角礫鉱体は，硫化物の形成に伴う溶解作用によって拡大し，このような鉱体では，鉱化前角礫片は融食され場合によっては完全に溶解する．このようなところでは，鉱石の大部分は鉱化前角礫の溶解によって形成された空隙を充填して生成される．既成の硫化物は融食され，硫化物片として回転，運搬され，より後期の硫化物によって膠結される．鉱石を構成する硫化物片がすべて母岩の溶解によって生成された場合もある．このような純粋な硫化物沈殿期熱水角礫も存在するが，多くの含鉱石角礫は多段階の角礫化作用によって形成されたものと考えられる．一般に断層角礫は種々の程度に鉱化前溶解作用の影響を受け，また一部の断層角礫帯は鉱化前溶液崩壊角礫化作用の場を支配している．溶液崩壊角礫は多種の岩石を含むのに対して断層角礫は隣接する岩石の破片のみからなる．断層角礫組織を示す鉱石では，硫化物はこのような岩片からなる空隙を充填するか，細粒岩石マトリックスを交代して産する．堆積角礫は，三畳紀炭酸塩岩の泥灰岩部に産する傾向があり，泥灰岩質物質および細粒岩石マトリックスによって膠結されたドロマイト岩片からなる．堆積角礫組織を示す鉱石では，硫化物は選択的に細粒岩石マトリックスを交代して産し，溶液崩壊角礫組織に類似した鉱石組織を示す (Leach et al., 1996).

Silesia-Cracow 地域亜鉛－鉛鉱床に産する主要な金属鉱物は，閃亜鉛鉱，方鉛鉱，白鉄鉱，黄鉄鉱でありその他微量鉱石鉱物としてヨルダン鉱，グラド鉱，黄銅鉱が報告されている．脈石鉱物としては，少量の透明ドロマイト，方解石，微量の重晶石を産する．閃亜鉛鉱は一般にコロフォーム組織をなし縞状あるいは球状集合体として産するが，稀に粒状結晶が認められる．方鉛鉱は極微

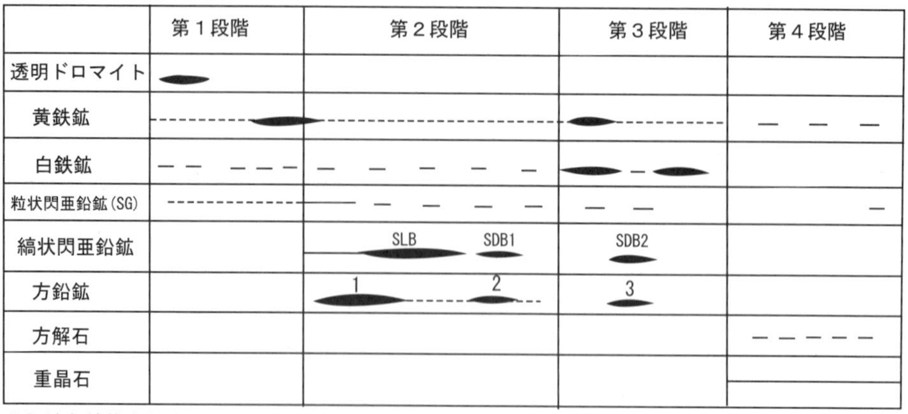

	第1段階	第2段階	第3段階	第4段階
透明ドロマイト	●			
黄鉄鉱	-------●-------		●---	— — —
白鉄鉱	— — —	—	●—●—	
粒状閃亜鉛鉱(SG)	-------------	— —	— —	—
縞状閃亜鉛鉱		SLB ●— SDB1 ●	SDB2 ●	
方鉛鉱		1 ●----- 2 ●	3 ●	
方解石				— — —
重晶石				

SLB：淡色縞状またはコロフォーム閃亜鉛鉱，SDB1：第1暗色縞状閃亜鉛鉱，SDB2：第2暗色縞状閃亜鉛鉱

図 IX-200　主要鉱石鉱物・脈石鉱物の晶出順序　— Leach et al. (1996) による —

粒をなしてコロフォーム閃亜鉛鉱中に含まれるものから，数 cm 幅の塊状集合体の縞，あるいは径 3cm 程度の結晶体として産するものまである．本地域においても八面体を含む立方体結晶と，これを含まない立方体結晶をなす方鉛鉱が認められる．鉱化作用の早期には，硫化鉄鉱物として黄鉄鉱を主に晶出するが，後期には白鉄鉱および黄鉄鉱の混合体として産する．鉄硫化物は，初期には透明ドロマイトおよび粒状閃亜鉛鉱中の細粒包有物，あるいは独立した縞状をなして産するが，中期ないし後期になると縞状集合体として産することが多い．図 IX-200 に主要な鉱石および脈石鉱物の晶出順序を示した．鉱床の一部で，溶液崩壊角礫の空隙を充填するか連続性の悪い地層あるいは葉層をなして褐色および黒色の非晶質固体有機物質を産し，この有機物質は鉱床と同時期の生成と考えられる．有機物質中には，地殻起原のリグニンを指示するメトキシル基，鉱化流体中の腐植酸と母岩の Ca との反応産物と考えられる腐植酸カルシウムが検出された．鉱床を覆う上部三畳系岩石中には炭化した植物残留物を多数産し，Upper Silesia 堆積盆石炭系の石炭も有機物起原として除外できない．また，後述するように閃亜鉛鉱中の流体包有物には固体および流体の有機物が観察されている (Leach et al., 1996)．

硫化鉱物中の微量元素平均値を，米国の Tri-state, Viburnum Trend, Upper Mississippi Valley, 東 Tennessee 地域，カナダの Pine Point, Polaris, Nanisvick 地域のデータと比較したところ，Tl および As は他地域の鉱床がそれぞれ 10ppm および 100ppm 以下であるのに対して Silesia-Cracow 地域の鉱床は 60ppm および 200ppm と著しく高いことがわかった．Cd および Ag の平均値はそれぞれ 7000ppm および 50ppm で，他鉱床と同程度である．図 IX-201a に晶出期の異なる閃亜鉛鉱中の Tl および As の変化を示した．早期の粒状閃亜鉛鉱 (SG) と淡色縞状閃亜鉛鉱 (SLB) はほぼ同様の Tl，As 含有量を示すのに対し，後期の暗色縞状閃亜鉛鉱 (SDB1, SDB2) は著しく高い値を示し鉱化流体の地球化学的変化を示唆している (Leach et al., 1996)．

粒状および暗色縞状閃亜鉛鉱の流体包有物を観察したところ，流体包有物の多くは (63%)，水溶液と気相からなるが，約 7% が有機質液相 (炭化水素) を含み，また固相として岩塩，炭酸塩鉱物，方鉛鉱，閃亜鉛鉱を含むものが認められた．水溶液または有機液体のみからなる単相流体包有物も少数観察された．流体包有物中の液相の水溶液/炭化水素比は 0 から 1 まで変化し，鉱化流

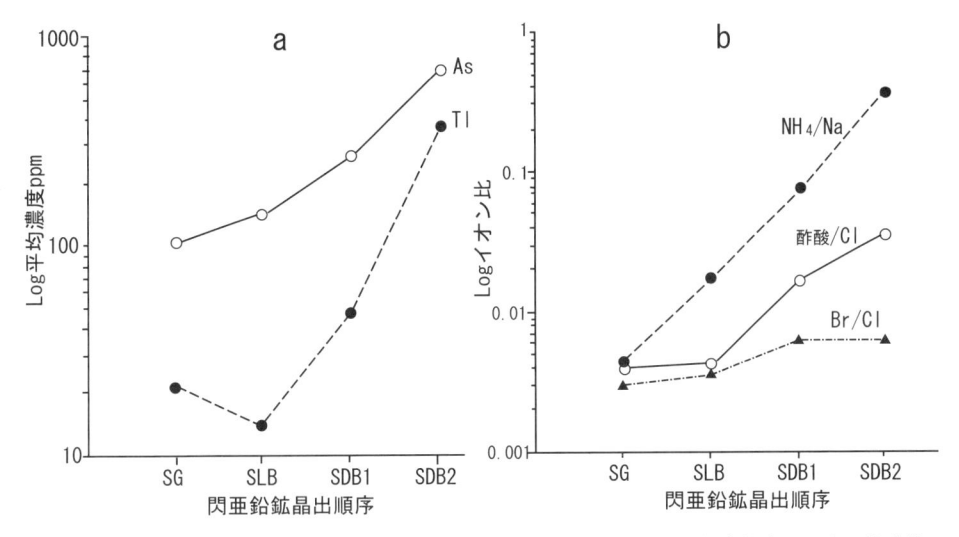

図 IX-201　a　晶出期の異なる閃亜鉛鉱の As, Tl 量変化，b　同流体包有物中のイオン比変化
　－ Leach et al. (1996) による－

体として水溶液，有機液体，水溶液・有機液体混合流体が存在していたことを示している．閃亜鉛鉱の流体包有物均質化温度は 156～40℃，塩濃度は，NaCl 相当濃度 0～23% である．したがって鉱化流体の起原として，天水および遺留水が考えられる．流体包有物均質化温度は地表からの深さとともに上昇し，その上昇率は 6～10℃/100m で，変化の原因として周囲岩石への熱伝導による熱損失とするよりも，異なった温度の流体の混合とした方が適当と考えられる．閃亜鉛鉱流体包有物中の電解質の分析から早期の結晶（SG, SLB）よりも後期の結晶（SDB1, SDB2）を生成した流体の方が，臭素，アンモニア，酢酸に富んでいたことがわかった（図 IX-201-b）．閃亜鉛鉱および方鉛鉱中流体包有物の気相は二つの端成分 CO_2-CH_4 および CO_2-H_2S の混合物からなる（Leach et al., 1996）．

　Silesia-Cracow 地域亜鉛－鉛鉱床の硫黄同位体組成のデータを鉱物晶出順序図と結合して図 IX-202 に示した．第 1，2 段階晶出の硫化物 $\delta^{34}S$ 値は一般に +2～+12‰ の範囲と +5 に近い中間値を有するのに対し，第 3 段階の硫化物は著しく低い $\delta^{34}S$ 値 -2～-15‰ を示す．第 4 段階の重晶石の平均値は +29‰ である．第 1，2 段階から第 3 段階への $\delta^{34}S$ 値変化は，既述の硫化物中の微量成分変化および流体包有物の電解質含有量の変化に対応する．このことは，一つの鉱化流体によって鉱床が生成されたのではないことを強く示唆し，鉱物晶出過程における鉱化流体の成分変化は，硫黄の起原および帯水層の基本的な変化によって生じていることを示している．世界のミシシッピーヴァレー型鉱床の硫黄同位体組成は，含硫酸塩蒸発岩，遺留水，続成硫化物，含硫黄有機物，貯留 H_2S ガスなど種々の地殻起原硫黄と調和している（Heyl et al., 1974）．しかしこれらの硫黄の究極的起原は海水硫酸であって，一つかそれ以上の過程によって還元されたものと考えられる．海水の硫酸硫黄の同位体組成は時代とともに大きく変化する（IV(1) 参照）．Silesia-Cracow 地域硫化物の母岩はデボン系からジュラ系にわたっているので，初生海水硫酸から生成された H_2S が広い範囲の $\delta^{34}S$ 値を持つことは当然と考えられる．Silesia-Cracow 地域硫化物の $\delta^{34}S$ 値は，少数の例外を除いて母岩の時代に相当する海水硫酸の $\delta^{34}S$ 値より低いが，デボン系中の閃亜鉛鉱は中生

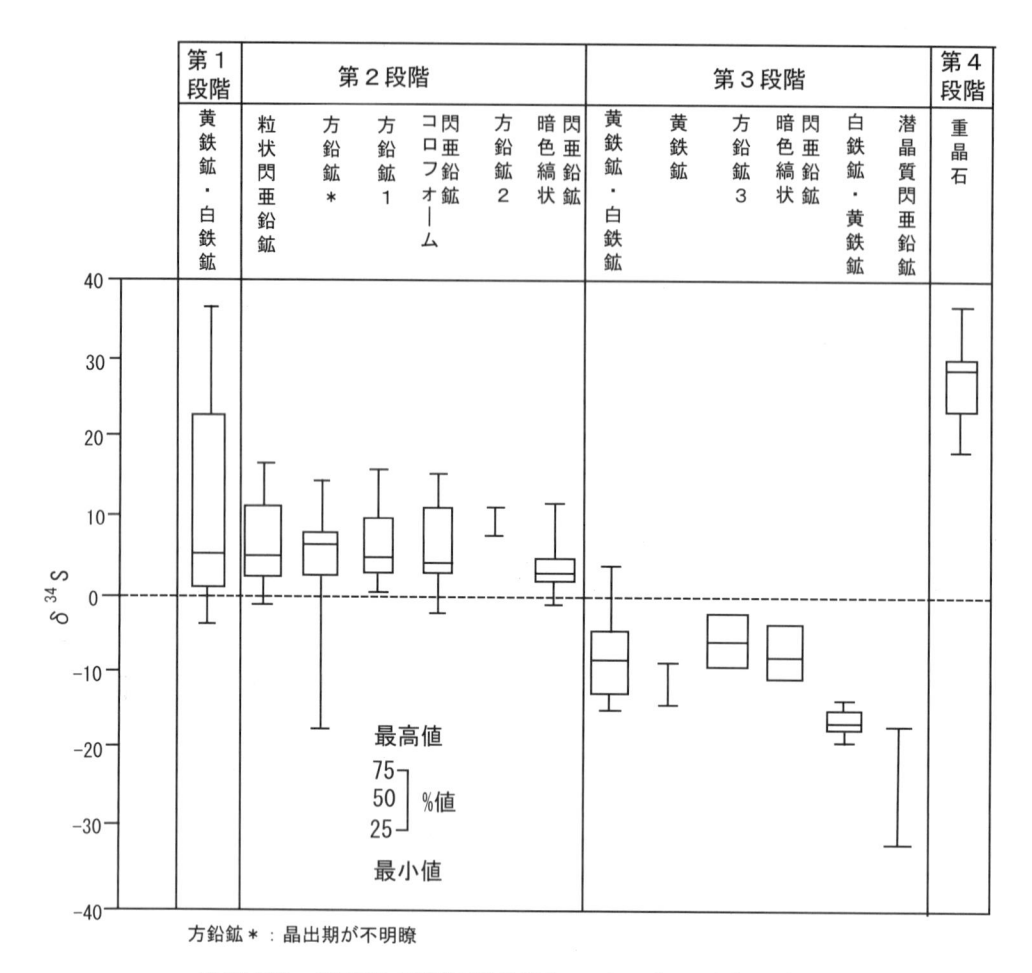

図 IX-202　主要鉱物の硫黄同位体組成　－Leach et al. (1996)による－

代の地層中の閃亜鉛鉱より同位体的に重い硫黄を有する．これはデボン紀から中生代にわたる岩石の海水硫酸同位体組成の変化に対応していると考えられる．H_2S の $\delta^{34}S$ 値の範囲は，硫酸の還元法によってさらに拡大する可能性がある．バクテリアによる硫酸の還元（IV(1) 参照）は，一般に硫化物生成温度がバクテリアの生存温度より高いために鉱床生成と直接関係することがないが，Silesia-Cracow 地域の一部の閃亜鉛鉱流体包有物均質化温度は，50〜70℃と低くこのような低温環境ではバクテリアによる硫酸の還元が行われる可能性がある（Leach et al., 1996）．

　Silesia-Cracow 地域亜鉛－鉛鉱床の生成期である中期第三紀は，後期アルプス造山期におけるカルパチア造山帯の最高上昇期と一致する．この一致は後期アルプス構造運動と鉱化流体の移動との関係を強く示唆する．ミシシッピーヴァレー型鉱床，大規模堆積盆塩水の移動，プレート収斂作用の組み合わせは，多くの研究者によって指摘されている．ミシシッピーヴァレー型鉱床形成のために行われる褶曲帯および前陸盆地から前地炭酸塩岩卓上地への大容積流体の水理的駆動は，圧縮作用，構造的絞り出しあるいは重力駆動による堆積盆堆積物からの流体排除に基づくと考えられる．圧縮駆動による流体の移動が Silesia-Cracow 地域にとって重要であるとすれば，流体移動の最盛期はカルパチア前陸盆地における堆積速度が最高に達したときと一致するはずであ

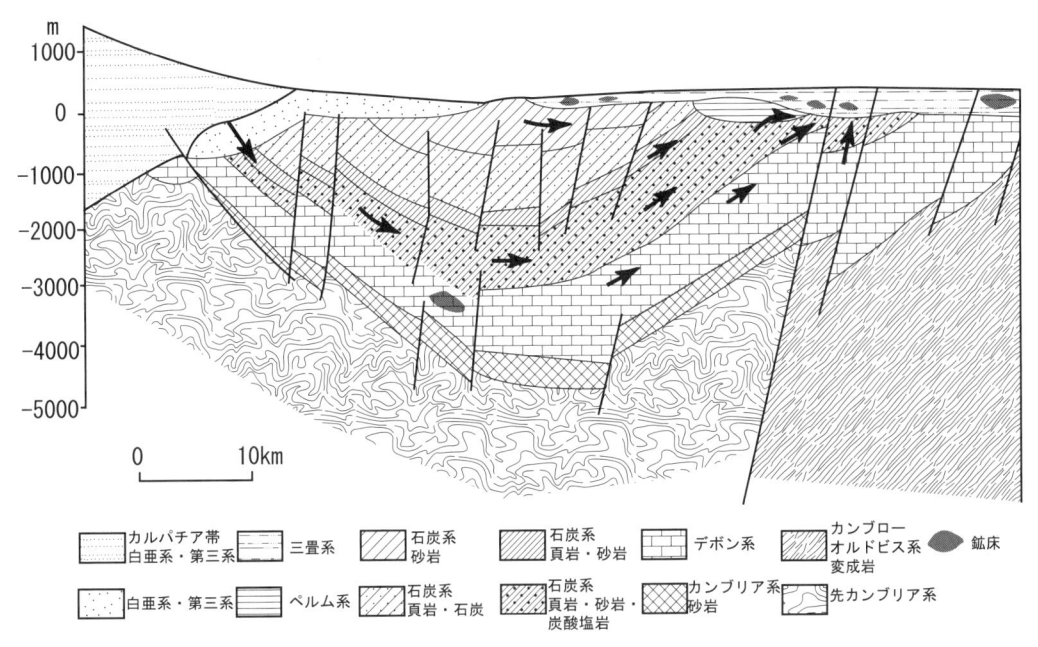

図 IX-203　中期第三紀における Silesia-Cracow 地域の地域的水理系モデル
− Leach et al. (1996) による −

る．構造的な堆積盆流体の絞り出しも可能であるが，流体の速度はミシシッピーヴァレー型鉱床生成に必要な流体体積から考えて遅すぎると考えられる．ミシシッピーヴァレー型鉱床生成に必要な大容量の流体を駆動するために最も一般的に提案されているのは重力駆動による流体の流動である．この場合流体移動の最盛期は褶曲帯の後期造山運動上昇期に一致する．カルパチア帯では褶曲帯の最高上昇期は，中新世モラッセの堆積に示されるように中期第三紀最後期である．したがって Silesia-Cracow 地域にとって重力駆動水理系が最も適していると考えられる．図 IX-203 に中期第三紀における Silesia-Cracow 地域の地域的水理系モデルを示した．流体は前陸盆地の圧縮堆積物から排除されカルパチア褶曲帯から重力駆動水理系によって北に移動する．含金属流体の重要な通路は，鉛同位体組成によって示唆されている上部石炭系堆積物中の帯水層であると考えられる．Cracow-Myszkow 構造帯のような断層帯は，上を覆う中生代地層への流体上昇の通路となったであろう．また，アルプス造山運動による圧縮作用は中生代以前の基盤岩および中生代被覆岩中の古い断層を再活動させ，これが鉱化流体移動と硫化物沈殿を一次的に支配する地域の高密度割目・断層網を形成した．さらに構造運動によって脆性の強いドロマイトに割目網を作り Muscelkalk 層中の続成ドロマイトの透水係数を高め，この高透水係数ドロマイトは，上を覆う Keuper 層不透水性粘土岩とともに含鉱石ドロマイト中における鉱化流体の水平方向移動を可能にした．高傾斜角の断層は，地層を切る流体の移動を可能にして鉱化流体が異なった微量成分あるいは硫黄同位体組成を獲得する原因となった．鉱物晶出過程における鉱物組み合わせ，微量成分組成，硫黄同位体組成，流体包有物の化学組成などの変化は，異なった帯水層を通過した鉱化流体の混合条件の時間的変化によるとすれば最も良く説明できる (Leach et al., 1996)．

　Silesia-Cracow 地域の亜鉛・鉛鉱業は 700 年の歴史を有し，過去の正確な生産量を知ることは

できないが，生産量に埋蔵鉱量を加えた値として5億t（Zn+Pb 4～6%）と推定されている．現在 Trzebionka, Pomorzany, Olkusz, Boleslow の鉱山が稼働しており，Zawiercie 地域の北東部鉱体が未開発のまま残されている．地域の資源量は，2億tで，4鉱山の採掘可能鉱量は5,000万tと報告されている（Leach et al., 1996）．

（2）炭酸塩岩中の金鉱染鉱床（カーリン型鉱床）

　この型の鉱床は，北アメリカ・コルディレラの一部，米国ネバダ北部およびユタ北西部に産し，Yellowstone マントル・プリュームが沈み込み帯の下に生じたと推定される中期第三紀の短期間（42～30Ma）に形成された．鉱床は，沈み込みに関係した東西方向のマグマ帯に起こった拡張作用の開始期または直後のプレート運動の変換（43Ma）後に形成されている．これらの鉱床は，中期第三紀のマグマ活動の中心に対して一定の空間的関係を示さず，むしろその多くは後期原生代のリフト活動および活動的大陸縁辺の形成から引き継いで長期間持続した深部地殻構造に沿って生成された．これらの構造はその後の堆積作用，変形作用，地域的な数回のマグマ活動，熱水作用にも影響を及ぼしている．多くの鉱床は，古生代の劣地向斜性炭酸塩岩シーケンスを母岩としているが，このシーケンスは早期ミシシッピー紀に異地性 Robert 山地として定置された優地向斜性珪質砕屑物シーケンスに覆われるか，あるいは前縁海溝に堆積した劣地向斜性珪質砕屑物シーケンスに層序的に覆われる．これらの珪質砕屑物シーケンスは下位の炭酸塩岩より透水係数が低く，主構造に沿って上昇した鉱化流体を透水係数の高い活性ある岩石中に導く原因となった．したがって金鉱床は複雑な配列を持った構造と透水性が高く活性のある地層との交差部に位置している（Hofstra and Cline, 2000）．

　鉱床の母岩は，一般に炭質頁岩を伴い薄く成層したシルト質または粘土質炭質石灰岩またはドロマイトであるが，一部で非炭酸塩珪質砕屑岩あるいは稀に変火山岩類が母岩となっている．また，珪長質および苦鉄質貫入岩が鉱化されているのが認められる．鉱床は一般に異なった岩相境界に沿って板状をなすが，岩相境界をまたいで，あるいは衝上断層の両側に不規則な形をなして産することがある．また，急傾斜の断層に沿って角礫帯が発達し，このなかに硫化鉄鉱物と自然金が鉱染し，高品位の鉱石を産する場合がある．炭酸塩鉱物のシリカによる交代作用は体積減少を伴うので母岩の角礫化が一般的に見られ，急傾斜断層に沿った構造作用に伴う角礫化も一般的である．母岩全体にわたって1%以下の微粒硫化鉱物が鉱染している．主な金属鉱物は自然金（μm 程度の微粒）および砒素質黄鉄鉱で，硫砒鉄鉱，輝安鉱，四面銅鉱，鶏冠石，雄黄，辰砂，Ta 鉱物などを伴う．主要脈石鉱物は，微粒の石英，ドロマイト，方解石，重晶石である．母岩の変質としては，炭酸塩溶解作用，鉱化の中心付近での強い珪化作用，周縁部での粘土化作用が認められる．この型の鉱床例として，北部 Carlin 帯，Gold Quarry-Maggie Creek, Getchell 帯，Jerrett Canyon 地域，Cortez 地域，Archimedes-Windfall（米国ネバダ），Mercur 地域（米国ユタ）があり，中国湖南省西部および貴州省西南部の鉱床（Cunningham et al., 1988）も報告されている．

　北部 Carlin 帯金鉱床　本鉱床帯は，米国ネバダ東北部 Elko の西約50kmにあり，地質的には北アメリカ・コルディレラ Great Basin に位置する．ネバダ東北部は，カンブリア紀から早期ミシシッピー紀にかけて安定な古大陸縁辺部にあったと考えられる．この期間に，古大陸大陸棚の外縁から海洋盆にわたって西方に厚くなる楔形堆積物が形成された．この堆積環境内において堆積相

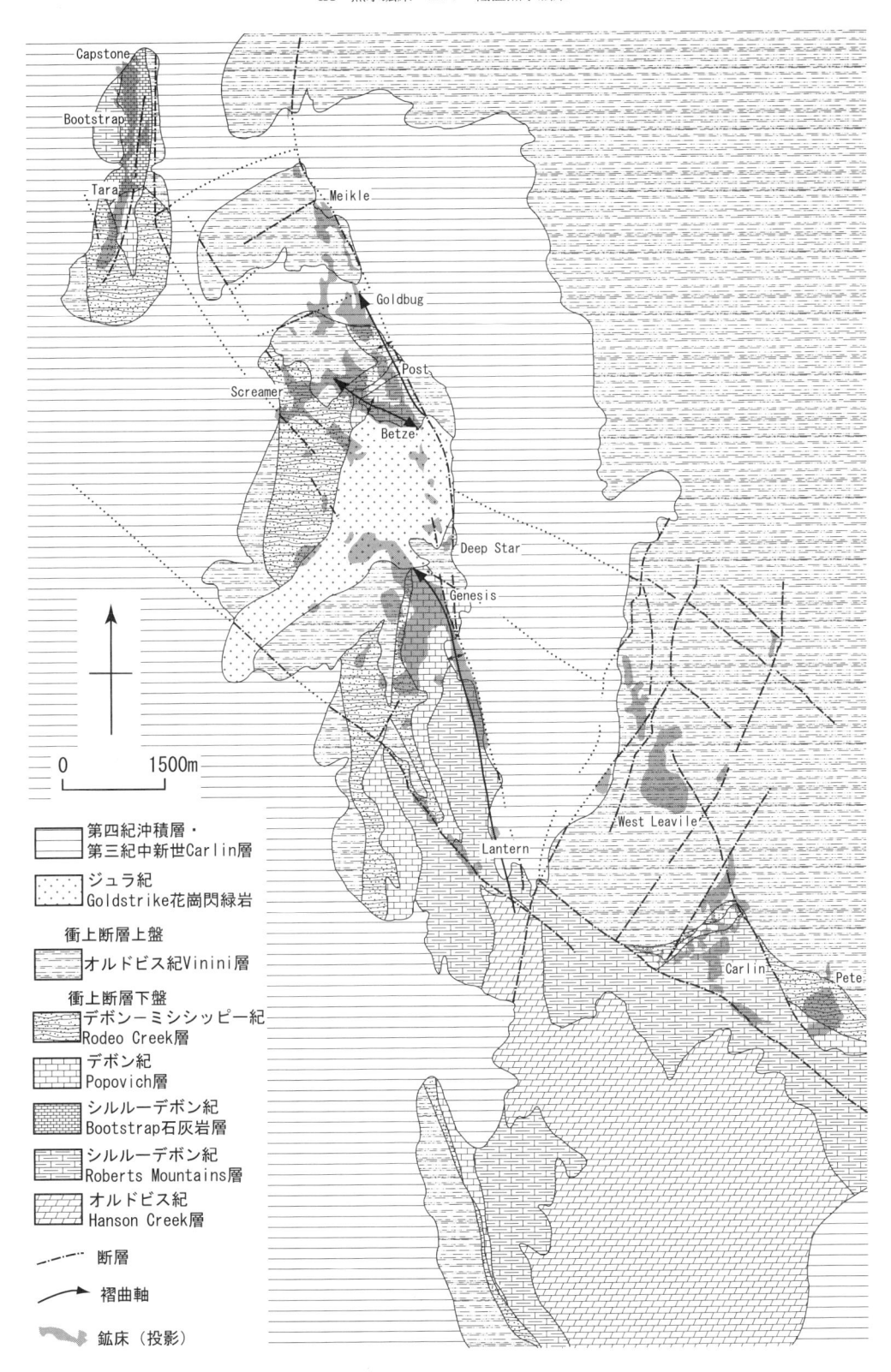

図 IX-204　北部 Carlin 帯地質概図　― Heitt et al. (2003) による ―

は西の優地向斜性から東の劣地向斜性シーケンスに漸移している．後期デボン紀から中期ミシシッピー紀の間には，Antler 造山運動に伴う東向きの圧縮構造運動の結果，地域規模の褶曲運動および覆瓦衝上断層運動によって西部の主として珪質砕屑堆積物からなる優地向斜性シーケンスが，東部のシルト質炭酸塩岩シーケンスの上にのし上がった．早期〜中期ペンシルバニア紀の Humboldt 造山運動に続いて，後期ペンシルバニア紀からペルム紀にわたって大陸棚炭酸塩岩が堆積し，さらに早期三畳紀 Sonnma 造山運動に関わる第三番目の隆起・褶曲運動を生じた．また，これに続いて早期白亜紀 Sevier 造山運動に関係する第四の東向き褶曲・衝上運動が起こっている．これらすべての圧縮性構造運動は，Carlin 金鉱床帯を生成した金鉱化作用に先立って複雑な地質構造を形成している (Teal and Jackson, 1997)．この地域は，白亜紀最末期から早期始新世にかけて Farallon プレートが低角度で急速（10mm/y）に沈み込み，その上にのる厚い（50〜60km）北アメリカプレートには圧縮応力が作用し，マグマ弧の欠如，異常な低地温勾配，熱水鉱床の欠如の場となった．中期始新世から早期中新世にかけては，Farallon プレートの沈み込みは低速となり，浅く沈み込んだプレートはマントル中に下降し混和を起こす．一方北アメリカプレートは異常な拡張場となりカルクアルカリマグマ活動を生ずる．その結果，局部的にカルデラが形成され，地温勾配が上昇，熱水鉱床（例えば，Carlin 型金鉱床，斑岩銅鉱床，浅熱水金銀鉱床）が生成される．中期中新世から完新世にかけては，この地域はトランスフォーム境界となる (Hofstra and Cline, 2000)．

北部 Carlin 帯の地質は，Roberts Mountains 衝上断層上盤側のオルドビス紀 Vinini 層，下盤側の下位からオルドビス紀 Eureka 珪岩層および Hanson Creek 層，シルル−デボン紀 Bootstrap 石灰岩層および Roberts Mountains 層，デボン紀 Popovich 層，デボン−ミシシッピー紀 Rodeo Creek 層と，ジュラ紀花崗閃緑岩，ジュラ紀−白亜紀中間質〜苦鉄質岩脈群，始新世流紋岩岩脈などの貫入岩類，中新世 Carlin 層，第四紀沖積層からなり（図 IX-204），Carlin 型金鉱床は主として Bootstrap 石灰岩層，Roberts Mountains 層，Popovich 層，Rodeo Creek 層，Vinini 層中に胚胎する（図 IX-205）．Bootstrap 石灰岩層は厚さ 600m 以上で，浅海陸棚縁辺部に堆積した魚卵状石灰岩を含む生物ミクライト質ワッケストーンないしグレーンストーンからなり Roberts Mountains 層および Popovich 層と同時異相である．Roberts Mountains 層は，中ないし薄板状層理および葉理を示すシルト質ないしドロマイト質石灰岩の厚さ約 470m に及ぶシーケンスからなり，金鉱化作用はその上部 130m の範囲に集中している．これは層上部が，生物遺骸砕屑片流層と不規則な細房状葉理を示すシルト質石灰岩の互層を含み，生物擾乱と軽い堆積圧縮の結果形成された細房状葉理と細粒の生物遺骸砕屑片流層とが相まって透水性を増加させているためと解釈されている．Popovich 層は厚さ 400m，ミクライト，シルト質石灰岩，化石質石灰岩からなる．多数のボーリングデータによると Popovich 層は，Carlin および Genesis 鉱床付近でのシルト質石灰岩薄層とミクライトからなる岩相から，その北西方 12〜15km の Meikle, Boostrap-Capstone, Storm 鉱床付近での塊状，化石質，スパーライト質石灰岩岩相に急激に変化する．Rodeo Creek 層は，厚さ 50〜250m，珪質泥岩，シルト岩薄層，石灰質シルト岩の互層からなり，下部では，シルト質泥岩薄層の規則的堆積層に移り変わる．本層は，原地性炭酸塩岩から上を覆う異地性珪質堆積物への転移性シーケンスと考えられる．Rodeo Creek 層上部は，衝上断層面の波条形によって準異地性と見なされ，本層産出のコノドントは，後期デボン紀ないし早期ミシシッピー紀を示

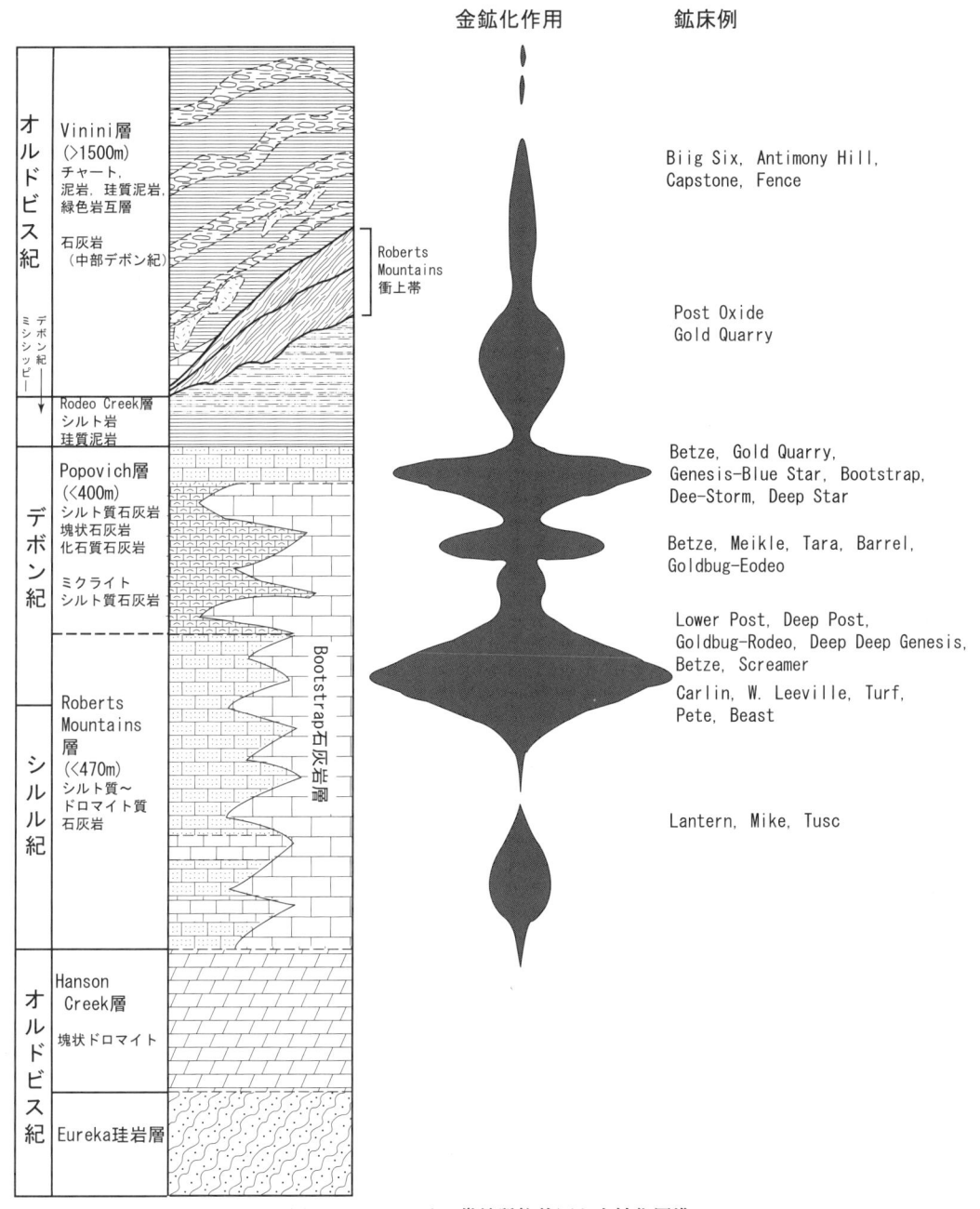

図IX-205 Carlin帯地質柱状図と金鉱化層準
― Teal and Jackson (1997); Emsbo et al. (2003) による ―

し，南部Carlin帯の異地性Woodruff層に対比される．Rodeo Creek層上部のシルト質岩は，中部Carlin帯で大型金鉱床の母岩となっている．Vinini層は，東向きのスラストシートからなり覆瓦構造をなす異地性優地向斜シーケンスであり，主として下部〜上部オルドビス紀のチャート，泥岩，珪質泥岩，少量の緑色岩から構成され，覆瓦構造体下部には，中部デボン紀の炭酸塩岩層が認められる．これらの岩石は，複雑に互層し，褶曲した覆瓦構造地塊としてCarlin帯に沿って分

布する．Vinini層の推定累積層厚は，1,500m以上に達するが，高角度断層に支配された小規模鉱脈鉱床の母岩となっているに過ぎない．ジュラ紀 Goldstrike 花崗閃緑岩は岩株をなし，その放射性年代は158Maと報告されている．これらの貫入によって周辺の堆積岩類は接触変成作用を被りCa珪酸塩化石灰岩，ホルンフェルス，外成スカルンを生成している．花崗閃緑岩の貫入に伴い中間質ないし苦鉄質組成のジュラ紀－白亜紀岩脈群が広く形成され，これらの岩脈は，後に含金熱水流体によって変質し，硫化鉱物を生ずる（Teal and Jackson, 1997; Emsbo et al., 2003）．

北部 Carlin 帯金鉱床の地質構造支配は，種々の構造的要素の組み合わせによって行われている．この構造的要素として次の四つが上げられる．(1) 高傾斜角の N～NW 系断層が第 1 の鉱化流体通路としてあげられるが，ランプロファイアーおよびモンゾニ岩岩脈によって充たされていることが多い．N～NW 系断層はさらに走向 N15～30°W, N45～60°W, N-S の断層に分類される．(2) 高傾斜角の NE 系断層は第 2 の鉱化流体通路であり，とくに N～NW 系断層との交差部が重要である．(3) 原地性炭酸塩母岩中の高～中振幅背斜褶曲．(4) 高傾斜角，層準規制，鉱化前の崩壊角礫体（Teal and Jackson, 1997）．

本鉱床帯における母岩の変質として炭酸塩溶解作用，珪化作用，粘土化作用，金富化硫化作用をあげることができる．炭酸塩溶解作用は，北部 Carlin 金鉱床帯において最も広範に見られる母岩の変質作用である．炭酸塩溶解作用の進行は原母岩の組成によっても異なる．母岩が高密度の生物起原スパーライト質石灰岩の場合は，溶解作用は高角度傾斜流体通路および主要な岩石境界面に限られるが，シルト質石灰岩の場合は，空隙率および透水係数に応じて溶解作用は，より広範に強く行われる．炭酸塩溶解作用に伴って粘土変質作用ないし高度粘土変質作用が行われ，とくにシルト質石灰岩およびホルンフェルスの場合に著しい．シルト質石灰岩中に少量含まれる砕屑性粘土およびカリ長石は，変質してモンモリロナイト，カオリナイト，イライト，微量の絹雲母を生ずる．高密度の生物起原スパーライト質石灰岩および Ca 珪酸塩岩を母岩とする鉱床（例えば Meikle および Deep Star など）では流体の透水性が高角度傾斜流体通路に限定される結果，珪化作用はより強くなるとともに金鉱化作用と空間的により密接に伴う．シルト質石灰岩中の鉱床（例えば Carlin および West Leevile など）のように比較的層準規制の強い場合には，珪化作用は生物遺骸砕屑片層準に集中するか，主鉱化帯周辺部に分布する（図 IX-206）（Teal and Jackson, 1997）．

北部 Carlin 金鉱床帯南部にある Carlin 鉱床は，Roberts Moutains 層中に胚胎し，西，主，東鉱化帯から構成される（図 IX-206）．西鉱化帯は，長さ340m，走向 N60°W，傾斜 60～70°N の鉱脈状鉱体からなる．その南東端では楕円筒状になり約70°で北にプランジする．鉱脈状鉱体の部分では，上盤側は高角度傾斜の断層であり下盤側は強く変質した岩脈で，重晶石細脈がこれを切る．この鉱体は高角度正断層に支配され，3鉱化帯の中最も Ba が多く有機炭質物が少ない．また，砒素，アンチモン，水銀の硫化物が認められない．主鉱化帯は主露天採掘場の南西端から Popovich Hill の南東側に至る約915m の間に産する Au 品位の異なる幾つかの大型鉱体からなる．その東北部の鉱体は，厚さ約30m の薄板状をなし，母岩と調和的に走向ほぼ東西，38-40°で北に傾斜する．この鉱体の位置と形態は，強く層序および構造支配を受ける．とくに走向 N45°E から N45°W の高角度傾斜断層系が重要であり，これには主露天採掘場の中央部を走る走向 NW の岩脈に充たされた断層が含まれる．主鉱化帯南西部の鉱体は，長さ395m，厚さ20～30m，走向 N45°E，傾斜 50-70°NW の板状鉱体で，主露天採掘場の南西端付近では鉱体は傾斜方向に次第に厚さを減

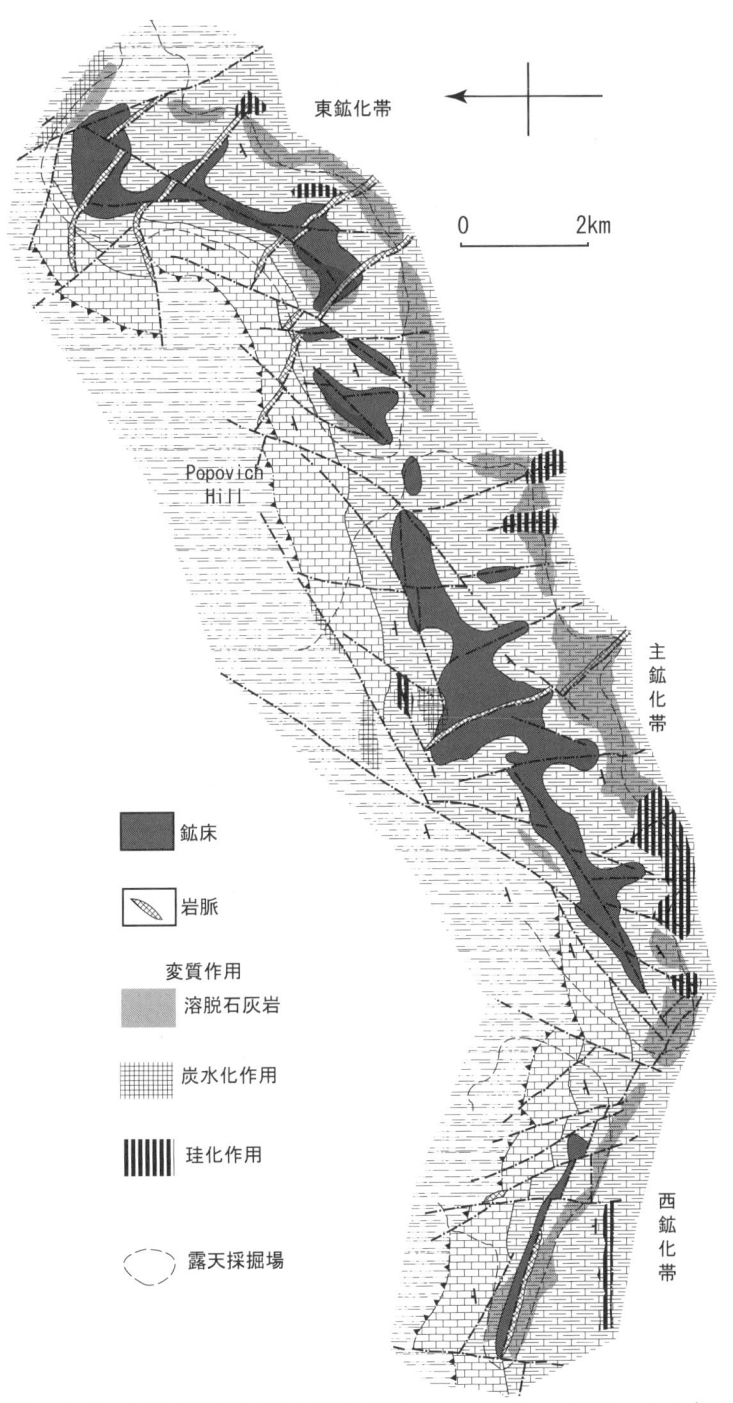

図IX-206 Carlin金鉱床地質図（他の凡例は図III-204参照） − Rdtke et al. (1980)による−

じ，不透水性のガウジで充たされた断層中に尖滅する．多数の南北方向の高角度断層とN45°E方向の断層の交差部がこの区域の鉱床生成を支配している．主鉱化帯の鉱石は，Carlin鉱床の既知鉱石量の約60%を占め，鉱床上部に酸化鉱石を産する．非酸化鉱石は，シリカ，黄鉄鉱，有機炭

質物の含有量が広く変化し，とくに東北部の鉱体では有機炭素の量が5%に達する．砒素硫化鉱物および硫塩鉱物が鉱化炭酸塩岩の割目中に一般的に産し，また，鉱床深部では重晶石脈中にこれらの鉱物と卑金属硫化物が認められる．東鉱化帯は，Popovich Hillの南側に始まりLeevile断層の東Vivini層中で尖滅するまで約730m連続する．本鉱化帯の大部分は，ほぼ走向N20°E，傾斜35-45°Wを示し母岩の構造に調和して不規則に伸びた板状鉱体からなり，北東端付近では鉱体の走向は，鉱化前のLeevile断層の運動による層理の引きずりを反映して東西方向に振れる．東鉱化帯の南西端には，幅60mから15mで30°NEにプランジするパイプ状鉱体を産する．両鉱体とも層序および構造支配を受け，早期の走向N40-45°E断層および後期の走向NSないしN45°Eの断層が重要である．岩脈は早期の断層に沿って貫入し後期の断層によって転位している．東鉱化帯で産出する鉱石は鉱物種および化学組成においてきわめて変化に富み，含Tl-As-Sb-Hg硫化鉱物および硫塩鉱物を産する．また他の鉱化帯に比べ有機炭質物が多いが，重晶石は少ない．

　Carlin鉱床の鉱石は大きく上部の酸化鉱石と下部の非酸化鉱石に2分される．非酸化鉱石はさらに通常鉱石，珪質鉱石，黄鉄鉱質鉱石，炭質鉱石，砒素質鉱石に分類される．通常鉱石は全非酸化鉱石の60%を占め，外観は新鮮な母岩に類似する．この型の鉱石では，原方解石の25～50%は鉱化流体により溶解移動し，少量の黄鉄鉱と，自然金および水銀，タリウム，アンチモン鉱物を伴って細粒の石英が晶出している．有機炭質物の量は0.25～0.30%で母岩より稍多い程度である．大部分の金は黄鉄鉱粒子の表面を覆うか割目を充たして産し，一部は有機炭質物に伴うか石英中に含まれる．平均金品位は8g/tである．珪質鉱石は，大量のシリカ鉱物と微量の残留ドロマイトおよび方解石からなる他，黄鉄鉱，輝安鉱，鶏冠石が認められる．この型の鉱石は非酸化鉱石の5%を占めるに過ぎない．金は微粒の黄鉄鉱表面および石英中に産する．黄鉄鉱質鉱石は3～10%の黄鉄鉱を含む鉱石で，非酸化鉱石の5～10%を占める．通常鉱石に比べて熱水性石英を多く含むが方解石の量は少ない．黄鉄鉱は長さ200μmまでの自形ないし半自形をなして散点するか小脈状に濃集する他，有機炭質物および石英を伴い径10μm程度のフランボイダル組織をなして産する．金，水銀，アンチモン，砒素の量は大きく変化し，これらの鉱物は黄鉄鉱表面を覆って産する．有機炭質物の量は0.5～0.9%である．黄鉄鉱以外の硫化鉱物として微量の鶏冠石，輝安鉱，閃亜鉛鉱，方鉛鉱，輝水鉛鉱，黄銅鉱が認められた．炭質鉱石は，1～5%の有機炭質物を含み，暗灰色ないし黒色を呈する．有機炭質物は，炭化水素の細脈およびシーム，非晶質炭素，炭化水素，有機酸，腐植酸の分散粒子として産する．炭質鉱石は非酸化鉱石の15～20%を占める．金は炭質物質に伴うとともに黄鉄鉱表面を覆って産する．黄鉄鉱以外の硫化鉱物として鶏冠石，雄黄，輝安鉱，ロランダイト，辰砂，閃亜鉛鉱，方鉛鉱が認められる．砒素質鉱石は，鶏冠石および雄黄の分散粒子および細脈を多く含み，砒素量は0.51～10.0%に達する．非酸化鉱石の5～10%を占める．金は炭質物質に伴うとともに黄鉄鉱表面を覆って産するが，鶏冠石細脈中に取り込まれているものも認められる．この型の鉱石は水銀，アンチモン，タリウムを比較的多量に含み，これら元素の硫化物および硫塩鉱物を多種類産する（Radtke et al., 1980）．

　北部Carlin金鉱床帯北部にあるMeikle鉱床は，Bootsstrap石灰岩中の複合角礫体に胚胎し，地表下250ないし600mまで達している（図IX-207）．鉱床は，上部主鉱体，南Meikle帯，下部主帯に分けられる．前2者はPopovich層に存在し，モンゾニ岩岩脈南西側，ランプロファイアー岩脈の下の角礫体および泥岩中に胚胎するとともにランプロファイアー岩脈も高品位鉱化作用を受

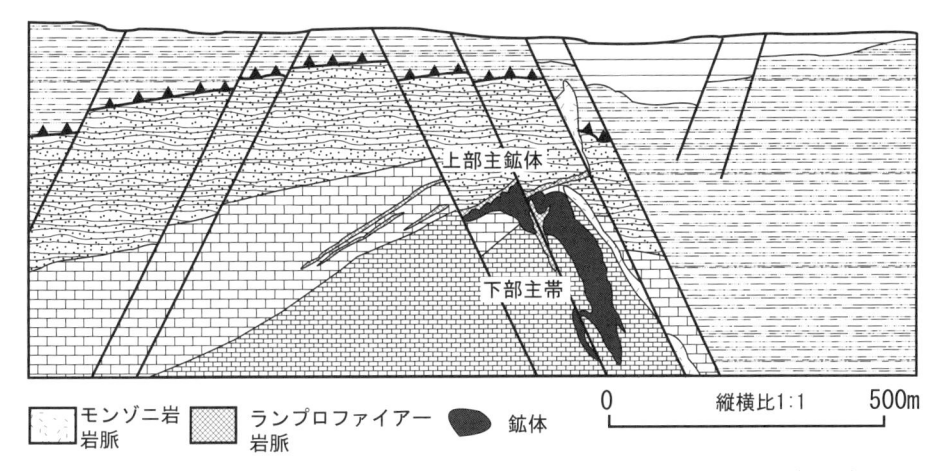

図 IX-207 Meikle鉱床地質断面図（他の凡例は図IX-204参照） －Emsbo et al. (2003)による－

けている．下部主帯は，Meikle鉱床高品位鉱の中心部を形成し，厚さ平均60m，走向長365m，走向N20〜30°W，急傾斜の形態をなし，モンゾニ岩岩脈下盤の鉄質ドロマイト化Bootstrap石灰岩中に存在する．金鉱化作用はこれらのドロマイト化岩石中の不均質岩片角礫体に最も良く発達し，一部の鉱化体が断層あるいは割目に沿った非角礫化ドロマイト中に延長している．

産出する鉱石型としてドロマイト型鉱石，角礫型鉱石，空洞充填型鉱石，後期晶洞型鉱石がある．ドロマイト型鉱石は，Maikle鉱床の平均品位が30g/t以下であるのに平均90g/t以上に達する．ランプロファイアー岩脈の場合と同様にドロマイトが鉱化されると細粒（＜3μm）黄鉄鉱のために暗褐色ないし黒色を呈する．強く鉱化された鉱石でも鉱化段階石英の量は少量で，多くの石英は鉱化段階後の晶出で鉱化前の石英も認められる．高品位鉱石には，ビチューメンの角張ったあるいは稍円味を帯びた粒子を産し，非鉱化帯のビチューメンより空隙が多く反射率が低い．これは鉱化流体とビチューメンとの反応関係を示していると考えられる．鉱化前黄鉄鉱は鉱化時黄鉄鉱にオーバーグロースされるか貫かれているのが認められる．四面銅鉱は一般に融食され，一部で鉱化時黄鉄鉱によって交代されている．閃亜鉛鉱は，強く鉱化された鉱石中に多く産するが，稍円味を帯び，僅かに分解していることを示す．鉱石中の重晶石は非鉱化の母岩より量が少なく，円味を帯びるか湾入し，石英によって交代されるなど鉱化作用によって閃亜鉛鉱より強く溶解している．最も強く鉱化した試料では，ほとんどすべてのドロマイトは鉱化時黄鉄鉱，石英，他の不溶解鉱物を残して移動している．ドロマイトの溶解と硫化物化が行われた場合は，石英の沈殿を伴っていず，連晶鉱化時黄鉄鉱と不溶解残留鉱物からなる空隙率の高い壊れやすい鉱石が形成され高品位（Au 190g/t）となる．

Meikle鉱床の大部分の鉱石は，下部主帯のきわめて複雑な角礫体中の角礫型鉱石として産する．主鉱化作用前に小規模に行われた崩壊と断層に伴う角礫化作用に重なって鉱化段階角礫化が行われ，その結果，縞馬状ドロマイト，岩脈岩石，Bootstrap石灰岩，Popovich層泥岩および粘土岩，鉱化前硫化鉱物，重晶石，石英などの破片とマトリックスからなる角礫体が形成される．縞馬状ドロマイトを破片とするものが優勢であるが，破片の組成は変化に富み，一般に直接する母岩の組成を反映する．この型の鉱石は，角礫体中の破片として産し主として鉱化段階石英および黄鉄鉱によ

表IX-12 北部Carlin 帯金鉱床の生産量・埋蔵量
－Teal and Jackson（1997）による－

鉱床	既生産量 鉱量1,000t	品位g/t	埋蔵量 鉱量1,000t	品位g/t
Carlin/Pete/Lantern	15,585	7.6	12,385	1.4
West Leevile(NGC)	802	11.1	1,808	11.6
West Leevile(JV)	0	0	6,395	13.1
Genesis	120,178	0.9	20,603	1.1
Deep Star	100	27	1,264	27.1
Post/Goldbug(NM)	84,468	0.5	23,247	5.9
Capstone/Bootstrap/Tara	1,301	3.1	18,306	1.4
Meikle*	145	16.3	8,907	24.7
Betze/Post/Streamer	31,044	8.5	111,290	5.9
Dee	5,157	2.6	8,858	1.5

*埋蔵量データはEmsbo et al.(2003) による

り膠結され，鉱化前ドロマイト，石英，重晶石，硫化鉱物，ビチューメン，少量の粘土鉱物を伴っている．Meikle 鉱床の鉱化段階角礫はミシシッピーヴァレー型鉱床の溶解崩壊角礫に類似している．

Meikle 鉱床における最高品位（Au 185 ～ 400g/t）の鉱石は，溶解角礫空洞中に局部内部堆積物として形成されたと解釈される岩石中に産する．この鉱石は成層しかつ級化構造を示すが，主として金に富む鉱化段階黄鉄鉱および石英からなり，ドロマイト，石英，重晶石，硫化鉱物，ビチューメンなどの鉱化前残留物を伴う．この堆積物中には，Bootstrap石灰岩層，Popovich層，Vinini層，ジュラ紀火成岩，早期形成鉱石由来の角張ったあるいは稍円味を帯びた岩片も含んでいる．粒状鉱化段階黄鉄鉱層中の多くの堆積構造は，この黄鉄鉱が既存の空洞充填物を選択的に交代したのではなく砕屑堆積物として集積したことを示唆している．含金黄鉄鉱層はドロップストーン，液状化構造，スランプロードキャストなどによって局部的に乱れを生じている．空洞充填堆積作用は，主鉱化期鉱化作用と同時であって後期の溶解および黄鉄鉱濃集作用ではない．

後期晶洞型鉱石は主として石英，輝安鉱，黄鉄鉱からなり，前述の主鉱化期鉱石を脈状に切るか，角礫化鉱石片を膠結して産する．この型の鉱石は Ag, Hg, Au のテルル化鉱物および自然金を伴うことがある（Emsbo et al.,2003）．

北部 Carlin 帯金鉱床の全生産量および埋蔵量は金量として 3,000t と言われる（Hofstra et al., 2003）．各鉱床の既生産量および埋蔵量を表 IX-12 に示す．

カーリン型金鉱床の生成モデル Hofstra and Cline（2000）はカーリン型金鉱床の従来の研究データを総合して鉱床の生成モデルについて考察した．多くのカーリン型金鉱床の鉱化作用は，酸性鉱化流体による母岩の交代作用によって特徴付けられる主鉱化段階，石英，方解石，雄黄，鶏冠石，輝安鉱などが晶出する後期鉱化段階，主として方解石が沈殿する後鉱化段階，鉱石の風化および酸化による分解と鉱物生成が行われる浅成段階に分けて考えることができる．主鉱化段階では，炭酸塩溶解，珪酸塩鉱物の粘土化，含鉄鉱物の硫化，石灰岩の珪化によって特徴付けられる鉱化流体－母岩間反応が行われる．この場合，母岩の組成によって反応後の産物が異なる．すなわち，純粋な石灰岩は珪化岩に，陸源性物質を含む不純な石灰岩は一般に炭酸塩溶脱化岩に，火成岩類は粘土化

岩に変化するが，いずれも鉱石帯では硫化物化を受ける．炭酸塩溶脱帯の中心部では空隙率の増加，残留鉱物の濃集，地層の薄化，ひび割れあるいは崩壊角礫体の形成など体積減少の多くの証拠が存在する．熱水溶液崩壊角礫体中の空洞は，母岩に由来する不溶解鉱物および含金黄鉄鉱などの鉱化段階熱水鉱物の混合物からなる内部堆積物によって充填される．一般に不溶解鉱物の量は熱水鉱物よりかなり多いが，Meikle 鉱床では母岩の縞馬状ドロマイトの一部が，不溶解鉱物の量がきわめて低いため角礫体空洞の内部堆積物中に 30% 以上の熱水性黄鉄鉱を含み Au 300g/t 以上の高品位鉱を生成している．この型の鉱床で蛍石の産出が少ないのは，HF および HCl のようなマグマ性の酸性揮発物質を多く含まないことを示唆し，CO_2 が鉱化流体中の主要な酸性揮発性成分であったと考えられる．

$$CO_2 + H_2O = H_2CO_3,$$
$$H_2CO_3 + CaCO_3 = Ca^{+2} + 2HCO_3^-,$$
$$H_2CO_3 + (Ca,Mg)CO_3 = 0.5Ca^{+2} + 0.5Mg^{+2} + 2HCO_3^-$$

最大 CO_2 濃度を 4 モル %，温度 225℃，とするとドロマイトおよび方解石の飽和 pH はそれぞれ 5.07 および 5.21 と計算される．したがってドロマイト溶解帯における pH は 5.07 以下となり，CO_2 濃度が 4 モル % より低いと pH は高く，温度が 225℃ より低いと pH は低くなる．鉱化流体と母岩中の珪酸塩鉱物との反応によってカオリナイト，イライト（1M または $2M_1$）イライト－スメクタイト混合層鉱物，緑泥石－スメクタイト，スメクタイトを生ずる．長石類，Fe-Mg 珪酸塩，黒雲母は粘土化しやすいが，白色 K 雲母は火成，岩屑，続成，熱水などその起原にかかわらず一般に安定であり，きわめて強い変質を受けた場合に限りカオリナイトに変化する．変質帯の中心部では多くの場合既存の珪酸塩鉱物は，石英－カオリナイトまたは石英－イライト（1M または $2M_1$）の組み合わせになる．石英－カオリナイトの組み合わせは，パイロフィライトの生成温度以下で低 pH，低 a_{K^+}/a_{H^+} 溶液によって形成される高度粘土変質作用を示すもので，この場合はイライト飽和流体の冷却によって形成されたと考えられる．鉱化段階生成の明礬石あるいは重晶石が欠如しているのは，H_2S から H_2SO_4 への酸化が行われていないことを示唆する．鉱石帯における炭酸塩の溶解および珪化，珪酸塩の粘土化によってこれら鉱物から開放された鉄は硫化作用を受け，鉱染状に含金砒素質黄鉄鉱，白鉄鉱，硫砒鉄鉱を沈殿する．この硫化反応によって，例えば Fe 炭酸塩は，

$$2H_2S + FeCO_3 = FeS_2 + H_2 + H_2CO_3$$

のように局部的に炭酸を生じ，周辺の岩石を溶解する．しかしカーリン型鉱床に見られる広範な炭酸塩岩の溶解作用を少量の Fe 炭酸塩の反応によって説明することは不可能で，大部分の酸は鉱化流体によって外部からもたらされたものと考えられる．しかし大部分の金は，この硫化反応によって生じた鉄硫化物とともに沈殿しており，砒素質黄鉄鉱，砒素質白鉄鉱，硫砒鉄鉱中に μm 以下の包有物または構造的に結合した Au^I イオンとして存在する．金が金飽和溶液から沈殿したとすると

$$Au(HS)_2^{-1} + 0.5H_2 = Au + H_2S + HS^{-1}$$
$$Au(HS)^0 + 0.5H_2 = Au + H_2S$$

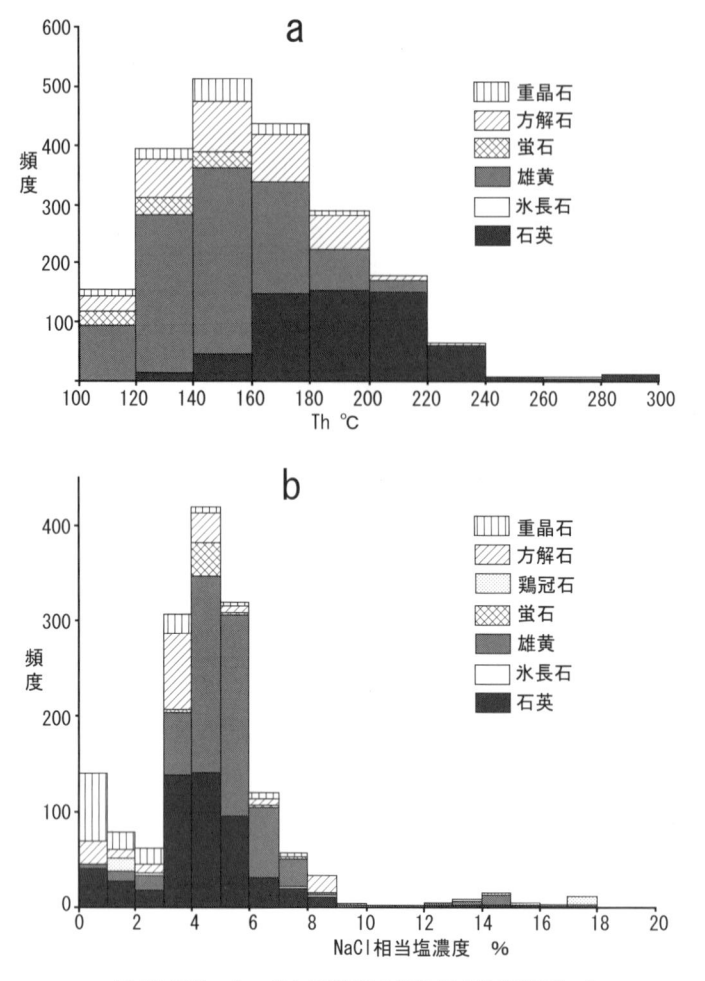

図 IX-208　カーリン型鉱床の流体包有物測定データ
a　均質化温度，b　NaCl 相当塩濃度　－Hofstra and Ckine (2000) による－

Au^{I}イオンが金の不飽和溶液から砒素質黄鉄鉱に吸着したとすると

$$Fe(S,As)_2 + 2\,Au(HS)^0 = Fe(S,As)_2\text{-}Au_2S + H_2S$$

金が砒素質黄鉄鉱と共沈したとすると

$$0.333 H_3As_3S_6 + 2\,Au(HS)^0 + Fe^{+2} + 1.5\,H_2 =$$
$$Fe(S,As)_2\text{-}Au_2S + 2H_2S + 2H^+$$

これらの反応はいずれも H$_2$S が消費されることによって進行するので，金は硫化作用の産物であるといえる．

　カーリン型鉱床（Getchell, Twin Creeks, Turquois Ridge, Meikle, Carlin, Jeritt Canyon, Post Betze, Mercur, Gold Quarry）の流体包有物に関する測定データを図 IX-208 に示す．図 IX-208a に示した主要鉱物の均質化温度は，各鉱床についてほぼ一致し，主鉱化段階（石英，氷長石）から

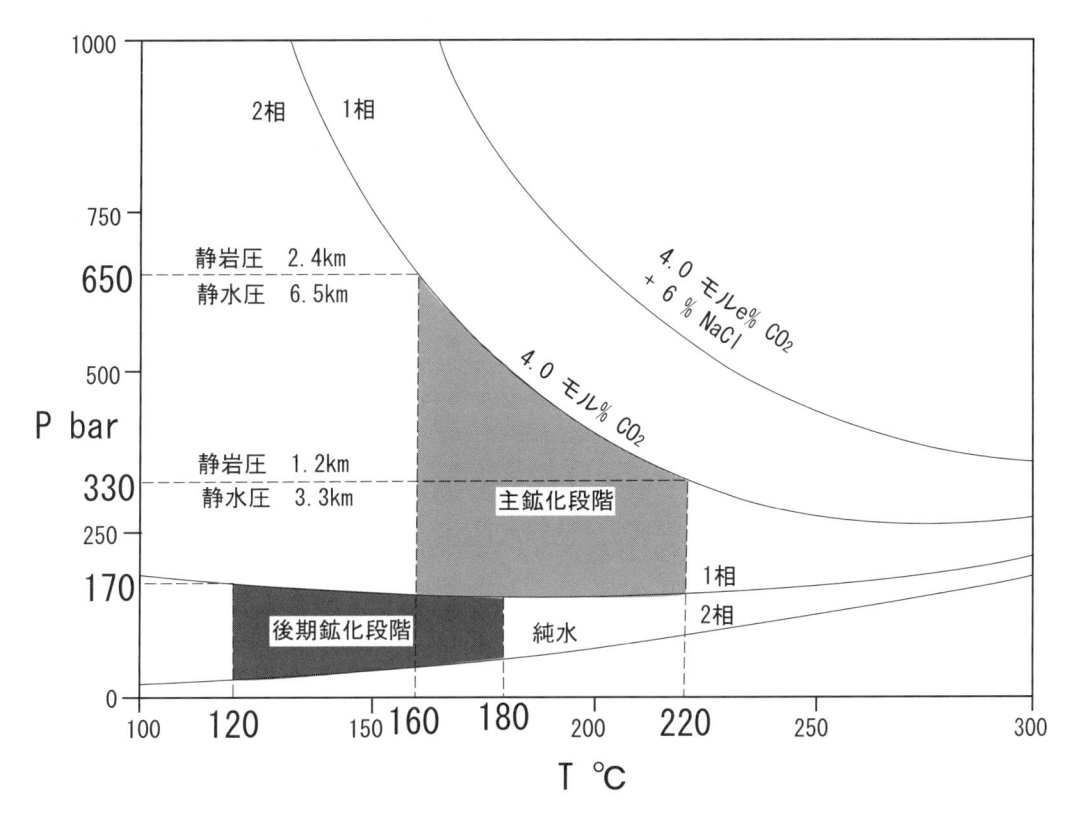

図 IX-209 主鉱化段階・後期鉱化段階の最低生成温度および最低生成圧力
－ Hofstra and Ckine (2000) による－

後期鉱化段階・後鉱化段階（雄黄，重晶石，蛍石，方解石）へ温度が低下する傾向が認められた．また塩濃度（図 IX-208b）は 0 ～ 3％ および 3 ～ 6％NaCl 相当濃度の二つのモードを示し，鉱化流体に局部的な地下水の混入があったことを示唆している．観察されたすべての流体包有物において，流体の沸騰あるいは相分離を示す気相に富む，あるいは気相のみの流体包有物は認められなかった．これは，カーリン型金鉱床と陸上火山活動に伴う浅熱水金鉱床（IX-5(1) 参照）との重要な相違点である．流体包有物のガス分析の結果，CO_2 2 ～ 4 モル％，CH_4 0.01 ～ 2.3 モル％，H_2S 痕跡が得られた．非沸騰流体包有物，CO_2 4 モル％，温度 160 ～ 220℃ の条件で最小圧力を求めると，それぞれ 330 ～ 650bar となり，静岩圧を仮定すると地表下 1.2 ～ 2.4km，静水圧とすると 3.3 ～ 6.5km の深さで鉱床が生成されたと推定される（図 IX-209）．カーリン型鉱床は拡張環境で生成しているので圧力は静岩圧を越えることはなく静水圧に近いと考えられる．温度 200℃ で，中期第三紀の推定地温勾配 25 ～ 40℃/km を用いて最大生成深度を求めると 5 ～ 8km となり，静水圧を仮定した場合に近い．後期鉱化段階では温度（130 ～ 170℃）および CO_2（＜ 2 モル％）が低下するので圧力は 170bar 以下となる．

図 IX-210 に流体包有物の測定 δD および $δ^{18}O$ 組成，熱水性カオリナイトと石英の同位体組成から計算された鉱物生成時平衡流体の δD および $δ^{18}O$ 組成および中期第三紀における地域の天水同位体組成を示した．多くのカーリン型鉱床は，きわめて低い δD と天水線からかなり離れた所まで広がる $δ^{18}O$ 値を示す．低い δD 値は中期第三紀に存在した寒冷気候の天水起原に調和するが，広

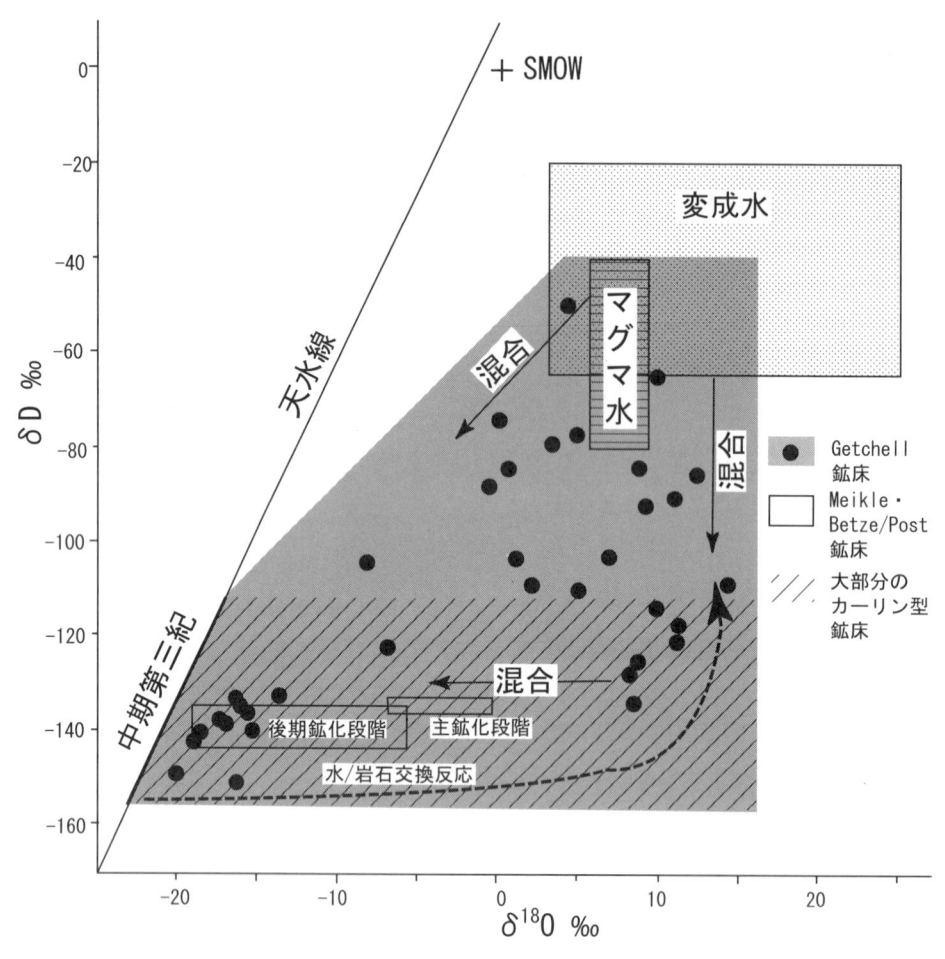

図 IX-210　カーリン型鉱床のδD−δ^{18}O 組成図
− Hofstra and Ckine (2000)；Emsbo et al. (2003) による−

範囲のδ^{18}O 値は，温度 300℃において水/岩石比が変化した場合の堆積岩と天水との交換反応を示す水−岩石交換曲線によって説明することができる．これに対して，Getchell 鉱床はきわめて広範囲のδD 値および同様のδ^{18}O 組成値を示し，主鉱化段階の石英および後期鉱化段階の蛍石と雄黄は，マグマ水あるいは変成水に近い値を有する．Getchell 鉱床のδD およびδ^{18}O 組成は金が深部起原の変成水またはマグマ水によって導入され，未交換および交換済天水と混合したことを示唆している．

　大部分のカーリン型金鉱床の主鉱化段階の黄鉄鉱，白鉄鉱，硫砒鉄鉱のδ^{34}S 値は主として 0〜17‰の範囲を示し，後期鉱化段階の雄黄，鶏冠石，輝安鉱は主として−3〜+17‰の範囲にあるが，−7‰まで伸びている（図 IX-211c）．主鉱化段階の鉱化流体中の H$_2$S のδ^{34}S 値は温度 200℃として−1〜+19‰と計算された．この範囲は堆積岩中の続成黄鉄鉱（図 IX-211d）および下部古生代堆積岩中の有機硫黄のδ^{34}S 値と重なり，少なくとも H$_2$S の一部は続成黄鉄鉱の分解および有機硫黄化合物の分解によって供給されたことを示唆している．Getchell 鉱床主鉱化段階硫化物のδ^{34}S 値は−2〜+11‰で，典型的なマグマ起原熱水性硫化物と他のカーリン型鉱床の中間的値

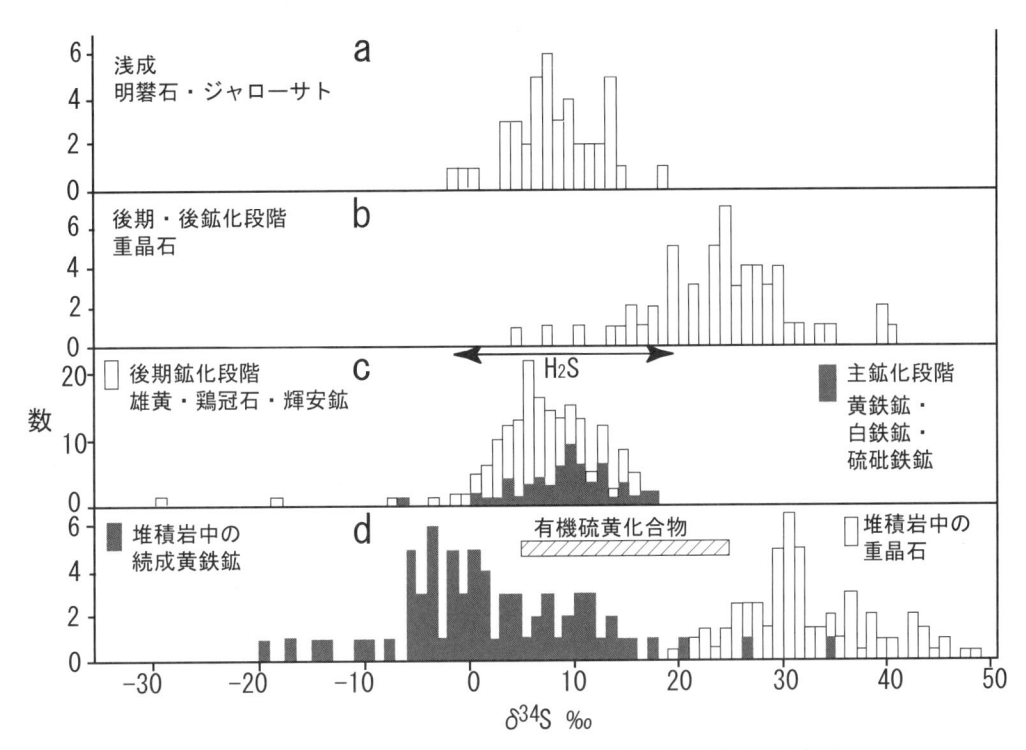

図 IX-211　カーリン型鉱床および関連岩石中鉱物の硫黄同位体組成
－Hofstra and Cline (2000) による－

を示す.

　Hoftra and Cline(2000)は，既述のように従来の研究を総合した結果，(1)大部分の鉱床を生成した鉱化流体は進化した天水からなるが，鉱床生成深度は低硫化型浅熱水鉱床より深く，ほとんど沸騰の証拠が認められない．(2)鉱床生成深度は，造山型鉱床より浅く，変成水起原の流体包有物は Getchell 鉱床でのみ認められるに過ぎない．(3)マグマ水起原の熱水モデルを考えるに必要な潜在火成岩を示すような接触変成岩，角礫パイプ，地球化学的累帯分布は，地表にもボーリングによっても認められない．(4)カーリン型鉱床間の多くの類似性が，共通の鉱化流体によって生じたものとすれば，同位体法によって測定された流体の中 Getchell 鉱床のものが真の鉱化流体であり，他は汚染されているはずであるとした．しかし，この結論はやや恣意的であると思われる．Emsbo et al.(2003)は，Meikle 鉱床の研究によって鉱床を生成した鉱化流体は天水起原（図 IX-210）であり，水/岩石比がほぼ 1，温度 220℃で堆積岩と交換反応したものであるとした．また，強い珪化作用が認められないことから鉱化作用の間鉱化流体はほとんど温度が下がらず，これら二つの事実から鉱化流体は深部起原ではなく等温線に平行に流動したと考え次のように主張した．金は硫黄とともに古生代堆積岩から抽出され H_2S（$\delta^{34}S ≒ 9$）によって運搬された．この地域の層序に認められる噴気堆積性金鉱化作用は，カーリン型金鉱床の生成に関与した既存の金の濃集を強く示唆する．天水は金および硫黄に富んだ岩石中を循環する間に進化し，透水性の反応しやすい鉄に富んだ岩石に遭遇し鉱床を形成したと考えている．また，Cline et al. (2005)は，新しく初成鉱化流体の深部生成モデルを提案したが，従来の同位体組成データを十分説明したとは言えず，今後の研究の進展が

待たれる．

（3）不整合型ウラン鉱床

　不整合型ウラン鉱床は，古原生代基盤岩とその上を覆う中原生代砂岩の間の不整合面を中心として基盤岩および被覆砂岩中の断層，割目，角礫帯を鉱化し全体として塊状の鉱体として産する．現在開発されている鉱床の生成年代は中原生代であるがより若い鉱床も期待される．古原生代の基盤岩は，多くの場合太古代片麻岩ドーム側面に発達した陸棚相の変堆積岩で角閃岩相を示す．不整合面上位の陸成砂岩は良く分級された石英に富む河川堆積砂岩で，赤色あるいは淡色の粘土質または珪質のマトリックスを有する．鉱体は長さ数 km に達する板状，パイプ状，不規則塊状をなし，多くの鉱床は不整合面から下への延長は 100m 以下であるが，一部の鉱床は基盤岩の構造に調和して不整合面から数百 m まで伸びる．大部分の鉱床は角礫中の空隙を充たすか，鉱脈，網状脈をなすが，Sascatshewan 地域の一部の鉱床では，例外的に瀝青ウラン鉱／コフィナイトからなる緻密塊状の鉱体を産する．晶洞組織，累皮縞状組織，コロフォーム組織，葡萄状組織，樹枝状組織などの鉱石組織が観察される．主要な金属鉱物は瀝青ウラン鉱およびコフィナイトで，少量のウラノフェン，スコライト，ブランネル石，鉄硫化鉱物，自然金，Co-Ni 砒化物および硫砒化物，褐鉛鉱，黄銅鉱，方鉛鉱，閃亜鉛鉱，自然銀，白金族鉱物などを伴うことがある．脈石鉱物は，炭酸塩鉱物（方解石，ドロマイト，マグネサイト，菱鉄鉱），玉髄質石英，絹雲母（イライト），緑泥石，電気石である．緑泥石化作用，カオリン化作用，イライト化作用，珪化作用などの母岩の変質作用が認められる．主要な鉱床例として Athabasca 地域－Rabbit Lake, McArthur River, McLean, Cigar Lake, Key Lake－（カナダ・サスカチワン），Lone Gull-Buumerang Lake, Thelon Basin 地域（カナダ・ノースウエストテリトリーズ），Alligator River 地域－Jabilka, Ranger, Koongarra-Nabarlek－（オーストラリア・ノーザンテリトリー），Rudall River 地域 (Kintyre)（オーストラリア・西オーストラリア）があげられる．

　McArthur River ウラン鉱床　本鉱床は，カナダ・サスカチワン北部 Cree 湖の北東 70km 付近にあり，地質的にはカナダ盾状地 Churchill 区西端にある Athabasca 堆積盆東部に位置する．地域の地質は，基盤をなす太古代および古原生代の Wollaston 層群と，その上を不整合に覆う後期古原生代〜中原生代の Athabasca 堆積盆堆積岩からなる（図 IX-212）．Wollaston 層群は，NNE 方向の Snowbird 構造帯によって Rae 地質区と Hearne 地質区に二分され，両者はいずれも太古代片麻岩，古原生代卓上地変堆積岩，苦鉄質および珪長質深成岩類からなる．Athabasca 堆積盆堆積岩（1,700Ma ないし 1,750Ma）は，Athabasca 層群と呼ばれ，下位から上位へ Fair Point 層，Read and Smart 層，Manitou Falls 層，Lazenby Lake 層，Wolverine Point 層，Locker Lake 層，Other Side 層，Douglas 層，Carswell 層によって構成される．Fair Point 層および Manitou Falls 層は，河川成ないし海成の石英砂岩からなり沿岸浅海陸棚環境で堆積したものである．これらは，Lazenby Lake 層および Wolverine Point 層の海成砂岩，燐灰質シルト岩，燐灰質泥岩に覆われ，さらにその上に Locker Lake 層および Other Side 層の砂岩が堆積する．最上部の Douglas 層および Carswell 層は頁岩層であるが，隕石衝突によって形成されたと考えられる Carswell 構造周辺にのみ保存されている．以上述べた堆積盆の充填は，数回の海進－海退サイクルの間に起こったと考えられる．その後堆積盆堆積物は NW 方向の苦鉄質岩脈（1227 ± 11Ma）および

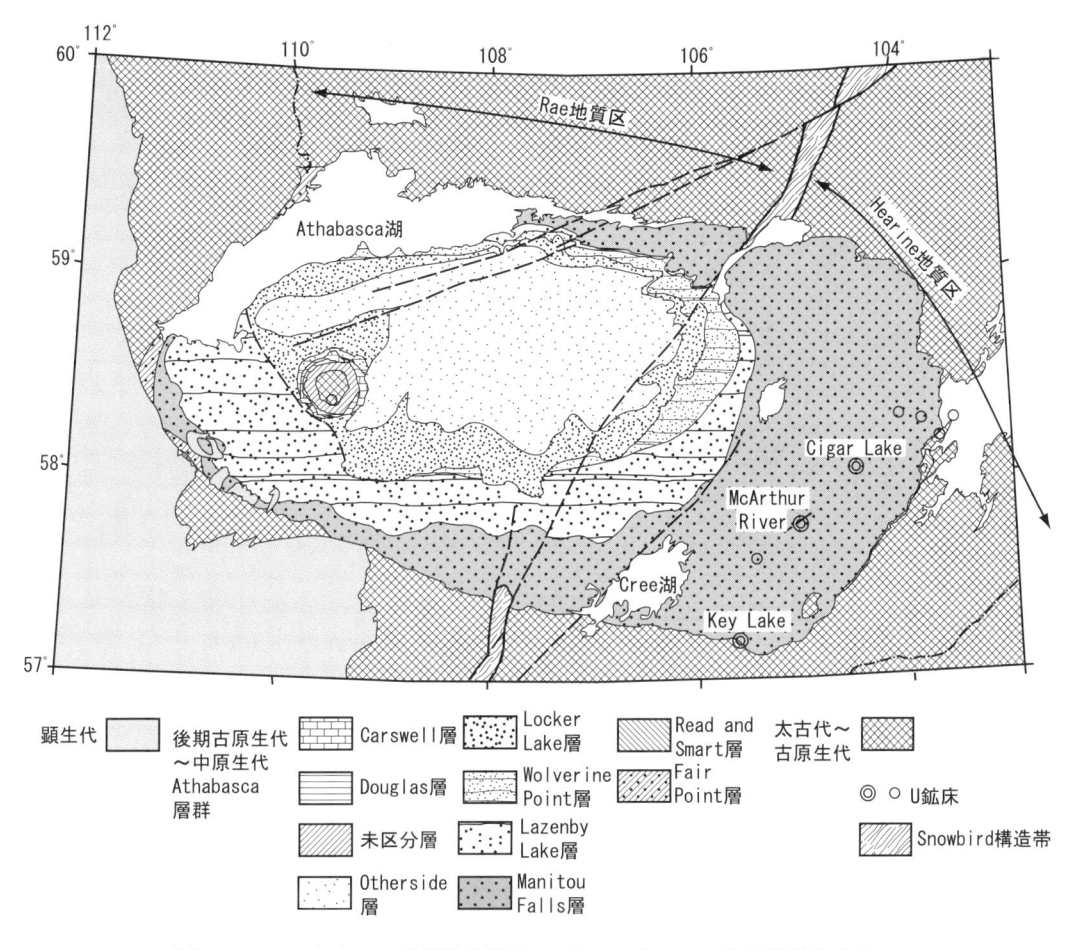

図IX-212 Athabasca堆積盆地質図 －Ramaekers et al. (2005)による－

MacKenzie輝緑岩岩脈（1267 ± 2Ma）に貫かれる（Derome et al., 2005）.

　McArthur River鉱床付近の地質は，基盤のWollaston層群変成岩類とその上を不整合に覆うManitou Falls層からなる（図IX-213）．基盤岩類はP2断層を隔てて二分され，上盤は含石墨－菫青石－黒雲母－柘榴石泥質ないし砂泥質片麻岩を主とし少量の変アルコーズ砂岩およびCa珪酸塩片麻岩を伴う泥質岩シーケンス，下盤は，珪岩と変アルコーズ砂岩に少量の含柘榴石－菫青石－石墨泥質片麻岩およびCa珪酸塩片麻岩を伴うシーケンスから構成される．Manitou Falls層は不整合面直上のファングロメレートとその上の砂岩からなる．鉱床付近の主要構造であるP2断層は，NE-SW方向の逆断層で垂直方向の変位は60～80m，傾斜はSEに40°～45°で石墨を含む断層帯を形成する．ESE－WNW方向の走向移動断層も認められる（Alexandre et al., 2005b; Derome et al., 2005）.

　McArthur River鉱床の主鉱体であるP2北鉱体は，P2断層と基盤岩－Asabasca層群間の不整合面交差部に産し（図IX-213），ウラン鉱化作用は主として基盤の菫青石に富む泥質片麻岩中に生じ，基盤岩くさびに沿ってManitou Falls層中にも及んでいる．鉱体内部および周縁には，角礫化帯が発達し，鉱化作用は緑泥石に富む角礫化帯に強く認められる．主な金属鉱物は閃ウラン鉱およ

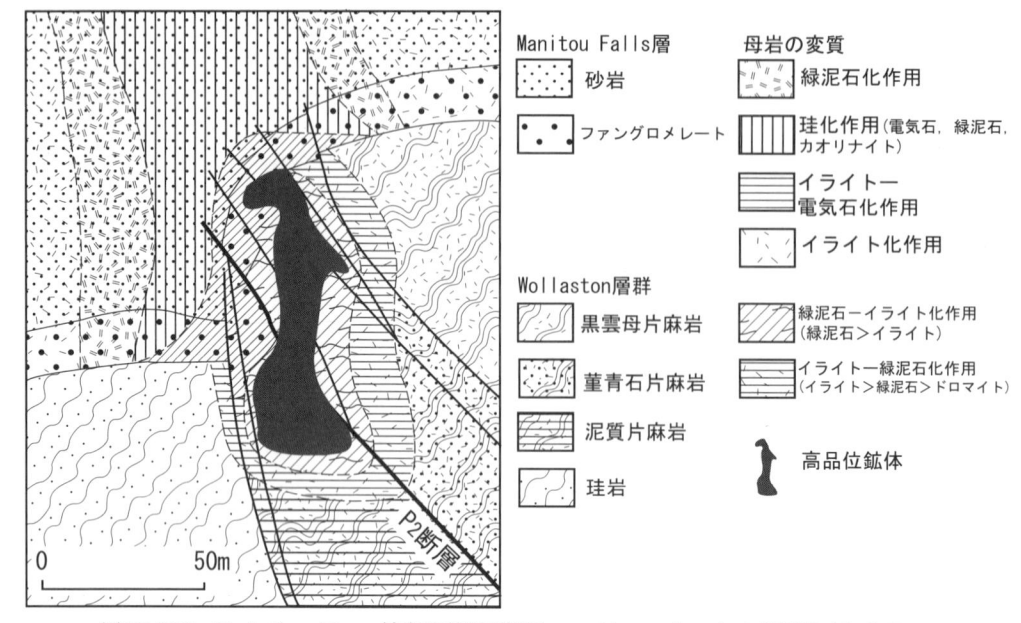

図 IX-213 McArthur River 鉱床地質断面概図 — Alexandre et al.(2005a)による—

びコフィナイトで黄鉄鉱，黄銅鉱，方鉛鉱，Ni-Co 硫砒化物，自然金，赤鉄鉱を伴う．脈石鉱物は，石英，イライト，電気石，緑泥石，炭酸塩鉱物，カオリナイトなどである．鉱床生成年代は初生鉱化年代として 1,514 ± 18Ma 〜 1,540 ± 38Ma が，再移動年代として 1,327 ± 8Ma 〜 950 ± 27Ma が報告されている．P2 断層上盤側の基盤岩は緑泥石化作用，イライト化作用およびドロマイト化作用などの熱水変質を受けている．片麻岩中の長石，黒雲母は広くイライト，絹雲母，石英などに交代され，緑泥石，ドロマイト，電気石，燐灰石などを生じている．また，鉱床に近接したManitou Falls 層砂岩には緑泥石化帯が発達し，やや離れるとイライト化作用，電気石化作用，珪化作用，カオリナイト化作用が認められる（図 IX-213）(Alexander et al., 2005b; Derome et al., 2005)．

　変質鉱物を含めた主要鉱物の晶出順序を図 IX-214 に示す．Manitou Falls 層砂岩には，続成作用によって生じたと考えられる石英（Qz1）および赤鉄鉱（Hm1）が砕屑石英粒子境界に認められる．続成作用後の最初の流体侵入によって Manitou Falls 層砂岩の粒子間に電気石（Tor1）と石英（Qz2）が変質鉱物として生成された．その他鉱化作用以前の母岩変質鉱物としてイライト（It1）および緑泥石（Ch1）を生じ，これらよりやや遅れて緑泥石（Ch2）が晶出している．脆性破砕作用後には，自形石英（Qz3）が電気石（Tor2）を伴って生成された．この自形石英の縁辺鉱物として赤鉄鉱が生じている．この後石英の溶解作用があり，これに伴って緑泥石（Ch3），電気石（Tor3），黄鉄鉱（Py1），イライト（It2），閃ウラン鉱（U1）が晶出した．その後 2 回目の破砕作用があり，これによって生じた角礫の空隙は球顆状電気石（Tor4），赤鉄鉱を伴う自形石英（Qz4），ドロマイト，黄鉄鉱（Py2）などによって充たされている．終末期鉱化作用として，閃ウラン鉱（U1）の周縁部が低反射率の閃ウラン鉱（U2）またはコフィナイトに部分置換されるか，完全に交代され，石英を伴う黄銅鉱，方鉛鉱，黄鉄鉱などの硫化鉱物細脈が早期晶出鉱物を切っているのが認められる

鉱物	続成作用	鉱化前変質作用	主鉱化作用期	後期鉱化作用	終末期鉱化作用
石英	Qz1	Qz2	Qz3	Qz4	Qz5
赤鉄鉱	Hm1		Hm2	Hm3	
電気石		Tor1	Tor2 Tor3	Tor4	
イライト		It1	脆性破壊作用	It2	脆性破壊作用
緑泥石		Ch1 Ch2		Ch3	
黄鉄鉱				Py1 Py2	
閃ウラン鉱				U1	U2
ドロマイト				—	
コフィナイト					—
黄銅鉱					—
方鉛鉱					—

図 IX-214　主要鉱物晶出順序　— Derome et al. (2005)；Alexsander et al. (2005b) による —

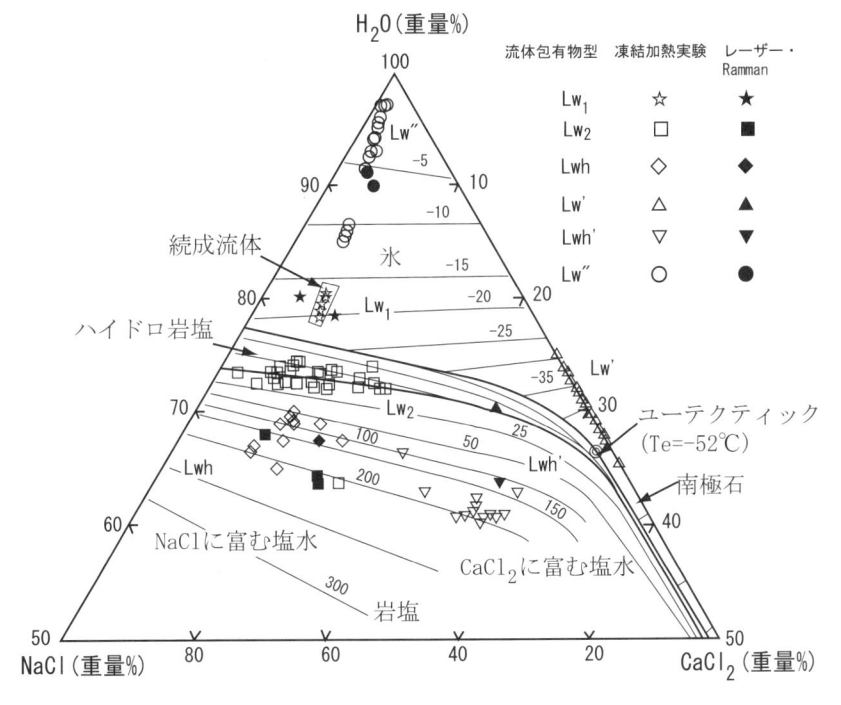

図 IX-215　H$_2$O-NaCl-CaCl$_2$ 系相図と各型の流体包有物の組成
— Derome et al. (2005) による —

表IX-13　各型の流体包有物凍結加熱実験データ　−Derome et al.(2005) による−

石英晶出時	流体包有物の型（測定数）	均質化温度℃ 範囲	均質化温度℃ 平均	氷融点℃ 範囲	氷融点℃ 平均	岩塩分解温度℃ 範囲	岩塩分解温度℃ 平均	ハイドロ岩塩融点℃ 範囲	ハイドロ岩塩融点℃ 平均
Qz1	Lw1 (11)	93.8〜200	165	−25 〜−19	−22.5	-	-	-	-
Qz2	Lwh' (17)	63〜129	75	-	-	150〜235	155	-	-
	Lw' (8)	58〜127.5	105	不凍 〜−30	−45	-	-	-	-
Qz3	Lw1 (4)	≒210	-	−21.1 〜−11.2	-	-	-	-	-
	Lw2 (24)	71〜185	150	−28.8 〜−24	−25	-	-	0.5〜18.5	5
	Lwh (2)	133〜136	-	−25 〜−24	-	206〜208	-	−3.2〜−1.2	-
	Lw' (30)	63〜137	115	−58 〜−33.5	-	-	-	-	-
	Lwh' (31)	68〜175	105	−54 〜−41	−52	157〜235	175	-	-
Qz4	Lw2 (70)	101.3〜186	165	−26.5 〜−20	−24.5	-	-	0〜21.9	10
	Lwh (10)	104〜188	160	−27.7 〜−25.3	−26	99.5〜176.6	135	8.8〜19.2	15
	Lw' (12)	99〜112	110	−51 〜−39	−40	-	-	-	-

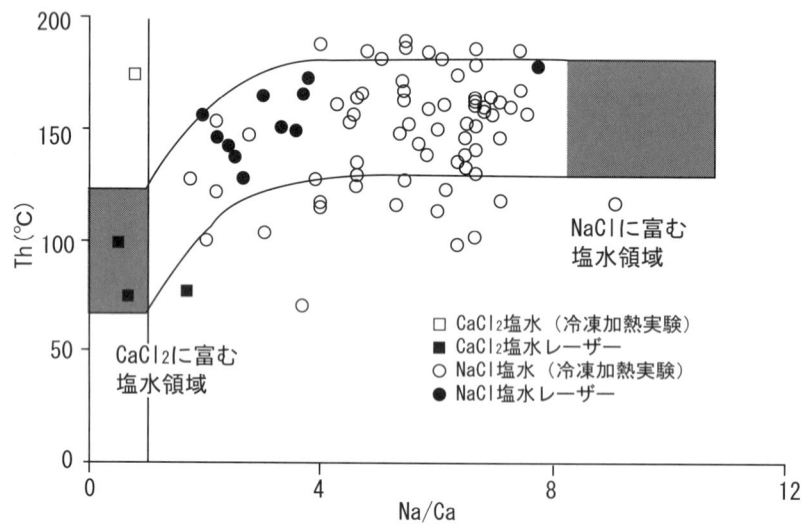

図IX-216　均質化温度−Na/Ca 図　−Derome et al.(2005)による−

(Alexander et al., 2005b; Derome et al., 2005).

　Derome et al. (2005) は，Manitou Falls 層砂岩中の石英 Qz1, Qz2, Qz3, Qz4 および基盤岩中の石英 Qz4 の流体包有物について，凍結加熱ステージ顕微鏡による均質化温度および塩濃度の測定と，Ramman マイクロスペクトロスコピーおよびレーザー誘導分解スペクトロスコピーによる化学組成分析を行った．その結果，流体包有物は $H_2O - NaCl - CaCl_2 \pm MgCl_2$ 系に属する次の2つの型と第3の型に分類されることがわかった．(1) NaCl に富む塩水で気−液2相 (Lw) と気−液−岩塩3相 (Lwh) とがある．(2) $CaCl_2$ に富む塩水で気−液2相 (Lw') と気−液−岩塩3相 (Lwh') とがある．(3) 低塩濃度の気−液2相 (Lw'') で気/液比が不定，本地域では産出が少なく Qz4 にのみ見出される．流体包有物 Lw は，さらに冷却時の最終産物により Lw_1 (氷) と Lw_2 (岩塩) に分けられ，Lw_1 は主として Qz1 中に産する．各型の流体包有物の凍結加熱実験データを表IX-13に，組成を図IX-215に示す．NaCl に富む塩水 (Lw, Lwh) は Qz1 およ

び Qz4 に，CaCl$_2$ に富む塩水（Lw'，Lwh'）は Qz2 および Qz3 に多く産する傾向が認められる．この事実はこの二つの流体が別の貯留槽から堆積盆の基底に相次いで注入されたことを示している．両者の混合は図 IX-216 における Na/Ca 比の変化によって示唆されており，大多数の流体包有物に含まれる NaCl に富む塩水の Na/Ca 比は，レーザー法によって 7.7～3，凍結加熱法によって 10.7～2 と広い範囲を有している．これは，NaCl に富む塩水が，種々の量の CaCl$_2$ に富む塩水と混合した結果であると解釈される．また鉱床生成深度を 5～6km と仮定することにより，鉱化前珪化作用（Qz2）の温度・圧力を 190-～235℃・1,200～1,400bar と推定した．主鉱化作用期（Qz3）の温度は NaCl に富む塩水が CaCl$_2$ に富む塩水（約 140℃）と混合してやや低下し，圧力は静岩圧条件から低下し 500～900bar となったと考えられる．

McArthur River ウラン鉱床の埋蔵鉱量は U$_3$O$_8$ 量として 19 万 8,000t（品位 25%）と報告され不整合型ウラン鉱床としては世界最大である（Derome et al., 2005）．

（4）堆積岩中の層状銅鉱床（カッパーベルト型；マンスフェルト型鉱床）

堆積岩中の層状銅鉱床は，黒色頁岩，砂岩，石灰岩など種々の大陸成堆積岩中に層準規制をなして自然銅，輝銅鉱，斑銅鉱，黄銅鉱が鉱染する鉱床で，これらのシーケンスは一般に蒸発岩を伴う赤色砂岩を基盤とするか，これを挟んでいる．この型の鉱床は大陸内および大陸縁辺のリフト環境に産する場合が多いが，大陸弧および背弧環境においても産出し，中央アフリカではカッパーベルト型，ヨーロッパではマンスフェルト型と呼ばれてきた．赤色砂岩および蒸発岩を特徴的に伴うことは，堆積場が古赤道に近い暑く乾燥ないし半乾燥気候であったことを示し，母岩は三角州堆積地，サブカ型潟炭酸塩堆積盆，高潮間帯泥平地，浅海石炭堆積盆などの種々の地域的無酸素堆積環境を示している．生成年代は中原生代，ペルム紀，早期中生代が多い．多くの鉱床は淡灰色ないし黒色頁岩中に胚胎するが，ときに砂岩，シルト岩，石灰岩，シルト質ドロマイト，サブカ起原の葉理炭酸塩岩，珪岩中にも見出される．胚胎層準には活性のある有機物質あるいは硫黄を含む．浅い水深での堆積を示す藻類マット，マッドクラック，スコア充填構造がしばしば認められる．鉱体は一般に層理に調和的であるが，詳細に見ると鉱石層は低角度の海進層理を示し，とくに鉱床の周縁部では顕著になる．鉱化層の厚さは数十 cm から数 m に及び，しばしば広い銅の異常値帯を伴う．板状の鉱化体は横方向に数 km から数十 km 延長し，突起部を有する鉱床も少数認められる．硫化鉱物は細粒で層理のとくに稍粗粒層に沿って濃集し鉱染状または粒間膠結物として産する．黄銅鉱，斑銅鉱，輝銅鉱，方鉛鉱，閃亜鉛鉱，重晶石が明瞭な盤際を示す割目を充たすか細脈として産する場合があるが鉱石として重要な要素ではない．黄鉄鉱はしばしばフランボイダル組織あるいはコロフォーム組織を示し，銅鉱物は黄鉄鉱を交代して産することが多いが，硫酸塩鉱物団塊あるいは葉片状石膏または硬石膏の仮像を示すか炭質物の周辺に濃集することもある．主要な銅鉱物は輝銅鉱，斑銅鉱，黄銅鉱で一部の鉱床で自然銅を産する．黄鉄鉱は鉱体周辺の母岩中に多く産する．その他の鉱石鉱物として，硫砒銅鉱，ダイジェナイト，デュルレ鉱，閃亜鉛鉱，方鉛鉱，四面砒銅鉱，自然銀を産し，微量の含コバルト黄鉄鉱，ゲルマニウム鉱物を伴う．中央アフリカの鉱床ではカーロール鉱を特徴的に産するが，他の鉱床では稀である．またポーランドの Konrad-Lubin 地域では銅鉱床の下位に少量の白金族を伴った金鉱床を産する．脈石鉱物としては，炭酸塩鉱物，石英，長石が鉱石鉱物と同時に晶出して累帯配列を示すことがある．鉱化作用が，母岩の堆積後で

あることは確かであるが，それぞれの鉱床の生成時期は堆積物の続成作用時から堆積盆の転位および変成作用の間とされているのみでその絶対年代は明らかにされていない．この型の鉱床例としては，White Pine（米国ミシガン），Corocoro（ボリビア），Mansfeld-Sangerhausen，Spremberg，Kupferschiefer 地域（ドイツ），Lubin 地域，Borzecin-Janowo，Sulmierzyce，Kaleje（ポーランド），Udokan（ロシア），Dzherkazgan（カザフスタン），Aynak（アフガニスタン），Kolwezi，Tenke-Fungurme（コンゴ民主共和国－旧ザイール），Konkola，Nchanga，Luanshya，Lumwana（ザンビア），Ngamiland（ボツワナ）があげられる（Hitsman et al., 2005）．

Lubin － Konrad 地域銅－銀－金鉱床 本鉱床はポーランド南西部 Wroclaw の西北西 50～110km の範囲に分布し，地質的には西南ポーランドバリスカン卓上地のズデーテン前縁単斜構造帯および北ズデーテントラフに位置する（図 IX-217）．これら二つの地域の間には，南は外縁ズデーテン断層，北は Middle Odra 断層系によって境されて前縁ズデーテン地塊が夾在している（図 IX-218）．以上の地質単位はいずれも基本的にズデーテン山地の前縁堆積盆としてララミー期にアルプス造山運動の影響を受けている．本地域の地質は，先ペルム紀基盤岩，キンメリ期の地層（ペルム系，三畳系，ジュラ系），ララミー期の地層（白亜系），後ララミー期の地層（第三系，第四系）からなる．先ペルム紀基盤岩は，後期石炭紀のバリスカン造山運動によって褶曲固化し，基盤岩を覆うキンメリ期の地層は走向 NNW で緩やかに傾斜している．前縁ズデーテン地塊にもペルム系および中生代の地層が堆積したが，ララミー期に隆起し，早期第三紀に浸食された．含銅層の直接下位にあるペルム系 Rotliegendes 層は，厚さ 1,000m に達し，陸成の河川および湖沼堆積物と種々の厚さのカルクアルカリ岩系バイモーダル火山岩類からなる．Rotliegendes 層堆積後ポーランド地域は準平原となり（Zechstein 海退）浸食された後 Zechstein 海の海進により海成層に覆われたが，隆起したズデーテン山地はこれを免れている．Zechstein 層は，下部ペルム系および局部的に石炭系以下の古い地層を不整合に覆い，ポーランド堆積盆の中心部では厚さ 1,300m に達している．しかし，その地表露頭は僅かで 2 カ所に過ぎ，最深の地層表面は地表下 7,000m に及ぶ．Zechstein 層の岩石層序区分は蒸発岩堆積のサイクルに基づいて行われ，4 回の堆積サイクルが認められている．最下部の堆積サイクルは Werra サイクルと称し，下から上へ Zechstein 砂岩または Zechstein 礫岩（この部分は Weissliegendes 層として知られる白色砂岩層の上部に相当する），基底石灰岩層，含銅頁岩層，Zechstein 石灰岩層，下部硬石膏層，最下部岩塩層，上部硬石膏層から構成される（図 IX-219a）（Oszczepalski, 1999）．

鉱化作用を受けているのは Weissliegendes 層，基底石灰岩層，含銅頁岩層，Zechstein 石灰岩層で，一部で少量の硫化物が下部硬石膏層基底部に認められる．鉱化帯は暗灰色の有機物に富み銅硫化物鉱床を含んだ還元帯，有機物に乏しく鉄酸化物を含んだ赤色を帯び一部で金鉱床を産する酸化帯（Rote Fäule 帯），両者の境界に発達する遷移帯に分けられる．還元帯においては，Weissliegendes 層砂岩では銅硫化物は空隙を充填するか，炭酸塩膠結物あるいは石英，長石，岩片の砕屑粒子を一部融食または交代して，不規則散点状をなして産し，一部で縞状鉱石あるいは鉱石団塊を形成する．基底石灰岩層は稀に強く鉱化され，その場合一般に黄銅鉱を主とし，少量の他の銅硫化鉱物，微量の方鉛鉱，閃亜鉛鉱，黄鉄鉱を産する．これらの硫化鉱物は他形を呈し，粒径は 10～50μm のものが多い．比較的大きい粒子は，化石，炭酸塩鉱物，硫酸塩鉱物粒子を交代するか，空隙を充填して産する．含銅頁岩層は黒色ないし暗灰色を呈し，多量の有機物質，高硫黄含

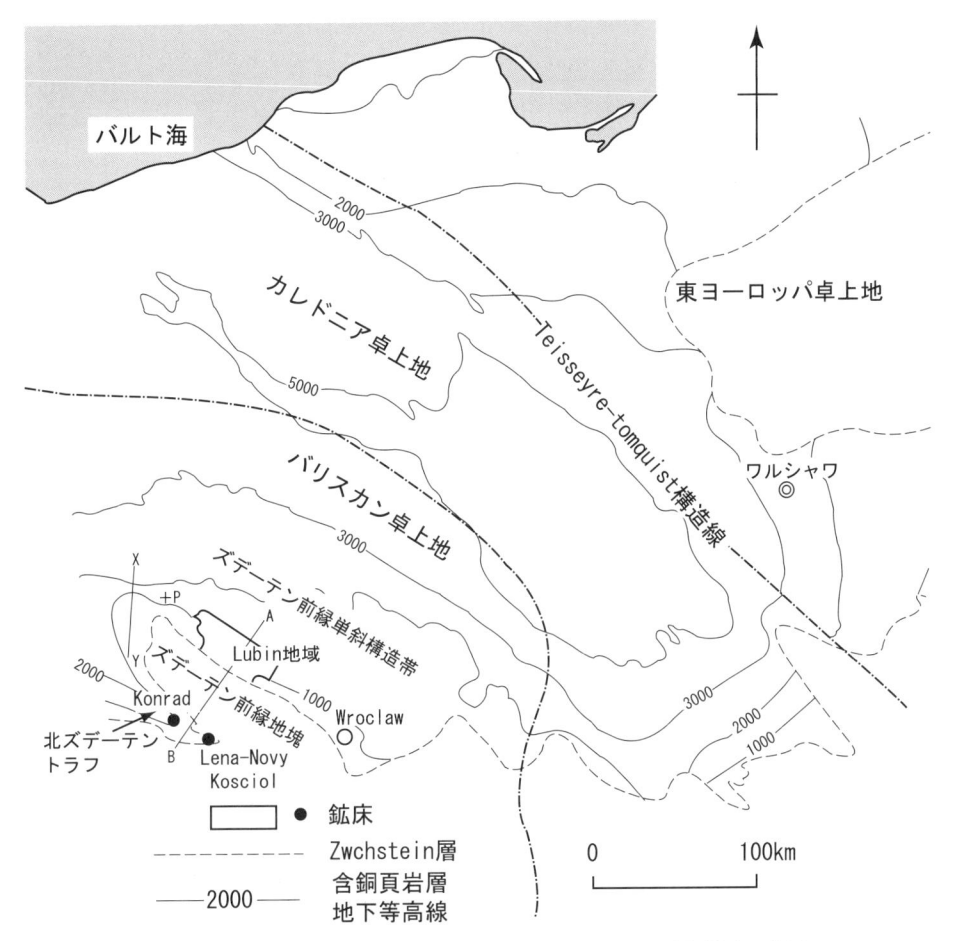

図 IX-217 ポーランド地質構造概図と Konrad-Lubin 地域銅鉱床の位置
— Oszczepalski (1999); Bechtel et al. (1999) による —

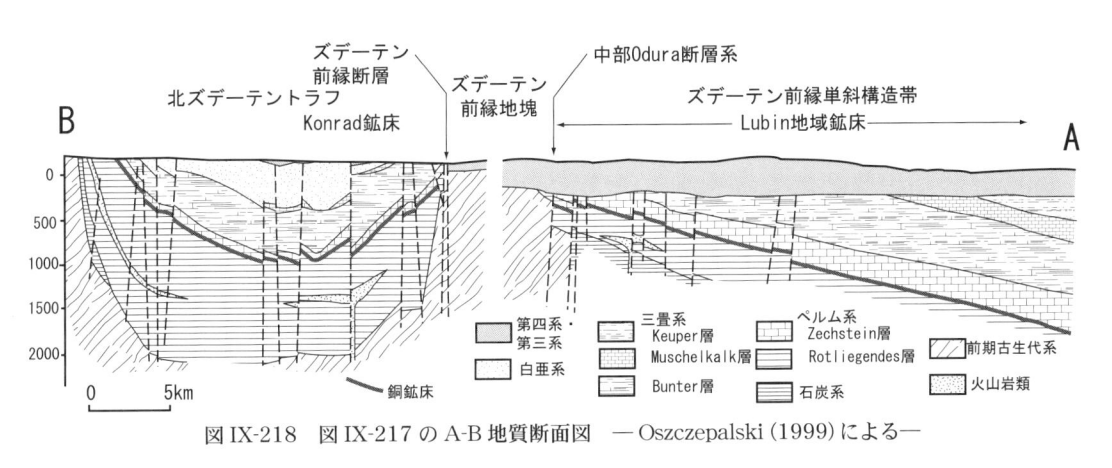

図 IX-218 図 IX-217 の A-B 地質断面図 — Oszczepalski (1999) による —

量，高ビチューメン含量，低 Fe_2O_3/全有機炭素比が特徴であり，ケロゲンは非晶質である．多量の硫化鉱物を含み，銅品位は数％から12％に達する．硫化鉱物は一般に有機物葉層中に濃集し，しばしば葉理面に調和的に鉱染する．また，炭酸塩鉱物葉層および粒子を交代して硫化鉱物を産

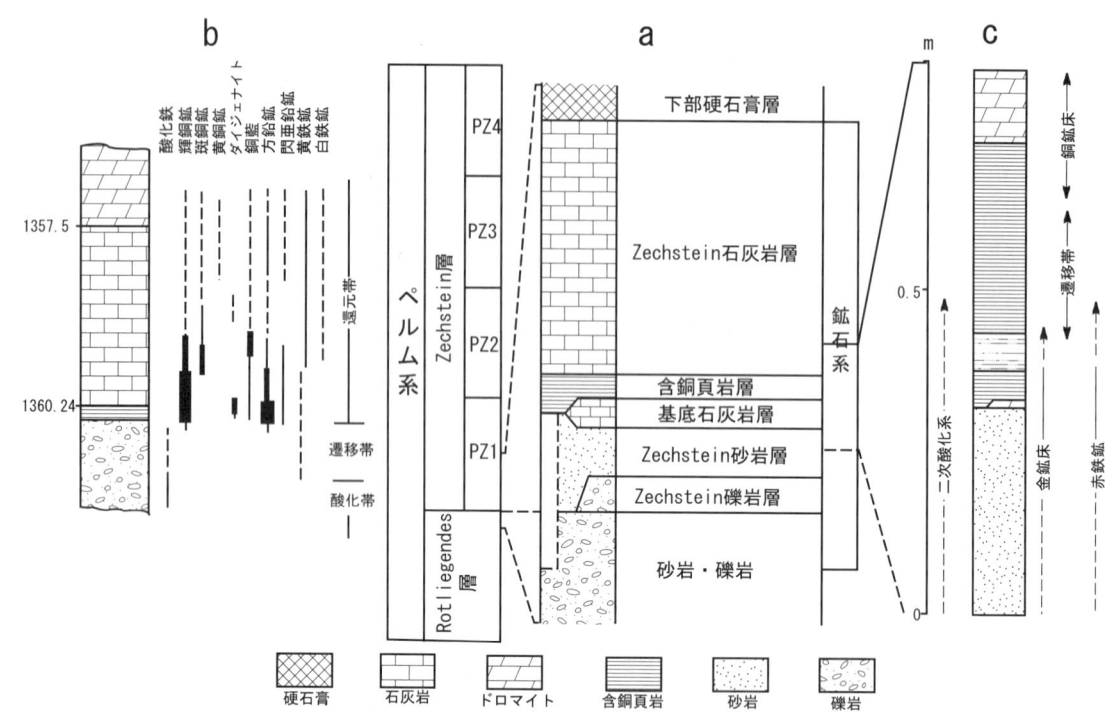

図 IX-219　a　Zechstein 層基底部層序と銅鉱床層準，b　図 IX-217 P 点における鉱化帯柱状図，
c　Lubin 地域の銅鉱化帯・金鉱化帯柱状図
— Oszczepalski (1999); Piestrzynski et al. (2002) による—

するのが認められる．Zechstein 石灰岩層は，暗灰色ないし淡灰色の泥灰質ドロマイトおよび石灰岩で，有機物質を一般的に含む．硫化物は粗粒の炭酸塩鉱物を囲んで産する．多数のドロマイトおよび硬石膏団塊が認められる．銅鉱床は層状をなすが，東西あるいは南北方向に向かってその層準を変化させている（図 IX-219b,c）．Lubin 鉱床地域中心部で鉱化帯の厚さは最大となり 26m に達する．これに対して酸化帯では，Weissliegendes 層砂岩は淡灰色を呈し，無数の鉄酸化物斑点を含む．一般に銅量は 0.001% 以下である．基底石灰岩層は北ズデーテントラフに認められ，これに含まれる赤鉄鉱は同成起原とされている．含銅頁岩層は灰色をなし，鉄酸化物の小粒子および葉理に沿った赤鉄鉱鉱染などの局部的な赤褐色部分を伴う．酸化頁岩は高 Fe_2O_3/全有機炭素量比，少量の有機物質，非晶質ケロゲンの欠如，低ビチューメン含量，低硫黄含量によって特徴付けられる．銅含有量は 0.1〜0.01% である．Zechstein 石灰岩層は，岩石中に散在する酸化鉄を含む石灰岩で代表されるが，赤鉄鉱粒子の集合体からなる赤褐色斑点もしばしば認められる．硫酸塩鉱物および鉄質方解石団塊を産する．(Oszczepalski, 1999)．Lubin 鉱床地域では，銅鉱床の下位に Weiseliegendes 砂岩最上部から Zechstein 層基底部にわたって酸化帯が発達し，これに伴って微量の白金族鉱物（Pt 0.138g/t，Pd 0.082g/t）を伴う平均金品位 2.25g/t，平均厚さ 0.22m の金鉱床を産する（図 IX-219c）(Piestrznski et al., 2002)．遷移帯は明らかに層序を切って発達し，その厚さは含銅頁岩層層準では数 mm，Weissliegendes 層，基底石灰岩層，Zechstein 石灰岩層では数 m である（図 IX-220）．遷移帯下部から上部に向かって岩石の色は赤褐色−赤色斑点・条線・縞を伴う灰色−暗灰色・黒色へと漸移し，この色の変化に伴って 3 価鉄量の減少，全有機炭素量・

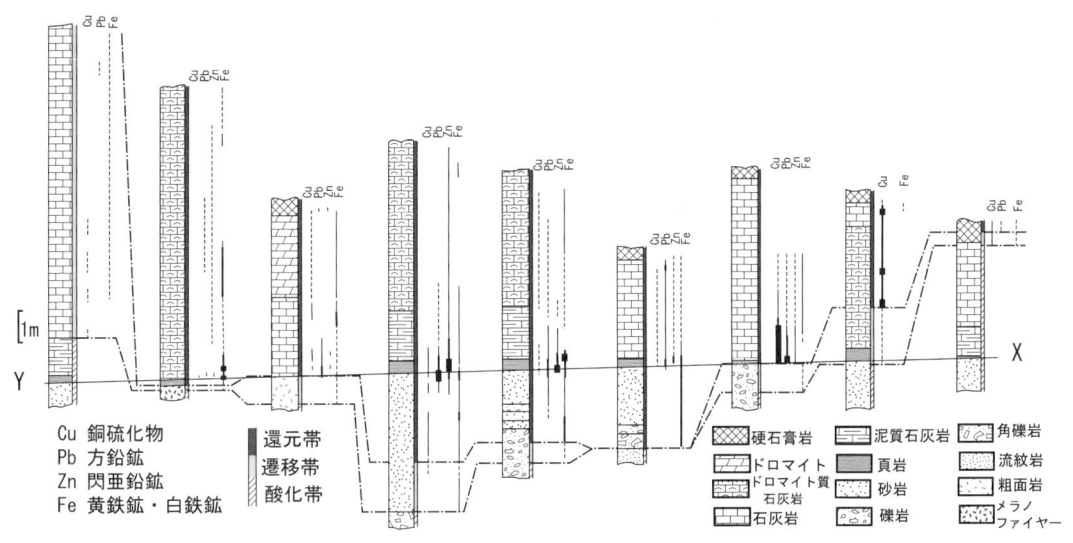

図 IX-220　図 IX-1 における XY 間の還元帯・遷移帯・酸化帯の発達と硫化物鉱化作用
— Oszczepalski (1999) による —

硫黄量, MgO/CaO 比の増加が起こる. Weissliegendes 層, 基底石灰岩層, Zechstein 石灰岩層の銅含有量は 0.1% 以下, 含銅頁岩層の銅含有量は 0.1～0.4% である (Oszczepalski, 1999).

還元帯の銅鉱床の主要な金属鉱物は, 黄鉄鉱, 白鉄鉱, Cu_2S～CuS 型硫化鉱物 (輝銅鉱, 銅藍, ダイジェナイト, デュルレ鉱, アニライト), 斑銅鉱, 黄銅鉱, 方鉛鉱, 閃亜鉛鉱で, 少量の四面銅鉱, 四面砒銅鉱, 硫砒銅鉱, 輝銀銅鉱, 輝コバルト鉱, ゲルスドルフ鉱, 紅砒ニッケル鉱, 自然銀, 自然金, 白金族鉱物などを伴う. 酸化帯に発達する金鉱床の金属鉱物としては, 自然金, エレクトラム, 含水銀自然金, 赤鉄鉱, 銅藍, 輝銅鉱, 斑銅鉱, 黄銅鉱を産し, 一部で, Pd 砒化鉱物, Co 砒化鉱物, セレン鉛鉱, 四面銅鉱, ダイジェナイト, 方鉛鉱が認められる (Oszczepalski, 1999; Piestrzynski et al., 2002). 鉱化作用とほぼ同時晶出と推定される脈石鉱物としては, イライトおよび炭酸塩鉱物が報告されている (Bechtel et al., 1999). 還元帯において黄鉄鉱は最も広く分布する硫化物であり, 銅富鉱部よりも離れた場所に多く産する. 黄鉄鉱の産状はその晶出順に, (1) 1～5 μm の微粒自形 (主として八面体) 粒子からなる大きさ 5～50 μm のフランボイダルないし球状集合体, (2) 20～500 μm の自形 (主として立方体) 単結晶をなすがしばしば割目が発達し白鉄鉱がこれを充填, (3) 炭酸塩岩中の鉱染あるいは化石の交代物として産する不規則形状の粒子および集合体に分類される. (1) の産状は, 有機物を含む堆積物に一般に広く分布する早期の続成作用起原を示すと考えられる. Cu-Ag 鉱化作用の最も高品位の部分は, 酸化還元境界の還元側に生じている (図 IX-219b). ここでは輝銅鉱が斑銅鉱, 黄銅鉱より優勢であるが, 鉱化作用の中心部から離れると黄銅鉱が他の銅硫化物より多くなる. 鉛・亜鉛硫化物は銅硫化物より外側に広く分布し, 黄鉄鉱-白鉄鉱の組み合わせは最も広く外側まで分布する (図 IX-221). 酸化帯において赤鉄鉱およびゲーサイトなどの鉄酸化物は微結晶, 不規則集合体, 球顆 (＜50 μm) として産し, 後者が一般的である. 鉄酸化物球顆は結晶質の赤鉄鉱またはゲーサイトからなり, その形態, 大きさ, 産状からフランボイダル黄鉄鉱の酸化による仮像と推定される. 酸化帯中の金鉱床では, 自然金は赤鉄鉱, 銅藍を, エレクトラムは輝銅鉱, ダイジェナイト, 斑銅鉱を伴い岩石中に鉱染して産する.

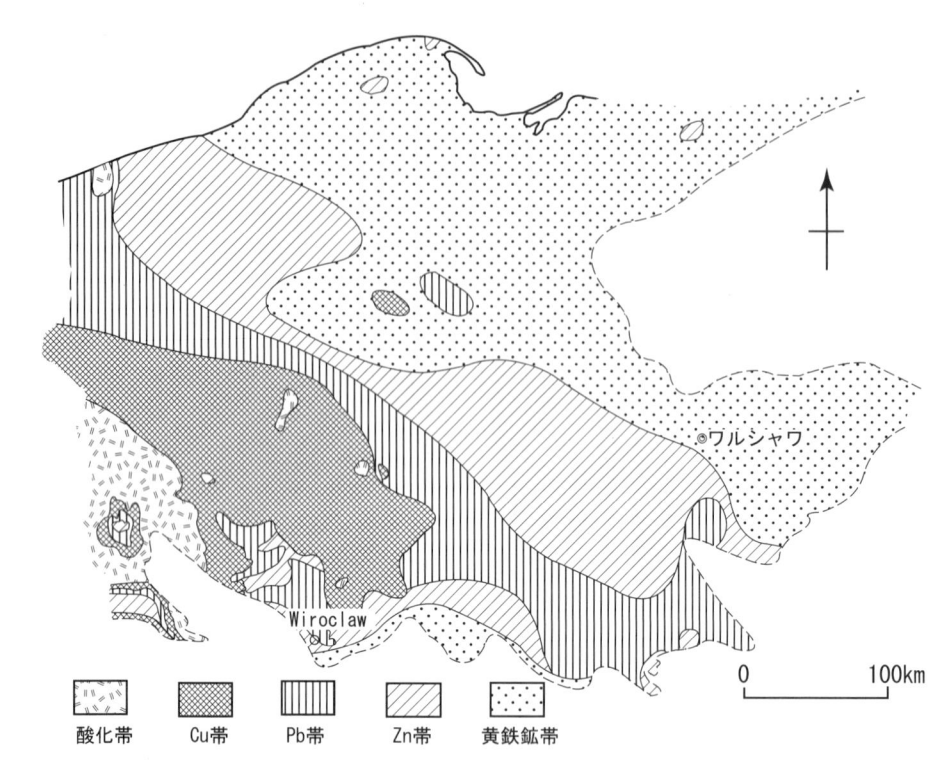

図IX-221 ポーランド含銅頁岩鉱化帯の金属累帯配列 —Oszczepalski (1999) による—

比較的粗粒の赤鉄鉱および銅硫化物中には超顕微鏡的な自然金微晶が散点しているのが認められた．遷移帯における鉱化作用は，赤鉄鉱，ゲーサイト，銅藍，黄鉄鉱，白鉄鉱からなり，少量の輝銅鉱，斑銅鉱，黄銅鉱を伴う．一部で自然金，エレクトラム，Pd 硫化物が見られる．鉄酸化鉱物は，微晶，不規則集合体，球顆，複合体として産し，鉄酸化物粗粒複合体と銅硫化物の組み合わせがしばしば認められる．輝銅鉱，銅藍，黄銅鉱の赤鉄鉱およびゲーサイトによる交代組織は注目すべきであり，銅硫化鉱物の輝銅鉱化も一般的に見られる．また一部で粗粒黄鉄鉱および白鉄鉱の結晶あるいは集合体が赤鉄鉱化作用を受けているのが観察される (Oszczepalski, 1999 ; Piestrzynski et al., 2002)．

鉱化帯における鉱物の産状，組織および流体包有物地質温度計・酸素同位体地質温度計によって得られた推定生成温度 90 〜 130℃ は，酸化帯が地層堆積後に上昇してきた低温熱水流体によって黄鉄鉱・有機物を含む地層を酸化して形成されたことを強く示唆している (Oszczepalski, 1999)．黄鉄鉱および有機物を分解した酸素の起原は，Rotliegendes 層の遺留水中の溶解酸素に求められるが，この酸素は Zechstein 海退時に，Rotliegendes 層の帯水層に供給された天水と遺留水の混合によってある程度増強されたと考えられる．ポーランド全域にわたる含銅頁岩鉱化帯の金属類帯配列（図 IX-221）は，卑金属を含んだ流体が供給源地域から外側に向かって広がっていき，流れの方向に銅－鉛－亜鉛の累帯配列を形成したことを示している．フランボイダル黄鉄鉱のδ^{34}S 値は－3 〜－44‰ を示し，この黄鉄鉱が堆積物表面から数 m 以内の深さでバクテリアによる硫酸の還元作用によって生成されたことを示唆している．鉱染状の銅硫化物のδ^{34}S 値も－2 〜－44‰（最

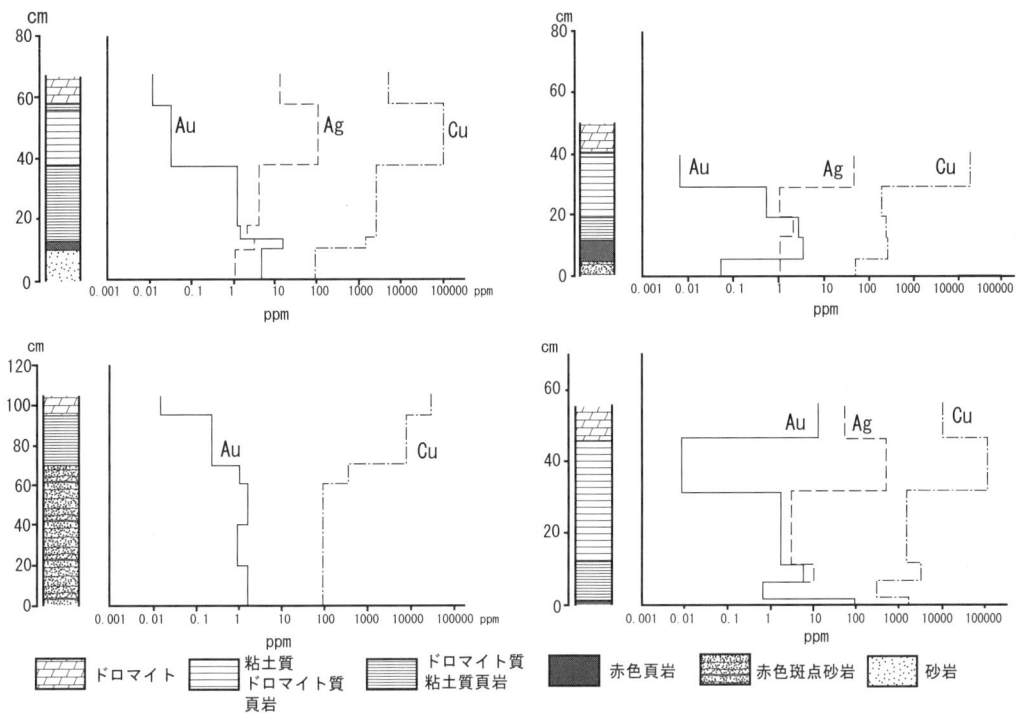

図 IX-222 Lubin 地域 Polkowice 鉱山金鉱床金属量変化図
— Piestrzynski et al.(2002)による—

頻値 −31 〜 −36‰)を示し,銅鉱物の一部は含卑金属流体と早期続成黄鉄鉱との反応によって生成したと考えられる.しかし,輝銅鉱富鉱体には特徴的に黄鉄鉱が認められず,硫黄の一部は有機物中の還元硫黄の続成作用による分解によって供給されたと考えるのが妥当である(Oszczepalski, 1999).一方金の鉱化作用は,卑金属鉱化作用より遅れて行われた.金は Rotliegendes 層を起原とする酸化含金溶液が還元性の堆積物と反応し,局部的に既存の銅硫化物および有機物質を酸化し,還元作用によって金を沈殿している.酸化溶液は還元性の堆積物および空隙中の溶液と反応し,次第に還元性となる.銅鉱化帯の最下部に酸化溶液が到達すると,多くの銅硫化物は溶解移動し,還元帯側で再沈殿する.金鉱床に接する還元帯に銅の富鉱体が存在する傾向のあるのはこの考えを支持する(図 IX-222).低温熱水条件では,金は酸化環境でチオ硫酸錯体として容易に高濃度溶液を生成する(Piestrzynski et al., 2002).

$$Au + 2S_2O_3^{-2} + H^+ + 1/4O^2 = Au(S_2O_3)_2^{-3} + 1/2H_2O$$

Lubin 地域における銅鉱石の埋蔵鉱量は 8 億 8,700 万 t (Cu 1.45 〜 2.71%, Ag 46 〜 87g/t)と報告されている.1997 年現在稼働している鉱山は,Sieroszowicw, Polcowice, Rudna, Lubin の 4 鉱山で,1997 年における生産量は,金属銅 440,644t,銀 1,029t,金 375kg である(Piestrzynski et al., 2002).

X 堆積鉱床

堆積作用によって生成した鉱床を堆積鉱床という．堆積鉱床は堆積物が堆積の場で生成される原地性堆積鉱床と，堆積物が堆積の場の外から運ばれる異地性堆積鉱床とに大別される．前者に属するものとして化学的堆積鉱床および風化残留鉱床があり，後者に属するものとして漂砂鉱床がある．

X-1 化学的堆積鉱床

海水，湖水，河川水，低温地下水中に溶解した物質が化学的作用により沈殿堆積した鉱床を化学的堆積鉱床という．

(1) 砂岩型ウラン鉱床

砂岩型ウラン鉱床は，河川あるいは陸成堆積盆縁辺環境で堆積した中粒ないし粗粒砂岩中に胚胎する．堆積シーケンス中には鉱化砂岩の直接上位または下位に不透水性の頁岩または泥岩，あるいは珪長質火山岩類が夾在する．鉱床は，地下水中のウランが砂岩中に含まれる炭質物（砕屑性植物破片，非晶質腐植酸，藻類），硫化物（鉄硫化物，H_2S），炭化水素（石油），苦鉄質鉱物（Fe^{+2} を含む）などの種々の還元剤による還元作用によって沈殿堆積して生成されたと考えられる．ウランの起原は同時期生成の珪長質火山岩類あるいは侵食中の珪長質深成岩である．鉱床の形態は堆積層の構造に調和的な板状，レンズ状をなす Colorado 高原型と砂岩の層理を切り弧状をなす Rolfront 型とに分類される．主要な鉱石鉱物は，閃ウラン鉱およびコフィナイトである．鉱床の生成年代はデボン紀から第三紀にわたり，鉱床の分布地域としては，Power River 盆地（米国ワイオミング），Colorado 高原（米国ユタ，コロラド，アリゾナ，ニューメキシコ），湾岸平野（米国テキサス），ニジェール，カザフスタン，ウズベキスタン，ガボン，南アフリカ，Frome Embayment 地域（オーストラリア・南オーストラリア）があげられる．この型の個々の鉱床規模は比較的小さいが，全体としては世界のウラン埋蔵量の 18% を占める．

Henry 堆積盆ウラン−バナジウム鉱床　本鉱床は米国ユタ南東部 Hanksville 付近に分布し，地質的には Colorado 高原中央部に位置する（図 X-1,3）．Colorado 高原は上部古生代から新生代に至る陸成および海成堆積岩の厚いシーケンスからなる．Henry 堆積盆においてウランおよびバナジウム鉱床を胚胎する上部ジュラ紀 Morrison 層を構成する河川成砂岩の堆積物供給源は数百 km 西方の高地と考えられる．Morrison 層は Tidwell, Salt Wash, Brushy Basin の三つの部層に分けられる（図 X-2）．Tidwell 部層は中部ジュラ紀 Summerville 層の上に不整合に重なり，主として赤色および緑色泥岩と少量の灰色および黄色砂岩からなる．Tidwell 部層の基底には灰色の石灰質泥岩あるいは灰色石灰岩薄層を含む塊状あるいは層状の石膏を産し，この蒸発岩相は Henry 堆

X 堆積鉱床

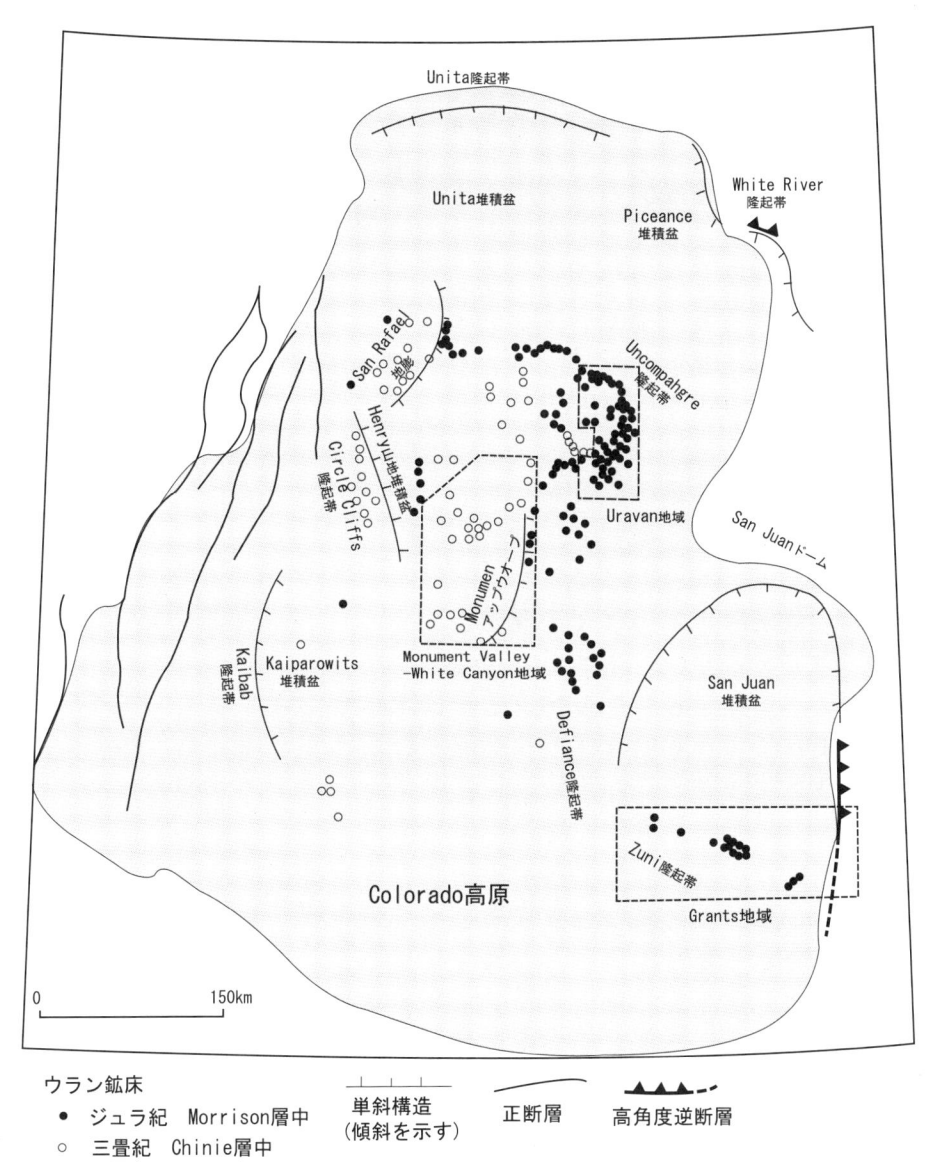

図X-1 Colorado高原地域の主要ウラン鉱床の位置と主要地質構造
― Northrop et al. (1990) による ―

ウラン鉱床
● ジュラ紀 Morrison層中
○ 三畳紀 Chinle層中

単斜構造（傾斜を示す）　正断層　高角度逆断層

積盆北部のTidwell部層基底部で灰色の湖沼成石灰質泥岩と指向関係にある．少数の鉱体を産する所でTidwell部層は，石膏の団塊と脈および少量の重晶石を含む赤色泥岩からなっている．本地域の鉱床の大部分を含有するSalt Wash部層は，主として灰褐色ないし黄色の砂岩からなり，少量の泥岩を伴う．Salt Wash部層はTidwell部層と一部指向関係にあり，ともに厚さが51〜158mと変化する．これら二つの部層はさらに下部，中部，上部シーケンスに分けられる．Henry堆積盆におけるウラン－バナジウム鉱化作用は，ほとんどSalt Wash部層下部シーケンスに限られている．三つのシーケンスはすべて広く緩傾斜の沖積低地に堆積しており，北東方向へ流れる網状河川によって堆積した砂岩層がSalt Wash部層の大部分を形成している．Brushy Basin部層は赤色および灰色泥岩からなり，僅少のウランを含むが詳細は不明である（Northrop et al., 1990）．

Salt Wash 部層砂岩を構成する砕屑物は，主として石英（＞70%）で，少量の微斜長石，正長石，斜長石，岩石破片，有機物質を伴う．最も多い岩石破片は，頁岩でその他深成岩，変成岩などが認められる．有機物質は始め全体に多量に含まれていたと考えられるが，保存されず現在微量含まれるに過ぎない．しかし，ウラン－バナジウム鉱化地域では有機物質が異常に濃集しているのが認められる．この有機物質は主として石炭化した砕屑植物破片で，初生細胞構造を有する．この他微量の無構造の有機物が認められる．その他副成分鉱物として電気石，ジルコン，黒雲母，白雲母，FeS_2 鉱物，Fe-Ti 酸化鉱物が含まれる．膠結物質は，炭酸塩鉱物，シリカ，粘土鉱物からなる．炭酸塩鉱物は膠結物質の中最も多く産し，方解石がその大部分を占める．しかし，ドロマイトも一部で多く見られ，とくに鉱化帯に近接するところで顕著に認められる．鉱化帯以外では，粘土鉱物はスメクタイトまたはカオリナイトであるが，鉱化帯内では，粘土鉱物の割合が増すと同時に，その主体は緑泥石となる．膠結炭酸塩鉱物の量は Salt Wash 部層下部に行くに従い増加し Tidwell 部層最上部付近で最大に達する．しかし鉱石層準およびその付近では炭酸塩鉱物の量は減少し，砕屑鉱物粒子にオーバグロースする石英の量が顕著に増加する．Tidwell 部層の膠結粘土鉱物は，75％以上の膨潤性を有するイライト－スメクタイト混合層鉱物が優勢である（Northrop et al., 1990）．

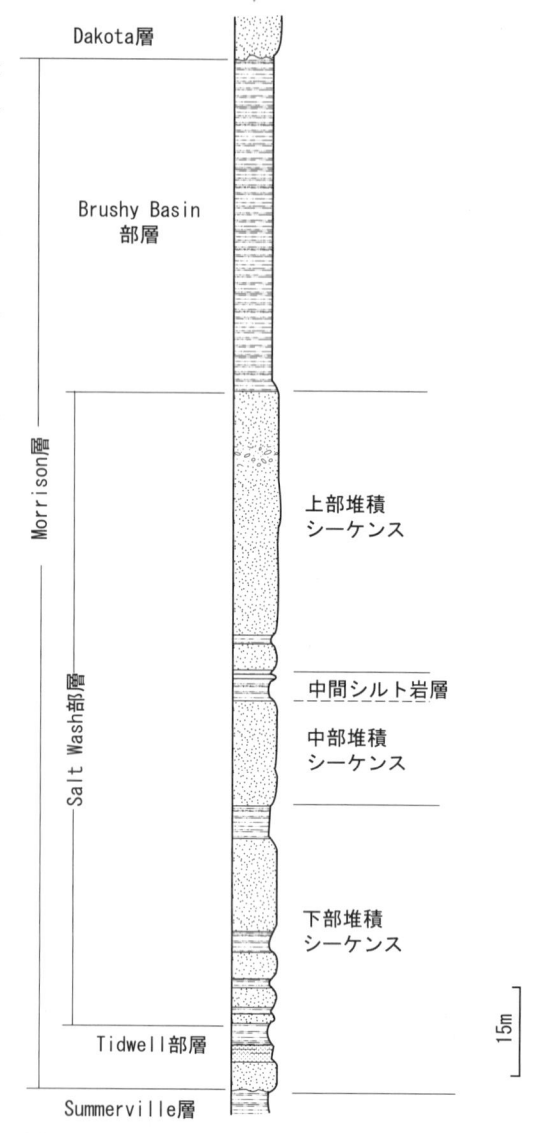

図 X-2　Henry 堆積盆の Morrison 層地質柱状図
－ Northrop et al.(1990) による－

　Henry 堆積盆においては，Canyon-Del Monte 鉱山地域の三つの鉱体（Tony M, Frank M, Bullfrog）が知られている．これらの鉱化層はそれぞれウランとバナジウムに富む二つまたはそれ以上の間隔の狭い多重鉱石層準からなり，その間はウランに乏しいがバナジウムに富んでいる．混乱しないために，含ウラン層とウランに乏しいがバナジウムに富む層間からなる各組を鉱化帯と呼び，鉱化帯中の含ウラン層を鉱石層準と呼ぶことにする．鉱石層準は厚さ 0.1～1.0m の範囲，全鉱化帯は稀に 3.5m を越えることがある．Henry 堆積盆においてウラン－バナジウム鉱化帯は，四枚認められ，それらに相当する弱鉱化帯を含めて堆積盆の外縁に沿って分布している．鉱化帯および相当弱鉱化帯は地層に準調和的であり，堆積盆の東南部において Tidwell 部層および Salt Wash 部層間の接触部に産するが，Henry 堆積盆内で東北方に行くにしたがって堆積物入力の方向にほ

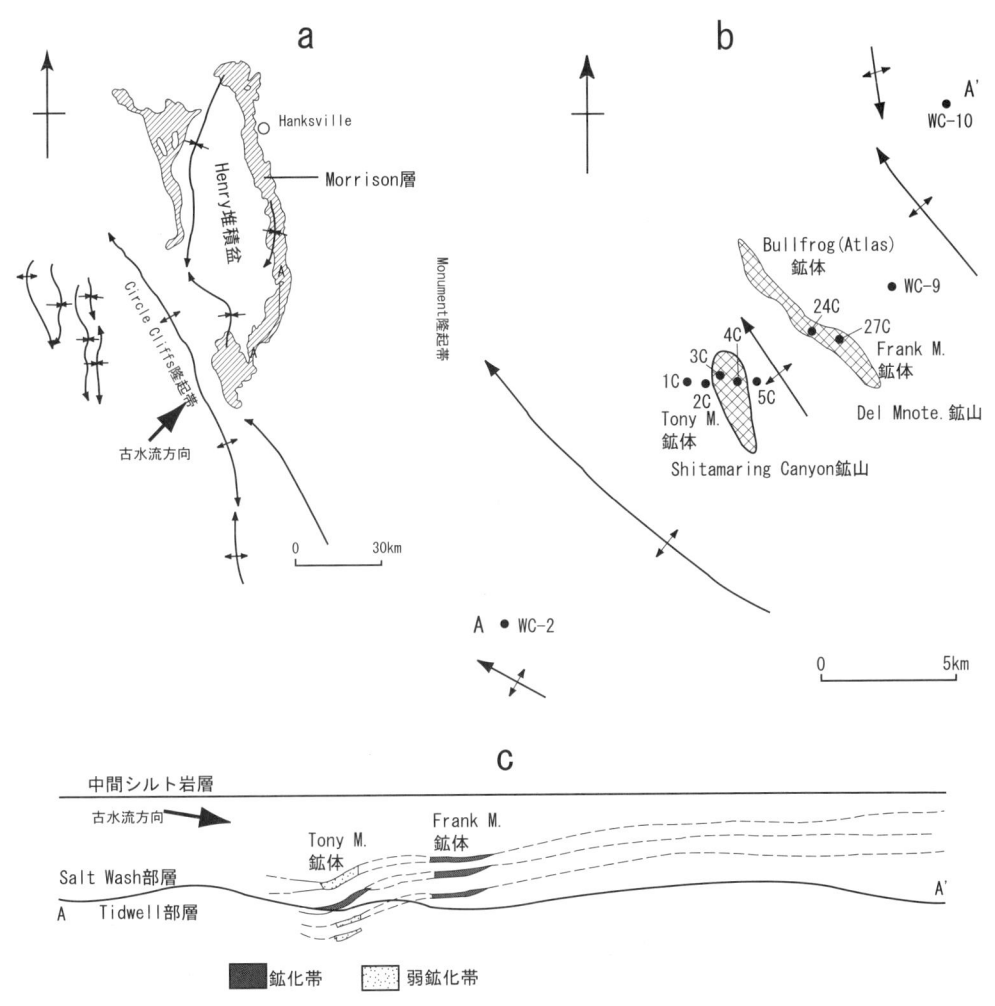

図 X-3　a　Henry 堆積盆における Morrison 層の分布，b　U-V 鉱床分布図，c　U-V 鉱床断面図
— Northrop et al. (1990) による —

ぼ平行な線上において次第に高位層準に移る（図 X-3）．主なウラン鉱物はコフィナイトで，微量の閃ウラン鉱を伴う．コフィナイトは，一般に長径 2～5 μm の単結晶として産し，貫入双晶を作り複雑な集合体を形成している．高品位鉱石ではコフィナイトは比較的大きな塊状集合体をなし，間粒状組織を示す．バナジウムは一部酸化物として産するが，主として含バナジウム緑泥石として出現し，鉱化帯において最も優勢な粘土鉱物である．酸化バナジウム鉱物は，鉱物種が同定されていないが，20 μm 程度の針状ないし柱状結晶として産し，V 2%以上の高品位鉱石では葉片状結晶塊状集合体を形成し，間粒状組織を示す．コフィナイトは独立した結晶として植物破片中に存在することはなく，植物破片の外周に沿って濃集する．ウランと炭素が共存するのは無構造有機物に限られ，この場合ウランは炭素に吸着されるか，超顕微鏡的な閃ウラン鉱として存在すると考えられる．コフィナイトは，砕屑片にオーバーグロースする石英層間に産することがあり，鉱石層準において含バナジウム粘土鉱物，バナジウム酸化鉱物，緑泥石と密接に共生する．鉱化帯中に産するドロマイトは少量でコフィナイトとの関係を示す例が少ないが，一部で間粒状組織を示すドロマイ

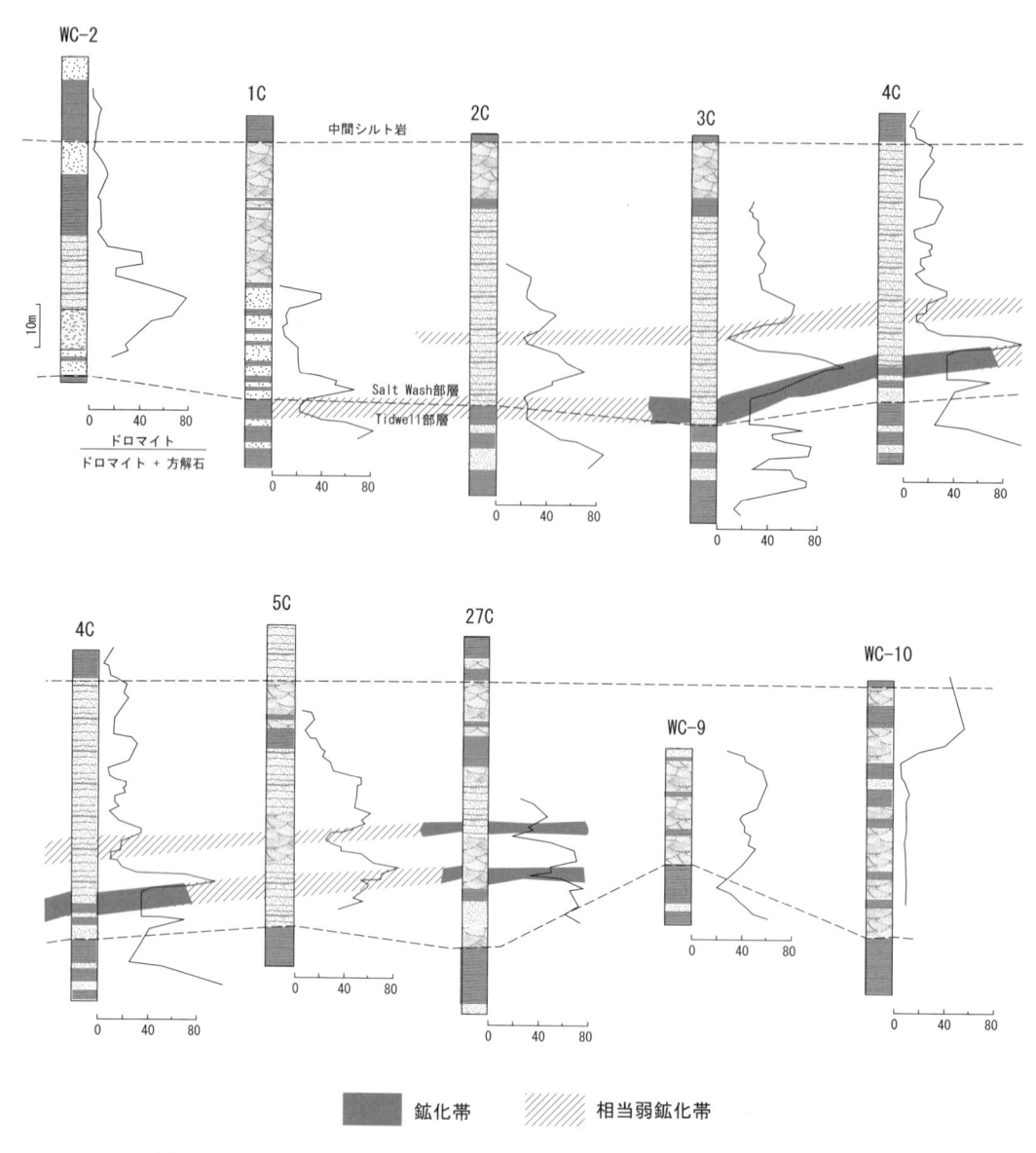

図 X-4 Henry 堆積盆膠結ドロマイトの分布（地質柱状図凡例は図 X-7 参照）
− Northrop et al. (1990) による −

ト中に独立したコフィナイトの小結晶が認められ，両者の晶出が少なくとも一部時間的に重なっていたことを示す．方解石はコフィナイトとは共存せず，後期晶出と考えられる．鉱化帯中に多産する FeS_2 鉱物（黄鉄鉱および白鉄鉱）は，コフィナイト，バナジウム粘土鉱物および酸化鉱物を取り囲むか連晶し，あるいはこれらに囲まれて粒間膠結物として産する（Northrop et al., 1990）．

鉱化帯および相当弱鉱化帯はその上下をドロマイト膠結物に富んだバンドによって境され，この関係は数 km にわたって維持されている（図 X-4）．このドロマイト膠結物富化バンドに産するドロマイトは一般に自形を呈するのに対して鉱化帯中のドロマイトはきわめて少量で，他形をなし空隙充填膠結物として産する．堆積岩中のマグネシウムは一般に炭酸塩鉱物と粘土鉱物に含まれてい

X 堆積鉱床

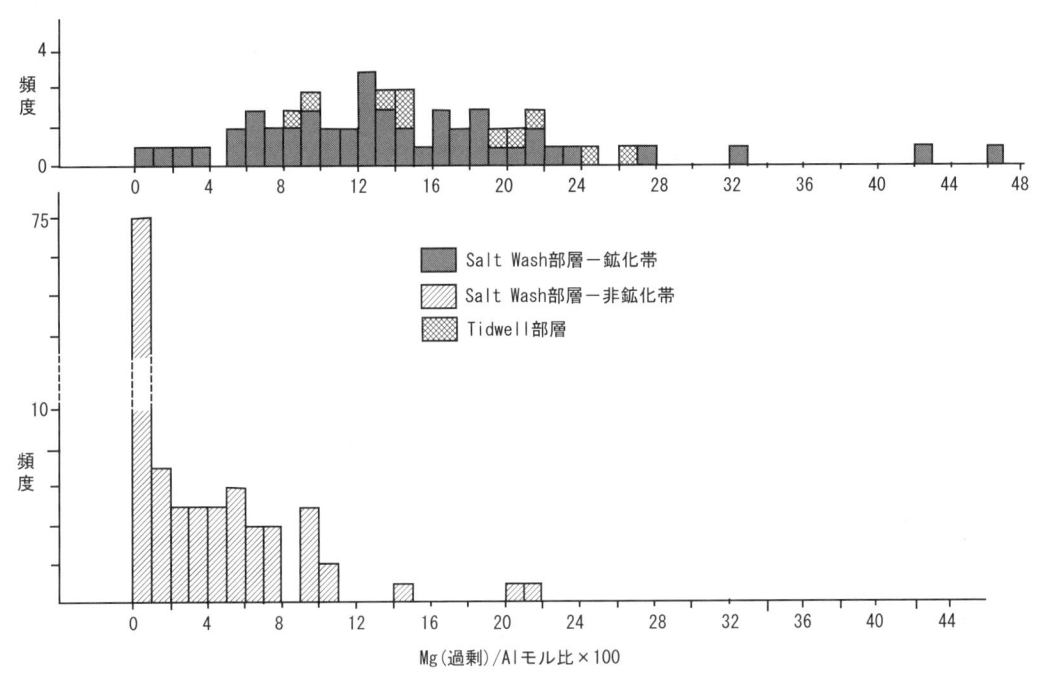

図 X-5 Salt Wash 部層・Tidwell 部層全岩過剰 Mg/Al モル比 － Northrop et al.(1990)による－

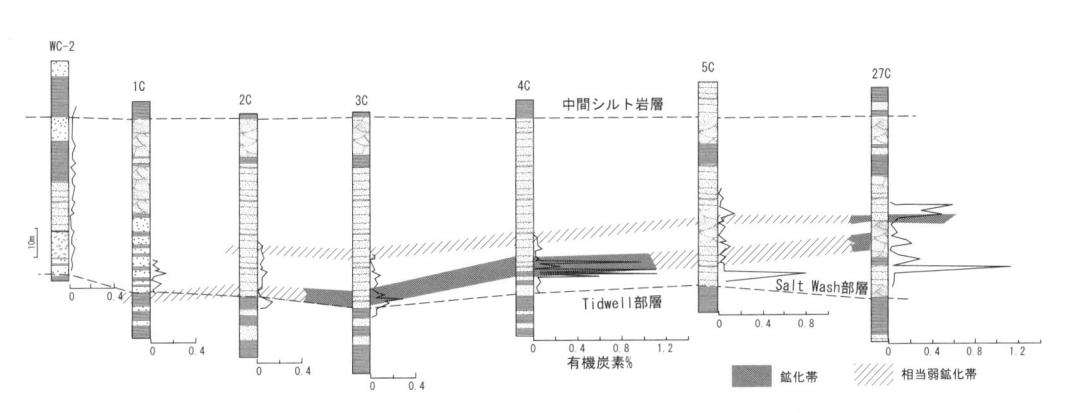

図 X-6 Henry 堆積盆有機炭素の分布 － Northrop et al.(1990)による－
（上記以外の凡例は図 X-7 を参照）

る．鉱化帯中のドロマイトおよび他の炭酸塩鉱物の含有量は低いが（図 X-4）Mg 量は Salt Wash 部層の他の砂岩よりも多い(Mg 平均5%)．したがって高マグネシウム粘土鉱物の存在が予想される．Henry 堆積盆堆積岩は，少量でほぼ一定量の長石を含んでいるので，試料の C 量，Al 量とドロマイトの量が判ればドロマイト以外の相に含まれる Mg 量（過剰 Mg 量と呼ぶ）を推定することができる．全岩過剰 Mg/ Al モル比のヒストグラムを図 X-5 に示す．ヒストグラムは鉱化帯，Tidwell 部層，非鉱化 Salt Wash 部層の三つの試料群からなる．図から非鉱化 Salt Wash 部層試料群は他の2群に比較して著しく低い値を示すのに対して，鉱化帯および Tidwell 部層の試料群は類似した値を示し，Tidwell 部層と鉱化帯の成因的関係を示唆している．図 X-6 に鉱化帯付近の有機炭

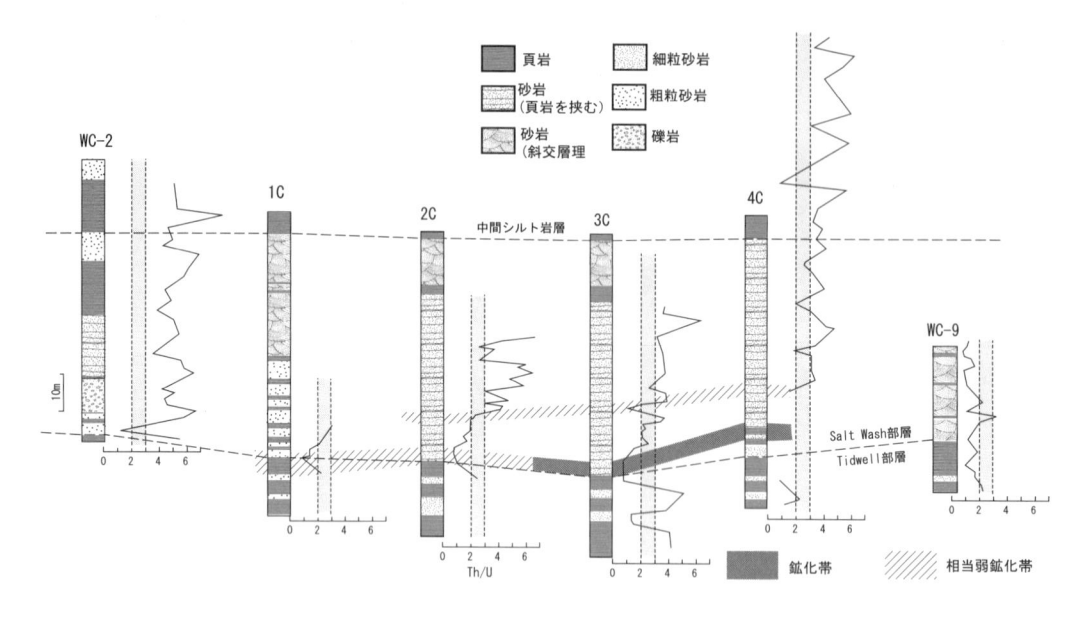

図 X-7　Henry 堆積盆 Th/U 重量比の変化　－ Northrop et al. (1990) による－

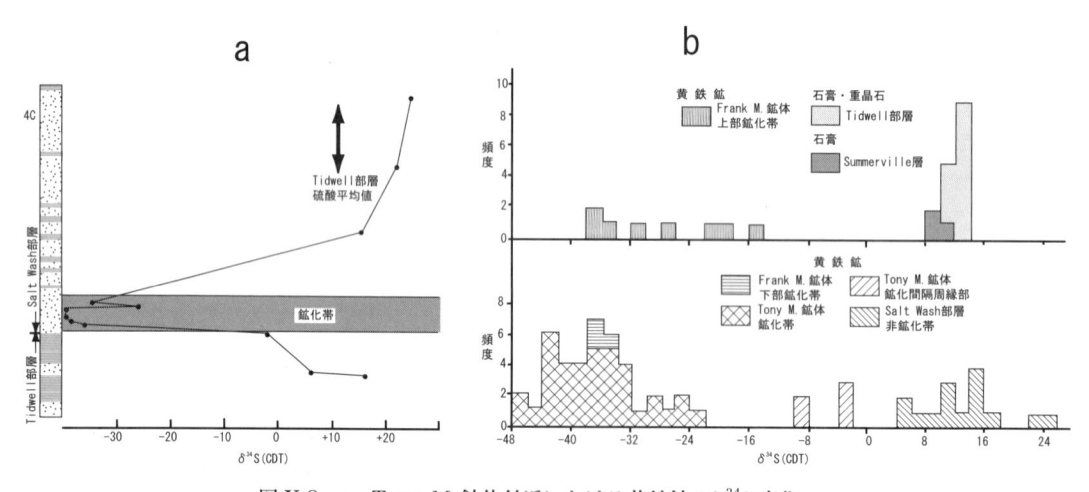

図 X-8　a　Tony M. 鉱体付近における黄鉄鉱のδ^{34}S 変化，
b　Henry 堆積盆黄鉄鉱・硫酸塩鉱物のδ^{34}S ヒストグラム　－ Northrop et al. (1990) による－

質物分布を示した．有機炭質物帯の厚さは鉱化帯の厚さより大きく，非鉱化植物破片が鉱化帯の上下に産出している．このような砕屑有機物の濃集状態は，Grants ウラン鉱床地域におけるウラン－有機炭質物の 1:1 相関関係と明らかに異なる．Th は単一の酸化状態（+4）を示し，一般に不溶性で不移動性化学種であるのに対し，U は（+6）の酸化状態で移動性化学種になることは良く知られている．したがって Th/U 比を求めれば U の付加あるいは除去の良い指標になる．砂岩の Th/U 比は世界的にほぼ一定で 1.6〜2.8 の範囲である．Henry 堆積盆の汚染していない砂岩の Th/U 比を 2〜3 と仮定し図 X-7 に示した．鉱化帯付近の Th/U 比（図 X-7）は大きく変化しているが，Th 量はほぼ一定であるのでこの変化は U 量の変化によるものである．鉱化帯での Th/U 比は U の富化のため 1 より少なく，相当弱鉱化帯においても 1 より低くなっている．また，値は

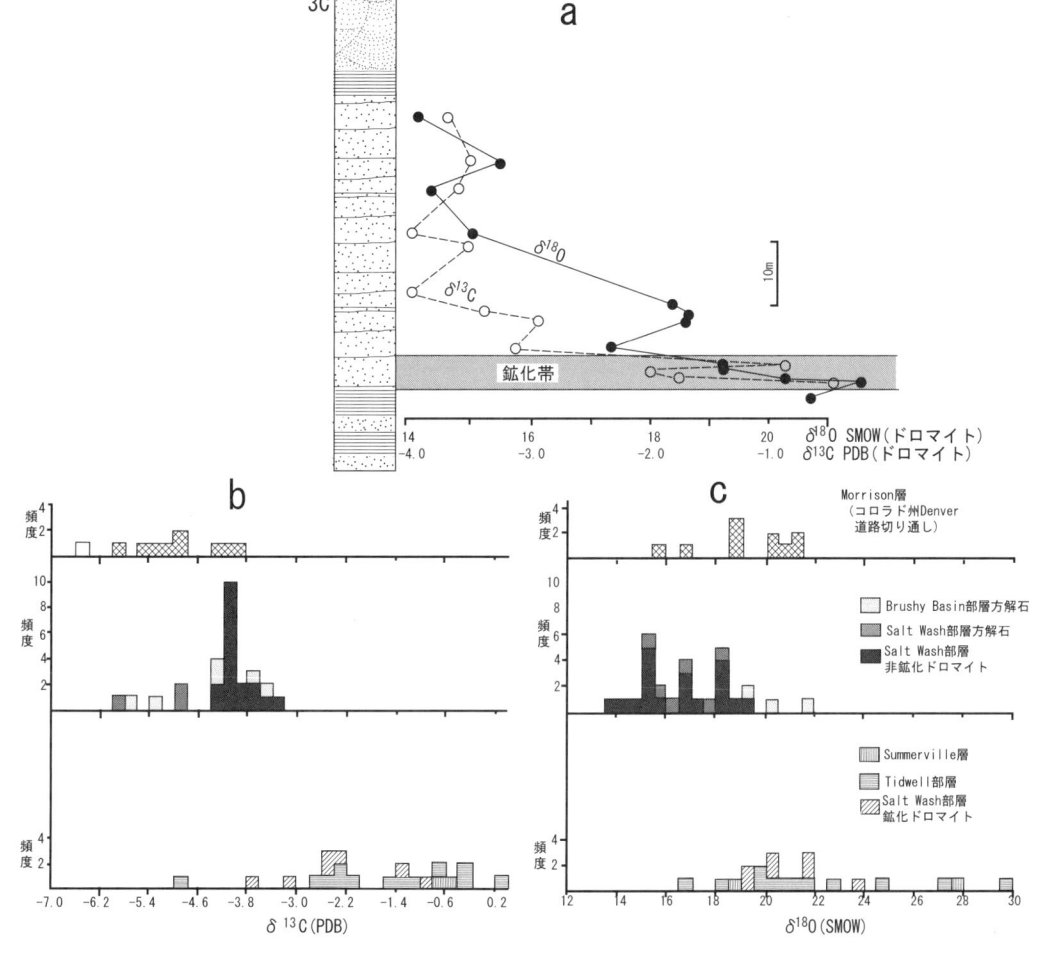

図 X-9　a　Tony M. 鉱体付近における膠結ドロマイトのδ^{13}Cおよびδ^{18}O変化,
Summerville層・Morrison層における方解石・ドロマイトの, b　δ^{13}Cヒストグラム,
c　δ^{18}Oヒストグラム　- Northrop et al.(1990)による-

分散しているものの Th/U 比は, SaltWash 部層の基底から上位に向かって増加し, U が減少していることを示している. 測点 4C ではさらに上位の Brushy Basin 部層でも同様の傾向が認められる. これらのデータから古水流（図 X-3）において鉱床から離れているほど U の溶脱が大きかったことがわかる（Northrop et al., 1990）.

測点 3C におけるδ^{34}S−深さの関係（図 X-8a）によって鉱化帯と非鉱化帯とのδ^{34}S の差が明らかにされている. 鉱化帯の上あるいは 2m 以上下の硫化鉱物のδ^{34}S は次第に増加し 24‰に近づく. Henry 堆積盆の黄鉄鉱および硫酸塩鉱物のδ^{34}S ヒストグラム（図 X-8b）においても同様の関係が見られる. 図 X-9a は測点 3C での鉱化帯中および上のドロマイト膠結物のδ^{18}O およびδ^{13}C の深さによる変化を示す. 両者の鉱化帯とその上との間の大きな変化は, 鉱化期において鉱化帯より上のドロマイトが, 鉱化帯内でドロマイトを沈殿した流体と同位体的に異なる流体によって堆積岩本来の炭素および酸素を受け継いでいることを示している. 図 X-9b,c に Colorado 州 Denver の Morrison 層産炭酸塩鉱物と, Henry 堆積盆の炭酸塩鉱物のδ^{13}C およびδ^{18}O ヒストグラムを示す.

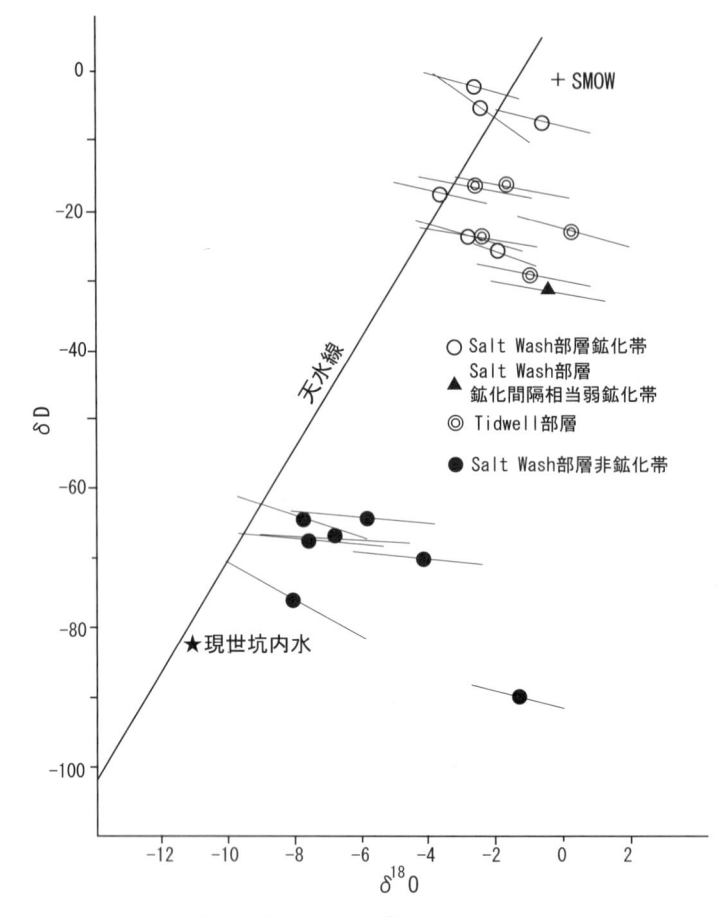

図 X-10　Morrison 層膠結粘土鉱物のδD-δ^{18}O 図　－Northrop et al. (1990) による－

炭素の同位体組成については (1) Summerville 層炭酸塩鉱物，Tidwell 部層成層方解石，鉱化帯内ドロマイトと (2) Salt Wash 部層非鉱化ドロマイトおよび方解石，Brushy Basin 部層方解石の二つの試料群がそれぞれ類似した値を示し，これらの炭酸塩鉱物に二つの炭素起原があることを示している．一つの起原は鉱化帯より下位にある Morrison 層 Tidwell 部層の蒸発岩中の成層炭酸塩岩と同じと考えられ，他の一つは，一般に天水優勢の環境において堆積する典型的な陸成の炭酸塩岩と同一である．酸素同位体組成では，炭素同位体組成ほど差が明らかではないが，同様に類似した値を有する二つの試料群を識別でき，二つの酸素起原があることを示す (Northrop et al., 1990)．

以上の地球化学的および同位体組成データは，Henry 堆積盆のウラン－バナジウム鉱化作用は堆積盆遺留水と流下する天水間の溶液境界面で行われたとする説（例えば Granger, 1976）を支持する．この堆積盆遺留水は Tidwell 部層堆積時の閉鎖堆積盆蒸発岩から発達した流体と考えられ，鉱床はこの流体と天水との境界が有機物を含む母岩と交差した位置に形成されている．ドロマイトの生成に最も矛盾がないと認められている二つの地球化学的環境として，(1) 空間的に蒸発岩に伴い Mg/Ca 比が 5 以上の超塩水，(2) 塩水と天水の境界における混合作用によって作られる汽水があげられており，鉱床生成モデルと調和的である．Henry 堆積盆のウラン－バナジウム鉱床は，650m 以浅の深さで生成されたと推定される．地表温度を 20℃，地温勾配を 20℃/km，生

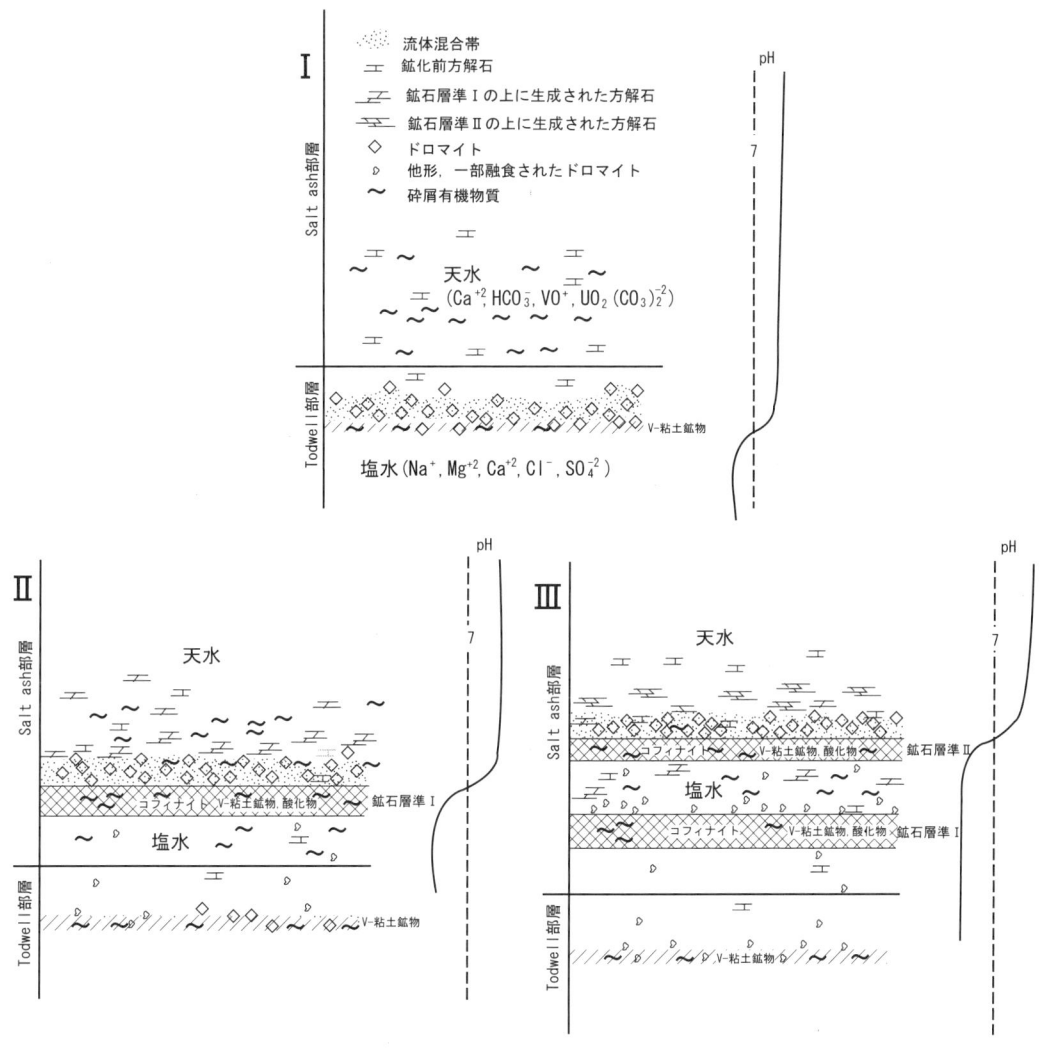

図 X-11　Henry 堆積盆 U-V 鉱化作用の形成モデル　− Northrop et al. (1990) による −

成深度を 0.5km と仮定すると，鉱床生成温度は約 30℃ となる．図 X-10 は Salt Wash 部層および Tidwell 部層の膠結粘土鉱物の δD および $\delta^{18}O$ 値から，生成温度を 25℃ および 50℃ として計算した粘土鉱物と平衡な水の $\delta D - \delta^{18}O$ 図である．図は膠結粘土鉱物が異なった同位体組成を有する二つの流体の境界で生成したこと，境界上部の水が天水，下部の水が海水から進化した塩水であることを示している (Northrop et al., 1990).

鉱化帯内で比較的炭酸塩鉱物が乏しいのは，多量の含バナジウム緑泥石が形成され，その八面体層に $V(OH)_3$, $Fe(OH)_2$, $Mg(OH)_2$ が入って溶液から水酸化イオンが除去され pH が低下するためである．天水によって運ばれてきた炭酸ウラン錯体は pH の低下した塩水と遭遇して不安定となり，鉱化帯において石英の表面に吸着する．一旦吸着したウランは，鉱床生成時に砕屑有機物を食料とするバクテリアの硫酸還元作用によって生じた H_2S により還元され，次式のように溶液中のシリカと反応してコフィナイトを生成する (Northrop et al., 1990).

$$UO_2(CO_3)_2^{-2} + HS^- + H_4SiO_4 \rightarrow USiO_4 + 2H_2O + HCO_3 + CO_3^{-2} + S^0$$

　各鉱化帯内の多重鉱化層のような複雑な構造を説明するために，溶液境界面が上方に移動するモデル（図 X-11）が提案されている．第 1 段階では境界面は Tidwell 部層に位置し，この時期には含バナジウム粘土鉱物および膠結ドロマイトが Tidwell 部層中に生成される．天水の pH は 9 以上になることは考えられず溶液境界面近くの塩水の pH は 6 より大きく低下しないと思われる．第 2 段階では溶液境界面は上方に移動し，Salt Wash 部層中に入る．コフィナイト，含バナジウム粘土鉱物，バナジウム酸化鉱物，鉄硫化物が，天水・塩水混合帯直下の塩水中において生成し鉱石層準 I が形成される．膠結ドロマイトは天水・塩水混合帯に生成される．第 3 段階には溶液境界が 2m ほど再び上昇し，層序的上位に鉱石層準 II が生成される．第 2 段階で生じたドロマイトは一部ないし全部第 3 段階の粘土鉱物生成反応によって低下した pH のために溶解する．

　米国ユタにおけるウラン鉱山は，低価格のために 2000 年までにすべて閉山したが，2006 年に Pandora 鉱山が再開しその他にも復活の動きがある．2005 年現在米国のウラン生産量は U 1,039t/ 年（世界 8 位），埋蔵量は U 342,000t（世界 4 位）とされている．

(2) 堆積マンガン鉱床

　堆積マンガン鉱床はドロマイト，石灰岩，黒色頁岩などからなる海成堆積物中に広く延長する地層をなして産し，安定なクラトン上の内陸堆積盆あるいは外縁堆積盆に分布する．鉱床は大陸棚および内陸堆積盆島嶼周辺の静穏な浅海堆積環境（深さ 15 ～ 300m）中に形成され，多くの鉱床は酸化鉱物からなるが，海盆の中心に近い還元環境では炭酸塩鉱床が生成される．多くの鉱床は，黒色頁岩が尖滅する場所あるいはその付近の海進シーケンス中に産する．鉱床の生成年代は下部および中部古生代，ジュラ紀，中部白亜紀，漸新世のものが多く原生代の場合もある．鉱床の厚さは数 m から 50m，横方向の延長は数 km ないし 50km である．鉱床は一般にドーナツ状の形態を示し，一部の鉱床は陸側の酸化相と堆積盆側の炭酸塩相両者を有するが，通常分離した鉱体として産する．魚卵状組織，堆積豆状組織，有律葉理，スランプ層，ハードグラウンド砕屑物，化石群集，化石交代物などの種々の鉱石組織が観察される．産出する主要なマンガン鉱物は水マンガン鉱，サイロメレン，軟マンガン鉱，菱マンガン鉱，クトナホライトである．脈石鉱物としてカオリナイト，ゲーサイト，スメクタイト，海緑石，石英，酸化鉄鉱物，黄鉄鉱，白鉄鉱，重晶石，方解石，マンガン方解石，菱鉄鉱，緑泥石を産する．一般に初生鉱床は，風化作用によってより高品位となる．この型の鉱床はマンガン資源として重要であり，主要な例として，Molango（メキシコ），Urcut（ハンガリー），Nikopol，Chiatura（ウクライナ），Moanda（ガボン），Groote Eylandt（オーストラリア）がある．

　Groot Eylandt マンガン鉱床　本鉱床はオーストラリア・ノーザンテリトリー北部，ダーウインの東 650km の Groot Eylandt 島にあり，地質的には卓上地の一部である原生代 McArthur 堆積盆の東縁に位置する．地域の地質は太古代－早期原生代の岩石を基盤とし，その上に不整合に重なる中期原生代の Groot Eylandt 層，その上を薄く覆う早期ないし中期白亜紀の Mullaman 層および現世の堆積物からなる（図 X-12a）．太古代－早期原生代の岩石は，花崗岩および変成岩類からなり，ボーリングによってのみ認められる．Groot Eylandt 層は，ほぼ水平，厚さ 600m の斜

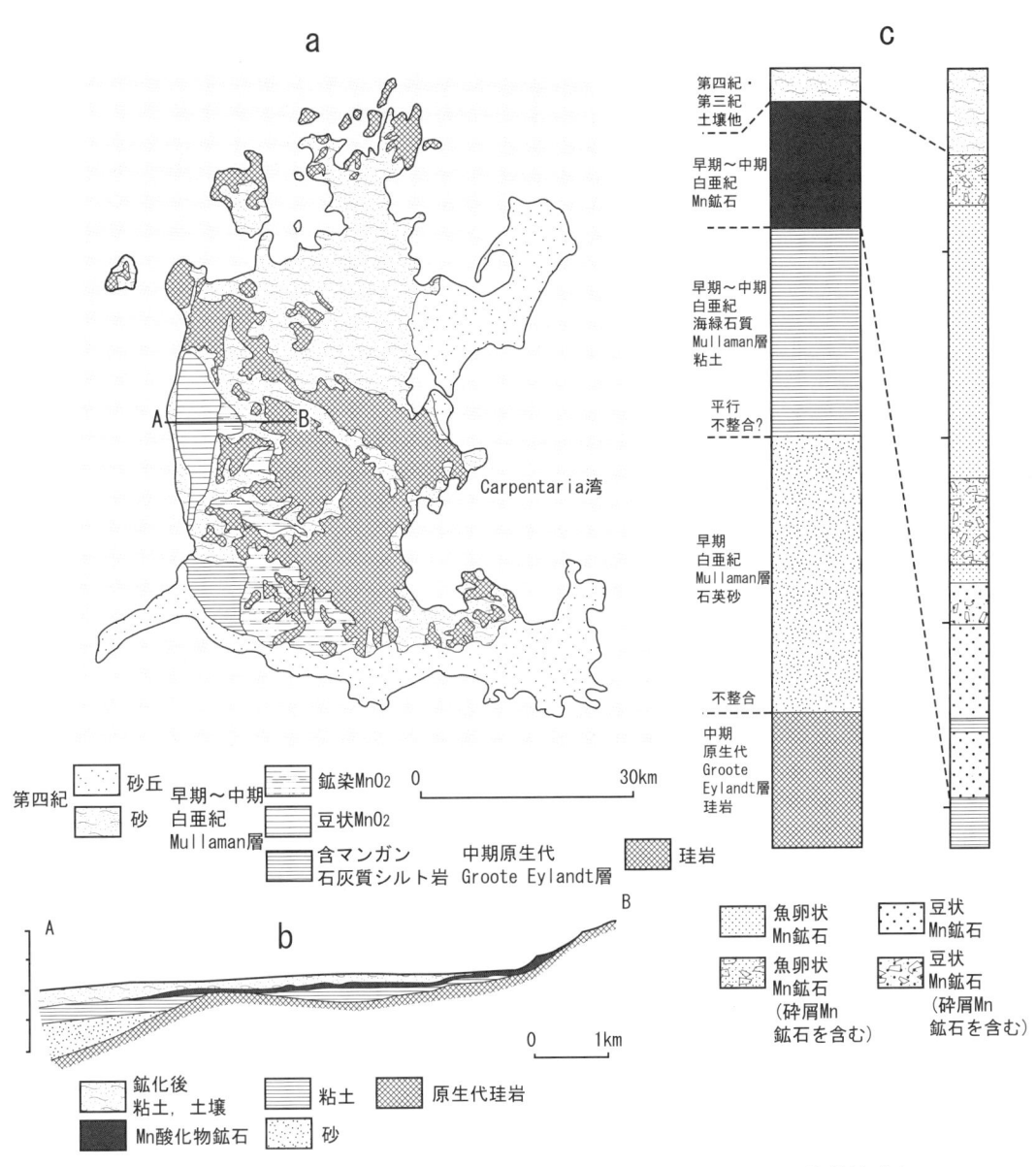

図 X-12 a Groote Eylandt 鉱床地質概図 (鉱床は投影), b a 図 A-B 地質断面図, c Groote Eylandt 地域および Mn 鉱床地質柱状図 − Bolton et al. (1990) による−

交層理石英砂岩層と下部の長石質礫岩からなる．Mullaman 層は，北部および南部の二つの堆積盆に分かれて分布し，北部堆積盆ではその最下部は原生代石英砂岩を起原とする無化石石英砂岩からなる．その上に見かけ上整合に後期 Albian 期の浅海成海緑石粘土層が重なる．その頂部は豆状および魚卵状初生マンガン鉱石によって占められ，その上に種々の時代の風化作用によって形成されたマンガン・コンクリーションなどの二次鉱石が続く（図 X-12b）．南部堆積盆では Mullaman 層は，主として微量のマンガン酸化鉱物によって膠結された砂岩からなり，深部層準において一部石灰質の砂質シルト岩シーケンス中に魚卵状マンガン炭酸塩鉱物を産する．Groot Eylandt 地域の

Mullaman層は，厚さ100m以上，鉱床分布区域で西および西南に低角度で傾斜する．おそらく第三紀に堆積物の表面はラテライト化作用によってラテライトあるいはラテライト質礫岩ないし角礫岩に変化したと考えられる．ラテライトは主として鉄分に富み軟質および硬質，赤色，褐色，黄色の斑紋状粘土，砂質粘土，ゲーサイト質および含マンガン豆状物質，ときにマンガン酸化物の礫および砕屑物，正珪岩からなる．ラテライト化作用が鉱石層準に達すると，マンガン質スフェルライト，コンクリーション，忍石などの浅成変質物および塊状二次マンガン酸化物層を産する（Bolton et al., 1990）．

鉱床は主として一次の魚卵状および豆状鉱石からなり，島の西部および西南部のMullman層砂質粘土中にほとんど連続的な地層として産する．主マンガン鉱床は露出するか浅所にあり，走向WNWの節理に支配され，Groot Eyland層の長く伸びた内座層間の一部充填された凹部を占めて発達する．その他の鉱床は基盤の珪岩中に侵食された広い段丘の上に直接のるか，最も西の部分では西に向かって約3°で傾斜し，薄化する岩床状の形態を示す．マンガン鉱層内で，マンガンの濃度は塊状マンガン酸化物鉱石からマンガン酸化物，カオリナイト粘土，石英砂の混合物，砂質粘土マトリックス中の鉱染マンガン酸化物まで変化する．鉱石組織として非膠結魚卵状および豆状組織，膠結魚卵状および豆状組織，塊状コンクリーションなどが観察される．豆状組織を示す鉱層には下位から上位に向かって径2～3mmから25mmに変化する逆級化層（厚さ8m程度）がしばしば顕著に認められ，逆級化層の水平方向連続性は数kmに達する．この逆級化層の上には多くの場合魚卵状マンガン酸化物の良く成層したシーケンスが重なり，このシーケンスの粒度は上方に向かって1.5mmから0.5mmに減少する．全体の厚さは最大5.5mである．主たるマンガン鉱石鉱物は，軟マンガン鉱およびクリプトメレンで，少量の水マンガン鉱を伴う．また微量のサイロメレン，ブラウン鉱，リシオフィライト，エヌスータイト，バーネサイト，轟石，カルコファン鉱が報告されている．脈石鉱物としては，ゲーサイトおよび鉄酸化鉱物，カオリナイト，スメクタイト，イライトなどの粘土鉱物，砕屑石英があげられる．鉱石層準は鉱物組成，組織，構造などによって幾つかの単位に細分される．しかし，不規則な一次鉱床の堆積表面，広範で変化に富む堆積後の続成作用，浅成変質作用，土壌化作用などによってこれらの単位の垂直および水平方向の分布はきわめて複雑になっている．図X-12cは，鉱床の一般化した地質柱状図である．上部に魚卵状マンガン鉱石，下部に豆状マンガン鉱石が分布する．その下に通常鉄質豆状物質層準が存在し，鍵層として扱われるとともに露天採掘の場合床面として用いられる．鉄質豆状物質は，マンガン豆状鉱石が交代作用により二次的に形成されたと考えられる．鉄質豆状物質層準の下には塊状珪質マンガン酸化物（珪質マンガイト）が，さらにその下には塊状珪質マンガン酸化物層と砂質粘土層の互層が存在することがある（Bolton et al., 1990）．

Groot Eylandtマンガン鉱床の埋蔵鉱量は4億t（平均Mn 46%）以上と報告されている（Force and Maynard, 1991）．本鉱床は1964年に開発が始まり1966年に出鉱を開始した．1990年頃における年間の採掘量は300～350万tである（Bolton et al., 1990）．

堆積マンガン鉱床の生成機構 マンガンは還元環境と酸化環境における溶解度の差がきわめて激しい金属である．図X-13に最も一般的なマンガン酸化物および炭酸塩のEh-pH安定領域図を示した．境界線は水のCO_2量およびマンガン濃度により移動するが，この図では現在の海水のように酸化的で中性な条件でマンガンが固体の酸化物として存在する（溶解度約1ppb）ように両者を

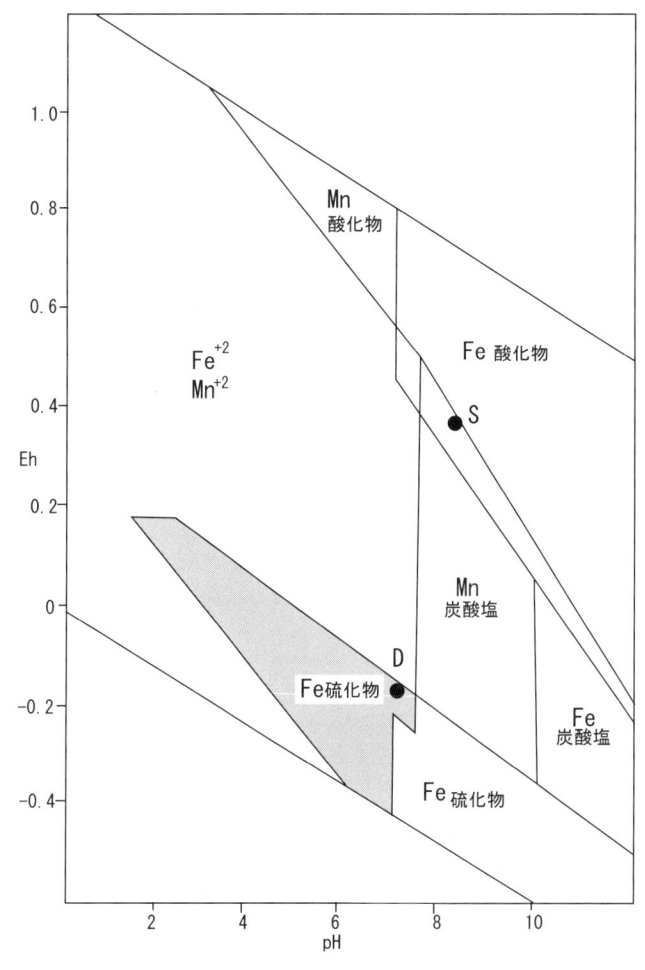

図 X-13 マンガンおよび鉄化合物 Eh-pH 安定領域図
— Force and Mynaerd (1991) による —

定めてある．しかし，低い酸化還元電位 Eh では，中性 pH のもとでマンガンは溶解し，あるいはアルカリ性が増加すると固体の炭酸塩として存在する．このことは，還元海水は通常の海水の 1,000 倍（1ppm）のマンガンを溶解することを意味する．鉄はマンガンに似た地球化学的性質を有するので，より豊富な鉄とマンガンとの分離は，マンガン鉱床の生成機構を考える上で重要な問題である．図 X-13 には，鉄の化学種の安定範囲を重ねて示してある．鉄の化学種の安定範囲はマンガンに類似するが硫化物（黄鉄鉱）のみは異なる．マンガンにはこれに相当する相はなくアラバンド鉱（MnS）は遙かに溶解度が高く，堆積岩中にはほとんど存在しない．したがって海水の黄鉄鉱の安定な Eh-pH 領域では鉄は黄鉄鉱の沈殿によって除かれ，堆積マンガン鉱床のための希薄な鉱化溶液が生成される．図 X-14 は黒海の Eh-pH，鉄およびマンガンの溶解度を示す海水柱状図である．黒海は他の海洋と同様に塩濃度の違いにより密度の異なる海水の層状構造を形成しており，深さ約 200m 以下の海水は大気とまったく接触しない．沈下する有機物は海水中の酸素を消費し，海水を嫌気性にするとともに H_2S を安定（図 X-13 の D 点）にする．このようにして深海盆中に黄鉄鉱を含む泥が生成され鉄が除去される．層状構造境界面の下にはマンガンの高濃度水が，上（図 X-13 の S 点）には低濃度水が形成される．境界面の下のマンガンに富む嫌気性の海水と上の酸化的海水が拡散混合して分子状の MnO_2 が境界面直上に生成され，MnO_2 の沈殿は生物的過程によって促進されることになる．沈殿物は境界面を越えて沈降すると再溶解するが，堆積盆の縁辺部では境界面より下に沈降できず再溶解は起こらない（Force and Maynard, 1991）．

大規模な浅海成マンガン鉱床は，海水層構造を有する海盆の嫌気性ないし酸化的縁辺部，すなわち酸化的浅海水と深海の無酸素水との境界（海底が介在する），一般に大陸棚環境，に形成される（図 X-15）．マンガンに富んだ沈殿物およびその続成作用を受けた産物は異なった堆積盆，異なった堆積環境，同一鉱床の異なった部分によって種々の形態をとる．図 X-16 は現在の黒海全堆積海盆におけるマンガンの堆積状態を示す．海水の深さ 200m より上は酸化的水が，下は嫌気性の水が占

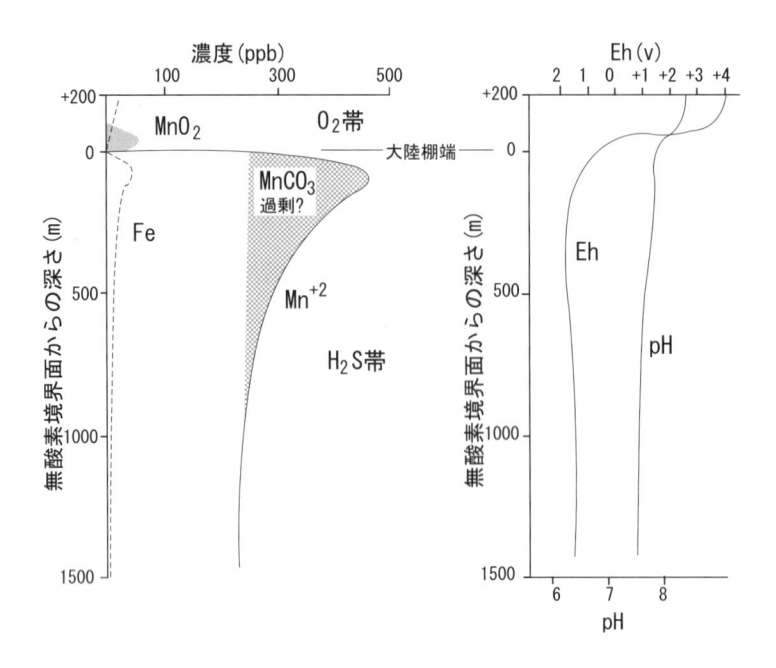

図 X-14　黒海海水柱状図　−Force and Mynaerd (1991) による−

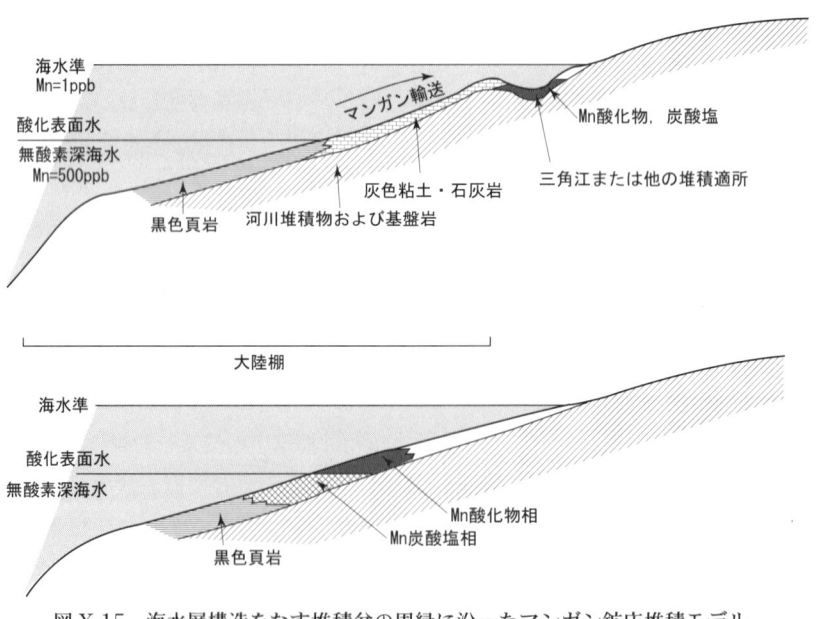

図 X-15　海水層構造をなす堆積盆の周縁に沿ったマンガン鉱床堆積モデル
−Force and Mynaerd (1991) による−

めている．境界面を越えた混合作用が堆積物中のマンガンを富化させるが，最大富化は次の二つの条件が加わった時に起こる．(1) 混合作用が異常に活発である（例えば風によって駆動された海流が局部的に 300m の深さの酸素に乏しい水を浅い陸棚まで引き上げる），(2) 沈殿場所が砕屑堆積物による希釈から防護される（島あるいは半島付近の瀬上または三角江内）．(1) の要素は堆積場所に栄養塩を運び入れるので，浅海成マンガン鉱床のなかには，貝殻層あるいは微小動物に富む層と

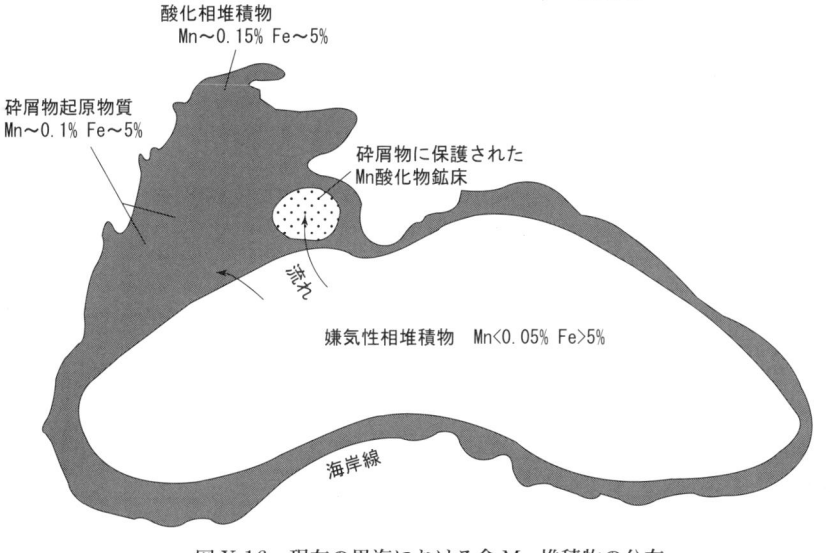

図 X-16 現在の黒海における含 Mn 堆積物の分布
— Force and Mynaerd (1991) による —

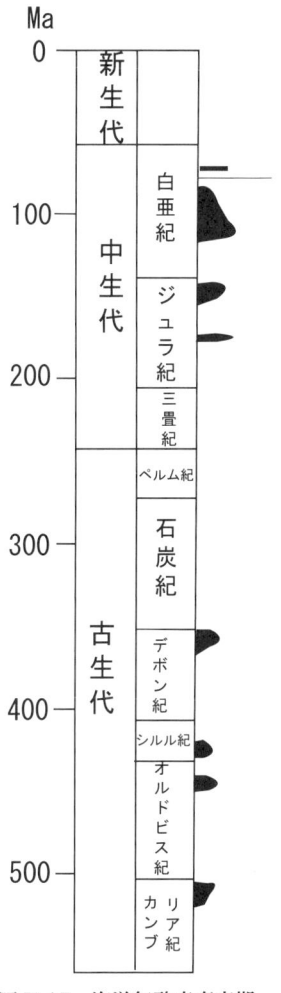

図 X-17 海洋無酸素事変期
— Force and Mynaerd (1991) による —

密接に伴うものがある（Force and Maynard, 1991）．

　成層した堆積盆はしばしばその中心近くに黒色頁岩あるいは有機質泥灰岩を堆積するが，浅海成マンガン鉱床は一般に黒色頁岩およびこれに関係する堆積物より酸化的な相に相当する．現在の地球にはそのように成層した海盆は稀である（湖を除く）が，地質時代には"海洋無酸素事変"と呼ばれる期間が何回かあり黒色頁岩を含む成層堆積盆が形成されたことが知られている．そのような期間として図 X-17 に示すように早期古生代，ジュラ紀，白亜紀の例があり，これらの全世界的な海洋低酸素濃度事変以外に，開放された外洋から分離した水塊が一定期間低酸素となることがある．その例として漸新世および現世の黒海がある．

X-2 風化残留鉱床と浅成二次富化作用

　岩石または鉱床が風化作用により土壌を形成する過程で難溶物質が濃集した鉱床を風化残留鉱床という．また硫化物鉱床が風化作用によって富化する現象を浅成二次富化作用という．

(1) ボーキサイト鉱床

　ギブサイト，ベーマイト，ダイアスポア，半非晶質相などからなり，アルミニウム鉱床として採掘しうる表土物質をボーキサイト鉱床という．大部分のボーキサイト鉱床は原地性の風化残留鉱床であるが，一部に移動再堆積した崩積鉱床あるいは沖積鉱床も認められる．ボーキサイト鉱床は一般に母岩と成因によりカルスト型（テラロッサ型）ボーキサイト鉱床とラテライト型ボーキサイト鉱床に分類される．カルスト型鉱床は炭酸塩の分解とそれに伴う Al 珪酸塩の風化に由来する残留アルミニウムの濃集によって形成されたアルミニウム酸化物鉱床であり，鉱床の組成およびカルスト化の様式によってさらに幾つかの型に分類されている．その主要分布地域は地中海北岸，ジャマ

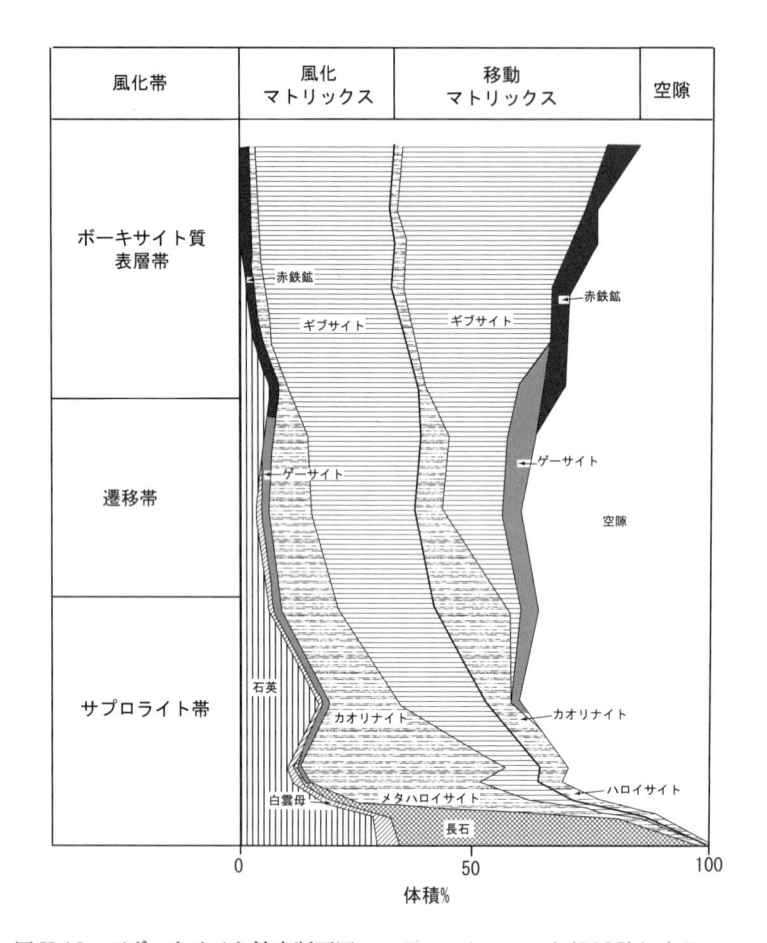

図 X-18　正ボーキサイト鉱床断面図　− Freyssinet et al. (2005) による −

イカ，米国などである．

　ラテライト型鉱床は Al 珪酸塩岩から亜熱帯ないし熱帯気候の条件下でラテライト風化作用によって形成され，世界のボーキサイト資源の約 90% を占める．成因上第三紀から現世生成ののラテライト型ボーキサイト鉱床は，熱帯および亜熱帯に分布するが，古生代から中生代に生成した鉱床は高緯度にも産する．後者は現世の鉱床と同様な条件で生成したがテクトニックスおよび世界的な気候変化によって現在の位置にあると考えられる．ラテライト型ボーキサイト鉱床は，粘土に富む砂岩，片麻岩，花崗岩，粗粒玄武岩，斑糲岩などの種々のアルミニウムを含む堆積岩，変成岩，火成岩の上に発達する．鉱床の構造および風化断面の特性は鉄質ラテライト断面と多くの類似点があり，上に向かって鉄の消費によるアルミニウムの増加が認められる．風化断面では，未風化母岩の上にカオリナイト，Fe −水酸化物，残留鉱物（白雲母，石英，磁鉄鉱，ジルコンなど）からなるサプロライト帯が発達する．サプロライト帯は原岩の組織および体積の大部分を保存しており，厚さは風化時間，母岩の組成・組織，地理的位置などにより 2 m から 100 m まで変化する．サプロライト帯の頂部では，カオリナイトは分解しギブサイトに置換され，ボーキサイト層に移り変わる．この層は数 m の厚さで一般に高 Al 品位，低 Fe 含有量を示し，鉱石となる．さらにその上はボーキサイト質，鉄質あるいは粘土質など種々の型の表層が発達する．表層は一般に凝固・硬化しており，

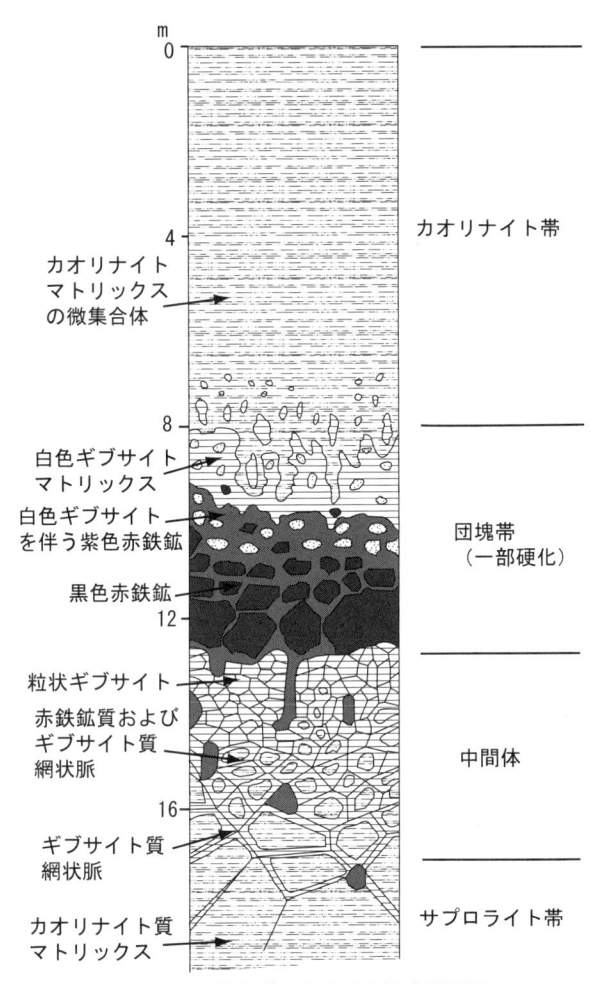

図 X-19 潜在ボーキサイト鉱床断面図
－Freyssinet et al.(2005)による－

　ラテライト質表層は Fe または Al の水酸化物およびカオリナイトからなる．表層の性質はその場所の古気候によって変化する．ラテライト型ボーキサイト鉱床はさらに正ボーキサイト鉱床，変ボーキサイト鉱床，潜在ボーキサイト鉱床に分類される．

　正ボーキサイト鉱床は一回の風化作用によって形成され後期の変化を受けていない標準的ボーキサイト断面を有する．図 X-18 は厚さ 20m の典型的正ボーキサイト鉱床組成断面図である．図では二つの型のマトリックス，すなわち風化初生鉱物からなる風化マトリックスと浸透溶液から沈殿した移動マトリックスが示されており，両者とも同じ鉱物組成を有する．両者の Fe および Al 量，ギブサイト／カオリナイト比は下部から上部に向かって増加し，シリカは減少する．表層は自由に排水されシリカに乏しい水によって溶脱されカオリナイトはギブサイトに変化する．

$$Al_2Si_2O_5(OH)_4 + H_2O = Al_2O_3 \cdot 3H_2O + 2SiO_2$$
　　　　カオリナイト　　　　　　ギブサイト　　　シリカ

　サプロライト帯底部では，アルミニウムはすべてハロイサイト中に含まれ，上部に向かってカオリ

ナイト，さらにギブサイトに変化することになる．ボーキサイト質表層は主としてギブサイトと赤鉄鉱からなり，ほとんど分解されているが僅かなカオリナイトと残留石英を伴う．

変ボーキサイト鉱床は，石英に乏しい母岩の上に発達し，正ボーキサイト鉱床と類似の断面を有するが，アルミニウムに富み鉄に乏しいのでより白色を呈しベーマイトに富んでいる．また変ボーキサイト鉱床は，正ボーキサイト鉱床に比較して分布が少なく白亜紀から漸新世の古地表面上に発達するものが多い．変ボーキサイト鉱床は，気候がより乾燥型へ変化することによって正ボーキサイト鉱床から転移したと考えられている．脱水作用による変化は地表から下部に向かって進むので，まず断面上部のゲーサイトとギブサイトがそれぞれ脱水され赤鉄鉱とベーマイトに変化する．

$$2FeOOH = Fe_2O_3 + H_2O$$
　　　ゲーサイト　　赤鉄鉱

$$Al_2O_3 \cdot 3H_2O = 2AlOOH + 2H_2O$$
　　ギブサイト　　　　ベーマイト

ベーマイトは表層頂部，通常豆状組織層準に限って産するが，ゲーサイトの脱水はより深部まで進み塊状の赤鉄鉱質表層を形成する．これは脱水環境における鉄およびアルミニウムの溶解度の差によるものと考えられる．

潜在ボーキサイト鉱床はボーキサイト層が厚い粘土に富む表土によって覆われているもので，アマゾン川流域にのみ分布が報告されている．潜在ボーキサイト鉱床の断面は下部から次の三つの帯からなる（図X-19）．(1)サプロライト帯はカオリナイトと少量の石英からなり稀に鉄の水酸化物を伴う．サプロライト帯から上部に行くに従い，カオリナイト質のマトリックスは細いギブサイト質の網状脈に切られ，次第に数百μmのギブサイト結晶の黄赤色斑紋を有する硬質層に置換される．(2)厚さ1～8mの団塊質帯，その底部は角礫化し，ギブサイト質および鉄質コンクリーションからなり，上部に向かって大部分赤鉄鉱団塊からなる鉄質層に変わる．この団塊はゲーサイトとギブサイトからなり少量のカオリナイトを伴う軟らかい粘土に囲まれている．(3)脆い粘土に富むマトリックス（ラトゾル）からなる黄色ないし赤色の均質表層で典型的なアマゾン流域土壌である．鉱物成分はカオリナイトを主とし，ギブサイト，ゲーサイト，微量の石英を伴う．表層の成因については，気候変化に対応する多段階形成が考えられている．

ラテライト型ボーキサイト鉱床の主要分布域は次の5地域である．(1) 北および南西オーストラリア地域，(2) 西アフリカ地域：主としてギニア（コートジボアール，ブルキナ ファソ，シェラレオネ，ガーナ，マリにも鉱床を産する），(3) 南アメリカ地域：ギアナ楯状地（ガイアナ，スリナム，ギアナ（フランス））およびブラジル楯状地，(4) インド地域：東および西海岸，内陸高原，(5) 東南アジア地域：ベトナム，ラオス，カンボジア，インドネシア（Freyssinet et al., 2005）．

Weipaボーキサイト－カオリン鉱床　本鉱床はオーストラリア・クイーンスランド北部 Cape York 半島西海岸の Weipa 付近に分布し，地質的にはオーストラリア縁辺中生代～第三紀卓上地被覆層分布域に位置する．Cape York 半島は，原生代変成岩および中・後期古生代花崗岩類および火山岩類を基盤とし，これを覆う中生代 Carpentaria 海盆堆積物および新生代 Karumba 海盆堆積物からなる（図X-20）．Cape York 半島西部に分布する Carpentaria 海盆堆積物は，厚さ250m，ジュラ紀および白亜紀の河川成 Garraway 層および海成 Gilbert River 層の砂岩からなる．これら

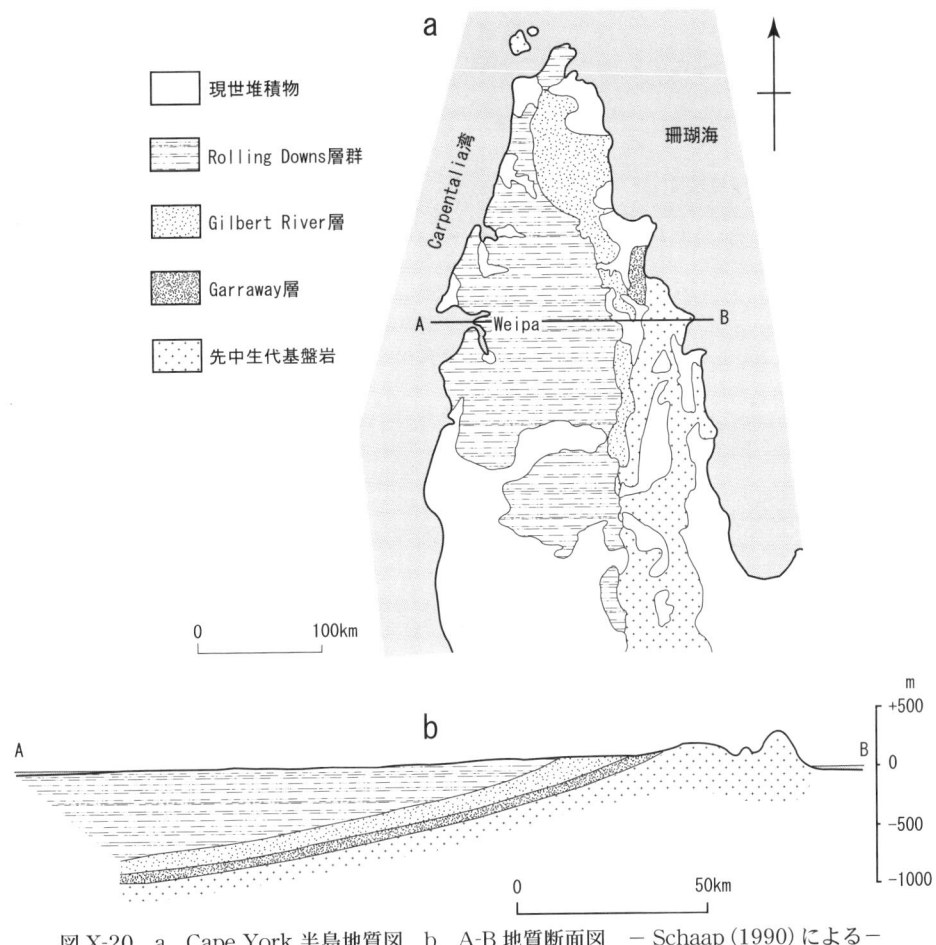

図X-20 a Cape York半島地質図 b A-B地質断面図 ─Schaap (1990) による─

を覆って浅海成泥岩，シルト岩，砂岩からなる厚さ600mの早期白亜紀Rolling Downs層群が発達する．Weipa地域のRolling Downs層群の上には，堆積シーケンスの最上部層としてWeipa層と呼ばれる河川成または三角州堆積物が分布する．その基底は粗粒石英砂層で，その上にカオリナイト質粘土と石英砂の互層が重なる，ボーキサイトは変ボーキサイト型と考えられ，この互層の上部に発達する．Weipa層は新生代Karumba海盆堆積物の再下底であるとする説もあるが，広域のボーリング調査の結果からは，白亜紀Rolling Downs層群の一部である可能性が高い (Schaap, 1990)．

Weipa層は緩やかに西に傾斜し，Weipa地域を広く覆い厚さは20mに達する．基底の粗粒砂層は厚さ6～8m，角張った灰白色石英粒子からなり，分級度が悪く極細粒砂から極粗粒砂，細礫，シルト，粘土を含む．最下底には円磨された細礫と中礫からなる礫層を産する．粗粒砂層には水平層理および面状斜交層理が認められる．粗粒砂層の上は砂質粘土および粘土レンズに覆われ，これらは砂および粘土質砂と互層する．これらの堆積シーケンスの地表近くはラテライト帯が発達し不明瞭となる（図X-21a）．Weipa層中の重鉱物は，主としてジルコン，白チタン石，ルチル，電気石で，稀にイルメナイト，アナターゼ，くさび石，菱鉄鉱，磁鉄鉱，燐灰石，モナザイト，紅柱

凡例:
- 粘土
- 砂質粘土
- 粘土質砂
- 砂

凡例:
- 土壌
- ボーキサイト ─┐
- 鉄鉱   ─┴ ラテライト帯
- 斑紋帯
- 帯青白色帯
- サプロライト帯
- ---- 岩石境界

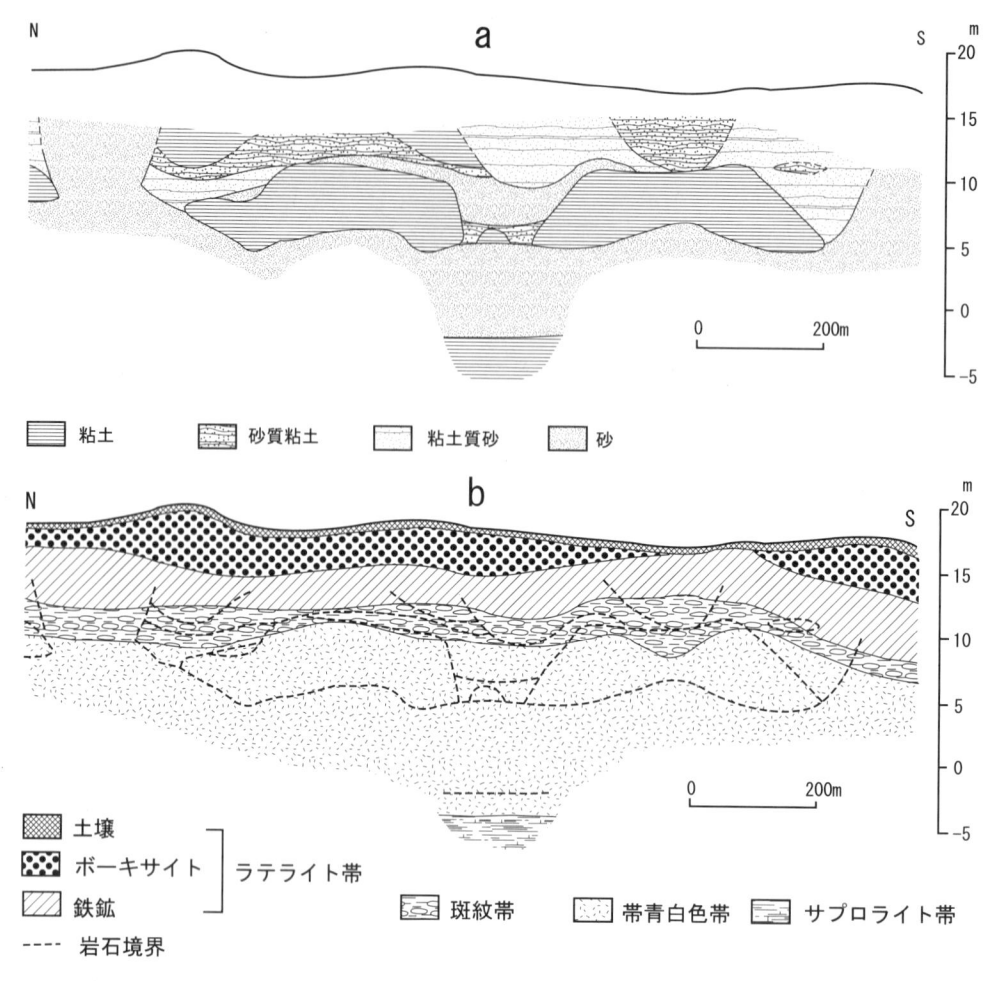

図 X-21　a　Weipa 鉱床地質断面図　b　同風化帯断面図　－ Schaap (1990) による－

石, スピネル, 十字石を産する. 同様な鉱物組み合わせはボーキサイト中にも見出される (Schaap, 1990).

　風化帯の厚さは 20 ～ 35 m で, 風化帯を構成する上からラテライト帯, 斑紋帯, 帯青白色帯, サプロライト帯の境界は漸移的である (図 X-21b). ラテライト帯は上から土壌 (0.5 m), ボーキサイト (1 ～ 5 m), 鉄鉱 (1 ～ 2 m) からなる. ボーキサイトは非固結の豆状をなし, 主としてギブサイトおよびベーマイトからなり, 少量のカオリナイト, 石英を伴う. 鉄鉱層はゲーサイトと赤鉄鉱の団塊からなり種々の量のカオリナイトと石英を伴う. 斑紋帯は深部に行くに従い鉄の量が減少するのが特徴で, 赤色および黄色の鉄酸化物によって染色されている. 帯青白色帯は酸化鉄量が少なく, Weipa 層のこの帯では白色を呈し石英粒子が顕著に認められる. サプロライト帯は帯青白色帯と未風化帯間の遷移帯であって白色ないし黄白色から, Rolling Downs 層群の未風化堆積物が示す帯緑灰色まで変化する. 本鉱床ではボーキサイト以外に帯青白色帯の Weipa 層粘土レンズからカオリナイトが採掘されている (Schaap, 1990).

　Weipa 港まで 40 km 以内の範囲にある Weipa ボーキサイト鉱床の埋蔵鉱量は採算品位で 3 億

5,000万t，Vrilya PointからArcher Bay間のボーキサイト資源量は30億tと報告され，世界最大のボーキサイト鉱床の一つである（Schaap, 1990）．

ボーキサイト鉱床の生成条件 風化残留鉱床では，一般に母岩の性質は鉱石の品位と性質に影響を与える．ラテライト型ボーキサイト鉱床の全世界埋蔵量の49%は石英を含まない岩石から，48%は石英含有量の低い岩石から，3%が石英含有量の高い岩石生成される．意外にも，母岩のAl量はボーキサイト化作用の重要な要素ではないように思われる．Al_2O_3 15%以下の岩石でもボーキサイト鉱床を生成可能である．アルミニウム富化の過程は大部分初期のAl/Si比と風化作用の速度に支配される．また低Fe量も重要な要素であり，高い初期Fe量は鉄質ラテライトを形成しやすい．ボーキサイト鉱床の相当な部分は堆積岩から生成され，とくに最高品質の鉱石はアルコーズ砂岩から生成される．スリナム－ガーナ海岸平野の鉱床，オーストラリアのWeipaおよびGove鉱床，アマゾン堆積盆の一部の鉱床はその例である．西アフリカでは後期原生代および古生代の頁岩，粘板岩が主要ボーキサイト鉱床の起源物質となっている．深成岩，とくに花崗岩も多くの重要なボーキサイト鉱床の母岩となっている．花崗岩起原の最大のボーキサイト鉱床として，西オーストラリアDaring Range地域，ベネズエラのLos Pijiguaos地域の鉱床があげられる．

多くのボーキサイト鉱床は，現在の大規模高原の高所に見出され，古いラテライト平坦化面上に存在する．ボーキサイト鉱床を産する高原は，一般に全体の傾斜が1～5°の古い大規模平坦化面の残留物で，同様な古地表が異なった高度に産する．サバンナ気候地域では古地表とそれに伴う鉱床は，より若い侵食作用によって開析されているが硬化地表に覆われた高原として良く保存されている．ボーキサイト鉱床の品位はその地域的地形条件よっても支配される．例えば西オーストラリアのDaring Range地域では，ボーキサイト鉱床は，全体としてより鉄質の硬化地表を有するラテライト地帯内で，傾斜面上部および峰のような最も排水の良い場所に産し，このような例は他にも見出される．

ボーキサイト化作用はラテライト化作用の極端な場合であり，通常のラテライト風化帯に比べてシリカの溶脱とアルミニウムの富化が強い．母岩組成と地形的要因の外に風化断面上部の鉱物組成は，長期間の大気の湿度によって支配される．ボーキサイト化作用の最適条件は，現在の熱帯湿潤気候に相当する年平均気温22℃以上，雨期9～11ヶ月以上，年間降雨量1,200mm以上とされている．先カンブリア時代，石炭紀，ペルム紀生成の鉱床が少数知られているが，現在採掘されている鉱床はすべて後期白亜紀以後の生成で，暁新世－始新世および中期中新世に最盛期があったと考えられる（Freyssinet et al., 2005）．

（2）ニッケル・ラテライト鉱床

ニッケル・ラテライト鉱床は，超苦鉄質岩が風化作用を受けて生成された経済的に採掘しうるニッケル（および一般にコバルト）を含む表土物質からなる．ニッケルおよびコバルトは風化断面において一つまたはそれ以上の帯に産出する．多くのニッケル・ラテライト鉱床は，赤道の両側緯度22°以内に産し，大型で高品位の鉱床は活動的プレート衝突帯に存在する．そのような場所では広範囲に衝上したオフィオライトが高温多雨の熱帯気象の下で活発な化学的風化作用を受け浅成富化される機会が多い．それに対して安定な楯状地に産する鉱床は大型であっても比較的低品位である．高緯度に存在する鉱床は，現在温暖乾燥気候下にあっても，鉱床が生成した時には高温多湿条件に

あったと考えられる．ニッケル・ラテライト鉱床は，鉱石鉱物組成によって酸化物型鉱床，含水マグネシウム珪酸塩型鉱床，粘土珪酸塩型鉱床に分類される．

酸化物型鉱床は，主としてゲーサイトからなる鉄の水酸化物が優勢な鉱床で，風化断面においてサプロライト帯の中部から上部，さらに土壌帯まで広がる．ニッケルは鉄を置換するか吸着によってゲーサイト中に含まれる．マンガン酸化物（例えばアスボレン，リシオフィライト）も一般に多く産し，いずれもニッケルおよびコバルトに富む．多くの鉱床，とくにダン橄欖岩上に発達する鉱床は，二次シリカを多産する．この型の鉱床の平均品位はNi 1.0〜1.6%である．基盤岩は，ニューカレドニアGoro鉱床では一部蛇紋石化したオフィオライト橄欖岩およびハルツバージャイト－ダン橄欖岩であるが（図X-26），西オーストラリアCawse鉱床では主として一部蛇紋石化したコマチアイト質ダン橄欖岩である．これらの鉱床の弱風化岩（風化作用20%以下）およびサプロライト下部は，主として残留橄欖石および輝石，一次および二次変質蛇紋石などの珪酸塩からなる．上部のニッケルに富む鉄質サプロライト（この帯にはCoに富むマンガン酸化物を含む）への遷移帯にはMgO量が＞〜20%から＜2%に急激に変化するMg不連続が存在する．含ニッケルゲーサイト質サプロライト帯の上部は，陥没と圧縮により形成された無構造のゲーサイトマトリックス帯に移り変わる．最上部は，蠕虫状および豆状の鉄質表土である．溶液空隙が鉄質サプロライトおよび表土には存在する．Goro鉱床とCawse鉱床の大きな違いは，前者が，一般に剪断帯付近の下部サプロライト帯自由排水部に伴う高品位（Ni 1.2〜＞3.0%）の含水Mg珪酸塩鉱石を有することである．これに対してCawse鉱床の下部サプロライトに帯は，基盤岩の上に僅かな富鉱部があるに過ぎない．さらにCawse鉱床の風化帯は強く珪化作用を受け結果として全体のニッケル含有量を低下させている．このような珪化作用は，風化ダン橄欖岩に特徴的で，その低Al含有量により，粘土の生成が限られるからである．この型の鉱床の主要な例としてEvoia（ギリシャ），Sakharin, Serov（ロシア），Musongati（ブルンジ－含水マグネシウム珪酸塩型を含む），Pinares（キューバ），Vermelho（ブラジル－含水マグネシウム珪酸塩型を含む），Ambatovy（マダガスカル－含水マグネシウム珪酸塩型を含む），Halmahera地域（インドネシア），Goro, Nakety（ニューカレドニア）がある．

含水マグネシウム珪酸塩型鉱床は，サプロライト帯下部に含水Mg-Ni珪酸塩が濃集する鉱床で，これらの珪酸塩は主として蛇紋石，滑石，緑泥石，セピオライトの含ニッケル種であり厳密に定義されていないが一般にガーニエライトとして知られている．この型の鉱床はニッケル・ラテライト鉱床の中で最も品位が高く（平均Ni 1.8〜2.5%），生産量も大きい．含水マグネシウム珪酸塩型鉱床は，主としてオフィオライトのハルツバージャイト橄欖岩上に発達し，東南アジア，オセアニア，中央アメリカ，カリブ海地域などの活動的テクトニックス地域に分布する．含水マグネシウム珪酸塩型鉱床の主要な鉱石帯は，Mg不連続の下のサプロライト帯にある（図X-25）．風化断面の上部は，酸化物鉱床と類似し同様な品位を有するが，精錬上の理由で開発されず放棄されるか貯鉱されてきた．球状の風化産物が一般的な特徴で，とくに蛇紋石化を受けている場合に著しい．したがってサプロライトは，大きさ数mmから数十cmの塊の集合体からなり，風化作用の強さは塊の核から周縁部に行くに従い強くなる．Mg不連続から数mm以内でも大きな塊は基本的に未風化の核を有する．初生鉱物が低アルミニウム量のためシリカと結びついて粘土鉱物を沈殿するのに必要なアルミニウムに不足し，風化作用によって開放されたシリカは，ニッケルの主鉱物である

ガーニエライトを始めとする結晶度の低い多種類の含水マグネシウム珪酸塩として再沈殿する．鉄酸化物は一般に微量成分に過ぎない．ガーニエライトを含む珪酸塩鉱物は非常にニッケルに富み（Ni 3〜40%），明瞭な緑色を呈する．これらの珪酸塩鉱物は剪断面，節理，粒子境界面などの残留構造に沿って網状および脈をなすかサプロライト塊の表皮をなし，二次シリカを伴うことがある．この型の鉱床の主要な例としてSipilou-Touba-Biankouba（コートジボアール－酸化型を含む），Pamalma, Soroako（インドネシア），Koniambo, Thio, Prony（ニューカレドニア），Brolga（オーストラリア－酸化型を含む）がある．

粘土珪酸塩型鉱床は，サプロライト帯の中部から上部および土壌帯にわたって産するノントロライトおよびサポナイトのようなスメクタイトにニッケルを含むものである．これらの粘土鉱物中のニッケルは，層構造間に固定されているか8面体層の2価の鉄を置換して含まれ最大4%に達する．この型の鉱床の平均品位はNi 1.0〜1.5%である．粘土珪酸塩型鉱床は比較的起伏の少ない地形に限って形成される．この型の典型的鉱床であるオーストラリアのMurrin MurrinおよびBulong鉱床は蛇紋石化橄欖岩上に発達し，風化帯の深さは40〜60mに達する．弱風化岩および下部サプロライト帯は未風化および風化した蛇紋石，緑泥石，サポナイトからなり一部に二次シリカおよびマグネサイトを産する．その上に粘土に富む鉄質サプロライト帯と，Alモンモリロナイト，Alバイデライト，Feモンモリロナイト，Feノントロナイトの中間組成のスメクタイトを含むマトリックス帯が発達し，鉱石を形成する．下部サプロライト帯からスメクタイト鉱石帯への遷移は，急速なMg量の減少すなわちMg不連続により特徴付けられ，さらにほぼ完全なMg欠損が鉱石帯の上のゲーサイトマトリックス粘土への遷移部分で生ずる．場所によって赤鉄鉱質の表土が発達することがある（図X-29）．この型の鉱床は小規模のものが多いが，大型の鉱床としてキューバのSan Felipe地域のCamaguey鉱床が知られ，その他中〜小規模の鉱床例としてSão João do Piauí（ブラジル），Murrin Murrin, Bulong（オーストラリア）があり，オーストリアのBrolga，ブルンジのMusangeti，アルバニア西南部の鉱床の一部には粘土珪酸塩型鉱石を産する．(Freyssinet et al., 2005)．

ニューカレドニア島ニッケル・ラテライト鉱床 ニューカレドニア島は珊瑚海の東，バヌアツ諸島の西にあり，地質的にはオーストラリアプレートの東縁に位置する．ニューカレドニア島の基盤は，早期白亜紀までにゴンドワナ大陸の東縁に沿って発達するか付加したTerremba帯，Bohgen帯，Koh帯の3主要地質帯からなる（図X-22）．ペルム紀－ジュラ紀形成のTerremba帯は，島の西側に分布し，化石を含み，カルクアルカリ岩系島弧シーケンスからなる．Bohgen帯はTerremba帯の東側に平行して分布し，大部分珪長質の変堆積岩からなり，Teremba帯にはない縞状組織を示すことから"前ペルム紀片岩"と呼ばれてきた．この帯の一部の岩石は後期ジュラ紀の変成作用によって青色片岩相に達している．Koh帯は下部三畳紀のオフィオライトで，島の中央部に凹凸の激しい露頭をなして分布する．ボニナイトと島弧ソレアイトによって，このオフィオライトが早期の海洋内島弧産物であることを示している．その上をジュラ紀に島弧を形成した化石に乏しい深海成火山砕屑性堆積岩からなる地層が覆っている．以上の基盤岩類を傾斜不整合に覆って夾炭層と礫岩からなる海進シーケンス（"formation à carbons"）が発達し，イノセラムスを含む浅海性砂岩へと続く．以上述べた地質単位と断層によって接する後期白亜紀異地性玄武岩層（"formation des basalts"）がニューカレドニア島両岸低地に分布する．この玄武岩層は粗粒玄武

図 X-22 ニューカレドニア島地質概図 － Aitchison et al. (1995) による－

岩および枕状玄武岩とその上を覆う珪質頁岩からなる．これら苦鉄質火山岩は背弧海盆または縁海性のソレアイトである．主として島の南部に広く露出するオフィオライトナップ（ニューカレドニア・オフィオライト）は，北部のエクロジャイト相 Pouébo 変成岩を含めてすべての先新生代地質単位を構造的に覆っている．このオフィオライトシーケンスの上部は欠如し，露頭はほとんどダン橄欖岩，ハルツバージャイト，蛇紋岩などの超苦鉄質岩に限られ稀に斑糲岩が見られる．地質年代は 100～77Ma および 48Ma とされ複雑な過程を示している．ニッケル・ラテライト鉱床はニューカレドニア・オフィオライトの風化帯に形成されている．

ゴンドワナ大陸の東縁は，白亜紀に最高潮に達した Tasman 海の拡大とニューカレドニアおよびニュージーランドのオーストラリアからの分離による大陸の分解・分割の影響を受ける．ニューカレドニア基盤帯は次第にゴンドワナ大陸本体から分離してマージナルプラトーになり，沈下するにつれて遠洋性堆積物に薄く覆われる（図 X-23a）．暁新世から下部始新世にかけて堆積物は，遠

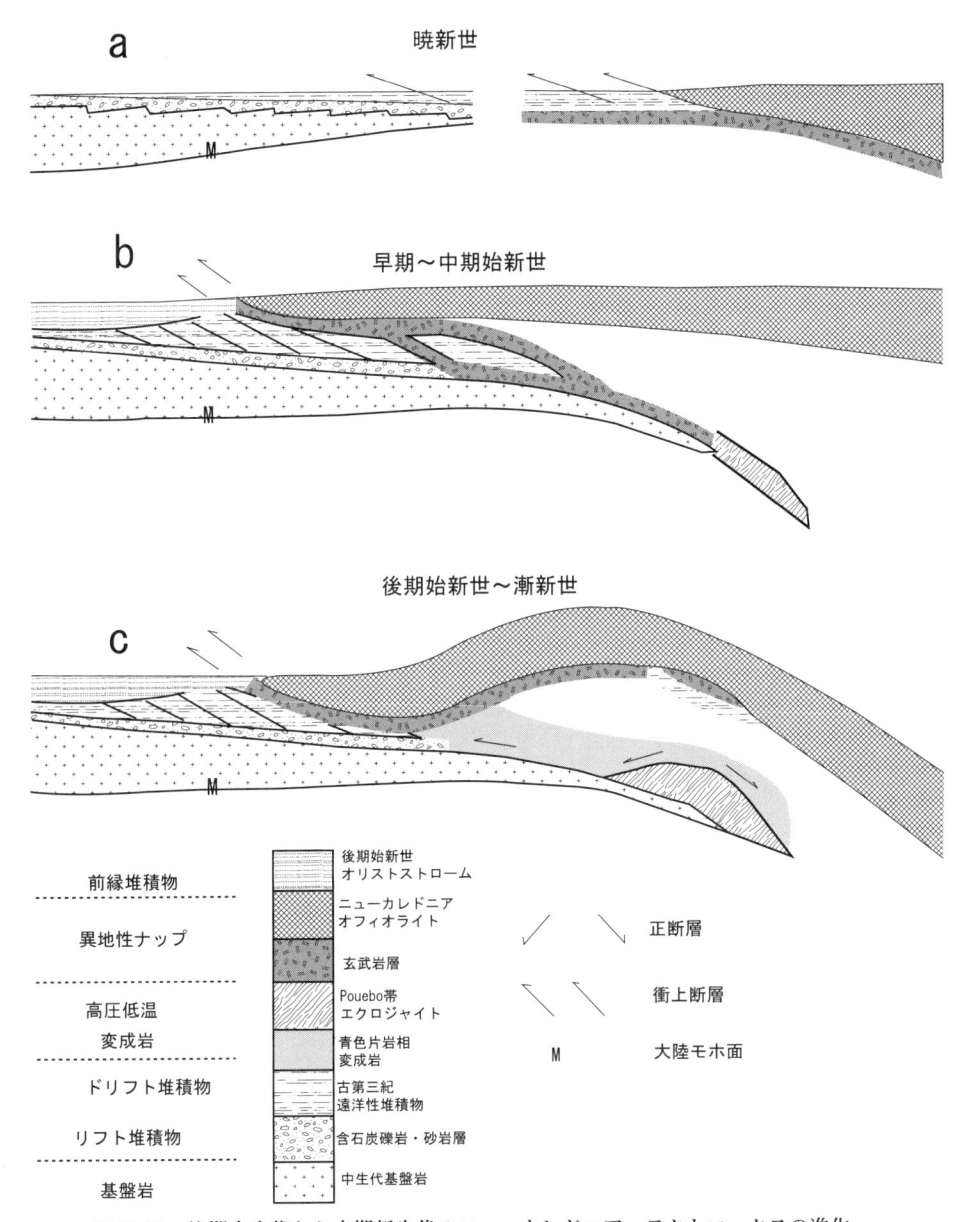

図 X-23 後期中生代から中期新生代のニューカレドニア・テクトニックスの進化
− Aitchison et al. (1995) による −

洋性炭酸塩から珪質堆積物に移り変わり沈下が進んだことを示している．ニューカレドニア基盤帯の北西方向への移動と，南西から南に面する収斂境界への到着に呼応して，中期始新世にテクトニックスと堆積には大きな変化が起こった．マージナルプラトー堆積物を不整合に覆って，前縁堆積物として広範なオリストストロームを含む粗粒砕屑物が堆積する（図 X-23b）．ニューカレドニア基盤帯の"formation des basalts"およびニューカレドニア・オフィオライトの下への沈み込みに伴って，マージナルプラトー堆積物は南西に傾く衝上スライスとなり西海岸後背地に分布し，"formation des basalts"もナップとなって，これより大規模で構造的に上位を占めるニューカレ

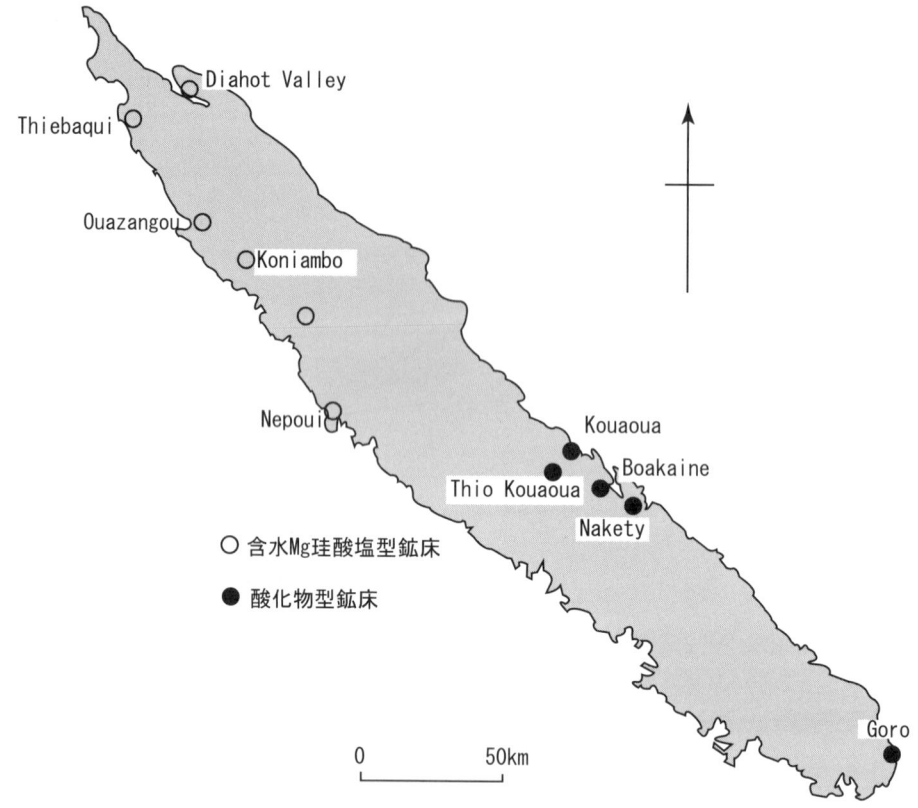

図 X-24 鉱床位置図 －石油天然ガス・金属鉱物開発機構(2005)による－

ドニア・オフィオライトナップの先頭に位置して，ニューカレドニア基盤帯の上に衝上する．後期始新世から漸新世にかけてオフィオライトのオブダクションが最盛期に入るとともに沈み込みが次第に進まなくなり，衝突帯内部では高圧低温型の変成作用によってPouébo変成岩が形成される（図 X-23c）(Aitchison et al., 1995)．

ニューカレドニア島のニッケル・ラテライト鉱床は種々の程度に蛇紋石化したニューカレドニア・オフィオライトの橄欖岩（主としてハルツバージャイト，一部ダン橄欖岩）上に発達する．本島のニッケル・ラテライト鉱床は含水マグネシウム珪酸塩型鉱床と酸化物型鉱床に分類される．鉱床の位置を図 X-24 に示す．多くの鉱床は，急峻な山地にあり，そのラテライト－サプロライト風化帯が深く侵食された急傾斜帯に露出している．ニューカレドニアにおける含水マグネシウム珪酸塩型鉱床の典型的断面を図 X-25 に示す．最上部は蠕虫状および豆状の厚さ数mの硬化表土で，赤色ラテライトマトリックス帯に漸移する．この帯は厚さ 0～10m，上部は豆状組織を示す．その下は黄～赤色のラテライトからなる鉄質サプロライト帯，さらに軟質サプロライト帯（土状鉱石），粗粒サプロライト帯（巨礫状鉱石），岩石状鉱石からなるサプロライト帯と続き，未風化岩に移り変わる．ニューカレドニア島におけるこの型の鉱床の主要な鉱石はサプロライト帯から産するガーニエライトである．ガーニエライトは蛇紋石化橄欖岩の風化によって生成されるが，蛇紋石は，原岩中の橄欖石よりNi含有量が高くなり，蛇紋石化作用は高品位のガーニエライト鉱石を生成するために有効である．初期蛇紋石化作用は後期始新世の衝上運動に関係して形成された蛇紋岩マイロ

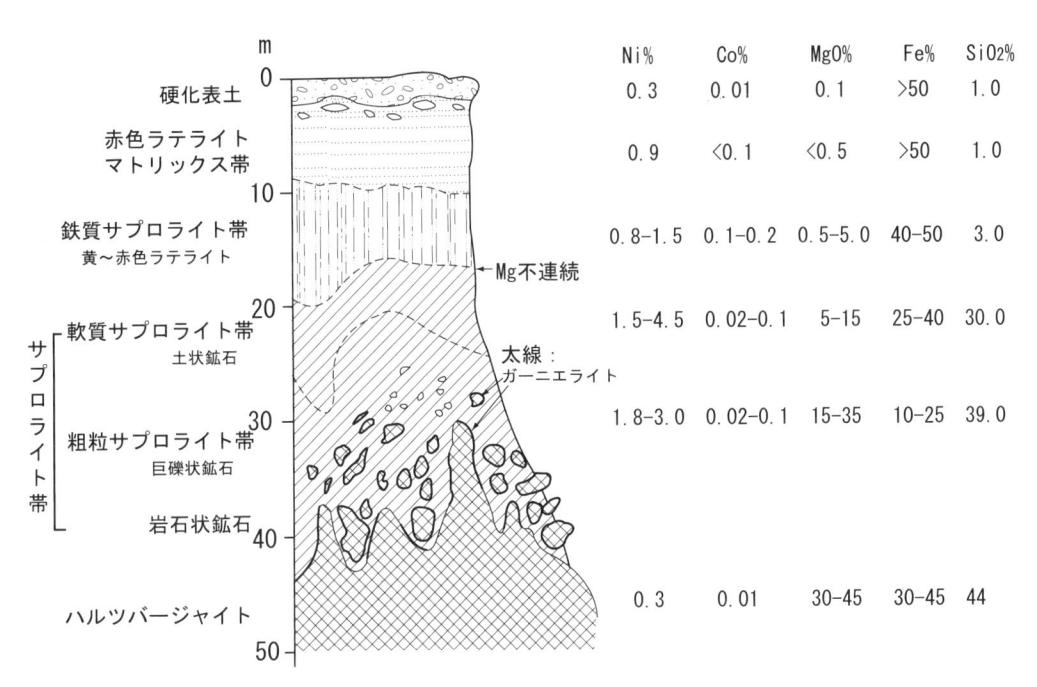

		Ni%	Co%	MgO%	Fe%	SiO2%
硬化表土		0.3	0.01	0.1	>50	1.0
赤色ラテライトマトリックス帯		0.9	<0.1	<0.5	>50	1.0
鉄質サプロライト帯 黄～赤色ラテライト		0.8-1.5	0.1-0.2	0.5-5.0	40-50	3.0
軟質サプロライト帯 土状鉱石		1.5-4.5	0.02-0.1	5-15	25-40	30.0
粗粒サプロライト帯 巨礫状鉱石		1.8-3.0	0.02-0.1	15-35	10-25	39.0
岩石状鉱石						
ハルツバージャイト		0.3	0.01	30-45	30-45	44

図 X-25　含水 Mg 珪酸塩型鉱床断面と化学組成　－Freyssinet et al. (2005) による－

ナイトを含む剪断帯に沿って強く発達し，これらの構造は蛇紋石化だけでなく風化作用の深さも支配している．酸化物型鉱床は，島の南東部に産し，南端の Goro 鉱床はそれらの中で最大の鉱床である．Goro 鉱床は含水マグネシウム珪酸塩型鉱床と同様にニューカレドニア・オフィオライトの橄欖岩上に発達する．鉱床の風化断面を図 X-26 に示す．最上部は一般に 5m 以下の硬化表土で，その下は厚さ約 15m の赤黄色ラテライトマトリックス帯，厚さ約 10m の黄～赤色のラテライトからなる鉄質サプロライト帯となり 10m 以下の小規模な巨礫状鉱石からなるサプロライト帯を経て未風化岩に移り変わる．Goro 鉱床の鉱石は赤黄色ラテライトマトリックス帯および鉄質サプロライト帯から産する含 Ni ゲーサイト質鉱石で，ニューカレドニア島含水マグネシウム珪酸塩型鉱床産の鉱石より MgO 量が低く Co 量が高い．

　ニューカレドニア島ニッケル・ラテライト鉱床の埋蔵鉱量は珪酸塩型の Koniambo 鉱床が資源量として 3 億 1,100 万 t（Ni 2.119%, Co 0.072%），酸化物型の Goro 鉱床が埋蔵鉱量として 4,700 万 t（Ni 1.59%, Co 0.17%），資源量として 2 億 3,900 万 t（Ni 1.6%, Co 0.13%），Nakety-Bogota 鉱床が資源量として 2 億 5,000 万 t（Ni 1.2～1.60%, Co 0.09～0.13%），Nepoui 鉱床が埋蔵鉱量として 1,100 万 t（Ni 2.7%）Kouaoua 鉱床が埋蔵鉱量として 1,330 万 t（Ni 2.9%），Thiebaqui 鉱床が 1,260 万 t（Ni 1.2%）と報告されている（石油天然がス・金属鉱物資源機構，2005）．また，珪酸塩型の Thio 鉱床が含有 Ni 量 300～500 万 t（Ni 2.4%），Prony 鉱床が含有 Ni 量 200～300 万 t（Ni 2.4%）との報告もある（Freyssinet et al., 2005）．

　ニッケル・ラテライト鉱床の生成条件と生成機構　ニッケル・ラテライト鉱床はほとんど例外なく初期ニッケル含有量 0.2～0.4% の橄欖石に富む超苦鉄質岩から生成され，滑石－炭酸塩変質岩および輝岩のような橄欖石に乏しい超苦鉄質岩から生成された鉱床は知られていない．鉱床の型は

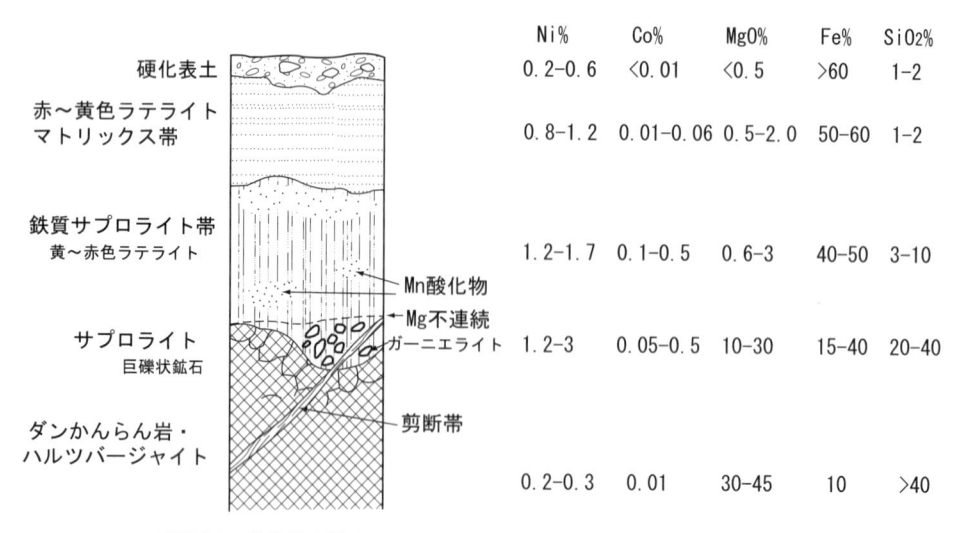

層		Ni%	Co%	MgO%	Fe%	SiO2%
硬化表土		0.2–0.6	<0.01	<0.5	>60	1–2
赤～黄色ラテライトマトリックス帯		0.8–1.2	0.01–0.06	0.5–2.0	50–60	1–2
鉄質サプロライト帯 黄～赤色ラテライト	Mn酸化物	1.2–1.7	0.1–0.5	0.6–3	40–50	3–10
サプロライト 巨礫状鉱石	Mg不連続 ガーニエライト 剪断帯	1.2–3	0.05–0.5	10–30	15–40	20–40
ダンかんらん岩・ハルツバージャイト		0.2–0.3	0.01	30–45	10	>40

図 X-26 酸化物型鉱床断面と化学組成 － Freyssinet et al. (2005) による －

一部超苦鉄質岩の種類に影響される．橄欖岩（オルソキュームレイト）は，酸化物型鉱床，含水マグネシウム珪酸塩型鉱床，粘土珪酸塩型鉱床のすべてを生成しうるが，粘土珪酸塩型鉱床は，コマチアイト質オルソキュームレイトのような単斜輝石を含む超苦鉄質岩からの方が初期 Ca, Na, Al 量が比較的高く容易に作りやすいように思われる．ダン橄欖岩は，主として酸化物型鉱床を生成する．一般にダン橄欖岩上の鉱床は，橄欖岩上に作られた鉱床より遊離シリカが多く，とくに Al 量が低い場合には粘土の生成を阻む．母岩の蛇紋石化の程度は，自由な排水条件において，橄欖岩上に生成される鉱床の含水マグネシウム珪酸塩の性質と量に影響を与える．蛇紋石化していない場合は，基底部の珪酸塩鉱化作用によって，Ni に富むガーニエライト脈および未風化岩塊の石英，微量の Fe-Mg スメクタイト，Fe(-Al)酸化物の被覆膜が生成される．弱ないし中程度の蛇紋石化岩石では，珪酸塩帯は新たに形成されたガーニエライトの脈，割れ面充填物，被覆膜および橄欖石から生じた Fe-Mg スメクタイトから構成されている．強く蛇紋石化した場合は，サプロライト塊の未変質核とガーニエライトからなる縁辺部の境界は漸移的となり，変質リザーダイト中に多くの Ni が八面体層中の Mg を置き換えて含まれる．きわめて強く蛇紋石化した珪酸塩型鉱床では，Ni に富むリザーダイトが主鉱石鉱物となり，ガーニエライトは稀にしか産しない（Freyssinet et al., 2005）．

　ニッケル・ラテライト鉱床は付加体およびクラトン両者に産し，太古代から中新世に至る地質時代の超苦鉄質岩上に発達する．鉱床自身の形成は後期古生代から現世にわたっている．ニッケル・ラテライト鉱床の 85％ は付加体中に産する．環太平洋地域，カリブ地域，バルカン地域などの付加体では，ニッケル・ラテライト鉱床はとくにオフィオライト複合体のハルツバージャイト橄欖岩およびダン橄欖岩上に発達する．これら各岩石の地質時代，とくに定置された年代を決定することは困難であるが，古生代から以後であると考えられる．付加体における構造運動，とくに隆起の効果は自由な排水による風化帯の生成を促し，含水マグネシウム珪酸塩の急速な生成に繋がるが，高い侵食速度は鉱床の厚さ，保存の程度を制限する．クラトン中の鉱床は，ブラジル，中央オーストラリアでは，太古代から古生代の層状貫入岩体の基底橄欖岩およびダン橄欖岩上に，西オーストラ

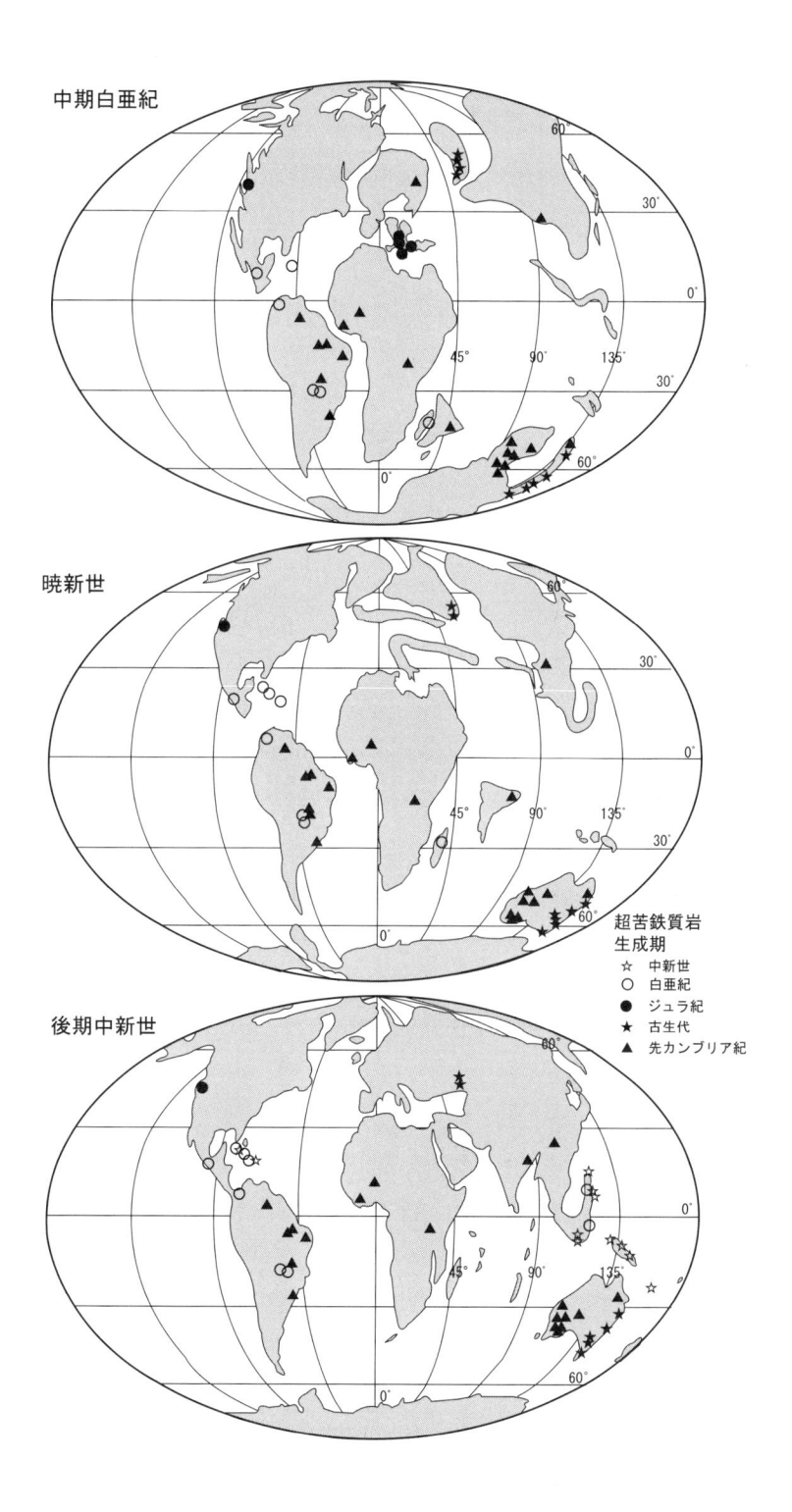

図 X-27　超苦鉄質岩露出分布図　－Freyssinet et al. (2005) による－

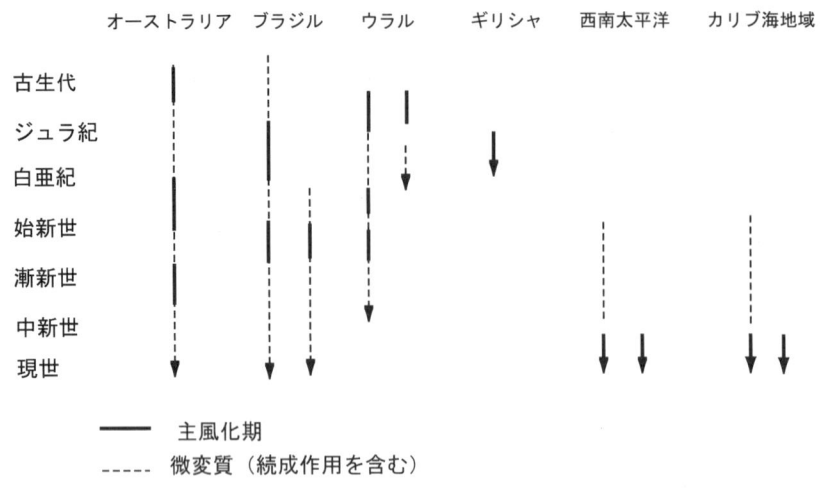

図 X-28　Ni ラテライト鉱床主要生成期　－Freyssinet et al. (2005) による－

リアでは太古代のコマチアイト質橄欖岩およびダン橄欖岩上に形成されている．クラトンの長い歴史，高安定度，起伏の少ない地形は，長期の風化作用，深いラテライト帯の生成と保存を可能にし，酸化物型鉱床と粘土珪酸塩型鉱床の生成に適している．

　母岩の超苦鉄質岩中の断層，割目，剪断帯は，ニッケル・ラテライト鉱床の厚さ，品位に，またある程度鉱床の型に強い影響を及ぼす．一般的には断層は風化およびニッケルの濃集を促進する．例えば断層は，ニューカレドニアにおける高品位ガーニエライト脈の探査指針となり，Cawse 鉱床ではニッケルの選択的濃集が高角度走向移動断層に見られる（Freyssinet et al., 2005）．

　多くのニッケル・ラテライト鉱床およびその産出する地表面は，きわめて長期間にわたって形成され進化してきた．西オーストラリアの Yilgan クラトンは，恐らく全顕生代にわたって大気下の条件に曝され，この期間風化作用を受けてきたと考えられる．事実 Yilgan クラトンの Murrin Murrin および Mt. Percy 鉱床の表土試料から古地磁気測定により古生代の年代が得られている．しかし，この地域の主な風化作用期は，中期ないし後期白亜紀，暁新世，後期始新世－漸新世であり，海岸地域では後期中新世以後まで続いたと推定され，他の大陸でも同様なことが起こったと考えられている．現在ニッケル・ラテライト鉱床を伴い中期ないし後期白亜紀，暁新世，後期中新世に露出または露出していたと推定される超苦鉄質岩の分布を図 X-27 に，ニッケル・ラテライト鉱床の主要生成期を図 X-28 に示す．

　気候，とくに温度と雨量は，風化作用とニッケル・ラテライト鉱床生成にとって基本的に重要な事項である．温度は鉱床型と化学反応速度に，雨量は化学反応と物理的侵食に影響を及ぼす．大型，高品位の含水マグネシウム珪酸塩型鉱床を含めて多くのニッケル・ラテライト鉱床は，熱帯湿潤気候帯に見出され，第三紀を通して，あるいは露出以来そのような気候の下で生成されてきたと考えられる．インドネシアの多くの鉱床，ブラジルの一部の鉱床，コロンビアの鉱床は年間雨量 1,800mm 以上，乾期 2 ヶ月以下の熱帯雨林型気候下にあるが，ニューカレドニア，フィリッピン，北東オーストラリア，カリブ海地域，ブルンジ，ブラジルの鉱床を含むニッケル・ラテライト鉱床の大部分は，年間雨量 900～1,800mm，夏が雨期で乾期 2～5 ヶ月の湿潤サバンナ帯に位置する．

地中海気候帯，温帯，温暖半乾燥帯にも多くのニッケル・ラテライト鉱床が分布するが，これらの鉱床も上述のように地質時代に熱帯ないし亜熱帯の高温湿潤な気候を経験していると考えられる．

ニッケル・ラテライト鉱床は，深く強い風化表層によって特徴付けられる地域に産し，この事は風化の速度が侵食より早く，起伏の少ない安定な地表の形成を意味する．そのような状態の保持は，また起伏の少ない地形と鉄質あるいは珪質の硬化表土によって防護される．これらの条件は安定なクラトンおよび卓上地において満足されやすく，構造運動の活発な付加体では満足しにくい．後者の場合，多くの鉱床は開析された高原に産し，そこでは以前に広く発達した表層が，隆起と排水の若返りに引き続いて活発に侵食され，山頂部，斜面上部，段丘の硬化表土の下部のみが保存される．これらの地形的条件は，ニッケル・ラテライト鉱床の性質と鉱石品位に大きな影響を与える．クラトンなどの起伏の少ない地形では，排水は妨げられ地下水面が高い．これは水流を減少させ，風化溶液の排出速度と溶脱速度および強度を低下させる．その結果，ニッケルの濃集は大部分残留によるものでほとんど絶対的付加がない．それに対して，付加体あるいはクラトンの丘陵地などの起伏に富む地形では，表層は自由排水であり地下水面も深い．これは断層および節理などの構造と組み合って溶脱速度と地下水の動きを最大にし，残留による濃集以外に深いサプロライト帯にニッケルの絶対付加を与える．すなわち，弱い溶脱と貧弱な排水環境においては，橄欖岩の風化作用によって発展程度の異なる酸化帯を伴ってサプロライト帯中に低品位のスメクタイト粘土型ニッケル鉱床を形成し，自由排水環境では，サプロライト帯に高品位の含水マグネシウム珪酸塩型鉱床を形成するとともに酸化帯も良く発達する．しかし，ダン橄欖岩の場合は排水条件に関係なく，初期に酸化物型鉱床を形成する傾向があり，排水が妨げられるときシリカの濃集が起こると考えられる（Freyssinet et al., 2005）．

中程度の起伏を示す熱帯雨林および湿潤サバンナ帯において，超苦鉄質岩が露出したとき最初に風化作用を受けるのは橄欖石であり，その加水分解の結果，Mg と一部の Si の溶脱と結晶度の低い Fe 酸化物の沈殿を生ずる．

$$(Fe, Mg)_2SiO_4 + 5H^+ = H_4SiO_{4(水溶性)} + FeOOH + Mg^{+2}$$
　　　　橄欖石　　　　　　　　珪酸　　　　　ゲーサイト

輝石および蛇紋石の加水分解（および酸化）は，橄欖石が消失した後に開始され，その産物は一般にスメクタイト，Fe 酸化物，Mg^{+2} である．単斜輝石から生成されるスメクタイトはノントロナイト，モノモリロナイトなどのアルミナに富むもので，蛇紋石からは Fe 質および Mg 質の種が生成される．

$$2(MgFe)_3Si_2O_5(OH)_4 + 3H_2O = Mg_3Si_4O_{10}(OH)_4 + 2\,Mg^{+2} + FeOOH + 3OH^-$$
　　　蛇紋石　　　　　　　　　　サポナイト　　　　　　　　　ゲーサイト

橄欖石および蛇紋石から解放された Ni は大部分風化帯に留まり，大部分はゲーサイトとともに沈殿するが，一部はサポナイト中に含まれる．このような変化は著しく空隙率を高め，風化溶液は急速に浸透し弱アルカリ性となる．密度は 50% 以上減少し，残留 Ni の品位は 0.5〜0.6% まで増加する．初生珪酸塩鉱物は Fe 酸化物およびスメクタイトに置き換えられるが，スメクタイトもまた加水分解し Mg はほとんど溶脱する（Mg 不連続の形成）．その結果風化帯の上部は Fe 酸化物が優

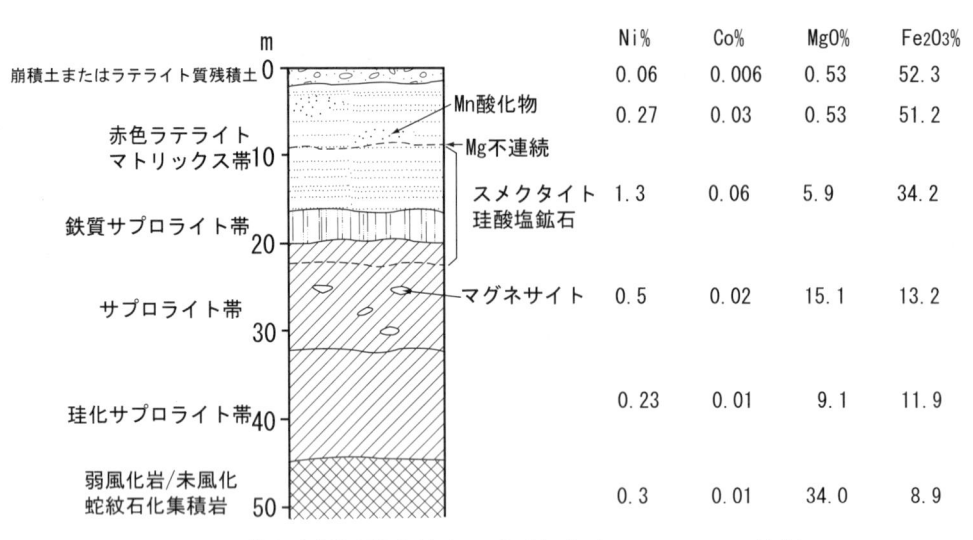

図 X-29 粘土珪酸塩型鉱床断面図と化学組成（Murrin Murrin鉱床）
－Freyssinet et al.(2005)による－

勢となり，ある程度残ったAlは，ゲーサイト中に入り残りはカオリナイトとギブサイトを形成する．この段階で原岩組織は崩落と固結によって破壊され，空隙率の増加によっては割目および微小断層が形成される．原質量の70%の消失に伴って，残留Niのみにより Ni品位は1%に達する．厚い植生と有機質土壌によって低pHの溶液が生成され，風化の進行に伴って上部のFe酸化物は溶解・再沈殿するとともに一部のNiが溶脱される．

$$FeOOH(Ni)(OH)_2 + 2H^+ = FeOOH + Ni^{+2} + 2H_2O$$
Niを吸着したゲーサイト　　　　ゲーサイト

開放されたNiは風化帯の深部に運ばれ，そこで再びゲーサイトに吸着するか橄欖石，蛇紋石その他の鉱物の風化産物と再反応し，種々のガーニエライトおよび他の二次含水Mg珪酸塩鉱物を形成する．Mn酸化物も酸化物帯の下部にNiおよびCoとともに濃集する．開放されたNiは，また蛇紋石中のMgを置換し，一部風化した初生蛇紋石を形成し，これは多くの鉱床において重要な鉱石鉱物となっている．

$$Mg_3Si_2O_5(OH)_4 + Ni^{+2} = Mg_2NiSi_2O_5(OH)_4 + Mg^{+2}$$
リザーダイト　　　　　　　ニッケルリザーダイト

これらの過程によって鉱床中に酸化物成分と含水珪酸塩成分が生成され，後者は時間が経過してテクトニック，地質構造，地形によって課せられる排水条件が改善されるとともに次第に重要になってくる．風化帯は，侵食速度が早いので深さが30m以下に制限され，起伏の少ない地形の場合と比較して成熟度が低い．

　一方，湿潤サバンナ帯（および熱帯雨林）において起伏の少ない地形の場合には，一般に風化作用およびラテライト化作用は深部まで進行する．地下水面は高く，サバンナ気候のとくに斜面の中部および下部では季節によって上下に変動する．侵食速度が遅く風化帯の深さは50から80mに

達する．水流は，風化帯深部でとくに遅いが，風化断面の鉄質サプロライト帯を含む上部では，空隙率が高く自由排水が行われることもある．初期の風化作用は速度が遅いが起伏の大きい場合に類似し，珪酸塩に富むサプロライト帯の上に鉄質マトリックス帯および鉄質サプロライト帯を形成する．しかし酸化物帯頂部では，季節的な飽和作用および脱水作用によって団塊の生成，赤鉄鉱によるゲーサイトの交代，高鉄質硬化表土が形成される．Niの濃集は大部分残留作用によるもので，採算可能品位（Ni 0.8～1.5%）に達するのはMg不連続より上部の酸化物帯に限られる．しかし，風化帯上部のゲーサイトおよび結晶度の低い酸化鉄鉱物から溶脱したNiによる絶対的富化作用も，鉄質サプロライトに多少認められる．地下水面が高いことと珪酸塩サプロライトの空隙率が低いことにより，溶脱したNiの中僅かしか風化した初生珪酸塩と反応せず，したがってNiに富む二次珪酸塩および変質蛇紋石は稀にしか生成されない．このように，橄欖岩およびダン橄欖岩は蛇紋石化の有無にかかわらず，風化作用の初期相において酸化物型鉱床を形成する．しかし，地下水面が高く排水が制限されたままであると，風化作用の様相が変化してくる．ダン橄欖岩は大部分同様に酸化物型ニッケル・ラテライト鉱床を生成するが，制限された排水とAl鉱物の欠如により溶解シリカの濃度が高くなり，割目を充填あるいは空隙の多い鉄質サプロライトに鉱染して石英が沈殿し，その結果，Ni品位が低下する．珪化作用および石英脈の生成はMg不連続以下のサプロライト中にも広がる．原岩がコマチアイト質キュームレイトのような単斜輝石に富む超苦鉄質岩の場合は，時間の経過とともに溶脱作用が弱まると粘土化が進みサプロライト中心部でも粘土鉱物の生成と保存が促進される（図X-29）（Freyssinet et al., 2005）．

（3）その他の風化残留鉱床

　その他の重要な風化残留鉱床として流路型鉄鉱床および浅成金鉱床があげられる．西オーストラリアのPilbara地域，カザフスタンの北部TurgaiおよびAral'sk地域では，漂砂鉱床との中間的な性質を持つ基本的にはラテライト化作用によって誘導された大規模な陸成流路型鉄鉱床が最近開発されている．西オーストラリアの鉱床は第三紀の生成で含礫泥岩，粒状漂砂，含層内巨礫礫岩として産するゲーサイト－マータイト鉱床である（IX-6（3）参照）．これらの河川堆積物は長さ150km，幅1km以内ないし数km，厚さ100mの規模を有する．空隙に富む粒状鉱石は土壌起原のゲーサイトおよびマータイトからなる魚卵状ないし豆状組織を示し，少量の粘土質またはゲーサイト質のマトリックスを含む．鉱石中には母岩の組織が認められず，周囲の崩積岩屑に多量の母岩仮像組織を含むのと対照的である．これら魚卵状および豆状鉱石は，緩やかな侵食作用の間に，種々多様な母岩の上に発達し，成熟した風化帯で，種々の核に繰り返し付加・硬化した被覆物に由来するものである．これらの母岩として，鉱石中の微量成分から縞状鉄鉱層（BIF），鉄鉱石，苦鉄質貫入岩，堆積物が推定されている．この鉱床の資源量は，60億t（Fe 54～58%，Al_2O_3 2～4%，SiO_2 5～8%，P＜0.05%）とされる．カザフスタンの鉱床は，西オーストラリアのものに類似するが，ややFe含有量が低くPが高い．その起原は縞状鉄鉱層の風化産物を主とするものではなく，より一般的なラテライトと考えられる．カザフスタンの鉱床の資源量は，30億t（Fe 20～51%，P 2.261%，CaO 0.6～1.6%）と報告されている（Freyssinet et al., 2005）．

　浅成金鉱床は，鉱床全体あるいは一部が風化作用によって変化しているが，なお経済的に採掘可能であるか，逆に品位の向上した金鉱床と定義され，非ラテライト鉱床とラテライト鉱床に分け

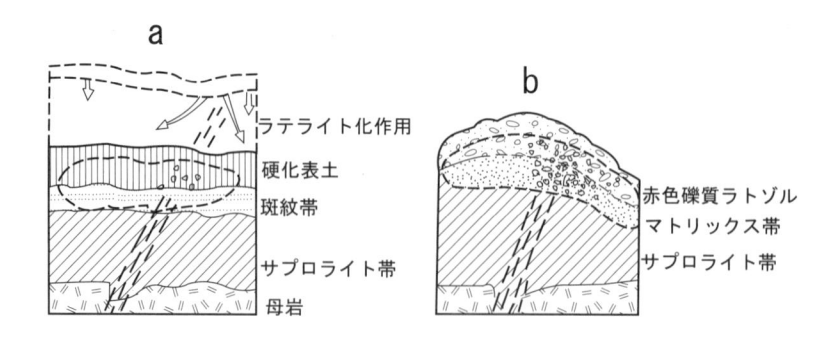

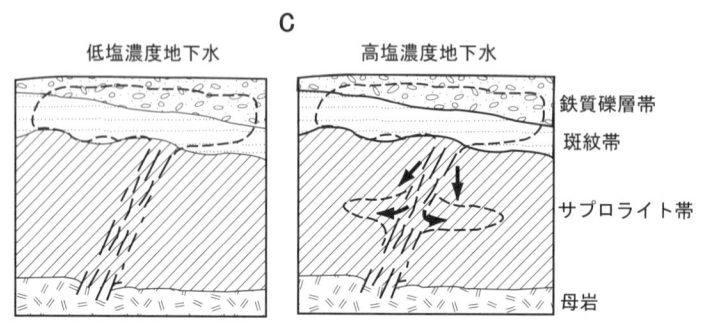

図 X-30　金ラテライト鉱床断面モデル　a　サバンナ気候で生成される鉱床，
b　熱帯雨林気候で生成される鉱床，c　半乾燥気候で生成される鉱床
－Freyssinet et al. (2005)による－

られる．前者では風化作用は，一次鉱化部分およびそれと直接接する母岩に限られる．したがって金は原構造中に残ってほとんど再配分されず，風化作用の主な効果は金の一次脈石鉱物（主として硫化鉱物）からの分離である．この型の浅成金鉱床は，乾燥および湿潤熱帯気候の下にある鉱染型の Au 鉱床および Cu-Au 鉱床に見出され，その原鉱床の例として環太平洋第三紀造山帯の浅熱水鉱床があげられる．多くの高硫化型浅熱水鉱染型金鉱床（例えば Yanacocha 鉱床－III-5(1) 参照）では，一次生成の金は硫化物中に包有されているが浅成酸化作用によって硫化物が分解し，金の品位があがると同時に精錬コストが低下する．同様な浅成金鉱床は火山性塊状硫化物鉱床にも見出され，強い酸化作用によって"焼け"が形成されて一次構造が破壊され他の金属が溶脱して金の品位が向上し採掘が可能なことがある．

　一方，金ラテライト鉱床では，湿潤熱帯ないし亜熱帯気候の下の強い風化作用によって，造山型金鉱床，オリンピック・ダム型鉱床，その他の種々の金熱水鉱床の上部に厚い層構造をなすラテライトが形成される．金ラテライト鉱床は，一般に古気候によって支配される風化断面中の金の分布により次のように分類することができる．(1) 季節的に雨期のある熱帯（サバンナ）で生成される鉱床，金は大部分風化断面中に残留する－多くの鉱床は最初この型で，続く気候変化によって変化するように思われる．(2) 熱帯雨林で生成される鉱床，硬化表土は破壊されるが，上部の鉄質帯に金が濃集する．(3) 半乾燥気候で生成される鉱床，ラテライト化後の金の再移動の結果，金は風化断面の種々の層準に濃集する．(1) の型の鉱床は主として西アフリカおよびブラジル南部に産する．風化帯は一般に 30～100m の深さまで発達し，母岩の上のサプロライト帯（厚さ 30m 以上），斑

紋帯（1～10m），鉄質硬化表土（1～6m）からなる．浅成鉱化作用は茸形を示し，一般にラテライト質鉱石およびサプロライト質鉱石からなる（図X-30a）．サプロライト帯では鉱化帯，母岩いずれも一次構造が保存され，金は大部分残留したものに限られ，拡散は認められない．ラテライト質鉱石は硬化表土と斑紋帯中に拡散帯を形成し，残留および化学的拡散金からなる．一次鉱化構造および岩石組織は一般に化学的消費，陥没，崩積運搬によって破壊される．これらの過程は金の溶脱も含むが，これによってサプロライト質鉱石より金品位は低いが大量の鉱石が形成される．(2)の型の鉱床は，同様に西アフリカおよびブラジルに産し，全体として(1)の型の鉱床と類似する．しかしラテライト鉱石は，地形に従い，古い硬化表土は破壊されて，粗粒の硬い鉄質団塊と黄土色ないし赤色の粘土質マトリックスからなるマトリックス帯と上部の粘土質黄色ラトゾルにまたがって形成される（図X-30b）．(3)の型の鉱床は，主としてオーストラリアに産するが，類似の鉱床が南および北アフリカにも認められる．この型の鉱床では，上部の硬化表土はほとんど侵食され斑紋帯が新しい堆積物の下に直接存在する．サプロライト帯は地下水面の低下と地下水塩濃度上昇の影響を受け，乾燥気候の風化作用によってスメクタイトが生成される．また風化帯全体に，シリカ，Al珪酸塩，Ca(Mg)炭酸塩が沈殿し，多くの鉱床は崩積および沖積堆積層に覆われる．このような変化にもかかわらずラテライト質鉱石の茸形形態は残り，金富化帯は断面最上部まで達している．サプロライト鉱石は地下水の塩濃度が低い場合はほとんど変化しないが，高い場合は上部サプロライト鉱石の金が溶脱して，下部サプロライト帯に新しい富化帯を形成する．（図X-30c）(Freyssinet et al., 2005)

（4）硫化物鉱床の浅成二次富化作用

硫化物の酸化と鉱床からの溶脱，これに伴う二次硫化物富化作用は地表から下降する溶液による現象，すなわち浅成作用として説明できる．ここでは斑岩銅鉱床を中心として浅成二次富化作用を解説する．金属陽イオンと硫酸陰イオンは，地下水面より上の通気帯において硫化鉱物の酸化的風化作用によって開放される．これら陽イオンは下降する溶液流によって移動し種々の陰イオンと反応して沈殿する．とくに銅は，地下水面以下の一次硫化物飽和帯において還元環境の下で，銅に富む硫化物を交代作用によって生成し再配分される．この浅成作用によって，上から酸化溶脱帯，酸化銅鉱物帯，二次銅硫化物富化帯，低品位一次硫化物帯という断面が形成される．

酸化および二次富化作用の過程　硫化物酸化作用はバクテリア触媒によって促進される電気化学反応である．この過程は通気帯において活発に行われるが，増大した地下水流によって地下水面下にまで及ぶことがある．硫化物の酸化は割目および空隙中の酸素と水の相互作用によって行われる．通気帯における溶脱および他の風化反応によって脆い破片組織と溶液空隙が形成されると空隙率と透水係数が増加し，空気と水の浸透・通過を促進する．しかし，多量の塊状脈石鉱物の存在，あるいは褐鉄鉱，石膏，粘土の沈殿による割目，空隙の目詰まりがあれば溶脱作用を鈍化させる．溶解した酸素を酸化剤として，黄鉄鉱は酸化しFe^{+2}, SO_4^{-2}, H^+を生ずるが黄銅鉱はH^+を生じない．

$$FeS_2 + 3.5O_2 + H_2O = Fe^{+2} + 2SO_4^{-2} + 2H^+$$
黄鉄鉱
$$CuFeS_2 + 4O_2 = Cu^{+2} + Fe^{+2} + 2SO_4^{-2}$$

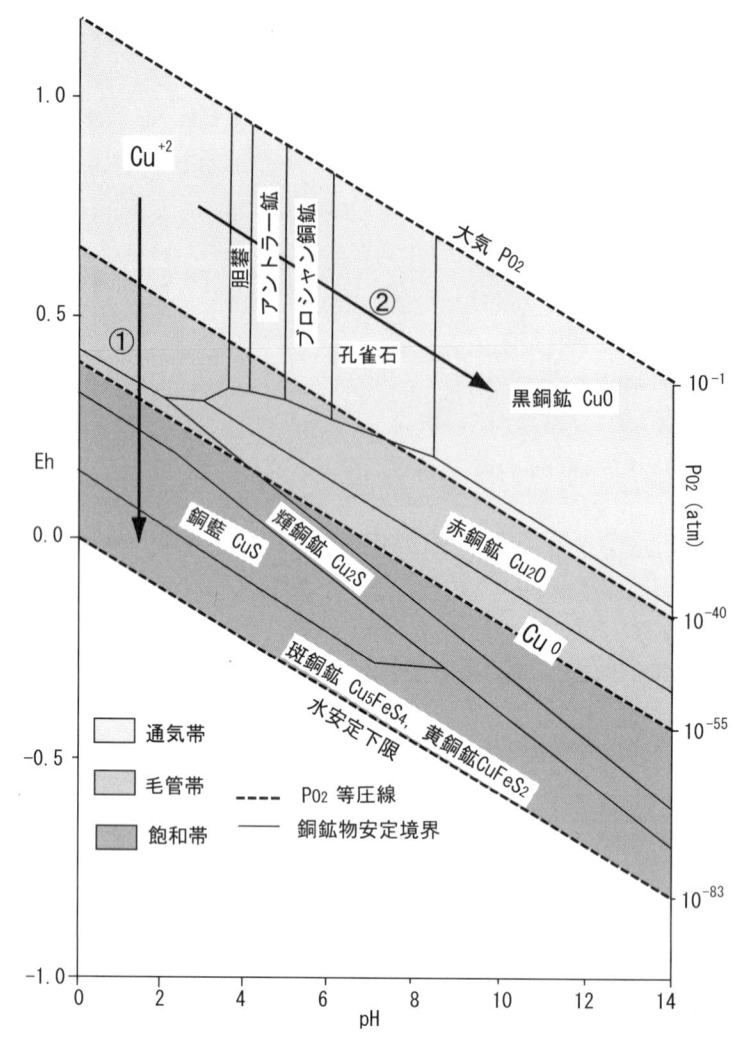

図 X-31 浅成銅硫化物・酸化物鉱物の安定 Eh-pH 図（25℃, 圧力 = 1atm, $CO_2 = 10^{-3}$, $S = 10^{-1}$）
－ Sillitoe (2005) による－
黄銅鉱

pH が上昇すると（＞ 2.8, 35℃）Fe^{+2} は酸化して Fe^{+3} となり，加水分解して Fe^{+3} 酸化物，水酸化物，硫酸を含む固体を生ずる．Fe^{+3} 自身は酸性条件下で Fe, Cu-Fe, Cu 硫化物に対するきわめて活発な酸化剤であり，O_2 のみの場合より遙かに効率的である．銅イオンは pH ＜ 5.5 で溶液中に残り地下水面まで下降することが可能になる（図 X-31 通過過程①）．季節的な豪雨および雪解けの間に，酸性溶液の発生によって銅の効率的な下方移動が行われ，酸化帯における溶解性二次硫酸塩鉱物の短期集積物が溶解する．しかし高 pH の場合は，銅は少なくとも一部が，通気帯に存在する一つかそれ以上の競合陰イオン（水酸，炭酸，塩素イオン）によって酸化帯に沈殿する（図 X-31 通過過程②）か，硫化物酸化によって硫酸塩，砒酸塩を生成するか，またあるいは造岩鉱物および変質鉱物と反応して珪酸塩，燐酸塩を生ずる．したがって黄鉄鉱の量が少なく酸性度も低いと銅の下方移動が低下し，銅鉱物は大部分その場で酸化物を作り下部での銅硫化物富化作用はほとんど行われなくなる．多くの硫化物は電気的に半導体であり，二種類の硫化物，例えば黄鉄鉱と黄銅鉱が接触す

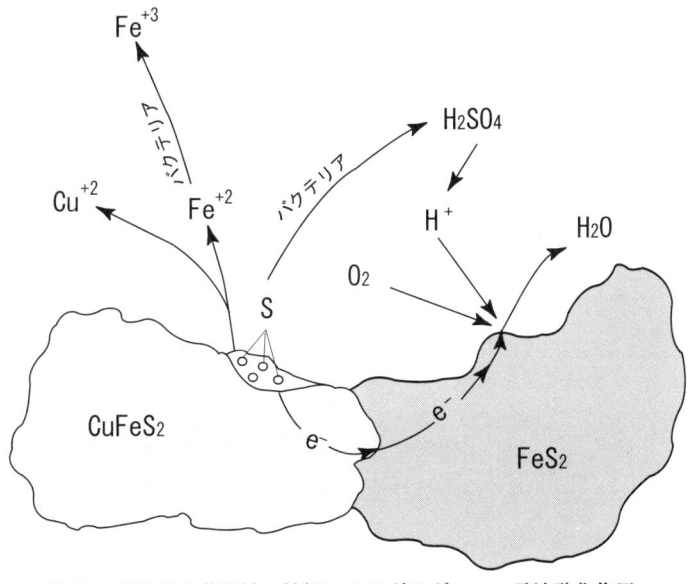

図X-32 黄鉄鉱と黄銅鉱の接触によるガルヴァーニ電池酸化作用
－Sillitoe (2005) による－

ると電池を作り，融食系を構成する（図X-32）．この場合黄鉄鉱が陽極，黄銅鉱が陰極となり分解していく．硫化鉱物はその静止電位に基づく電気化学的系列に並べられ，この系列は鉱物の酸化傾向を示す（表X-1）．Fe－およびS－酸化バクテリアの多くは，好酸性（pH 0.5～3で成長），好気性であり，硫化物酸化に一定の役割を果たしている．

Acidithiobacillus ferrooxidans は一般に最も多く存在するバクテリアの一つであり，20～40℃で繁殖する．この温度範囲は硫化鉱物の発熱酸化反応で達成される．微生物はその新陳代謝エネルギーを溶液中の Fe^{+2} の Fe^{+3} へ，あるいは還元硫黄化合物の硫酸への酸化反応を触媒することによって

表X-1 静止電位による電気化学系列
－Sillitoe (2005) による－

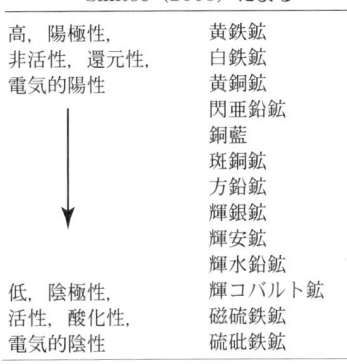

高，陽極性， 非活性，還元性， 電気的陽性	黄鉄鉱 白鉄鉱 黄銅鉱 閃亜鉛鉱 銅藍 斑銅鉱 方鉛鉱 輝銀鉱 輝安鉱 輝水鉛鉱
低，陰極性， 活性，酸化性， 電気的陰性	輝コバルト鉱 磁硫鉄鉱 硫砒鉄鉱

獲得する．最も重要な Fe^{+2} 酸化の触媒作用は細胞内で，無生物的反応の 10^5 倍の反応速度で行われる．銅硫化物富化作用は地下水面下の飽和帯で行われる．ここでは空気はほとんど遮断され，岩石透水係数が低いので水の動きも通気帯に比較して緩慢である（図X-31, 33）．地下水面上からの酸性溶液とともに下がってきた銅の沈殿は，一般に陽イオン交換反応によって一次硫化鉱物中の鉄および他の比較的電気陰性度の強い金属との置換によって行われると考えられる．硫黄同位体の研究から硫黄は一次硫化物から直接受け継がれ，外部からの供給はないと思われる．任意の金属硫化物（例えば輝銅鉱）は起電力系列（Hg－Ag－Cu－Bi－Cd－Sb－Sn－Pb－Zn－Ni－Co－Fe－As－Tl－Mn）における低位の金属の硫化物（例えば閃亜鉛鉱および黄鉄鉱）を消費して沈殿する．一次鉱物から離脱したFeは褐鉄鉱成分の一つとして沈殿するが，ZnおよびPbのような他の金属は稀な例を除いてほとんど富化帯から失われる．下降溶液の銅濃度は銅硫化物沈殿の結果次第に低下し，富化帯の銅品位も頂部から底部に向かって減少する．下降溶液のpHは，

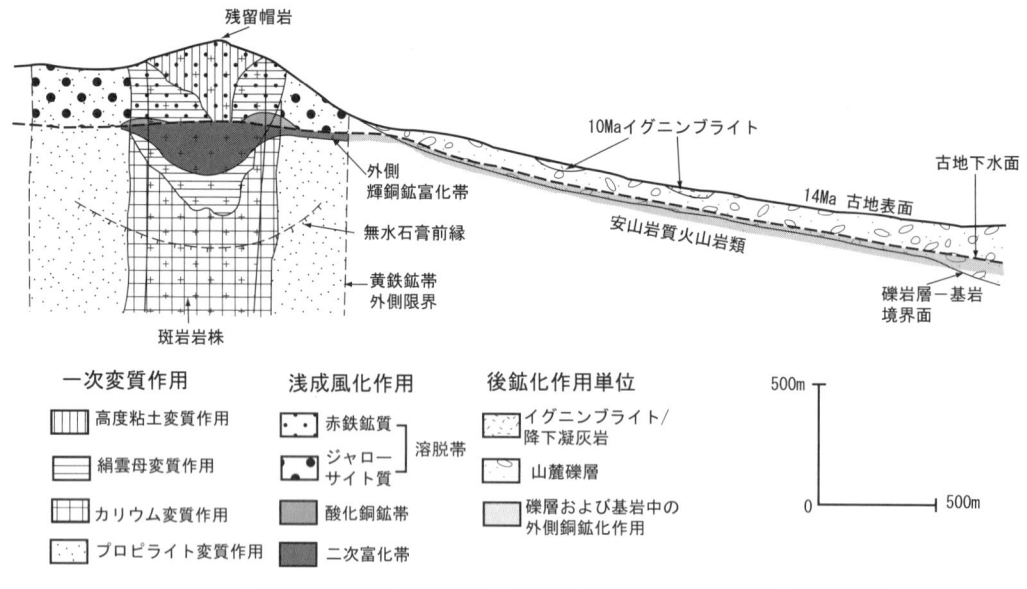

図 X-33 北部チリにおいて漸新世〜中新世に発達した斑岩銅鉱床の風化断面
− Sillitoe（2005）による −

銅を運搬するためには 5.5 以下の必要があるが，酸を生成する輝銅鉱の沈殿が弱まり

$$2\,Cu^{+2} + 2SO_4^{-2} + H_2O = Cu_2S + 2.5O_2 + H^+$$
輝銅鉱

酸を消費する母岩の容量が増加するため，同様に次第に増加する．

　浅成作用による風化断面が形成されている間，通気帯において生成された酸性含銅溶液は地下水面に到達したとき，地下水面下の飽和帯に急角度で浸透せず動水勾配に沿って移動し，外側銅鉱床を形成する．一般に，必ずそうとは限らないが，そのように進路をそれた流れは，基岩頂部とその上に不整合に重なる種々の固結度を持った山麓礫層との接触面に沿って移動する（図 X-33）．この礫層は，例外なく斑岩銅鉱床起原の溶脱帽岩破片，稀に浅成銅鉱物を含んでいる．風化断面発展期間に，含銅溶液の水平移動は 8km 以上に達することが北部チリの斑岩銅鉱床で報告されている．溶液の浸透は，基岩表面に刻まれた幅数百 m 深さ数十 m の古水路に集中する傾向があるが，古水路上に薄板状銅濃集部が盛り上がることもある．また溶液は基岩中に，主として割目に沿って排水され，例外的に 400m の深さに達することがある．溶液の浸透と銅の沈殿は，礫層埋積と時間的に重なると思われ，古地表面の下数 m の深さまで行われている．もし適当な一次硫化物があれば，水平方向に移動する溶液は銅硫化物富化作用を行うことが可能である．しかし，溶液が黄鉄鉱帯の外側まで運ばれ，pH が〜5.5 を越えると銅酸化鉱物は独自に沈殿する．礫片との反応によって溶液は次第に中和してくる．多くの銅鉱物は，礫層の膠結物として沈殿し，礫層の礫／マトリックス比は高いので礫が粗大の場合は品位が低下する傾向がある（Sillitoe, 2005）．

　酸化および二次富化作用を支配する要素　浅成二次硫化物富化作用が理想的に行われるためには，一次硫化物鉱床は垂直方向に相当な規模を持つ必要がある．例えば厚さ 300m の溶脱帯が形成されると二次富化帯は 100m の厚さに達し，一次鉱床の垂直方向長さは少なくとも 400m 必要

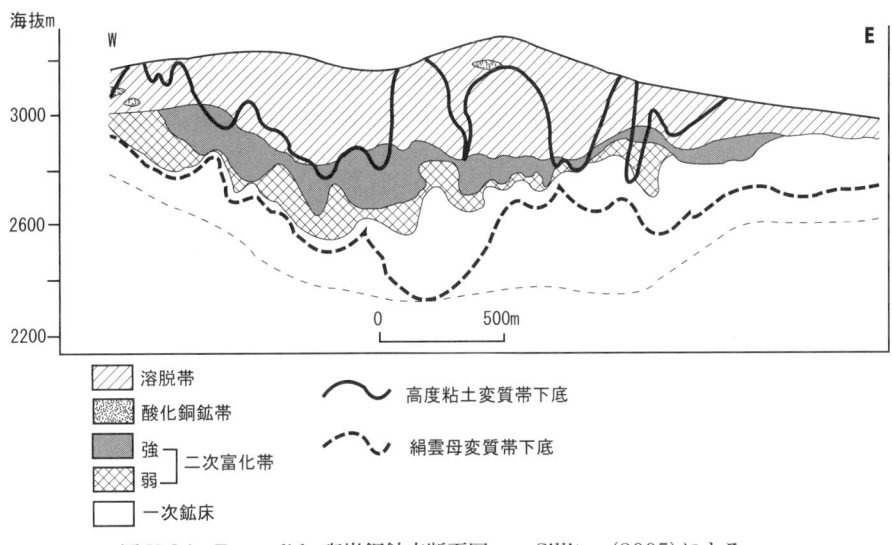

図 X-34 Escondida 斑岩銅鉱床断面図 －Sillitoe (2005) による－

凡例：
- 溶脱帯
- 酸化銅鉱帯
- 強/弱 二次富化帯
- 一次鉱床
- 高度粘土変質帯下底
- 絹雲母変質帯下底

である．したがって斑岩型鉱床，垂直方向に伸びた角礫パイプ状鉱床，鉱脈鉱床は，成熟した風化断面を形成するのに適し，非変形の火山性塊状硫化物鉱床，スカルン鉱床，層準規制鉱床などは，あまり適さない．良く発達した網状脈を伴う急傾斜の連続的断層は，浅成酸化作用と富化作用をもたらす効率的な溶液下降のために必要な高い透水係数を実現する．この事実は溶脱帯の下底において明瞭に見ることができる．そこでは断層によって支配された酸化帯の熊手状凹凸が不規則に生じている．断層や割目によって透水係数がとくに高くなった所では，地下水面が低下して酸化帯が深く進み二次輝銅鉱富化帯も深部まで突出する．Chuquicamata 鉱床の 800m の深部迄発達した二次輝銅鉱富鉱帯はその例である（Ⅷ-1(1) 参照）．しかし，一次鉱床生成後に発達した断層のなかにはガウジを伴い透水の障害物になることがある．前述のように一次鉱床の高い黄鉄鉱／黄銅鉱比あるいは黄鉄鉱／輝銅鉱比は，酸性溶液を多量に生成し浅成二次富化作用を進めるのに有効であるが，大略 4〜5：1 程度が適当で，高すぎては溶脱すべき銅の量が不足する．

　一次鉱床の変質鉱物組成およびその累帯配列も，酸性度緩衝能力および透水性に関係があるので，浅成変化の程度および広がりに影響を及ぼす．カルシウム質，ナトリウム質，カリウム質，プロピライト質の鉱物組み合わせを有する変質帯は，加水分解において水素イオンを消費するので容易に酸を中和させ，とくに炭酸塩は中和剤として効果があり，苦鉄質鉱物と長石類はこれに次ぐ．これら鉱物に富む変質帯は，中性付近の pH 条件を提供し，溶脱した銅が地下水面に到達する前に沈殿させてしまうので，浅成二次富化作用にとって有害である．したがってカリウム変質帯中の斑岩銅鉱床，スカルン鉱床，鉄酸化物－銅－金鉱床（オリンピック・ダム型鉱床），チリのマント型銅鉱床などでは，いずれもカルシウム質，ナトリウム質，カリウム質鉱物組み合わせを持つ変質帯を伴うので，浅成二次富化帯がほとんど発達せず，その場酸化帯のみを形成する．これに対して，一次鉱床生成時に絹雲母変質作用および高度粘土変質作用を受けた岩石では，石英，絹雲母，パイロフィライト，明礬石，ディッカイトが酸性浅成条件で安定であるので，酸性中和能力がほとんどない．したがって，二次輝銅鉱富化帯および外側銅鉱床はこのような長石を破壊するような変質作用が発

図 X-35 El Abra 斑岩銅鉱床の浅成風化断面図　−Sillitoe (2005) による−

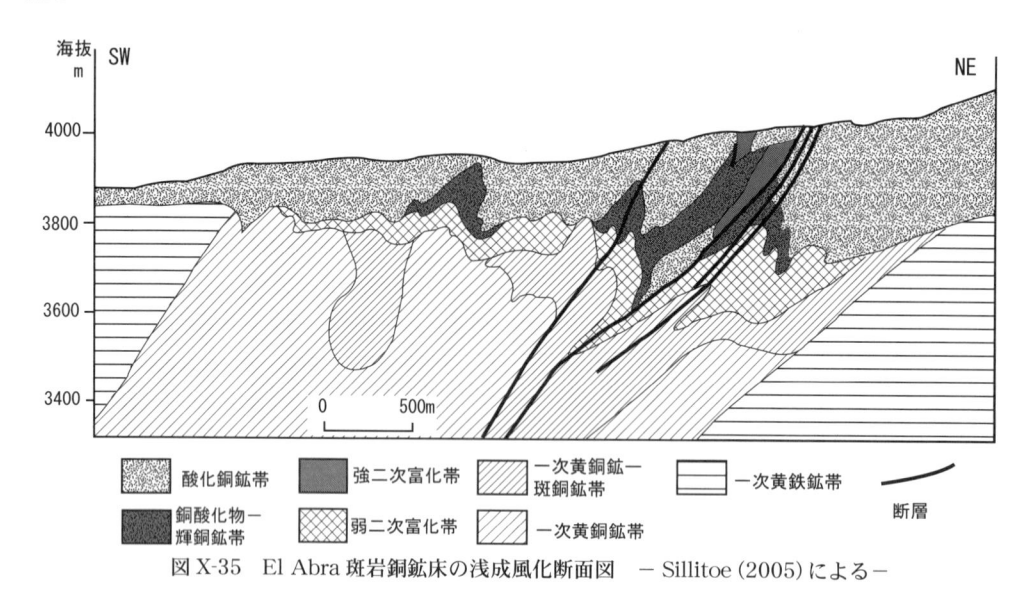

凡例：酸化銅鉱帯／銅酸化物−輝銅鉱帯／強二次富化帯／弱二次富化帯／一次黄銅鉱−斑銅鉱帯／一次黄銅鉱帯／一次黄鉄鉱帯／断層

達したところで形成される（図 X-34）．

十分な酸化作用と二次富化作用が行われるために要する時間は，風化作用が中断されなければ 50 万年と推定されるが，一般には 300 〜 900 万年の時間がかかっている．また，構造運動あるいはアイソスタシーによる地表の隆起は地下水面の低下をもたらし，硫化物鉱床の露出・風化作用による酸化を促進する．長期にわたる高温，半乾燥ないし多雨気候は，酸化作用と二次富化作用を促進するとともに，侵食作用との平衡を保つ効果がある．ペディプレーンなどの平坦な地表が効率的な浅成作用に必要とは考えられない（Sillitoe, 2005）．

酸化および二次富化作用の産物　溶脱帯は銅硫化物富化帯の上にあり褐鉄鉱の存在と酸化銅鉱物がほとんど存在しないことで特徴付けられる．褐鉄鉱はゲーサイト，燐鉄鉱，赤鉄鉱，ジャローサイトからなり，石英を伴う．中央アンデスにおける溶脱帯は，一般に厚さ数十 m ないし 200m で，500m (Escondida, El Salvador) に達する場合がある．溶脱帯は褐鉄鉱の主組成鉱物によって，ゲーサイト質，赤鉄鉱質，ジャローサイト質に 3 分類される．ゲーサイト質溶脱帯は溶脱作用が不十分な場合で，酸化銅鉱物がかなり存在する．赤鉄鉱質溶脱帯は成熟した二次硫化物富化帯の上に発達する．ジャローサイト質溶脱帯は一般にゲーサイト質および赤鉄鉱質溶脱帯の周縁部に発達し，その場合銅鉱物を含まない一次黄鉄鉱帯の存在範囲を指示している（Sillitoe, 2005）．

酸化銅鉱物帯は層状またはレンズをなし，溶脱帯中に産することもあるが，一般的には溶脱帯最下部に産する（図 X-33）．酸化銅鉱物帯は，(1) 直下に一次鉱床が存在する場合，(2) 直下に二次硫化物富化帯が存在する場合，(3) 外側鉱床として産する場合に分類される．いずれも銅酸化物と硫化鉱物が混在し，明らかに非平衡条件を示している．(1) の場合は，一次鉱床の黄鉄鉱／黄銅鉱±斑銅鉱比が低く二次硫化物富化帯の発達を欠くもので，一般に酸化帯が基岩頂部から硫化物を含む岩石の頂部まで広がり，水平的には一次黄鉄鉱帯に発達する縁辺部ジャローサイト質溶脱帯に移化する（図 X-33, 35）．孔雀石に富むこの型の酸化銅鉱物帯は厚さ最大 200 〜 300m，米国アリゾナの Ajo，北部チリの El Abra（8 億 3,600 万 t, Cu 0.5％），Radomio Tomic（8 億 5,000 万 t, Cu 0.62％），Gaby などの斑岩銅鉱床で知られ，同様な酸化銅鉱物帯が黄鉄鉱に乏しい鉄酸化物

－銅－金鉱床およびマント型銅鉱床で報告されている．これに対して(2)の場合は一次鉱床の黄鉄鉱／銅鉱物比が高く二次硫化物富化帯が良く発達し，酸化銅鉱帯は規模が小さく赤鉄鉱質溶脱帯の下にレンズ状あるいは不連続な層状をなして産する（図 X-33, 34）．この型の酸化銅鉱帯は通常厚さ 200m 以下，鉱量 1 億 t 以下（Cu 0.46 ～ 1.22%）であるが Chuquicamata のような巨大鉱床では 5 億 t 以上（Cu 1.56%）の鉱量を有する．ペルーの Cerro Verde-Santa Rosa，チリの Ujina, Chuquicamata, Toki, Spence, Escondida Norte-Zaldívar, Escondida, Pterillos-San Antonio 鉱床でその例が知られている．中性ないしアルカリ条件下では，酸化銅鉱帯に産する主な銅酸化物鉱物は，珪孔雀石，アタカマ鉱，孔雀石で，含銅褐鉄鉱，ネオトス石，含銅粘土鉱物を伴い，微量の黒銅鉱，パラメラコナイト，クレドネル鉱，ピッチ褐鉄鉱，含銅マンガン土，含銅ピッチ，含銅燐酸塩鉱物，含銅砒酸塩鉱物を産する．比較的酸性の条件下，したがって下部に二次硫化物富化帯を有する酸化銅鉱帯では，アントラー鉱，ブロシャン銅鉱などの銅の水酸硫酸塩鉱物が一般に重要な主成分鉱物となるが，珪孔雀石，アタカマ鉱，孔雀石，含銅ピッチ，ネオトス石なども存在する．(3) の外側鉱床の場合は，銅酸化鉱物の種類が (1)(2) の場合より少なく，主として珪孔雀石，アタカマ鉱，含銅マンガン土，含銅ピッチを産し脈石として石膏を伴う．珪孔雀石には一般に銅の減少した最終溶液からの沈殿産物である蛋白石の皮膜が形成される．

　成熟した二次硫化物富化帯の垂直方向の厚さは一般に 60 ～ 300m の範囲で，Chuquicamata 鉱床では 750m に達する．しかし水平方向の厚さは薄く 10 ～ 数十 m に過ぎない．ペルーおよびチリにおける斑岩銅鉱床の二次硫化物富化帯の鉱量は 3,000 万 ～ 22 億 2,900 万 t（Cu 0.45 ～ 1.71%），富化係数は 1.5 ～ 3 である．二次富化帯の深部では，弱または初期富化作用帯がきわめて徐々に下部の一次鉱床に移り変わる．一般に二次富化帯主部では輝銅鉱が優勢であるが，一部の鉱床では，下部の弱富化帯に向かうに従い銅藍が増加する．二次富化帯主部は，一般に塊状鋼鉄色輝銅鉱からなり粉末状の黒ずんだ輝銅鉱を伴う．黒ずんだ輝銅鉱は，下部に行くに従い，とくに現在の地下水面に近づくと増加する．黒ずんだ輝銅鉱から鋼鉄色輝銅鉱への移り変わりは続成作用または時間効果と考えられる．輝銅鉱は一次鉱物の黄銅鉱，斑銅鉱，黄鉄鉱，硫砒銅鉱などの粒間，結晶内割目，劈開に沿ってこれらを交代して産し，鉱石中には残留一次鉱物片がしばしば認められる．この場合の輝銅鉱は輝銅鉱群の鉱物に対して広く便宜的に用いられる用語である．中央アンデス地域では化学量論的な輝銅鉱 Cu_2S 以外にデュルレ鉱，ダイジェナイト，アニライトが見出されている．斑岩銅鉱床の酸化および二次富化作用に伴う金およびモリブデンの富化作用は，通常認められない．

　硫化物鉱床の酸化，二次富化作用，外側銅鉱化作用に伴って浅成粘土変質作用が広く行われ，変質作用の強さおよび鉱物組成は，溶脱酸化帯にあった一次黄鉄鉱の量に対応する．主な浅成変質鉱物は，カオリナイトおよびスメクタイトで，後者は一般的にモンモリロナイト亜群に属している．硫化物の酸化および二次富化作用は一次黄鉄鉱の分解による酸性溶液によっているので，これに伴う主な粘土鉱物はカオリナイトである．カオリナイトは，溶脱帯，酸化銅鉱帯，二次富化帯の上部数十 m ないし 100m にわたって広く生じ，下部に向かって溶液が中性化するに従ってスメクタイトに移り変わる．外側銅鉱床も中心から数 km にわたってカオリナイトを生ずるが溶液の中性化に伴ってスメクタイトになる．乾燥ないし半乾燥気候では，カオリナイト変質に伴って明礬石およびナトリウム明礬石が広く生ずる．また酸化溶脱帯および二次富化帯上部にあった一次硬石膏は，風化作用によって溶脱する（Sillitoe, 2005）．

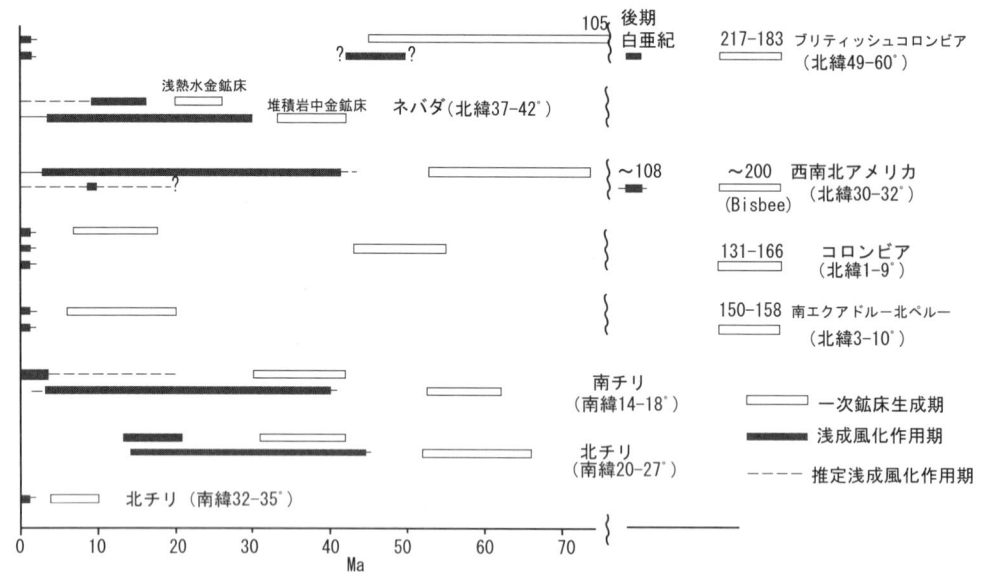

図 X-36　南北アメリカ西部の斑岩銅鉱床およびネバダ州金鉱床の
一次鉱床生成期と二次浅成風化作用期　− Sillitoe (2005) による −

酸化および二次富化作用の年代　世界の半乾燥，温暖，熱帯気候の下にある造山帯中の斑岩銅鉱床および関連する鉱床の大部分は，成熟した浅成風化帯を発達保存するには削剥速度が早すぎるため，未成熟かつ形成途中の浅成風化帯を有する．しかし，南北アメリカ・コルディレラおよび他の地帯の一部には，比較的低い侵食速度，火山堆積シーケンス下での断続的隠蔽，北チリにおけるような約 1,200 万年前に開始された乾燥気候などの結果，化石浅成風化帯が存在する．中央アンデスおよび南西北アメリカの主な二次富化帯の形成は僅か約 4,000 万年前に遡るに過ぎないが，古生代および中生代の酸化および二次富化作用も局部的に保存されている．中央アンデスにおける二次銅富化作用は，何回かの主要な収縮変形，地殻短縮化，地表隆起，侵食の時期に一致し，これらは地下水面の下降と厚い山麓礫層の集積を実現させている．しかし，南西北アメリカにおいて浅成作用を活発化させた隆起運動は，大部分激しい地殻拡張に伴っている．浅成風化帯多様性の原因は，基本的には断層地塊の差別隆起に基づくと考えられる．図 X-36 に南北アメリカ西部の一次斑岩銅鉱床生成期と浅成風化作用期を示した (Sillitoe, 2005)．

X-3　漂砂鉱床

　風化侵食作用によって生成した砕屑物質の中，化学的に安定で比重が高く経済的に価値のある鉱物が，流体の淘汰作用により分別濃集し堆積した鉱床を漂砂鉱床といい，その鉱石鉱物を漂砂鉱物という．漂砂鉱床は顕生代生成の新期漂砂鉱床と太古代－古原生代生成の古期漂砂鉱床に分けられる．代表的な漂砂鉱物として金，白金族鉱物，錫石，ルチル，ジルコン，モナズ石，イルメナイト，磁鉄鉱があげられ，その他灰重石，鉄マンガン重石，輝蒼鉛鉱，自然銅，辰砂，磁鉄鉱，クロム鉄鉱，コルンブ石－タンタル石などがある．イルメナイト，ルチル，ジルコンを一括してミネラルサンドと呼ぶ．古期漂砂鉱床には，漂砂鉱物として以上の外閃ウラン鉱と黄鉄鉱を産する．新期漂砂

鉱床は，金，錫，チタンの資源として，古期漂砂鉱床は金およびウラン資源として重要な位置を占めている．

(1) 漂砂鉱床の型と生成過程

漂砂鉱床は，形成される地形的条件によって次のような型に分類される．(1)斜面漂砂鉱床（崩積漂砂鉱床），(2)氷河漂砂鉱床，(3)河川漂砂鉱床，(4)海浜漂砂鉱床，(5)風成漂砂鉱床．

風化生成物が重力のみによって，あるいは地表水により潤滑洗浄されて斜面を移動し堆積した鉱床を斜面漂砂鉱床または崩積鉱床という．このマス・ムーブメントの様式は，地表の物理的性質，気候，標高，傾斜角により決定される．崩積鉱床の中，ソリフラクションと称されるものは，破砕岩石または既堆積物の氷結基岩上における非分級－浸水斜面流動体で，高緯度および高標高で起こりやすい．この過程は傾斜3～5°以内で生じ，厚い角礫集積物を形成する．その例としてアラスカのNome金鉱床およびチリのTierra del Fuego金鉱床があり，後者は再移動して河成漂砂金鉱床を作っている．崖錐地滑り，泥潤滑岩屑流，高標高岩石氷河は，物理的風化産物を地形的凹部に集積したもので，岩石破砕作用によって漂砂鉱物が充分分離してマトリックス中に存在すれば漂砂鉱床となる．その例としては，北アンデスの含金泥流，ボリビアPotosiの含銀岩屑流，ボリビアCotaniの含錫石岩石氷河，ペルーYanacochaのLa Quinua貴金属鉱床がある．高温・多湿気候の下でも種々の崩積鉱床が生成される．パプアニューギニアMount Kareの多量の砕屑物を含む含金地滑りおよび泥流岩屑鉱床，西マレーシアの含錫石巨礫層はその例である．

氷河は，岩石の侵食作用，破砕作用，数十～数百kmにわたる運搬作用を行い，氷河の融解した後には氷成堆積物－氷堆石（モレーン）－が残される．大陸成氷河の堆積物は氷礫土と称される．氷河の側面および末端では，融氷流水による堆積物が形成され，流水によって形成された礫の円磨，分級，成層構造が見られる．この堆積物中の融氷流水漂砂金鉱床の例がペルーのSan Antonio del Potoで知られている．

河川の長手方向の断面を河床曲線といい，一般に下に凸の指数曲線を示す．河川は通常高度が高いほど急峻で高い谷の側面を有する．これは高い山地で急勾配によって河川の流れの強度（流量×勾配）が大きくなり多くの堆積物を運搬し水路をより深く侵食するためである．河川の流れの強度が大きいとそれだけ大きく重い粒子を動かすことができる．勾配が緩やかになるに従い流れの強度は減少し運搬される粒子の大きさと比重は減少する．また堆積する粒子の大きさと比重も減少する．山地から平野部に入ると勾配が緩やかになるとともに河川流路の幅と深さは増加し，堆積物の体積も飛躍的に増大する．河川は常に変化し，水源の移動および河岸段丘を残した侵食の復活などの地形の若返りを起こす．河川の一般的性状は，漂砂鉱床の形成，とくに堆積物中の鉱物組成を決定する重要な要素となる．河川漂砂鉱床は，最上流から下流に至る河川の地形的環境によって源流，ガリ，峡谷，扇状地河川，網状河川，蛇行河川，氾濫原河川，三角州河川などに細分類されているが経済的に重要なのは網状河川および蛇行河川の漂砂鉱床である．

海岸線が海進型であるか海退型であるかは，海水準変化の速度と堆積物入力の速度によって決まる．海水準の変化はユースタシーおよび局地的構造運動の影響を受け，堆積物の入力は河川による供給，波浪と潮汐による海岸侵食，堆積物の陸棚に向かう運動と離れる運動によって決定される．海岸線は波浪および潮汐の強さによって，強潮汐性（春の潮差4m以上，波浪の影響小～中程度），

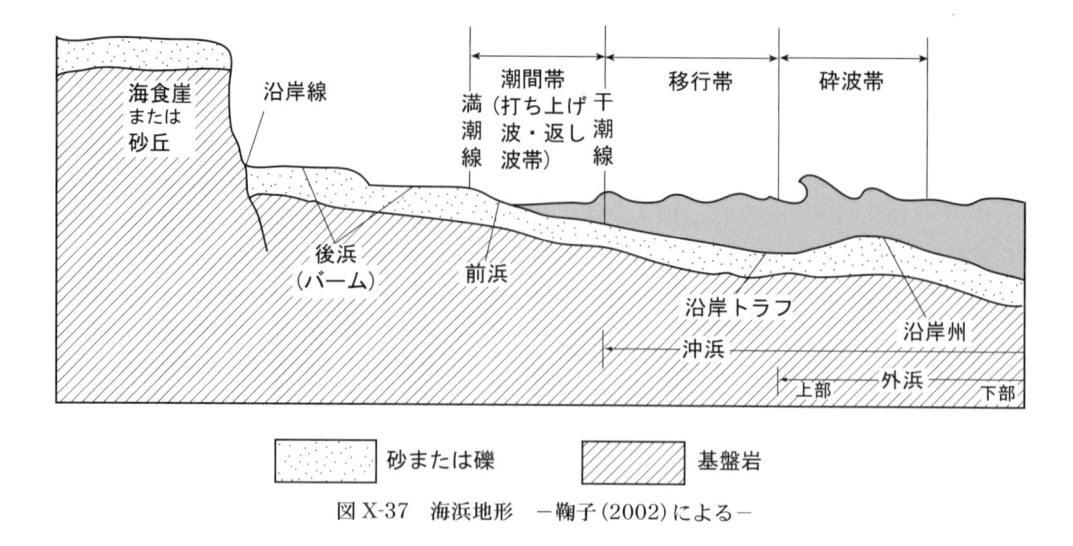

図 X-37　海浜地形　－鞠子（2002）による－

中潮汐性（潮差 2～4m），弱潮汐性（潮差 2m 以下，波浪エネルギー大）に分けられる．海浜漂砂鉱床は，低潮汐水準と暴浪によって達成される水準の中間にある前浜（図 X-37）における波浪活動によって重鉱物が濃集生成されたものである．海岸の二つの重要な要素，海進海退と汀線における潮汐と波浪エネルギーの相対的強度，によって鉱床の規模，位置，形態，品位，産出および保存の可能性が決定される．ミネラルサンドは前浜の波浪作用によって最も効率よく濃集する．この過程によって現在の汀線に平行な浜堤鉱床が形成される．河川優勢の環境では，そのような漂砂鉱床はしばしば発達を阻害され，河川がもたらした堆積物によって希釈されるが，弱潮汐性環境では，優勢な波浪活動によって長く緩やかな曲線状の堤浜島および海浜平野が形成され，そこに漂砂鉱床を伴う可能性が高い．優勢な海浜風がそのような鉱床を海浜背後の海進砂丘に吹き動かして一種の風成砂鉱床を形成することがあり，その保存を確実にする．潮流路が，稀に堤浜島を分割することがあるが，大規模な上げ潮潮汐三角州を形成し，これが海浜背後の侵食を防ぐ．潮流路を欠く場合は，高い海水準の時にウォッシュオーバー堆積物が形成されてしまう．中潮汐性環境では，強い潮汐作用によって潮汐路で中断された短い撥状島が形成され，低い波浪エネルギーの結果，沖浜流と潮汐流の相互作用で非対称の下げ潮三角州が沖浜に形成される．河川の出口の移動は，一般にその下流における古漂砂鉱床の保存に寄与する．強潮汐性環境においては，ミネラルサンドの濃集体が潮汐サンドリッジを形成するが，過剰な潮汐作用がそのような鉱床を広く分散させ，通常採掘可能な鉱床を形成しない．良く露出した暴浪優勢の海岸線上において，硬い基岩上に不整合に乗った一枚の薄い被覆層からなる海浜砂鉱床が形成されることがある．場所によっては，堆積物は磯波または砕波帯によって規定される沿岸まで広がり，基岩を削剥した海蝕台を覆う．海浜堆積物の規模および波浪の活力によって前浜の表面傾斜角が決定される．沿岸部においては断面の傾斜は緩くなり堆積物の厚さは減少する．このような環境で見出される漂砂鉱物は金および錫石などである．前述の海浜背後の海進砂丘中の漂砂鉱床以外に，風食凹地に形成されたデフレーション作用による風成漂砂鉱床の例が知られている（Garnett and Bassett, 2005）．

(2) 河川漂砂鉱床

侵食および堆積の過程と両者のいずれが優勢かによって，二つの典型的な漂砂鉱床の型，ラグ（侵食型）漂砂鉱床および集積（堆積型）漂砂鉱床，のいずれかが決定される．図X-38aに示した非分級の堆積物断面はきわめて広い粒度分布なすとともにと高い比重の小さい鉱物を含んでいる．すなわちこの堆積物は，砂（1/16～2mm）から巨礫（＞256mm）までの粒子と顕微鏡的から大礫（4～64mm）までの鉱物からなる．また，細粒のミネラルサンドが砂粒子と混合している．堆積物の各粒子および鉱物は，その粒度，質量，形態の組み合わせに対応した固有の水力学的等価性を有する．特定な環境内において，それぞれは水力学的軽量物体または水力学的重量物体として挙動する．しかしこの分類は絶対的ではなく相対的であり，一般的条件および輸送中または沈下中の他粒子の物理的性質によって変化する．同じ粒子でもある場合は水力学的重量物体，他のある場合は軽量物体として挙動する．堆積物はその表面において傾斜の方向に流れる流体の外部エネルギーの影響を受ける．そのエネルギー水準が堆積物を攪乱するのに不十分であれば，堆積物は安定している．エネルギーが増大すると水力学的軽量の小さい粒子は上昇し流されるが，水力学的重量物体は上昇せず残留する（図X-38b）．希釈物質の選択的移動によって，薄い上部層内で下方に向かって細粒化する傾向が生ずるとともに品位が向上し，ラグ漂砂鉱床が形成される．残留した粗粒堆積物は比較的薄いが装甲表面を形成する．侵食作用によって品位が向上する深さは，エネルギー水準と堆積物および漂砂鉱物の物理的特性，侵食を少なくする堆積物の細密度と粘結度によって決まる．エネルギーレベルがさらに上昇すると，流出と分級が基岩まで進み大部分の堆積物粒子は水力学的軽量物体となって移動してしまい，最も粗粒の岩石粒子のみが水力学的重量物体として挙動し残留する．同様に大部分の漂砂鉱物もきわめて細粒の鉱物を除いて重量物体として残留する（図X-38c）．流された岩石および鉱物粒子は傾斜に沿って運ばれ，距離を増すとともにその場所でのエネルギーレベルが次第に低下し，個々の粒子によって微妙に異なるあるエネルギーレベルになると，沈下が起こる．水力学的重量物体となった最粗粒岩片と漂砂鉱物が最初に堆積し，集積漂砂鉱床を形成する（図X-38c）．さらにエネルギーレベルが下がると残りの軽い懸濁粒子が堆積する．したがって集積型漂砂鉱床は上方に向かって細粒化する堆積物を生成し，基岩の直上に漂砂鉱物が濃集する特性を有する．エネルギーの低下は傾斜方向の全体的特性，季節的変化，異常高速流から正常流への復帰などによって生ずる．集積漂砂鉱床は，全体的な品位はラグ漂砂鉱床より低いが，漂砂鉱物の量は大きい．エネルギーの復活は，全体の過程を生き返らせ，上流の原堆積物から付加的堆積物と漂砂鉱物を供給して，第2相堆積作用を引き起こし古いラグ鉱床の上に集積型鉱床を形成し（図X-38d），あるいは漂砂鉱物を欠く細粒堆積物が早期の集積鉱床を覆って発達する（Garnett and Bassett, 2005）．

河川環境においては，局部エネルギーレベルは，源流から下流の最も遠い沖積漂砂鉱床にわたって減少する．図X-39に網状河川から最終的にはより遠い蛇行河川への変化に伴う河床曲線の指数関数的変化を示した．一般に源流に近い鉱床は，ラグ鉱床となり，遠い鉱床は集積鉱床になる傾向があるが，これらの変化は一様ではない．緩やか反転も急激な反転も長手方向の断面の中で局部的な条件変化によってどこでも起こる．漂砂鉱床堆積物の下流に向かっての細粒化，円形化，分級度の増加は，ラグ鉱床から集積鉱床への傾向を反映している．鉱物粒子は平均粒度を減少させるが，最小粒径の大きさは一定で，最大粒径が明らかに減少する．副成分鉱物の構成は下流に向かって変化し，漂砂鉱物の高濃集は必ずしも異なった物理的特性を持つ副成分鉱物の濃集とは一致しない．

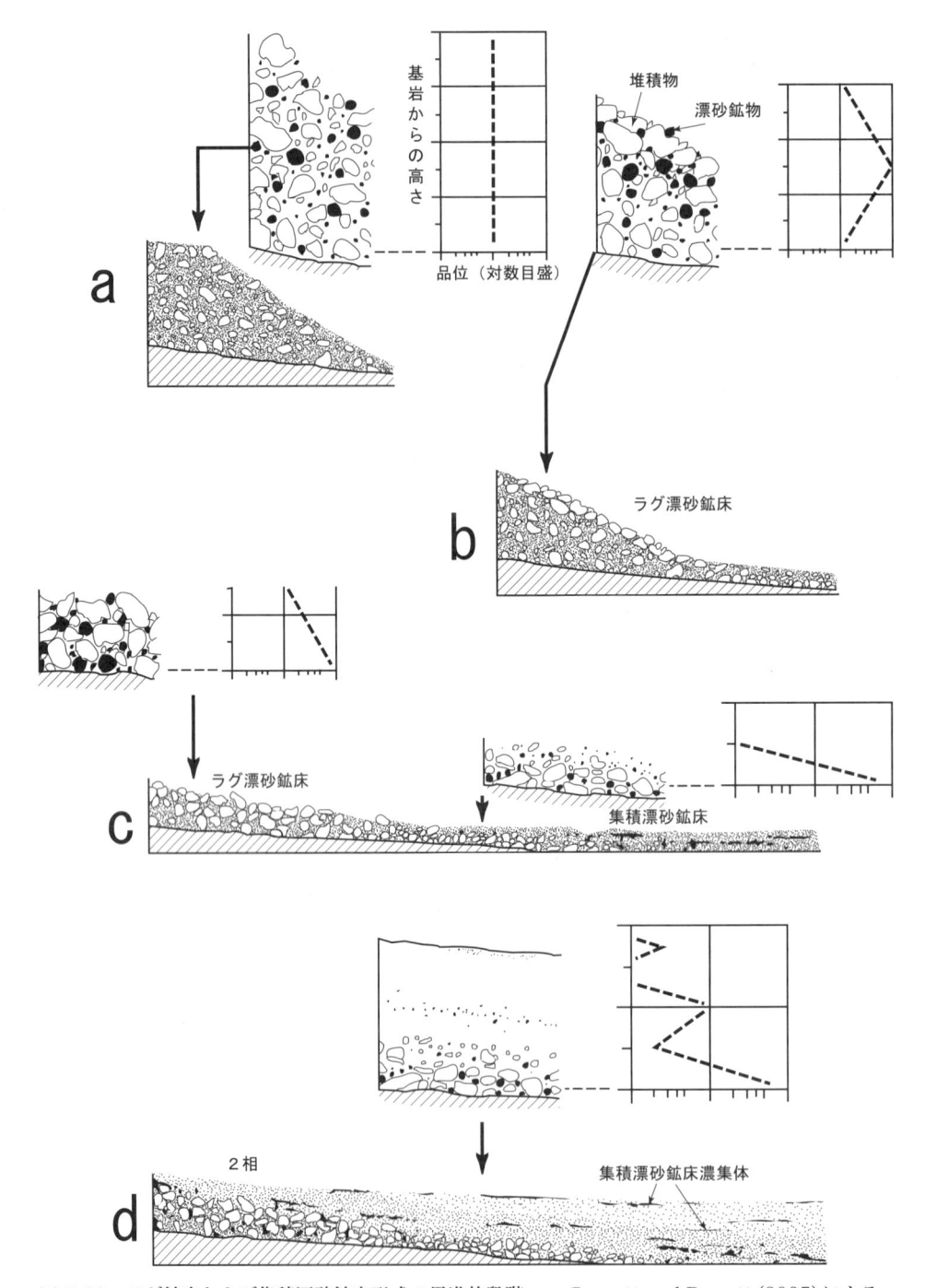

図 X-38　ラグ鉱床および集積漂砂鉱床形成の累進的段階　− Garnett and Bassett (2005)による −

　下流に向かっての貴金属粒子の形態変化は，漂砂鉱床に対する金属工学的な説明が可能である．この円形化，扁平化，屈曲化などの形態変化は金および白金族が本来有する展性に基づくものである(Garnett and Bassett, 2005)．

　新期河川漂砂鉱床の生成年代は第三紀およびそれ以後で，第三紀以前のものはきわめて稀である．

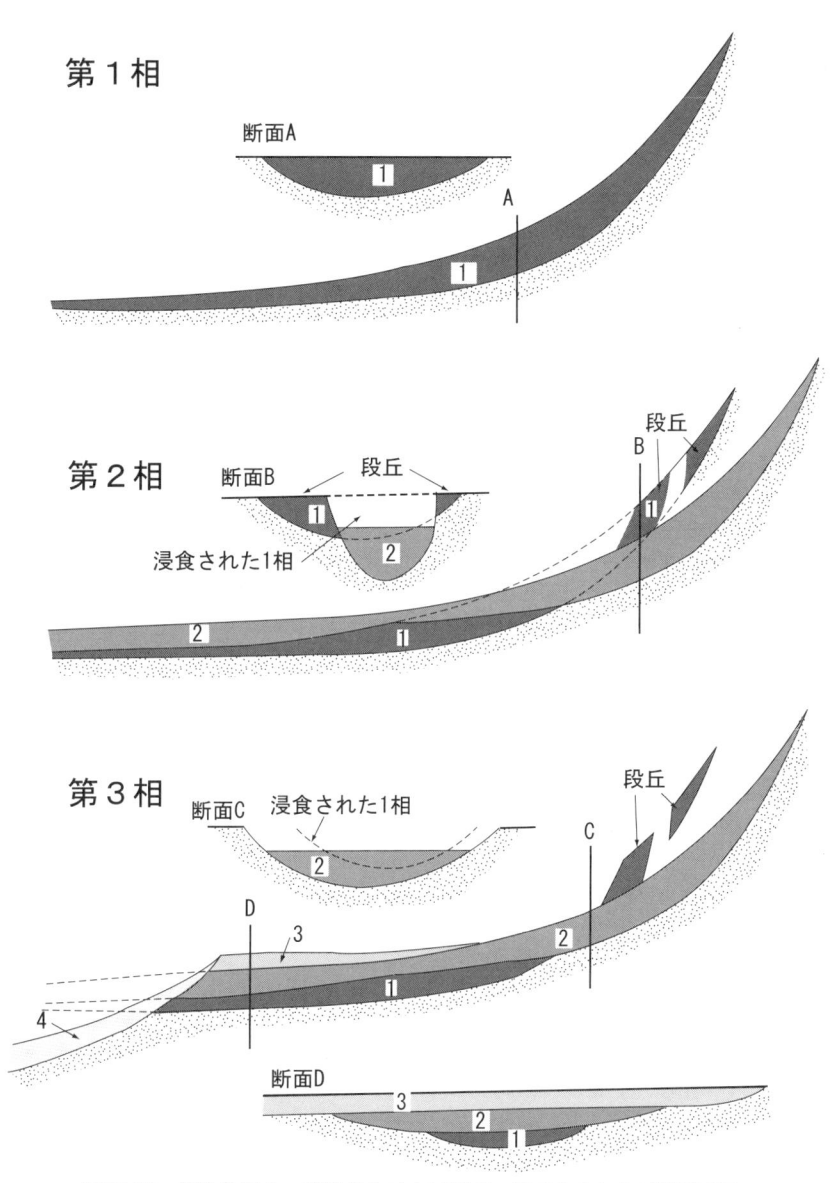

図 X-39 累進的侵食・堆積相を示す河川系の長手方向および横断面図
— Garnett and Bassett (2005) による —

河川漂砂鉱床の分布は，鉱床の起源である金，白金族，錫の一次鉱化体の分布と密接な関係がある．金漂砂鉱床の一次鉱化体としては，造山型金鉱床，貫入岩に関係する金網状脈・鉱染鉱床・交代鉱床・角礫岩パイプ鉱床・鉱脈，斑岩型鉱床，浅熱水金鉱床があげられ，主要な新期金河川漂砂鉱床の分布地域はブラジル，西アフリカ，アラスカ，アンデス，ロシア，ウラル，米国西部，オーストラリア，西太平洋である．白金族漂砂鉱床の一次鉱化体としてはアラスカ型超苦鉄質岩およびアルプス型超苦鉄質岩中の白金族鉱化体が考えられているが，いずれも経済的に採掘不可能なものである．新期白金族河川漂砂鉱床の分布地域は，アラスカ，シベリアの Aldan 楯状地，ロシア極東部，コロンビアなどである．錫漂砂鉱床の一次鉱化体としては，花崗岩類に伴う錫鉱脈・グライゼン鉱

床・交代鉱床および珪長質火山底貫入岩に伴う錫―多金属鉱脈鉱床があげられる．前者を起原とする新期錫河川漂砂鉱床の主要分布地域はマライ，タイ，ビルマ，中国南部，ブラジルであり，後者を起原とする錫河川漂砂鉱床の主要分布地域はボリビアである（Garnett and Bassett, 2005）．

(3) 海浜漂砂鉱床

　海成漂砂鉱床の最も単純な形は，海水準の上昇によって海没した海進河川漂砂鉱床である．そのような鉱床は海水面下にあるが，海底に露出しているか新しい海成堆積物に覆われている．その多くの例がインドネシアの低地にある"錫島"周辺に知られている．海成漂砂鉱床は，海岸侵食物を

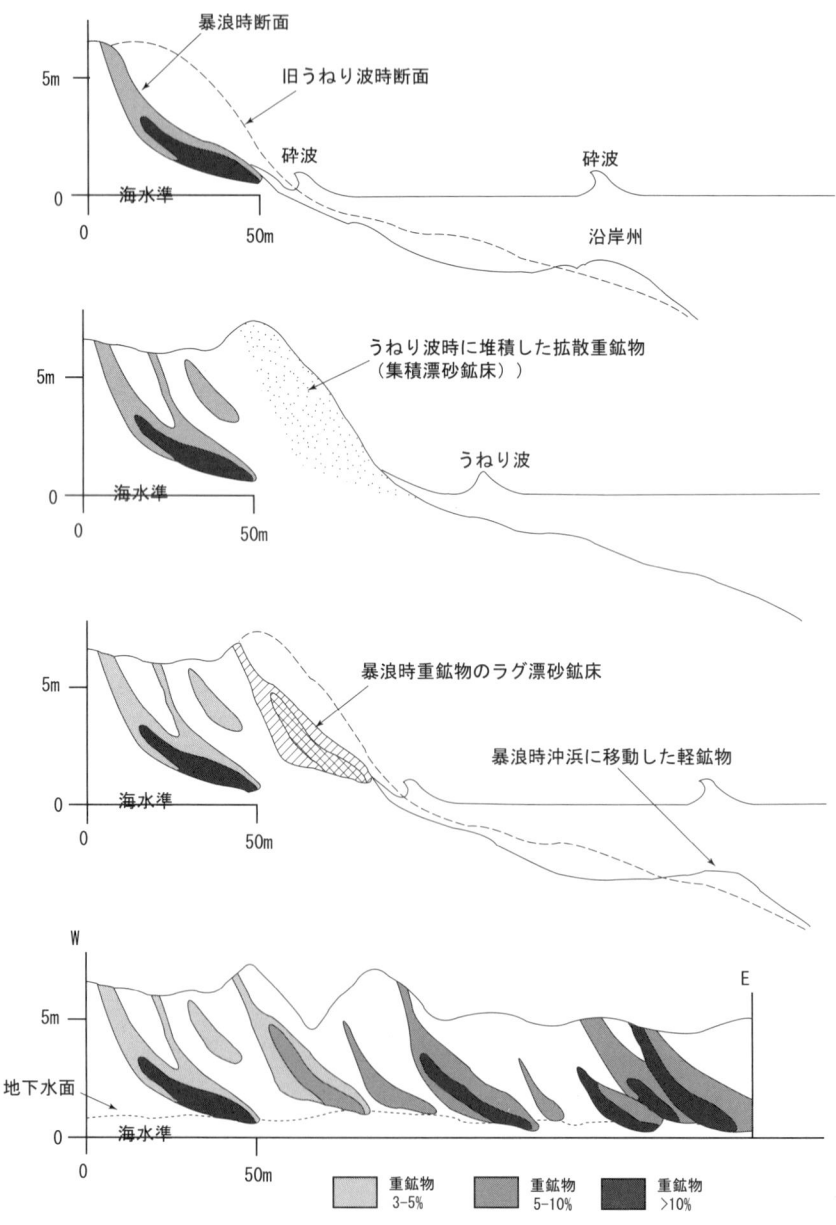

図X-40　オーストラリア・ニューサウスウェールズ完新世 Cudgen 海浜漂砂鉱床の累進的段階形成モデル
― Garnett and Bassett (2005)による―

起原とする以外は，河川作用によって途中沈積することなく直接海に運ばれた漂砂鉱物によって生成されている．海成漂砂鉱床の大部分は，海浜で濃集した海浜漂砂鉱床であり，漂砂鉱物として最も重要なものはミネラルサンドで，次いで錫石，金である．現在の海浜において軽および重粒子の沈降速度が測定され，両者の間に非常に僅かな違いしかないことが見出された．同じ海浜で，前浜において重い鉱物の季節的濃集によってラグ鉱床が生成され，同時に軽い鉱物の沿岸への移動を伴っている．この見かけ上の矛盾は，打ち上げ波と返し波（図X-37）が起こる間の海浜における流体の流れを考えることにより解決される．砕波帯から来る水流は乱れており，坂を上るような特有の性質を有する．したがって外浜に存在する最粗粒子以外はすべて前浜に向かって運ばれる．これに対して返し波中の水は層流を含んでいる．これら異なる水流について実験した結果，返し波は侵食作用を引き起こすが，その後速やかに堆積作用に移ることがわかった．堆積する砂層は逆級化し，海に向かって傾斜し，ほぼ板状の薄層からなる．細粒の重鉱物に富む暗色の粒子が下底にあり，上方に向かって重鉱物に乏しい軽く粗粒の粒子に移化する．この分離作用は，返し波の最大侵食に続く砂層の運動中にきわめて急速に起こり"剪断分級"と称する．重鉱物の層は数mmの厚さに過ぎないが，横方向には広く延長し汀線に平行な長軸20m以内の楕円形をなして発達する．この薄層は合体して，重鉱物に富む，海方向に傾斜した，厚いレンズ状鉱体を成熟した前浜の上に形成する．暴波期間中に砂が沖浜へ移動するが，うねり波期間には静かな波の作用によって砂は再び前浜へ戻るというように海浜断面は季節的な変化をする．この暴波とうねり波の交替によってレンズ状鉱体の一連の積み重なりが形成される（図X-40）（Garnett and Bassett, 2005）．

新期海浜漂砂鉱床の生成年代は第三紀およびそれ以後である．ミネラルサンド海浜漂砂鉱床の起原は主として花崗岩類，変成岩，堆積岩の造岩鉱物である．イルメナイトはⅠ型花崗岩，ルチルは泥質高変成度変成岩を主な起原としている．イルメナイトを主とする新期ミネラルサンド海浜漂砂鉱床の分布地域は，高マンガン・イルメナイトを産する西オーストラリア，東アジア，モザンビーク北部，米国東部，ブラジルと，高マグネシウム・イルメナイトを産する東オーストラリア，インド，南アフリカに分けることができる．ルチルおよびジルコンを主とする新期ミネラルサンド海浜漂砂鉱床はオーストラリア東部および東南部（Roy and Whitehouse, 2003）に分布する．錫および金の海浜漂砂鉱床の起源は河川漂砂鉱床と同様で，錫海浜漂砂鉱床の主要分布地域はマライ半島西海岸，金海浜漂砂鉱床の主要分布地域はカナダ，アラスカ，オーストラリア，ニュージーランドである（Garnett and Bassett, 2005）．

北Stradbroke島ミネラルサンド鉱床　本鉱床は，オーストラリア・クイーンズランドBrisbaneの東南東30kmにあり，オーストラリア東海岸のクイーンズランドPearl湾からニューサウスウエールズShoalhven川の北まで約770kmにわたって分布する東オーストラリア・ミネラルサンド鉱床群の中，最大の生産量を有する（図X-41）．

北Stradbroke島の地質は古生代－中生代の岩石を基盤として，その上に堆積した更新世および完新世の未固結砂層からなる（Wallis and Oaks, 1990）（図X-42）．島の北部および南部に，古生代緑色岩の小規模な露出が認められ，三畳紀－ジュラ紀砂岩がDunwich岬を形成している．島の東海岸には，三畳紀流紋岩の露頭が数カ所存在する．北方向の沿岸漂砂によって供給された安定砂層がPoint Lookoutの南および西に産する．基盤岩の高度は，西側の一部とPoint Lookoutで海水準の上に達するが，Point Lookoutより南の島の西側では，海水準の91m下まで下がる．高

図 X-41 東オーストラリア・ミネラルサンド鉱床群
－ Wallis and Oakes (1990) による －

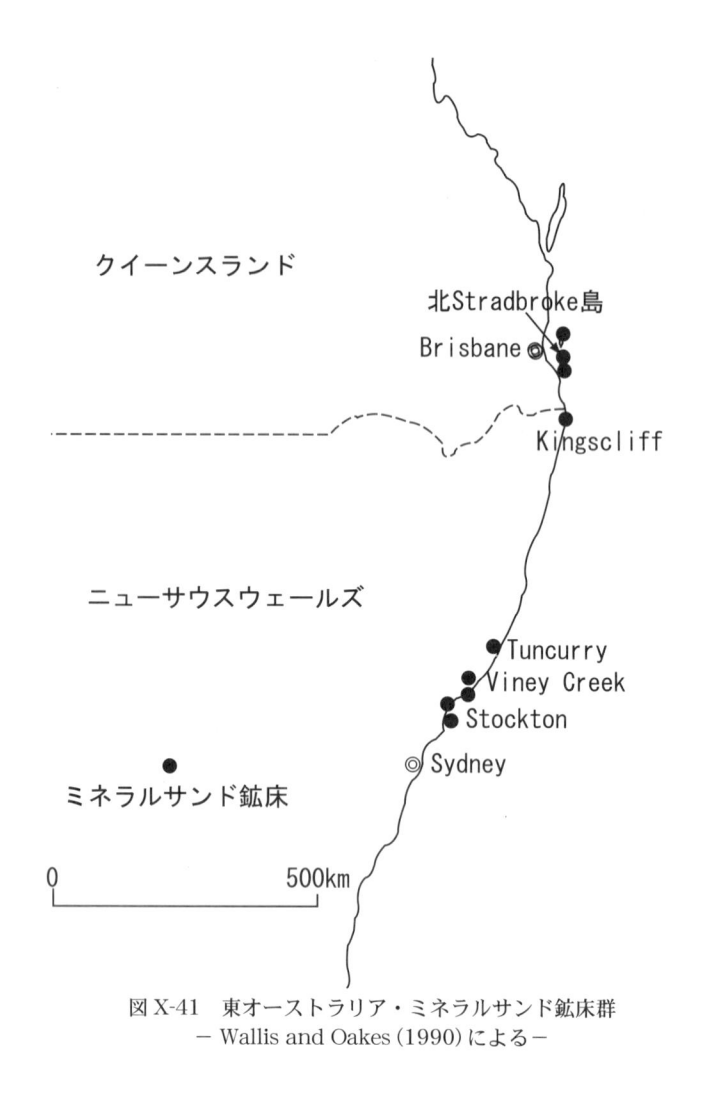

角度の陸上砂輸送によって島全体を構成する北西方向に伸びる海進砂丘が形成された．砂丘形成は海進時と静止時の波と風の作用に関連している．一般に更新世の砂丘は，鋭く延長した完新世の砂丘に比べて，大きく高く（高さ 100 ～ 200m），より強く逆級化され，良く発達したポドゾル性土壌を運んでいる．Point Lookout の南 8km の地点には，ミネラルサンド海浜漂砂鉱床が，断続的な高品位シームとして露出する．Point Lookout の南 11 ～ 26km にわたる海岸砂丘の下および Point Lookout と 18 マイル沼の間の平行低砂丘の下には，広大な被覆海岸線鉱床が存在する(Wallis and Oaks, 1990)．表 X-2 に典型的な重鉱物組成を示した．Point Lookout の南 23km の最も重要な海浜漂砂鉱床においては厚さ 0.5m の表土の下 1m の点で平均 47% の重鉱物を含む．18 マイル沼の北西側では近接する更新世砂丘からの重鉱物侵食産物によって完新世鉱床のルチル＋ジルコン/磁性鉱物比が急速に低下する．この地区の南西側では，完新世の堆積物は全体が南から供給された砂からなり，鉱物組成は南 Stradbroke 島および Gold Coast の完新世砂丘に調和する．局地的な変化はあるが，一般に完新世鉱床のルチル＋ジルコン/イルメナイト比は大略 1.5：1 で，更新世のそれは 0.5：1 である．この鉱物組成変化は，更新世には中生代盆地の侵食産物に加えてイ

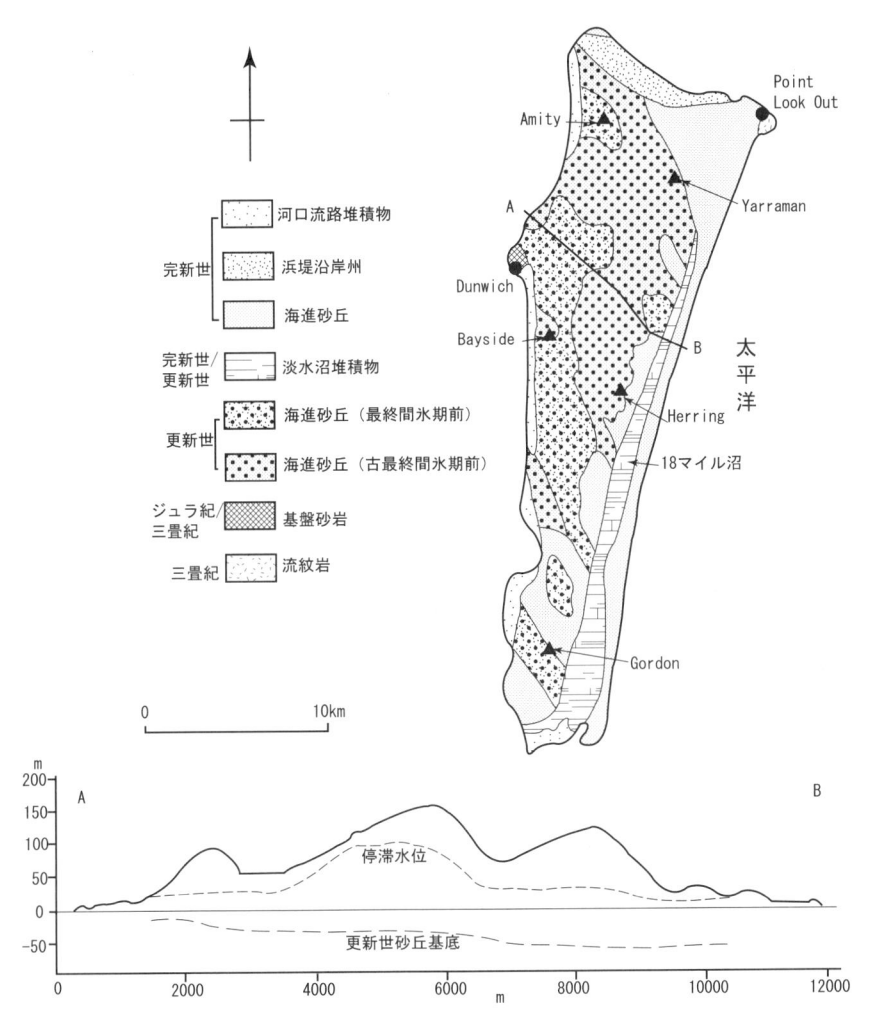

図 X-42 北 Stradbroke 島地質図・断面図 － Wallis and Oakes (1990) による－

表X-2 北Stradbroke 島東部ミネラルサンド鉱床鉱物組成
－Wallis and Oakes (1990) による－

	ルチル%	ジルコン%	磁性鉱物%*	その他%
完新世				
Point Lookout				
0.5km南	15	10	50	25
3-5km南	17	13	65	15
10-25km南	32	21	40	7
更新世				
Yarraman地域	17	15	55	13
Herring地域	15	13	62	10

*約90%がイルメナイト

ルメナイトの大きな供給起原である後背地の第三紀玄武岩岩床からの寄与があったのに対して，完新世になって玄武岩起原の堆積物が減少したためと考えられている．1947年に始まった初期の開発は，砂丘系の東端から3km以内の完新世砂丘に集中したが，1990年現在採掘活動は島の西部

表X-3 北Stradbroke島西部ミネラルサンド鉱床鉱物組成
－Wallis and Oakes（1990）による－

	ルチル%	ジルコン%	イルメナイト%	その他%
Amity	16.5	15.1	39.6	28.8
Bayside	16.3	14.9	33.9	33.9
Gordon	18.4	17.0	37.0	27.6

および中心部の広大な更新世砂丘で行われている．表 X-2 および表 X-3 に更新世鉱床の重鉱物組成を示した．すべての砂丘内で品位と重鉱物組成の変化が認められるが，全体として砂丘の重鉱物含有量は平均 0.7%で，砂丘頂部および埋没砂丘トラフにおいて 10%を超す品位を示す．さらに現在の海水準の上 20m および海水準で平均より高い品位を示し，これは海水準静止時に相当すると考えられる．

Stradbroke 島における 1949 年～1987 年の生産量は，ルチル精鉱 169 万 5,224.5t，ジルコン精鉱 129 万 8,200.2t，イルメナイト精鉱 105 万 4,297.9t，モナズ石精鉱 2,130.6t であり，1987 年度の生産量は取り扱い砂鉱 5,200 万 t，ルチル精鉱 10 万 5,646t，ジルコン精鉱 8 万 6,135t，イルメナイト精鉱 12 万 2,015t，モナズ石精鉱 2t，1987 年における埋蔵鉱量はルチル 137 万 6,000t，ジルコン 123 万 5,000t である．また，1987 年におけるオーストラリア東海岸全体の資源量は，ルチル 630 万 t，ジルコン 620 万 t，イルメナイト 1,340 万 t と報告されている（Wallis and Oaks, 1990）．

(4) 礫岩型金－ウラン鉱床（ウイットワーテルスランド型鉱床）

礫岩型金－ウラン鉱床は，重鉱物として特徴的に多量の黄鉄鉱または酸化鉄鉱物を含み，主として網状河川において，中太古代から始原生代（3.07Ga～2.1Ga）にわたって生成された古期漂砂鉱床であるが，変成作用あるいは熱水作用によって種々の程度に変化が加えられている．この型の鉱床は，南アフリカ，西アフリカ，カナダ，米国，南アメリカ．オーストラリア，インド，北ヨーロッパなどに広く分布するが，現在採掘されているのは Witwatersrand（南アフリカ），Tarkwa（ガーナ），Eliot Lake（カナダ・オンタリオ），Jacobina（ブラジル）などである．礫岩型金－ウラン鉱床の多くは，厚い石英質アレナイト層が優勢の砕屑堆積シーケンス中に存在する．このシーケンスの主要部は，一つの傾斜方向を有するトラフ型および平板型斜交層理を示す黄鉄鉱質（または酸化鉄鉱質）石英礫岩層を含み，これは広い谷および広大な扇状地内に発達した網状河川系における堆積物と考えられる．鉱体はこれら堆積物の幾つかの層準に存在する．南アフリカの礫岩型金－ウラン鉱床を胚胎する Dominion 層群，Witwatersrand 累層群，Ventersdorp 累層群中には，上述の砕屑堆積シーケンス以外に火山岩，潮間帯に堆積したと考えられるヘリンボーン斜交層理を示す石英アレナイト，停滞水中に堆積したシルト岩および粘土岩，炭酸塩岩，海緑石質堆積岩，鉄鉱層などを含んでいる（Rascoe and Minter, 1993）．Witwatersrand 鉱床では，金は閃ウラン鉱，黄鉄鉱とともに，明らかに砕屑鉱物である円磨したジルコンおよびクロム鉄鉱と空間的に共存するが，その一部は堆積後の微小割目中に熱水産物とともに産し，これらは一次砕屑金粒子の熱水作用による局部的移動によって形成されたと推定される（Frimmel et al., 2005）．

Witwatersrand 金－ウラン鉱床 本鉱床は，南アフリカ北東部 Johannesburg の南西側に南

X 堆積鉱床

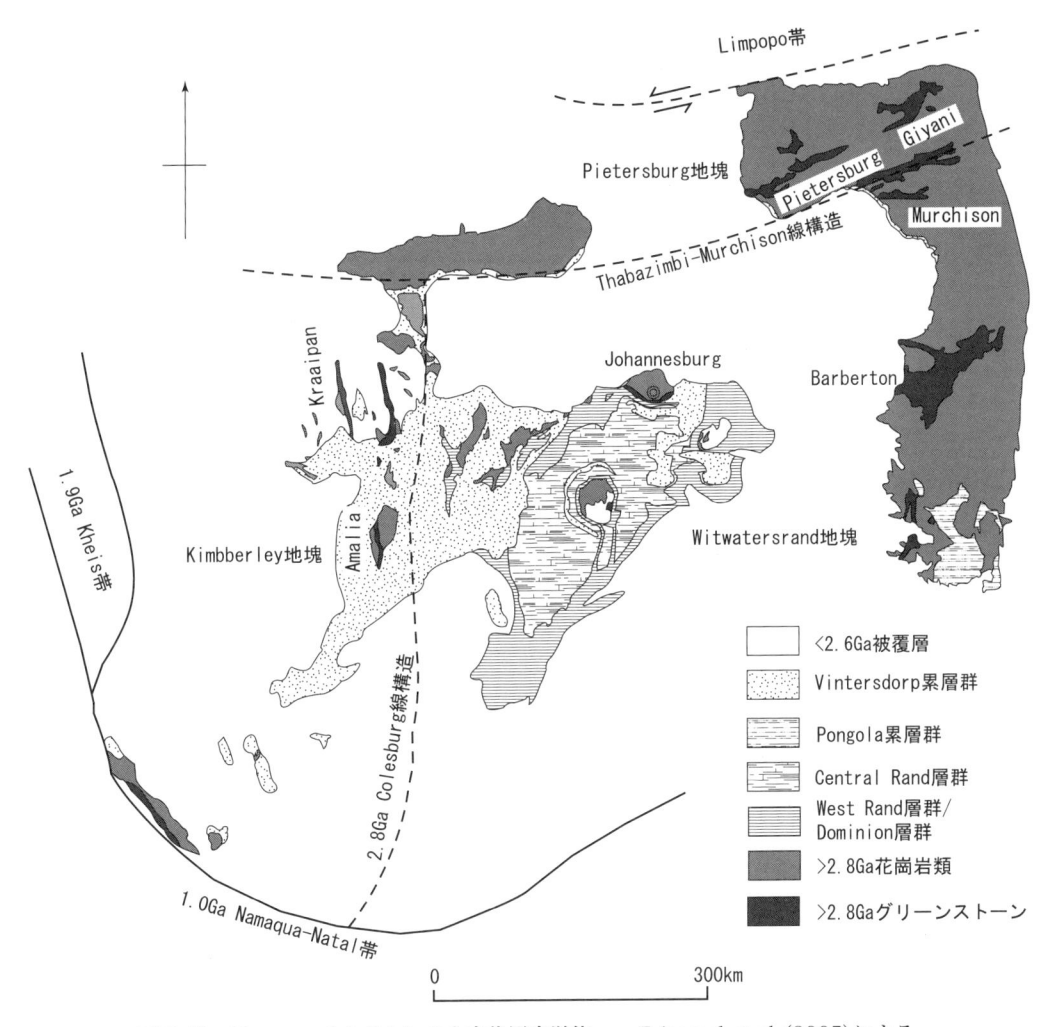

図 X-43 Kaapavaal クラトンの太古代層序単位 － Frimmel et al. (2005) による－

　北 393km，東西 429km にわたって発達する Witwatersrand 堆積盆中の数カ所に分布する多数の金鉱床田からなり（図 X-44），世界最大の金鉱床地帯である．Witwatersrand 堆積盆は，太古代 Kaapvaal クラトンの中央部を占め（図 X-43），その発達と早期の進化は，このクラトンおよび周囲の構造運動と関係している（Frimmel et al., 2005）．その過程は 2 期に分けられ，第 1 期（3.6 ～ 3.08Ga）は 3.2Ga 頃の主付加作用を伴うクラトン大陸地殻の初期形成で，第 2 期（3.08 ～ 2.64Ga）には大陸内堆積盆形成が優勢となり，また Kaapvaal クラトン縁辺に沿う沈み込みに伴うマグマ活動が起こったと考えられる．Kaapvaal クラトンの最も古い地殻塊は約 3.64Ga の Swaziland 片麻岩複合岩体で，Barberton グリーンストン帯の南部を形成している．古太古代地殻形成産物は，グリーンストン帯内に良く保存され，主として 3.55 ～ 3.52Ga のトーナル岩に次ぐ 3.49 ～ 3.42Ga の苦鉄質～超苦鉄質岩からなる．この苦鉄質～超苦鉄質岩は，海洋プレートの残留物と考えられ，Barberton 海洋底熱水作用による強い交代作用と同時に広範な珪化帯，莢状鉄鉱体，縞状鉄鉱層を伴う．グリーンストン帯の上部砕屑部は古太古代クラトン核への新しい 3.2Ga 地殻

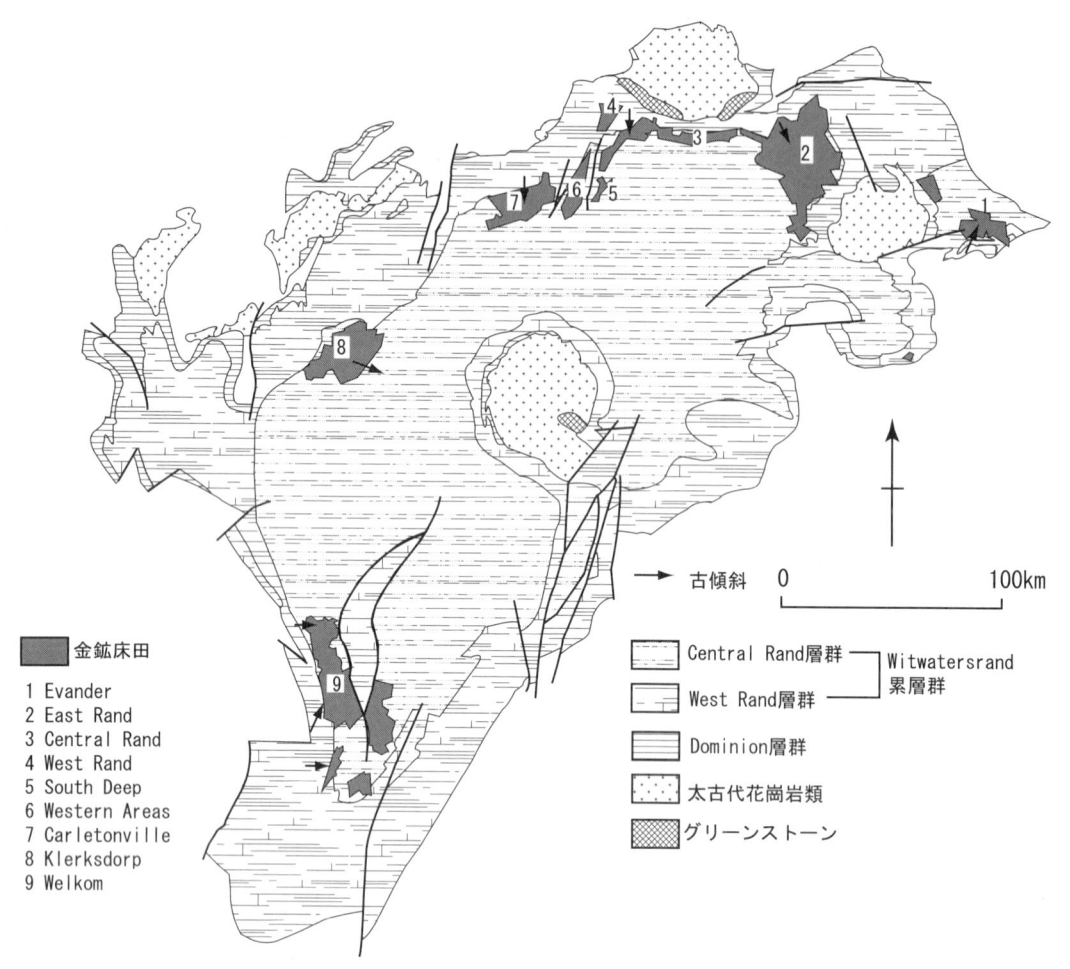

図 X-44　Witwatersrand 堆積盆地質概図および鉱床田位置
－Frimmel et al. (2005) による－

金鉱床田
1 Evander
2 East Rand
3 Central Rand
4 West Rand
5 South Deep
6 Western Areas
7 Carletonville
8 Klerksdorp
9 Welkom

Central Rand層群 ─┐
West Rand層群 ─┴ Witwatersrand累層群
Dominion層群
太古代花崗岩類
グリーンストーン

古傾斜　0　100km

体付加に関係した造山時堆積物と考えられる．約 3.1Ga の圧縮からトランステンション構造運動への変換に伴って，後期剪断帯に沿う広範な造山型金鉱化作用が行われている．この全般的な応力場の変換によって，最後に Witwatersrand 堆積盆の形成に導く大陸内堆積盆形成が開始される．

　Witwatersrand 地域の地質は，下から基底をなす Dominion 層群，Witwatersrand 累層群，Ventersdorp 累層群からなる（Frimmel et al., 2005）（図 X-43, 44）．Dominion 層群は，珪質砕屑物層とその上のバイモーダル火山岩シーケンスからなり，前者は閃ウラン鉱および黄鉄鉱に富むが比較的金含有量に乏しい礫岩層を含む．バイモーダル火山岩シーケンスは，大陸リフト帯中に形成されたと考えられ，その生成年代は 3,086 ± 3Ma と 3,074 ± 3Ma の間である．Witwatersrand 堆積盆はその約 1 億年後に発展を始め，それを構成する Witwatersrand 累層群は下位の West Rand 層群と上位の Central Rand 層群に分けられる．West Rand 層群は Dominion 層群火山岩類の上に傾斜不整合にのり，その最大厚さは Klerksdorp 金鉱床田において 5,150m に達し，東北に向かって薄化する．本層群は，頁岩/砂岩比および堆積盆規模の平行不整合に基づき 3 亜層群に分けられる（図 X-45）．基底の Hospital Hill 亜層群は，上位に向かって頁岩/砂岩

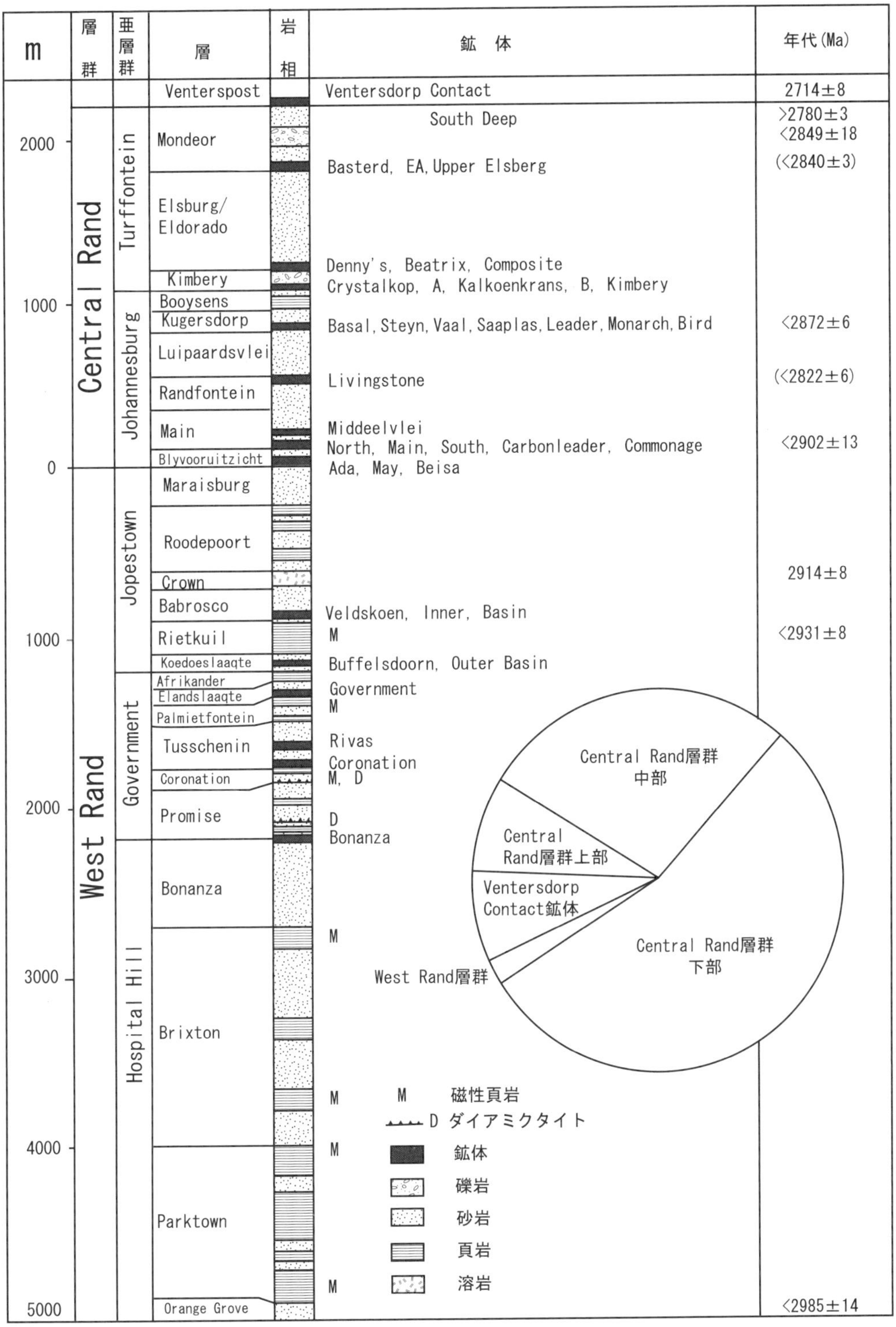

X 堆積鉱床

m	層群	亜層群	層	岩相	鉱体	年代(Ma)
			Venterspost		Ventersdorp Contact	2714±8
2000	Central Rand	Turffontein	Mondeor		South Deep	>2780±3 <2849±18
					Basterd, EA, Upper Elsberg	(<2840±3)
			Elsburg/Eldorado			
1000			Kimbery		Denny's, Beatrix, Composite Crystalkop, A, Kalkoenkrans, B, Kimbery	
		Johannesburg	Booysens			
			Kugersdorp		Basal, Steyn, Vaal, Saaplas, Leader, Monarch, Bird	<2872±6
			Luipaardsvlei			
			Randfontein		Livingstone	(<2822±6)
0			Main		Middeelvlei	<2902±13
			Blyvooruitzicht		North, Main, South, Carbonleader, Commonage Ada, May, Beisa	
	West Rand	Jopestown	Maraisburg			
			Roodepoort			
			Crown			2914±8
			Babrosco		Veldskoen, Inner, Basin	
1000			Rietkuil	M		<2931±8
			Koedoeslaagte		Buffelsdoorn, Outer Basin	
		Government	Afrikander			
			Elandslaagte	M	Government	
			Palmietfontein			
			Tusschenin		Rivas	
			Coronation		Coronation M, D	
2000			Promise		D Bonanza	
			Bonanza			
		Hospital Hill		M		
3000			Brixton			
4000				M		
			Parktown			
5000			Orange Grove	M		<2985±14

M 磁性頁岩
D ダイアミクタイト
■ 鉱体
礫岩
砂岩
頁岩
溶岩

図X-45 Witwatersrand累層群柱状図と金鉱体の層準および金生産量比
— Frimmel et al.(2005)による —

比が減少する傾向が認められ，亜潮汐堆積物と考えられる石英アレナイト優勢の砂岩層を含み，上位では長石質アレナイトと石英ワッケが増加する．West Rand 層群の堆積物は，ユースタシー海水準変化によって河川－三角州環境と外浜ないし沖浜環境の間を変動していることを示している．また，下部 Government 亜層群には，非常に短期間であるが寒冷気候を示す鉄質頁岩を伴うダイアミクタイトを産する．Central Rand 層群は，West Rand 層群の上に不整合に重なり，現在の Central Rand 堆積盆の中心付近にある Verdefort ドームにおいて最大厚さ 2,880m を示す．West Rand 層群と同様に一連のサイクル変動が認められ，その一つは侵食面上に堆積した河川堆積物優勢の粗粒珪質砕屑変堆積岩であるが，West Rand 層群と異なり頁岩（泥岩）を伴うより粗粒の珪質砕屑岩が優勢である．河川－三角州過程優勢ではあるが潮汐過程も含む堆積物は，河川および浅海系の境界にあることを示唆している．Central Rand 層群堆積中に，古傾斜方向は，全体的に南または南西傾斜を示していたのが西および南西縁辺部では北および北東傾斜に，北西および北縁辺部では東南および南傾斜に変化した．Central Rand 層群は，Johanesburg 亜層群および Turffontein 亜層群に分けらいずれも多数の金鉱体を夾在する（図 X-45）．Ventersdorp 累層群は，最大厚さ 3,700m に達し，Witwatersrand 累層群上に地域的不整合をなして重なる粗粒珪質砕屑物からなる Vintersdorp 層の堆積に始まる．Vintersdorp 層は侵食不整合面上に直接 Vintersdorp Contact 金鉱体を胚胎し，これは Witwatersrand 含金層群と同様に重要な鉱床である．ただし Welkom 金鉱床田では，Ventersdorp 累層群が Witwatersrand 累層群上に整合的に重なり，Vintersdorp Contact 金鉱体は発達していない．これは接触面に沿って含金 Witwatersrand 堆積物の侵食再堆積が行われていないためと説明されている．薄い珪質砕屑物シーケンス Vintersdorp 層は，Kripriversberg 層群の洪水玄武岩（2,714 ± 8Ma）に覆われ，この玄武岩は Vintersdorp Contact 鉱体の固結化以前に噴出している．その後比較的短期間にバイモーダル火山活動が行われた．

　West Rand 層群は，南に開いた海洋に面する非活動的大陸縁辺において堆積し，古汀線は現在の堆積盆の北縁近くに存在していたと考えられる（Frimmel et al., 2005）．Hospital Hill 亜層群と Government 亜層群の境界における上位に向かって深海化する傾向から上位に向かって浅海化する傾向への変化は，非活動的大陸縁辺環境からクラトン堆積盆環境への変化を示唆する．下部 Central Rand 層群における古傾斜方向の変化および陸成／海成堆積物比の増加は大陸堆積盆の縮小を示している．Central Rand 層群堆積の期間を通じて，侵食原岩石の種類が累進的に増加したのは，この層群の構造的加重とクラトン堆積盆環境を反映している．West Rand 層群から Central Rand 層群に入って，古い地層の侵食と再堆積を示す地表低下と礫岩の比率がかなり増加しており，結果的に Central Rand 層群の累積堆積速度の低下に繋がっている．Central Rand 層群堆積時の 2,837 ± 5 ～ 2,824 ± 6Ma 間には主褶曲運動が起こっている．堆積盆の西縁において不整合面の角度変化によって Central Rand 層群上部層の断面が増加し，西方後背地の累進的隆起を反映している．Witwatersrand 堆積盆は，基本的に異なったテクトニック環境において形成された少なくとも 2 種の堆積物が，構造的に積み重なったものの侵食残留体からなるといえる．古傾斜方向によると Witwatersrand 堆積盆中の堆積様式を支配する後背地の主構造分域は，北方および西方にあるはずである．Kaapval クラトンの北縁に沿って，花崗岩類に囲まれ東ないし北東方向に伸びるグリーンストン帯の年代は 3.2 ～ 3.3Ga を示すが，Murchison 花崗岩類－グリーンスト

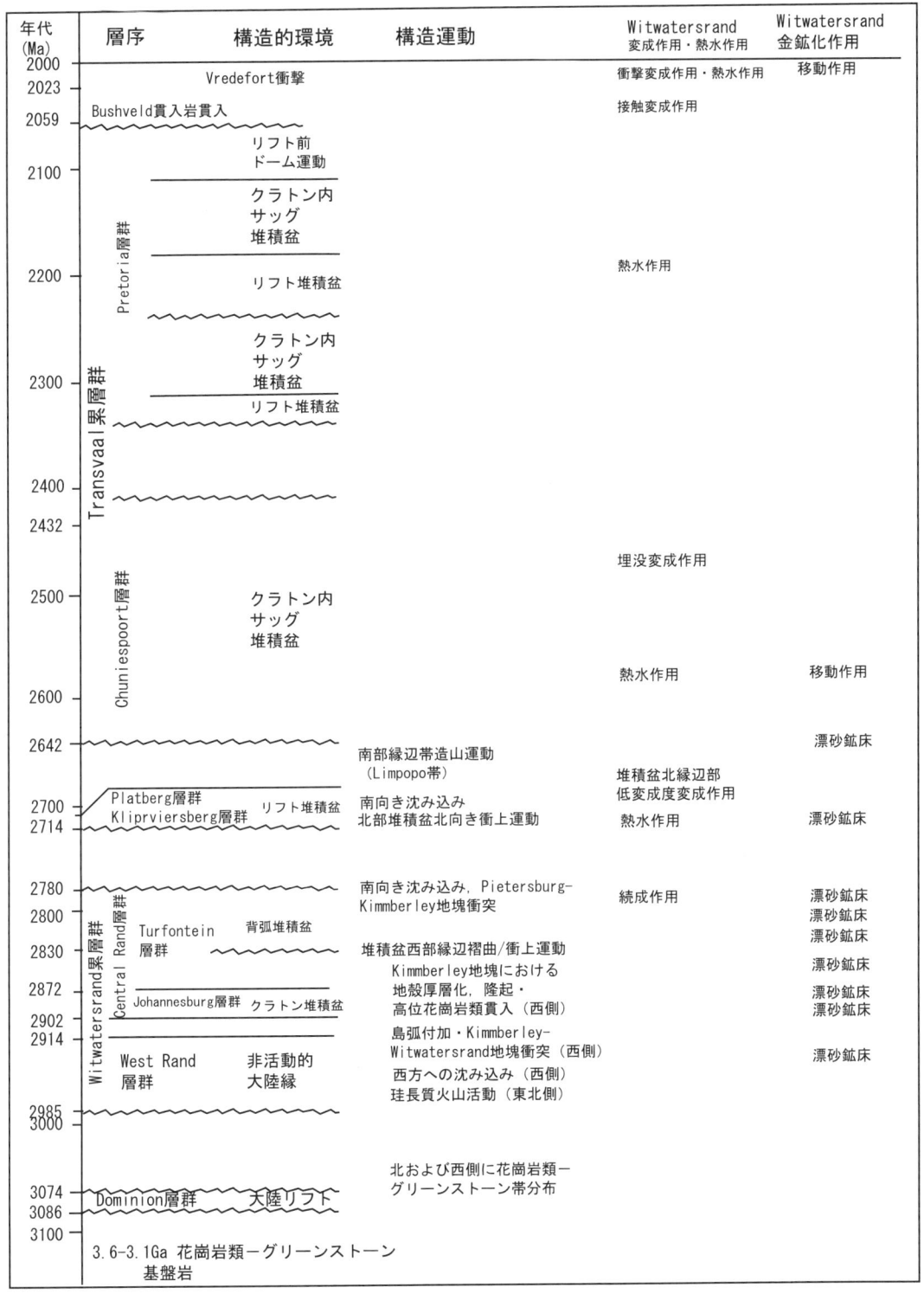

年代 (Ma)	層序	構造的環境	構造運動	Witwatersrand 変成作用・熱水作用	Witwatersrand 金鉱化作用
2000			Vredefort衝撃	衝撃変成作用・熱水作用	移動作用
2023			Bushveld貫入岩貫入	接触変成作用	
2059					
2100	Transvaal累層群 — Pretoria層群	リフト前 ドーム運動 クラトン内 サッグ 堆積盆			
2200		リフト堆積盆		熱水作用	
2300		クラトン内 サッグ 堆積盆 リフト堆積盆			
2400					
2432					
2500	Chuniespoort層群	クラトン内 サッグ 堆積盆		埋没変成作用	
2600				熱水作用	移動作用
2642			南部縁辺帯造山運動 (Limpopo帯)		漂砂鉱床
2700	Platberg層群 Kliprviersberg層群	リフト堆積盆	南向き沈み込み 北部堆積盆北向き衝上運動	堆積盆北縁辺部 低変成度変成作用 熱水作用	漂砂鉱床
2714					
2780	Witwatersrand累層群 — Central Rand層群 Turfontein層群	背弧堆積盆	南向き沈み込み, Pietersburg-Kimmberley地塊衝突	続成作用	漂砂鉱床 漂砂鉱床 漂砂鉱床
2800					
2830			堆積盆西部縁辺褶曲/衝上運動		漂砂鉱床
2872	Johannesburg層群	クラトン堆積盆	Kimmberley地塊における 地殻厚層化, 隆起・ 高位花崗岩類貫入 (西側)		漂砂鉱床 漂砂鉱床
2902			島弧付加・Kimmberley- Witwatersrand地塊衝突 (西側) 西方への沈み込み (西側) 珪長質火山活動 (東北側)		漂砂鉱床
2914	West Rand 層群	非活動的 大陸縁			
2985					
3000					
3074	Dominion層群	大陸リフト	北および西側に花崗岩類- グリーンストーン帯分布		
3086					
3100	3.6-3.1Ga 花崗岩類-グリーンストーン 基盤岩				

図X-46 KaapvaalクラトンおよびWitwatersrand堆積盆の構造−熱進化と
金鉱化作用・熱水変質・金の移動
− Frimmel et al. (2005) による −

ン帯では，変成花崗岩類，トーナル岩，流紋岩の生成年代は 3.02～3.09Ga で Dominion 層群の岩石の生成年代と重なる．同帯の珪長質火山岩および花崗岩の年代は 2,970 ± 10Ma を示し，早期 Witwatersrand リフト作用に関係した地殻薄化を反映している．さらに花崗岩類には 2,901 ± 12Ma，2,820～2,811Ma を示すものも認められる．Giani 花崗岩類－グリーンストン帯における珪長質貫入岩の年代は 2,877～2,874Ma である．これらのグリーンストン帯の苦鉄質ないし超苦鉄質岩中の剪断帯には造山型金鉱床を産する．クラトンの西縁に沿う Amalia-Kraapan 花崗岩類－グリーンストン帯にも一連の貫入岩活動が認められる．苦鉄質貫入岩の生成年代として 3,033 ± 1Ma が得られ，ジルコンの年代測定から火山弧の付加と Kimberley 地塊および Witwatersrand 地塊衝突の年代は約 2,930Ma と考えられている．

　西－中央 Kaapvaal クラトンでの深部反射地震波の解析によって，地表で Witwatersrand 堆積盆近くまで達する東にのし上がる衝上断層に沿い構造的に積み重なった一連の地殻切片の新太古代における癒合が明らかになった．この重要なクラトン西部の構造運動は，上部マントルまで巻き込み，Witwatersrand 堆積盆充填に大きく影響を及ぼし，Central Rand 層群堆積時変形様式の西から東に向かう変化を説明している．これに続く地殻の厚層化と隆起によって，Kimberley 地塊の侵食と減圧溶融が起こって高位花崗岩（2,727 ± 6Ma）が形成され，これに対して Witwatersrand 地塊は沈降して Central Rand 堆積盆が発達した．Kraapan 帯の最も若い花崗岩類の生成年代は，約 2,790Ma でボツアナ南部の花崗岩およびこれに関係する火山岩の年代（2,783 ± 2Ma）と類似する．Central Rand 層群の形成年代を考えると，北方，北西方，西方の後背地にある若い花崗岩類は南傾斜の沈み込み帯に関係するマグマ弧に相当し，Central Rand 層群は背弧クラトン堆積盆において堆積したと考えられる（Frimmel et al., 2005）．Limpopo 帯の南縁帯に沿って Kaapvaal クラトン上へずり上がる南方向衝上断層に伴うグラニュライト相変成作用の年代は 2,691 ± 7Ma を示し，Limpopo 帯中央帯の同構造時花崗岩の生成年代は 2,664～2,572Ma であって Ventersdorp 洪水玄武岩より後期である．しかし，Kliprivdorp 層群の年代は早期の北方向衝上断層（2,729 ± 19Ma）の年代と重なり，この断層は Kaapvaal クラトン北部に沿うグリーンストン帯と Witwatersrand 地域に隣接する花崗岩に影響を及ぼしている．図 X-46 に Kaapvaal クラトンおよび Witwatersrand 堆積盆の構造的・熱的進化と金鉱化作用，熱水変質，金の移動との関係を一括して示した．

　多数の異なった層準に胚胎する鉱体は，典型的には成熟した含礫アレナイトからなるが，礫支持オリゴミクト礫岩から粗充填礫岩，含礫アレナイト，トラフ型斜交層理石英アレナイトを伴う礫質ラグ堆積物まで種々の河川岩石相を含む（Frimmel et al., 2005）．稀に BeatrX 鉱体のように岩屑流に伴う場合もある．金は少なくとも 30 に及ぶ含金層から採掘されているが主要なものを図 X-45 に示す．全生産量の 95% は Central Rand 層群の鉱体から産出する．層序内で金量および品位ともに上位に向かって低下する傾向がある．例えば，Central Rand 層群下部の高品位鉱体の一つである Carbon Leader 鉱体は，平均 25g/t の鉱石を産出するが，Central Rand 層群上部および Ventersdorp Contact 鉱体の平均品位は 5～12g/t である．鉱体は，厚さ数十 cm から数 m の範囲で，基底の侵食面－通常は傾斜不整合面－と上を覆う石英ワッケあるいはシルト岩を区分する平面状層理面の間に限られる．鉱体の上部および下部接触面は，全岩金濃度の数 ppm から 20ppb への急激な減少によって判定される．細粒堆積物の金濃度基底値は一般に 5ppb 以下であるが，鉱

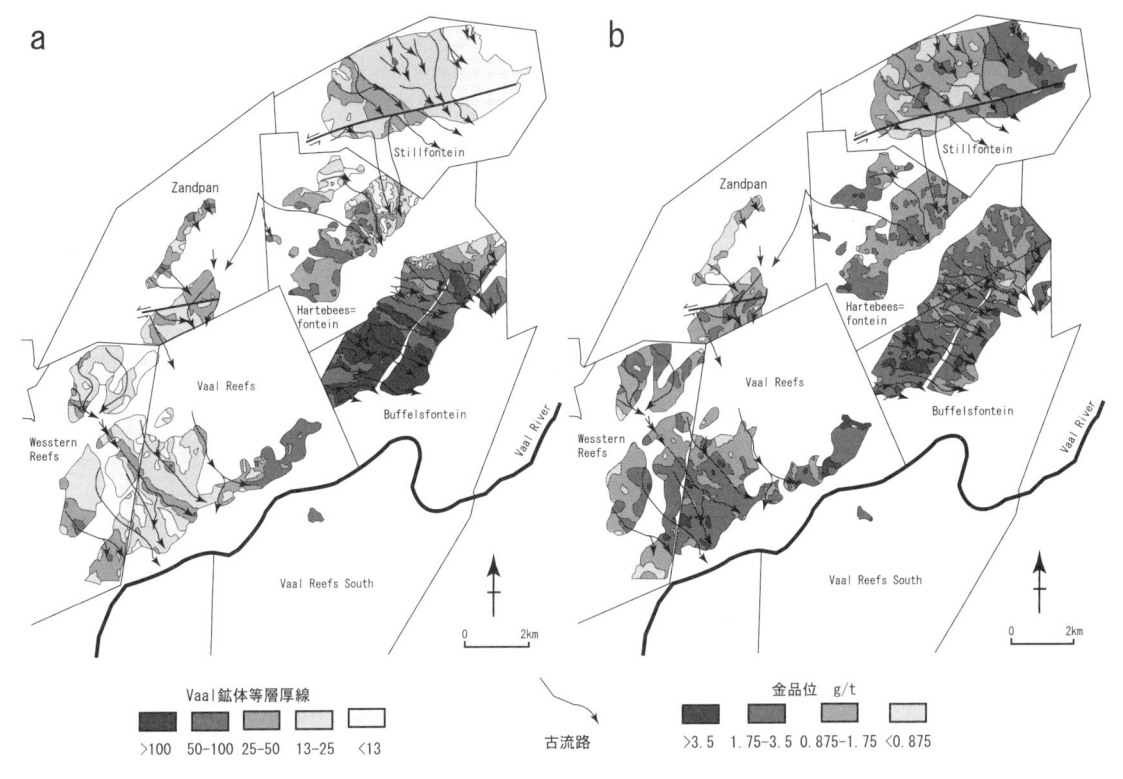

図 X-47　Vaal鉱体における鉱体層厚と金品位の関係　－Frimmel et al. (2005) による－

体に近接する部分で局部的に1ppmに達することがある．鉱体と上盤，下盤との主要な違いは，粒子の大きさ，砕屑鉱物の濃度，金濃度である．鉱体を構成している堆積層レンズの形態は，ユニモーダルの古流向を示す河川砂州および河床ベッドフォームである．厚い鉱体は，洪水－および下降－段階流動の繰り返しによって堆積した礫岩および石英アレナイトの多流路シーケンスをなす．鉱体の堆積環境は，源流に近い扇状地（例えば，Eldorado層EA鉱体）から，段丘河川（例えば，Vendersdorf Contact鉱体），網状河川平野（例えば，Composite鉱体），汀線環境と合併した三角州網状河川までにわたる．ある場所では，鉱体の平面状頂部は汀線侵食地後の埋没細粒堆積物を示すが（例えば，BasalおよびCarbon Leader鉱体），他の場所では風成デフレーションを示す．主要な金鉱床田はCentral Rand堆積盆の縁辺部に沿って分布し（図X-44），そこには複雑な河川系の原堆積盆への入り口が存在する．

　鉱山規模では最高品位の鉱石は，例外はあるが，通常流路相中に存在する．Vaal鉱体を例として説明すると，図X-47の東南部で鉱体層厚と金品位分布を比較すれば，金の最高品位部が最大厚さを示す古流路に沿って分布することがわかり，このような関係が他の鉱体では一般的である．しかし，図の東北部と西部では，金の最高品位が分散した中礫の単層からなる薄い鉱体に現れている．このような現象は鉱体における金の濃集機構が単純なものではないことを示している．金は閃ウラン鉱および黄鉄鉱とともに円磨したジルコンおよびクロム鉄鉱と空間的に共存している．これらの鉱物はすべてラグ型礫によって特徴付けられる侵食面上または礫支持礫岩層の基底に濃集するが，

斜交層理を示す前置層，底置層にも濃集する．1m以上の厚い鉱体は基底侵食面に沿って濃集した砕屑鉱物を伴う多重級化層を含む．

　Witwatersrand鉱床は金に富むばかりでなく，世界最大のウラン鉱床の一つである．Monarch鉱体は源流から遠い礫質漂砂鉱床であるが，ウランに最も富む鉱体の一つであり，平均品位U$_3$O$_8$ 2,860ppmの鉱石を採掘している．Witwatersrand地域における主要なウラン鉱物は閃ウラン鉱およびブランネル石であり，閃ウラン鉱/ブランネル石比は堆積層上位に向かって系統的に減少する．例えば，Welkom金鉱床田では，閃ウラン鉱/ブランネル石比はSteyn鉱体で8.7であるが，上位のBeatrX鉱体では閃ウラン鉱を産しない．同様にBlack鉱体ではU$_3$O$_8$ 3,350ppmの試料中のウラン鉱物はブランネル石である．U/Au比も堆積層上位に向かって系統的変化が認められる．Central Rand層群中の鉱体と対照的に，Dominion層群中の鉱体はウランに富む一方金をほとんど含まない．一定の層準内で，堆積盆周縁部から中心に向かって金とウランの濃度は異なった速度で減少する．Welkom金鉱床田では，水力学的級化作用によって古流向の遠隔相が閃ウラン鉱に富むとともに古流向の下方に向かってU/Au比が10^{-3}から10迄上昇することが報告されている．

　Witwatersrand鉱床の金は，しばしば層状，球状をなして産する炭質物と密接に共存している．炭質薄層は源流から遠隔の鉱床に選択的に産し，源流に近い高エネルギーの鉱床には明らかに存在しない．さらに炭質薄層は円磨した黄鉄鉱を含む礫岩および砂岩中にのみ産する．また，微小割目中には炭化水素を産し，これらは熱水性パイロビチューメンである．この起原は未だ明らかではないが，このような炭質物を含むCarbon Leader, Basal, Vaalなどの鉱体では，金およびウランの最高品位鉱石は，とくにパイロビチューメンに富むところに産する．パイロビチューメンによって充たされた微小割目には一般的に金を産するが，Central RandおよびWest Rand層群中のMainおよびKimberley鉱体などの高品位金鉱床中には，ほとんどビチューメンを含んでいない．

　黄鉄鉱はWitwatersrandのすべての河川漂砂鉱床において最も一般的な重鉱物である．黄鉄鉱は種々の組織・形態をなして産するが，大別すると(1)円磨され緻密質，(2)円磨され多孔質，(3)自形に分けられる（Frimmel et al., 2005）．円磨され緻密質な黄鉄鉱は，Ventersdorf Contact鉱体を除いて，最も一般的な形態である．Ventersdorf Contact鉱体では自形の黄鉄鉱を産するが，腐食試験の結果，多くの自形黄鉄鉱は一つ以上の円磨された緻密黄鉄鉱の核を有し，前から存在していたこの核の周囲に形成された二次的な熱水性のオーバーグロースの遺物が，自形を示していることが明らかになった．多孔質黄鉄鉱は葉片状集合体，円磨されたコンクリーション，魚卵状コロフォーム，樹枝状などの組織を示す．多くのコンクリーションおよびコロフォーム組織の多孔質黄鉄鉱が破壊されて破片となり，破断内部構造を有しており機械的に運搬されたと推定される．堆積後の自形および半自形黄鉄鉱は，選択的に鉱脈および断層周辺の熱水変質帯に近接して産し，これらは他の熱水性鉱物（黄銅鉱，輝コバルト鉱－ゲルスドルフ鉱，磁硫鉄鉱，方鉛鉱，硫砒鉄鉱）とパイロビチューメンを伴う．閃ウラン鉱は，基底の侵食面に沿って黄鉄鉱，金，他の重鉱物とともに産する．多くの閃ウラン鉱粒子は良く円磨され，大きさは100μm程度で，ビチューメンによって囲まれるか一部交代されて産する．閃ウラン鉱粒子と流体炭化水素の重合および交差結合などの成因的関係を考えると，少なくとも閃ウラン鉱の一部は炭化水素より早期生成であり，砕屑起原である．堆積後生成の閃ウラン鉱およびブランネル石は，早期の円磨閃ウラン鉱の一部移動産物と考えられる．金も黄鉄鉱および閃ウラン鉱と同様の組織・形態変化を示し，円磨状，球状，板状，

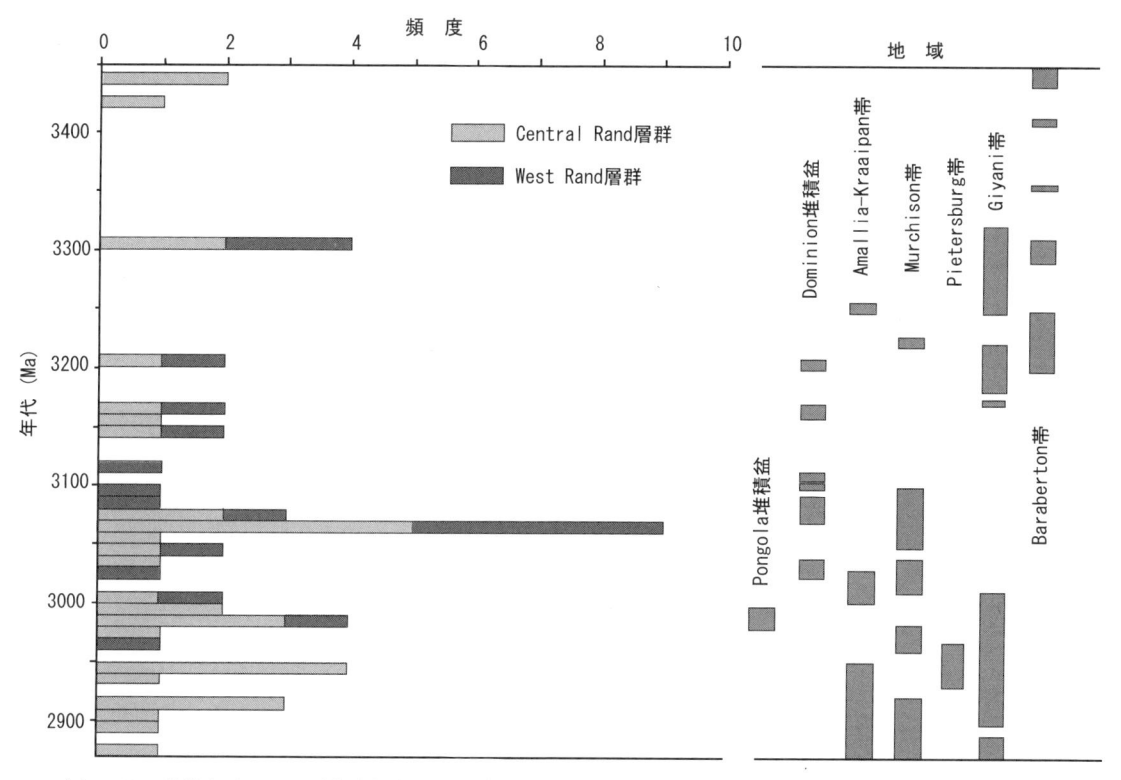

図 X-48　礫岩中ジルコン原生成年代ヒストグラムおよび Kaapvaal クラトン内起原岩石の生成年代範囲
― Frimmel et al. (2005) による ―

トロイド状粒子あるいは不規則, 樹枝状集合体, 割目充填, 自形オーバーグロース, 二次黄鉄鉱中の包有物として産する. 大部分の円磨状金粒子は長径 50～120 μm の範囲であるが, 1mm に達するものもある. 一方, 円磨状金の上に発達する自形オーバーグロース黄鉄鉱中の包有物, あるいは割目充填物として産する二次金の大きさは, 少なくとも一桁小さい. Evander 金鉱床田を横切る金粒子の大きさ分布研究によって, 北東方向の古傾斜に沿う運搬距離増加に伴い系統的に粒径が減少することが見出された. 同一薄片内に円磨状金と二次熱水性金粒子両者が存在することがあり, これは河川運搬作用によってもたらされた円磨状金と, 熱水から沈殿した二次金の多相金捕獲過程を示すものである. ときに, トロイド状金粒子は, 新期風成鉱床に見られるような微過褶曲状リム構造を形成する. 堆積シーケンスと金の濃集において地表の風成過程が重要な役割を果たす場合もあることが考えられる. 二次熱水性金は通常二次黄鉄鉱後のビチューメンまたは緑泥石に伴うか, 二次黄鉄鉱中に包有されて産する. これに対して円磨状黄鉄鉱は金を包有しない.

円磨状黄鉄鉱の硫黄同位体研究の結果, 鉱山範囲, 採掘場範囲, 試料範囲において広い $\delta^{34}S$ 値 (−4.7～+6.7‰) の変化を示し, 付近で採取した魚卵状黄鉄鉱についても同様の広い変化を示した (Frimmel et al., 2005). また, 他の硫黄同位体研究でも, 単一黄鉄鉱粒子内および異なった結晶形態間で不均質な $\delta^{34}S$ 値 (−7～+32‰) を示した. これに対して自形の熱水性黄鉄鉱の $\delta^{34}S$ 値 (−0.5～+2.5‰) はきわめて狭い範囲にある. 砕屑起原の円磨状閃ウラン鉱の Th/U 比は, 同一薄片範囲で近接する粒子間で大きな変化を示し起原岩石の多様性を反映している. Vaal 鉱体

のRe-Os法によるアイソクロン生成年代測定の結果，円磨状黄鉄鉱では2.99 ± 0.11Ga，金では3,010 ± 110Ma，同一試料で円磨状黄鉄鉱を含む場合は3,033 ± 21Maが得られており，これらの値は堆積作用の年代より相当古い．

礫岩の礫構成岩石は，層序的位置および金鉱床田によって異なるが，Witwatersrand礫岩の平均的礫岩石組成は，脈石英85%，チャート12%，石英斑岩2%，変成岩1%である．多くの閃ウラン鉱粒子はThに富み（平均3.9%），これは花崗岩ないしペグマタイト起原を示している（Frimmel et al., 2005）．このことは砕屑鉱物として微量の錫石，輝水鉛鉱，コルンブ石を産することからも裏付けられる．チャートを多産し，局部的に石英斑岩の礫を含むことは起原地域として太古代グリーンストン帯を指し示している．ジルコンの原生成年代ヒストグラム図（図X-48）では，West Rand層群（3,300～2,960Ma）よりもCentral Rand層群（3,450～2,870）のほうがより複雑で範囲が広い．このことは，West Rand層群の少数起原岩石と構造運動の復活がないことを意味するので，その推定された非活動的大陸縁辺環境を裏付け，Central Rand層群の累進的起原岩石増加と連続的構造運動復活を意味することから，そのクラトン堆積盆環境を裏付ける．

すべてのジルコンの原生成年代に相当する起原岩石をWitwatersrand堆積盆周辺から見出すことができる（図X-48）．Central Rand層群の最古の砕屑ジルコンに相当する年代はBarberton帯にのみ見出される．3,310～3,300Maのジルコン年代に相当する後背地は，GyaniおよびBarberton帯である．West Rand層群およびCentral Rand層群の多くの砕屑ジルコンの生成年代は3,060Maと3,080Maの間にはいる．これはDominionリフトにおける珪長質火山活動，Murchison帯における珪長質火山岩および花崗岩類の年代と一致する．さらに若い年代の砕屑ジルコンは，堆積運搬方向と年代対比に基づき，中太古代のAmalia-Kraaipan, Murchison, Giyani花崗岩類－グリーンストン帯の高地殻水準の岩石起原であると推定される（Frimmel et al., 2005）．Rs-Os年代データによって，黄鉄鉱と金の原生成年代も，3.0Gaであることが強く支持されている．

Witwatersrand堆積作用の前に比較的安定なクラトンが存在していたことは，一部の金鉱体に起原地域のキンバーライト・パイプに関係したダイアモンドを稀ではあるが産することから示唆される．起原地域に太古代花崗岩類－グリーンストン帯に期待される苦鉄質ないし超苦鉄質成分が存在することは，砕屑鉱物に多くのクロム鉄鉱およびそれに次ぐ量の含白金族元素鉱物を産することから明らかである．各金鉱体中の異なる白金族元素間の量比は，Witwatersrandの金鉱山を通じて驚くほど一定であるが，Rustenburg層状貫入岩体，太古代後のダン橄欖岩およびキンバーライトのような後期生成の鉱床とはかなりの相違が認められる．例えば，Witwatersrand鉱体の(Os+Ir)/(Os+Ir+Pt+Ru)比は0.7～0.8であるが後期生成の火成岩の値は0.1である．Witwatersrand鉱体のOs+Irの高比率は，鉱体中の含白金族鉱物によるもので，漂砂鉱床の強い成熟度を反映すると解釈されてきた．しかし，走向方向，傾斜方向，漂砂鉱床の源流からの相対的位置に沿っての含白金族鉱物および含白金族元素比の一定性は，特定地域を起原としていることを示唆している．最近のEvander金鉱床田における化学的・同位体的研究によると，鉱床産白金族合金の砕屑性の確定ばかりでなく，その白金族合金がコンドライト質ないし亜コンドライト質マントル起原であると結論している．

興味あることには，Witwatersrand産円磨緻密黄鉄鉱は，自形二次黄鉄鉱より一桁ないし二桁

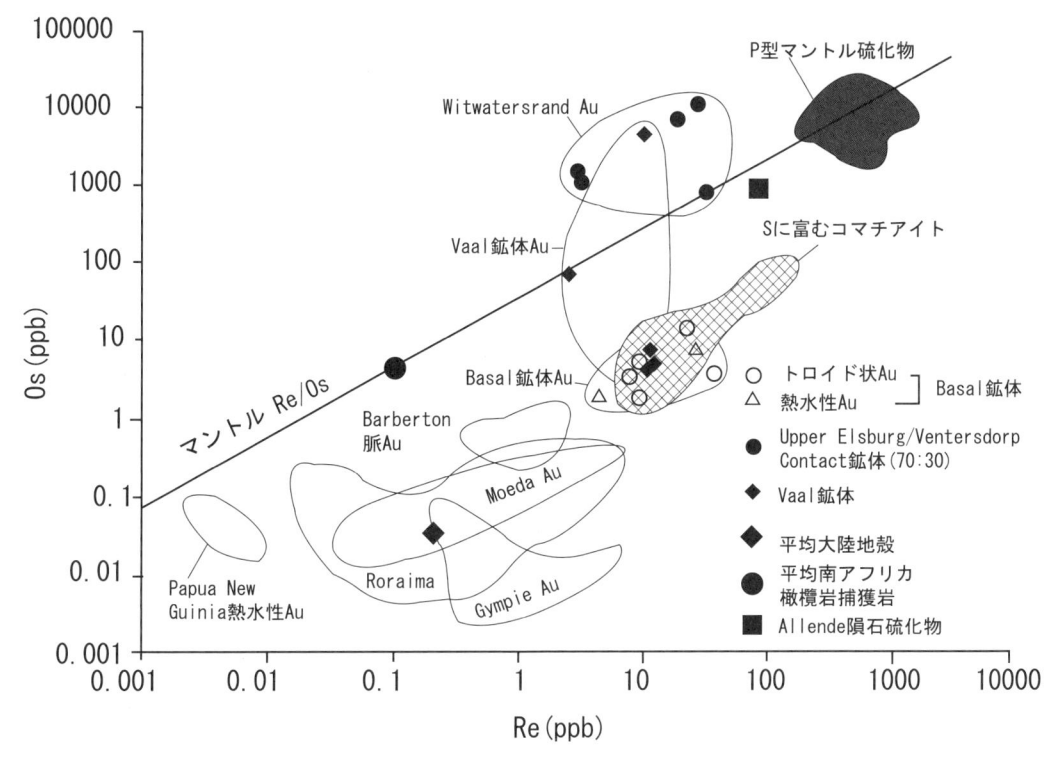

図 X-49 Witwatersrand 金鉱床, 他金鉱床, 種々の岩石, 隕石硫化物, マントル物質の Re-Os 図
－Frimmel et al. (2005) による－

高い濃度の Re と Os を含んでいる. 二次黄鉄鉱の低濃度 Os は, その水溶液に対する低溶解度から二次黄鉄鉱の熱水起原と調和する. 円磨緻密黄鉄鉱と鉱体試料の全岩分析における高 Os 濃度は, 古太古代〜中太古代の地球系から期待される高度部分溶融によって生成された苦鉄質－超苦鉄質岩石起原であることを示す. Vaal 鉱体産金について報告された 4.16ppm という超高濃度 Os は (Kirk et al., 2001), 白金族鉱物の微小包有物による汚染の可能性もあるが, 続いて報告された Vaal および Basal 鉱体のトロイド状微小ナゲットと二次熱水性金結晶の分析値 Re 4〜37ppb, Os 2〜15ppb (Kirk et al., 2002) (図 X-49) は, 後期の鉱床および大陸地殻平均値より数桁多い. トロイド状微小ナゲットと二次熱水性金結晶の類似した Os 濃度は, 熱水による長距離の移動であれば Os は著しく減少するはずなので, 移動が小範囲であった証拠となる. また, きわめて高い Os 濃度は, 金と黄鉄鉱がグリーンストンを母岩とする熱水鉱床ばかりでなくマントル起原の苦鉄質－超苦鉄質岩石内のマグマ性ないし高温マグマ－熱水性相を起原とすることを憶測させる. このことは, 約 3.0Ga におけるマントルの Os 同位体値組成 (Kirk et al., 2002) に一致する初期 ^{187}Os/^{188}Os によって裏付けられる. したがって, 最も確からしい金の起原として, ほぼ 3.0Ga の強い火山弧成分を有するグリーンストン帯が想定される (Frimmel et al., 2005). Witwatersrand 産金の一部または全部が, 造山型金鉱床でなくて太古代グリーンストン岩石中に細かく分散するマグマ性金を起原とするならば, 全体的にきわめて大きい金埋蔵量から Witwatersrand 堆積盆における巨大な量の金鉱床を引き出すことが可能となる. 質量均衡から Central Rand 層群中の全金量 (8万〜10万 t)

のためには，起原岩石の金濃度として 0.4～6.8ppb が必要となる．これは太古代グリーンストンの典型的基底濃度以上ではない．

　Witwatersrand 試料中に見出された熱水性金の移動媒体と考えられる流体包有物には，相当量のガス体高級炭化水素，液体石油，場所によってはビチュウメンが含まれる．流体包有物は優勢な陽イオンとして Ca^{+2} を含み，中程度の塩濃度（6～16%NaCl 相当濃度），中性ないし僅かにアルカリ性（pH 5.7～7.2），常に還元環境を示す．金は $Au(HS)_2^-$ の形で運搬され，移動時の温度・圧力は，300～350℃，3kbar 以下と推定される（Frimmel et al., 2005）．二次熱水性金の沈殿の重要な要素は，還元剤としての液体および気体炭化水素の局部的存在である．金移動の範囲は，埋没および熱水作用による成熟作用によって局地化した炭化水素に富む流体に支配される．Witwatersrand 堆積物中の砕屑鉱物は，堆積後に続成作用，熱水浸透作用，および埋没，広域，接触，衝撃などの変成作用を被っている．ゼノタイムは熱水浸透作用に対する監視鉱物として有用である．この鉱物は Witwatersrand 全堆積層序にわたって，地球化学的特徴付けおよび時代指示に役立っている．興味あることに，金鉱体は周辺部より続成性ゼノタイムには富むが，熱水性ゼノタイム（希土類元素量比により区別される）には乏しい．この事実は，金鉱体母層の礫岩が続成作用後に透水性が増すことを否定し，全 Witwatersrand 金鉱床熱水モデル説をも否定している．ゼノタイム年代データによると，金鉱体およびそれに挟まれる不毛のアレナイト層には 2,490Ma および 2,210Ma の 2 回の主熱水浸透事変があり，一方金鉱体を含まないアレナイト層にはそれに加えて 2,720Ma および 2,050Ma の熱水浸透事変があったことを示している（図 X-46）．2,720Ma 頃のゼノタイムの成長は，Klipriviersberg 層群溶岩噴出に一致する堆積盆での流体環流および加熱によって説明されるが，この段階における金沈殿の証拠はない．Chuniespoort 層群堆積中（2,550Ma～2,580Ma）における金の移動が，熱水性金に伴う熱水性ジルコン，熱水性ルチル，ゼノタイムの年代側定によって提案されている．2,490Ma のゼノタイム年代で示される主熱水浸透事変は，Chuniespoort 層群化学堆積物の加重による下部 Transvaal 累層群沈降末期に一致し，同様に 2,210Ma の熱水浸透事変は，Pretoria 層群の Hekpoot 溶岩の噴出と一致する．

　Witwatersrand 堆積盆中のあらゆる規模の割目を形成した続成作用後の最も強力な事変は，現在もその跡が堆積盆中心部に保存されている（図 X-44）2,023Ma の Vredefort 隕石の衝突である．Ventersdorf Contact 鉱体では，短期間活性化したこれら網状割目内を環流した天水による金の移動が報告されている．この特殊事変が短期間に機械的効果を主とした行われたことは，相当する時代のゼノタイムを欠くことから裏付けられる．金移動の時期にかかわらず，一般にその移動は短距離に限られる．局地的に見られる砕屑性の微小ナゲットと二次金の共存は，金の移動距離が μm から mm の範囲であることを示す．他方金の移動が 10cm～1m の範囲であったとしても，礫岩質鉱体の厚さにかかわらず各鉱体の頂部と底部の境界は金品位に関して明瞭な接触面を示し，上盤および下盤中あるいは交差断層に沿う金の分散は僅かであることから鉱体層内部に限られると言える．

　1886 年から 2004 年までの Witwatersrand 堆積盆全体の礫岩型金－ウラン鉱床の産金量は約 50,000t に達し，全世界産金量の 40% を占める．2002 年における Witwatersrand 堆積盆の推定残留金埋蔵量は 38,000t で，全世界金埋蔵量の 46% である．また，Witwatersrand 金－ウラン鉱床は，1952～1975 年間に U_3O_8 150 万 t（平均品位 U_3O_8 271ppm）を生産している（Frimmel et al., 2005）．

文 献

II 鉱化流体

Broecker W. S. and Peng, T. H. (1982) Tracers in the sea, New York, Eldigo Press, Columbia Univ., 690p.

Burnham, C. W. (1979) Magmas and hydrothermal fluids, in H. D. Barnes ed., Geochemistry of Hydrothermal Ore Deposits, 2nd edit., John and Wiley and Sons, Inc., 71-136.

Burnham, C. W. and Ohmoto, H. (1980) Late-stage processes of felsic magmatism, in Ishihara, S. and Takenouchi, S. eds., Granitic magmatism and related mineralization, Mining Geol., Spec. Issue, 8, 1-11.

Ellis, A. J. (1963) The solubility of calcite in sodium chloride solution at high temperatures, Am. Jour. Sci., 261, 259-267.

Fleming, B. A. and Crerar, D. A. (1982) Silicic acid ionization and calculation of silica solubility at elevated temperature and pH, Geothermics, 11, 15-29.

Foumier R. A. and Potter, R. W. III (1982) An equation correlating the solubility of quartz in water from 25℃ to 900℃ at pressure up to 10,000 bars, Geochim Cosmohim. Acta, 47, 1969-1973.

Guilbert, J. M. and Park, C. F. Jr. (1986) The geology of ore deposits, W. H. Freeman and Company, p. 1-985.

Ishibashi, J. and Urabe, T. (1995) Hydrothermal activity related to arc-backarc magmatism in the western Pacific, in B. Taylor ed., Tectonics and Magmatism, Prenum Press, New York, p. 451-495.

Ishihara, S. (1977) The magnetite series and ilmenite series granitic rocks, Mining Geol., 27, 293-305.

Krauskopf, K, F. (1967) Introduction to Geochemistry, New York : McGraw-Hill Book Co., 721 p.

McKibben, M. A. and Hardie, L. A. (1997) Ore-forming brines in active continental rifts, in H. D. Barnes ed., Geochemistry of Hydrothermal Ore Deposits, 3rd edit., John and Wiley and Sons, Inc., 877-935.

Naumov, G. B., Ryzhenko, B. N. and Khodakovsky, I. L. (1974) Handbook of Thermodynamic Data, U. S. Geological Survey.

Rimstidt, J. D. (1997) Gangue mineral transport and deposition, in H. D. Barnes ed., Geochemistry of Hydrothermal Ore Deposits, 3rd edit., John and Wiley and Sons, Inc., 487-515.

Scott, S. D. (1997) Submarine hydrothermal systems and deposits, in H. D. Barnes ed., Geochemistry of Hydrothermal Ore Deposits, 3rd edit., John and Wiley and Sons, Inc., 797-875

Seward, T. M. (1976) Thio complexes of gold and the transport of gold in hydrothermal ore solutions, Geochim Cosmohim. Acta, 37, 379-399.

Seaward, T. M. and Barnes, H. L. (1997) Metal transport by hydrothermal ore fluids, in hydrothermal mineral deposits, in H. D. Barnes ed., Geochemistry of Hydrothermal Ore Deposits, 3rd edit., John and Wiley and Sons, Inc., 435-486.

武内寿久弥（1975）鉱物中の流体包有物研究の基礎 -1-, -2-, 宝石学会誌, 2, 25-33, 66-73.

Taylor, H. P. Jr. (1997) Oxygen and hydrogen isotope relationships, in hydrothermal mineral deposits, in H. D. Barnes ed., Geochemistry of Hydrothermal Ore Deposits, 3rd edit., John and Wiley and Sons, Inc., 229-302.

Wood, S. A. and Samson, I. M. (1998) Stability of ore minerals and complexation of ore metals in hydrothermal solutions, Soc. Econ. Geol. Reviews, 10, 33-80.

Xie, Z. and Walther, J. V. (1973) Quartz solubilities in NaCl solutions with and without wollastonite at elevated temperatures and pressures, Geochim Cosmohim. Acta, 57, 1947-1955.

III 鉱石鉱物の化学

Arnold, R. G. (1962) Equilibrium relation between pyrrhotoite and pyrite from 325 − to 743 ℃, Econ. Geol., 57, 72-90.
Barton, P. B. Jr. and Skinnner, B. J. (1979) Sulfide mineral stabilities, in H. D. Barnes ed., Geochemistry of Hydrothermal Ore Deposits, 2nd edit., John and Wiley and Sons, Inc., 236-333.
Barton, P. B. Jr. and Toulmin, P. III (1964) The electrum-tarnish method for the determination of the fugacity of sulfur in laboratory sulfide systems, Geochim. Cosmochim. Acta, 28, 619-640.
Barton, P. B. Jr. and Toulmin, P. III (1966) Phase relations invoving sphalerite in the Fe-Zn-S system, Econ. Geol., 61, 815-849..
Holland, H. D. (1965) Some applications of the ore deposits II. Mineral assemblages and the compositions of ore-forming fluids, Econ. Geol., 60, 1101-1166.
Morimoto, N., Gyobu, A., Mukaiyama, H. and Izawa, E. (1975) Crystallography and stability of pyrrhotite, Econ. Geol., 70, 824-833.
Nakazawa, H. and Morimoto, N. (1971a) Transformation mechanism of pyrrhotite, Mineral Soc. Japan. Spec. pap., 1, 52-55.
Nakazawa, H. and Morimoto, N. (1971b) Phase relations and superstructure of pyrrhotite, Fe_{1-x} S, Mat. Res. Ball., 6, 345-358.
Scott, S. D. (1973) Experimental calibration of the sphalerite geobarometer, Econ. Geol., 68, 466-474
Scott, S. D. (1974) Experimental methods in sulfide synthesis, in P. H. Robie ed. Sulfide Mineralogy, Reviews in Mineralogy 1. Washington D. C. Mineral Soc. Am. p.S-1 to S-38.
Scott, S. D. (1983) Chemical behaviour of sphalerite and arsenopyrite in hydrothermal and metamorphic environments, Mineral. Mag., 47,427-435.
Vaughan, D. J. and Craig, J. R. (1997) Sulfide ore mineral stabilities, morphologies, and intergrowth textures, in H. D. Barnes ed., Geochemistry of Hydrothermal Ore Deposits, 3rd edit., John and Wiley and Sons, Inc., 367-434.

IV 同位体化学の応用

Chiba, H., Chaco, T., Clayton, R, N. and Goldsmith, J. R. (1989) Oxigen fractionations involving diopside, forsterite, magnetite, and calcite: application to geothermometry, Geochim. Cosmochim. Acta, 53, 2985-2995.
Hoefs, J. (1997) Stable isotope geochemistry 4th edt., Springer-Verlag, p.1-201.
Holser, W. T. (1977) Catastrophic chemical events in the history of ocean. Nature, 267, 403-408.
Ohomoto, H. and Lasaga, A. C. (1982) Kinetics of reactions between aqueous sulfates and sulfides in hydrothermal systems, Geochim. Cosmochim. Acta, 46, 1727-1745.
佐々木昭 (1979) 水と硫黄の起源, 岩波講座 地球科学 14 地球の資源／地球の開発, p.51.

V 母岩の変質

Burnham, C. W. (1979) Magmas and hydrothermal fluids, in H. D. Barnes ed., Geochemistry of Hydrothermal Ore Deposits, 2nd edit., John and Wiley and Sons, Inc., 71-136.
Burnham, C. W. and Ohmoto, H. (1980) Late-stage processes of felsic magmatism, Mining Geol., Special Issue., No.8, 1-11.
Meyer, C. and Hemly, J. J. (1967) Wall rock alteration, in H. D. Barnes ed., Geochemistry of Hydrothermal Ore Deposits, Ist edn., Holt Reinhalt & Winston, New York, p.166-235.

VI 鉱石組織

Garrels, R. M. and Christ, C. L. (1965) Solutions, minerals, and equilibria, Harper & Row, New York, p.232.

Kanehira, K. and Tatsumi, T. (1970) Bedded cupriferous iron sulphide deposits in Japan, a review, in T. Tatsumi ed. Volcanism and Ore Genesis, Univ. Tokyo Press, p.51-76.

加瀬克雄 (1988) 変成組織とその問題点, 菖木浅彦編 鉱石顕微鏡と鉱石組織, テラ学術図書出版, p.211-224.

Mariko, T. (1988) Volcanogenic massive sulfide deposits of Besshi type at the Shimokawa mine, Hokkaido, northern Japan, in Proceeding of the Seventh IAGOD Symposium, E. Schweizerbart'sche Verlagsbuchhandlung, Stuttgart, p.501-512.

鞠子正 (1988) 交代組織とその問題点, 菖木浅彦編 鉱石顕微鏡と鉱石組織, テラ学術図書出版, p.147-165.

鞠子正, 今井直哉, 志賀美英, 市毛芳克 (1974) 岩手県釜石鉱山日峰・新山鉱床における含ニッケル・コバルト鉱物の産状と共生, 鉱山地質, 24, 335-354.

Mariko, T., Kawada, M., Miura, M. and Ono, S. (1996) Ore formation process of the Mozumi skarn-type Pb-Zn-Ag deposit in the Kamioka mine, Gifu Prefecture, Central Japan-A mineral chemistry and fluid inclusion study-, Resourse Geol., 46, 337-354.

Matsukuma, T. (1989) Ore microscopy of the Kuroko ores in Japan, Inst. Mining Geol. Mining College, Akita Univ., p.1-88.

島敞史 (1988) 結晶成長組織について, 菖木浅彦編 鉱石顕微鏡と鉱石組織, テラ学術図書出版, p.133-146.

島崎英彦 (1986) 閃亜鉛鉱にみられる"黄銅鉱病変"について, 鉱山地質, 36, 63.

菖木浅彦 (1988) 離溶組織とその問題点, 菖木浅彦編 鉱石顕微鏡と鉱石組織, テラ学術図書出版, p.167-209.

VII 鉱床の地質構造支配

Bateman, A. M. (1959) Economic mineral deposit, 2nd ed., New York, John Wiley and Sons, 916p.

Boullier, A, M. and Robert, F. (1992) Paleoseismic events recorded in Archaean gold -quartz vein networks, Val d'Or Quebec, Canada, Jour. Structural Geol., 14, 161-180.

Braun, J., Munroe, S., and Cox, S. F. (2003) Transient fluid flow in and around a faults, Geofluids, 3, 81-87.

Cathles, L. M., II, (1977) An analysis of the cooling of intrusives by ground water convection that including boiling, Econ. Geol., 72, 804-826.

Connolly, J. A. D. (1997) Devolatalization-generated fluid pressure and deformation-propagated fluid flow during prograde regional metamorphism, Jour. Geophysical Research, 102, 18,149-18,173.

Cornejo, P., Tosdal, R. M., Mpodozis, C., Tomlinson, A. J., Rivera, O., and Fanning, C. M.(1997) El Salvador, Chile, porphyry copper deposit revised: Geologic and geochronologic framework, International Geol. Review, 39, 22-54.

Cox, S. F. (1995) Faulting processes at high fluid pressure: An example of fault-valve behavior from the Wattle Gully fault, Victoria, Australia, Jour. Geophysical Research, 97, 11,085-11,095.

Cox, S. F. (1999) Deformational controls on the dynamic fluid flow in mesothermal gold systems, Geol. Soc. London Spec. Publication, 155, 123-139.

Cox, S. F., Brawn, J., and Knackstedt, M. A. (2001) Principles of structural controls on permeability and fluid flow in hydrothermal systems, Soc. Econ. Geol. Reviews, 14, 1-24.

Cox, S. F. and Ruming, (2004) The St. Ives mesothermal gold system, Western Australia, - a case after golden shocks?, Jour. Structural Geol., 26, 1,109-1,125.

Cox, S. F. (2005) Coupling between deformation, fluid pressures, and fluid flow in ore-producing hydrothermal systems at depth in the crust, Econ. Geol.100th Aniv. Vol., 39-75.

Cui, X., Nabelek, P. I., and Liu, M. (2003) Reactive flow of mixed CO_2-H_2O fluid and progress of calc-silicate reactions in contact metamorphic aureoles: Insight from two dimensional modeling,

Jour. Structural Geol., 21, 663-684.

Ferry, J. M. and Dipple, G. M. (1992) Models for coupled fluid flow, mineral reaction and isotopic alteration during contact metamorphism: The Natch Peak aureole, Utah, Amer. Mineralogist, 77, 577-591.

Fournier, R. O. (1999) Hydrothermal processes related to movement of fluid from plastic into brittle rock in the magmatic-epithermal environment , Econ. Geol., 94, 1193-1212.

Gustafson, L. B. and Hunt, J. P. (1975) The porphyry copper deposit at El Salvador, Chile, Econ. Geol., 70, 857-912.

King, G. C. P., Stein, R. S., and Lin, J. (1994) Static stress changes and the triggering of earthquakes, Bull. Seismological Soc. Amer., 84, 935-953.

Knackstedt, M. and Cox, S. F. (1995) Percolation and pore geometry of crustal rocks, Pysical Reviews, ser. E, 51, R5,181-R5,184.

Koerner, A., Kissling, E., and Miller, S. A. (2004) A model of deep crustal fluid flow following the M_w=8.0 Antfagasta, Chile, earthquake, Jour. Geophysical Research, v.109. B06307, DOI:10,129/2003JB002816.

Lindsey, D. D., Zentilli, M., and Rojas de la Rivera, J. (1995) Evolution of an active ductile to brittle shear system controlling mineralization at the Chuquicamata porphyry copper deposit, northern Chile, International Geol. Review, 37, 945-958.

Marsh, T. M., Einaudi, M. T., and McWilliams, M. (1997) 40Ar/39Ar geochronology of Cu-Au and Au-Ag mineralization in the Potrerillos district, Chile, Econ. Geol., 92, 784-806.

McCuaig, C. T. and Kerrich, R. (1998) P-T-t-deformation-fluid characteristics of lode gold deposits: Evidence from alteration systematics, Ore Geol. Reviews, 12, 381-435.

Micklethwaite, S. and Cox, S. F. (2004) Fault segment rapture aftershock-zone fluid flow, and mineralization, Geology, 32, 813-816.

Muir-Wood, R. and King, G. C. P. (1993) Hydrological signatures of earthquake strain, Jour. Geophysical Research, 98, 22,035-22,068.

Richards, J. P. (2003) Tectono-magmatic precursors for porphyry Cu-(Mo-Au) deposit formation, Econ. Geol., 98, 1515-1534.

Robert, F. and Paulsen, K. H. (2001) Vein formation and deformation in greenstone gold deposits, Soc. Econ. Geol. Reviews, 14, 111-155.

Sibson, R. H. (1986) Brecciation processes in fault zones: Inferences from earthquake rupturing, Pure and Applied Geophysics, 124, 159-175.

Sibson, R. H. (1987) Earthquake rupturing as a mineralizing agent in hydrothermal systems, Geology, 15, 701-704.

Sibson, R. H., Robert, F., and Paulsen, K. H. (1988) High-angle reverse fault, fluid-pressure cycling, and mesothermal gold deposits, Geology, 16, 551-555.

Sibson, R. H. (2001) Seismogenic framework for ore deposition, Soc. Econ. Geol. Review, 14, 25-50.

Silitoe, R. H. (1973) The tops and bottoms of porphyry copper deposits, Econ Geol., 68, 799-815.

Sillitoe, R. H. (1994) Erosion and collapse of volcanoes: Causes of telescoping in intrusion-centered ore deposits, Geology, 22, 945-948.

Stein, R. S. (1999) The role of stress transfer in earthquake occurrence, Nature, 402, 605-609.

Streit, J. E. and Cox, S. F. (1998) Fluid infiltration and volume change during mid-crustal mylonitization of Proterozoic granite, King Island, Tasmania, Jour. Metamorphic Geol., 16, 197-212.

Tosdal, R. M. and Richards, J. P. (2001) Magmatic and structural controls on the development of porphyry Cu ± Mo ± Au deposits, Soc. Econ. Geol. Review, 14, 157-181.

Wannamaker, P. E., Jiracec, G. R., Stodt, J. A., Caldwell, T. G., Gonzalez, V. M., McNight, J. D., and Porter, A. D. (2002) Fluid generation and pathways beneath an active compressed orogen, the New Zealand southern alps, inferred from magnetotelluric data. Jour. Geophysical Research, 107, p. 10.1029/2001JB000186.

Watson, E. B. and Brenan, J. M. (1987) Fluid in the lithosphere. I. Experimentary-determined wetting characteristics of CO_2-H_2O fluids and their implications for fluid transport , host rock properties, and fluid inclusion formation, Earth and Planetary Science Letters, 85, 197-515.

Zhang, S., Paterson, M. S., and Cox, S. F. (1994) Porosity and permeability evolution during hot isostatic pressing of calcite aggregate, Jour. Geophysical Research, 99, 15,741-17,560.

VIII マグマ鉱床

Alapieti, T. T., Kujanpaa, J., Lahtien, J. J. and Papunen, H. (1989) The Kemi stratiform chromite deposit, northern Finland, Econ. Geol. 84, 1057-1077.

Arndt, N. T., Czamanske, G. K., Walker, R. J., Chauel, C. and Fedorenko, V. A. (2003) Geochemistry and origin of the intrusive hosts of the Noril'sk-Talnakh Cu-Ni-PGE sulfide deposits, Econ. Geol., 98, 495-515.

Arndt, N. T., Lesher, C. M., and Czamanske, G. K. (2005) Mantle-derived magmas and magmatic Ni-Cu-(PGE) deposits, Economic Geology 100th Anniversary Volume, p. 5-23.

Barnes, S. –J. and Lightfoot, P. (2005) Formation of magmatic nickel sulfide deposits and processes affecting their copper and platinum group element contents, Econ. Geol. 100th Aniv. Vol., 179-213.

Bichan, R. (1969) Chromite seams in the Hartley Complex of the Great Dyke of Rhodesia, Econ. Geol. Mon., 4, 95-113.

Carr, H. W., Groves, D., Kruger, F. J., and Cawthorn, R. G. (1999) Petrogenesis of Merensky reef potholes at the Western Platinum Mines; Sr-isotope evidence for synmagmatic deformation, Mineral. Deposita, 34, 335-347.

Cawthorn, R. G., Barnes, S. J., Ballhaus, C., and Malitch, K. N. (2005) Platinum group element, chromium, and vanadium deposits in mafic and urtramafic rocks, Econ. Geol. 100th Aniv. Vol., 215-249.

Chauvel, C., Dupre, B. and Jenner, G. A. (1985) The Sm-Nd age of Kambalda volcanics is 500Ma too old! Earth Planet. Sci. Lett., 74, 314-324.

Coleman, R, G. (1977) Ophiollite, Splinger-Verlag. 229p.

Cowden, A. and Roberts, D. E. (1990) Komatiite hosted nickel sulphide deposits, Kambalda, in F. E. Hughes eds., Geology of the Mineral Deposits of Australia and Papua New Guinea, The Australian Institute of Mining and Metallurgy, 567-581.

Evans-Lamswood, D. M., Butt, D. P., Jackson, R. S., Lee, D. V., Mugridge, M.G., Wheeler, R. I. and Wilton, D. H. C. (2000) Physical controls associated with the distribution of sulfides in the Boisey's Bay Ni-Cu-Co deposit, Labrador, Econ. Geol., 95, 749-769.

Fernandez, N. S. (1960) Note of the geology and chromite deposits of the Zambales range, Phil. Geol., 14, 1-8.

Flint, D. E., DE Albear, J. F. and Geld P. W. (1960) Geology and chromite deposits in Camaguey Province, Cuba, U. S. Geol.Surv. Bull., 954-B, 39-63.

Gresham, J. J. and Loftus-Hills, G. D.(1981) The geology of the Kambalda nickel field, Western Australia, Econ. Geol., 76, 1373-1416.

Hamilton, J.(1977) Sr isotope and trace element studies of the Great Dyke and Bushveld mafic phase and their relation to early Proterozoic magma genesis in southern Africa, Jour. Petrology, 18, 24-52.

Hunter, D. R. (1976) Some enigmas of the Bushveld Complex, Econ. Geol. 71, 229-248.

Irvine, T. N. (1977) Origin of chromitite layers in the Muskox intrusion and other stratiform intrusions: A new interpretation, Geology 5, 273-

Jia En-huan (賈恩) (1986) 甘粛金川硫化銅　砿床地質特徴, 砿床地質, 5, 21-38.

Kerr, A. and Ryan, B. (2000) Threading of the eye of the needle: Lessons from the search for another Voisey's Bay in Labrador, Canada, Econ. Geol., 95, 725-748.

Lesher, C. M. and Thurton, P. C. (2002) A special issue devoted to the mineral deposits of the Sudbury basin: Preface, Econ. Geol. 97, 1373-1375.

Lightfoot, P. C., Keays, R. R., Morrison, G. G., Bite, A. and Farrell, K. (1997) Geochemical relationship in the Sudbury igneous complex: origin of the main mass and offset dykes, Econ. Geol., 92, 289-307.

Lightfoot, P. C., Keays, R. R. and Doherty, W. (2001) Chemical evolution and orgin of nickel sulfide mineralization in the Sudbury igneous complex, Ontario, Canada, Econ. Geol., 96, 1855-1875.

Marques, J. C. and Filfo, C. F. F. (2003) The chromite deposits of the Ipueira-Melrado sill, Sao Francisco craton, Bahia State, Brazil, Econ. Geol., 98, 87-108.

Melcher, F., Stumpft, E. F. and Distler, V. (1994) Chromite deposits of the Kempirsai massif, southern Urals, Kazahkstan, Trans Instn. Min. Metall. Sect.B, 103, B107-B120.

Molnar, F., Watkinson, D. H. and Jones, P. C. (2001) Multiple hydrothermal processes in footwall units of the north range, Sudbury igneous complex, Canada, and implications for the genesis of vein-type Cu-Ni-PGE deposits, Econ. Geol., 96, 1645-1670.

中山健(1995) 世界最大のクロム鉱山「カザフスタン共和国 Donskoy クロム鉱山」, 資源地質, 45, 67-72.

Naldrett, A. J. (1989) Magmatic sulfide deposits, Oxford University Press, p1-186.

Naldrett, A. J. (1993) Models for the formation of strata-bound concentrations of platinum-group elements in layered intrusions, in Kirkham, R. V. et al. ed., Mineral Deposit Modeling: Geological Association of Canada Special Paper 40, 373-388.

Naldrett, A. J., Gasparrini, S. J., Barnes, S. J., Von Gruenewaldt, G. and Sharpe, M. R. (1986) The upper critical zone of the Bushveld Complex and the origin of Merensky-type ores, Econ. Geol., 81, 1105-1117.

Naldrett, A. J. and Von Gruenewaldt, G. (1989) The association of PGE with chromite in layerd intrusion and ophiolite complexes, Econ. Geol., 84, 180-187.

Naldrett, A. J. and Wilson, A. H. (1991) Horizontal and vertical variation in the noble metal distribution in the Great Dyke of Zimbawe: A model for the origin of the PGE mineralization by fractional segregation of sulfide, Chemical Geology, 88, 279-300.

Naldrett, A. J., Lightfoot, P. C., Fedrenko, V., Doherty, W. and Gobrachev, N. S. (1992) Geology and geochemistry of intrusions and flood basalts of the Noril'sk region, USSR, with implications for the origin of the Ni-Cu ores, Econ. Geol., 87, 975-1004.

Naldrett, A. J., Fedrenko, V., Lightfoot, P. C., Kunilov, N. S., Gorbachev, N. S., Doherty, W. and Johan, Z. (1995) Ni-Cu-PGE deposits of Noril'sk region, Siberia: their formation in conduits for flood basalt volcanism, Trans Instn Min. Metall. (Sec. B: Appl. Earth sci.), 104, B18-B36.

Nicolas, D. C. A., Ravinavitch, M., Moutte, J., Leelang, M.and Prinzhofer, A. (1981) Structural classification of chromite pods in the southern New Caledonia, Econ. Geol., 76, 576-591.

Page , N. J. and Nokleberg, W. J. (2002) Geologic Map of the Stillwater Complex, Montana. USGS Geological Survey Miscellaneous Investigations Series Map I-797. *(http://geopubs.wr.usgs.gov/i-map/i797/)

Riplex, E. M., Li, C. and Shin, D. (2002) Paragneiss assimilation in the genesis of magmatic Ni-Cu-Co sulfide mineralization at Voisey's Bay, Laborador: δ^{34}S, δ^{14}C, and Se/S evidence. Econ. Geol., 97, 1307-1318.

Ross, J. R. and Hopkins, G. M. F. (1975) The nickel sulfide deposits of Kambalda, Western Australia, in Knight, C. ed., Economic Geology of Australia and Papua-New Guinea, Australian Inst. Min. Metall. Mono. 5, 1, Metals, 100-121.

Ryan, B. (2000) The Nain-Churchill boundary and Nain plutonic suites: A regional perspective on the geologic setting of the Voisey's Bay Ni-Cu-Co deposit, Econ. Geol., 95, 703-724.

Scoates, J. S. and Michell, J. N. (2000) The evolution of troctolitic and high Al basaltic magmas in Proterozoic anorthosite plutonic suites and implications for the Voisey's Bay massive sulfide deposit, Econ. Geol., 95, 677-701.

Stone, W. E., Beresford, S. W., and Archibald, N. J. (2005) Strucural setting and shape analysis of nickel sulfide shoots at th Kambalda Dome, Western Australia: Implication for deformation and remobilization, Econ. Geol., 100, 1441-1455.

Tang, Z. (1993) Genetic model of the Junchyan nicke-copper deposit, in Kirkham, R. V. et al. ed., Mineral deposit modeling: Geological Association of Canada Special Paper 40, p. 389-402.

Thayer, T. P. (1964) Principal features and origin of podform chromite deposits, and some observations

on the Guleman-Soridag district, Turkey, Econ. Geol., 59, 1497-1524.
Tuchsherer, M. G. and Spray, J. G. (2002) Geology, mineralization, and emplacement of the Foy offset dyke, Sudbury impact structure, Econ. Geol., 97, 1377-1397.
USGS (2004) Nickel statistics and information, USGS commodity statistics and information.
 * http://minerals.usgs.gov/minerals/pubs/commodity/nickel/
Von Gruenewaldt, G., Sharpe, M. R. and Hatton, C. J. (1985) The Bushveld complex: introduction and review, Econ Geol., 80, 803-812.
Von Gruenewaldt, G., Hatton, C. J., Merkle, R. K. W. and Gain, S. E. (1986) Platinum-group elements-chromitite association in the Bushveld Complex, Econ. Geol. 81. 1067-1079.
Wilson, A. H. and Tredoux, M. (1990) Lateral and vertical distribution of platinum-group elements and petrogenetic controls on the sulfide mineralization in the P1 pyroxnite layer of the Darwendale subchamber of the Great Dyke, Zimbabwe, Econ. Geol., 85, 556-584.
Wooden, J. L., Czamanske, G. K., Bouse, R. M., Likhachev, A. P., Kunilov, V. E. and Lyul'ko, V. (1992) Pb isotope data indicate a complex, mantle origin for the Noril'sk and Talnakh ores, Siberia, Econ. Geol., 87, 1153-1165.
Worst, B. G. (1964) Chromite in the Great Dyke of Southern Rhodesia, Haughton ed., The geology of some ore deposits of southern Africa, Geol. Soc. South Africa, 2, 209-224.
Zonnenshain, L. P., Korinevsky, V. G., Kazmin, V. G., Pechersky, Khain, V. V. and Matveenkov (1984) Plate tectonic model of the south Urals development, Tectonophysics, 109, 95-135.

IX 熱水鉱床

Alabaster, T. and Pearce, J. A. (1985) The interrelationship between magmatic and ore-forming hydrothermal process in the Oman ophiolite, Econ. Geol., 80, 1-16.
Alexandre, P., Kyser, K., Polito, P., and Thomas, D. (2005a) The schematic section of the McArthur River deposit shows the distribution of alteration in the sandstone and basement, Econ. Geol., 100(8) cover.
Alexandre, P., Kyser, K., Polito, P., and Thomas, D. (2005b) Alteration mineralogy and stable isotope geochemistry of Paleoproterozoic basement-hosted unconforminity-type uranium deposits in the Athabasca basin, Canada, Econ. Geol., 100, 1547-1564.
Ansdell, K. M., Nesbitt, B. E., and Longstaffe, F. j. (1989) A fluid inclusion and stable isotope study of the Tom Ba-Pb-Zn deposit, YukonTerritory, Canada, Econ. Geol., 84, 841-856.
Appold, M. S. and Garven, G. (2000) Reactive models of ore formation in the Southeast Missouri district, Econ. Geol., 95, 1605-1626.
Atkinson, W. W. Jr. and Einaudi, M. T. (1978) Skarn formation and mineralization in the contact aureole at Carr Fork, Bingham, Utah, Econ. Geol, 73, 1326-1363.
Babcock, R. C. Jr., Ballantyne, G. H. and Phillips, C. H. (1995) Summary of the geology of the Bingham district, Utah, in Pierce, F. W., and Bolm, J. G., eds., Porphyry copper deposits of the American Cordillera: Tucson, Arizona, The Arizona Geological Society Digest 20, 316-335.
Bachelor, D. A. F (1992) Styles of metallic mineralization and their tectonic setting in the Sultanate of Oman, Trans. Inst. Min. Metall., 101, B108-B120.
Bai, G. and Yuan, Z. (1985) Carbonatite and related mineral resources, Chinese Acad. Geol. Sci. Bull. Inst. Min. Dep., 13, 107-140. (in Chinese with English abst.)
Baker, E. M. and Tullemans, F. J. (1990) Kidston gold deposit, in F. E. Hughes eds., Geology of the Mineral Deposits of Australia and Papua New Guinea, The Australian Institute of Mining and Metallurgy, 1461-1465.
Barrie, C. T. and Hannington, M. D. (1999) Classification of volcanic-associated massive sulfide deposits based on host-rock composition, Soc. Econ. Geol. Reviews, 8, 1-11.
Bateman, R. and Hagemann, S (2004) Gold mineralization throughout about 45Ma of Archaean

orogenesis: protracted flux of gold in the Golden Mile, Yilgarn craton, Western Australia, Mineral. Deposita, 39, 536-559.

Bell, P. D., Gomez, J. G., Loayza, C. E., and Pinto, R. M. (2004) Geology of the gold deposits of the Yanacocha district, northern Peru, in Proceedings PACRIM '2004, Australian Inst. Mining and Metall., 105-113

Bierlien, F. P. and Crowe, D. E. (2000) Phanerozoic orogenic lode gold deposits, Soc. Econ. Geol. Reviews 13, 103-139.

Bookstrom, A. A. (1989) The Climax-Alma granite batholith of Oligocene age and the porphyry molybdenum deposits of Climax, Colorado, U.S.A., Eng. Geol., 27, 543-568.

Brown, K. L. (1986) Gold deposition geothermal discharges in New Zealand, Econ. Geol., 81, 979

Bryndzia, L. T., Scott, S. D., and Farr, J. E. (1983) Mineralogy, geochemistry, and mineral chemistry of siliceous ore and altered rocks in the Uwamuki 2 and 4 deposits, Kosaka mine, Hokuroku district, Japan, Econ. Geol. Mono. 5, 507-522.

Burnham, C. W. and Ohmoto, H. (1980) Late stage process of felsic magmatism, in Ishihara, S. and Takenouchi, S. eds., Granitic magmatism and related mineralization, Mining Geol., Special Issue., No.8, 1-11.

Cameron, D. E and Garmoe, W. J. (1987) Geology of skarn and high-grade gold in the Carr Fork mine, Utah, Econ. Geol., 82, 1319-1333.

Carman, G. D. (2003) Geology, mineralization, and hydrothermal evolution of the Ladolam gold deposit, Lihir Island, Papua New Guinia, in Simmons, S. F and Graham, I. ed., Volcanic, geothermal, and ore-forming fluids: rulers and witnesses of processes within the earth, Soc. Econ. Geol. Spec. Pub., 10, 247-284

Carten, R. B., Geraphty, E. P., Walker, B. M., and Shannon, J. R. (1988) Cycle development of igneous features and their relationship to high temperature hydrothermal features in the Henderson porphyry molybdenum deposit, Colorado, Econ. Geol., 83, 266-296.

Carten, R. B., White, W. H., and Stein, H. J. (1997) High-grade granite-related molybdenum systems: classification and origin, in Kirkham, R. V. et al. ed., Mineral Deposit Modeling: Geological Association of Canada Special Paper 40, 521-554.

Cathes, L. M. and Smith, A. T. (1983) Thermal constraints on the formation of Mississippi Valley-type lead-zinc deposits and their implication for episodic basin dewatering and deposit genesis, Econ. Geol., 78, 983-1002.

Chao, E. C. T., Back, J. M, Minkin, J. A., Tatsumoto, M., Wang, J., Conrad, J. E. McKee, E. H., Hou, Z., Meng, Q., and Huang, S. (1997) The sedimentary carbonate-hosted giant Bayan Obo REE-Fe-Nb ore deposit of Inner Mongolia, China: A cornerstone example for giant polymetallic ore deposits of hydrothermal origin, U. S. Geol. Surv. Bull. 2143, P.1-65.

Cline, J. S., Hofstra, A. H., Muntean, J. L., Tosdal, R. M., and Hickey, J. L. (2005) Carlin type gold deposits in Nevada: Critical geologic characteristics and viable models, Econ. Geol. 100th Aniv. Vol. 451-484.

Clout, J. M. F., Cleghorn, J. H., and Eaton, P. C. (1990) Geology of the Kalgoorlie gold field, in F. E. Hughes eds., Geology of the Mineral Deposits of Australia and Papua New Guinea, The Australian Institute of Mining and Metallurgy, 411-431.

Clout, J. M. F., and Simonson, B M. (2005) Precambrian iron formation and iron formation-hosted iron ore deposits, Econ. Geol. 100th Aniv. Vol. 643-680.

Collins, W. J., Beams, S. D., White, A. J. R., and Chappell, B. W. (1982) Nature and origin of A-type granites with particular reference to southeastern Australia, Contrib. Mineral. Petrol., 80, 189-200.

Cunninghum, C. G., Ashley, R. P., Chau, I. M., Zushu, H., Chaoyuan, W., and Wenkang, L. (1988) Newly discovered sedimentary rock-hosted dissemination gold deposits in the People's Republic of China, Econ Geol., 83, 1462-1467.

Dalstra, H. and Guedes, S. (2004) Giant hydrothermal hematite deposits with Mg-Fe metasomatism: A comparison of the Carajas, Hamersley, and other iorn ores, Econ. Geol., 99, 1793-1800.

Date, j., Watanabe, Y., and Saeki, Y. (1983) Zonal alteration around the Fukazawa Kuroko deposits, Akita

Prefecture, northern Japan, Econ. Geol. Mono. 5, 365-386.

Derome, D., Cathelineau, M., Cuney, M., Fabre, C., Lohomme, T., and Banks, D. A. (2005) Mixing of sodic and calcic brines and uranium deposition at McArthur River, Saskatchewan, Canada: A ramman and laser-induced breakdown spectroscopic study of fluid inclusion, Econ. Geol., 100, 1529-1546.

Dimroth, E and Kimberly, M. M. (1976) Precambrian atmospheric oxygen: Evidence in the sedimentary distribution of carbon, sulphur, uranium, and iron, Canada. Jour. Earth Sci., 13, 1161-1185.

Drew, L. J., Qingrum, M. and Weijun, S. (1990) The Bayan Obo iron-rare earth–niobium deposits, Inner Mongolia, China, Lithos, 26, 46-65.

Drew, L. J., Berger, B. R., and Kuranov, N. K. (1996) Geology and structural evolution of the Murantau gold deposit, Kyzylkum desert, Uzbekistan, Ore Geology Reviews, 11, 175-196.

Einaudi, M. T., Meinert, L. D. and Newbery, R. J. (1981) Skarn deposits, Econ Geol, 75th Aniv. Vol., 317-391.

Eldridge, C. S., Barton, P. B. Jr., and Ohmoto, H. (1983) Mineral textures and their bearing on formation of the Kuroko orebodies, Econ. Geol. Mono. 5, 241-281.

Emsbo, P., Hofstra, A. H., Lauha, E, A., Grifson, G. L., and Hutchison, R. W. (2003) Origin of high-grade gold ore, source of ore fluid components, and genesis of the Meikle and neighboring Carlin-type deposits, northern Carlin trend, Nevada, Econ. Geol., 98, 1069-1105.

Etoh, J., Izawa, E., and Taguchi, S. (2002) A fluid inclusion study on columnar aduralia from the Hishikari low-sulfidation epithermal gold deposit, Japan, Resource Geol. 52, 73-78.

Evans, D. E. D., Gutzmer, J., Beukes, N. J., and Kirschvink, J. L. (2001) Paleomagnetic constraints on ages of mineralizatin in the Karahari manganese field, South Africa, Econ. Geol., 96, 621-631.

Everunden, J. F., Kriz, S. J. and Cherroni, M. C. (1977) Potassium-argon ages of some Bolivian rocks. Econ. Geol., 72, 1042-1061.

Farrel, C. W., and Holland, H. D. (1983) Strontium isotope geochemistry of the Kuroko deposits, Econ. Geol. Mono. 5, 302-319.

Faure, K., Matsuhisa, Y., Metsugi, H., Mizota, C., and Hayashi, S. (2002) The Hishikari Au-Ag epithermal deposit, Japan: Oxygen and hydrogen isotope evidence in determining the source of paleohydrothermal fluids, Econ. Geol., 97, 481-498.

Fehn, U., Doe, B. R., and Delevaux, M. H. (1983) The distribution of lead isotopes and origin of Kuroko ore deposits in the Hokuroku district, Japan, Econ. Geol. Mono. 5, 488-506.

Franklin, J. M., Gibson, H. L., Jonasson, I. R., and Galley, A. G. (2005) Volcanogenic massive sulfide deposits, Econ. Geol. 100th Aniv. Vol., 523-560.

Gaal, G. and Parkinnen, J. (1993) Early Proterozoic ophiolite-hosted copper-zinc-cobalt deposits of Outokumpu type, in Kirkhum, R. V., Sinclare, W. D., Thorpe, R. I., and Duke, J. M., eds., Mineral deposits modeling: Geological Association of Canada, Special Paper 40, 335-341.

Galley, A. G. and Kosky, R. A. (1999) Setting and characteristics of ophiolite-hosted volcanogenic massive sulfide deposits, Soc. Econ. Geol. Reviews, 8, 221-246.

Gardner, H. D. and Hutcheon, I. (1985) Geochemistry, mineralogy, and geology of the Jason Pb-Zn deposits, Macmillan Pass, Yukon, Canada, Econ Geol., 80, 1257-1276.

Garnett, R. H. T. and Bassett, N. C. (2005) Placer deposits, Econ. Geol. 100th Aniv. Vol., 813-843.

Godwin, C. I., Sinclair, A. J. and Ryan, B. D. (1982) Lead isotope model for the genesis of carbonate hosted Zn-Pb, shale hosted Ba-Zn-Pb, and silver-rich deposits in the northern Canadian Cordillera, Econ. Geol., 77, 82-94.

Goldfarb, R. J., Baker, T., Dubé, B., Groves, D. I., Hart, G. J. R., and Gosselin, P. (2005) Distribution, character, and genesis of gold deposits in metamorphic terrains, Econ. Geol. 100th Aniv. Vol., 407-450.

Goldhaber, M. B., Church, S. E., Doe, B. R., Aleinikoff, J. N., Brannon, J. C., Podosek, F. A., Moiser, El., Taylor, C. F., and Gent, C. A. (1995) Lead and sulfur isotope investigation of Paleozoic sedimentary rocks from the southern mid-continent of the United States: Implication for paleohydrology and ore genesis of the Southeast Missouri lead belt, Econ. Geol., 90, 1875-1910.

Goodfellow, W. D. and Jonasson, I. R. (1983) Environment of the Hawards Pass (XY) Zn-Pb deposit, Selwin basin, Yukon, Canada. Inst. Min. Metal. Sp. Vol. 37, 19-50.

Goodfellow, W. D. (1987) Anoxic stratified oceans as a source of sulfur in sediment-hosted stratiform Zn-Pb deposits (Selwyn basin, Yukon,Canada), Chemical Geol. 65, 359-382.

Goodfellow, W. D., Lydon, J. W., and Turner, R. J. W. (1993) Geology and genesis of strariform sediment-hosted (SEDEX) zinc-lead-silver dposits, in Kirkhum, R. V., Sinclare, W. D., Thorpe, R. I., and Duke, J. M., eds., Mineral deposits modeling: Geological Association of Canada, Special Paper 40,201-251.

Goodfellow, W. D., and Peter, J. M. (1996) Sulfur isotope composition of the Brunswick No. 12 massive sulphide deposit, Bathurst Mining Camp, N. B.: Implication for ambient environment, sulphur source and ore genesis, Canadian Jour. Earth Sic. 33, 231-251.

Goodfellow, W. D., Zierenberg, R. A., and Party, O. L. S. S.(1999) Genesis of massive suphide deposits at sediment-covered spreading centers, Soc. Econ. Geol. Reviews, 8, 297-324.

Goodfellow, W. D., and McCutcheon, S. R. (2003) Geologic and genetic attributes of volcanic-hosted massive sulfide deposits of the Bathurst Mining Camp, Northern Brunswick-A synthesis, Econ. Geol. Mon. 11, 245-301.

Grant, J. N., Halls, C., Avia, W. and Snelling, N. J. (1979a) Potassium-argon ages of some Bolivian rocks. a discussion, Econ. Geol., 74, 702-703.

Grant, J. N., Halls, C., Avia, W. and Snelling, N. J. (1979b) Potassium-argon ages of igneous rocks and mineralization in part of the Bolivian tin belt, Econ. Geol., 74, 838-851.

Green, G. R., Ohmoo, H., Date, J., and Takahashi, T. (1983) Whole-rock oxygen isotope distribution in the Fukazawa-Kosaka area, Hokuroku district, Japan, and its potential application to mineral exploration, Econ. Geol. Mono. 5, 395-411.

Grip, E. (1978) Sweden, in Bowie, S. H. U., Kvalheim, A. and Haslam, H. W. eds., Mineral deposits of Europe, Volume 1: Northwest Europe, The Inst. Mining. Metall. Mineral. Soc., 93-198.

Gross, G. A. (1993) Industrial and genetic models for iron ore in iron formation, in Kirkham, R. V., Sinclare, W. D., Thorpe, R. I., and Duke, J. M., eds., Mineral Deposit Modeling: Geological Association of Canada Special Paper 40, 151-170.

Groves, D. I., Goldfarb, R. J., Robert, F., and Hart, C. J. R. (2003) Gold deposits in metamorphic belt: Overview of current understanding, outstanding problems, future research, and exploration significance, Econ. Geol., 98, 1-29.

Guber, A., and Merill, S. III , (1983) Paleobathymetric significance of the foraminifera from the Hokuroku district, Japan, Econ Geol. Mono., 5, 55-70.

Gulson, B. L., Perkins, W. G. and Mizon, K. J. (1983) Lead isotope studies bearing on the genesis of copper orebodies at Mount Isa, Queensland, Econ. Geol., 78, 1466-1504.

Gutzmer, J. and Beukes, N. J. (1995) Fault-controlled metasomatic alteration of early Proterozoic sedimentary manganese ores in the Karahari manganese field, South Africa, Econ. Geol., 90, 823-844.

Hagemann, S. G. and Cassidy, K. F. (2000) Archean orogenic lode gold deposits, Soc. Econ. Geol. Reviews 13, 9-68.

Hagni, R. D. (1995) The Southeast Missouri lead district, Soc. Econ. Geol. Guidebook series, No.22, 44-78.

Hall, D. L., Cohen, L. H. and Schiffman, P. (1988) Hydrothermal alteration associated with the iron Hat iron skarn deposit, eastern Mojave Desert, San Bernardino County, Carifornia, Econ. Geol., 83, 568-587.

Handley, G. A. and Henry, D. D. (1990) Porgera gold deposit, in F. E. Hughes eds., Geology of the Mineral Deposits of Australia and Papua New Guinea, The Australian Institute of Mining and Metallurgy, 1717-1724.

Hannington, M. D., Barrie, C. T. and Bleeker, W. (1999a) The giant Kidd Creek volcanogenic massive sulfide deposit, western Abitibi Subprovince, Canada: Preface and introduction, Econ. Geol. Mono. 10, 1-30.

Hannington M. D., Bleeker, W. and Kjarsgaad, I. (1999b) Sulfide mineralogy, geochemistry, and ore genesis of the Kidd Creek deposit: Part I. north, central, and south orebodies, Econ. Geol. Mono. 10, 163-224..

Hannington, M. D., Bleeker, W. and Kjarsgaad, I. (1999c) Sulfide mineralogy, geochemistry, and ore genesis of the Kidd Creek deposit: Part II. The bornite zone, Econ. Geol. Mono. 10, 225-266.

Harmsworth, R. A. Kneeshaw, M., Morris, R. C., Robinson, C. J., and Shrivastava, P. K. (1990) BIF-derived iron ores of the Hamersley province, in F. E. Hughes eds., Geology of the Mineral Deposits of Australia and Papua New Guinea, The Australian Institute of Mining and Metallurgy, 617-642.

Harrison, E. D. and Reid, J. E. (1997) Copper-gold skarn deposits of the Bingham mining district, Utah, in John, D. A. and Ballantyne, G. H. eds., Geology and ore deposits of the Oquirrh and Wasatch mountains, Utah, Soc. Econ. Geol. Guidebook ser., 29, 155-169.

Hattori, K. and Muehlenbachs, K. (1980) Marine hydrothermal alteration at a Kuroko deposit, Kosaka, Japan, Contr. Mineralogy Petrology, 74, 285-292.

Hattori, K and Sakai, H. (1979) D/H ratios, origin, and evolution of the ore-forming fluids for the Neogene veins and Kuroko deposits of Japan, Econ. Geol., 74, 535-555.

Hayashi, K., Maruyama, T., and Satoh, H (2000) Submillimeter scale variation of oxygen isotope of vein quartz at the Hishikari deposit, Japan, Resource Geol., 50, 141-150.

Hayashi, K., Maruyama, T., and Satoh, H (2001) Precipitation of gold in a low-sulfidation epithermal gold deposit: Insights from a submillimeter-scale oxygen isotope analysis if vein quartz, Econ Geol, 96, 211-216.

Hayashi, K. and Ohmoto, H. (1991) Solubility of gold in NaCl- and H_2S-bearing aqeous solutions at 250-350℃, Geochim. Cosmochim. Acta, 55, 2111-2126.

Hedenquist, J. W. (1991) Boiling and dilution in the shallow portion of the Waiotopu geothermal system, New Zealand, Geochim. Cosmochim. Acta, 55, 2753-2765.

Hedenquist, J. and Lowenstern, J. B. (1994) The role of magmas in the formation of hydrothermal deposits, Nature, 370, 519-527.

Hedenquist, J. W., Arribas, A. J., and Reinolds, T. J. (1998) Evolution of an intrusion-centered hydrothermal systems: Far Southeast-Lepanto porphyry and epithermal Cu-Au deposits, Philippines, Econ. Geol., 93, 373-404.

Hedenquist J. W., Arribas, R. A. and Gonzailez-Urien, E. (2000) Exploration for epithermal gold deposits, Soc. Econ. Geol. Reviews, 13, 245-277.

Hedenquist J. W. and Richards, J. P. (2001) The influence and geochemical techniques on the development of genetic models for porphyry copper deosits, Soc. Econ. Geol. Reviews, 10, 235-256.

Heitt, D. G., Dunbar, W. W., Thompson, T. B., and Jackson, R. G. (2003) Geology and geochemistry of the Deep Star gold deposit, Carlin Trend, Nevada, Econ Geol., 98, 1107-1135.

Heyl, A. V., Landis, G. P., and Zartmann, R. E. (1974) Isotopic evidence for the origin of Mississippi Valley-type mineral deposits: A review, Econ. Geol., 69, 992-1006.

Hitsman, M. W., Oreskes, N., and Einaudi, M. T. (1992) Geological characteristics and tectonic setting of Proterozoic iron oxide (Cu-U-Au-REE) deposits, Precambrian Research, 58, 241-287.

Hitsman, M., Kirkham, R., Broughton, D., Thorson, J., and Selley, D. (2005) The sediment-hosted stratiform copper ore system, Econ. Geol. 100th Aniv. Vo., 609-642.

Hofstra, A. H. and Cline, J. S. (2000) Characteristics and models for Carlin-type gold deposits, Soc. Econ. Geol. Reviews, 13, 163-220.

Hudson, D. M. (2003) Epithermal alteration and mineralization in the Comstock district, Nevada, Econ. Geol., 98, 367-385.

Huston, D. L and Taylor, B. E. (1999) Genetic significance of oxygen and hydrogen isotope variations at the Kidd Creek volcanic-hosted massive sulfide deposit, Ontario, Canada, Econ. Geol. Mono. 10, 335-350.

茨城謙三, 鈴木良一 (1990) 鹿児島県菱刈金鉱山における母岩の変質, 鉱山地質, 40, 97-106.

Ibaraki, K. and Suzuki, R. (1993) Gold-silver quartz-adularia of the Main, Yamada and Sanjin deposit,

Hishikari gold mine-A comparative study of their geology and ore deposits, in Shikazono, N., Naito, K., and Izawa, eds, High grade epithermal gold mineralization, the Hishikari deposit, Resource Geol. Special Issue, 14, 1-11.

Imai, A. and Uto, T. (2002) Association of electrum and calcite and its significance to the genesis of the Hishikari gold deposit, southern Kyushu, Japan, Resource Geol., 52, 381-394.

Ireland, T., Large, R. R., McGoldrick, P. and Blake, M. (2004) Spatial distribution patterns of sulfur istopes, nodular carbonate, and ore textures in the McArthur River (HYC) Zn-Pb-Ag deposit, Northern Territory, Australia, Econ. Geol., 99, 1687-1709.

Ishihara, S and Sasaki, A. (1978) Sulfur of Kuroko deposits-A deep seated origin?, Mining Geol., 28, 361-367.

Ishihara, S. and Sasaki, A. (1989) Sulfur isotope ratios of the magnetite-series and ilmenite series granitoids of the Sierra Nevada batholith-a reconnaissance study: Geology, 17, 788-791.

Ito, T., Takahashi, T., and Omori, Y. (1974) Submarine volcanic-sedimentary features in the Matsumine kuroko deposits, Hanaoka mine, Japan, in Ishihara, S., Kanehira, K., Sasaki, A., Sato, T., and Shimazaki, Y. eds., Geology of Kuroko deposits, Mining Geol. Spec Issue, 6, 115-130.

Izawa, E., Yoshida, T., and Sato, R. (1978) Chemical characteristics of hydrothermal alteration around Fukazawa Kuroko deposit, Akita, Japan, Min. Geol., 28, 325-348.

Izawa, E., Urashima, Y., Ibaraki, K., Suzuki, R., Yokoyama, T., Kawasaki, K., Koga, A., and Taguchi, S. (1990) The Hishikari deposit: high grade epithermal veins in Quaternary volcanics of southern Kyushu, Japan, Jour. Geochem. Explor., 36, 1-56.

Izawa, E., Naito, K., Ibaraki, K., and Suzuki, R. (1993a) Mudstone in a hydrothermal eruption crater above the gold-bearing vein system of the Yamada deposit at Hishikari, Japan, in Shikazono, N., Naito, K., and Izawa, eds, High grade epithermal gold mineralization, the Hishikari deposit, Resource Geol. Special Issue, 14, 85-92

Izawa, E., Kurihara, M., and Itaya, T. (1993b) K-Ar ages and the initial Ar isotope ratio of aduralia-quartz veins from the Hishikari gold deposit, Japan, in Shikazono, N., Naito, K., and Izawa, eds, High grade epithermal gold mineralization, the Hishikari deposit, Resource Geol. Special Issue, 14, 63-69.

John, D. A. (1997) Geologic setting and characteristics of mineral deposits in the central Wsatch mountains, Utah, in John, D. A. and Ballantyne, G. H. eds., Geology and ore deposits of the Oquirrh and Wasatch mountains, Utah, Soc. Econ. Geol. Guidebook ser. vol.29, 11-33

Kajiwara, Y. (1971) Sulfur isotope study of the Kuroko-ores of the Shakanai No.1 deposits, Akita Prefecture, Japan, Geochem. Jour., 4, 157-181.

Kalogeropoulos, S. I. and Scott, S. D. (1983) Mineralogy and geochemistry of tuffaceous exhalite (Tetsusekiei) of the Fukazawa mine, Hokuroku District, Japan, Econ. Geol. Mono. 5, 412-432.

Kano, T., Shimizu, M., Arakawa, Y., Ishihara, S., Kato, Y., Sakurai W., Shimazaki, H., and Totsuka, Y (1992) Mineral deposits and magmatism in the Hida and Hida marginal belts, central Japan, 29th IGC Field Trip Guide Book, vol. 6, 101-141.

川崎正士・家城康二・吉村文孝 (1985) 神岡鉱山茂住鉱床の最近の探鉱について, 鉱山地質, 35, 145-159.

Kerrich, R. and Fyfe, W. S. (1981) The gold-carbonate association: source of CO_2, and CO_2 fixation reactions in Archean lode deposits, Chem. Geol., 33, 265-294.

Klein, C. and Ladeira, E. A. (2002) Petrography and geochemistry of the least altered banded iron-formation of the Archean Carajas formation, northern Brazil, Econ. Geol., 97, 643-651.

Koopman, E. R., Hannington, M. D., Santaguida, F. and Cameron, B. I. (1999) Petrology and geochemistry of proximal alteration in the Mine rhyolite at Kidd Creek, Econ. Geol. Mono. 10, 267-296.

Krahulec, K. A. (1997) History and production of the West Mountain (Bingham) mining district Utah, in John, D. A. and Ballantyne, G. H. eds., Geology and ore deposits of the Oquirrh and Wasatch mountains, Utah, Soc. Econ. Geol. Guidebook ser. vol.29, 189-217.

Kusakabe, M. and Chiba, H. (1983) Oxygenn and sulfur isotope composition of barite and anhydrite from the Fukazawa deposit, Japan, Econ. Geol. Mono. 5, 292-301.

Laznica, P. (1992) Manganese deposits in the global lithogenetic system: Quantitative approach, Ore

Geol. Reviews, 7, 279-356.

Leach, D. L. and Rowan, E. L. (1986) Genetic link between Quachita foldbelt tectonism and the Mississippi Valley-type lead-zinc deposits of the Ozark, Gology, 14, 931-935.

Leach, D. L., Viets, J. G., Kolowski, A., and Kibitlewski, S. (1996) Geology, geochemistry, and genesis of the Silesia-Cracow zinc-lead district, Southern Poland, Soc. Econ. Geol. Spec. Pub., 4, 144-170.

Leach, D. L., Bradley, D., Levchuk, M. T., Symons, D. T. A., Marsily, G., and Brannon, J. (2001) Mississippi Valley-type lead-zinc deposits through geological time: implications from recent age-dating research, Mineral. Deposita, 36, 711-740.

Leach, D. L., Sangster, D. F., Kelley, K. D., Large, R. R., Garven, G., Allen, C. R., Guntsmer, J., and Walters, S. (2005) Sediment-hosted lead-zinc deposits: A global perspective, Econ. Geol. 100th Aniv. Vol., 561-608.

Lippard S. J., Shelton, A. W. and Gass, I. G. (1986) The ophiolite of northern Oman, The Geological Soc. Mem. No. 11, 1-178.

Love, D. A., Clark, A. H. and Glover, J. K. (2004) The lithologic, stratigtaphic, and structural setting of the giant Antamina copper-zinc skarn deposit, Ancash, Peru, Econ. Geol., 99, 887-916.

Lowell, J. D. and Guilbert, J. M. (1970) Lateral and vertical alteration-mineralization zoning in porphyry ore deposits, Econ. Geol., 65, 373-408.

Lu, H., Liu, Y., Wang, C., Xu, Y., and Li. H. (2003) Mineralization and fluid inclusion study of the Shizhuyuan W-Sn-Bi-Mo-F skarn deposits, Hunan Province, China, Econ Geol., 98, 955-974.

Luders, V., Gutzmer, J. and Beukes, N. J. (1999) Fluid inclusion studies in cogenetic hematite, hausmannite and gangue minerals from high-grade manganese ores in the Karahari manganese field, South Africa, Econ. Geol., 54, 1472-1480.

Luff, W., Goodfellow, W. D., and Juras, S. J. (1992) Evidence for a feeder pipe and associated alteration at the Brunswick No.12 massive-sulfide deposit, Explor. Mining Geol., 1, 167-185.

町田稔, 大坪勉, 古宿昭 (1987) 神岡鉱山栃洞鉱床における鉱染型鉱床について, 鉱山地質, 37, 119-132.

Mackenzie, D. H. and Davies, R. H. (1990) Broken Hill lead-silver-zinc deposit at Z. C. mines, in F. E. Hughes eds., Geology of the Mineral Deposits of Australia and Papua New Guinea, The Australian Institute of Mining and Metallurgy, 1079-1084.

MacMillan, W. J. and Panteleyev, A. (1980) Ore deposit models – 1. Porphyry copper deposits, Geoscience Canada, 7, 52-63.

Mariko, T. (1984) Sub-sea hydrothermal alteration of basalt, diabase and sedimentary rocks in the Shimokawa copper mining area, Hokkaido, Japan, Mining Geol., 34, 307-321.

Mariko, T. (1988a) Ores and Ore minerals from the volcanogenic massive sulfide deposits of the Shimokawa mine, Hokkaido, Japan. Mining Geol., 38, 233-246.

Mariko, T. (1988b) Volcanogenic massive deposits of Besshi type at the Shimolawa mine, Hokkaido, Japan, Proceeding of the Seventh Quadrennial IAGOD Symposium, 501-512.

Mariko, T. and Kato, Y. (1994) Host rock geochemistry and tectonic setting of some volcanogenic massive sulfide deposits in Japan: Examples of the Shimokawa and Hitachi ore deposits, Resource Geol., 44, 353-367.

Mariko, T., Kawada, M., Miura, M., and Ono, S. (1996) Ore formation processes of the Mozumi skarn-type Pb-Zn-Ag deposit in the Kamioka mine, Gifu Prefecture, central Japan-a mineral chemistry and fluid inclusion study-, Resource Geol., 46, 337-354.

Marutani, M. and Takenouchi, S. (1978) Fluid inclusion study of stockwork siliceous orebodies of Kuroko deposits at the Kosaka mine, Akita, Japan, Mining Geol., 28, 349-360.

的場保望 (1983) 黒鉱生成時の古水深に関する最近の論争について, 鉱山地質特別号, 10, 263-270.

Matsubaya, O. and Sakai, H. (1973) Oxygen and hydrogen isotope study on the water of crystallization of gypsum from the Kuroko type mineralization, Geochem. Jour., 7, 153-165.

Matsuhisa, Y., Goldsmith, J. R., and Clayton, R. N. (1979) Oxygen fractionation in the system quartz-albite-water, Geochim. Cosmohim. Acta, 43, 1131-1140.

Matsuhisa, Y, and Aoki, M. (1994) Temperature and oxygen isotope variations during formation of the

Hishikari epirhermal gold-silver veins, southern Kyushu, Japan, Econ. Geol., 89, 1608-1613.
Matsukuma, T. and Horikoshi, E. (1970) Kuroko deposits in Japan, a review, in Tatsumi, T. ed., Volcanism and ore genesis, Tyokyo Univ. Tokyou Press, 153-179.
Matsukuma, T., Niitsuma, S., Yui, S., and Wada, F. (1974) Rare minerals from the Kuroko ores of the Uwamuki deposit of the Kosaka mine, Akita Prefecture, in Ishihara, S., Kanehira, K., Sasaki, A., Sato, T., and Shimazaki, Y. eds., Geology of Kuroko deposits, Mining Geol. Spec Issue, 6, 349-362.
McNaughton, N. J., Mueller, A. G., and Groves, D. I. (2005) The age of the Giant Golden Mile deposits, Kalgoorlie, Western Australia: Ion-microplobe zircon and monazite U-Pb geochronology of a synmineralization lamprophyre dike, Econ. Geol., 100, 1427-1440.
Meinert, L. D. (1992) Skarns and skarn deposits, Geoscience Canada, 19, 145-162.
Meinert, L. D. (1997) Igneous petrogenesis and skarn deposits, in Kirkham, R. V. et al. ed., Mineral Deposit Modeling: Geological Association of Canada Special Paper 40, 569-584.
Meinert, L. D. (2000) Gold in skarns related to epizonal intrusions, Soc. Econ. Geol. Reviews, 13, 347-375.
Meinert, L. D., Dipple, G. M., and Nicolescu, S. (2005) World skarn deposits, Econ. Geol. 100th Aniv. Vol., 299-336.
Moyle, A. J., Doyle, B. J., Hoogvliet, H., and Ware, A. R. (1990) Ladolam gold deposit, Lihir Island, in F. E. Hughes eds., Geology of the Mineral Deposits of Australia and Papua New Guinea, The Australian Institute of Mining and Metallurgy, 1793-1805.
Muller, D., Kaminski, K., Uhlig, S., Graupner, T., Herzig, P. M., and Hunt, S. (2002) The transition from porphyry- to epithermal-style gold mineralization at Ladolam, Lihir Island, Papua New Guinea: A reconnaissance study, Mineral. Deposita, 37, 61-74.
Mutschler, F. E., Ludington, S., and Bookstrom, A. A. (2000) Giant porphyry-related camps of the world: a data base, U.S. Geological Survey Open-File Report 99-556, Online Version 1.0.
＊http://geopubs.wr.usgs.gov/open-file/of99-556/
Muntean, J. L., and Einaudi, M. T. (2000) Porphyry gold deposits of the Refugio district, Maricunga belt, northern Chile, Econ. Geol., 95, 1445-1472.
長沢敬之助, 柴田賢 (1985) 神岡鉱山におけるセリサイトのK-Ar年代とそれにもとづく鉱床生成年代の考察, 鉱山地質, 35, 57-65.
Nagayama, T. (1993) Precipitation sequence of veins at the Hishikari deposit, Kyushu, Japan, in Shikazono, N., Naito, K., and Izawa, eds, High grade epithermal gold mineralization, the Hishikari deposit, Resourse Geol. Special Issue, 14, 13-27
Naito, K. (1993) Occurrence of quartz veins in the Hishikari gold deposit, southern Kyushu, Japan, in Shikazono, N., Naito, K., and Izawa, eds, High grade epithermal gold mineralization, the Hishikari deposit, Resourse Geol. Special Issue, 14, 37-46
Nel, C. J., Beukes, N. J., and Villers, J. P. R. (1986) The Mamatwan manganese mine of the Karahari manganese field, in Anhaeusser, C. R. and Maske, S. eds., Mineral deposits of southern Africa, Johannesburg Geol. Soc. South Africa, 963-978.
O'Driscoll, E. S. T. (1985) The applications of lineament tectonics in the discovery of the Olympic Dam Cu-U-Au deposit, Roxby Downs, South Australia, Global tectonics and metallogeny, 3, 43-57.
Ohomoto H. and Rye, R. O. (1974) Hydrogen and oxygen isotopic compositions of fluid inclusions in the Kuroko deposits, Japan, Econ. Geol., 69, 947-953.
Ohmoto, H. and Rye, R. O. (1979) Isotopes of sulfur and carbon, in Barnes, H. L., ed., Geochemistry of hydrothermal ore deposits, 2nd edition: New York, John Wiley, 509-567.
Ohomoto, H. (1983) Geologic setting of the Kuroko deposits, Japan, Part I. Geologic history of the Green Tuff region, Econ. Geol. Mono. 5, 9-24.
Ohomoto, H., Mizukami, M., Drummond, S. E., Eldridge, C. S., Pisutha-Arnond, V., and Lenach, T. C. (1983) Chemical processes of Kuroko formation, Econ. Geol. Mono. 5, 570-604.
Ohle, E. L. (1985) Breccias in Mississippi Valley-type deposits, Econ. Geol., 80, 1736-1752.
Omori, S. and Mariko, T. (1999) Physicochemical environment during the formation of the Mozumi skarn-type Pb-Zn-Ag deposit at the Kamioka mine, central Japan: a thermochemical study, Resource

Geol., 49, 223-232.

Oreskes, N. and Hitzman, M. W. (1993) A model for the origin of Olympic Dam-type deposits, in Kirkham, R. V., Sinclare, W. D., Thorpe, R. I., and Duke, J. M., eds., Mineral Deposit Modeling: Geological Association of Canada Special Paper 40, 585-614.

Oshima, T., Hashimoto, T., Kamono, S., Kawabe, S., Suga, K., Tanimura, S., Takahashi, T., and Ishikawa, Y. (1974) Geology of the Kosaka mine Akita Prefecture, in Ishihara, S., Kanehira, K., Sasaki, A., Sato, T., and Shimazaki, Y. eds., Geology of Kuroko deposits, Mining Geol. Spec Issue, 6, 89-100.

Ossandon, G. C., Freraut, R. C., Gustafson, L. B., Lindsay, D. D., and Zentilli, M. (2001) Geology of the Chuquicamata mine: a progress report, Econ. Geol., 96, 249-270.

Oszczepalski, S. (1999) Origin of the Kupferschiefer polymetallic mineralization in Poland, Mineral. Deposita, 34, 599-613.

Page, R. W., Stevens, B. P. J., and Gibson, G. M. (2005) Geochronology of the sequence hosting the Broken Hill Pb-Zn-Ag orebody, Australia. Econ. Geol.,100, 633-661.

Panteleyev, A. (2003) Porphyry Cu-Au: Alkalic, Program & Services, Ministry of Energy and Mines, Government of British Columbia.
　　＊http://www.em.gov.bc.ca/Mining/GeolSurv/MetallicMinerals/MineralDepositProfiles/PROFILES/L03.htm

Panteleyev, A. (2003) Porphyry Cu+/-Mo+/-Au, Program & Services, Ministry of Energy and Mines, Government of British Columbia.
　　＊http://www.em.gov.bc.ca/Mining/GeolSurv/MetallicMinerals/MineralDepositProfiles/PROFILES/L04.htm

Parker, A. J. (1990) Gawler craton and Stuart shelf-Regional geology and mineralization, in F. E. Hughes eds., Geology of the Mineral Deposits of Australia and Papua New Guinea, The Australian Institute of Mining and Metallurgy, 999-1008.

Parr, J. M. and Plimer, I. R. (1993) Models for Broken Hill-type lead-zinc-silver deposits, in Kirkham, R. V., Sinclare, W. D., Thorpe, R. I., and Duke, J. M., eds., Mineral Deposit Modeling: Geological Association of Canada, Special Paper 40, 253-288.

Partington, G. A. and Williams, P. J. (2000) Proterozoic lode gold and (iron)-copper-gold deposits: A comparison of Australian and global examples, Soc. Econ. Geol. Reviews 13, 69-101.

Peter, J. M. and Scott, S. D. (1999) Windy Craggy, northwestern British Columbia: The world's largest Besshi-type deposit, Soc. Econ. Geol. Reviews, 8, 261-2295.

Phillips, C. H., Smith, T. W. and Harrison, E. D. (1997) Alteration, metal zoning, and ore deposits in the Bingham Canyon porphyry copper deposits, Utah, in John, D. A. and Ballantyne, G. H. eds., Geology and ore deposits of the Oquirrh and Wasatch mountains, Utah, Soc. Econ. Geol. Guidebook ser. vol.29, 133-145.

Piestrynski, A., Pieczonka, J., and Gluszek, A. (2002) Redbed-type gold mineralization, Kupferschiefer, south-west Poland, Mineral. Deposita, 37, 512-528.

Pisutha-Arnond, V. and Ohmoto, H. (1983) Thermal history, and chemical and isotopic compositions of the ore-forming fluids responsible for the Kuroko massive sulfide deposits in the Hokuroku district of Japan, Econ. Geol. Mono. 5, 523-558.

Porter GeoConsulatancy (2004) Carr Fork, North Ore Shoot (Bingham Canyon)
　　＊http://www.portergeo.com.au/database/mineinfo.asp?mineid=mn462

Pressnel, R. D. (1997) Structural controls on the plutonism and metallogeny in the Wsatch and Oquirrh mountains, Utah, in John, D. A. and Ballantyne, G. H. eds., Geology and ore deposits of the Oquirrh and Wasatch mountains, Utah, Soc. Econ. Geol. Guidebook ser. vol.29, 1-9.

Ramaekers, P., Jefferson, C. W., Yeo, G. M., Collier, B., Long, D. G. F., Catuneanu, O., Bernier, S., Kupsch, B., Post, R., Drever, G., McHardey, S., Jiricka, D., Cutts, C., and Wheatley, K. (2005) Regional geological map of the Athabasca basin, Saskatchewan, showing the location of unconformity-type uranium deposits and occurrences, Econ. Geol., 100(8), cover.

Rdtke, A. R., Rye, R. O., and Dickson, F. W. (1980) Geology and stable isotope stdies of the Carlin gold deposit, Nevada, Econ. Geol., 75, 641-672.

Reeve, J. S., Cross, K. C., Smith, R. N., and Oreskes, N. (1990) Olympic Dam copper-uranium-gold-silver deposit, in F. E. Hughes eds., Geology of the Mineral Deposits of Australia and Papua New Guinea, The Australian Institute of Mining and Metallurgy, 1009-1035.

Richards, J. P. and Kerrich, R. (1993) The Porgera mine, Papua New Guinea: Magmatic hydrothermal epithermal evolution of an alkali-type precious metal deposit, Econ. Geol., 88, 1017-1052.

Ridley, J. R. and Diamond, L. W. (2000) Fluid chemistry of orogenic lode gold deposits and implications for genetic models, Soc. Econ. Geol. Reviews 13, 141-162.

Roedder, E. (1977) Fluid inclusion studies of ore deposits in the Viburnum Trend, Southeast Missouri, Econ. Geol., 72, 474-479.

Rogers, R. K. and Davis, J. H. (1977) Geology of the Buick mine, Viburnum Trend, Southeast Missouri, Econ. Geol., 72, 372-380.

Ronacher, E., Richards, J. R., and Johnston, M. D. (2000) Evidence for phase separation in high-grade ore zones at the Porgera gold deposit, Papua New Guinia, Mineral. Deposita, 35, 683-688.

Ronacher, E., Richards, J. R., Reed, M. H., Bray, C. J., Spooner, E. T. C., and Adams, P. D. (2004) Characteristics and evolution of the hydrothermal fluid in the North Zone high-grade area, Porgera gold deposit, Papua New Guinia, Econ Geol., 99, 843-867.

櫻井若葉・塩川智 (1993) 神岡鉱床に産する岩脈の K-Ar 年代について, 資源地質, 43, 311-319.

Samson, I. M. and Russell, M. J. (1987) Genesis of the Silvermines zinc-lead-barite deposit, Ireland: Fluid inclusion and stable isotope evidence, Econ. Geol., 82, 371-394.

Sasaki, A. and Kajiwara, (1971) Evidence of isotope exchange between sea water sulfate and some syngenetic sulfide ores, Min. Geol. Spec. Issue, 3, 289-294.

Sasaki, A., Ulriksen, C. E., Sato, K., and Ishihara, S. (1984) Sulfur isotope reconnaissance of porphyry copper and manto-type deposits in Chile and the phillipines: Geol. Surv.ey of Japan, 44, 625-622.

Sass-Gutkiewics, M. (1996) Internal sediments as a key to understanding the hydrothermal karst origin of the Upper Silesian Zn-Pb ore deposits, Soc. Econ. Geol. Spec. Pub. 4, 171-181.

佐藤興平, 内海茂 (1990) K-Ar 年代から見た神岡 Zn-Pb 鉱床の形成時期, 鉱山地質, 40, 389-396.

Sato, J. (1974) Ores and ore minerals from the Shakanai mine, Akita Prefecture, Japan, in Ishihara, S., Kanehira, K., Sasaki, A., Sato, T., and Shimazaki, Y. eds., Geology of Kuroko deposits, Min. Geol. Spec Issue, 6, 323-336.

Sato, T., Tanimura, S., and Ohotagaki, T. (1974) Geology and ore deposits of the Hokuroku district, Akita Prfecture, in Ishihara, S., Kanehira, K., Sasaki, A., Sato, T., and Shimazaki, Y. eds., Geology of Kuroko deposits, Min. Geol. Spec. Issue, 6, 11-18.

Schandl, Eva S. and Bleeker, W. (1999) Hydrothermal and metamorphic fluids of the Kidd creek volcanogenic massiv sulfide deposit: Preliminary evidence from fluid inclusions, Econ. Geol. Mono. 10, 379-388.

Seedorf, E and Einaudi, M. T. (2004) Henderson porphyry molybdenum system, Colorado: I. Sequence and abundance of hydrothermal mineral assemblages, flow paths of evolving fluids, and evolutionary style, Econ. Geol., 99, 3-37.

Seedorf, E and Einaudi, M. T. (2004) Henderson porphyry molybdenum system, Colorado: II. Decoupling of introduction and deposition of metals during geochemical evolution of hydrothermal fluids, Econ. Geol., 99, 39-72.

Sekine, R., Izawa, E., and Watanabe, K. (2002) Timing of fracture formation and duration of mineralization at the Hishikari deposit, southern Kyushu, Japan, Resourse Geol., 52, 395-404.

Selby, D., Nesbitt, B. E., Muelenbachs, K. and Prochaska, W. (2000) Hydrothermal alteration and fluid chemistry of the Endako porphyry molybdenum deposit, British Columbia, Econ. Geol., 95, 183-202.

Shanks, W. C., III, Woodruff, L. G., Jilson, G. A., Jennings, D. S., Modene, J. S., and Ryan, B. D. (1987) Sulfur and lead isotope studies of stratiform Zn-Pb-Ag deposits, Anvil Range, Yukon: Basinal brine exhalation and anoxic bottom-water mixing, Econ. Geol., 82, 600-634.

Sharp, Z. D. (1990) A lesser-based microanalytical method for the in situ determination of oxygen isotope ratios of silicates and oxides, Geochim. Cosmohim. Acta, 54, 1353-1357.

鹿園直建 (1983) 黒鉱鉱床硫酸塩鉱物の成因, 鉱山地質特別号, 11, 229-250.

Shikazono, N., Holland, H. D., and Quirk, R. F. (1983) Anhydrite in Kuroko deposits: Mode of occurrence and depositional mechanism, Econ. Geol. Mono. 5, 329-344.

Shikazono, N. (1986) Ag/Au total production ratio and Au-Ag minerals from the vein- type and disseminated-type deposits in Japan, Min. Geol., 36, 411-424.

Shikazono, N. and Nagayama, T. (1993) Origin and depositional mechanism of the Hishikari gold-quartz-adularia mineralization. in Shikazono, N., Naito, K., and Izawa, eds, High grade epithermal gold mineralization, the Hishikari deposit, Resource Geol. Special Issue, 14, 47-56.

Shikazono, N., Naito, K., and Izawa, E. (1993) Editor's preface, in Shikazono, N., Naito, K., and Izawa, eds, High grade epithermal gold mineralization, the Hishikari deposit, Resource Geol. Special Issue, 14, iii-v.

Shimazaki, H. and Kusakabe, M. (1990a) Oxygen isotope study of clinopyroxenes of the Kamioka Zn-Pb skarn deposits, central Japan, Mineral. Deposita, 25, 221-229.

Shimazaki, H. and Kusakabe, M. (1990b) D/H of sericite from the Kamioka mining area, Min. Geol., 40, 385-388.

Shimazaki, Y. (1974) Ore minerals of the Kuroko-type deposits, in Ishihara, S., Kanehira, K., Sasaki, A., Sato, T., and Shimazaki, Y. eds., Geology of Kuroko deposits, Min. Geol. Spec. Issue, 6, 311-322.

Shimizu, M. and Shimazaki, H. (1981) Application of the sphalerite geobarometer to some skarn-type ore deposits, Mineral. Deposita, 16, 45-50.

Sillitoe, R. H. (1991) Intrusion-related gold deposits, in Foster, R. P., ed., Gold metallogeny and exploration, Glasgow, Blackie and Son, Ltd., 165-209.

Silitoe, R. H. (1993) Gold-rich porphyry copper deposits: geological model and exploration implications, in Kirkham, R. V., Sinclare, W. D., Thorpe, R. I., and Duke, J. M., eds., Mineral Deposit Modeling: Geological Association of Canada Special Paper 40, 465-478.

Silitoe, R. H. and Hedenquist, J. W. (2003) Linkages between volcanotectonic settings, ore-fluid compositions, and epithermal precious metal deposits, in Simmons, S. F and Graham, I. ed., Volcanic, geothermal, and ore-forming fluids: rulers and witnesses of processes within the earth, Soc. Econ. Geol. Spec. Pub. 10, 315-343.

Sillitoe, R. H. and Thompson, J. F. H. (1998) Intrusion-related vein gold deosits: Type, tectono-magmatic setting, and difficulties of distinction from orogenic gold deposits, Resource Geol., 48, 237-250.

Simmons, S. F., White, N. C., and John, D. A. (2005) Geological characteristics of epithermal precious and bese metal deposits, Econ. Geol. 100th Aniv. Vol., 485-522.

Sinclair, D (2003) Porphyry Mo (Climax-type), Program & Services, Ministry of Energy and Mines, Government of British Columbia.
 *http://www.em.gov.bc.ca/Mining/GeolSurv/MetallicMinerals/MineralDepositProfiles/PROFILES/L08.htm

Sinclair, D (2003) Porphyry Mo (Low-F-type), Program & Services, Ministry of Energy and Mines, Government of British Columbia.
 *http://www.em.gov.bc.ca/Mining/GeolSurv/MetallicMinerals/MineralDepositProfiles/PROFILES/L05.htm

Sinclair, D (2003) Porphyry Sn, Program & Services, Ministry of Energy and Mines, Government of British Columbia.
 *http://www.em.gov.bc.ca/Mining/GeolSurv/MetallicMinerals/MineralDepositProfiles/PROFILES/L06.htm

Sinclair, D (2003) Porphyry W, Program & Services, Ministry of Energy and Mines, Government of British Columbia.
 *http://www.em.gov.bc.ca/Mining/GeolSurv/MetallicMinerals/MineralDepositProfiles/PROFILES/L07.htm

Slack, J. F. (1993) Descriptive and grade-tonnage models for Besshi-type massive sulfide deposits, in Kirkham, R. V., Sinclare, W. D., Thorpe, R. I., and Duke, J. M., eds., Mineral Deposit Modeling: Geological Association of Canada Special Paper 40, 343-371.

Smith, M. O. and Henderson, P. (2000) Preliminary fluid inclusion constraints on fluid evolution in the Bayan Obo Fe-REE-Nb deposit, Inner Mongolia, China, Econ. Geol., 95 1371-1388.

Spycher, N. and Reed, M. (1989) Evolution of a Broadlands-type epithermal ore fluids along alternative P-T paths; Implication for the transport and deposition of base, precious and volatile metals, Econ. Geol., 84, 328-359.

Sugaki, A., Ueno, H., Shimada, N., Kusachi, I., Kitakaze, A., Hayashi, K., Kojima, S. and Sanjines, O. V. (1983) Geological study on the polymetallic ore deposits in the Potosi district, Bolivia, Sci. Rept. Tohoku Univ., Ser. 3, 15, 409-460.

Suttill, K. R. (1988) A fabulous silver porphyry Cerro Rico de Potosi, EGMJ, 1988, March, 50-53.

鈴木善照・谷村昭二郎・橋口博宣 (1971) 北鹿地域の地質および構造，鉱山地質，21, 1-21.

武内寿久弥 (1979) 中国の金属鉱床を見学して，鉱山地質，29, 334-340.

高橋敏夫 (1983) 北鹿火山構造性陥没帯の地質とクロコー鉱床生成の場，鉱山地質特別号，11, 167-182.

Tanimura, S., Date, J., Takahashi, T., and Ohmoto, H. (1983) Geologic setting of the Kuroko deposits, Japan, Part II. Stratigraphy and structure of the Hokuroku district, Econ. Geol. Mono. 5, 24-38.

Taylor, H. P. Jr. (1974) The application of oxygen and hydrogen isotope studies to problems of hydrothermal alteration and ore depositsion, Econ. Geol., 69, 843-883.

Taylor, B. E. (1992) Degassing of H_2O rhyolite magma during eruption and shallow intrusion, and the isotopic composition of magmatic water in hydrothermal systems, Japan. Geological Survey Report 279, 190-194.

Taylor, D., Dalstra, H. J., Harding, A. E., Broadbent, G. C., and Barley, M. E. (2001) Genesis of high-grade hematite orebodies of the Hamersley Province, Western Australia, Econ. Geol., 96, 837-873.

Teal, L. and Jackson, M. (1997) Geologic overview of the Carlin trend gold deposits and description of recent discoveries, Soc. Econ. Geol. Guidbook Series, 28, 3-37.

Thompson, T. B. and Arehart, G. B. (1990) Geology and the origin of ore deposits in the Leadville district, Colorado: Part I. Geologic studies of orebodies and wall rocks, Econ. Geol. Mono. 7, 130-155.

Thompson, T. B. and Beaty, D. W. (1990) Geology and the origin of ore deposits in the Leadville district, Colorado: Part II. Oxygen, hydrogen, carbon, sulfur, and lead isotope data and development of a genetic model, Econ. Geol. Mono. 7, 156-179.

Tokunaga, M. and Honma, H. (1974) Fluid inclusions in the minerals from some Kuroko deposits, in Ishihara, S., Kanehira, K., Sasaki, A., Sato, T., and Shimazaki, Y. eds., Geology of Kuroko deposits, Min. Geol. Spec. Issue, 6, 385-388.

Tsikos, H., and Moore, J. M. (1997) Petrography and geochemistry of the Paleoproterozoic Hatazel iron-formation, Karahari manganese field, South Africa: Implication for Precambrian manganese metallogenesis, Econ. Geol., 92, 87-97.

Tsikos, H., Beukes, N. J., Moore, J. M., and Harris, C. (2003) Deposition, diagenesis, and secondary enrichment of metals in the Paleoproterozoic Hotazel iron formation, Karahari manganese field, South Africa, Econ. Geol., 98, 1449-1462.

Urabe, T., Scott, S. D., and Hattori, K. (1983) A comparison of footwall-rock alteration and geothermal systems beneath some Japanese and Canadian volcanogenic massive sulfide deposits, Econ. Geol. Mono. 5, 345-364.

Urabe, T and Marumo, K. (1991) A new model for Kuroko-type deposits of Japan, Episodes, 14, 246-268.

歌田実・常世俊晴・青木尚 (1981) 北鹿地域中心部における変質帯の分布，鉱山地質，31, 13-25.

歌田実・石川洋平・高橋敏夫・橋口博宣 (1983) 北鹿地域西部（花岡・松峯・釈迦内）における変質帯の分布，鉱山地質特別号，11, 125-138.

van Staal, C. R., Wilson, R. A., Rogers, N., Fyfee, L. R., Langton, J. P., McCutcheon, S. R., McNicoll, V. and Ravenhurst, C. E. (2003) Geology and tectonic history of the Bathurst Supergroup, Bathurst Mining Camp, and its relationships to coeval rocks in southeastern New Brunswick and adjacent Maine-a

synthesis, Econ. Geol. Mon. 11, 37-60.
Vikre, P. G., McKee, E. H., and Silberman, M. L. (1988) Chronology of Miocene hydrothermal and igneous events in rhe western Virginia Range, Washoe, Storey, and Lyon counties, Nevada, Econ. Geol., 83, 864-874.
Vila, T. and Silitoe, R. H. (1991) Gold-rich porphyry system in the Maricunga belt, northern Chile, Econ. Geol., 86, 1238-1260.
Waite, K. A., Keith, J. D., Christiansen, E. H., Whitney, J. A., Hattori, K., Tingey, D. G., and Hook, C. J. (1997) Petrogenesis of the volcanic and intrusive rocks associated with the Bingham Canyon porphyry Cu-Au-Mo deposit, Utah, in John, D. A. and Ballantyne, G. H. eds., Geology and ore deposits of the Oquirrh and Wasatch mountains, Utah, Soc. Econ. Geol. Guidebook ser., 29, 69-90.
Wang, J., Tatsumoto, M., Li, X., Premo, W. R., and Chao, E. C. T. (1994) A precise $^{232}Th/^{208}Pb$ chronology of fine grained monazite-Age of the Bayan Obo REE-Fe-Nb ore deposit, China: Geochim. Cosmochim. Acta, 58, 3455-3169.
Watanabe, M. (1974) On the texture of ores from the Daikoku ore deposit, Ainai mine, Akita Prefecture, northeast Japan, and their implications in the ore genesis, in Ishihara, S., Kanehira, K., Sasaki, A., Sato, T., and Shimazaki, Y. eds., Geology of Kuroko deposits, Min. Geol. Spec. Issue, 6, 337-348.
White, W. H., Bookstrom, A. A., Kamill, R. J., Ganster, M. W., Smith, R. P., Ranta, D. E., and Steininger, R. C. (1981) Character and origin of Climax-type molybdenum deposits, Econ Geol, 75th Aniv. Vol., 270-316.
Williams, P. J., Barton, M. D., Jhonson, D. A., Fontboté, L., Haller, A. D., Mark, G., Oliver, N. H. S., and Marschik, R. (2005) Iron oxide copper-gold deposits: Geology, space-time distribution and possible modes of origin, Econ. Geol. 100th Aniv. Vol., 371-406.
Willis, I. L., Brown, R. E., Stroud, W. J., and Stevens, B. P. J. (1983) The Early Proterozoic Willyama Supergroup : Strtaigraphic subdivision and interpretation of high- to low-grade metamorphic rocks in the Broken Hill brock, New South Wales, Geol. Soc. Australia Jour., 30, 195-224.
Wilson, A. J., Cooke, D. R., Smith, S. G., and Harper, B. L. (2003) The Ridgway gold-copper deposit: A high grade alkalic porphyry deposit in the Lachlan fold belt, New South Wales, Australia, Econ. Geol., 98, 1637-1666.
Wu, Y., Mei, Y., Liu, P., Cai, C., and Lu, T. (1987) Geology of Xihushan tungsten ore field, (中華人民共和国 地質砿産部 地質専報 四砿床与砿産 第2号 地質出版社 p.1~320.) (in Chinese with English synopsis)
山田亮一・吉田武義 (2002) 北麓とその周辺地域における新第三紀火山活動の変遷と黒鉱鉱床鉱化期との関連 －火山岩活動年代の検討－, 資源地質, 52, 97-110.
山田亮一・吉田武義 (2003) 北麓地域新第三紀火山活動と黒鉱鉱床鉱化期との関連－火山岩類の主要化学組成 の変遷－, 資源地質, 53, 69-80.

X. 堆積鉱床

Aitchison, J. C., Clarke, G. L., Meffre, S., and Cluzel, D. (1995) Eocene arc-continent collision in New Caledonia and implications for regional southwest Pacific tectonic evolution, Geology, 23, 161-164.
Bolton, B. R., Berents, H. W., and Frakes, L. A. (1990) Groot Eylandt manganese deposit, in F. E. Hughes eds., Geology of the Mineral Deposits of Australia and Papua New Guinea, The Australian Institute of Mining and Metallurgy, 1575-1579.
Force, E. R. and Maynard, J. B. (1991) Manganese: Syngentic deposits on the margins of atoxic basins, Soc. Econ. Geol. Reviews 5, 147-157.
Freyssinet, Ph., Butt, C. R. M., Morris, R. C., and Piantone, P. (2005) Ore-forming processes related to lateritic weathering, Econ. Geol. 100th Aniv. Vol., 681-722.
Frimmel, H. E., Groves, D. I., Kirk, J., Ruiz, J., Chesley, J., and Minter, W. E. L. (2005) The formation and preservation of the Witwatersrand goldfields, the world's largest gold province, Econ. Geol. 100th Aniv. Vol., 769-767.

Garnett, R. H. T. and Bassett, N. C. (2005) Placer deposits, Econ. Geol. 100th Aniv. Vol., 813-843.

Granger, H. C. (1976) Fluid flow and ionic diffusion and their role in the genesis of sandstone-type uranium ore bodies, U. S. Geol. Survey Open-File Rept.. 76-454, 26p.

Kirk, J., Ruiz, J., Chesley, J., Tiyley, S., and Walshe, J. (2001) A detrital model for the origin of gold and sulfides in the Witwatersrand basin based on Re-Os isotopes, Geochim. Cosmochim. Acta, 65, 2149-2159.

Kirk, J., Ruiz, J., Chesley, J., and Walshe, J., and England G. (2002) A major Archean gold and crust-forming event in the Kaapvaal craton, South Africa, Science, 297, 1856-1858.

鞠子正 (2002) 環境地質学入門, 東京, 古今書院, 286p.

Northrop, H. R., Martin, B., and Goldhaber, B., Editors (1990) Genesis of the tabular-type vanadium-uranium deposits of the Henry basin, Utah, Econ. Geol., 85, 215-269.

Rascoe, S. M. and Minter, W. E. L. (1993) Pyritic paleoplacer gold and uranium deposits, in Kirkham, R. V., Sinclare, W. D., Thorpe, R. I., and Duke, J. M., eds., Mineral Deposit Modeling: Geological Association of Canada Special Paper 40, 103-124.

Roy, P. S. and Whitehouse, J. (2003) Changing sea levels and the formation of heavy mineral beach deposits in the Murray basin, southwestern Australia, Econ. Geo., 98, 975-983.

Schaap, A. D. (1990) Weipa kaolin and bauxite deposit, in F. E. Hughes eds., Geology of the Mineral Deposits of Australia and Papua New Guinea, The Australian Institute of Mining and Metallurgy, 1669-1673.

石油天然ガス金属鉱物開発機構 (2005) 資源開発環境調査ニューカレドニア, 平成16年度情報収集事業報告書 第9号, 1-20.

Sillitoe, R. H. (2005) Supergene oxidized and enriched porphyry copper and related deposits, Econ. Geol. 100th Aniv. Vol., 723-768.

Wallis, D. S. and Oaks, G. M. (1990) Heavy mineral sands in eastern Australia, in F. E. Hughes eds., Geology of the Mineral Deposits of Australia and Papua New Guinea, The Australian Institute of Mining and Metallurgy, 1599-1608.

付　録

1　鉱石鉱物表
2　鉱種別鉱床分布
　　金－銀鉱床
　　銅鉱床
　　亜鉛－鉛鉱床
　　鉄鉱床
　　白金族・モリブデン・マンガン鉱床
　　クロム・ニッケル－コバルト・タングステン鉱床
　　その他の金属

付録 1 鉱石鉱物表

対象元素	鉱物名		化学組成
Ag	アンドル鉱	andorite	PbAgSb$_3$S$_6$
	エレクトラム	electrum	Au-Ag合金
	黄錫銀鉱	hocartite	Ag$_2$FeSnS$_4$
	角銀鉱	chlorargyrite	AgCl
	火閃銀鉱	pyrostilpnite	Ag$_3$SbS$_3$
	含銀方鉛鉱	argentian galena	Pbの一部Ag-Biが置換
	輝安銀鉱	miargyrite	AgSbS$_2$
	輝銀鉱	argentite	Ag$_2$S
	輝銀銅鉱	stromeyrite	CuAgS
	銀四面銅鉱	freibergite	(Ag,Cu)$_{10}$(Fe,Zn)$_2$(Sb,As)$_4$S$_{13}$
	グスタフ鉱	gustavite	PbAgBi$_3$S$_6$
	サムソナイト	samsonite	Ag$_4$MnSb$_2$S$_6$
	自然銀	silver	Ag
	四面銅鉱	tetrahedrite	(Cu,Ag)$_{10}$(Fe,Zn)$_2$Sb$_4$S$_{13}$
	四面砒銅鉱	tennantite	(Cu,Ag)$_{10}$(Fe,Zn)$_2$As$_4$S$_{13}$
	ジャルパ鉱	jalpaite	Ag$_3$CuS$_2$
	シルバニア鉱	sylvanite	AgAuTe$_4$
	スティツ鉱	stütsite	Ag$_{5-x}$Te$_3$
	ステルンベルグ鉱	sternbergite	AgFe$_2$S$_3$
	脆銀鉱	stephnite	Ag$_5$SbS$_4$
	淡紅銀鉱	proustite	Ag$_3$AsS$_3$
	ナウマン鉱	naumanite	Ag$_2$Se
	濃紅銀鉱	pyrargyrite	Ag$_3$SbS$_3$
	ピアス鉱	pearceite	(Ag,Cu)$_{16}$As$_2$S$_{11}$
	フィゼリ鉱	fiizélyite	Ag$_5$Pb$_{14}$Sb$_{21}$S$_{48}$
	ヘイロフスキー鉱	heyrovskýite	AgPb$_{10}$Bi$_5$S$_{18}$
	ヘッス鉱	hessite	Ag$_2$Te
	ペッツ鉱	petzite	Ag$_3$AuTe$_2$
	ポリバス鉱	polybasite	(Ag,Cu)$_{16}$Sb$_2$S$_{11}$
	マッキンストリー鉱	mackinstryite	Cu$_{0.8+x}$Ag$_{1.2-x}$S
	硫銀鉱	acanthite	Ag$_2$S
	硫セレン銀鉱	aguilarite	Ag$_4$SeS
Al	ギブサイト	gibbsite	Al(OH)$_3$
	ダイアスポア	diaspore	AlOOH
	ベーマイト	bömite	AlO(OH)
As	鶏冠石	reargar	AsS
	自然砒素	arsenic	As
	四面砒銅鉱	tennantite	(Cu,Ag)$_{10}$(Fe,Zn)$_2$As$_4$S$_{13}$ — Cu$_{12}$As$_4$S$_{13}$
	砒鉄鉱	löllingite	FeAs$_2$
	雄黄	orpiment	As$_2$S$_3$
Au	エレクトラム	electrum	Au-Ag合金
	カラベラス鉱	caraverite	AuTe$_2$
	含金黄鉄鉱	auriferous pyrite	Feの一部Auが置換？
	含金砒素質黄鉄鉱	auriferous arsenical pyrite	Sの一部Asが置換, Feの一部Auが置換？
	クレネライト	krennerite	AuTe$_2$
	自然金	gold	Au
	シルバニア鉱	sylvanite	AgAuTe$_4$
	ペッツ鉱	petzite	Ag$_3$AuTe$_2$

付録 1 鉱石鉱物表

対象元素	鉱物名		化学組成
Bi	ウイッチヘン鉱	wittichenite	Cu_3BiS_3
	輝蒼鉛鉱	bismuthinite	Bi_2S_3
	グスタフ鉱	gustavite	$PbAgBi_3S_6$
	グラド鉱	gladite	$CuPbBi_5S_9$
	コサライト	cosalite	$Pb_2Bi_2S_5$
	自然蒼鉛	bismuth	Bi
	テルル蒼鉛鉱	tetradymite	Bi_2Te_2S
	ヘイロフスキー鉱	heyrovskýite	$AgPb_{10}Bi_5S_{18}$
	ヘドレイ鉱	hedleyite	Bi_7Te_3
	リリアン鉱	lillianite	$Pb_3Bi_2S_6$
Co	カーロール鉱	carrollite	$Cu(Co,Ni)_2S_4$
	輝コバルト鉱	cobaltite	$CoAsS$
	コバルト華	erythrite	$(Co,Ni)_3(AsO_4)\cdot 8H_2O$
	コバルトペントランド鉱	cobalt pentlandite	Co_9S_8
	サフロ鉱	safflorite	$(Co,Fe)As_2$
	ジーゲナイト	siegenite	$(Ni,Co)_3S_4$
	方砒コバルト鉱	skutterudite	$CoAs_{2\sim 3}$
	リンネ鉱	linnaeite	Co_3S_4
Cr	クロム鉄鉱	chromite	$FeCr_2O_4$
Cu	アントラー鉱	antlerite	$Cu_3SO_4(OH)_4$
	ウイッチヘン鉱	wittichenite	Cu_3BiS_3
	黄錫鉱	stannite	Cu_2FeSnS_4
	黄銅鉱	chalcopyrite	$CuFeS_2$
	カーロール鉱	carrollite	$Cu(Co,Ni)_2S_4$
	輝安銅鉱	chalcostibite	$CuSbS_2$
	輝銀銅鉱	stromeyrite	$CuAgS$
	輝銅鉱	chalocite	Cu_2S
	キューバ鉱	cubanite	$CuFe_2S_3$
	銀四面銅鉱	freibergite	$(Ag,Cu)_{10}(Fe,Zn)_2(Sb,As)$
	孔雀石	malachite	$Cu_2CO_3(OH)_2$
	グラド鉱	gladite	$CuPbBi_5S_9$
	クレドネル鉱	credonerite	$Cu^+Mn^{+3}O_2$
	ゲルマン鉱	germanite	$Cu_{13}Fe_2Ge_2S_{16}$
	黒銅鉱	tenorite	CuO
	自然銅	copper	Cu
	四面銅鉱	tetrahedrite	$(Cu,Ag)_{10}(Fe,Zn)_2Sb_4S_{13}-Cu_{12}Sb_4S_{13}$
	四面砒銅鉱	tennantite	$(Cu,Ag)_{10}(Fe,Zn)_2As_4S_{13}-Cu_{12}As_4S_{13}$
	車骨鉱	bournonite	$PbCuSbS_3$
	ジャルパ鉱	jalpaite	Ag_3CuS_2
	赤銅鉱	cuprite	Cu_2O
	ダイジェナイト	digenite	Cu_9S_5
	タルナカイト	talnakhite	$Cu_9(Fe,Ni)_8S_{16}$
	デュルレ鉱	djurleite	$Cu_{31}S_{16}$
	銅藍	covellite	CuS
	パラメラコナイト	paramelaconite	$Cu^+_2Cu^{+2}_2O_3$
	バレリ鉱	valleriite	$4(Fe,Cu)S\cdot 3(Mg,Al)(OH)_2$
	斑銅鉱	bornite	Cu_5FeS_4
	ピアス鉱	pearceite	$(Ag,Cu)_{16}As_2S_{11}$
	砒銅鉱	domeykite	Cu_3As
	福地鉱	fukuchillite	$(Cu,Fe)S_2$
	ブロシャン銅鉱	brochantite	$Cu_4(SO4)(OH)_6$

対象元素	鉱物名		化学組成
Cu	ベテフチン鉱	betekhutinite	$Cu_{10}(Fe,Pb)S_6$
	ポリバス鉱	polybasite	$(Ag,Cu)_{16}Sb_2S_{11}$
	マッキンストリー鉱	mackinstryite	$Cu_{0.8+x}Ag_{1.2-x}S$
	メネギニ鉱	meneginite	$CuPb_{13}Sb_7S_{24}$
	モイフーカイト	mooihoekite	$Cu_9Fe_9S_{16}$
	モースン鉱	mawsonite	$Cu_6Fe_2SnS_8$
	藍銅鉱	azurite	$Cu_3(CO_3)_2(OH)_2$
	硫バナジン銅鉱	sulvanite	Cu_3VS_4
	硫砒銅鉱	enargite	Cu_3AsS_4
	ルソン銅鉱	luzonite	Cu_3AsS_4
Fe	鏡鉄鉱	specularite	Fe_2O_3
	ゲーサイト	goethite	$FeO(OH)$
	磁鉄鉱	magnetite	Fe_3O_4
	赤鉄鉱	hematite	$\text{-}Fe_2O_3$
	マグヘマイト	maghemite	$\text{-}Fe_2O_3$
	菱鉄鉱	siderite	$FeCO_3$
Ge	ゲルマン鉱	germanite	$Cu_{13}Fe_2Ge_2S_{16}$
Hg	コロラド鉱	coloradoite	$HgTe$
	自然水銀	mercury	Hg
	辰砂	cinnabar	HgS
	メタ辰砂	metacinnabar	HgS
	リビングストン鉱	livingstonite	$HgSb_4S_8$
Mn	アラバンド鉱	alabandite	MnS
	エヌスータイト	nsutite	$Mn^{+4}_{1-x}Mn^{+2}_xO_{2-2x}(OH)_{2x}$
	カルコファン鉱	chalcophanite	$(Zn,Mn,Fe)(Mn^{+4}_{3-x}Mn^{+2}_x)O_7 \cdot 3H_2O$
	クリプトメレン	cryptomelane	$K(M^{n+2},Mn^{+4})_8O_{16}$
	クレドネル鉱	credonerite	$Cu^+Mn^{+3}O_2$
	サイロメレン	psilomelane	$BaMn^{+2}Mn^{+4}_8O_{16}(OH)_{40}$
	水マンガン鉱	manganite	$MnOOH$
	テフロ石	tephroite	Mn_2SiO_4
	轟石	todorokite	$Mn^{+2}Mn^{+4}_3O_7 \cdot H_2O$
	軟マンガン鉱	pyrolusite	MnO_2
	パイロクスマンジャイト	pyroxmangite	$Mn_7[Si_7O_{21}]$
	パイロクロアイト	pyrochroite	$Mn(OH)_2$
	ハウスマン鉱	hausmannite	Mn_3O_4
	バスタム石	bustamite	$(Mn,Ca)_3Si_3O_9$
	薔薇輝石	rhodonite	$(Mn^{+2},Ca)_5Si_5O_{15}$
	ビクスビ鉱	bixbyite	$(Mn,Fe)_3O_4$
	ブラウン鉱	braunite	$Mn^{+2}Mn^{+3}_6[O_8|SiO_4]$
	ヘルバイト	helvite	$Mn^{+2}_4Be_3(SiO_4)3_S$
	マロカイト	marokite	$CaMn_2O_4$
	ヤコブス鉱	jacobsite	$MnFe_2O_4$
	ヨハンセン石	johannsenite	$CaMn[Si_2O_4]$
	リシオフィライト	lithiophillite	$LiMnPO_4$
	菱マンガン鉱	rhodochrosite	$MnCO_3$
Mo	灰水鉛石	powellite	$CaMoO_4$
	輝水鉛鉱	molybdenite	MoS_2
Nb	コルンブ石	columbite	$(Fe,Mn)(Nb,Ta)_2O_6 - (Fe,Mn)(Ta,Nb)$
	パイロクロア	pyrochlore	$(Ca,Na)_2Nb_2O_6(O,OH,F)$
Ni	黄鉄ニッケル鉱	nickeloan pyrite	$(Fe,Ni)S_2$

付録 1 鉱石鉱物表

対象元素	鉱物名		化学組成
Ni	カーロール鉱	carrollite	$Cu(Co,Ni)_2S_4$
	ゲルスドルフ鉱	gersdorffite	$NiAsS$
	紅砒ニッケル鉱	niccolite	$NiAs$
	ゴドレフスキー鉱	godlevskite	Ni_9S_8
	ジーゲナイト	siegenite	$(Ni,Co)_3S_4$
	針ニッケル鉱	millerite	NiS
	スマイス鉱	smythite	$(Fe,Ni)_9S_{11}$
	タルナカイト	talnakhite	$Cu_9(Fe,Ni)_8S_{16}$
	ビオラル鉱	violarite	$FeNi_2S_4$
	ヒーズルウッド鉱	heazlwoodite	Ni_3S_2
	ベース鉱	vaesite	NiS_2
	ペントランド鉱	pentlandite	$(Fe,Ni)_9S_8$
	方砒ニッケル鉱	nickel-skutterudite	$(Ni,Co,Fe)As_{2\sim3}$
	ポリジム鉱	polydimite	Ni_3S_4
	マッキーノ鉱	mackinawite	$(Fe,Ni)_9S_8$
	メロネス鉱	melonite	$NiTe_2$
	硫安ニッケル鉱	ullmanite	$NiSbS$
Pb	アルタイ鉱	altaite	$PbTe$
	アンドル鉱	andorite	$PbAgSb_3S_6$
	褐鉛鉱	vanadinite	$Pb_5(VO_4)_3Cl$
	グスタフ鉱	gustavite	$PbAgBi_3S_6$
	グラド鉱	gladite	$CuPbBi_5S_9$
	グラトン鉱	gratonite	$Pb_9As_4S_{15}$
	紅鉛鉱	crocoite	$PbCrO_4$
	コサライト	cosalite	$Pb_2Bi_2S_5$
	ジオクロン鉱	geocronite	$Pb_{14}(Sb,As)_6S_{23}$
	車骨鉱	bournonite	$PbCuSbS_3$
	ジンケン鉱	zinkenite	$Pb_9Sb_{22}S_{42}$
	水鉛鉛鉱	wulfenite	$PbMoO_4$
	セムセアイト	semseyite	$Pb_9Sb_8S_{21}$
	セレン鉛鉱	clausthalite	$PbSe$
	ティール鉱	tealite	$PbSnS_2$
	白鉛鉱	cerrussite	$PbCO_3$
	フィゼリ鉱	fiizélyite	$Ag_5Pb_{14}Sb_{21}S_{48}$
	ブーランジェ鉱	boulangerite	$Pb_5Sb_4S_{11}$
	ヘイロフスキー鉱	heyrovskýite	$AgPb_{10}Bi_5S_{18}$
	方鉛鉱	galena	PbS
	メネギニ鉱	meneginite	$CuPb_{13}Sb_7S_{24}$
	毛鉱	jamesonite	$Pb_4FeSb_6S_{14}$
	ヨルダン鉱	jordanite	$Pb_{14}As_6S_{23}$
	硫酸鉛鉱	anglesite	$PbSO_4$
	緑鉛鉱	pyromorphite	$Pb_5(PO_4)_3Cl$
	リリアン鉱	lillianite	$Pb_3Bi_2S_6$
PGE	イソ鉄白金	isoferroplatinum	Pt_3Fe
	クーパー鉱	cooperite	PtS
	コツルスキー鉱	kotulskite	$Pd_{1-x}(Te,Bi)$
	自然白金	platinum	Pt
	テトラ鉄白金	tetraferroplatinum	$FePt$
	砒白金鉱	sperrylite	$PtAs_2$
	ビソツカイト	vysotskite	$(Pd,Ni)S$

対象元素	鉱物名		化学組成
PGE	ブラジャイト	braggite	(Pt,Pd,Ni)S
	モンチェ鉱	moncheite	$PtTe_2$
	ラウラ鉱	laurite	RuS_2
REE	ゼノタイム−(Y)	xenotime	YPO_4（重希土類元素を含む）
	バストネス石	bastonäsite	$Ce(CO_3)F$
	パリサイト−(Ce)	parisite-(Ce)	$CaCe_2(CO_3)_3F_2$
	フローレンサイト	florencite-(Ce)	$CeAl_3(PO_4)_2(OH)_6$
		florencite-(La)	$LaAl_3(PO_4)_2(OH)_6$
		florencite-(Nd)	$NdAl_3(PO_4)_2(OH)_6$
	モナズ石	monazite	$(Ce,La,Nd)PO_4$
Sb	アンドル鉱	andorite	$PbAgSb_3S_6$
	火閃銀鉱	pyrostilpnite	Ag_3SbS_3
	輝安銀鉱	miargyrite	$AgSbS_2$
	輝安鉱	stibnite	Sb_2S_3
	輝安銅鉱	chalcostibite	$CuSbS_2$
	銀四面銅鉱	freibergite	$(Ag,Cu)_{10}(Fe,Zn)_2(Sb,As)_4S_{13}$
	グドムンダイト	gudmundite	$FeSbS$
	ジオクロン鉱	geocronite	$Pb_{14}(Sb,As)_6S_{23}$
	自然アンチモン	antimony	Sb
	四面銅鉱	tetrahedrite	$(Cu,Ag)_{10}(Fe,Zn)_2Sb_4S_{13} - Cu_{12}Sb_4S_{13}$
	車骨鉱	bournonite	$PbCuSbS_3$
	ジンケン鉱	zinkenite	$Pb_9Sb_{22}S_{42}$
	脆銀鉱	stephnite	Ag_5SbS_4
	セムセアイト	semseyite	$Pb_9Sb_8S_{21}$
	濃紅銀鉱	pyrargyrite	Ag_3SbS_3
	フィゼリ鉱	fiizélyite	$Ag_5Pb_{14}Sb_{21}S_{48}$
	ブーランジェ鉱	boulangerite	$Pb_5Sb_4S_{11}$
	ベルチェ鉱	berthierite	$FeSb_2S_4$
	メネギニ鉱	meneginite	$CuPb_{13}Sb_7S_{24}$
	毛鉱	jamesonite	$Pb_4FeSb_6S_{14}$
	硫安ニッケル鉱	ullmanite	$NiSbS$
	リビングストン鉱	livingstonite	$HgSb_4S_8$
Sn	黄錫鉱	stannite	Cu_2FeSnS_4
	黄錫銀鉱	hocartite	Ag_2FeSnS_4
	褐錫鉱	stannoidite	$(Fe^{+2},Zn)Fe_2^{+3}Sn_2S_{12}$
	錫石	cassiterite	SnO_2
	赤錫鉱	rhodostannite	$Cu_2FeSn_3S_8$
	ティール鉱	tealite	$PbSnS_2$
	ヘルツェンベルグ鉱	herzenbergite	SnS
	モースン鉱	mawsonite	$Cu_6Fe_2SnS_8$
Ta	コルンブ石	columbite	$(Fe,Mn)(Nb,Ta)_2O_6 - (Fe,Mn)(Ta,Nb)_2O_6$
	タンタル石	tantalite	$(Fe,Mn)(Ta,Nb)_2O_6$
Ti	アナターゼ	anatase	TiO_2
	イルメナイト	ilmenite	$FeTiO_3$
	ルチル	rutile	TiO_2
Tl	ロランダイト	lorandite	$TlAsS_2$
U	コフィナイト	coffinite	$U(SiO_4)_{1-x}(OH)_{4x}$
	閃ウラン鉱	uraninite	UO_2
	ブランネル石	brannerite	$UTiO_2O_6$
	瀝青ウラン鉱	pitchblende	UO_2（非晶質）

対象元素	鉱物名		化学組成
V	褐鉛鉱	vanadinite	$Pb_5(VO_4)_3Cl$
	バナジウム磁鉄鉱	vanadian magnetite	Fe^{+3}の一部をVが置換
	バーネサイト	barnesite	$Na_2V_6O_{16} \cdot 3H_2O$
	硫バナジン銅鉱	sulvanite	Cu_3VS_4
W	灰重石	scheelite	$CaWO_4$
	鉄重石	ferberite	$FeWO_4$
	鉄マンガン重石	wolframite	$(Fe,Mn)WO_4$
	マンガン重石	huebnerite	$MnWO_4$
Y	ゼノタイム−(Y)	xenotime	YPO_4（重希土類元素を含む）
Zn	ウルツ鉱	wurtzite	ZnS
	紅亜鉛鉱	zincite	ZnO
	閃亜鉛鉱	sphalerite	$(Zn,Fe,Mn,Cd,In,Ga)S$
	鉄閃亜鉛鉱	marmatite	$(Zn,Fe)S$
	菱亜鉛鉱	smithonite	$ZnCO_3$
Zr	バッデレイ石	baddeleyite	ZrO_2
	ジルコン	zircon	$ZrSiO_4$

付録 2-1 金−銀鉱床分布図と国別生産量・埋蔵量

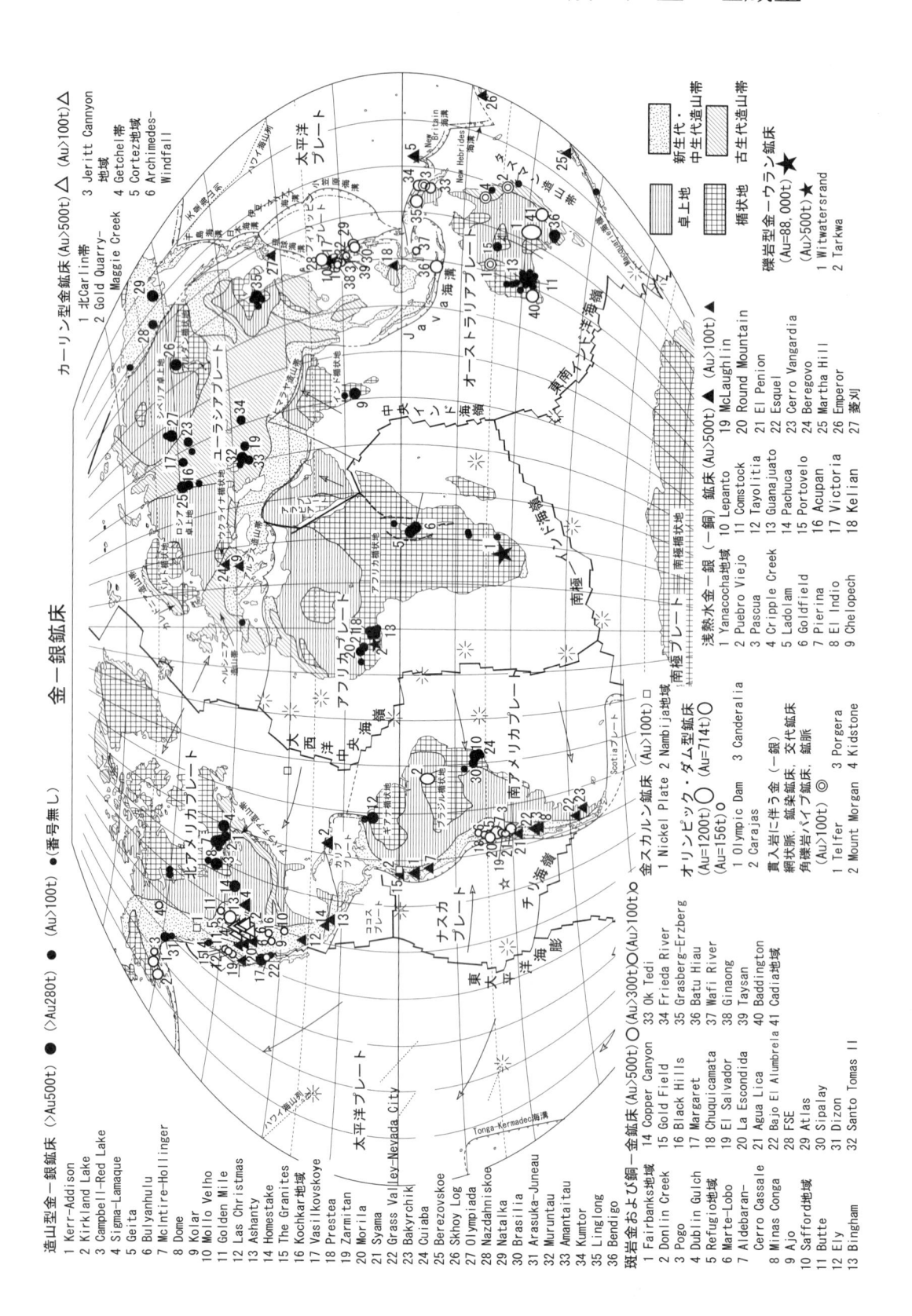

金−銀鉱床

造山型金−銀鉱床（>Au500t）● 　（>Au280t）● 　(Au>100t) ● 　●(番号無し)

1 Kerr-Addison
2 Kirkland Lake
3 Campbell-Red Lake
4 Sigma-Lamaque
5 Geita
6 Bulyanhulu
7 McIntire-Hollinger
8 Dome
9 Kolar
10 Mollo Velho
11 Golden Mile
12 Las Christmas
13 Ashanty
14 Homestake
15 The Granites
16 Kochkar地域
17 Vasilkovskoye
18 Prestea
19 Zarmitan
20 Morila
21 Syama
22 Grass Valley-Nevada City
23 Bakyrchik
24 Cuiaba
25 Berezovskoe
26 Skhoy Log
27 Olympiada
28 Nazdahniskoe
29 Natalka
30 Brasilia
31 Arasuka-Juneau
32 Amantaitau
33 Muruntau
34 Kumtor
35 Linglong
36 Bendigo

斑岩金および銅−金鉱床 (Au>500t) ○ (Au>300t)○ (Au>100t)○

1 Fairbanks地域
2 Donlin Creek
3 Pogo
4 Dublin Gulch
5 Refugio地域
6 Marte-Lobo
7 Aldebaran-Cerro Cassale
8 Minas Conga
9 Ajo
10 Safford地域
11 Butte
12 Ely
13 Bingham
14 Copper Canyon
15 Gold Field
16 Black Hills
17 Margaret
18 Chuquicamata
19 El Salvador
20 La Escondida
21 Agua Lica
22 Bajo El Alumbrela
23 Cerro Cassale (?)
24 Atlas
25 FSE
26 Atlas
27 Sipalay
28 Dizon
29 Sipalay
30 Dizon
31 Dizon
32 Santo Tomas II
33 Ok Tedi
34 Frieda River
35 Grasberg-Erzberg
36 Batu Hiau
37 Wafi River
38 Ginaong
39 Taysan
40 Baddington
41 Cadia地域

カーリン型金鉱床 (Au>500t) △ 　(Au>100t) △

1 北Carlin帯
2 Gold Quarry-Maggie Creek
3 Jeritt Cannyon地域
4 Getchel帯
5 Cortez地域
6 Archimedes-Windfall

浅熱水金−銀（−銅）鉱床 (Au>500t) ▲ (Au>100t) ▲

1 Yanacocha地域
2 Puebro Viejo
3 Pascua
4 Cripple Creek
5 Ladolam
6 Goldfield
7 Pierina
8 El Indio
9 Chelopech
10 Lepanto
11 Comstock
12 Tayoliitia
13 Guanajuato
14 Pachuca
15 Portovelo
16 Acupan
17 Victoria
18 Kelian
19 McLaughlin
20 Round Mountain
21 El Penion
22 Esquel
23 Cerro Vangardia
24 Beregovo
25 Martha Hill
26 Emperor
27 菱刈

金スカルン鉱床 (Au>100t) □

1 Nickel Plate
2 Nambija地域

オリンピック・ダム型鉱床 (Au>500t) ◎ (Au>100t) ◎
(Au=1200t)
(Au=156t)

1 Olympic Dam
2 Canderalia
2 Carajas

貫入岩に伴う金（−銀）網状脈、鉱染鉱床、交代鉱床、角礫岩パイプ鉱床、鉱脈 (Au>100t) ◎

1 Telfer
2 Mount Morgan
3 Porgera
4 Kidstone

礫岩型金−ウラン鉱床 (Au=88,000t)★ (Au>500t)★

1 Witwatersrand
2 Tarkwa

凡例: 新生代造山帯 / 中生代造山帯 / 古生代造山帯 / 卓上地 / 楯状地

付録表1　国別金鉱石生産量と埋蔵量

国名	鉱石生産量(Au t) 2005	2006	埋蔵量 Au t	資源量 Au t
カナダ	119	120	1,300	3,500
米国	256	260	2,700	3,700
ペルー	208	210	3,500	4,100
ロシア	169	162	3,000	3,500
南アフリカ	295	270	6,000	36,000
中国	225	240	1,200	4,100
インドネシア	140	145	1,800	2,800
オーストラリア	262	260	5,000	6,000
その他	793	840	17,000	26,000
合計	2,470	2,500	42,000	90,000

付録表2　国別銀鉱石生産量と埋蔵量

国名	鉱石生産量(Ag t) 2005	2006	埋蔵量 Ag t	資源量 Ag t
カナダ	1,120	1,310	16,000	35,000
米国	1,230	1,100	25,000	80,000
メキシコ	2,890	3,000	37,000	40,000
ペルー	3,190	3,200	36,000	37,000
チリ	1,400	1,400	—	—
ポーランド	1,300	1,300	51,000	140,000
南アフリカ	89	90	—	—
中国	2,500	2,550	26,000	120,000
オーストラリア	2,050	2,150	31,000	37,000
その他	3,500	3,400	50,000	80,000
合計	19,300	19,500	42,000	570,000

付録 2-2 銅鉱床分布図と国別生産量・埋蔵量

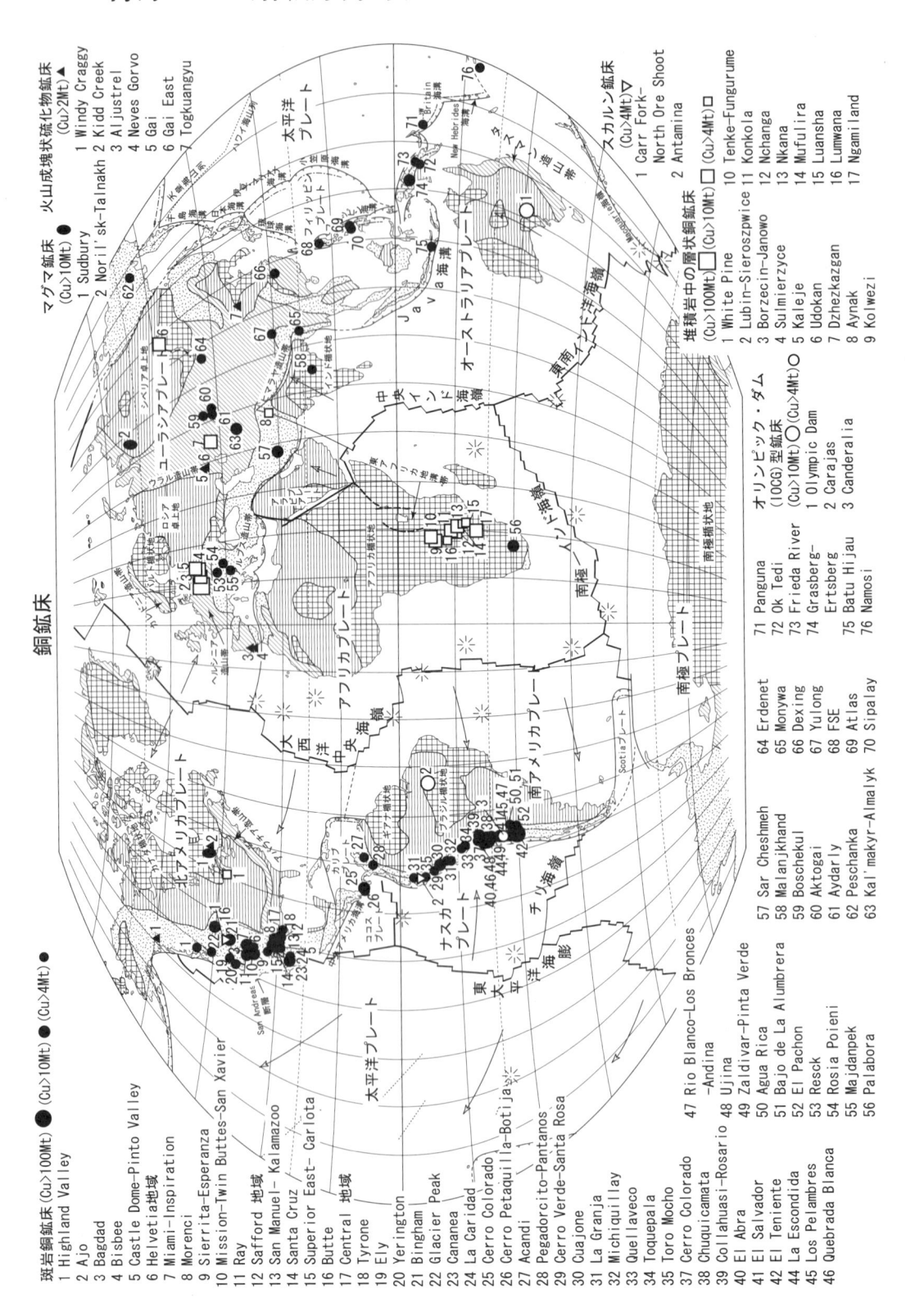

銅鉱床

斑岩銅鉱床 (Cu>100Mt) ○　(Cu>10Mt) ●　(Cu>4Mt) ●

1 Highland Valley
2 Ajo
3 Bagdad
4 Bisbee
5 Castle Dome-Pinto Valley
6 Helvetia地域
7 Miami-Inspiration
8 Morenci
9 Sierrita-Esperanza
10 Mission-Twin Buttes-San Xavier
11 Ray
12 Safford 地域
13 San Manuel-Kalamazoo
14 Santa Cruz
15 Superior East-Carlota
16 Butte
17 Central 地域
18 Tyrone
19 Ely
20 Yerington
21 Bingham
22 Glacier Peak
23 Cananea
24 La Caridad
25 Cerro Colorado
26 Cerro Petaquilla-Botija
27 Acandi
28 Pegadorcito-Pantanos
29 Cerro Verde-Santa Rosa
30 Cuajone
31 La Granja
32 Michiquillay
33 Quellaveco
34 Toquepala
35 Toro Mocho
37 Cerro Colorado
38 Chuquicamata
39 Collahuasi-Rosario
40 El Abra
41 El Salvador
42 El Teniente
43 La Escondida
44 La Escondida
45 Los Pelambres
46 Quebrada Blanca
47 Rio Blanco-Los Bronces-Andina
48 Ujina
49 Zaldivar-Pinta Verde
50 Agua Rica
51 Bajo de La Alumbrera
52 El Pachon
53 Resck
54 Rosia Poieni
55 Majdanpek
56 Palabora
57 Sar Cheshmeh
58 Malanjkhand
59 Boschekul
60 Aktogai
61 Aydarly
62 Peschanka
63 Kal'makyr-Almalyk
64 Erdenet
65 Monywa
66 Dexing
67 Yulong
68 FSE
69 Atlas
70 Sipalay

マグマ鉱床 ●
(Cu>10Mt)
1 Sudbury
2 Noril'sk-Talnakh

火山成塊状硫化物鉱床 ▲
(Cu>2Mt)
1 Windy Craggy
2 Kidd Creek
3 Aljustrel
4 Neves Corvo
5 Gai
6 Gai East
7 Togkuangyu

スカルン鉱床 ▽
(Cu>4Mt)
1 Carr Fork-North Ore Shoot
2 Antamina

堆積岩中の層状銅鉱床
(Cu>100Mt) □　(Cu>10Mt) □　(Cu>4Mt) □
1 White Pine
2 Lubin-Sieroszpwice
3 Borzecin-Janowo
4 Sulmierzyce
5 Kaleje
6 Udokan
7 Dzhezkazgan
8 Aynak
9 Kolwezi
10 Tenke-Fungurume
11 Konkola
12 Nchanga
13 Nkana
14 Mufulira
15 Luansha
16 Lumwana
17 Ngamiland

オリンピック・ダム
(IOCG)型鉱床 ◎ (Cu>10Mt) ○ (Cu>4Mt)
1 Olympic Dam
2 Carajas
3 Canderalia

71 Panguna
72 Ok Tedi
73 Frieda River
74 Grasberg-Ertsberg
75 Batu Hijau
76 Namosi

付録表3　国別銅鉱石生産量と埋蔵量

国名	鉱石生産量(Cu 1,000t) 2005	2006	埋蔵量 Cu 1,000t	資源量 Cu 1,000t
カナダ	567	600	9,000	20,000
米国	1,140	1,220	35,000	70,000
メキシコ	429	380	30,000	40,000
ペルー	1,010	1,050	30,000	60,000
チリ	5,320	5,400	150,000	360,000
ポーランド	523	525	30,000	48,000
ロシア	700	720	20,000	30,000
カザフスタン	402	430	14,000	20,000
ザンビア	436	540	19,000	35,000
中国	755	760	26,000	63,000
インドネシア	1,070	800	35,000	38,000
オーストラリア	927	950	24,000	43,000
その他	1,720	1,920	60,000	110,000
合計	15,000	15,300	480,000	940,000

付録 2-3 亜鉛－鉛鉱床分布図と国別生産量・埋蔵量

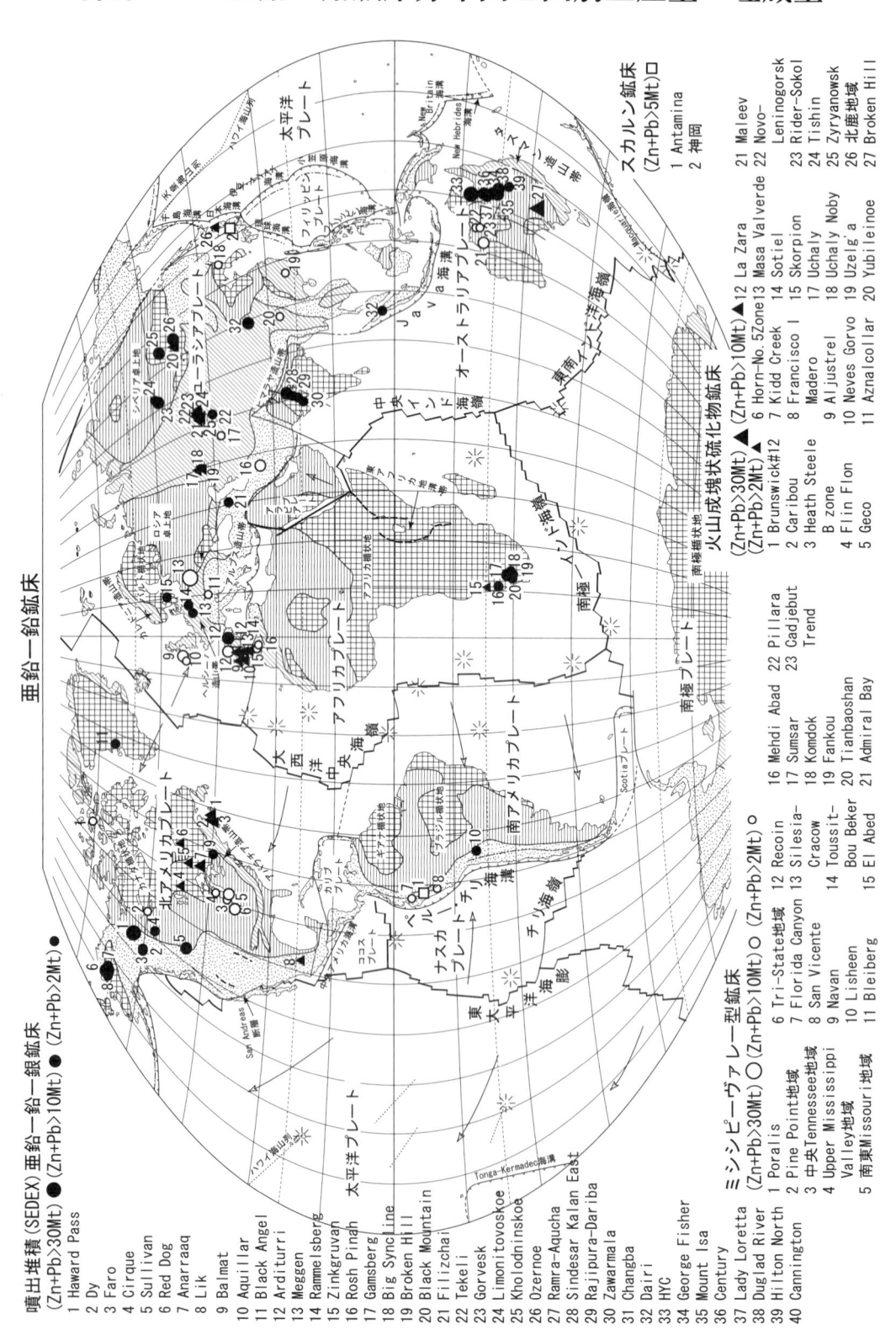

亜鉛－鉛鉱床

噴出堆積(SEDEX) 亜鉛－鉛－銀鉱床
(Zn+Pb>30Mt)● (Zn+Pb>10Mt)● (Zn+Pb>2Mt)●

1 Haward Pass
2 Dy
3 Faro
4 Cirque
5 Sullivan
6 Red Dog
7 Anarraaq
8 Lik
9 Balmat
10 Aquillar
11 Black Angel
12 Arditurri
13 Meggen
14 Rammelsberg
15 Zinkgruvan
16 Rosh Pinah
17 Gamsberg
18 Big Syncline
19 Broken Hill
20 Black Mountain
21 Filizchai
22 Tekeli
23 Gorvesk
24 Limonitovoskoe
25 Kholodninskoe
26 Ozernoe
27 Ramra-Aqucha
28 Sindesar Kalan East
29 Rajipura-Dariba
30 Zawarmala
31 Changba
32 Dairi
33 HYC
34 George Fisher
35 Mount Isa
36 Century
37 Lady Loretta
38 Duglad River
39 Hilton North
40 Cannington

ミシシッピーヴァレー型鉱床
(Zn+Pb>30Mt)○ (Zn+Pb>10Mt)○ (Zn+Pb>2Mt)○

1 Poralis
2 Pine Point地域
3 中央Tennessee地域
4 Upper Mississippi Valley地域
5 南東Missouri地域
6 Tri-State地域
7 Florida Canyon
8 San Vicente
9 Navan
10 Lisheen
11 Bleiberg
12 Recoin
13 Silesia-Cracow
14 Toussit-Bou Beker
15 El Abed
16 Mehdi Abad
17 Sumsar
18 Komdok
19 Fankou
20 Tianbaoshan
21 Admiral Bay
22 Pillara
23 Cadjebut Trend

火山成塊状硫化物鉱床
(Zn+Pb>10Mt)▲ (Zn+Pb>2Mt)▲

1 Brunswick#12
2 Caribou
3 Heath Steele B zone
4 Flin Flon
5 Geco
6 Horn-No.5Zone
7 Kidd Creek
8 Francisco I Madero
9 Aljustrel
10 Neves Gorvo
11 Aznalcollar
12 La Zara
13 Masa Valverde
14 Sotiel
15 Skorpion
16 Uchaly Noby
17 Uzelga
18 Uchaly Noby
19 Uzelga
20 Yubileinoe
21 Maleev
22 Novo-Leninogorsk
23 Rider-Sokol
24 Tishin
25 Zyryanowsk
26 北鹿地域
27 Broken Hill

スカルン鉱床
(Zn+Pb>5Mt)□

1 Antamina
2 神岡

付録表4　国別亜鉛鉱石生産量と埋蔵量

国名	鉱石生産量(Zn 1,000t) 2005	2006	埋蔵量 Zn 1,000t	資源量 Zn 1,000t
カナダ	755	725	11,000	31,000
米国	748	725	30,000	90,000
メキシコ	470	450	8,000	25,000
ペルー	1,200	1,210	16,000	20,000
カザフスタン	400	450	30,000	35,000
中国	2,450	2,500	33,000	92,000
オーストラリア	1,330	1,400	33,000	80,000
その他	2,400	2,500	59,000	87,000
合計	9,800	10,000	220,000	460,000

付録表5　国別鉛鉱石生産量と埋蔵量

国名	鉱石生産量(Pb 1,000t) 2005	2006	埋蔵量 Pb 1,000t	資源量 Pb 1,000t
カナダ	73	79	2,000	9,000
米国	426	430	8,100	20,000
メキシコ	130	140	1,500	2,000
ペルー	319	320	3,500	4,000
スエーデン	61	61	500	1,000
アイルランド	64	65	—	—
ポーランド	48	60	—	5,400
カザフスタン	44	55	5,000	7,000
モロッコ	31	42	500	1,000
南アフリカ	42	50	400	700
中国	1,000	1,050	11,000	36,000
インド	58	60	—	—
オーストラリア	776	780	15,000	28,000
その他	198	170	19,000	30,000
合計	3,270	3,360	67,000	140,000

付録 2-4　鉄鉱床分布図と国別生産量・埋蔵量

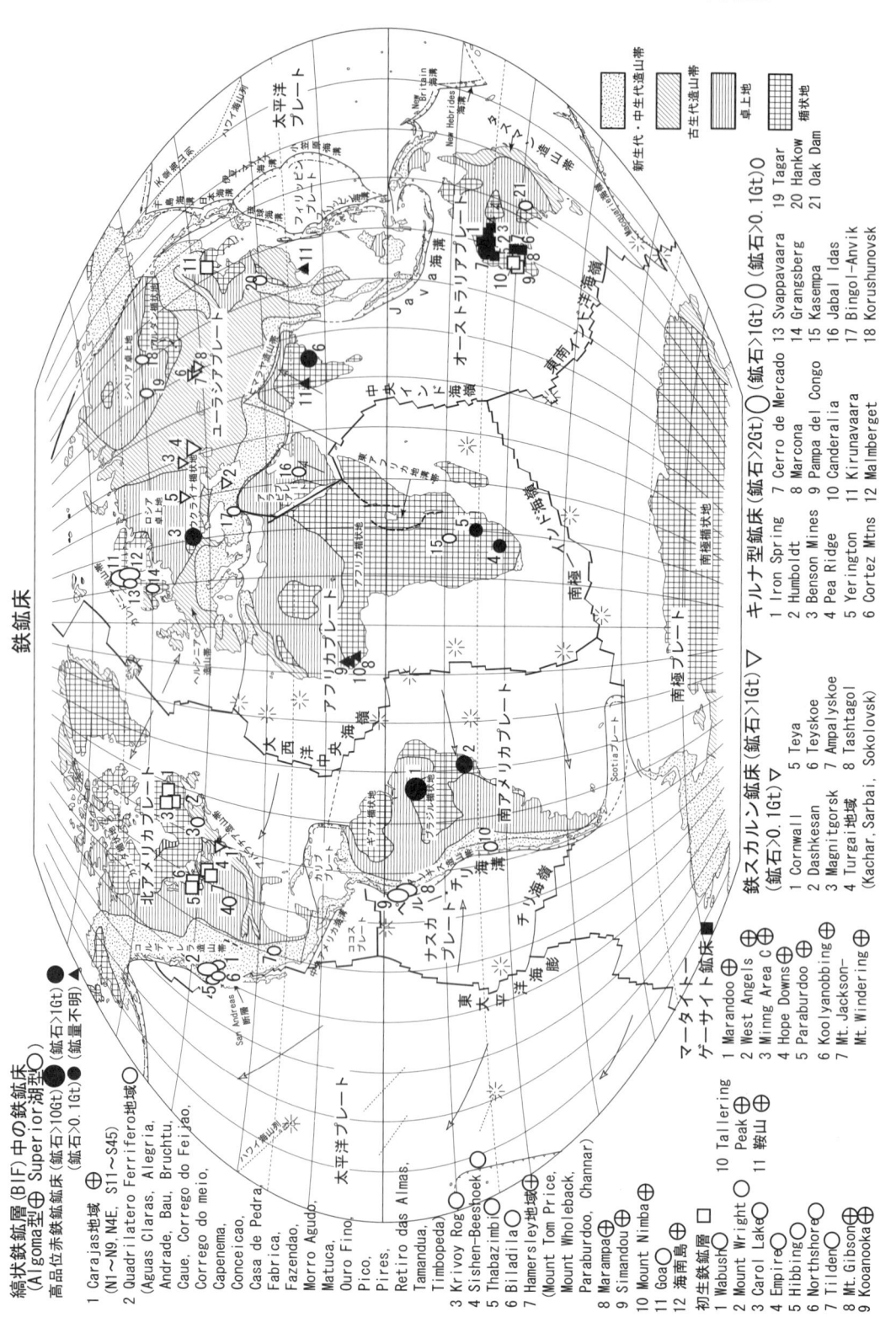

付録表6　国別鉄鉱石生産量と埋蔵量

国名	鉱石生産量(鉱石 Mt) 2005	2006	粗鉱埋蔵量 鉱石 Mt	粗鉱資源量 鉱石 Mt	埋蔵量 Fe Mt	資源量 Fe Mt
カナダ	30	30	1,700	3,900	1,100	2,500
米国	54	54	6,900	15,000	2,100	4,600
メキシコ	12	13	700	1,500	400	900
ベネズエラ	20	20	4,000	6,000	2,400	3,600
ブラジル	280	300	23,000	61,000	16,000	41,000
スエーデン	23	24	3,500	7,800	2,200	5,000
ロシア	97	105	25,000	56,000	14,000	31,000
ウクライナ	69	73	30,000	68,000	9,000	20,000
カザフスタン	16	15	8,300	19,000	3,300	7,400
モーリタニア	11	11	700	1,500	400	1,000
南アフリカ	40	40	1,000	2,300	650	1,500
イラン	19	20	1,800	2,500	1,000	1,500
中国	420	520	21,000	46,000	7,000	15,000
インド	140	150	6,600	9,800	4,200	6,200
オーストラリア	262	270	15,000	40,000	8,900	25,000
その他	42	43	11,000	30,000	6,200	17,000
合計	1,540	1,690	16,000	370,000	79,000	180,000

548

付録2-5 白金族・モリブデン・マンガン鉱床分布図と国別生産量・埋蔵量

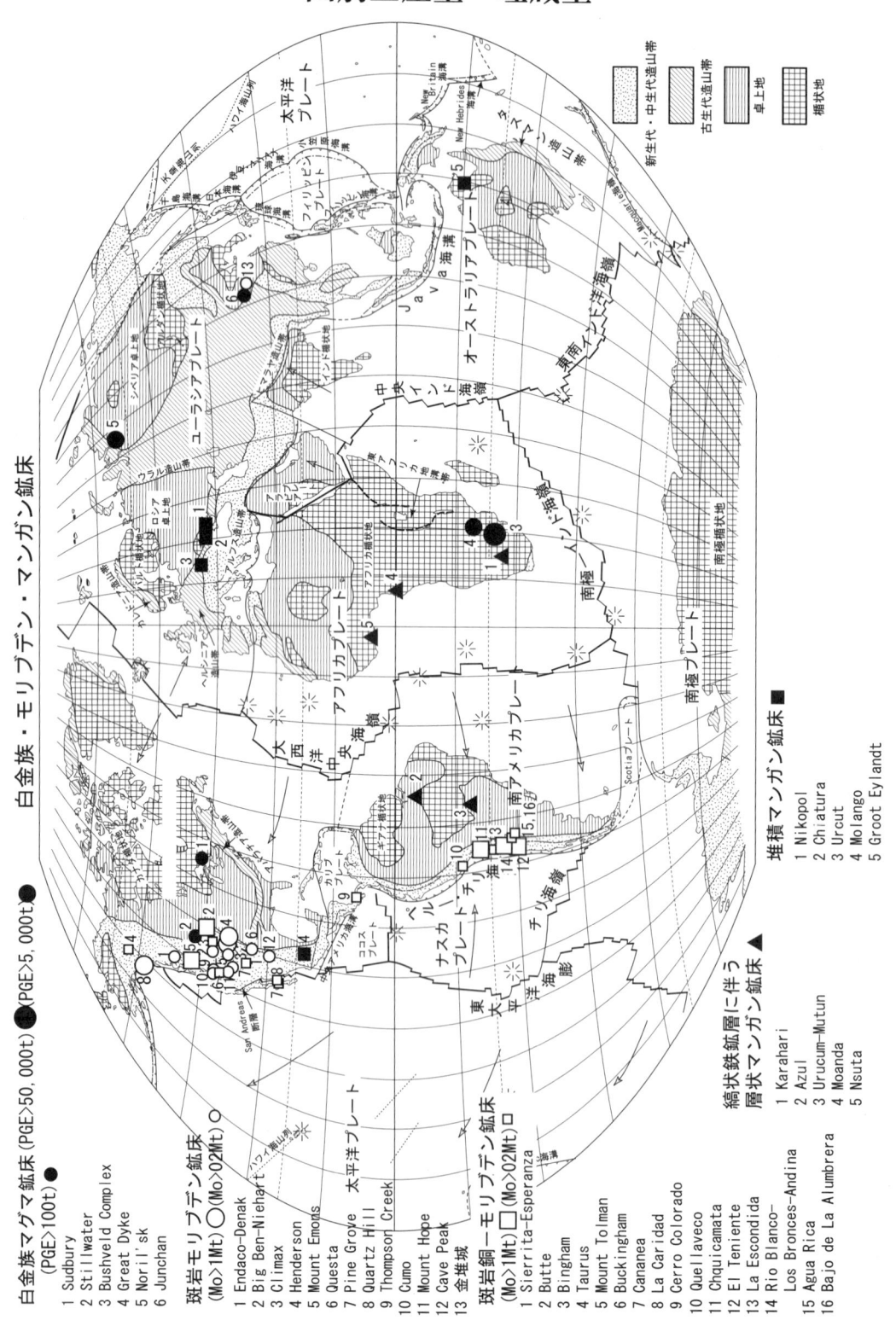

凡例:
- 新生代・中生代造山帯
- 古生代造山帯
- 卓上地
- 楯状地

白金族・モリブデン・マンガン鉱床

白金族マグマ鉱床 (PGE>50,000t) ● (PGE>5,000t) ● (PGE>100t)
1. Sudbury
2. Stillwater
3. Bushveld Complex
4. Great Dyke
5. Noril'sk
6. Junchan

斑岩モリブデン鉱床 (Mo>1Mt) ○ (Mo>0.2Mt) ○
1. Endaco-Denak
2. Big Ben-Niehart
3. Climax
4. Henderson
5. Mount Emods
6. Questa
7. Pine Grove
8. Quartz Hill
9. 金堆城
10. Cumo
11. Mount Hope
12. Cave Peak
13. Thompson Creek

斑岩銅ーモリブデン鉱床 (Mo>1Mt) □ (Mo>0.2Mt) □
1. Sierrita-Esperanza
2. Butte
3. Bingham
4. Taurus
5. Mount Tolman
6. Buckingham
7. Cananea
8. La Caridad
9. Cerro Colorado
10. Quellaveco
11. Chquicamata
12. El Teniente
13. La Escondida
14. Rio Blanco–Los Bronces-Andina
15. Agua Rica
16. Bajo de La Alumbrera

縞状鉄鉱層に伴う層状マンガン鉱床 ▲
1. Karahari
2. Azul
3. Urucum-Mutun
4. Moanda
5. Nsuta

堆積マンガン鉱床 ■
1. Nikopol
2. Chiatura
3. Urcut
4. Molango
5. Groot Eylandt

付録表7 国別白金族鉱石生産量と埋蔵量

国名	鉱石生産量(Pt Kg) 2005	2006	鉱石生産量(Pd Kg) 2005	2006	埋蔵量 PGE Kg	資源量 PGE Kg
カナダ	6,400	6,700	13,000	13,700	310,000	390,000
米国	3,970	4,000	13,000	13,600	900,000	2,000,000
コロンビア	1,080	1,000	—	—	—	—
ロシア	30,000	320,000	97,400	97,000	6,200,000	6,600,000
南アフリカ	169,000	172,000	84,900	87,000	63,000,000	70,000,000
その他	7,000	7,600	9,900	10,200	800,000	850,000
合計	217,000	23,000	219,000	222,000	71,000,000	80,000,000

付録表8 国別モリブデン鉱石生産量と埋蔵量

国名	鉱石生産量(Mo t) 2005	2006	埋蔵量 Mo 1,000t	資源量 Mo 1,000t
カナダ	7,910	8,460	450	910
米国	58,000	60,500	2,700	5,400
メキシコ	4,246	2,500	135	230
ペルー	17,325	17,500	140	230
チリ	47,748	37,700	1,100	2,500
ロシア	3,000	3,000	240	360
アルメニア	2,750	2,750	200	400
カザフスタン	230	400	130	200
キリギスタン	250	250	100	180
ウズベキスタン	500	500	60	150
イラン	2,000	2,200	50	140
モンゴル	1,188	1,200	30	50
中国	40,000	41,000	3,300	8,300
合計	185,000	179,000	8,600	19,000

付録表9 国別マンガン鉱石生産量と埋蔵量

国名	鉱石生産量(Mn 1,000t) 2005	2006	埋蔵量 Mn 1,000t	資源量 Mn 1,000t
メキシコ	180	133	4,000	9,000
ブラジル	1,590	1,600	25,000	51,000
ウクライナ	770	770	140,000	520,000
ガボン	1,290	1,550	20,000	160,000
南アフリカ	2,100	2,200	32,000	4,000,000
中国	1,100	1,200	4,000	100,000
インド	640	650	93,000	160,000
オーストラリア	776	780	15,000	28,000
その他	198	170	19,000	30,000
合計	3,270	3,360	67,000	140,000

付録2-6 クロム・ニッケル－コバルト・タングステン鉱床分布図と国別生産量・埋蔵量

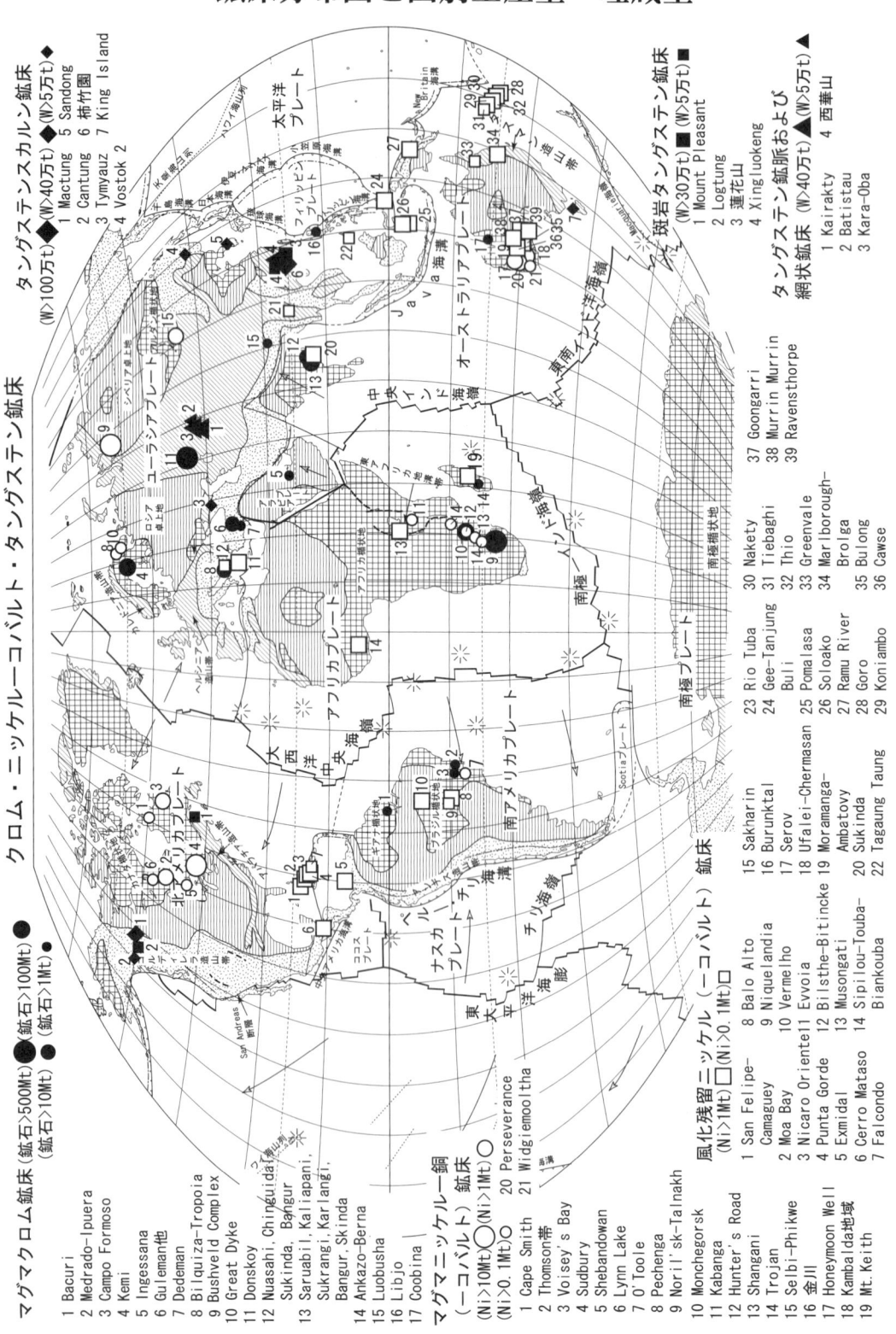

マグマクロム鉱床（鉱石>500Mt）●（鉱石>100Mt）●（鉱石>10Mt）●（鉱石>1Mt）●

1 Bacuri
2 Medrado-Ipuera
3 Campo Formoso
4 Kemi
5 Ingessana
6 Guleman他
7 Dedeman
8 Biquiza-Tropoia
9 Bushveld Complex
10 Great Dyke
11 Donskoy
12 Nuasahi, Chinguida他 Sukinda, Bangur
13 Saruabil, Kaliapani, Sukrangi, Karlangi, Bangur, Skinda
14 Ankazo-Berna
15 Luobusha
16 Libjo
17 Coobina

マグマニッケル－銅（－コバルト）鉱床
(Ni>10Mt)◯ (Ni>1Mt)◯ (Ni>0.1Mt)○

1 Cape Smith
2 Thomson帯
3 Voisey's Bay
4 Sudbury
5 Shebandowan
6 Lynn Lake
7 O'Toole
8 Pechenga
9 Noril'sk-Talnakh
10 Monchegorsk
11 Kabanga
12 Hunter's Road
13 Shangani
14 Trojan
15 Selbi-Phikwe
16 金川
17 Honeymoon Well
18 Kambalda地域
19 Mt. Keith
20 Perseverance
21 Widgiemoolltha

風化残留ニッケル（－コバルト）鉱床
(Ni>1Mt)□ (Ni>0.1Mt)□

1 San Felipe-Camaguey
2 Moa Bay
3 Nicaro Orientell
4 Punta Gorde
5 Exmidal
6 Cerro Mataso
7 Falcondo
8 Balo Alto
9 Niquelandia
10 Vermelho
11 Evvoia
12 Bilsthe-Bitincke
13 Musongati
14 Sipilou-Touba-Biankouba
15 Sakharin
16 Burunktal
17 Serov
18 Ufalei-Chermasan
19 Moramanga-Ambatovy
20 Sukinda
21 Tagaung Taung
23 Rio Tuba
24 Gee-Tanjung Buli
25 Pomalasa
26 Soloako
27 Ramu River
28 Goro
29 Koniambo
30 Nakety
31 Tiebaghi
32 Thio
33 Greenvale
34 Marlborough-Brolga
35 Bulong
36 Cawse
37 Goongarri
38 Murrin Murrin
39 Ravensthorpe

タングステンスカルン鉱床
(W>100万t)◆ (W>40万t)◆ (W>5万t)◆

1 Mactung
2 Cantung
3 Tymyauz
4 Vostok 2
5 Sandong
6 栃竹園
7 King Island

斑岩タングステン鉱床
(W>30万t)■ (W>5万t)■

1 Mount Pleasant
2 Logtung
3 蓮花山
4 Xingluokeng

タングステン鉱脈および網状タングステン鉱床 (W>40万t)▲ (W>5万t)▲

1 Kairakty
2 Batistau
3 Kara-Oba
4 西華山

付録表10　国別クロム鉱石生産量と埋蔵量

国名	鉱石生産量(Cr 1,000t) 2005	2006	埋蔵量 Cr 1,000t	資源量 Cr 1,000t
米国	−	−	110	120
カザフスタン	3,580	3,600	290,000	470,000
南アフリカ	7,500	8,000	160,000	270,000
インド	3,260	3,300	25,000	57,000
その他	4,970	5,000	−	−
合計	19,300	20,000	−	−

付録表11　国別ニッケル鉱石生産量と埋蔵量

国名	鉱石生産量(Ni t) 2005	2006	埋蔵量 Ni t	資源量 Ni t
カナダ	198,000	230,000	490,000	15,000,000
キューバ	72,000	73,800	5,600,000	23,000,000
ドミニカ	46,000	46,000	720,000	1,000,000
コロンビア	89,000	90,000	820,000	1,000,000
ブラジル	52,000	74,200	4,500,000	8,300,000
ベネズエラ	20,000	20,000	560,000	630,000
ギリシャ	23,200	24,000	490,000	900,000
ロシア	315,000	320,000	6,600,000	9,200,000
ボツアナ	28,000	28,000	490,000	920,000
ジンバブエ	9,500	9,000	15,000	260,000
南アフリカ	42,500	41,000	3,700,000	12,000,000
中国	77,000	79,000	1,100,000	7,600,000
フィリッピン	26,600	42,000	940,000	5,200,000
インドネシア	160,000	145,000	3,200,000	13,000,000
ニューカレドニア	112,000	112,000	4,400,000	12,000,000
オーストラリア	189,000	191,000	24,000,000	27,000,000
その他	25,000	25,000	2,100,000	5,900,000
合計	1,490,000	1,550,000	64,000,000	140,000,000

付録表12　国別コバルト鉱石生産量と埋蔵量

国名	鉱石生産量(Co t) 2005	2006	埋蔵量 Co t	資源量 Co t
カナダ	5,500	5,600	120,000	350,000
米国	−	−	−	860,000
キューバ	3,600	4,000	1,000,000	1,800,000
ブラジル	1,200	1,000	29,000	40,000
ロシア	5,000	5,100	250,000	350,000
モロッコ	1,600	1,500	20,000	−
コンゴー	22,000	22,000	3,400,000	4,700,000
ザンビア	9,300	8,600	270,000	680,000
中国	1,300	1,400	72,000	470,000
オーストラリア	6,000	6,000	1,400,000	1,700,000
その他	1,200	1,200	130,000	1,100,000
合計	57,900	57,500	7,000,000	13,000,000

付録表13　国別タングステン鉱石生産量と埋蔵量

国名	鉱石生産量(W t) 2005	2006	埋蔵量 W t	資源量 W t
カナダ	700	2,500	260,000	490,000
米国	—	—	140,000	200,000
ボリビア	520	530	53,000	100,000
ポルトガル	820	900	2,600	7,500
オーストリア	1,350	1,350	10,000	15,000
ロシア	4,400	4,500	250,000	420,000
中国	61,000	62,000	1,800,000	4,200,000
その他	710	950	350,000	700,000
合計	70,100	73,300	2,900,000	6,200,000

付録2-7　その他の金属の国別生産量・埋蔵量

付録表14　国別アンチモン鉱石生産量と埋蔵量

国名	鉱石生産量(Sb t) 2005	2006	埋蔵量 Sb t	資源量 Sb t
米国	—	—	—	90,000
ボリビア	3,100	5,000	310,000	320,000
ガテマラ	1,000	1,000	—	—
南アフリカ	5,000	5,700	44,000	200,000
タジキスタン	2,000	2,000	50,000	150,000
ロシア	3,000	3,300	350,000	370,000
中国	120,000	110,000	790,000	2,400,000
その他	3,300	3,500	150,000	330,000
合計	137,000	131,000	150,000	330,000

付録表15　国別ビスマス鉱石生産量と埋蔵量

国名	鉱石生産量(Bi t) 2005	2006	埋蔵量 Bi t	資源量 Bi t
カナダ	190	190	5,000	30,000
米国	—	—	—	14,000
メキシコ	970	1,100	10,000	20,000
ボリビア	60	40	10,000	20,000
ペルー	1,000	960	11,000	42,000
カザフスタン	140	160	5,000	10,000
中国	3,000	3,000	240,000	470,000
その他	160	160	39,000	74,000
合計	5,500	5,600	320,000	680,000

付録表16　国別ニオブ鉱石生産量と埋蔵量

国名	鉱石生産量(Nb t) 2005	2006	埋蔵量 Nb t	資源量 Nb t
カナダ	3,310	3,500	110,000	—
ブラジル	35,000	56,000	4,300,000	5,200,000
コンゴー	25	25	—	—
エチオピア	7	11	—	—
モザンビーク	34	35	—	—
ナイジェリア	40	80	—	—
ルワンダ	63	65	—	—
オーストラリア	200	200	29,000	—
合計	38,700	59,900	4,400,000	5,200,000

付録表17　国別希土類鉱石生産量と埋蔵量

国名	鉱石生産量(酸化物 t) 2005	2006	埋蔵量 酸化物 t	資源量 酸化物 t
米国	—	—	13,000,000	14,000,000
プエルトリコ	—	—	19,000,000	21,000,000
中国	119,000	120,000	17,000,000	89,000,000
インド	2,700	2,700	1,100,000	1,300,000
マレーシア	750	200	30,000	35,000
オーストラリア	—	—	5,200,000	5,800,000
その他	400	400	22,000,000	23,000,000
合計	123,000	123,000	88,000,000	150,000,000

付録表18　国別レニウム鉱石生産量と埋蔵量

国名	鉱石生産量(Re Kg) 2005	2006	埋蔵量 Re Kg	資源量 Re Kg
カナダ	1,700	1,700	32,000	1,500,000
米国	7,100	6,200	390,000	4,500,000
チリ	20,500	20,100	1,300,000	2,500,000
ペルー	5,000	5,000	45,000	550,000
アルメニア	1,200	1,200	95,000	120,000
ロシア	1,400	1,400	310,000	400,000
カザフスタン	8,000	8,000	190,000	250,000
その他	1,000	1,000	91,000	360,000
合計	45,900	44,600	2,500,000	10,000,000

付録表19　国別チタン鉱石生産量と埋蔵量

イルメナイト

国名	鉱石生産量(TiO$_2$ 1,000t) 2005	2006	埋蔵量 TiO$_2$ 1,000t	資源量 TiO$_2$ 1,000t
カナダ	731	780	31,000	36,000
米国	300	300	6,000	59,000
ブラジル	130	130	12,000	12,000
ノルウエー	381	381	37,000	60,000
ウクライナ	218	273	5,900	13,000
モザンビーク	−	−	16,000	21,000
南アフリカ	867	893	63,000	220,000
インド	297	297	85,00	210,000
中国	450	475	200,000	350,000
ベトナム	95	64	5,200	7,500
オーストラリア	1,180	1,210	130,000	160,000
その他	136	144	15,000	78,000
合計	4,800	5,000	610,000	1,200,000

ルチル

国名	鉱石生産量(TiO$_2$ 1,000t) 2005	2006	埋蔵量 TiO$_2$ 1,000t	資源量 TiO$_2$ 1,000t
米国	−	−	400	1,800
ブラジル	3	3	3,500	3,500
モザンビーク	−	−	480	570
シエラレオーネ	−	80	2,500	3,600
南アフリカ	105	108	8,300	24,000
ウクライナ	57	62	2,500	2,500
オーストラリア	163	171	19,000	31,000
その他	−	−	8,100	17,000
合計	351	444	52,000	100,000
全合計	5,200	5,400	660,000	1,300,000

付録表20　国別バナジウム鉱石生産量と埋蔵量

国名	鉱石生産量(V t) 2005	2006	埋蔵量 V t	資源量 V t
米国	−	−	45,000	4,000,000
ロシア	15,100	18,800	5,000,000	7,000,000
南アフリカ	25,000	25,000	3,000,000	12,000,000
中国	17,000	17,500	5,000,000	14,000,000
その他	1,100	1,100	−	1,000,000
合計	58,200	62,400	13,000,000	38,000,000

付録表21　国別ジルコニウム・ハフニウム鉱石生産量と埋蔵量

国名	鉱石生産量(鉱石 t) 2005	2006	埋蔵量 ZrO$_2$ 1,000t	HfO$_2$ 1,000t	資源量 ZrO$_2$ 1,000t	HfO$_2$ 1,000t
米国	−	−	3,400	68	5,700	97
ブラジル	35	35	2,200	44	4,600	91
ウクライナ	35	37	4,000	−	6,000	−
南アフリカ	305	310	14,000	280	14,000	290
インド	20	20	3,400	42	3,800	46
中国	17	20	500	−	3,700	−
オーストラリア	445	480	9,100	180	30,000	600
その他	20	20	900	−	4,100	−
合計	880	920	38,000	610	72,000	1,100

付録表22　国別ウラン鉱石生産量と埋蔵量

国名	鉱石生産量(Ut) 2004	国名	埋蔵量 U1,000 t
カナダ	11,597	オーストラリア	768
オーストラリア	8,063	カザフスタン	544
カザフスタン	3,719	カナダ	288
ロシア	3,280	南アフリカ	224
ニジェール	3,245	米国	224
ナミビア	3,039	ナミビア	192
ウズベキスタン	2,087	ブラジル	192
その他	5,223	ニジェール	160
合計	40,253	ロシア	128
		その他	580
		合計	3,300

事項索引

ア 行

I型マグマ（花崗岩） I-typemagma(granites) 10-11, 152, 174-175, 189, 208, 497

アイソクロン法 isochron method 136, 198

アイソスタシー isostasy 488

亜鉛－鉛－銀交代鉱床 zinc-lead-silver replacement deposit 5, 220

亜鉛－鉛－銀鉱脈 zinc-lead-silver vein 5, 220

亜鉛－鉛－銀スカルン鉱床 zinc-lead-silver skarn deposit 190-191

アクチノ閃石 actinolite 156, 167, 169, 188-189, 194-195, 197, 200, 202-203, 231, 238-239, 248, 251, 254, 285

上げ潮潮汐三角州 flood-tidal delta 492

亜コンドライト subchondrite 510

アスボレン asbolane 470

亜静水圧 subhydrostatic pressure 70

アタカマ鉱 atacamite 489

アダメロ岩 adamelite 187

アーチ arch 368

アナストモージング劈開 anastomosing cleavage 248

アナターゼ anatase 467, 538

アプライト質斑岩 aplitic porphyry 176

網目状剪断帯 anastomosing shear zone 90

アラバンド鉱 alabandite 461, 536

アルカリ角閃石 alkali amphibole 241-242

アルカリ岩 alkali rock 151, 154-155, 172, 264, 308, 363, 471

アルカリ花崗岩 alkali granite 11, 175, 178, 207

アルカリ玄武岩 alkali basalt 154, 213, 280, 304

アルカリマグマ alkalic magma 175

アルカン alkane 408

Algoma型 Algoma-type 376-377, 394

アルタイ鉱 altaite 215, 251, 537

アルゴン－アルゴン（Ar-Ar）年代 argon-argon age 285, 408

アレナイト arenite 404, 500, 504, 506-507, 512

アンケライト ankerite 29, 55, 100, 212, 220-221, 250-253, 259, 303, 312, 324, 351, 363, 376, 390-391, 394

鞍状脈 saddle vein 90

アンチモン（Sb） antiomony 19, 244, 253, 285, 322, 354-356, 362, 366, 426, 428, 485

安定定数（錯体化定数） stability constant (complexation constant) 19, 23-26, 152

安定同位体 stable isotope 13, 36-37, 46

アントラー鉱 antlerite 489, 535

アンドル鉱 andorite 226, 534, 537, 538

アンバー umber 302, 309

アンルーフィング unroofing 107

硫黄同位体組成 sulfur isotope composition 46, 49-50, 174-175, 253, 286-287, 315, 339, 341, 419, 421

硫黄同位体地質温度計 sulfur isotope geothermometer 46, 50-51, 339-340

硫黄フガシティー（f_{S_2}）圧力計 sulfur fugacity barometer 45

硫黄溶脱 sulfur leaching 62

イグゼイライト exhalite 310, 312-313, 327

イグニンブライト ignimbrite 104, 133, 228, 265-266, 404

イソ鉄白金 isoferroplatinum 118, 127, 537

磯波 surf 492

一次包有物 primary inclusion 37, 270, 272, 315, 391

異地性岩体 allochthonous rock body 125

異地性堆積鉱床 allochthonous sedimentary ore deposit 2, 448

イライト ilite 161-162, 185, 264, 269, 277, 285, 299, 372, 408, 426, 431, 436, 438, 445, 450, 460

イライト/スメクタイト混合層鉱物 ilite-smectite mixed layer mineral 264, 292, 372, 431, 450

イリジウム（Ir） iridium 111, 128, 510

遺留水 connate water 2, 7, 13, 15, 36, 67, 369, 373, 391, 402, 419, 446, 456

イルメナイト ilmenite 10, 150, 175, 181, 191, 260, 327, 351, 467, 490, 497-498, 500, 538

イルメナイト型花崗岩類 ilmenite-type granites 10

インコンピテント incompetent 87-90

インジウム（In） indium 302, 322, 352, 354-356

ウィットワーテルスランド型鉱床 Witwatersrand-type ore deposit 5, 7, 500

ヴェスヴ石 vesuvianite 189, 191, 196-197

事項索引　　　557

ウエブステライト　websterite　136
ウォッシュオーバー堆積物　washover deposit　492
ウラン（U）　uranium　5, 175, 188, 231-232, 236-238, 402, 409-410, 436-437, 441, 448-451, 454, 456-458,
490, 500, 508, 512
ウラン起原鉛同位体　uranogenic lead isotope　409-410
ウラノフェン　uranophane　436
ウルツ鉱　wurtzite　408, 539
馬の尾構造　horsetail structure　87
A型（非造山型）花崗岩類　A-type (anorogenic-type) granites　10-11, 231-232, 241, 243
HFS元素　high field strength elememts　134
液状化構造　fluidized structure　430
液相不混和　liquid immiscibility　2, 7-8, 59
液相分離鉱床　liquid segregation ore deposit　4, 111, 126
エシナイト　aeschynite　242-243
エジル輝石　aegirine　242-243
S型マグマ（花崗岩）　S-type magma (granite)　10-12, 181, 189, 191, 206-208
NaCl相当塩濃度　NaCl equivalent salinity　39, 215-216, 225, 268, 270, 285-287, 293, 315, 326, 336, 369, 401
エヌスータイト　nsutite　460
M型花崗岩類　M-type granites　10-11
LIL元素　large ion lithophile elements　9, 134, 244
LSファブリック　LS fabric　90
エレクトラム　electrum　44-45, 188, 191, 214-215, 221, 224, 263-264, 269, 277, 285, 290, 293, 304, 312-314, 332, 445-446, 534
縁海　marginal sea　124, 344, 402, 472
エンシアリック　ensialic　344
エンシマティック　ensimatic　344
エンダーバイト　enderbyite　146-147
塩濃度　salinity　15, 27-29, 36-37, 68, 70-71, 171-172, 199, 215-217, 225, 253, 260, 270, 285-286, 288, 294, 299, 301, 325, 335-339, 355, 367-369, 371-373, 375, 391-392, 394, 399, 401, 408, 419, 433, 440, 461, 483, 512
黄玉　topaz　10, 22, 55-56, 175, 178, 181, 197, 206
黄錫鉱　stannite　181, 206, 226, 229, 231, 303, 305, 322, 351
黄鉄ニッケル鉱　nickeloan pyrite　408
横臥褶曲　recumbent folds　90, 145, 359
凹入トラフ構造　re-entran trough structure　145
応力差　stress differences　75-76, 81
沖浜　offshore　376, 405, 492, 497, 504

沖浜流　longshore current　492
オスミウム（Os）　osmium　111
オーバーグロース　overgrowth　251, 379, 388, 429, 508-509
オフィオライト　ophiolite　4, 123, 125, 255, 302, 306-307, 348, 469-476
オブダクト　obduct　125, 306-307
オリゴミクト礫岩　oligomictic conglomerate　506
オリストストローム　olistostrome　255, 473
折目（構造）　jog　84-87, 95-96, 103
オリンピック・ダム型鉱床　Olympic Dam-type ore deposit　5, 231, 482, 487
オルソ輝石　orthopyroxene　7, 58-89, 150
オルソキュームレイト　orthocumulate　141, 476

カ　行

過圧流体　overpressured fluid　67, 69, 79, 81
外縁交代組織　rim replacement texture　63
海山　sea mount　33, 279, 348
開始空隙率　threshold porosity　73
灰重石　scheelite　61-62, 97, 176, 178, 180-181, 188, 190, 196-198, 206-208, 222, 226, 250, 260, 322, 490, 539
塊状鉱床　massive ore deposit　3-4, 309
塊状鉱石　massive ore　3, 112, 115, 128, 130, 132-133, 136, 145, 304, 309-310, 313, 319-320, 322, 326, 400
海蝕台　abrasion platform　492
海進砂丘　transgressive dune　492, 498
外成スカルン　exoskarn　188, 193-194, 200, 426
灰曹長石　oligoclase　186, 259
海底地滑り　submarine sliding　406
海底熱水鉱床　sea-floor hydrothermal ore deposit　3-5, 31-33, 42, 61, 66, 302, 350, 353
海底熱水流体システム　sea-floor hydrothermal fluid system　30-31
海底変質作用　submarine alteration　52
灰鉄輝石　hedenbergite　55, 188, 191, 202-203, 376
灰鉄柘榴石　andradite　60, 169, 185, 188, 190, 193, 195, 203
解凍温度　defreezing point　39
海浜漂砂鉱床　beach placer deposit　5, 491-492, 496-498
海浜平野　strandplain　492
海洋無（低）酸素事変　oceanic anoxic event　463
海洋底変成作用　ocean-floor metamorphism　303, 310, 324, 333
海緑石　glauconite　376, 408, 458-459, 500
過塩濃度流体包有物　hypersaline-liquid inclusion　171-172, 215

カオリナイト　kaolinite　52-53, 55, 161, 178, 185, 263-264, 269-270, 277, 285, 289-290, 292, 298-299, 301, 334, 390, 394, 431, 438, 450, 458, 460, 464-468, 479, 489
カオリン-パイロフィライト変質作用　kaoline-pyrophyllite alteration　55, 57
カオリン-モンモリロナイト変質作用　kaoline-montmorillonite alteration　55
化学的堆積鉱床　chemical sedimentary ore deposit　2, 5, 448
鏡肌　slickenside　93, 95
角銀鉱　chlorargyrite　277, 534
角閃石化　ampholitization　138
拡大折目　dilational jogs　95-96
拡大曲げ構造　dilational bends　100
拡張鉱脈アレー　extensional vein arrays　93
拡張軸　axes of incremental elongation　102-103
拡張線構造　stretching lineation　75
拡張テクトニックス　extensionak tectonics　232
拡張破壊　macroscopic extension failure　76
拡張（鉱）脈　extension veins　68, 76, 81, 87-89, 97-99, 101-103, 110, 230
拡張割目　extension fracture　75-76, 81, 87, 102, 108
隔壁　septa　95
角礫状鉱床　breccia ore deposit　5
角礫脈　breccia veins　94, 100-101, 171
火口角礫岩　vent breccia　282-284
花崗閃緑岩　granodiorite　8-9, 56, 152, 163-165, 179, 181, 188, 192, 218-220, 230, 247, 255, 273, 318, 386, 425, 427
花崗斑岩　granite porphyry　177
火山成塊状硫化物鉱床　volcanogenic massive sulfide deposit　246, 303-305, 313, 342-343, 354, 371
火山成塊状銅－亜鉛－鉛硫化物鉱床　volcanogenic massive sulfide copper-zinc-lead deposit　5, 303, 354
火山底貫入岩　subvolcanic intrusives　182, 227, 356, 497
火山底型斑岩金鉱床　subvolcanic porphyry gold deposit　182
火山泥流　volcanic mud flow　265-266, 272
過剰圧　overpressure　71, 77-78, 216
河床曲線　longitudinal profile of river　491, 493
加水分解　hydrolysis　17, 19-20, 52-53, 55, 57, 217, 479, 484, 487
加水分解定数　hydrolysis constant　19
霞石閃長岩　nepheline syenite　154
霞石ミネット　nepheline minett　155
河川漂砂鉱床　fluvial placer ore deposit　5, 491-492, 494-497, 508
仮像　pseudomorph　44, 61, 198, 235, 313-314, 379, 441, 445, 481
仮像交代組織　pseudomorphic replacement texture　61
可塑性変形　ductile deformation　74, 165
カタクラサイト　cataclasite　95, 248
褐鉛鉱　vanadinite　436, 537, 538
滑石　talc　188, 194, 303-304, 351, 379, 390-391, 470, 475
活断層　active fault　71, 75
滑動　slip　78-79, 80, 81-82, 95-96, 100, 405-406
活動的収斂プレート境界　active convergent plate boundary　68
活動的大陸縁辺　active continental margin　154, 382, 384, 422, 504, 510
活動度係数　activity constant　19-20
カッパーベルト型鉱床　Copperbelt-type ore deposit　5, 402, 441,
カドミウム（Cd）　cadmium　302, 322, 351-352, 418, 485
ガーニエライト　garnierite　470-471, 474, 476, 478, 480
カーボナタイト　carbonatite　154, 241
カミングトン閃石　cummingtonite　362, 376
カラベラス鉱　calaverite　215, 250-251, 270, 534
ガリ　gullies　491
ガリウム（Ga）　gallium　19, 302
カリウム-アルゴン（K-Ar）年代　potassium-argon age　162, 203, 226, 230, 273, 278-279, 286, 294, 410
カリウム変質（作用）　potassium alteration　55, 107, 151, 153-154, 156, 161-162, 165, 167, 169-170, 172-173, 175, 178, 180-181, 186, 205, 220, 232, 239, 243, 277, 487
カリ長石化（作用）　potassium feldspar alteration　53, 57, 165, 210-212
カーリン型鉱床　Carlin-type ore deposit　5, 402, 422, 432-435
カルクアルカリ花崗岩　calk-alkali granite　178, 189
カルクアルカリ岩　calk-alkali rock　151-152, 155, 171, 175, 178, 217, 263-264, 303-304, 316, 442, 471
カルクアルカリマグマ　calk-alkali magma　102, 424
カルコファン鉱　chalcophanite　460
カルシックスカルン　caksic skarn　188-189
カルスト　karst　224, 414, 416, 463
カルデラ　caldera　34, 228-229, 238, 263-264, 424

事項索引

カーロール鉱　carrollite　231, 236-237, 322, 408, 441, 535, 537
含金黄鉄鉱　auriferous pyrite　214, 285-286, 430-431, 534
含金砒素質黄鉄鉱　auriferous arsenical pyrite　214, 431, 534
含銀方鉛鉱　argentine galena　188, 231, 534
間欠泉　geyser　34
還元環境　reduction environment　13, 22, 33, 390, 458, 460, 483, 512
雁行アレー　echelon arrays　97, 101
雁行拡張脈　echelon extension veins　89
岩石氷河　rock gracier　491
岩屑流　debris flow　155, 265, 318, 322, 326, 491, 506
カンダイト鉱物　kandite minerals　161
貫入角礫岩　intrusive breccia　153, 182-185, 219
間粒状組織　intergranular texture　451
輝安銀鉱　miargyrite　277, 290, 534, 538
輝安鉱　stibnite　206, 221, 226, 264, 290, 422, 428, 430, 434, 538
輝岩　pyroxenite　58, 111-113, 118-119, 123, 475
輝銀鉱　argentite　44-45, 221, 226, 238, 264, 304, 322, 332, 534
輝銀銅鉱　stromeyrite　277, 332, 445, 534, 535
輝コバルト鉱　cobaltite　232, 303, 314, 322, 363, 445, 508, 535
汽水　brackish water　456
輝水鉛鉱　molybdenite　107, 152-153, 156, 161, 165, 171, 175-176, 178, 180-181, 186, 188, 190, 197, 206-208, 220, 226, 260, 285, 303, 363, 366, 428, 510, 536
輝蒼鉛鉱　bismuthinite　178, 180-181, 188, 197-198, 202-203, 206-208, 220, 222, 226, 231, 322, 363, 490, 535
起電力系列　electromotive series　485
輝銅鉱　chalcocite　42, 62, 152, 166, 195, 231, 236-237, 408, 441, 445-447, 485, 486-487, 489, 535
希土類（元素）(REE)　rare earth elements　5, 9, 19, 133, 134, 188, 208, 231-232, 236, 240, 241-243, 310, 315, 512
絹雲母変質（作用）（絹雲母化作用）　sericitization　55-56, 151, 153, 156, 163, 166, 171, 173, 175, 180-181, 195-196, 207, 210, 212-213, 215, 217, 220-222, 225, 232, 235, 238, 240, 263, 277, 303-304, 324, 326, 352, 487
揮発性元素　volatile elements　10
揮発性物質　volatile materials　9, 138, 355-356
ギブサイト　gibbsite　463-468, 479, 534
キプロス型　Cyprus type　302

逆級化層　inverse graded bed　460
逆剪断帯　reverse shear zone　100-101
逆一斜交剪断帯　reverse-oblique shear zone　90, 92
吸引ポンプ　suction pump　82
キューバ鉱　cubanite　42, -43, 64-65, 127-128, 136, 188, 203, 302-303, 314, 535
キュームレイト　cumulate　58, 111, 115, 118, 132, 141, 150, 306-307, 476, 481
境界層　interface　13
強酸の会合　association of strong acid　26
共地震性滑動　coseismic slip　80
強潮汐性　macrotidal　491-492
鏡鉄鉱　specularite　193, 385, 536
共役組合せ　conjagate sets　100-101
共役断層　conjagate faults　234
共役対　conjagate pairs　90, 101
共役割目　conjagate fractures　75
玉髄　chalcedony　179, 264, 267, 299, 322, 324, 436
魚卵状　oolitic　425, 458-460, 481, 508-509
キルナ型鉱床　Kiruna-type ore deposit　5, 231-232
金雲母　phlogopite　188, 243-244, 259, 285
キンク　kink　256
均衡応力環境　isostatic stress regime　72
均質化温度　homogenization temperature　38-39, 161, 199, 215-216, 225, 253, 268, 270, 293, 296, 315, 326, 335-337, 369, 391, 400-401, 408, 419-420, 432, 440
銀四面銅鉱　freibergite　203, 214, 363, 534, 34, 538
金スカルン鉱床　gold skarn deposit　191, 212
キンバーライト　kimberlite　510
空隙咽喉　pore throat　71
空隙組織　open-space texture　97
空隙弾性　pore elasticity　71, 82, 84, 86
空隙率　porosity　71-73, 81, 269, 372-373, 386, 388, 399, 426, 429-431, 479-480, 483
空隙－流体係数　pore-fluid factor　74-76, 78-79, 81, 87, 89-90
空洞充填（構造）　cavity-filling (structure)　220, , 248, 429-430
くさび石　sphene　10, 165, 248, 251, 467
櫛状（構造）comb (structure)　170, 220, 248, 263-264, 277, 285
孔雀石　malachite　488, 535
苦鉄質〜超苦鉄質貫入岩体　mafic-urtramafic intrusive　4, 126
苦鉄質〜超苦鉄質層状貫入岩体　mafic-urtramafic layered intrusive　4, 111, 116, 118
苦土橄欖石　forsterite　189

クトナホライト　kutnahorite　351, 394, 396-397, 399, 458
クーパー鉱　cooperate　111, 113, 115, 118, 127, 537
グライゼン化（作用）　greisenization　55, 175, 178, 181, 198, 206-207, 210, 212
Climax型鉱床　Climax-type deposits　175
グラド鉱　gladite　417
クラトン　craton　78, 85, 111, 117, 126, 154, 211-232, 376-377, 402, 458, 476, 478-479, 501, 504-506, 510
グラノファイヤー　granophyre　112, 132, 134, 246, 250
グラーベン　graben　183, 231, 238, 264, 309, 327, 355, 377, 381, 414-416
グランダイト　grandite　60, 188-191
クリストバライト　cristobalite　28, 263-264, 277, 292
グリーナライト　greenalite　376
クリプトメレン　cryptomelane　396, 460
グリュネル閃石　grunerite　376
グリーンストン帯　greenstone belt　4, 90, 92-93, 96-97, 100-101, 116, 138, 232, 245-246, 260, 315, 501, 504-506, 510-511
グリーンタフ　green tuff　327, 329
黒鉱型鉱床　kuroko-type deposits　304
黒鉱（鉱床）　kuroko (deposit)　305, 327, 329-330, 332-333, 335, 337-340, 342-344
クレドネル鉱　crednerite　489, 535, 536
クレネライト　krennerite　215, 250-251, 270, 534
グレーワッケ　greywacke　317, 376
グレーンストーン　grainstone　424
クロム（Cr）　chromium　8, 12, 111-112, 116, 118, 122-123, 126, 128
クロム鉱床　chromium deposits　4, 118, 121, 123-124
クロム鉱石　chromium ores　58, 111, 116, 123, 125
クロム鉄鉱　chromite　58-59, 111, 115, 119, 122-123, 144, 213, 490, 500, 507, 510, 535
クロム鉄鉱岩　chromitite　112-113, 115, 117-119, 121-122, 306
クロム－白金族鉱床　chromium-platinum group elements deposit　4, 111, 116
クロロ錯体　chloride complex　10-11, 20-26, 52, 56, 152, 217, 300-301, 375
クーロンの破断応力　Coulomb failure stress　85
珪灰石　wollastonite　55, 187-189, 191, 193-194, 196
珪灰鉄鉱　ilvaite (lievrite)　188, 191, 193
珪化（作用）　silicification　53, 153, 169, 176, 178, 202, 210, 212, 221-222, 225, 232, 235, 239-240, 263-264, 267-269, 282, 284-285, 287, 299, 303-305, 312, 314-315, 322, 324, 326-327, 352, 402, 422, 426, 430-431, 435-436, 438, 441, 470, 481, 501
鶏冠石　realgar　43, 422, 428, 430, 434, 534
珪孔雀石　chrysocolla　489
経済的濃集係数　economic concentration factor　1
ゲーサイト　goethite　377, 385, 388, 445-446, 458, 460, 466, 468, 470-471, 475, 479-481, 488
珪酸塩溶融体　silicate melt　7, 9-11, 152
珪酸塩化反応　silicatization reaction　54
結晶分化鉱床　crystallization differentiation ore deposit　4, 111
結晶分化（作用）　crystallization differentiation　2, 150
ゲルスドルフ鉱　gersdorffite　366, 408, 445, 508, 537
ゲルマニウム（Ge）　germanium　302, 441
ゲルマン鉱　germanite　332, 535, 536
ケロジェン　kerogen　443
嫌気性バクテリア　anaerobic bacteria　48, 367
原地性堆積鉱床　autochthonous sedimentary ore deposit　2, 448
懸滴状（組織）　spotted (texture)　63, 65
源流　head water creek　491
広域変成（作用）　regional metamorohism　5, 52, 54, 66, 151, 199, 207, 241, 244, 246, 248, 251, 259-260, 303, 310, 322, 376
高温型磁硫鉄鉱　high temperature-type pyrrhotite　64
高温岩体　hot rock body　30
鉱化熱水流体　ore hydrothermal fluid　67, 352
鉱化流体　ore fluid　7, 22, 40, 46, 171, 175, 212, 217, 224, 253, 260-261, 270, 286, 298, 326-327, 339-341, 371-374, 402, 404-405, 408-409, 411, 416, 418-422, 426, 428-431, 433-435
硬金属　hard metal　23
交差断層　cross faults　90, 512
格子状組織　lattice texture　63
鉱条帯　stringer zone　302-304, 309-310, 312, 315, 322, 324, 327, 332, 350-353
後成鉱床　epigenetic ore deposit　2-4, 6, 76, 402
洪水玄武岩　flood basalt　126-130, 133, 504, 506
硬石膏　anhydrite　11, 49, 55, 154, 161, 176, 214-216, 250, 253, 264, 270, 281-282, 285-286, 304, 332, 340-341, 343, 441-442, 444, 489
鉱染鉱床　dissemination ore deposit　4-5, 212, 263-264, 402, 422, 495
鉱染鉱石　dissemination ore　4, 81, 128, 136, 138, 222, 236

事項索引

構造盆地　tectonic basin　34
交代作用　replacement　3, 61, 65, 252, 322-323, 372, 375, 416, 422, 430, 460, 483, 501
交代スカルン　metasomatic skarn　188-189
交代スカルン形成（過程）　metasomatic skarn growth　187-188
交代組織　replacement texture　61-63, 181, 231, 263, 269, 326, 402, 416, 446
交代反応　replacement reaction　372
後退沸騰　retrograde boiling　9-10, 152, 171
後退変質　retrograde alteration　187-188, 190, 194-195, 197, 200, 202
紅柱石　andalusite　52, 56
高度粘土変質作用（高度粘土化作用）　advanced argillization　55, 57, 178-179, 226, 263, 267-269, 284-285, 287-299, 426, 431, 487
硬配位子　hard ligand　23
紅砒ニッケル鉱　niccolite　445, 537
硬軟酸塩基（HSAB）理論　hard-soft acids and bases principle　22
鉱物繊維（組織）　mineral fiber (texture)　96-97, 100
高硫化型　high-sulfidation　159, 166, 263, 267, 269, 275, 277-278, 298-299, 301, 482
黒銅鉱　tenorite　489
古銅輝石岩　bronzitite　112, 117-118
コッケイド（構造）　cockade (structure)　248, 277
コツルスキー鉱　kotulskite　111, 118, 537
コバルト（Co）　cobalt　4, 8, 12, 138, 145, 147-148, 150, 188, 231, 236, 302, 309, 315, 322, 366, 408, 433, 438, 441, 445, 469-470, 475, 480
コフィナイト　coffinite　231, 237, 436, 438, 448, 451-452, 457-458, 538
コマチアイト　komatiite　138, 140-142, 144, 246, 316-317, 381, 470, 477, 481
固溶体　solid solution　19, 29, 33, 42, 44, 60, 63-66, 111, 187
コルンブ石　columbite　490, 510, 536, 538
コロラド鉱　coloradoite　215, 536
コロフォーム組織　colloform texture　60-61, 312, 332-333, 402, 407-408, 417, 436, 441, 508
コンクリーション　concretion　366, 396-397, 459, 460, 466, 508
混合層粘土鉱物　mixed-layer clay minerals　285, 292, 333
混成マグマ　hybrid magma　103, 119, 121, 129
コンターライト　contourrite　358, 362
コンティネンタルライズ　continental rise　357
コンドライト　chondrite　510
コンピテンシー　competency　87, 244, 246
コンピテント　competent　87-90, 93, 96-97, 101

サ　行

最小実効主応力　minimum effective principal stress　109,
最小主応力　minimum principal stress　75, 87
最大拡張方向　direction of maximum strech　75
最大支持空隙流体圧　maximum sustainable pore fluid pressure　81
最大実効主応力　maximum effective principal stress　109
最大主応力　maximum principal stress　75
砕波帯　breaker zone　82, 106, 166, 288
再沸騰　reboiling　152, 171
細胞状（組織）　celluar t(exture)　63
サイモイドループ　cymoid loop　264
サイロメレン　psilomelane　458, 460, 536
砂岩型ウラン鉱床　sandstone-type uranium deposit　5, 448
錯体　complex　16, 18-25, 152, 301
錯体化定数（安定定数）　complexation constant (stability constant)　19
錯体化反応　complexation reaction　19-20
座屈褶曲機構　backle-folding mechanism　87
柘榴石　garnet　55, 60, 148, 154, 187-191, 193-197, 200, 202-203, 208, 213, 215, 362, 437
下げ潮三角州　ebb-tidal delta　492
サバンナ　savannah　469, 478-480, 482
サブアルカリ玄武岩　subalkali basalt　310
サブカ　subhka　441
サブカルシック柘榴石　subcalsic garnet　188, 190
サプロライト　saprolite　464-466, 468, 470-471, 474-476, 479-483
サポナイト　saponite　471, 479
サマリウム（Sm）　samarium　136, 198
さや状クロム鉱床　podiform chromium deposit　123
酸化環境　oxidized environment　18, 22, 33, 301, 367, 447, 460
酸化還元電位　redox potential　12, 461
三角州河川　delta river　491
酸素同位体組成　oxygen isotope composition　13, 253, 456
酸素同位体地質温度計　oxygen isotope geothermometer　51, 446
酸素フガシティー　oxygen fugacity　10, 339
酸素溶解度　oxygen solubility　13,
シェブロン褶曲　Chevron folding　89
ジグソーパズル　jigsaw puzzle　100

シグマ状（鉱）脈　sigmoidal veins　96, 101
ジーゲナイト　siegenite　408, 535, 537
地震休止期断層治癒　interseismic fault healing　69
地震休止期断層閉鎖　interseismic fault sealing　79
地震間熱水閉鎖作用　interseismic hydrothermal sealing　80
地震サイクル　seismic cycle　71, 82, 84-85
地震性滑動　seismic slip　80, 95
地震断裂　earthquake rapture　69
自然アンチモン　antimony　45
自然硫黄　sulfur　40, 42-44, 269, 538
自然金　gold　44, 152, 161, 212-215, 217, 220-222, 226, 250, 260, 290, 312, 314, 422, 428, 430, 436, 438, 445-446, 534
自然銀　silver　44, 221, 231, 238, 277, 304, 314, 322, 436, 445, 534
自然蒼鉛　bismuth　181, 202-203, 226, 322, 535
自然銅　copper　42, 231, 441, 490, 535
自然白金　platinum　111, 537
自然砒素　arsenic　43, 534
磁鉄鉱型花崗岩類　magnetite-type granites　175
実効垂直応力　effective normal stress　76
忍石　dendrite　460
縞状組織　banded texture　195, 217, 263, 266, 288-289, 303, 331-332, 376, 377, 379, 388, 394, 416, 436, 471
縞状構造　banded structure　4, 184, 224, 277, 304, 312, 385,
縞状鉄鉱層（BIF）　banded iron formation　5, 360, 375-379, 382, 384-386, 388-392, 394, 396-397, 481, 501
四面銅鉱　tetrahedrite　152, 203, 206, 214-215, 221, 224, 226, 231, 263-264, 269-270, 277, 285, 290, 303-305, 322, 332, 351, 363, 366, 422, 429, 445, 534, 535, 538
四面砒銅鉱　tennantite　152, 408, 441, 445, 534, 535
弱潮汐性　microtidal　492
斜交拡張鉱脈　oblique-extension veins　96-97
斜交収斂作用　oblique convergence　279
車骨鉱　bournonite　221, 305, 332, 351
斜長岩　anorthosite　4, 112, 118, 145, 147-148, 150
臭化錯体　bromide complex　22
褶曲翼部　fold limbs　88-89
褶曲ヒンジ　fold hinge　87, 89-90
重晶石　barite　215-216, 221, 224-226, 231, 234-235, 240, 242, 263-264, 267-268, 270, 282, 285, 304, 314, 332, 343, 351, 353, 363, 366-368, 402, 417, 419, 422, 426-432, 441, 449, 458
主応力軸　principal stress axes　101

蒸気圧曲線　vapor pressure curve　16, 26, 38-39
擾乱流　turbulence　70
ジャスペロイド　jasperoid　408
斜面漂砂鉱床　slope placer deposit　490-491
シャモサイト　chamosite　376
蛇紋石　serpentine minerals　188, 191, 222, 470-471-474, 476, 479-481
蛇紋石（岩）化　serpentinization　123, 138, 188, 470-471, 473-476
ジャルパ鉱　jalpaite　277, 535
ジャローサイト　jarosite　488
十字石　staurolite　468
収縮折目　contractional jogs　61
収縮性スプレー構造　contractional splays　85
集積漂砂鉱床　accumulation placer deposit　493
重炭酸錯体　bicarbonate complex　22-24
収斂型造山帯　convergent orogens　68
収斂型プレート境界　convergent plate boundary　34, 151, 154
SHRIMP　sensitive high-resolution ion-microprobe　356, 378
衝上断層　thrust fault　68, 78, 90, 144-145, 154, 193, 212, 221, 241, 246, 248, 256-257, 264, 309, 317, 349, 376, 397, 402, 413, 422, 424, 506
衝突造山帯　collisional orogen　68
ショショナイト　shoshonite　155
ショショニティック火山岩　shoshonitic volcanic rocks　154
シリイット花崗岩　seriate granite　177
ジルコニウム（Zr）　zirconium　9
ジルコン　zircon　150, 246, 356, 450, 464, 467, 490, 497-498, 500, 506-507, 510, 512, 539
シルバニア鉱　sylvanite　250-251, 534
深海陸棚　deep-shelf　357
辰砂　cinnabar　264, 292, 422, 428, 490, 536
深成岩型斑岩金鉱床　plutonic-type porphyry gold deposit　180
深成面構造　hypogene exfoliation　219
親石元素　lithophile elements　9
シンター　sinter　264, 320, 322, 324
親鉄元素　siderophile elements　8
親銅元素　chalcophile elements　8
浸透網　percolation networks　77-78
針ニッケル鉱　millerite　144, 363, 366, 408, 537
侵入浸透　invasion percolation　77-78
シンフォーム　synform　256, 317, 362
水酸化物錯体　hydroxide oxide　19
水質流体　aqueous fluid　70
水素係数　hydrogen index　408
水素同位体組成　hydrogen isotopic composition　13

事項索引

垂直応力　normal stress　71, 76, 82, 86
水頭　hydraulic head　77, 80-81
水マンガン鉱　manganite　396, 458, 460, 536
水硫化錯体　bisulfide complex　21-26, 152, 217, 299
水力拡張割目　hydraulic extension fractures　76, 81
水和反応　hydration reaction　52, 372
スカルノイド　skarnoid　188
スカルン鉱床　skarn ore deposit　4, 151, 187-191, 193, 195-196, 203, 206, 212, 486-487
スカルン鉱物　skarn minerals　60, 138, 154, 187-189, 191, 193, 197, 202, 206
スカルン変質作用　skarn alteration　55
スコア充填構造　scour filling structure　441
錫 (Sn)　tin　10, 12, 19, 151, 181, 188, 190-191, 195, 197, 199, 207, 210, 212, 231, 270, 302, 320, 322-323, 324, 351-352, 354-356, 485, 490, 495-497
錫石　cassiterite　12, 62, 181, 197, 206, 208, 226, 229, 231, 322, 251, 363, 490-492, 496, 510, 538
錫グライゼン鉱床　greisen tin deposit　4, 206, 495
錫交代鉱床　replacement tin deposit　4, 206, 495
錫鉱脈　tin vein　4, 206, 495
錫－多金属鉱脈　tin-polymetallic deposit　5, 226, 495
スタイロライト　stylolite　248,
ステップオーバー　step-over　87, 103
スティルプノメレイン　stilpunomelane　314, 351, 376
ステルンベルグ鉱　sternbergite　277, 534
ストロマトマイト　405
ストロンチウム (Sr)　strontium　9, 13, , 31, 129, 175, 253, 324, 343, 408, 432
ストロンチウム同位体組成 ($^{87}Sr/^{86}Sr$)　343
ズニ石　zunyite　55, 161
スパーライト　sparite　424
スピニフェックス組織　spinifex texture　141, 144, 317
スピネル　spinel　362, 468
スフェルライト　spherulite　460
スプラクラスタル　supracrustal　103-104, 245, 315, 317
スプレー構造　splay structure　85,
Superior 湖型　Superior-type　376-377, 394, 396
スメクタイト　smectite　200, 202, 264, 269, 285, 288-292, 298, 338-339, 431, 450, 458, 460, 471, 479, 483, 489
スラストシート　thrust sheet　425
スラブ　slab　68, 79
スランプ　slump　430, 458
スランプ褶曲　slump fold　376, 382

スリッケンファイバー　slickenfibers　95
スリッケンライン　slickenline　95
静岩圧　lithostatic pressure　70-71, 79, 81, 106, 433, 440
脆銀鉱　stephanite　221-222, 277, 534, 538
静水流体圧勾配　hydraustatic fluid-pressure gradient　70
正ボーキサイト鉱床　orthobauxite deposit　465-466
脆　性　brittleness　9, 75, 79, 81, 92-93, 99, 106-107, 152, 189, 248, 256, 349, 351, 408, 415, 421, 438
脆性断層系　brittle fault system　81
石英安山岩　dacite　103-104, 155, 159-161, 181, 183-184, 226, 228-229, 263, 265, 267-269, 272, 288, 329-330, 332, 335, 344, 347-348, 359, 360
石英閃緑岩　quartz diorite　133-134, 151, 160, 162, 182, 187
石英閃緑斑岩　quartz diorite porphyry　160-161, 181-185
石英モンゾニ岩　quartz monzonite　151, 166, 178, 180, 187, 221, 229, 232,
石英モンゾニ斑岩　quartz monzonite porphyry　106, 156, 158, 191, 193-194,
石英レータイト斑岩　quartz latite porphyry　156, 158, 191
積層衝上断層作用　thrust stacking　144
石炭　coal　128, 130, 408, 413, 441, 450
石油　petroleum　13, 34, 37, 408, 448, 475, 512
石墨　graphite　303, 317-319, 436-437
セシウム (Cs)　cesium　9, 253
石　膏　gypsum　49, 214, 304, 309, 332-333, 340-341, 343, 413, 441, 448-449, 483, 489
接触交代鉱床　contact metasomtic ore deposit　4
接触変成作用　contact metamorphism　52, 54, 187-188, 200, 213, 385, 426
接線長手方向歪み　tangential longitudinal strain　87
ゼノサーマル鉱床　xenothermal ore deposit　226
ゼノタイム　xenotime　231, 324, 512, 538, 539
セムセイアイト　semseyite　231, 537, 538
セリウム (Ce)　cerium　236
セレン (Se)　selenium　19, 150, 260, 263-264, 270, 285, 294, 302, 322,
セレン鉛鉱　clausthalite　445, 537
閃亜鉛鉱固溶体　sphalerite solid solution　63
閃亜鉛鉱地質圧力計　sphalerite geobarometer　202, 225
遷移過程　transitional processes　9-11, 56, 188
閃ウラン鉱　uraninite　237, 437-438, 448, 451, 490, 500, 502, 507-510, 538
全塩濃度 (TDS)　total density of salt　34

全空隙率　total porosity　71-73
潜在ボーキサイト鉱床　cryptobauxite deposit　465-466
扇状地河川　alluvial fan river　491
センス　sense　95, 166
全体安定定数　overall stability constant　19
剪断帯　shear zone　67-68, 77, 79, 81, 85, 87, 90-97, 99-102, 241, 244, 246, 248-249, 252, 254-257, 259, 319, 349, 356, 470, 475, 478, 502, 506
剪断破壊　shear failures　75-76, 81
剪断分級　shear sorting　497
剪断割目　shear fractures　75, 96, 101
前地　foreland　78, 402, 404, 408, 420
蠕虫状　vermicular　63, 470, 474
閃長岩　syenite　151, 154, 180, 207, 238, 254, 280, 284
浅熱水金－銀（－銅）鉱床　epithermal gold-silver(-copper) deposit　5, 263, 298
尖滅　pinchout　133, 145, 208, 210, 404, 407, 412-413, 427-428, 458
走向移動断層　strike-slip fault　68, 84-85, 87, 104, 106-107, 151, 234, 246, 248, 250, 414, 437, 478
走向移動剪断帯　strike slip shear zone　90-92
造山型金鉱床　orogenic gold deposit　5, 68, 75, 81, 84-85, 90, 151, 212, 244, 260-261, 482, 495, 506, 511
層状鉱床　stratiform ore deposit　4
層状銅鉱床　stratiform copper deposit　5, 402, 441
層状マンガン鉱床　stratiform manganese deposit　5, 394
層準規制鉛－亜鉛鉱床　strata-bound lead-zinc deposit　5, 402
曹長石　albite　52-53, 55, 100, 163, 165, 169, 171, 180-181, 185-186, 220, 232, 238-239, 242-243, 248, 250-254, 259, 285, 310, 312, 324, 326, 334, 352-353, 363, 373
曹長石化（作用）　albitization　53, 55, 165, 180, 185, 243, 373
藻類リーフ　algal reef　407
藻類マット　algal mat　441
層流　laminar flow　70, 76, 353, 411, 497
続成作用　diagenesis　37, 151, 333, 338-339, 351, 367, 402, 410, 416, 438, 442, 445, 447, 460, 461, 489, 512
塑性剪断帯　ductile shear zones　81, 92-93
塑性変形　ductile deformation　74, 106, 165, 256-257
塑性流動　ductile flow　95, 376
ソーシュライト化（作用）　saussuritization
粗面安山岩　trachyandesite　155, 221, 228, 280
粗面岩　trachyte　155, 238-239, 280
粗面玄武岩　trachybasalt　280

ソリフラクション　solifluction　491
ソレアイト　tholeiitie　111, 126, 129, 138, 141, , 246, 302-304, 308, 310, 316-317, 344, 347-348, 359, 360, 363, 471-472
ソレアイトマグマ　tholeiitic magma　126

タ　行

ダイアスポア　diaspore　161, 268-269, 333, 463, 534
ダイアドキック置換　diadochic substitution　372
ダイアトリーム　diatreme　234, 264, 267, 269, 282
ダイアミクタイト　diamictite　374, 394-395, 504
大規模割目　megascopic fractures　75-76
ダイジェナイト　digenite　42-43, 166, 221, 236, 313-314, 332, 408, 441, 445, 489, 535
堆積鉱床　sedimentary ore deposit　2, 4-5, 448
堆積岩中の層状銅鉱床　sediment-hosted stratiform copper deposit　5, 402, 441
堆積盆　basin　67, 69, 71, 266, 354-368, 370, 372, 374-377, 381, 384, 386, , 391, 402-404, 409, 412-413, 418, 420-421, 436, 441-442, 448-450, 453-456, 458-459, 461, 463, 469, 501-502, 504, 506-508, 510-512
堆積マンガン鉱床　sedimentary manganese deposit　5, 458, 460-461
ダイラタント断層帯　dilatant fault zone　374
大陸斜面　continental slope　357
大陸分裂　continental disruption　127
大陸リフト帯　continental rift zone　34, 502
タクサイト　taxite　128
蛇行河川　meandering river　491, 493
脱ガス反応　devolatalization reaction　67-68, 79
脱水反応　dehydration reaction　52-53, 68, 373
脱炭酸塩反応　decarbonatization reaction　54
ダトー石　datolite　401
タービダイト　turbidite　89, 255, 303, 309-310, 317, 322, 362-363
タリウム（Tl）　thallium　19, 352, 418, 428, 485
ダルシーの法則　Darcy's law　70-71
タルナカイト　talnakhite　128, 535, 537
団塊　nodule　441, 444, 449, 466, 468, 481, 483
段階安定定数　stepwise stability constant　19
ダン橄欖岩　dunite　117, 123, 125, 136, 306, 470, 472, 474, 477, 479, 481, 510
タングステン（W）　tungsten　151, 178, 188, 191, 195, 197, 199, 207, 210, 212, 231, 252, 285
タングステン鉱脈　tungsten vein　4, 209
タングステンスカルン鉱床　tungsten skarn deposit　191-192

事項索引

タングステン網状鉱床　tungsten network deposit　4, 209
淡紅銀鉱　proustite　216, 292, 534
炭酸塩岩中の金鉱染鉱床　carbonate-hosted disseminated gold deposit　5, 410, 431
炭酸塩岩中の層準規制鉛－亜鉛鉱床　carbonate-hosted strata-bound lead-zinc deposit　5, 410-411
単斜型磁硫鉄鉱　monoclinic pyrrhotite　41-42
単斜輝石　clinopyroxene　60, 133, 151, 169, 189-193, 195-200, 202, 204-206, 215, 285, 290, 487, 490, 492
単純剪断変形　simple shear deformation　75, 88
短縮軸　axes of incremental shortening　102-103
単純脈　single veins　92, 96
弾性変形　elastic deformation　71, 79, 82
断層楔　thrust wedge　145
断層充填（鉱）脈　fault-fill vein　68, 81, 87, 93-97, 100-102
断層端スプレー　fault terminal splay　85, 264
断層弁サイクル　fault-valve cycle　81
断層弁モデル　fault-valve model　81
炭素同位体組成　carbon isotope composition　367, 456
タンタル（Ta）tantalium　175, 208
タンタル石　tantalite　490, 496, 538
蛋白石　opal　28, 263, 299, 489
断裂断層帯　raptured fault zone　67
チオ硫酸錯体　thiosulfate complex　447
地殻規模断層　crustal-scale fault　75, 84
地質温度計　geothermometer　38, 44, -46, 50-51, 226, 339-340, 446
地質圧力計　geobarometer　43, 202, 225
地質構造支配　structural control　67, 84, 87, 90, 191, 199, 402, 426
チタン（Ti）titanium　8, 115, 150, 231, 250, 390, 450491
チタン石　titanite　324
チタン磁鉄鉱　132, 150, 248
地熱水　geothermal water　14, 285, 288, 370
チムニー　chimney　32
縮縮じわ　crenulation　90-91, 170
チャーノッカイト　charnockite　231
中央海嶺　mid-oceanic ridge　30, 32-33, 308
中間型磁硫鉄鉱　intermediate pyrrhotite　41
中間固溶体（ISS）intermediate solid solution　33, 42, 64-65
中間主応力　intermediate principal stress　75
中間歪み軸　intermediate strain axes　75
中性クロロ錯体　neutral chloride complex　10
柱石　scapolite　191
中潮汐性　mesotidal　492

中硫化型　intermediate sulfidation　263, 267, 275
鳥趾状ストロマトライト　digitate stromatolite　405
超沈み込み帯　suprasubduction zone　123
超静水圧　suprahydraustatic pressure　70-71
潮汐サンドリッジ　tidal san ridge　492
潮汐流　tidal flow　492
直立褶曲　upright folds　90, 248, 316, 349
通常浸透　ordinary percolation　77
ツェルマック閃石　tschermakite　187
継目構造　relays　84
汀線　shoreline　377, 492, 497, 504
ディッカイト　dickite　55, 161, 166, 263, 269, 301, 487
低温熱水鉱床　low-temperature hydrothermal ore deposit　5, 402
堤浜島　barrier island　492
泥流　mudflow　272, 491
低硫化型　low sulfidation　263-264, 275, 278, 298-299, 301, 435
滴状　dotted　63, 126, 138, 142
テクトナイト　tectonite　125, 306-307
デクレピテーション法　decrepitation method　337
鉄アクチノ閃石　ferrotremolite　187
鉄橄欖石　fayalite　10, 187
鉄酸化物（－銅－ウラン金－希土類元素）鉱床　iron-oxide (-copper-uranium-gold-rare earth elements) deposit　5, 231
鉄重石　ferberite　61-62, 539, 539
鉄紫蘇輝石　ferrosilite　376
鉄スカルン鉱床　iron skarn deposit　188
鉄閃亜鉛鉱　marmatite　224, 362, 639
鉄ツェルマック閃石　ferrotshermakite　187
鉄マンガン重石　wolframite　175, 181, 197-198, 206-208, 210, 222, 226, 229, 231, 260, 322, 490, 539
鉄明礬石　halotrichite　299
デフレーション　deflation　492, 507
テレスコーピング　telescoping　226, 229
デュープレックス　duplex　90
デュルレ鉱　djurleite　236, 441, 489, 535
テルル蒼鉛鉱　tetradymite　180.535
転位流動　dislocation flow　74
電気陰性度　electronegativity　19, 485
電気石　tourmaline　55, 94-95, 97, 100-102, 161, 181, 195, 197, 206, 219, 226, 228, 235, 253, 259, 285, 303, 324, 363, 436, 438, 450, 467
天水　meteoric water　2, 7, 12, 14, -15, 34, 36, 46, 57, 62, 67, 161-162, 173-174, 188, 199, 204, 215-217, 261, 270, 286, 288, 294, 296, 298, 339, 370, 391, 394, 416, 419, 433-435, 446,

456-458, 512
点滴状　spotted　351
等圧熱膨張係数　isobaric thermal expansion coefficient　70
等温圧縮係数　isothermal compressibility　70
同位体組成　isotope composition　13-15, 46, 48-50, 161-162, 172-175, 204, 244, 253, 285-287, 315, 353-354, 367, 402, 409-411, 419-421, 423, 433, 435, 456-457
同位体交換反応　isotope exchange reaction　14, 36, 46-47, 50, 298, 315, 339, 370
同位体分別係数　isotope fractionation factor　33
同位体分別作用　isotope fractionation　46, 49, 367
透輝石　diopside　54-55, 137, 154, 188-190, 193, 238, 244
銅クロロ錯体　copper chloride complex　152
島弧－背弧システム　island arc-back arc system　31-32
等斜直立褶曲　isoclinal upright folds　90
同軸性平面歪　coaxial plain strain　75
透水性流路　permeable pathway　67, 79
銅スカルン鉱床　copper skarn deposit　188-189
同成鉱床　syngenetic ore deposit　2, 4, 6
動水勾配　hydraulic gradient　70, 79, 81, 84, 486
透閃石　tremolite　137, 187, 285
淘汰作用　sorting　2, 490
等比容積曲線　equivalent specific volume curve　39
銅藍　covellite　42-43, 62-63, 166, 231, 236, 263, 268, 277, 332, 408, 445-446, 489, 535
独立空隙　isolated pores　72
轟石　todorokite　460, 536
トーナル岩　tonalite　101, 159, 163, 246, 317, 501, 506
ドーム　dome　138, 159, 161, 176, 182, 226, 263-264, 266-267, 269, 277, 279, 359, 384, 402-403, 436, 504
トランステンション　transtension　309, 502
トランスフォーム境界　transform boundary　424
トランスプレッション　transpression　103, 107, 246, 256, 349
トリウム（Th）thorium　9, 19, 243, 454-455, 509-510
トリウム起原鉛同位体　thorogenic lead isotope　409-411
ドリーネ　doline　416
トロイド状　toroidal　509, 511
トロイライト　troilite　40, 46, 64, 127-128
泥火山　mud volcano　34
トロクトライト　troctolite　148-150
ドロップストーン　dropstone　430
トロンニエム岩　trondhemite　246, 317
ドロマイト　dolomite　29, 53-54, 127, 187-189, 195, 206, 212, 214, 221-226, 241-242, 250, 259, 268, 305, 324, 351, 363, 366, 377, 379, 384, 390-391, 402, 404-405, 407-409, 412-417, 421-422, 424-430, 438, 441, 444, 450-453, 455, 458
ドロマイト質石灰岩　dolomitic limestone　195, 424

ナ　行

内成スカルン　endoskarn　188-189, 193-154, 200, 202
内破角礫　implosion breccias　100, 248
ナウマン鉱　naumannite　290
ナクライト　nacrite　161
ナゲット　nugget　511-512
ナップ　nappe　255-256, 306, 348-349, 362, 472-474
鉛クロロ錯体　lead chloride complex　20
鉛同位体組成　lead isotope composition　342, 344, 353-354, 409-411, 421
軟金属　soft metal　23, 26, 152
軟配位子　soft ligand　23, 26
軟マンガン鉱　pyrolusite　458, 460, 536
難溶性物質　insoluble material　2
ニオブ（Nb）niobium　208, 241, 243
二酸化炭素（CO_2）carbon dioxide　7, 12-13, 28-29, 33, 38, 54, 61, 68, 203, 216, 244, 252-253, 260-261, 285-287, 296, 299, 337, 340, 352-353, 394, 399-400, 416, 419, 431, 433, 460
二次スカルン鉱物　secondary skarn minerals　188
二次沸騰　second boiling　9,
二次包有物　secondary inclusion　37, 270, 315, 391
二重沈み込み　double subduction　212
ニッケル（Ni）nickel　8, 12, 59, 126-127, 128-130, 134, 136, 138, 145, 150, 188, 322, 362, 366, 408, 436, 438, 469-471, 474-481, 485
ニッケル鉱床　nickel deposits　136, 138, 479
ニッケル－銅鉱床　nickel-copper deposit　4, 126-127, 130-132, 134, 136, 144-145
ニッケル－銅－コバルト鉱床　nickel-copper-cobalt deposit　4, 145, 147-148
ニッケル・ラテライト鉱床　nickel laterite deposit　5, 469-472, 474-476, 478-479, 481
ニッケル硫化物鉱床　nickel sulfide deposits　142, 149
二面体湿潤角　dihedral wetting angle　72-73
ネオジム（Nd）neodymium　129, 198
ネオジム－サマリウム（Nd-Sm）アイソクロン法　neodymium-samarium isochron method　136
ネオトス石　neotocite　489

熱水角礫パイプ　hydrothermal breccia pipe　161
熱水過程　hydrothermal process　11, 152, 188
熱水鉱床　hydrothermal ore deposit　2-5, 31-33, 61, 66-67, 81-82, 151-152, 206, 226, 241, 244, 263, 265, 302, 350, 402, 406, 424, 435, 482, 511
熱水循環システム　hydrothermal circulation system　2, 151, 355-356
熱水プリューム　hydrothermal plume　355
熱水流体　hydrothermal fluid　4, 15-18, 21-32, 34-37, 46, 50, 52-54, 56-57, 59, 62, 67, 69-71, 75, 102, 152, 173-174, 216-217, 260, 264, 302, 327, 339, 341, 344, 352, -353, 355, 363, 368, 370, 372-374, 416, 426, 446
熱水流体－岩石反応　hydrothermal fluid-rock interaction　32
熱水流体系　hydrothermal fluid system　67, 69-71, 75
熱水流体貯留槽　hydrothermal fluid reservoir　34, 36-37
粘性係数　viscosity　70
粘性抵抗　viscous resistance　70
粘着強さ　cohesive strength　86
粘土変質（作用）（粘土化作用）　argillization　55, 57, 181, 185, 194-195, 221-222, 225-226, 263, 267-269, 284-285, 287, 298-299, 422, 426, 430-431, 481, 487, 489
濃紅銀鉱　pyrargyrite　214, 221, 226, 231, 277, 290
ノジュール　nodule　322, 375
ノーライト　norite　112, 118, 131-134, 150, 280
ノーランダ型　Noranda-type　303
ノントロナイト　nontronite　471, 479

ハ 行

ハイアロクラスタイト　hyaloclastite　394
配位錯体　coordination complex　19, 23
配位子　ligand　19, 21-23, 25-26
背弧海盆　back-arc basin　30, 304, 310, 344, 349, 353, 384, 472
背弧拡大　back-arc spreading　151, 327
背弧拡大軸　back-arc spreading axes　33, 123
背弧リフト　back-arc rift　302, 353, 355
排水流路　drainage pathway　79
パイプ状鉱床　pipe ore deposit　4
パイロビチューメン　pyrobitumen　508
パイロフィライト　pyrophyllite　53, 55, 57, 153, 161-162, 166, 178, 263, 268-269, 333, 431, 487, 536
ハウスマン鉱　hausmanite　394, 396-397, 399-401, 536
白チタン石　leucoxene　252, 285, 391, 467
白鉄鉱　marcasite　40, 214-215, 221, 224, 226, 260, 264, 285, 287, 290, 303-304, 313-314, 351, 363, 402, 407-408, 417-418, 431, 434, 445-446, 452, 458
梯子状脈　ladder veins　96
梯子状割目　ladder fracture　264
バスタム石　bustamite　191, 536
バストネス石　bastonäsite　231, 242-243, 538
白金（Pt）　platinum　115, 118, 128188, 444, 510
白金族（元素）（PGE）　platinum group elements　4, 8, 111-113, 116, 118, 121-123, 127, 129-130, 136, 138, 154, 221, 436, 441, 444-445, 490, 494-465, 510-511
バックボーン空隙　backbone pore　71-72
バックリーフ　backreef　405
発散型プレート境界　divergent plate boundary　34
撥状島　drumstick island　492
バナジウム（V）　vanadium　8, 111, 115-116, 250, 253, 448, 450-452, 456-458
バーネサイト　barnesite　460, 539
バーミキュライト　vermiculite　285, 289, 291, 298
薔薇輝石　rhodonite　187, 362, 536
パラジウム（Pd）　palladium　20, 111, 115, 118, 128, 444-446
パラメラコナイト　paramelaconite　489, 535
バリウム（Ba）　barium　9, 13, 231, 236, 245, 252-253, 302, 344, 353, 363, 366
パリサイト　parasite　242, 538
ハリスティック橄欖石　harristic olivine　141
ハルツバージャイト　harzburgite　112, 117, -118, 123, 306-307, 470, 472, 476
バレリ鉱　valleriite　136-137, 363, 535
ハロイサイト　halloysite　55, 299, 465
ハワイ岩　hawaiite　213
反応スカルン　reaction skarn　188
パンペリーアイト　308
不毛　barren　93-94, 138, 149, 153, 164, 202, 293-294, 512
斑岩型鉱床　porphyry-type ore deposit　4, 151, 166, 179, 183, 206, 487, 495
斑岩銅鉱床　porphyry copper deposit　4, 102, 104, 106-110, 151-154, 156, 171-176, 181, 189, 191, 263-264, 269-271, 424, 483, 486-490
斑岩モリブデン鉱床　porphyry molybdenum deposit　4, 175, 179
斑岩金鉱床　porphyry gold deposits　179-181, 183
斑岩錫鉱床　porphyry tin deposits　179, 181
斑岩タングステン鉱床　porphyry tungsten deposits

179, 181
板状脈　planner veins　97, 101
斑銅鉱　bornite　42-43, 64-65, 127, 152-153, 156, 161, 165-166, 169, 178, 188-189, 194-195, 207-208, 231, 236-237, 277, 303-304, 309, 320, 322, 324, 326, 332, 352, 407, 441, 445-446, 488-489, 535
盤肌鉱物　selvage minerals　156
氾濫原河川　flood plain river　491
ピアス鉱　pearceite　277, 332, 534, 535
ビオラル鉱　violarite　137, 144, 537
引きずり褶曲　drag fold　288
卑金属　base metals　37, 118, 191, 216-217, 222-223, 226, 268, 324, 353, 355, 372, 375, 428, 446-447
ビクスビ鉱　bixbyite　394, 536
ピクライト　picrite　128-129
非震性環境　aseismic regime　79
歪み軸　incremental bulk strain axes　75, 101-102
歪み中間軸　axis of intermediate incremental strain　101
砒素質黄鉄鉱　arsenical pyrite　214, 422, 431-432
非対称褶曲　asymmetric folds　90-91
ヒシンゲライト　hisingerite　314
左ずれ（断層）　sinistral (fault)　100
左横ずれ（断層）　left-lateral (fault)　166, 246, 256, 279
非弾性変形　inelastic deformation　71, 82
ビチューメン　bitumen　408, 429-430, 443-444, 508-509, 512
非調和元素　incompatible elements　103
ピッチ　pitch　489
砒鉄鉱　lölingite　37, 43, 508, 534
砒白金鉱　sperrylite　127, 537
引張強度　tensile strength　75-76
ヒューマイト　humite　188
氷河漂砂鉱床　gracial placer deposit　491
漂砂鉱床　placer ore deposit　2, 5, 448, 481, 490-498, 500, 508, 510
標準平均海洋水（SMOW）　standard mean oceanic water　13,
氷堆石　moraine　491
氷長石　adularia　215, 263-264, 277-278, 282, 284-286, 288-289-291, 293-294, 296-301, 408, 432
表面混合層　surface mixed layer　13
氷礫土　till　491
比流速　specific flow velocity　67
ヒンジ帯　hinge zone　87
浜堤鉱床　beach ridge deposit　492
ファングロメレート　fanglomerate　437
ファンゴアイト　huanghoite　242-243
フィゼリ鉱　fizélyite　231, 534, 537, 538

風化作用　wethering　2, 12, 50, 52, 62, 376-377, 380, 391, 458-459, 463-465, 469-470, 475, 478-483, 488-490
風化残留鉱床　residual deposit　2, 5, 448, 463, 468, 481
風化浸食作用　weathering and erosion　2, 490
風食凹地　deflation furrou　492
風成漂砂鉱床　aeolian placer deposit　491-492
フォアリーフ　forereef　405
フォノライト　phonolite　280
付加複合体　accretionary complex　68
覆瓦構造　imbricate structure　257, 348, 425
複合火山　composite volcano　104, 161
複合岩株　composite stock　106-107, 176, 178, 207-208, 221
復成脈　composite vein　221, 229
富鉱体　oreshoots　87, 93, 98, 150, 249-250, 277, 288, 291, 447
福地鉱　fukuchillite　332, 535
腐植酸　humid acid　418, 428, 448
不整合型ウラン鉱床　unconformity-type uranium deposit　5, 402, 436, 441
弗化錯体　fluoride complex　22
ブック構造脈　book-textured veins　94
沸石　zeolite　55, 264, 308, 333, 335, 339
弗素（F）　fluorin　10, 55, 175, 181, 236, 238,
ブーディン　boudins　100-101, 257
沸騰泉　boiling hot spring　34
葡萄石　prehnite　308,
部分溶融　partial melting　10-11, 68, 103, 246, 304, 511
ブラウン鉱　brounite　394, 396-397, 399-400, 460, 536
ブラウン鉱 II　brounite II　394, 396
ブラジャイト　braggite　111, 113, 115, 118, 538
プランジ　plunge　3, 87, 90, 93, 100-102, 132, 199, 248-249, 267, 309, 311, 317-319, 426, 428
ブーランジェ鉱　bourangerite　231, 332, 537, 538
ブランネル石　brannerite　231, 237, 436, 508, 538
フランボイダル　framboidal　312, 428, 441, 445-446
プルアパート構造　pull-apart structure　288
フレキシュラルスリップ　flexural slip　87, 89-90
フレキシュラルフロー　flexural flow　87-89
ブロシャン銅鉱　brochantite　489, 535
プロピライト変質（プロピライト化）　propylitization　55, 57, 151, 153-154, 161, 166, 171, 175, 178, 180-181, 186, 207, 213, 215-216, 220, 222, 225, 263-264, 267, 269, 275, 277-278, 284-285, 487
フローレンサイト　florencite　231, 538
噴気孔　fumarole　34
噴出堆積（SEDEX）亜鉛－鉛－銀鉱床　sedimentary

exhalative lead-zinc-silver deposit　5, 363
分配係数　partition coefficient　10, 121, 152
平行岩脈群　sheeted dykes　232, 306-307, 309
平板型斜交層理　plannar cross-bedding　500
平面歪み　plain strain　75, 101
劈開交代組織　cleavage replacement texture　63
ベース鉱　vaesite　332, 408, 537
別子型　Besshi-type　303, 310
ヘッス鉱　hessite　215, 250-251, 270, 534
ペッツ鉱　petzite　215, 250-25, 534
ベッドフォーム　bedform　507
ベテフチン鉱　betekhtinite　332, 536
ペネトラチブ変形　penetrative deformation　90, 213, 244
ペペライト　peperite　167
ベーマイト　boehemite　463, 466, 468
ベリリウム（Be）beryllium　9, 22
ヘリンボーン斜交層理　herringbone cross-bedding　500
変成鉱床　metamorphic ore deposit　2
変成水　metamorphic water　2, 7, 13, 15, 151, 244, 253, 261, 326, 370, 434-435
変成スカルン　metamorphic skarn　187-189, 193-194, 199-200
変成流体　metamorphic fluid　73, 188
ベント複合体　vent complex　351, 355, 363, 374
ペントランド鉱　pentlandite　59, 113, 115, 118, 126, 128, 132-133, 136-137, 144-145, 150, 537
変ボーキサイト鉱床　metabauxite deposit　465-466
帽岩　cap rock　30, 284, 355, 373, 405, 486
ボーキサイト鉱床　bauxite deposit　5, 463-466, 468-469
芳香族炭化水素　aromatic hydrocarbons　408
放射状（鉱）脈　radial vein　106
崩積漂砂鉱床　colluvial placer deposit　491
硼素（B）boron　181, 367
方沸石　analcime　333, 335
包有物　inclusion　132, -134, 221, 251, 379, 389, 431, 509, 511
包有鉱物　included mineral　63
暴浪　storm　492
母岩スライバー　wall-rock slivers　93-95
星状　star-like　63
保礁　barrier reef　405
蛍石　fluorite　10, 22, 171, 175, 181, 191, 195-198, 206-208, 221, 224, 226, 231-232, 235, 242, 264, 324, 402, 409, 431, 433-434
ホットスポット　hot spot　302
ポドゾル　podzol　498
ボナンザ　bonanza　277

ボニナイト　boninite　302, 471
ポリジム鉱　polydymite　366, 408, 537
ポリバス鉱　polybasite　277, 332, 534, 536
ホルスト　horst　414

マ 行

マイロナイト　milonite　100, 199, 362
埋没変成作用　burial metamorphism　261
マウンド　mound　32, 312, 322
前浜　foreshore　492, 497
マグニチュード　magnitude　79, 85
マグネシアンスカルン　magnesian skarn　188-189
マグヘマイト　maghemite　302, 536
マグマ過程　magmatic stage　7-9, 58, 150, 244
マグマ弧　magmatic arc　102-104, 226, 246, 424, 506
マグマ鉱床　magmatic ore deposit　2-4, 111, 150
マグマ水　magmatic water　2, 7, 11-12, 14-15, 34, 151-152, 161-162, 173, 188, 199, 204, 213, 215-217, 244, 260-261, 265, 298, 326, 337, 339-340, 370, 434-435
マグマ水蒸気角礫岩　phreatmagmatic breccia　268, 281
マグマ水蒸気爆発　phreatmagmatic eruption　267, 283
マグマ性含水相　magmatic aqueous phase　10, 152
マグマ性流体　magmatic fluid　7, 9
マグマ溜　magma reservoir　2, 9, 103-104, 106, 118-119, 121, 129-130, 138, 148-150, 175, 263
枕状溶岩　pillow lava　246, 306, 308, 317-318
曲げ構造　bends　100
摩擦係数　friction coefficient　86
マージナルプラトー　marginal plateau　472-473
マータイト　martite　377, 379, 385, 388, 390, 394, 481
マッキーノ鉱　mackinawite　136, 537
マッキンストリー鉱　mckinstryite　332, 534, 536
マッドクラック　mud crack　441
豆状（組織）pisolitic (texture)　458-460, 466, 468, 470, 474, 481
マロカイト　marokite　396, 399-400, 536
マンガン土　wad　489
マンガン方解石　manganese calcite　394, 396, 399, 458
マンガン菱鉄鉱　manganese siderite　222, 324
マンゲライト　mangerite　231
マンスフェルト型鉱床　Mansfeld-type ore deposit　5, 441
マント型鉱石　manto-type ore　222-224

マント型銅鉱床　manto-type copper deposit　487, 489
マントル楔　mantle wedge　68, 102
マントルテクトナイト　mantle tectonite　125
マントルプリューム　mantle plume　246, 422
ミアオリティック　miairitic　213
ミクライト　micrite　195, 412, 424
ミシシッピーヴァレー型鉱床　Mississippi Valley-type ore deposit　5, 370, 402, 419-421, 430
水—岩石相互作用　water-rock interaction　36-37
水の双極子モーメント　dipole moment of water　16
水の飽和蒸気圧　saturated vapor pressure of water　16
水の臨界定数　critical constants of water　16
水分子　water molecule　14, 16, 19
ミネソタアイト　minesotaite　351, 376
ミネット　minette　155
ミネラルサンド　mineral sand　490, 492-493, 497-500
ミュジアライト　mugearite　213
明礬石　alunite　55, 161, 166, 183, 185-186, 229, 263-264, 267-270, 275, 277, 285, 299, 431, 487, 489
無機配位子　inorganic ligand　21
無酸素状態　anoxic state　13, 355
メガブーディン　megaboudins　100
メソキュームレイト　mesocumulate　141
メタン（CH4）methain　11, 38, 216, 253, 419, 433
メネギニ鉱　meneghinite　332
メルニコバイト　melnicovite　40, 363
面状ストロマトライト　plannar stromatolite　405
モイフーカイト　mooihoekite　128, 536
毛鉱　jamesonite　226, 537, 538
網状河川　braded river　449, 491, 493, 500, 507
網状鉱床　network ore deposit　4, 207
網状鉱石　network ore　136-138, 197
網状脈　vein networks　4, 90, 92-93, 97, 99-101, 151, 153, 156, 167, 169, 178, 180, 189, 206-207, 212-214, 219-220, 251, 253,257, 264, 277, 279, 285, 302, 304, 309, 312-313, 315, 320, 322, 324, 363, 436, 466, 487, 495
モザイク角礫　mosaic breccias　100
モースン鉱　mawsonite　322, 536, 538
モナズ石　monazite　175, 231, 242-243, 259, 324, 490, 500, 538
モノミクト　monomict　280-281
モラッセ　molasses　124, 413, 421
モリブデン（Mo）molybdenum　151, 153-154, 158-159, 162, 175-176, 178-179, 188, 190, -191, 195-196, 489
モリブデンスカルン鉱床　molybdenum skarn deposit　191
モルデン沸石　mordenite　333
モレーン　moraine　491
モンゾニ花崗岩　monzonitic granite　175, 178, 207
モンゾニ岩　monzonite　148, 154, 156, 166-167, 180, 187, 191, 246, 280-281, 284, 426, 428-429
モンゾニ斑岩　monzonite porphyry　156, 167-170, 191, 283
モンチェ鉱　moncheite　111, 113, 118, 538
モンモリロナイト　montmorillonite　55, 151, 153, 175, 194, 333, 335, 372, 426, 471, 489

ヤ 行

ヤコブス鉱　jacobsite　395, 397, 536
雄黄　orpiment　43, 422, 428, 430, 433-434, 534
有機配位子　organic ligand　21
行き詰まり空隙　dangling (dead end) pores　72
ユースタシー　eustasy　491, 504
ユースタティック　eustatic　327
油田水　oil field water　15
湯沼　hot water pond　34
陽イオン加水分解　cation hydrolysis　19
陽イオン交換反応　cation exchange reaction　485
溶液崩壊角礫　solusion collapse bereccia　402, 405-407, 415-418
溶解空洞　dissolution vuge　407
溶解—沈殿クリープ　dissolution-precipitation creep　74
沃化錯体　iodide complex　22
葉層　lamina　178, 363, 418, 442-443
溶脱　leaching　61-62, 166, 263, 267, 299, 301, 324, 305, 335, 343-344, 372-373, 379-380, 385, 391-392, 394, 399, 430-431, 455, 465, 469, 479-483, 486-489
溶脱珪化帯　leached silicic zone　269
葉片(状)構造　laminar structure　249, 349
葉片状（組織）laminar (texture)　63-64, 93-95, 145, 171, 218-219, 231, 237441, 451, 508
葉理（組織）lamina (texture)　75, 87, 89-91, 93-96, 100-102, 141, 145, 166, 169, 176, 178, 206, 219, 248, 264, 282, 322, 365-366, 368, 375, 378, 396-397, 424, 441, 443-444, 458
翼状割目　wing cracks　87
ヨハンセン石　johannsenite　187, 536
ヨルダン鉱　jordanite　417, 537

ラ 行

ラウラ鉱　laurite　111, 538

ラグ漂砂鉱床　lag placer deposit　493
ラジウム（Ra）radium　9
ラテライト　laterite　5, 460, 463-472, 474-476, 478-483
ラパキビ花崗岩　Rapakibi granite　231
Rapitan 型　Rapitan-type　376-377
ランタン（La）lanthanum　236
ランプロファイアー　lamprophyre　246, 254, 260, 426, 428-429
陸棚　shelf　232, 357, 363, 376-377, 402, 405, 422, 424, 436, 458, 461-462, 491
リグニン　lignin　418
リザーダイト　lizardite　476, 480
リシオフィライト　lithiophillite　460, 470, 536
リストリック正断層　listric normal falt　154
リソスフェア　lithosphere　103, 106
リチウム（Li）lithium　9, 252
リッジ　ridge　407, 492
リニアメント　lineament　106, 181, 234
リーフ（鉱床）reef　112-113, 115, 118, 122
リーフ（礁）（複合体）reef (complex)　402, 405-406
立方法則　cube law　73
リボン構造（鉱）脈　ribbon-textured veins　94, 178, 257
硫塩鉱物　sulphosalt minerals　181, 206, 220, 226, 229, 264, 363, 428
硫化水素（H_2S）hydrogen sulfide　10-13, 17-18, 20-21, 24, 26-27, 32, 38, 46, 48, 367, 375, 411-413, 416, 419-420, 431-435, 448, 457
硫化物溶融体　sulfide melt　138
硫気孔　solfatara　34
硫銀鉱　acanthite　44, 214, 221, 264, 277
硫酸錯体　sulfate complex　22
硫酸還元バクテリア　48
粒子縁流路　grain-edge channel　72
粒子間空隙　intergranular pore　67, 71, 372
粒子端空隙　grain corner pore　72
硫セレン銀鉱　aguilarite　277, 290
流体圧勾配　fluid pressure gradient　70-71, 80
流体圧パルス　fluid pressure pulse　79-80
流体貯留槽　fluid reservoir　34, 36-37, 67, 69, 77-81
流体の等温圧力―比容積曲線　isothermal pressure-specific volume curves of fluid　15
流体フラックス　fluid flux　67-68, 70, 76, 78-81, 84, 87
流体包有物　fluid inclusion　37-39, 59, 161-162, 171-172, 185, 199, 202, 215-217, 225-226, 244, 253, 260, 268, 270, 285, 293, 296, 298, 315, 326, 335, 337, 339, 353, 355, 369-370, 390-391, 401, 408-409, 416, 418-421, 432-433, 435, 440-441, 446, 512
硫バナジン銅鉱　sulvanite　332,

硫砒銅鉱　enargite　107, 152, 159, 161-162, 221, 263, 268-270, 301, 304, 322, 332, 363, 408, 441, 445, 489
流紋岩斑岩　rhyolite porphyry　178, 221
流路系　pathway system　68
離溶　exsolusion　63-65, 237
離溶組織　exsolution texture　63-66
菱鉄鉱　siderite　55, 195, 206, 220-222, 224, 226, 234-235, 250-253, 303, 305, 312, 322, 324, 326, 351, 353, 376, 390, 394, 436458, 467, 536
菱マンガン鉱　rhodochrosite　175, 221, 224-226, 264, 268, 458, 536
緑鉛鉱　pyromorphite　277, 537
緑柱石　beryl　178, 197, 206-208
緑泥石化（作用）chloritization　53, 138, 153, 167, 178, 197, 210, 212, 221, 226, 235, 259, 303-305, 312, 314-315, 322, 326-327, 353, 379-380, 436, 438
緑簾石　epidote　37, 55, 153, 156, 169, 171, 188-190, 195, 197, 200, 202-203, 213, 215, 220, 231, 248, 251, 254, 264, 275, 278, 285, 310, 351
燐雲母　lepidolite　181
臨界空隙率　critical porosity　73
燐灰石　apatite　132, 150, 191, 213-215, 231, 238-240, 242, 285, 304, 333, 351, 366, 379-380, 385, 388-390, 392, 394, 438, 467
臨界歪み　critical strain　74
燐鉄鉱　strengite　488
累進スカルン形成過程　prograde skarn growth　188, 190, 193, 196, 200, 202
累進変成（作用）progressive metamorphism　261, 359, 373
累積安定定数　cumulative stability constant　19
累皮（構造）crustified (structure)　263-264, 277, 285, 314
累皮縞（構造）crustiform banding (structure)　97, 436
ルソン銅鉱　luzonite　263, 269-270, 536
ルチル　rutile　238, 253, 285, 287, 351, 467, 490, 497-498, 500, 512
ルテニウム（Ru）ruthenium　111, 128, 510
ルビジウム（Rb）rubidium　9, 175, 252-253, 324, 353
ルビジウム―ストロンチウム（Rb-Sr）年代　rubidium-strontium age　458
礫岩型金―ウラン鉱床　conglomerate-type gold-uranium deposit　5, 500, 512
瀝青ウラン鉱　pitcheblende　231, 235, 237, 436, 538
レータイト　latite　155

レータイト斑岩　latite porphyry　156, 158, 191
レールゾライト　lherzorite　136
レンズ状鉱床　lenticular ore deposit　4
ロジウム（Rh）　rhodium　111, 115, 128
ロスコー雲母　roscoelite　215-216
ロードキャスト　load cast　430
六方型磁硫鉄鉱　hexagonal pyrrhotite　40, 42-43, 64
ロランダイト　lorandite　428, 538

ワ　行

ワッケストーン　wackestone　424
割目開口幅　fracture aperture　76
割目空隙　fracture pore　71, 81, 97
割目交代組織　replacement texture along fractures　62
割目充填（構造）　fracture-filling (structure)　248, 268, 509
割目充填（鉱）脈　fracture-filling vein　206
割目網　fracture networks　73-79, 82, 421

鉱床名索引

Acandi 銅鉱床　542
Acupan 金鉱床　263, 540
Addison 金鉱床　244, 540
Admiral Bay 鉛－亜鉛鉱床　402, 544
Afaho 金鉱床　244
Afton 銅鉱床　154
Agucha 亜鉛－鉛－銀鉱床　363
Agnew ニッケル鉱床　138
Agua Rica 銅－金－モリブデン鉱床　153, 540, 542, 548
Aguas Clares 鉄鉱床　546
Ajo 銅－金鉱床　488, 540, 542
明延銅－錫鉱床　226
Aktogai 銅鉱床　542
Aldebaran(Cerro Cassale) 銅－金鉱床　153, 181, 540
Alegria 鉄鉱床　546
Aljustrel 銅－亜鉛－鉛鉱床　542, 544
Alleghany 地域金鉱床　244
Alligator River 地域ウラン鉱床　436
Altamira 鉄鉱床　377
Ampalyskoe 鉄鉱床　546
Amantaitau 金鉱床　244, 540
Ambatovy ニッケル・ラテライト鉱床　470
Andina 銅－モリブデン鉱床　154, 542, 548
Andrade 鉄鉱床　546
Ankazo-Berna クロム鉱床　550
Anarraaq 亜鉛－鉛－銀鉱床　363, 544
Anshan（鞍山）鉄鉱床　377, 546
Antamina 銅－亜鉛鉱床　189, 542, 544
Aquillar 亜鉛－鉛鉱床　544
Archimedes 金鉱床　422
Arditurri 亜鉛－鉛鉱床　544
足尾銅－錫鉱床　226
Athabasca 地域ウラン鉱床　436
Arasuka-Juneau　540
Archimedes 金鉱床　540
Arditurri 亜鉛－鉛－銀鉱床　363
Ashanty, 金鉱床　244, 540
Atlas 銅－金鉱床　153, 540, 542
Aydarly 銅鉱床　542
Aynak 銅鉱床　442, 542
Aznalcollar 亜鉛－鉛鉱床　544
Azul マンガン鉱床　394, 548
Bacuri クロム鉱床　550

Baddington 銅－金鉱床　540
Bagdad 銅鉱床　542
Bajo de la Alumbrera 銅－金－モリブデン鉱床　153, 540, 542, 548
Bakylrchik 金鉱床　244, 540
Baladila 鉄鉱床　377
Balmat 亜鉛－鉛－銀鉱床　363, 544
Balo Alto ニッケル・ラテライト鉱床　550
Bangur クロム鉱床　550
Bathurst 地域鉛－亜鉛－銅－銀鉱床　305, 344-356
Batistau タングステン鉱床　207, 550
Batu Hiau 銅－金鉱床　540, 542
Bau 鉄鉱床　546
Bayan Obo（白雲鄂博）鉄－希土類元素－ニオブ鉱床　231-232, 241-243
Bendigo 金鉱床　244, 540
Benson Mines　546
Berezvoskoe 金鉱床　244, 540
Beregovo 金－銀鉱床　540
別子銅鉱床　303
Biankouba ニッケル・ラテライト鉱床　471, 550
Bigben-Niehart モリブデン鉱床　548
Big Syncline 亜鉛－鉛－銀鉱床　363, 544
Biladia 鉄鉱床　546
Bilquiza-Tropoia クロム鉱床　550
Bilsthe-Bitincke ニッケル・ラテライト鉱床　550
Bingham Canyon 亜鉛－鉛－銀鉱床　221
Bingham Canyon 銅－金－モリブデン鉱床　153, 154-159, 540, 542, 548
Bingham 地域スカルン銅鉱床　189, 191-195
Bingol-Anvik 鉄鉱床　232, 546
Bisbee 銅鉱床　542
Bisbee 亜鉛－鉛－銀鉱床　221
Black Angel 亜鉛－鉛－銀鉱床　363, 544
Black Cloud 亜鉛－鉛－銀鉱床　224, 226
Black Hills 銅－金鉱床　540
Black Mountain 亜鉛－鉛－銀鉱床　363, 544
Bleiberg 鉛－亜鉛鉱床　402, 544
Boddington 金鉱床　244
Bogota ニッケル・ラテライト鉱床　475
Boliden 金鉱床　245
Boschekul 銅鉱床　542
Borzecin-Janowo 銅鉱床　442, 542
Bousquet 金鉱床　244
Brasillia 金鉱床　540

Broken Hill 鉛-亜鉛-銀鉱床（オーストラリア） 305, 356-362, 544
Broken Hill 亜鉛-鉛-銀鉱床（南アフリカ） 363, 544
Brolga ニッケル・ラテライト鉱床 471
Bruchtu 鉄鉱床 546
Brunswick No.12 鉛-亜鉛-銅-銀鉱床 349, 351-356, 544
Buchans 銅-鉛-亜鉛鉱床 304
Buckingham 銅-モリブデン鉱床 548
Bulong ニッケル・ラテライト鉱床 471, 550
Bulyanhula 金鉱床 244, 540
Burunktal ニッケル・ラテライト鉱床 550
Bushveld クロム-白金族-バナジウム-鉄鉱床 58, 111-116, 118, 119, 121, 548, 550
Buttes 銅-金-モリブデン鉱床 153, 172, 173, 189, 540, 542, 548
Buumerang Lake ウラン鉱床 436
Cadia 地域銅-金鉱床 154, 166, 171, 540
Cadjebut Trend 鉛-亜鉛鉱床 402, 544
Camaguey ニッケル・ラテライト鉱床 471, 550
Campbell 金鉱床 244, 540
Campo Formoso クロム鉱床 550
Cananea 銅-モリブデン鉱床 153, 542, 548
Candelaria 銅-金-鉄鉱床 232, 540, 542, 546
Cannington 亜鉛-鉛-銀鉱床 363, 544
Cantung タングステン鉱床 190, 550
Capenema 鉄鉱床 546
Cape Smith ニッケル鉱床 190, 550
Carajas 地域鉄鉱床 377, 378-381, 546
Carajas 鉄-銅-金鉱床 381, 540, 542
Caribou 亜鉛-鉛-銅-金-銀鉱床 349-356, 544
Carol Lake 鉄鉱床 546
Carr Fork 銅鉱床 193-195, 542
Casa de Pedra 鉄鉱床 546
Casino 銅鉱床 153
Catavi 錫鉱床 181
Castle Dome-Pinto Valley 銅鉱床 542
Caue 鉄鉱床 546
Cave Peak モリブデン鉱床 548
Cawse ニッケル・ラテライト鉱床 550
Central 地域銅鉱床 542
Century 亜鉛-鉛-銀鉱床 363, 544
Cerro Casale 金鉱床 181
Cerro Colorado 銅-モリブデン鉱床（メキシコ） 542, 548
Cerro Colorado 銅鉱床（チリ） 542
Cerro de Passco 亜鉛-鉛-銀鉱床 221
Cerro Mataso ニッケル・ラテライト鉱床 550
Cerro de Mercado 鉄鉱床 232, 546

Cerro Petaquilla-Batija 銅鉱床 542
Cerro Rico de Potosi 錫-多金属鉱床 226-231
Cerro Vangardia 金-銀鉱床 264, 540
Cerro Verde-Santa Rosa 銅鉱床 153, 489, 542
Changba 亜鉛-鉛-銀鉱床 363, 544
Changpo 錫鉱床 206
Channar 鉄鉱床 546
Chelopech 金鉱床 263, 540
Chiatura マンガン鉱床 458, 548
Chinguidal クロム鉱床 550
Chorolque 錫鉱床 181
中央 Missouri 地域鉛-亜鉛鉱床 402, 409
中央 Tennessee 地域鉛-亜鉛鉱床 402, 544
Chuquicamata 銅-モリブデン（-金）鉱床 107, 153, 162-166, 487, 489, 540, 542, 548
Cigar Lake ウラン鉱床 436
Cirque 亜鉛-鉛鉱床 544
Cleveland 錫鉱床 206
Climax モリブデン鉱床 175, 176-178, 548
Coeur d'Alene 地域亜鉛-鉛-銀鉱床 221
Collahuasi 銅鉱床 106, 153, 542
Comstock 地域金-銀鉱床 263, 271-278, 540
Con 金鉱床 244
Coobina クロム鉱床 550
Copper Canyon 540
Conceicao 鉄鉱床 546
Cornwall 鉄鉱床 189, 546
Cornwall 地域錫鉱床 206
Corocoro 銅鉱床 442
Corrego do Feijao 546
Corrego do Meio 546
Cortez Mtns 鉄鉱床 232, 546
Cortez 地域金鉱床 422, 540
Cripple Creek 金鉱床 264, 540
Crol Lake 鉄鉱床 377
Crown Jewel 金鉱床 191
Cuajone 銅鉱床 153, 542
Cuiaba 540
Cumo モリブデン鉱床 548
Curque 亜鉛-鉛-銀鉱床 363
Dachan（大廠）錫鉱床 206
Dairi 亜鉛-鉛鉱床 544
Dammany 金鉱床 244
Dangping（蕩坪）タングステン鉱床 207
Dariba 亜鉛-鉛-銀鉱床 363, 544
Dashkesan 鉄鉱床 189, 546
Dedeman クロム鉱床 550
Denak モリブデン鉱床 176, 178-179, 548
Dexing（徳興）銅鉱床 153, 542
Dizon 銅-金鉱床 540

Dolphin 金鉱床　180
Dome 金鉱床　244, 540
Dongshengmiao 亜鉛-鉛-銀鉱床　363
Donlin Creek 金鉱床　180, 540
Donskoy クロム鉱床　123-126, 550
Doyan 金鉱床　244
Dublin Gulch 金鉱床　180, 540
Ducktown 銅鉱床　303
Duglad River 亜鉛-鉛鉱床　544
Dumont ニッケル鉱床　138
Dy 亜鉛-鉛-銀鉱床　363, 544
Dygrad River 亜鉛-鉛-銀鉱床
Dzherkazgan 銅鉱床　442, 542
Eagle Mountain 鉄鉱床　189
El Abed 鉛-亜鉛鉱床　402, 544
El Abra 銅鉱床　153, 488, 542
El Aguilar 亜鉛-鉛-銀鉱床　363
El Indio 金鉱床　263, 540
Eliot Lake 金-ウラン鉱床　500
El Pachon 銅鉱床　542
El Mochito 亜鉛-鉛-銀鉱床　191
El Penion 金-銀鉱床　264, 540
El Salvador 銅-金鉱床　106, 153, 488, 540, 542
El Teniente 銅-モリブデン鉱床　153, 166, 542, 548
Ely 銅-金鉱床　540, 542
Emperor 金-銀鉱床　264, 540
Empire 鉄鉱床　377, 546
Endaco モリブデン鉱床　176, 178-179, 548
Endeavour 銅鉱床　154
Erdenet 銅鉱床　542
Ergani 銅鉱床　303
Ernest Henry 銅-金鉱床　232
Erzberg 銅-金鉱床　189, 540, 542
Erzgebirge 錫鉱床　206
Esperanza 銅-モリブデン鉱床　106, 153, 542, 548
Esquel 金-銀鉱床　264, 540
Evoia ニッケル・ラテライト鉱床　470, 550
Exmidal ニッケル・ラテライト鉱床　550
Fabrica 鉄鉱床　546
Fairbanks 地域　180, 540
Falcondo ニッケル・ラテライト鉱床　550
Fankou（凡口）鉛-亜鉛鉱床　402, 544
Farconbridge ニッケル銅鉱床　133
Faro 亜鉛-鉛-銀鉱床　363, 544
Far Southeast(FSE) 銅-金鉱床　153, 159-162, 172, 269, 271, 540, 542
Fazendao 鉄鉱床　546
Filizchai 亜鉛-鉛鉱床　544
Fish Lake 銅鉱床　153

Filizchai 亜鉛-鉛-銀鉱床　544
Flin Flon 地域銅-亜鉛鉱床　304, 544
Florida Canyon 鉛-亜鉛鉱床　402, 544
Fortitude 金鉱床　191
Fort Knox 金鉱床　180
Francisco I Madero 亜鉛-鉛鉱床　544
Frieda River 銅-金鉱床　153, 540, 542
Frood-Stobie ニッケル-銅鉱床　133
Gai 銅鉱床　542
Gai East 銅鉱床　542
Galore Creek 銅鉱床　154
Gamsberg 亜鉛-鉛-銀鉱床　363, 544
Geco 亜鉛-鉛鉱床　544
Gee-Tanjung Buli ニッケル・ラテライト鉱床　550
Geita 金鉱床　144, 540
Gejiu（箇旧）錫鉱床　206
George Fisher 亜鉛-鉛-銀鉱床　363, 544
Getchell 帯金鉱床　422, 540
Giant 金鉱床　244
Gibraltar 銅鉱床　153
Gilman 地域亜鉛-鉛-銀鉱床　221
Ginaong 銅-金鉱床　540
Glacier Peak 銅鉱床　542
Goa 鉄鉱床　377, 546
Gold Coast 銅鉱床　189
Golden Mile 金鉱床　244-253, 540
Golden Sunlight 金鉱床　212
Gold Field 金鉱床　540
Goldfield 金鉱床　263, 540
Gold Quarry 金鉱床　422, 540
Goongarri ニッケル・ラテライト鉱床　550
Goro ニッケル・ラテライト鉱床　470, 475, 550
Goroblagodat 鉄鉱床　189
Gorresk 亜鉛-鉛-銀鉱床　363
Gorvesk 亜鉛-鉛鉱床　544
Grangsberg 鉄鉱床　232, 546
Granny Smith 金鉱床　244
Grasberg 銅-金鉱床　153, 540, 542
Grassvalley-Nevada City 金鉱床　244, 540
Great Bear Lake 地域銅-金-鉄鉱床　232
Great Dyke クロム-白金族鉱床　116-118, 121, 123, 548, 550
Greenvale ニッケル・ラテライト鉱床　550
Groote Eylandt マンガン鉱床　458-460, 548
Guanajuato 金鉱床　263, 540
Guianaong 銅鉱床　153
Guleman クロム鉱床　550
Hainan Island（海南島）鉄鉱床　377, 546
Helvetia 地域銅鉱床　542
Halmahera 地域ニッケル・ラテライト鉱床　470

Hamme 地域タングステン鉱床　207
Hamersley 地域鉄鉱床　377, 381-394, 546
Hankow 鉄－銅鉱床　232, 546
Howards Pass 亜鉛－鉛－銀鉱床　363, 364-368, 544
Hemlo 金鉱床　245
Heath Steel B Zone 亜鉛－鉛－銅－金－銀鉱床　349, 352, 356, 544
Henderson モリブデン鉱床　175, 548
Henry 堆積盆ウランバナジウム鉱床　448-458
Herberton 地域錫鉱床　206
Hibbing 鉄鉱床　377, 546
Highland Valley Copper 銅鉱床　153, 542
Hill-Favona 金鉱床　264
Hilton North 亜鉛－鉛－銀鉱床　363, 544
広瀬クロム鉱床　123
菱刈金－銀鉱床　264, 288-298, 540
日立銅－亜鉛鉱床　304
北部 Arkansas 地域鉛－亜鉛鉱床　402
北部 Carlin 帯金鉱床　422-430
北鹿地域銅－鉛－亜鉛鉱床　304, 327-344, 544
Hollinger 金鉱床　244, 540
Homestake 金鉱床　244, 540
Honeymoon Well ニッケル鉱床　550
Hope Downs 鉄鉱床　377, 546
Horne 金鉱床　244
Horn-No5 Zone 亜鉛－鉛鉱床　544
Humbddt 鉄鉱床　232, 546
Hunter's Road ニッケル鉱床　550
Iberia 黄鉄鉱帯鉛－亜鉛－銅鉱床　305
Idorado 亜鉛－鉛－銀鉱床　221
生野銀－銅－錫鉱床　226
Ingessana クロム鉱床　550
Inspiration 銅鉱床　153, 542
Iron Spring 鉄鉱床　232, 546
Izok Lake 銅－鉛－亜鉛鉱床　304
Jabal Idas 鉄鉱床　232, 546
Jabilka ウラン鉱床　436
Jacobina 金－ウラン鉱床　500
Jerrett Canyon 地域金鉱床　422, 540
Jerome 銅－亜鉛鉱床　304
Jin Dui Cheng（金堆城）モリブデン鉱床　176, 548
Junchuan（金川）ニッケル－銅鉱床　136-138, 548, 550
Kabanga ニッケル鉱床　550
Kachar 鉄鉱床　189, 546
Kairakty タングステン鉱床　550
Kalahari マンガン鉱床　394-401, 548
Kalamazoo 銅鉱床　153, 542
Kalan East 亜鉛－鉛－銀鉱床　363, 544

Kalgoorlie 地域金鉱床　85, 93, 244, 245-253
Kaliapani クロム鉱床　550
Kaleje　542
Kal'makyr-Almalyk 銅鉱床　153, 542
釜石鉄－銅鉱床　188
神岡亜鉛－鉛－銀鉱床　199-205, 544
Kambalda 地域ニッケル鉱床　138-145, 550
Kara-Oba タングステン鉱床　207, 550
Karlangi クロム鉱床　550
Kasempa 鉄鉱床　232, 546
Kelian 金－銀鉱床　263, 540
Kemi クロム鉱床　118, 550
Kerr 金鉱床　244, 540
Key Lake ウラン鉱床　436
Kholodninskoe 鉛－亜鉛鉱床　544
Kidd Creek 銅－亜鉛－銀鉱床　304, 315-327, 542, 544
Kidston 金鉱床　212, 217-220, 540
King Island タングステン鉱床　550
Kirkland Lake 金鉱床　244, 540
Kirunavaara 鉄鉱床　232, 238-240, 546
Kirvoy Rog 鉄鉱床　377
北 Carlin 帯金鉱床　422-430, 540
北 Stradbroke 島ミネラルサンド鉱床　497-500
Kochkar 地域金鉱床　244, 540
Kolar 金鉱床　244, 540
Kolwezi 銅鉱床　542
Komdok 鉛－亜鉛鉱床　402, 544
Koniambo ニッケル・ラテライト鉱床　471, 475, 550
Konkola 銅鉱床　442, 542
Kooanooka 鉄鉱床　377, 546
Koolyanobbing 鉄鉱床　377, 546
Koongarra ウラン鉱床　436
Kori-Kollo 錫－多金属鉱床　226
Korushunovsk 鉄鉱床　232, 546
Korwezi 銅鉱床　442
Kouaoua ニッケル・ラテライト鉱床　475
Krivoi Rog　546
Kumtor 金鉱床　244, 540
Kupferschiefer 地域銅鉱床　442
Kure 銅鉱床　303
La Caridad 銅－モリブデン鉱床　153, 542, 548
Ladolam 金鉱床　264, 540
Lady Loretta 亜鉛－鉛－銀鉱床　363, 544
Ladysmith 銅－亜鉛鉱床　304
La Escondida 銅－モリブデン（－金）鉱床　106, 153, 540, 542, 548
La Granja 銅鉱床　542
Laleje 銅鉱床　442

Lamaque Main 鉱床　101
Langmuir ニッケル鉱床　138
Larap 鉄鉱床　189
Lasail 銅鉱床　303, 306-309
Las Christmas 金鉱床　244, 540
La Zara 亜鉛－鉛鉱床　544
Leadville 地域亜鉛－鉛－銀鉱床　221-226
Lepanto 銅－金鉱床　263, 269-271, 540
Lianhuashan（蓮花山）タングステン鉱床　181, 550
Libjo クロム鉱床　550
Lik 亜鉛－鉛－銀鉱床　363, 544
Limonitovoskoe 亜鉛－鉛－銀鉱床　363, 544
Linglong（玲瓏）金鉱床　244, 540
Lisheen 鉛－亜鉛鉱床　402, 544
Little Boulder Creek モリブデン鉱床　191
Llallagua 錫鉱床　181
Lobo 金鉱床　181, 540
Logtung タングステン鉱床　181, 550
Lone Gull ウラン鉱床　436
Los Bronces 銅－モリブデン鉱床　154, 542, 548
Los Pelambres 銅鉱床　154, 542
Lost River 錫鉱床　206
Louvicourt Goldfield 鉱床　100
Luansha 銅鉱床　542
Lubin－Konrad 地域銅－金－銀鉱床　442-447, 542
Lucky Jim 亜鉛－鉛－銀鉱床　221
Lumwana 銅鉱床　442, 542
Luobusha クロム鉱床　550
Lupin 金鉱床　244
Lyan Lode 金鉱床　212
Lyn Lake ニッケル鉱床　138, 550
Masa Valverde 亜鉛－鉛鉱床　544
Mactung タングステン鉱床　190, 550
Maggie Creek 金鉱床　422, 540
Magnitgorsk 鉄鉱床　546
Magnitonaya 鉄鉱床　189
Majdanpek 銅鉱床　542
Malanjkhand 銅鉱床　542
Malartic 金鉱床　212
Maleev 亜鉛－鉛鉱床　544
Malmberget 鉄鉱床　232, 546
Malmbijerg モリブデン鉱床　176
Manitoba 地域ニッケル鉱床　138
Mansfeld 銅鉱床　442
Marampa 鉄鉱床　377, 546
Marandoo 鉄鉱床　377, 546
Marcona 鉄－銅鉱床　232, 546
Margarett 銅－金鉱床　540
Marlborough-Brolga ニッケル・ラテライト鉱床　550

Martha Hill 金－銀鉱床　264, 540
Marte 金鉱床　181, 540
Masa Valverde 亜鉛－鉛鉱床　544
Matuca 鉄鉱床　546
Masa Valverde 亜鉛－鉛鉱床　544
McArthur River ウラン鉱床　436-441
McArthur River(H.Y.C.) 亜鉛－鉛－銀鉱床　363, 374, 375, 544
McIntyre 金鉱床　244, 540
McLaughlin 金－銀鉱床　264, 540
Medrado-Ipuera クロム鉱床　550
Meggen 亜鉛－鉛－銀鉱床　363, 544
Mehidi Abad 鉛－亜鉛鉱床　402, 544
Mercur 地域金鉱床　422
Merensky リーフ白金族鉱床　112-115
Miami 銅鉱床　153, 542
Michiquillay 銅鉱床　542
Minas Conga 金鉱床　540
Mining Area C 鉄鉱床　377, 546
Mission 銅鉱床　189, 542
Moa Bay ニッケル・ラテライト鉱床　550
Moanda マンガン鉱床　394, 548
Modsen 金鉱床　244
Molango マンガン鉱床　458, 548
Mollo Velho 金鉱床　244, 540
Monchegorsk ニッケル鉱床　550
Montana Tunnels 金鉱床　212
Monywa 銅鉱床　542
Moramanga-Ambatovy ニッケル・ラテライト鉱床　550
Morenci 銅鉱床　153, 542
Morila 金鉱床　244, 540
Morro Agudo 鉄鉱床　546
Morrococha 亜鉛－鉛－銀鉱床　221
Mother Lode 金鉱床　244
Mt. Bischoff 錫鉱床　206
Mt Charlotte 金鉱床　244
Mount Emmons モリブデン鉱床　175, 548
Mt. Gibson 鉄鉱床　377, 546
Mount Hope モリブデン鉱床　548
Mount Isa 亜鉛－鉛－銀鉱床　363, 370, 544
Mt. Jackson-Mt. Windering 鉄鉱床　377, 546
Mt. Keith ニッケル鉱床　138, 550
Mt. Milligan 銅鉱床　154
Mount Morgan 金鉱床　212, 540
Mount Nimba 鉄鉱床　377, 546
Mt Pary 金鉱床　244
Mount Pleasant タングステン鉱床　181, 550
Mt. Polley 銅鉱床　154
Mt. Red 銅－鉛－亜鉛鉱床　304

Mount Tolman 銅－モリブデン鉱床　548
Mount Tom Price 鉄鉱床　384-395, 546
Mount Wholeback 鉄鉱床　546
Mount Wright 鉄鉱床　377, 546
Mufulira 銅鉱床　542
Murgul 銅鉱床　304
Murrin Murrin ニッケル・ラテライト鉱床　471, 478, 550
Murray ニッケル－銅鉱床　132
Muruntau 金鉱床　244, 253-260, 540
Musongati ニッケル・ラテライト鉱床　470, 550
Mutum マンガン鉱床　377, 548
Nabarlek ウラン鉱床　436
Naica 亜鉛－鉛－銀鉱床　191
Nakety ニッケル・ラテライト鉱床　470, 550
Namosi 銅鉱床　154, 542
南薩地域金鉱床　263
南東 Missouri 地域鉛－亜鉛鉱床　402-413, 544
Natalka 金鉱床　244, 540
Navan 亜鉛－鉛－銀鉱床　402, 544
Nazdahniskoe 金鉱床　244, 540
Nchanga 銅鉱床　442, 542
Neves Gorvo 銅－亜鉛－鉛鉱床　542, 544
Nepoui ニッケル・ラテライト鉱床　475
Neves Gorvo 銅鉱床　542
ニューカレドニア島ニッケル・ラテライト鉱床　471-475
Ngamiland 銅鉱床　442, 542
Nicaro Oriente ニッケル・ラテライト鉱床　550
Nickel Plate 金鉱床　191
Nikopol マンガン鉱床　458, 548
Niquelandia ニッケル・ラテライト鉱床　550
日東クロム鉱床　123
Novo-Leininogorsk 亜鉛－鉛鉱床　544
Nkana 銅鉱床　542
Noranda 地域銅－亜鉛鉱床　304
Norbli モリブデン鉱床　176
Norli' sk ニッケル－銅鉱床　127-131, 542, 548, 550
Norseman 金鉱床　138
North Ore Shoot　193, 195, 542
Northshore 鉄鉱床　377, 546
Novo-Leninogorsk 亜鉛－鉛鉱床　544
Nuasahi クロム鉱床　550
Nsuta マンガン鉱床　394, 548
Oak Dam 鉄鉱床　232, 546
Ok Tedi 銅－金鉱床　153, 540, 542
Olympiada 金鉱床　244, 540
Olympic Dam 銅－ウラン－金－希土類元素鉱床　232-238, 540, 542

Oruro 錫－多金属鉱床　226
O' Toole ニッケル鉱床　550
Ouro Fino 鉄鉱床　546
Outokumpu 銅－コバルト鉱床　303
Ozernoe 亜鉛－鉛－銀鉱床　363, 544
Pachuca 亜鉛－鉛－銀鉱床　221
Pachuca 金－銀鉱床　263, 540
Palabora 銅－銀－白金族－金鉱床　154, 542
Pamalma ニッケル・ラテライト鉱床　471
Pamour 金鉱床　244
Pampa del Congo 鉄鉱床　232, 546
Pancho 金鉱床　183-186
Panguna 銅鉱床　153, 542
Paraburdoo 鉄鉱床　377, 546
Park City 地域亜鉛－鉛－銀鉱床　221
Pascua － Real del Monte 金鉱床　263, 540
Pasto Bueno タングステン鉱床　207
Pea Ridge 鉄鉱床　546
Pechenga ニッケル鉱床　138, 550
Pegadorcito-Pantanos 銅鉱床　542
Peko 金－銅鉱床　232
Peschanka 銅鉱床　542
Peshansk 鉄鉱床　189
Pico 鉄鉱床　546
Pierina 金鉱床　263, 540
Pillara 鉛－亜鉛鉱床　402, 544
Pinares ニッケル・ラテライト鉱床　470
Pine Creek 金鉱床　212
Pine Grove モリブデン鉱床　176, 548
Pine Point 地域鉛－亜鉛鉱床　402, 544
Pinta Verde 銅鉱床　154, 542
Pires 鉄鉱床　546
Pirquitas 錫－多金属鉱床　226
Poison Mountain 銅鉱床　153
Pogo 金鉱床　180, 540
Pomalasa ニッケル・ラテライト鉱床　550
Poralis 鉛－亜鉛鉱床　402, 544
Porgera 金鉱床　212-217, 540
Portvelo 金－銀鉱床　540
Potrellios 銅鉱床　106
Power River 盆地ウラン鉱床　448
Prestea 金鉱床　244, 540
Prony ニッケル・ラテライト鉱床　471
Providencia 亜鉛－鉛－銀鉱床　221
Pueblo Viejo 金鉱床　263, 540
Punta Gorde ニッケル・ラテライト鉱床　550
Quadrilatero Ferrifero 地域鉄鉱床　377, 546
Quartz Hill モリブデン鉱床　176, 548
Quebrada Blanca 銅鉱床　153, 542
Quellaveco 銅－モリブデン鉱床　153, 542, 548

Quesnel River 金鉱床　212	São João do Piauí ニッケル・ラテライト鉱床　471
Questa モリブデン鉱床　176, 548	Sarbai 鉄鉱床　189, 546
Radomio Tomic 銅鉱床　166, 488	Sar Cheshmeh 銅鉱床　542
Rajpura 亜鉛－鉛－銀鉱床　363, 544	Saruabil クロム鉱床　550
Rammelsberg 亜鉛－鉛－銀鉱床　363, 544	Shangani ニッケル鉱床　138
Rampura 亜鉛－鉛－銀鉱床　363	Schaft Creek 銅鉱床　153
Ramra-Aqucha 亜鉛－鉛鉱床　544	Selbi-Phikwe ニッケル鉱床　550
Ram River ニッケル・ラテライト鉱床　550	Serov ニッケル・ラテライト鉱床　470, 550
Ranger ウラン鉱床　436	Shangani ニッケル鉱床　550
Ravensthorpe ニッケル・ラテライト鉱床　550	Shebandowan ニッケル鉱床　550
Ray 銅鉱床　153, 542	Sheregesh 鉄鉱床　189
Realdel Monte 金鉱床　263	下川銅鉱床　303
Recoin 鉛－亜鉛鉱床　402, 544	Shyzhuyuan（柿竹園）タングステン－錫－蒼鉛－モリブデン－蛍石鉱床　190, 195-199, 550
Red Dog 亜鉛－鉛－銀鉱床　363, 544	Sieroszwice 銅鉱床　542
Red Lake 金鉱床　244, 540	Sierrita 銅－モリブデン鉱床　106, 153, 542, 548
Red Mountain モリブデン鉱床　176	Sigma-Lamaque 金鉱床　92, 97, 101, 244, 540
Refugio 地域金鉱床　181-186, 540	Silesia － Cracow 地域鉛－亜鉛鉱床　402, 413-422, 544
Renison Bell 錫鉱床　206	Silvana 亜鉛－鉛－銀鉱床　221
Resck 銅鉱床　542	Silver Creek モリブデン鉱床　175
Retiro das Almas 鉄鉱床　546	Simandou 鉄鉱床　377, 546
Rhinelander 銅－亜鉛鉱床　304	Sindesar 亜鉛－鉛－銀鉱床　363, 544
Rider-Sokol 亜鉛－鉛鉱床　544	Sipalay 銅－金鉱床　153, 540, 542
Ridgeway 金－銅鉱床　166-171	Sipilou ニッケル・ラテライト鉱床　471, 550
Rio Blanco 銅－モリブデン鉱床　153, 542, 548	Sishen-Beeshoek 鉄鉱床　377, 546
Rio Narcea 地域金鉱床　191	Skellefte 銅－亜鉛鉱床　304
Rio Tuba ニッケル・ラテライト鉱床　550	Skhoi Log 金鉱床　540
Rosario 銅鉱床　153, 542	Skorpion 亜鉛－鉛鉱床　544
Rosh Pinah 亜鉛－鉛－銀鉱床　363, 544	Sokolovosk 鉄鉱床　189, 546
Rosia Poieni 銅鉱床　542	Sons of Gwalia 金鉱床　244
Rosita 銅鉱床　189	Soloako ニッケル・ラテライト鉱床　471, 550
Rouez 銅鉱床　303	Sotiel 亜鉛－鉛鉱床　544
Round Mountain 金－銀鉱床　264, 540	Spremberg 銅鉱床　442
Round Mountain タングステン鉱床　207	Stara 銅－金鉱床　232
Ryan-Lode 金鉱床　180	Steelport クロム鉱床　119
Safford 地域銅－金鉱床　540, 542	Stillwater 白金族鉱床　118, 548
Sakharin ニッケル・ラテライト鉱床　470, 550	Sudbury ニッケル－銅（－白金族）鉱床　59, 131-136, 542, 548, 550
Saladipura 銅鉱床　303	Sukhai Log 金鉱床　244
San Antonio 金鉱床　489	Sukinda クロム鉱床　550
Sandong タングステン鉱床　190, 550	Sukinda ニッケル・ラテライト鉱床　550
San Felipe ニッケル・ラテライト鉱床　550	Sukurangi クロム鉱床　550
Sangerhausen 銅鉱床　442	Sullivan 亜鉛－鉛－銀鉱床　363, 544
San Juan 鉱床　106	Sulmierzyce 銅鉱床　442, 542
San Manuel 銅鉱床　大阪府大阪市中央区	Sumsar 鉛－亜鉛鉱床　402, 544
Sanshandao（三山島）金鉱床　244	Sunnyside 亜鉛－鉛－銀鉱床　221
Santa Cruz 銅鉱床 153, 542	Sunrise 金鉱床　244
Santa Eulalia 亜鉛－鉛－銀鉱床　221	Superior 亜鉛－鉛－銀鉱床　221
Santa Rita 銅鉱床　173, 189	Superior East-Carlota 銅鉱床　542
Santo Tomas II 銅－金鉱床　540	
San Vicente 鉛－亜鉛鉱床　402, 544	
San Xavier 銅鉱床　542	

Svappavaara 鉄鉱床　232, 546
SVIII-Mile ニッケル鉱床　138
Syama 金鉱床　244, 540
Thabazimbi 鉄鉱床　377, 546
Tagar 鉄鉱床　232, 546
Tagaung Taung ニッケル・ラテライト鉱床　550
Tai Parit 銅鉱床　154
Tallering Peak 鉄鉱床　377, 546
Talnakh ニッケル－銅鉱床　127-131, 542, 550
Tamandua 鉄鉱床　546
Tambo 金鉱床　263
Tarkwa 金－ウラン鉱床　500, 540
Tarmoola 金鉱床　244
Tashtagol 鉄鉱床　546
Taurus 銅－モリブデン鉱床　548
Tayolitita 金鉱床　263, 540
Taysan 銅－金鉱床　540
Tekeli 亜鉛－鉛－銀鉱床　363, 544
Telfer 金鉱床　212, 540
Tenke-Fungurume 銅鉱床　442, 542
Teya 鉄鉱床　189, 546
Teyskoe 鉄鉱床　546
Thabazimbi 鉄鉱床　546
The Granites 金鉱床　540
Thelon Basin 地域ウラン鉱床　436
Thiebaqui ニッケル・ラテライト鉱床　475
Thio ニッケル・ラテライト鉱床　475, 550
Thompson Creek モリブデン鉱床　176, 548
Thomson 帯ニッケル鉱床　550
Tianbaoshan（天宝山）鉛－亜鉛鉱床　402, 544
Tiebaghi ニッケル・ラテライト鉱床　550
Tilden 鉄鉱床　377, 546
Tilt Cove 銅鉱床　303
Timbopeda 鉄鉱床　546
Tintic 地域亜鉛－鉛－銀鉱床　221
Tishin 亜鉛－鉛鉱床　544
東南 Missouri 地域鉄鉱床　232
Tongkeng 錫鉱床　206
Toquepala 銅鉱床　153, 542
Tokuangyu 銅鉱床　542
Toro Mocho 銅鉱床　542
Touba ニッケル・ラテライト鉱床　471, 550
東部 Tennessee 地域鉛－亜鉛鉱床　402
Toussit-Bou Beker 鉛－亜鉛鉱床　402, 544
Tri-State 地域鉛－亜鉛鉱床　402, 418, 544
Trojan ニッケル鉱床　138, 550
Trondheim 銅－亜鉛鉱床　304
Troodos 銅鉱床　303
Turgau 地域鉄鉱床　189, 546
Tymyauz タングステン鉱床　190, 550

Tyrone 銅鉱床　542
Twin Buttes 銅－金－モリブデン鉱床　153, 172, 173, 189, 540, 542, 548
21 Zone 鉱床　100
Uchaly 亜鉛－鉛鉱床　544
Uchaly Noby 亜鉛－鉛鉱床　544
Udokan 銅鉱床　442, 542
Ufaley-Chermasan ニッケル・ラテライト鉱床　550
Ujina 銅鉱床　542
Upper Mississippi Valley 地域鉛－亜鉛鉱床　402, 409, 418, 544
Urucum マンガン鉱床　377, 548
Urcut マンガン鉱床　458, 548
Uzelg'a 亜鉛－鉛鉱床　544
Vancouver Island 鉄鉱床　189
Vasil'kovsk 金鉱床　244, 540
Vermelho ニッケル・ラテライト鉱床　470, 550
Viburnum Trend 鉛－亜鉛鉱床　406-413
Victoria 金－銀鉱床　263, 540
Victoria Lake 銅－鉛－亜鉛鉱床　304
Voisey's Bay ニッケル－銅－コバルト鉱床　147-150, 550
Vostok 2 タングステン鉱床　550
Wabush 鉄鉱床　377, 546
Wafi River 銅－金鉱床　540
若松クロム鉱床　123
Walby 金鉱床　244
Weipa ボーキサイト－カオリン鉱床　466-469
West Angels 鉄鉱床　377, 546
White Pine 銅鉱床　442, 542
Widgiemooltha 地域ニッケル鉱床　138
Windfall 金鉱床　422, 540
Windy Craggy 銅－コバルト－金鉱床　303, 309-315, 542
Witwatersrand 金－ウラン鉱床　500-512
Xihushan（西華山）タングステン鉱床　207-212, 550
Xingluokeng タングステン鉱床　181, 550
八茎銅－鉄－タングステン鉱床　189
Yanacocha 地域金鉱床　263, 264-269, 540
Yerington 銅鉱床　542
Yerrington 鉄鉱床　232, 546
Yubileinoe 亜鉛－鉛鉱床　544
Yulong 銅鉱床　542
Zaldivar 銅鉱床　154, 542
Zarmitan 金鉱床　540
Zaryanov 亜鉛－鉛鉱床
Zavalmala 亜鉛－鉛－銀鉱床　363, 544
Zinkgruvan 亜鉛－鉛－銀鉱床　363, 544
Zyryanowsk 銅－鉛－亜鉛鉱床　304, 544

著者紹介

鞠子　正　まりこ　ただし

早稲田大学名誉教授，工学博士（早稲田大学）
1930年東京生まれ．1953年早稲田大学第一理工学部鉱山学科卒業，1961年早稲田大学大学院工学研究科博士課程修了．1972-1998年早稲田大学教育学部教授，元資源地質学会副会長．
主著に『鉱石顕微鏡と鉱石組織』（共著，1988，テラ学術図書出版），『日本大百科全書』（分担執筆，1985，小学館），『環境地質学入門』（2002，古今書院）

書　名	鉱床地質学―金属資源の地球科学―
コード	ISBN978-4-7722-3113-8　　C3057
発行日	2008年3月1日　初版第1刷発行
著　者	鞠子　正
	Copyright ©2008 MARIKO Tadashi
発行者	株式会社古今書院　橋本寿資
印刷所	カシヨ株式会社
製本所	渡辺製本株式会社
発行所	古今書院
	〒101-0062　東京都千代田区神田駿河台2-10
電　話	03-3291-2757
ＦＡＸ	03-3233-0303
振　替	00100-8-35340
ホームページ	http://www.kokon.co.jp/

検印省略・Printed in Japan